Taschenbuch der Hochfrequenztechnik
Band 1

Meinke · Gundlach

Taschenbuch der Hochfrequenztechnik

Fünfte, überarbeitete Auflage

Herausgegeben von
K. Lange und K.-H. Löcherer

Band 1: Grundlagen

Mit 374 Abbildungen

Springer-Verlag

Berlin Heidelberg New York
London Paris Tokyo
Hong Kong Barcelona
Budapest

Professor Dr.-Ing. **Klaus Lange**
Theoretische Elektrotechnik
Universität der Bundeswehr München
Werner-Heisenberg-Weg 39
8014 Neubiberg

Professor Dr.-Ing. **Karl-Heinz Löcherer**
Institut für Hochfrequenztechnik
Universität Hannover
Appelstr. 9 A
3000 Hannover

ISBN 3-540-54714-2. Aufl. Springer-Verlag Berlin Heidelberg New York

Die Deutsche Bibliothek – CIP-Einheitsaufnahme
Taschenbuch der Hochfrequenztechnik / Meinke ; Gundlach.
Hrsg. von K. Lange und K.-H. Löcherer. – Studienausg. –
Berlin ; Heidelberg ; New York ; London ; Paris ; Tokyo ;
Hong Kong ; Barcelona ; Budapest : Springer.
NE: Meinke, Hans Heinrich [Hrsg.]; Hochfrequenztechnik
Bd. 1. Grundlagen. – 5., überarb. Aufl. – 1992
 ISBN 3-540-54714-2

Dieses Werk ist urheberrechtlich geschützt. Die dadurch begründeten Rechte, insbesondere die der Übersetzung, des Nachdrucks, des Vortrags, der Entnahme von Abbildungen und Tabellen, der Funksendung, der Mikroverfilmung oder der Vervielfältigung auf anderen Wegen und der Speicherung in Datenverarbeitungsanlagen, bleiben, auch bei nur auszugsweiser Verwertung, vorbehalten. Eine Vervielfältigung dieses Werkes oder von Teilen dieses Werkes ist auch im Einzelfall nur in den Grenzen der gesetzlichen Bestimmungen des Urheberrechtsgesetzes der Bundesrepublik Deutschland vom 9. September 1965 in der jeweils geltenden Fassung zulässig. Sie ist grundsätzlich vergütungspflichtig. Zuwiderhandlungen unterliegen den Strafbestimmungen des Urheberrechtsgesetzes.

© by Springer-Verlag, Berlin/Heidelberg, 1992.
Printed in Germany

Die Wiedergabe von Gebrauchsnamen, Handelsnamen, Warenbezeichnungen usw. in diesem Buch berechtigt auch ohne besondere Kennzeichnung nicht zu der Annahme, daß solche Namen im Sinne der Warenzeichen- und Markenschutz-Gesetzgebung als frei zu betrachten wären und daher von jedermann benutzt werden dürften.

Satz: Daten- und Lichtsatz-Service, Würzburg
Druck: H. Heenemann, Berlin, Bindearbeiten: Lüderitz & Bauer GmbH, Berlin

Mitarbeiterverzeichnis

Wegen der durch die Hochschulgesetzgebung der Bundesländer vorliegenden unterschiedlichen Regelungen zur Titelgebung werden die Professorentitel der Autoren undifferenziert angegeben.

Adelseck, Bernd, Dipl.-Ing., Telefunken Systemtechnik, Ulm
Blum, Alfons, Dr. rer. nat., Prof., Univ. d. Saarlandes, Saarbrücken
Bretting, Jork, Dr.-Ing., Telefunken Systemtechnik, Ulm
Büchs, Just-Dietrich, Dr.-Ing., Robert Bosch GmbH, Hildesheim
Dalichau, Harald, Dr.-Ing., Dr.-Ing. habil., Prof., Universität der Bundeswehr, München
Damboldt, Thomas, Dr. rer. nat., Forschungsinstitut der Dt. Bundespost, Darmstadt
Demmel, Enzio, Dipl.-Ing., Valvo RHW der Philips GmbH, Hamburg
Detlefsen, Jürgen, Dr.-Ing., Prof., Technische Universität München
Dintelmann, Friedrich, Dr. rer. nat., Forschungsinstitut der Dt. Bundespost, Darmstadt
Döring, Herbert, Dr.-Ing. o. Prof., Technische Hochschule Aachen
Dombeck, Karl-Peter, Dr.-Ing., Forschungsinstitut der Dt. Bundespost, Darmstadt
Eden, Hermann, Dipl.-Ing., Institut für Rundfunktechnik GmbH, München
Esprester, Ralf, Dr.-Ing., Telefunken Systemtechnik, Ulm
Fliege, Hans-Joachim, Dipl.-Ing., Telefunken Systemtechnik, Ulm
Gier, Matthias, Dipl.-Ing., Saarländischer Rundfunk, Saarbrücken
Groll, Horst, Dr.-Ing., Prof., Technische Universität München
Gundlach, Friedrich-Wilhelm, Dr.-Ing., Prof., Technische Universität Berlin
Heckel, Claus, Ing. (grad.), Standard Elektrik Lorenz AG, Stuttgart
Hoffmann, Michael, Dr. rer. nat., Prof., Universität Ulm
Hollmann, Heinrich, Dipl.-Ing., Forschungsinstitut der Dt. Bundespost, Darmstadt
Hombach, Volker, Dr.-Ing., Forschungsinstitut der Dt. Bundespost, Darmstadt
Horninger, Karl-Heinrich, Dr. techn., Siemens AG, München
Humann, Klaus, Dipl.-Ing., Telefunken Systemtechnik, Ulm
Janzen, Gerd, Dr.-Ing., Prof., Fachhochschule Kempten
Kleinschmidt, Peter, Dipl.-Phys., Siemens AG, München
Krumpholz, Oskar, Dr.-Ing., Daimler-Benz Forschungsinstitut, Ulm
Kügler, Eberhard, Dipl.-Ing., Siemens AG, München
Kühn, Eberhard, Dr.-Ing., Forschungsinstitut der Dt. Bundespost, Darmstadt
Landstorfer, Friedrich, Dr.-Ing., Prof., Universität Stuttgart
Lange, Klaus, Dr.-Ing., Prof., Universität der Bundeswehr, München
Lange, Wolf Dietrich, Dipl.-Ing., Telefunken Systemtechnik, Ulm
Lindenmeier, Heinz, Dr.-Ing., Prof., Universität der Bundeswehr, München
Lingenauber, Gerhard, Dipl.-Ing., Telefunken Systemtechnik, Ulm
Löcherer, Karl-Heinz, Dr.-Ing., Prof., Univ. Hannover (vorm. TH)
Lorenz, Rudolf W., Dr.-Ing., Forschungsinstitut der Dt. Bundespost, Darmstadt
Lüke, Hans Dieter, Prof. Dr.-Ing., RWTH Aachen
Lustig, Helmut, Dipl.-Ing., Telefunken Systemtechnik, Ulm
Maurer, Robert Martin, o. Prof. Dr.-Ing., Univ. d. Saarlandes Saarbrücken 11
Mehner, Manfred, Dipl.-Ing. (FH), Siemens AG, München
Nossek, Josef A., Dr. techn., Prof., Techn. Universität München
Ochs, Alfred, Dipl.-Phys. Forschungsinstitut der Dt. Bundespost, Darmstadt
Peterknecht, Klaus, Dipl.-Ing., Siemens AG, München
Petermann, Klaus, Dr.-Ing., Prof., Technische Universität Berlin
Petry, Hans-Peter, Dr. rer. nat., ANT Nachrichtentechnik, Backnang
Pettenpaul, Ewald, Dr.-Ing., Siemens AG München

Pfleiderer, Hans-Jörg, Dr.-Ing., Prof., Universität Ulm
Pötzl, Friedrich, Dipl.-Ing., Valvo BHW
Reiche, Jürgen, Dipl.-Ing., Brown Boveri & Cie AG, Mannheim
Renkert, Viktor, Dipl.-Ing., Telefunken Systemtechnik, Ulm
Reutter, Jörg, Dipl.-Ing. (FH), Standard Elektrik Lorenz AG, Stuttgart
Röschmann, Peter, Dipl.-Ing., Philips GmbH, Forschungslaboratorium Hamburg
Rücker, Friedrich, Dipl.-Phys., Forschungsinstitut der Dt. Bundespost, Darmstadt
Russer, Peter, Dr. techn., Prof., Technische Universität München
Schaller, Wolfgang, Dr.-Ing., Telefunken Systemtechnik, Ulm
Scheffer, Hans, Dipl.-Ing., Forschungsinstitut der Dt. Bundespost, Darmstadt
Schmid, Wolfgang, Dipl.-Ing. (FH), Standard Elektrik Lorenz AG, Stuttgart
Schmidt, Lorenz-Peter, Dr.-Ing., Telefunken Systemtechnik, Ulm
Schmoll, Siegfried, Dipl.-Ing., Standard Elektrik Lorenz AG, Stuttgart
Schöffel, Helmut, Dipl.-Ing., Telefunken Systemtechnik, Ulm
Schrenk, Hartmut, Dr. rer. nat., Siemens AG, München
Schuster, Harald, Dipl.-Ing., Telefunken Systemtechnik, Ulm
Siegl, Johann, Dr.-Ing., Prof., Fachhochschule Nürnberg
Söllner, Helmut, Dipl.-Ing., Telefunken Systemtechnik, Ulm
Spatz, Jürgen, Dipl.-Ing., Siemens AG, Neustadt b. Coburg
Stocker, Helmut, Dr. techn., Siemens AG, München
Thaler, Hans-Jörg, Dr. rer. nat., Siemens AG München
Thielen, Herbert, Dipl.-Phys., Forschungsinstitut der Dt. Bundespost, Darmstadt
Treczka, Leo, Spinner GmbH, München
Tschiesche, Hugo, Dipl.-Ing., Standard Elektrik Lorenz AG, Stuttgart
Uhlmann, Manfred, Dipl.-Ing. (FH), Telefunken Systemtechnik, Ulm
Valentin, Rolf, Dr. rer. nat., Forschungsinstitut der Dt. Bundespost, Darmstadt
Weigel, Robert, Dr.-Ing., Techn. Universität München
Wieder, Armin, Dr.-Ing., Siemens AG, München
Wolfram, Gisbert, Dr. rer. nat., Siemens AG, München
Wysocki, Bodo, Dipl.-Ing., RIAS Berlin
Zimmermann, Peter, Dr. rer. nat., Radiometer physics, Meckenheim

Vorwort zur 5. Auflage

Das von H. Meinke und F. W. Gundlach im Jahre 1955 erstmals herausgegebene „Taschenbuch der Hochfrequenztechnik" erschien in einer Zeit, in der nur wenige Fachbücher über dieses Gebiet vorlagen. Es wurde daher bald, auch in seinen beiden folgenden Auflagen (1961, 1967) für viele auf diesem Gebiet Tätigen unverzichtbar als Nachschlagewerk und Ratgeber. Derzeit gibt es eine Vielzahl ausgezeichneter aktueller Lehr- und Sachbücher über alle Teilgebiete der Hochfrequenztechnik. Dennoch wird es derjenige, der sich über verschiedene Teilbereiche grundlegend informieren will, begrüßen, geeignete Informationen in knapper und konzentrierter Form in die Hand zu bekommen.
Der Initiative von F. W. Gundlach war es zu danken, daß 1983 eine Neufassung begonnen werden konnte. Erste Pläne konnten noch mit H. Meinke besprochen werden, leider wurde seinem Schaffen zu früh ein Ende gesetzt. Als langjährige Mitarbeiter der früheren Herausgeber bemühen wir uns um die Fortsetzung ihres Werks.
Die Fortschritte in der Entwicklung hochfrequenztechnischer Komponenten und Systeme, die wesentlich durch den Einsatz moderner Halbleiterbauelemente ermöglicht wurden, erforderten eine völlige Neugestaltung der 1985 herausgegebenen 4. Auflage gegenüber den vorausgegangenen. Die hiermit vorliegende 5. Auflage wurde aktualisiert, Korrekturen wurden vorgenommen und einige Kapitel auch völlig umgestaltet. In der Hochfrequenztechnik werden einerseits immer höhere Frequenzen angewendet, andererseits erfolgt die Entwicklung von Schaltungen zunehmend mit Rechnerunterstützung. Beidem mußte Rechnung getragen werden, ohne den Umfang des Buches wesentlich zu vergrößern. Daher mußten Beiträge geopfert werden, die keinen besonderen Bezug zu Fragen der Hochfrequenztechnik aufweisen und auch in anderen Büchern zu finden sind, wie zum Beispiel die allgemeine Darstellung der Netzwerktheorie.
Zweck dieses Werkes ist, dem Benutzer Informationen über grundlegende Eigenschaften und Zusammenhänge zu vermitteln sowie ihm Anregungen bezüglich der Einsatzmöglichkeiten von Schaltungen und Komponenten und, soweit möglich, Dimensionierungshinweise zu geben. Die Darstellung der einzelnen Gebiete mußte knapp gehalten werden. Am Ende der Kapitel findet der Leser jedoch Literaturzitate, in denen Einzelfragen behandelt werden, auf die im Text nur hingewiesen werden konnte. Das Werk soll kein Lehrbuch sein. Nötige Grundkenntnisse können durch Studium des am Kapitelanfang aufgeführten allgemeinen Schrifttums erworben werden.
Wie bei der 4. Auflage ist dieses Buch sowohl als Gesamtband als auch in drei Teilbänden mit den Themenbereichen

      1. Grundlagen   (Teile A bis I),
      2. Komponenten (Teile K bis N),
      3. Systeme   (Teile O bis S)

erhältlich. Durch diese Aufteilung ist die Möglichkeit gegeben, das Taschenbuch schrittweise zu erwerben. Inhaltsverzeichnis und Sachregister der Gesamtausgabe sind auch in jedem Teilband enthalten, um durch Hinweise auch auf den Inhalt der anderen Teilbände die Benutzung zu erleichtern.
Die Herausgeber sind allen am Entstehen dieser Auflage Beteiligten zu Dank verpflichtet: Allen Autoren für die Mühe, die sie für die Durchsicht und Aktualisierung ihrer Beiträge aufwendeten, den Mitarbeitern des Springer-Verlages für die sorgfältige Bearbeitung des Satzes und der Bildvorlagen.
Wir wünschen allen Benutzern des Meinke/Gundlach in der neuen Fassung den erhofften Nutzen und Erfolg in ihrer fachlichen Arbeit und danken im voraus für alle Anregungen und konstruktive Kritik.

München und Hannover, im September 1992   K. Lange   K.-H. Löcherer

Inhaltsverzeichnis

A Einleitung
Gundlach

1	Hinweise zur Benutzung des Taschenbuchs	A 1
2	Physikalische Größen, ihre Einheiten und Formelzeichen	A 1
3	Schreibweise physikalischer Gleichungen	A 3
4	Frequenzzuordnungen	A 4

B Elektromagnetische Felder und Wellen
Lange

1	**Grundlagen**	B 1
	1.1 Koordinatensysteme	B 1
	1.2 Differentialoperatoren	B 1
	1.3 Maxwellsche Gleichungen	B 3
2	**Wellenausbreitung in homogenen Medien**	B 3
	2.1 Ebene Welle im verlustlosen Medium	B 3
	2.2 Ebene Welle im verlustbehafteten Medium	B 4
	2.3 Leitendes Gas	B 5
	2.4 Anisotropes Medium	B 5
	2.5 Gyrotropes Medium	B 6
3	**Polarisation**	B 7
	3.1 Lineare Polarisation	B 7
	3.2 Zirkulare Polarisation	B 7
4	**Wellen an Grenzflächen**	B 8
	4.1 Senkrechter Einfall	B 8
	4.2 Schräger Einfall	B 9
	4.3 Oberflächenwellen	B 12
5	**Skineffekt**	B 13
6	**Oberflächenstromdichte**	B 16
7	**Elektromagnetische Beeinflussung durch Hochfrequenzstrahlung**	B 17
8	**Gefährdung von Lebewesen durch elektromagnetische Strahlung**	B 20

C Grundlagen der Schaltungsberechnung, Leitungstheorie
Lange (1 bis 6); Siegl (7); Dalichau (8)

1	Spannungen, Ströme, Feldgrößen und ihre komplexe Darstellung	C 1
2	Impedanzebene, Admittanzebene	C 3
3	Ein- und Mehrtore, Streuparameter	C 9
4	Transmissionsparameter	C 11

5 Frequenzselektive Filter . . . . C 12
6 Theorie der Leitungen . . . . C 17
    6.1 Leitungskenngrößen . . . . C 17
    6.2 Verlustlose Leitungen . . . . C 20
    6.3 Gedämpfte Leitung . . . . C 24
7 Theorie gekoppelter Leitungen . . . . C 25
8 Rechnerunterstützter Entwurf . . . . C 29
    8.1 Einleitung . . . . C 29
    8.2 Analyse linearer Schaltungen . . . . C 31
    8.3 Analyse nichtlinearer Schaltungen . . . . C 34
    8.4 Layout und Dokumentation . . . . C 35
    8.5 Synthese von Filter- und Anpaßschaltungen . . . . C 36
    8.6 Analyse von Systemen . . . . C 37
    8.7 Ersatzschaltbilder für Transistoren . . . . C 38
    8.8 Berechnen von Bauelementen; Feldberechnung . . . . C 39
    8.9 Ausblick . . . . C 40

D Grundbegriffe der Nachrichtenübertragung
Löcherer (3); Lüke (1, 2, 4, 5)

1 Nachrichtenübertragungssysteme . . . . D 1
2 Signale und Systeme . . . . D 2
    2.1 Signale und Signalklassen . . . . D 2
    2.2 Lineare, zeitinvariante Systeme und die Faltung . . . . D 3
    2.3 Fourier-Transformation . . . . D 4
    2.4 Tiefpaß- und Bandpaßsysteme . . . . D 6
    2.5 Diskrete Signale und Digitalfilter . . . . D 9
3 Grundbegriffe der statistischen Signalbeschreibung
und des elektronischen Rauschens . . . . D 11
    3.1 Einführung . . . . D 12
    3.2 Mathematische Verfahren zur Beschreibung von Zufallssignalen . . . D 12
    3.3 Rauschquellen und ihre Ersatzschaltungen . . . . D 18
    3.4 Rauschende lineare Vierpole . . . . D 21
    3.5 Übertragung von Rauschen durch nichtlineare Netzwerke . . D 26
4 Signalarten und Übertragungsanforderungen . . . . D 28
    4.1 Fernsprech- und Tonsignale . . . . D 28
    4.2 Bildsignale . . . . D 30
5 Begriffe der Informationstheorie . . . . D 32
    5.1 Diskrete Nachrichtenquellen und Kanäle . . . . D 33
    5.2 Kontinuierliche Nachrichtenquellen und Kanäle . . . . D 35

E Materialeigenschaften und konzentrierte passive Bauelemente
Kleinschmidt (7, 8); Lange (1 bis 6, 9, 10)

1 Leiter . . . . E 1
2 Dielektrische Werkstoffe . . . . E 1
    2.1 Allgemeine Werte . . . . E 1
    2.2 Substratmaterialien . . . . E 3
    2.3 Sonstige Materialien . . . . E 3
3 Magnetische Werkstoffe . . . . E 4
4 Wirkwiderstände . . . . E 5

5 Kondensatoren ... E 9
   5.1 Kapazität ... E 9
   5.2 Anwendungsfälle ... E 9
   5.3 Kondensatortypen ... E 10
   5.4 Bauformen für die Hochfrequenztechnik ... E 11
   5.5 Belastungsgrenzen ... E 12
6 Induktivitäten ... E 13
   6.1 Induktivität gerader Leiter ... E 13
   6.2 Induktivität von ebenen Leiterschleifen ... E 13
   6.3 Gegeninduktivität ... E 14
   6.4 Spulen ... E 14
7 Piezoelektrische Werkstoffe und Bauelemente ... E 16
   7.1 Allgemeines ... E 16
   7.2 Piezoelektrischer Effekt ... E 16
   7.3 Piezoelektrische Wandler ... E 17
   7.4 Piezoresonatoren ... E 19
   7.5 Materialien ... E 20
8 Magnetostriktive Werkstoffe und Bauelemente ... E 22
   8.1 Allgemeines ... E 22
   8.2 Materialeigenschaften ... E 23
   8.3 Charakteristische Größen ... E 23
   8.4 Schwinger ... E 23
9 HF-Durchführungsfilter ... E 25
10 Absorber ... E 25

F Hochfrequenzverstärker
Dalichau

1 Einleitung ... F 1
   1.1 Überblick ... F 1
   1.2 Aufbau eines HF-Transistorverstärkers ... F 3
2 Kenngrößen ... F 5
   2.1 Stabilität ... F 5
   2.2 S-Parameter ... F 8
   2.3 Wirkungsgrad ... F 8
   2.4 Verstärkung ... F 9
3 Schaltungskonzepte ... F 12
   3.1 Grundschaltungen ... F 12
   3.2 Rückkopplung, Neutralisation ... F 14
   3.3 Rückwirkungsfreiheit ... F 14
   3.4 Verstärkungsregelung ... F 15
   3.5 Anpaßnetzwerke ... F 15
4 Verstärker für spezielle Anwendungen ... F 19
   4.1 Breitbandverstärker ... F 19
   4.2 Selektive Verstärker ... F 21
   4.3 Leistungsverstärker ... F 22
   4.4 Rauscharme Verstärker ... F 24
   4.5 Logarithmische Verstärker ... F 25
5 Nichtlinearität ... F 27
   5.1 1-dB-Kompressionspunkt ... F 27
   5.2 Harmonische ... F 28
   5.3 Intermodulation ... F 28
   5.4 Kreuzmodulation ... F 29

5.5 AM-PM-Umwandlung . . . . F 29
5.6 Erholzeit . . . . F 30
5.7 Nichtharmonische Störsignale . . . . F 30

6 Transistoren, integrierte Verstärker . . . . F 31

7 Technische Realisierung . . . . F 34

7.1 Gleichstromarbeitspunkt . . . . F 34
7.2 Schaltungsaufbau . . . . F 36
7.3 Schaltungsabgleich . . . . F 37
7.4 Gleichstromentkopplung . . . . F 37
7.5 Gehäuse . . . . F 38

G Netzwerke mit nichtlinearen passiven und aktiven Bauelementen
Blum (3, 4); Hoffmann (2); Maurer (1.1 bis 1.4); Petry (1.5 bis 1.7)

1 Mischung und Frequenzvervielfachung . . . . G 1

1.1 Kombinationsfrequenzen . . . . G 2
1.2 Auf- und Abwärtsmischung. Gleich- und Kehrlage . . . . G 2
1.3 Mischung mit Halbleiterdiode als nichtlinearem Strom-Spannungs-Bauelement . . . . G 4
1.4 Mischung mit Halbleiterdiode als nichtlinearem Spannungs-Ladungs-Bauelement . . . . G 12
1.5 Mischung mit Transistoren . . . . G 18
1.6 Rauschmessungen an Mischern . . . . G 21
1.7 Frequenzvervielfachung und Frequenzteilung . . . . G 22

2 Begrenzung und Gleichrichtung . . . . G 27

2.1 Kennlinien . . . . G 27
2.2 Begrenzer . . . . G 28
2.3 Gleichrichter . . . . G 28
2.4 Übertragung von verrauschten Signalen durch Begrenzer und Gleichrichter . . . . G 33

3 Leistungsverstärkung . . . . G 33

3.1 Kenngrößen von Leistungsverstärkern . . . . G 33
3.2 Betriebsarten, Wirkungsgrad und Ausgangsleistung . . . . . G 34
3.3 Verzerrungen, Verzerrungs- und Störminderung durch Gegenkopplung G 37
3.4 Praktische Ausführung von Leistungsverstärkern . . . . . . G 37
3.5 Schutzmaßnahmen gegen Überlastung . . . . G 38

4 Oszillatoren . . . . G 39

4.1 Analysemethoden für harmonische Oszillatoren . . . . G 40
4.2 Zweipoloszillatoren . . . . G 42
4.3 Dreipol- und Vierpoloszillatoren . . . . G 43
4.4 Nichtlineare Beschreibung. Ermittlung und Stabilisierung der Schwingungsamplitude . . . . G 45
4.5 Langzeit- und Kurzzeitstabilität. Rauschen . . . . G 46
4.6 Funktions- und Impulsgeneratoren . . . . G 47

H Wellenausbreitung im Raum
Damboldt (3.3, 4, 6.1, 6.2); Dintelmann (2, 3.4); Kühn (2); Lorenz (1, 3.1, 5, 6.3); Ochs (7); Rücker (6.4); Valentin (3.2, 5, 6.4)

1 Grundlagen . . . . H 1

1.1 Begriffe . . . . H 1
1.2 Statistische Auswertung von Meßergebnissen . . . . H 1
1.3 Theoretische Amplitudenverteilungen . . . . H 2

2 Ausbreitungserscheinungen ... H 4
- 2.1 Freiraumausbreitung
- 2.2 Brechung ... H 4
- 2.3 Reflexion ... H 5
- 2.4 Dämpfung ... H 5
- 2.5 Streuung ... H 5
- 2.6 Ausbreitung entlang ebener Erde ... H 6
- 2.7 Beugung ... H 7

3 Ausbreitungsmedien ... H 9
- 3.1 Erde ... H 10
- 3.2 Troposphäre ... H 11
- 3.3 Ionosphäre ... H 13
- 3.4 Weltraum ... H 15

4 Funkrauschen ... H 16
- 4.1 Atmosphärisches Rauschen unterhalb etwa 20 MHz ... H 16
- 4.2 Galaktisches und kosmisches Rauschen ... H 17
- 4.3 Atmosphärisches Rauschen oberhalb etwa 1 GHz ... H 17
- 4.4 Industrielle Störungen ... H 17

5 Frequenzselektiver und zeitvarianter Schwund ... H 18
- 5.1 Das Modell für zwei Ausbreitungswege ... H 18
- 5.2 Mehrwegeausbreitung ... H 19
- 5.3 Funkkanalsimulation ... H 22

6 Planungsunterlagen für die Nutzung der Frequenzbereiche ... H 23
- 6.1 Frequenzen unter 1600 kHz (Längstwellen, Langwellen, Mittelwellen) . H 23
- 6.2 Frequenzen zwischen 1,6 und 30 MHz (Kurzwellen) ... H 24
- 6.3 Frequenzen zwischen 30 und 1000 MHz (Ultrakurzwellen, unterer Mikrowellenbereich) ... H 26
- 6.4 Frequenzen über 1 GHz (Mikrowellen) ... H 28

7 Störungen in partagierten Bändern durch Ausbreitungseffekte ... H 36
- 7.1 Störungen durch ionosphärische Effekte ... H 37
- 7.2 Störungen durch troposphärische Effekte ... H 37

I Hochfrequenzmeßtechnik
Dalichau

1 Messung von Spannung, Strom und Phase ... I 1
- 1.1 Übersicht: Spannungsmessung ... I 1
- 1.2 Überlagerte Gleichspannung ... I 2
- 1.3 Diodengleichrichter ... I 2
- 1.4 HF-Voltmeter ... I 2
- 1.5 Vektorvoltmeter ... I 3
- 1.6 Oszilloskop ... I 3
- 1.7 Tastköpfe ... I 5
- 1.8 Strommessung ... I 6
- 1.9 Phasenmessung ... I 6

2 Leistungsmessung ... I 7
- 2.1 Leistungsmessung mit Bolometer ... I 8
- 2.2 Leistungsmessung mit Thermoelement ... I 8
- 2.3 Leistungsmessung mit Halbleiterdioden ... I 8
- 2.4 Ablauf der Messung, Meßfehler ... I 9
- 2.5 Pulsleistungsmessung ... I 10
- 2.6 Kalorimetrische Leistungsmessung ... I 10

3 Netzwerkanalyse: Transmissionsfaktor ... I 10
- 3.1 Meßgrößen der Netzwerkanalyse ... I 10
- 3.2 Direkte Leistungsmessung ... I 11

3.3 Messung mit Richtkoppler oder Leistungsteiler	I12
3.4 Empfänger	I12
3.5 Substitutionsverfahren	I13
3.6 Meßfehler durch Fehlanpassung	I14
3.7 Meßfehler durch Harmonische und parasitäre Schwingungen des Generators	I15
3.8 Meßfehler durch Rauschen und Frequenzinstabilität	I16
3.9 Meßfehler durch äußere Verkopplungen	I16
3.10 Gruppenlaufzeit	I16
4 Netzwerkanalyse: Reflexionsfaktor	**I17**
4.1 Richtkoppler	I17
4.2 Fehlerkorrektur bei der Messung von Betrag und Phase	I18
4.3 Kalibrierung	I19
4.4 Reflexionsfaktorbrücke	I19
4.5 Fehlerkorrektur bei Betragsmessungen	I20
4.6 Meßleitung	I21
4.7 Sechstor-Reflektometer	I21
4.8 Netzwerkanalyse mit zwei Reflektometern	I23
4.9 Umrechnung vom Frequenzbereich in den Zeitbereich	I23
4.10 Netzwerkanalysatoren	I24
5 Spektrumanalyse	**I25**
5.1 Grundschaltungen	I25
5.2 Automatischer Spektrumanalysator (ASA)	I25
5.3 Formfaktor des ZF-Filters	I25
5.4 Einschwingzeit des ZF-Filters	I26
5.5 Stabilität des Überlagerungsoszillators	I26
5.6 Eigenrauschen	I26
5.7 Lineare Verzerrungen	I26
5.8 Nichtlineare Verzerrungen	I26
5.9 Harmonischenmischung	I27
5.10 Festabgestimmter AM-Empfänger	I28
5.11 Modulierte Eingangssignale	I28
5.12 Gepulste Hochfrequenzsignale	I28
6 Frequenz- und Zeitmessung	**I29**
6.1 Digitale Frequenzmessung	I29
6.2 Digitale Zeitmessung	I31
6.3 Analoge Frequenzmessung	I31
7 Rauschmessung	**I32**
7.1 Rauschzahl, Rauschtemperatur, Rauschbandbreite	I32
7.2 Meßprinzip	I32
7.3 Rauschgeneratoren	I33
7.4 Meßfehler	I33
7.5 Tangentiale Empfindlichkeit	I34
8 Spezielle Gebiete der Hochfrequenzmeßtechnik	**I35**
8.1 Messungen an diskreten Bauelementen	I35
8.2 Messungen im Zeitbereich	I36
8.3 Feldstärkemessung	I37
8.4 Messungen an Antennen	I38
8.5 Messungen an Resonatoren	I40
8.6 Messungen an Signalquellen	I42
9 Hochfrequenzmeßtechnik in speziellen Technologiebereichen	**I45**
9.1 Microstripmeßtechnik	I45
9.2 Hohlleitermeßtechnik	I46
9.3 Lichtwellenleiter-Meßtechnik	I47
10 Rechnergesteuertes Messen	**I49**
10.1 Übersicht	I49
10.2 RS232-Schnittstelle	I50

10.3 IEC-Bus	I 51
10.4 VXIbus	I 52
10.5 Modulares Meßsystem (MMS)	I 53
10.6 Programme zur Meßgerätesteuerung	I 53

Inhaltsverzeichnis zu Band 2

K Hochfrequenz-Wellenleiter
Bretting (6); Dalichau (1, 2, 7); Groll (4); Petermann (5); Siegl (3)

1 Zweidrahtleitungen	K 1
1.1 Feldberechnung	K 1
1.2 Bauformen	K 2
1.3 Leitungswellenwiderstände	K 2
2 Koaxialleitungen	K 3
2.1 Feldberechnung	K 4
2.2 Leitungswellenwiderstände	K 4
2.3 Bauformen	K 5
2.4 Betriebsdaten	K 5
3 Planare Mikrowellenleitungen	K 7
3.1 Anwendung und Realisierung von planaren Mikrowellenleitungen	K 7
3.2 Mikrostreifenleitung	K 9
3.3 Gekoppelte Mikrostreifenleitungen	K 13
3.4 Koplanare Streifenleitung und Schlitzleitung	K 15
3.5 Koplanarleitung und gekoppelte Schlitzleitungen	K 16
3.6 Übergänge und Leitungsdiskontinuitäten	K 18
4 Hohlleiter	K 20
4.1 Allgemeines über Wellen in Hohlleitern	K 21
4.2 Felder unterhalb der kritischen Frequenz	K 22
4.3 Wellenausbreitung oberhalb der kritischen Frequenz	K 23
4.4 Die magnetische Grundwelle	K 24
4.5 Andere magnetische Wellentypen	K 26
4.6 Elektrische Hohlleiterwellentypen	K 28
4.7 Technische Formen für die H_{10}-Welle	K 29
4.8 Hohlleiter besonderer Form	K 32
4.9 Hohlleiterwellen der Koaxialleitung	K 35
5 Dielektrische Wellenleiter, Glasfaser	K 36
5.1 Der dielektrische Draht	K 36
5.2 Optische Fasern	K 37
5.3 Schichtwellenleiter	K 40
6 Wellenleiter mit periodischer Struktur	
6.1 Allgemeine Eigenschaften	K 41
6.2 Die Wellenausbreitung in Leitungen mit periodischer Struktur	K 42
6.3 Wendelleitung	K 44
6.4 Leitungen mit gekoppelten Kreisen	K 45
7 Offene Wellenleiter	
7.1 Nicht-abstrahlende Wellenleiter	K 46
7.2 Leckwellenleiter	K 48

L Schaltungskomponenten aus passiven Bauelementen
Dalichau (2 bis 4); Kleinschmidt (11); Lange (9.1 bis 9.6, 10); Pötzl (8); Röschmann (9.8); Siegl (7.1, 7.3); Stocker (12); Treczka (1, 5, 6, 7.2, 7.4); Wolfram (9.7)

1 Transformations- und Anpassungsglieder	L 1
1.1 Verlustbehaftete Widerstandsanpassungsglieder	L 1
1.2 Transformation mit konzentrierten Blindwiderständen	L 1

1.3 Leitungslängen mit unterschiedlichem Wellenwiderstand . . . . L 3
1.4 Inhomogene verlustfreie Leitungen . . . . L 5
1.5 Transformation bei einer Festfrequenz . . . . L 8

2 Stecker und Übergänge . . . . L 9

2.1 Koaxiale Steckverbindungen . . . . L 9
2.2 Übergänge zwischen gleichen Leitungen mit unterschiedlichem Querschnitt . . . . L 10
2.3 Konusleitung, Konusübergang . . . . L 12
2.4 Übergang zwischen Koaxial- und Zweidrahtleitung . . . . L 12
2.5 Übergang zwischen Koaxial- und Microstripleitung . . . . L 14
2.6 Übergang zwischen Koaxialleitung und Hohlleiter . . . . L 15

3 Reflexionsarme Abschlußwiderstände . . . . L 17

4 Dämpfungsglieder . . . . L 19

4.1 Allgemeines . . . . L 19
4.2 Festdämpfungsglieder . . . . L 20
4.3 Veränderbare Dämpfungsglieder . . . . L 21
4.4 Hohlleiterdämpfungsglieder . . . . L 23

5 Verzweigungen . . . . L 24

5.1 Angepaßte Verzweigung mit Widerständen . . . . L 24
5.2 Leistungsverzweigungen . . . . L 24
5.3 Verzweigungen mit $\lambda/4$-Leitungen und gleichen Leistungen . . . . . L 25
5.4 Verzweigung mit Richtkoppler . . . . L 25

6 Phasenschieber . . . . L 26

6.1 Phasenschiebung durch Serienwiderstand . . . . L 26
6.2 Phasenschiebung durch Parallelwiderstand . . . . L 27
6.3 Nichttransformierende Phasenschieber . . . . L 27
6.4 Phasenschiebung durch Auszieheitung . . . . L 28
6.5 Phasenschiebung durch Richtkoppler . . . . L 28

7 Richtkoppler . . . . L 29

7.1 Wirkungsweise und Anwendung . . . . L 29
7.2 Richtkoppler mit Koaxialleitungen . . . . L 31
7.3 Richtkoppler mit planaren Leitungen . . . . L 33
7.4 Hohlleiterrichtkoppler . . . . L 35

8 Zirkulatoren und Einwegleitungen . . . . L 38

8.1 Zirkulatoren . . . . L 38
8.2 Einwegleitungen (Richtungsleitung) . . . . L 43

9 Resonatoren . . . . L 45

9.1 Schwingkreise . . . . L 45
9.2 Leitungsresonatoren . . . . L 46
9.3 Hohlraumresonatoren . . . . L 47
9.4 Abstimmung von Hohlraumresonatoren . . . . L 49
9.5 Ankopplung an Hohlraumresonatoren . . . . L 50
9.6 Fabry-Perot-Resonator . . . . L 51
9.7 Dielektrische Resonatoren . . . . L 51
9.8 Ferrimagnetische Resonatoren . . . . L 53

10 Kurzschlußschieber . . . . L 56

11 Elektromechanische Resonatoren und Filter . . . . L 57

11.1 Allgemeines . . . . L 57
11.2 Resonatoren . . . . L 57
11.3 Filter . . . . L 59
11.4 Elektromechanische Verzögerungsleitungen . . . . L 64

12 Akustische Oberflächenwellen-Bauelemente . . . . L 65

12.1 Übersicht . . . . L 65
12.2 Interdigitalwandler . . . . L 66

12.3 Reflektoren, Koppler und Wellenleiter . . . . L 67
12.4 Filter . . . . L 68
12.5 Resonatoren und Reflektorfilter . . . . L 71
12.6 Konvolver und Korrelatoren . . . . L 72

M Aktive Bauelemente

Bretting (4.1 bis 4.10); Döring (4.11); Horninger (1.3); Petermann (2);
Pettenpaul (1.2); Pfleiderer (1.3); Russer (3); Schrenk (1.2); Weigel (3);
Wieder (1.1, 1.3)

1 Aktive Halbleiterbauelemente . . . . M 1
1.1 Physikalische Grundlagen für Halbleitermaterialien . . . . M 1
1.2 Diskrete Halbleiterbauelemente . . . . M 11
1.3 Integrierte Schaltungen . . . . M 20

2 Optoelektronische Halbleiterbauelemente . . . . M 48
2.1 Einleitung . . . . M 48
2.2 Lichtemission und -absorption in Halbleitern . . . . M 48
2.3 Werkstoffe und Technologie . . . . M 49
2.4 Lichtemittierende Dioden (LED) . . . . M 50
2.5 Halbleiterlaser . . . . M 52
2.6 Photodioden . . . . M 56

3 Quantenphysikalische Bauelemente . . . . M 59
3.1 Physikalische Grundlagen . . . . M 59
3.2 Der Laser . . . . M 60
3.3 Der Maser . . . . M 63
3.4 Nichtlineare Optik . . . . M 65
3.5 Supraleitende Bauelemente . . . . M 65

4 Elektronenröhren . . . . M 71
4.1 Elektronenemission . . . . M 71
4.2 Glühkathoden . . . . M 72
4.3 Grundgesetze der Elektronenbewegung in elektrischen und
     magnetischen Feldern . . . . M 73
4.4 Röhrentechnologie . . . . M 74
4.5 Gittergesteuerte Röhren für hohe Leistungen . . . . M 76
4.6 Laufzeitröhren für hohe Frequenzen . . . . M 77
4.7 Klystrons . . . . M 78
4.8 Wanderfeldröhren . . . . M 81
4.9 Rückwärtswellenröhren vom O-Typ . . . . M 83
4.10 Kreuzfeldröhren . . . . M 84
4.11 Gyrotrons . . . . M 87

N Antennen

Adelseck (10.2); Dombek (13.2, 15); Hollmann (14.2); Hombach (12.2; 12.3,
13.1, 16); Kühn (12.1); Landstorfer (1 bis 3, 8); Lange (4, 5, 7);
Lindenmeier (11); Reiche (6); Scheffer (12.1); Schmidt (10.1); Thielen (14.1);
Uhlmann (9)

1 Grundlagen über Strahlungsfelder und Wellentypwandler . . . . N 1

2 Elementare Strahlungsquellen . . . . N 3
2.1 Isotroper Kugelstrahler . . . . N 3
2.2 Hertzscher Dipol . . . . N 3
2.3 Magnetischer Elementardipol . . . . N 4
2.4 Huygenssche Elementarquelle . . . . N 5

3 Kenngrößen von Antennen ... N 6
    3.1 Leistungsgrößen, Strahlungswiderstand, Verlustwiderstand ... N 6
    3.2 Kenngrößen des Strahlungsfeldes ... N 7
    3.3 Richtfaktor und Gewinn ... N 9
    3.4 Wirksame Fläche, wirksame Länge ... N 10

4 Einfache Antennen ... N 11
    4.1 Stabantennen und Dipole ... N 11
    4.2 Langdrahtantennen ... N 15
    4.3 Rahmenantennen ... N 16
    4.4 Schlitzantennen ... N 17
    4.5 Zusammenstellung wichtiger Eigenschaften ... N 17

5 Grundlagen über Richtantennen ... N 18
    5.1 Systeme mit zwei Strahlern ... N 18
    5.2 Strahlende Linie ... N 19

6 Rundfunk- und Fernsehantennen ... N 20

7 Planare Antennen ... N 24

8 Yagi-Uda-Antennen ... N 26

9 Logarithmisch-periodische Antennen ... N 28
    9.1 Einführung ... N 28
    9.2 Dimensionierung ... N 29
    9.3 Weitere Ausführungsformen von logarithmisch-periodischen Antennen ... N 31

10 Spiral- und Wendelantennen ... N 33
    10.1 Spiralantennen ... N 33
    10.2 Wendelantennen ... N 35

11 Aktive Empfangsantennen ... N 36

12 Hohlleiter- und Hornstrahler ... N 40
    12.1 In der Grundwelle erregte Hohlleiter- und Hornstrahler ... N 40
    12.2 Strahler mit höheren Wellentypen ... N 43
    12.3 Hybridwellenstrahler ... N 44

13 Dielektrische Antennen ... N 46
    13.1 Stielstrahler ... N 47
    13.2 Nahfeldlinsenantennen ... N 48

14 Reflektor- und Linsenantennen ... N 49
    14.1 Reflektorantennen ... N 49
    14.2 Linsenantennen ... N 53

15 Gruppenantennen ... N 56
    15.1 Prinzipieller Aufbau und Anwendungsgebiete ... N 56
    15.2 Strahlungseigenschaften ... N 58
    15.3 Verkopplung ... N 62
    15.4 Speisenetzwerk ... N 63

16 Berechnung von Drahtantennen mit der Momentenmethode ... N 65
    16.1 Grundlagen ... N 65
    16.2 Drahtgittermodelle ... N 66
    16.3 Berechnungsverfahren ... N 67

Inhaltsverzeichnis zu Band 3

O Modulation und Demodulation
Gier (1); Heckel (5.2, 5.3, 5.5); Reutter (3); Schmid (4); Schmoll (2); Tschieche (5.1, 5.4)

1 Analoge Modulationsverfahren ... O 1
    1.1 Amplitudenmodulation (AM) ... O 1
    1.2 Frequenzmodulation (FM) ... O 7

1.3 Phasenmodulation (PM)	O 13
1.4 Vergleich der analogen Modulationsverfahren	O 14

2 Modulation digitaler Signale . . . . O 15

    2.1 Einführung . . . . O 15
    2.2 Amplitudenmodulation . . . . O 16
    2.3 Frequenzumtastung (FSK) . . . . O 17
    2.4 Phasenumtastung (PSK) . . . . O 19
    2.5 Trägerrückgewinnung . . . . O 25
    2.6 Taktableitung . . . . O 27
    2.7 Vergleich der verschiedenen Verfahren . . . . O 28

3 Digitale Signalaufbereitung . . . . O 30

    3.1 Einführung . . . . O 30
    3.2 Pulscodemodulation . . . . O 31
    3.3 Deltamodulation . . . . O 38

4 Mehrfachmodulation . . . . O 42

    4.1 Einführung . . . . O 42
    4.2 Digitale Modulationsverfahren mit zusätzlicher analoger Modulation . O 43
    4.3 Signalspreizung . . . . O 46

5 Vielfach-Zugriffsverfahren . . . . O 50

    5.1 Einführung . . . . O 51
    5.2 Vielfachzugriff im Frequenzmultiplex (FDMA) . . . . O 51
    5.3 Vielfachzugriff im Zeitmultiplex (TDMA) . . . . O 53
    5.4 Codemultiplex (CDMA) = Spread Spectrum-Multiplex (SSMA) . . O 55
    5.5 Verfahrensvergleich . . . . O 63

P Sender
Bretting (4.2); Demmel (4.1); Lustig (4.3; 4.4); Wysocki (1 bis 3)

1 Übersicht . . . . P 1

    1.1 Allgemeines . . . . P 1
    1.2 Grundsätzliche Wirkungsweise eines Senders . . . . P 1
    1.3 Bezeichnungen von erwünschten Aussendungen . . . . P 2
    1.4 Bezeichnungen von unerwünschten Aussendungen . . . . P 3

2 Funktionseinheiten der Sender . . . . P 3

    2.1 Frequenzerzeugung . . . . P 3
    2.2 Leistungsverstärkung . . . . P 4
    2.3 Modulationsverstärker . . . . P 11
    2.4 Endstufenmodulation . . . . P 14
    2.5 Leistungsauskopplung . . . . P 15
    2.6 Parallelschaltung . . . . P 18
    2.7 Betriebseinrichtungen . . . . P 20

3 Senderklassen . . . . P 21

    3.1 Amplitudenmodulierte Tonrundfunksender . . . . P 21
    3.2 Frequenzmodulierte Tonrundfunksender . . . . P 22
    3.3 Nachrichtensender . . . . P 22
    3.4 Fernsehsender . . . . P 23

4 Sender mit Laufzeitröhren . . . . P 26

    4.1 Klystronsender . . . . P 26
    4.2 Wanderfeldröhrensender . . . . P 28
    4.3 Magnetronsender . . . . P 30
    4.4 Senderendstufen mit Kreuzfeldverstärkerröhren (CFA) . . . . . . P 35

Q Empfänger

Esprester (1.1, 2.2); Fliege (3.2); Humann (1.3, 3.1); Lange (3.3); Lingenauber (2.5, 2.6, 3.4); Renkert (1.3, 2.4); Schaller (1.2, 3.4); Schöffel (1.3); Schuster (2.3); Söllner (1.3, 2.1, 3.4); Supritz (2.6 bis 2.8)

1 Grundlagen	Q 1
1.1 Definitionen	Q 1
1.2 Empfängerkonzepte	Q 4
1.3 Empfängereigenschaften	Q 9
2 Baugruppen eines Mehrfach-Überlagerungsempfängers	Q 18
2.1 HF-Selektion	Q 19
2.2 HF-Verstärkung	Q 20
2.3 Mischstufen	Q 21
2.4 Oszillatoren und Synthesizer	Q 23
2.5 ZF-Teil	Q 32
2.6 Demodulation	Q 36
2.7 NF-Teil	Q 44
2.8 Schnittstellen	Q 45
3 Anwendungen	Q 49
3.1 Nachrichtenempfänger	Q 49
3.2 Peilempfänger	Q 53
3.3 Such- und Überwachungsempfänger für Kommunikationssignale	Q 53
3.4 Digitaler Empfänger	Q 57

R Nachrichtenübertragungssysteme

Büchs (4); Eden (2); Krumpholz (5); Kügler (1); Mehner (1); Nossek (3.2); Peterknecht (3.3); Petermann (5); Spatz (1); Thaler (3.1, 3.4)

1 Koaxialkabelsysteme	R 1
2 Rundfunksysteme	R 10
2.1 Allgemeines	R 10
2.2 Rundfunkversorgung	R 10
2.3 AM-Hörrundfunk	R 11
2.4 FM-Hörrundfunk	R 13
2.5 Fernsehrundfunk	R 15
2.6 Satellitenrundfunk	R 19
2.7 Kabelrundfunk und Gemeinschaftsantennenanlagen	R 21
3 Richtfunksysteme	R 23
3.1 Grundlagen	R 23
3.2 Modulationsverfahren	R 26
3.3 Streckenaufbau und Geräte	R 32
3.4 Planung von Richtfunkverbindungen	R 37
4 Satellitenfunksysteme	R 42
4.1 Grundlagen	R 42
4.2 Grundzüge der Satellitenübertragung	R 44
4.3 Übertragungsarten	R 47
4.4 Raumstationen	R 49
4.5 Bodenstationen	R 53
5 Optische Nachrichtenübertragungssysteme	R 57
5.1 Einleitung	R 57
5.2 Komponenten der optischen Nachrichtentechnik	R 58
5.3 Charakterisierung des optischen Übertragungskanals	R 61
5.4 Übertragungsverfahren	R 66
5.5 Reichweite optischer Systeme	R 69
5.6 Kohärente optische Übertragungssysteme	R 70

S Hochfrequenztechnische Anlagen
Detlefsen (1, 2.2 bis 2.4); Fliege (2.1); Janzen (3); Zimmermann (4)

1 Radartechnik . . . . S 1
   1.1 Grundlagen der Radartechnik . . . . S 1
   1.2 Dauerstrichradar . . . . S 2
   1.3 Nichtkohärentes Pulsradar . . . . S 4
   1.4 Kohärentes Pulsradar . . . . S 3
   1.5 Verfolgungsradar . . . . S 6
   1.6 Radarsignaltheorie . . . . S 7
   1.7 Seitensichtradar . . . . S 8
   1.8 Sekundärradar . . . . S 8
2 Funkortungssysteme . . . . S 9
   2.1 Funkpeilverfahren . . . . S 9
   2.2 Richtsendeverfahren . . . . S 13
   2.3 Satellitennavigationsverfahren . . . . S 15
   2.4 Hyperbelnavigationsverfahren . . . . S 16
3 Technische Plasmen . . . . S 17
   3.1 Hochfrequenzanwendungen bei Plasmen . . . . S 17
   3.2 Elektromagnetische Wellen in Plasmen . . . . S 18
4 Radioastronomie . . . . S 22
   4.1 Frequenzbereiche und Strahlungsquellen . . . . S 22
   4.2 Antennensysteme der Radioastronomie . . . . S 24
   4.3 Empfangsanlagen . . . . S 27

Sachverzeichnis

Wichtige Konstanten und Formeln

Konstanten im Vakuum

Magnetische Feldkonstante $\quad \mu_0 = 4\pi \cdot 10^{-7}$ Vs/Am $= 1{,}256 \cdot 10^{-6}$ H/m;
Elektrische Feldkonstante $\quad \varepsilon_0 = 8{,}854 \cdot 10^{-12}$ As/Vm;
Lichtgeschwindigkeit $\quad c_0 = 1/\sqrt{\varepsilon_0 \cdot \mu_0} = 2{,}997925 \cdot 10^8$ m/s $\approx 3 \cdot 10^8$ m/s;
Feldwellenwiderstand $\quad Z_0 = \sqrt{\mu_0/\varepsilon_0} = 376{,}7\,\Omega \approx 120\pi\,\Omega$.

Mathematische Konstanten

$\pi = 3{,}141592653590, \qquad e = 2{,}7182818, \qquad 1/e = 0{,}367879.$

Äquivalenzen

1 rad (Bogenmaß) = $180°/\pi$ = 57,296°;
1° = $\pi/180°$ = 0,01745 rad;
1 inch = 1000 mils = 25,4 mm, $\quad$ 1 mm = 39,37 mils = 0,0394 inch;
1 foot = 0,305 m, $\quad$ 1 m = 3,281 feet;
1 Nautische Meile = 1,852 km, $\quad$ 1 km = 0,5399 n.m.;
1 mile = 1,609 km, $\quad$ 1 km = 0,6214 miles;
1 Tesla = 1 T = 10^4 Gauß, $\quad$ 1 A/m = $4\pi \cdot 10^{-3}$ Oe, $\quad$ 1 Oe = 79,58 A/m;
ϑ_1 in °Fahrenheit = (ϑ_2 in °C · 9/5) + 32, ϑ_2 in °C = (ϑ_1 in °F-32) · 5/9; ϑ in °C = T in Kelvin − 273,15.
Dämpfungen: a/dB = $10 \cdot \lg (P_2/P_1) = 20 \cdot \lg (U_2/U_1)$, $\quad a$/Np = $\ln(U_2/U_1)$;
1 Neper = 8,686 dB, $\quad$ 1 dB = 0,115 Neper;

Verhältnisse von Leistungen bzw. Spannungen oder Strömen:

dB	1	2	3	4	5	6	7	8	9	10
P_2/P_1	1,26	1,58	1,99	2,51	3,16	3,98	5,01	6,30	7,94	10,00
P_1/P_2	0,79	0,63	0,50	0,40	0,31	0,25	0,20	0,16	0,12	0,10
U_2/U_1	1,12	1,25	1,41	1,58	1,78	1,99	2,24	2,51	2,82	3,16
U_1/U_2	0,89	0,79	0,70	0,63	0,56	0,50	0,45	0,40	0,35	0,31

dB	11	12	13	14	15	16	17	18	19	20
P_2/P_1	12,6	15,8	19,9	25,1	31,6	39,8	50,1	63,1	79,4	100,0
P_1/P_2	0,08	0,06	0,05	0,04	0,04	0,025	0,02	0,016	0,012	0,010
U_2/U_1	3,54	3,98	4,47	5,01	5,62	6,30	7,07	7,94	8,91	10,00
U_1/U_2	0,28	0,25	0,22	0,20	0,17	0,16	0,14	0,125	0,11	0,10

Formeln

Reflexionsfaktor $\qquad \underline{r} = \dfrac{\underline{Z} - Z_L}{\underline{Z} + Z_L} = r \cdot e^{j\varphi}$, r in dB = $20 \cdot \lg(r)$;

Rückflußdämpfung $\qquad a = -20 \cdot \lg(r)$;

Stehwellenverhältnis (vswr) $\qquad s = \dfrac{1+r}{1-r}$;

Anpassungsfaktor $\qquad m = \dfrac{1-r}{1+r} = 1/s$;

Phasenmaß	$\beta = 2\pi/\lambda = 2\pi f \cdot \sqrt{\mu_0 \mu_r \varepsilon_0 \varepsilon_r} = \omega/v;$
Wellenlänge	$\lambda = v/f = c_0/(f \cdot \sqrt{\mu_r \varepsilon_r});$
Skineffekt, Eindringmaß	$\delta = 1/\sqrt{\pi \cdot f \cdot \sigma \cdot \mu_0 \cdot \mu_r},$

($\sigma_{Ag} = 62 \cdot 10^6$ S/m, $\sigma_{Cu} = 58 \cdot 10^6$ S/m, $\sigma_{Au} = 45 \cdot 10^6$ S/m, $\sigma_{Al} = 33 \cdot 10^6$ S/m)

Strahlungsdichte, zeitl. Mittelwert	$S = 1/2 \cdot E \cdot H = E_{eff} \cdot H_{eff};$
Komplexe Permeabilität *(Permittivität)*	$\underline{\varepsilon}_r = \varepsilon_r' - j \cdot \varepsilon_r'' = \varepsilon_r \cdot (1 - j \cdot \tan\delta)$ $= \varepsilon_r - j \cdot \sigma/(\omega \cdot \varepsilon_0).$
Kapazitätsbelag einer Leitung	C' in pF/m $= 10000 \cdot \sqrt{\varepsilon_r}/(3 \cdot Z_L/\Omega);$
Induktivitätsbelag einer Leitung	L' in nH/m $= 3{,}33 \cdot \sqrt{\varepsilon_r} \cdot Z_L/\Omega;$
Verfügbare thermische Rauschleistung	$P = k \cdot T \cdot B,$

(B = Bandbr., T = Temp. in Kelvin, Boltzmann-Konst., $k = 1{,}38 \cdot 10^{-23}$ Ws/K)

Antennen

Antennengewinn	$g = S_{max}/S_{isotrop},$ G in dB $= 10 \cdot \lg(g);$
Wirkfläche	$A = \lambda^2 \cdot g/(4\pi)$

	g	G	h_{eff}
kurzer Dipol, Gesamtlänge l	1,56	1,76 dB	$l/2$
$\lambda/2$-Dipol	1,64	2,15 dB	λ/π
$\lambda/4$-Stab auf leitender Ebene	3,28	3,28 dB	$\lambda/(2\pi)$

Öffnungswinkel $2\Delta\varphi_H$ zwischen den beiden 3-dB-Punkten bei strahlender Linie ($l \gg \lambda$) mit konstanter Belegung: $2\Delta\varphi_H \approx 51° \cdot \lambda/l$. Winkel zwischen den ersten beiden Nullstellen: $2\Delta\varphi_0 \approx 114° \cdot \lambda/l$.

Wichtige Konstanten und Formeln XXV

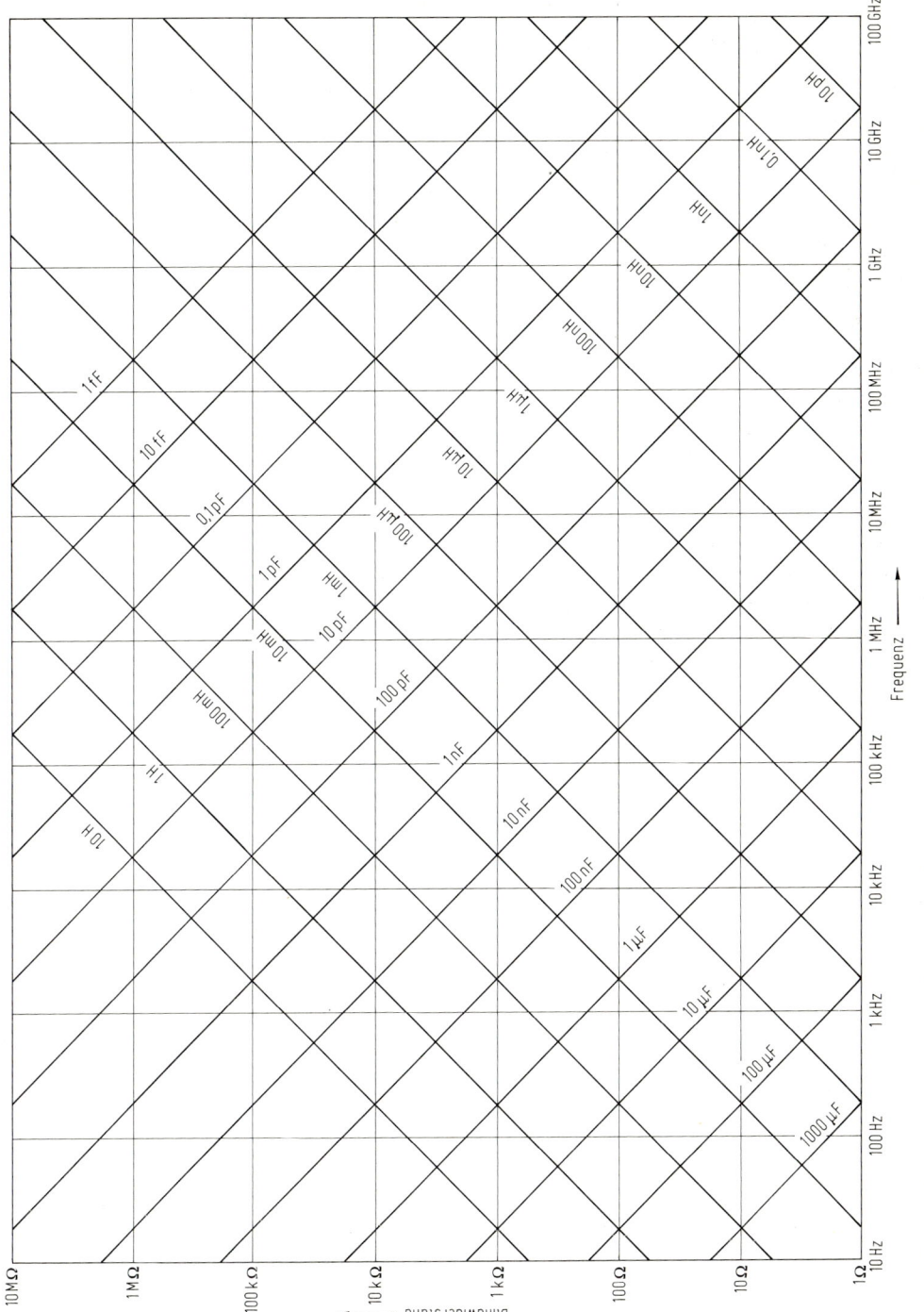

Blindwiderstände von Kapazitäten und Induktivitäten

A | Einleitung
Introduction

F.W. Gundlach

1 Hinweise zur Benutzung des Taschenbuchs
Directions for the use of the book

Zum Suchen kann man entweder das ausführliche Inhaltsverzeichnis am Anfang des Buches oder das alphabetische Sachverzeichnis am Ende des Buches verwenden.
Das Buch gliedert sich in Teile, die mit Großbuchstaben gekennzeichnet sind. Jeder Teil ist in Kapitel gegliedert, die mit arabischen Ziffern numeriert sind. Falls erforderlich, sind die Kapitel in Abschnitte unterteilt. Auf jeder linken Buchseite sind oben Kennbuchstabe und Überschrift des Teils und auf jeder rechten Buchseite ist oben ein Stichwort aus der Überschrift des Kapitels oder Abschnitts angegeben.
Alle Gleichungen tragen am rechten Rand der Buchseite eine Zahlenbezeichnung, z. B. (14). Diese Zahl ist die laufende Nummer der Gleichung in dem betreffenden Kapitel. Auch die Numerierung der Bilder und Tabellen erfolgt fortlaufend innerhalb eines Kapitels. Wird im Text auf eine Gleichung oder ein Bild innerhalb des gleichen Kapitels verwiesen, so ist nur die Nummer der Gleichung oder des Bildes angegeben. Beispiel: Gl. (14), Bild 7, Tab. 8.
Bei Verweisen auf Gleichungen, Bilder und Tabellen in einem anderen Kapitel innerhalb des gleichen Teils oder in einem anderen Teil stehen vor der entsprechenden Nummer zusätzlich der Buchstabe des Teils und die Nummer des Kapitels.
Beispiele: s. Gl. K 3 (16), s. Bild C 2.3, s. Tab. H 5.14.

Am Anfang eines jeden Kapitels oder mancher Teile finden sich Hinweise auf Literatur, die zur allgemeinen Information des Lesers dient. Spezielle Literaturangaben (im laufenden Text durch Zahlen in eckigen Klammern gekennzeichnet) stehen am Ende eines Kapitels oder Teils. Die Zahlen in eckigen Klammern beziehen sich stets nur auf das Literaturverzeichnis des gleichen Kapitels; wird ein Literaturzitat in mehreren Kapiteln benötigt, so wird seine Angabe entsprechend wiederholt.

2 Physikalische Größen, ihre Einheiten und Formelzeichen
Physical quantities, units and symbols

Allgemeine Literatur: DIN Taschenbuch 22: Einheiten und Begriffe für physikalische Größen (Normen, AEF-Taschenbuch 1), DIN Taschenbuch 202: Formelzeichen, Formelsatz, Mathematische Zeichen und Begriffe (Normen, AEF-Taschenbuch 2), Berlin: Beuth 1984. *German, S.; Drath, P.*: Handbuch der SI-Einheiten. Braunschweig: Vieweg 1979.

Im Taschenbuch der Hochfrequenztechnik werden alle physikalischen Erscheinungen (Körper, Vorgänge, Zustände) mit Hilfe von *physikalischen Größen* beschrieben, die im folgenden kurz *Größen* genannt werden (vgl. DIN 1313 und DIN 1301 [1]). Diese Größen können Skalare, Vektoren oder Tensoren sein; sie beschreiben meßbare Eigenschaften. Jeder spezielle Wert einer Größe, der *Größenwert*, läßt sich durch das Produkt ausdrücken:

$$\text{Größenwert} = \text{Zahlenwert} \cdot \text{Einheit}. \qquad (1)$$

Beispiele:
$I = 3$ A   spezieller Wert einer elektr. Stromstärke,
$E = 0{,}6$ V/m   spezieller Wert einer elektr. Feldstärke,
$P = 3$ W   spezieller Wert einer Leistung,
$h_{11} = 9\,\Omega$ spezieller Wert für den Eingangswiderstand eines Transistors.

Das Produkt aus Zahlenwert und Einheit wird beim Auswerten von Größengleichungen (s. A 3) anstelle des Formelzeichens eingesetzt; sonst wird immer mit dem Formelzeichen für den Größenwert gerechnet, da ja das Produkt aus Zahlenwert und Einheit keine Aussage über den Sachbezug enthält.
Beispiel:
Die Angabe $9\,\Omega$ ist für sich allein sinnlos, dagegen enthält das Formelzeichen h_{11} den Hinweis, daß es sich um den Eingangswiderstand eines Transistors handelt.

Spezielle Literatur Seite A 3

Der Größenwert ist unabhängig von einem Wechsel der Einheit; Zahlenwert und Einheit verhalten sich gegenläufig, nämlich wie die Faktoren eines konstanten Produkts.
Beispiel: $I = 0,03\ \text{A} = 30\ \text{mA}$.
Die *Einheiten* physikalischer Größen sind spezielle Werte von diesen Größen, die durch Normung festgelegt sind. Maßgeblich für die Anwendung in Naturwissenschaft und Technik ist das weltweit eingeführte Internationale Einheitensystem (Système International, Kurzzeichen SI); es wurde im Jahre 1960 von der 11. Generalkonferenz für Maß und Gewicht verabschiedet [2], ist in die Deutsche Gesetzgebung übernommen [3] und in den Normenwerken aller internationalen und nationalen Normenorganisationen enthalten [1, 4, 5]. Im SI sind sieben *Basiseinheiten* für die Basisgrößen Länge, Masse, Zeit, elektrische Stromstärke, thermodynamische Temperatur, Stoffmenge und Lichtstärke festgelegt. Innerhalb dieses Buches sind die Basisgrößen Stoffmenge und Lichtstärke ohne besondere Bedeutung; die übrigen Basisgrößen sind mit ihren Einheiten und Einheitenformelzeichen in Tab. 1 zusammengestellt; die Formelbuchstaben für die Einheiten werden in senkrechter Schrift dargestellt im Gegensatz zu den in kursiver Schrift gedruckten Formelzeichen für die physikalischen Größen (vgl. DIN 1338 [1]).

Abgeleitete SI-Einheiten werden gebildet durch Produkte oder Quotienten der Basiseinheiten (z. B. m/s, A/m), durch Potenzen der Basiseinheiten mit positivem oder negativem Exponenten oder auch durch Produkte solcher Potenzen (z. B. m s^{-2}). Bei komplizierten Ausdrücken dieser Art hat man besondere Namen für die abgeleiteten SI-Einheiten eingeführt; soweit diese Einheiten für die Hochfrequenztechnik von Interesse sind, sind sie in Tab. 1 aufgenommen. Die Darstellung der abgeleiteten SI-Einheiten durch die Potenzprodukte der Basiseinheiten ist gerade für die Anwendung in der Hochfrequenztechnik recht unübersichtlich, da die Einheit der Masse, das Kilogramm, in den Gleichungen kaum vorkommt. Wesentlich übersichtlicher wird die Darstellung, wenn man statt des Kilogramm die Einheit der elektrischen Spannung, das Volt, einführt und die abgeleiteten Einheiten durch Potenzprodukte der Einheiten V, A, s, m ausdrückt, wie dies in der letzten Spalte der Tab. 1 angegeben ist. Wenn man abgeleitete Einheiten mit besonderen Namen und besonderen Einheitenzeichen einführt, gibt es selbstverständlich verschiedene Darstellungsmöglichkeiten für die gleiche Einheit;
Beispiel:
$1\ \text{J} = 1\ \text{Ws} = 1\ \text{VAs} = 1\ \text{VC} = 1\ \text{Wb A} = 1\ \text{Nm}$.
Die zweckmäßige Auswahl der Darstellungsart

Tabelle 1. SI-Basiseinheiten und abgeleitete Einheiten mit besonderem Namen

	Größe	Einheiten-zeichen	Name	Ausgedrückt in Basiseinheiten	Ausgedrückt in Einheiten V, A, s, m
Basiseinheiten	Länge	m	Meter	—	—
	Masse	kg	Kilogramm	—	$1\ \text{kg} = 1\ \text{VAs}^3/\text{m}^2$
	Zeit	s	Sekunde	—	—
	elektr. Stromstärke	A	Ampere	—	—
	thermodyn. Temperatur	K	Kelvin	—	—
abgeleitete Einheiten mit besonderem Namen	Frequenz	Hz	Hertz	s^{-1}	$1\ \text{Hz} = 1/\text{s}$
	Kraft	N	Newton	m kg s^{-2}	$1\ \text{N} = 1\ \text{VAs/m} = 1\ \text{J/m}$
	Druck	Pa	Pascal	$\text{m}^{-1} \text{kg s}^{-2}$	$1\ \text{Pa} = 1\ \text{N/m}^2$
	Energie, Arbeit	J	Joule	$\text{m}^2 \text{kg s}^{-2}$	$1\ \text{J} = 1\ \text{Ws} = 1\ \text{Nm}$
	Leistung	W	Watt	$\text{m}^2 \text{kg s}^{-3}$	$1\ \text{W} = 1\ \text{VA}$
	elektr. Ladung	C	Coulomb	sA	$1\ \text{C} = 1\ \text{As}$
	elektr. Spannung	V	Volt	$\text{m}^2 \text{kg s}^{-3} \text{A}^{-1}$	
	elektr. Kapazität	F	Farad	$\text{m}^{-2} \text{kg}^{-1} \text{s}^4 \text{A}^2$	$1\ \text{F} = 1\ \text{C/V}$
	elektr. Widerstand	Ω	Ohm	$\text{m}^2 \text{kg s}^{-3} \text{A}^{-2}$	$1\ \Omega = 1\ \text{V/A}$
	elektr. Leitwert	S	Siemens	$\text{m}^{-2} \text{kg}^{-1} \text{s}^3 \text{A}^2$	$1\ \text{S} = 1\ \text{A/V}$
	magn. Fluß	Wb	Weber	$\text{m}^2 \text{kg s}^{-2} \text{A}^{-1}$	$1\ \text{Wb} = 1\ \text{Vs}$
	magn. Flußdichte	T	Tesla	$\text{kg s}^{-2} \text{A}^{-1}$	$1\ \text{T} = 1\ \text{Wb/m}^2$
	Induktivität	H	Henry	$\text{m}^2 \text{kg s}^{-2} \text{A}^{-2}$	$1\ \text{H} = 1\ \text{Wb/A}$
ergänzende Einheiten	ebener Winkel		Radiant	$\text{m} \cdot \text{m}^{-1}$	} kann durch 1 ersetzt werden
	räumlicher Winkel		Steradiant	$\text{m}^2 \cdot \text{m}^{-2}$	

ergibt sich aus dem jeweils betrachteten Problem.
Anmerkung: Bei den Größen magn. Fluß, magn. Flußdichte und magn. Feldstärke sind bedauerlicherweise die früher üblichen elektromagnetischen CGS-Einheiten Maxwell (Einheitenzeichen M), Gauß (G) und Oerstedt (Oe) aus dem Schrifttum noch nicht völlig verschwunden; sie sind wie folgt umzurechnen (vgl. DIN 1301, Teil 3 [1]):

$1 \text{ M} \triangleq 10^{-8} \text{ Wb}, \quad 1 \text{ G} \triangleq 10^{-4} \text{ T},$
$1 \text{ Oe} \triangleq 79{,}577 \text{ A/m}.$

Bei der Bildung von abgeleiteten Einheiten ergeben sich des öfteren Brüche, in deren Zähler und Nenner die gleiche Einheit steht;
Beispiel:
Leistungsverstärkungsfaktor = Ausgangsleistung/Eingangsleistung = 10 W/2 W = 5 W/W = 5 WW^{-1} = 5;
abgeleitete Größen dieser Art heißen Größenverhältnisse, das Einheitenverhältnis kann durch 1 ersetzt werden. Bei den physikalischen Größen *ebener Winkel* und *räumlicher Winkel* haben diese Größenverhältnisse die besonderen Namen Radiant und Steradiant und werden als *ergänzende SI-Einheiten* bezeichnet (vgl. die beiden letzten Zeilen in Tab. 1).
Für dezimale *Vielfache* und *Teile von Einheiten* werden Vorsätze verwendet, die zusammen mit ihren Kurzzeichen in Tab. 2 zusammengestellt sind. Das Vorsatzzeichen bildet zusammen mit dem Einheitenzeichen das Zeichen einer eigenen Einheit; ein positiver oder negativer Exponent gilt somit für das Vorsatzzeichen mit.
Beispiel: $1 \text{ mm}^2 = 1 (10^{-3} \text{ m})^2 = 10^{-6} \text{ m}^2$.
Die Vorsatzzeichen sind so auszuwählen, daß einfache und leicht einprägsame Zahlenwerte entstehen.
Beispiel: $f = 2{,}4$ GHz und nicht $f = 2400$ MHz.
Die Mehrzahl der physikalischen Größen verändern sich mit der Zeit; es kann sich dabei um periodisch zeitabhängige Größen, um Übergangsgrößen oder um Zufallsgrößen handeln (vgl. DIN 5483 [1]).
Bei Größen mit *sinusförmiger Zeitabhängigkeit* (kurz Sinusgrößen genannt) bietet die komplexe Rechnung besondere Vereinfachungen; man führt hier Größen mit komplexen Zahlenwerten (kurz *komplexe Größen* genannt) ein. Zur Kennzeichnung der komplexen Größen werden die Formelbuchstaben unterstrichen; diese Kennzeichnung wird zum Zwecke klarer Verständlichkeit in diesem Buch einheitlich durchgeführt; es wird somit zwischen Größen mit reellen und mit komplexen Zahlenwerten klar unterschieden.
Das Formelzeichen $\underline{E} = E \exp(j \varphi)$ gibt beispielsweise die komplexe Amplitude an, während E der Betrag der Amplitude ist. Effektivwerte sind durch einen Index (E_{eff}) gekennzeichnet.
Falls ausdrücklich betont werden soll, daß der Augenblickswert einer Größe gemeint ist, so wird der Buchstabe t in Klammern hinzugefügt, also z. B. $E(t)$ und $v(t)$.

Spezielle Literatur: [1] DIN Taschenbuch 22: Einheiten und Begriffe für physikalische Größen (Normen, AEF-Taschenbuch 1), DIN Taschenbuch 202: Formelzeichen, Formelsatz, Mathematische Zeichen und Begriffe (Normen, AEF-Taschenbuch 2), Berlin: Beuth 1984. – [2] Internationales Büro für Maß und Gewicht: Le Système International d'Unités (SI), Braunschweig: Vieweg 1977. – [3] Gesetz über Einheiten im Meßwesen (Einheitengesetz) vom 2. Juli 1969, BGBl. I (1969) 709 mit Änderungen vom 6. Juli 1973, 2. März 1974 und 25. Juli 1978. – [4] International Organization for Standardization: ISO standards handbook 2. Units of measurement. Genf: ISO Central Secretariat 1979. – [5] *IEC Publication 27-1:* Letter symbols to be used in electrical technology, time dependent quantities, 5th edn. Genf: Bureau Central de la Commission Électrotechnique Internationale 1971.

Tabelle 2. Vorsätze für dezimale Teile und Vielfache von SI-Einheiten

Faktor, mit dem die Einheit multipliziert wird	Vorsatz	Vorsatzzeichen
10^{-18}	Atto	a
10^{-15}	Femto	f
10^{-12}	Piko	p
10^{-9}	Nano	n
10^{-6}	Mikro	μ
10^{-3}	Milli	m
10^{-2}	Zenti	c
10^{-1}	Dezi	d
10^{1}	Deka	da
10^{2}	Hekto	h
10^{3}	Kilo	k
10^{6}	Mega	M
10^{9}	Giga	G
10^{12}	Tera	T
10^{15}	Peta	P
10^{18}	Exa	E

3 Schreibweise physikalischer Gleichungen
Physical equations, methods of writing

Normenausschuß Einheiten und Formelgrößen (AEF) im DIN Deutsches Institut für Normung: DIN 1313 Physikalische Größen und Gleichungen, Begriffe und Schreibweisen, Ausgabe April 1978, Berlin: Beuth (das Normblatt ist enthalten im DIN-Taschenbuch 22. Berlin: Beuth 1984).

Die im Taschenbuch der Hochfrequenztechnik angegebenen physikalischen Gleichungen sind ausschließlich Größengleichungen, d. h. sie geben Beziehungen zwischen physikalischen Größen an, und die verwendeten Formelzeichen bedeuten physikalische Größenwerte entsprechend Gl. A 2 (1). Die Größengleichungen sind unabhängig von den jeweils verwendeten Einheiten gültig.

Bei der numerischen Auswertung von Größengleichungen sind die Formelzeichen der Größenwerte durch die Produkte aus Zahlenwert und Einheit zu ersetzen; Zahlenwerte und Einheiten werden dann durch Multiplikation und Division zusammengefaßt; dabei werden die Zusammenhänge zwischen den verschiedenen Einheiten und ihren Vielfachen und Teilen (vgl. Tab. A 2.1 und Tab. A 2.2) berücksichtigt.

Beispiel:
Größengleichung für die Resonanzfrequenz eines Schwingkreises:

$$f = 1/(2\pi \sqrt{LC}), \tag{1}$$

vorgegebene Größenwerte:

$$L = 2\,\text{mH}, \quad C = 200\,\text{pF}.$$

Auswertung:
$$f = 1/(2\pi \sqrt{2\,\text{mH} \cdot 200\,\text{pF}})$$
$$= 1 \bigg/ \left(2\pi \sqrt{2 \cdot 10^{-3} \frac{\text{Vs}}{\text{A}} \cdot 200 \cdot 10^{-12} \frac{\text{As}}{\text{V}}}\right)$$
$$= 1/(2\pi \sqrt{2 \cdot 200 \cdot 10^{-15}\,\text{s}^2}) = 0{,}2516 \cdot 10^6\,\text{s}^{-1}$$
$$= 0{,}2516\,\text{MHz} = 251{,}6\,\text{kHz}.$$

Wenn zahlenmäßige Auswertungen einer Größengleichung sich häufig wiederholen, z. B. bei der Berechnung von Tabellen, ist es zweckmäßig, die Gleichungen auf die zu verwendenden Einheiten *zuzuschneiden*; man formt zu diesem Zweck die Gleichung derart um, daß jede Größe durch die ihr zugeordnete Einheit dividiert auftritt; auch in diesen *zugeschnittenen Größengleichungen* bedeuten die Formelbuchstaben stets physikalische Größen. Auch diese Art von Gleichungen ist im vorliegenden Buch häufig angewandt.

Beispiel:
In Gl. (1) sollen für die Größen f, L und C die Einheiten kHz, mH und pF benutzt werden; Umformung der Gleichung (2)

$$\begin{aligned}
\frac{f}{\text{kHz}} \cdot \text{kHz} &= 1 \bigg/ \left(2\pi \sqrt{\frac{L}{\text{mH}} \cdot \text{mH} \cdot \frac{C}{\text{pF}} \cdot \text{pF}}\right), \\
\frac{f}{\text{kHz}} \cdot 10^3\,\text{s}^{-1} &= 1 \bigg/ \left(2\pi \sqrt{\frac{L}{\text{mH}} \cdot 10^{-3} \frac{\text{Vs}}{\text{A}} \cdot \frac{C}{\text{pF}} \cdot 10^{-12} \frac{\text{As}}{\text{V}}}\right), \\
\frac{f}{\text{kHz}} &= 1 \bigg/ \left(2\pi \cdot 10^3 \sqrt{10^{-3} \cdot 10^{-12} \cdot \text{s}^{-1}} \sqrt{\frac{\text{Vs}}{\text{A}} \cdot \frac{\text{As}}{\text{V}}} \cdot \sqrt{\frac{L}{\text{mH}} \cdot \frac{C}{\text{pF}}}\right), \\
\frac{f}{\text{kHz}} &= 5033 \bigg/ \sqrt{\frac{L}{\text{mH}} \cdot \frac{C}{\text{pF}}}.
\end{aligned} \tag{2}$$

4 Frequenzzuordnungen
Allocations of frequency bands

In Tab. 1 sind die allgemeinen Bezeichnungen von Frequenzbereichen angegeben. Dabei erstreckt sich der Bereich des Bandes Nr. n jeweils von $0{,}3 \cdot 10^n$ Hz bis $3 \cdot 10^n$ Hz. Die obere Grenze ist jeweils eingeschlossen, die untere Grenze ist ausgeschlossen. Die Abkürzungen sind abgeleitet von den englischen Ausdrücken: *very low frequency – low frequency – medium frequency – high frequency – very high frequency – ultra high frequency – super high frequency – extremely high frequency*.

Vielfach werden Frequenzbänder mit Buchstaben angegeben. Die Bezeichnungen sind nicht international genormt und nicht einheitlich. In Tab. 2 sind die gebräuchlichsten Zuordnungen von Frequenzbereichen und Buchstaben aufgeführt. Die ungefähre Zuordnung entsprechend den Frequenzen ist aus Bild 1 zu entnehmen.

Für Frequenzen oberhalb 9 kHz bestehen aufgrund internationaler Vereinbarungen Zuweisungen von Frequenzbereichen für bestimmte Zwecke. Meistens handelt es sich um feste oder bewegliche Funkdienste oder um Ortungsanwendungen. Daneben gibt es Rundfunk- und Amateurfunkfrequenzen sowie Frequenzen für industrielle oder medizinische Anwendungen. In Tab. 3 sind einige Frequenzzuweisungen zusammengestellt. Nähere Angaben über innerhalb Deutschlands zulässige Frequenzen und Leistungen erhält man über das Fernmeldetechnische Zentralamt der Deutschen Bundespost in Darmstadt. Über weltweite Frequenzzuweisungen (Region 1: Europa, Rußland, Afrika; Region 2: Nord- und Südamerika; Region 3: Südasien, Australien, Japan) sind Publikationen erhältlich bei: Int. Telecommunication Union, General Secretariat-Sales Section, Place des Nations, Ch-1211, Genève 20, Schweiz.

Tabelle 1. Benennungen der Frequenz- und Wellenlängen-Bereiche nach der Vollzugsordnung für den Funkdienst (VO Funk) und nach DIN 40015

Bereichs-ziffer	Frequenz-bereich	Wellen-länge	Benennung	Kurz-bezeichnung
4	3 … 30 kHz	100 … 10 km	Myriameterwellen (Längstwellen)	VLF
5	30 … 300 kHz	10 … 1 km	Kilometerwellen (Langwellen)	LF
6	300 … 3000 kHz	1 … 0,1 km	Hektometerwellen (Mittelwellen)	MF
7	3 … 30 MHz	100 … 10 m	Dekameterwellen (Kurzwellen)	HF
8	30 … 300 MHz	10 … 1 m	Meterwellen (Ultrakurzwellen)	VHF
9	300 … 3000 MHz	1 … 0,1 m	Dezimeterwellen (Ultrakurzwellen)	UHF
10	3 … 30 GHz	10 … 1 cm	Zentimeterwellen (Mikrowellen)	SHF
11	30 … 300 GHz	1 … 0,1 cm	Millimeterwellen	EHF
12	300 … 3000 GHz	1 … 0,1 mm	Mikrometerwellen	—

Tabelle 2. Buchstabenbezeichnung der Frequenzbereiche, Frequenzangaben in GHz

Bandbezeichnung		A	B	C	D	E	F	G	H	I	J	K
Radarfrequenzbereiche	von			4		60						18
	bis			8		90						27
Rechteckhohlleiter	von			4	110	60	90	140				18
	bis			6	170	90	140	220				26,5
US-Firmen	von						3,95				5,85	18
	bis						5,85				8,2	26,5
Elektronische Kampfführung (USA)	von	0,1	0,25	0,5	1	2	3	4	6	8	10	20
	bis	0,25	0,5	1	2	3	4	6	8	10	20	40
frühere Einteilung	von			3,9							10,9	
	bis			6,2							36	

Bandbezeichnung		Ka	Ku	L	M	P	Q	R	S	V	W	X
Radarfrequenzbereiche	von	27	12	1					2		80	8
	bis	40	18	2					4		110	12
Rechteckhohlleiter	von	26,5	12,4				33		2,6	50	75	8,2
	bis	40	18				50		4	75	110	12,4
US-Firmen	von					12,4		26,5	2,6			8,2
	bis					18		40	3,95			12,4
Elektronische Kampfführung (USA)	von				40	60						
	bis				60	100						
frühere Einteilung	von	26	12,4	0,39		0,225	36		1,55	46	56	5,2
	bis	40	18	1,55		0,39	46		5,20	56	100	10,9

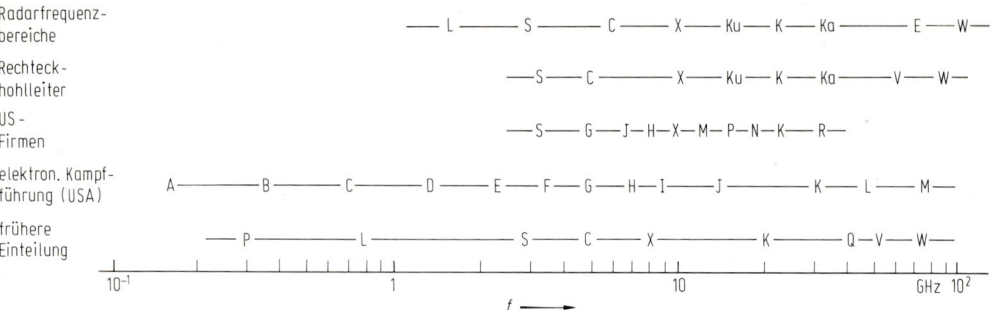

Bild 1. Bezeichnung der Frequenzbereiche mit Buchstaben, Frequenzangaben in Tab. 2

Tabelle 3. Frequenzzuweisungen

Rundfunk

	Frequenz
Langwelle	148,5 ... 255 kHz
Mittelwelle	526,5 ... 1606,5 kHz
KW, 80-m-Band	3,95 ... 4,0 MHz
49-m-Band	5,95 ... 6,2 MHz
41-m-Band	7,1 ... 7,3 MHz
31-m-Band	9,5 ... 9,775 MHz
25-m-Band	11,7 ... 11,975 MHz
19-m-Band	15,1 ... 15,45 MHz
16-m-Band	17,7 ... 17,9 MHz
13-m-Band	21,45 ... 21,75 MHz
11-m-Band	25,67 ... 26,1 MHz
UKW	88 ... 108 MHz

Fernsehen

	Frequenz
Band I	47 ... 68 MHz
Band III (VHF)	174 ... 230 MHz
Band IV–V (UHF)	470 ... 790 MHz

Normalfrequenz, Zeitzeichen

Frequenz
19,95 ... 20,05 kHz
2,498 ... 2,502 MHz
4,995 ... 5,005 MHz
9,995 ... 10,005 MHz
14,99 ... 15,01 MHz
19,99 ... 20,01 MHz
24,99 ... 25,01 MHz
400,05 ... 400,15 MHz

Ruffrequenzen

	Frequenz
int. Anruf und Notruf	500,0 kHz
Seefunk-Notfrequenz	2,182 MHz
Weltraum-Notruf-Frequenz	20,007 MHz
Eurosignal	87,275 ... 87,5 MHz
Seefunk-Notfrequenz	156,8 MHz
Personenruf-Funkanlagen	468,32 ... 469,18 MHz

Amateurfunk

Wellenlänge (Band)	Frequenzbereich
160 m	1,815 ... 1,835 MHz
160 m	1,850 ... 1,890 MHz
80 m	3,500 ... 3,800 MHz
40 m	7,000 ... 7,100 MHz
30 m	14,000 ... 14,350 MHz
17 m	18,068 ... 18,168 MHz
15 m	21,000 ... 21,450 MHz
12 m	24,890 ... 24,990 MHz
10 m	28,0 ... 29,7 MHz
2 m	144 ... 146 MHz
70 cm	430 ... 440 MHz
24 cm	1,240 ... 1,300 GHz
13 cm	2,320 ... 2,450 GHz
8 cm	3,400 ... 3,475 GHz
5 cm	5,650 ... 5,850 GHz
3 cm	10 ... 10,5 GHz
1,2 cm	24 ... 24,05 GHz
6 mm	47 ... 47,02 GHz
4 mm	75,5 ... 81 GHz
2,5 mm	119,98 ... 120,02 GHz
2 mm	142 ... 149 GHz
1,2 mm	241 ... 250 GHz

Fernwirk-Funkanlagen kleiner Leistung

13,553 ... 13,567 MHz		65 dBµV/m in 30 m
26,957 ... 27,283 MHz		25 mW
40,66 ... 40,70 MHz		25 mW
433,05 ... 434,79 MHz		25 mW
2400 ... 2500 MHz		25 mW
5725 ... 5875 MHz		25 mW
24,00 ... 24,25 GHz		500 mW

Fernsteuerung und Fernmeßtechnik (Industrie und Gewerbe)

Frequenz-gruppe	Leistung	Kanalabstand	Frequenz
A	0,5 W		13,56 MHz
G	10 mW	10 kHz	36,62 ... 37,99 MHz
E	0,5 W	10 kHz	40,665 ... 40,695 MHz
C	0,1 W		151,09 MHz
B, D	0,5 W	20 kHz	170,30 ... 171,04 MHz
F	0,5 W	25 kHz	433,10 ... 434,75 MHz
B, D	0,5 W	20 kHz	456,21 ... 456,33 MHz

Tabelle 3. Fortsetzung

Frequenz-gruppe	Leistung	Kanalabstand	Frequenz
B, D	0,5 W	20 kHz	466,21 … 466,33 MHz
H Richt-	1 W	2,5 MHz	2,40125 … 2,49875 GHz
J antennen	1 W	5 MHz	5727,5 … 5872,5 GHz
K zulässig	1 W	25 MHz	24,0125 … 24,2375 GHz

Allgemeine Nutzung

	Frequenz
CB-Funk	26,960 … 27,410 MHz
drahtlose Mikrophone (5 mW)	36,7 MHz; 37,1 MHz; 37,9 MHz
Sprechfunk (nömL, ömL)	34,75 … 34,95 MHz
	68,00 … 87,50 MHz
	146,00 … 174,00 MHz
	410,00 … 430,00 MHz
	450,00 … 470,00 MHz
	862,00 … 960,00 MHz

Ortung und Navigation

	Frequenz
Omega	10,0 … 14,0 kHz
Decca	70 … 130 kHz
Loran C	90 … 110 kHz
VOR	112 … 118 kHz
ILS, Einflugzeichen	75 MHz
Landekurs	108 … 112 MHz
Gleitweg	329 … 335 MHz
Tacan	962–1213 MHz
SSR	1030 MHz, 1090 MHz
Navstar, GPS	1,227 GHz, 1,575 GHz
MLS	5,0 … 5,25 GHz

B | Elektromagnetische Felder und Wellen
Electromagnetic fields and waves

K. Lange

1 Grundlagen
Fundamental relations

Allgemeine Literatur: *Moon, P.; Spencer, D.*: Field theory handbook 2nd ed., corrected 3rd printing Berlin: Springer 1988.

1.1 Koordinatensysteme
Coordinate systems

Berechnungen elektromagnetischer Felder und Wellen erfolgen zweckmäßigerweise in einem den physikalischen Gegebenheiten angepaßten Koordinatensystem. Vereinfachte, aber am ehesten verständliche Lösungen erhält man für ebene Wellen, also Felder, bei denen alle Größen nur von einer Koordinate abhängen. Dieses ist die Ausbreitungsrichtung der Welle. Felder, für langgestreckte, kreiszylindrische Strukturen beschreibt man mathematisch am einfachsten mit Zylinderkoordinaten. Für Felder, die ihren Ursprung näherungsweise in einem Punkt oder auf einer Kugeloberfläche haben, wendet man zweckmäßigerweise ein Kugelkoordinatensystem an. Für große Entfernungen vom beliebigen Anregungsort (Entfernung r viel größer als Ausdehnung der Quelle) können praktisch alle Probleme in Kugelkoordinaten oder für bestimmte Teilbereiche in kartesischen Koordinaten vereinfacht dargestellt werden.

Die allgemeinsten Gleichungen für elektromagnetische Felder und Wellen ergeben sich bei Anwendung der Operatoren Rotation (rot), Divergenz (div), Gradient (grad) und des Laplaceschen Operators Δ der feldtheoretischen Vektorrechnung. Diese Beziehung, in denen die Maxwellschen Gleichungen in differentieller Form geschrieben werden, gelten unabhängig vom Koordinatensystem und erlauben grundsätzliche Berechnungen und Aussagen. Für praxisbezogene Anwendungen muß man die Komponentendarstellung im jeweils geeigneten Koordinatensystem benutzen.

Bild 1 zeigt die Zuordnungen bei den drei gebräuchlichsten rechtshändigen Koordinatensystemen. Bei Drehung von x nach y auf dem kürzesten Weg (90°) wird eine Rechtsschraube in z-Richtung bewegt. x, y und z sind in dieser Reihenfolge zyklisch vertauschbar. Die entsprechende Folge für Zylinderkoordinaten ist r, φ und z bzw. für Kugelkoordinaten r, ϑ und φ.

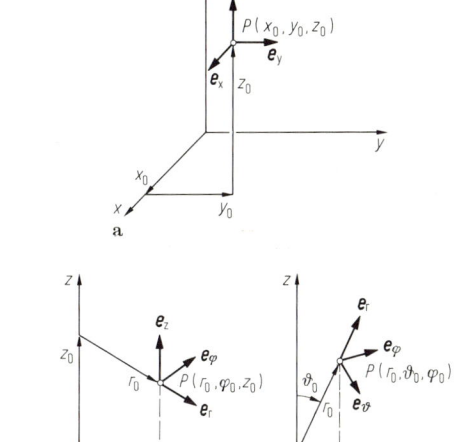

Bild 1. Koordinatensysteme. **a** kartesische Koordinaten; **b** Zylinderkoordinaten; **c** Kugelkoordinaten

1.2 Differentialoperatoren
Differential operators

Die wichtigsten Beziehungen der Vektoranalysis sind nachfolgend für die drei meistverwendeten Koordinatensysteme für eine vektorielle Funktion A bzw. für eine skalare Funktion B angegeben.

Kartesische Koordinaten

$$\operatorname{rot} A = \left(\frac{\partial A_z}{\partial y} - \frac{\partial A_y}{\partial z}\right) e_x + \left(\frac{\partial A_x}{\partial z} - \frac{\partial A_z}{\partial x}\right) e_y + \left(\frac{\partial A_y}{\partial x} - \frac{\partial A_x}{\partial y}\right) e_z, \qquad (1)$$

$$\operatorname{div} A = \frac{\partial A_x}{\partial x} + \frac{\partial A_y}{\partial y} + \frac{\partial A_z}{\partial z}, \qquad (2)$$

$$\operatorname{grad} B = \frac{\partial B}{\partial x} e_x + \frac{\partial B}{\partial y} e_y + \frac{\partial B}{\partial z} e_z. \qquad (3)$$

Für den Laplaceschen Operator Δ, angewandt auf eine skalare Größe zur Lösung von Potentialproblemen gilt:

$$\Delta B = \frac{\partial^2 B}{\partial x^2} + \frac{\partial^2 B}{\partial y^2} + \frac{\partial^2 B}{\partial z^2}. \qquad (4)$$

Die Anwendung des Laplaceschen Operators auf eine vektorielle Größe kann zurückgeführt werden auf die skalare Anwendung bezüglich der einzelnen Komponenten des Vektors.

$$\Delta A = \Delta A_x e_x + \Delta A_y e_y + \Delta A_z e_z. \qquad (5)$$

Zylinderkoordinaten

$$\operatorname{rot} A = \left(\frac{1}{r}\frac{\partial A_z}{\partial \varphi} - \frac{\partial A_\varphi}{\partial z}\right) e_r + \left(\frac{\partial A_r}{\partial z} - \frac{\partial A_z}{\partial r}\right) e_\varphi + \frac{1}{r}\left(\frac{\partial (r A_\varphi)}{\partial r} - \frac{\partial A_r}{\partial \varphi}\right) e_z, \qquad (6)$$

$$\operatorname{div} A = \frac{1}{r}\frac{\partial (r A_r)}{\partial r} + \frac{1}{r}\frac{\partial A_\varphi}{\partial \varphi} + \frac{\partial A_z}{\partial z}, \qquad (7)$$

$$\operatorname{grad} B = \frac{\partial B}{\partial r} e_r + \frac{1}{r}\frac{\partial B}{\partial \varphi} e_\varphi + \frac{\partial B}{\partial z} e_z, \qquad (8)$$

$$\Delta B = \frac{1}{r}\frac{\partial}{\partial r}\left(r \frac{\partial B}{\partial r}\right) + \frac{1}{r^2}\frac{\partial^2 B}{\partial \varphi^2} + \frac{\partial^2 B}{\partial z^2}, \qquad (9)$$

$$\Delta A = \left(\Delta A_r - \frac{2}{r^2}\frac{\partial A_\varphi}{\partial \varphi} - \frac{A_r}{r^2}\right) e_r + \left(\Delta A_\varphi + \frac{2}{r^2}\frac{\partial A_r}{\partial \varphi} - \frac{A_\varphi}{r^2}\right) e_\varphi - \Delta A_z e_z. \qquad (10)$$

ΔA_r, ΔA_φ und ΔA_z sind entsprechend Gl. (9) zu bilden.

Kugelkoordinaten

$$\operatorname{rot} A = \frac{1}{r \sin \vartheta}\left(\frac{\partial (A_\varphi \sin \vartheta)}{\partial \vartheta} - \frac{\partial A_\vartheta}{\partial \varphi}\right) e_r + \frac{1}{r}\left(\frac{1}{\sin \vartheta}\frac{\partial A_r}{\partial \varphi} - \frac{\partial (r A_\varphi)}{\partial r}\right) e_\vartheta$$
$$+ \frac{1}{r}\left(\frac{\partial (r A_\vartheta)}{\partial r} - \frac{\partial A_r}{\partial \vartheta}\right) e_\varphi, \qquad (11)$$

$$\operatorname{div} A = \frac{1}{r^2}\frac{\partial (r^2 A_r)}{\partial r} + \frac{1}{r \sin \vartheta}\left(\frac{\partial (\sin \vartheta\, A_\vartheta)}{\partial \vartheta} + \frac{\partial A_\varphi}{\partial \varphi}\right), \qquad (12)$$

$$\operatorname{grad} B = \frac{\partial B}{\partial r} e_r + \frac{1}{r}\frac{\partial B}{\partial \vartheta} e_\vartheta + \frac{1}{r \sin \vartheta}\frac{\partial B}{\partial \varphi} e_\varphi, \qquad (13)$$

$$\Delta B = \frac{1}{r^2}\frac{\partial}{\partial r}\left(r^2 \frac{\partial B}{\partial r}\right) + \frac{1}{r^2 \sin \vartheta}\frac{\partial}{\partial \vartheta}\left(\sin \vartheta \frac{\partial B}{\partial \vartheta}\right) + \frac{1}{r^2 \sin^2 \vartheta}\frac{\partial^2 B}{\partial \varphi^2}, \qquad (14)$$

$$\Delta A = \left(\Delta A_r - \frac{2}{r^2}\left(A_r + \cot \vartheta\, A_\vartheta + \csc \vartheta \frac{\partial A_\varphi}{\partial \varphi} + \frac{\partial A_\vartheta}{\partial \vartheta}\right)\right] e_r$$
$$+ \left(\Delta A_\vartheta - \frac{1}{r^2}\left(\csc^2 \vartheta\, A_\vartheta - 2\frac{\partial A_r}{\partial \vartheta} + 2 \cot \vartheta\, \csc \vartheta \frac{\partial A_\varphi}{\partial \varphi}\right)\right] e_\vartheta$$
$$+ \left[\Delta A_\varphi - \frac{1}{r^2}\left(\csc^2 \vartheta\, A_\varphi - 2 \csc \vartheta \frac{\partial A_r}{\partial \varphi} - 2 \cot \vartheta\, \csc \vartheta \frac{\partial A_\vartheta}{\partial \varphi}\right)\right] e_\varphi. \qquad (15)$$

ΔA_r, ΔA_ϑ und ΔA_φ sind entsprechend Gl. (14) zu berechnen.

1.3 Maxwellsche Gleichungen
Maxwell's equations

Die Maxwellschen Gleichungen lauten in Differentialform

$$\text{rot}\, \boldsymbol{H} = \boldsymbol{J} + \frac{\partial \boldsymbol{D}}{\partial t}, \tag{16}$$

$$\text{rot}\, \boldsymbol{E} = -\frac{\partial \boldsymbol{B}}{\partial t}, \tag{17}$$

$$\text{div}\, \boldsymbol{D} = \varrho, \tag{18}$$

$$\text{div}\, \boldsymbol{B} = 0. \tag{19}$$

Dabei ist $\boldsymbol{H}$ die magnetische Feldstärke in A/m, $\boldsymbol{J}$ die Stromdichte in leitenden Materialien in A/m², $\boldsymbol{D}$ die elektrische Flußdichte (Verschiebung) in As/m, $\boldsymbol{E}$ die elektrische Feldstärke in V/m, $\boldsymbol{B}$ die magnetische Flußdichte (Induktion) in Vs/m² oder T (Tesla). ϱ ist die Raumladungsdichte in As/m³. Diese Gleichungen sind die Berechnungsbasis für elektromagnetische Felder und Wellen in ruhenden Koordinatensystemen. In Sonderfällen können erweiternde Annahmen gemacht werden.

Das Zusammenwirken mit der Materie, die eine spezifische elektrische Leitfähigkeit κ in S/m, eine Permittivität ε und eine Permeabilität μ aufweist, ist durch die Beziehungen gegeben:

$$\boldsymbol{J} = \kappa \boldsymbol{E}$$
$$\boldsymbol{D} = \varepsilon \boldsymbol{E}$$
$$\boldsymbol{B} = \mu \boldsymbol{H}.$$

Dabei ist $\mu = \mu_0 \mu_r$ und $\varepsilon = \varepsilon_0 \varepsilon_r$, wobei $\mu_0 = 4\pi \cdot 10^{-7}$ Vs/Am $= 1{,}26 \cdot 10^{-6}$ Vs/Am die Permeabilität und $\varepsilon_0 = 10^{-9}/(36\pi)$ As/Vm $= 8{,}854 \cdot 10^{-12}$ As/Vm die Permittivität des leeren Raums ist. Statt der spezifischen Leitfähigkeit κ wird auch der spezifische Widerstand ϱ in Ωm verwendet. Dieser darf wegen des gleichen Symbols nicht mit der Raumladungsdichte verwechselt werden.

Für technisch verwendete Materialien kann i. allg. vorausgesetzt werden, daß sie isotrop sind, also keine Vorzugsrichtung aufweisen. κ, μ und ε sind dann einfache Zahlen. $\boldsymbol{B}$ und $\boldsymbol{H}$ haben dann gleiche Richtung, ebenso $\boldsymbol{D}$ und $\boldsymbol{E}$ bzw. $\boldsymbol{J}$ und $\boldsymbol{E}$. Bei Anisotropie müssen κ, μ und ε als Tensoren angesetzt werden.

2 Wellenausbreitung in homogenen Medien
Wave propagation in homogeneous media

Allgemeine Literatur: *Piefke, G.*: Feldtheorie I–III. Mannheim: Bibliograph. Inst. 1977. – *Ramo, S.; Whinnery, J.;* *van Duzer, T.*: Fields and waves in communication electronics. New York: Wiley 1965. – *Unger, H.G.*: Elektromagnetische Theorie für die Hochfrequenztechnik I, II, Heidelberg: Hüthig 1981. – *Wolff, I.*: Felder und Wellen in gyrotropen Medien. Braunschweig: Vieweg 1973.

Elektromagnetische Wellen sind eine sich ausbreitende Wechselwirkung zwischen elektrischen und magnetischen Feldanteilen. Es handelt sich dabei meist um eine Transversalwelle, bei der die Ausbreitungsrichtung senkrecht auf der Ebene von $\boldsymbol{E}$ und $\boldsymbol{H}$ steht. Wellenfelder mit Längskomponenten können infolge entsprechender Randbedingungen von Wellenleitern auch angeregt werden.

In vielen Fällen ist es zweckmäßig, die orts- und zeitabhängige Lösungsfunktion für ein elektromagnetisches Wellenfeld von einem retardierten Vektorpotential $\boldsymbol{A}$ mit $\boldsymbol{B} = \text{rot}\, \boldsymbol{A}$ abzuleiten. Für dieses Vektorpotential gilt die allgemeine Wellengleichung

$$\Delta \boldsymbol{A} - \frac{1}{c^2} \frac{\partial^2 \boldsymbol{A}}{\partial t^2} = 0, \tag{1}$$

wobei c die Ausbreitungsgeschwindigkeit der Welle ist. Näheres über retardierte Potentiale in Verbindung mit Antennen in N1.

Eine Welle, die sich in Richtung des Einheitsvektors $\boldsymbol{e}_r$ ausbreitet, kann man mathematisch beschreiben durch

$$\boldsymbol{A}(r, t) = \boldsymbol{A} \exp(j\omega t - \boldsymbol{k} \cdot \boldsymbol{r}), \tag{2}$$

wobei die vektorielle Größe $\boldsymbol{k} = (2\pi/\lambda)\, \boldsymbol{e}_k$ in Ausbreitungsrichtung $\boldsymbol{e}_r$ zeigt. Für praktische Berechnungen muß das Skalarprodukt $\boldsymbol{k} \cdot \boldsymbol{r}$ in geeignete Komponenten zerlegt werden. Beispiele dafür in B 4.2.

Für die Praxis wichtig ist der einfachste in kartesischen Koordinaten zu beschreibende Wellentyp, die ebene Welle. An ihrem Beispiel sollen die für die Hochfrequenz wichtigen Eigenschaften elektromagnetischer Wellen beschrieben werden.

2.1 Ebene Welle im verlustlosen Medium
Plane wave in lossless medium

Eine ebene Welle, die sich in z-Richtung ausbreitet (Bild 1), besteht beispielsweise aus einer elektrischen Komponente E_x und einer magnetischen Komponente H_y. Beide stehen quer zur Ausbreitungsrichtung und sind entsprechend der Definition für eine ebene Welle nur Funktionen von z. Unter der Annahme, daß beide Komponenten mit der Frequenz f periodisch sind, gilt mit $\omega = 2\pi f$ nach den Regeln der komplexen Rechnung für die Ausbreitung im verlustlosen Medium

Bild 1. Ortsabhängigkeit von E und H bei ebener Welle, die sich in z-Richtung ausbreitet

$$\underline{E}_x(z,t) = \underline{E} \exp j(\omega t - kz),$$
$$\underline{H}_y(z,t) = \underline{H} \exp j(\omega t - kz). \tag{3}$$

Dabei ist $k = \omega\sqrt{\mu\varepsilon} = 2\pi/\lambda$. Diese Größe wird meist als **Wellenzahl** bezeichnet. Besser ist in Anlehnung an das Dämpfungsmaß α und Phasenmaß β der Name Wellenmaß für k. Die Dimension von k ist 1/Länge. Die relle Größe k ist identisch mit β. Ein komplexer Ansatz von $\underline{k}$ erlaubt jedoch die Berücksichtigung von Verlusten. Die Ausbreitungsgeschwindigkeit der Welle ist

$$c = 1/\sqrt{\mu\varepsilon}. \tag{4}$$

Für den leeren Raum ergibt sich die Lichtgeschwindigkeit c_0

$$c_0 = \frac{1}{\sqrt{\mu_0\varepsilon_0}} \approx 3\cdot 10^8 \text{ m/s}; \quad \lambda_0 = c_0/f.$$

E und H sind gleichphasig. Bei einer elektromagnetischen Welle treten die Nullstellen bzw. die Maxima gleichzeitig auf. Das Verhältnis von elektrischer und magnetischer Feldstärke ist immer bestimmt durch den Feldwellenwiderstand

$$\underline{E}/\underline{H} = Z_F = \sqrt{\mu/\varepsilon}. \tag{5}$$

Dies ist durch die Tatsache bedingt, daß die elektrische Energiedichte $\varepsilon E^2/2$ und die magnetische Energiedichte $\mu H^2/2$ in jedem Volumenelement gleich groß sein müssen. Für den leeren Raum ist

$$\frac{\underline{E}}{\underline{H}} = Z_{F0} = \sqrt{\frac{\mu_0}{\varepsilon_0}} = 120\,\pi\Omega = 377\,\Omega. \tag{6}$$

Z_{F0} nennt man den Feldwellenwiderstand des freien Raums.
Mit der Welle ist ein in Ausbreitungsrichtung wandernder Leistungsfluß verbunden. Allgemein berechnet man den Momentanwert der Leistungsdichte (Poynting-Vektor) S aus

$$\mathbf{S} = \mathbf{E} \times \mathbf{H}. \tag{7}$$

Für komplexe Größen ist der zeitliche Mittelwert $\underline{S}_m$

$$\underline{S}_m = \tfrac{1}{2}(\underline{E}\times\underline{H}^*), \tag{8}$$

wobei zahlenmäßig für E und H die Amplituden einzusetzen sind. Für den Fall der ebenen Welle mit gleichphasigem $\underline{E}$ und $\underline{H}$, die aufeinander senkrecht stehen, gilt im Medium mit Z_F

$$S_m = \frac{1}{2}EH = \frac{1}{2}\frac{E^2}{Z_F} = \frac{1}{2}H^2 Z_F. \tag{9}$$

2.2 Ebene Welle im verlustbehafteten Medium
Plane wave in lossy medium

Verlustbehaftete Medien können durch komplexe Permittivität $\underline{\varepsilon}_r$ bzw. Permeabilität $\underline{\mu}_r$ beschrieben werden.

$$\underline{\varepsilon}_r = \varepsilon'_r - j\varepsilon''_r = \varepsilon_r - j\frac{\kappa}{\omega\varepsilon_0}$$
$$= \varepsilon_r\left(1 - j\frac{\kappa}{\omega\varepsilon_0\varepsilon_r}\right) = \varepsilon_r(1 - jd_\varepsilon) \tag{10}$$
$$\underline{\mu}_r = \mu'_r - j\mu''_r = \mu_r(1 - jd_\mu).$$

ε'_r bzw. μ'_r entsprechen dabei der Dielektrizitätszahl ε_r bzw. der Permeabilitätszahl μ_r des verlustlosen Materials. Die Leitfähigkeit oder andere Verlustmechanismen werden durch $\varepsilon''_r = \varepsilon_r \tan\delta_\varepsilon = \varepsilon_r d_\varepsilon$ und durch $\mu''_r = \mu_r \tan\delta_\mu = \mu_r d_\mu$ berücksichtigt.
Die **Wellenzahl $\underline{k}$** wird dann komplex.

$$\underline{k} = k' - jk'' = \omega\sqrt{\varepsilon_0\underline{\varepsilon}_r\mu_0\underline{\mu}_r}. \tag{11}$$

Bei den Ansätzen für $\underline{E}(z,t)$ und $\underline{H}(z,t)$ tritt dann ein Dämpfungsterm $\exp(-k''z) = \exp(-\alpha z)$ auf. Für die elektrische Feldkomponente einer Welle wird dann

$$\underline{E}(z,t) = \underline{E}\exp j(\omega t - \underline{k}z)$$
$$= \underline{E}\exp(-k''z)\exp j(\omega t - k'z).$$

k'' hat die Dimension 1/Länge und entspricht dem Dämpfungsmaß α für den Ansatz mit $\gamma = \alpha + j\beta$.
Es besteht der Zusammenhang $\gamma^2 = -\underline{k}^2$.
Fast alle Isolierstoffe verursachen nur dielektrische Verluste ($d_\mu \approx 0$). Durch die Verluste wird die Wellenlänge zusätzlich zur verkürzenden Wirkung des Dielektrikums verkleinert. Dies wirkt sich jedoch in der Praxis nur für $d_\varepsilon = \tan\delta_\varepsilon > 0{,}1$ aus. Allgemein gilt für verlustbehaftete Dielektrika

$$\underline{k} = \omega\sqrt{\mu_0\varepsilon_0\underline{\varepsilon}_r} = \frac{2\pi}{\lambda_0}\sqrt{\varepsilon_r}\sqrt{1+jd_\varepsilon}. \tag{12}$$

Dabei ist

$$k' = k = \beta = \frac{2\pi}{\lambda_\varepsilon}\,\text{Re}\{\sqrt{1+jd_\varepsilon}\}$$

Bild 2. Abhängigkeit des Phasenmaßes (Realteil) und des Dämpfungsmaßes (Imaginärteil) vom Verlustfaktor

und

$$k'' = \alpha = \frac{2\pi}{\lambda_\varepsilon} \operatorname{Im}\{\sqrt{1 + \mathrm{j}d_\varepsilon}\} \quad \text{mit}$$

$$\lambda_\varepsilon = \lambda_0 / \sqrt{\varepsilon_\mathrm{r}}.$$

Die Abhängigkeiten des Realteils und des Imaginärteils von $\sqrt{1 + \mathrm{j}d_\varepsilon}$ sind in Bild 2 dargestellt.
Die wirkliche Wellenlänge λ_ε in einem verlustbehafteten Dielektrikum ist also

$$\lambda_\varepsilon = \frac{\lambda_0}{\sqrt{\varepsilon_\mathrm{r}} \operatorname{Re}\{\sqrt{1 + \mathrm{j}d_\varepsilon}\}}.$$

Für Verlustfaktoren $d \leq 0{,}1$ kann näherungsweise $\sqrt{1 + \mathrm{j}d_\varepsilon} \approx 1 + \mathrm{j}d_\varepsilon/2$ gesetzt werden. In diesem Fall erhält man für das Phasenmaß

$$k = \beta \approx \omega \sqrt{\mu_0 \varepsilon_0 \varepsilon_\mathrm{r}} = \frac{2\pi}{\lambda_0} \sqrt{\varepsilon_\mathrm{r}} = \frac{2\pi}{\lambda_\varepsilon}$$

und für das Dämpfungsmaß

$$\alpha = \omega \sqrt{\mu_0 \varepsilon_0 \varepsilon_\mathrm{r}} \frac{d_\varepsilon}{2} = \frac{2\pi}{\lambda_0} \sqrt{\varepsilon_\mathrm{r}} \frac{d_\varepsilon}{2}.$$

Der Feldwellenwiderstand wird bei verlustbehafteten Medien komplex

$$\underline{Z}_\mathrm{F} = \sqrt{\frac{\mu_0 \underline{\mu}_\mathrm{r}}{\varepsilon_0 \underline{\varepsilon}_\mathrm{r}}} = Z_0 \sqrt{\frac{\underline{\mu}_\mathrm{r}}{\underline{\varepsilon}_\mathrm{r}}} = Z_0 \sqrt{\frac{\mu_\mathrm{r}(1 - \mathrm{j}d_\mu)}{\varepsilon_\mathrm{r}(1 - \mathrm{j}d_\varepsilon)}},$$

sofern nicht dielektrischer und magnetischer Verlustfaktor gleich groß sind. E und H sind also bei gedämpften Wellen nicht mehr gleichphasig.

2.3 Leitendes Gas. Plasma

Dieser Fall tritt beispielsweise in der Ionosphäre (vgl. H 3.3 und S 3) und bei Messungen in Verbindung mit Kernfusion auf. Neben der Verschiebungsstromdichte $\partial \underline{D}/\partial t$ ist die Leitungsstromdichte zu berücksichtigen, weil freie Ladungsträger vom Wellenfeld beschleunigt werden. Wegen der geringeren Masse erreichen die Elektronen höhere Geschwindigkeiten als die Ionen, es braucht daher meist nur die Elektronenstromdichte berücksichtigt zu werden. Die Wirkung der magnetischen Feldstärke der Welle kann neben der des E-Feldes ebenfalls vernachlässigt werden.

Während bei Leitern wegen der häufigen Kollision der Elektronen mit dem Atomgitter die Elektronen nur sehr geringe Geschwindigkeiten erreichen und somit allen Feldänderungen unmittelbar folgen können, werden infolge der größeren freien Weglängen zwischen den Kollisionen die Elektronen vom E-Feld beschleunigt und erreichen den Größtwert ihrer Geschwindigkeit erst beim Nulldurchgang von $\underline{E}$. Stromdichte $\underline{J}$ und Feldstärke $\underline{E}$ sind also um $90°$ phasenverschoben. Wegen der negativen Ladung der Elektronen haben Verschiebungsstromdichte und Leitungsstromdichte entgegengesetztes Vorzeichen. Für dünne Plasmen mit geringer Kollisionswahrscheinlichkeit (Verluste) gilt die Maxwellsche Gleichung

$$\operatorname{rot} \underline{H} = \frac{\partial \underline{D}}{\partial t} + \underline{J} = \mathrm{j}\omega \varepsilon_0 \underline{E} \left(1 - \frac{e^2 N}{\omega^2 \varepsilon_0 m}\right).$$

Dabei ist N die Ladungsträgerdichte in $1/\mathrm{m}^3$, e der Betrag der Elementarladung und m die Elektronenmasse.
Setzt man

$$e^2 N/(4\pi^2 \varepsilon_0 m) = f_\mathrm{p}^2, \left(f_\mathrm{p}/\mathrm{Hz} \approx 9 \sqrt{N \left|\frac{1}{\mathrm{m}^3}\right.}\right),$$

(Plasmafrequenz), so erhält man eine fiktive Dielektrizitätszahl $\varepsilon_{\mathrm{r}\,\mathrm{p}}$ für das Plasma

$$\varepsilon_{\mathrm{r}\,\mathrm{p}} = 1 - (f_\mathrm{p}/f)^2.$$

Diese Permittivität ist für tiefe Frequenzen negativ, wird Null und strebt für hohe Frequenzen gegen 1. Für die Ionosphäre liegt $N_{\max}$ bei $10^{13}\,\mathrm{m}^{-3}$. Damit wird die Plasmafrequenz $f_\mathrm{p} \approx 28\,\mathrm{MHz}$. Höhere Frequenzen können die Ionosphäre durchdringen, für tiefere wird $\varepsilon_{\mathrm{r}\,\mathrm{p}}$ negativ, die Welle wird daher reflektiert und im Bereich der Ionosphäre aperiodisch gedämpft; vgl. H 3.3 und S 3.

2.4 Anisotropes Medium
Anisotropic medium

Anisotrope Medien haben richtungsabhängige Materialeigenschaften. Diese Eigenschaft findet sich vorwiegend bei Kristallen oder Stoffen, die durch äußere Einflüsse (mechanische oder elektrische Wirkungen) eine Vorzugsrichtung ausbilden [4]. Im allgemeinen Fall müssen ε_r bzw. μ_r als Tensor mit jeweils neun Komponenten geschrie-

ben werden. Ist das Material nicht gyrotrop, dann gilt $\varepsilon_{rij} = \varepsilon_{rji}$ bzw. $\mu_{rij} = \mu_{rji}$.
Bei Materialien mit einer Vorzugsrichtung kann dadurch, daß diese Vorzugsrichtung parallel zu einer Koordinatenachse angeordnet wird, der Tensor auf die Hauptdiagonale reduziert werden.

$$(\varepsilon_r) = \begin{pmatrix} \varepsilon_{r11} & 0 & 0 \\ 0 & \varepsilon_{r22} & 0 \\ 0 & 0 & \varepsilon_{r33} \end{pmatrix}.$$

Zwei der ε_r-Werte sind dann gleich groß. Für eine in z-Richtung laufende Welle wirkt sich das die x-Richtung betreffende ε_{r11} nur auf E_x aus. Für die Ausbreitungsgeschwindigkeit einer entsprechenden Welle gilt daher $v_1 = c_0/\sqrt{\varepsilon_{r11}}$. Die dazu senkrecht polarisierte Welle mit E_y hat die Geschwindigkeit $v_2 = c_0/\sqrt{\varepsilon_{r22}}$.
Hat die im Medium laufende Welle beide Komponenten, dann ändert sich längs der Ausbreitung die Polarisation. Mit derartigen Platten läßt sich zirkulare Polarisation in lineare Polarisation verwandeln oder umgekehrt. Der E-Vektor der linear polarisierten Welle liegt dabei so, daß seine x- und y-Komponente gleich groß ist. Die Dicke einer für diesen Zweck geeigneten Platte muß dabei so gewählt werden, daß infolge der unterschiedlichen Geschwindigkeiten für die Polarisation in x- und y-Richtung die elektrischen Längen der Platte für beide Polarisationen um eine Viertelwellenlänge verschieden sind ($\lambda/4$-Platte).
Bei Mikrowellen lassen sich derartige Platten dadurch realisieren, daß Blechstreifen im Abstand a parallel zueinander angeordnet werden (Bild 3). Bei einer Welle, die sich in Richtung des Poynting-Vektors S ausbreitet, wird der Anteil mit E_x und H_y die Wellenlänge λ_0 haben, der Anteil mit E_y und $-H_x$ jedoch wie in einem Hohlleiter mit vergrößerter Phasengeschwindigkeit und $\lambda_H = \lambda_0/\sqrt{1 - (\lambda_0/2a)^2}$ laufen. Entsprechend der für Wellenausbreitung in Hohlleitern geltenden Regeln, muß $a > \lambda_0/2$ sein und sollte für praktische Anwendungen bei $0{,}75\,\lambda_0$ liegen. Die Länge l der Anordnung muß dann gleich dem Abstand a sein, damit sie für die Welle mit E_x gerade eine volle Wellenlänge, für diejenige mit E_y jedoch nur 0,75 Wellenlängen lang ist. Die Anordnung wirkt also wie ein anisotropes Medium.
Trifft eine Welle auf ein anisotropes Medium auf, dessen Vorzugsrichtung schräg zur Ausbreitungsrichtung steht, dann tritt Doppelbrechung auf. Je nach Polarisation der einfallenden Welle läuft sie als ordentlicher Strahl bei senkrechtem Einfall auf die Grenzschicht in gleicher Richtung weiter oder wird als außerordentlicher Strahl gebrochen. Die Phasenfronten beider Strahlen bleiben parallel. Dabei gilt, daß der Poynting-Vektor S stets senkrecht auf E und H, das vektorielle Wellenmaß k jedoch senkrecht auf D und H steht.

2.5 Gyrotropes Medium
Gyrotropic medium

Medien, für deren tensorielles (ε) oder (μ) die Beziehung $\varepsilon_{ij} = -\varepsilon_{ji}$ oder $\mu_{ij} = -\mu_{ji}$ gilt, nennt man gyrotrop. Diese Eigenschaft liegt beispielsweise beim Plasma vor, wenn es von einem magnetischen Gleichfeld durchflutet ist. Dabei ergeben sich durch die Kräfte auf die durch das Wellenfeld bewegten Elektronen Eigenschaften, die durch ein gyrotropes (ε_r) beschrieben werden. Auch bei Wellen in der Ionosphäre sind diese Effekte vorhanden (vgl. S 3).
Ferrite haben ausgeprägte magnetische Eigenschaften, aber nur geringe Leitfähigkeit, so daß in ihnen eine Wellenausbreitung möglich ist. Wenn sie in z-Richtung stark vormagnetisiert sind, läßt sich ihre Permeabilität durch einen Tensor beschreiben:

$$(\boldsymbol{\mu}_r) = \begin{pmatrix} \mu_{r1} & -j\mu_{r2} & 0 \\ j\mu_{r2} & \mu_{r1} & 0 \\ 0 & 0 & 1 \end{pmatrix}$$

μ_{r2} wird häufig auch κ genannt. Es sollte jedoch nicht mit der ebenso bezeichneten spezifischen Leitfähigkeit verwechselt werden. μ_{r1} und μ_{r2} berechnen sich aus

$$\mu_{r1} = 1 + \frac{\mu_0^2 \gamma^2 M_s H_0}{\mu_0^2 \gamma^2 H_0^2 - \omega^2} = 1 + \frac{f_0 f_M}{f_0^2 - f^2}$$

$$\mu_{r2} = \frac{\mu_0 \omega \gamma M_s}{\mu_0^2 \gamma^2 H_0^2 - \omega^2} = \frac{f f_M}{f_0^2 - f^2}.$$

Dabei ist $\gamma = \frac{e}{m}\frac{g}{2} = -8{,}8 \cdot 10^{10}\,\text{g m}^2/\text{Vs}^2$, wobei g der Lande-Faktor ist, der den Einfluß des Kristallfeldes angibt und bei Mikrowellenferriten zwischen 1,5 und 2,5 liegt. M_s ist die Sättigungsmagnetisierung und H_0 die Vormagnetisierungsfeldstärke. f_0 ist die Resonanzfrequenz

$$\omega_0 = -\mu_0 \gamma H_0; \qquad f_0/\text{Hz} \approx 3{,}5 \cdot 10^4 \, H_0 \left|\frac{\text{A}}{\text{m}}\right..$$

Bild 3. Anisotropes Medium aus Metallplatten zur Polarisationsänderung bei Mikrowellen

f_M ist eine Bezugsfrequenz $\omega_M = -\gamma\mu_0 M_s$; $f_M/\text{Hz} \approx 3{,}5 \cdot 10^4 M_s \text{A/m}$. Charakteristisch ist das Auftreten der gyromagnetischen Resonanz, bei der μ_{r1} und μ_{r2} sehr groß werden. In der Umgebung der Resonanz tritt starke Dämpfung auf. Daneben gibt es einen Frequenzbereich, in dem keine Ausbreitung der Welle erfolgen kann.
Für Vormagnetisierung in Ausbreitungsrichtung der Welle ergibt sich als einfachster Lösungsansatz derjenige für zirkular polarisierte Wellen. Durch das gyrotrope Material sind die Ausbreitungsgeschwindigkeiten für beide Drehrichtungen unterschiedlich. Die Polarisationsebene einer linear polarisierten Welle wird dabei nichtreziprok gedreht (Faraday-Rotation). Quer zur Ausbreitungsrichtung vormagnetisierte Ferrite finden beim Aufbau von Zirkulatoren und Richtungsleitungen Verwendung. Bei Richtungsleitungen ist dann das gyrotrope Material im Hohlleiter im Bereich des zirkular umlaufenden Magnetfeldes angeordnet. Je nach Laufrichtung der Welle ändert sich der Drehsinn und regt damit im Ferrit starke oder schwache Resonanzeffekte an, die zu unterschiedlichen Dämpfungen führen. Ferritzirkulatoren für tiefe Frequenzen sind kaum herstellbar, weil diese eine niedrige Resonanzfrequenz und damit schwache Vormagnetisierungsfelder erfordern. Diese schwachen Felder reichen jedoch nicht zur Sättigung aus. Die in jedem magnetischen Material vorhandenen remanenten Teilfelder stören die gewünschten Wirkungen.

3 Polarisation. Polarisation

3.1 Lineare Polarisation
Linear polarization

Eine Welle, bei welcher der elektrische Feldstärkevektor immer in einer Ebene, der Polarisationsebene (Bild B 2.1) liegt, wird linear polarisiert genannt. Diese Polarisationsebene wird aufgespannt von dem elektrischen Feldstärkevektor und dem Poynting-Vektor. H schwingt dan in einer dazu senkrechten Ebene. Die Polarisation ist von der abstrahlenden Antenne vorgegeben, kann aber durch Wechselwirkung der Welle mit Leitern (Reflektoren, Ionosphäre) verändert werden.
Bei Hochfrequenzwellenfeldern wird der elektrische Feldstärkevektor zur Definition der Polarisation benutzt. Hat eine Welle, die in beliebiger Richtung fortschreitet, nur eine horizontale E-Komponente, so nennt man die Welle horizontal polarisiert. Steht die Polarisationsebene lotrecht, wird die Welle als vertikal polarisiert bezeichnet. Jede beliebige linear polarisierte Welle kann in

Bild 1. Definition der Einfallsebene

diese beiden Teilwellen, die phasengleich sind, zerlegt werden. Für das Gesamtwellenfeld sowie für die horizontal und vertikal polarisierten Komponenten gilt jeweils $\underline{E}/\underline{H} = Z_F$.
Bei der Berechnung von Reflexionen an Ebenen, die nicht parallel zur Erdoberfläche liegen, muß das Wellenfeld in zwei geeignete Teilwellen zerlegt werden. Man definiert eine Einfallsebene, die von der Flächennormalen und dem Poynting-Vektor aufgespannt wird (Bild 1). Liegen Polarisationsebene und Einfallsebene parallel, dann nennt man die Welle parallel polarisiert. Steht die Polarisationsebene auf der Einfallsebene senkrecht, nennt man die Welle senkrecht polarisiert. Für eine waagerechte Bezugsebene nach Bild 2 entsprechen sich also die Begriffe horizontal und senkrecht polarisiert bzw. vertikale und parallele Polarisation.

3.2 Zirkulare Polarisation
Circular polarization

Bei der zirkularen Polarisation schraubt sich der elektrische Feldstärkevektor in einer Spirale mit Kreisquerschnitt entlang der Ausbreitungsrichtung. H steht überall senkrecht auf E und ist durch $\underline{E}/\underline{H} = Z_F$ festgelegt. Im Gegensatz zur linearen Polarisation ist also sowohl E als auch H zu keiner Zeit und an keinem Ort Null. Ein Spiralumlauf ist nach der Wellenlänge λ vollendet. Die Schraubenlinie kann rechtsgängig oder linksgängig sein. Die Definition der rechtsdrehenden oder linksdrehenden Zirkularpolarisation richtet sich nach dem Drehsinn der Feldstärkevektoren in einer ortsfesten Ebene quer zur Ausbreitungsrichtung. Bei einer im Uhrzeigersinn drehenden Polarisation sind die in einer Ebene $z = \text{const}$ nacheinander auftretenden Feldstärkevektoren gemäß Bild 2 durch die Folge 1, 2, 3 ... gegeben, wenn man die Ebene in Richtung der einfallenden Welle betrachtet. Die räumliche Zuordnung der Feldstärkeendpunkte entspricht dabei einer Linksschraube.
Mathematisch ist eine im Uhrzeigersinn (Index i) in z-Richtung laufende Welle beschrieben durch

$$\underline{E}_i(z,t) = \underline{E}(\boldsymbol{e}_x - j\boldsymbol{e}_y)\exp j(\omega t - kz) \qquad (1)$$
$$\underline{H}_i(z,t) = \underline{H}(j\boldsymbol{e}_x + \boldsymbol{e}_y)\exp j(\omega t - kz).$$

Bild 2. Rechtsdrehende zirkular polarisierte Welle

Für die gegen den Uhrzeigersinn drehende Welle (Index g) gilt:

$$\underline{E}_g(z, t) = \underline{E}(e_x + je_y) \exp j(\omega t - kz)$$
$$\underline{H}_g(z, t) = \underline{H}(-je_x + e_y) \exp j(\omega t - kz). \quad (2)$$

$\underline{E}$ und $\underline{H}$ sind dabei für verlustlose Medien gleichphasig. Jede linear polarisierte Welle läßt sich in zwei gegenläufige zirkulare Wellen gleicher Amplitude aufspalten. Jede zirkular polarisierte Wellen kann in zwei linear polarisierte Wellen gleicher Amplitude zerlegt werden, deren Polarisationsebenen senkrecht zueinander stehen und die gegeneinander um 90° phasenverschoben sind.

Allgemein gibt die Summe zweier Wellen mit gleicher Wellenlänge und Ausbreitungsrichtung, aber mit beliebigen Polarisationsebenen eine Welle mit elliptischer Polarisation.

4 Wellen an Grenzflächen
Waves at boundaries

Allgemeine Literatur: *Meinke, H.H.:* Einführung in die Elektrotechnik höherer Frequenzen, Bd. 2. Berlin: Springer 1965.

Ebene Wellen, die auf Körper auftreffen, die sich vom umgebenden Medium durch ε_r, μ_r oder κ unterscheiden, treten teilweise in das Medium ein (Transmission) oder werden reflektiert. An den Berandungen der Körper treten Beugungserscheinungen auf. Die Berechnung des entstehenden Gesamtfeldes ist schwierig und nur für bestimmte geometrische Formen analytisch möglich. Die Berechnungsmethoden hängen vom Verhältnis der Größe des Objekts zur Wellenlänge ab. Für kurze Wellenlängen eignen sich strahlenoptische Ansätze. Im allgemeinen muß die Oberfläche leitender Objekte in ebene Einzelelemente zerlegt werden und aus den als Sekundärstrahlern wirkenden Oberflächenstrombelegungen das resultierende Wellenfeld in den verschiedenen Richtungen, in denen das Rückstreuverhalten von Interesse ist, berechnet werden.

In diesem Abschnitt sollen die Feldverhältnisse für den Einfall auf Ebenen berechnet werden, die groß gegen die Wellenlänge sind. Beugungseffekte werden nicht betrachtet.

4.1 Senkrechter Einfall
Normal incidence

Trifft eine Welle auf die Grenzschicht zu einem Medium mit anderen Materialeigenschaften, dann wird ein Teil der Leistung reflektiert, der übrige Teil dringt in das Medium ein. Haben hinlaufende und reflektierte Welle entgegengesetzte Richtung, dann ist das Gesamtwellenfeld beschrieben durch

$$\underline{E}(z) = \underline{E}_h \exp(-jkz) + \underline{E}_r \exp jkz,$$
$$\underline{H}(z) = \underline{H}_h \exp(-jkz) + \underline{H}_r \exp jkz.$$

Die Zeitabhängigkeit ist für alle Komponenten durch Multiplikation mit $\exp j\omega t$ zu berücksichtigen. $\underline{E}_h$ und $\underline{H}_h$ sind die dem jeweils angewandten Koordinatensystem zugeordneten, aufeinander senkrecht stehenden Komponenten. Für die Feldwellenwiderstände gilt entsprechend der Richtung des Poynting-Vektors:

$$\underline{E}_h/\underline{H}_h = \underline{Z}_F \quad \text{und} \quad \underline{E}_r/\underline{H}_r = -\underline{Z}_F.$$

Läuft die hinlaufende Welle entsprechend Bild 1 in einem Medium 1 mit $\underline{Z}_{F1} = Z_0 \sqrt{\underline{\mu}_{r1}/\underline{\varepsilon}_{r1}}$ auf eine zur Ausbreitungsrichtung senkrechte Grenzfläche zu einem Medium 2 mit $\underline{Z}_{F2} = Z_0 \sqrt{\underline{\mu}_{r2}/\underline{\varepsilon}_{r2}}$, dann ergibt sich ein Reflexionsfaktor $\underline{r}$

$$\underline{r} = \frac{\underline{E}_r(z=0)}{\underline{E}_h(z=0)} = \frac{\underline{Z}_{F2} - \underline{Z}_{F1}}{\underline{Z}_{F2} + \underline{Z}_{F1}}. \quad (1)$$

$\underline{E}_r(z = 0)$ und $\underline{E}_h(z = 0)$ sind dabei die Feldstärken in der Ebene der Grenzschicht.

Bild 1. Strahlungsdichten bei senkrechtem Einfall

Bild 2. Entstehung von stehenden Wellen vor einer Grenzschicht

Bild 3. Schräger Einfall auf Grenzschicht

Die in das Medium 2 eintretende Welle hat die Strahlungsdichte S_t und die Komponenten $\underline{E}_t$ und $\underline{H}_t$. Hinlaufende und eintretende Welle sind durch den Transmissionsfaktor $\underline{t}$ verknüpft.

$$\underline{t} = \frac{\underline{E}_t(z=0)}{\underline{E}_h(z=0)} = \frac{2\underline{Z}_{F2}}{\underline{Z}_{F2} + \underline{Z}_{F1}}. \qquad (2)$$

Für verlustlose Dielektrika ist r und t reell

$$r = \frac{1 - \sqrt{\varepsilon_{r2}/\varepsilon_{r1}}}{1 + \sqrt{\varepsilon_{r2}/\varepsilon_{r1}}}, \qquad t = \frac{2}{1 + \sqrt{\varepsilon_{r2}/\varepsilon_{r1}}}.$$

Beim Übergang einer Welle aus der Luft in ein Material mit ε_r vereinfacht sich dies zu $r = (1 - \sqrt{\varepsilon_r})/(1 + \sqrt{\varepsilon_r})$ und $t = 2/(1 + \sqrt{\varepsilon_r})$, der Reflexionsfaktor ist dabei negativ. Die reflektierte elektrische Feldstärke wird an der Grenzschicht um 180° gedreht. Für Reflexion an einer metallischen Wand ist $r \approx -1$ und $t \approx 0$. Genaueres über Wandströme in B 6.
Vor der Grenzschicht entstehen durch Überlagerung der hinlaufenden und reflektierten Welle Feldstärkemaxima $E_{max} = E_h(1 + |r|)$ bzw. $H_{max} = H_h(1 + |r|)$ und Minima $E_{min} = E_h(1 - |r|)$ bzw. $H_{min}(1 - |r|)$. Die Extrema von E bzw. H treten periodisch im Abstand $\lambda/2$ auf, wobei die Maxima von E gegenüber denen von H um $\lambda/4$ versetzt sind (Bild 2). Bei Totalreflexion (Betrag des Reflexionsfaktors gleich 1) werden die Minima gleich Null, die Maxima haben die doppelte Feldstärke der hinlaufenden Welle.
Für die praktische Berechnung von senkrecht zu Grenzschichten auftretenden Wellen nutzt man die Analogie zu Wellen auf Leitungen. E entspricht dann U, H entspricht I und die Feldwellenwiderstände entsprechen den Leitungswellenwiderständen. Näheres in C 6.

4.2 Schräger Einfall. Oblique incidence

Für die Berechnung von Reflexion und Berechnung einer ebenen Welle, die aus einem Medium 1 kommend unter dem Einfallswinkel schräg auf die Grenzfläche (y-z-Ebene) zu einem anderen Medium auftrifft (Bild 3), zerlegt man das vektorielle Wellenmaß $\boldsymbol{k}$ und den Ausbreitungsvektor $\boldsymbol{r}$ zweckmäßigerweise in Komponenten bezüglich des zur Grenzfläche passenden kartesischen Koordinatensystems. Aus dem allgemeinen Ansatz gemäß Gl. B 2 (2) erhält man mit

$$\boldsymbol{k} = k(\cos\vartheta_x \boldsymbol{e}_x + \cos\vartheta_y \boldsymbol{e}_y + \cos\vartheta_z \boldsymbol{e}_z)$$

und

$$\boldsymbol{r} = r(\cos\vartheta_x \boldsymbol{e}_x + \cos\vartheta_y \boldsymbol{e}_y + \cos\vartheta_z \boldsymbol{e}_z)$$
$$= x\boldsymbol{e}_x + y\boldsymbol{e}_y + z\boldsymbol{e}_z,$$

wobei ϑ_x, ϑ_y und ϑ_z die Winkel sind, welche die Einfallsrichtung $\boldsymbol{e}_r$ mit den Koordinatenachsen einschließen, den Ausdruck $\boldsymbol{k} \cdot \boldsymbol{r} = k_x x + k_y y + k_z z$. Dabei ist $k_x = k \cos\vartheta_x = (2\pi/\lambda)\cos\vartheta_x = 2\pi/\lambda_x$ mit $\lambda_x = \lambda/\cos\vartheta_x$. Entsprechendes gilt für y und z. Die Wellenmaße k_x, k_y und k_z werden gegenüber demjenigen in Ausbreitungsrichtung verkleinert, wobei $k_x^2 + k_y^2 + k_z^2 = k^2 = (2\pi/\lambda)^2$ gilt. Die entlang den Koordinatenachsen meßbaren Abstände der Phasenfronten sind die Wellenlängen λ_x, λ_y bzw. λ_z. Für diese gilt $1/\lambda_x^2 + 1/\lambda_y^2 + 1/\lambda_z^2 = 1/\lambda^2$, wobei λ die Wellenlänge im Medium 1 ist.
Eine Welle, deren Poynting-Vektor in der x-z-Ebene liegt, und die entsprechend Bild 3 unter dem Einfallswinkel ϑ gegen die Flächennormale auftritt, kann mit

$$k_x = (2\pi/\lambda)\cos\vartheta_x = (2\pi/\lambda)(-\cos\vartheta)$$

und

$$k_z = (2\pi/\lambda)\cos\vartheta_z = (2\pi/\lambda)\sin\vartheta$$

beschrieben werden durch

$$\underline{E}(x,z) = \underline{E}\exp j(2\pi x/\lambda_x - 2\pi z/\lambda_z).$$

Hierbei sind die durch die Winkelfunktionen vorgegebenen Vorzeichen im Exponenten bereits

Bild 4. Feldlinien und Wandströme bei schrägem Einfall auf eine leitende Ebene für (a) vertikale (parallele) Polarisation (b) horizontale (senkrechte) Polarisation

Bild 5. Physikalische Richtungen der einfallenden und reflektierten Feldkomponenten in unmittelbarer Nähe einer leitenden Ebene für (a) vertikale (parallele) Polarisation und (b) horizontale (senkrechte) Polarisation

Bild 6. Brechung bei schrägem Einfall auf dielektrische Grenzschicht (vertikale Polarisation)

berücksichtigt. λ_x und λ_z sind also positiv einzusetzen. Das positive Vorzeichen bei der x-Abhängigkeit und das negative bezüglich z kennzeichnet, daß Ausbreitung der Welle eine Komponente in z-Richtung, aber gegen die x-Richtung aufweist.
Bei schrägem Einfall auf eine leitende Ebene liegt der Poynting-Vektor der reflektierten Welle in der Einfallsebene. Der Austrittswinkel ϑ_r des Poynting-Vektors gegen die Normale der reflektierenden Fläche ist gleich dem Einfallswinkel. Das Gesamtwellenfeld ist die Summe aus hinlaufendem und reflektiertem Wellenfeld, wobei sich parallel zur leitenden Ebene Energieausbreitung einstellt, die durch die Terme $\exp \mathrm{j}(k_y y + k_z z)$ gekennzeichnet ist, bei der die einander zugeordneten Komponenten von E und H gleichphasig sind.
Senkrecht zur Fläche bildet sich eine stehende Welle aus mit einer Phasenverschiebung hinsichtlich der Zeit und dem Abstand von der Oberfläche von 90°. An der Oberfläche ist stets $E_y = E_z = 0$ und $E_x = E_{x,\max} = 2 E_{xh}$ sowie $H_x = 0$ und $H_{\tan,\max} = 2\sqrt{H_{yh}^2 + H_{zh}^2}$ (Bild 4). Im Abstand $\lambda_x/4$ über der Oberfläche bildet sich $E_{\tan,\max} = 2\sqrt{E_{yh}^2 + E_{zh}^2}$ aus, während $H_{\tan} = 0$ ist. Die Polarisationsebene der reflektierten Welle ist nur bei horizontaler (senkrechter) oder vertikaler (paralleler) Polarisation gleich der der einfallenden Welle. Wegen der unterschiedlichen Randbedingungen (Bild 5) für die beiden Polarisationen ändert sich die Neigung der Polarisationsebene der reflektierten Welle (Spiegelung des Winkels der Polarisationsebene bezüglich der leitenden Ebene). Bei zirkularer Polarisation vertauscht sich bei Reflexion an einer leitenden Ebene der Umlaufsinn.

Wandströme. Bei ausgeprägtem Skineffekt entsteht auf der leitenden Oberfläche ein Strombelag K (Oberflächenstromdichte), der gleich der tangentialen magnetischen Gesamtfeldstärke ist.

$$e_n \times H_{\tan} = K. \qquad (3)$$

K hat die Einheit A/m, gibt also an, welcher Strom in einem Oberflächenstreifen bestimmter Breite fließt. Bei einer vertikal polarisierten Welle, die entsprechend Bild 4a schräg mit einer Einfallsebene parallel zur x-z-Ebene auf eine leitende Ebene trifft, sind die Strombeläge größer ($2H_h$) und haben eine Richtung parallel zum Energietransport der Welle, während sie bei einer horizontal polarisierten Welle (Bild 4b), die unter dem gleichen Winkel einfällt, kleiner sind ($2H_h \cos\vartheta$) und senkrecht zum Energietransport verlaufen.

Dielektrische Grenzschicht. Beim schrägen Einfall einer ebenen Welle auf ein Dielektrikum wird ein Teil der Welle reflektiert. Der Ausfallswinkel ist gleich dem Einfallswinkel. Ein anderer Teil tritt in das Medium ein. Beim Eintritt in das Medium mit höherer Dielektrizitätszahl wird die Ausbreitungsrichtung (Poynting-Vektor) zur Flächennormalen hin gebrochen (Bild 6).

$$\frac{\sin \vartheta_2}{\sin \vartheta_1} = \sqrt{\frac{\mu_{r1}\varepsilon_{r1}}{\mu_{r2}\varepsilon_{r2}}} \quad (4)$$

gilt für verlustlose und verlustarme Dielektrika. Allgemein kann das Verhältnis von Eintritts- zu Austrittswinkel aus der Forderung abgeleitet werden, daß die Phasenfronten unmittelbar oberhalb und unterhalb der Grenzschicht identisch sein müssen, also $k_{y1}^2 + k_{z1}^2 = k_{y2}^2 + k_{z2}^2$ gilt.

Für die Berechnung des Reflexionsfaktors und des Transmissionsfaktors muß man die verschiedenen Polarisationsfälle unterscheiden. Bei vertikaler (paralleler) Polarisation gilt mit den Richtungen von E nach Bild 6.

$$\underline{r}(x=0) = \frac{\underline{E}_r(x=0)}{\underline{E}_h(x=0)}$$

$$= \frac{\sqrt{\varepsilon_{r2}/\varepsilon_{r1}} - \cos\vartheta_2/\cos\vartheta_1}{\sqrt{\varepsilon_{r2}/\varepsilon_{r1}} + \cos\vartheta_2/\cos\vartheta_1}. \quad (5)$$

Der Transmissionsfaktor $\underline{t}$ ist entsprechend

$$\underline{t} = \underline{E}_t/\underline{E}_h = 2/(\sqrt{\varepsilon_{r2}/\varepsilon_{r1}} + \cos\vartheta_2/\cos\vartheta_1). \quad (6)$$

Bei $\vartheta_B = \arctan\sqrt{\varepsilon_{r2}/\varepsilon_{r1}}$ wird der Reflexionsfaktor bei verlustlosen Medien gleich Null die gesamte Strahlungsleistung tritt in das Medium 2 ein. Man nennt ϑ_B Brewster-Winkel. Bei verlustbehafteten Materialien verschwindet die Reflexion nicht völlig, wird jedoch minimal. Im Fall des Brewster-Winkels schließen die Ausbreitungsrichtung der gebrochenen Welle und diejenige der reflektierten Welle einen Winkel von 90° ein. Für Wasser ($\varepsilon_r = 81$ bei $f < 1$ GHz) ist der Betrag des Reflexionsfaktors $r(\vartheta_1)$ und $\vartheta_2(\vartheta_1)$ in Bild 7 dargestellt. Bild 8 gibt $\vartheta_B(\varepsilon_r)$ für Wellen an, die aus einem Medium 1 mit $\varepsilon_r = 1$ (z. B. Luft) kommen und auf ein Medium 2 mit ε_r zwischen 0 und 20 auftreffen. Beim Brewster-Winkel kehrt $\underline{r}$ sein Vorzeichen um. Für Wellen, deren Einfallswinkel kleiner als ϑ_B ist, hat E_2 bezüglich E_1 die in Bild 6 gezeigte Orientierung. Für größere Einfallswinkel ist $\underline{r}$ negativ, E_2 ist also in Wirklichkeit entgegengesetzt gerichtet.

Für horizontale (senkrechte) Polarisation gilt mit Bild 9 für den Reflexionsfaktor $\underline{r}$ und den Transmissionsfaktor $\underline{t}$

$$\underline{r} = \frac{\underline{E}_r}{\underline{E}_h} = \frac{\cos\vartheta_1/\cos\vartheta_2 - \sqrt{\varepsilon_{r2}/\varepsilon_{r1}}}{\cos\vartheta_1/\cos\vartheta_2 + \sqrt{\varepsilon_{r2}/\varepsilon_{r1}}}, \quad (7)$$

$$\underline{t} = \frac{\underline{E}_t}{\underline{E}_h} = 2 \Big/ \left(\sqrt{\frac{\varepsilon_{r2}}{\varepsilon_{r1}}} \frac{\cos\vartheta_2}{\cos\vartheta_1} \right). \quad (8)$$

Bei dieser Polarisation tritt E nur parallel zur Grenzschicht auf. Wegen der Stetigkeit von E auf beiden Seiten der Grenzschicht gilt für horizontale Polarisation $\underline{E}_h + \underline{E}_r = \underline{E}_t$ oder $1 + \underline{r} = \underline{t}$. Der Reflexionsfaktor ist also hier stets negativ.

Bild 7. Reflexionsfaktor r, Transmissionsfaktor t und Austrittswinkel ϑ_2 für Übergang von Luft in Wasser ($\varepsilon_r = 81$) bei schrägem Einfall (vertikale Polarisation)

Bild 8. Brewster-Winkel bei Grenzschicht zwischen ε_{r1} und ε_{r2}

Bild 9. Schräger Einfall auf dielektrische Grenzschicht (horizontale Polarisation)

Bild 10 gibt analog zu Bild 7 die Werte von r, t und ϑ_2 für den Übergang Luft/Wasser im Fall der horizontalen Polarisation an.

Totalreflexion. Eine Welle, die aus einem Medium 1 mit größerem ε_r schräg gegen die Grenzschicht zu einem Medium 2 mit kleinerem ε_r läuft, kann nur bei spitzem Einfallswinkel $\vartheta_1 < \vartheta_{g1}$ in das Medium 2 übertreten. ϑ_{g1} ist der Grenzwinkel der Totalreflexion. Für $\vartheta_1 > \vartheta_{g1}$ würde im Medium 2 die Wellenlänge parallel zur

Bild 10. Werte analog Bild 7 für horizontale Polarisation

Bild 11. Totalreflexion an Grenzschicht zum dünneren Medium

Grenzschicht kleiner werden als durch Ausbreitungsgeschwindigkeit und Frequenz in diesem Medium vorgegeben ist. Dies ist physikalisch nicht möglich. Alle auf ein zur Ausbreitungsrichtung schräg stehendes Koordinatensystem bezogenen Wellenlängen müssen größer als die Wellenlänge in Ausbreitungsrichtung sein. Der Grenzwinkel der Totalreflexion ist

$$\vartheta_{g1} = \arcsin\sqrt{\varepsilon_{r2}/\varepsilon_{r1}}. \qquad (9)$$

Für Einfallswinkel größer als ϑ_{g1} wird alle Energie unter einem Austrittswinkel, der gleich dem Einfallswinkel ist, in das Medium 1 reflektiert. Im Medium 2 kann wegen der Stetigkeitsbedingungen das Feld nicht abrupt verschwinden. Es bildet sich eine Oberflächenwelle (s. B 4.3), die für extrem dünne Spalte ($d \ll \lambda$) zwischen zwei Schichten mit höherem ε_r ein stark gedämpftes Übertreten der Welle ermöglicht.

4.3 Oberflächenwellen. Surface waves

Der Anschaulichkeit wegen sollen hier Oberflächenwellen an ebenen Grenzschichten behandelt werden. Oberflächen auf runden Leitern sind in K 5 beschrieben.

Eine Welle, die parallel zur x-z-Ebene unter flachem Winkel aus einem Dielektrikum mit größerem ε_{r1} gegen eine Grenzschicht zu einem Medium mit kleinerem ε_{r2} läuft (Bild 11), hat an der Grenzschicht die tangentiale Wellenlänge $\lambda_z = \lambda_0/(\sqrt{\varepsilon_{r1}} \sin \vartheta)$. Ist der Einfallswinkel $\vartheta > \vartheta_g$ (Grenzwinkel der Totalreflexion), dann wird $\lambda_z < \lambda_0/\sqrt{\varepsilon_{r2}}$. Eine Lösung der Wellengleichung ist im Medium 2 nur mit dem Ansatz für E bzw. H mit $A(x, z) = A \exp(-\alpha x) \exp(j k_2 z)$ möglich. Daraus erhält man

$$\alpha = \frac{\omega}{c_0} \sqrt{\frac{\varepsilon_{r1}}{\cos^2 \vartheta_1} - \varepsilon_{r2}}. \qquad (10)$$

Bild 12. Oberflächenwellen. **a** vertikale (parallele) Polarisation; **b** horizontale (senkrechte) Polarisation

Innerhalb des Mediums 1 setzt sich das Wellenfeld aus der zur Grenzschicht hinlaufenden und der reflektierten Welle gleicher Amplitude zusammen und kann durch eine Welle mit stehender Charakteristik in Richtung senkrecht zur Grenzschicht und Ausbreitung parallel zur Grenzschicht beschrieben werden. Je nach Polarisation ergeben sich Feldlinien nach einem der Bilder 12a oder b.

Die Feldstärken klingen im weniger dichten Medium verhältnismäßig stark ab. Für eine Welle, die im Medium 1 im wesentlichen parallel zur Grenzfläche läuft, ist das Abklingmaß x_0, also der Abstand von der Grenzschicht, innerhalb dessen die Amplituden auf 1/e abgenommen haben

$$x_0 = 1/\alpha = \lambda_0/(2\pi\sqrt{\varepsilon_{r1}-\varepsilon_{r2}}). \quad (11)$$

Für eine Differenz der Dielektrizitätszahlen von 0,5 sind die Amplituden im Abstand einer Freiraumwellenlänge von der Grenzschicht auf etwa 1% der Grenzschichtwerte abgesunken. Dieser Effekt wird beispielsweise zur Wellenführung in dielektrischen Stäben genutzt, wobei keine Verluste wie bei leitenden Feldbegrenzungen auftreten, (s. K 5). Bei Lichtwellenleitern können durch Überziehen der eigentlichen Lichtleitfaser mit Material geringerer Brechzahl die Fasern von der Umgebung isoliert werden. Im Überzug tritt dann das stark abnehmende Feld der Oberflächenwelle auf.

Bild 1. Skineffekt bei einem ebenen Leiter

Bild 2. Zweischichtenleiter

5 Skineffekt. Skin effect

Allgemeine Literatur: *Feldtkeller, E.*: Dielektrische und magnetische Materialeigenschaften I, II. Mannheim: Bibliograph. Inst. 1973. – *Kaden, H.*: Wirbelströme und Schirmung in der Nachrichtentechnik. Berlin: Springer 1959.

Gleichstrom durchsetzt den gesamten verfügbaren Leiterquerschnitt, Wechselströme können dagegen nur in die Außenbereiche einer Leiterstruktur eindringen. Die Stromdichten konzentrieren sich dabei auf diejenigen Bereiche, an denen bei Gleichstrom die größten magnetischen Felder auftreten.
Die Berechnung des Skineffekts erfolgt mit Gl. B 2 (10), wenn man den Verschiebungsstromanteil gleich Null setzt und $\varepsilon_r = -j\kappa/\omega\varepsilon_0$ ansetzt. Man erhält dann

$$\underline{k} = \sqrt{-j\omega\mu_0\mu_r\kappa} = \sqrt{\omega\mu_0\mu_r\kappa/2}\,(1+j). \quad (1)$$

Die in das leitende Material eindringende Welle hat ein Dämpfungsmaß $\alpha = 1/\delta$ und ein Phasenmaß gleicher Größe. Für die Stromdichte J gilt

$$\underline{J}(x) = \underline{J}(x=0)\exp(-x\sqrt{\omega\mu_0\mu_r\kappa/2})$$
$$\cdot \exp(-jx\sqrt{\omega\mu_0\mu_r\kappa/2})$$
$$|\underline{J}(x)| = |\underline{J}(x=0)|\exp(-x/\delta).$$

In einer Tiefe

$$\delta = \sqrt{2/(\omega\mu_0\mu_r\kappa)} \quad (2)$$

sind alle Felder auf $1/e = 37\%$ der an der Oberfläche vorhandenen Feldstärke abgesunken. δ nennt man Eindringmaß oder äquivalente Leichtschichtdicke. Mit wachsender Tiefe dreht sich die Phase linear. Diese Nacheilung ist in der Tiefe δ bereits 57,3° (entspricht dem Wert 1 im Bogenmaß), bei $\pi\delta$ erreicht die Phasendrehung 180°. Die Stromdichte ist dort gegenphasig zu der an der Oberfläche. Die Felder werden nach jeweils 2, 3 δ um 10 dB geschwächt.

Die Amplitudenabnahme ist in Bild 1 dargestellt. Für die Praxis kann man bei allen flachen Leitern, bei denen die Dicke $D > 10\delta$ ist oder bei runden Leitern, bei denen diese Beziehung für den Durchmesser gilt, annehmen, daß der Strom gleichmäßig verteilt in einer Oberflächenschicht der Dicke δ fließt und der darunter liegende Bereich stromlos ist (Bild 2). Man erhält mit dieser Annahme die richtigen Widerstandswerte. In Wirklichkeit sind die Felder unterhalb dieser Grenze vorhanden. Leitende Schichten auf isolierenden Trägern sollten also mindestens 5δ dick sein. Der ohmsche Widerstand langgestreckten runden Drahtes ist somit

$$R = l/(\kappa\delta D\pi),$$

wobei D der Durchmesser ist. $D\pi$ ist der Umfang, $\delta D\pi$ also näherungsweise der stromdurchflossene Querschnitt. Diese Berechnung ist um so genauer, je kleiner δ/d ist. Für alle anderen Querschnittsformen gilt entsprechend

$$R = l/\kappa\delta s,$$

wobei s der Umfang des Querschnitts ist.
Wegen der Phasenverschiebung der innenfließenden Stromteile hat die Gesamtimpedanz eines Leitungsstücks mit Skineffekt einen induktiven Anteil $j\omega L_i$, der gleich dem ohmschen Widerstand ist, $\underline{Z} = R + j\omega L_i = R(1+j)$. Zu diesem $j\omega L_i$ muß noch der durch äußere Magnetfelder bestimmte äußere induktive Widerstand $j\omega L_a$ addiert werden.
Zur Abschätzung der äquivalenten Leitschichtdicke δ kann Tab. 1 dienen. Für die Praxis berechnet man δ aus

$$\delta/\mu m = 64\,k_1/\sqrt{f/\text{MHz}}.$$

Tabelle 1. Flächenwiderstand R_F und Leitschichtdicke δ bei Silber. Für andere Materialien sind R_F und δ mit k_1 aus Tab. 2 zu multiplizieren

f	λ_0	δ in μm	R_F in mΩ
100 kHz	3 km	200	0,08
1 MHz	300 m	64	0,25
10 MHz	30 m	20	0,8
100 MHz	3 m	6,4	2,5
1 GHz	30 cm	2	8
10 GHz	3 cm	0,64	25
100 GHz	3 mm	0,2	80

Für Silber ist $k_1 = 1$. Die Faktoren für andere Materialien ($k_1 = \sqrt{\kappa_{Silber}/\kappa_{Werkstoff}}$) sind für 20 °C aus Tab. 2 zu entnehmen.

Tabelle 2. $k_1 = \kappa_{Silber}/\kappa_{Werkstoff}$ für einige Metalle

Metall	k_1 (bei 20 °C)
Silber	1
Kupfer	1,03
Gold	1,2
Aluminium	1,35
Zink	1,95
Messing	2,2
Platin	2,6
Zinn	2,7
Tantal	2,9
Konstantan	5,6
rostfreier Stahl	6,7
Kohle	≈ 50

Für Verlustberechnungen wird der ohmsche Hochfrequenzwiderstand eines Oberflächenstücks der Breite b und der Länge l benötigt. Dieser ist

$$R = \frac{1}{\kappa \delta} \frac{l}{b} = R_F \frac{l}{b}.$$

$R = 1/\kappa \delta$ hat die Einheit Ω und wird als Oberflächenwiderstand bezeichnet. Richtwerte sind in Tab. 1 gegeben. Die in ihm in Wärme umgesetzte Leistung beträgt in einem Flächenelement mit Länge l und Breite b

$$P = K^2 R_F l b / 2, \qquad (3)$$

wobei $K = H_{tan}$ der gleichmäßig in der Leitschicht verteilte Strombelag (Scheitelwert) ist und H_{tan} die an der Oberfläche vorhandene magnetische Feldstärke. Für praxisnahe Berechnungen muß jedoch die Stromwegvergrößerung durch Oberflächenrauhigkeit berücksichtigt werden. Im Mikrowellenbereich oberhalb 1 GHz sind meist 3 bis 10% größere Werte für R_F zu erwarten.

Skineffekt bei Drähten. Für die genaue Berechnung des Skineffekts bei kreiszylindrischen Querschnitten sind Bessel-Funktionen nötig. Näherungsweise können jedoch die in den Gln. (4) bis (7) gegebenen Formeln verwendet werden. Dabei ist jeweils zunächst für die gegebene Frequenz und das Material die äquivalente Leitschichtdicke δ zu berechnen und dann mit dem Durchmesser D die geeignete Gleichung auszuwählen. R_0 ist der Gleichstromwiderstand eines runden, massiven Leiters mit dem Durchmesser D und der Länge l.

$$R_0 = 4l/(\pi \kappa D^2)$$

für $D/\delta < 2$ gilt: $R = R_0$, (4)

$2 < D/\delta < 4$: $R = R_0 \left[1 + \left(\frac{D}{5,3\delta}\right)^4\right]$, (5)

Bild 3. Widerstand runder Kupferdrähte

$$4 < D/\delta < 10: \quad R = R_0\left(0{,}25 + \frac{D}{4\delta}\right), \qquad (6)$$

$$D/\delta > 10: \quad R = R_0 \frac{D}{4\delta} = \frac{l}{\pi\kappa\delta D}. \qquad (7)$$

Zum Abschätzen des Widerstands pro Meter Länge und zum Erkennen, ob der Skineffekt wirksam ist (Anstieg des Widerstands mit der Frequenz) dient Bild 3. Die dort angegebenen Kurven gelten für Kupfer und näherungsweise auch für versilberte Oberflächen. Skineffekt bei Rohren: Ist w die Wandstärke des Rohrs, so kann für $w/\delta < 1$ mit dem Gleichstromwiderstand gerechnet werden. Der Fehler bleibt dann unter 10%. Für $w/\delta > 2{,}5$ ist der Widerstand nur noch von der Leitschichtdicke bestimmt. Der Widerstand ist dann $R = l/(\kappa\delta D\pi)$, wobei D der Rohraußendruckmesser ist. Im Übergangsbereich wird der Widerstand des Rohrs bei $w/\delta = 1{,}6$ kleiner (etwa 90%) als der Widerstand eines massiven Drahts bei gleicher Frequenz. Dies ist dadurch erklärbar, daß beim massiven Draht in tieferen Schichten gegenphasige Ströme fließen, welche den Gesamtstrom verringern, die Verluste aber steigern.

Skineffekt in Bandleitern. Bei flachen Leitern, wie beispielsweise Blechen oder Bändern mit der Dicke s und der Breite b kann bei $s/\delta < 0{,}5$ mit dem Gleichstromwiderstand gerechnet werden (Fehler maximal 10%). Für $s/\delta > 5$ ist der Wechselstromwiderstand voll vom Skineffekt bestimmt, man rechnet also mit einer Querschnittfläche, die δ mal Umfang ist. Der Widerstand ergibt sich daraus näherungsweise zu $R = l/(2\kappa\delta b)$. Eine zusätzliche Widerstandserhöhung tritt durch Stromdichtekonzentration an den Querschnittsecken auf, wie in Bild 4 dargestellt. Dort ist die Konzentration des Magnetfeldes am größten. Je schärfer die Ecken sind, desto ausgeprägter ist die Wirkung. Bei Streifenleitungen ist darauf zu achten, daß nicht durch ausgefranste seitliche Begrenzungen Stromumwege auftreten, welche die Verluste vergrößern. Für ein gegebenes δ gibt es, ähnlich wie bei Rohren, eine optimale Blechdicke, die minimalen Widerstand bewirkt. Bei Blechen großer Dicke wirkt sich der Skineffekt voll aus. Das Innere ist stromlos und der Widerstand habe den Wert R_1. Bei Blechen, deren Dicke bezogen auf δ sehr klein ist ($s/\delta < 0{,}5$), wirkt sich der Skineffekt nicht aus, dafür ist aber die leitende Fläche klein und der Widerstand wesentlich größer als der Grenzwert R_1 für dicke Bleche ($s/\delta > 5$). Dazwischen liegt bei $s/\delta = \pi$ ein Minimum des Widerstands $R/R_1 = 0{,}9$, bei dem gegenphasige Ströme im Innern vermieden und damit die Verluste am kleinsten werden. Bild 5 stellt diesen Zusammenhang dar und ermöglicht für beliebige Materialien quantitative Aussagen. Diese Optimierung

Bild 4. Stromkonzentration an Ecken

Bild 5. Widerstandsminimum bei Blechen

ist beispielsweise wichtig für die Gestaltung von Sammelschienen bei der induktiven Erwärmung.

Zweischichtenleiter. Dünne Schichten gutleitenden Materials auf schlecht leitendem Untergrund verhalten sich bei hohen Frequenzen, bei denen die Dicke der Schicht größer oder gleich dem für diese Material geltenden Eindringmaß δ ist, so als ob der Gesamtkörper aus dem Oberflächenmaterial bestünde. Für Schichten mit einer Dicke $w = 1{,}6\delta$ erhält man eine geringfügige Verringerung des Widerstands gegenüber dem Wert, der sich für einen massiven Leiter aus dem Oberflächenmaterial ergäbe. Dieser Effekt entspricht dem Fall von rohrförmigen Leitern und ist um so weniger ausgeprägt, je weniger sich die Leitfähigkeit der Oberfläche von der des Grundmaterials unterscheidet.

Hochfrequenzlitze. Diese besteht aus mehreren voneinander isolierten dünnen Drähten, die so miteinander verflochten sind, daß jeder Einzeldraht innerhalb einer gewissen Länge jeden Ort innerhalb des Querschnitts mit gleicher Wahrscheinlichkeit einnimmt. Man erhält damit eine gleichmäßigere Stromdichteverteilung als bei Volldraht. Üblich sind Einzeldrahtdurchmesser im Bereich 0,04 bis 0,1 mm. Die Anzahl der parallelen Einzeldrähte liegt zwischen 20 und mehreren Tausend. Je dicker der benötigte Gesamtquerschnitt ist, desto niedriger ist die Frequenz, von der ab die Anwendung von HF-Litze sinnvoll ist. Bei Spulen und Übertragern für kleine Leistungen kann man im Bereich 1 bis 10 MHz die Verluste durch HF-Litze wesentlich verringern. Für höhere Frequenzen konzentriert sich die Stromdichte wegen der kapazitiven Verkopplung der Drähte über die dünnen Lackschichten wieder auf der Außenfläche der Gesamtstruktur.

Diese kapazitiven Effekte erhöhen die Verluste zusätzlich, so daß oberhalb 10 MHz die Anwendung relativ dicker Drähte günstiger ist, bei denen der Skineffekt wirksam ist, der große Umfang des Leiters aber die Verluste klein hält.

Leitende Wände, Abschirmungen. Jede leitende Wand in einem Hochfrequenzfeld, also auch in der Nähe eines von hochfrequentem Strom durchflossenen Leiters, zwingt die magnetischen Feldlinien, in Wandnähe parallel zur Wand zu verlaufen. Dabei werden Wandströme erzeugt, deren Strombelag K der Größe der magnetischen Stärke an der Wandoberfläche gleich ist, sofern ausgeprägter Skineffekt gegeben ist. Die Richtung von K ergibt sich aus $H \times K = e_n$, wobei e_n die Flächennormale ist. Jede leitende Wand in der Nähe eines wechselstromdurchflossenen Leiters setzt elektrische Energie in Wärme um und erhöht so die Gesamtverluste. Schirmungen sollten also immer einen möglichst großen Abstand vom zu schirmenden Bauteil haben. Dabei ist jedoch zu beachten, daß störende Hohlraumresonanzen auftreten können und damit Maximalgrößen von Abschirmgehäusen vorgegeben sind.

Die Wanddicke muß wesentlich größer als das Eindringmaß δ bei der zu schirmenden Frequenz sein, damit bei Gehäusen die an der Außenwand auftretenden Felder hinreichend gedämpft sind. Für die Zunahme der Wandstärke um jeweils $2, 3\delta$ nimmt die Schirmdämpfung um 10 dB zu. Mehrere ineinanderliegende, voneinander isolierte Schirme wirken stärker als Einzelwände mit gleicher Gesamtdicke. Dies ergibt sich aus der Tatsache, daß in der Wand eine stark gedämpfte Welle senkrecht zur Wandoberfläche läuft, die an Grenzflächen reflektiert wird. Jeder Übergang Metall-Isolation bewirkt einen hohen Reflexionsfaktor. Bei tiefen Frequenzen und der dadurch bedingten großen Leitschichtdicken werden zweckmäßig Materialien mit großem μ_r verwendet.

Alle Öffnungen in Abschirmgehäusen können als Hohlleiter betrachtet werden, die von einer Grenzfrequenz $f_k = c_0/2a$ für Wellenfelder durchlässig sind. a ist die größte Querabmessung einer schlitzförmigen Öffnung. Die Schlitzhöhe ist dabei ohne Belang. Näheres in K 4.

6 Oberflächenstromdichte
Surface current density

Bei Leitungen mit L-Wellen (TEM-Wellen) sind nur Längsströme auf den Leitern vorhanden. Infolge des Skineffekts fließen diese Ströme als Strombelag K nur in der oberflächennächsten Schicht. Für Koaxialleitungen ergibt sich $K = I/\pi D$, wobei D der Durchmesser des betrachteten Leiters ist. Auf dem Außenleiter ist K entsprechend dem Durchmesserverhältnis D_i/D_a kleiner als auf dem Innenleiter. Die Verluste in einem Oberflächenelement berechnet man mit Gl. B 5 (3).

Bei homogenen Leitungen mit beliebigem Querschnitt kann die örtliche Verteilung von K aus der Feldverteilung ermittelt werden. Für einfache Leitungsquerschnitte (Zweidrahtleitung, Draht über leitender Ebene) können exakte Formeln aus der Theorie der konformen Abbildung [1] gewonnen werden. Bei beliebigen Querschnitten muß das statische elektrische Feldlinienbild für den Querschnitt ermittelt werden, dieses gilt auch für das Hochfrequenzfeld bei ausgeprägtem Skineffekt. Die Feldberechnung kann mit der Relaxationsmethode iterativ erfolgen oder auch durch Messungen mittels elektrolytischem Trog oder Graphitpapier. Eine einfache Methode ist das Einzeichnen von krummlinigen Quadraten, also Vierecken, bei denen die Winkel jeweils 90° und die Diagonalen gleich lang sind. Im Wellenfeld gilt an jedem Ort $E/H = Z_F$, wobei $Z_F = 377\,\Omega/\sqrt{\varepsilon_r}$ ist. Das durch das eingezeichnete Koordinatensystem gewonnene Bild stellt also die elektrischen und magnetischen Feldlinien dar. Orte mit großer elektrischer Feldstärke (große Feldliniendichte) entsprechen Orten großer magnetischer Feldstärke. An Leiteroberflächen ist der Strombelag K betragsgleich mit der dort auftretenden H. Kleine Abstände zwischen den an den Leitern auftreffenden E-Linien bedeuten somit großes K. Bild 1a zeigt eine koaxiale Leitung mit flachem Innenleiter und eingezeichneten Feldlinien. Bild 1b gibt die Abwicklungen der Leiter mit Strombelagpfeilen, die umgekehrt proportional zu den durch die Feldlinienabstände bestimmten Oberflächenabschnitten sind. In einem Streifen der Breite s ist der Strombelag proportional dem Wert $1/s$. Der Teilstrom in jedem Streifen ist also gleich. Bei n Streifen in Umfangrichtung erhält man daher für den i-ten Streifen als Strombelag

$$K_i = I/n s_i,$$

wobei I der Gesamtstrom und s_i die wahre Streifenbreite im realen Leitersystem ist. Die Verlustleistung P' pro Längeneinheit ist für den i-ten Streifen

$$P'_i = \frac{1}{2} K_i^2 R_F s_i = \frac{I^2 R_F}{2 n^2 s_i}.$$

Damit ergibt sich für die Gesamtverlustleistung P' eines Leiters pro Längeneinheit

$$P' = \frac{I^2 R_F}{2 n^2} \sum_1^n \frac{1}{s_i}.$$

Bild 2. Stromverteilung bei parallelen Leitungen. **a** gegenläufige Stromrichtung; **b** bis **d** gleiche Stromrichtung

Bild 3. Widerstandserhöhung durch Proximityeffekt bei gegenläufigen Strömen

Bild 1. a Feldlinienbild einer Leitung; **b** Stromverteilung auf abgewickelten Leiteroberflächen

Der Widerstandsbelag eines Leiters ist

$$R'_1 = \frac{R_F}{n^2} \sum_1^n \frac{1}{s_i}.$$

Der Widerstandsbelag R' der Gesamtleitung ist die Summe aus den Belägen von Hin- und Rückleitung.

Proximityeffekt. Benachbarte Leiter beeinflussen sich gegenseitig. Bei in Längsrichtung inhomogenen Leiterstrukturen sind genaue Angaben über die Stromdichteverteilung meistens nicht möglich. Allgemein gilt jedoch, daß maximale Stromdichte an den Stellen maximaler Feldkonzentration auftritt. Es ergibt sich bei entgegengesetzter Stromrichtung (Hin- und Rückleiter einer Zweidrahtleitung) eine Stromverteilung nach Bild 2a. Die Widerstandserhöhung für jeden der beiden Drähte gegenüber dem Fall gleichmäßiger Feldverteilung am Umfang berechnet sich für ausgeprägten Skineffekt durch Multiplikation mit dem Faktor $k_2 = 1/\sqrt{1 - D^2/a^2}$, wobei D der Drahtdurchmesser und a der Abstand der Drahtmittelachsen ist. Diesen Zusammenhang zeigt Bild 3.

Bei gleichlaufenden Stromrichtungen konzentriert sich die Stromdichte auf den einander abgewandten Seiten (Bild 2b). Bei mehreren parallel laufenden Drähten mit gleicher Stromrichtung treten Konzentrationen an den Orten des stärksten Gesamtmagnetfeldes auf (Bild 2c und d).

7 Elektromagnetische Beeinflussung durch Hochfrequenzstrahlung
Electromagnetic interference by RF-radiation

Allgemeine Literatur: *DIN-VDE-Taschenbücher 515–517*, Elektromagnetische Verträglichkeit 1–3. Berlin: Beuth 1989. – *VDE-Norm 0847*, Meßverfahren zur Beurteilung der EMV, Teil 1. Berlin: Beuth 1981. – *Schwab, A. J.:* Elektromagnetische Verträglichkeit. Berlin: Springer 1990.

Elektronische Schaltungen, insbesondere in Fahrzeugen und Geräten, können von elektromagnetischen Strahlungsfeldern hoher Intensität, also beispielsweise in der Umgebung von

Rundfunksendern, in ihrer Funktion störend beeinflußt werden. Auch in unmittelbarer Nähe von Sendern mit relativ kleiner Leistung, zum Beispiel bei Funksprechgeräten in Fahrzeugen, können bei ungünstiger Leitungsführung durch elektromagnetische Verkopplungen erhebliche Störungen auftreten, wie im Extremfall die Zündung der Treibladung eines Airbags im Auto.

Wenn auch nur in seltenen Fällen unmittelbare, dauernde Schäden an den Halbleiterkomponenten auftreten, so muß auch ein kurzzeitiger Ausfall oder die Fehlfunktion eines von der gestörten Schaltung gesteuerten Systems unbedingt vermieden werden.

Bei der elektromagnetischen Beeinflussung ist zu unterscheiden zwischen Störungen, die in einem benachbarten Frequenzbereich des Signalspektrums liegen, das über eine Antenne empfangen oder über eine Leitungsverbindung zugeführt wird, und Störwirkungen, die außerhalb des Signalspektrums liegen und über Stromversorgungs-, Steuer- oder Signalleitungen sowie über direkte induktive oder galvanische Beeinflussungen der Schaltkreise eingekoppelt werden. Im erstgenannten Fall muß über geeignete Filter und durch kreuzmodulationsfeste Verstärker eine Beeinflussung des Empfangssignals vermieden werden. Im Fall sehr großer Amplituden der Störfelder muß man durch geeignete Überspannungsableiter oder Begrenzerdioden am Eingang des Empfängers eine Schädigung der empfindlichen Eingangsstufen verhindern. In der Regel sind Leistungen von mehreren Milliwatt nötig, die über eine Zeitspanne von mehreren Millisekunden einwirken, um dauernde Schäden an empfindlichen Eingangsstufen zu bewirken. Sind dagegen entsprechende Schutzdioden am Antenneneingang vorgesehen, dann ist dieser immer so stark fehlabgeschlossen, daß auch bei großen Störfeldstärken keine zerstörend wirkende Energie aus dem Strahlungsfeld eingekoppelt wird. Ein wirksamer Schutz ist also in der Praxis immer möglich, wenn nicht durch eine versehentliche, direkte Verbindung der Antenne oder des Signaleingangs mit einer unzulässig leistungsstarken Quelle die Eingangsschaltung unmittelbar geschädigt wird.

Grundsätzlich können Störwirkungen bei jeder Frequenz auftreten. In der Praxis ist aber der Frequenzbereich von 10 kHz bis zu einigen hundert MHz besonders kritisch. In diesem Bereich geht eine besondere Gefährdung von leistungsstarken Rundfunk- und Fernsehsendern sowie von dichtest benachbarten mobilen Funkanlagen aus. Mit zunehmender Frequenz steigt die über Magnetfelder induzierte Spannung und der kapazitiv eingekoppelte Strom an. Im Mikrowellenbereich ist dagegen die spektrale Intensität meist wesentlich kleiner als im Frequenzbereich um einige MHz, es sei denn das gestörte System befindet sich im Hauptstrahlungsbereich der Antenne eines leistungsstarken Radargeräts. Außerdem liegt die Wellenlänge im Bereich weniger Zentimeter, wodurch sich die Strombahnen auf leitenden Körpern innerhalb enger Bereiche schließen und die Einkoppelmöglichkeiten verringert sind. Weiterhin ist infolge von Fehlanpassungen durch dünne Bonddrähte innerhalb der Halbleiterschaltungen und Halterungskapazitäten die Wahrscheinlichkeit einer wirksamen Leistungsübertragung in die eigentliche Halbleiterschaltung hinein stark reduziert.

Eine Einkopplung von Störfeldern in ein elektronisches System über Steuer-, Signal- oder Stromversorgungsleitungen sowie über unzureichend schirmende Gehäuse ist die häufigste Ursache von elektromagnetischen Beeinflussungen. Leitungen müssen durch entsprechende Filter, die nur die gewünschten Versorgungs- oder Signalspannungen durchlassen, in die Geräte hineingeführt werden. Gehäuse müssen ausreichende Schirmwirkung aufweisen. In diesen sollten keine langen Schlitze vorhanden sein. Durch Kontaktleisten sollten an Deckeln möglichst viele, dicht nebeneinanderliegende, gut leitende Verbindungen zum Gehäuse hergestellt werden. Die Materialwahl beim Gehäuse ist unkritisch. Bei Frequenzen im MHz-Bereich ist die durch den Skineffekt bewirkte Feldkonzentration auf die Außenfläche des Gehäuses bereits so ausgeprägt, daß unabhängig von der Metallart wenige Zehntel Millimeter Wandstärke eine ausreichende Schirmwirkung ergeben. Wichtig ist die richtige Anordnung der leitenden Verbindungen zwischen Schaltkreisen im Gehäuseinnern und dem Gehäuse. Am besten ist eine einzige Verbindungsstelle, so daß auch bei niedrigen Störfrequenzen kein am Gehäuse auftretender Spannungsabfall auf die innenliegenden Schaltkreise übertragen werden kann.

Ein wesentlicher Punkt ist die sorgfältige und richtige Erdungs- und Leitungswahl. Mehrpunkterdungen sind in der Regel zu vermeiden. Geringste Störeinkopplungen sind bei symmetrischen, verdrillten und am besten auch geschirmten Leitungen zu erwarten, die auf beiden Seiten symmetrisch betrieben werden müssen. Koaxialleitungen mit Festmantel-Außenleiter schirmen bei hohen Frequenzen ausgezeichnet, können aber bei niedrigen Frequenzen (Blitz) durchaus über den Außenleiter Störungen einkoppeln. Koaxialleitungen mit einfachem, geflochtenem Außenleiter weisen nur eine relativ geringe Schirmdämpfung auf. Besser, aber nicht absolut sicher sind doppelte, geflochtene Außenleiter mit dazwischenliegenden Metallfolien.

Es gibt vielfältige Testanlagen, um die elektromagnetische Beeinflußbarkeit von Systemen zu überprüfen. Nahezu alle Flugzeug- und Fahrzeughersteller verfügen über große geschirmte Hallen, in denen Hochfrequenzfelder beachtlicher Intensität erzeugt werden können, um die

Störfestigkeit (Härtung) zu überprüfen und Qualitätsstandards sicherzustellen. Die Innenwände der Hallen sind meistens mit Absorberkeilen von bis zu 1,5 m Länge belegt, um bei der Einstrahlung mit Richtantennen Reflexionen und dadurch stehende Wellen möglichst zu vermeiden. Im Frequenzbereich oberhalb 30 MHz werden im allgemeinen logarithmisch-periodische Breitbandantennen (s. N 9) auf das Testobjekt gerichtet und auf dieses eine Leistung von bis zu 20 kW eingestrahlt. Solche Antennen erlauben meist einen Frequenzumfang von etwa 1:10. Das Testobjekt sollte einerseits möglichst nah vor der Antenne stehen, um einer hohen Feldstärke ausgesetzt zu sein, andererseits aber mindestens etwa eine Wellenlänge vom Strahlungszentrum entfernt sein, um Fernfeldbedingungen (ebene Welle mit $E/H = 377\,\Omega$) ungefähr nachzubilden. Die Testanlagen ermöglichen Sendefrequenzen bis in den Bereich von 30 GHz, wobei für Frequenzen im GHz-Bereich Hornantennen verwendet werden.

Schwieriger ist das Nachbilden eines Strahlungsfeldes im Frequenzbereich unterhalb 30 MHz. Antennen scheiden innerhalb von Hallen aus, weil die Dipollänge von etwa 10 m zu groß ist. Entweder werden Antennenanlagen im Freien aufgebaut, wobei Probleme hinsichtlich der Störung von Funkdiensten oder von Anlagen in der Umgebung auftreten können, oder innerhalb einer Halle wird eine Leitungsstruktur entsprechend Bild 1 aufgebaut.

Hierbei handelt es sich um eine Koaxialleitung mit flachem Innenleiter in einem Außenleiter mit rechteckigem Querschnitt, bei der über konische Zuführungen der Generator und ein reflexionsfrei angepaßter Abschluß angeschlossen sind. Im Innenraum läuft dann eine Leitungswelle (TEM-Welle), bei der elektrische und magnetische Felder das gleiche Verhalten wie eine ebene Welle zeigen. Entsprechend dem Wellentyp wird diese Anordnung als TEM-Zelle (oder auch Crawford-Zelle) bezeichnet [1–3]. Abmessungen von bis zu 10 m Länge bei 1 m lichter Weite zwischen Innen- und Außenleiter sind gebräuchlich. Mit derartigen Anordnungen können Geräte mit Abmessungen im Bereich einiger Dezimeter überprüft werden. Der Frequenzbereich ist durch das Auftreten von Hohlraumresonanzen begrenzt, die Betriebswellenlänge sollte deutlich größer sein als die Querabmessung des Außenleiters der Leitung.

Für Messungen an größeren Objekten (beispielsweise Fahrzeugen) innerhalb geschlossener Hallen werden Leitungsstrukturen verwendet, bei denen entsprechend Bild 2 über dem leitenden Boden in mehreren Metern Höhe eine 2 bis 3 m breite Bandleitung aufgehängt ist. Diese Bandleitung kann auch aus mehreren parallel laufenden Rohren bestehen. Zu den beiden Endpunkten des Leitungssystems, an denen je ein leistungsstarker Generator bzw. ein geeigneter Abschlußwiderstand angeschlossen sind, führen sich aufweitende Leiterstrukturen, so daß der Wellenwiderstand des Gesamtsystems möglichst überall konstant ist. Der Nachteil dieser Anordnung ist, daß das Feld auch im Raum oberhalb der Leitung wirkt. Der Wellenwiderstand liegt bei etwa 100 Ω, und es sind beachtliche Leistungen nötig, um elektrische Feldstärken von mehr als 100 V/m zu erzielen.

Die höchste Betriebsfrequenz ist einerseits dadurch gegeben, daß der Abstand zwischen Boden und Leitung kleiner sein sollte als die halbe Wellenlänge der Betriebsfrequenz. Andererseits können auch bei Hallen Hohlraumresonanzen das Feld beeinflussen, wenn diese nicht bedämpft werden. Dies kann durch das Auskleiden der Wände mit hinreichend großen Absorbern geschehen, die auch noch bei Frequenzen von 10 bis 50 MHz eine gewisse Dämpfung sicherstellen. Einzelne Resonanzen können auch durch geeignet aufgestellte, mit Lastwiderständen beschaltete, auf die störende Resonanzfrequenz abgestimmte Antennen bedämpft werden. Allerdings ist zu beachten, daß die Resonanzfrequenzen der Halle durch die eingebrachten räumlich beachtlichen Meßobjekte verändert werden.

Derartige Anlagen werden auch für Tests bezüglich der Störbeeinflußbarkeit durch einen NEMP (nuclear electro-magnetic pulse) verwendet. Ein NEMP entsteht bei der Explosion einer

Bild 1. TEM-Zelle

Bild 2. Leitungsstruktur für große Testobjekte

Atombombe durch Ionisation der Luft infolge von Gamma-Strahlung. Einem Anstieg der elektrischen Feldstärke auf 60 kV/m und der magnetischen Feldstärke auf etwa 160 A/m innerhalb weniger Nanosekunden folgt ein langsamer Abfall. Der Spektralbereich erstreckt sich bis zu mehreren hundert MHz. Mit leistungsstarken Impulsen, die in eine Leiterstruktur eingespeist werden, läßt sich eine NEMP-ähnliche laufende Welle simulieren.

Für das Testen räumlich kleiner Objekte sind auch trichterförmige Kammern bekannt, bei denen die Kammer selbst eine Kegelleitung oder eine Trichterantenne darstellt, die an ihrem offenen Ende mit einer Absorberwand abgeschlossen ist.

Spezielle Literatur: [1] *Crawford, M. L., Koepke G. H.:* Design, evaluation and use of a reverberation chamber for performing electromagnetic susceptibility measurements, Note 1092. Boulder, Colo.: Nat Bureau of Standards 1986. – [2] *Crawford, M. L.:* Generation of standard EM-fields using TEM-transmission cells. IEEE Trans. EMC (1983) 189–195. – [3] *Königstein, D., Hansen, D.:* A new family of TEM-cells with enlarged bandwidth and optimized working volume. Int. Symp. EMC Zürich (1987) 127–132.

8 Gefährdung von Lebewesen durch elektromagnetische Strahlung
Radiation hazards by electromagnetic waves

Allgemeine Literatur: *Leitgeb, N.:* Strahlen, Wellen, Felder. München: Deutscher Taschenbuch Verlag 1990.

Schädigungen von Lebewesen können infolge der Einwirkung elektromagnetischer Felder und Wellen durch thermische Wirkungen entstehen. In diesem Fall sind die Wirkungen und zulässigen Werte einigermaßen genau bekannt und abschätzbar. Obwohl es sich bei den radiofrequenten Vorgängen um nichtionisierende Strahlung handelt, können aber auch Wirkungen eintreten, die wohl auf direkte Reizung von Nerven oder auf andere nichtthermische Beeinflussungen zurückzuführen sind. Einige Erscheinungen sind bisher nur phänomenologisch nachweisbar und bei manchen Personen auch reproduzierbar, häufig ist jedoch der Zusammenhang zwischen den beobachtbaren oder vermeintlichen Wirkungen und einem elektrischen oder magnetischen Feld nicht erklärbar.

Hochfrequente Felder und Wellen in ihrer Wechselwirkung mit lebendem Gewebe werden vielfältig therapeutisch oder diagnostisch eingesetzt. Erwähnt seien nur die Hochfrequenzchirurgie mit der Nutzung thermischer Effekte zum Schneiden und Koagulieren, die Diathermie bei den Frequenzen 27,12 MHz zur Erwärmung tieferliegender Gewebe und 2,45 GHz für oberflächlichere Gewebe sowie die Kernspintomographie, bei der unter Einwirkung starker Vormagnetisierungsfelder Wasserstoffatomkerne zu hochfrequenten Präzessionsschwingungen angeregt werden.

Besondere Gefährdungen ergeben sich bei längerwirkender Mikrowelleneinstrahlung mit aufgenommenen Leistungen von mehr als einigen Watt pro Kilogramm Körpergewicht an den Keimdrüsen oder bei längerwirkenden Strahlungsdichten von mehr als 100 mW/cm^2 an den Augen. In der Regel wird bei einer lokalen Mikrowelleneinwirkung die betroffene Person in fast allen Fällen sofort die Erwärmungswirkung bemerken und sich aus dem Gefährdungsbereich zurückziehen. Beim Auge kann jedoch wegen fehlender Wärmeempfindung im Glaskörper und weil dort keine Durchblutung vorhanden ist, ein Wärmestau entstehen, der zu lokalen Koagulationen von Eiweiß führt und eine dauernde Trübung zur Folge hat. Das Tragen von geeigneten Schutzbrillen, die mit feinen Drahtgittern oder Sehschlitzen in Metallfolien ausgestattet sind, ist bei Arbeiten im Antennenbereich von Hochleistungsradargeräten empfehlenswert.

Besondere Vorsicht ist bei Personen angebracht, denen Herzschrittmacher implantiert wurden. Hier ist der untere Frequenzbereich bis 100 kHz besonders gefährdend. Im Bereich oberhalb 1 GHz dagegen ist der Einfluß von eingestrahlten Wellen wegen des Skineffekts relativ gering. Verschiedene Arten von Anzügen mit Schirmwirkung werden im Spezialhandel angeboten. Dabei gibt es einerseits Ausführungen mit eingewebten dünnen Metallfäden, bei denen allerdings an den Nahtstellen die Kontaktierung sichergestellt sein muß, um genügende Schirmwirkung sicherzustellen. Großflächige Strombahnen mit lokalen Konzentrationen sind besonders im unteren Frequenzbereich möglich und können örtliche Feldkonzentrationen und Erwärmungen bewirken. Andere Ausführungen haben dagegen eine insgesamt leitende Oberfläche, deren Flächenwiderstand im Bereich weniger Ohm liegt. Frequenzen oberhalb 1 GHz werden im wesentlichen reflektiert, da der Flächenwiderstand des Gewebes sehr niederohmig gegen den Feldwellenwiderstand des freien Raumes ist. Bei hohen Feldstärken im Bereich tieferer Frequenzen ist jedoch die Schutzwirkung wegen des vorhandenen Flächenwiderstandes eingeschränkt. Bei größeren Flächenstromdichten, die auf dem Gewebe über eine gewisse Länge wirken, können beachtliche Spannungen auftreten, die auch im Innern des Anzugs auf die zu schützende Person einwirken. Die Toleranzgrenzen für zulässige Strahlungsdichten sind innerhalb einzelner Länder unterschiedlich. Sie können um einige Zehnerpotenzen voneinander abweichen. In den letzten

Jahren wurden sie in den Ländern mit hohen Toleranzwerten eher nach unten hin korrigiert. In Deutschland sind die zulässigen Werte in einer Norm festgelegt [1]. Dabei sind im Hochfrequenzbereich die zulässigen elektrischen und magnetischen Feldstärken über den Feldwellenwiderstand des freien Raumes (377 Ω) verknüpft. Die bei einer länger als 6 min dauernden Einwirkung zulässige effektive elektrische Feldstärke sinkt dabei von niedrigen Frequenzen bis zu 30 MHz hin ab und erreicht dort den Wert von 100 V/m. Dieser Wert gilt bis 3 GHz. Er steigt dann bis 12 GHz an auf 200 V/m. Dieser Wert gilt bis 3000 GHz. Bei kürzeren Einwirkungen sind entsprechend den im Normblatt angegebenen Formeln größere Feldstärken zulässig. Die zulässige Dauerstrahlungsdichte im Bereich 300 MHz bis 3 GHz liegt bei 2,5 mW/cm^2, oberhalb von 12 GHz bei 10 mW/cm^2.

Spezielle Literatur: [1] DIN 57 848, Teil 2, bzw. VDE 0848, Teil 2: Gefährdung durch elektromagnetische Felder, Schutz von Personen im Frequenzbereich von 10 kHz bis 3000 GHz. Berlin: Beuth/VDE 1984.

C | Grundlagen der Schaltungsberechnung, Leitungstheorie
Fundamentals of circuit calculation, transmission line theory

K. Lange (1–6); J. Siegl (7); H. Dalichau (8)

1 Spannungen, Ströme, Feldgrößen und ihre komplexe Darstellung
Voltage, current, fields and their complex notation

Allgemeine Literatur: *Meinke, H. H.*: Einführung in die Elektrotechnik höherer Frequenzen, 1. Band. Berlin: Springer 1965.

Eine harmonische Schwingung wird durch die Frequenz f, die Amplitude A und den Nullphasenwinkel φ beschrieben:

$$a(t) = A \cos(2\pi f t + \varphi) = A \cos(\omega t + \varphi).$$

Die Frequenz f, die in Hertz (Hz) angegeben wird, ist gleich der reziproken Periodendauer T der Schwingung in Sekunden ($f = 1/T$). Statt dem Produkt $2\pi f$ führt man die Kreisfrequenz ω ein, die in 1/s angegeben wird.
Eine zeitlich harmonische Schwingung mit der Periodendauer T entspricht im Frequenzbereich einer einzigen Linie bei der Frequenz $f = 1/T$. Durch Modulation, also zeitliche Änderung der Amplitude oder der Phase einer Frequenz entstehen zusätzliche Schwingungen oberhalb und unterhalb dieser Frequenz. Je schneller diese Änderungen erfolgen, um so größer ist der entsprechende Frequenzbereich.
Jeder nicht periodische, zeitlich veränderliche Vorgang kann mittels der Fourier-Transformation in ein Spektrum, also in eine Summe von harmonischen Funktionen umgerechnet werden. Je schneller die Anstiegs- oder Abfallzeit eines Vorgangs abläuft, desto höhere Frequenzen sind in ihm enthalten. Maßgeblich für die höchste Frequenz ist die maximale Änderungsgeschwindigkeit der Zeitfunktion. Wenn ein Anstieg oder Abfall (üblicherweise zwischen 10% und 90% der Extremwerte gemessen) Δt dauert, so ist näherungsweise die obere Frequenzgrenze bei $f_{max}/\text{MHz} \approx 0{,}3/(\Delta t/\mu s)$.
Periodische Zeitvorgänge können entsprechend einer Fourier-Reihe in ein Linienspektrum umgerechnet werden, bei dem die Zeitfunktion aus einer Summe von harmonischen Funktionen zusammengesetzt wird, deren Frequenzen jeweils Vielfache der Grundfrequenz sind [1].

Das Rechnen mit harmonischen Schwingungen hat den Vorteil, daß durch beliebige lineare Bauelemente einer Schaltung nur die Amplitude und die Phase einer harmonischen Schwingung verändert werden, während die grundsätzliche Kurvenform des cos-Verlaufs unverändert bleibt. Schaltungen mit linearen Bauelementen (Widerstände, Spulen, Kondensatoren und Gyratoren) bewirken nur lineare Verzerrungen des Zeitverlaufs einer Anregung. Das bedeutet, daß bestimmte Frequenzbereiche unter Drehung der Phasenlage geschwächt oder angehoben werden. Grundsätzlich kann jedoch durch eine Schaltung mit entgegengesetztem Frequenzverhalten die ursprüngliche Zeitfunktion wiederhergestellt werden, sofern nicht in der Praxis durch Rauschen Störkomponenten hinzugefügt wurden.
Es ist zweckmäßig, für Berechnungen die komplexe Schreibweise anzuwenden (Zeigerdarstellung). Entsprechend der Eulerschen Formel $\exp(\pm j\varphi) = \cos\varphi \pm j\sin\varphi$ ergibt sich $\cos\varphi = \frac{1}{2}[\exp(j\varphi) + \exp(-j\varphi)]$. Die cos-Funktion läßt sich also durch zwei zeitlich in entgegengesetzter Richtung umlaufende Zeiger darstellen. Bei der komplexen Rechnung wird im allgemeinen nur einer der beiden Zeiger verwendet, weil darin bereits die gesamte Information enthalten ist.
Eine harmonische Schwingung läßt sich dann schreiben:

$$\underline{a} = A \exp j(\omega t + \varphi).$$

A ist die reelle Amplitude, die physikalische Größe. Ihr Effektivwert ist $A/\sqrt{2}$. Komplexe Größen werden durch einen Unterstrich gekennzeichnet.
Die komplexe Amplitude ist $\underline{A} = A\exp(j\varphi)$, sie ist um den Nullphasenwinkel φ gegen die horizontale, reelle Achse des Koordinatensystems gegen den Uhrzeigersinn gedreht. Zeitlich dreht sich der Zeiger der komplexen Amplitude innerhalb einer Periodendauer einmal gegen den Uhrzeigersinn herum. Seine Winkelgeschwindigkeit ist dabei ω. Während in der Elektrotechnik die Einheit imaginärer Zahlen mit j bezeichnet wird,

---
Spezielle Literatur Seite C 2

verwenden Physiker hier häufig den Buchstaben i und drehen die Zeiger im Uhrzeigersinn, verwenden also den Ausdruck $\exp(-i\omega t)$.

$\underline{a}$ nennt man den komplexen Momentanwert. Der reelle Momentanwert, also die meßbare physikalische Größe a führt in beiden Fällen auf das gleiche Ergebnis. Der reelle Momentanwert wird durch Projektion des komplexen Momentanwerts $\underline{a}$ auf die reelle Achse der Koordinatensystems gewonnen, $a = \text{Re}\{\underline{a}\}$. Bild 1 zeigt die definitionsgemäßen Zusammenhänge.

Spannungen, Ströme oder die entsprechenden elektrischen und magnetischen, zeitlich harmonischen Feldgrößen werden also in der komplexen Berechnungsweise durch Drehzeiger beschrieben, wobei man in Zeigerdiagrammen die Zeiger jeweils zur Zeit $t = 0$ darstellt. Bei Berechnungen wird der die Zeitabhängigkeit beschreibende Ausdruck $\exp(j\omega t)$ vielfach weggelassen, weil die Frequenz bei linearen Operationen unverändert bleibt. Bei allen Quotientenbildungen aus Spannung und Strom, aus denen sich Impedanzen ergeben, kürzt sich die Zeitabhängigkeit ohnehin heraus. Solche komplexen Größen (Impedanz, Admittanz) bezeichnet man als Operatoren.

Die Leistung P errechnet man aus Spannung und Strom. Hat die Spannung am Eingang eines Tors den zeitlichen Verlauf $U(t) = U \cdot \cos(\omega t + \varphi_\text{u})$ und der Strom $I(t) = I \cdot \cos(\omega t + \varphi_\text{i})$, dann ist die dem Tor zugeführte Leistung

$$P(t) = \tfrac{1}{2} U \cdot I \cdot [\cos(\varphi_\text{u} - \varphi_\text{i}) + \cos(2\omega t + \varphi_\text{u} - \varphi_\text{i})].$$

Einem Wirkwiderstand wird die Energie also pro Periode in zwei Intervallen zugeführt, während ein Blindwiderstand zweimal pro Periode der Spannung Energie aufnimmt und diese anschließend wieder abgibt. Allgemein ist die zeitlich gemittelte Leistung (Wirkleistung), die einem Tor zugeführt wird,

$$P = \tfrac{1}{2} U \cdot I \cdot \cos(\varphi_\text{u} - \varphi_\text{i})$$
$$= U_\text{eff} \cdot I_\text{eff} \cdot \cos(\varphi_\text{u} - \varphi_\text{i}).$$

Eine Spannungsquelle mit der Leerlaufspannung U_0 und dem Innenwiderstand R_i kann an einen Verbraucher $R = R_\text{i}$ die Maximalleistung $P_\text{max} = U_0^2/(8 \cdot R_\text{i}) = U_{0\,\text{eff}}^2/(4 \cdot R_\text{i})$ abgeben.

Bei Anwendung der komplexen Schreibweise für die Leistungsberechnung führt eine einfache Multiplikation der Zeiger für Strom und Spannung nicht zum richtigen Ergebnis. Man erhält aber einen zeitunabhängigen Mittelwert, die komplexe Scheinleistung $\underline{P}_\text{S}$, wenn man die komplexe Amplitude $\underline{U}$ mit der konjugiert komplexen Amplitude $\underline{I}^* = I \cdot \exp(-j\varphi_\text{i})$ multipliziert:

$$\underline{P}_\text{S} = \tfrac{1}{2} \underline{U} \cdot \underline{I}^*, \qquad P_\text{S} = U_\text{eff} \cdot I_\text{eff},$$
$$P_\text{S} = \sqrt{P^2 + P_\text{B}^2}.$$

Die einem Verbraucher im zeitlichen Mittel zugeführte Wirkleistung P ist dann

$$P = \tfrac{1}{2} \text{Re}\{\underline{U} \cdot \underline{I}^*\}.$$

Die Blindleistung ist $P_\text{B} = \tfrac{1}{2} \text{Im}\{\underline{U} \cdot \underline{I}^*\}$.

Spannung und Strom sind formal skalare Größen. Für die Berechnung von Schaltungen müssen ihnen jedoch Richtungen zugeordnet werden (Zählpfeile). Bei Spannungen kann dies durch Pfeile, die vom positiven zum negativen Pol weisen, oder durch Kennzeichnung mit „+" und „−" erfolgen. Bei Strömen gibt man die Flußrichtung durch Pfeile an. Definitionsgemäß hat ein durch einen ohmschen Widerstand fließender Strom die gleiche Richtung wie die anliegende Spannung. Vektorielle Größen sind dagegen die Stromdichte $\boldsymbol{J}$ in A/m^2 sowie die Flächenstromdichte $\boldsymbol{K}$ in A/m. Weitere vektorielle Feldgrößen sind die elektrische Feldstärke $\boldsymbol{E}$ in V/m, die magnetische Feldstärke $\boldsymbol{H}$ in A/m, die Strahlungsdichte (Poynting-Vektor) $\boldsymbol{S}$ in W/m^2, die elektrische Flußdichte (Verschiebung) $\boldsymbol{D}$ in As/m^2 und die magnetische Flußdichte (Induktion) $\boldsymbol{B}$ in T, Vs/m^2.

Auch vektorielle Größen mit zeitlich harmonischem Verlauf werden für Feldberechnungen zweckmäßig komplex dargestellt. Diese Formulierung mit Real- und Imaginärteil eines umlaufenden Zeigers beschreibt lediglich die zeitliche Änderung des Betrages des Vektors und seinen Vorzeichenwechsel, hat jedoch keinen Einfluß auf die durch die vektoriellen Komponenten festgelegte räumliche Achse.

Spezielle Literatur: [1] *Holbrook, J. G.*: Laplace-Transformationen. Braunschweig: Vieweg 1970.

Bild 1. Geometrische Veranschaulichung der Zeigergrößen

2 Impedanzebene, Admittanzebene
Impedance-plane, admittance plane

Allgemeine Literatur: *Meinke, H.H.:* Einführung in die Elektrotechnik höherer Frequenzen, Bd. 1. Berlin: Springer 1965.

Ein komplexer Widerstand $\underline{Z}$ (Impedanz $\underline{Z} = R + jX$) ist die Kombination von Wirkwiderstand (Resistanz) R und Blindwiderstand (Reaktanz) X. Er gibt das Aplitudenverhältnis und die Phasendifferenz von Spannung und Strom an.

Ohmsches Verhalten einer Impedanz ist durch Gleichphasigkeit von Strom und Spannung gekennzeichnet. Bei induktivem Verhalten eilt die Spannung dem Strom vor. Der Maximalwinkel ist 90°. Bei kapazitivem Verhalten eilt der Strom gegen die Spannung vor. Auch hier liegt der Maximalwert für eine ideale, verlustlose Kapazität bei 90°.

Der Reziprokwert der Impedanz ist die Admittanz $\underline{Y} = G + jB$. Sie ist die Summe von Wirkleitwert (Konduktanz) G und Blindleitwert (Suszeptanz) B.

Impedanzen und Admittanzen werden Operatoren genannt. Sie können bei Berechnungen mit zeitlich veränderlichen Größen (Drehzeiger, Zeiger) multipliziert werden.

Eine Spule mit der Induktivität L und dem Wicklungswiderstand R hat die Impedanz $\underline{Z} = R + j\omega L$. Ein Kondensator mit der Kapazität C und dem Prallelleitwert G hat die Admittanz $\underline{Y} = G + j\omega C$.

Für Berechnungen wird bei Additionen zweckmäßig die Summenform aus Real- und Imaginärteil verwendet, bei allen Produkt- oder Quotientenbildungen ist die Schreibweise mit Betrag und Phase zweckmäßiger.

Das in Bild 1 dargestellte Diagramm erlaubt in einfacher Weise die Abschätzung der Blindwiderstände von Spulen und Kondensatoren im Frequenzbereich von 1 MHz bis 10 GHz.

Beim Aufbau von einfachen Schaltungen, die aus wenigen Blind- und Wirkelementen bestehen, sind geeignete Ersatzschaltungen und graphische Verfahren oft hilfreich, um den gewünschten Zweck (Anpassung, minimaler Frequenzgang) ohne zu großen Rechenaufwand zu erreichen. Dabei ist häufig die Umrechnung Widerstand-Leitwert nötig. Jeder Serienschaltung aus Blind- und Wirkwiderstand entspricht bei einer gegebenen Frequenz eine Parallelschaltung aus einem Blind- und Wirkleitwert.

$$\underline{Z} = R + jX = |\underline{Z}| \exp(j\varphi)$$
$$|\underline{Z}| = \sqrt{R^2 + X^2}; \quad \varphi = \arctan(X/R)$$
$$\underline{Y} = G + jB = |\underline{Y}| \exp(j\psi)$$
$$|\underline{Y}| = \sqrt{G^2 + B^2}; \quad \psi = \arctan(B/G).$$

Für $\underline{Z} = 1/\underline{Y}$ ist $\varphi = -\psi$.

In der Praxis wird auch bei Parallelschaltungen mit Widerstandswerten R_p und $X_p = \omega L_p = 1/\omega C_p$ gerechnet (Bild 2).

Dann ist $R_p = R_s + X_s^2/R_s$; $X_p = X_s + R_s^2/X_s$;

$$R_s = \frac{R_p}{1 + (R_p/X_p)^2}; \quad X_s = \frac{X_p}{1 + (X_p/R_p)^2}. \quad (1)$$

Dabei können folgende Näherungen angewandt werden:

Widerstand mit kleinem Serienblindanteil ($R_s > 10|X_s|$):

$$R_p \approx R_s; \quad X_p \approx R_s^2/X_s. \quad (2)$$

Blindelement mit kleinem Serienverlustwiderstand ($|X_s| > 10 R_s$):

$$R_p \approx X_s^2/R_s; \quad X_p \approx X_s. \quad (3)$$

Bild 1. Blindwiderstände von Induktivitäten und Kapazitäten

Bild 2. Identische Reihen- und Parallelschaltungen

Wirkwiderstand mit geringer Parallelblindstörung ($|X_p| > 10\, R_p$):

$$R_s \approx R_p; \quad X_s \approx R_p^2/X_p. \quad (4)$$

Blindelement mit großem Parallelwiderstand ($R_p > 10\,|X_p|$):

$$R_s \approx X_p^2/R_p; \quad X_s \approx X_p. \quad (5)$$

Allgemein bleibt bei der Umwandlung einer Parallelschaltung in eine Serienschaltung oder umgekehrt immer der physikalische Charakter der Bauelemente erhalten. Eine Serienschaltung aus R und L muß also in der äquivalenten Parallelschaltung eine Induktivität aufweisen.
Ist $\underline{Z}$ ein reiner Wirkwiderstand R, dann ist $\underline{Y}$ ein reiner Wirkleitwert $Y = G = 1/R$. Für einen reinen Blindwiderstand $\underline{Z} = \mathrm{j}X$ gilt $\underline{Y} = \mathrm{j}B = -\mathrm{j}1/X$.
Für beliebige Kombinationen von Wirk- und Blindelementen gelten geometrische Zusammenhänge, welche die Umrechnung erleichtern und Beurteilungen des frequenzabhängigen Verhaltens ermöglichen.

Umrechnung Serienschaltung in Parallelschaltung. In Bild 3 ist in der Widerstandsebene der Ort $\underline{Z} = R_s + \mathrm{j}X_s$ für die gegebene Serienschaltung aufgetragen. Durch diesen Punkt $\underline{Z}$ laufen zwei Kreise, von denen einer (I) seinen Mittelpunkt auf der reellen Achse hat. Der Mittelpunkt des zweiten Kreises (II) liegt auf der imaginären Achse. Beide Kreise schneiden sich im Ursprung des Koordinatensystems. Der Schnittpunkt des Kreises I mit der reellen Achse liegt bei $R_p = 1/G_p$, der Schnittpunkt des Kreises II mit der imaginären Achse ist bei $X_p = -1/B$. G_p und B_p sind die gesuchten Größen für $\underline{Y} = G_p + \mathrm{j}B_p$. Alle Werte $\underline{Z}$, die auf dem Kreis I liegen, haben den gleichen Wirkleitwert bei der äquivalenten Parallelschaltung. Man nennt Kreis I daher Kreis konstanten Wirkleitwerts G_p. Entsprechend heißt Kreis II Kreis konstanten Blindleitwerts $B_p = -1/X_p$.

Ähnliche Beziehungen gelten nach Bild 4 für die Leitwertebene. Trägt man dort den Punkt $\underline{Y} = G + \mathrm{j}B$ einer Parallelschaltung ein, können die Kreise I und II gezeichnet werden, die bei $G_s = 1/R_s$ und bei $B_s = -1/X_s$ schneiden. Kreis I heißt Kreis konstanten Wirkwiderstands R_s und Kreis II wird Kreis konstanten Blindwiderstands X_s genannt.

Inversionsdiagramm. Das in Bild 5 wiedergegebene Diagramm stellt die komplexe Ebene mit neutralen Koordinaten $a_r + \mathrm{j}a_i$ dar sowie eine Kreisschar mit Mittelpunkten auf der reellen Achse, die den Parameter $b_r = 1/a_{rs}$ (a_{rs} = Schnittpunkt des Kreises mit der reellen Achse) trägt. Je eine weitere Kreisschar hat die Mittelpunkte auf der imaginären Achse und liegt symmetrisch zur reellen Achse. An diesen Kreisen stehen die Parameter $b_i = -1/a_{is}$, wobei a_{is} die Kreisschnittpunkte mit der imaginären Achse sind. Alle Kreise schneiden sich außerdem im Koordinatenursprung.
Aus dem Kreisdiagramm kann man zu einer komplexen Zahl $\underline{a} = a_r + \mathrm{j}a_i$ den Reziprokwert $\underline{b} = 1/\underline{a} = b_r + \mathrm{j}b_i$ ablesen, indem man $\underline{a}$ im kartesischen System aufsucht und bei den dort durchlaufenden Kreisen b_r und b_i abliest. Dieses

Bild 3. Graphische Ermittlung der äquivalenten Admittanz

Bild 4. Graphische Ermittlung der äquivalenten Impedanz

Bild 5. Inversionsdiagramm

Diagramm kann sowohl zur Umrechnung Widerstand-Leitwert als auch zur Umkehrung verwendet werden, je nachdem welcher Kurvenschar Widerstände bzw. Leitwerte zugeordnet werden.
Wenn das gegebene $\underline{Z}$ oder $\underline{Y}$ zahlenmäßig größer als der Bereich des Diagramms ist, dann müssen die Größen durch eine geeignete Zahl N geteilt werden.

$$\underline{a} = \frac{\underline{Z}}{N} = \frac{R}{N} + j\frac{X}{N}; \quad a_r = \frac{R}{N}; \quad a_i = \frac{X}{N}.$$

Als N eignen sich besonders Zehnerpotenzen, gegebene Leitungswellenwiderstände oder allgemein ganze Zahlen. Die abgelesenen Leitwerte $\underline{b}$ müssen anschließend umgerechnet werden, um zu den wirklichen Zahlenwerten zu führen.

$$\underline{b} = \frac{1}{\underline{a}} = \frac{N}{\underline{Z}} = b_r + jb_i = N\underline{Y} = NG + jNB.$$

Daraus folgt

$$\underline{Y} = \frac{r_r}{N} + j\frac{b_i}{N}; \quad G = \frac{b_r}{N}; \quad B = \frac{b_i}{N}.$$

Entsprechendes gilt für Leitwerte, die in Impedanzen umgewandelt werden sollen. Hier wird meist N als Bruchteil von 1 (beispielsweise 1/10 oder 1/1000) gewählt werden, so daß mit $M = 1/N$ für den Gebrauch des Diagramms gilt:

$$\underline{Y}M = GM + jBM = \underline{b}; \quad b_r = GM;$$
$$b_i = BM.$$

Die abgelesenen normierten Impedanzwerte $\underline{a}$ müssen umgerechnet werden mit

$$\underline{a} = a_r + ja_i = \frac{1}{\underline{b}} = \frac{1}{\underline{Y}M} = \frac{\underline{Z}}{M} = \frac{R}{M} + j\frac{X}{M}.$$

Damit wird $\underline{Z} = Ma_r + jMa_i$; $R = Ma_r$; $X = Ma_i$. Das kartesische Koordinatensystem des Inversionsdiagramms kann also entweder als komplexe Widerstandsebene $\underline{Z} = R + jX$ für die Werte $\underline{a} = a_r + ja_i$ verwendet werden oder als komplexe Leitwertebene $\underline{Y} = G + jB$ für die Werte $\underline{b} = b_r + jb_i$. Die Kreisscharen tragen als Parameter jeweils die Werte der reziproken Funktion.

Impedanzebene. Zu einer gegebenen normierten Impedanz $\underline{a}$ können Komponenten in Serie oder parallel geschaltet werden. Die entsprechenden Ortskurven sind in Bild 6 zusammengestellt. Ausgehend vom Ort $\underline{a}_1$ erreicht man für die Serienschaltung von Komponenten den Ort $\underline{a}$, welcher der Gesamtschaltung entspricht, dadurch, daß man von $\underline{a}_1$ aus für ein Serien-R nach rechts, für ein Serien-L nach oben und für ein Serien-C

Bild 6. Transformationswege in der Impedanzebene

nach unten fortschreitet. Die Transformation verläuft jeweils auf geraden Linien, deren Länge a_r bzw. a_i dem normierten Wirk- bzw. Blindwiderstandswert entspricht. Um die Frequenzabhängigkeit einer Gesamtschaltung zu erkennen, muß man den Schaltungsteil, der $\underline{a}_1$ bestimmt, in seine Grundkomponenten auflösen und $\underline{a}_1$ als Funktion der Frequenz ermitteln oder $\underline{a}_1$ abhängig von der Frequenz meßtechnisch erfassen. Kapazitive Serienelemente sind durch senkrechte Wege darstellbar, die mit wachsender Frequenz abnehmen, induktiven Komponenten entsprechen Wege, die mit der Frequenz zunehmen.
Bei der Serienschaltung von mehreren Komponenten ist das Ergebnis unabhängig davon, welche Komponente zuerst berücksichtigt wurde. Der Endpunkt im Diagramm entspricht immer der zu $\underline{a}_1$ addierten Summe der Einzelwege.
Für die Parallelschaltung von Komponenten zu $\underline{a}_1$ muß man auf den entsprechenden Kreisscharen fortschreiten. Dazu liest man die Parameter der Kreise ab, die durch $\underline{a}_1$ laufen oder ermittelt die entsprechenden Werte durch Interpolation. Man bestimmt also $\underline{b}_1 = 1/\underline{a}_1 = b_{r1} + jb_{i1}$. Ein parallelgeschaltetes Blindelement ändert nur den Imaginärteil von $\underline{b}_1$. Die Änderung muß sich daher auf einem Kreis konstanten Wirkleitwerts auswirken. Die Parallelschaltung eines L verläuft dementsprechend auf dem Kreis, der den Mittelpunkt auf der reellen Achse hat, gegen den Uhrzeigersinn. Ein parallelgeschaltetes C entspricht einem Fortschreiten auf diesem Kreis im Uhrzeigersinn. Die Weglänge ist durch die Größe des normierten b_i des jeweiligen Elements bestimmt. Man ermittelt $b_{i2} = b_{i1} + b_i$ und sucht den Punkt auf in dem Kreis auf dem Transformationsweg verläuft, von dem der anderen Schar zugehörigen Kreis mit dem Parameter b_{i2} geschnitten wird. Große Blindleitwerte, also große Kondensatoren bei hohen Frequenzen oder kleine Induktivitäten bei niedrigen Frequenzen bewirken lange Transformationswege. Parallelgeschaltete Wirkleitwerte verändern den Blindleitwert b_{r1} nicht. Der Transformationsweg

verläuft daher auf einem Kreis konstanten Blindleitwerts. Dieser Weg ist in Bild 6 mit Parallel-R gekennzeichnet. Mit gleichem Recht könnte man als Bezeichnung Parallel-G wählen. Man läuft von $\underline{a}_1$ aus auf einem Kreis, dessen Mittelpunkt auf der imaginären Achse liegt, auf den Ursprung des Koordinatensystems zu. Dabei berechnet man zunächst das dem Widerstand entsprechende normierte b_r und ermittelt den Endwert der Transformation $b_{r2} = b_{r1} + b_r$. Der Endpunkt der Transformation liegt da, wo der Kreis mit Mittelpunkt auf der reellen Achse und mit dem Parameter b_{r2} den durch $\underline{a}_1$ laufenden Kreis konstanten Wirkleitwerts, auf dem der Transformationsweg verläuft, schneidet.

In allen Fällen liest man am Endpunkt der Transformation $\underline{a}_2 = a_{r2} + ja_{i2}$ oder $\underline{b}_2 = b_{r2} + jb_{i2}$ ab und erhält nach der Rücknormierung die Impedanz oder Admittanz der Gesamtschaltung. Der Koordinatenursprung stellt eine absolute Barriere dar, die von keiner Transformation überwunden werden kann. Parallelschalten beliebig großer Wirk- oder Blindleitwerte bedeutet im Grenzfall $\underline{a}_2 = 0$ bzw. $\underline{b}_2 = \infty$, also Kurzschluß.

Admittanzebene. Bei einer gegebenen, normierten Admittanz $\underline{a}$ können graphisch entsprechend Bild 7 die Ortskurven für Parallel- oder Serienschaltung von Bauelementen dargestellt werden. Das kartesische System gilt nun für die normierten Admittanzen, an den Kreisen kann man die normierten Impedanzen $\underline{b} = b_r + jb_i$ ablesen.

Ausgehend von der Admittanz $\underline{a}_1$ bewirkt die Parallelschaltung eines normierten Wirkleitwerts a_r eine geradlinige Transformation nach rechts. Ein Parallel-C transformiert senkrecht nach oben, ein Parallel-L senkrecht nach unten. Um den Endpunkt der Transformation zu bestimmen, ist zu $\underline{a}_1 = a_{r1} + ja_{i1}$ jeweils der normierte Leitwert a_r bzw. a_i des Elements zu addieren, um den Gesamtwert $\underline{a}_2$ zu erhalten. Große Wirkleitwerte, also niederohmige Parallelwiderstände bewirken große Verschiebungen nach rechts. Große Kondensatoren bei hohen Frequenzen bzw. kleine Induktivitäten bei niedrigen Frequenzen ergeben lange senkrechte Transformationswege.

Bei der Serienschaltung von Komponenten ergeben sich Kreise als Transformationswege. Man liest zunächst die Werte $\underline{b}_1 = b_{r1} + jb_{i1}$ der normierten Impedanz ab. Diese Werte ergeben sich als Parameter der Kreise die durch $\underline{a}_1$ laufen. Der Kreis für b_{r1} hat dabei seinen Mittelpunkt auf der reellen Achse. Der Wert b_{r1} wird durch eine Serienschaltung von L oder C nicht verändert. Auf diesem Kreis transformiert ein Serien-L im Uhrzeigersinn, ein Serien-C entgegen dem Uhrzeigersinn. Der Endpunkt des Transformationsweges erhält man durch Addition des normierten Blindwiderstandes b_i des Schaltelements zum Blindwiderstand b_{i1} der Ausgangsschaltung. Dieser Wert ist als Parameter des Kreises abzulesen, der durch $\underline{a}_1$ geht und dessen Mittelpunkt auf der imaginären Achse liegt. In dieser Kreisschar sucht man nun den Parameter $b_{i2} = b_{i1} + b_i$.

Für Betrachtungen bezüglich der Frequenzabhängigkeit ist wieder zu berücksichtigen, daß bereits der Wert $\underline{a}_1$ der ursprünglichen Schaltung eine Frequenzabhängigkeit aufweist.

Für die Serienschaltung eines Widerstandes berechnet man den normierten Widerstandswert b_r des Elements und ermittelt $b_{r2} = b_{r1} + b_r$. Der Transformationsweg liegt auf einem Kreis konstanten Blindwiderstands und führt stets zum Koordinatenursprung hin. Der gesuchte Ort für diese Schaltung ist beim Schnittpunkt der Kreise mit den Parametern $\underline{b}_2 = b_{r2} + jb_{i2}$ mit $b_{i2} = b_{i1}$. Im kartesischen Koordinatensystem kann man auch die zugehörigen Werte $\underline{a}_2 = a_{r2} + ja_{i2}$ ablesen. Durch Rücknormierung ergibt sich aus $\underline{a}_2$ der komplexe Leitwert $\underline{Y}_2$ der Gesamtschaltung und mit $\underline{b}_2$ die Eingangsimpedanz $\underline{Z}_2$.

Transformationsschaltungen. Durch Anwendung dieses Diagramms können Transformationsaufgaben in einfacher Weise gelöst werden. Soll beispielsweise eine normierte Impedanz $\underline{Z}_1 = a_{r1} + ja_{i1}$ durch eine geeignete Schaltung aus zwei Blindelementen in einen vorgegebenen Wert $\underline{Z}_2 = a_{r2} + ja_{i2}$ transformiert werden, so sind immer mindestens zwei, maximal vier Kombinationen geeigneter Elemente möglich. Bild 8 erläutert ein Beispiel. Hier sind alle vier Möglichkeiten gegeben. Weg 1: Parallel-L, Serien-C; Weg 2: Parallel-C, Serien-L; Weg 3 und 4 jeweils Serien-C, Parallel-L mit unterschiedlich großen Werten für L und C. Nur zwei Lösungen existieren, wenn $\underline{Z}_1$ rechts vom Schnittpunkt des kleineren Kreises mit der reellen Achse liegt.

Kürzestmögliche Transformationswege ergeben die kleinste Frequenzabhängigkeit der Transformation (Abweichung der erzielten Eingangsim-

Bild 7. Transformationswege in der Admittanzebene

Bild 8. Transformationsschaltungen für eine feste Frequenz

Bild 9. Kreise konstanter Wirkleistung in der Impedanzebene

Tabelle 1. Wirkleistungsverminderung bei Fehlanpassung

Verlust in dB	0	0,1	0,5	1	2	3	∞
P/P_{max}	1	0,98	0,89	0,79	0,63	0,5	0
U/U_{max}	1	0,99	0,94	0,89	0,79	0,71	0
Kreis schneidet							
bei R_{min}	1	0,74	0,5	0,38	0,24	0,17	0
bei R_{max}	1	1,36	2	2,7	4,1	5,8	∞
Radius im Smith-Diagramm	0	0,15	0,33	0,45	0,61	0,71	1

pedanz vom gewünschten Wert). Kurze Transformationswege entsprechen meist auch kleinen zusätzlichen Verlusten, die durch die unvermeidlichen Verlustfaktoren der transformierenden Bauelemente verursacht werden. Welche Schaltung zweckmäßig ist, hängt jedoch vom Anwendungsfall (Gleichstromdurchgang, Tiefpaßverhalten usw.) ab.

Ortskurven lassen sich als Funktion der Frequenz oder als Funktion der Größe von Bauelementen darstellen. Es können Impedanz- bzw. Admittanzortskurven oder auch solche bezüglich des Übertragungsverhaltens von Mehrtoren angefertigt werden. Impedanz- und Admittanzortskurven werden als Funktion der Frequenz im Uhrzeigersinn durchlaufen.

In den meisten Fällen interessieren Ortskurven nur in eingeschränkten Bereichen, meistens um einen speziellen Impedanzwert herum, bei dem eine Anpassung erreicht werden soll. Durch geeignete Zuschaltung von Blindelementen können Impedanzkurven erreicht werden, die den angestrebten Wert in unmittelbarer Nähe mehrfach umschlingen. Je weiter die erreichte Impedanz vom Anpassungspunkt abweicht, desto größer ist die Fehlanpassung und um so kleiner wird das Verhältnis P/P_{max}. P ist die dem Verbraucher zugeführte Leistung, $P_{max} = U_0^2/(8 R_i)$ die maximale Leistung, die eine Quelle mit Leerlaufspannung U_0 und Innenwiderstand R_i an einen Verbraucher abgeben kann. In Bild 9 sind die Grenzkreise dargestellt, innerhalb derer die Eingangsimpedanz liegen muß, um einen bestimmten Anteil der Maximalleistung aufzunehmen. Quantitative Angaben sind in Tab. 1 zusammengestellt.

Ortskurven mit ausgeprägtem Resonanzverhalten können den Bereich des kartesischen Koordinatensystems nach Bild 5 überschreiten. Den Gesamtbereich der komplexen Impedanz- bzw.

Admittanzebene kann man mit der Transformation $\underline{a} = (\underline{a}_1 - 1)/(\underline{a}_1 + 1)$ erfassen. Jeder Punkt $\underline{a}_1$, der einem Wert $\underline{a}$ bzw. $\underline{b} = 1/\underline{a}$ in der Ebene aus Bild 4 entspricht, wird mit dieser Beziehung transformiert.

$\underline{a}$ und $\underline{b}$ sind dann umgerechnete Werte, die wieder in einer komplexen Ebene dargestellt werden können. Alle $\underline{a}$ und $\underline{b}$ liegen innerhalb des Einheitskreises. Bild 10 zeigt diese als Smith-Diagramm bezeichnete Darstellung. Der Wert $\underline{a} = 0$, $\underline{b} = \infty$ also Kurzschluß, entspricht dem äußersten linken Punkt, ganz rechts liegt der Leerlaufpunkt $\underline{a} = \infty$, $\underline{b} = 0$. Die Umrandung entspricht der imaginären Achse. Im Diagramm sind einige der hier kreisförmigen Orte konstanter Wirk- und Blindwiderstände a_r und a_i, welche dem kartesischen Koordinentensystem in Bild 5 entsprechen, sowie Kreise konstanter Wirk- und Blindleitwerte b_r und b_i eingetragen.

Für die Praxis normiert man alle zu betrachtenden Impedanzen so, daß der anzustrebende Anpassungspunkt im Zentrum des Diagramms liegt. Bei Leitungsschaltungen ist dies der Wellenwiderstand. Parallel bzw. Serienschaltungen ergeben Wege auf den entsprechenden Kreisen. Die Vorgehensweise ist entsprechend der, die für das Inversionsdiagramm vorher beschrieben wurde.

Die Kreise $P/P_{max} = $ const, die denjenigen in Bild 9 entsprechen und im Smith-Diagramm konzentrische Kreise um den Anpassungspunkt $a_r = 1, a_i = 0$. Bild 11 zeigt die kreisförmigen Ge-

Bild 10. Transformierte Impedanzebene (Smith-Diagramm). Aus Gründen der Übersichtlichkeit sind die sonst übereinanderliegenden Kreisscharen nebeneinander dargestellt. **a** Kreise konstanten Wirkwiderstands a_r und Blindwiderstands a_i; **b** Kreise konstanten Wirkleitwerts b_r und konstanten Blindleitwerts b_i

Bild 11. Kreise konstanter Wirkleistung im Smith-Diagramm

biete, in denen die Ortskurven liegen müssen, wenn bestimmte Forderungen hinsichtlich P/P_{max} am Verbraucher erfüllt sein müssen.
Für alle Transformationen in der Impedanz- oder Admittanzebene gilt sowohl in Inversions- als auch im Smith-Diagramm, daß kreisförmige Ortskurven durch Parallel- oder Serienschaltung eines Elements wieder in kreisförmige Ortskurven übergehen. Nur durch eine Vielzahl von geeigneten Parallel- und Serienschaltung von Blindelementen kann in einem begrenzten Frequenzbereich durch Schleifenbildung der Ortskurve um den gewünschten Anpassungspunkt herum die Wirkleistungsaufnahme gleichmäßiger gestaltet werden. In den Bereichen größerer Frequenzabweichung wird der Leistungsabfall dafür umso ausgeprägter. Ein kreisförmiger Umlauf in der Impedanzebene, wie er sich beispiels-

Bild 12. Transformationsbereiche A und B, innerhalb derer eine Ortskurve vor und nach einer Transformation mittels Blindwiderständen liegen kann. **a** in der Impedanzebene; **b** im Smith-Diagramm

weise als frequenzabhängige Eingangsimpedanz einer Leitung, deren Abschluß nicht gleich dem Wellenwiderstand ist, ergibt, kann durch eine geeignete Schaltung aus zwei Blindelementen wieder in einen Kreis mit Mittelpunkt auf der reellen Achse transformiert werden. Der Mittelpunkt kann bei einem höher- oder niederohmigen Wert als beim Ausgangskreis liegen. Die Schar der erzielbaren Ortskurven liegt dann im Inversions-

Bild 13. Ortskurve der Eingangsimpedanz. **a** Schaltung; **b** Darstellung in der Impedanzebene; **c** Darstellung im Smith-Diagramm

f in MHz	B'_C in S	X'_L in Ω
1	0,03	0,013
5	0,16	0,063
10	0,31	0,13
30	0,94	0,38
100	3,14	1,26

diagramm, wie Bild 12a zeigt, in einem durch den ursprünglichen Kreis vorgegebenen Öffnungswinkel.
Bild 12b gibt die entsprechende Kreisschar im Smith-Diagramm wieder.

Beispiel: Die Ortskurve der Eingangsimpedanz der Schaltung nach Bild 13 soll dargestellt werden. Dabei sind die Werte gegeben $R = 50\,\Omega$, $C = 100$ pF, $L = 100$ nH. Die Werte werden als Längen in die Kreisdiagramme Bild 5 bzw. Bild 10 eingetragen. Die Verbindung der Endpunkte ist dann die Ortskurve der Eingangsimpedanz $\underline{Z}_e$.

3 Ein- und Mehrtore, Streuparameter
One- and multiports, scattering parameters

Allgemeine Literatur: *Feldtkeller, R.:* Einführung in die Vierpoltheorie der elektrischen Nachrichtentechnik. Stuttgart: Hirzel 1962. – *Marko, H.:* Theorie linearer Zweipole, Vierpole und Mehrtore. Stuttgart: Hirzel 1971. – *Michel, H.-J.:* Zweitor-Analyse mit Leistungswellen. Stuttgart: Teubner 1981. – *Owyang, G. H.:* Foundations for microwave circuits. Berlin: Springer 1989. – *Schüßler, H. W.:* Netzwerke, Signale und Systeme I, II. Berlin: Springer 1984. – *Unbehauen, R.:* Elektrische Netzwerke. Berlin: Springer 1972.

Bis zu Frequenzen von einigen Megahertz können Netzwerke mit den klassischen Verfahren der Maschen- und Knotenpunktanalyse unter Anwendung der Kirchhoffschen Gleichungen mit Widerstandsparametern $\underline{Z}$, Leitwertparametern $\underline{Y}$, Hybridparametern $\underline{H}$, und Kettenparametern $\underline{A}$ berechnet werden. Hierüber gibt es vielfältige Veröffentlichungen, in denen dieses Verfahren und die entsprechenden Gleichungssysteme angegeben sind. Bei höheren Frequenzen sind aber einerseits die einzelnen Komponenten wegen ihrer parasitären Elemente und wegen ihrer gegenseitigen Verkopplungen meist nicht mehr auf einfache Ersatzschaltungen zurückzuführen. Andererseits setzen alle oben angegebenen Parameter voraus, daß bei den zu berechnenden Schaltungen Spannungen und Ströme an den Zuleitungen definiert werden können. Oft handelt es sich jedoch um Wellenleiter, beispielsweise Hohlleiter, bei denen eine Beschreibung nur durch Feldgrößen sinnvoll ist.

Die Berechnung erfolgt daher mit Wellengrößen, bei denen entsprechend Bild 1 von zulaufenden $\underline{a}$ und ablaufenden $\underline{b}$ Wellen ausgegangen wird. Dies ist analog zu der in (6.2) angegebenen Zerlegung von Spannungen und Strömen auf Leitungen in hin- und rücklaufende Anteile $\underline{U}_h$ und $\underline{U}_r$. Zweckmäßig ist die Annahme reeller Wellenwiderstände Z_L der Anschlußleitungen, um einfache Zusammenhänge zu erhalten. Diese Annahme ist fast immer zulässig.

$$\underline{a} = \underline{U}_h / \sqrt{Z_L} = \underline{I}_h \cdot \sqrt{Z_L},$$
$$\underline{b} = \underline{U}_r / \sqrt{Z_L} = -\underline{I}_r \cdot \sqrt{Z_L}. \quad (1)$$

Die Wellenparameter $\underline{a}$ und $\underline{b}$ sind komplex, sie können für Zweidrahtsysteme aus den in den Bezugsebenen vorhandenen Spannungen und Strömen oder aus den dort erscheinenden Impedanzen $\underline{Z}$ mit folgenden Gleichungen berechnet werden:

$$\underline{a} = \frac{\underline{U} + Z \cdot \underline{I}}{2\sqrt{Z_L}} \quad \underline{b} = \frac{\underline{U} - Z \cdot \underline{I}}{2\sqrt{Z_L}}. \quad (2)$$

Die zu- bzw. ablaufende Leistung ergibt sich aus

$$P = \mathrm{Re}\,|\underline{P}| = \tfrac{1}{2}(|\underline{a}|^2 - |\underline{b}|^2). \quad (3)$$

$\underline{a}$ und $\underline{b}$ haben jeweils die Dimension $\sqrt{\mathrm{Watt}}$. Alle Größen zur Berechnung des Verhaltens von Ein- und Mehrtoren sind Quotienten aus ab- und zulaufenden Wellenparametern und daher dimensionslos. Diese Größen werden Streupara-

Bild 1. Zweitor mit Wellengrößen

meter (scattering parameters) genannt. Sie haben den Vorteil, daß mit ihnen die Zusammenhänge bei Mehrtoren mit unterschiedlichen Bezugsimpedanzen und auch verschiedenen Wellenleiterstrukturen verknüpft werden können, beispielsweise Übergänge von Koaxialleitungen auf Hohlleiter. Streuparameter können mit modernen Netzwerkanalysatoren (s. I 3) mit hoher Genauigkeit gemessen werden.
Allgemein gilt $\underline{b} = \underline{S} \cdot \underline{a}$. Für ein Zweitor ist

$$\begin{pmatrix} \underline{b}_1 \\ \underline{b}_2 \end{pmatrix} = \begin{pmatrix} \underline{S}_{11} & \underline{S}_{12} \\ \underline{S}_{21} & \underline{S}_{22} \end{pmatrix} \cdot \begin{pmatrix} \underline{a}_1 \\ \underline{a}_2 \end{pmatrix}. \quad (4)$$

$\underline{S}_{11}$ ist der Reflexionsfaktor am Tor 1, wenn Tor 2 reflexionsfrei abgeschlossen ist. $\underline{S}_{22}$ ist der Reflexionsfaktor am Tor 2, bei reflexionsfrei abgeschlossenem Tor 1. $\underline{S}_{12}$ beschreibt die am Tor 1 austretende Welle, wenn eine Leistungszufuhr nur am Tor 2 erfolgt. Der erste Index eines Streuparameters gibt immer das Tor an, an dem eine Welle austritt, während der zweite Index das Tor bezeichnet, an dem Leistung eingespeist wird

$$\underline{b}_1 = \underline{S}_{11} \cdot \underline{a}_1 + \underline{S}_{12} \cdot \underline{a}_2$$
$$\underline{b}_2 = \underline{S}_{21} \cdot \underline{a}_1 + \underline{S}_{22} \cdot \underline{a}_2. \quad (5)$$

Für die Beschreibung von Mehrtoren ist die Größe der Streumatrix und das resultierende Gleichungssystem entsprechend zu erweitern.
Hochfrequenzschaltungen sind meistens Anpassungs- oder Filterschaltungen, die über Leitungen mit definiertem Wellenwiderstand an andere Systemkomponenten angeschlossen sind. In vielen Fällen handelt es sich auch um Verbindungsleitungen, Stecker oder Übergänge von einer Wellenleiterart auf eine andere, wobei durch Inhomogenitäten Fehlanpassungen verursacht werden. Dadurch wird das Frequenzverhalten des Gesamtsystems wesentlich bestimmt. Die Berechnung solcher Schaltungen erfolgt im allgemeinen über Rechnerprogramme (s. 8), bei denen die möglichen Verkopplungen berücksichtigt werden. In diesen Programmpaketen sind die Streu- und Transmissionsparameter aller wichtigen Grundschaltelemente sowie vieler moderner Halbleiter gespeichert.
Für reziproke Mehrtore, also für alle Hochfrequenzschaltungen, die keine Zirkulatoren oder Richtungsleitungen enthalten, gilt hinsichtlich der Streuparameter $\underline{S}_{ik} = \underline{S}_{ki}$ für $i \neq k$. Für die Streumatrix heißt dies, daß Zeilen und Spalten vertauscht werden können $\underline{S} = \underline{S}^T$.
Bei allen symmetrischen, reziproken Mehrtoren ist für beliebiges i und k immer $\underline{S}_{ik} = \underline{S}_{ki}$. Beim symmetrischen Zweitor ist also $\underline{S}_{11} = \underline{S}_{22}$ und $\underline{S}_{12} = \underline{S}_{21}$.
Für verlustlose Zweitore gilt hinsichtlich der Beiträge S der Streuparameter $S_{11}^2 = S_{21}^2 = 1$ und $S_{12}^2 + S_{22}^2 = 1$. Mit den komplexen Werten $\underline{S}$ und den konjugiert komplexen Größen $\underline{S}^*$ ist immer $\underline{S}_{12}^* \cdot \underline{S}_{11} + \underline{S}_{22}^* \cdot \underline{S}_{21} = 0$ bzw. $\underline{S}_{12} \cdot \underline{S}_{11}^* + \underline{S}_{22} \cdot \underline{S}_{21}^* = 0$.
Werden Streuparameter von Zweitoren durch Betrag S und Winkel φ dargestellt, dann gilt $S_{11} \cdot S_{12} = S_{22} \cdot S_{21}$ und $\varphi_{11} - \varphi_{12} = \varphi_{21} - \varphi_{22} \pm \pi$. Ebenso ist $S_{21} = \sqrt{1 - S_{11}^2}$, $S_{11} = S_{22}$ und $S_{21} = S_{12}$.
Beliebige Zweitore können allgemein vollständig durch 4 Betragswerte und 4 Phasenangaben beschrieben werden. Für verlustlose Zweitore verringert sich dies auf die Bestimmung von einem einzigen Betragswert und drei Phasenangaben.
Technisch wichtige passive Eintore sind Abschlußwiderstände, bei denen der Reflexionsfaktor $r = \underline{S}_{11}$ die einzige beschreibende Größe ist.
In den folgenden Gleichungen sind für Vierpole die Beziehungen angegeben, mit denen aus bekannten Streuparametern die anderen, in der Netzwerktheorie gebräuchlichen Vierpolparameter berechnet werden können. In Tabelle 1 sind die Streuparameter wichtiger Komponenten zusammengestellt.

$$\underline{A}_{11} = \frac{(1 + \underline{S}_{11}) \cdot (1 - \underline{S}_{22}) + \underline{S}_{12} \cdot \underline{S}_{21}}{2 \underline{S}_{21}}$$

$$\underline{A}_{12} = \frac{Z_L \cdot \{(1 + \underline{S}_{11}) \cdot (1 + \underline{S}_{22}) - \underline{S}_{12} \cdot \underline{S}_{21}\}}{2 \underline{S}_{21}}$$

$$\underline{A}_{21} = \frac{(1 - \underline{S}_{11}) \cdot (1 - \underline{S}_{22}) - \underline{S}_{12} \cdot \underline{S}_{21}}{Z_L \cdot 2 \cdot \underline{S}_{21}}$$

$$\underline{A}_{22} = \frac{(1 - \underline{S}_{11}) \cdot (1 + \underline{S}_{22}) + \underline{S}_{12} \cdot \underline{S}_{21}}{2 \cdot \underline{S}_{21}}$$

$$\underline{Z}_{11} = Z_L \cdot \frac{(1 + \underline{S}_{11}) \cdot (1 - \underline{S}_{22}) + \underline{S}_{12} \cdot \underline{S}_{21}}{(1 - \underline{S}_{11}) \cdot (1 - \underline{S}_{22}) - \underline{S}_{12} \cdot \underline{S}_{21}}$$

$$\underline{Z}_{12} = Z_L \cdot \frac{2 \cdot \underline{S}_{12}}{(1 - \underline{S}_{11}) \cdot (1 - \underline{S}_{22}) - \underline{S}_{12} \cdot \underline{S}_{21}}$$

$$\underline{Z}_{21} = Z_L \cdot \frac{2 \cdot \underline{S}_{21}}{(1 - \underline{S}_{11}) \cdot (1 - \underline{S}_{22}) - \underline{S}_{12} \cdot \underline{S}_{21}}$$

$$\underline{Z}_{22} = Z_L \cdot \frac{(1 - \underline{S}_{11}) \cdot (1 + \underline{S}_{22}) + \underline{S}_{12} \cdot \underline{S}_{21}}{(1 - \underline{S}_{11}) \cdot (1 - \underline{S}_{22}) - \underline{S}_{12} \cdot \underline{S}_{21}}$$

$$\underline{Y}_{11} = \frac{1}{Z_L} \cdot \frac{(1 + \underline{S}_{22}) \cdot (1 - \underline{S}_{11}) + \underline{S}_{12} \cdot \underline{S}_{21}}{(1 + \underline{S}_{11}) \cdot (1 + \underline{S}_{22}) - \underline{S}_{12} \cdot \underline{S}_{21}}$$

Tabelle 1. Streuparameter einfacher Schaltungen

Struktur	Streuparameter
Leitung der Länge l ($Z_L, \underline{\gamma}$)	$\underline{S}_{11} = \underline{S}_{22} = 0$, $\underline{S}_{12} = \underline{S}_{21} = \exp(-\underline{\gamma} l)$
Reihenwiderstand $\underline{Z}$ ($\underline{z} = \underline{Z}/Z_L$)	$\underline{S}_{11} = \underline{S}_{22} = \dfrac{\underline{z}}{2+\underline{z}}$, $\underline{S}_{12} = \underline{S}_{21} = \dfrac{2}{2+\underline{z}}$
Parallelleitwert $\underline{Y}$ ($\underline{y} = \underline{Y} \cdot Z_L$)	$\underline{S}_{11} = \underline{S}_{22} = -\dfrac{\underline{y}}{2+\underline{y}}$, $\underline{S}_{12} = \underline{S}_{21} = \dfrac{2}{2+\underline{y}}$
Symmetrisches T-Glied mit $\underline{Z}$ und $\underline{Y}$ ($\underline{z} = \underline{Z}/Z_L$, $\underline{y} = \underline{Y} \cdot Z_L$)	$\underline{S}_{11} = \underline{S}_{22} = \dfrac{\underline{z} - \underline{y}(1-\underline{z})^2/2}{1 + \underline{z} + \underline{y}(1+\underline{z})^2/2}$, $\underline{S}_{12} = \underline{S}_{21} = \dfrac{1}{1 + \underline{z} + \underline{y}(1+\underline{z})^2/2}$
Symmetrisches π-Glied mit $\underline{Y}$ und $\underline{Z}$	$\underline{S}_{11} = \underline{S}_{22} = \dfrac{-\underline{y} - \underline{z}(1-\underline{y})^2/2}{1 + \underline{y} + \underline{z}(1+\underline{y})^2/2}$, $\underline{S}_{12} = \underline{S}_{21} = \dfrac{1}{1 + \underline{y} + \underline{z}(1+\underline{y})^2/2}$
Wellenwiderstandssprung (Z_{L1}, Z_{L2})	$\underline{S}_{11} = -\underline{S}_{22} = \dfrac{Z_{L2} - Z_{L1}}{Z_{L2} + Z_{L1}}$, $\underline{S}_{12} = \underline{S}_{21} = \sqrt{1 - \left(\dfrac{Z_{L2} - Z_{L1}}{Z_{L2} + Z_{L1}}\right)^2}$
3-dB-Koppler [1]	$\underline{S} = \dfrac{1}{\sqrt{2}} \begin{pmatrix} 0 & 1 & 0 & j \\ 1 & 0 & j & 1 \\ 0 & j & 0 & 1 \\ j & 0 & 1 & 0 \end{pmatrix}$
Magic T [2]	$\underline{S} = \dfrac{1}{\sqrt{2}} \begin{pmatrix} 0 & 1 & 0 & 1 \\ 1 & 0 & 1 & 0 \\ 0 & 1 & 0 & -1 \\ 1 & 0 & -1 & 0 \end{pmatrix}$
Idealer Y-Zirkulator	$\underline{S} = \begin{pmatrix} 0 & 0 & 1 \\ 1 & 0 & 0 \\ 0 & 1 & 0 \end{pmatrix}$

$$\underline{Y}_{12} = \frac{1}{Z_L} \cdot \frac{-2 \cdot \underline{S}_{12}}{(1 + \underline{S}_{11}) \cdot (1 + \underline{S}_{22}) - \underline{S}_{12} \cdot \underline{S}_{21}}$$

$$\underline{Y}_{21} = \frac{1}{Z_L} \cdot \frac{-2 \cdot \underline{S}_{21}}{(1 + \underline{S}_{11}) \cdot (1 + \underline{S}_{22}) - \underline{S}_{12} \cdot \underline{S}_{21}}$$

$$\underline{Y}_{22} = \frac{1}{Z_L} \cdot \frac{(1 + \underline{S}_{11}) \cdot (1 - \underline{S}_{22}) + \underline{S}_{12} \cdot \underline{S}_{21}}{(1 + \underline{S}_{11}) \cdot (1 + \underline{S}_{22}) - \underline{S}_{12} \cdot \underline{S}_{21}}$$

4 Transmissionsparameter
Transmission parameters

Allgemeine Literatur: s. C 3.

Wenn mehrere Komponenten aufeinanderfolgend in einem Leitungssystem zusammengeschaltet werden, kann die Bestimmung des Gesamtverhaltens mit Hilfe der Transmissionsparameter erfolgen, die durch Umformung aus den Streuparametern jedes einzelnen Zweitors abgeleitet werden können.

Während das Gleichungssystem der Streumatrix die ablaufenden als Funktion der zulaufenden Wellen beschreibt und für Zweitore anschauliche, einfach zu messenden Größen wie beispielsweise die Reflexionsfaktoren ergibt, stellt die Transmissionsmatrix $\underline{T}$ den Zusammenhang zwischen den Eingangsgrößen als Funktion der Wellen am Ausgang eines Netzwerks dar.

Die am Ausgang des vorderen Zweitors einer Kettenschaltung ablaufende Welle $\underline{b}_2$ ist also gleich der dem nachgeschalteten Zweitor zulaufenden Welle $\underline{a}'_1$. Entsprechend ist die am Eingang des nachgeschalteten Zweitors ablaufende Welle $\underline{b}'_1$ gleich der dem Ausgang des vorderen Zweitors zulaufenden Welle $\underline{a}_2$.

Der Wellenwiderstand am Ausgang des vorderen Zweitors muß für die Berechnung mit Transmissionsparametern gleich dem des nachgeschalteten Eingangs sein. Ist dies in der Praxis nicht gegeben, so muß bei der Berechnung formal die Transmissionsmatrix eines weiteren Zweitors eingefügt werden, die den Wellenwiderstandssprung beschreibt.

Grundsätzlich stehen auf der linken Seite des Gleichungssystems also eine ablaufende Größe $\underline{b}$ und eine zulaufende Größe $\underline{a}$. Leider ist die in der Literatur zu findende Zuordnung nicht überall gleich. Darauf ist zu achten, wenn Beziehungen verschiedenen Ursprungs verglichen werden. Gelegentlich sind auch Eingangswerte mit Ausgangswerten vertauscht. Meistens werden jedoch die folgenden Beziehungen verwendet:

$$\begin{pmatrix} \underline{b}_1 \\ \underline{a}_1 \end{pmatrix} = \begin{pmatrix} \underline{T}_{11} & \underline{T}_{12} \\ \underline{T}_{21} & \underline{T}_{22} \end{pmatrix} \cdot \begin{pmatrix} \underline{a}_2 \\ \underline{b}_2 \end{pmatrix}. \tag{1}$$

Die gegenseitigen Umrechnungen sind

$$\underline{S} = \frac{1}{\underline{T}_{22}} \cdot \begin{pmatrix} \underline{T}_{12} & \det \underline{T} \\ 1 & -\underline{T}_{21} \end{pmatrix},$$

$$\underline{T} = \frac{1}{\underline{S}_{21}} \cdot \begin{pmatrix} -\det \underline{S} & \underline{S}_{11} \\ -\underline{S}_{22} & 1 \end{pmatrix}. \qquad (2)$$

Die Transmissionsmatrix einer Kettenschaltung von zwei Zweitoren erhält man durch Multiplikation der Transmissionsmatrizen. Bei Aufeinanderfolge zweier verschiedener Zweitore ist das Beachten der entsprechenden Reihenfolge der beiden Transmissionsmatrizen bei der Multiplikation wichtig. Bei der Multiplikation gilt $\underline{T}' \cdot \underline{T}'' \neq \underline{T}'' \cdot \underline{T}'$.

Für reziproke, symmetrische Zweitore gilt $\det(\underline{T}) = 1$ und $\underline{T}_{12} = -\underline{T}_{21}$.

Der Zusammenhang zwischen den Transmissionsparametern und den in entsprechenden Fällen der niederfrequenten Netzwerktheorie verwendeten Kettenparametern ist:

$$\begin{aligned} \underline{A}_{11} &= \tfrac{1}{2} \cdot (\underline{T}_{11} + \underline{T}_{12} + \underline{T}_{21} + \underline{T}_{22}) \\ \underline{A}_{12} &= \tfrac{1}{2} \cdot Z_L \cdot (-\underline{T}_{11} + \underline{T}_{12} - \underline{T}_{21} + \underline{T}_{22}) \\ \underline{A}_{21} &= \tfrac{1}{2} \cdot \frac{1}{Z_L} \cdot (-\underline{T}_{11} - \underline{T}_{12} + \underline{T}_{21} + \underline{T}_{22}) \\ \underline{A}_{22} &= \tfrac{1}{2} \cdot (\underline{T}_{11} - \underline{T}_{12} - \underline{T}_{21} + \underline{T}_{22}). \end{aligned} \qquad (3)$$

Die Anwendung von Transmissionsmatrizen ist besonders bei mehreren hintereinandergeschalteten, gleichartigen Zweitoren, beispielsweise bei periodischen Störstellen in einer Leitungsstruktur, zweckmäßig. Man kann jedoch entsprechend Bild 1 auch direkt die resultierende Streumatrix einer Zusammenschaltung von zwei Zweitoren berechnen, die an der Verbindungsstelle den gleichen Wellenwiderstand haben.

Beispiel: Bei einer Hintereinanderschaltung der beiden Zweitore mit den Streumatrizen $\underline{S}$ und $\underline{S}'$ ergibt sich eine Gesamtschaltung mit der Gesamtstreumatrix $\underline{S}''$

$$\underline{S}'' = \begin{pmatrix} \underline{S}''_{11} & \underline{S}''_{12} \\ \underline{S}''_{21} & \underline{S}''_{22} \end{pmatrix} = \frac{1}{1 - \underline{S}_{22} \underline{S}'_{11}}$$

$$\cdot \begin{pmatrix} \underline{S}_{11} - \det \underline{S} \cdot \underline{S}'_{11} & \underline{S}_{12} \underline{S}'_{12} \\ \underline{S}_{21} \cdot \underline{S}'_{21} & \underline{S}'_{22} - \det \underline{S}' \cdot \underline{S}_{22} \end{pmatrix}. \qquad (4)$$

Der Wellenwiderstand am Eingang der Gesamtschaltung ist dabei gleich dem Wellenwiderstand am Eingang des linken Zweitors, derjenige am Ausgang der Gesamtschaltung ist gleich dem Wellenwiderstand am Ausgang des nachgeschalteten, rechten Zweitors. Die hier genannten Wellenwiderstände der entsprechenden Leitungen werden vielfach auch Bezugswiderstände genannt.

5 Frequenzselektive Filter
Filters for frequency selection

Allgemeine Literatur: *Brand, H.*: Schaltungslehre linearer Mikrowellennetze: Stuttgart: Hirzel 1970. – *Fliege, N.*: Filter. Stuttgart: Teubner 1991. – *Matthaei, G.; Younh, L.; Jones, E. M. T.*: Microwave filters, impedance-matching networks and coupling structures. Dedham: Artech House 1980. – *Rupprecht, W.*: Netzwerksynthese. Berlin: Springer 1972. – *Saal, R.; Entenmann, W.*: Handbuch zum Filterentwurf. München: Hüthig 1988.

Frequenzselektion ist eine bei allen Systemen wichtige Teilaufgabe, um beispielsweise Signale benachbarter Kanäle einzeln erfassen zu können, durch Bandbegrenzung das Rauschen und allgemeine Störungen zu minimieren oder Signale von Gleichspannungen und -strömen, die durch die Arbeitspunkte von aktiven Bauelementen bedingt sind, zu entkoppeln.

Grundsätzliche Typen sind Tiefpaß, Hochpaß, Bandpaß und Bandsperre. Daneben gibt es viele Sonderformen, beispielsweise Kammfilter mit periodischem Verhalten oder Allpässe, bei denen nur die Phase als Funktion der Frequenz verändert wird, nicht jedoch die Amplitude. Für die verschiedenen Frequenzbereiche ergeben sich bei ähnlichem Übertragungsverhalten unterschiedliche Realisierungsmöglichkeiten, die in verschiedenen Teilen dieses Buches behandelt werden. Häufig stehen mehrere Möglichkeiten zur Auswahl, die technische Lösung wird dann durch die zulässige räumliche Größe, durch die Stückzahl und die Kosten bestimmt.

Ein wesentliches Unterscheidungsmerkmal liegt darin, ob Informationen oder Spannungen bzw. Ströme, mit denen eine gewisse Leistung einem Verbraucher zugeführt wird, gefiltert werden.

Im ersten Fall können Filter für Signale mit kleinen Amplituden bis zu Frequenzen von etwa 100 MHz mit frequenzselektiv rückgekoppelten Operationsverstärkern realisiert werden [1–4].

Bild 1. Kettenschaltung zweier Zweitore

Spezielle Literatur Seite C 17

Die Rückkoppelnetzwerke enthalten üblicherweise nur Kondensatoren und Widerstände. Wichtig ist, daß durch die aktiven Bauelemente und die Widerstände kein störendes Rauschen entsteht.

Im Frequenzbereich bis zu einigen MHz können auch Digitalfilter angewendet werden [5–10]. Dies sind Rechnerprogramme, mit denen sich Filter mit schnell umschaltbarer Charakteristik realisieren lassen. Dazu wird das Eingangssignal über einen schnellen Analog-Digital-Wandler mit genügender Genauigkeit abgetastet und an den Stützstellen in eine Bitfolge umgesetzt. Das entstehende binäre Signal hat meistens eine sehr große Bandbreite. Mit entsprechender Software kann die Information anschließend durch spezielle Mikroprozessorschaltungen bearbeitet und, falls nicht die gefilterte Information datenmäßig direkt ausgewertet wird, mit einem Digital-Analog-Wandler wieder in eine Zeitfunktion rückgewandelt werden. So lassen sich Filter realisieren, mit denen hinsichtlich Flankensteilheit, Sperr- und Durchlaßdämpfung, Reproduzierbarkeit ohne Abgleich, Genauigkeit und zeitlicher Konstanz bei der Möglichkeit rascher und beliebiger Änderung der Parameter keine reale Schaltung konkurrieren kann.

In allen Fällen, in denen jedoch Energie übertragen werden muß, also bei Stromversorgungsgeräten, bei Verstärkern, Sendern und bei höheren Freuqenzen sind reale Filterschaltungen oder mechanische Schwinger unverzichtbar.

Für die Auswahl eines Filters ist zunächst die Art (Tiefpaß, Hochpaß, Bandpaß oder Bandsperre) maßgeblich. Weitere Forderungen betreffen die zulässige Durchgangsdämpfung und Welligkeit, die Sperrdämpfung und den Frequenzbereich, in dem diese erzielt werden muß, die Flankensteilheiten, die zu übertragenden Leistungen, die Spitzenspannungen und -ströme sowie die maximale räumliche Größe sowie zulässiges Gewicht und, nicht zuletzt, den Temperaturbereich und die Kosten.

Aufgrund der Anforderungen hinsichtlich der Steilheit der Filterflanke (im amerikanischen als „roll-off" bezeichnet), der Welligkeit im Übertragungs- und des Verhaltens im Sperrbereich erfolgt die Dimensionierung eines Filters. Man unterscheidet Cauer-Filter (hohe Sperrdämpfung mit Polstellen, sehr steile Filterflanken, Welligkeit im Durchlaßbereich), Tschebyscheff-Filter (Welligkeit im Übertragungsbereich, steile Filterflanken) Potenz- oder Butterworth-Filter (flacher Verlauf sowohl im Übertragungs- als auch im Sperrbereich, mäßig steile Filterflanken) und Bessel-Filter (flacher Übergang vom Durchlaß- in den Sperrbereich, dafür aber wenig Signalverformung bei Sprungfunktionen). Bild 1 zeigt typische Übertragungsfunktionen der genannten Tiefpässe.

In Dimensionierungstabellen findet man Daten

Bild 1. Typische Durchlaßkurven von Tiefpässen. **a** Cauer-; **b** Tschebyscheff-; **c** Potenz- oder Butterworth-; **d** Bessel-Tiefpaß

für normierte Tiefpässe [11]. Auf diese können durch entsprechende Umrechnung Hochpässe, Bandpässe und Bandsperren jeweils zurückgeführt werden.

Wegen der parasitären Serieninduktivitäten und Parallelkapazitäten ist die Sperrwirkung von Tief- oder Bandpässen zu hohen Frequenzen hin meist nicht gewährleistet. Um eine genügend gute Weitabselektion sicherzustellen, müssen realen Filtern im allgemeinen weitere Tiefpässe mit hoher Sperrfrequenz und einfacherer Bauart nachgeschaltet werden. Für Frequenzen oberhalb 100 MHz werden dafür über die Zuleitungen von Bauelementen Ferritröhrchen oder -perlen geschoben, die einerseits als Induktivität wirken, andererseits mit wachsender Frequenz ausgeprägte Dämpfungseigenschaften aufweisen.

Bis zu Frequenzen von einigen 100 MHz können konzentrierte Schaltelemente, also Spulen und Kondensatoren verwendet werden [12]. Während Tiefpässe zur Siebung von Versorgungsspannungen für aktive Bauelemente und einfache Bandpässe und -sperren in diesem Frequenzbereich vielfach vom Anwender selbst dimensioniert werden, werden Filter mit höheren Anforderungen meist bei speziellen Herstellern fertig gekauft.

Im Frequenzbereich von 100 MHz bis zu einigen GHz werden Filter als Streifenleitungsschaltungen vom Anwender dimensioniert und realisiert. Für größere Leistungen oder besondere Anforderungen können auch Koaxialleitungen (s. L 9.2) oder Hohlraumresonatoren (s. L 9.3) eingesetzt werden.

Die Entwicklung derartiger Schaltungen erfolgt meist rechnergestützt (s. 8). Die Filterschaltung wird simuliert und die Struktur so lange verändert, bis die geforderten Eigenschaften vorliegen. Das Rechnerprogramm erstellt dann im Fall einer Ausführung als Streifenleitung die Druck- oder Ätzvorlagen, die eine Übertragung der Leitungsstruktur auf ein geeignetes Trägermaterial (Substrat) erlauben. Meistens zeigt die reale Schaltung dann sofort das geforderte Verhalten.

In vielen Fällen werden im Zwischenfrequenzbereich bei Bandpässen keramische Filter eingesetzt, bei denen die elektrischen Schwingungen am Eingang über Piezowandler in mechanische Erregungen umgewandelt werden, da mechanische Schwinger wesentlich höhere Güten haben als mit Resonanzkreisen aus Spulen und Kondensatoren erreichbar sind (s. E 7). Durch mechanisch gekoppelte Dreh-, Scher- und Biegeschwinger lassen sich mehrkreisige Filter mit steilen Flanken und engen Toleranzen realisieren. Ein am mechanischen Ausgang angeordneter weiterer Piezowandler erzeugt wieder ein elektrisches Signal. Die Durchgangsdämpfung beträgt üblicherweise einige Dezibel, ist aber wegen der vor- und nachgeschalteten Verstärker ohne Bedeutung. Ein typisches Beispiel für solche Filter ist der Schwingquarz (s. Q 24).

Filter für den GHz-Bereich werden für kleine Leistungen mit dielektrischen Resonatoren aufgebaut (s. E 9.7). Ein wenige Millimeter großer Zylinder aus Keramikmaterial mit hoher Dielektrizitätszahl wird in geringem Abstand von Koppelleitungen angeordnet. Während das elektrische und magnetische Feld bei Hohlraumresonatoren nur innerhalb des Resonators vorhanden ist, klingt es bei einem dielektrischen Resonator außerhalb des Keramikkörpers exponentiell ab. Daher ist über die benachbarten Leitungen je nach Abstand eine mehr oder weniger feste Ein- und Auskopplung möglich. Durch die Annäherung benachbarter Metallteile kann die Resonanzfrequenz abgeglichen werden.

Mit der modernen Technik der akustischen Oberflächenwellenfilter lassen sich Bauelemente realisieren, bei denen die Filterung auf Laufzeiteffekte zurückgeführt wird (s. E 12). Durch geeigneten Aufbau von leitenden, ineinander verschachtelten Fingerstrukturen auf piezoelektrischen Substraten lassen sich im Bereich von einigen MHz bis in den GHz-Bereich hinein Filter mit Baugrößen von wenigen Millimetern Größe realisieren. Durch geeignete geometrische Ein- und Auskopplungsstrukturen können neben frequenzselektiven Filtern beispielsweise auch Korrelatoren oder dispersive Filter realisiert werden, mit denen Frequenzbänder von Signalen im Zeitbereich expandiert oder komprimiert werden können.

Im Mirkowellenbereich werden YIG-Filter (Yttrium-Iron-Garnet) verwendet (s. E 9.8). Bei diesen wird ein Ferritkügelchen in einem Magnetfeld bis zur Sättigung vormagnetisiert. Die Verkopplung von Ein- und Ausgang erfolgt über zwei senkrecht zueinander stehende Drahtschleifen, die normalerweise gegenseitig entkoppelt sind. Ein Eingangssignal regt in der Ferritkugel ein magnetisches Wechselfeld an, welches infolge der gyrotropen Eigenschaften des vormagnetisierten Ferrits bei einer bestimmten Frequenz zu einer ausgeprägten Präzession der Elementardipole im Ferrit führt. Dadurch werden bei dieser Frequenz ausgeprägte Magnetfeldanteile in der Querrichtung zur Anregung erzeugt, die über die zweite Drahtschleife ausgekoppelt werden können. Durch Änderung der Größe der Vormagnetisierung durch Variation des Stroms eines Elektromagneten ist ein solcher YIG-Resonator in weiten Grenzen abstimmbar. In der Regel sind, um gute Filterwirkungen zu erreichen, mehrere solcher Schleifen-Kugel-Einheiten in Kette geschaltet und in nur einem Elektromagnetkreis zusammengefaßt.

Der Durchlaß- oder Sperrbereich eines Filters wird allgemein durch die 3-dB-Frequenzen charakterisiert. Bei diesem Wert wird einem angeschlossenen Verbraucher noch die halbe Leistung bzw. der $1/\sqrt{2}$-fache Wert von Spannung oder Strom gegenüber dem Maximalwert im Durchlaßbereich zugeführt. Dies ist eine Bezugsgröße, die für alle Ausführungsarten gilt.

Der mit einem Filter erzielte Frequenzgang ist nicht vom Filter allein bestimmt, sondern wird entscheidend von den Impedanzen der Quelle und des Abschlusses mitbestimmt. In der Mikrowellentechnik werden Filter im allgemeinen zwischen Leitungen mit definiertem Wellenwiderstand eingebaut, die beidseitig reflexionsfrei abgeschlossen sind. Für die allgemeine Hochfrequenzschaltungstechnik werden in vielen Fällen auch transformierende Filter verwendet, mit denen die Eingangsimpedanz einer Verstärkerstufe an die Ausgangsimpedanz der Vorstufe angepaßt wird. Nur wenn die bei der Filterauswahl vorgegebenen Impedanzwerte eingehalten werden, entspricht der erzielte Frequenzgang dem erwarteten Wert.

Während die Konstruktion von Filtern hoher Selektivität mit strengen Anforderungen immer einen Fachmann erfordert, der mit den Dimensionierungsmethoden und den normierten Filter-

5 Frequenzselektive Filter   C 15

Tiefpässe

Hochpässe

Bandpässe

Bandsperren

1. Ordnung   2. Ordnung

Bild 2. Einfache Filtergrundschaltungen

Bild 3. Zusammenschaltung von Filtergrundelementen zu (**a**) einer T-Schaltung; (**b**) einer π-Schaltung; (**c**) einer mehrgliedrigen Kette mit π-Eingang und π-Ausgang

katalogen vertraut ist, werden häufig einfache Siebschaltungen benötigt, mit denen vom Entwickler ein Filter rasch realisiert werden muß, an das aber bezüglich der Welligkeit und Flankensteilheit keine besonderen Anforderungen gestellt werden. Durch geeignete Zusammenschaltung von Spulen und Kondensatoren lassen sich in einfacher Weise Filter aufbauen.
Die Grundschaltungen von einfachen Filtern aus Abschlußwiderstand, Induktivitäten und Kapazitäten und Quellen zeigt Bild 2. Durch Hintereinanderschaltung mehrerer Grundschaltungen

lassen sich die Wirkungen verbessern. Dabei ist wichtig, daß mehrere LC-Glieder immer so kombiniert werden, daß, wie in Bild 3 gezeigt, immer gleichartige Impedanzen der Halbglieder zu einem einzigen Teilelement zusammengeschaltet werden. Je mehr Blindelemente eine Schaltung enthält, je höher also die Ordnung des Filters ist, desto steiler verläuft die Flanke, desto ausgeprägter ist also der Übergang vom Durchlaß- zum Sperrbereich.

Die Filterwirkung entsteht, wie bei allen Filtern, die aus Induktivitäten und Kapazitäten aufgebaut sind, dadurch, daß das Filter im Sperrbereich eine ausgeprägte Fehlanpassung zwischen Abschlußwiderstand und Innenwiderstand der Quelle bewirkt. Die Frequenzabhängigkeit der Übertragungsfunktion erhält man aus dem Verlauf der Eingangsimpedanz und den Vergleich mit den Kreisen P/P_{max} in der Impedanzebene. Für die Dimensionierung eines Halbgliedes gilt hinsichtlich der Grenzfrequenz, daß dort der Blindwiderstand des letzten Elements bei Hoch- und Tiefpässen gleich dem Abschlußwiderstand ist. Für das davorliegende Element gilt die Beziehung $R = \sqrt{L/C}$. Bei Bandpässen und Bandsperren ergibt sich die obere bzw. untere Grenzfrequenz jeweils dadurch, daß dort der Resonanzblindwiderstand des dem Abschluß benachbarten Resonanzkreises gleich dem Abschlußwiderstand ist. Die Dimensionierung des davorliegenden Kreises erfolgt gemäß $L_s C_p = L_p C_s$.

Die allen aus Resonatoren aufgebauten Filter zugrunde liegende Schaltung ist der aus Induktivität, Kapazität und Widerstand bestehende Resonanzkreis. In der Praxis haben Resonanzkreise Gütewerte, die größer als 10 sind. In diesen Fällen sind die infolge der Bedämpfung durch Innenwiderstand der Quelle, Belastungswiderstand und Verlustanteile von Spule und Kondensator auftretenden Verschiebungen der Resonanzfrequenz vernachlässigbar. Die sich nur aus L und C ergebende Resonanzfrequenz weicht von der sich real einstellenden entsprechend der Beziehung $f \approx f_R (1 - 1/(8Q^2))$ ab. Bei einer Kreisgüte von 10 ist die Abweichung also etwa 1%. Die wichtigsten Berechnungsgrundlagen sind für die Parallel- und Reihenschaltung in Tabelle 1 zusammengestellt.

In vielen Fällen reicht die Selektivität eines Einzelkreises nicht aus. Zur Verbreiterung des Durchlaßbereichs und Verbesserung der Flankensteilheit werden zwei Resonanzkreise durch kapazitive oder transformatorische Kopplung zu einem Resonanzbandfilter kombiniert (Bild 4). Je nach Intensität der Kopplung bezeichnet man

Tabelle 1. Serien- und Parallelschwingkreis

	Serienschwingkreis	Parallelschwingkreis
Resonanzfrequenz	$f_R = \dfrac{1}{2\pi \sqrt{LC}}$;	$w_R = \dfrac{1}{\sqrt{LC}}$
Verstimmung	$v = \dfrac{w}{w_R} - \dfrac{w_R}{w} = \dfrac{f}{f_R} - \dfrac{f_R}{f}$	
Verstimmung ($f = f_R + \Delta f$, für $\Delta f/f_R < 0{,}1$)	$v \approx 2\Delta f/f_R$	
Resonanzblindwiderstand	$X_R = \omega_R L = 1/(\omega_R C)$	
Resonanzblindleitwert		$B_R = \omega_R C = 1/(\omega_R L)$
Kreisgüte, Verlustfaktor $d = 1/Q$	$Q = X_R/R$	$Q = B_R/G$
komplexer Widerstand	$Z = R + j\left(\omega L - \dfrac{1}{\omega C}\right)$ $= R + jX_R \cdot v$	
Komplexer Leitwert		$Y = G + j\left(\omega C - \dfrac{1}{\omega L}\right) = G + jB_R \cdot v$
Betrag von Z bzw. Y	$Z = R\sqrt{1 + v^2 Q^2}$	$Y = G\sqrt{1 + v^2 Q^2}$
Phasenwinkel von Z bzw. Y	$\tan\varphi = v \cdot Q$	

Bild 4. Durchlaßkurven von kapazitiv gekoppelten Resonanzbandfiltern, $R = R_i$, $f_R = 1/(2\pi\sqrt{LC})$ ist die Resonanzfrequenz eines Einzelkreises. **a** unterkritische Kopplung mit $1/w_R C_K > R$, **b** kritische Kopplung mit $1/w_R C_K = R$, **c** überkritische Kopplung mit $1/w_R C_K < R$

diese als überkritisch (zwei Maxima), kritisch (flacher Durchlaßbereich) oder unterkritisch (enger Durchlaßbereich). Der Durchlaßbereich bei kritischer Kopplung ist dabei nicht gleich der Resonanzfrequenz der Resonanzkreise [13]. Er liegt, je nachdem ob kapazitive oder induktive Kopplung vorliegt, um die halbe Bandbreite eines Einzelkreises tiefer oder höher. Bei überkritisch gekoppelten Bandfiltern sind beide Einzelkreise auf die gleiche Resonanzfrequenz abgestimmt, die mit keinem der beiden Höcker übereinstimmt, sondern, je nachdem ob die Kopplung induktiv oder kapazitiv ist, auf der unteren oder oberen Filterflanke liegt.
Resonanzbandfilter können entweder aus konzentrierten Spulen und Kondensatoren aufgebaut werden oder beispielsweise durch verkoppelte Hohlraum- oder Leitungsresonatoren realisiert werden.

Spezielle Literatur: [1] *Tietze, U.; Schenk, Ch.:* Halbleiter-Schaltungstechnik. 9. Aufl. Berlin: Springer 1991. – [2] *Langer, E.:* Spulenlose Hochfrequenzfilter, Berlin: Siemens 1969. – [3] *Wangenheim, L. v.:* Aktive Filter. Heidelberg: Hüthig 1990. – [4] *Moschytz, G.; Horn, P.:* Handbuch zum Entwurf aktiver Filter. München: Oldenbourg 1983. – [5] *Lücker, R.:* Grundlagen digitaler Filter. Berlin: Springer 1985. – [6] *Schwieger, E.:* Digitale Butterworthfilter. München: Oldenbourg 1983. – [7] *Hamming, R. W.:* Digitale Filter. Weinheim: VCH Verlagsgesellschaft 1987. – [8] *Hess, W.:* Digitale Filter. Stuttgart: Teubner 1989. – [9] *Azizi, S. A.:* Entwurf und Realisierung digitaler Filter. München: Oldenbourg 1990. – [10] *Lacroix, A.:* Digitale Filter. München: Oldenbourg 1988. – [11] *Pfitzenmaier, G.:* Tabellenbuch Tiefpässe. Berlin: Siemens 1971. – [12] *DeMaw, M. F.:* Ferromagnetic-core design and application handbook. Enlewood Cliffs, N.J.: Prentice-Hall 1981. – [13] *Meinke, H. H.:* Einführung in die Elektrotechnik höherer Frequenzen. Berlin: Springer 1965.

6 Theorie der Leitungen
Transmission line theory

Allgemeine Literatur: *Meinke, H. H.:* Einführung in die Elektrotechnik höherer Frequenzen. Bd. 1. Berlin: Springer 1965. – *Unger, H.-G.:* Elektromagnetische Wellen auf Leitungen. Heidelberg: Hüthig 1980.

6.1 Leitungskenngrößen
Line parameters

Leitungen bestehen aus einem Hin- und einem Rückleiter. l ist die Koordinate längs der Leitung, wobei $l = 0$ das Leitungsende bildet, an dem eine Abschlußimpedanz $\underline{Z}_2$ angeschlossen ist (Bild 1). Mit wachsendem l nähert man sich der Quelle. Zwischen beiden Leitern ist ein elektrisches Feld vorhanden, dem die Spannung $\underline{U}(l)$ entspricht. Ein Magnetfeld erfüllt den Raum zwischen den Leitern bzw. die Umgebung. Diesem entsprechen die Leitungsströme $\underline{I}(l)$, die in den beiden Leitern entgegengesetzt gerichtet, sonst aber gleich sind. Spannungen und Ströme an beliebigen Leitungsorten l können als Summe von Spannungen bzw. Strömen je einer vom Generator zum Verbraucher hinlaufenden Welle $\underline{U}_h(l, t)$, $\underline{I}_h(l, t)$ und einer zum Generator zurücklaufenden (reflektierten) Welle $\underline{U}_r(l, t), \underline{I}_r(l, t)$ dargestellt werden.

$$\underline{U}(l, t) = \underline{U}_h \exp(j\omega t + \gamma l) + \underline{U}_r \exp(j\omega t - \gamma l), \quad (1)$$

$$\underline{I}(l, t) = \underline{I}_h \exp(j\omega t + \gamma l) + \underline{I}_r \exp(j\omega t - \gamma l). \quad (2)$$

Bild 1. Strom und Spannung auf einer Leitung

Meist liegt die Aufgabe vor, bei gegebener Abschlußimpedanz die Eingangsimpedanz in Generatornähe zu berechnen. Dazu ist die Kenntnis der Leitungsparameter (Ausbreitungsmaße, Wellenwiderstand) erforderlich. Nähere Hinweise für Impedanzberechnungen in 6.2 und 6.3. Alle elektrischen Eigenschaften werden durch die Leitungsbeläge gekennzeichnet (Bild 2).

Der *Widerstandsbelag* R' (in Ω/m) faßt die Leitungswiderstände pro Längeneinheit in einem Wert zusammen. Diese Größe ist wegen des Skineffekts frequenzabhängig und steigt bei Frequenzen, bei denen die äquivalente Leitschichtdicke wesentlich kleiner als die Leiterdicke ist, proportional zur Wurzel aus der Frequenz an. Bei Koaxialleitungen mit kreiszylindrischem Querschnitt ist R' einfach zu berechnen. Bei anderen Formen müssen die am Leiterumfang unterschiedlichen Stromdichten berücksichtigt werden. An Orten höchster Stromdichte (Seitenkanten bei Streifenleitungen) treten erhöhte Verluste auf. Quantitative Aussagen können aus Feldbildern für die Querschnittebene gewonnen werden (vgl. B 6). Wenn das Isolationsmaterial zwischen den Leitern magnetisch wirksam ist und einen Verlustfaktor $\tan \delta_\mu = d_\mu$ aufweist, vergrößert sich der Widerstandsbelag um R'_m

$$R'_m = \omega L' d_\mu.$$

Als *Längsdämpfung* einer Leitung bezeichnet man die Größe d_1

$$d_1 = R'/\omega L'.$$

Der *Ableitungsbelag* G' (in S/m) ist ein Maß für die Verluste des Dielektrikums pro Längeneinheit. Bei tiefen Frequenzen ist G' meist vernachlässigbar klein, steigt jedoch oberhalb einiger MHz an.

$$G' = \omega C' d_\varepsilon = \omega C' \tan \delta_\varepsilon.$$

Als *Querdämpfung* einer Leitung bezeichnet man die Größe d_2

$$d_2 = G'/\omega C' = d_\varepsilon = \tan \delta_\varepsilon.$$

Der *Induktionsbelag* L' (in H/m) gibt die Induktivität pro Längeneinheit an. Bei tiefen Frequenzen muß auch das Magnetfeld in den Leitern berücksichtigt werden. Mit wachsender Frequenz wird das Feld aus den Leitern verdrängt und existiert nur noch außerhalb. Bei hohen Frequenzen ist daher L' frequenzunabhängig, sofern das Isoliermaterial unmagnetisch ist. Mit dem Wellenwiderstand Z_L und der Lichtgeschwindigkeit $c_0 = 3 \cdot 10^8$ m/s ergibt sich

$$L' = Z_L \sqrt{\varepsilon_r}/c_0; \quad L' \left/ \frac{\text{nH}}{\text{cm}} \right. = \frac{\sqrt{\varepsilon_r} Z_L/\Omega}{30}. \quad (3)$$

Der *Kapazitätsbelag* C' (in F/m) gibt die Kapazität pro Längeneinheit an. Für Leitungen, bei denen das elektrische Feld ausschließlich in einem homogenen Dielektrikum verläuft (z. B. Koaxialkabel) ist C' frequenzunabhängig. Verläuft das Feld in Bereichen mit verschiedenem ε_r, dann treten besonders bei höheren Frequenzen Wellentypen mit Längskomponenten auf, die von den einfachen Transversalwellen (L-Welle, TEM-Welle) abweichen. Das Feld konzentriert sich mit wachsender Frequenz in den Bereichen mit größerem ε_r. Das wirksame $\varepsilon_{r,\text{eff}}$ nimmt daher mit wachsender Frequenz zu und nähert sich beispielsweise bei Microstrip-Leitungen der Dielektrizitätszahl des Substrats immer mehr an.
Für Leitungen mit homogenem Dielektrikum gilt

$$C' = \frac{\sqrt{\varepsilon_r}}{c_0 Z_L}; \quad C' \left/ \frac{\text{pF}}{\text{cm}} \right. = \frac{33{,}3 \sqrt{\varepsilon_r}}{Z_L/\Omega}. \quad (4)$$

Die *Ausbreitungsgeschwindigkeit* v ist für verlustlose Leitungen mit Luft als Isolation gleich der Lichtgeschwindigkeit c_0. Für Leitungen mit Isolierstoffen gilt

$$v = \frac{c_0}{\sqrt{\varepsilon_r}}; \quad v \left/ \frac{\text{m}}{\text{s}} \right. = \frac{3 \cdot 10^8}{\sqrt{\varepsilon_r}}$$

Bei vollständiger Füllung des Raums zwischen den Leitern ist ε_r gleich der Dielektrizitätszahl des Isoliermaterials. Bei teilweiser Füllung ist ein Mischwert der Dielektrika wirksam. Dieser kann aus L' und C' bestimmt werden. Damit erhält man

$$v = \frac{1}{\sqrt{L'C'}} = \frac{\omega}{\beta}; \quad \varepsilon_{r,\text{eff}} = L'C'c_0^2. \quad (5)$$

L' und C' können durch Berechnung oder Messung bestimmt werden.
Die *Laufzeit* τ einer Leitung der Länge l ist

$$\tau = l/v = \beta l/\omega. \quad (6)$$

Das *Phasenmaß* β gibt die Phasendrehung einer Welle pro Längeneinheit der Leitung im Bogenmaß an

$$\beta = \omega \sqrt{L'C'} = 2\pi/\lambda = 360°/\lambda. \quad (7)$$

Die *Wellenlänge* λ ist

$$\lambda = \frac{v}{f} = \frac{1}{f\sqrt{L'C'}} = \frac{c_0}{f\sqrt{\varepsilon_r}}, \quad (8)$$

wobei der letztgenannte Ausdruck für Füllung

Bild 2. Ersatzschaltbild eines Leitungsstücks

mit homogenem Dielektrikum gilt. Sonst kann eine effektive Dielektrizitätszahl bei teilweiser Füllung mit Gl. (5) berechnet werden. λ_0 nennt man die Wellenlänge im freien Raum.

Für verlustbehaftete Leitungen können sich Phasengeschwindigkeit v_p und Gruppengeschwindigkeit v_g unterscheiden. Die Gruppengeschwindigkeit gibt an, wie schnell sich die durch Modulation erzeugten Signale (Energie) ausbreiten. Während Phasengeschwindigkeiten auch größer als c_0 werden können, ist die Gruppengeschwindigkeit stets kleiner oder höchstens gleich der Lichtgeschwindigkeit c_0.

Die Phasengeschwindigkeit ist als $v_p = \omega/\beta$ definiert, für die Gruppengeschwindigkeit gilt $v_g = 1/(d\beta/d\omega)$. Bei Hochfrequenzleitungen oberhalb einiger MHz ist L' praktisch frequenzunabhängig und damit $v_g = v_p$.

Für Leitungen ohne Querdämpfung d_2 und kleiner Längsdämpfung d_1 ist näherungsweise

$$v_p \approx \frac{1}{\sqrt{L'C'}} \left(1 - \frac{R'}{2\omega L'}\right). \quad (9)$$

L' ist hierbei und in den folgenden Gleichungen der Induktivitätsbelag der verlustfreien Leitung ohne Berücksichtigung der inneren Induktivität. Für v_g gilt näherungsweise

$$v_g \approx \frac{1}{\sqrt{L'C'}} \left(1 - \frac{1}{2L'} \frac{dR'}{d\omega}\right). \quad (10)$$

Allgemein ist bei Leitungen mit bekannten Größen der Leitungsbeläge das komplexe Ausbreitungsmaß γ

$$\gamma = \alpha + j\beta = \sqrt{(R' + j\omega L')(G' + j\omega C')}. \quad (11)$$

Mit den Werten $d_1 = R'/\omega L'$ und $d_2 = G'/\omega C'$ wird

$$\gamma = j\beta_0 \sqrt{(1 - jd_1)(1 - jd_2)}.$$

β_0 ist die Phasenkonstante der verlustlosen Leitung. Für kleine Verluste (d_1 bzw. $d_2 < 0{,}1$) ergibt eine Reihenentwicklung näherungsweise

$$\beta \approx \beta_0 (1 + (d_1 - d_2)^2/8)$$
$$\alpha \approx \beta_0 (d_1 + d_2)/2 = R'/(2Z_L) + G' Z_L/2, \quad (12)$$

wobei Z_L der reelle Wellenwiderstand der verlustlosen Leitung ist. Für reine Längsdämpfung ($d_2 = 0$) gilt näherungsweise ($d_1 < 0{,}1$)

$$\alpha \approx \beta_0 d_1/2; \quad \beta \approx \beta_0 (1 + d_1^2/8).$$

Der *Wellenwiderstand* Z_L einer verlustlosen Leitung ist die reelle Größe, die hin- bzw. rücklaufende Spannungs- und Stromamplitude nach Gl. (1) und (2) verknüpft.

$$Z_L = \sqrt{\frac{L'}{C'}} = \frac{U_h}{I_h} = -\frac{U_r}{I_r}. \quad (13)$$

Allgemein gilt

$$Z_L = \sqrt{\frac{R' + j\omega L'}{G' + j\omega C'}} = Z_L \sqrt{\frac{1 - jd_1}{1 - jd_2}}$$
$$= R_L + jX_L. \quad (14)$$

(Z_L = Wellenwiderstand der verlustlosen Leitung).

Bei Leitungen, bei denen Verluste fast ausschließlich durch Längsdämpfung verursacht werden, ist

$$\underline{Z}_L \approx Z_L \left(1 + \frac{d_1}{2}(1 - j)\right).$$

Die Phase des Wellenwiderstands ist dann geringfügig kapazitiv. Bild 3 gibt den qualitativen Verlauf des Realteils R_L und des Imaginärteils X_L des Wellenwiderstands für eine Leitung mit Verlusten durch Längsdämpfung wieder. Mit steigender Frequenz nähert sich $\underline{Z}_L$ dem reellen Wert einer verlustlosen Leitung an.

Die physikalische Bedeutung des Wellenwiderstands ist folgende:

a) Der Wellenwiderstand gibt den ortsunabhängigen Quotienten $\underline{U}_h/\underline{I}_h = Z_L$ bzw. $\underline{U}_r/\underline{I}_r = -Z_L$ für die hin- bzw. rücklaufende Welle an. Wegen der Definition von $\underline{U}$ und $\underline{I}$ in Bild 1, bei denen Energie für positives U und I in negativer l-Richtung transportiert wird, muß für die reflektierte Welle (Energietransport in positiver l-Richtung) entweder $\underline{U}$ oder $\underline{I}$ gegenphasig sein, was sich im negativen Vorzeichen bei Z_L äußert.

b) Der Wellenwiderstand ist diejenige Abschlußimpedanz, mit der die Leitung reflexionsfrei abgeschlossen wird.

c) Der Wellenwiderstand ist diejenige Abschlußimpedanz, die von der Leitung bei beliebiger Länge immer in den gleichen Wert transformiert wird.

Bild 3. Verlauf des Realteils R_L und des Blindanteils X_L des Leitungswellenwiderstands in Abhängigkeit von der Frequenz

Der Reflexionsfaktor $\underline{r}$ ist definiert als

$$\underline{r} = \frac{\underline{U}_r}{\underline{U}_h}, \quad (15)$$

wobei $\underline{r}(0)$ der Reflexionsfaktor am Abschluß ($l = 0$) ist.

$$\underline{r}(0) = \frac{\underline{Z}_2 - \underline{Z}_L}{\underline{Z}_2 + \underline{Z}_L}. \quad (16)$$

Der Betrag des Reflexionsfaktors liegt zwischen 0 (Anpassung) und 1 (Totalreflexion). Bei verlustlosen Leitungen ist der Betrag des Reflexionsfaktors r unabhängig vom Ort. Bei Leitungen mit Verlusten nimmt r mit wachsender Leitungslänge ab.

Der Welligkeitsfaktor s, auch als vswr (voltage standing wave ratio) bezeichnet, ist mit $r = |\underline{r}|$:

$$s = \frac{1+r}{1-r} = \frac{U_{max}}{U_{min}} = \frac{I_{max}}{I_{min}} = \frac{1}{m};$$
$$(1 \leq s \leq \infty). \quad (17)$$

s und der Anpassungsfaktor m

$$m = \frac{1-r}{1+r} = \frac{U_{min}}{U_{max}} = \frac{I_{min}}{I_{max}} = \frac{1}{s};$$
$$(0 \leq m \leq 1). \quad (18)$$

verknüpfen maximale bzw. minimale Amplituden von Strom und Spannung auf einer Leitung mit dem Betrag des Reflexionsfaktors. Beispiele in 6.2 und 6.3. Bei verlustarmen Leitungen sind die Orte von U_{max} und I_{max} um $\lambda/4$ gegeneinander verschoben. U_{max} und I_{min} bzw. I_{max} und U_{min} liegen aber jeweils am gleichen Ort.

6.2 Verlustlose Leitungen
Lossless transmission lines

Leitung mit reflexionsfreiem Abschluß (Anpassung). Bei einem Abschluß mit einem Widerstand, der gleich dem Wellenwiderstand der Leitung nach Gl. (13) ist, wird keine Leistung reflektiert. Die Leitung kann beliebig lang sein und hat immer die Eingangsimpedanz Z_L. Längs der Leitung ändern sich die Phasen von $\underline{U}_h$ und $\underline{I}_h$ gleichmäßig. Beide sind an jedem Ort gleichphasig. 360° Phasendrehung erfolgen auf einer Wellenlänge λ. In der Praxis ist es bei Schaltbildern üblich, den Generator links und den Verbraucher rechts darzustellen. Die Welle läuft damit in negativer l-Richtung. Zweckmäßigerweise ordnet man dem Ort des Verbrauchers an dem man Spannung oder Strom kennt, den Ort $l = 0$ zu, weil damit die Berechnungen einfacher werden.

Man führt damit positive Längen l von Verbraucher zum Generator hin ein. Damit ist

$$\underline{U}(l) = \underline{U}_2 \exp(j\beta l),$$
$$\underline{I}(l) = \underline{I}_2 \exp(j\beta l) = (\underline{U}_2/Z_L) \exp(j\beta l). \quad (19)$$

$\underline{U}_2$ und $\underline{I}_2$ sind die Werte, die am Verbraucher gemessen werden können. λ folgt aus Gl. (8), Z_L aus Gl. (13).

In reeller Schreibweise ist damit

$$U(l, t) = U_2 \cos(\omega t + \beta l + \varphi_0),$$
$$I(l, t) = I_2 \cos(\omega t + \beta l + \varphi_0). \quad (20)$$

φ_0 ist der Nullphasenwinkel von Spannung und Strom am Abschluß, den man zweckmäßigerweise gleich Null setzt. Bei Reflexionsfreiheit wird die gesamte in die Leitung eingespeiste Leistung P_{max} dem Verbraucher zugeführt.

$$P_{max} = U_1^2/(2Z_L). \quad (21)$$

U_1 ist die Spannungsamplitude am Leitungseingang. Für eine Quelle mit der Leerlaufamplitude U_0 und der Innenimpedanz $\underline{Z}_i = R_i + jX_i$ ist

$$U_1 = U_0 \frac{Z_L}{\sqrt{(R_i + Z_L)^2 + X_i^2}}. \quad (22)$$

Kurzschluß am Ende. Die Längskoordinate wird wie vorher so gewählt, daß der Kurzschluß bei $l = 0$ liegt und positives l zum Generator führt. Am Ende muß für jede Zeit $\underline{U}_2 = \underline{U}_h(0) + \underline{U}_r(0) = 0$ sein. Daraus folgt $\underline{U}_r(0) = -\underline{U}_h(0)$ den Beziehungen für Z_L; aus Gl. (13) erhält man $\underline{I}_2 = 2\underline{I}_h(0)$. Die Spannungs- und Stromverteilung längs der Leitung ist dann in komplexer Schreibweise

$$\underline{U}(l, t) = j\underline{I}_2 Z_L \sin(2\pi l/\lambda) \exp(j\omega t),$$
$$\underline{I}(l, t) = \underline{I}_2 \cos(2\pi l/\lambda) \exp(j\omega t). \quad (23)$$

λ folgt aus Gl. (8), wobei Wellenlängenverkürzungen durch das Dielektrikum zu berücksichtigen sind.

Die reellen orts- und zeitabhängigen Werte sind

$$U(l, t) = -I_2 Z_L \sin(2\pi l/\lambda) \sin(\omega t + \varphi_0),$$
$$I(l, t) = I_2 \cos(2\pi l/\lambda) \cos(\omega t + \varphi_0). \quad (24)$$

Es bildet sich eine stehende Welle aus, bei der die Knoten von Strom und Spannung um $\lambda/4$ gegeneinander versetzt sind. Es gibt Zeiten, zu denen auf der gesamten Leitung kein Strom fließt. Eine Viertelperiode später, wenn der Strom maximal ist, tritt nirgends Spannung auf. Im Gegensatz zur laufenden Welle bei reflexionsfreiem Abschluß, bei der das Spannungs- bzw. Strommaximum an jedem Ort der Leitung innerhalb einer Periode einmal positiv und einmal negativ auftritt, bleibt hier die sin-förmige Spannungs- und

Stromverteilung ortsfest und ändert nur zeitabhängig die Amplitude (Bild 4). Die Eingangsimpedanz Z_1 einer am Ende kurzgeschlossenen Leitung der Länge l ist

$$Z_1(l) = U(l)/I(l) = jZ_L \tan(2\pi l/\lambda). \quad (25)$$

Eine kurzgeschlossene Leitung mit $l < \lambda/4$ hat einen induktiven Eingangswiderstand, im Bereich $\lambda/4 < l < \lambda/2$ ist er kapazitiv. Mit $\lambda/2$ sind die Impedanzwerte periodisch.
Für die um $\lambda/4$ versetzten Maxima von Strom und Spannung gilt nach Gl. (24) $U_{max} = I_{max} Z_L = I_2 Z_L$.

Offenes Leitungsende. In diesem Fall ist der Strom I_2 am Ende immer Null. Strom- und Spannungsverteilung in Abhängigkeit von l ($l = 0$ am offenen Ende, l zum Generator hin positiv) sind

$$\begin{aligned}U(l, t) &= U_2 \cos(2\pi l/\lambda) \exp(j\omega t),\\ I(l, t) &= j(U_2/Z_L) \sin(2\pi l/\lambda) \exp(j\omega t).\end{aligned} \quad (26)$$

Die reellen Momentanwerte sind

$$\begin{aligned}U(l, t) &= U_2 \cos(2\pi l/\lambda) \cos(\omega t + \varphi_0),\\ I(l, t) &= -(U_2/Z_L) \cos(2\pi l/\lambda) \sin(\omega t + \varphi_0).\end{aligned} \quad (27)$$

Die Eingangsimpedanz Z_1 eines Leitungsstücks der Länge l ist

$$Z_1 = -jZ_L \cot(2\pi l/\lambda). \quad (28)$$

Das Verhalten einer am Ende offenen Leitung hinsichtlich der Strom- und Spannungsverteilung sowie der Eingangsimpedanz ist identisch mit den Ergebnissen für eine am Ende kurzgeschlossene Leitung, die jedoch um $\lambda/4$ verlängert wurde.

Beliebiger Blindabschluß. Für gegebenen Wellenwiderstand kann das Blindelement für eine bestimmte Frequenz durch eine am Ende kurzgeschlossene Leitung mit gleichem Wellen-

Bild 4. Strom- und Spannungsamplitudenverlauf bei kurzgeschlossener verlustloser Leitung

Bild 5. Strom- und Spannungsverlauf bei Leitung mit Blindabschluß und äquivalenter Kurzschluß

widerstand ersetzt werden. Die Länge l_1 erhält man mit Gl. (25) zu

$$l_1 = (\lambda/2\pi) \arctan(X/Z_L).$$

Die arctan-Funktion ist hier im Bogenmaß zu berechnen. X ist der Blindwiderstand des Abschlusses. Bei kapazitiven Abschluß (negatives X) erhält man negative Längen l_1, weil der Definitionsbereich der arctan-Funktion $-\pi/2$ bis $\pi/2$ umfaßt. Für diesen Fall ist zum gefundenen negativen l_1 die Länge $\lambda/2$ zu addieren, da alle Werte mit dieser Länge periodisch sind. Die Eingangsimpedanz sowie Strom- und Spannungsverteilung erhält man, wenn man eine am Ende kurzgeschlossene Leitung betrachtet, welche die Länge $l_1 + l$ hat, wobei das l_1 lange Stück das Abschlußblindelement substituiert. Bild 5 zeigt die Vorgehensweise. Für eine am Ende offene Leitung ist $l_1 = \lambda/4$, bei induktivem Abschluß ist $l_1 < \lambda/4$, bei kapazitivem Abschluß gilt $\lambda/4 < l_1 < \lambda/2$. Bei jedem Blindabschluß bilden sich stehende Wellen aus mit örtlichen Nullstellen von Strom und Spannung. Die Strom- und Spannungsverteilung berechnet man mit Gl. (23) wobei man dort $l = l_1$ setzt und $U(l_1, t)$ oder $I(l_1, t)$ dann die Größen am Abschlußblindelement sind. I_2 ist der im Kurzschluß der äquivalenten Leitung fließende Strom. Ausgehend von diesem fiktiven Kurzschlußstrom können nun mit Gl. (23) oder (24) die Spannungen und Ströme an den Orten $l + l_1$ berechnet werden, wobei diese Längen in die Gleichungen einzusetzen sind.

Beliebiger Abschluß. Für eine Leitung mit dem Wellenwiderstand Z_L gilt bei beliebigem Abschluß Z_2:

$$\begin{aligned}U(l) &= U_2 \cos(2\pi l/\lambda) + jI_2 Z_L \sin(2\pi l/\lambda),\\ I(l) &= I_2 \cos(2\pi l/\lambda) + j(U_2/Z_L) \sin(2\pi l/\lambda);\end{aligned} \quad (29)$$

oder

$$\underline{U}(l) = \underline{U}_2[\cos(2\pi l/\lambda) + j(Z_L/\underline{Z}_2)\sin(2\pi l/\lambda)],$$
$$\underline{I}(l) = \underline{I}_2[\cos(2\pi l/\lambda) + j(\underline{Z}_2/Z_L)\sin(2\pi l/\lambda)]. \quad (30)$$

Für die Zeitabhängigkeit sind diese Gleichungen mit $\exp(j\omega t)$ zu multiplizieren. Der Index 2 bedeutet, daß der Wert sich auf den Ort des Abschlusses bezieht. $l = 0$ liegt am Abschluß, positive Längen l weisen zum Generator hin.
Die Eingangsimpedanz $\underline{Z}_1$ ist zweckmäßigerweise ebenso wie $\underline{Z}_2$ auf den Wellenwiderstand zu beziehen

$$\frac{\underline{Z}_1}{Z_L} = \frac{\underline{Z}_2/Z_L + j\tan(2\pi l/\lambda)}{1 + j(\underline{Z}_2/Z_L)\tan(2\pi l/\lambda)}. \quad (31)$$

Eine Leitung der Länge $l = \lambda/4$ transformiert den Wert $\underline{Z}_1/Z_L$ in den Reziprokwert $Z_L/\underline{Z}_1 = \underline{Y}_1 Z_L$, dies ist der auf Z_L normierte komplexe Eingangsleitwert.
Bei allen Abschlüssen die von Z_L abweichen, tritt eine reflektierte Welle auf. An jedem Leitungsort sind $\underline{U}(l)$ und $\underline{I}(l)$ die Summen aus hinlaufenden und reflektierten Anteilen. Bei gegebenen Strom- oder Spannungswerten am Abschluß $\underline{Z}_2$ ergeben sich die am Leitungsende ($l = 0$) auftretenden Größen

$$\underline{U}_h(0) = \underline{I}_h(0) Z_L = \underline{I}_2 Z_L(1 + \underline{Z}_2/Z_L)/2,$$
$$\underline{U}_r(0) = -\underline{I}_r(0) Z_L = \underline{I}_2 Z_L(\underline{Z}_2/Z_L - 1)/2. \quad (32)$$

Die hinlaufenden Komponenten sind für den Ort l mit $\exp(j2\pi l/\lambda)$ die reflektierten mit $\exp(-j2\pi l/\lambda)$ zu multiplizieren um vor der Addition die wirklichen Phasenlagen zu ermitteln. Die Amplituden der reflektierten Komponenten sind bei passivem Abschluß stets kleiner oder bei Blindabschluß höchstens gleich groß wie die hinlaufenden Anteile. Wegen der gegenläufigen Phasendrehung von hinlaufenden und reflektierten Anteilen ergeben sich Orte von Gleichphasigkeit, dort tritt U_{max} bzw. I_{max} auf. Demgegenüber jeweils $\lambda/4$ verschoben tritt Gegenphasigkeit mit entsprechendem U_{min} bzw. I_{min} auf. Es gilt also

$$U_{max} = U_h + U_r; \quad U_{min} = U_h - U_r,$$
$$I_{max} = I_h + I_r; \quad I_{min} = I_h - I_r. \quad (33)$$

Eine wichtige Größe zur Berechnung von Leitungsschaltungen ist der Reflexionsfaktor $\underline{r}$ nach den Gln. (15) und (16), der das komplexe Verhältnis der reflektierten zur hinlaufenden Spannung angibt. Die Phase von $\underline{r}$ ist ortsabhängig, sein Betrag bei verlustlosen Leitungen konstant, weil die Amplituden beider Wellen ungedämpft sind. Bei verlustlosen Leitungen ist

$$\underline{r}(l) = \frac{\underline{U}_r(l)}{\underline{U}_h(l)} = \frac{\underline{U}_r(0)\exp(-j2\pi l/\lambda)}{\underline{U}_h(0)\exp(j2\pi l/\lambda)}$$
$$= \underline{r}(0)\exp(-j4\pi l/\lambda). \quad (34)$$

In der komplexen Ebene ist der Reflexionsfaktor eine Größe, deren Betrag zwischen 0 (Anpassung) und 1 (Totalreflexion) liegt und dessen Phase mit verschiedenem l längenproportional im Uhrzeigersinn gedreht wird. Nach jeweils $\lambda/2$ hat er einen ganzen Umlauf vollendet. Der Anfangswert $\underline{r}(0)$ ist nach Gl. (16), die hier auf den reellen Wert Z_L normiert ist,

$$\underline{r}(0) = \frac{(\underline{Z}_2/Z_L) - 1}{(\underline{Z}_2/Z_L) + 1}. \quad (35)$$

Dies ist die gleiche Beziehung, die auch bei der Umrechnung des kartesischen Koordinatensystems in das Smith-Diagramm gilt. Die Größen $\underline{r}$ können daher als Betrag und Winkel direkt aus dem Smith-Diagramm abgelesen werden. Bild 6 gibt ein solches Smith-Diagramm für Widerstandswerte bei Leitungsschaltungen wieder. Man sucht die auf den Wellenwiderstand normierte Impedanz $\underline{Z}_2/Z_L$ im Diagramm auf und verbindet den Mittelpunkt des Diagramms mit diesem Wert. Diese Linie entspricht $\underline{r}(0)$ nach Betrag und Phase, wenn der Radius des Gesamtdiagramms dem Betrag $r = 1$ gleichgesetzt wird. Aus Gl. (35) folgt beispielsweise für $\underline{Z}_2/Z_L = \infty$ der Wert $\underline{r}(0) = 1$. $\underline{Z}_2/Z_L = 0$ (Kurzschluß) ergibt mit Gl. (35) $\underline{r}(0) = -1 = 1 \exp(j180°)$. Dies entspricht in Bild 6 dem äußersten linken Punkt. Für $\underline{Z}_2/Z_L = 1$ wird $\underline{r}(0) = 0$, dieser Wert ergibt sich als Mittelpunkt des Diagramms. Auf dem Außenrand des Diagramms sind die Phasenwinkel des Reflexionsfaktors ablesbar. Mit einer unter dem Diagramm angebrachten Skala können Beträge von $\underline{r}$ ermittelt werden. Eine weitere Skala am Rand gibt l/λ-Werte von 0 bis 0,5 an, wobei 0 und 0,5 am Kurzschlußpunkt liegen und 0,25 am Leerlaufpunkt. Für einen Blindabschluß kann bei einer gegebenen Wellenlänge das Element auf eine äquivalente am Ende kurzgeschlossene Leitung mit der Länge l_1 zurückgeführt werden. Dieser Länge entspricht der l/λ-Wert im Diagramm. Für einen gegebenen Blindabschluß berechnet man jX_2/Z_L, sucht diesen Punkt im Diagramm auf und findet dort den entsprechenden Reflexionsfaktor $\underline{r}(0)$, welcher den Betrag 1 und einen Winkel φ ergibt. Diesem Wert ist auf dem Umfang des Diagramms ein zwischen 0 und 0,5 liegender Wert zugeordnet, welcher die auf λ bezogene Länge l_1 der äquivalenten kurzgeschlossenen Leitung angibt. Durch eine vorgeschaltete Leitung der Länge l_2 dreht sich der Reflexionsfaktor vom abgelesenen l/λ-Wert aus im Uhrzeigersinn weiter. Man berechnet $l/\lambda = (l_1 + l_2)/\lambda$ und findet beim neuen l/λ-Wert die Eingangsimpedanz der Gesamtleitung.
Für beliebige komplexe Abschlüsse geht man in gleicher Weise vor. Während jedoch ein Blindwiderstand als Abschluß stets einen Umlauf auf dem Diagrammumfang (imaginäre Achse) ergibt,

Bild 6. Smith-Diagramm

ist bei beliebigem Abschluß der Betrag r des Reflexionsfaktors kleiner als 1. Die Leitung transformiert auf einem konzentrischen Kreis um den Mittelpunkt des Diagramms. Wie beim Blindabschluß das Element auf eine kurzgeschlossene Leitung zurückgeführt wurde, kann im Fall des beliebigen Abschlusses dieser auf eine Leitung der Länge l_1 mit niederohmigen, reellen Abschlußwiderstand zurückgeführt werden. Der für $r(0)$ am Rand abgelesene Wert l_1/λ gibt diese Länge als normierten Wert an. Jede vorgeschaltete Leitung entspricht einem Umlaufen im Uhrzeigersinn, wobei der durch $r(0)$ bestimmte Radius beibehalten wird und die normierte Leitungslänge l_2/λ zu l_1/λ addiert wird. Wo der Radius, der dem so gewonnenen z/λ entspricht, den durch r vorgegebenen Kreis schneidet, kann die normierte Eingangsimpedanz Z_1/Z_L abgelesen werden.

Amplitudenverläufe. Je nach der Größe von r ergeben sich längs der Leitung mehr oder weniger ausgeprägte Amplitudenschwankungen. Bild 7 zeigt dies für unterschiedliche Reflexionsfaktoren. Vielfach wird zur Beschreibung der Fehlanpassung s nach Gl. (17) oder m nach Gl. (18) verwendet. Maximale Spannungen und minimale Ströme liegen dort, wo bei Anwendung des Smith-Diagramms die reelle Achse rechts vom Mittelpunkt des Diagramms geschnitten wird (reell, hochohmig). Orte minimaler Spannungen und maximaler Ströme entsprechen den Schnittpunkten links vom Diagrammzentrum (reell, niederohmig).

Diese Maximal- und Minimalwerte lassen sich leicht bestimmen, wenn man die dem Abschluß zugeführte Wirkleistung kennt. Für den Fall, daß der Generatorinnenwiderstand $R_i = Z_L$ ist, wird $P_{max} = U_0^2/(8Z_L)$. U_0 ist der Scheitelwert der Leerlaufspannung. Es gilt

$$P_h = P_{max} = U_h I_h / 2 = U_h^2/(2Z_L) = I_h^2 Z_L/2. \quad (36)$$

Die reflektierte Leistung ist

$$P_r = U_r I_r / 2 = U_r^2/(2Z_L) = I_r^2 Z_L/2. \quad (37)$$

Im Abschluß wird die Leistung verbraucht.

Bild 7. Amplitudenverteilung von U bzw. I (mit Versatz um $\lambda/4$) bei verschiedenen Reflexionsfaktoren

$$P_2 = P_\text{h} - P_\text{r} = P_\text{max}(1 - r^2)$$
$$= P_\text{max} 4m/(1 + m)^2. \qquad (38)$$

Bei unveränderter Eingangsimpedanz $\underline{Z}_1$ könnte die Leitung auch nicht mit $\underline{Z}_2$ sondern bei anderen Längen mit R_min oder R_max abgeschlossen sein. R_min/Z_L und R_max/Z_L sind die im Smith-Diagramm abzulesenden Werte, bei denen der Kreis des Reflexionsfaktorradius die reelle, horizontal verlaufende Achse des Diagramms schneidet. An den Werten R_min bzw. R_max muß dann die gleiche Wirkleistung P_2 wie in $\underline{Z}_2$ verbraucht werden. Weil U_min und I_max an R_min auftreten, gilt

$$U_\text{min} = \sqrt{2P_2 R_\text{min}}; \quad I_\text{max} = \sqrt{2P_2/R_\text{min}}.$$

Entsprechend folgt für

$$U_\text{max} = \sqrt{2P_2 R_\text{max}}; \quad I_\text{min} = \sqrt{2P_2/R_\text{max}}.$$

An jedem beliebigen Ort der Leitung lassen sich $U(l)$ und $I(l)$ aus den dort mittels des Smith-Diagramms zu ermittelnden Wirkanteilen der Impedanz $Z(l) = R(l) + jX(l)$ bzw. der Admittanz $\underline{Y}(l) = G(l) + jB(l)$ berechnen.

$$U(l) = \sqrt{2P_2/G(l)}; \quad I(l) = \sqrt{2P_2/R(l)}. \qquad (39)$$

6.3 Gedämpfte Leitung
Lossy transmission lines

Für Leitungen mit Verlusten ist das Dämpfungsmaß α nach Gl. (11) oder näherungsweise nach Gl. (12) zu berechnen. Bei kleiner Dämpfung wird β bzw. λ praktisch nicht gegenüber den Werten für die verlustlose Leitung verändert. Auch der Wellenwiderstand ist dann näherungsweise reell. Für Spannungs- und Stromabhängigkeiten gelten Gleichungen mit Hyperbelfunktionen

$$\underline{U}(l) = \underline{U}_2 \cosh\underline{\gamma} l + \underline{I}_2 \underline{Z}_\text{L} \sinh\underline{\gamma} l,$$
$$\underline{I}(l) = \underline{I}_2 \cosh\underline{\gamma} l + (\underline{U}_2/\underline{Z}_\text{L}) \sinh\underline{\gamma} l. \qquad (40)$$

$\underline{U}_2$ und $\underline{I}_2 = \underline{U}_2/\underline{Z}_2$ sind die Werte am Abschluß. Die ortsunabhängige Impedanz ist

$$\frac{\underline{Z}}{\underline{Z}_\text{L}} = \frac{\underline{Z}_2/\underline{Z}_\text{L} + \tanh\underline{\gamma} l}{1 + (\underline{Z}_2/\underline{Z}_\text{L}) \tanh\underline{\gamma} l}. \qquad (41)$$

Der Reflexionsfaktor am Abschluß ($r = 0$) ist wie bei der verlustlosen Leitung unter Berücksichtigung des komplexen $\underline{Z}_\text{L}$

$$\underline{r}(0) = \frac{(\underline{Z}_2/\underline{Z}_\text{L}) - 1}{(\underline{Z}_2/\underline{Z}_\text{L}) + 1}. \qquad (42)$$

Die Abhängigkeit von l ergibt sich zu

$$\underline{r}(z) = \underline{r}(0) \exp(-2\alpha l) \exp(-j4\pi l/\lambda). \qquad (43)$$

Dies entspricht mit Ausnahme des Terms $\exp(-2\alpha l)$ der Abhängigkeit im Fall der verlustlosen Leitung. Mit wachsender Länge l wird bei der gedämpften Leitung der Betrag von r exponentiell kleiner. Für sehr lange Leitungen verschwindet am Eingang die reflektierte Welle und am Eingang erhält man Anpassung. Für die Ermittlung der Eingangsimpedanz gedämpfter Leitungen bestimmt man wie im verlustlosen Fall $\underline{r}(0)$. Danach berechnet man aus dem bei l_1/λ abgelesenen l_1/λ und dem l_2/λ der Leitung den Eingangswert l/λ. Den entsprechenden Radius bringt man zum Schnitt mit dem am Eingang gültigen Betrag des Reflexionsfaktors $r_1 = |\underline{r}(0)| \exp(-2\alpha l_2)$.
Dieser Kreis hat einen kleineren Radius als der für $\underline{r}(0)$. Der so gefundene Schnittpunkt ergibt die normierte Eingangsimpedanz $\underline{Z}_1/Z_\text{L}$. Eine entsprechende Darstellung zeigt Bild 8. Die Amplitudenverteilung berechnet man zweckmäßig aus der Summe von hinlaufenden und reflektierten Größen, die am Abschluß aus Gl. (32) ermittelt werden können. Am Ort l ist dann neben der Phasendrehung auch die Amplitudenveränderung zu berücksichtigen.

$$\underline{U}_\text{h}(l) = \underline{U}_\text{h}(0) \exp(\alpha l) \exp(j2\pi l/\lambda),$$
$$\underline{I}_\text{h}(l) = \underline{I}_\text{h}(0) \exp(\alpha l) \exp(j2\pi l/\lambda),$$
$$\underline{U}_\text{r}(l) = \underline{U}_\text{r}(0) \exp(-\alpha l) \exp(-j2\pi l/\lambda),$$
$$\underline{I}_\text{r}(l) = \underline{I}_\text{r}(0) \exp(-\alpha l) \exp(-j2\pi l/\lambda). \qquad (44)$$

Die Addition dieser Werte nach Betrag und Phase liefert erfahrungsgemäß infolge der Kenntnis der Amplituden mehr Information über die am Ort l vorhandene Welligkeit und übersichtlichere Ergebnisse als eine Auswertung von Gl. (40).

Näherung für elektrisch kurze Leitungen. Eine Leitung ist elektrisch kurz, wenn sie keine Eigenschaften zeigt, die nicht durch einen Vierpol nach Bild 2 beschrieben werden können. Die Leitung muß sehr kurz gegen eine Wellenlänge sein ($l/\lambda < 1/50$). Man kann dann $\cosh\underline{\gamma} l$ durch 1 und

Bild 8. Reflexionsfaktor bei Leitung mit Verlusten

$\sinh \gamma l$ durch γl ersetzen und erhält

$$\begin{aligned} \underline{U}(l) &\approx \underline{U}_2 + \underline{I}_2 (R' + j\omega L') \, l, \\ \underline{I}(l) &\approx \underline{I}_2 + \underline{U}_2 (G' + j\omega C') \, l. \end{aligned} \quad (45)$$

Näherung für elektrisch sehr lange Leitungen. Dieser Fall liegt vor, wenn $\exp(\alpha l) \gg 1$ ist. Die reflektierte Welle ist am Eingang nicht mehr meßbar. Unter dieser Annahme gilt $\cosh \gamma l \approx \sinh \gamma l \approx (\exp \gamma l)/2$. Damit ist

$$\begin{aligned} \underline{U}(l) &= \tfrac{1}{2} (\underline{U}_2 + \underline{I}_2 \underline{Z}_L) \exp \gamma l, \\ \underline{I}(l) &= \tfrac{1}{2} (\underline{I}_2 + \underline{U}_2 / \underline{Z}_L) \exp \gamma l, \\ \underline{Z}(l) &= \underline{Z}_L. \end{aligned} \quad (46)$$

Näherung bei sehr niedrigen Frequenzen. Hier ist R' durch den Gleichstromwiderstand gegeben, eventuell muß eine Korrektur wegen des Skineffekts erfolgen. G' ist vernachlässigbar. $\omega L'$ ist viel kleiner als R' und kann damit unberücksichtigt bleiben. Der kapazitive Blindleitwert $j\omega C'$ ist ebenfalls klein, muß aber bei den Gleichungen eingesetzt werden, damit das Produkt und der Quotient berechenbar sind. Es gilt

$$\begin{aligned} \gamma &\approx \sqrt{R' j\omega C'} = \sqrt{R' \omega C'/2} \, (1 + j); \\ \alpha &\approx \beta \approx \sqrt{R' \omega C'/2} \\ \underline{Z}_L &\approx \sqrt{R'/(j\omega C')} = \sqrt{R'/(2\omega C')} \, (1 - j). \end{aligned} \quad (47)$$

Der Wellenwiderstand hat einen kapazitiven Phasenwinkel von 45°.

Vernachlässigung von G'. Im Mittelfrequenzbereich bei einigen MHz kann in vielen Fällen die Querdämpfung vernachlässigt werden. Dann erhält man analog zu Gl. (12) für $R'/\omega L' = d_L < 0{,}1$

$$\alpha \approx \omega \sqrt{L'C'} \, d_L/2, \quad \beta \approx \beta_0 = \omega \sqrt{L'C'}.$$

Das Phasenmaß bleibt dann unverändert.
Der Wellenwiderstand ist

$$\underline{Z}_L = Z_L (1 - j d_L/2).$$

$Z_L = \sqrt{L'/C'}$ ist der Wellenwiderstand der verlustlosen Leitung.

Näherung für hohe Frequenzen. Mit wachsender Frequenz wachsen $\omega L'$ und $\omega C'$ linear mit der Frequenz. R' wächst wegen des Skineffekts proportional zu $\sqrt{f}$. Der kapazitive Verlustfaktor d_c liegt für gute Isolierstoffe bei 0,001. Damit kann G' gegen $\omega C'$ und R' gegen $\omega L'$ vernachlässigt werden. Es ergeben sich damit die Beziehungen für verlustlose Leitungen.
Die Berechnungen können mit den Formeln für verlustlose Leitungen erfolgen, wenn der Betrag des Reflexionsfaktors durch die immer vorhandene Dämpfung wegen der geringen Leitungslänge nahezu konstant bleibt. Dies gilt bei Hochfrequenzleitungen für den Bereich bis zu einigen Wellenlängen, wenn also die Transformation mehrfache Umläufe im Smith-Diagramm bewirkt, der Kreis des Abschlußreflexionsfaktors aber als Umlaufweg erhalten bleibt.

7 Theorie gekoppelter Leitungen
Theory of coupled lines

Allgemeine Literatur: *Young, L.:* Parallel coupled lines and directional couplers. Dedham, Mass., USA: Artech House 1972.

Mehrere gekoppelte Leitungen. Ein verlustloses gekoppeltes längshomogenes Mehrleitersystem mit TEM-Wellen, deren Zeitabhängigkeit und Ortsabhängigkeit in Ausbreitungsrichtung z durch den Faktor $\exp[j(\omega t - \beta z)]$ ausgedrückt wird, läßt sich mit einem System gekoppelter Differentialgleichungen beschreiben [1–7]:

$$\begin{aligned} \frac{d\underline{U}(z)}{dz} + j\omega \underline{L}' \cdot \underline{I}(z) &= 0, \\ \frac{d\underline{I}(z)}{dz} + j\omega \underline{K}' \cdot \underline{U}(z) &= 0. \end{aligned} \quad (1)$$

Bild 1a zeigt die N Komponenten des Spannungsvektors $\underline{U}(z)$ und des Stromvektors $\underline{I}(z)$ eines gekoppelten Mehrleitersystems, bestehend aus N Einzelleitungen über einer leitenden Grundplatte. In Bild 1b sind die Teilbeläge der Induktivitätsbelagsmatrix $\underline{L}'$ und der Kapazitätsbelagsmatrix $\underline{C}'$ skizziert. Für die Kapazitätsbeläge gilt:

$$C'_{ij} = \begin{cases} \sum_{n=1}^{N} K'_{in}; & i = j, \\ -K'_{ij}; & i \neq j. \end{cases} \quad (2)$$

In diesem Mehrleitersystem existieren N verschiedene Eigenwellen. Die ν-te Eigenwelle wird durch den Spannungseigenvektor $\underline{U}_\nu(z) = \underline{U}_\nu(0) \exp(-j\beta_\nu z)$ und durch den Stromeigenvektor $\underline{I}_\nu(z) = \underline{I}_\nu(0) \exp(-j\beta_\nu z)$ mit der Phasenkonstanten β_ν als Eigenwert charakterisiert. Für die Gesamtheit aller Eigenwellen läßt sich Gl. (1) als Eigenwertproblem formulieren ($\underline{E}$ = Einheitsmatrix):

$$\underline{M}_U^{-1} \cdot \underline{L}' \cdot \underline{K}' \cdot \underline{M}_U = \underline{v}^2, \quad (3)$$

mit $\underline{v}^2 = \mathrm{diag}(\omega/\beta_\nu)^2; \nu = 1, 2, \ldots, N$.

Spezielle Literatur Seite C 29

Bild 1. System von N gekoppelten Leitungen über einer leitenden Grundplatte. **a** Anordnung mit Zählpfeilrichtungen der Spannungen und Ströme; **b** Ersatzschaltung mit den Leitungsbelägen

Bei bekannter Selbstkapazitätsbelagsmatrix $\underline{K}'$ (Beispiel eines Berechnungsverfahrens für planare Mehrleitersysteme in [8]) erhält man mit $\underline{L}' = \varepsilon_0 \mu_0 \underline{K}_v'^{-1}$ ($\underline{K}_v'$ = Kapazitätsbelagsmatrix bei $\varepsilon_r = 1$) nach Lösung von Gl. (3) die Modalmatrix $\underline{M}_U$ und die Phasenkonstanten β_v. Die Spalte v der Modalmatrix $\underline{M}_U$ ist der Eigenvektor $\underline{U}_v$. Die Diagonalmatrix $\underline{v}$ enthält die Phasengeschwindigkeiten der Eigenwellen. Weiterhin ergibt sich aus der Lösung von Gl. (3) die Modalmatrix der Ströme:

$$\underline{M}_I = \underline{K}' \cdot \underline{M}_U \cdot \underline{v}. \qquad (4)$$

Daraus läßt sich die charakteristische Leitungsadmittanzmatrix ermitteln:

$$\underline{Y}_L = \underline{M}_I \cdot \underline{M}_U^{-1}. \qquad (5)$$

Das in Bild 1a vorliegende 2N-Tor kann mit der $\underline{Y}$-Matrix beschrieben werden (mit $\beta_0 = \omega \sqrt{\varepsilon_0 \mu_0}$):

$$\begin{pmatrix} \underline{I}(0) \\ \underline{I}(l) \end{pmatrix} = \underbrace{\begin{pmatrix} \underline{M}_I \cdot \underline{D}^{(C)} \cdot \underline{M}_U^{-1} & \underline{M}_I \cdot \underline{D}^{(S)} \cdot \underline{M}_U^{-1} \\ \underline{M}_I \cdot \underline{D}^{(S)} \cdot \underline{M}_U^{-1} & \underline{M}_I \cdot \underline{D}^{(C)} \cdot \underline{M}_U^{-1} \end{pmatrix}}_{= \underline{Y}}$$

$$\cdot \begin{pmatrix} \underline{U}(0) \\ \underline{U}(l) \end{pmatrix} \quad \text{mit} \qquad (6)$$

$$\underline{D}^{(C)} = \text{diag}(-j \cot \beta_v l);$$
$$\underline{D}^{(S)} = \text{diag}(j/\sin \beta_v l); \quad v = 1, 2, \ldots, N.$$

Allgemein erhält man aus der $\underline{Y}$-Matrix auch die $\underline{S}$-Matrix für den Bezugswellenwiderstand Z_L:

$$\underline{S} = (\underline{E}/Z_L + \underline{Y})^{-1} \cdot (\underline{E}/Z_L - \underline{Y}). \qquad (7)$$

Bild 2. Zwei gekoppelte Leitungen. **a** Anordnung mit Torbezeichnung und Zählpfeilrichtungen der Spannungen und Ströme; **b** Ersatzschaltung mit den Leitungsbelägen

7 Theorie gekoppelter Leitungen

Zwei gekoppelte Leitungen. Bei zwei gekoppelten Leitungen (Bild 2) gilt entsprechend Gl. (1):

$$\frac{d}{dz}\begin{pmatrix}\underline{U}_1\\ \underline{U}_2\\ \underline{I}_1\\ \underline{I}_2\end{pmatrix} + j\omega \begin{pmatrix} 0 & 0 & L'_1 & L'_m\\ 0 & 0 & L'_m & L'_2\\ K'_1 & -C'_m & 0 & 0\\ -C'_m & K'_2 & 0 & 0\end{pmatrix}$$

$$\cdot \begin{pmatrix}\underline{U}_1\\ \underline{U}_2\\ \underline{I}_1\\ \underline{I}_2\end{pmatrix} = 0. \qquad (8)$$

L'_i und K'_i sind die Selbstinduktivitäten und Selbstkapazitäten der Leitungen ($i = 1, 2$) unter Berücksichtigung der Verkopplung. Für die Phasenkonstante $\bar{\beta}_i$ und den Leitungswellenwiderstand $Z_{\mathrm{L}i}$ der Einzelleitung gilt:

$$\bar{\beta}_i = \omega\sqrt{L'_i K'_i} \quad \text{und} \quad Z_{\mathrm{L}i} = \sqrt{L'_i/K'_i}. \quad (9)$$

Zur Beschreibung der induktiven Verkopplung und der kapazitiven Verkopplung werden die beiden Faktoren

$$k_L = L'_m/\sqrt{L'_1 L'_2} \quad \text{und} \quad k_C = C'_m/\sqrt{K'_1 K'_2}$$

eingeführt.
Die Lösung von Gl. (1) zweier gekoppelter Leitungen wird durch die beiden Eigenwellen (Gleichtaktwelle (e) und Gegentaktwelle (o)) mit den Eigenwerten $\beta^{(e, o)}$ charakterisiert. Bei Symmetrie ($L'_1 = L'_2 = L'$ und $K'_1 = K'_2 = K'$) ist:

$$\begin{aligned}\beta^{(e)} &= \bar{\beta}\sqrt{1 + k_L}\sqrt{1 - k_C},\\ \beta^{(o)} &= \bar{\beta}\sqrt{1 - k_L}\sqrt{1 + k_C}.\end{aligned} \quad (10)$$

Die Modalmatrix M_U enthält die Spannungseigenvektoren der Gleichtakt- und Gegentaktwelle in normierter Form:

$$M_U = \begin{pmatrix} 1 & 1\\ 1 & -1\end{pmatrix}. \quad (11)$$

Die Modalmatrix der Ströme ergibt sich dann aus Gl. (4):

$$M_I = \begin{pmatrix} \sqrt{\dfrac{K' - C'_m}{L' + L'_m}} & \sqrt{\dfrac{K' + C'_m}{L' - L'_m}}\\[2ex] \sqrt{\dfrac{K' - C'_m}{L' + L'_m}} & -\sqrt{\dfrac{K' + C'_m}{L' - L'_m}}\end{pmatrix}. \quad (12)$$

Nach Einführung der Leitungswellenwiderstände $Z_{\mathrm{L}}^{(e, o)}$

$$\begin{aligned}Z_{\mathrm{L}}^{(e)} &= \sqrt{\frac{L' + L'_m}{K' - C'_m}} = Z_{\mathrm{L}}\sqrt{\frac{1 + k_L}{1 - k_C}},\\ Z_{\mathrm{L}}^{(o)} &= \sqrt{\frac{L' - L'_m}{K' + C'_m}} = Z_{\mathrm{L}}\sqrt{\frac{1 - k_L}{1 + k_C}},\end{aligned} \quad (13)$$

erhält man mit der Normierung in Gl. (11):

$$M_I = \begin{pmatrix} Y_{\mathrm{L}}^{(e)} & Y_{\mathrm{L}}^{(o)}\\ Y_{\mathrm{L}}^{(e)} & -Y_{\mathrm{L}}^{(o)}\end{pmatrix}. \quad (14)$$

Streumatrix von Richtkopplern. Nach Substitution der Spannungen und Ströme durch die Wellengrößen

$$\underline{U}_i = (\underline{a}_i + \underline{b}_i)\sqrt{Z_{\mathrm{L}i}}, \quad \underline{I}_i = (\underline{a}_i - \underline{b}_i)/\sqrt{Z_{\mathrm{L}i}}, \quad (15)$$

wird aus Gl. (8) [9, 10]:

$$\frac{d}{dz}\begin{pmatrix}\underline{a}_1\\ \underline{b}_1\\ \underline{a}_2\\ \underline{b}_2\end{pmatrix} + j\begin{pmatrix}\bar{\beta}_1 & 0 & \sqrt{\bar{\beta}_1\bar{\beta}_2}\,k_v & -\sqrt{\bar{\beta}_1\bar{\beta}_2}\,k_r\\ 0 & -\bar{\beta}_1 & \sqrt{\bar{\beta}_1\bar{\beta}_2}\,k_r & -\sqrt{\bar{\beta}_1\bar{\beta}_2}\,k_v\\ \sqrt{\bar{\beta}_1\bar{\beta}_2}\,k_v & -\sqrt{\bar{\beta}_1\bar{\beta}_2}\,k_r & \bar{\beta}_2 & 0\\ \sqrt{\bar{\beta}_1\bar{\beta}_2}\,k_r & -\sqrt{\bar{\beta}_1\bar{\beta}_2}\,k_v & 0 & -\bar{\beta}_2\end{pmatrix}\begin{pmatrix}\underline{a}_1\\ \underline{b}_1\\ \underline{a}_2\\ \underline{b}_2\end{pmatrix} = 0, \quad (16)$$

mit $k_v = (k_L - k_C)/2$ und $k_r = (k_L + k_C)/2$. Dabei ist k_v ein Maß für die Verkopplung der beiden Wellengrößen $\underline{a}_1$ und $\underline{a}_2$ in Ausbreitungsrichtung, während k_r die Verdopplung von $\underline{a}_1$ mit der in Rückwärtsrichtung laufenden Wellengröße $\underline{b}_2$ angibt. Aus den Gln. (6) und (7) erhält man für Richtkoppler mit zwei gekoppelten symmetrischen Leitungen ($\bar{\beta}_1 = \bar{\beta}_2 = \bar{\beta}$) folgende Koeffizienten der Streumatrix:

Reflexionsfaktor:
$$\underline{S}_{11} = (r^{(e)}\underline{A}^{(e)} + r^{(o)}\underline{A}^{(o)})/2;$$

Transmissionsfaktor der Hauptleitung:
$$\begin{aligned}\underline{S}_{31} = (\underline{B}^{(e)}\exp(-j\vartheta^{(e)})\\ + \underline{B}^{(o)}\exp(-j\vartheta^{(o)}))/2;\end{aligned}$$

Transmissionsfaktoren der Nebenleitung:
$$\underline{S}_{21} = (r^{(e)}\underline{A}^{(e)} - r^{(o)}\underline{A}^{(o)})/2; \quad (17)$$
$$\begin{aligned}\underline{S}_{41} = (\underline{B}^{(e)}\exp(-j\vartheta^{(e)})\\ - \underline{B}^{(o)}\exp(-j\vartheta^{(o)}))/2; \quad \text{mit}\end{aligned}$$

$$\vartheta^{(e, o)} = \beta^{(e, o)}l;$$
$$r^{(e, o)} = (Z_{\mathrm{L}}^{(e, o)} - Z_{\mathrm{L}})/(Z_{\mathrm{L}}^{(e, o)} + Z_{\mathrm{L}});$$
$$\underline{A}^{(e, o)} = (1 - \exp(-j2\vartheta^{(e, o)}))/$$
$$(1 - r^{(e, o)2}\exp(-j2\vartheta^{(e, o)}));$$

$$\underline{B}^{(e,o)} = (1 - r^{(e,o)^2})/$$
$$(1 - r^{(e,o)^2} \exp(-j2\vartheta^{(e,o)})).$$

Vorwärtskoppler. Beim idealen Vorwärtskoppler ($k_r = 0$) sind nur die beiden gleichsinnig gerichteten Wellengrößen $\underline{a}_1$ und $\underline{a}_2$ bzw. $\underline{b}_1$ und $\underline{b}_2$ miteinander verkoppelt. Die Bedingungen für ein Richtkopplerverhalten sind in Tab. 1 aufgelistet. Bei $Z_L = Z_L^{(e)} = Z_L^{(o)}$ ist $r^{(e,o)} = 0$, folglich wird $\underline{S}_{ii} = 0$ und $\underline{S}_{21} = 0$. Die beiden Eigenwerte $\beta^{(e,o)}$ ergeben sich aus Gl. (10) mit $k_L = -k_C = k_v$

$$\beta^{(e)} = \bar{\beta}(1 + k_v); \quad \beta^{(o)} = \bar{\beta}(1 - k_v). \quad (18)$$

Damit erhält man für den Transmissionsfaktor $\underline{S}_{31}$ und für den Koppelfaktor $\underline{S}_{41}$:

$$\underline{S}_{31} = \exp(-j\bar{\beta}l)\cos(\bar{\beta}k_v l),$$
$$\underline{S}_{41} = -\exp(-j\bar{\beta}l)j\sin(\bar{\beta}k_v l). \quad (19)$$

Bei $\bar{\beta}k_v l = \pi/2$ wird die gesamte eingespeiste Leistung P_1 übergekoppelt nach Tor 4.

Tabelle 1. Bedingungen für den idealen Rückwärtskoppler ($k = k_r$) und den idealen Vorwärtskoppler ($k = \sin(\bar{\beta}k_v l)$)

Rückwärtskoppler	Vorwärtskoppler
① ③ ② ④	① ③ ② ④
$S_{41} = 0$	$S_{21} = 0$
$S_{21} = k$; $S_{31} = \sqrt{1-k^2}$	$S_{41} = k$; $S_{31} = \sqrt{1-k^2}$
Bedingungen:	Bedingungen:
① $v^{(e)} = v^{(o)}$	① $v^{(e)} \neq v^{(o)}$
② $Z_L^2 = Z_L^{(e)} \cdot Z_L^{(o)}$	② $Z_L = Z_L^{(e)} = Z_L^{(o)}$

Rückwärtskoppler. Beim Rückwärtskoppler ($k_v = 0$) sind die beiden gegensinnig gerichteten Wellengrößen $\underline{a}_1$ und $\underline{b}_2$ bzw. $\underline{a}_2$ und $\underline{b}_1$ miteinander verkoppelt. Dies erreicht man bei $r^{(e,o)} \neq 0$. Damit die Reflexionsfaktoren $\underline{S}_{ii}$ verschwinden und sich ein ideales Richtkopplerverhalten ($\underline{S}_{41} = 0$) einstellt muß $\beta^{(e)} = \beta^{(o)}$ und $r^{(e)} = -r^{(o)}$ sein. Bei $k_L = k_C = k_r$ ist:

$$\beta^{(e)} = \beta^{(o)} = \bar{\beta}\sqrt{1 - k_r^2} \quad (20)$$

und

$$Z_L^{(e)} = Z_L\sqrt{(1 + k_r)/(1 - k_r)};$$
$$Z_L^{(o)} = Z_L\sqrt{(1 - k_r)/(1 + k_r)}. \quad (20)$$

Für den Transmissionsfaktor und für den Koppelfaktor erhält man aus Gl. (17) mit $r^{(e)} = -r^{(o)} = r$:

Bild 3. Leitungselement zweier gekoppelter Leitungen

Bild 4. Brückenschaltung mit konzentrierten Elementen

$$\underline{S}_{31} = \exp(-j\beta^{(e)}l)(1 - r^2)/$$
$$(1 - r^2 \exp(-j2\beta^{(e)}l)),$$
$$\underline{S}_{21} = \exp(-j\beta^{(e)}l)j\sin(\beta^{(e)}l)2r/ \quad (21)$$
$$(1 - r^2 \exp(-j2\beta^{(e)}l)).$$

Bei $\beta^{(e)}l \approx \pi/2$ ist dann

$$\underline{S}_{31} = \exp(-j\beta^{(e)}l)\sqrt{1 - k_r^2},$$
$$\underline{S}_{21} = \exp(-j\beta^{(e)}l)jk_r. \quad (22)$$

In Bild 3 sind die Richtungspfeile der Ströme aufgrund der induktiven Verkopplung ($\underline{I}_L$) und der kapazitiven Verkopplung ($\underline{I}_C$) skizziert. Bei geeigneter Dimensionierung heben sich am fernen Ende der verkoppelten Leitung die Ströme auf, während sie am nahen Ende addieren. Gleiches Verhalten erzielt man mit diskreten Elementen, die entsprechend Bild 4 in einer Brückenschaltung zusammengefügt sind. Mit $k = \omega L/Z_L = \omega C Z_L$ wird $\underline{U}_2/\underline{U}_1 = jk/(1+jk)$ und $\underline{U}_3/\underline{U}_1 = 1/(1+jk)$, während $\underline{U}_4/\underline{U}_1 = 0$ ist.

Modelle für den Frequenz- und Zeitbereich. Um eine möglichst einfache Modellbeschreibung zu erhalten, werden die Spannungen und Ströme an den Enden der Leitungen mit den aus dem Eigenwertproblem erhaltenen Modalmatrizen M_U bzw. M_I in geeigneter Weise transformiert. Mit dieser Tranformation ergibt sich eine vorteilhafte Entkopplung der Eigenmoden. Diese entkoppelten Eigenwellen lassen sich als N unabhängige Einzelleitungen behandeln, was insbesondere bei der Simulation im Zeitbereich eine wesentliche Vereinfachung darstellt.

In Bild 5 ist skizziert, wie sich diese Transformationsbeziehungen durch spannungsgesteuerte Spannungsquellen und stromgesteuerte Stromquellen realisieren lassen. Die Wellenwiderstände $Z_{L,\nu}$ und Verzögerungszeiten τ_ν der N entkoppelten Einzelleitungen können folgendermaßen angegeben werden:

$$Z_L = \mathrm{diag}(Z_{L,\nu}) = M_U \cdot L' \cdot M_U^{-1} \cdot V, \quad (23)$$

$$Y_L = \mathrm{diag}(Y_{L,\nu}) = Z_L^{-1}, \quad (24)$$

$$\tau = \mathrm{diag}(\tau_\nu) = v^{-1} \cdot 1. \quad (25)$$

Spezielle Literatur: [1] *Scanlan, J. O.:* Theory of microwave coupled-line networks. Proc. IEEE 68 (1980) 209–231. – [2] *Marx, K. D.:* Propagation modes, equivalent circuits and characteristic terminations for multiconductor transmission lines with inhomogeneous dielectrics. IEEE Trans. MTT-21 (1973) 450–457. – [3] *Sun, Y. Y.:* Comments on "Propagation modes, equivalent circuits ...", IEEE Trans. MTT-26 (1978) 915–918. – [4] *Dalby, A. B.:* Interdigital microstrip circuit parameters using empirical formulas and simplified model. IEEE Trans. MTT-27 (1979) 744–752. – [5] *Wenzel, R. J.:* Theoretical and practical applications of capacitance matrix transformations to TEM network design. IEEE Trans. MTT-14 (1966) 635–647. – [6] *Briechle, R.:* Übertragungseigenschaften gekoppelter, verlustbehafteter Mehrleitersysteme mit geschichtetem Dielektrikum. Frequenz 19 (1975) 69–79. – [7] *Bergandt, H. G.; Pregla, R.:* Microstrip interdigital filters. AEÜ 30 (1976) 333–337. – [8] *Siegl, J.; Tulaja, V.; Hoffmann, R.:* General analysis of interdigitated microstrip couplers. Siemens Forsch.- u. Entw.-Ber. 10 (1981) 228–236. – [9] *Krage, M. K.; Haddad, G. I.:* Characteristics of coupled microstrip transmission lines – I: Coupled mode formulation of inhomogeneous lines. IEEE Trans. MTT-18 (1970) 217–222. – [10] *Gunton, D. J.; Paige, E. G. S.:* An analysis of the general asymmetric directional coupler with non-mode-converting terminations. Microwaves, Optics and Acoustics 2 (1978) 31–36.

8 Rechnerunterstützter Entwurf
Computer aided design

8.1 Einleitung
Introduction

Allgemeine Literatur: *Gupta, K. C.; Garg, R.; Chadha, R.:* Computer-aided design of microwave circuits. – Dedham MA: Artech House 1981. – Special issue on CAD. IEEE-MTT 36, Februar 1988. – *Dirks, Ch.:* Hochfrequenz-CAD-Programme: Berechnungsbeispiele und Messung im Vergleich. Heidelberg: Hüthig 1989.

Universell verwendbare Rechnerprogramme zum Schaltungsentwurf [1, 53] werden in der

Spezielle Literatur Seite C 41

Bild 5. Strukturmodell für ein Mehrlagen-Mehrleitersystem. **a** Modell für den Frequenzbereich; **b** Modell für den Zeitbereich

Elektrotechnik seit Anfang der 60er Jahre eingesetzt. Die Programme entstanden in der Regel in der Entwicklungsabteilung einer Firma und wurden zunächst nur firmenintern genutzt. Obwohl es inzwischen Software-Firmen gibt, die sich auf den Vertrieb und die Weiterentwicklung von Rechnerprogrammen spezialisiert haben, sind auch heute noch viele firmeninterne Programme in ihrem jeweiligen Spezialgebiet auf einem höheren Niveau als die vergleichbaren, im Handel erhältlichen.

In der Elektrotechnik ist der Markt für CAD-Programme in drei Bereiche, die sich zum Teil überschneiden, aufgeteilt: Elektronikschaltungen, digitale Schaltungen sowie HF- und Mikrowellenanwendungen.

Erst seit Beginn der 80er Jahre haben CAD-Programme in der HF- und Mikrowellentechnik größere Verbreitung gefunden [2, 3]. Wegen der notwendigen komplizierten Theorien zur Beschreibung der physikalischen Effekte bei höheren Frequenzen (z. B. Verluste in Blindelementen, Dispersion auf Leitungen, frequenzabhängige Phasendrehung in Transistoren) sind zur Rechnersimulation wesentlich aufwendigere Programme als in den anderen Bereichen der Elektrotechnik notwendig. In der Anfangszeit war dementsprechend die Übereinstimmung zwischen der Rechnersimulation und der physikalischen Wirklichkeit häufig unzureichend. Seither sind die CAD-Programme wesentlich verbessert worden, die Fertigungstechnologien sind reproduzierbarer geworden, und die Meßtechnik ist genauer geworden. Außerdem ist der Trend feststellbar, in bevorzugtem Maße solche Technologien einzusetzen (z. B. planare Leitungen, bipolare Transistoren und MMICs), die sich mit den vorhandenen CAD-Programmen besonders gut berechnen lassen. Das Spektrum handelsüblicher CAD-Programme reicht von offenen Programmen, die von Meßgeräteherstellern kostenlos abgegeben werden, bis zu Programmsystemen, die vermietet bzw. zu Preisen oberhalb von hunderttausend DM verkauft werden.

Da das CAD-Programm und das Handbuch beliebig kopiert werden können, sorgt ein Hardkey dafür, daß die im Lizenzvertrag festgehaltene rechtliche Verpflichtung eingehalten wird. Dies ist eine Digitalschaltung, die in der Regel in einem Zwischenstecker für einen der Rechnerausgänge untergebracht ist. Das Programm prüft während der Nutzung das Vorhandensein dieses Hardkeys und läuft nur, solange sich dieser Hardkey am Rechner befindet. Die einfache Lizenz gilt nur für einen Rechner und einen Nutzer. Bei mehreren Terminals am gleichen Rechner erhöht sich der Kaufpreis.

Beim Kauf eines CAD-Programms erhält man überlicherweise:
– das eigentliche Programm in Form von Disketten oder Magnetbändern,
– das Benutzer-Handbuch,
– den Hardkey,
– einen Schulungskurs für einen oder mehrere Mitarbeiter,
– einen Lizenzvertrag,
– zeitlich begrenzt, z. B. für ein Jahr, kostenlose Anwenderberatung und kostenlose Programmerweiterung, falls zwischenzeitlich eine neue, erweiterte Version des Programms auf den Markt kommt.

Ein CAD-Programm ist bezüglich seiner Rechnerumgebung nicht universell einsetzbar, sondern nur auf einem bestimmten Rechnertyp mit einer bestimmten Grafikkarte und einem bestimmten Betriebssystem lauffähig. Der Nutzer hat üblicherweise keine Möglichkeit, das Programm zu verändern. Am weitesten verbreitet sind die Betriebssysteme MS-DOS (z. B. für 16-Bit-PCs) und UNIX für 32-Bit-Arbeitsplatzrechner.

Ein komfortabler Einzelarbeitsplatz für CAD-Anwendungen besteht zum Beispiel aus einem schnellen AT-Rechner mit Speichererweiterung und Coprozessor sowie einem Farbbildschirm zur Darstellung der Grafik und einem Schwarzweiß-Bildschirm für die Texteingabe.

Die UNIX-Versionen der CAD-Programme sind zum Teil leistungsfähiger als die PC-Version. Sie haben weiterhin den Vorteil, daß mehrere unabhängige Nutzer zur gleichen Zeit mit dem gleichen Programm arbeiten können. Zentralrechneranlagen sind eher nachteilig für CAD-Anwendungen. Speziell für die schnelle, interaktive Grafikbearbeitung muß die Rechenleistung unmittelbar am Arbeitsplatz verfügbar sein.

Vorteile der rechnergestützten Entwicklung sind:
– Die Nutzungszeit teurer Meßplätze sinkt drastisch; dafür müssen zusätzlich vergleichsweise preiswerte, universeller nutzbare Rechnerarbeitsplätze geschaffen werden,
– weniger Aufwand für den Bau von Prototypen,
– eine mögliche Verkürzung der Entwicklungszeit bis zur Serienreife,
– geringerer Bauelementeverbrauch während der Entwicklungsphase,
– die Rechnersimulation eröffnet eine neue Art zu lernen [52]. Der interessierte Ingenieur kann durch gezielte Veränderungen am Schaltungsaufbau relativ schnell die Eigenschaften einer Schaltung erfassen,
– Vereinheitlichung und Vereinfachung der Dokumentation, verbesserter Zugriff,
– verbesserte Transparenz im Bereich Forschung und Entwicklung: Abteilung A nutzt eine Entwicklung der Abteilung B, oder Entwicklung X greift darauf zurück, daß Entwickler Y den firmenüblichen SMA-Chassisstecker gemessen und die Meßergebnisse als Datei archiviert hat.

Im folgenden wird dargestellt, welche vielfältigen Möglichkeiten die derzeit im Handel erhältlichen

CAD-Rechnerprogramme dem Entwickler eröffnen. Die den Programmen zugrundeliegenden Rechenverfahren werden angeführt.

8.2 Analyse linearer Schaltungen
Analysis of linear circuits

Zur Veranschaulichung des Verfahrens wird zunächst ein einfaches Schaltungsbeispiel benutzt: Ein Transistorverstärker in Microstripleitungstechnik soll berechnet werden. Dazu wird das CAD-Programm *Touchstone* der Firma EEsof Inc., USA, eingesetzt. Die Mehrzahl der CAD-Programme zur linearen Analyse verwendet ähnlich strukturierte Programme und Befehle. In dem vom Entwickler festgelegten Schaltplan (Bild 1) werden die Knotenpunkte zwischen den Bauelementen numeriert, und die verwendeten Bauelemente werden dem Rechner über die Tastatur in Form einer Netzliste eingegeben. Knoten Nr. 0 ist Masse. Bild 2 enthält das einzugebende Programm einschließlich der Erläuterung der Bedeutung einzelner Programmteile. In der ersten Zeile des Programmteils CKT werden die Eigenschaften des verwendeten Substratmaterials beschrieben. Die zweite Zeile besagt, daß sich eine Microstripleitung mit 14,5 mm Länge und 1,2 mm Breite zwischen Knoten 1 und Knoten 2 befindet. Dann folgt ein Kondensator mit 2,3 pF von 2 nach 3. Durch die Numerierung der Knoten wird festgelegt, welche Bauteile miteinander verbunden sind. Wie die einzelnen Komponenten einzugeben sind, ist dem Benutzerhandbuch zu entnehmen. Die S-Parameter des verwendeten Transistors HXTR-5104 sind dem Programm bekannt. Die Liste ist unter dem Dateinamen HXTR5104 abgespeichert.

Nach vollständig richtiger Eingabe des Programms (falls nicht, erfolgt eine Fehlermeldung) wird auf einen Tastendruck hin die Verstärkung S_{21} als Funktion der Frequenz berechnet und wahlweise als Liste oder als Diagramm (Bild 3)

Bild 1. Schaltbild des gewählten Schaltungsbeispiels

Bild 3. Rechenergebnis des gewählten Schaltungsbeispiels

DIM
    Freq   GHz
    Cap   pF   } Festlegen der Maßeinheiten
    Lng   mm

CKT

MSub	Er=10.2	h=1.27	t= 0.07	Rho=1	Rgh=0
Mlin	1 2	w=1.2	l=14.5		
Cap	2 3	C=2.3			
Mlin	3 4	w=3.5	l= 5.5		
S2PA	4 5	0	HXTR 5104		
Mlin	5 6	w=2	l=15		
Mlin	6 7	w=1.2	l= 5		
Def2P	1 7	Amp	! Das Zweitor von 1 nach 7 heißt Amp.		

OUT
    Amp   dB [S 21]   ! Für Amp soll $|S_{21}|$ in dB berechnet werden.

FREQ
    Sweep   .1   3   .1   ! Es soll von 0,1 bis 3 GHz gerechnet werden.

Bild 2. Netzliste bzw. Touchstone-Eingabeprogramm für die Schaltung in Bild 1

ausgegeben. Anschließend beginnt die eigentliche Entwicklungsarbeit. Man schaltet zurück in die Betriebsart „Programmbearbeiten", ändert den Wert eines Parameters, z. B. $C = 2,2$ pF oder Leitungslänge l von 5 nach 6 gleich 15,5 mm. Man kann auch einen anderen Transistor benutzen oder weitere Bauelemente hinzufügen. Für die geänderte Schaltung läßt man jeweils erneut die Verstärkung berechnen, bis der gewünschte Frequenzgang erreicht ist.

Das CAD-Programm berechnet mit den Methoden der Analyse linearer Schaltungen bzw. mit der Matrizenrechnung für jede angegebene Frequenz die S-Parameter der Schaltung. Die Rechenzeit ist üblicherweise vernachlässigbar. Zur Berechnung beliebig vernetzter, linearer und nichtlinearer Schaltungen wird in den meisten Programmen die Knotenpotentialanalyse benutzt. Zur Verkürzung der Rechenzeit dienen spezielle Algorithmen zur Berechnung schwach besetzter Matrizen (sparse matrix techniques) [25]. Weitere mögliche Verfahren zur Analyse linearer Netzwerke in [26, 57]. Falls die zu berechnende Schaltung eine reine Kettenschaltung ist, wie z. B. der Verstärker in Bild 1, kann man bei einigen Programmen, um Rechenzeit zu sparen, von der Knotenpotentialanalyse auf die Berechnung mit Transmissions- bzw. Kettenparametern umschalten.

Bauelemente. Dem Nutzer steht eine Vielzahl von Modellen zur Verfügung:
– diskrete Bauelemente, z. B. R, L, C, M,
– unterschiedliche Leitungsformen, z. B. Streifenleitung, Microstrip-Leitung, Koplanar-Leitung, Rechteckhohlleiter, Koaxialleitung,
– Leitungsdiskontinuitäten [68, 70], z. B. gekoppelte Leitungen, T-Verzweigungen, offene Enden mit Streukapazität, Querschnittsprünge,
– handelsübliche Transistoren und MMICs,
– optoelektronische Komponenten,
– frei zu definierende Mehrtore, die durch eine S-Parameterliste oder durch ein selbsterstelltes Rechnerprogramm festgelegt werden,
– spezielle Bauelemente, wie Interdigitalrichtkoppler, Rauschquellen oder Ersatzschaltbilder für Transistoren und Halbleiterdioden,
– von einem Parameter abhängige Bauelemente, deren Wert durch eine Gleichung vorgegeben wird (z. B. zur Beschreibung einer Pin-Diode oder einer Varaktordiode).

Die Genauigkeit dieser Modelle entspricht im optimalen Fall dem aktuellen Stand der Theorie und der Meßtechnik und wird durch die Zusammenarbeit zwischen Nutzern und Programmherstellern kontinuierlich verbessert [7].

Für den weniger erfahrenen Programmbenutzer ist es besonders hilfreich, wenn beim Verlassen des Gültigkeitsbereichs eines Modells automatisch eine Warnung erfolgt. Bezüglich der Frequenz erstreckt sich dieser Gültigkeitsbereich bei den großen Standardprogrammen für die lineare und nichtlineare Analyse derzeit bis 40 GHz.

Eine weitere Möglichkeit zur Dateneingabe ist die direkte Messung mit dem Netzwerkanalysator. Sofern beispielsweise im Netzplan in Bild 2 anstelle von HXTR 5104 die Bezeichnung NWA eingegeben wird, führt das CAD-Programm bei der Programmausführung automatisch eine Messung der Transistor-S-Parameter aus. Vorausgesetzt, daß ein geeigneter Netzwerkanalysator mit dem entsprechenden Meßaufbau angeschlossen ist.

Die Rechnersimulation einer realen Schaltung ist immer eine Näherung. Eine wesentliche Aufgabe des Ingenieurs, der ein Analyseprogramm benutzt, besteht darin, zu entscheiden, welche Modelle zur Beschreibung der Bauelemente eingesetzt werden und welche parasitären Effekte vernachlässigt werden können.

Ausgabemöglichkeiten. Für den eingeschwungenen Zustand bei sinusförmiger Anregung kann als Funktion der Frequenz berechnet werden:
– Betrag und Phase der S-Parameter oder verwandter Netzwerkparameter,
– Ströme und Spannungen,
– Rauschparameter wie Rauschzahl, Rauschtemperatur, Quellimpedanz für minimale Rauschzahl, Kreise konstanter Rauschzahl,
– Verstärkerparameter wie Stabilitätsfaktor, Stabilitätskreise, Kreise konstanter Verstärkung oder Abschlußimpedanzen für beidseitige Leistungsanpassung,
– vom Nutzer vorgegebene mathematische Zusammenhänge zwischen diesen Größen.

Da sich eine umfangreiche Schaltung in einzelne Blöcke zerlegen läßt, kann man die gewünschten Größen nicht nur für die Gesamtschaltung, sondern auch an frei zu definierenden Stellen innerhalb der Schaltung berechnen lassen. Zur Darstellung des Rechenergebnisses stehen verschiedene Möglichkeiten zur Auswahl: Eine Tabelle mit Zahlenwerten oder eine grafische Darstellung in kartesischen Koordinaten mit linearer oder logarithmischer Frequenzachse bzw. in Polarkoordinaten in der komplexen Ebene, jeweils mit frei wählbaren Maßstäben. Zu Beginn einer Schaltungsentwicklung ist die Fähigkeit des CAD-Programms zur automatischen Anpassung der Grenzen des Darstellungsbereichs an das Rechenergebnis besonders vorteilhaft. Im Beispielprogramm in Bild 2 wird davon Gebrauch gemacht. Da kein Programmblock über das Ausgabeformat enthalten ist, werden die Bereichsgrenzen für die darzustellene Verstärkung automatisch so festgelegt, daß alle berechneten Funktionswerte von S_{21} im Bereich von 0,1 bis 3 GHz dargestellt werden.

Schaltungsabgleich. In der Betriebsart „Schaltungsabgleich" hat der Entwickler die Möglichkeit, Bauelemente-, Material- und Gleichungsparameter zu verändern. In Analogie zur experimentellen Schaltungsentwicklung, in der z. B. die Veränderung einer gemessenen Durchlaßkurve durch Abgleich eines Resonanzkreises erfolgt, wird die Auswirkung einer über die Tastatur eingegebenen Änderung jeweils neu berechnet, und das aktuelle Ergebnis wird zusammen mit dem ursprünglichen dargestellt. Auf diese Weise sind Verbesserungen oder Verschlechterungen unmittelbar ersichtlich. Die Rechnersimulation hat dabei den Vorteil, daß auch solche Parameter wie Streifenleiterbreite oder Substrathöhe, die in der Realität einen Neuaufbau der Schaltung erfordern würden, problemlos veränderbar sind. Bei den heute üblichen Rechengeschwindigkeiten erscheint im Anschluß an eine Parameteränderung praktisch ohne Zeitverzögerung die grafische Ausgabe des aktuellen Ergebnisses auf dem Bildschirm.

Optimierung. Mit zunehmender Zahl der Parameter, die verändert werden können, und bei Vorliegen mehrerer Entwicklungsziele (z. B. niedrige Rauschzahl, konstante Verstärkung und gute Anpassung) steigen die Anforderungen an die Fähigkeiten des Entwicklers, in angemessener Zeit durch Abgleichen die optimale Schaltung zu finden. In der Betriebsart „Optimieren" stehen deshalb mehrere rechnergesteuert ablaufende Optimierungsverfahren zur Auswahl [4–6, 60]. Sie unterscheiden sich durch die Art der Strategie, z. B. Zufallsverfahren (random optimizer) oder Gradientenverfahren (gradient optimizer) und durch die Definition des Optimierungskriteriums: Bei der Optimierung einer Eingangsimpedanz wird man u. U. den jeweiligen Größtwert des Reflexionsfaktors im betrachteten Frequenzintervall suchen und schrittweise verkleinern. Bei der Optimierung einer gewünschten Verstärkung wird man das mittlere Fehlerquadrat bezogen auf einen vorgegebenen Sollwert berechnen und minimieren.
Der Entwickler gibt Anzahl und zulässige Variationsbreite der Parameter sowie einfache, gewichtete oder kombinierte Entwicklungsziele vor und startet die Optimierung. Je nach Art der gewählten Optimierung wird jetzt abwechselnd ein Parameter nach dem anderen statistisch verändert, oder es wird zunächst nur der Parameter verändert, der die größte Annäherung an das Ziel bringt, oder es wird eine andere Strategie benutzt. Jede Verbesserung wird gespeichert und, falls gewünscht, als Ausgangspunkt der weiteren Optimierung benutzt.
Besonders bei einer großen Anzahl in die Optimierung einbezogener Parameter benötigt das Verfahren relativ viel Rechenzeit, da es sich um rechnergesteuertes, mehr oder minder blindes Probieren handelt. Der Rechner weiß nicht, welcher Teil der Schaltung für die Rauschzahl und welcher Parameter primär für die obere Grenzfrequenz zuständig ist. Die Optimierung ist ein sinnvolles Instrument, um einen guten Schaltungsentwurf abzurunden. Sie ist derzeit nicht in der Lage, fehlende Kenntnisse des Programmbenutzers zu kompensieren. Im Gegenteil, der ökonomische Einsatz von Optimierungsverfahren bedingt umfangreiche zusätzliche Kenntnisse über die Art der Optimierung und über das richtige Festlegen der Randbedingungen. Sofern eine Schaltung vom Konzept oder von der gewählten Topologie her suboptimal ist, bleibt diese Eigenschaft auch nach dem rechnergestützten Optimieren erhalten. Wenn der Rechner die Optimierung beendet, weil ein Optimum gefunden wurde, ist es die Aufgabe des Nutzers zu entscheiden, ob es sich dabei um ein lokales oder um das globale Optimum handelt.

Toleranzanalyse. Selbst unter der Voraussetzung, daß die Modellierung der Realität im Rechner fehlerlos erfolgt ist, ergeben sich Abweichungen zwischen der realen Schaltung und der Rechnersimulation aufgrund von Herstellungstoleranzen, Material- und Exemplarstreuung. Die Betriebsart „Toleranzanalyse" untersucht für den Fall der Serienfertigung, wieviel Prozent des Endprodukts innerhalb des zulässigen Schwankungsbereichs der technischen Daten liegen, wenn z. B. die Kapazitätswerte der benutzten Kondensatoren um $\pm 10\%$, die Dielektrizitätszahl des Substrats um $\pm 0,2\%$ und die S-Parameter des Transistors um einen weiteren vorzugebenden Wert variieren dürfen. Vorgegeben wird weiterhin, ob diese Parameterschwankungen gleich verteilt oder z. B. normal verteilt sind. Mit diesen Eingabedaten ermittelt das CAD-Programm, wieviel Prozent einer Serienfertigung die Anforderungen im Mittel erfüllen und inwieweit welcher Schaltungsparameter dafür verantwortlich ist [24]. Diese Berechnungen sind sehr hilfreich, um auf die etwaigen Schwachpunkte eines Entwurfs hinzuweisen. Auch hier gibt es ein Optimierungsverfahren, das im Anschluß an die Schwachstellenanalyse eine automatische Umdimensionierung mit gleich verteilten Schwachstellen erzeugt (design centering). Die Zeit, in der eine Schaltung bis zur Serienreife entwickelt ist, läßt sich damit verkürzen und die dann in der Serienfertigung erzielbare Ausbeute (production yield) vergrößern.
Auch bezüglich der Zuverlässigkeit einer Schaltung ist es günstiger, die Bauelemente so zu dimensionieren, daß trotz alterungs- oder temperaturbedingter Parameteränderungen die Übertragungseigenschaften sicher innerhalb des zulässigen Schwankungsbereichs liegen. Ein weiteres Ziel der Toleranzanalyse kann es sein, völlig

ohne oder mit möglichst wenig Abgleichelementen auszukommen.
Das einfachste Rechenverfahren zur statistischen Toleranzanalyse ist die Monte Carlo-Methode. Dabei wird die Schaltungsanalyse N-mal (beispielsweise mit $N=1000$) durchgeführt, wobei die untersuchten Bauelementewerte von mal zu mal statistisch, von einem Zufallszahlengenerator gesteuert, verändert werden. Eine derartige Rechnersimulation der Serienfertigung ist entsprechend zeitaufwendig. Die Ungenauigkeit der so gewonnenen statistischen Aussage nimmt proportional $1/\sqrt{N}$ ab. Andere Rechenverfahren, die mit wesentlich weniger Rechenzeit zu einem vergleichbaren Ergebnis führen, sind das „Shadow"-Modell [59] und das „Truth"-Modell [58].
Statistische, voneinander unabhängige Bauelementeschwankungen sind in der Praxis jedoch nicht immer gegeben. Einflüsse wie Alterung und Temperatur oder ein zu langer Ätzvorgang betreffen stets mehrere Bauelemente gleichzeitig. Falls an einem bestimmten Arbeitsplatz in der Produktion bevorzugt Bonddrahtverbindungen mit besonders langen Drähten ausgeführt werden, sind alle Chips in einer Schaltung so angeschlossen.
Alternativ zu einer Toleranzanalyse, die von statistischen Bauelementeschwankungen ausgeht, ist auch eine Berechnung möglich, die von jeweils ungünstigsten Fall ausgeht (worst-case analysis). Wenn nur ein Zahlenwert gesucht ist, der die Abhängigkeit einer Schaltungseigenschaft (z. B. S_{21}) vom Wert eines Bauelements (z. B. C_1) angibt, spricht man von Empfindlichkeitsanalyse. Für die Ermittlung dieses Wertes $\partial S_{21}/\partial C_1$ existieren mehrere Berechnungsmöglichkeiten [26].
Von den meisten größeren Analyseprogrammen gibt es eine kostengünstigere HF-Version. Hierbei fehlen die Modelle für die Mikrowellenleitungen.

8.3 Analyse nichtlinearer Schaltungen
Analysis of nonlinear circuits

Zur Analyse nichtlinearer Schaltungen [8] gibt es zwei Gruppen von CAD-Programmen. Diejenigen, die nur im Zeitbereich rechnen [9, 65, 67] und als Eingangssignale für die Schaltung beliebige Zeitfunktionen zulassen (z. B. pulsmodulierte Signale, Einschaltfunktionen) und diejenigen, die den eingeschwungenen Zustand berechnen [10–14], bei Schaltungsanregung mit ausschließlich sinusförmigen Eingangssignalen. Typische Anwendungsbeispiele für die erste Gruppe sind die Berechnung des Einschwingverhaltens einer Filterschaltung, die Pulsansteuerung einer Transistorendstufe im C-Betrieb und das Anschwingen eines Oszillators. Beispiele für die zweite Gruppe sind die Berechnung des Großsignalverhaltens eines Mischers oder eines Transistorverstärkers und die Ermittlung des Intermodulations- oder Kreuzmodulationsverhaltens.
Bei der Berechnung im Zeitbereich werden Ströme und Spannungen als Zeitfunktionen dargestellt und die Eigenschaften der Bauelemente (L, C, Leitung) durch Integral- und Differentialgleichungen beschrieben. Zur Schaltungsanalyse werden die bekannten Verfahren zur numerischen Integration und Differentiation benutzt. Berechnungen im Zeitbereich benötigen wesentlich mehr Rechenzeit als solche im Frequenzbereich.
In vielen Anwendungen ist jedoch nur der eingeschwungene Zustand von Interesse. Dann kann zur Verringerung des Rechenaufwands die Schaltung entsprechend Bild 4 aufgeteilt werden in einen linearen und einen nichtlinearen Schaltungsteil. Im in der Regel umfangreicheren linearen Teil wird zeitsparend im Frequenzbereich gerechnet, im nichtlinearen Teil im Zeitbereich. Die Umrechnung von harmonischen Sinussignalen in periodische Zeitfunktionen erfolgt über die Fourier-Reihe, in umgekehrter Richtung über die Fourier-Transformation (FFT). Die Berechnung wird iterativ solange durchgeführt, bis die Amplituden der Harmonischen an den Schnittstellen mit ausreichender Genauigkeit aneinander angepaßt sind. Daher der Name dieses Verfahrens: Harmonic-balance-Methode.
Für Schaltungen, die nur wenig nichtlinear sind – dies trifft auf den überwiegenden Teil aller HF- und Mikrowellenschaltungen zu –, bietet die Analyse des eingeschwungenen Zustands mit Hilfe der Volterra-Reihe wesentliche Vorteile [45, 61, 62, 66]. Die möglichen Konvergenzprobleme sowie der enorme Speicherplatz- und Rechenzeitbedarf der beiden oben angeführten Verfahren entfallen hierbei.
Die Ausgabe der Rechenergebnisse erfolgt als Zeitfunktion (Darstellung analog zu einem Oszilloskop) oder als spektrale Darstellung wie bei einem Spektrumanalysator. Alternativ sind vom Benutzer frei vorgebbare andere Darstellungsformen möglich, wie z. B. Ausgangspegel der 3. Harmonischen als Funktion des Eingangspegels der Grundschwingung oder Mischerverluste als Funktion des Diodengleichstroms. Für viele Meßaufgaben lassen sich per Blockschaltbild Meßgeräte und vollständige Meßaufbauten aufrufen. Das Analyseprogramm simuliert damit neben der zu untersuchenden Schaltung die vom Entwicklungslabor her gewohnte Meßumgebung.
Zusätzlich zu den Bauelementen, die bereits in der linearen Analyse aufgeführt wurden, stehen Gleichstromquellen und Großsignalmodelle für die verschiedenen Transistortypen und Dioden zur Verfügung. Damit lassen sich die Kennlinien-

Bild 4. Aufteilung der Schaltung bei der Harmonic-balance-Methode, dargestellt am Beispiel eines Transistorverstärkers

felder realer Halbleiterbauelemente bis in den Bereich der statischen Durchbruchspannung nachbilden. Neben dem HF-Verhalten kann auch das Gleichstromverhalten einer Schaltung berechnet werden. Analog zur Analyse linearer Schaltungen sind die Zusatzfunktionen interaktiver Abgleich, Optimierung und Toleranzanalyse verfügbar.

Verständlicherweise ist es bei der Analyse nichtlinearer Schaltungen wesentlich schwieriger als bei der linearen Analyse, eine ausreichende Übereinstimmung zwischen der Simulation und der Realität zu erreichen. Wenn beispielsweise ein Verstärker für 10 GHz bis zur 4. Harmonischen berechnet werden soll, müßten *alle* Bauelemente im CAD-Programm so beschrieben sein, daß ihr Übertragungsverhalten bis 50 GHz berechenbar ist. Ein Koppelkondensator, eine verdrosselte Gleichstromzuführung und ein Übergang auf Koaxialleitung, die bei 10 GHz in guter Näherung als ideal gelten können und unberücksichtigt bleiben, müßten dann bis 50 GHz exakt modelliert werden. Diese Problematik der häufig unzureichenden Übereinstimmung zwischen der Realität und ihrer Beschreibung im Rechnermodell gilt selbstverständlich auch für Rechnungen im Zeitbereich.

8.4 Layout und Dokumentation
Layout and documentation

Für planare Mikrowellenschaltungen, d. h. also im Microstrip-, Koplanar- und Streifenleitungstechnik, muß das Ersatzschaltbild (Bild 1) umgesetzt werden in die maßstäbliche Darstellung der Leiterstrukturen (Bild 5). Die Rechnerprogramme, die diese Umsetzung automatisch durchführen, können unmittelbar zur Ansteuerung von Plottern oder Fotoplottern eingesetzt werden, die dann die Fotomaske zur Herstellung der planaren Leiterstruktur liefern. Der erste Schritt dieser Umsetzung ist das Umrechnen der elektrischen Daten (Leitungswellenwiderstand, elektrische Länge) in mechanische Abmessungen (Streifenbreite und -länge). Der zweite Schritt, die grafische Bearbeitung, entspricht grundsätzlich der Erstellung von Fotomasken für mehrlagige gedruckte Schaltungen im Elektronik-CAD-Bereich. Zur Anpassung an den jeweiligen Ätzprozeß können automatische Korrekturen gewählt werden (Über-, Untermaß).

Die Programme stellen eine Vielzahl von Zeichenebenen zur Verfügung, so daß der Leiterstruktur, die sich in einer Zeichenebene befindet, beispielsweise folgende andere Zeichenebenen maßstäblich zugeordnet werden können:
– die Beschriftung des Substrats,
– ein Lageplan der Bauelemente, der Bohrungen, der Bonddrähte,
– die maßstäblichen Abmessungen der Bauelemente (aus einer Datei),
– die Bearbeitung der Metallisierung auf der Substratunterseite,
– Abgleichelemente und Gleichstromzuführungen,
– eine technische Zeichnung des Gehäusebodens,
– ein Lageplan der Dünnschichtwiderstände.

Besonders günstig ist es, sofern die Layout-, Dokumentations- und Analyseprogramme in einem übergeordneten Programmrahmen miteinander verbunden sind, wenn die Schaltungsentwick-

Bild 5. Layout des gewählten Schaltungsbeispiels (Bild 1); maßstäbliche Darstellung der planaren Leiterstreifen lung im Endstadium vom Layout aus gesteuert werden kann. Zum einen kann man dann die Ausdehnung der Schaltung an die vorgegebene Gehäuse- bzw. Substratgröße anpassen. Zum anderen sieht der Schaltungsentwickler unmittelbar auf dem Farbbildschirm, ob das Transistorgehäuse mit anderen Bauelementen kollidiert und ob die gewählten Impedanztransformationen sinnvolle Leiterstreifenbreiten ergeben. Bei dieser sehr komfortablen Form eines CAD-Systems ist jedem Bauelement eine Datei mit den elektrischen Daten, eine Datei mit den mechanischen Abmessungen, eine Angabe über seine maßstäbliche Lage und Orientierung auf dem Substrat und eine Datei mit den Angaben über die grafische Darstellung einschließlich Text im Schaltbild zugeordnet.

Bei wahlweiser Schaltplanmanipulation über das Layout, das Ersatzschaltbild oder die Netzliste werden Änderungen in einem Bereich jeweils automatisch auf alle anderen übertragen. Nach Abschluß der Entwicklung kann über die angeschlossenen Sichtgeräte per Tastendruck abgefragt werden:
– von der mechanischen Werkstatt die Abmessungen des Gehäuses,
– von der Projektleitung die Eigenschaften der Schaltung,
– von der Lagerverwaltung die Stückliste der benötigten Bauelemente,
– vom Dünnfilmlabor die Fotomaske,
– vom Service die Abgleichanleitung,
– vom Kollegen aus der Nachbarabteilung die Daten des neuentwickelten Richtkopplers,
– von der Fertigung der Lageplan der Bauelemente.

Spezielle Funktionen, die den Schaltungsentwurf über das Layout effizient gestalten, sind die Eingabe von Änderungen mit einer Maus, die Möglichkeit, einen Schaltungsteil auf dem Substrat zu verschieben, mit automatischer Korrektur aller Zuleitungen (Gummibandeffekt), das Einrasten von zunächst beliebig angeordneten Bauelementen in ein vorgegebenes Raster sowie das Drehen, Spiegeln, Löschen, Kopieren, Vergrößern und Verkleinern von Komponenten und Schaltungsteilen.

8.5 Synthese von Filter- und Anpaßschaltungen
Synthesis of filter and matching circuits

Im Unterschied zu allen anderen CAD-Programmen, bei denen der Benutzer die Schaltung vorgibt und das Rechnerprogramm deren Eigenschaften ermittelt (Schaltungsanalyse), ist bei Filter- und Anpaßschaltungen eine Synthese möglich: Der Nutzer gibt die geforderten Schaltungseigenschaften vor, und das Programm berechnet mehrere Schaltungsvarianten, die diese Eigenschaften erfüllen.

Für verlustlose Schaltungen mit diskreten Bauelementen (L, C, Übertrager) gibt es sowohl direkte als auch iterative Verfahren zur Synthese von Filterschaltungen (zwischen ohmschen Widerständen) und von Anpaßschaltungen (zwischen komplexen Impedanzen).

Mit den handelsüblichen CAD-Programmen können Tiefpaß-, Hochpaß-, Bandpaß- und Allpaßschaltungen sowie Bandsperren berechnet werden. Selbstverständlich existieren dabei programmbedingte oder physikalisch bedingte Grenzen. Die zulässige relative Bandbreite von Bandpässen liegt beispielsweise zwischen etwa 1% und einer Dekade. Vorgegeben werden können die gewünschte Übertragungscharakteristik (zum Beispiel Butterworth, Tschebyscheff, Bessel oder Cauer), die Abschlußimpedanzen, die Grenzfrequenzen, die Lage des Durchlaßbereichs und die maximale Welligkeit, die Flankensteilheit, Schranken für die zulässigen Wertebereiche der Bauelemente, die maximal zulässige Fehlanpassung im Durchlaßbereich und die Güte der Bauelemente. Aus den vom Rechner vorgeschlagenen Schaltungsvarianten wird eine geeignete Schaltung ausgewählt und interaktiv optimiert. Einzelne Komponenten können automatisch in äquivalente Leitungsschaltungen umgesetzt werden. Die sich dabei ergebenden Veränderungen des Übertragungsverhaltens werden anschließend interaktiv mit Optimierungsverfahren durch Verändern vorgegebener Parameter minimiert.

Zur vollständigen Berücksichtigung aller Verluste und parasitären Effekte wird die synthetisierte Filter- bzw. Anpaßschaltung mit einem CAD-Programm für die Analyse linearer Schaltungen weiter bearbeitet.

Zur vollständigen Berücksichtigung aller Verluste und parasitären Effekte wird die synthetisierte Filter- bzw. Anpaßschaltung mit einem CAD-Programm für die Analyse linearer Schaltungen weiter bearbeitet.

Für spezielle Filterbauformen existieren gesonderte Syntheseprogramme. So zum Beispiel für Filter mit
– gekoppelten Streifenleitungsresonatoren,
– gekoppelten Microstripleitungsresonatoren,
– Keramikresonatoren,
– koaxialen Topfkreisen (Interdigitalfilter),
– Hohlraumresonatoren,
– YIG-Resonatoren.

Bei den direkten, analytischen Verfahren [15–17] wird die Betriebsleistungsverstärkung g_T (s. F 1.4) des zu synthetisierenden Zweitors als Gleichung vorgegeben. Also beispielsweise als gebrochen rationale Funktion mit einem Tschebyscheff-Polynom, wenn die Schaltung Tschebyscheff-Verhalten haben soll. Die Abschlußimpedanzen an beiden Seiten des Zweitors werden jeweils durch ein R-L-C-Netzwerk mit konstanten Bauelementewerten beschreiben. Die weitere Rechnung wird in der komplexen s-Ebene durchgeführt, mit $s = \sigma + j\omega$. Mit Hilfe der üblichen Rechenverfahren, z. B. über eine Partialbruchzerlegung, ergeben sich dann die Bauelemente des Filters, meist als Abzweigschaltung.

Viel häufiger liegt jedoch der Fall vor, daß eine komplexe Transistoreingangsimpedanz innerhalb eines vorgegebenen Frequenzbereichs an einen reellen Generatorinnenwiderstand angepaßt werden soll. Von den dafür geeigneten iterativen Syntheseverfahren [17–22, 54] wird im CAD-Bereich besonders häufig die „real frequency technique" angewendet. Der Name rührt daher, daß die anzupassende Impedanz als Tabelle vorliegt: Zu jedem reellen Frequenzpunkt gehört ein komplexer Impedanzwert. Das Verfahren rechnet also zunächst mit reellen Kreisfrequenzen ω. Wiederum ausgehend von der Betriebsleistungsverstärkung g_T, die jetzt aber nur bei diskreten Frequenzen bekannt ist, wird der Realteil der Eingangsimpedanz des Zweitors durch einen Polygonzug approximiert und an den gewünschten Verlauf angepaßt. Der zugehörige Imaginärteil wird über die Hilbert-Transformation berechnet. Die sich ergebende, stückweise stetige Funktion wird durch eine gebrochen rationale Funktion angenähert und aus dieser wird dann, wie bei den direkten Verfahren, die gesuchte Schaltung ermittelt.

Bei den direkten und bei den iterativen Verfahren kann man nicht nur einen geradlinigen Verlauf, sondern auch einen linearen Anstieg oder Abfall der logarithmierten Übertragungsfunktion im Durchlaßbereich vorgeben. Damit ist die Möglichkeit gegeben, das Eingangs- und Ausgangsanpaßnetzwerk eines breitbandigen Transistorverstärkers oder die Anpaßschaltung zwischen zwei Transistoren eines mehrstufigen Verstärkers vom Syntheseprogramm entwerfen zu lassen (s. F 1.7, F 1.8). Bei der direkten Synthese wird der Transistor als rückwirkungsfrei angenommen. In einer Weiterentwicklung der Real-frequency-Methode [27] werden sowohl die Transistorrückwirkung als auch die Verluste in den Kondensatoren und Induktivitäten berücksichtigt, und zwar die ohmschen, die dielektrischen und die Skineffektverluste einschließlich ihrer jeweiligen Frequenzabhängigkeit.

8.6 Analyse von Systemen
Analysis of systems

Die jüngste Entwicklung im Bereich der CAD-Programme sind solche, mit denen analoge HF- und Mikrowellensysteme analysiert werden können. Im Unterschied zur Schaltungsebene, wo diskrete Bauelemente wie Kondensatoren, Widerstände und Transistoren zu Schaltungen zusammengesetzt werden, benutzt man in der Systemebene komplette Schaltungen bzw. Systemkomponenten wie z. B. Verstärker, Filter, Dämpfungsglieder, Mischer, Leitungen, Antennen und Funk-Kanäle, um die Systemeigenschaften berechnen zu können.

Die Beschreibung der benutzten Komponenteneigenschaften ist auf verschiedene Arten möglich. Zu Beginn einer Systementwicklung oder, wenn es sich beispielsweise um die kurzfristige Erstellung eines Angebots oder um eine Machbarkeitsstudie handelt, sind sehr wenige Angaben ausreichend, um mit Hilfe des CAD-Programms einen Überblick über das Systemverhalten zu bekommen. Bei einem Filter genügt der Typ, die Grenzfrequenz und die Flankensteilheit, bei einem Dämpfungsglied der Dämpfungswert und der Reflexionsfaktor. Die Eingabe erfolgt in Form einer Netzliste über die Tastatur oder über das Blockschaltbild mit der Maus. Wenn die Systementwicklung weiter fortgeschritten ist, werden diese einfachen Modelle ersetzt durch genauere Beschreibungsarten. Für ein Filter wird die S-Parameterdatei aufgerufen, die mit einem Filtersyntheseprogramm ermittelt wurde und ein Verstärker wird durch temperatur- und frequenzabhängige Rauschparameter in Gleichungsform und durch S-Parametertabellen als Funktion der Eingangsleistung und der Frequenz beschrieben. Handelsübliche Komponenten werden aus Herstellerdateien mit ihrer Modellnummer aufgerufen. Das System kann von Rauschquellen und von Signalquellen mit Sinussignalen verschiedener Frequenzen oder mit beliebigen periodischen Zeitfunktionen gespeist werden (unter anderem also AM-, FM- und pulsmodulierte Signale). Verzweigungen und Rückkopplungsschleifen sind möglich.

Die Berechnung des Systems erfolgt im Zeitbereich oder im Frequenzbereich unter Berücksichtigung aller Nichtlinearitäten und aller internen Reflexionen. Am Ausgang des Systems und an beliebigen Stellen zwischen den Komponenten können die Signal- und die Rauschparameter [23] gemessen werden. Als unabhängige Variable kann die Frequenz, die Zeit, die Temperatur und die Leistung benutzt werden. Damit sind Ausgabegrafiken möglich wie Amplitude der Harmonischen als Funktion des Eingangspegels, Rauschzahl als Funktion der Temperatur oder zeitlicher Verlauf des Videoimpulses am Ausgang eines logarithmischen Verstärkers.

Alternativ zur grafischen Darstellung lassen sich Meßgrößen analog zu einem Pegelplan in Form von Tabellen darstellen. So kann der Systementwickler feststellen, welche Verstärkerstufe zuerst in die Kompression kommt, welches Bauteil für die Entstehung einer nichtharmonischen Spektrallinie zuständig ist oder wodurch der Störabstand am wirkungsvollsten verbessert werden kann. Für den eigentlichen, interaktiven Vorgang der Systementwicklung stehen wie bei den CAD-Programmen der Schaltungsanalyse die Betriebsarten *Abgleich*, *Optimierung* und *Toleranzanalyse* zur Verfügung.

Zur Analyse von Radarsystemen, Funkempfängern und Funkverbindungen sind spezialisierte CAD-Programme erhältlich.

8.7 Ersatzschaltbilder für Transistoren
Transistor equivalent circuit models

Bei der Berechnung von Transistorverstärkern haben die Kennwerte des Transistors einen entscheidenden Einfluß auf die Übereinstimmung zwischen dem Rechenergebnis und der Realität. Im einfachsten Fall stehen die Transistordaten dem CAD-Programm in Form einer Tabelle zur Verfügung. Darin sind für diskrete Frequenzen Betrag und Phase aller vier S-Parameter enthalten. Sie sind gültig für eine spezielle Schaltung (z. B. Basis-Schaltung), für einen festen Gleichstromarbeitspunkt und für den Kleinsignalbetrieb. Die S-Parameter für nichtenthaltene Frequenzen werden interpoliert. Dies ist der Grund dafür, daß der Frequenzgang in Bild 3 keine glatte Kurve ist. Die S-Parameterdateien werden von den Transistorherstellern gemessen und den Anwendern der CAD-Programme zur Verfügung gestellt (im Datenblatt und auf Diskette).

In Erweiterung dieses Prinzips der Transistorbeschreibung kann man mehrere S-Parametertabellen zur Verfügung stellen, z. B. eine für Leistungsanpassung und eine für Rauschanpassung. Alternativ kann der Nutzer die S-Parameter für ein spezielles Exemplar und einen festen Arbeitspunkt messen und die Meßergebnisse in das CAD-Analyseprogramm übernehmen.

Für den Schaltungsentwickler, der den betreffenden Transistor weder bei Leistungsanpassung noch bei Rauschanpassung betreiben möchte, sind jedoch auch zwei oder drei S-Parametertabellen unzureichend. Um optimierte Schaltungen entwickeln zu können, benötigt er die Kleinsignal-S-Parameter als Funktion der Frequenz *und* als Funktion des Gleichstromarbeitspunkts. Für die Entwicklung von Leistungsverstärkern und Oszillatoren müssen zusätzlich noch die Transistoreigenschaften im Großsignalbetrieb bekannt sein. Das Messen der Großsignal-S-Parameter mit einem Netzwerkanalysator ist nicht direkt möglich, da die erforderlichen hohen Signalpegel fehlen.

Die vollständige Beschreibung der Transistoreigenschaften durch S-Parameter als Funktion der Frequenz, des Arbeitspunkts und der Signalamplitude führt also zu meßtechnischen Problemen, ergibt zu umfangreiche Dateien und ist weiterhin ungünstig für Berechnungen im Zeitbereich. Insofern ist man dazu übergegangen, Halbleiterbauelemente durch Ersatzschaltbilder zu beschreiben (Bild 6 und Bilder M 1.15 und M 1.16). Damit erhält man eine wesentlich reduzierte Datenmenge pro Transistortyp. Diese Ersatzschaltbilder bestehen aus Leitungen, nichtlinearen Elementen, diskreten, konstanten Bauelementen, gesteuerten Quellen und diskreten Bauelementen, deren Werte durch Gleichungen als Funktion des Gleichstromarbeitspunkts definiert werden. Man unterscheidet grundsätzlich zwischen linearen und nichtlinearen Ersatzschaltbildern. Bei einem nichtlinearen Ersatzschaltbild enthält das Spektrum des Ausgangssignals zusätzliche Spektrallinien, die im Eingangssignal nicht vorhanden sind. Für die Betrachtung im Zeitbereich heißt dies, daß die Kurvenform des Ausgangssignals (bei hinreichend großer Aussteuerung) von der des Eingangssignals verschieden ist.

Das Ersatzschaltbild kann sowohl in der linearen als auch in der nichtlinearen Analyse, für Berechnungen im Zeitbereich und im Frequenzbereich, für Gleich- und Wechselstromberechnungen benutzt werden. Mit zunehmender Komplexität der Ersatzschaltbilder ist es immer genauer möglich, das Verhalten eines Transistors vollständig zu beschreiben. Sowohl das Kennlinienfeld einschließlich des Durchbruchbereichs als auch das Intermodulationsverhalten im Großsignalbetrieb z. B. bis zur Amplitude der fünften Harmonischen sind damit berechenbar.

Es existieren spezielle Rechnerprogramme, die aus den bei verschiedenen Arbeitspunkten mit einem Netzwerkanalysator gemessenen Kleinsignal-S-Parametern und aus dem gemessenen statischen Kennlinienfeld des Transistors die Elemente des gewählten Ersatzschaltbildes berechnen. Das Verfahren ist sehr rechenzeitintensiv. Auf iterative Weise werden zunächst die Bauelemente bzw. Parameter eines vereinfachten Modells berechnet. Im nächsten Schritt erfolgt dann die verfeinerte Kennlinienanpassung für bis zu 40 Parameter pro Frequenzpunkt. Für GaAs-

Bild 6. Ersatzschaltbild für einen bipolaren Mikrowellentransistor [55]. Die nichtlinearen Bauelemente sind mit einem Stern gekennzeichnet

MESFETs, HEMTs und bipolare Transistoren werden unterschiedliche Ersatzschaltbilder benutzt [28–40, 55, 71]. Die Dateien mit den Ersatzschaltbild-Elementen werden entweder vom Anwender für einzelne Exemplare ermittelt oder sie werden vom Transistorhersteller als Produktionsmittelwerte zur Verfügung gestellt.

Die konsequente Weiterentwicklung solcher Programme zur Parameterextraktion führt zu statistischen Ersatzschaltbildern. Ausgehend von Meßergebnissen an einer großen Zahl von Transistoren des gleichen Typs berechnet das Programm nicht nur die Bauelementemittelwerte des Ersatzschaltbilds, sondern auch deren Standardabweichung, die Art der Verteilungsfunktion sowie Korrelationen zwischen einzelnen Parametern. Mit diesen erweiterten Ersatzschaltbildern lassen sich solche Teilaufgaben der Schaltungsanalyse wie Toleranzanalyse und Ausbeuteoptimierung, die mit Methoden der Wahrscheinlichkeitsrechnung arbeiten, weiter verbessern.

Näherungsweise lassen sich die Elemente des Ersatzschaltbildes auch aus den für nur einen Arbeitspunkt gemessenen Kleinsignal-S-Parametern und den gemessenen Gleichstromkennlinien ermitteln. Einige Elemente lassen sich auch unmittelbar mit Gleichstrom oder bei sehr niedrigen Frequenzen messen. Ein anderer Weg zur Herleitung der Elemente des Ersatzschaltbilds geht von der Geometrie und vom Aufbau des Transistors aus. Sofern das Ersatzschaltbild für einen GaAs FET mit 1 µm Gatebreite bekannt ist, können die Elemente umgerechnet werden für einen Transistor mit z.B. 0,5 µm Gatebreite.

Neben den Ersatzschaltbildern existieren physikalische Modelle [28] zur Beschreibung von Halbleitern. Die Parameter dieser Modelle sind Gate- und Kanalabmessungen sowie Dotierungsprofile. Da man hier von den Gesetzen der Festkörperphysik, der Geometrie des Transistors und dem Herstellungsprozeß ausgeht, erwartet man speziell bei der Erweiterung zum statistischen Modell größere Genauigkeit bei der Beschreibung der Realität.

8.8 Berechnen von Bauelementen; Feldberechnung
Microwave mechanical component design; computation of fields

Für den rechnergestützten Entwurf von Bauelementen, wie z.B. die Optimierung eines Übergangs von Koaxial- auf Microstripleitung oder die Verkopplung zwischen einer Microstripleitung und einer Schlitzleitung im Masseblech, müssen zweidimensionale Stromdichteverteilungen oder dreidimensionale elektromagnetische Felder berechnet werden. Dies gilt ebenfalls für das Erstellen neuer Modelle zum Einsatz in CAD-Analyseprogrammen, wie z. B. eine unsymmetrische, nichtrechtwinklige T-Verzweigung in Microstriptechnik, und für das genaue Berechnen von Verkopplungen innerhalb einer Schaltung bzw. zwischen Schaltung und Gehäuse.

Quasistatische Näherungsverfahren. Das zu lösende Feldproblem wird durch ein zwei- oder dreidimensionales Gitter geeigneter diskreter Bauelemente ersetzt und dieses wird mit einem Rechnerprogramm für lineare Schaltungsanalyse berechnet. Für statische Felder und Strömungsfelder sind solche Gitterzerlegungen seit jeher bekannt. Ein anschauliches Beispiel ist die Berechnung des ohmschen Widerstands einer L-förmigen Widerstandsschicht, durch Zerlegen in ein ebenes Netz gleichgroßer Widerstände. Dieses Prinzip läßt sich auf die Berechnung planarer Leitungsinhomogenitäten erweitern [41]. Eine Microstripleitungsinhomogenität wird z.B. in viele, sehr kleine Abschnitte unterteilt, jeder Abschnitt wird durch ein geeignetes RLC-Netzwerk beschrieben und die S-Parameter der Gesamtanordnung werden als Funktion der Frequenz berechnet.

Zweidimensionale Feldberechnung. Zur Berechnung der elektromagnetischen Felder in planaren Strukturen existieren verschiedene, universell einsetzbare Programme. Die zur Anwendung kommenden Rechenverfahren [49, 63] sind unter anderem die Momenten-Methode [69] und die Finite-Elemente-Methode im Frequenzbereich und die Finite-Differenzen-Methode im Zeitbereich [42–44, 46–51, 56, 64]. Der Benutzer des Programms gibt die Randkonturen der Leiter und die Materialeigenschaften (Dielektrizitätszahl, Verlustfaktor) ein. Das Programm berechnet die S-Parameter des Bauelements als Funktion der Frequenz. Zusätzlich können die Verteilung der Flächenstromdichte und die Potentiallinien auf der Oberfläche der berechneten Streifenleiter dargestellt werden. Elektromagnetische Verkopplungen innerhalb der Anordnung werden berücksichtigt. Die Dicke der Metallisierung von Streifenleitern, der Skineffekt und der Proximity-Effekt zwischen mehreren benachbarten Leitern werden berücksichtigt. Für Leitungen, die EH-Wellen führen (Microstrip-Leitung, Schlitzleitung), sind zweidimensionale Lösungsmethoden stets eine Näherung.

Dreidimensionale Feldberechnung. Bei den Rechnerprogrammen zur Lösung der Maxwellschen Gleichungen in beliebig berandeten, dreidimensionalen Gebieten wird die Finite-Elemente-Methode (FEM) benutzt. Die FEM ist zur Berechnung von elektromagnetischen Wellenfeldern nicht unbedingt die optimale Methode. Da sie jedoch in der Mechanik intensiv genutzt wird,

konnte bei den Elektrotechnikanwendungen auf die dort vorhandene Software-Erfahrung zurückgegriffen werden.
Der Benutzer des Programms gibt zunächst interaktiv mit der Maus und verschiedenen Unterprogrammen zur Grafikmanipulation die Geometrie der Struktur ein (beispielsweise einen Hohlraumresonator mit teilweiser dielektrischer Füllung einschließlich der Anschlußleitungen oder eine planare Leiterstruktur innerhalb eines Metallgehäuses). Dann werden die Materialeigenschaften eingegeben: verlustbehaftete Leiter, verlustbehaftete dielektrische und/oder magnetische Materialien.
Das Programm erzeugt und optimiert automatisch das 3-D-Gitternetz und berechnet dafür die Lösung der Maxwellschen Gleichungen. Es kann im Zeitbereich (Einschwingvorgänge) oder im Frequenzbereich (sinusförmige Anregung) gerechnet werden. Der Nutzer gibt die gewünschte Genauigkeit der Lösung vor. Das Programm paßt daraufhin die Maschenweite in den kritischen Feldbereichen automatisch dieser Forderung an, sofern ausreichend Speicherplatz und Rechenzeit zur Verfügung stehen. 3-D-Programme erfordern Hochleistungsrechner. Bei einer Ortsauflösung von $\lambda/20$ ergeben sich für ein felderfülltes Volumen, das 5 Wellenlängen lang, $\lambda/2$ hoch und $\lambda/2$ breit ist, bereits 10 000 Gitterpunkte. An jedem Gitterpunkt müssen 6 Feldkomponenten gespeichert werden. In stark inhomogenen Feldbereichen muß die Ortsauflösung wesentlich feiner als $\lambda/20$ sein.
Bei der grafischen Ausgabe der Rechenergebnisse kann man zwischen verschiedenen Größen (unter anderem S-Parameter, Feldstärke, Energiedichte, Stromdichte) und verschiedenen Darstellungsformen (Tabellen, Kurven, Feldbilder, 3-D-Darstellungen) wählen. Firmenintern werden bereits Programmpakete genutzt, mit denen für eine vollständige Microstripschaltung einschließlich Gehäuse bis 90 GHz die dreidimensionale, feldtheoretische Analyse durchgeführt wird.

8.9 Ausblick
Outlook

Im Unterschied zu Meßgeräten, bei denen fast jeder Hersteller in den technischen Daten klar formulierte Einsatzgrenzen und Meßfehler angibt, ist dies bei CAD-Programmen heute noch unüblich. Damit fällt es einem potentiellen Nutzer schwer, konkurrierende Produkte miteinander zu vergleichen und dasjenige herauszufinden, welches die gewünschten Anforderungen optimal erfüllt.
Der Kauf eines guten CAD-Programms hat nicht zur Folge, daß damit ein mittelmäßig qualifizierter Entwicklungsingenieur Spitzenprodukte erzeugt. Die Qualität einer Entwicklung ist nach wie vor abhängig von der Qualifikation des Ingenieurs. Der effiziente Einsatz von CAD-Programmen bedingt wesentliche zusätzliche Kenntnisse und Fähigkeiten des Benutzers. Er muß den Rechner, die Peripheriegeräte und das Programm bedienen und ökonomisch einsetzen können; weiterhin muß er ausreichende Erfahrungen in der Benutzung des Programms haben, dessen Grenzen kennen und viele zusätzliche Details berücksichtigen, die notwendig sind, damit das Endprodukt die angestrebten Entwicklungsziele erfüllt.
Der jeweilige Stand der Technik richtet sich nach den zur Verfügung stehenden Hilfsmitteln: Theorie, Bauelemente, Meßgeräte, CAD-Programme. Die Entwicklung neuartiger oder verbesserter Komponenten, Schaltungen und Systeme wird durch die Benutzung von CAD-Programmen nicht einfacher, aber vielfach erst machbar.
Speziell wenn mehrere Entwicklungsingenieure das gleiche Programmsystem benutzen, wächst die Zahl der gespeicherten Dateien sehr schnell an. Langfristig muß deshalb eine gegliederte, übersichtliche Dateiverwaltung erreicht werden. Eine Besonderheit im CAD-Bereich ist, daß während einer Entwicklung und bei späteren Modifikationen das gleiche umfangreiche Grundprogramm mit nur wenigen Änderungen versehen stets erneut wieder abgespeichert wird. Dieser Speicherbedarf ließe sich verringern und gleichzeitig der Entwicklungsablauf überschaubarer gestalten, wenn statt dessen – ähnlich wie in einem Laborbuch – nur die vorgenommenen Änderungen in zeitlicher Reihenfolge gespeichert würden.
Derzeit gibt es auf dem CAD-Programm-Markt eine Vielfalt von Insellösungen und einige wenige, umfassende, integrierte Systemlösungen. Es wäre wünschenswert und der weiteren Verbreitung der rechnergestützten Schaltungsentwicklung sicherlich förderlich, wenn es im HF- und Mikrowellenbereich eine ähnliche Entwicklung gäbe, wie sie sich zur Zeit im Elektronikbereich abzeichnet. Das Entstehen von *offenen* Rahmenprogrammen mit genormten Schnittstellen, die es ermöglichen, die Einzelprogramme verschiedener Hersteller zusammen mit selbsterstellten Programmen gemeinsam zu benutzen.
Für monolithische integrierte Mikrowellenschaltungen (MMICs) werden spezielle Programmsysteme angeboten, die den besonderen Gegebenheiten dieser Technologie angeglichen sind. Diese Programmsysteme enthalten meist sämtliche im Vorangegangenen beschriebene CAD-Programme. Die MMIC-Entwicklung endet unmittelbar mit der Herstellung der Masken für die mehrlagige, monolithische Schaltung. Einige MMIC-Hersteller bieten Bibliotheken mit Modellen für Halbleiter und Leitungsbauelemente an, die, dem dort benutzten Herstellungsprozeß

angepaßt sind. Für die MMIC-Entwicklung sind CAD-Verfahrend besonders wichtig, da der Prototypenbau teuer ist und kaum Möglichkeiten zum Abgleich einer fertigen Schaltung existieren. Da die Linearabmessungen einer monolithischen Schaltung etwa um den Faktor 20 bis 100 kleiner sind als bei traditionellen Mikrowellenschaltungen, wirken sich parasitäre Effekte wesentlich weniger störend aus. Eine ausreichend genaue Rechnersimulation wird dadurch erleichtert.

Spezielle Literatur: [1] *Encarnacao, J. L.; Lindner, R.; Schlechtendahl, E. G.:* Computer aided design: Fundamentals and system architectures. 2. Aufl., Berlin: Springer 1990. – [2] *Jansen, R. H.:* Computer-aided design of hybrid and monolithic microwave integrated circuits – state of the art, problems and trends. 13th European Microwave Conference 1983, pp. 67–78. – [3] *Hoffmann, G. R.:* Introduction to the computer-aided design of microwave circuits. 14th Europ. Microwave Conf. 1984, pp. 731–737. – [4] *Bandler, J. W.; Chen, S. H.:* Circuit optimization: The state of the art. IEEE-MTT 36, no. 2, Febr. 1988, pp. 424–443. – [5] *Brayton, K.; Spence, R.:* Sensitivity and optimization. Amsterdam: Elsevier 1980. – [6] *Gill, P.; Murray, W.; Wright, M.:* Practical optimization. New York: Academic Press 1981. – [7] *York, R. A.; Compton, R. C.:* Experimental evaluation of existing CAD models for microstrip dispersion. IEEE-MTT 38, no. 3, 1990, pp. 327–328. – [8] *Rizzoli, V.; Neri, A.:* State of the art and present trends in nonlinear microwave CAD techniques. IEEE-MTT 36, no. 2, Febr. 1988, pp. 343–365. – [9] *Hoefer, E. E. E.; Nielinger, H.:* SPICE. Berlin: Springer 1985. – [10] *Nakhla, M. S.; Vlach, J.:* A piecewise harmonic balance technique for determination of periodic response of nonlinear systems. IEEE-CAS 23, Febr. 1976. – [11] *Lipparini, A.; Marazzi, E.; Rizzoli, V.:* A new approach to the computer-aided design of nonlinear networks and its application to microwave parametric frequency dividers. IEEE-MTT 30 (1982) 1050–1058. – [12] *Rizzoli, V.; Lipparini, A.; Marazzi, E.:* A general purpose program for non-linear microwave circuit design. IEEE-MTT 31 (1983) 762–770. – [13] *Gilmore, W.:* Nonlinear circuit design using the modified harmonic balance algorithm. IEEE-MTT 34 (1986) 1294–1307. – [14] *Vendelin/Pavio/Rohde:* Designing microwave amplifiers, oscillators and mixers using S-parameters. London: Wiley 1989. – [15] *Mellor, D. J.; Linvill, J. G.:* Synthesis of interstage networks of prescribed gain versus frequency slope. IEEE-MTT 23 (1975) 1013–1020. – [16] *Mellor, D. J.:* Improved computer-aided synthesis tools for the design of matching networks for wide-band microwave amplifiers. IEEE-MTT 34 (1986) 1276. – [17] *Ha, T. T.:* Solid state microwave amplifier design. New York: Wiley 1981. – [18] *Yarman, B. S.; Carlin, H. J.:* A simplified real frequency technique applied to broad-band multistage microwave amplifiers. IEEE-MTT 30 (1986) 2216–2222. – [19] *Carlin, H. J.; Yarman, B. S.:* The double matching problem: Analytic and real frequency solutions. IEEE-CAS 30 (1983) 15–28. – [20] *Orchard, H. J.:* Filter design by iterated analysis. IEEE-CAS 32 (1985) 1089–1096. – [21] *Abrie, P. L. D.:* The design of impedance-matching networks for radio-frequency and microwave amplifiers. Dedham MA: Artech House 1985. – [22] *Carlin, H. J.; Komiak, J. J.:* A new method of broad-band equalization applied to microwave amplifiers. IEEE-MTT 27 (1979) 93. – [23] *Kanaglekar, N. G.; Mc Intosh, R. E.; Bryant, W. E.:* Wave analysis of noise in interconnected multiport networks. IEEE-MTT 35 (1987) 112–116. – [24] *Spence, R.; Soin, R. S.:* Tolerance design of electronic circuits. Reading, MA: Addison Wesley 1988. – [25] *Duff, I. S.; Erismann, A. M.; Reid, J. K.:* Direct methods for sparse matrices. Oxford: Clarendon Press 1986. – [26] *Gupta, K. C.; Garg, R.; Chadha, R.:* Computer-aided design of microwave circuits. Dedham, MA: Artech House 1981. – [27] *Zhu, L.; Wu, B.; Sheng, C.:* Real frequency technique applied to the synthesis of lumped broad-band matching networks with arbitrary nonuniform losses for MMIC's. IEEE-MTT 36 (1988) 1614–1619. – [28] *Bandler, W.; Zhang, Q. J.; Cai, Q.:* Nonlinear circuit optimization with dynamically integrated physical device models. IEEE-MTT-S (1990) 303–306. – [29] *Materka, A.; Kacprzak, T.:* Computer calculation of large-signal GaAs FET amplifier characeristics. IEEE-MTT 33 (1985) 129–135. – [30] *Statz/Newman/Smith/Pucel/Haus:* GaAs FET device and circuit simulation in SPICE. IEEE-ED 34 (1987) 160–169. – [31] *Curtice, W. R.; Ettenberg, M.:* A nonlinear GaAs FET model for use in the design of output circuits for power amplifiers. IEEE-MTT 33 (1985) 1383–1394. – [32] *Sango/Pitzalis/Lerner/McGuire/Wang/Childs:* A GaAs MESFET large-signal circuit model for nonlinear analysis. IEEE-MTT-S (1988) 1053–1056. – [33] *Curtice, W. R.:* GaAs FET modeling and nonlinear CAD. IEEE-MTT 36 (1988) 220–230. – [34] *Kienzler, R.; van Staa, P.; Schmid, E.:* DC-Großsignalmodelle integrierter Bipolartransistoren. ntz-Archiv, Bd. 10 (1988) 237–246. – [35] *Curtice, W. R.:* Intrinsic GaAs MESFET equivalent circuit models generated from two-dimensional simulations. IEEE-CAD (1989) 395–402. – [36] *Kondoh, H.:* Accurate FET modeling from measured S-parameters. IEEE-MTT Symp. (1986) 377–380. – [37] *Sedzik, H.; Wolff, I.:* Modellbildung und nichtlineare Simulation von GaAs-MESFET bzw. -HFET. ntz Archiv, Bd. 11 (1989) 271–276. – [38] *Escotte, L.; Mollier, J.-C.:* Semidistributed model of millimeter-wave FET for S-parameter and noise figure predictions. IEEE-MTT 38 (1990) 748–753. – [39] *Weiss, M.; Pavlidis, D.:* The influence of device physical parameters on HEMT large-signal characteristics. IEEE-MTT 36 (1988) 239–249. – [40] *Jacobini, C.; Lugli, P.:* The Monte Carlo method for semiconductor device simulation. Berlin: Springer 1989. – [41] *Hoeffer, W. J. R.:* The transmission-line-matrix method – Theory and application. IEEE-MTT 33 (1985) 882–893. – [42] *Pan, G.-W.; Olson, K. S.; Gilbert, B. K.:* Improved algorithmic methods for the prediction of wave front propagation behavior in multiconductor transmission lines for high frequency digital signal processors. IEEE-CAD 8 (1989) 608–621. – [43] *Wirth, K.-H.; Siegl, J.:* Zur Schaltkreissimulation mit verkoppelten Mehrleitersystemen im Zeitbereich. Frequenz 42 (1988) 305–313. – [44] *Zienkiewicz, O. C.:* Methode der finiten Elemente. München: Hauser 1984. – [45] *Maas, S. A.:* Nonlinear microwave circuits. Dedham, MA: Artech House 1988. – [46] *Chari, M.; Silvester, P. P. (Hrsg.):* Finite elements in electrical and magnetic field problems. London: Wiley 1980. – [47] *Sabonnadiere, J.-C.; Coulomb, J.-L.:* Finite elements methods in CAD. London: North Oxford Academic 1987. – [48] *Kämmel, G.; Franeck, H.; Recke, H.-G.:* Einführung in die Methode der finiten Elemente. München: Hauser 1990. – [49] *Yamashita, E. (Hrsg.):* Analysis methods for electromagnetic wave problems. Dedham, MA: Artech House 1990. – [50] *Hübner, K. H.; Thornton, E. A.:* The finite element method for engineers. New York: Wiley 1982. – [51] *Silvester, P. P.; Ferrari, R. L.:* Finite elements for electrical engineers. London: Cambridge Univ. Press 1990. – [52] *Proc. of the 2nd annual workshop on interactive computing: CAD/CAM:* Electrical engineering education.

IEEE Press 1983. – [53] *Calahan, D. A.:* Rechnergestützter Schaltungsentwurf. München: Oldenbourg 1973. – [54] *Chen, W. K.:* Broadband matching. Singapur: World Scientific 1988. – [55] *Bunting, J.:* Nonlinear BJT model accurately simulates microwave operation. Microwaves & RF, Nov. 1989. – [56] *Garcia, P.; Webb, J. P.:* Optimization of planar devices by the finite element method. IEEE-MTT 38 (1990) 48–53. – [57] *Rosloniec, S.:* Algorithms for computer-aided design of linear microwave circuits. Dedham, MA: Artech House 1990. – [58] *Purviance, J.; Meehan, M. D.; Collins, D. M.:* Properties of FET statistical data bases. Proc. of the IEEE-MTT-S (1990) 567–570. – [59] *Purviance, J.; Meehan, M. D.:* CAD for statistical analysis and design of microwave circuits. Int. J. MMCAE 1 (1991) 59–76. – [60] *Dobrowolski, J. A.:* Introduction to computer methods for microwave circuit analysis and design. Dedham, MA: Artech House 1991. – [61] *Schetzen, M.:* The Volterra and Wiener theories of nonlinear systems. New York: Wiley 1980. – [62] *Weiner, D. D.; Spina, J. F.:* Sinusoidal analysis and modeling of weakly nonlinear circuits. New York: Van Nostrand Reinhold 1980. – [63] *Itoh, T. (Hrsg.):* Numerical techniques for microwave and millimeter wave passive structures. New York: Wiley 1989. – [64] *Jackson, R. W.:* Full-wave finite element analysis of irregular microstrip discontinuities. IEEE-MTT 37 (1989) 81–89. – [65] *Barker, D. C.:* MINNIE and HSpice for analogue circuit simulation. London: Chapman & Hall 1991. – [66] *Schetzen, M.:* Nonlinear system modeling based on the Wiener theory. Proc. of the IEEE 69 (1981) 1557–1573. – [67] *Müller, K. H.:* Elektronische Schaltungen und Systeme (Simulieren, analysieren, optimieren mit SPICE). Würzburg: Vogel 1990. – [68] *Wu, D.; Chang, D.; Brim, B.:* Accurate numerical modeling of microstrip junctions and discontinuities. Int. J. MMCAE 1 (1991) 45–58. – [69] *Hill, A.; Tripathi, V. K.:* An efficient algorithm for the three-dimensional analysis of passive microstrip components and discontinuities for microwave and millimeter-wave integrated circuits. IEEE-MTT 39, Jan. 1991. [70] *Wolff, I.:* From static approximation to full-wave analysis: The analysis of planar line discontinuities. Int. J. MMCAE 1 (1991) 117–142. – [71] *Mc Camant, A. J.; Mc Cormack, G. D.; Smith, D.:* An improved GaAs MESFET model for SPICE. IEEE-MTT 38, Jun. 1990.

D | Grundbegriffe der Nachrichtenübertragung
Elements of communication engineering

K.-H. Löcherer (3) und H.D. Lüke (1, 2, 4, 5)

1 Nachrichtenübertragungssysteme
Communication systems

Das allgemeine Schema eines elementaren elektrischen Nachrichtenübertragungssystems zeigt Bild 1. Signale einer beliebigen *Nachrichtenquelle* werden i. allg. zunächst in einem Aufnahmewandler in elektrische Zeitfunktionen abgebildet. Ein *Sender* erzeugt dann in einer zweiten Abbildung ein Sendesignal, welches durch geeignete Form und hinreichenden Energieinhalt an den durch Übertragungseigenschaften und Störungen charakterisierten *Übertragungskanal* angepaßt ist. Am Ausgang des Kanals übernimmt ein *Empfänger* die Aufgabe, das Ausgangssignal des Aufnahmewandlers möglichst gut zu rekonstruieren. Der Wiedergabewandler bildet dieses Signal dann schließlich in eine für die *Nachrichtensenke* geeignete Form ab. Prinzipiell gilt das Schema Bild 1 auch beispielsweise für Nachrichtenspeicher, bei denen der Kanal dann das Speichermedium darstellt. Es läßt sich weiter ausdehnen auf Meß- oder Radarsysteme, bei denen Sender und Empfänger häufig am gleichen Ort lokalisiert sind und Informationen über Eigenschaften des Kanals gesucht werden.

Besonders bei *digitalen Übertragungssystemen* wird die Abbildung in das Sendesignal allgemein in Quellen-, Kanal- und Leitungscodierung aufgeteilt (Bild 2). Die diskrete Nachrichtenquelle, die z. B. mit dem Aufnahmewandler von Bild 1 identisch sein kann, erzeugt hier digitale (d. h. zeit- und wertdiskrete) Signale und zwar i. allg. in Form einer Binärimpulsfolge. Bei analogen Quellensignalen geschieht dies durch eine Digitalisierung, die die Vorgänge Abtastung und Quantisierung umfaßt (s. D 2.1).

Die folgenden Codierungsstufen haben die Aufgabe, dieses digitale Signal so aufzubereiten, daß es über einen gegebenen nichtidealen Kanal bei möglichst hoher Übertragungsgeschwindigkeit mit möglichst geringen Übertragungsfehlern übertragen und an die Nachrichtensenke abgegeben werden kann (s. D 5). Der *Quellencodierer* nutzt statistische Bindungen im Quellensignal und fehlertolerierende Eigenschaften der Senke (wie sinnesphysiologische Eigenschaften des Hör- und Gesichtssinns), um das Quellensignal von im statistischen Sinn überflüssigen (redundanten) Anteilen zu befreien, sowie von Anteilen, deren Fehlen zu nicht wahrnehmbaren oder zu tolerierbaren Fehlern führen (irrelevante Anteile). Der *Kanalcodierer* fügt dem Signal Zusatz-

Bild 1. Allgemeines Schema einer Nachrichtenübertragung

Bild 2. Schema eines digitalen Übertragungssystems

informationen hinzu, z. B. in Form einer fehlerkorrigierenden Codierung, die den Einfluß von Übertragungsfehlern vermindern. Der *Leitungscodierer* schließlich bildet das digitale Signal in eine Form ab, die für die Übertragung gut geeignet ist und z. B. eine einfache Taktrückgewinnung (s. O 2.6) ermöglicht. Im Empfänger werden in entsprechenden Stufen diese Vorgänge rückgängig gemacht und das ursprüngliche Signal möglichst gut rekonstruiert. Bei einfachen digitalen Übertragungssystemen wird auf eine Quellen- und/oder Kanalcodierung oft verzichtet.

2 Signale und Systeme
Signals and systems

Allgemeine Literatur: *Franks, L.E.*: Signal theory. Englewood Cliffs: Prentice Hall 1969. – *Fritzsche, G.*: Theoretische Grundlagen der Nachrichtentechnik. Berlin: Vlg. Technik 1987. – *Hölzler, E.; Holzwarth, H.*: Pulstechnik, Bd. I und II. Berlin: Springer 1982/1984. – *Küpfmüller, K.*: Systemtheorie der elektrischen Nachrichtentechnik. Stuttgart: Hirzel 1974. – *Lücker, R.*: Grundlagen digitaler Filter. Berlin: Springer 1980. – *Lüke, H.D.*: Signalübertragung. Berlin: Springer 1985. – *Marko, H.*: Methoden der Systemtheorie, 2. Aufl. Berlin: Springer 1982. – *Oppenheim, A.; Schafer, R.*: Digital signal processing. New York: Prentice Hall 1975. – *Papoulis, A.*: The Fourier integral. New York: McGraw-Hill 1962. – *Pierce, J.R.; Posner, E.C.*: Introduction to communication science and systems. New York: Plenum 1980. – *Schüßler, W.*: Digitale Signalverarbeitung, 2. Aufl. Berlin: Springer 1988. – *Stark, H.; Tuteur, F.B.*: Modern electrical communications. Englewood Cliffs: Prentice Hall 1979. – *Stearns, S.*: Digitale Verarbeitung analoger Signale. München: Oldenbourg 1984. – *Steinbuch, K.; Rupprecht, W.*: Nachrichtentechnik, 3. Aufl. Bde. I bis III. Berlin: Springer 1982. – *Wozencraft, J.M.; Jacobs, I.W.*: Principles of communication engineering. New York: Wiley 1965. – DIN 40 146: Begriffe der Nachrichtenübertragung. – DIN 40 148: Übertragungssysteme und Vierpole.

2.1 Signale und Signalklassen
Signals and classification of signals

Ein *Signal* ist die Darstellung einer Nachricht durch geeignete physikalische Größen, wie z. B. elektrische Spannungen. Zur Nachrichtenübertragung werden insbesonders Zeitfunktionen $s(t)$ solcher Größen benutzt. Die Beschreibung und Einteilung von Signalen richten sich nach verschiedenen Gesichtspunkten. Einige wichtige Begriffe werden im folgenden zusammengestellt. Zur Vermeidung mathematischer Schwierigkeiten wird hier vereinfachend stets angenommen,

---

Spezielle Literatur Seite D 11

daß die betrachteten Signalfunktionen $s(t)$ physikalisch wenigstens näherungsweise realisierbar sein sollen.

Analoge, diskrete und digitale Signale. Ein Signal kann sowohl in Bezug auf seinen Wertebereich als auch in Bezug auf seinen Definitionsbereich auf der Zeitachse kontinuierlich (nicht abzählbar) oder diskret (abzählbar) sein. Entsprechend wird ein Signal wertkontinuierlich genannt, wenn seine Amplitude oder auch ein anderer relevanter Signalparameter (wie z. B. der Kurzzeiteffektivwert oder die Augenblicksfrequenz) beliebige Werte annehmen kann. Im anderen Fall ist das Signal wertdiskret. In gleicher Weise ist ein Signal zeitkontinuierlich, wenn die Kenntnis seines Wertes zu jedem beliebigen Zeitpunkt erforderlich ist. Bei einem zeitdiskreten Signal ist diese Kenntnis nur zu bestimmten Zeitpunkten notwendig.
Gebräuchlich sind in diesem Zusammenhang auch die Bezeichnungen analoges und digitales Signal. Ein *analoges Signal* bildet einen wert- und zeitkontinuierlichen Vorgang kontinuierlich ab, häufig wird diese Bezeichnung aber auch zur Bezeichnung eines beliebigen wert- und zeitkontinuierlichen Signals gebraucht. Ein *digitales Signal* beschreibt die Zeichen eines endlichen Zeichenvorrates in einem stellenwertigen Code, bezeichnet aber auch allgemein ein beliebiges wert- und zeitdiskretes Signal.
Beispiele für die verschiedenen Möglichkeiten, Signale in dieser Art zu klassifizieren und ineinander umzuwandeln, zeigt Bild 1.

Energie- und Leistungssignale, Korrelationsfunktionen. In der Signal- und Systemtheorie ist es üblich, mit dimensionslosen Größen zu rechnen, also beispielsweise Zeitgrößen auf 1 s und Spannungsgrößen auf 1 V zu normieren. Dadurch werden Größengleichungen zu einfacheren Zahlenwertgleichungen, allerdings geht die Möglichkeit der Dimensionskontrolle verloren. In diesem Sinn ergeben sich Energie E und Leistung P reeller Signale als

$$E = \int_{-\infty}^{\infty} s^2(t)\,dt, \qquad P = \lim_{T \to \infty} \frac{1}{2T} \int_{-T}^{T} s^2(t)\,dt.$$

Hat ein Signal eine endliche, von Null verschiedene Leistung, dann wird es als *Leistungssignal* bezeichnet, seine Energie ist unendlich. Leistungssignale mit endlichem Amplitudenbereich sind zeitlich unendlich ausgedehnt, sie können periodisch oder nichtperiodisch sein.
Ein *Energiesignal* besitzt dagegen eine endliche Energie, es muß daher zumindest näherungsweise zeitbegrenzt, also impulsförmig sein.
Die Korrelationsfunktionen stellen eine Erweiterung des Energie- und Leistungsbegriffs dar.

Bild 1. Klassifizierung von Signalen. Nach [2]

Die *Autokorrelationsfunktion* eines reellen Energiesignals lautet

$$\varphi_{ss}^{E}(\tau) = \int_{-\infty}^{\infty} s(t)\, s(t+\tau)\, dt, \qquad (1)$$

entsprechend gilt für Leistungssignale

$$\varphi_{ss}^{L}(\tau) = \lim_{T \to \infty} \frac{1}{2T} \int_{-T}^{T} s(t)\, s(t+\tau)\, dt. \qquad (2)$$

Die Energie bzw. Leistung eines Signals läßt sich aus dem bei $\tau = 0$ liegenden Maximum der Autokorrelationsfunktion entnehmen.
Verallgemeinert läßt sich für zwei Energiesignale als *Kreuzkorrelationsfunktion* definieren

$$\varphi_{sg}^{E}(\tau) = \int_{-\infty}^{\infty} s(t)\, g(t+\tau)\, dt. \qquad (3)$$

Zwei Signale mit der Eigenschaft $\varphi_{sg}^{E}(0) = 0$ nennt man orthogonal.

Dirac-Stoß und Dirac-Stoßfolge. Der *Dirac-Stoß* $\delta(t)$ zählt zu den verallgemeinerten Funktionen der Distributionstheorie, er ist durch das folgende Integral definiert

$$s(t) = \int_{-\infty}^{\infty} \delta(\tau)\, s(t-\tau)\, d\tau, \qquad (4)$$

wobei $s(t)$ eine beliebige Signalfunktion ist. Einige Eigenschaften des Dirac-Stoßes sind

(a) $\quad a_1 \delta(t) + a_2 \delta(t) = (a_1 + a_2)\, \delta(t). \qquad (5)$

(b) $\quad \int_{-\infty}^{t} \delta(\tau)\, d\tau = \varepsilon(t) \equiv \begin{cases} 0 & t < 0 \\ 1 & t \geq 0; \end{cases} \quad \text{für} \qquad (6)$

die laufende Integration über den Dirac-Stoß ergibt die *Sprungfunktion* $\varepsilon(t)$. Mit $t > 0$ bedeutet dies auch, daß die Fläche unter dem Dirac-Stoß gleich 1 ist.

(c) $\quad s(t)\, \delta(t) = s(0)\, \delta(t); \qquad (7)$

das Produkt eines Dirac-Stoßes mit einer Signalfunktion „siebt" einen Wert der Funktion heraus. Diese Eigenschaft ermöglicht z. B. eine idealisierte Beschreibung des Abtastvorgangs.

Meßtechnisch (und anschaulich) läßt sich der Dirac-Stoß $a\,\delta(t)$ z. B. durch einen sehr schmalen Rechteckimpuls der Fläche a annähern.
Die *periodische Dirac-Stoßfolge* $\sum_{n=-\infty}^{\infty} \delta(t - nT)$
ist für die Beschreibung abgetasteter und periodischer Signale nützlich.
Weitere wichtige Begriffe der Signaltheorie sind die verschiedenen Arten der Signalspektren und der *bandbegrenzten Signale*, die in 2.3 und 2.4 behandelt werden. Auf die Beschreibung nichtdeterminierter oder *Zufallssignale* durch Mittelwerte und Verteilungsfunktionen wird in D 3 eingegangen.

2.2 Lineare, zeitinvariante Systeme und die Faltung
Linear, time-invariant systems and the convolution

Ein System ist definiert durch die eindeutige Zuordnung eines Ausgangssignals $g(t)$ zu einem beliebigen Eingangssignal $s(t)$, also durch eine Transformation(sgleichung) $g(t) = F\{s(t)\}$.
Die *Systemtheorie* betrachtet vorzugsweise Systeme mit idealisierten, einfachen Systemfunktionen $F\{\cdot\}$, mit denen sich das Verhalten der i. allg. komplizierten realen Systeme leichter durchschauen läßt [1].
Hier sollen nur Systeme behandelt werden, die linearen, zeitunabhängigen Schaltungen mit ei-

nem Eingangs- und einem Ausgangstor entsprechen. In diesem Fall läßt sich das System durch eine eindimensionale Funktion, z. B. die Stoßantwort $h(t)$ oder ihre Fourier-Transformierte, die Übertragungsfunktion $\underline{H}(f)$ vollständig beschreiben (s. 2.3). Systeme der hier betrachteten Art sind
(a) linear

$$F\{a_1 s_1(t) + a_2 s_2(t)\} = a_1 g_1(t) + a_2 g_2(t)$$
$$\text{mit}\quad F\{s_i(t)\} = g_i(t), \tag{8}$$

(b) zeitinvariant

$$F\{s(t-T)\} = g(t-T). \tag{9}$$

Mit diesen Eigenschaften läßt sich die Antwort eines solchen *LTI-Systems* (Linear, Time-Invariant System) auf ein beliebiges Eingangssignal sofort berechnen. Aus $g(t) = F\{s(t)\}$ wird mit Gl. (4): $g(t) = F\left\{\int_{-\infty}^{\infty} \delta(\tau)\, s(t-\tau)\, d\tau\right\}$
und mit der Linearitätseigenschaft Gl. (8) (verallgemeinert auf Integrale) folgt

$$g(t) = \int_{-\infty}^{\infty} s(t-\tau)\, F\{\delta(\tau)\}\, d\tau.$$

Hierin ist $F\{\delta(\tau)\} = h(\tau)$ die Antwort des Systems auf einen Dirac-Stoß.
Mit dieser *Stoßantwort* und mit der Zeitinvarianzeigenschaft Gl. (9) folgt als Ergebnis

$$g(t) = \int_{-\infty}^{\infty} h(\tau)\, s(t-\tau)\, d\tau, \tag{10}$$

das *Faltungsintegral* zur Berechnung des Ausgangssignals $g(t)$ aus dem Eingangssignal $s(t)$ und der Stoßantwort $h(t)$.
Bei *kausalen Systemen* mit der Eigenschaft $h(t) = 0$ für $t < 0$ kann die untere Integrationsgrenze in Gl. (10) zu Null gesetzt werden.
Die Stoßantwort eines Systems läßt sich wegen Gl. (6) auch aus der Antwort auf eine Sprungfunktion (Sprungantwort) durch zeitliche Ableitung gewinnen.

Faltungsalgebra. Das Faltungsintegral Gl. (10) wird in symbolischer Schreibweise als Faltungsprodukt geschrieben $g(t) = s(t) * h(t)$. Das Faltungsprodukt ist wie das algebraische Produkt kommutativ, assoziativ und distributiv zur Addition. In dieser Schreibweise lautet Gl. (4)

$$s(t) * \delta(t) = s(t). \tag{11}$$

Mit Hilfe des Faltungsprodukts läßt sich auch das Korrelationsintegral in Gl. (1) und (3) vereinfacht schreiben:

$$\varphi_{ss}^{E}(\tau) = s(-\tau) * s(\tau),$$
$$\varphi_{sg}^{E}(\tau) = s(-\tau) * g(\tau). \tag{12}$$

2.3 Fourier-Transformation
The Fourier transform

Das Faltungsintegral Gl. (10) beschreibt die Antwort eines LTI-Systems über die Stoßantwort. In ähnlicher Weise läßt sich statt der Antwort auf den Dirac-Stoß auch die Antwort auf Sinusfunktionen oder allgemeiner auf komplexe Exponentialfunktionen $s(t) = \exp(j 2\pi f t)$ verwenden. Damit folgt aus Gl. (10)

$$g(t) = h(t) * \exp(j 2\pi f t)$$
$$= \int_{-\infty}^{\infty} h(\tau) \exp[j 2\pi f(t-\tau)]\, d\tau$$
$$= \underline{H}(f) \exp(j 2\pi f t)$$

mit

$$\underline{H}(f) = \int_{-\infty}^{\infty} h(\tau) \exp(-j 2\pi f \tau)\, d\tau. \tag{13}$$

Die Antwort auf eine komplexe Exponentialfunktion ist also für beliebige Frequenzen f ebenfalls eine komplexe Exponentialfunktion mit dem frequenzabhängigen Faktor $\underline{H}(f)$. Man bezeichnet $\underline{H}(f)$ als die *Übertragungsfunktion* des Systems und das Integral Gl. (13) zu seiner Berechnung als *Fourier-Integral*. Schaltet man zwei LTI-Systeme mit den Stoßantworten $h_1(t)$ und $h_2(t)$ in Kette, so ergibt sich in gleicher Rechnung als Antwort auf die komplexe Exponentialfunktion

$$[\exp(j 2\pi f t) * h_1(t)] * h_2(t)$$
$$= [\underline{H}_1(f) \exp(j 2\pi f t)] * h_2(t)$$
$$= \underline{H}_1(f)\, \underline{H}_2(f) \exp(j 2\pi f t).$$

Dieser Zusammenhang zeigt die wichtigste Eigenschaft der Fourier-Transformation: das Faltungsprodukt zweier Zeitfunktionen geht in das algebraische Produkt ihrer Übertragungsfunktionen oder Frequenzfunktionen über.
Da sich umgekehrt bei Kenntnis der Frequenzfunktion die Zeitfunktion aus dem *Fourier-Umkehrintegral* ergibt

$$h(t) = \int_{-\infty}^{\infty} \underline{H}(f) \exp(j 2\pi f t)\, df, \tag{14}$$

stellt die Fourier-Transformation ein mathematisches Hilfsmittel dar, mit der sich die Berechnung eines Faltungsprodukts häufig beträchtlich vereinfachen läßt.
Diese Zusammenhänge sind für den Fall der Übertragung eines Signals $s(t)$ mit dem Amplitudendichtespektrum $\underline{S}(f)$ über ein LTI-System mit der Stoßantwort $h(t)$ und der Übertragungsfunktion $\underline{H}(f)$ noch einmal übersichtlich in folgendem Schema zusammengefaßt.

Zeitbereich: $s(t) * h(t) = g(t)$
Frequenzbereich: $\underline{S}(f)\, \underline{H}(f) = \underline{G}(f)$.

Theoreme der Fourier-Transformation. Der Umgang mit den Integralen der Fourier-Transformation kann durch eine Anzahl von Theoremen erleichtert werden, wie sie in Tab. 1 zusammengestellt sind. Weiter zeigt Tab. 2 eine Auswahl von Zeitfunktionen (Signalfunktionen bzw. Stoßantworten) mit den zugehörigen Frequenzfunktionen (Amplitudendichtespektren bzw. Übertragungsfunktionen). Das Betragsspektrum $|\underline{S}(f)|$ ist nach dem Verschiebungstheorem (Tab. 1) unabhängig von einer Verschiebung des Signals auf der Zeitachse, diese Eigenschaft ist eine der wichtigen Charakteristiken der Fourier-Transformation [2, 3].

Energie- und Leistungsbeziehungen. Die Fourier-Transformation der Autokorrelationsfunktion eines Energiesignals ergibt über Gl. (12) mit den Theoremen für Faltung und Zeitspiegelung

$$\varphi_{ss}^E(\tau) \circ\!\!-\!\!\bullet \Phi_{ss}^E(f) = \underline{S}^*(f)\,\underline{S}(f) = |\underline{S}(f)|^2.$$

$\Phi_{ss}^E(f) = |\underline{S}(f)|^2$ wird *Energiedichtespektrum* des Signals $s(t)$ genannt. Damit läßt sich die Energie eines Signals über Gl. (1) auch aus dem Spektrum berechnen (Parsevalsches Theorem)

$$E = \varphi_{ss}^E(0) = \int_{-\infty}^{\infty} |\underline{S}(f)|^2 \, df.$$

In entsprechender Beziehung erhält man durch Fourier-Transformation der Autokorrelationsfunktion Gl. (2) eines Leistungssignals (z. B. elektronisches Rauschen, s. D 3.2) das *Leistungsdichtespektrum* $\varphi_{ss}^L(\tau) \circ\!\!-\!\!\bullet \Phi_{ss}^L(f)$ und ebenso auch die Leistung $\varphi_{ss}^L(0)$ als Fläche unter dem Leistungsdichtespektrum.

Tabelle 1. Theoreme zur Fourier-Transformation

Theorem	$s(t)$	$\underline{S}(f)$
Fourier-Transformation	$s(t)$	$\underline{S}(f) = \int_{-\infty}^{+\infty} s(t)\,e^{-j2\pi ft}\,dt$
inverse Fourier-Transformation	$\int_{-\infty}^{+\infty} \underline{S}(f)\,e^{j2\pi ft}\,df$	$\underline{S}(f)$
Zerlegung reeller Zeitfunktionen	$s(t) = s_g(t) + s_u(t)$	$\underline{S}(f) = \mathrm{Re}\{\underline{S}(f)\} + j\,\mathrm{Im}\{\underline{S}(f)\}$
mit	$s_g(t) = \tfrac{1}{2} s(t) + \tfrac{1}{2} s(-t)$	$\mathrm{Re}\{\underline{S}(f)\}$ gerade! $= \int_{-\infty}^{+\infty} s_g(t)\cos(2\pi ft)\,dt$
	$s_u(t) = \tfrac{1}{2} s(t) - \tfrac{1}{2} s(-t)$	$+j\,\mathrm{Im}\{\underline{S}(f)\}$ ungerade! $= -j\int_{-\infty}^{+\infty} s_u(t)\sin(2\pi ft)\,dt$
Zeitspiegelung	$\underline{s}(-t)$	$\begin{cases}\underline{S}(-f), \\ \text{bei reellen Zeitfunktionen auch } \underline{S}^*(f)\end{cases}$
konjugiert komplexe Zeitfunktionen	$\underline{s}^*(t)$	$\underline{S}^*(-f)$
Symmetrie	$\underline{S}(t)$	$\underline{s}(-f)$
Faltung	$s_1(t) * s_2(t)$	$\underline{S}_1(f)\,\underline{S}_2(f)$
Multiplikation	$s_1(t)\,s_2(t)$	$\underline{S}_1(f) * \underline{S}_2(f)$
Superposition	$\sum_i a_i s_i(t)$	$\sum_i a_i \underline{S}_i(f)$
Ähnlichkeit (Maßstabsänderung)	$s(bt)$	$\dfrac{1}{|b|}\underline{S}\!\left(\dfrac{f}{b}\right)$
Verschiebung	$s(t - t_0)$	$\underline{S}(f)\,e^{-j2\pi f t_0}$
Differentiation	$\dfrac{d^n}{dt^n} s(t)$	$(j2\pi f)^n\,\underline{S}(f)$
Integration	$\int_{-\infty}^{t} s(\tau)\,d\tau$	$\dfrac{\underline{S}(f)}{j2\pi f} + \dfrac{1}{2}\underline{S}(0)\,\delta(f)$

Tabelle 2. Beispiele zu Zeit- und Frequenzfunktionen

$s(t)$		$\underline{S}(f)$	$|\underline{S}(f)|$
(Exponentialimpuls, 1/T)	$1/T \cdot \varepsilon(t) \cdot e^{-t/T}$ $(T>0)$ Exponentialimpuls	$\dfrac{1}{1+j2\pi T f}$	
(Doppelexponentialimpuls, 1/2T)	$1/2T \cdot e^{-|t|/T}$ $(T>0)$ Doppelexponentialimpuls	$\dfrac{1}{1+(2\pi T f)^2}$	
(1/2T, antisymm.)	$1/2T \cdot \text{sgn}(t) \cdot e^{-|t|/T}$	$-j \dfrac{2\pi T f}{1+(2\pi T f)^2}$	
(Rechteckimpuls, 1, T/2)	$\text{rect}(t/T)$ Rechteckimpuls	$T \, \text{si}(\pi T f)$	(T, 1/T)
(si, 1, T)	$\text{si}(\pi t/T) = \dfrac{\sin(\pi t/T)}{\pi t/T}$ si-Funktion	$T \, \text{rect}(Tf)$	(T, 1/2T)
((1), δ)	$\delta(t)$ Dirac-Stoß	1	(1)
(1, konstant)	1 Konstante (Gleichstrom)	$\delta(f)$	(1)
(Impulsfolge, T, 2T)	$\sum_{n=-\infty}^{\infty} \delta(t-nT)$ Dirac-Stoßfolge	$1/T \sum_{n=-\infty}^{\infty} \delta(f-n/T)$	(1/T), 1/T, 2/T
(Gauß, 1)	$e^{-\pi t^2}$ Gauß-Impuls	$e^{-\pi f^2}$	(1)
(cos, 2, 1/F)	$2\cos(2\pi F t)$ cos-Funktion	$\delta(f+F) + \delta(f-F)$	(1), -F, F
(Sprung, 1)	$\varepsilon(t)$ Sprungfunktion	$\dfrac{1}{2}\delta(f) - j\dfrac{1}{2\pi f}$	
(geschaltete cos, 4, 1/F)	$4\varepsilon(t)\cdot\cos(2\pi F t)$ geschaltete cos-Funktion	$\delta(f+F) + \delta(f-F)$ $-\dfrac{j}{\pi}\dfrac{2f}{f^2-F^2}$	-F, F

2.4 Tiefpaß- und Bandpaßsysteme
Low-pass and band-pass systems

Ideale Systeme. Lineare, zeitinvariante Systeme sind durch ihre Stoß- oder Sprungantwort (s. 2.2) bzw. ihre Übertragungsfunktion (s. 2.3) beschreibbar. Das ideal *verzerrungsfreie System* überträgt beliebige Signale formgetreu; dabei sind Amplitudenfaktoren und Laufzeiten zugelassen. Stoßantwort und Übertragungsfunktion

Bild 2. Übertragungsfunktionen und Stoßantworten idealisierter Systeme (zu rect(f) s. Tab. 2)

lauten dann, vgl. Gl. (11)

$$h(t) = a\,\delta(t - t_0),$$

$$\underline{H}(f) = |\underline{H}(f)|\exp[j\,\varphi(f)]$$
$$= a\exp(-j2\pi t_0 f).$$

Das verzerrungsfreie System ist also definiert durch konstanten Betrag $|\underline{H}(f)|$ und linear verlaufende Phase $\varphi(f)$ der Übertragungsfunktion. Abgeleitete Größen zur Systembeschreibung sind das *Dämpfungsmaß* $a(f) = -20\lg|\underline{H}(f)|$ dB und die *Gruppenlaufzeit* $t_g = -[\mathrm{d}\varphi(f)/\mathrm{d}f]/2\pi$. Auch diese Größen sind bei einem ideal verzerrungsfreien System frequenzunabhängig. Bei Abweichungen von $|\underline{H}(f)| = \text{const}$ treten Amplituden- oder Dämpfungsverzerrungen und bei entsprechenden Abweichungen von $\varphi(f) \sim f$ Phasen- oder Laufzeitverzerrungen auf. (Bei Anwendung der Gruppenlaufzeit muß man beachten, daß auch verzerrende Phasenverläufe der Form $f + \text{const}$ auf konstante Gruppenlaufzeiten führen.)

Zumeist genügt es, die Eigenschaften des verzerrungsfreien Systems in bestimmten Frequenzbereichen anzunähern. Im Sinne der Systemtheorie werden daher auch die in Bild 2 zusammengestellten schematisierten Systeme als ideal bezeichnet [1].

Die hierbei nicht erfüllte Kausalitätsbedingung $h(t) = 0$ für $t < 0$ läßt sich stets näherungsweise durch hinreichend große Zeitverschiebung der Stoßantwort erreichen; dies ist bei den folgenden Beispielen berücksichtigt.

Tiefpaßsysteme. Abweichungen von der Übertragungsfunktion des idealen Tiefpasses führen zu typischen Veränderungen im Zeitverhalten dieser Systeme. Bild 3 zeigt das Verhalten bei Systemen ohne Laufzeitverzerrungen.

Durch einen sanfteren Abfall der Betragsübertragungsfunktion läßt sich das Überschwingen von Stoß- und Sprungantwort vermindern, durch

Bild 3. Tiefpaßsysteme ohne Laufzeitverzerrungen

Bild 4. Tiefpaßsysteme mit Laufzeitverzerrungen

eine zur Grenzfrequenz hin steigende Übertragungsfunktion dagegen verstärken. Die Einschwingzeit t_e wird durch die Rampenfunktion $r(t)$ (in Bild 3 rechts) definiert, die gleiche Steigung wie die Sprungantworten zur Zeit t_0 hat. Hier gilt allgemein

$$t_e = \underline{H}(0) \Big/ \left[2 \int_0^\infty |\underline{H}(f)|\, df \right] \approx 1/(2 f_g).$$

Laufzeitverzerrungen eines Tiefpasses werden deutlich störend, wenn die Schwankungen der Gruppenlaufzeit größer als die Einschwingzeit t_e sind. Es tritt dann ein stärker unsymmetrisches Überschwingen (Bild 4) auf. Steigt die Laufzeit mit der Frequenz, so verstärkt sich das Überschwingen am Ende des Einschwingvorganges und wird höherfrequent, bei fallender Laufzeit zeigt sich das umgekehrte Verhalten [1, 3].

Bandpaßsysteme und Bandpaßsignale. Die Übertragungsfunktion des idealen Bandpasses und seine Stoßantwort sind in Bild 2 dargestellt. Ein Vergleich mit dem idealen Tiefpaß zeigt, daß dessen Stoßantwort der Einhüllenden der Stoßantwort des Bandpasses gleicht. Dies deutet an, daß Bandpaßsysteme und Bandpaßsignale mit Vorteil durch Tiefpaßsysteme und Tiefpaßsignale beschrieben werden können. Die komplexe Wechselstromrechnung ist nichts anderes als der monofrequente Sonderfall dieses Zusammenhanges. Ein allgemeines Spektrum eines reellen Bandpaßsignals zeigt Bild 5 a.

Nach Tab. 1 muß Re $\underline{S}(f)$ gerade und Im $\underline{S}(f)$ ungerade sein. Schneidet man aus $\underline{S}(f)$ den Anteil für $f > 0$ heraus und verdoppelt seine Amplitude, dann erhält man das Spektrum des sog. *analytischen Signals* $\underline{S}^+(f)$. Durch Verschieben um eine geeignete Frequenz f_0 läßt sich daraus eine Tiefpaßfunktion, das Spektrum $\underline{S}_T(f)$ des *äquivalenten Tiefpaßsignals*, gewinnen. $\underline{S}_T(f)$ ist also von der Wahl der sog. *Trägerfrequenz* f_0 abhängig, und das zugehörige äquivalente Tiefpaßsignal ist i. allg. komplex. Bandpaßsysteme bzw. Signale, die bei geeigneter Wahl der Trägerfrequenz f_0 durch *reelle* äquivalente Tiefpaßsignale beschrieben werden können, nennt man *symmetrisch*. Der umgekehrte Übergang von der Tiefpaß- zur Bandpaßschreibweise lautet

$$\underline{S}(f) = \tfrac{1}{2} \underline{S}_T(f - f_0) + \tfrac{1}{2} \underline{S}_T^*(-f - f_0)$$

$$s(t) = \operatorname{Re}[\underline{s}_T(t) \exp(j 2\pi f_0 t)],$$

dabei wird $\underline{s}_T(t)$ die *komplexe Hüllkurve* und ihr Betrag $|\underline{s}_T(t)|$ die *Einhüllende* des Bandpaßsignals genannt, während Re$\{\underline{s}_T(t)\}$ und Im$\{\underline{s}_T(t)\}$ seine *Quadraturkomponenten* sind.
Die Übertragung eines Bandpaßsignals über ein Bandpaßsystem läßt sich jetzt auch im Tiefpaßbereich berechnen, wenn die Übertragungsfunktion des Bandpasses $\underline{H}(f)$ entsprechend durch die *äquivalente Tiefpaßübertragungsfunktion* $\underline{H}_T(f)$ bzw. die *äquivalente Tiefpaßstoßantwort* $\underline{h}_T(t)$ dargestellt wird. Unter Voraussetzung gleicher Trägerfrequenzen f_0 gilt dann für die

Bild 5. Spektren eines Bandpaßsignals (**a**), des zugehörigen analytischen Bandpaßsignals (**b**) und des äquivalenten Tiefpaßsignals (**c**)

Bild 6. Bandpaßsystem (ohne Laufzeitverzerrungen)

komplexe Hüllkurve $g_T(t)$ bzw. $G_T(f)$

$$g_T(t) = \tfrac{1}{2}[s_T(t) * h_T(t)]$$

$$G_T(f) = \tfrac{1}{2}[S_T(f)H_T(f)].$$

Mit diesen Überlegungen lassen sich die Eigenschaften nichtidealer Tiefpaßsysteme (s. o.) sofort auf Bandpaßsysteme übertragen. Als Beispiel hierzu ist in Bild 6 die Stoßantwort $h(t)$ eines Bandpaßsystems mit zu den Bandgrenzen ansteigender Übertragungsfunktion dargestellt (vgl. die Einhüllende mit Bild 3).
Weiter zeigt Bild 6 die Antwort $g(t)$ auf ein zur Zeit $t = 0$ eingeschaltetes cos-Signal. Die Einhüllende der Antwort $g(t)$ entspricht der zugehörigen Sprungantwort in Bild 3 [1–3].

2.5 Diskrete Signale und Digitalfilter
Discrete signals and digital filters

In der Nachrichtentechnik werden Verfahren der digitalen Signalübertragung und -verarbeitung immer wichtiger. Die Verarbeitung analoger Signale mit diesen Techniken setzt ihre Digitalisierung voraus (s. 2.1). Ein wichtiger Schritt hierzu ist die Abtastung, die quantitativ durch Abtasttheoreme beschrieben wird.

Abtasttheorem. In Bild 7 ist zur Veranschaulichung des Abtasttheorems ein analoges, auf den Frequenzbereich $|f| < f_g$ beschränktes Signal $s(t)$ zusammen mit seinen „natürlichen" und idealisierten Abtastwerten dargestellt.
Das idealisiert abgetastete Signal $s_a(t)$ ist eine Folge äquidistanter Dirac-Stöße mit den Gewichten $s(nT)$. Damit gilt im Zeit- und Frequenzbereich mit Gl. (7) und der Transformation der Dirac-Stoßfolge nach Tab. 2

$$s_a(t) = s(t) \sum_{n=-\infty}^{\infty} \delta(t - nT)$$

$$= \sum_{n=-\infty}^{\infty} s(nT)\,\delta(t - nT),$$

$$S_a(f) = S(f) * \sum_{n=-\infty}^{\infty} \frac{1}{T}\delta\left(f - \frac{n}{T}\right)$$

$$= \frac{1}{T}\sum_{n=-\infty}^{\infty} S\left(f - \frac{n}{T}\right). \qquad (15)$$

Im Spektrum des abgetasteten Signals wird also das Originalspektrum periodisch im Abstand der

Bild 7. Bandbegrenztes Signal (**a**), natürliche (**b**) und idealisierte (**c**) Abtastwerte sowie zugehöriges diskretes Signal (**d**)

Abtastrate $r = 1/T$ wiederholt (Bild 7c). Bei der der Praxis angemessenen natürlichen Abtastung ergibt sich ebenfalls eine Wiederholung des Originalspektrums, aber mit si-förmig abfallenden Amplitudenfaktoren der einzelnen Spektren (Bild 7b).

Die Aussage des Abtasttheorems ist nun sofort einsichtig: Wird ein Tiefpaßsignal der Grenzfrequenz f_g mit einer Abtastrate $r > 2f_g$ idealisiert oder natürlich abgetastet, dann überlappen sich die periodischen Anteile im Frequenzbereich nicht mehr, und das ursprüngliche Signal kann durch Tiefpaßfilterung zurückgewonnen werden.

Die Anforderungen an die Flankensteilheit dieses Tiefpasses sind dabei um so geringer, je größer die Abtastrate r gewählt wird. Bei idealisierter Abtastung und Rückgewinnung mit dem idealen Tiefpaß erhält man als einfache Interpolationsformel (aus Gl. (15) mit Hilfe der Stoßantwort des idealen Tiefpasses)

$$s(t) = \sum_{n=-\infty}^{\infty} s(nT)\,\text{si}[\pi(t - nT)/T].$$

Abtastverfahren lassen sich ebenfalls auf Bandpaßsignale anwenden. Hier kann man entweder durch Wahl einer geeigneten Abtastrate dafür sorgen, daß sich die periodisch wiederholten Bandpaßspektren nicht überlappen, oder man transformiert das Bandpaßsignal zunächst in den Tiefpaßbereich und tastet dann die beiden Quadraturkomponenten seiner komplexen Hüllkurve getrennt ab [2].

Diskretes Signal – diskrete Faltung. Die Folge der abgetasteten Signalwerte $s(nT)$, wie sie in Bild 7d symbolisch dargestellt ist, stellt ein zeitdiskretes oder, kürzer, *diskretes Signal* dar.

Ist das Abtasttheorem erfüllt, dann beschreibt $s(nT)$ das analoge Signal $s(t)$ vollständig. Ebenso kann die Faltung zweier Tiefpaßsignale mit Hilfe der *diskreten Faltung* der zugehörigen diskreten Signale berechnet werden. Wird z. B. ein Tiefpaßsignal $s(t)$ über einen Tiefpaß mit der Stoßantwort $h(t)$ übertragen, so ergeben sich die Abtastwerte $g(nT)$ des Ausgangssignals $g(t)$ durch diskrete Faltung aus den Abtastwerten $s(nT)$ und $h(nT)$ zu

$$g(nT) = s(nT) * h(nT)$$

$$= T \sum_{m=-\infty}^{\infty} h(mT)\,s(nT - mT).$$

Einem diskreten Signal $s(nT)$ kann formal das periodische Fourier-Spektrum des abgetasteten Signals $s_a(t)$ zugeordnet werden (vgl. Bild 7c, d). Es gilt dann als Hin- und Rücktransformation

$$\underline{S}_a(f) = \sum_{n=-\infty}^{\infty} s(nT)\exp(-j2\pi nTf)$$

$$s(nT) = T \int_{-1/2T}^{1/2T} \underline{S}_a(f)\exp(j2\pi nTf)\,df. \quad (16)$$

Hiermit läßt sich die diskrete Faltung im Frequenzbereich durch eine algebraische Multiplikation ersetzen

$$g(nT) = s(nT) * h(nT)$$

$$\underline{G}_a(f) = \underline{S}_a(f)\,\underline{H}_a(f).$$

In gleicher Weise gelten auch die übrigen Theoreme der Fourier-Transformation.

Bild 8. Filterung analoger Signale mit Abtast- oder Digitalfilter

Bild 9. Tiefpaßfilterung mit einem Abtastfilter

Abtastfilter und Digitalfilter. Ein Filter mit zeitdiskreter Stoßantwort, das zur Verarbeitung von Abtastwerten benutzt werden kann, wird *Abtastfilter* genannt. Bild 8 stellt dar, wie ein Abtastfilter zur Filterung von Analogsignalen benutzt wird.
Ein als digitaler Prozessor aufgebautes Abtastfilter, das in der gleichen Anordnung dann zwischen einem Analog-Digital- und einem Digital-Analog-Umsetzer betrieben wird, nennt man auch *Digitalfilter*.
Die Vorgänge in einer Filteranordnung nach Bild 8 werden im Zeit- und Frequenzbereich für das Beispiel einer Tiefpaßfilterung in Bild 9 gezeigt.
In diesem Beispiel sind Abtastwerte und Grenzfrequenz des Eingangstiefpasses so gewählt, daß zwar Überlappungen im periodisch wiederholten Eingangsspektrum $S_a(f)$ auftreten, nicht aber in den Durchlaßbereichen des Abtasttiefpasses. Damit ist das Abtasttheorem in Bezug auf das Ausgangssignal wieder erfüllt.
Die Stoßantwort des idealen Abtasttiefpasses $h(nT)$ besteht aus Abtastwerten der si-Funktion; durch Verschieben um t_0 und Begrenzen auf eine Breite $2t_0$ entsteht die in Bild 9 links dargestellte kausale und damit realisierbare Stoßantwort $h(nT)$ des realen Abtasttiefpasses. Die dann nicht mehr ideale Übertragungsfunktion zeigt Dämpfungsschwankungen im Durchlaßbereich und endliche Dämpfungswerte im Sperrbereich. Dieses nichtideale Verhalten läßt sich durch eine sanftere Begrenzung der Stoßantwort (z.B. mit einer dreiecks- oder $\cos^2$-förmigen Gewichtsfunktion) verbessern. Zum Aufbau von Abtastfiltern und Digitalfiltern s. z.B. [4, 5].

Spezielle Literatur: [1] *Küpfmüller, K.*: Systemtheorie der elektrischen Nachrichtentechnik. Stuttgart: Hirzel 1974. – [2] *Lüke, H.D.*: Signalübertragung. Berlin: Springer 1985. – [3] *Papoulis, A.*: The Fourier integral. New York: McGraw-Hill 1962. – [4] *Oppenheim, A.; Schafer, R.*: Digital signal processing. New York: Prentice Hall 1975. – [5] *Schüßler, W.*: Digitale Signalverarbeitung, 2. Aufl. Berlin: Springer 1988.

3 Grundbegriffe der statistischen Signalbeschreibung und des elektronischen Rauschens
Fundamentals of random signals and electronic noise

Allgemeine Literatur: *Bittel, H.; Storm, L.*: Rauschen. Berlin: Springer 1971. – *Davenport, W.B.; Root, W.L.*: An introduction to the theory of random signals and noise. New

Spezielle Literatur Seite D 27

York: McGraw-Hill 1958. – *Lüke, H.D.*: Signalübertragung, 3. Aufl. Berlin: Springer 1985. – *Middleton, D.*: An introduction to statistical communication theory. New York: McGraw-Hill 1960. – *Motchenbacher, C.D.; Fitchen, F.C.*: Low-noise electronic design. New York: Wiley 1973. – *Müller, R.*: Rauschen. 2. Aufl. Berlin: Springer 1990. – *Thomas, J.B.*: An introduction to statistical communication theory. New York: McGraw-Hill 1960.

3.1 Einführung
Introduction

Dieses Kapitel behandelt Zufallssignale. Diese können einerseits Nutzsignale sein, deren Information in ihrem dem Empfänger unbekannten Verlauf enthalten ist; sie können andererseits Störsignale sein, die die Qualität eines Nachrichtenübertragungssystems beeinträchtigen. Dem Hauptinteresse des Hochfrequenztechnikers an diesen Fragestellungen gemäß wird hier insbesondere die Beschreibung von Störsignalen (Rauschen) in den Vordergrund gestellt. Das Wort „Rauschen" bedeutet in der Umgangssprache einen unverständlichen akustischen Eindruck. Die Unverständlichkeit ist eine Folge des Zusammenwirkens einer Vielzahl von akustischen Einzelereignissen, die in keinem regelmäßigen Zusammenhang miteinander stehen. Daher lassen sich auch über die Funktionswerte des Zufallssignals zu einer bestimmten Zeit keine sicheren Aussagen machen; wohl aber lassen sich *sichere* Aussagen über zeitliche bzw. Scharmittelwerte machen (s. 3.2).

Da die statistischen Störungen in Nachrichtenübertragungssystemen i. allg. mit der Bewegung von Elektronen verknüpft sind, spricht man mitunter von „elektronischem Rauschen", oft aber auch nur vom „Rauschen". So wie die nichtlinearen Kennlinien elektronischer Bauelemente die originalgetreue Übertragung und Verarbeitung von Nachrichten nach großen Strom- bzw. Spannungswerten hin begrenzen, setzt das Rauschen eine untere Grenze.

3.2 Mathematische Verfahren zur Beschreibung von Zufallssignalen
Mathematical methods for characterizing random signals

Den Ingenieur interessieren z.B. folgende Fragen: Wie groß ist die Wahrscheinlichkeit dafür, daß ein Zufallssignal einen gegebenen Schwellwert überschreitet? Welche Leistung steckt in einem Zufallssignal – z.B. hervorgerufen durch eine an *einem* bestimmten Widerstand abfallende Rauschspannung –, und wie ist diese Leistung spektral verteilt?

Dem gegenüber steht eine andere Betrachtungsweise, wonach gleichzeitig an einer sehr großen Zahl makroskopisch identischer Systeme (z.B. ohmsche Widerstände gleichen Widerstandswertes auf gleicher Temperatur) eine entsprechend große Zahl von Zufallssignalen beobachtet wird. Diese Schar von Beobachtungswerten $s^{(k)}(t_1)$ (mit $k \to \infty$) zu einem *bestimmten* Zeitpunkt t_1 heißt Zufallsvariable, die Schar der Zeitfunktionen $s^{(k)}(t)$ zusammen mit ihrer vollständigen statistischen Beschreibung nennt man einen Zufallsprozeß. $s^{(k)}(t)$ ist eine Musterfunktion (oder Realisation) des Zufallsprozesses, $s^{(k)}(t_1)$ die Realisation der Zufallsvariablen.

Der Schar- (oder Ensemble-) Standpunkt trifft zwar nicht die Situation in einer realen Schaltung mit ihren einzelnen Widerständen, Transistoren o.ä., er empfiehlt sich jedoch von der Theorie her, da aufgrund von Modellvorstellungen über den Zufallsprozeß Aussagen über das *mittlere Verhalten* des Ensembles gemacht werden können. Hier stehen also Mittelwerte über eine Schar – zu einer bestimmten Zeit – im Vordergrund der Beschreibung.

Die Ensemble-Betrachtungsweise ist für den Ingenieur nur dann nützlich, wenn die Scharmittelwerte in einem engen Zusammenhang mit den von ihm meßbaren zeitlichen Mittelwerten stehen, welche er an dem einen oder den wenigen Exemplaren in seiner Schaltung bestimmen kann. Dies ist bei den sog. ergodischen Prozessen der Fall, dort gilt: „Die zeitlichen Mittelwerte bei der Beobachtung an *einem* Exemplar der Gesamtheit während einer gegen unendlich gehenden Zeitdauer sind für fast alle Exemplare gleich den statistischen Mittelwerten" [1, S. 1235]. Das Verhalten (fast) eines jeden Elements der Schar ist in seinem zeitlichen Mittel also repräsentativ für das Verhalten der ganzen Schar.

Nach Ausweis der Erfahrung sind viele der im Bereich der HF-Technik maßgeblichen Zufallsprozesse ergodisch. Für diese können wir die primär für Scharmittelwerte geltenden theoretischen Aussagen auch auf einzelne Realisationen eines Zufallsprozesses anwenden.

Wahrscheinlichkeitsdichte- und Verteilungsfunktionen. Scharmittelwerte. Im allgemeinen handelt es sich bei den Zufallsvariablen um kontinuierliche Variable (Spannungen, Ströme). Für die Wahrscheinlichkeit, daß die Zufallsvariable x in einem Intervall $x \ldots x + \mathrm{d}x$ liegt, schreibt man

$$W(x)\,\mathrm{d}x \qquad (1)$$

und nennt $W(x)$ die Wahrscheinlichkeitsdichte. $W(x)\,\mathrm{d}x$ ist der Prozentsatz der Elemente der Schar, bei dem der Zahlenwert der Zufallsvariablen x im Intervall $x \ldots x + \mathrm{d}x$ liegt.

Wenn $W(x)$ und alle höheren Verbunddichten (s. unten) unabhängig von einer Verschiebung aller Beobachtungszeiten um eine beliebige Zeit t_0 sind, nennt man den Schwankungsprozeß stationär, anderenfalls instationär. Ein ergodischer Zufallsprozeß ist stets stationär, ein stationärer muß nicht notwendig ergodisch sein. Die Wahrscheinlichkeit dafür, daß x irgendeinen Wert hat, der die Größe x_0 nicht überschreitet, ist nach Gl. (1)

$$D(x_0) = \int_{-\infty}^{x_0} W(x)\,dx; \qquad (2)$$

$D(x_0)$ wird als Verteilungsfunktion bezeichnet. Es gilt

$$D(-\infty) = 0 \leq D(x) \leq 1 = D(+\infty).$$

Der *Erwartungswert* (oder Scharmittel) einer Funktion $f(x)$ der Zufallsvariablen x ist

$$\overline{f(x)} = \int_{-\infty}^{\infty} f(x)\,W(x)\,dx. \qquad (3)$$

Von besonderem Interesse sind die sog. Momente

$$\overline{x^n} = \int_{-\infty}^{\infty} x^n\,W(x)\,dx,$$

z. B. $\begin{cases} \overline{x} = \text{linearer Mittelwert} \\ \overline{x^2} = \text{quadratischer Mittelwert} \end{cases}$ (4)

und die sog. zentralen Momente

$$\overline{(x-\overline{x})^n} = \int_{-\infty}^{\infty} (x-\overline{x})^n\,W(x)\,dx \qquad (5)$$

z. B. die sog. Varianz

$$\overline{(x-\overline{x})^2} = \int_{-\infty}^{\infty} (x-\overline{x})^2\,W(x)\,dx$$
$$= \overline{x^2} - (\overline{x})^2 = \sigma^2 \qquad (6)$$

(σ = Standardabweichung).

Aus der Wahrscheinlichkeitsdichte $W(x)$ der Zufallsvariablen x erhält man für die Zufallsvariable $y = f(x)$ die Dichte

$$W_2(y) = \sum_{\nu} W(x_\nu) \left| \left(\frac{dx}{df}\right)_{x=x_\nu} \right|. \qquad (7)$$

Hierin sind die x_ν die sämtlichen Lösungen der Gleichung $f(x_\nu) = y$.

Beispiel: Für ein Ensemble von Oszillatoren gleicher Frequenz und Amplitude, aber mit statistisch gleichverteilter Phase, d.h.

$$y(x) = A\cos(\omega t + x),$$
$$W(x) = \begin{cases} 1/2\pi & 0 < \varphi \leq 2\pi \\ 0 & \text{sonst} \end{cases}$$

gilt

$$W_2(y) = 1/(\pi\sqrt{A^2 - y^2}) \quad \text{für } |y| < A,$$
$$\text{sonst } W_2(y) = 0.$$

Beispiele für Wahrscheinlichkeitsverteilungen von diskreten, z.B. ganzzahligen, Zufallsvariablen sind

die Binominalverteilung:
Sie beschreibt die Wahrscheinlichkeit $W(m,n)$ dafür, daß bei m Versuchen, die sämtlich unter denselben Bedingungen durchgeführt werden, n Erfolge sind; die Wahrscheinlichkeit dafür, daß das gewünschte Ergebnis (Erfolg) bei *einem* Experiment auftritt, sei W:

$$W(m,n) = \binom{m}{n} W^n (1-W)^{m-n}, \quad \overline{n} = mW,$$
$$\sigma^2 = \overline{n}(1-W). \qquad (8)$$

Für $m \to \infty$, $W \to 0$, so daß $mW = \overline{n}$ gilt, geht Gl. (8) über in die

Poisson-Verteilung:

$$W(n) = (\overline{n}^n/n!)\exp(-\overline{n}), \quad \sigma^2 = \overline{n}. \qquad (9)$$

Sie kann auch dann angewendet werden, wenn die Größen m und W nicht bekannt sind, sondern nur der Mittelwert $\overline{n}$, wie z.B. beim Schrotrauschen (s. 3.3). Wenn $\overline{n} \gg 1$ ist, vereinfacht sich $W(n)$ nach Gl. (9) in der Umgebung von $\overline{n}$ zur

Laplace- (oder *Normal-*) *Verteilung*:

$$W(n) = \exp\left(-\frac{(n-\overline{n})^2}{2\sigma^2}\right)\bigg/\sqrt{2\pi}\,\sigma, \quad \sigma^2 = \overline{n}. \qquad (10)$$

Beim Übergang von der diskreten Zufallsvariablen n zur kontinuierlichen Variablen x wird hieraus die

Gauß-Verteilung (Bild 1) mit

$$\left.\begin{array}{l} W(x) = \exp\left(-\dfrac{(x-\overline{x})^2}{2\sigma^2}\right)\bigg/\sqrt{2\pi}\,\sigma, \\[2mm] D(x_0) = \dfrac{1}{2}\left(1 + \Phi\left(\dfrac{x_0 - \overline{x}}{\sigma\sqrt{2}}\right)\right), \\[2mm] \Phi(z) = 2/\sqrt{\pi}\int_0^z \exp(-u^2)\,du \\[2mm] = \text{Gaußsches Fehlerintegral.} \end{array}\right\} \qquad (11)$$

Diese erfüllt auch für $\sigma^2 \neq \overline{x}$ (vgl. Gl. (9)) die Normierungsbedingung $\int_{-\infty}^{\infty} W(x)\,dx = 1$.

Der Gauß-Verteilung kommt in der Natur eine große Bedeutung zu: Unter sehr allgemeinen Bedingungen gilt, daß sich die Wahrschein-

Wenn insbesondere jedem Einzelereignis eine Zeitkonstante zukommt (z. B. Laufzeit eines Ladungsträgers durch den Entladungsraum), so gilt

$$w_y(f) = 2\lambda \int_{-\infty}^{\infty} |\psi_\tau(f)|^2 g(\tau) \, d\tau,$$

wobei $g(\tau) \left(\text{mit} \int_0^\infty g(\tau) \, d\tau = 1\right)$ die Verteilungsdichte der Zeitkonstanten τ ist. Eine Anwendung dieses Ergebnisses bietet das Schrotrauschen ([1, S. 1244–1246]).

Die Verbundwahrscheinlichkeitsdichte $W(\zeta, \eta)$ für die beiden Zufallsvariablen

$$\zeta = \zeta(x, y), \quad \eta = \eta(x, y) \qquad (27)$$

errechnet sich aus derjenigen $W_1(x, y)$ für x, y wie folgt

$$W(\zeta, \eta) = \left\| \begin{matrix} \dfrac{\partial x}{\partial \zeta} & \dfrac{\partial x}{\partial \eta} \\ \dfrac{\partial y}{\partial \zeta} & \dfrac{\partial y}{\partial \eta} \end{matrix} \right\| W_1(x, y),$$

sofern der Zusammenhang Gl. (27) umkehrbar eindeutig ist.

Beispiel: Übergang von kartesischen auf Polarkoordinaten (bzw. von Real- und Imaginärteil auf Betrag und Phase):

$$\zeta = \sqrt{x^2 + y^2}, \quad \eta = \arctan \frac{y}{x},$$

$$W(x, y) = \exp\left(-\frac{x^2 + y^2}{2\sigma^2}\right) \Big/ 2\pi\sigma^2,$$

$$W(\zeta, \eta) = \zeta W(x, y) = \zeta \exp\left(-\frac{\zeta^2}{2\sigma^2}\right) \Big/ 2\pi\sigma^2.$$

Damit gilt nach Gl. (12) für ζ (Hüllkurve)

$$\left.\begin{aligned} W_1(\zeta) &= \frac{2\zeta}{\overline{\zeta^2}} \cdot \exp\left(-\frac{\zeta^2}{\overline{\zeta^2}}\right), \\ \overline{\zeta^2} &= 2\sigma^2 \quad 0 \leq \zeta \leq \infty \end{aligned}\right.$$

(Rayleigh-Verteilung) und für η (Phase)

$$\left.\begin{aligned} W_2(\eta) &= 1/2\pi \quad \text{für } 0 \leq \eta \leq 2\pi, \\ &\text{sonst } W_2(\eta) = 0 \quad \text{(Gleichverteilung)}. \end{aligned}\right\} \quad (28)$$

Bei einer Summe statistisch unabhängiger Variabler wird die Gesamtverteilungsdichtefunktion durch die Faltung der einzelnen Wahrscheinlichkeitsdichten gebildet. Insbesondere hat die Summe S von n statistisch unabhängigen gaußverteilten Variablen x eine Gauß-Verteilung mit

$$\bar{S} = \sum_\nu \bar{x}_\nu \quad \text{und} \quad \sigma^2 = \sum_\nu \sigma_\nu^2.$$

Zeitliche Mittelwerte und Spektren. Der HF-Techniker interessiert sich hauptsächlich dafür, wie sich das Rauschen innerhalb der vom Nutzsignal beanspruchten Bandbreite leistungsmäßig auswirkt. Die spektrale Leistungsdichte $w_{xx}^{(k)}(f)$ der Musterfunktion $x^{(k)}(t)$ des Zufallsprozesses $x(t)$ steht in engem Zusammenhang mit ihrer zeitlichen AKF:

$$\begin{aligned} \varrho_x^{(k)}(\tau) &= \lim_{t_0 \to \infty} \frac{1}{2t_0} \int_{-t_0}^{t_0} x^{(k)}(t)\, x^{(k)}(t + \tau) \, dt \\ &= \langle x^{(k)}(t)\, x^{(k)}(t + \tau) \rangle. \end{aligned} \qquad (29)$$

Auch $w_{xx}^{(k)}(f)$ und $\varrho_x^{(k)}(\tau)$ bilden ein Paar von Fourier-Transformierten, d. h. es gilt – entsprechend zu den Gl. (21) bis (23) –

$$\left.\begin{aligned} w_{xx}^{(k)}(f) &= \int_{-\infty}^{\infty} \varrho_x^{(k)}(\tau)\, e^{-j2\pi f\tau} d\tau, \\ \varrho_x^{(k)}(\tau) &= \int_{-\infty}^{\infty} w_{xx}^{(k)}(f)\, e^{j2\pi f\tau} df, \\ &\text{bzw. in reeller Darstellung mit} \\ w_x^{(k)}(f) &= 2 w_{xx}^{(k)}(f) \\ w_x^{(k)}(f) &= 4\int_0^{\infty} \varrho_x^{(k)}(\tau) \cos 2\pi f\tau\, d\tau, \\ \varrho_x^{(k)}(\tau) &= \int_0^{\infty} w_x^{(k)}(f) \cos 2\pi f\tau\, df. \end{aligned}\right\} \quad (30)$$

Für ergodische Prozesse haben $\varrho_x^{(k)}(\tau)$ und $w_x(f)$ für jede Musterfunktion denselben Wert und stimmen mit den entsprechenden Scharmittelwerten nach den Gln. (20) bis (23) überein. Die aus Gl. (29) und (30) folgende Beziehung

$$\varrho_x(0) = \langle x(t)^2 \rangle = \int_0^{\infty} w_x(f) \, df \qquad (31)$$

(Parsevalsche Gleichung) rechtfertigt die Bezeichnung „spektrale Leistungsdichte" für $w_x(f)$.

Die *Wiener-Khintchine-Relationen* Gln. (21) bis (23) bzw. (30) haben zum einen eine theoretische Bedeutung, da man oftmals $\varrho_x(\tau)$ aufgrund von Modellvorstellungen über einen Zufallsprozeß einfach bestimmen und damit dann auf das eigentlich interessierende Leistungsspektrum schließen kann. Die praktische Bedeutung der AKF liegt darin, daß man $\varrho_x(\tau)$ entsprechend der Definitionsgleichung (29) messen kann (Bild 2): Dazu wird die Zeitfunktion $x(t)$ einem Multiplizierer (Mischer) einmal direkt und einmal nach Passieren eines Verzögerungsgliedes (τ) zugeführt. Am Ausgang eines Integrators, der eine zeitliche Mittelung durchführt, erscheint dann $\varrho_x(\tau)$. – Die Mittelung kann natürlich nur über ein endliches Zeitintervall $-t_0 \ldots +t_0$ durchgeführt werden; die in der Praxis zur Verfügung

Bild 2. Prinzipschaltung zur Messung der AKF. Nach [16]

stehenden Beobachtungszeiten reichen i. allg. aus. –

Vier AKF-Beispiele:
1) Die AKF einer *periodischen Funktion* $x(t) = \sum_{n=0}^{\infty} c_n \cos(n\omega_0 t + \varphi_n)$ ist

$$\varrho_x(\tau) = c_0^2 + \sum_{n=1}^{\infty} (c_n^2/2) \cos n\omega_0 \tau;$$

sie hat also dieselbe Periodizität wie die Originalfunktion, jedoch sind alle Phaseninformationen verschwunden. Insbesondere gilt

$$\varrho_x(0) = c_0^2 + \sum_{n=1}^{\infty} c_n^2/2$$

(Parsevalsche Gleichung).

(Die obigen Eigenschaften 4) und 5) gelten hier nicht.)
2) Die Summe aus einer *periodischen Funktion und einer Rauschfunktion*

$$x(t) = p(t) + n(t)$$

hat die AKF

$$\varrho_x(\tau) = \varrho_p(\tau) + \varrho_n(\tau) + 2\overline{p(t)\,n(t+\tau)}$$

bzw. wegen der statistischen Unabhängigkeit von $p(t)$ und $n(t)$

$$\varrho_x(\tau) = \varrho_p(\tau) + \varrho_n(\tau) + 2\overline{p(t)}\,\overline{n(t+\tau)}.$$

Wenn $\overline{p(t)}$ und/oder $\overline{n(t+\tau)}$ verschwinden, gilt

$$\varrho_x(\tau) = \varrho_p(\tau) + \varrho_n(\tau).$$

Wegen $\lim_{\tau \to \infty} \varrho_n(\tau) = 0$ (s. obige Eigenschaft 5)) enthüllt sich in der gesamten AKF für große Werte von τ der periodische Anteil (z. B. Nutzsignal). Hiervon wird beim sog. Korrelationsempfang Gebrauch gemacht [8].
3) Ein *Gaußsches Rauschen* $n(t)$ kann in einem endlichen Zeitintervall $0 \leq t \leq t_0$ durch eine Fourier-Reihe

$$n(t) = \sum_{n=0}^{\infty} \left(a_n \cos \frac{2\pi n t}{t_0} + b_n \sin \frac{2\pi n t}{t_0} \right)$$

$$= \sum_{n=-\infty}^{\infty} c_n \exp(j 2\pi n t/t_0) \qquad (32)$$

dargestellt werden, wobei die Koeffizienten a_n, b_n gaußverteilt sind (s. Gl. (10)) und $\bar{a}_n = 0$, $\bar{b}_n = 0$ gilt; für große t_0 werden sie unkorreliert. Für den Betrag $|c_n| = \sqrt{a_n^2 + b_n^2}$ und die Phase $\varphi_n = \arctan b_n/a_n$ gilt Gl. (28) [1, S. 1241].
4) Für ein bandbegrenztes weißes Rauschen $w(f) = w_0$ (für $|f_1| \leq f \leq |f_2|$, sonst Null) gilt

$$\varrho_x(\tau) = w_0(f_2 - f_1) \frac{\sin \pi(f_2 - f_1)\tau}{\pi(f_2 - f_1)\tau}$$
$$\cdot \cos \pi(f_2 + f_1)\tau.$$

$\varrho_x(\tau)$ ist nur innerhalb der Einschwingzeit ($\tau \leq 1/2(f_2 - f_1)$) des jeweiligen Filters von nennenswerter Größe. (Für $f_1 = 0$ liegt ein Tiefpaßrauschen vor.)

Stochastische Differentiation. Die Funktion $\dot{x} = dx/dt$ hat die AKF [13]

$$R_{\dot{x}}(\tau) = -\frac{d^2 R_x(\tau)}{d\tau^2}$$

und die Spektraldichte

$$w_{\dot{x}}(f) = \omega^2 w_x(f). \qquad (33)$$

Allgemein gilt für $d^n x/dt^n = x^{(n)}$

$$R_{x^{(n)}}(\tau) = -\frac{d^{2n} R_x(\tau)}{d\tau^{2n}}, \quad w_{x^{(n)}}(f) = \omega^{2n} w_x(f).$$

Entsprechend gilt für die KKF

$$R_{x^{(n)} y^{(m)}}(\tau) = (-1)^{n+m} \frac{d^{n+m} R_{xy}(\tau)}{d\tau^{n+m}}. \qquad (34)$$

Insbesondere gilt: Ableitung und Integration eines Gauß-Prozesses sind wieder gaußisch.

Entsprechend Gl. (29) vermittelt die zeitliche *Kreuzkorrelationsfunktion* (KKF)

$$\varrho_{xy}^{(k)}(\tau) = \lim_{t_0 \to \infty} \frac{1}{2t_0} \int_{-t_0}^{t_0} x^{(k)}(t)\, y^{(k)}(t+\tau)\, dt \qquad (35)$$

einen Zusammenhang zwischen Musterfunktionen $x^{(k)}(t)$, $y^{(k)}(t)$ zweier stationärer Prozesse im zeitlichen Abstand τ. Für sie gelten die erweiterten Wiener-Khintchine-Relationen

$$\varrho_{xy}^{(k)}(\tau) = \int_{-\infty}^{\infty} w_{xy}^{(k)}(f) \exp(j 2\pi f \tau)\, df,$$
$$w_{xy}^{(k)}(f) = \int_{-\infty}^{\infty} \varrho_{xy}^{(k)}(\tau) \exp(-j 2\pi f \tau)\, d\tau, \qquad (36)$$

die bei ergodischen Prozessen von k unabhängig sind und mit den entsprechenden Gln. (18), (19) übereinstimmen.
Eine am Eingang eines *linearen*, zeitinvarianten, rauschfreien Netzwerks anliegende stochastische

Zeitfunktion $x_e(t)$ eines stationären Prozesses mit der spektralen Leistungsdichte $w_e(f)$ erzeugt am Ausgang die stochastische Veränderliche

$$x_a(t) = \int_{-\infty}^{\infty} h(t-s) x_e(s) \, ds = h(t) * x_e(t)$$

($h(t)$ = Stoßantwort des Netzwerks), ihre spektrale Leistungsdichte ist

$$w_a(f) = w_e(f) |\underline{H}(f)|^2 \qquad (37)$$

(Wiener-Lee-Theorem). Hierin ist

$$\underline{H}(f) = \int_{-\infty}^{\infty} h(t) \exp(-j2\pi ft) \, dt$$

die Übertragungsfunktion des Netzwerks.
Nach Gl. (37) dürfen wir also die Übertragung einer Rauschleistung im Intervall Δf durch ein lineares, rauschfreies Netzwerk hindurch so beschreiben, als ob es sich um ein harmonisches Signal mit dem Effektivwert $n_{eff} = \sqrt{w(f) \Delta f}$ handeln würde; hiervon wird bei der Beschreibung rauschender Vierpole Gebrauch gemacht (s. 3.4). – Wenn das Eingangsrauschen gaußisch ist, so ist es auch das Ausgangsrauschen. Dieser Erhalt des Charakters der Verteilungsfunktion gilt nur für Gauß-Verteilungen. – Das Ergebnis Gl. (37) kann leicht auf den Fall ausgedehnt werden, daß zwei (oder mehrere) Rauschquellen auf i.allg. unterschiedlichen Wegen $\underline{H}_1(f)$ bzw. $\underline{H}_2(f)$ zu $w_a(f)$ beitragen. Es gilt dann

$$w_a(f) = |\underline{H}_1(f)|^2 w_{e1}(f) + |\underline{H}_2(f)|^2 \cdot w_{e2}(f) + 2 \operatorname{Re}[\underline{H}_1(f) \underline{H}_2^*(f) \underline{w}_{e1,e2}(f)] \qquad (38)$$

($\underline{w}_{e1,e2}(f)$ = Fourier-Transformierte der KKF $\varrho_{e1,e2}(\tau)$). Von dem Ergebnis Gl. (38) wird in 3.4 Gebrauch gemacht (z. B. Gl. (59)). Die Größe

$$\gamma(f) = \underline{w}_{e1,e2}(f)/\sqrt{w_{e1}(f) w_{e2}(f)} \qquad (39)$$

wird als Kreuzkorrelationskoeffizient bezeichnet. Das Ergebnis Gl. (38) entspricht der für harmonische Signale geltenden Beziehung

$$|\underline{U}_a|^2 = |\underline{H}_1(f)|^2 |\underline{U}_{e1}|^2 + |\underline{H}_2(f)|^2 |\underline{U}_{e2}|^2 + 2 \operatorname{Re}[\underline{H}_1(f) \underline{H}_2^*(f) \underline{U}_{e1} \underline{U}_{e2}^*].$$

3.3 Rauschquellen und ihre Ersatzschaltungen
Noise sources and their equivalent circuits

Thermisches Rauschen. Die quasifreien Ladungsträger in einem Leiter (Elektronen in einem Metall bzw. Elektronen und Defektelektronen in einem Halbleiter), der sich auf der absoluten Temperatur $T > 0$ befindet, führen eine Wimmelbewegung ähnlich der Brownschen Bewegung von Gaspartikeln aus. Als Folge davon entsteht zwischen den offenen Enden eines Leiters mit dem Widerstand R (bzw. Leitwert G) eine zeitlich statistisch schwankende Leerlauf-Rausch-Spannung $u_L(t)$; bei Kurzschluß fließt entsprechend ein statistisch schwankender Rauschstrom $i_K(t)$ durch den Leiter. Da für die Ladungsträgerbewegung alle Raumrichtungen gleich wahrscheinlich sind, gilt sowohl $\langle u_L(t) \rangle = 0$ als auch $\langle i_K(t) \rangle = 0$. Dagegen sind $\langle u_L(t)^2 \rangle$, $\langle i_K(t)^2 \rangle$ von Null verschieden, d.h. der ohmsche Widerstand R (bzw. Leitwert $G = 1/R$) auf der Temperatur T stellt einen Generator für thermische Rauschleistung dar. Seine verfügbare Leistung beträgt nach den Grundgesetzen der Elektrotechnik

$$P_v = \langle u_L(t)^2 \rangle / 4R \quad \text{bzw.} \quad P_v = \langle i_K(t)^2 \rangle / 4G. \qquad (40)$$

Die spektrale Zerlegung dieser Leistung führt wegen des statistischen Charakters von $u_L(t)$ bzw. $i_K(t)$ auf ein Kontinuum, d.h. $P_v = \int_0^\infty w(f) \, df$ und entsprechend Gl. (40) auf

$$\langle u_L(t)^2 \rangle = \int_0^\infty u_{eff}(f)^2 \, df \quad \text{bzw.}$$

$$\langle i_K(t)^2 \rangle = \int_0^\infty i_{eff}(f)^2 \, df$$

mit der spektralen Dichte

$$u_{eff}(f) = \sqrt{4 R w(f)} \quad \text{bzw.}$$
$$i_{eff}(f) = \sqrt{4 G w(f)}. \qquad (41)$$

Bild 3 zeigt die beiden zugehörigen äquivalenten Ersatzschaltungen für das Frequenzintervall $f \ldots f + \Delta f$.
Aus der statistischen Thermodynamik folgt [14, 15]

$$w(f) = hf \Big/ \left(\exp\left(\frac{hf}{kT} \right) - 1 \right) \qquad (42)$$

($k = 1{,}38 \cdot 10^{-23}$ Ws/K = Boltzmann-Konstante, $h = 6{,}63 \cdot 10^{-34}$ Ws^2 = Plancksches Wirkungsquantum). Für fast alle derzeitigen technischen Anwendungsfälle gilt $hf \ll kT$, d.h.

$$f \ll kT/h = 20{,}8 \; T/K \quad \text{in} \quad \text{GHz} \qquad (43)$$

Bild 3. Ersatzschaltungen eines rauschenden ohmschen Widerstands bzw. Leitwerts im Frequenzintervall $f \ldots f + \Delta f$

und damit in sehr guter Näherung

$$w(f) = kT = w_0 = \text{const bzg. } f \qquad (44)$$

(sog. weißes Rauschen). Für $f < 0,1\ kT/h = 2,08\ T/K$ in GHz bleibt der Fehler unter 5%.
– Die spektrale Verteilung der verfügbaren thermischen Rauschleistung ist zuerst experimentell von Johnson [17] ermittelt und unmittelbar danach von Nyquist theoretisch begründet worden [18]; man nennt daher das thermische Rauschen auch Johnson- oder Nyquist-Rauschen. – Mit Gl. (44) folgt aus Gl. (41) für das Frequenzintervall $f \ldots f + \Delta f$

$$\left.\begin{array}{l} u_{\text{eff}} = \sqrt{u_{\text{eff}}(f)^2 \Delta f} = \sqrt{4kTR\Delta f} \\ \qquad = 4\sqrt{R/k\Omega\,\Delta f/\text{MHz}\,T/290\ \text{K}}\ \text{in}\ \mu\text{V} \\ \text{bzw.} \\ i_{\text{eff}} = \sqrt{i_{\text{eff}}(f)^2 \Delta f} = \sqrt{4kTG\Delta f} \\ \qquad = 4\sqrt{G/\text{mS}\,\Delta f/\text{MHz}\,T/290\ \text{K}}\ \text{in}\ \text{nA} \end{array}\right\} (45)$$

Wenn mehrere ohmsche Widerstände R_v (mit der jeweiligen Temperatur T_v) *in Serie geschaltet* sind, gilt wegen der statistischen Unabhängigkeit der einzelnen Leerlauf-Rausch-Spannungen in Erweiterung von Gl. (41)

$$\left.\begin{array}{l} u_{\text{eff}}(f)^2 = 4k\sum_v R_v T_v = 4k T_{\text{äq}} \sum_v R_v \\ \text{mit} \\ T_{\text{äq}} = \sum_v R_v T_v / \sum_v R_v = \text{äquiv. Rauschtemperatur von } \sum_v R_v. \end{array}\right\} (46)$$

Entsprechend gilt für die *Parallelschaltung* mehrerer Leitwerte G_v (jeweilige Temperatur T_v)

$$i_{\text{eff}}(f)^2 = 4k\sum_v G_v T_v = 4k T_{\text{äq}} \sum_v G_v$$
mit (47)
$$T_{\text{äq}} = \sum_v G_v T_v / \sum_v G_v.$$

Für einen Zweipol mit der Impedanz $\underline{Z}$ (bzw. Admittanz $\underline{Y} = 1/\underline{Z}$), der sich auf einer einheitlichen Temperatur T befindet, gilt in Erweiterung von Gl. (41) [11]

$$\left.\begin{array}{l} u_{\text{eff}}(f)^2 = 4w(f)\,\text{Re}\,\underline{Z} \quad \text{bzw.} \\ i_{\text{eff}}(f)^2 = 4w(f)\,\text{Re}\,\underline{Y} \end{array}\right\} (48)$$

(s. das Beispiel in Bild 4).
Aus Gl. (48) folgt insbesondere, daß Blindwiderstände thermisch nicht rauschen.
Thermische Rauschstörungen können durch Kühlung des Widerstands reduziert werden. Von dieser Möglichkeit kann in all denjenigen Schaltungen Gebrauch gemacht werden, welche ausschließlich oder überwiegend thermische Rauschquellen enthalten, z. B. parametrische Schaltungen (s. G 1.4) und Feldeffekttransistoren [19].

Bild 4. Komplexer Widerstand mit thermischer Rauschquelle

$$\text{Re}\,\underline{Z} = \frac{R}{1+(R\omega C)^2}$$

Schrotrauschen. Während das thermische Rauschen bereits ohne makroskopische Bewegung von Ladungsträgern in einem Leiter auftritt, entsteht das Schrotrauschen erst in Verbindung mit einem makroskopischen Stromfluß $i(t)$, und zwar immer dann, wenn Ladungsträger in statistischer Weise Grenzflächen zwischen 2 Medien überschreiten. Beispiele hierfür sind die Emission von Elektronen aus einer geheizten Kathode in das Vakuum hinein sowie das Passieren von pn-Übergängen durch Elektronen und Defektelektronen in Halbleiterdioden bzw. -transistoren. Der erste Effekt hat dieser Rauschursache ihren Namen gegeben: Das durch die unregelmäßige Emission bewirkte unregelmäßige Auftreffen der Elektronen auf die Anode einer Elektronenröhre hat Ähnlichkeiten mit dem Aufprall von Schrotkugeln auf ein Ziel.
Hier ist $\langle i(t) \rangle = I \neq 0$ (Bild 5). Die spektrale Zerlegung des Rauschanteils $i_R(t) = i(t) - I$ folgt aus der „Leistungsbilanz"

$$\langle i_R(t)^2 \rangle = \int_0^\infty i_{\text{eff}}(f)^2\,df.$$

Da bei den Ladungsträgerübergängen (in Elektronenröhren im Sättigungs- und Anlaufgebiet sowie bei HL-Dioden und Bipolartransistoren) die Voraussetzungen des Theorems von Carson gegeben sind, gilt nach Gl. (26)

$$i_{\text{eff}}(f)^2 = 2eI|\psi(f)/\psi(0)|^2 \qquad (49)$$

Bild 5. Mit Schrotrauschen behafteter Strom, schematisch und für niedrige Frequenzen $f \ll 1/2\pi\tau_L$ (τ_L = Laufzeit der Ladungsträger im Entladungsraum) vereinfacht (Schottkys Theorem [20])

$$i_{\text{eff}}(f)^2 = 2eI,$$

$$\sqrt{i_{\text{eff}}(f)^2 \Delta f} = 5{,}64 \cdot 10^{-4} \sqrt{\frac{I}{\text{mA}}} \sqrt{\frac{\Delta f}{k\,\text{Hz}}} \quad (50)$$
in µA.

Das Schrotrauschen ist eine unvermeidbare Rauschquelle bei konventionellen Verstärkern und Mischern mit Sperrschicht-Steuerstrecken. Denn die dort verwendeten Schottky- und Tunneldioden sowie Bipolartransistoren müssen stets in Arbeitspunkten mit $I \neq 0$ betrieben werden, da die zur Verstärkung eines HF-Signals erforderliche Leistung aus diesem Gleichstrom entnommen wird. Falls im Arbeitspunkt ein vernachlässigbar kleiner Gleichstrom fließt, ist das Schrotrauschen von untergeordneter Bedeutung (z.B. in den parametrischen Schaltungen, s. G 1.4). Das gilt auch beim FET, da über die Steuerstrecke nur ein vernachlässigbar kleiner Sperrstrom fließt.

1/f-Rauschen. Bei einer Vielzahl von physikalischen und technischen Systemen treten Schwankungsvorgänge mit einer spektralen Leistungsdichte auf, welche bei tiefen Frequenzen $\sim 1/f^\alpha$ mit $\alpha \approx 1$ ist. Man spricht daher – unabhängig von der physikalischen Ursache – von 1/f-Rauschen bzw. von Funkel-Rauschen, da dieser Effekt zuerst in Verbindung mit der unregelmäßigen Emission von Oxydkathoden beobachtet worden ist.
Als Ursache des 1/f-Rauschens kommen Oberflächen- und Volumeneffekte in Betracht, und zwar sowohl bei *Elektronenröhren* [1, S. 1252] als auch bei *Halbleitern* [21, 22]. Trotz zahlreicher theoretischer und experimenteller Arbeiten im Anschluß an die ersten Untersuchungen von Johnson [23] und Schottky [24] gibt es bis heute noch keine einheitliche Theorie des 1/f-Rauschens, was aufgrund der verschiedenen möglichen Modellvorstellungen verständlich ist.
Allgemeine Kennzeichen dieses Rauschens, das bis zu Frequenzen von typisch 1 bis 10 kHz vorhanden ist, darüber aber von dem meist gleichzeitig vorhandenen thermischen oder Schrotrauschen überdeckt wird, sind [25]:
– Es kann als stationärer Gauß-Prozeß aufgefaßt werden.
– Die gemessene spektrale Leistungsdichte $w_x(f)$ genügt in einem großen Frequenzbereich (in Einzelfällen bis herunter zu 10^{-6} Hz) dem Gesetz $f^{-\alpha}$ mit $\alpha \approx 1$.
– Für die Stromabhängigkeit gilt $w_x(f) \sim I^\gamma$ mit $1 < \gamma \leq 2$.
– In vielen Fällen wird die Temperaturabhängigkeit nur durch die I-Abhängigkeit bestimmt. Da es auch Ausnahmen hiervon gibt, kann von einem verbesserten Verständnis der T-Abhängigkeit des 1/f-Rauschens ein tieferer Einblick in den Mechanismus dieses Rauschens erwartet werden.
Neuere ausführliche zusammenfassende Darstellungen von Theorie und Praxis findet man in [25–27].

Empfangsrauschen. Hierunter versteht man diejenigen Störungen, welche bereits von der Antenne neben dem Nutzsignal aufgenommen werden. Sie können bez. ihrer Entstehung in verschiedene Gruppen eingeteilt werden [28]:
1. Kosmos (galaktisches Rauschen, Sonne, Sterne, interstellare Materie). Diese Störungen stellen in der Radioastronomie (s. S 4) das Nutzsignal dar [29].
2. Atmosphäre (Absorption und Wiederausstrahlung in der Ionosphäre, Heaviside-Schicht, $O_2 - H_2O$-Absorption in der Atmosphäre, troposphärische Störungen, Gewitter).
3. Erde (terrestrische Störungen, elektrische Geräte [14].

Wegen des für quantenphysikalische Bauelemente wichtigen Quantenrauschens wird auf M 3 verwiesen, wegen seltener auftretender Störungen wie Isolations-, Kontakt- und Ummagnetisierungsrauschen auf [11, 14 I]. Das Rauschen gittergesteuerter Elektronenröhren ist nur noch von historischem Interesse [1, S. 1246–1255].

Äquivalenter Rauschwiderstand bzw. -leitwert und äquivalente Rauschtemperatur eines Zweipols.
Ein Zweipol habe die Impedanz $\underline{Z}$ (bzw. Admittanz $\underline{Y} = 1/\underline{Z}$) und enthalte beliebige innere Rauschquellen, welche einer verfügbaren spektralen Leistungsdichte $w(f)$ entsprechen, d.h. nach Gl. (41)

$$\begin{aligned} u_{\text{eff}}(f)^2 &= 4w(f)\,\text{Re}\,\underline{Z} \quad \text{bzw.} \\ i_{\text{eff}}(f)^2 &= 4w(f)\,\text{Re}\,\underline{Y}. \end{aligned} \quad (51)$$

Diese Angaben können numerisch gleichwertig durch den sog. äquivalenten Rauschwiderstand $R_{\text{äq}}$ bzw. Rauschleitwert $G_{\text{äq}}$ beschrieben werden, der sich auf einer (willkürlich definierten) Bezugstemperatur T_0 (i. allg. 290 K) befindet und thermisch rauscht. Aus der Äquivalenzforderung

$$u_{\text{eff}}(f)^2 = 4kT_0 R_{\text{äq}} \quad \text{bzw.} \quad i_{\text{eff}}(f)^2 = 4kT_0 G_{\text{äq}}$$

folgt durch Vergleich mit Gl. (51)

$$\begin{aligned} R_{\text{äq}} &= \text{Re}\,\underline{Z}(w(f)/kT_0) \quad \text{bzw.} \\ G_{\text{äq}} &= \text{Re}\,\underline{Y}(w(f)/kT_0) \end{aligned} \quad (52)$$

($kT_0 = 4 \cdot 10^{-21}$ Ws für $T_0 = 290$ K). Es ist $R_{\text{äq}}/G_{\text{äq}} = |\underline{Z}|^2$.
Die *äquivalente Rauschtemperatur* T_r des Zweipols ist diejenige Temperatur, auf die ein thermisch rauschender Widerstand der Größe Re $\underline{Z}$

aufgeheizt werden muß, damit er dieselbe verfügbare spektrale Rauschleistungsdichte $w(f)$ liefert wie der vorgegebene Zweipol, d.h. $kT_r = w(f)$; hieraus folgt

$$T_r = w(f)/k. \tag{53}$$

T_r ist eine reine Rechengröße, die von der tatsächlichen Temperatur des Zweipols i. allg. verschieden ist. Sie ermöglicht einen einfachen Vergleich des Rauschverhaltens verschiedener Zweipole trotz physikalisch verschiedenartiger Rauschursachen. – So wird z.B. die spektrale Rauschtemperatur einer Antenne (s. Teil N sowie R 4, S 4) durch die obengenannten Ursachen 1. und 2. bestimmt.
Der Vergleich von Gl. (52) mit Gl. (53) liefert

$$R_{äq} = \operatorname{Re} \underline{Z}(T_r/T_0) \quad \text{bzw.}$$
$$G_{äq} = \operatorname{Re} \underline{Y}(T_r/T_0). \tag{54}$$

Beispiel: Für eine Halbleiterdiode (s. M 1.2) mit

$$I = I_s(\exp(U/U_T) - 1),$$
$$dI/dU = G = (I + I_s)/U_T$$

($U_T = kT/e$ = Temperaturspannung) und $i_{\text{eff}}^2(f) = 2e(I + 2I_s)$ gilt nach den Gln. (51) bis (54)

$$G_{äq} = (I + 2I_s)/2U_{T0},$$
$$T_r = [(I + 2I_s)/(I + I_s)] T/2.$$

Tief im Flußgebiet ($I \gg I_s$) ist $T_r \approx T/2$; die Diode rauscht halbthermisch. Für $I = 0$ ist $T_r = T$, da die Diode sich dann im thermodynamischen Gleichgewicht befindet.

3.4 Rauschende lineare Vierpole
Linear noisy fourpoles

Vierpolgleichungen, Ersatzschaltungen. Da es sich bei den inneren Rauschquellen eines Vierpols um kleine Ströme bzw. Spannungen handelt, kann ihr Einfluß auf das Vierpolverhalten durch modifizierte lineare Vierpolgleichungen erfaßt werden [11, 30] (s. hierzu Bild 6), z. B.

$$\underline{I}_1 = \underline{Y}_{11} \underline{U}_1 + \underline{Y}_{12} \underline{U}_2 + \underline{I}_{K1}$$
$$\underline{I}_2 = \underline{Y}_{21} \underline{U}_1 + \underline{Y}_{22} \underline{U}_2 + \underline{I}_{K2} \tag{55}$$

oder

$$\underline{U}_1 = \underline{Z}_{11} \underline{I}_1 + \underline{Z}_{12} \underline{I}_2 + \underline{U}_{L1}$$
$$\underline{U}_2 = \underline{Z}_{21} \underline{I}_1 + \underline{Z}_{22} \underline{I}_2 + \underline{U}_{L2}. \tag{56}$$

Hierbei wird die Wirkung der tatsächlich vorhandenen inneren Rauschquellen formal durch äquivalente äußere (Kurzschluß-) Strom- bzw. (Leerlauf-) Spannungs-Rauschquellen beschrieben, so daß der Vierpol als rauschfrei betrachtet werden kann. Neben den obigen Darstellungen ist u. a. noch die sog. Kettenform üblich (Bild 7).

Bild 6. Rauschender linearer Vierpol. **a** allgemein; **b** Leitwertform; **c** Widerstandsform

Bild 7. Kettenform des linearen rauschenden Vierpols

Dafür gilt

$$\underline{U}_1 = \underline{A}_{11} \underline{U}_2 + \underline{A}_{12} \underline{I}_2 + \underline{U}_A$$
$$\underline{I}_1 = \underline{A}_{21} \underline{U}_2 + \underline{A}_{22} \underline{I}_2 + \underline{I}_A$$

mit (57)

$$\underline{U}_A = -\underline{I}_{K2}/\underline{Y}_{21} = \underline{U}_{L1} - \underline{U}_{L2} \underline{Z}_{11}/\underline{Z}_{21}$$
$$\underline{I}_A = \underline{I}_{K1} - \underline{I}_{K2} \underline{Y}_{11}/\underline{Y}_{21} = -\underline{U}_{L2}/\underline{Z}_{21}.$$

Diese Darstellung ist besonders für theoretische Überlegungen nützlich; sie ist u. a. der Tatsache angepaßt, daß die Rauschtemperatur eines Vierpols (s. Gl. (79)) eine auf seinen *Eingang* bezogene Größe ist.
Es ist i. allg. nur eine Frage der Zweckmäßigkeit, welche der drei Darstellungen (oder eine andere äquivalente) man benutzt, vorausgesetzt, daß die Koeffizientendeterminante nicht verschwindet.
Im Mikrowellengebiet werden zur Beschreibung von Netzwerken i. allg. Wellen und dementsprechend Reflexionsfaktoren statt Impedanzen bzw. Admittanzen benutzt. – Bei einem Hohlleiter kann man Ströme und Spannungen sogar gar nicht mehr eindeutig definieren (s. K 4), wohl aber Wellenamplituden; diese lassen sich (bei einmodigem Betrieb) auch experimentell mit Hilfe von Richtkopplern trennen und komponentenweise messen (s. I 3, 3). – Für eine zweitorige Leitungsstruktur besteht bei Kleinsignalbetrieb ein linearer Zusammenhang zwischen den Wellen-

Bild 8. Zwei äquivalente Wellendarstellungen eines rauschenden Vierpols

Bild 9. Beschaltung eines rauschenden Vierpols mit Generator und Last

amplituden $\underline{B}$, $\underline{A}$ an beiden Toren (s. hierzu Bild 8):

$$\begin{pmatrix}\underline{B}_1\\ \underline{B}_2\end{pmatrix}=\begin{pmatrix}\underline{S}_{11} & \underline{S}_{12}\\ \underline{S}_{21} & \underline{S}_{22}\end{pmatrix}\begin{pmatrix}\underline{A}_1\\ \underline{A}_2\end{pmatrix}+\begin{pmatrix}\underline{B}_{n1}\\ \underline{B}_{n2}\end{pmatrix}. \quad (58)$$

Bei einem Vierpol, welcher sowohl die Definition von Strömen und Spannungen als auch von Wellen zuläßt, gilt der Zusammenhang

$$\underline{A}=(\underline{U}+\underline{Z}\,\underline{I})/\sqrt{8\,\mathrm{Re}\,\underline{Z}},$$
$$\underline{B}=(\underline{U}-\underline{Z}^*\underline{I})/\sqrt{8\,\mathrm{Re}\,\underline{Z}}$$

und damit, unabhängig vom Wert des Wellenwiderstandes $\underline{Z}$,

$$|\underline{A}|^2-|\underline{B}|^2=\mathrm{Re}(\underline{U}\,\underline{I}^*)/2.$$

Die in jeder der vorangehenden Darstellungen auftretenden beiden Rausch-Ersatzquellen sind wegen ihres (zumindest teilweise) gemeinsamen Ursprungs miteinander korreliert. Durch geeignete Transformation ist es möglich, sie formal unkorreliert zu machen. So sind z. B. im Falle von Bild 8b $\underline{A}'_{n1}$ und $\underline{B}'_{n1}$ dann unkorreliert, wenn $\underline{Z}=\underline{Z}_{\mathrm{opt}}$ mit

$$\left.\begin{array}{l}|\underline{Z}_{\mathrm{opt}}|=\sqrt{|\underline{U}_A|^2/|\underline{I}_A|^2},\\ \mathrm{Im}\,\underline{Z}_{\mathrm{opt}}=|\underline{Z}_{\mathrm{opt}}|\,\mathrm{Im}\,\underline{\varrho}\\ \text{gewählt wird, wobei}\\ \underline{\varrho}=\overline{\underline{I}_A\,\underline{U}_A^*}/\sqrt{|\underline{U}_A|^2\,|\underline{I}_A|^2}\end{array}\right\} \quad (59)$$

der Korrelationskoeffizient zwischen $\underline{I}_A$ und $\underline{U}_A$ ist.

Die allgemeine Beschreibung linearer rauschender n-Tore erfolgt – in Erweiterung der vorstehenden Ergebnisse – mit Hilfe von Auto- und Kreuzkorrelationsspektren, die in einer Korrelationsmatrix zusammengefaßt werden [31].

Spektrale Rauschzahl und -temperatur. Rauschkenngrößen. Die spektrale Rauschzahl eines linearen Vierpols ist nach Fränz [32] bzw. Friis [33] definiert als:

$$F=\frac{P_{s1}/P_{n1}}{P_{s2}/P_{n2}}=\frac{\text{Signal-Rausch-Abstand am Eingang}}{\text{Signal-Rausch-Abstand am Ausgang}} \quad (60)$$

(Bild 9; dort ist die Beschreibung durch die Widerstandsform der Vierpolgleichungen gewählt.) Hierin ist P_{s1} bzw. P_{n1} die Signal- bzw. Rauschleistung, welche im Intervall $f_1-\Delta f/2\ldots f_1+\Delta f/2$ in den Vierpol eintritt; entsprechend treten die Signal- bzw. Rauschleistung P_{s2}, P_{n2} im Intervall $f_2-\Delta f/2\ldots f_2+\Delta f/2$ aus dem Vierpol aus und werden an die Last $\underline{Z}_L$ abgegeben. Im Fall $f_1=f_2$ liegt eine Geradeausschaltung vor (z. B. Vorverstärker in einem Empfänger), im Fall $f_1\neq f_2$ ein Mischer. (Letzterer kann, obwohl er prinzipiell ein nichtlineares Netzwerk ist, bei Kleinsignalbetrieb als linearisierte, aber zeitvariante Schaltung betrachtet und durch Vierpolgleichungen der Art (55) bis (58) beschrieben werden.)

In Gl. (60) gehen die im tatsächlich vorliegenden Betriebszustand vorhandenen Leistungen P_{s1}, P_{n1} in der Eingangs- bzw. Ausgangsebene ein. Da sich das Leistungs*verhältnis* am Ausgang (Eingang) bei Variation des Abschlußwiderstands $\underline{Z}_L$ (Eingangswiderstands $\underline{Z}_{\mathrm{ein}}$) nicht ändert, können in Gl. (60) auch die verfügbaren Leistungen P_v eingesetzt werden, welche nur im Anpassungszustand $\underline{Z}_L=\underline{Z}_{\mathrm{aus}}^*$ (am Ausgang) bzw. $\underline{Z}_{\mathrm{ein}}=\underline{Z}_g^*$ (am Eingang) tatsächlich vorliegen; dies hat insbesondere für die Berechnung von F Vorteile. Nun ist

$$P_{n2,v}=P_{n1,v}L_{v,n}+P_{i,v}$$

($P_{i,v}$ = verfügbare Eigenrauschleistung des Vierpols aufgrund seiner internen Rauschquellen, L_v = verfügbarer Leistungsgewinn), d. h.

$$F=(1+P_{i,v}/L_{v,n}P_{n1,v})\,L_{v,n}/L_{v,s}. \quad (61)$$

Sofern $L_{v,n}=L_{v,s}(=L_v)$ (was i. allg. zutrifft), gilt

$$F=P_{n2,v}/L_v P_{n1,v}=1+P_{i,v}/L_v P_{n1,v}$$
$$=1+F_z \quad (62)$$

(F_z = zusätzliche Rauschzahl). Dabei ist nach Gl. (53)

$$P_{n1,v}=k\,T_{g,s}\,\Delta f \quad (63)$$

($T_{g,s}$ = Rauschtemperatur des am Vierpoleingang liegenden Generators).

Die Schreibweise von Gl. (62) läßt für F die folgenden Deutungen zu:

a) $F = \dfrac{\text{(verfügbare) Rauschleistung am Ausgang des rauschenden Vierpols}}{\text{(verfügbare) Rauschleistung am Ausgang des rauschfrei gedachten Vierpols}}$ (64)

Diese Interpretation ist für die explizite Berechnung von F aus den Signal- und Rauschparametern besonders geeignet.

b) $F = \dfrac{P_{n2,v}/\Delta f}{k T_{g,s} L_v} = \dfrac{\text{Rauschleistungsdichte am Ausgang}}{k T_{g,s} L_v}$,

c) $F = \dfrac{P_{n2,v}/L_v}{k T_{g,s}} = \dfrac{\text{auf den Eingang bezogene spektrale Rauschleistungsdichte}}{k T_{g,s}}$,

d) $F = \dfrac{P_{s1,v}(P_{n2}/P_{s2})_v}{k T_{g,s}}$

$= \dfrac{\text{verfügbare Signalleistung eines Generators, die am Ausgang zu dem Störabstand 1 führt}}{k T_{g,s}}$.

Diese Deutung liegt dem Prinzip der Rauschzahlmessung zugrunde (s. I 7), dort wird allerdings als Nutzsignal ein Rauschspektrum verwendet).
Die Anwendung der Definitionsgleichung (60) auf z. B. Gl. (57) liefert

$F = 1 + |U_A + Z_g I_A|^2/8 k T_{g,s} \Delta f \, \mathrm{Re}\, Z_g$
$= F_{\min} + |I|^2 |Z_g - Z_{\mathrm{opt}}|^2/8 k T_{g,s} \Delta f \, \mathrm{Re}\, Z_g$
$= F_{\min} + |U_A|^2 |Y_g - Y_{\mathrm{opt}}|^2/8 k T_{g,s} \Delta f \, \mathrm{Re}\, Y_g$.

Für $Z_g = Z_{g,\mathrm{opt}} = Z_{\mathrm{opt}}$ (nach Gl. (59)) $= Y_{\mathrm{opt}}^{-1}$ wird die bez. $Z_g = Y_g^{-1}$ minimale Rauschzahl

$F_{\min} = 1 + \sqrt{|U_A|^2 |I_A|^2}$
$\quad \cdot (\mathrm{Re}\,\varrho + \sqrt{1-(\mathrm{Im}\,\varrho)^2})/4 k T_{g,s} \Delta f$ (65)

angenommen, d.h.

$\mathrm{Re}\, Z_{g,\mathrm{opt}} = \sqrt{1-(\mathrm{Im}\,\varrho)^2}\sqrt{|U_A|^2/|I_A|^2}$
Rauschanpassung (66)

und

$\mathrm{Im}\, Z_{g,\mathrm{opt}} = \mathrm{Im}\,\varrho \sqrt{|U_A|^2/|I_A|^2}$
Rauschabstimmung.

Diese Einstellung ist begrifflich und i. allg. auch numerisch von der Leistungsanpassung $Z_g = Z^*_{\mathrm{ein}} = [Z_{11} - Z_{12}Z_{21}/(Z_{22}+Z_L)]^*$ verschieden. Anstelle der vier Rauschkenngrößen $|U_A|^2$, $|I_A|^2$ und ϱ werden auch die äquivalenten Größen

$R_n = |U_A|^2/8 k T_0 \Delta f$,
$G_n = |I_A|^2 (1-|\varrho|^2)/8 k T_0 \Delta f$, (67)
$Y_{\mathrm{cor}} = \varrho \sqrt{|I_A|^2/|U_A|^2} = G_{\mathrm{cor}} + j B_{\mathrm{cor}}$

verwendet; damit gilt

$$F = 1 + \dfrac{G_n + R_n |Y_g + Y_{\mathrm{cor}}|^2}{\mathrm{Re}\, Y_g} \dfrac{T_0}{T_{g,s}},$$

$$F_{\min} = 1 + 2R_n(G_{\mathrm{cor}} + \sqrt{G^2_{\mathrm{cor}} + G_n/R_n})$$
$$\quad \cdot T_0/T_{g,s}$$

$$\mathrm{Re}\, Y_{g,\mathrm{opt}} = \mathrm{Re}\, Z_{\mathrm{opt}}/|Z_{\mathrm{opt}}|^2$$
$$= \sqrt{G^2_{\mathrm{cor}} + G_n/R_n},$$

$$\mathrm{Im}\, Y_{g,\mathrm{opt}} = -\mathrm{Im}\, Z_{\mathrm{opt}}/|Z_{\mathrm{opt}}|^2 = -B_{\mathrm{cor}}.$$
(68)

Wenn nur Rauschabstimmung (s. Gl. (66)) vorgenommen wird, gilt

$$F = 1 + \left[\dfrac{G_n + R_n G^2_{\mathrm{cor}}}{\mathrm{Re}\, Y_g} + 2R_n G_{\mathrm{cor}}\right.$$
$$\left. + R_n \mathrm{Re}\, Y_g\right]\dfrac{T_0}{T_{g,s}}$$
(69)

(s. Bild 10; eine Abhängigkeit gleichen Charakters zeigt F bei Transistoren bzw. des Kollektorstroms [28] bzw. des Drainstroms [21].
Die Anwendung der Definitionsgleichung (60) auf Gl. (58) liefert [28, 34, 36, 37]

$$F = F_{\min} + (F_0 - F_{\min})\dfrac{|r - r_{\mathrm{opt}}|^2}{(1-|r|^2)|r_{\mathrm{opt}}|^2}$$ (70)

mit dem Generator-Reflexionsfaktor

$r = (Z_g - Z)/(Z_g + Z^*)$

und

$F_0 = F(r=0)$
$= F_{\min} + \dfrac{|A'_{n1} - B'_{n1}|^2}{k T_{g,s} \Delta f} \dfrac{|r_{\mathrm{opt}}|^2}{|1-r_{\mathrm{opt}}|^2}$.

Bild 10. Rauschzahl eines Vierpols in Abhängigkeit von der Generatoradmittanz $Y_g = 1/Z_g$

Wenn insbesondere $Z = Z_{opt} = Z_{g,opt}$ (nach Gl. (59) bzw. (66)) gewählt wird, ist $r_{opt} = 0$ und

$$|A'_{n1} - B'_{n1}|^2 = 4kT_0 \sqrt{R_n G_n}\,\Delta f$$
$$\cdot \sqrt{[1 - (\mathrm{Im}\,\varrho)^2]/(1 - |\varrho|^2)}$$

$$F = F_{min} + \frac{4\sqrt{R_n G_n}}{\frac{1}{|r|^2} - 1} \sqrt{\frac{1 - (\mathrm{Im}\,\varrho)^2}{1 - |\varrho|^2}} \frac{T_0}{T_{g,s}}. \quad (71)$$

Danach ist längs der Kurven konstanter Rauschzahl ($F = \text{const}$) auch $|r| = \text{const}$; die zugehörigen Generatorimpedanzen Z_g liegen sowohl in der Z_g-Ebene als auch in der r-Ebene (Smith-Chart für Z_g) auf Kreisen (Bild 11 [34, 35]). Da dies ebenfalls für den verfügbaren Leistungsgewinn $L_v(Z_g) = \text{const}$ gilt, läßt sich aus dieser Darstellung der Einfluß einer Fehlanpassung auf das Signal- und Rauschverhalten eines Vierpols gleichzeitig und einfach erkennen.

Wenn die Bauelemente des Vierpols, ihre Arbeitspunkte sowie die Temperatur vorgegeben sind, hängt der Wert von F noch wesentlich von der Frequenz ab, man spricht daher auch von der spektralen Rauschzahl – zum Unterschied von der integralen (oder Band-)Rauschzahl $\bar{F}$ (s. Gl. (82)) –. Die schematische Darstellung in Bild 12 gilt sowohl für Bipolar- als auch für FE-Transistoren.

Anwendungen der vorstehenden Ergebnisse auf Transistoren findet man z. B. in [21, 28].

F bzw. F_z beschreibt das Rauschverhalten des Vierpols einschließlich des im Betrieb benutzten Generators. Wenn man die Rauscheigenschaften

Bild 12. Frequenzabhängigkeit der Rauschzahl F von Transistoren, schematisch: *1* $1/f$-Rauschen; *2* weißes Rauschen; *3* Laufzeitbereich (L_v fällt rascher als $P_{i,v}$)

des Vierpols allein kennzeichnen will, so kann man sich ihn mit einem Generator verbunden denken, der sich auf einer zwar willkürlich wählbaren, aber fest vereinbarten Standard-Rauschtemperatur (üblicherweise $T_0 = 290$ K) befindet. Die damit definierte Größe

$$F_0 = 1 + F_{z,0} \quad \text{mit} \quad F_{z,0} = P_{n,2,v}/L_v k T_0 \quad (72)$$

heißt *Standard*-Rauschzahl, sie wird z. B. für Transistoren üblicherweise von den Herstellern im Datenblatt angegeben. Sie steht mit der im tatsächlichen Betriebszustand wirksamen Rauschzahl F in dem einfachen Zusammenhang

$$(F - 1) T_{g,s} = (F_0 - 1) T_0 \quad (73)$$

und gestattet die entsprechenden Interpretationen a) bis d). Anstelle des numerischen Wertes von F bzw. F_0 wird oft auch der Wert

$$\begin{aligned}F_{dB} &= 10 \cdot \lg F\,[\mathrm{dB}] \quad \text{bzw.}\\ F_{0,dB} &= 10 \cdot \lg F_0\,[\mathrm{dB}]\end{aligned} \quad (74)$$

angegeben; danach sind z. B. die Aussagen „$F = 4$" und „$F_{dB} = 6\,\mathrm{dB}$" gleichwertig. Die Angabe nach Gl. (74) wird in der Literatur häufig *Rauschmaß* genannt; dieser Begriff ist allerdings auch noch für eine ganz anders definierte Größe geprägt worden (s. Gl. (77)).

Zur Kennzeichnung des rauschenden Vierpols allein ist anstelle der Standard-Rauschzahl F_0 auch die sog. *äquivalente Rauschtemperatur* T_v geeignet. Das ist diejenige Temperatur, um die man formal die tatsächliche Rauschtemperatur $T_{g,s}$ des Signalgenerators erhöhen muß, damit am Ausgang des rauschfrei gedachten Vierpols dieselbe verfügbare Rauschleistung auftritt wie am Ausgang des realen, rauschenden Vierpols, d. h. $(kT_v\Delta f) L_v = P_{i,v}$ bzw.

$$T_v = P_{i,v}/L_v k \Delta f. \quad (75)$$

Nach den Gln. (62), (73) und (75) besteht der Zusammenhang

$$T_v = F_z T_{g,s} = F_{z,0} T_0, \quad (76)$$

Bild 11. Kreise konstanter Rauschzahl F in der r-Ebene (Smith-Chart für Z_g)

$M(r_{opt}/(1 + a))$, $R = \sqrt{a(1 + a - |r_{opt}|^2)}/(1 + a)$,

$$a = \frac{F - F_{min}}{F_0 - F_{min}} |r_{opt}|^2;$$

im Bild ist $a_3 > a_2 > a_1$ gewählt

woraus die Unabhängigkeit von der tatsächlichen Generator-Rauschtemperatur besonders deutlich hervorgeht.
Die bisherigen Betrachtungen beziehen sich sämtlich auf einkanaligen Betrieb, d. h. die ausgangsseitig im Intervall $f_{aus} \ldots f_{aus} + \Delta f$ auftretenden Signal- und Rauschgrößen stammen nur aus *einem* entsprechenden eingangsseitigen Kanal $f_{ein} \ldots f_{ein} + \Delta f$. Das ist in der Praxis nicht immer der Fall; so werden z. B. Diodenmischer mit gesteuertem Wirk- oder Blindleitwert sowohl unter Berücksichtigung als auch unter Vernachlässigung der Spiegelfrequenz betrieben; dies gilt auch für den parametrischen Geradeausverstärker, sofern dieser im quasi-degenerierten Betrieb ($f_p \approx 2 f_s$) arbeitet und Signal- und Hilfsfrequenz innerhalb der Eingangsbandbreite liegen (s. G 1.4, [37, S. 180–183], [38]).
Von manchen Vierpolen wird gleichzeitig Leistungsverstärkung und kleines Rauschen verlangt (z. B. Vor- und ZF-Verstärker, s. Q 1.3 unter „Empfindlichkeit"). Eine Kenngröße, welche beide Aspekte berücksichtigt, ist die von Rothe und Dahlke [39] als Rausch-Güteziffer eingeführte, später von Haus und Adler [40a] als Rauschmaß bezeichnete Größe

$$M = F_z / (1 - 1/L_v). \tag{77}$$

Sie kann ebenso wie die Rauschzahl F durch Einbettung in ein verlustloses Netzwerk verändert werden. Insbesondere existiert bei optimaler Wahl dieses Netzwerks ein Minimum von M, welches nur von den Eigenschaften des Vierpols abhängt; es ist dies der kleinste positive Eigenwert der charakteristischen Rauschmatrix des ursprünglichen Vierpols [40 b, c].
Bei digitaler Nachrichtenübertragung tritt an die Stelle der Rauschzahl die Bit- oder Schritt-Fehlerwahrscheinlichkeit als Kenngröße [16] (s. O 2.7).

Kettenschaltung rauschender Vierpole. Eine Kette aus n Vierpolen mit den Rauschzahlen F_ν und den verfügbaren Leistungsgewinnen $L_{v,\nu}$ hat die Rauschzahl

$$F_{Kette} = 1 + F_{z, Kette} \quad \text{mit}$$

$$F_{z, Kette} = F_{z1} + \frac{F_{z2}}{L_{v1}} + \frac{F_{z3}}{L_{v1} \cdot L_{v2}}$$

$$+ \ldots + \frac{F_{z,n}}{L_{v1} L_{v2} \cdot \ldots \cdot L_{v,n-1}} \tag{78}$$

bzw. die Rauschtemperatur

$$T_{Kette} = T_1 + \frac{T_2}{L_{v1}} + \frac{T_3}{L_{v1} L_{v2}}$$

$$+ \ldots + \frac{T_n}{L_{v1} L_{v2} \cdot \ldots \cdot L_{v,n-1}} \tag{79}$$

(Formel vom Friis [33]). Hier ist $F_{z,\nu}$ derjenige Wert der zusätzlichen Rauschzahl des Vierpols Nr. ν, welche sich für eine „Generator"-Impedanz $Z_{aus}^{(\nu-1)}$ (= Ausgangsimpedanz des Vierpols Nr. $\nu - 1$) ergibt, wobei deren Realteil $R_{aus}^{(\nu-1)}$ die Rauschtemperatur T_s am Ketten*eingang* liegenden Generators aufweist. Wenn man dagegen dem Widerstand $R_{aus}^{(\nu-1)}$ die tatsächliche Rauschtemperatur $T_{aus}^{(\nu-1)}$ am Ausgang des Vierpols Nr. $\nu - 1$ zuordnet, so gilt

$$F_{Kette} = F_1 \prod_{m=2}^{n} \tilde{F}_m \quad \text{mit}$$

$$\tilde{F}_m = F_m(Z_{aus}^{(m-1)}, T_{aus}^{(m-1)}). \tag{80}$$

Die Anwendung dieser Darstellungsweise bietet jedoch meßtechnisch Schwierigkeiten, da die Rauschtemperatur $T_{aus}^{(m-1)}$ vom Rausch- und Signalverhalten aller vorangehenden Kettenglieder sowie vom Generator abhängt [37, S. 187/188].

Integrale oder Band-Rauschzahl. Äquivalente Rauschbandbreite. Nach Gl. (60) ist

$$P_{n2}(f) = F(f) P_{n1}(f) / (P_{s2}(f) / P_{n1,v}(f))$$
$$= F(f) w_1(f) / L_{ü}(f). \tag{81}$$

In Erweiterung hiervon wird als pauschale Kenngröße für den gesamten Übertragungsbereich eines Vierpols die integrale oder *Band-Rauschzahl*

$$\bar{F} = P_{n2,ges} / \int_0^\infty w_1(f) L_{ü}(f) \, df$$
$$= \int_0^\infty F(f) w_1(f) L_{ü}(f) \, df \Big/ \int_0^\infty w_1(f) L_{ü}(f) \, df \tag{82}$$

definiert. Falls $L_{ü}(f)$ oder $w_1(f)$ lediglich in einer sehr kleinen Umgebung einer Frequenz f_m sehr große Werte hat, gilt nach Gl. (82) $\bar{F} \approx F(f_m)$.
Die *äquivalente Rauschbandbreite* ergibt sich aus folgender Überlegung: $L_{ü}(f)$ habe für $f = f_0$ sein Maximum $L_{ü}(f_0) = L_{ü,max}$. Wir denken uns nun einen rauschfreien Vierpol mit Rechteckcharakteristik und mit eben dieser Verstärkung und einer solchen Bandbreite B_n symmetrisch zu f_0, daß an seinem Ausgang dieselbe Rauschleistung wie am Ausgang des tatsächlichen rauschenden Vierpols auftritt, d. h.

$$\int_0^\infty w_1(f) L_{ü}(f) \, df = L_{ü,max} \int_{f_m - \frac{B_n}{2}}^{f_m + \frac{B_n}{2}} w_1(f) \, df. \tag{83}$$

Nach dieser (impliziten) Bestimmungsgleichung ist B_n bei einem gefärbten Eingangsrauschen außer von der „Signaleigenschaft $L_{ü}(f)$" des Vierpols auch von der Form $w_1(f)$ des Eingangsrauschens abhängig. – Entsprechendes gilt für $\bar{F}$ nach Gl. (82). – Für ein weißes Eingangsrauschen ($w_1(f) = w_1(f_m) = $ const) gilt nach den Gln. (82) bzw. (83)

$$\bar{F} = \int_0^\infty F(f)\, L_{\ddot{u}}(f)\, df \bigg/ \int_0^\infty L_{\ddot{u}}(f)\, df \qquad (84)$$

$$B_n = \int_0^\infty (L_{\ddot{u}}(f)/L_{\ddot{u}}(f_m))\, df \qquad (85)$$

Jetzt werden F und B_n nur durch die Signaleigenschaft $L_{\ddot{u}}(f)$ bestimmt, und Gl. (82) nimmt die Form an

$$\bar{F} = P_{n2,\text{ges}}/L_{\ddot{u}}(f_m)\, w_1(f_m)\, B_n. \qquad (86)$$

Danach spielt B_n für die Berechnung der Band-Rauschzahl $\bar{F}$ die entsprechende Rolle wie das Frequenzintervall Δf für die Berechnung der spektralen Rauschzahl F (vgl. Gl. (81)).
Der Zusammenhang zwischen B_n und der 3-dB-Signalbandbreite B_{sig} ist für verschiedene Übertragungscharakteristiken in [29, S. 265] zusammengestellt; danach gilt z. B. für einen einfachen Resonanzkreis $B_n = B_{\text{sig}} \pi/2$.

3.5 Übertragung von Rauschen durch nichtlineare Netzwerke
Transmission of noise through nonlinear networks

Die mathematische Behandlung solcher Fälle (z. B. AM-Demodulatoren, Gleichrichter, Begrenzer) ist i. allg. sehr mühsam, geschlossene Lösungen für das Ausgangsspektrum sind nur in Sonderfällen möglich.
Nach Gl. (7) wird die Wahrscheinlichkeitsdichte der Amplitudenverteilung der Rauschgrößen verändert – Entsprechendes gilt für das Leistungsspektrum –, und zwar durch Bildung von Kombinationsfrequenzen zwischen Rauschkomponenten bzw. zwischen Rausch- und Signalkomponenten. Quantitativ hängt dies von der Form der nichtlinearen Charakteristik, von der Statistik und dem Spektrum der Eingangsrausch- und Signalgröße ab. Dies wird in [8, 41, 42] ausführlich dargestellt; hier wollen wir uns auf einen kurzen Abriß beschränken. Bei der mathematischen Behandlung wird üblicherweise davon ausgegangen, daß

a) das nichtlineare Bauelement gedächtnislos ist, d. h. der Wert $x_a(t)$ der Ausgangsgröße ist nur vom Wert $x_e(t)$ der Eingangsgröße zum *selben* Zeitpunkt t abhängig;
b) das Eigenrauschen des nichtlinearen Bauelements vernachlässigt werden kann, so daß es nur als Übertrager des Eingangsrauschens und -signals dient;
c) das Eingangsrauschen gaußisch ist; darüber hinaus wird oft

d) das Eingangsrauschen als bandbegrenzt-weiß angenommen.

Zur Berechnung der ausgangsseitigen Leistungsdichte $w_a(f)$ geht man bei Potenzkennlinien $x_a = a x_e^n$ von einer Fourier-Darstellung gemäß Gl. (32) aus, die wegen der Annahme d) nur endlich viele Reihenglieder enthält.
Bei einer zweiten Methode wird zunächst die AKF $\varrho_a(\tau)$ der Ausgangsgröße $x_a(t)$ als Funktion der AKF $\varrho_e(\tau)$ der Eingangsgröße $x_e(t)$ bestimmt („Korrelationskennlinie"). Die gesuchte Spektraldichte $w_a(f)$ kann dann nach Gl. (23) aus $\varrho_a(\tau)$ ermittelt werden. Dieses Rechenverfahren geschieht nach einer der beiden folgenden Methoden:
Bei der *ersten Methode* wird $\varrho_a(\tau)$ gemäß

$$\varrho_a(\tau) = \iint_{-\infty}^{\infty} g(x_1)\, g(x_2)\, W(x_1, x_2, \tau)\, dx_1\, dx_2,$$
$$x_1 = x(t_1), x_2 = x(t_2), t_2 - t_1 = \tau \qquad (87)$$

berechnet, wobei man von den statistischen Eigenschaften des Eingangssignals in Form von $W(x_1, x_2, \tau)$ Gebrauch machen muß. Diese Methode läßt sich relativ einfach bei Charakteristiken der Form $x_a = A x_e^v$ anwenden. Insbesondere gilt für $v = 2$ bei Gaußschem Rauschen

$$\varrho_a(\tau) = \varrho_e^2(0) + 2\varrho_e^2(\tau). \qquad (88)$$

Die *zweite Methode* kann auch noch bei nichtlinearen Charakteristiken angewendet werden, bei denen die erste Methode zu große analytische Schwierigkeiten bringt. Hierbei benutzt man anstelle der Charakteristik $x_a = g(x_e)$ (mit $g(x_e) = 0$ für $x_e < 0$) die L-Transformierte [41, 42]:

$$F(p) = \int_{-\infty}^{\infty} g(x_e)\, e^{-p x_e}\, dx_e,$$
$$g(x_e) = \frac{1}{2\pi j} \int_{-j\infty}^{j\infty} F(p)\, e^{p x_e}\, dp. \qquad (89)$$

Dadurch läßt sich z. B. die geknickt-geradlinige Gleichrichter-Kennlinie

$$g(x_e) = \begin{cases} x_e & \text{für } x_e \geq 0 \\ 0 & \text{für } x_e < 0 \end{cases}$$

durch den geschlossenen analytischen Ausdruck $F(p) = 1/p^2$ beschreiben.
Die gesuchte AKF am Ausgang ist dann

$$\varrho_a(\tau) = \lim_{T \to \infty} \frac{1}{2T} \int_{-T}^{T} g(x_e(t))\, g(x_e(t+\tau))\, dt$$

$$= \frac{1}{(2\pi j)^2} \iint F(p)\, F(q) \left[\lim_{T \to \infty} \frac{1}{2T} \right.$$
$$\left. \cdot \int_{-T}^{T} e^{p x_e(t) + q x_e(t+\tau)} dt \right] dp\, dq. \qquad (90)$$

Für Signale und Gaußsches Rauschen gilt

$$\varrho_a(\tau) = \frac{1}{(2\pi j)^2} \iint F(\underline{p}) F(\underline{q}) \tag{91}$$
$$\cdot e^{\left(\frac{1}{2}(\underline{p}^2 + \underline{q}^2)\varrho_e(0) + \underline{p}\underline{q}\varrho_e(\tau)\right)} g_s(\underline{p}, \underline{q}) \, d\underline{p} \, d\underline{q}.$$

Hierin ist

$$g_s(\underline{p},\underline{q}) = \lim_{T \to \infty} \frac{1}{2T} \int_{-T}^{T} e^{\underline{p}u_s(t) + \underline{q}u_s(t+\tau)} dt \tag{92}$$

eine von der Form des Nutzsignals abhängige Größe; bei fehlendem Nutzsignal ist $g_s = 1$, für $u_s(t) = u_0 \cos \omega_0 t$ gilt

$$g_s(\underline{p},\underline{q}) = J_0\left(\frac{u_0}{j}\sqrt{\underline{p}^2 + \underline{q}^2 + 2\underline{p}\underline{q}\cos\omega_0\tau}\right). \tag{93}$$

Mit Gl. (91) ist die gestellte Aufgabe gelöst, $\varrho_a(\tau)$ als Funktion von $\varrho_e(\tau)$ bzw. $\varrho_e(0)$ darzustellen. Wenn die analytische Berechnung des Doppelintegrals Gl. (91) nicht möglich ist, bietet sich als Ausweg eine Reihenentwicklung an; wenn am Eingang nur Rauschen vorhanden ist (d. h. $g_s = 1$), gilt

$$\varrho_a(\tau) = \sum_{v=0}^{\infty} \frac{\varrho_e^v(\tau)}{v!}$$
$$\cdot \left[\frac{1}{2\pi j} \int_{-j\infty}^{j\infty} F(\underline{p}) \underline{p}^v e^{\frac{1}{2}\underline{p}^2 \varrho_e(0)} d\underline{p}\right]^2. \tag{94}$$

Bei gleichzeitiger Anwesenheit eines Nutzsignals wird der Zusammenhang wesentlich komplizierter.

Da die Zusammenhänge der Gln. (91) bis (94) i. allg. schon recht kompliziert sind, verzichtet man meist auf die Berechnung von $w_a(f)$ und deutet das Ausgangsrauschen und -signal in der (ϱ, τ)-Ebene anhand der „Korrelationscharakteristik" $\varrho_a(\tau) =$ Funktion $(\varrho_e(\tau))$.

Über die Anwendung der AKF zur Beschreibung von zeit*varianten* linearen Netzwerken wird auf die Originalliteratur verwiesen [43].

Spezielle Literatur: [1] *Kleen, W.*: Rauschen. In: *Meinke, H.; Gundlach, W.F.* (Hrsg.): Taschenbuch der Hochfrequenztechnik, 3. Aufl., Teil T. Berlin: Springer 1968. – [2] *Gnedenko, B.V.; Kolmogoroff, A.N.*: Limit distributions for sums of independent random variables (translated by K.L. Chung). Reading/Mass.: Addison-Wesley 1954. – [3] *Shannon, C.E.*: A mathematical theory of communication. Bell Syst. Tech. J. 27 (1948) 379–424, 623–657. – [4] *Lorenz, R.W.*: Theoretische Verteilungsfunktionen von Mehrwegeschwundprozessen im beweglichen Funk und die Bestimmung ihrer Parameter aus Messungen. Tech. Ber. 455 TBr 66, Forschungsinstitut der Deutschen Bundespost. März 1979. – [5] *Boge, H.-Chr.*: Beschreibung des Lebensdauerverhaltens von Bauelementen mit Weibull-Verteilung und Arrhenius-Gleichung. ntz Arch. 5 (1983) 242–244. – [6] *Lüke, H.D.*: Signalübertragung, 3. Aufl. Berlin: Springer 1985. – [7] *Middleton, D.*: An introduction to statistical communication theory. New York: McGraw-Hill 1960. – [8] *Lange, F.H.*: Korrelationselektronik 2. Aufl. Berlin: VEB Verlag Technik 1959. – [9] *Di Franco, J.V.; Rubin, W.L.*: Radar detection. Englewood Cliffs: Prentice-Hall 1968. – [10] *Schroeder, H.; Rommel, G.*: Elektrische Nachrichtentechnik, 10. Aufl., Bd. 1a. Eigenschaften und Darstellung von Signalen. Heidelberg u. München: Hüthig u. Pflaum, 1978. – [11] *Bittel, H.; Storm, L.*: Rauschen: Berlin: Springer 1971. – [12] *v.d. Ziel, A.*: Noise – sources, characterization, measurement. Englewood Cliffs: Prentice-Hall 1970. – [13] *Taub, H.; Schilling, D.L.*: Principles of communication systems. New York: McGraw-Hill, Kogakusha 1971. – [14] *Pfeifer, H.*: Elektronisches Rauschen. Teil I Rauschquellen 1959. Teil II Spezielle rauscharme Verstärker 1968. Leipzig: Teubner – [15] *Whalen, A.D.*: Detection of signals in noise. New York: Academic Press 1971. – [16] *Landstorfer, F.; Graf, H.*: Rauschprobleme der Nachrichtentechnik. München: Oldenbourg 1981. – [17] *Johnson, J.B.*: Thermal agitation of electricity in conductors. Phys. Rev. 32 (1928) 97–109. – [18] *Nyquist, H.*: Thermal agitation of electric charge in conductors. Phys. Rev. 32 (1928) 110–113. – [19] *Liechti, C.A.*: GaAs FET technology: A look into the future. Microwaves 17 (1978) 44–49. – [20] *Schottky, W.*: Über spontane Stromschwankungen in verschiedenen Elektrizitätsleitern: Ann. Phys. 57 (1918) 541–567. – [21] *Müller, R.*: Rauschen. 2. Aufl. Berlin: Springer 1990. – [22] *Jäntsch, O.*: A theory of $1/f$ noise at semiconductor surfaces. Solid State Electron. 11 (1968) 267–272. – [23] *Johnson, J.B.*: The Schottky effect in low frequency circuits. Phys. Rev. 26 (1925) 71–85. – [24] *Schottky, W.*: Small-shot-effect and flicker effect. Phys. Rev. 28 (1926) 75–103. – [25] *Wolf, D.* (Ed.): Noise in physical systems. Proc. 5th Int. Conf. on Noise. Bad Nauheim, March 13–16, 1978. Berlin: Springer 1978. – [26] Proc. Symp. on $1/f$ Fluctuations. Tokyo 1977. – [27] *Gupta, M.S.* (Ed.): Electrical noise: Fundamentals and sources. New York: IEEE Press 1977. – [28] *Beneking, H.*: Praxis des elektronischen Rauschens. Mannheim: Bibliogr. Inst. 1971. – [29] *Kraus, J.D.*: Radio astronomy, Chap. 8. New York: McGraw Hill 1966. – [30] *Rothe, H.*: Theorie rauschender Vierpole und deren Anwendung. Telefunken-Röhre, Heft 33 (1966) bzw. Heft 33a (1960). – [31] *Russer, P.; Hillbrand, H.*: Rauschanalyse von linearen Netzwerken. Wiss. Ber. AEG-Telefunken 49 (1976) 127–135. – [32] *Fränz, K.*: a) Über die Empfindlichkeitsgrenze beim Empfang elektrischer Wellen und ihre Erreichbarkeit. Elektr. Nachr. Tech. 16 (1939) 92–96; b) Messung der Empfängerempfindlichkeit bei kurzen elektrischen Wellen. Hochfrequenzt. u. Elektroakustik 59 (1942) 105–112, 143–144; c) Empfängerempfindlichkeit, in Fortschr. Hochfrequenztechnik 2 (1943) 685–712, Leipzig: Akad. Verl. Ges. – [33] *Friis, H.T.*: Noise figure of radio receivers. Proc. IRE 32 (1944) 419–423. Proc. IRE 33 (1945) 125–126. – [34] *Bächtold, W.; Strutt, M.J.O.*: Darstellung der Rauschzahl und der verfügbaren Verstärkung in der Ebene des komplexen Quellenreflexionsfaktors. AEÜ 21 (1967) 631–633. – [35] *Lindenmeier, H.*: Einige Beispiele rauscharmer transistorierter Empfangsantennen. NTZ 22 (1969) 381–389. – [36] *Geißler, R.*: a) Rechnergesteuerter Rauschoptimierungsmeßplatz für das mm-Wellengebiet. Frequenz 37 (1983) 71–78; b) Meß- und Auswerteverfahren zur Fehlerminimierung bei der Rauschparameterbestimmung im mm-Wellengebiet Frequenz 37 (1983) 269–273. – [37] *Löcherer, K.H.; Brandt, K.-D.*: Parametric electronics. Springer Series in Electrophysics 6. Berlin: Springer 1982. – [38] *Geißler, R.*: Ein- und Zweiseitenband-Rauschzahl von Meßobjekten im Mikro- und Millimeter-Wellengebiet. NTZ 37 (1984) 14–17. – [39] *Rothe, H.; Dahlke, W.:* a) Theorie rauschender Vierpole. AEÜ 9 (1955) 117–121; b) Theory of Noisy Fourpoles. Proc. IRE 44 (1956) 811–818. – [40] *Haus, H.A.; Adler, R.B.:* a) Invariants of linear networks 1956, IRE Convention Record, pt. 2, 53–67; b) Optimum noise performance of linear amplifiers. Proc. IRE 46 (1958) 1517–1533. c) Circuit theory of linear noisy networks. New York: Wiley 1959. – [41] *Rice, S.O.:* A mathematical analysis of random noise. Bell Syst. Tech. J. 23 (1944) 282–333; 24 (1945) 46–156. – [42] *Bosse, G.:* Das Rechnen mit Rauschspannungen. Frequenz 9 (1955) 258–264, 407–413. – [43] *Zadeh, L.A.:* a) Frequency analysis of variable networks. Proc. IRE 38 (1950) 291–299; b) Correlation functions and power spectra in variable networks. Proc. IRE 38 (1950) 1342–1345; c) Correlation functions and spectra of phase and delaymodulated signals. Proc. IRE 39 (1951) 425–428.

4 Signalarten und Übertragungsanforderungen
Signals in communications and transmission requirements

Allgemeine Literatur: *Carl, H.:* Richtfunkverbindungen. Stuttgart: Kohlhammer 1972. – *Freeman, R.L.:* Telecommunication transmission handbook. New York: Wiley 1981. – *Hamsher, D.H.* (Ed.): Communication system engineering handbook. New York: McGraw-Hill 1967. – *Hölzler, E.; Thierbach, D.:* Nachrichtenübertragung. Berlin: Springer 1966. – *Phillipow, E.* (Hrsg.): Taschenbuch Elektrotechnik, Bd. 4: Systeme der Informationstechnik. München: Hanser 1979. – *CCITT-Recommendations*: Orange book, Vol. III. Genf: ITU 1976. Yellow book, Vol. III. Genf: ITU 1980.

Die optimale Auslegung eines Nachrichtenübertragungssystems setzt neben der Kenntnis des Übertragungskanals auch hinreichendes Wissen über die Eigenschaften der Quellensignale und der Nachrichtensenke voraus. Dies gilt im besonderen Maße bei der Auslegung eines Quellencodierungsverfahrens (s. D 5). Besonders anspruchsvoll ist dabei die Beschreibung der Empfangseigenschaften der menschlichen Sinnesorgane Auge und Ohr.

4.1 Fernsprech- und Tonsignale
Telephone and audio-frequency signals

Eigenschaften des Gehörs. Das Außenohr hat mit Ohrmuschel und Ohrkanal unter Einbeziehen der Kopfform die Eigenschaften eines richtungsabhängigen Kammfilters, welches in Kombination mit dem beidohrigen Hören Voraussetzung für ein dreidimensionales Richtungshörvermögen ist. Das *Mittelohr* übernimmt Aufgaben der Dynamikregelung und Impedanzanpassung an das Innenohr. Im *Innenohr* schließlich erfolgt in einer Anordnung von 24000 Haarzellen – sehr vereinfacht dargestellt – eine mechanische Kurzzeitspektralanalyse, deren Ergebnisse über Energiedetektoren in Nervensignale umgesetzt werden. Bei einohrigem Hören oder einkanaliger Schallübertragung bleiben Phasenbeziehungen des empfangenen Signals weitgehend unberücksichtigt, solange sie sich nicht innerhalb schmalbandiger Bereiche, den Frequenzgruppen, auswirken. Der Frequenz- und Dynamikbereich, in dem Schallsignale gehört werden können, und der psychophysikalisch ermittelte Zusammenhang zwischen *Schalldruck* und subjektivem *Lautstärkeempfinden* wird in der *Hörflächen*darstellung (Bild 1) zusammengefaßt. Im günstigsten Fall können noch Frequenzänderungen von 2 Hz und Schalldruckänderungen von 0,5 dB wahrgenommen werden. Bild 1 gilt in dieser Form nur für sin-förmige Signale. Bei zwei in der Frequenz benachbarten sin- oder schmalbandi-

Spezielle Literatur Seite D 32

Bild 1. Hörfläche, Kurven gleicher Lautstärke und Bereiche von Tonsignalen gen Signalen wird das schwächere durch das stärkere „verdeckt", d. h. die Hörschwelle wird durch das stärkere Signal angehoben. Diese Verdeckung spielt insbesondere für die Verständlichkeit gestörter Sprache eine Rolle.

Der kleinere Bereich der Musiksignale, der bei einer auf hohe Übertragungstreue ausgelegten Übertragung zu berücksichtigen wäre, ist in Bild 1 gestrichelt eingezeichnet. Für eine natürliche Übertragung von nur Sprachsignalen genügt der Frequenzbereich von 200 bis 6000 Hz. Verzeichnet man auf eine natürlich klingende Wiedergabe und beschränkt sich, wie in der Telephonie, auf das Kriterium der *Verständlichkeit*, dann reicht es aus, den in Bild 1 schraffierten Bereich zu berücksichtigen, der, nach oben und unten, durch die über viele Sprecher gemittelten Leistungsdichtespektren von leiser und lauter Sprache begrenzt ist [1, 2].

Verständlichkeit der Sprache. Das gebräuchlichste Maß für die Güte eines verzerrten und/oder gestörten Sprachsignals ist die *Silbenverständlichkeit*. Diese gibt an, welcher Anteil einer Anzahl ausgesuchter, sinnloser Silben („Logatome") von einer größeren Anzahl von Versuchspersonen unter vorgegebenen Versuchsbedingungen richtig verstanden werden [1, 3]. Für Sprachkanäle sollte die Silbenverständlichkeit mindestens 80% erreichen; dem entsprechen etwa eine Wortverständlichkeit von 90% und eine Satzverständlichkeit von 97%.

In vielen Fällen kann die umständliche und nur im praktischen Versuch mögliche Messung der Silbenverständlichkeit durch die numerische Bestimmung des *Artikulationsindex* ersetzt werden [4]. Etwas vereinfacht beschrieben berechnet man hierzu die Verformung und Verschiebung der schraffierten Fläche in Bild 1 durch lineare Verzerrungen und Verstärkungsfaktoren des Übertragungssystems in 20 festgelegten Frequenzbändern. Weiter wird ggf. in das Diagramm noch der Schalldruckpegelverlauf von additiven Rauschstörungen eingetragen. Solange dann die schraffierte (verformte) Sprachbereichsfläche oberhalb von Hörschwelle und Rauschpegelverlauf sowie unterhalb von 95 phon (Übersteuerungsgrenze des Gehörs) liegt, beträgt der Artikulationsindex 100%. Liegen dagegen Teile der Sprachbereichsfläche unterhalb der Hörschwelle oder unterhalb des Rauschpegelverlaufs oder oberhalb 95 phon, dann wird der Artikulationsindex um diese Flächenanteile vermindert. Zwischen Artikulationsindex, Silben- und Satzverständlichkeit bestehen etwa folgende Zusammenhänge:

Artikulationsindex	%	100	90	80		70	60		50	40	30
Silbenverständlichkeit	%	98	96	92		88	81		70	53	31
Satzverständlichkeit	%	100	99	98,5		98	97,5		97	95	92

Übertragungsanforderungen für Ton- und Fernsprechsignale. Das Comité Consultatif International Télégraphique et Téléphonique (CCITT) arbeitet ständig an einem umfangreichen Vorschriftenwerk, das einen Mindeststandard der Übertragungsqualität bei internationalen Nachrichtenverbindungen gewährleisten soll. Eine pauschale Auswahl dieser Randbedingungen für lineare und nichtlineare Verzerrungen sowie Störabstände ist im folgenden für Fernsprech- und 15-kHz-Tonsignale zusammengestellt. Diese Angaben gelten für einen fiktiven Bezugskreis von 2500 km Länge bei analoger und gemischt analog-digitaler Übertragungstechnik; sie können aber ohne genauere Vorschriften über Meßverfahren und Meßort nur einer groben Orientierung dienen [5, 6].

Lineare Verzerrungen. In Bild 2 sind die zulässigen Dämpfungstoleranzen für beide Signalarten aufgetragen. Bei Fernsprechsignalen zeigt sich deutlich die hohe Toleranz der Verständlichkeit gegenüber schmalbandigen und zu den Bandgrenzen stark abfallenden Übertragungssystemen.

Bild 2. Betriebsdämpfungstoleranzen für Fernsprech- und 15-kHz-Tonübertragungssysteme

Bei stereophoner Übertragung soll die Dämpfungsdifferenz zwischen beiden Kanälen im Bereich von 0,125 bis 10 kHz unterhalb 0,8 dB liegen; sie darf nach unten bis 40 Hz bzw. nach oben bis 14 kHz den Wert von 1,5 dB und bis 15 kHz von 3 dB nicht überschreiten.

Gruppenlaufzeitverzerrungen. Gegenüber Phasen- bzw. Gruppenlaufzeitverzerrungen von Tonsignalen ist das Ohr recht unempfindlich. Laut CCITT-Empfehlung sind für 15-kHz-Rundfunkleitungen bzw. Fernsprechleitungen als maximale Abweichung Δt_g von der minimalen Gruppenlaufzeit im mittleren Frequenzbereich zulässig:

f_g/Hz	40	75	300	3400	14 000	15 000	
15-kHz-Kanal	55	24			8	12	Δt_g
Fernsprechkanal			60	30			ms

Bei stereophoner Übertragung sollen Phasendifferenzen zwischen beiden Kanälen im Bereich von 0,2 bis 4 kHz unterhalb 15° liegen; sie dürfen nach unten bis 40 Hz bei logarithmischer Frequenzskalierung linear auf 30° ansteigen, entsprechend nach oben bis 14 kHz auf 30° und bis 15 kHz auf 40°.

Laufzeit. Da eine zu große absolute Laufzeit den Sprachfluß bei einem Ferngespräch stört, sind bei internationalen Verbindungen höchstens 400 ms in einer Richtung zugelassen, wobei für Laufzeiten > 150 ms spezielle Echodämpfungsmaßnahmen notwendig werden [6]. Für Tonsignale, die Fernsehsendungen begleiten, darf die Laufzeitdifferenz zum Bildsignal 50 ms nicht überschreiten.

Nichtlineare Verzerrungen. Hörbarkeit von und Störung durch nichtlineare Verzerrungen sind u.a. stark von der Signalbandbreite abhängig. Einen groben Überblick über diesen im einzelnen komplizierten Zusammenhang gibt die folgende Zusammenstellung [7]:

Bandbreite/kHz	15	10	5	3	
hörbar	0,7	1	1,2	1,4	Gesamt-
unangenehm	2,6	4	8	18…20	klirrfaktor/%

Störabstand. Aufgrund der frequenzabhängigen Empfindlichkeit des Gehörs wirken sich Störgeräusche in verschiedenen Frequenzbereichen unterschiedlich stark aus. Man mißt daher als *Geräuschleistung* die dem Nutzsignal überlagerte Störleistung nach Filterung mit den in Bild 3 aufgetragenen Bewertungsfilterfunktionen.

Bild 3. Geräuschbewertungsfilterkurven (Psophometerkurven) für 15-kHz-Ton- und Fernsprechsignale

Bei einer Tonübertragung soll dann der Abstand zwischen Geräuschleistung und Spitzensignalleistung mindestens 56 dB betragen. Bei der Fernsprechübertragung wird für diesen Abstand 50 dB gefordert. Die Silbenverständlichkeit nimmt bei einem Abstand von 40 dB um etwa 2% ab, bei 30 dB um 5% und bei 20 dB um 15%. Bei dieser Festlegung versteht man unter der Spitzenleistung die Leistung eines sinSignals, dessen Amplitude gleich der Spitzenspannung des betrachteten Signals ist [8].

4.2 Bildsignale. Video signals

Eigenschaften des Auges. Im Auge werden Lichtsignale nach einer schnellen Dynamikregelung durch die einstellbare Pupillenfläche vom optischen Apparat auf die *Netzhaut* abgebildet und dort in Nervensignale umgesetzt. Die Netzhaut (Retina) enthält zwei Rezeptorsysteme, die insgesamt einen Wellenlängenbereich von 400 bis 740 nm überdecken. Die etwa 120 Millionen *Stäbchen* mit einem hohen Empfindlichkeitsmaximum im grünen Bereich (555 nm) vermitteln nur Helligkeitsinformationen. Die 6 Millionen *Zapfen* sind unempfindlicher (Tagessehen). Ein farbiges Sehen ist durch drei Arten von Zapfen möglich, deren Empfindlichkeitsmaxima im Blauen (440 nm), Grünen (535 nm) bzw. Roten (565 nm) liegen. Die Rezeptoren stehen um den Ort des schärfsten Sehens im Zentrum der Retina besonders dicht und enthalten dort auch einen besonders hohen Anteil an Zapfen. Dieser Zentralbereich (gelber Fleck, Fovea) ermöglicht daher in einem Raumwinkelbereich von 1° bis 2° sowohl hohe Auflösung als auch gutes Farbensehen.

Durch Ändern der Netzhautempfindlichkeit, das durch Umlagern von Farbstoffen geschieht, ist eine weitere langsame Dynamikregelung (Adaption) möglich. Das Auge hat sowohl im Orts- wie im Zeitbereich Bandpaßeigenschaften. Dies wird durch die beiden Modulationsübertragungsfunktionen in Bild 4 verdeutlicht. Aufgetragen ist für die ortsabhängige Messung die gerade noch wahrnehmbare relative Helligkeitsänderung (Modulation *m*) hervorgerufen durch ein einfarbiges, unbewegtes Sinusgitter in Abhängigkeit von der Ortsfrequenz f_x. Für die zeitabhängige Messung ist entsprechend die gerade noch wahrnehmbare Modulation eines zeitlich sinusförmig flickernden Gleichfeldes in Abhängigkeit von der Flicker-Frequenz f_t dargestellt.

Bedingt durch obere Grenzfrequenzen von etwas über 50 Perioden/Grad und 50 Hz können bei der Bildspeicherung und Übertragung die örtliche Auflösung und die Bildwechselzahl beschränkt werden.

Weiter sind, wie auch im Hörbereich, Rauschstörungen und Verzerrungen im hohen und niede-

Bild 4. Modulationsübertragungsfunktion bei mittlerer Helligkeit für sinusförmige (*1*) Orts- und (*2*) Zeitmuster

ren Frequenzbereich weniger störend; das gleiche gilt im Bereich hoher Helligkeit. In Zusammenhang damit sind Verzerrungen und Störungen ebenfalls im Bereich von Helligkeitskanten und von Szenenwechseln weniger sichtbar, sie werden „maskiert" [9, 10].

Bildfeldzerlegung. Zur Übertragung wird das Einzelbild zunächst in horizontale Zeilen und, bei digitalen Verfahren, diese noch in einzelne Bildpunkte zerlegt. Damit diese Zeilenstruktur nicht mehr sichtbar ist, muß ihre Ortsfrequenz nach Bild 4 mindestens 40 bis 50 Perioden/Grad betragen. Die Mindestzeilenzahl ergibt sich dann aus dem Betrachtungswinkel, mit dem die Bildhöhe erscheint. Beim heutigen *Fernsehstandard* wird als Betrachtungswinkel 10° bis 15° (Abstand $\approx$ 4 bis 5 · Bildhöhe) angenommen, damit sind $Z \approx 15$ Grad · 40 Perioden/Grad = 600 Zeilen erforderlich. Für die *Bildtelegraphie* (Pressebilder) und in etwa auch für ein zukünftiges hochauflösendes Fernsehsystem ist als Betrachtungswinkel etwa 25° (Abstand $\approx 2 \ldots 2,3$ · Bildhöhe) vorgesehen, als Zeilenzahl ergibt sich $Z \approx 1000$. Das Spektrum eines Bildsignals erhält durch die Bildfeldzerlegung eine ausgeprägte periodische Struktur. Eine Verallgemeinerung des Abtasttheorems sagt aus, daß bei der Zerlegung eines bewegten Bildes in Einzelbilder im Abstand $t_B = 1/f_B$, in Zeilen im Abstand $t_Z = 1/f_Z$ und in einzelne Bildpunkte im Abstand $t_P = 1/f_P$ (Bild 5a) das Spektrum sich aus drei zueinander periodischen Anteilen mit den Perioden der Bildpunktfrequenz f_P, der Zeilenfrequenz f_Z und der Bildfrequenz f_B zusammensetzt (s. Bild 5b).

Eine fehlerfreie Rekonstruktion des abgetasteten Bildes setzt auch hier entsprechende Tiefpaßbegrenzungen des Bildsignals in der Ortsebene und der Zeitrichtung voraus. (Das ist bei heutigen Fernsehsystemen nur unvollkommen erfüllt.) In diesem Fall treten, wie im Spektrum Bild 5b auch dargestellt, keine Überlappungen der einzelnen Anteile auf [10].

Bei der analogen *Fernsehübertragung* ist das Zeilensignal zeitkontinuierlich, das Spektrum ist auf $f_P/2$ begrenzt. Diese Bandbreite berechnet sich bei der in Mitteleuropa geltenden Fernsehnorm aus der Vollbildfrequenz $f_B = 25$ Hz, der Zeilenzahl $Z = 625$, einem Bildformat (unter Berücksichtigung der Austastlücken) von $\frac{4}{3} \cdot \frac{0,92}{0,82}$ und der Annahme gleicher Bildpunktabstände in horizontaler wie vertikaler Richtung zu

$$\frac{f_P}{2} = \frac{1}{2} Z^2 \frac{4}{3} \cdot \frac{0,92}{0,82} \cdot f_B = 7,3 \text{ MHz}.$$

Wegen der unvollkommenen Tiefpaßbegrenzung in vertikaler Richtung ist die Auflösung für vertikale Strukturen um einen Faktor 0,42 bis 0,85 geringer. Um diesen empirisch ermittelten „Kell-Faktor" kann dann auch die Horizontalauflösung verringert werden. Als Videobandbreite ist daher genormt

$$f_g = 0,68 \cdot f_P/2 = 5 \text{ MHz}.$$

Bei der *Farbfernsehtechnik* werden außer dem Leuchtdichtesignal (Luminanzsignal) noch zwei weitere Farbartsignale (Chrominanzsignale) übertragen. Bedingt durch die für Farbinformationen zulässige geringere Bandbreite im Ortsfrequenzbereich genügt für die Farbartsignale eine Videobandbreite von etwa 1,3 MHz (PAL-System). Diese beiden Signalanteile können daher bei der Übertragung in dem periodisch auftretenden Bereichen geringer Spektraldichte des

Bild 5. Bildfeldzerlegung (**a**) und Amplitudendichtespektrum (**b**) bei der Bewegtbildübertragung (nicht maßstäblich)

oberen Frequenzbereichs des Videospektrums um die Farbhilfsträgerfrequenz von 4,43 MHz mit übertragen werden. Gegenseitige Störungen sind dabei aber unvermeidbar.
Für die Übertragung von *Festbildern* gelten entsprechende Überlegungen. Einfache Faksimilegeräte tasten eine DIN-A4 Seite mit 3,8 Zeilen/mm ab. Zur Übertragung über einen Telefoniekanal wird dann ohne Quellcodierungsmaßnahmen eine Zeit von etwa 6 min gebraucht.

Übertragungsanforderungen für Fernsehbildsignale. Über die Eigenschaften von Fernsehübertragungsstrecken (fiktive Bezugsverbindung von 2500 km Länge) existieren umfangreiche Vorschriften [5]. Hier werden daher nur wenige Hinweise für die 5-MHz-Norm (Gerber-Norm) gegeben. Bei der endgültigen Beurteilung eines Übertragungssystems kann aber letztlich nicht auf eine subjektive Beurteilung verzichtet werden [11].

Lineare Verzerrungen. Gute Bildqualität verlangt, daß der Dämpfungsverlauf im Videobereich (50 Hz bis 5 MHz) um nicht mehr als $\pm 0,5$ dB schwankt, zugelassen sind für Übertragungsstrecken bei 1 MHz ± 1 dB, und bei 4 MHz ± 2 dB (bezogen auf die Dämpfung bei 0,2 MHz). Die Gruppenlaufzeit sollte für gute Qualität im Durchlaßbereich nur um die Dauer eines halben Bildelements (± 35 ns) variieren. Zugelassen sind (bezogen auf die Laufzeit bei 0,2 MHz) Abweichungen von $\pm 0,1$ μs bei 1 MHz und $\pm 0,35$ μs bei 4,5 MHz. Aussagekräftiger ist häufig die Messung der linearen Verzerrungen im Zeitbereich, wo sich subjektiv besonders bemerkbare Bildfehler, wie Kantenunschärfe, Überschwingen und Reflexionen, direkt erkennen lassen. Hierzu werden Toleranzschemata für das Einschwingverhalten vorgegebener Meßimpulse benutzt [5].

Nichtlineare Verzerrungen. Die Steigung der Aussteuerungskennlinie des gesamten Übertragungssystems darf innerhalb des Aussteuerbereichs höchstens 20 % vom Maximalwert abweichen. Bei Farbfernsehübertragung ist nichtlineares Verhalten besonders bei der Frequenz des Farbhilfsträgers (4,43 MHz) störend.

Störabstand. Aufgrund der unterschiedlichen Sichtbarkeit werden drei Störkomponenten betrachtet. Breitbandige Störungen mit Zufallscharakter sollen im Bereich ab 10 kHz einen (bewertet gemessenen) Effektivwert nicht überschreiten, der zur Spitzenamplitude des Videosignals (gemessen zwischen Weißwert und Austastwert) einen Abstand von 52 dB einhält.
Bei selten auftretenden impulsförmigen Störungen soll der Abstand ihrer Spitzenamplitude zur Spitzenamplitude des Videosignals mindestens 25 dB betragen.
Schließlich soll gegenüber 50-Hz-Netzstörungen und monofrequenten Störsignalen über 1 MHz der Abstand der Spitzenamplituden mindestens 30 dB, bei monofrequenten Störern zwischen 1 kHz und 1 MHz mindestens 50 dB erreichen [5].

Spezielle Literatur: [1] *Flanagan, J.L.*: Speech analysis, synthesis and perception. Berlin: Springer 1965. – [2] *Zwicker, E.; Feldtkeller, R.*: Das Ohr als Nachrichtenempfänger. Stuttgart: Hirzel 1967. – [3] *Sotscheck, J.*: Methoden zur Messung der Sprachgüte. Der Fernmelde-Ingenieur 30 (1976) Heft 10 u. 12. – [4] *Kryter, K.D.*: Methods for calculating and use of the Articulation Index. JASA 34 (1962) 1689–1702. – [5] *CCITT-Recommendation*: Orange book, Vol. III. ITU Genf 1976. – [6] *CCITT-Recommendation*: Yellow book, Vol. III. ITU Genf 1980. – [7] *Hamsher, D.H.* (Ed.): Communication system engineering handbook. New York: McGraw-Hill 1967. – [8] *DIN 40 146*: Begriffe der Nachrichtentechnik. – [9] *Marko, H.* u.a.: Das Auge als Nachrichtenempfänger. AEÜ 35 (1981) 20–26. – [10] *Pearson, D.E.*: Transmission and display of pictorial information. London Pentech Press 1975. – [11] *CCIR-Recommendation*: Method for subjective assessment of the quality of television pictures. Recommendation 500-1 (1978).

5 Begriffe der Informationstheorie
Elements of information theory

Allgemeine Literatur: *Berger, T.*: Rate distortion theory. Englewood Cliffs: Prentice Hall 1971. – *Fano, R.M.*: Informationsübertragung. München: Oldenbourg 1966. – *Gallager, R.G.*: Information theory and reliable communication. New York: Wiley 1968. – *Hamming, R.W.*: Coding and information theory. Englewood Cliffs: Prentice Hall 1980. – *NTG 0102*: Informationstheorie – Begriffe. NTZ 32 (1966) 231–234. – *NTG 0104*: Codierung, Grundbegriffe. NTZ 35 (1982) 59–66. – *Shannon, C.E.*: Communication in the presence of noise. Proc. IRE 37 (1949) 10–21. – *Swoboda, J.*: Codierung zur Fehlerkorrektur und Fehlererkennung. München: Oldenbourg 1973. – *Blahut, R.E.*: Principles and practice of information theory. Reading, Mass.: Addison-Wesley 1987.

Claude Elwood Shannon hat in seiner 1948 veröffentlichten Informationstheorie [1] den Begriff der Information als statistisch definiertes Maß in die Nachrichtentechnik eingeführt. Die Elemente eines Nachrichtenübertragungssystems – Quelle, Kanal und Senke – werden in der Informationstheorie abstrahiert von ihrer technischen Realisierung durch informationstheoretische Modelle beschrieben (s. D 1). Aus dieser Betrachtungsweise lassen sich insbesondere Grenzen für Nachrichtenübertragungs- und Speichersysteme ableiten, die auch bei beliebigem technischen Aufwand nicht überschreitbar sind.

Spezielle Literatur Seite D 38

5.1 Diskrete Nachrichtenquellen und Kanäle
Discrete information sources and channels

Eine diskrete Quelle (s. Bild D 1.2) erzeugt eine Folge diskreter Zeichen, d.h. ein wert- und zeitdiskretes Signal. Die Menge möglicher Werte mit dem endlichen Umfang M wird Quellenalphabet genannt. Beispiele sind binäre Quellen mit $M = 2$, Dezimalzahlen mit $M = 10$ oder alphabetische Texte mit $M = 27$.
Es sei angenommen, daß zwischen den einzelnen erzeugten Zeichen statistische Bindungen bestehen, die sich jeweils über L aufeinanderfolgende Zeichen erstrecken. Weiter sei bekannt, daß die i-te Zeichenfolge aus den insgesamt möglichen M^L unterschiedlichen Folgen der Länge L mit der Wahrscheinlichkeit p_i erzeugt wird. Als *Informationsgehalt* I_i des Ereignisses, daß die i-te Folge erzeugt wird, bezeichnet man die Größe $I_i = \text{lb}(1/p_i) = -\text{lb}\, p_i$ bit.
Die Pseudoeinheit bit (Binärzeichen, „binary digit") weist auf die Verwendung des binären Logarithmus hin.
Die *Entropie* H eines Zeichens in dieser Folge ist dann der mittlere Informationsgehalt pro Zeichen

$$H = -\frac{1}{L} \sum_{i=1}^{M^L} p_i \,\text{lb}\, p_i \quad \text{bit/Zeichen.} \tag{1}$$

Es gilt stets $H \geq 0$. Die Entropie erreicht ihr Maximum $H_0 = \text{lb}\, M$, wenn die einzelnen Zeichen der Quelle statistisch unabhängig ($L = 1$) und gleichwahrscheinlich ($p_i = 1/M$) sind. Dieses Maximum ist der *Entscheidungsgehalt* der Quelle. Die Bedeutung des mittleren Informationsgehalts wird durch den *Satz von der Entropie* beschrieben: Es ist möglich, beliebige Folgen von Zeichen einer Quelle fehlerfrei so in Binärzeichen zu codieren, daß die mittlere Zahl an Binärzeichen pro Zeichen die Entropie annähert; die Annäherung strebt mit wachsender Folgenlänge gegen die Gleichheit.
Als einfaches Beispiel wird die *gedächtnislose Binärquelle* betrachtet, die statistisch unabhängig die Zeichen „1" mit der Wahrscheinlichkeit p und „0" mit $1 - p$ erzeugt. Mit $L = 1$ und $M = 2$ in Gl. (1) ergibt sich die nur von p abhängige Entropie zu

$$H = -\sum_{i=1}^{2} p_i \,\text{lb}\, p_i =$$
$$-p\,\text{lb}\,p - (1-p)\,\text{lb}(1-p) \text{ bit/Zeichen.}$$

Den Verlauf dieser Entropie über p zeigt Bild 1. Das Maximum der Entropie von $H_0 = 1$ bit/Zeichen wird für gleichwahrscheinlich erzeugte Zeichen ($p = 0{,}5$) erreicht. Die Abweichung $R = H_0 - H$ ist die absolute *Redundanz* der Quelle; sie gibt den Gewinn an, der mit einer fehlerfreien Quellencodierung zu erzielen ist.
Ein weiteres Beispiel ist die Codierung alphabetischer Texte. In Bild 2 ist die Häufigkeit aufgetragen, mit der Buchstaben in deutschsprachigen Texten auftreten.
Unter der zunächst betrachteten vereinfachten Annahme, daß ein Schrifttext eine gedächtnislose Quelle mit statistisch unabhängigen Zeichen ist, ergibt sich mit $L = 1$ und $M = 27$ eine Entropie von $H = -\sum_{i=1}^{27} p_i \,\text{lb}\, p_i = 4{,}04$ bit/Buchstabe. In Bild 2 sind weiter drei Binärcodierungen für die Buchstaben des Alphabets und die mit ihnen erreichbaren mittleren Werte H_c an Binärzeichen pro Buchstabe angegeben. Der auf diesen Wert hin optimierte Huffman-Code [2] unterscheidet sich also nur noch um 2,3 % von einem optima-

Bild 1. Entropie der gedächtnislosen Binärquelle („Shannon-Funktion")

Buchstabe	Häufigkeit p_i in %	Bacon 1623 Baudot 1874	Morse 1844	Huffman 1952
␣	14,42	00100	00	000
E	14,40	10000	100	001
N	8,65	00110	01100	010
S	6,46	10100	11100	0110
I	6,28	01100	1100	0111
R	6,22	01010	101100	1000
⋮				
M	1,72	00111	010100	111010
⋮				
X	0,08	10111	01110100	1111111110
Q	0,05	11101	010110100	1111111110
H_c in bit/Buchstabe:		5	4,79	4,13

Bild 2. Binärcodes für alphabetische Texte

len Quellencode. (Der Huffmann-Code ist „kommafrei", d.h. kein kürzeres Codewort tritt als Anfang eines längeren Wortes auf. Damit ist auch ohne Trennzeichen eine eindeutige Decodierung möglich.) Berücksichtigt man aber die statistischen Bindungen in normalen Schrifttexten, dann läßt sich deren Entropie etwa auf 1,3 bit/Buchstaben schätzen [3, 4]. Ein Quellencode, der dieser Entropie nahe kommen soll, müßte allerdings nicht den einzelnen Buchstaben, sondern möglichst langen Textfolgen aufgrund der für sie geltenden Wahrscheinlichkeiten jeweils optimale Codewörter zuordnen. Der hierzu notwendige Aufwand stößt sehr schnell an technisch realisierbare Grenzen.

Diskrete Übertragungskanäle. Ein diskreter Übertragungskanal ordnet bei jedem Übertragungsvorgang einem Zeichen x_i, das aus einem Eingangsalphabet X mit dem endlichen Umfang M entnommen wird, ein Zeichen y_j aus einem Ausgangsalphabet Y des Umfangs M' zu. Ein technischer Kanal dieser Art enthält zumeist als eigentliches Übertragungsmedium einen kontinuierlichen Kanal, (s. Bild D 1.2). Einfachstes Modell eines diskreten Kanals ist der gedächtnislose Kanal, bei dem die Zuordnung zwischen den Zeichen x_i und y_j unabhängig von vorher und nachher übertragenen Zeichen ist. Dieser Kanal wird vollständig durch die bedingten Wahrscheinlichkeiten $p(y_j|x_i)$ beschrieben, die angeben, mit welcher Wahrscheinlichkeit das Zeichen y_j empfangen wird, wenn das Zeichen x_i ausgesendet wurde.

Aus diesen bedingten Wahrscheinlichkeiten und den Wahrscheinlichkeiten $p(x_i)$, mit denen die Quelle die Zeichen x_i erzeugt, lassen sich die Verbundwahrscheinlichkeiten $p(x_i, y_j)$ berechnen, die aussagen, mit welcher Wahrscheinlichkeit ein Zeichenpaar x_i und y_j auftritt; es gilt (Formel von Bayes)

$$p(x_i, y_j) = p(y_j|x_i) p(x_i).$$

Damit ergeben sich auch die Wahrscheinlichkeiten $p(y_j)$ dafür, daß das Zeichen y_j empfangen wird, durch Summation über alle i zu

$$p(y_j) = \sum_{i=1}^{M} p(x_i, y_j).$$

Den Eingangs- und Ausgangssignalen können Entropien zugeordnet werden, die im einfachsten Fall einer gedächtnislosen Quelle die folgende Form haben.

$$H(X) = -\sum_{i=1}^{M} p(x_i) \operatorname{lb} p(x_i) \text{ bit/Zeichen},$$

$$H(Y) = -\sum_{j=1}^{M'} p(y_j) \operatorname{lb} p(y_j) \text{ bit/Zeichen}.$$

Zur näheren Beschreibung des Übertragungsvorgangs wird entsprechend auch für die Zeichenpaare x_i, y_j eine Entropie, die *Verbundentropie* definiert

$$H(X, Y) = -\sum_{i=1}^{M} \sum_{j=1}^{M'} p(x_i, y_j) \operatorname{lb} p(x_i, y_j)$$

bit/Zeichen.

Bei statistischer Unabhängigkeit der Ein- und Ausgangssignale, also mit $p(x_i, y_j) = p(x_i) p(y_j)$, erreicht die Verbundentropie ihren Maximalwert $H(X, Y)_{\max} = H(X) + H(Y)$. In diesem Fall kommt keine Nachrichtenübertragung mehr zustande. Als Maß für die übertragene Information definiert die Informationstheorie daher die Differenz

$$T(X; Y) = H(X, Y)_{\max} - H(X, Y) \qquad (2)$$
$$= H(X) + H(Y) - H(X, Y) \text{ bit/Zeichen}.$$

Dieser Ausdruck, der mittlere *Transinformationsgehalt* oder die *Synentropie*, verschwindet also genau dann, wenn keine Übertragung stattfindet, in allen anderen Fällen ist er positiv.

Zur Deutung des Transinformationsgehalts läßt sich weiter aussagen, daß nach einer gestörten Übertragung im Mittel vom Empfänger noch $H(X) - T(X; Y)$ bit/Zeichen benötigt werden, um die Restunsicherheit darüber zu beseitigen, welches Zeichen gesendet wurde. Diese Größe wird *Äquivokation* $H(X|Y)$ genannt. Umgekehrt gilt vom Standpunkt des Senders, daß nach Aussenden eines Zeichens im Mittel noch eine Information der Größe $H(Y) - T(X; Y)$ benötigt wird, um aussagen zu können, welches Zeichen beim Empfänger angekommen ist. Hier wird die Differenz als *Irrelevanz* $H(Y|X)$ bezeichnet. Bei einem störfreien Übertragungskanal verschwinden Irrelevanz und Äquivokation; der Transinformationsgehalt erreicht sein Maximum $T(X; Y)_{\max} = H(X) = H(Y)$. Diese Zusammenhänge zwischen den verschiedenen Entropien lassen sich schematisch in Form des Bildes 3 darstellen.

Von der Entropie der Quelle wird mit anderen Worten nur ein Teil von der Größe des Transinformationsgehalts zur Senke übertragen. Der Rest, die Äquivokation, geht durch den Einfluß

Bild 3. Entropiebegriffe bei einer gestörten Nachrichtenübertragung der Störquelle verloren. Stattdessen liefert der gestörte Kanal sinnlose Informationen von der Größe der Irrelevanz zusätzlich zum Transinformationsgehalt zur Senke. Der Transinformationsgehalt $T(X;Y)$ ist außer von den Eigenschaften des Kanals noch von denen der Nachrichtenquelle abhängig. Um ein Maß für das Übertragungsvermögen des Kanals allein zu erhalten, wird das bei Variation über alle möglichen Eingangswahrscheinlichkeitsverteilungen erreichbare Maximum des Transinformationsgehalts als *Kanalkapazität C* definiert.

$$C = \max_{p(x_i)} [T(X;Y)] \text{ bit/Zeichen}. \quad (3)$$

Die Berechnung dieser Größe ist im allgemeinen Fall recht schwierig, da alle beteiligten Entropien von der Eingangswahrscheinlichkeitsverteilung abhängen.

Für den einfachsten Fall des störfreien Kanals ergibt sich mit $T(X;Y) = H(X)$ als Kanalkapazität $C = H(X)_{max} = H_0 = \text{lb } M$ bit/Zeichen.

Die nachrichtentechnische Bedeutung dieses Begriffs wird durch den grundlegenden *Satz von der Kanalkapazität* charakterisiert, der (etwas vereinfacht) aussagt, daß über einen gestörten Kanal im Prinzip durch eine geeignete Codierung dann und nur dann eine Übertragung mit beliebig kleinem Fehler möglich ist, wenn die Entropie der zu übertragenen Signale nicht größer als die Kanalkapazität, also $H \leq C$ ist. Eine Aufspaltung der notwendigen Codierung in eine Quellen- und eine Kanalcodierung (s. Bild D 1.2) bedeutet dabei unter sehr weiten Bedingungen keine Einschränkung.

Kapazität des symmetrischen, gedächtnislosen Binärkanals. Als Beispiel sei die Kanalkapazität des symmetrischen, gedächtnislosen Binärkanals betrachtet. Dieser Kanal überträgt binäre Zeichen 1 und 0 so, daß eine Verfälschung der 1 in die 0 und der 0 in die 1 mit der gleichen, von der Zeichenfolge unabhängigen Wahrscheinlichkeit p erfolgt. Dies ist schematisch in Bild 4 links dargestellt.

Berechnet man mit Gl. (3) die Kanalkapazität dieses Kanalmodells, dann ergibt sich

$$C = 1 + p \text{ lb } p + (1-p) \text{ lb}(1-p)$$
$$\text{bit/Zeichen}. \quad (4)$$

Den Verlauf dieser Funktion zeigt Bild 4 rechts. Die fehlerfreie Übertragung über diesen Kanal verlangt eine Kanalcodierung (s. Bild D 1.2) mit einer Redundanz, die mindestens gleich dem in Bild 4 angegebenen, mit der Fehlerwahrscheinlichkeit wachsenden Wert R sein muß.

Die auf Shannon zurückgehende Ableitung des Satzes von der Kanalkapazität setzt voraus, daß man die durch die Redundanz beschriebenen, hinzuzufügenden Bindungen im Grenzfall über

Bild 4. Gedächtnisloser, symmetrischer Binärkanal

unendlich lange Quellensignalfolgen ausdehnen muß, wobei allerdings die Fehlerwahrscheinlichkeit exponentiell mit der Bindungslänge abnimmt. Konkrete Hinweise für eine technisch geeignete Kanalcodierung dieser Art können aber von der Informationstheorie nicht gegeben werden. Hiermit beschäftigt sich die Theorie der fehlerkorrigierenden Codierung [5, 6].

Zeitbezogene Kanalkapazität und Informationsfluß. Die durch Gl. (3) definierte Kanalkapazität gibt die maximale Anzahl an Binärzeichen an, die pro Zeichen im Mittel übertragen werden können. Durch Multiplikation mit der Übertragungsrate r, also der Zahl der in der Zeiteinheit übertragbaren Zeichen, erhält man die zeitbezogene Kanalkapazität $C^* = rC$ bit/Zeiteinheit. Multipliziert man entsprechend die Entropie H einer Quelle mit der Rate r, mit der die Quelle die Zeichen erzeugt, dann ergibt sich der *Informationsfluß* der Quelle $H^* = rH$ bit/Zeiteinheit.

Der Satz von der Kanalkapazität läßt sich dann auch mit diesen zeitbezogenen Größen als $H^* \leq C^*$ formulieren.

5.2 Kontinuierliche Nachrichtenquellen und Kanäle
Continuous information sources and channels

Die Mehrzahl der Quellensignale der Nachrichtentechnik sind zeit- und wertkontinuierlich. Es ist prinzipiell nicht möglich, bei der Digitalisierung solcher Quellensignale einen Abtastwert fehlerfrei durch ein diskretes Signal mit endlicher Binärstellenzahl darzustellen. Die Entropie wertkontinuierlicher Quellen ist streng genommen also nicht endlich. Aufgrund des begrenzten Auflösungsvermögens unserer Sinnesorgane (s. D 4) und der unvermeidbaren Übertragungsstörungen darf aber stets ein endlicher Quantisierungsfehler zugelassen werden. Zusammen mit einer Fehlerangabe läßt sich dann auch eine konti-

nuierliche Quelle im Sinne der Informationstheorie als diskrete Quelle endlicher Entropie betrachten.
Ein einfaches Beispiel hierfür ist ein gleichverteiltes, tiefpaßbegrenztes Quellensignal der Grenzfrequenz f_g und der Leistung S. Tastet man dieses Signal mit der vom Abtasttheorem vorgeschriebenen Mindestrate $r = 2f_g$ ab und quantisiert die Abtastwerte so, daß das Verhältnis Signalleistung zu Quantisierungsfehlerleistung S/N_q beträgt, dann ist der Informationsfluß H^* dieser Quelle (für $S/N_q \gg 1$)

$$H^* = r \operatorname{lb} \sqrt{S/N_q}$$
$$= f_g \operatorname{lb}(S/N_q) \text{ bit/Zeiteinheit.}$$

Die ebenfalls auf Shannon zurückreichende „rate distortion theory" behandelt allgemein das Problem, mit welcher minimalen Anzahl von Binärstellen pro Abtastwert oder pro Zeiteinheit ein kontinuierliches Quellensignal bei einem gegebenen Fehlerkriterium codiert werden kann [7].

Kontinuierliche Kanäle. In praktisch jedem Nachrichtenübertragungssystem sind die Signale im eigentlichen Übertragungsmedium kontinuierlicher Natur. Auf diese kontinuierlichen Nachrichtenkanäle lassen sich die Begriffe der Informationstheorie ebenfalls anwenden [1].
Hierzu wird der gedächtnislose Kanal betrachtet. Das aus einem Leitungscodierer (s. Bild D 1.2) kommende bandbegrenzte Eingangssignal $s(t)$ wird durch seine Abtastwerte $s(nT)$ mit einer Verteilungsdichtefunktion $W_s(x)$ dargestellt. Das Ausgangssignal $g(t)$ des Kanals wird entsprechend durch die Abtastwerte $g(nT)$ mit der Verteilungsdichtefunktion $W_g(y)$ beschrieben. Die Verknüpfung beider Signale läßt sich dann bei einem gedächtnislosen Kanal eindeutig durch die Verbundverteilungsdichtefunktion $W_{sg}(x, y)$ angegeben (s. D 3). Damit läßt sich entsprechend Gl. (2) ein mittlerer Transformationsgehalt definieren

$$T(X;Y) = H(X) + H(Y)$$
$$- H(X, Y) \text{ bit/Abtastwert,}$$

mit der differentiellen Verbundentropie

$$H(X, Y) =$$
$$- \int_{-\infty}^{\infty} \int_{-\infty}^{\infty} W_{sg}(x, y) \operatorname{lb} W_{sg}(x, y) \, dx \, dy$$

und den differentiellen Entropien von Eingangs- und Ausgangssignal, die im einfachsten Fall gedächtnisloser Quellen lauten

$$H(X) = - \int_{-\infty}^{\infty} W_s(x) \operatorname{lb} W_s(x) \, dx,$$
$$H(Y) = - \int_{-\infty}^{\infty} W_g(y) \operatorname{lb} W_g(y) \, dy.$$

(Die hier benutzten differentiellen Entropien sind Maße für Verteilungsdichtefunktionen, sie geben keine direkte Aussage über Informationsgehalte.)
Das bei Variationen über alle möglichen Eingangsverteilungen resultierende Maximum des Transinformationsgehalts ergibt dann die Kanalkapazität des kontinuierlichen, gedächtnislosen Kanals.
Der Satz von der Kanalkapazität sagt wieder aus, daß die Übertragung der Signale einer diskreten Quelle der Entropie H über einen gestörten kontinuierlichen Kanal der Kapazität C dann und nur dann mit beliebig kleinem Fehler möglich ist, wenn $H \leq C$ ist. Das Erreichen dieser Grenze setzt ein geeignetes, i. allg. beliebig aufwendiges Leitungscodierungsverfahren (Modulationsverfahren) voraus. Es gibt kein Modulationsverfahren, mit dem diese Grenze überschritten werden kann.

Die Kanalkapazität des Gauß-Kanals. Das Modell des Gauß-Kanals beschreibt einen idealen Tiefpaßkanal der Grenzfrequenz f_b oder einen idealen Bandpaßkanal der Bandbreite f_b der durch weißes, Gaußsches Rauschen der (einseitigen) Leistungsdichte w_0 am Kanaleingang gestört ist. Am Ausgang des Kanals ist die Störung dann bandbegrenztes, Gaußsches Rauschen der Leistung $N = f_b \cdot w_0$. Unter der Randbedingung einer auf S beschränkten mittleren Signalleistung am Kanalausgang hat dieser Kanal eine zeitbezogene Kanalkapazität von [8]

$$C^* = f_b \operatorname{lb}\left(1 + \frac{S}{N}\right)$$
$$= f_b \operatorname{lb}\left(1 + \frac{S}{f_b w_0}\right) \text{ bit/Zeiteinheit.} \quad (5)$$

Digitale Übertragung und Shannon-Grenze. Im Gauß-Kanal kann nach Gl. (5) eine bestimmte Kanalkapazität durch verschiedene Kombinationen der Parameter f_b, S und w_0 erreicht werden. So darf, wie es z. B. bei Raumsonden extrem ausgenutzt wird, bei Erhöhung der Bandbreite eine Verringerung des S/N-Verhältnisses auf dem Kanal zugelassen werden. Das Übertragungsverfahren ist dabei entsprechend zu modifizieren. Im Grenzfall wird die zeitbezogene Kanalkapazität des nicht bandbegrenzten Gauß-Kanals mit Gl. (5)

$$C^*_\infty = \lim_{f_b \to \infty} C^* = \frac{S}{w_0} \operatorname{lb}(e) \text{ bit/Zeiteinheit.}$$

Da für die Übertragung *eines* Binärwerts bei dieser Kapazität im Mittel eine Energie E der minimalen Größe S/C^*_∞ verfügbar ist, ergibt sich als sog. Shannon-Grenze für das bei fehlerfreier Übertragung über den nicht bandbegrenzten

Bild 5. Fehlerwahrscheinlichkeit für Binärdatenübertragung im Gauß-Kanal

Gauß-Kanal mindestens erforderliche E/w_0-Verhältnis $E/w_0|_{min} = 1/\text{lb}\, e \triangleq -1{,}58\,\text{dB}$. (In der Literatur wird mit w_0 häufig auch die zweiseitige Leistungsdichte bezeichnet, damit ergibt sich ein um 3 dB höherer Wert).
In diese Gleichung kann man bei thermischem Rauschen $w_0 = kT$ (k = Boltzmann-Konstante) (s. D 3) bzw. bei Quantenrauschen $w_0 = hf$ (h = Planck-Konstante) einsetzen und damit die zur Übertragung pro Bit minimal benötigte Energie in einem durch thermisches bzw. Quantenrauschen gestörten Kanal berechnen. Verringert man das E/w_0-Verhältnis unter die Shannon-Grenze von $-1{,}58$ dB, dann muß die Fehlerwahrscheinlichkeit P_e auch bei informationstheoretisch idealer Übertragung sofort stark ansteigen [9]. Dieses Verhalten ist in Bild 5 dargestellt.
Zwischen dieser modifizierten Shannon-Grenze und dem bei Binärübertragung maximalen Fehler von 50 % liegt der mögliche Bereich für das Fehlerverhalten realer Datenübertragungsverfahren, das für zwei Binärübertragungssysteme ebenfalls in Bild 5 eingetragen ist. Eine Möglichkeit zur besseren Annäherung an die Shannon-Grenze ist die fehlerkorrigierende Codierung. Ebenfalls eingetragen ist daher der Verlauf der Fehlerwahrscheinlichkeit bei Anwendung eines Blockcodierungsverfahrens. (Beispiel: BCH-Code der Länge 127, der einen Block von jeweils 92 Binärwerten durch 35 redundante Binärwerte schützt und mit dem bis zu fünf fehlerhafte Werte sicher korrigiert werden können) [5, 6].

Ideale Übertragungssysteme mit Bandbreitedehnung. In gleicher Weise wie der Begriff der Kanalkapazität Grenzen für die Übertragung digitaler Daten absteckt, ermöglicht er auch bei analogen Modulationsverfahren entsprechende Grenzaussagen und damit einen aussagekräftigen Vergleich solcher Modulationsverfahren untereinander und mit dem informationstheoretischen Idealverfahren.
Zur Ableitung dieser Grenze wird ein ideales Modulationsverfahren für Gauß-Kanäle ange-

Bild 6. Störverhalten idealer und realer Modulationsverfahren im Gauß-Kanal. PCM: Pulscodemodulation mit K bit/Abtastwert, FM: Frequenzmodulation (Modulationsindex μ), AM: Zweiseitenbandamplitudenmodulation ohne Träger, PAM: Pulsamplitudenmodulation

nommen, das einen derartigen Übertragungskanal der Kapazität C_1^* voll ausnutzt. C_1^* ist gegeben durch die Übertragungsbandbreite f_Δ, die Nutzleistung S_K und die Störleistung $N_K = f_\Delta w_0$. Das übertragene Signal wird von einem Empfänger demoduliert, d.h. in ein Empfangssignal der Bandbreite f_g mit dem Nutz-/Störleistungs-Verhältnis S_a/N umgewandelt. Der Empfänger ist dann ideal, wenn die diesen Werten zugeordnete Kanalkapazität C_2^* denselben Wert wie C_1^* erreicht. Mit $C_1^* = C_2^*$ folgt damit

$$f_\Delta \,\text{lb}\left(1 + \frac{S_K}{f_\Delta w_0}\right) = f_g \,\text{lb}\left(1 + \frac{S_a}{N}\right).$$

Führt man den Bandbreitedehnfaktor $\beta = f_\Delta/f_g$ des modulierten gegenüber dem unmodulierten Sendesignal ein und löst nach S_a/N auf, dann ergibt sich als bei idealer Demodulation erreichbares S_a/N-Verhältnis (s. Bild 6)

$$\frac{S_a}{N} = \left(1 + \frac{1}{\beta} \frac{S_K}{f_g w_0}\right)^\beta - 1.$$

Das Störverhalten idealer Modulationsverfahren verbessert sich also näherungsweise exponentiell mit der Bandbreitedehnung.
Das Ergebnis zeigt auch hier wieder die Austauschmöglichkeit zwischen Bandbreite und Nutz-/Störleistungs-Verhältnis, die durch bandbreitedehnende Modulationsverfahren wie Frequenz- und Pulscodemodulation praktisch genutzt wird. Einige typische Kennlinien dieser Modulationsverfahren sind daher ebenfalls in

Bild 6 eingetragen [10]. Auch hier wird der theoretisch nutzbare Bereich durch eine Schranke für $\beta \to \infty$ begrenzt.

Spezielle Literatur: [1] *Shannon, C.E.*: A mathematical theory of communication. Bell Syst. Tech. J. 27 (1948) 379, 623. – Shannon, C.E.: Communication in the presence of noise. Proc. IRE 37 (1949) 10–21. – [2] *Huffman, D.A.*: A method for the construction of minimum redundancy codes. Proc. IRE 40 (1952) 1098–1101. – [3] *Meyer-Eppler, W.*: Grundlagen und Anwendungen der Informationstheorie. Berlin: Springer 1959. – [4] *Küpfmüller, K.*: Die Entropie der deutschen Sprache. FTZ 7 (1954) 265–272. – [5] *Hamming, R.W.*: Coding and information theory. Englewood Cliffs: Prentice Hall 1980. – [6] *Peterson, W.W.*: Prüfbare und korrigierbare Codes München: Oldenbourg 1967. – [7] *Gallager, R.G.*: Information theory and reliable communication. New York: Wiley 1968. – [8] *Reza, F.M.*: An introduction to information theory. New York: McGraw-Hill 1961. – [9] *Berauer, G.*: Informationsübertragung über gestörte Kanäle. AEÜ 34 (1980) 345–349. – [10] *Hancock, J.C.*: On comparing the modulation systems. Proc. NEC 18 (1962) 45–50. – [11] *Lüke, H.D.*: Signalübertragung, 3. Aufl. Berlin: Springer 1985.

E | Materialeigenschaften und konzentrierte passive Bauelemente
Material properties and concentrated passive components

P. Kleinschmidt (7, 8); **K. Lange** (1 bis 6, 9, 10)

Allgemeine Literatur: *Brinkmann, C.:* Die Isolierstoffe der Elektrotechnik. Berlin: Springer 1975. – *Feldtkeller, E.:* Dielektrische und magnetische Materialeigenschaften I, II. Mannheim: Bibliograph. Inst. 1973. – *Zinke, O.; Seither, H.:* Widerstände, Kondensatoren, Spulen und ihre Werkstoffe, 2. Aufl. Berlin: Springer 1982.

1 Leiter. Conductors

Tabelle 1 gibt die für die Elektrotechnik wichtigsten Werte für übliche Leitermaterialien an. An anderen Stellen wird die spezifische Leitfähigkeit κ oder der spezifische Widerstand ϱ von Leitermaterialien mit anderen Einheiten angegeben. Tabelle 2 gibt die Umrechnungsfaktoren zwischen den einzelnen Möglichkeiten an.

2 Dielektrische Werkstoffe
Dielectric materials

Allgemeine Literatur s. unter E 1

2.1 Allgemeine Werte. General values

In der Hochfrequenztechnik werden an Isolierstoffe i.allg. keine besonderen Anforderungen hinsichtlich der Durchschlagfestigkeit gestellt. Vielmehr müssen die Materialien möglichst geringe Verlustfaktoren ($d = \tan \delta_\varepsilon = \varepsilon_r''/\varepsilon_r'$) und möglichst konstante Dielektrizitätszahlen aufweisen. Meistens werden auch Anforderungen hinsichtlich der mechanischen Bearbeitbarkeit, der Festigkeit und des Temperaturverhaltens gestellt. Beim Temperaturverhalten ist nicht nur auf die Temperaturkonstanz der elektrischen Werte zu achten, sondern auch auf die Wärmeleitfähigkeit und auf die temperaturabhängigen Längenänderungen, die bei ungünstigen Materialpaarungen infolge Zug- und Scherwirkungen

Tabelle 1. Eigenschaften von Leitern

Material	$\kappa_{20°C}$ 10^6 S/m	Temperaturkoeff. d. Leitfähigkeit 10^{-3}	Dichte kg/dm³	Schmelzpunkt °C	Thermischer Ausdehnungskoeffizient 10^{-6}	Wärmeleitfähigkeit W/(mK)	Spezifische Wärme kJ/(kg K)
Aluminium	30 … 35	3,8	2,7	660	23	210	0,92
Blei	5	4	11,3	330	30	34	0,13
Chrom	7,7	21	7,2	1890	7,5	64	0,68
Eisen	7 … 10	4,5	7,9	1530	12	50	0,46
Gold	41	4,1	19,3	1060	14	270	0,13
Graphit	0,12	−10	1,7	−	7,5	80	
Kupfer	58	3,9	8,9	1080	17	360	0,38
Magnesium	22	4,2	1,7	650	26	153	1,03
Messing	12 … 15	1,6	8,4		18	90	
Nickel	9 … 11	4,4	8,9	1450	13	57	0,44
Platin	10	3,9	21,4	1770	9	65	0,13
Quecksilber	1	0,9	13,6	−39	182	8,4	0,14
Silber	62	3,6	10,5	960	20	410	0,23
Tantal	7	3,5	16,6	2990	6,5	50	0,54
Titan	1,8	4,1	4,5	1700	9	16	0,47
V2A-Stahl	1,3					15	
Wolfram	18	4	19,3	3380	5	120	0,13
Zink	16	3,7	7,3	419	29	110	0,38
Zinn	7 … 9	4,4	7,1	232	27	60	0,23

Tabelle 2. Umrechnungsfaktoren zwischen Leitwerten und Widerständen

gesuchte Werte:	Gegebene Werte					
	spezifischer Leitwert			spezifischer Widerstand		
	κ_a in $\frac{S}{m}, \frac{1}{\Omega m}$	κ_b in $\frac{S}{cm}, \frac{1}{\Omega cm}$	κ_c in $\frac{Sm}{mm^2}, \frac{m}{\Omega mm^2}$	ϱ_a in Ωm	ϱ_b in Ωcm	ϱ_c in $\frac{\Omega mm^2}{m}$
κ_a in $\frac{S}{m}, \frac{1}{\Omega m}$	κ_a	$10^2 \kappa_b$	$10^6 \kappa_c$	$\frac{1}{\varrho_a}$	$\frac{10^2}{\varrho_b}$	$\frac{10^6}{\varrho_c}$
κ_b in $\frac{S}{cm}, \frac{1}{\Omega cm}$	$10^{-2} \kappa_a$	κ_b	$10^4 \kappa_c$	$\frac{10^{-2}}{\varrho_a}$	$\frac{1}{\varrho_b}$	$\frac{10^4}{\varrho_c}$
κ_c in $\frac{Sm}{mm^2}, \frac{m}{\Omega mm^2}$	$10^{-6} \kappa_a$	$10^{-4} \kappa_b$	κ_c	$\frac{10^{-6}}{\varrho_a}$	$\frac{10^{-4}}{\varrho_b}$	$\frac{1}{\varrho_c}$
ϱ_a in Ωm	$\frac{1}{\kappa_a}$	$\frac{10^{-2}}{\kappa_b}$	$\frac{10^{-6}}{\kappa_c}$	ϱ_a	$10^{-2} \varrho_b$	$10^{-6} \varrho_c$
ϱ_b in Ωcm	$\frac{10^2}{\kappa_a}$	$\frac{1}{\kappa_b}$	$\frac{10^{-4}}{\kappa_c}$	$10^2 \varrho_a$	ϱ_b	$10^{-4} \varrho_c$
ϱ_c in $\frac{\Omega mm^2}{m}$	$\frac{10^6}{\kappa_a}$	$\frac{10^4}{\kappa_b}$	$\frac{1}{\kappa_c}$	$10^6 \varrho_a$	$10^4 \varrho_b$	ϱ_c

an Leiterbahnen Risse verursachen können. In den Tab. 3 bis 5 sind für Frequenzen um 1 MHz Materialeigenschaften angegeben. Bei Flüssigkeiten hängen die Verlustfaktoren stark von Verunreinigungen ab. Hier ist nur die Dielektrizitätszahl angegeben. Für Materialien, die bei hochfrequenztechnischen Anwendungen besondere Bedeutung haben, sind in 2.3 nähere Angaben gemacht. In [1] sind Meßwerte für die Dielektrizitätszahlen und Verlustfaktoren vieler Materialien zusammengestellt.

In Tab. 6 sind Daten über das Wärmeleitvermögen von Materialien bei 20 °C zusammengestellt. Bei den gut wärmeleitenden Isolierstoffen nimmt das Wärmeleitvermögen mit wachsender Temperatur ab und hat bei 200 °C meist nur noch etwa 80 % des angegebenen Wertes. Angaben über Wärmedehnungen sind, soweit vorhanden, den Beschreibungen in 2.2 zugeordnet.

Tabelle 4. Typische elektrische Eigenschaften organischer Isolierstoffe (1 MHz)

Material	ε_r	$\tan\delta$ ($\cdot 10^{-3}$)
Epoxidharz	3,6	20
Fluorethylenpropylen (Teflon, FEP)	2,1	0,5...1
Hartgummi	3...4	7...30
Nylon	3,5...3,6	40
Plexiglas	2,6	15
Polyethylen (PE)	2,2...2,3	0,3...1
Polypropylen (PP)	2,2...2,3	0,2...2
Polystyrol (PS)	2,5...2,6	0,1...0,5
geschäumt	1,02...1,24	< 0,5
Polytetrafluorethylen (Teflon, PTFE)	2,1	0,1...0,3
Polyvinylchlorid	2,9	15

Tabelle 3. Typische elektrische Eigenschaften anorganischer Isolierstoffe (1 MHz)

Material	ε_r	$\tan\delta$ ($\cdot 10^{-3}$)
Aluminiumoxid	9...10	0,05...1
Berylliumoxid	6,8	0,3
Bornitrid	4,15	0,2
Glas	4...7	10
Glimmer	5...8	0,1...0,4
Porzellan	6	5
Quarz	3,8	0,01
Saphir	9,4/11,6	< 0,1
Silikon	3,4...4,3	1...4

Tabelle 5. Typische Dielektrizitätszahlen von Flüssigkeiten

	ε_r
Azeton	21
Ethylalkohol	26
Ethyläther	4,4
Benzol	2,3
Mineralöl	2,6
Paraffinöl	2,2
Silikonöl	2,8
Wasser	81

Tabelle Wärmeleitfähigkeit bei 20 °C in W/(Km)

Diamant	660
Silber	410
Kupfer	360
Berylliumoxid	165
Graphit	120...200
Aluminiumoxid	33
Porzellan	1,7
Epoxidharz	0,2...1,3
Glimmer	0,3...0,7
Polyethylen	0,33
Teflon	0,25
Schaumstoffe	0,003...0,04

2.2 Substratmaterialien
Substrate materials

Für Streifenleitungsschaltungen wird bei hohen Anforderungen meist Keramik (Aluminiumoxid, Al_2O_3) angewandt, welches in der gewünschten Dicke gebrannt (as fired) oder auf das genaue Maß geschliffen und poliert wurde. Die beim Ätzen der Leiterstrukturen erzielbare Genauigkeit hängt vom Grad der Oberflächenrauigkeit ab. Für besonders feine Strukturen bei höchsten Frequenzen wird auch Saphir (einkristallines Al_2O_3) oder Quarz verwendet, wobei wegen der Anisotropie eine genaue Schnittorientierung wichtig ist.

Für weniger hohe Anforderungen können bei Streifenleitungen keramikpulvergefüllte PTFE-Schichten verwendet werden, die je nach Füllmaterial mit Dielektrizitätszahlen zwischen 6 und 11 in geeigneten Dicken lieferbar sind (RT/duroid, Epsilam). Diese Substrate sind auch größerflächig als Keramik erhältlich und wegen ihrer Flexibilität und einfachen Schneidbarkeit leicht bearbeitbar.

Aluminiumoxidkeramik (Alumina, Al_2O_3). Übliche Substratgrößen sind beispielsweise 2″ × 2″ (ca. 5 cm × 5 cm) oder 2″ × 1″ (ca. 5 cm × 2,5 cm). Die Dicke ist meist 50 mil (1,27 mm), 25 mil (0,635 mm) oder 10 mil (0,25 mm). Das Material ist sehr hart und nur durch Brechen nach vorhergehendem Anritzen (auch mit Laser) und durch Schleifen zu bearbeiten. Alle Eigenschaften bleiben über einen großen Temperatur- und Frequenzbereich stabil. Unempfindlichkeit gegen chemische Einflüsse. Leiter können aufgedampft und galvanisch verstärkt oder durch Siebdruck aufgebracht werden. Geringste Verlustfaktroen ($d < 5 \cdot 10^{-5}$) erzielt man bei hoher Reinheit (> 99,5%). Bei Werten von 96% werden Verlustfaktoren von etwa $5 \cdot 10^{-4}$, bei 92% nur von 10^{-3} erreicht. Der lineare thermische Ausdehnungskoeffizient liegt bei $6,5 \cdot 10^{-6}$/K.

Berylliumoxidkeramik. Dieses Material zeichnet sich durch gute Wärmeleitfähigkeit und weitgehende Unempfindlichkeit gegen Temperaturschocks aus. Es hat gute mechanische Eigenschaften. BeO-Staub ist giftig. Die lineare Wärmedehnung liegt bei $7,5 \cdot 10^{-6}$/K.

Quarzglas (Fused quartz, SiO_2). Besonders kleine lineare Wärmedehnung ($0,5 \cdot 10^{-6}$/K) und geringe Wärmeleitfähigkeit (1 W/(Km)). Häufig angewandt bei dünnen Isolationsschichten (Sputtern) für mehrlagige Leiteranordnungen.

Glas. Für druckdichte Durchführungen mit großer mechanischer Stabilität kann Glas verwendet werden. Ungünstig ist sein relativ hoher Verlustfaktor, der mit wachsender Temperatur stark zunimmt.

Keramikgefülltes PTFE. Diese Materialien sind in beidseitig kupferkaschierten Platten mit Dicken von 0,25 mm, 0,635 mm, 1,27 mm, 1,9 mm und 2,5 mm erhältlich. Je nach Füllungsgrad mit Keramikpulver ergeben sich Werte von beispielsweise 10,5 (RT/duroid 6010), 10 (Epsilam 10) oder 6 (RT/duroid 6006). Die Verlustfaktoren liegen bei $3 \cdot 10^{-3}$ (5 GHz). Mit diesen Materialien lassen sich Mikrowellen-Streifenleitungen in gleicher Weise wie gedruckte Schaltungen durch Beschichten mit Photolack, Belichten und Ätzen herstellen.

Glasfasern in PTFE. Durch eine homogene Verteilung von Glasfasern können Substrate für Mikrowellen-Streifenleitungen hergestellt werden, die keine Vorzugsrichtungen und Strukturperiodizitäten aufweisen. Beispiele sind RT/duroid 5870 ($\varepsilon_r = 2,35$, $\tan \delta = 10^{-3}$ bei 3 GHz) oder RT/duroid 5880 ($\varepsilon_r = 2,23$, $\tan \delta = 7 \cdot 10^{-4}$ bei 3 GHz). Besonders temperaturunabhängiges Material (RT/duroid 5500) wird für Strukturen angeboten, die hohe Anforderungen hinsichtlich des Phasenmaßes (beispielsweise Planarantennen) stellen.

Für geringe Anforderungen kann auch in PTFE eingebettetes Glasgewebe ($\varepsilon_r = 2,53$, $\tan \delta \approx 2 \cdot 10^{-3}$) verwendet werden. Übliche Platinenmaterialien aus Epoxidharz mit Glasgewebe ($\varepsilon_r = 3,5 - 5$, $\tan \delta = 4 - 50 \cdot 10^{-3}$) sind wegen der schlechten Reproduzierbarkeit der Dielektrizitätszahl und der hohen Verluste für Mikrowellenanwendungen ungeeignet.

2.3 Sonstige Materialien
Other materials

Teflon. Sowohl PTFE als auch FEP (s. Tab. 2) werden als Teflon bezeichnet. Im Mikrowellenbereich weist PTFE hinsichtlich der Frequenzunabhängigkeit von ε_r und bezüglich der Verluste günstigere Werte auf. Bei PTFE hoher Dichte bleibt $\varepsilon_r = 2{,}1$ konstant, während bei FEP oberhalb 10 MHz ε_r zunächst 2,1 ist, dann aber kleiner wird und bei 10 GHz 2,05 erreicht. ε_r ist bei extrudiertem Teflon von der Dichte abhängig, Werte von 2,1 (Dichte 2,24) bis 2,0 (Dichte 2,14) sind möglich. Teflon kann amorph oder kristallin sein. Im allgemeinen liegen Mischzustände vor. Das Verlustverhalten ist von diesen Struktureigenschaften bestimmt. FEP hat sehr geringe Verluste bei niedrigen Frequenzen ($< 2 \cdot 10^{-4}$ bis ca. 100 kHz). Diese steigen bis zu einem Maximum von etwa 10^{-3} bei 3 GHz an und fallen bei höheren Frequenzen. PTFE zeigt ähnliches Verhalten mit einem maximalen Verlustfaktor bei etwa 0,5 GHz. Der Verlustfaktor überschreitet aber kaum $4 \cdot 10^{-4}$. Zwischen 10 und 20 °C können Kristallisationsumwandlungen temperaturabhängig geringe Schwankungen von ε_r bewirken, auch der Verlustfaktor zeigt in diesem Bereich Veränderungen. Teflon läßt sich mechanisch leicht bearbeiten, zeigt jedoch unter Druck Fließneigung. Es ist in einem weiten Temperaturbereich (-190 bis $+260$ °C bei PTFE und bis 200 °C bei FEP) einsetzbar. Gegen Umgebungseinflüsse und Alterung zeigt es hohe Beständigkeit. Kleben ist nur nach Aufrauhen möglich oder durch Pressen bei etwa 370 °C mit FEP-Folien.

Thermoplaste. Polyethylen (PE) wird als Hochdruckpolymerisat ($\varepsilon_r = 2{,}6$, $\tan \delta = 3 \cdot 10^{-4}$, lin. Wärmedehnung $250 \cdot 10^{-6}/K$) und als Niederdruckpolymerisat ($\varepsilon_r = 2{,}4$, $\tan \delta = 10^{-3}$, lin. Wärmedehnung $150 \cdot 10^{-6}/K$) gefertigt. Es weist gute Stabilität gegen Säuren, Fette, Öle und Lösungsmitel auf. Keine Klebmöglichkeit. Einsetzbar zwischen -70 und $+80$ °C. Bei Druck Möglichkeit des Fließens. PE ist nicht UV-beständig, versprödet im Freien, ist nicht wasserdampfdicht, nicht strahlungsbeständig und ist sauerstoffempfindlich. Es ist brennbar und tropft dann ab. Bei vernetztem PE werden Fadenmoleküle chemisch bzw. auch mittels Röntgen- oder Elektronenstrahlen vernetzt ($\varepsilon_r = 2{,}32$, $\tan \delta = 5 \cdot 10^{-4}$). Infolge der Vernetzung hat es verbesserte mechanische Eigenschaften (geringeres Kriechen, kein Schmelzen). Oberhalb 1 GHz sind die elektrischen Eigenschaften etwas schlechter als bei unvernetztem PE. Geschäumtes PE hat geschlossene Zellen und etwa halbe Dichte. ε_r liegt bei 1,5. Die Verluste liegen bei $3 \cdot 10^{-4}$.

Polypropylen hat ähnliche Eigenschaften wie PE. Polystyrol (Trolitul) hat einen besonders geringen Verlustfaktor. Die lineare Wärmedehnung ist gering ($90 \cdot 10^{-6}/K$). Der Temperaturbereich jedoch ist eingeschränkt (-70 °C bis 60 °C). Chemisch leicht lösbar. Wenig alterungsbeständig (Rißbildung, Sprünge) bei mechanischen Spannungen. Vernetztes Polystyrol ist mechanisch, chemisch und thermisch wesentlich stabiler, hat aber, je nach Vernetzungsgrad und -art wesentlich höhere Verlustfaktoren. Geschäumtes Polystyrol (Styropor) hat, je nach Dichte, unterschiedliche Dielektrizitätszahlen (1,02 bis 1,25). Die Verluste sind bis zu höchsten Frequenzen gering. Geringe Wärmeleitfähigkeit sowie thermische und chemische Stabilität.

Klebstoffe. Zum Fixieren von Probekörpern im Bereich von Mikrowellenfeldern zeigt UHU-por und UHU-Plast Polystyrol relativ geringe Verluste auch bei Frequenzen um 10 GHz. UHU Plus Endfest 300 ist auch bei 10 GHz noch brauchbar, wenn hohe Festigkeit nötig ist. Es hat geringere Verluste als schneller aushärtende Kombinationen. PVC-Kleber zeigen, ebenso wie PVC, relativ hohe Verlustfaktoren. Kontaktkleber wie Pattex oder Greenit weisen bei hohen Frequenzen relativ große Verlustfaktoren auf.

Wasser. Die Dielektrizitätszahl von Wasser ist temperaturabhängig. Bei 0 °C ist $\varepsilon_r = 87{,}8$. Mit wachsender Temperatur sinkt ε_r bis auf $\varepsilon_r = 55{,}7$ bei 100 °C ab. Eis hat $\varepsilon_r \approx 4{,}2$. Das Verhalten als Funktion der Frequenz zeigt Bild 1.

Bild 1. Dielektrische Eigenschaften von Wasser

Spezielle Literatur: [1] *Musil, J.*: Microwave Measurements of complex permittivity by free space methods. Amsterdam: Elsevier, 1986.

3 Magnetische Werkstoffe
Magnetic materials

Allgemeine Literatur s. unter E 1

In der Hochfrequenztechnik können elektromagnetische Felder nur in die oberflächennahen Schichten eines Leiters eindringen. Die Schichtdicke, innerhalb der das Feld auf $1/e$ abgenommen hat, ist proportional $1/\sqrt{\mu_r \kappa}$. Wenn das magnetische Wechselfeld auch das Innere eines Körpers durchsetzen soll, muß das magnetisierbare Material eine möglichst geringe spezifische Leitfähigkeit κ aufweisen. Dies ist bei Ferriten und bei HF-Eisen der Fall. Für Sonderanwendung können auch Ringbandkerne aus hochpermeablen, nur wenige μm dicken, voneinander isolierten Blechstreifen verwendet werden. Weichmagnetische Ferrite haben eine Zusammensetzung, die durch die chemische Formel $MO \cdot Fe_2O_3$ beschrieben werden kann. M ist dabei das Symbol für ein zweifach ionisiertes Metall. Häufig werden Gemische solcher Metalle verwendet. Hochpermeable Mangan-Zink-Ferrite ($\mu_r \approx 2000$) können wegen ihrer Leitfähigkeit und der dadurch bedingten Wirbelstromverluste nur bei Frequenzen bis zu wenigen MHz angewandt werden. Oberhalb 1 MHz werden wegen der geringeren Leitfähigkeit Nickel-Zink-Ferrite eingesetzt, die aber auch eine geringere Permeabilitätszahl von etwa 100 aufweisen. Alle Ferrite sind keramikartig und müssen bei der Herstellung in Formen gepreßt und dann gesintert werden.

In der Mikrowellentechnik werden Ferrite mit verschiedensten Substitutionen und Yttriumeisengranate verwendet. Letztere sind oft Einkristalle mit besonders geringen Verlusten im Resonanzfall. Durch die unterschiedlichen Substitutionen bei Mikrowellenferriten wird die gewünschte Sättigungsinduktion erzielt. Besondere Beachtung muß der Curie-Temperatur gewidmet werden. Ferrite mit niedriger Sättigungsinduktion haben meistens einen tiefen Curie-Punkt bei nur wenigen Hundert Grad Celsius. Hier sind geeignete Maßnahmen zur Temperaturkompensation beispielsweise durch temperaturabhängige Änderung der Vormagnetisierung notwendig.

4 Wirkwiderstände. Resistors

Allgemeine Literatur s. unter E 1

Widerstände bestehen allgemein aus einem nichtleitenden Träger (meistens Keramik oder Glas) auf den eine Kohle- oder eine Metallschicht aufgebracht und an den Enden kontaktiert oder mit Anschlußdrähten versehen worden ist. Durch die Art der Widerstandsschicht sowie deren Länge und Querschnitt ist der Widerstandswert bestimmt. Widerstandswerte von Bruchteilen eines Ohms bis zu Gigaohm können als Schichtwiderstände hergestellt werden. Die zulässigen Verlustleistungen liegen im mW-Bereich bis zu einigen W und sind abhängig von der Größe des Widerstandskörpers sowie von der Umgebung und der durch diese bestimmten Wärmeableitung. Bei ruhender Luft kann pro cm^2 Oberfläche des Widerstands zwischen 0,5 und 1 W als zulässige Verlustleistung angenommen werden. Mit zunehmender Umgebungstemperatur nimmt die Belastbarkeit ab. Einen typischen Verlauf zeigt Bild 1. Die maximal zulässigen Widerstandstemperaturen liegen bei etwa 150 °C.

Die Langzeitstabilität von Schichtwiderständen ist stark von der Betriebstemperatur abhängig. Niedrige Widerstandswerte (unterhalb 1 kΩ) zeigen dabei wegen der größeren Schichtdicken weniger alterungsbedingte Abweichungen vom Sollwert als hohe Widerstandswerte. Diese Widerstandswertänderungen nehmen exponentiell mit der Temperaturerhöhung zu. Kohleschichtwiderstände haben einen negativen Temperaturkoeffizienten, der bei hochohmigen Widerständen größer ist als bei niedrigen Werten. Ein typischer Verlauf ist in Bild 2 dargestellt. Metallschichtwiderstände haben Temperaturkoeffizienten die innerhalb $\pm 1 \cdot 10^{-4}$ liegen. Kohleschichtwiderstände eignen sich für normale Betriebsbedingungen und Toleranz- sowie Stabilitätsanforderungen. Für höhere Anforderungen und extreme Betriebsverhältnisse werden Metallschichtwiderstände eingesetzt. Bei Dickschichtwiderständen werden leitende Pasten aufgetragen und dann eingebrannt. Eine Übersicht über charakteristische Eigenschaften gibt Tab. 1. Die Widerstandswerte üblicher Widerstände sind entsprechend der Toleranzen in geometrischen

Bild 1. Relative Belastbarkeit von Kohleschichtwiderständen als Funktion der Umgebungstemperatur

Bild 2. Temperaturbeiwert von Kohlewiderständen

Tabelle 1. Eigenschaften von Widerstandsschichten

		Kohle	Metall	Dickschicht
spez. Leitwert	S/m	$3 \cdot 10^4$	10^6	$10^4 \ldots 10^6$
Schichtdicke	μm	$0,01 \ldots 50$	$0,01 \ldots 0,1$	ca. 100
Flächenwiderstand	Ω	$1 \ldots 5000$	$20 \ldots 1000$	$20 \ldots 1000$
Temperaturkoeffizient		$-2 \cdot 10^{-4}$ bis $-8 \cdot 10^{-4}$	$\pm 10^{-4}$	$\pm 2 \cdot 10^{-4}$
max. langzeitige Schichttemperatur	°C	125	170	$150 \ldots 200$
Stromrauschen und Nichtlinearität		klein	sehr klein	sehr klein
mögliche differentielle Thermospannung	μV/K	$1 \ldots 3$	$3 \ldots 5$	$10 \ldots 30$
Auswahlkriterien:				
sehr hohe Langzeitkonstanz			x	
kleiner Temperaturkoeffizient			x	
niedriges Stromrauschen			x	
Einzelimpulsbelastbarkeit		x		
integrierbare Bauform				x

Reihen gestuft. Für Widerstände mit Toleranzen von $\pm 20\%$ ist die Dekade in 6 Werte entsprechend einer geometrischen Reihe mit dem Multiplikator $\sqrt[x]{10}$ aufgeteilt. Die E-6-Reihe $(x = 6)$ hat damit die Werte $1-1,5-2,2-3,3-4,7-6,8-10$. Für engere Toleranzen von $\pm 10\%$ ist die E-12-Reihe mit $x = 12$ oder bei $\pm 5\%$ die E-24-Reihe mit $x = 24$ gültig, sie haben entsprechend mehr Zwischenwerte. Bei einer Vielzahl unterschiedlicher Widerstände einer Reihe kann davon ausgegangen werden, daß wegen der sich überlappenden Wertebereiche einer Toleranzreihe jeder gewünschte Widerstandswert gefunden werden kann. Bei Lieferungen größerer Mengen einer Herstellungscharge muß aber wegen der guten Reproduzierbarkeit der Herstellungsprozesse damit gerechnet werden, daß nahezu alle Einzelwiderstände innerhalb sehr geringer Streubreite den gleichen Wert haben, der innerhalb des Toleranzbereichs liegt. Widerstände mit größerem Toleranzbereich weisen i. allg. auch größere Abweichungen bei der Alterung auf und erzeugen ein höheres Rauschen. Neben dem thermischen Rauschen, das jeder Widerstand aufweisen muß, zeigen Schichtwiderstände ein spannungsabhängiges Rauschen. Insbesondere bei Kohleschichtwiderständen ergeben sich mit abnehmender Schichtdicke in zeitlich rasch wechselnder Folge geringfügige Veränderungen der Strombahnen. Damit unterliegt der Widerstandswert R einer zeitlichen Fluktuation ΔR. Diese ergibt bei einem Stromfluß I eine Wechselspannung $\Delta U = I \Delta R$. Wegen $I = U/R$ ist die entstehende Störspannung $\Delta U = U \Delta R / R$ proportional zur anliegenden Betriebsspannung. Diese Rauschspannung wird in μV/V oder in dB (bezogen auf 1 μV/V) angegeben. Sie steigt mit wachsendem Widerstandswert an. Höherbelastbarere, größere Widerstände haben wegen der dickeren Kohleschichten günstigere Werte als kleine Widerstände. Metallschichtwiderstände rauschen relativ wenig. Typische Werte für Schichtwiderstände zeigt Bild 3.

Bild 3. Stromrauschen von Schichtwiderständen

Parallelkapazität. Jeder Widerstand hat infolge seiner Anschlüsse eine Parallelkapazität, die zwischen 0,1 und 0,5 pF liegt. Metallkappen ergeben größere Werte als axial befestigte Drähte. Diese Kapazität muß insbesondere bei hohen Widerstandswerten und hohen Frequenzen berücksichtigt werden. Beispielsweise hat 1 pF bei 1 MHz den Blindwiderstand $-j\,160$ kΩ. Neben dieser Kapazität wirkt sich jedoch die kapazitive Feldaufteilung entlang der Widerstandsschicht aus und überbrückt insbesondere bei hohen Widerstandswerten und hohen Frequenzen Teile des Widerstandsbelags kapazitiv. Der Widerstandswert nimmt daher ab. Widerstände bis 1 kΩ können bis etwa 1 GHz verwendet werden. Bild 4 zeigt den charakteristischen Verlauf für verschiedene Werte in Abhängigkeit von der Frequenz. Der genaue Verlauf ist für die jeweiligen Typen vom Hersteller angegeben. Neben der Begrenzung der Betriebsspannung durch die zulässige Verlustleistung werden von den Herstellern maximale Spannungen angegeben, die, abhängig von der Bauform, angelegt werden dürfen. Insbesondere bei hochohmigen Widerständen oder bei Impulsbetrieb ist dies zu beachten. Widerstände mit Nennbelastungen von 0,1 W können mit Grenzspannungen von 100 V betrieben werden, bis zu 0,5 W sind meist 250 V zulässig. Bei 1 und 2 W steigen diese Werte auf 500 und 750 V an.

Bild 4. Frequenzabhängigkeit des Wechselstromwiderstands $R_\sim$ bezogen auf den Gleichstromwiderstand R_0 bei Schichtwiderständen

Impulsbelastbarkeit. Bei hochohmigen Schichtwiderständen sind für periodische Impulsfolgen, bei denen im Mittel die normale Belastbarkeit nicht überschritten wird, Spitzenspannungen bis zum 3,5fachen der angegebenen Spannungsfestigkeit zulässig. Bei niederohmigen Widerständen darf i. allg. die Spitzenleistung den sechsfachen Leistungsnennwert des Widerstands nicht überschreiten. Für sehr kurzzeitige sporadische Stoßspannungen werden von den Herstellern keine genauen Angaben gemacht. Die Leistungen können im kW-Bereich liegen. Die Widerstandsschicht wird kurzfristig aufgeheizt, kann aber die Wärme innerhalb der Impulsdauer nicht an den Keramikträger oder die Umgebung abführen. Wegen der dickeren Widerstandsschichten sind Kohleschichten dabei etwa fünfmal belastbarer als Metallschichten.

Nichtlinearität. Schichtwiderstände weisen geringfügige Nichtlinearitäten auf. Maßtechnisch kann die 3. Harmonische einer angelegten Grundschwingung nachgewiesen werden. Üblich sind Werte, die besser als −100 dB sind. Zulässige Werte für Kohleschichtwiderstände bei einer Prüfmethode nach DIN 44 049 zeigt Bild 5. Zwischen der meßbaren Nichtlinearität und der Größe des Stromrauschens eines Schichtwiderstandes besteht ein Zusammenhang. Bei Zuverlässigkeitsuntersuchungen auf Risse in der Widerstandsschicht liefert die Messung des Klirrfaktors wichtige Aussagen, weil an Einschnürungen der Widerstandsbahn lokale Erwärmungen auftreten. Im Niederfrequenzbereich bewirken diese örtlichen Überhitzungen zeitabhängige, periodische Widerstandsvariationen, die wegen der Abhängigkeit vom Quadrat der Stromstärke besonders die 3. Harmonische der Betriebsfrequenz erzeugen. Widerstände mit hohem Klirrfaktor sind für Schaltungen mit hoher Zuverlässigkeit auszuscheiden.

Chip-Widerstände. Für Höchstfrequenzanwendungen sind Chip-Widerstände erhältlich, bei denen die Widerstandsschicht als Dünn- oder Dickschicht mit beiderseitiger metallischer Kontaktierung auf die eine Oberfläche eines meist rechteckigen, dünnen Aluminiumoxid-Trägerplättchens aufgebracht ist. Die Widerstandswerte reichen von 1 Ω bis 10 MΩ. Die Dicke des Trägers liegt zwischen 0,35 und 0,8 mm, die Größe minimal bei 0,8 mm × 0,5 mm (Grenzspannung ca. 15 V, Maximalleistung 40 mW) bis 6 mm × 4 mm (Grenzspannung 150 V, Maximalleistung 2 W). Für Leistungen bis einige hundert W werden größere Sonderausführungen auf Berylliumoxid mit Kühlungsflanschen gefertigt. Alle diese Widerstände sind extrem kapazitäts- und induktivitätsarm und für Streifenleitungsschaltungen im GHz-Bereich geeignet.

Drahtwiderstände. Für höhere Leistungen und für sehr niederohmige Werte können Widerstandsdrähte auf Trägerkörper gewickelt werden. Wegen des hohen spezifischen Widerstands spielt der Skineffekt bei Frequenzen im MHz-Bereich meist keine Rolle. Um induktive Wirkungen klein zu halten, sollten die Wicklungen bifilar ausgeführt werden. Dabei wird der aufzuwickelnde Draht bei halber Länge umgebogen, so daß die Anschlußenden nebeneinander liegen. Mit der umgebogenen Seite beginnend werden die parallellaufenden Drähte auf den Träger aufgewickelt. Je besser beide Drähte parallel liegen, desto kleiner ist die Gesamtinduktivität. Die Drähte sind häufig mit einer thermisch stabilen Oxidschicht als Isolation überzogen, die beim Wickeln nicht verletzt werden darf.

Potentiometer. Veränderliche Widerstände werden in vielfältigen Ausführungen hergestellt. Man unterscheidet zwischen Trimmwiderständen, die zu Abgleichzwecken nachjustiert werden können und Potentiometern als Bedienungselement mit Drehknopf. Bei Trimmwiderständen ist meistens eine kreisförmige Kohlewiderstandsschicht auf einem Keramik- oder Pertinaxträger

Bild 5. Zulässige Werte für Kohleschicht-Widerstände bei einer Prüfmethode nach DIN 44 049

aufgebracht. Als Schleifkontakt wird ein Metallbügel oder ein Kohlekontakt verwendet. Widerstandswerte liegen zwischen 100 Ω und mehreren MΩ. Diese Trimmerart läßt sich leicht einstellen und erlaubt eine Sichtkontrolle der Stellung und des noch vorhandenen Variationsbereichs. Die Einstellung ist jedoch durch unbeabsichtigte mechanische Berührung veränderbar. Präzisionstrimmer werden daher entweder gekapselt oder als Drahtwiderstand hergestellt, auf dem die Position eines Schleifers mit einer Einstellschraube veränderbar ist. Für niedrige Widerstandswerte bis etwa 20 kΩ werden drahtgewickelte Widerstände gefertigt, für höhere Werte wird als Widerstandsschicht eine Metallglasur verwendet. Die zulässigen Belastungen liegen zwischen 0,5 und 1 W. Potentiometer werden bei niedrigen Werten als Drahtwiderstände ausgeführt. Hier sind Nennlasten bis 100 W möglich. Für höhere Werte verwendet man Widerstandsschichten. Normale Potenoimeter haben einen Drehwinkel von 270°. Für bessere Reproduzierbarkeit der Einstellung werden Präzisions-Wendelpotentiometer mit 3, 5, 10 oder 20 Gängen hergestellt. Der Widerstandsdraht ist dabei spiralig auf eine Wendel aufgewickelt, an der der Schleifer entlanggeführt wird. Widerstandswerte von 100 Ω bis einige hundert kΩ sind erhältlich. Durch Drehknöpfe mit geeigneten Anzeigevorrichtungen ist eine sehr gute Reproduzierbarkeit der Einstellungen möglich. Wegen ihrer von der Einstellung abhängigen Koppelkapazitäten sind Potentiometer für Hochfrequenzzwecke nur bedingt geeignet. Für veränderliche Spannungsteilungen bis in den GHz-Bereich sind Sonderformen erhältlich, bei denen die Widerstandsschicht nach Bild 6 aufgebaut ist. Durch die seit-

Bild 6. Schematischer Aufbau eines einstellbaren Hochfrequenz-Spannungsteilers mit logarithmischem Verlauf. *1* Widerstandschicht, *2* Schleifkontakt, *3* koaxialer Ausgang, *4* koaxialer Eingang, *5* Metallisierung

liche Kontaktierung ergibt sich ein exponentieller Spannungsabfall längs der Widerstandsbahn. Der Innenwiderstand am variablen Ausgang ist durch die Größe der Kontaktfläche des Schleifers bestimmt und unabhängig von der Schleiferstellung. Mit solchen Potentiometern läßt sich eine logarithmische Teilung in Abhängigkeit vom Drehwinkel erzielen. Dämpfungen bis zu 100 dB sind möglich.

Photowiderstände. Cadmiumsulfid-Photowiderstände lassen sich durch unterschiedliche Beleuchtungsintensität im Bereich von etwa 100 Ω bis 100 MΩ verändern. Die Widerstandsveränderung hat bei großer Helligkeit (kleiner Widerstand) Zeitkonstanten im ms-Bereich. Bei hohen Widerstandswerten werden zum Errreichen des Widerstandswerts mehrere Sekunden benötigt. Die Parallelkapazitäten liegen bei wenigen pF, so daß der Einsatz als steuerbarer Widerstand bis zu einigen MHz möglich ist.

Heißleiter. Halbleiterwiderstände, deren Widerstandswerte mit steigender Temperatur abnehmen, nennt man Heißleiter oder NTC-Thermistor. Diese Widerstände werden als Stab, Scheibe oder Perle hergestellt und haben bei Normaltemperaturen Werte von wenigen Ω bis einige 100 kΩ. Der Widerstand folgt der Beziehung $R = R_N \exp[B(1/T - 1/T_N)]$ wobei R_N der Widerstand bei der Normaltemperatur T_N ist. B ist eine Materialkonstante mit der Einheit Kelvin und liegt meist zwischen 2000 und 5000 K. Heißleiter lassen sich sehr klein herstellen und werden dann zur Hochfrequenz-Leistungsmessung verwendet.

Feldplatten. Magnetisch steuerbare Widerstände werden unter Verwendung von Wismut hergestellt, welches eine nadelartige Leiterstruktur erzeugt. Durch Magnetfelder im Bereich 0,1 bis 1 T kann der Widerstandswert verändert werden. Übliche Werte liegen zwischen 10 Ω und 1 kΩ. Wegen der kapazitiven Kopplungen ist eine Anwendung nur bei nicht zu hohen Frequenzen möglich.

Spannungsabhängige Widerstände. VDR-Widerstände oder Varistoren aus Siliziumkarbid weisen eine Spannungsabhängigkeit nach Bild 7 auf. Sie haben besonders bei kleinen Spannungen eine ausgeprägte Frequenzabhängigkeit, die bei größeren Spannungen abnimmt. Sie werden in

Bild 7. Spannungs- und Frequenzabhängigkeit bei spannungsabhängigen Widerständen

Scheiben oder als Stäbe hergestellt und dienen beispielsweise zur Begrenzung von Überspannungsspitzen oder zur Funkentstörung bei Motoren.

5 Kondensatoren. Capacitors

Allgemeine Literatur s. unter E 1

5.1 Kapazität. Capacity

Die Kapazität C ist definitionsgemäß

$$C = Q/U,$$

wobei Q die positive Ladung auf einem von zwei ungleichartig geladenen Körpern ist, zwischen denen die Spannung U besteht. Die Kapazität zwischen zwei Platten von jeweils der Fläche A, die sich im Abstand d gegenüberstehen und zwischen denen sich ein Material mit der Dielektrizitätszahl ε_r befindet, ist ohne Randeffekte

$$C = \varepsilon_0 \varepsilon_r A/d; \quad C/\text{pF} = \frac{0{,}9\, \varepsilon_r A/\text{cm}^2}{d/\text{mm}}.$$

Für die Berücksichtigung des Streufeldes am Plattenrand ist die Querabmessung der Platten an jeder Seite um den halben Plattenabstand zu vergrößern. Zwei durch Luft getrennte Pfennigstücke im Abstand von 1 mm haben eine Kapazität von etwa 2 pF. Ein gerades Drahtstück, das parallel zu einer leitenden Ebene läuft, hat gegen diese eine Kapazität

$$C = \frac{2\pi \varepsilon_0 \varepsilon_r l}{\ln\left(\frac{2d}{D} + \sqrt{\left(\frac{2d}{D}\right)^2 - 1}\right)}$$

$$\approx \frac{2\pi \varepsilon_0 \varepsilon_r l}{\ln(4d/D)}. \tag{1}$$

Dabei ist D der Drahtdurchmesser, d der Abstand von der Ebene zur Drahtachse, ε_r die Dielektrizitätszahl des den umgebenden Raum füllenden Isolationsmaterials und l die Drahtlänge. Die Näherung gilt für $d \gg D$. Eine Doppelleitung hat die Kapazität

$$C = \frac{\pi \varepsilon_0 \varepsilon_r l}{\ln\left(\frac{a}{D} + \sqrt{\left(\frac{a}{D}\right)^2 - 1}\right)}$$

$$\approx \frac{\pi \varepsilon_0 \varepsilon_r l}{\ln(2a/D)}, \quad \frac{a}{D} \gg 1. \tag{2}$$

Die Kapazität einer konzentrischen Koaxialleitung ist

$$C = \frac{2\pi \varepsilon_0 \varepsilon_r l}{\ln(D_a/D_i)}; \quad C/\text{pF} = \frac{0{,}56\, \varepsilon_r l/\text{cm}}{\ln(D_a/D_i)}.$$

D_a ist der Innendurchmesser des Außenleiters, D_i ist der Durchmesser des Innenleiters. Für Leitungen kann der Kapazitätsbelag allgemein aus dem Wellenwiderstand Z_L berechnet werden.

$$C' \Big/ \frac{\text{pF}}{\text{cm}} = \frac{33\sqrt{\varepsilon_r}}{Z_L/\Omega}.$$

5.2 Anwendungsfälle. Applications

Kondensatoren werden bei Hochfrequenzschaltungen im wesentlichen bei drei Anwendungsfällen eingesetzt. Diese sind:
a) Trennung von Wechsel- und Gleichanteilen bei der Kopplung von Schaltungsteilen, beispielsweise bei Signal- und Versorgungsspannungen. Hier werden bestimmte Mindestanforderungen hinsichtlich der Spannungsfestigkeit, des Isolationswiderstands und des Blindwiderstandswerts im Übertragungsfrequenzbereich gestellt.
b) Kurzschluß von Wechselgrößen nach Masse. Dieser Anwendungsfall tritt bei der Entkopplung von Schaltungsteilen auf, die an einer gemeinsamen Versorgungsleitung liegen. Durch solche kapazitiven Kurzschlüsse können auch Mit- oder Gegenkopplungen vermieden werden. In diesem Anwendungsfall werden kaum Anforderungen hinsichtlich des Verlustfaktors oder der Einhaltung des Kapazitätswerts gestellt. Wichtig ist eine geringere Eigen- und Zuleitungsinduktivität des Bauelements, so daß bis zu möglichst hohen Frequenzen eine äußerst niederohmige Überbrückung für Wechselgrößen sichergestellt ist. Durch Einbeziehen der induktiven Eigenschaften kann dabei für einen engeren Frequenzbereich auch die Serienresonanz ausgenutzt werden.
c) Anwendung als kapazitives Schalt- oder Abstimmelement bei Filterschaltungen und Resonanzkreisen. In diesem Fall ist eine hohe Langzeitkonstanz des Kapazitätswerts und Verlustarmut wichtig. Für Kapazitätswerte über 100 pF werden die geforderten Werte meistens durch Parallelschaltung verschiedener, engtolerierter Einzelkondensatoren zusammengesetzt. Für kleinere Werte werden einstellbare Trimmer verwendet. Zur Einstellung von oft veränderlichen Werten werden Drehkondensatoren eingesetzt oder Kapazitätsdioden, deren Sperrschichtkapazität von der Vorspannung abhängt. Durch geeignete positive oder negative Temperaturkoeffi-

zienten von Keramikkondensatoren können bei Resonanzkreisen und Filtern temperaturabhängige Verstimmungen, die durch andere Bauteile vorgegeben sind, kompensiert werden.

5.3 Kondensatortypen
Types of capacitors

Metallisierte Kunststoffkondensatoren. Als Dielektrikum werden Folien verwendet, deren Oberfläche extrem dünn metallisiert sind. Bei Durchschlägen verdampft die Metallschicht in unmittelbarer Umgebung der Durchschlagstelle, so daß diese Kondensatoren selbstheilend sind. Als Folienmaterial wird Celluloseacetat, Polyethylenterephtalat, Polycarbonat, Polypropylen oder auch Polystyrol mit Lackschichten verwendet. Die Foliendicke geht, je nach geforderter Spannungsfestigkeit bis zu Werten von etwa 1 µm herunter. Die Kondensatoren werden als Wickel aufgebaut und sind infolge stirnseitiger Kontaktierung induktivitätsarm. Sie werden angewandt, wenn Kapazitäten im Bereich nF bis µF als Koppelkondensatoren oder als Überbrückungskondensator bei Spannungen bis zu einigen hundert V benötigt werden. Wegen der Selbstheilung sind kurzzeitige Spannungsüberlastungen unschädlich. Die meisten Typen sind auch impulsfest.

Styroflex-Wickelkondensatoren. Bei diesen sind Polystyrolfolien mit Metallfolien aufgewickelt. Diese Ausführung ist sehr verlustarm und wegen des Temperaturbeiwerts von $-1,5 \cdot 10^{-4}$ 1/K geeignet bei Resonanzkreisen mit Ferritspulen, deren Temperaturbeiwert zu kompensieren ist. Temperaturen über 70 °C sollten nicht überschritten werden, weil oberhalb die Temperaturabhängigkeit zunimmt. Die vorhergenannte Ausführung mit Polystyrol und metallbedampfter Lackschicht ist räumlich kleiner, so daß Kapazitätswerte von einigen µF gefertigt werden können.

Glimmerkondensatoren. Diese Ausführung besteht aus gespaltenen Naturglimmerscheiben, die metallisiert sind oder es werden Glimmer- und Metallplättchen gestapelt. Sie haben hohe Spannungsfestigkeit, sehr niedrige Verluste, einen kleinen Temperaturbeiwert von etwa $3 \cdot 10^{-5}$. Die Anwendung ist auch bei hohen Umgebungstemperaturen möglich. Kapazitätswerte liegen zwischen einigen pF und einigen nF.

NDK-Keramikkondensatoren. Als Dielektrikum werden Keramikmaterialien mit niedriger Dielektrizitätskonstante zwischen 10 und 500 verwendet. Durch das Mischungsverhältnis des Werkstoffs lassen sich entweder sehr geringe Temperaturbeiwerte erzielen oder sowohl positive als auch negative Temperaturbeiwerte geeigneter Größe in weiten Grenzen einstellen, mit denen bei Filterschaltungen Einflüsse anderer Bauelemente kompensiert werden können. Die Verlustfaktoren sind meist kleiner als 10^{-3}. Kapazitätswerte liegen im Bereich von pF und nF. Ausführungsformen sind Scheiben und Röhrchen.

HDK-Keramikkondensatoren. Hohe Dielektrizitätskonstanten zwischen 500 und 10 000 (in Sonderfällen größer als 50 000) werden beispielsweise durch Keramiken mit Titanaten erreicht. Diese Materialien haben Verlustfaktoren zwischen $5 \cdot 10^{-3}$ und 0,05 sowie einen beachtlichen, meist nichtlinearen negativen Temperaturkoeffizienten. Die Kapazitäten solcher meist scheiben- oder rohrförmigen Kondensatoren liegen trotz kleiner Baugrößen im nF-Bereich. Sie können spannungsabhängig sein.
HDK-Kondensatoren werden meistens wegen des induktivitätsarmen Aufbaus bei beachtlicher Kapazität als Abblockkondensatoren verwendet.

Elektrolytkondensatoren. Als Dielektrikum dient ein durch anodische Oxidation erzeugtes Aluminium- oder Tantaloxid geringer Dicke. Die Trägerelektrode ist meist aufgerauhtes Aluminium oder ein Tantal-Sinterkörper mit dadurch vergrößerter Oberfläche. Man erreicht so größtmögliche Kapazitätswerte bis zu mF. Die Verlustfaktoren sind groß. Bild 1 zeigt typische Scheinwiderstandsverläufe für Niedervolt-Elektrolytkondensatoren als Funktion der Frequenz. Bild 2 stellt für einen Kondensator mit nassem Elektrolyt die typische Abhängigkeit des Scheinwiderstands von der Temperatur dar. Zulässige Grenzspannung und Polarität sind zu beachten. Sie werden als Koppelkondensatoren im Niederfrequenzbereich und als Abblockkondensatoren für den Bereich bis 10 MHz eingesetzt.

Bild 1. Frequenzabhängigkeit des Scheinwiderstands bei Niedervolt-Elektrolytkondensatoren

Bild 2. Temperaturabhängigkeit des Scheinwiderstands bei Niedervolt-Elektrolytkondensator (10 µF) mit nassem Elektrolyt

Bild 4. Typische Resonanzfrequenzen von Kunststoffolien-Wickelkondensatoren. Z ist die Gesamtlänge der Zuleitungsdrähte

5.4 Bauformen für die Hochfrequenztechnik
Capacitors for RF application

Wickelkondensatoren. Diese sollten stirnseitig kontaktiert sein, um die Eigeninduktivität möglichst klein zu halten. Einige nH Zuleitungsinduktivität sind unvermeidbar. Je nach der Größe des Kapazitätswerts ergibt sich daher eine Serienresonanzfrequenz. Oberhalb dieser Frequenz ist die Gesamtimpedanz induktiv und der Betrag des Scheinwiderstands steigt proportional zur Frequenz an. Typische Verläufe zeigt Bild 3 für Einbau mit kürzestmöglichen Anschlußdrähten. Für lange Anschlüsse zeigt Bild 4 typische Resonanzfrequenzen bei Wickelkondensatoren als Funktion von Kapazität und Zuleitungslänge.

Scheibenkondensatoren. Diese Kondensatoren werden je nach Kapazitätswert mit NDK- oder HDK-Keramik aufgebaut sein. Im allgemeinen sind an beiden Seiten der Platten, deren Fläche zwischen 0,1 und 2 cm² liegt, Anschlußdrähte angelötet und der Kondensator mit einer Schutzschicht umgeben. Beim Einbau ist auf kurze Zuleitungen zu achten. Kondensatoren mit Kapazitätswerten von 100 nF haben Serienresonanzen bei etwa 10 MHz, solche von 1 nF haben Resonanzen bei etwa 100 MHz. Scheibenkondensatoren mit blanken Kontaktflächen können direkt in vorgesehene Schlitze in Leiterplatten bei gedruckten Schaltungen eingelötet werden und sind dann auch bei sehr hohen Frequenzen noch kapazitiv wirksam.

Rohrkondensatoren. Diese Ausführungsform ist in gleicher Weise wie Scheibenkondensatoren anwendbar. Bei besonderem Aufbau sind hohe Betriebsspannungen von mehreren kV zulässig.

Durchführungskondensatoren. Dies ist eine Sonderform des Rohrkondensators, bei dem an der Außenmetallisierung ein Flansch angelötet ist, der durch ein Loch in der Gehäusewand gesteckt und durch Verschrauben mit dieser Wand leitend verbunden wird. Am Innenbelag wird ein durch das Rohr hindurchlaufender Draht angelötet, über den beispielsweise die Versorgungsspannung in das Gehäuse hineingeführt wird. Durch die induktivitätsarme Ausführung lassen sich bis zu höchsten Frequenzen wirksame Tiefpässe realisieren.

Vielschichtkondensatoren, Chip-Kondensatoren. Bei dieser Ausführung werden mehrere metallisierte Keramikschichten in Blockform zusammengefügt und parallelgeschaltet. Man erreicht so relativ große Kapazitätswerte von mehrerern nF bei kompakter Bauform. Anderseits können nF Kapazitäten im Bereich bis zu etwa 100 pF sehr klein (wenige mm³) hergestellt werden. Die Stirnseiten sind metallisiert. Der Kondensator

Bild 3. Scheinwiderstandsverläufe von Wickelkondensatoren bei kurzen Zuleitungsdrähten

Bild 5. Schnittbild eines Vielschicht-Chipkondensators

Bild 6. Typische Abhängigkeiten der zulässigen Scheitelwechselspannungen von der Frequenz für Kunststoffolienkondensatoren mit 0,1 µF für 400 V

wird in die Schaltung unmittelbar eingelötet und kann wegen seiner Kleinheit und geringen Eigeninduktivität bei Mikrowellen-Streifenleitungsschaltungen als Koppelelement oder Abblockkondensator verwendet werden (Bild 5).

Einstellbare Kondensatoren; Trimmer. Es gibt verschiedene Ausführungsformen. Lufttrimmer sind kleine Drehkondensatoreen, bei denen je nach Baugröße bis 100 pF erreichbar sind. Sie haben hohe Spannungsfestigkeit und minimale Verluste. Durch Schmetterlingsbauform können Schleifkontakte vermieden werden. Bei Kunststoffolientrimmern sind die Platten eines kleinen Drehkondensators durch Folien isoliert. Diese Konstruktion erlaubt bei kleiner Größe Kapazitäten bis 100 pF und ist für gedruckte Schaltungen geeignet. Für hohe Temperaturen werden als Isolation Glimmerschichten verwendet.
Bei keramischen Rohrtrimmern wird in ein Keramikrohr, das außen auf dem Rohr die eine Elektrode trägt, die andere Elektrode in das Rohr hineingeschraubt. Dieser Typ ist für Kapazitäten bis etwa 20 pF geeignet und erlaubt induktivitätsarmen Aufbau und hohe Einstellgenauigkeit wegen der mehreren nötigen Umdrehungen zum Durchlaufen des gesamten Einstellbereichs. Bei Keramik-Scheibentrimmern ist die eine Elektrode auf einer Keramikscheibe aufgebrannt, die sich drehbar auf dem Keramikkörper befindet, der die andere Elektrode trägt. Hier sind Kapazitätswerte bis 100 pF erreichbar. Wegen des dichten Aufeinanderliegens der beiden Platten ist die zeitliche Konstanz besser als bei Folientrimmern, bei denen zwischen den Elektroden immer ein gewisser Abstand vorhanden ist.

5.5 Belastungsgrenzen. Stress limits

Eine wesentliche Größe ist die zulässige Betriebsspannung. Besonders bei HDK-Keramikkondensatoren liegt sie häufig unterhalb 40 V. Daneben dürfen bestimmte Wechselströme nicht überschritten werden. Der Blindwiderstand eines Kondensators nimmt unterhalb der Serienresonanz mit $1/f$ ab. Das bedeutet, daß bei konstanter Amplitude der anliegenden Wechselspannung der Strom proportional zu f anwächst. Daneben erhöhen sich die Verlustwiderstände mit wachsender Frequenz infolge des Skineffekts und bei vielen Materialien auch die dielektrischen Verluste. Daraus folgt, daß oberhalb bestimmter Frequenzen die zulässige Wechselspannung kleiner wird. Bild 6 zeigt typische Kurven der zulässigen Wechselspannung für einen normalen Wickelkondensator mit Polyesterisolation, für einen Polycarbonatkondensator für erhöhte Anforderungen sowie für einen impulsfesten, verlustarmen Polypropylenkondensator. Für kleinere Kapazitätswerte verschieben sich die Kurven jeweils zu höheren Frequenzen hin, wobei eine Verkleinerung der Kapazität um den Faktor 10 eine Verschiebung auf der Frequenzachse auf den etwa dreifachen Wert bewirkt. Für impulsartige Spannungsspitzen dürfen auch bei selbstheilenden Kondensatoren die regulären Grenzwerte in der Regel nicht überschritten werden. Zu beachten sind die für die einzelnen Typen zulässigen Impulssteilheiten. Bei üblichen Wickelkondensatoren liegen diese, je nach Nennspannung und Baugröße, zwischen 1 V/µs und 10 V/µs. Für besonders impulsfeste Sicherheitskondensatoren sind Werte bis zu 10 000 V/µs zulässig.
Für periodische Impulsspannungen geben die verschiedenen Hersteller Nomogramme oder Formeln an, mit denen man für die einzelnen Kondensatorarten die zulässigen Spannungswerte ermitteln kann, bei denen die Strombelastung der Kontaktierung nicht unzulässig groß wird und die Eigenerwärmung des Kondensators 10 °C nicht überschreitet.
Bei Frequenzen über 10 MHz sollten verlustarme Isolationsfolien aus Polystyrol oder Polypropylen verwendet werden, um bei Filterschaltungen ausreichende Kreisgüten zu erzielen oder um unzulässige Erwärmungen zu vermeiden.

6 Induktivitäten. Inductances

Allgemeine Literatur s. unter E 1

6.1 Induktivität gerader Leiter
Inductance of straight wires

Die Angabe der Induktivität eines Leiterabschnitts ist nur in Verbindung mit dem zugehörigen Rückleiter sinnvoll. Allgemein kann dann die Induktivität L aus der Beziehung

$$L = \Phi/I$$

berechnet werden, wobei Φ der vom Strom I erzeugte magnetische Fluß ist. Die von einem Wechselstrom induzierte Spannung ist

$$U = \frac{d\Phi}{dt} = L\frac{dI}{dt}.$$

Bei allen Leiterstrukturen ist wegen des Skineffekts die Induktivität bei hohen Frequenzen und ausgeprägter Stromverdrängung etwas kleiner als bei Gleichstrom, weil im Leiterinneren dann praktisch kein Magnetfeld vorhanden ist. Der Unterschied zwischen Hoch- und Niederfrequenzinduktivität ist um so ausgeprägter, je größer die Drahtdurchmesser sind und liegt meist zwischen 2 und 5%. Für Gleichstrom und tiefe Frequenzen (Eindringmaß $\delta \gg$ Drahtdurchmesser D) ist die durch das Magnetfeld im Leiterinnern bestimmte innere Induktivität eines Drahtes mit Kreisquerschnitt unabhängig vom Durchmesser D

$$L_i = l\mu_0\mu_r/(8\pi). \tag{1}$$

Für Leiter aus unmagnetischem Material ist damit

$$L_i/\mathrm{nH} = 0{,}5\, l/\mathrm{cm}. \tag{2}$$

Bei hohen Frequenzen ($D \gg \delta$) geht die innere Induktivität gegen Null.

Induktivität eines geraden Drahtstücks. Wesentlich ist die Lage und Art des Rückleiters. Je weiter dieser entfernt ist und je dünner der Draht ist, desto größer ist die Induktivität. Die Induktivität ergibt sich für lange Drähte ($l \gg s$) aus

$$L = \frac{l\mu_0 \ln\left(\frac{2s}{D} + \sqrt{\left(\frac{2s}{D}\right)^2 - 1}\right)}{2\pi}$$

$$\approx \frac{l\mu_0}{2\pi}\ln\left(\frac{4s}{D}\right). \tag{3}$$

Spezielle Literatur Seite E 16

Dabei ist s der Abstand zwischen Drahtachse und Ebene, D der Drahtdurchmesser und l die Drahtlänge. Die Näherung gilt für dünne Dräte ($s \gg D$).

Für Drahtdurchmesser zwischen 0,5 und 1 mm und für Abstände zur rückleitenden Fläche zwischen 10 und 100 mm liegen die Induktivitätswerte eines Drahtes, der lang bezüglich des Abstands zur Rückleiter ist, zwischen 7 und 15 nH pro cm Drahtlänge. Als Schätzwert kann also für Zuleitungsdrähte zu Bauelementen ein Wert $L/\mathrm{nH} \approx 10\, l/\mathrm{cm}$ angenommen werden.

Leitungen. Bei Leitungen kann der Induktivitätsbelag aus dem Wellenwiderstand bestimmt werden:

$$L'\bigg/\frac{\mathrm{nH}}{\mathrm{cm}} = \frac{\sqrt{\varepsilon_r}\, Z_L/\Omega}{30}. \tag{4}$$

Dabei ist wegen des Skineffekts nur das Magnetfeld zwischen den Leitern berücksichtigt. Für niedrige Frequenzen müssen gegebenenfalls die inneren Induktivitäten der Leiter addiert werden.

Doppelleitung. Für zwei dünne parallele Drähte nach Bild 1 gilt (s. K 1.3):

$$L'\bigg/\frac{\mathrm{nH}}{\mathrm{cm}} = 4\ln(2s/\sqrt{D_1 D_2}). \tag{5}$$

Bild 1. Zwei parallele runde Leiter

6.2 Induktivität von ebenen Leiterschleifen
Inductance of plane loops

Ebene Leiterschleifen mit einer oder mehreren Windungen werden zur induktiven Kopplung oder auch zur Richtungsbestimmung verwendet. Das Magnetfeld reicht weit über die Schleife hinaus. Die Feldstärke nimmt bei Entfernungen, die groß gegen die Spulenabmessung sind, proportional r^{-3} ab. Wird eine Koppelspule in konstantem, großem Abstand um das Zentrum der Schleife bewegt, so ist die induzierte Spannung bei gleichen Spulenachsen doppelt so groß wie im Fall gleicher Spulenebenen. Im Schleifeninnern tritt die größte Feldstärke in der Nähe der Wicklung auf.

Die genaue Induktivität ist wegen der Umgebungseinflüsse kaum berechenbar. In allen leitfähigen Körpern werden Wirbelströme induziert.

Die Induktivität wird dadurch kleiner. Nachfolgend sind Näherungsformeln für jeweils eine Windung angegeben. Bei n Windungen ist die Gesamtinduktivität höchstens um den Faktor n^2 größer als die Induktivität einer Windung. Dies gilt jedoch nur für sehr dicht parallel laufende Drähte mit dünner Isolation. In der Regel liegen die Werte bei $n^{1,5}$ bis $n^{1,8}$. Die Formeln gelten für hohe Frequenzen, bei denen das Leiterinnere feldfrei ist. Andernfalls ist die innere Induktivität nach Gl. (1) zu addieren.

Drahtschleife. Der Draht hat den Durchmesser D und die Länge $l > 50\,D$.

$$L/\mathrm{nH} = 2\frac{l}{\mathrm{cm}}\left(\ln\left(\frac{l}{D}\right) - K_2\right).$$

K_2 ist ein Korrekturfaktor, der die Schleifenform berücksichtigt.
Kreis $\qquad\qquad K_2 = 1{,}07$,
Quadrat $\qquad\quad K_2 = 1{,}47$,
gleichseitiges Dreieck $K_2 = 1{,}81$.

Rechteckige Drahtschleife. Die Seitenlängen sind l_1 und l_2. Die Diagonale ist $q = \sqrt{l_1^2 + l_2^2}$, der Drahtdurchmesser ist D.

$$L/\mathrm{nH} = 4l_1/\mathrm{cm}\left[\ln\frac{5l_1 l_2}{D(l_1 + q)}\right.$$
$$\left. + \frac{l_2}{l_1}\ln\frac{5l_1 l_2}{D(l_2 + q)} + 2\left(\frac{q - l_2}{l_1} - 1\right)\right].$$

6.3 Gegeninduktivität
Mutual inductance

Sind mehrere Stromkreise vorhanden, so können sie sich gegenseitig induktiv beeinflussen. Induziert ein Strom I_2 des zweiten Kreises im ersten Kreis eine Spannung U_1, so ist

$$U_1 = \frac{d\Phi_{12}}{dt} = L_{12}\frac{dI_2}{dt}. \qquad (6)$$

Analog induziert der Strom I_1 des ersten Kreises im zweiten eine Spannung U_2. Dabei gilt stets $L_{12} = L_{21} = M$. Diese Größen nennt man Gegeninduktivitäten. Bei n Leiterschleifen gibt es $n-1$ Gegeninduktivitäten.
Bei parallel laufenden Leitungen kann die Gegeninduktivität pro Längeneinheit berechnet werden. Dabei ist zu berücksichtigen, welche Leitungen im geschlossenen Stromkreis als Hin- bzw. Rückleiter verwendet werden.

Zwei Doppelleitungen. Bei den in Bild 2 gezeigten Leitungen gehören die Drähte *1* und *2* zur einen, die Drähte *3* und *4* zur zweiten Doppelleitung. Für Drahtdurchmesser D, die klein gegen die

Bild 2. Zwei Doppelleitungen

Abstände a sind, gilt

$$M/\mathrm{nH} = 2l/\mathrm{cm}\,\ln\left(\frac{a_{14}a_{23}}{a_{13}a_{24}}\right).$$

Für zwei symmetrisch zueinander parallel laufende Leitungen ($a_{14} = a_{23}$ und $a_{13} = a_{24}$) ergibt sich der vereinfachte Ausdruck

$$M/\mathrm{nH} = 4l/\mathrm{cm}\,\ln(a_{14}/a_{13}).$$

Liegen die beiden Doppelleitungen senkrecht zueinander und sind die Drähte symmetrisch an den Eckpunkten einer Raute angeordnet ($a_{14} = a_{24}$ und $a_{13} = a_{23}$), so sind die Leitungen voneinander entkoppelt. Die Gegeninduktivität ist dann Null.

Gegeninduktivität von Spulen. Die Berechnung ist bei einigen Konfigurationen näherungsweise möglich. Formeln findet man in [1]. Genauere Ergebnisse, bei denen auch die Umgebungseinflüsse berücksichtigt sind, findet man durch Messungen. Dabei wird der einen Spule ein Wechselstrom der Amplitude I_2 eingeprägt und die in der anderen Spule induzierte Leerlaufspannung beispielsweise mit einem Oszilloskop gemessen. Resonanzen müssen vermieden werden. Dies kann dadurch sichergestellt werden, daß kleinere Frequenzänderungen keine größeren Änderungen der gemessenen Spannung bewirken. Für die induzierte Amplitude U_1 gilt dann $U_1 = \omega M I_2$. Durch Vertauschen von Speise- und Meßspule kann das Ergebnis überprüft werden. Es darf sich keine wesentliche Änderung des Spannungswerts ergeben. Allgemein ist M proportional dem Produkt der Windungszahlen von Primär- und Sekundärspule. Maximal ist $M = \sqrt{L_1 L_2}$, wenn alle Windungen unmittelbar nebeneinander angeordnet sind. In der Praxis kann dieser Wert näherungsweise nur mit Ferritkernen hoher Permeabilität ohne Luftspalt erreicht werden.

6.4 Spulen. Coils

Luftspulen. Für einlagige Zylinderspulen gilt unter der Bedingung $l > 0{,}3\,d$ und $a = D$

$$L/\mathrm{nH} = \frac{22\,n^2\,d/\mathrm{cm}}{1 + 2{,}2\,l/d}.$$

l ist die Spulenlänge, d der Spulendurchmesser, n die Windungszahl, a der lichte Abstand benachbarter Windungen und D der Drahtdurchmesser. Wird die Spule in die Länge gezogen, also $a/D > 1$, dann wird L etwas größer.

Für eine dichtbewickelte einlagige Zylinderspule (Länge $l >$ Durchmesser d), mit dem Drahtdurchmesser ist mit $l = nD$ näherungsweise

$$L/\text{nH} = 8\, d/\text{cm}\, n\, d/D.$$

Zu Abgleichzwecken können Ferrit- oder Hochfrequenzeisenkerne in den Spulenkörper eingeschraubt werden. Dies bewirkt eine Vergrößerung der Induktivität, allerdings auch der Spulenverluste. Oberhalb 100 MHz sind sog. Verdrängungskerne aus Aluminium oder Kupfer verlustärmer, die durch Wirbelströme die Induktivität verkleinern. Abschirmungen sollten mindestens den dreifachen Spulendurchmesser haben, damit die induzierten Wirbelströme vernachlässigbar geringen Einfluß auf Induktivität und Spulenverluste haben. Bei Luftspulen und Spulen mit Abgleichkern sind Gütewerte bei Verwendung üblicher lackisolierter Kupferdrähte zwischen 10 und 50 zu erwarten. Bei Verwendung von Hochfrequenzlitze können Werte zwischen 50 und 100 erreicht werden.

Spulen mit magnetischem Kern. Größere Induktivitäten bei relativ hohen Güten und feste Kopplung mehrerer Wicklungen bei Übertragern sind durch Verwendung von magnetisierbaren Kernen möglich. Durch die vorgegebene Führung des magnetischen Flusses sind diese Spulen weitgehend frei von äußeren Streufeldern. Besonders streuungsarm sind Toroidspulen mit Ringkernen ohne Luftspalt. Wegen der einfacheren Wicklung werden i. allg. Schalenkerne verwendet, E-Kerne nur in Sonderfällen für Übertrager. Wegen des fehlenden äußeren Streufeldes können Metallteile zur mechanischen Befestigung des Kerns oder zu Abschirmzwecken unmittelbar an der Außenwand des Kerns anliegen.

Ferrit als Kernmaterial hat eine Permeabilitätszahl zwischen 10 und 10000. Die elektrische Leitfähigkeit ist besonders bei Materialien mit kleiner Permeabilität sehr gering, diese Kerne sind bis zu Frequenzen oberhalb 100 MHz geeignet. Hochpermeable Kerne sind wegen der mit wachsender Frequenz ansteigenden Verluste nur für den Frequenzbereich bis 100 kHz zweckmäßig. Genauere Angaben findet man in den Datenbüchern der Hersteller. Bei optimaler Nutzung des Wickelraums lassen sich Spulengüten zwischen 100 und 300 erreichen. Luftspalte sind vorzusehen, um bei Spulen mit definierter Induktivität einen Abgleich durch Einschrauben eines Gewindekerns zu ermöglichen, der den Luftspalt teilweise überbrückt. Luftspalte verringern die Wirkung der Temperaturabhängigkeit der Permeabilität auf die Induktivität, weil ein wesentlicher Teil des gesamten magnetischen Widerstands vom Luftspalt gebildet wird. In gleicher Weise wirkt ein Luftspalt linearisierend hinsichtlich der Magnetisierungskurve des Kernmaterials. Ferrite haben meist Sättigungsflußdichten von etwa 300 mT bei Normaltemperatur. Bei 80 °C verringern sich diese Werte auf 200 mT. Werden diese Werte überschritten, treten ausgeprägte Nichtlinearitäten auf.

Der Zusammenhang zwischen Induktivität und Windungszahl wird für die einzelnen Kerne durch den A_L-Wert angegeben. Er ist der reziproke magnetische Widerstand. Auch bei Luftspalten kann angenommen werden, daß die Kopplung zwischen den einzelnen Windungen so fest ist, daß die Induktivität L proportional dem Quadrat der Windungszahl n anwächst. Wird der A_L-Wert in nH angegeben, dann ist

$$L/\text{nH} = A_L n^2.$$

Für Ringkerne oder Schalenkerne ohne Luftspalt liegen die A_L-Werte zwischen 1000 und 10000, je nach Kerngröße. Je größer die Luftspalte sind, desto kleiner ist der A_L-Wert, desto größer ist damit jedoch die Temperaturstabilität, der Abgleichbereich durch eingeschraubte Kerne und das zulässige Produkt aus Strom und Windungszahl, bevor Sättigung eintritt.

Liegen hinsichtlich der Eigenschaften eines Kerns keine näheren Angaben vor, dann wickelt man zweckmäßigerweise eine Probewicklung mit 10 Windungen auf und mißt die Induktivität im unteren Frequenzbereich $f < 100$ kHz, damit Resonanzen sicher vermieden werden. Aus der gemessenen Induktivität kann dann der A_L-Wert berechnet werden.

Für Schmalbandfilter oder Übertrager werden die Spulen vom Anwender i. allg. selbst auf geeignetes Kernmaterial gewickelt. Bei Tiefpaßschaltungen oder anderen Anwendungen, bei denen hinsichtlich der Toleranz und der Belastbarkeit keine besonderen Anforderungen gestellt werden, kann man konfektionierte Spulen verwenden, die von verschiedenen Herstellern angeboten werden. Diese Spulen sehen äußerlich oft wie ohmsche Widerstände aus und sind mit einer Induktivitätsangabe in Ziffern oder Farbcode versehen. Die Spule ist ein- oder mehrlagig auf einen Ferritstab gewickelt und hat damit ein äußeres Streufeld, das beim Einbau gegebenenfalls beachtet werden muß. Die Induktivitätswerte liegen zwischen 100 nH und 10 mH. Besonders kleine Ausführungen als Chip sind als Streifenleitungskomponenten erhältlich. Die Induktivitäten liegen zwischen 1 µH und 1 mH bei Gütefaktoren von 50. Fertige Spulen für Ströme von einigen Ampere werden als Funkentstördrosseln bezeichnet und tragen oft zwei getrennte Wicklungen, um Gleich- oder Gegentaktstörungen zu beeinflußen. Bei diesen Spulen sind die Wicklungen auf Ring- oder Rohrkernen oder auch in Mehrlochkernen angeordnet. Bei hohen Frequenzen wird bei solchen Rohrkernen weniger die induktive Wirkung als vielmehr die Dämpfungseigenschaft des Ferrits angestrebt.

Eigenkapazität. Jede Spule erzeugt neben dem Magnetfeld auch infolge der auftretenden Spannungen elektrische Felder, die kapazitive Wirkungen zeigen. Bei einer idealen Spule sollte der Blindwiderstand proportional zur Frequenz zunehmen. Infolge der Eigenkapazität, die parallel zu den Spulenenden wirkt, ergibt sich eine Parallelresonanzfrequenz. Oberhalb dieser Frequenz wirkt die Spule wie ein Kondensator.

Die Parallelkapazität zur Gesamtspule ergibt sich durch das transformatorische Zusammenwirken aller zwischen einzelnen Windungen oder Wicklungsteilen bestehenden Teilkapazitäten. Je mehr Windungen oder Wicklungslagen eine Spule hat, desto größer ist die resultierende Gesamtkapazität. In diesem Sinne besonders schädlich sind Leiter, die nach mehreren Windungen wieder benachbart verlaufen, im Extremfall also ein Nebeneinanderliegen der beiden Spulenzuleitungen. Diese Kapazität ist voll wirksam. Die Gesamtkapazität hat den kleinsten Wert, wenn die einzelnen Wicklungslagen durch Isolationszwischenlagen getrennt werden oder bei selbsttragenden Kreuzspulwicklungen.

Spezielle Literatur: [1] *Philippow, E.* (Hrsg.): Taschenbuch Elektrotechnik, Bd. 1. München: Hanser 1976, S. 95.

7 Piezoelektrische Werkstoffe und Bauelemente
Piezoelectric materials and components

Allgemeine Literatur: *Cady, W.G.*: Piezoelectricity. New York: Dover 1964.

7.1 Allgemeines. General

Piezoelektrische Werkstoffe sind durch eine ausgeprägte Wechselwirkung zwischen ihren elektrischen und mechanischen Eigenschaften gekennzeichnet.
Der piezoelektrische Effekt tritt bei Materialien auf, die in ihrer Kristallstruktur kein Symmetriezentrum besitzen.

Spezielle Literatur Seite E 22

Mechanischer Druck auf solche Materialien erzeugt elektrische Ladungen (direkter Piezoeffekt). Die Umwandlung von mechanischer in elektrischer Energie ist auch umkehrbar, d.h. durch Anlegen eines elektrischen Feldes können auch mechanische Verformungen hervorgerufen werden (reziproker Piezoeffekt). Heutzutage beruht auf dem Piezoeffekt eine bedeutende Anzahl von Sensoren, Aktoren, Resonatoren, Filtern, Verzögerungsleitungen und akustischen Echoloten [1].

In der Hochfrequenztechnik werden vor allem die hervorragenden akustischen Eigenschaften piezoelektrischer Materialien ausgenutzt. Die hohe Konstanz der elastischen Eigenschaften, verbunden mit niedrigen Wirkverlusten, ermöglicht es, mit Volumenschwingern im Bereich von 100 kHz bis 100 MHz Resonatoren und Filter höchster Frequenzkonstanz und Polgüte zu realisieren, wie sie rein elektrisch bestenfalls mit Hohlleiteranordnungen zu erreichen sind.

Die gegenüber elektromagnetischen Wellen um den Faktor 10^5 geringere Ausbreitungsgeschwindigkeit akustischer Wellen ermöglicht die Realisierung von Laufzeitanordnungen mit Verzögerungen im μs-Bereich sowie akustische Interferenzfilter hoher Hordnung für Frequenzen von 10 MHz bis 1 GHz mit den Mitteln der Oberflächenwellentechnik [2].

7.2 Piezoelektrischer Effekt
Piezoelectric effect

Für das Zustandekommen des Piezoeffekts ist das Vorhandensein einer polaren Achse notwendig. Die meisten piezoelektrischen Materialien (z.B. alle Ferroelektrika) weisen ein makroskopisches Dipolmoment auf.
Nach außen tritt das Moment normalerweise nicht in Erscheinung, da es durch Oberflächenladungen kompensiert wird. Wird das innere Dipolmoment durch Druckeinwirkung in stärkerem Maße verändert als das von den Oberflächenladungen gebildete äußere Dipolmoment, ergibt sich der Piezoeffekt in Form einer abnehmbaren Nettoladung. Zum Piezoeffekt kommt bei diesen Materialien der sog. Pyroeffekt, d.h. auch Temperaturänderungen erzeugen einen Ladungsüberschuß.

Die Zusammenhänge zwischen den elektrischen Feldgrößen D und E und den mechanischen Größen Verzerrung S und mechanische Spannung T lassen sich als Paare linearer Gleichungen, als sog. piezoelektrische Grundgleichungen darstellen [3].

Für eine vereinfachte Betrachtung sollen hier bezüglich der Orientierung piezoelektrischer Anordnungen nur drei wichtige Spezialfälle betrachtet werden, der sog. Längs-, Quer- und

Bild 1. Piezoelektrische Effekte für die drei Hauptorientierungen des Wandlermaterials. **a** Längseffekt; **b** Quereffekt; **c** Schereffekt

Schereffekt (Bild 1). Bei ihnen stehen die mechanischen und elektrischen Größen parallel oder senkrecht zur Anisotropieachse. Qualitativ gelten diese Betrachtungen auch für andere Orientierungen. Druck oder Verzerrung gemäß den eingezeichneten Pfeilrichtungen erzeugt elektrische Ladung an den entsprechenden Belägen, umgekehrt können die piezoelektrischen Körper durch Anlegen einer elektrischen Spannung zu Bewegungen in (Gegen-)Richtung der Pfeile veranlaßt werden. Betreibt man die Körper in ihrer mechanischen Resonanz, spricht man gemäß Bild 1a von Longitudinalschwingern bzw. Dickenschwingern, gemäß Bild 1b von Transversal- bzw. bei runden Flachkörpern von Planarschwingern und gemäß Bild 1c von Scherschwingern.

7.3 Piezoelektrische Wandler
Piezoelectric transducers

Kopplungsfaktor. Für die Beurteilung von Material- und Wandlereigenschaften ist es übersichtlicher, vom maximalen Energiewandlungsfaktor, dem sog. piezoelektrischen Kopplungsfaktor auszugehen und den Wandler durch seine elektrische und mechanische Impedanz zu charakterisieren [4].
Der Kopplungsfaktor gebräuchlicher Werkstoffe liegt zwischen $k^2 = 0{,}01$ (Quarz) und $k^2 = 0{,}5$ (PZT-Keramik).

Elektromechanische Analogien. Speziell für einen ausgedehnten Körper nach Bild 2 und periodische Vorgänge können die Vorgänge in Form

Bild 2. Skalare elektromechanische Beziehungen. **a** elektrische und mechanische Beschreibungsgrößen; **b** elektromechanische Analogie

eines elektromechanischen Ersatzschaltbildes (Bild 2) dargestellt werden. Auf der elektrischen Seite teilt sich der Strom in den dielektrischen Strom $\underline{I}_0$ und den piezoelektrisch gewandelten Strom $\underline{I}_1$ auf. Auf der mechanischen Seite teilt sich eine nach außen wirksame Kraft $\underline{F}$ in die elastische Deformationskraft $\underline{F}_0$ sowie in die Massen- und Reibungskräfte (in den Piezogleichungen nicht enthalten) und die piezoelektrisch gewandelte Kraft $\underline{F}_1$ auf.

$$\underline{I}_0 = j\omega C_0 \underline{U}, \qquad \underline{I}_1 = N \underline{v} \qquad (1)$$

$$\underline{F}_0 = \frac{1}{j\omega C_0^*}\underline{v}, \qquad \underline{F}_1 = -N\underline{U}. \qquad (2)$$

Die dielektrische (geklemmte) Kapazität ist

$$C_0 = \varepsilon_{33}^S A/l$$

und die Kurzschlußnachgiebigkeit:

$$C_0^* = \frac{l}{A\, C_{33}^E}.$$

Dabei ist ε_{33}^S die dielektrische Permittivität bei konstanter Verzerrung (mechanisch geklemmt) und C_{33}^E ist der Elastizitätsmodul bei konstantem Feld.
Der auf beliebige geometrische Anordnungen verallgemeinerbare Transformationsfaktor N gelegentlich auch mit $1/Y$ [2] oder mit A_0 [7] be-

zeichnet, nimmt für den Longitudinalwandler den Wert an:

$$N = \frac{A}{l} e_{33}$$

e_{33} ist der piezoelektrische Modul (Streßmodul).

Die Aufteilung in elektrische und mechanische Impedanzen sowie einen fiktiven idealen piezoelektrischen Wandler (Gyrator) führt direkt zu einem rein elektrischen Ersatzschaltbild.

Für die elektrische Eingangsimpedanzen des idealen Wandleranteils gilt gemäß Gln. (1) und (2):

$$Z_{el\,1} = \frac{U}{I_1} = \frac{1}{N^2}\frac{F_1}{v} = \frac{Z_m}{N^2}. \quad (3)$$

Der Quotient aus gewandelter, antreibender Kraft F_1 und resultierender mechanischer Geschwindigkeit v wird als mechanische Impedanz Z_m bezeichnet. Bei einer Anordnung nach Bild 1 a oder Bild 2 wird die mechanische Impedanz Z_m über den piezoelektrischen Effekt mit dem Faktor $1/N^2 = (e_{33}A/l)^{-2}$ in eine elektrische Impedanz transformiert. Für Quer-, Scher- oder andere Effekte gilt prinzipiell die gleiche Überlegung mit entsprechend dem Problem angepaßtem Transformationsfaktor N.

Mechanische Impedanz. Die mechanische Impedanz wird von dem Federkräften F_F, Massenkräften F_μ und Reibungskräften F_ν des mechanischen Schwingers sowie Kräften F angekoppelter mechanischer Lasten verursacht. Im folgenden wird angenommen, daß auf den Wandler keine äußeren Kräfte wirken und daß die Anregung periodisch mit ω erfolgt. Für die Kräfte gelten die Bewegungsgleichungen:

$$F_F = \frac{1}{C^*_{\text{eff}}} x = \frac{1}{j\omega C^*_{\text{eff}}} v, \quad (4)$$

$$F_\mu = m_{\text{eff}} \frac{dv}{dt} = j\omega m_{\text{eff}} v, \quad (5)$$

$$F_\nu = |F_F| \tan\delta = \frac{\tan\delta}{\omega C^*_{\text{eff}}} v. \quad (6)$$

Mit den Gln. (4), (5) und (6) erhält man für die mechanische Impedanz

$$Z_m = \frac{F_F + F_\mu + F_\nu}{v} = j\left(\omega m_{\text{eff}} - \frac{1}{\omega C^*_{\text{eff}}}\right) + \frac{\tan\delta}{\omega C^*_{\text{eff}}}. \quad (7)$$

Für die Resonanzfrequenz ω_0 sind in Gl. (7) elastische Impedanz und Massenimpedanz betragsmäßig gleich groß. Die mechanische Energie wird zwischen beiden Impedanzen ausgetauscht. Dabei wird die mechanische Gesamtimpedanz des Wandlers reell und erreicht den Wert $\tan\delta/(\omega C^*_{\text{eff}})$. Für die Resonanzfrequenz ergibt sich

$$\omega_0^2 = \frac{1}{m_{\text{eff}} C^*_{\text{eff}}}, \quad f_0 = \frac{1}{2\pi\sqrt{m_{\text{eff}} C^*_{\text{eff}}}}. \quad (8)$$

m_{eff} und C^*_{eff} weichen infolge der inhomogenen mechanischen Spannungsverteilung von den statischen Werten für Masse und elastischer Nachgiebigkeit ab. Exakte Berechnungen finden sich in [7]. Bezeichnet man mit

$$v = \sqrt{C_{33}/\varrho}$$

die Schallgeschwindigkeit (für Kompressionswellen), so erhält man aus Gl. (8) mit einer die Inhomogenität beschreibenden Konstante K_i:

$$f_0 = K_i v/l = N_i/l.$$

Allgemein heißt N_i Frequenzkonstante für den entsprechenden Schwingungsmodus, wobei l die Frequenz bestimmende Abmessung darstellt. Für die relative 3-dB-Bandbreite der Resonanz folgt aus Gl. (7)

$$\Delta f/f_0 = \tan\delta = 1/Q. \quad (9)$$

Q wird als Schwinggüte des Resonators bezeichnet und beinhaltet die mechanischen und dielektrischen Verluste Q_m und Q_E.

Elektrisches Ersatzschaltbild. Mit dem Gln. (2) und (7) erhält man für den piezoelektrisch transformierten Anteil der Impedanz

$$Z_{el\,1} = j\left(\omega L_1 - \frac{1}{\omega C_1}\right) + R_1; \quad (10)$$

mit

$$L_1 = \frac{m_{\text{eff}}}{N^2_{\text{eff}}}, \quad C_1 = N^2_{\text{eff}} C^*_{\text{eff}}, \quad R_1 = \frac{1}{\omega_0 C_1 Q}. \quad (11)$$

Gl. (10) gibt die Impedanz eines elektrischen Serienschwingkreises in dem L_1 die Masse, C_1 die elastische Nachgiebigkeit und R_1 die Verluste repräsentiert. Der für den statischen Fall angegebene Wert für den Transformationsfaktor N ist im dynamischen Fall mit inhomogener Spannungsverteilung durch den Faktor N_{eff} zu ersetzen. Werte für N_{eff} bzw. A_0 für verschiedene Schwingungsmoden finden sich in [7].
Der gesamte piezoelektrische Wandler läßt sich gemäß Bild 2 als Parallelschaltung der Impedanz $Z_{el\,1}$ mit der Kapazität C_0 auffassen. Bild 3 zeigt das komplette Ersatzschaltbild des Piezowandlers. Die entsprechenden Umrechnungen der Ersatzgrößen aus den mechanischen Daten sind durch die Gln. (10) und (11) gegeben. Interessant ist dabei der Zusammenhang mit dem piezoelektrischen Kopplungsfaktor.

$$C_0 = \varepsilon_{33}^s \frac{A}{d}$$

$$C_1 = \frac{k_{\text{eff}}^2}{1-k_{\text{eff}}^2} C_0$$

$$L_1 = \frac{1}{\omega_0^2 C_1}$$

$$R_1 = \frac{1}{\omega_0 C_1 Q}$$

Bild 3. Elektrisches Ersatzschaltbild für piezoelektrische Wandler im Frequenzbereich bis zur ersten Resonanz

Bei Anlegen einer Gleichspannung U entsteht die gleiche Spannung an C_0 und C_1. Es gilt

$$k_{33}^2 = \frac{\omega_1}{\omega_1 + \omega_2} = \frac{1/2 C_1 U^2}{1/2(C_1 + C_0) U^2}$$
$$= \frac{C_1}{C_0 + C_1} \quad (12)$$

und damit

$$C_1 = \frac{k^2}{1-k^2} C_0. \quad (13)$$

Mit dieser Definition von C_1 über den Kopplungsfaktor kann das Ersatzschaltbild auch auf beliebige geometrische Konfigurationen verallgemeinert werden. Das Ersatzschaltbild nach Bild 3 ist brauchbar für Frequenzen von Null bis zur ersten Resonanz und darüber hinaus in der näheren Umgebung ausgeprägter Oberschwingungen oder anderer piezoelektrisch angeregter Schwingungsmoden. Die Einwirkung äußerer Kräfte (Dämpfung, Massenbelastung, Halterungseffekte) kann durch die in Bild 3 unterbrochen eingezeichnete zusätzliche Impedanz Z_{Last} beschrieben werden.

7.4 Piezoresonatoren
Piezoelectric resonators

Impedanz. Bild 4 zeigt den typischen Frequenzgang der komplexen Impedanz und des komplexen Leitwerts eines piezoelektrischen Resonators. Die Darstellung Bild 4a von Betrag (log) und Phase (lin) über der Frequenz ist am gebräuchlichsten, während die Ortskurvendarstellung nach Bild 4b eine detailliertere Darstellung im Resonanzbereich ermöglicht. Die perspektivische Darstellung nach Bild 4c gibt eine anschauliche Repräsentation der Ortskurve über der Frequenzachse. Der Verlauf beider Kurven läßt sich direkt aus dem Ersatzschaltbild nach Bild 3 ableiten. Wesentlich ist das paarweise Auftreten einer Serienresonanz f_s, gebildet aus C_1, L_1 und

R_1 und einer benachbarten Parallelresonanz f_p, bei der die Impedanz sehr hochohmig wird.
Die Parallelresonanz f_p ist dadurch gekennzeichnet, daß die (induktive) Impedanz der Blindkomponenten des Serienkreises betragsmäßig gleich der kapazitiven Impedanz von C_0 wird. Damit gilt

$$f_s = \frac{1}{2\pi}\omega_0 = \frac{1}{2\pi}\frac{1}{\sqrt{L_1 C_1}}, \quad (14)$$

$$f_p = f_s \sqrt{1 + \frac{C_1}{C_0}} = f_s \sqrt{\frac{1}{1-k^2}}. \quad (15)$$

Der Abstand der Parallel- von der Serienresonanzfrequenz wird vom elektromechanischen Kopplungsfaktor des Materials bestimmt: Aus den Gln. (13) und (15) folgt

$$k^2 = \frac{f_p^2 - f_s^2}{f_p^2} \approx 2\frac{f_p - f_s}{f_p}. \quad (16)$$

Die Werte für f_p und f_s treten in den Darstellungen Bild 4 nicht charakteristisch hervor. Deutlicher charakterisiert sind die Frequenzen für verschwindenden Imaginärteil (Resonanz f_R und Antiresonanz f_a) bzw. für maximalen Betrag des Leitwerts f_m und minimalen Betrag des Leitwerts f_n. In der Mehrzahl der Anwendungen ist die Schwinggüte Q so groß, daß man die Unterschiede zwischen f_m, f_s, f_R und zwischen f_a, f_p, f_n vernachlässigen bzw. durch Näherungsformeln [8, 9] korrigieren kann.

Maximale Bandbreite. Für den Einsatz von Resonatoren in elektromechanischen Filtern stellt sich die Frage nach der maximal möglichen Übertragungsbandbreite bei noch zu vernachlässigender Einfügungsdämpfung.
Das Energieübertragungsverhältnis außerhalb von Eigenresonanzen ist gemäß den Gln. (12) und (16) auf den Wert des elektromechanischen Kopplungsfaktors k^2 beschränkt. Dämpfungsarme Filter sind daher auf Resonanzeffekte angewiesen. Dabei muß die Resonanzüberhöhung Q mindestens die Kopplungsverluste kompensieren. Damit gilt für die Mindestgüte Q_M:

$$Q_M \geqq 1/k^2. \quad (17)$$

Gemäß Gl. (9) erhält man für die relative Bandbreite:

$$\Delta f/f \approx k^2. \quad (18)$$

Breitbandfilter geringer Einfügungsdämpfung lassen sich nur mit Wandlern hoher elektromechanischer Kopplung verwirklichen. Dabei ist gemäß Gl. (16) die Bandbreite Δf auf das Doppelte des Frequenzabstands zwischen Parallel- und Serienresonanz beschränkt.

Bild 4. Frequenzgang von Impedanz und Leitwert eines piezoelektrischen Resonators (17 mm-Dmr.-Scheibe aus PZT-Keramik). **a** Impedanz nach Betrag und Phase; **b** Leitwert als Ortskurve; **c** Leitwert nach Re- und Im-Teil über Frequenz

7.5 Materialien. Materials

Tabelle 1 zeigt die wichtigsten Technologien zur Herstellung piezoelektrischer Bauelemente.

Einkristalle. Einkristalline Materialien zeichnen sich durch hervorragende Elastizitätseigenschaften und kleine innere Verluste aus.

Quarz (SiO_2) ist am bekanntesten. Seine Haupteinsatzgebiete sind Volumenresonatoren und Oberflächenwellensubstrate für Oszillatoren und Filter. Aufgrund seines relativ kleinen Kopplungsfaktors ($k_{11}^2 \approx 0{,}01$) eignet es sich nur für Schmalbandfilter.

Turmalin (Aluminiumsulfat) hat einen negativen Temperaturkoeffizienten der Schallgeschwindigkeit. Bei sonst ähnlichen Eigenschaften wie Quarz wird Turmalin daher kaum noch verwendet.

Seignettesalz (Na-K-Tartrat) weist in einem kleinen Temperaturbereich um die Zimmertemperatur extrem hohe piezoelektrische Kopplung auf. Da die Kristalle wasserlöslich und hygrosko-

Tabelle 1. Herstellungstechnologien für piezoelektrische Bauelemente

Materialklasse	Herstellung	Weiterverarbeitung	Beispiele
Einkristalle	Kristallisation aus wäßriger Lösung. Ziehen aus Schmelze	Sägen Läppen Metallisieren	Seignettesalz TGS Quarz, LiTaO$_3$
Keramiken	Formpressen u. Sintern. Folienziehen u. Sintern	Sägen, Brechen Metallisieren Polarisieren	PZT-Scheiben -Blöcke -Rohre -Folien
Polymere	Extrudieren Gießen	Metallisieren Polarisieren	PVDF-Folien
Schichten	Aufdampfen Sputtern	Metallisieren	CdS-Schichten ZnO-Schichten

pisch sind, ist Einsatz problematisch. Sie wurden vollständig durch keramische Werkstoffe ersetzt.
Ähnliches gilt für die verwandten Tastrate wie Kaliumditartrat (KDT) sowie wasserlösliche Phosphate (ADP und KDP).

Lithiumniobat und Lithiumtantalat weisen eine mehrfach höhere piezoelektrische Kopplung als Quarz auf ($k_{15}^2 = 0,41$ für LiNbO$_3$ und $k_{15}^2 = 0,17$ für LiTaO$_3$). Hauptanwendungsgebiete sind hochfrequente Resonatoren, breitbandige Filter sowie Oberflächenwellenbauelemente. Der Temperaturgang der Schallgeschwindigkeit ist bei LiTaO$_3$ günstiger als bei LiNbO$_3$. LiTaO$_3$- und LiNbO$_3$-Kristalle werden, wie auch Quarz, synthetisch hergestellt [10].

Schichten. Zur Anregung elastischer Wellen auf nichtpiezoelektrischen Substraten wie Glas oder auch Silizium werden aufgedampfte bzw. aufgesputterte Schichten vorwiegend aus den halbleitenden piezoelektrischen Materialien wie Cadmiumsulfid (CdS) und Zinkoxid (ZnO) verwendet [10].

Piezokeramik. Piezokeramik ist ein polykristalliner Sinterwerkstoff auf der Basis ferroelektrischer Materialien, wie Blei-Zirkonat-Titanat (Pb(Zr$_x$Ti$_{1-x}$)O$_3$, x ≈ 0,5). Bariumtitanat hat nur noch historische Bedeutung. Aufgrund der spontanen Polarisation dieser ferroelektrischer Materialien treten unterhalb der sog. Curie-Temperatur in den Kristalliten zahlreiche Domänen auf, innerhalb derer jeweils ein konstanter Polarisationszustand P_s herrscht. Nach außen hebt sich die Summe der Polarisation auf (Bild 5), die Keramik ist noch nicht piezoelektrisch. Durch einmaliges Anlegen eines großen Feldes (z. B. 2 kV/mm) kann das Material in beliebiger Richtung polarisiert werden. Dabei orientiert sich die spontane Polarisation in jeder Domäne durch Umklappprozesse möglichst nahe in die Richtung des anlegten Feldes. Freie Formgebung, beliebige Richtung der remanenten Polarisation P_r, hoher Kopplungsfaktor ($k^2 \approx 0,5$) und hohe dielektrische Permittivität ($\varepsilon_r = 500 \ldots 3000$) favorisieren keramische Materialien dort, wo Verlustfaktor Frequenztoleranz und Temperaturkoeffizient nich im Vordergrund stehen. Bild 6 zeigt das Groß- und Kleinsignalverhalten (dunkle Fläche) einer typischen Piezokeramik. Durch „weichmachende" Zusätze wie z. B. Nd oder „hartmachende" Zusätze wie z. B. Mn können Keramiken mit unterschiedlichen elektromechanischen Eigenschaften gezüchtet werden [12].

Bild 5. Piezokeramik. **a** polykristallines Sintergefüge; **b** statistisch verteilte ferroelektrische Domänen im nicht polarisierten Zustand; **c** Umordnung der Domänen bei Polarisieren

Polymere. In elektroakustischen Anwendungen sowie für Ultraschalleholote in der Medizin werden auch piezoelektrische Polymere eingesetzt. Dabei handelt es sich im wesentlichen um Polyvinylidendifluorid (PVDF). Es ist in einem

Bild 6. Elektrische (**a**) und mechanische (**b**) Hystereseschleifen einer typischen Piezokeramik. Die unterbrochenen Linien gehen von der nicht polarisierten Keramik aus. Der normale Betriebsbereich ist graugerastert

piezoelektrischen Effekt mit Quarz zu vergleichen, ist demgegenüber jedoch mechanisch um den Faktor 30 nachgiebiger und dadurch akustisch hervorragend an Flüssigkeiten angepaßt [13].

Spezielle Literatur: [1] *Pointon, A. I.:* Piezoelectric devices. IEE Proc. 129 Pt. A No. 5, July 1982. – [2] *Mason, W. P.:* Physical acoustics, 1 A. New York:; Academic Press 1964. – [3] *Tichy, I.; Gautschi, G.:* Piezoelektrische Meßtechnik. Berlin: Springer 1980. – [4] *Kleinschmidt, P.:* Piezo- und pyroelektrische Effekte, in „Sensorik". Heywang. W. (Hrsg.). Berlin: Springer 1984. – [5] *Mattiat, O. E.:* Ultrasonic transducer materials. New York: Plenum Press 1971. – [6] *Reichard, W.:* Grundlagen der Technischen Akustik. Leipzig 1968. – [7] *Kikuchi, Y.* (Ed.): Ultrasonic transducers. Tokyo: Corona 1969. – [8] *IRE Standard on Piezoelectric Crystals:* Measurement of piezoelectric ceramics, 1961; 61 IRE 14. S 1. – [9] *Cady, W. G.:* Piezoelectricity. New York: Dover 1964. – [10] *Landolt-Börnstein:* Zahlenwerte und Funktionen aus Naturwissenschaften und Technik. Neue Serie. Bd. III/11. Elastische, piezoelektrische, pyroelektrische, piezooptische, elektrooptische Konstanten und nichtlineare dielektrische Suszeptibilitäten von Kristallen. Neubearbeitung und Erweiterung der Bände III/1 und III/2. Berlin: Springer 1979. – [11] *Jaffe, B.; Cook, W. R.; Jaffe, H.:* Piezoelectric ceramics. London: Academic Press 1971. – [12] *Martin, H. J.:* Die Ferroelektrika. Leipzig: Akad. Verlagsges. 1976. – [13] *Sessler, G. M.:* Piezoelectricity in polyvinylidenefluoride. J. Acoust. Soc. Am. 70 (6) (1981).

8 Magnetostriktive Werkstoffe und Bauelemente
Magnetostrictive materials and components

Allgemeine Literatur: *Matauschek, J.:* Einführung in die Ultraschalltechnik. Berlin: VEB Verlag Technik 1962.

8.1 Allgemeines. General

Magnetisierbare Substanzen ändern ihre Form unter dem Einfluß eines magnetischen Feldes. Diese Eigenschaft, die sog. Magnetostriktion, tritt besonders stark bei ferromagnetischen Metallen und deren Legierungen sowie bei Ferriten auf. Die Richtung der Magnetostriktion ist unabhängig vom Vorzeichen der Magnetisierung. Der Betrag kann je nach Material Werte zwischen -10^{-4} bis $+10^{-4}$ annehmen [1, 2]. Bei einigen Eisen-Seltenerden-Legierungen wurden sogar Sättigungsmagnetostriktionen von $3 \cdot 10^{-3}$ erreicht; allerdings bei Feldstärken von 10^6 A/m [3].
Bei Transformatoren und Übertragern äußert sich der Effekt der Magnetostriktion in unerwünschter Weise in Form mechanischer Vibrationen und akustischer Schallabstrahlung. Andererseits wird der magnetostriktive Effekt dazu genutzt, hochfrequente mechanische Schwingungen in Festkörpern anzuregen. Die hohe mechanische Festigkeit magnetostriktiver Metallschwinger hat zu Leistungs-Ultraschallsendern für Unterwasser-Echolote, Materialbearbeitung und Ultraschall-Reinigungsbädern geführt. Leistungsdichten von 50 W/cm² lassen sich in Wasser einkoppeln [4].
Nachteilig ist, daß für hohe magnetische Flußdichten ein geschlossener magnetischer Kreis erforderlich ist und daß Spulen- und Wirbelstromverluste zu hohen thermischen Verlustleistungen führen. Da beim piezoelektrischen Effekt diese Nachteile nicht auftreten, sind die magnetostrik-

Spezielle Literatur Seite E 25

tiven Schwinger heutzutage größtenteils von piezoelektrischen Wandlern abgelöst worden. Im Bereich kleiner Leitungen wurden magnetostriktive Wandler vielfach zur Anregung mechanischer Filter eingesetzt. Probleme der magnetischen Beeinflussung von Filterparametern haben auch hier zu einer Bevorzugung piezoelektrischer Anregung geführt. Neue Aspekte ergaben sich durch amorphe magnetostriktive Materialien mit besonders geringen Verlusten und hervorragenden elastischen Eigenschaften [5].

8.2 Materialeigenschaften
Material properties

Bild 1 gibt schematisch die Magnetisierungskurve und die Magnetostriktionskurve eines typischen magnetostriktiven Materials über einen vollen Magnetisierungszyklus wieder. Um die Ummagnetisierungsverluste klein zu halten, bevorzugt man für magnetostriktive Wandler magnetisch weiche Materialien mit geringer Hysterese und geringen Blechdicken. Bei hohen magnetischen Feldstärken H tritt eine Sättigung

Bild 2. Magnetostriktion als Funktion der magnetischen Feldstärke für verschiedene Materialien

in der Flußdichte B ($B_s = 0{,}5-2{,}5$ Vs/m^2) und in der Magnetostriktion auf. Der in der schematischen Darstellung von Bild 1b durchgezogen gezeichnete Ast der Magnetostriktion ist in Bild 2 für verschiedene gebräuchliche Materialien quantitativ dargestellt. Bezüglich genauerer Charakterisierung der Materialien siehe [1] und [2].

8.3 Charakteristische Größen
Characteristic values

Für die praktische Anwendung wählt man zur Vermeidung des quadratischen Charakters der Magnetostriktion eine Vormagnetisierung bei etwa 2/3 der Sättigungsinduktion ($B_0 \approx 2/3\,B_s$; s. Bild 1). Für kleine überlagerte Wechselfeldstärken gelten dann, ähnlich wie für den piezoelektrischen Effekt, vier Paare magnetostriktiver Grundgleichungen.
Wichtige Materialien sind: Nickel, Nickel-Eisen (50% Fe, 50% Ni), Kobalt-Eisen (50% Fe, 50% Co), Alu-Eisen (87% Fe, 13% Al), Ni-Co-Cu-Ferrit (Ferrocube 7A1), Terbium-Eisen (TbFe$_2$).

8.4 Schwinger. Resonators

Für die Beschreibung der Resonatoreigenschaften magnetostriktiver Schwinger (Bild 3) ist es üblich, elektrische Ersatzschaltbilder analog zu den in E 7.3 dargestellten piezoelektrischen Wandlern anzugeben.

Bild 1. Magnetisierung und Magnetostriktion (schematisch). H_0 Vormagnetisierungspunkt

Bild 3. Longitudinaler magnetostriktiver Wandler

Im magnetischen Fall bevorzugt man die elektromechanische Analogie

$$F \sim I, \quad U \sim \frac{dz}{dt} = v.$$

Mit den magnetostriktiven Gleichungen unter Hinzunahme von Trägheits- und Reibungskräften erhält man in der vereinfachenden Darstellung mit effektiven Massen m_{eff} und effektiven Nachgiebigkeiten C_{eff} die Wandlerdarstellung und das elektrische Ersatzschaltbild nach Bild 4.

X bezeichnet analog N in E 7.3 die Wandlungskonstante des idealen magnetostriktiven Wand-

Bild 4. Elektromechanisches und elektrisches Ersatzschaltbild eines magnetostriktiven Wandlers. X_{eff} effektive magnetostriktive Wandlungskonstante, m_{eff} effektive Schwingermasse, C_{eff} effektive elastische Nachgiebigkeit, Q mechanische Schwinggüte, R_0 ohmscher Spulenwiderstand, L_0 rein elektrische Induktivität, L_1 nachgiebigkeitsäquivalente Induktivität, C_1 massenäquivalente Kapazität, R_1 Äquivalentwiderstand für mechanische Verluste

$$L_1 = L_0 \frac{k_{\text{eff}}^2}{1 - k_{\text{eff}}^2} \quad C_1 = \frac{1}{\omega_0^2 L_1} \quad R_1 = \omega_0 L_1 Q$$

Bild 5. Ortskurve des Impedanzverlaufs eines magnetostriktiven Resonators

lerantteils. Für die Wandlung der mechanischen Impedanzen Z_{mech} in die elektrische Eingangsimpedanz $Z_{\text{el 1}}$ des idealen Wandlers nach Bild 4 ergibt sich die Beziehung:

$$Z_{\text{el 1}} = 1/(X^2 Z_{\text{mech}}). \tag{1}$$

Für einen vormagnetisierten Wandler der Länge l mit der Windungszahl n, dem magnetischen Querschnitt A ergibt sich mit dem magnetostriktiven Modul e_{33} eine statische Wandlungskonstante:

$$X = 2l/(A n e_{33}). \tag{2}$$

Für zeitlich dynamische Vorgänge ist eine kleinere, die inhomogenen Spannungsverläufe berücksichtigende Konstante X_{eff} zu verwenden. Bild 5 zeigt analog zu Bild E 7.4 den Frequenzgang der elektrischen Impedanz magnetostriktiver Schwinger. Für den Zusammenhang zwischen charakteristischen Impedanzwerten und Schwingerdaten gilt:

$$L_1 = L_0 k^2/(1 - k^2), \tag{3}$$

$$f_p = 1/(2\pi\sqrt{L_1 C_1}), \tag{4}$$

$$f_s = f_p \sqrt{1 - L_1/L_0} = f_p/\sqrt{1 - k^2}. \tag{5}$$

Mit Gl. (5) folgt für den Wandlerkopplungsfaktor:

$$k_{\text{eff}}^2 = \frac{f_s^2 - f_p^2}{f_s^2} \approx 2 \frac{f_s - f_p}{f_s}. \tag{6}$$

Mit Gl. (6) läßt sich aus Serienresonanzfrequenz f_s und Parallelresonanzfrequenz f_p der effektive

Kopplungsfaktor k_{eff} des magnetostriktiven Wandlers bestimmen. Er ist stets kleiner als der Materialkopplungsfaktor.

Spezielle Literatur: [1] *Matauschek, J.:* Einführung in die Ultraschalltechnik. Berlin: VEB Verlag Technik 1962. – [2] *Boll, R.:* Weichmagnetische Werkstoffe. Firmenpublikation Vacuumschmelze Hanau. – [3] *Clark, A. E.:* Magnetic and magnetoelastic properties of highly magnetostriktive rare earth-iron Laves phase compounds. AIP Conf. Proc; (USA) Pt. 2 (1973) 18, 1015–1029. – [4] *Ganeva, L. I.; Golyamind, I. P.:* Amplitude dependence of the properties of magnetostrictive transducers and ultimate available power radiated into aliquid. Sov. Phys. Acoust. 20 (1974) No. 3. – [5] *Hilzinger, H. R.; Hillmann, H.; Mager, A.:* Magnetostriction measurements on Co-base amorphous alloys. Phys. Stat. Sol. (A) 55 (1979) 763–769.

9 HF-Durchführungsfilter
EMI/RFI-Filter

Zur Stromversorgung von Schaltungen in hochfrequenzdichten Gehäusen oder als Durchführung für Steuerleitungen werden Tiefpaßfilter benötigt, welche die unerwünschten Spektralanteile hinreichend stark dämpfen, für die niederfrequenten Ströme oder für Gleichstrom praktisch keinen Widerstand darstellen.
Die einfachste Möglichkeit ist der Durchführungskondensator. Seine Anwendung kann vorzugsweise die innerhalb des Abschirmgehäuses liegende Schaltung unabhängig von der äußeren Beschaltung machen, die Wirkung reicht jedoch in den meisten Fällen allein nicht aus, um unerwünschte Frequenzen außerhalb des Gehäuses auf zulässige Pegel abzusenken. Bei entsprechend hohen Anforderungen müssen daher Kombinationen von L und C zu Durchführungsfiltern kombiniert werden. Diese Filter ähneln äußerlich Durchführungskondensatoren. Sie bestehen aus einem zylindrischen Metallgehäuse, das auf der einen Seite axial ein Gewinde trägt. Mit diesem Gewinde wird das Filter in die Gehäusewand eingeschraubt. Der eine Anschluß ist isoliert durch den Gewindestutzen hindurchgeführt, der andere befindet sich isoliert auf der gegenüberliegenden Stirnseite des Metallzylinders.
Derartige Filter werden als L-, Pi- oder T-Schaltungen aufgebaut. Dabei sind die Serienglieder stets induktiv, die Parallelglieder immer Kondensatoren zum Gehäuse. Die Kondensatoren sind sehr induktivitätsarm aufgebaut. Die Induktivitäten können durch Drähte, die in Ferrit eingebettet sind, kapazitätsarm realisiert werden. Bei hohen Frequenzen wirkt dabei das Ferritmaterial vorwiegend durch seine Verluste dämpfend.

Die Wirkung von Durchführungsfiltern wird in der Praxis durch ihre Einfügungsdämpfung in einem koaxialen 50-Ω-System beschrieben. Bei tiefen Frequenzen unterhalb 10 kHz ist die Einfügungsdämpfung wenige dB. Je nach der Größe der Bauelemente, die vom zulässigen Gleichstrom (Spulensättigung, Erwärmung) und der maximalen Gleichspannung (Durchschlagfestigkeit der Kondensatoren) bestimmt werden, steigt die Dämpfung steil an, so daß zwischen 100 kHz und 10 MHz die Maximaldämpfung von 80 dB erreicht wird. Dieser Maximalwert wird dann im Bereich bis oberhalb 10 GHz nicht unterschritten. Eine genaue Angabe größerer Einfügungsdämpfungen ist nur schwierig realisierbar, weil Stecker, Verschraubungen und Kabel hinsichtlich ihrer Schirmdämpfungen bei ähnlichen Werten liegen.
Die Wahl der Filterart (T oder Pi) richtet sich nach der an den Anschlüssen vorhandenen Impedanzen. Es ist stets so zu verfahren, daß die Fehlanpassung zwischen Filter und Zuleitung möglichst groß wird. Bei Anschluß niederohmiger Schaltungskomponenten ist eine Längsinduktivität am Filtereingang zweckmäßig, deren Impedanz groß ist. Werden an das Filter Zuleitungsdrähte von einigen Zentimetern Länge angeschlossen, die selbst eine Induktivität darstellen, empfiehlt sich ein Pi-Filter mit kapazitivem Eingang.

10 Absorber. Absorbers

Allgemeine Literatur: *Jasik, H.* (ed.): Antenna engineering handbook. New York: McGraw-Hill 1961.

Dämpfungsmaterialien. Elektromagnetische Wellen können durch elektrische Leitfähigkeit des Materials, dielektrische und magnetische Verluste gedämpft werden. Bei Kunststoffen kann die elektrische Leitfähigkeit beispielsweise durch Beimengung von Ruß oder anderen schlechtleitenden Stoffen innerhalb weiter Grenzen verändert werden. Dielektrische Verluste sind ausgeprägt beim Wasser infolge seiner unsymmetrischen Molekülstruktur vorhanden. Oberhalb 1 GHz zeigt es ausgeprägte Dämpfung. Auch andere Stoffe zeigen wegen ihres molekularen Aufbaus in bestimmten Frequenzbereichen hohe Dämpfungen auf. Magnetische Verluste findet man besonders in Ferriten. Bei Frequenzen im Bereich oberhalb 100 MHz ist die Permeabilitätszahl kleiner als 10, bei 10 GHz kaum größer als 1. In Kunststoff eingebettetes Ferritpulver wird in diesem Frequenzbereich vorwiegend zu Dämpfungszwecken eingesetzt. Anwendungsfälle für Dämpfungsmaterialien sind beispielsweise die Innenbelegung von Gehäuseteilen bei Höchstfrequenzschaltungen, um Gehäuseresonanzen zu vermeiden, sowie die Belegung von Gehäuseteilen oder Kabelmänteln, um unerwünschte Ströme zu vermeiden. Weitere Anwendugen sind Dämpfungsglieder und Abschlußwiderstände in Hohlleitern und reflexionsarme Belegung von Oberflächen, um reflexionsarme Räume für Meßzwecke zu erzielen oder die Tarnung von Objekten gegenüber Radar.

Dämpfung von Oberflächenströmen. Für diese Zwecke eignen sich vorzugsweise Ferritplatten, die auf die Metallwand des Gehäuses aufgeklebt, oder Rohrkerne, die über Kabelaußenmäntel geschoben werden. Je höher die zu bedämpfende Frequenz ist, desto dünner darf die Dämpfungsschicht sein. Im Mikrowellengebiet genügt bereits das Beschichten mit einem ferritpulverhaltigen Lack, um beachtliche Dämpfungswerte zu erzielen. Genaue quantitative Angaben sind bei den vielfältigen Leiterstrukturen kaum möglich. Durch Überschieben von Ferritröhrchen über Kabelmäntel lassen sich bei 3 mm Wandstärke des Röhrchens und 20 mm Länge im 100-MHz-Bereich Dämpfungen von ca. 10 dB erzielen. Bei höheren Frequenzen ergeben sich etwa gleiche Dämpfungswerte, wenn die Abmessungen im Verhältnis der Wellenlängen verkleinert werden. Eine andere Möglichkeit besteht im Aufkleben leitfähiger Schichten, die in Dicken zwischen 0,1 und 5 mm mit verschiedenartigsten spezifischen Leitfähigkeiten erhältlich sind. Auch rußhaltige Schaumstoffe können angewandt werden. Für brauchbare Wirkungen muß die spezifische Leitfähigkeit des Dämpfungsmaterials einige Zehnerpotenzen schlechter als die von Metallen sein, also bei etwa 1 S/m liegen. Zu hohe Leitfähigkeit erlaubt Stromfluß innerhalb der Dämpfungsschicht. Zu geringe Leitfähigkeit läßt das Material nur als Dielektrikum wirken. ε_r und μ_r des Materials sind bei diesem Anwendungsfall von geringem Interesse.

Absorber in Hohlleitern. Bei diesem Anwendungsfall ist das Dämpfungsmaterial im Bereich des Wellenfeldes, also nicht entlang einer leitenden Wand angeordnet. Die Einfügungsdämpfung soll nicht durch Reflexion sondern durch Absorption erfolgen. Reflexionen können vermieden werden, wenn entweder das Absorbermaterial einen Feldwellenwiderstand $Z_F = \sqrt{\mu/\varepsilon}$ aufweist wie der Wellentyp im Hohlleiter oder über eine Transformation Anpassung an die Ausbreitungsbedingungen im gedämpften Hohlleiterabschnitt erfolgt. Der erstgenannte Fall der Angleichung hinsichtlich des Feldwellenwiderstands ist kaum realisierbar, weil bei Mikrowellen Materialien mit genügend großer relativer Permeabilität von 5 bis 15 entsprechend der Dielektrizitätszahl der ferrithaltigen Substanzen nicht verfügbar sind. Als Breitbandabsorber werden daher meist mehrere Wellenlängen lange Pyramiden aus verlustbehaftetem Material vorgesehen. Andere Anschlüsse bestehen aus Ferritkörpern, die am Kurzschluß befestigt sind und durch geeignete Formgebung eine transformatorische Anpassung bewirken. Durchgangsdämpfungsglieder sind üblicherweise als dünne dielektrische Schichten ausgeführt, die einseitig mit einer dünnen Widerstandsschicht versehen sind in der E-Ebene des Hohlleiters angebracht sind.

Reflexionsarme Schichten. Breitbandabsorber haben meistens die Form von nebeneinanderstehenden spitzen Pyramiden aus rußhaltigem Schaumstoff, wobei die Pyramidenspitzen auf die einfallende Welle hinweisen. Die Dielektrizitätszahl des Schaumstoffs ist nur wenig größer als 1, der Reflexionsfaktor infolge der Grenzschicht zwischen Luft und Dielektrikum also gering. Für alle Frequenzen, bei denen die Pyramidenlänge groß gegen die Wellenlänge ist, heben sich im Fernfeld die Teilreflexionen wegen der verschiedenen Laufwege weitgehend auf. Unmittelbar am Ende der Pyramiden ist eine Metallwand, an der die bereits stark gedämpfte Welle total reflektiert wird und den Absorber nochmals durchläuft. Reflexionsminderungen um mindestens 30 dB gegenüber einer Totalreflexion erhält man für Frequenzen, deren Wellenlängen kleiner als die Pyramidenlänge ist. Für höhere Frequenzen liegt die erzielbare Reflexionsminderung zwischen 30 und 40 dB. Die Restreflexion tritt immer an den Übergängen zwischen Luft und Absorber auf und ist nicht durch das Dämpfungsverhalten des Materials bestimmt. Für Antennenmeßräume im 100-MHz-Bereich werden Pyramiden von mehreren Metern Länge benötigt.

Für geringere Anforderungen bei Breitbandabsorbern im cm-Wellengebiet können auch Matten aus mehreren verklebten Schaumstoffschichten mit verschieden starker Leitfähigkeit verwendet werden. Die am schwächsten dämpfende Schicht ist dabei der einfallenden Welle zugewandt. Hinter der letzten Schicht sollte eine Metallwand angebracht werden. Durch geeignete Abstufung der Materialeigenschaften kann innerhalb eines relativ breiten Frequenzbandes eine Refelexionsminderung um 20 dB erreicht werden. Schmalbandabsorber können relativ dünn realisiert werden. Die Rückwand einer derartigen Absorberstruktur ist meist die Metallplatte. In unmittelbarer Nähe der Metalloberfläche ist praktisch keine elektrische Feldstärke vorhanden, leitfähige Materialien sind dort wirkungslos. Daher muß die Schicht unmittelbar vor der Metallplatte hohe Permittivität haben, damit die einfallende Wellenlänge möglichst stark verkürzt wird. Im Abstand einer Viertelwellenlänge vor der Metalloberfläche ist die elektrische Feldstärke maximal und daher eine Widerstandsschicht parallel zur Metalloberfläche besonders wirksam. Die davorliegenden Schichten sind bezüglich Permittivität, Verlustfaktor und Dicke so dimensioniert, daß sich bei der gewünschten Frequenz und senkrechtem Einfall der Welle Anpassung, also Reflexionsfreiheit ergibt. Mit Materialien, die eine Dielektrizitätszahl von 50 haben, läßt sich die Wellenlänge um den Faktor 7 verkürzen. Bei 3 cm Freiraumwellenlänge ist damit $\lambda/4$ etwa 1 mm. Wird die gleiche Schichtdicke noch einmal für Anpassungszwecke vorgesehen, so hat der Schmalbandabsorber eine gesamte Schichtdicke von nur 2 mm. Für eine Frequenz läßt sich damit volle Reflexionsfreiheit erzielen. Allerdings ist dabei das Frequenzband für Reflexionsminderungen von mehr als 20 dB nur wenige Prozent breit.

F | Hochfrequenzverstärker
High-frequency amplifiers

H. Dalichau

Allgemeine Literatur: *Carson, R. S.:* High-frequency amplifiers, 2. Aufl. New York: John Wiley 1982. – *Gonzales, G.:* Microwave transistor amplifiers. Englewood Cliffs NJ: Prentice-Hall 1984. – *Zinke/Brunswig:* Lehrbuch der Hochfrequenztechnik, Bd. 2, 3. Aufl. Berlin: Springer 1987. – *Ha, T. T.:* Solid state microwave amplifier design. New York: John Wiley 1981. – *Vendelin, G. D.:* Design of amplifiers and oscillators by the S-parameter method. New York: John Wiley 1982. – *Bahl/Bhartia:* Microwave solid-state circuit design. New York: John Wiley 1988. – *Vendelin, G. D.; Pavio, A. M.; Rohde, U. L.:* Microwave circuit design using linear and nonlinear techniques. New York: John Wiley 1990. – *Gentili, C.:* Microwave amplifiers and oscillators. New York: McGraw-Hill 1987.

1 Einleitung
Introduction

1.1 Überblick
Survey

In den folgenden Kapiteln sind die theoretischen Grundlagen zum Entwurf und zur Berechnung von HF-Transistorverstärkern in kompakter Form zusammengestellt. Außerdem werden praktische Hinweise zum Entwurf und zum Aufbau von Verstärkern gegeben. Es wird sowohl auf die spezifischen Probleme der Hochfrequenzverstärker als auch auf die der Mikrowellenverstärker eingegangen. Der Schwerpunkt liegt dabei im Mikrowellenbereich. Unter anderem deshalb, weil dort Leitungsbauelemente an die Stelle der diskreten Bauelemente treten und weil mit zunehmender Frequenz immer spezialisiertere Theorien und Technologien eingesetzt werden müssen, um einen Verstärker herstellen zu können, der dem heutigen Stand der Technik entspricht. Grundkenntnisse der Schaltungstechnik von Transistorverstärkern im Niederfrequenzbereich sowie die Beschreibung linearer Netzwerke mit S-Parametern werden beim Leser vorausgesetzt (s. C 4).

Stabilitätsprobleme. Ein wesentlicher, beim Entwurf zu berücksichtigender Gesichtspunkt ist die Stabilität eines Verstärkers (s. 2.1). Wenn ein Teil des vom Transistor verstärkten Signals durch ungewollte Verkopplung wieder auf den Verstärkereingang zurückgeführt wird, kann es zur Instabilität des Verstärkers, zur Selbsterregung kommen: Die Schaltung schwingt, d. h. sie arbeitet als Oszillator. Um solche Verkopplungen, die galvanisch, induktiv, kapazitiv, akustisch oder elektromagnetisch sein können, ausreichend klein zu halten, werden spezielle Technologien und die dazugehörigen Bauelemente eingesetzt (s. 1.2 und 7). Die Verstärker werden in ein geschlossenes Metallgehäuse eingebaut, die Leiterplatten erhalten durchgehende, großflächige Massebereiche. Im Mikrowellengebiet geht man über zur Microstriptechnik und zu ihr verwandten Technologien.

Da die parasitären Verkopplungen mit zunehmender Frequenz stärker werden, zeigen Verstärker mit HF-Transistoren häufig oberhalb ihres Betriebsfrequenzbereichs Schwingneigung, sofern der Transistor dort noch ausreichend viel Verstärkung aufweist. Im Unterschied dazu ist bei Verstärkern mit Mikrowellentransistoren eine Verringerung der Stabilität mit abnehmender Frequenz typisch. Der Grund dafür ist die bei diesen Transistoren mit abnehmender Frequenz ansteigende Verstärkung. Vorausgesetzt, daß alle externen Verkopplungen hinreichend minimiert wurden, kommt es zur Selbsterregung aufgrund der internen Rückwirkung im Transistor in Wechselwirkung mit den am Eingang und am Ausgang des Transistors angeschlossenen Impedanzen. Die Aufgabe des Schaltungsentwicklers ist es also, die Anpaßnetzwerke am Eingang und am Ausgang des Transistors (s. 3.5) so auszulegen, daß man bei allen Frequenzen außerhalb derjenigen Bereiche der komplexen Impedanzebene bleibt, in denen der Transistor instabil ist. Dies ist unter allen zulässigen Betriebsbedingungen sicherzustellen, nicht nur bei maximal zulässiger Fehlanpassung am Verstärkerausgang,

---
Spezielle Literatur Seite F 4

sondern auch bei der niedrigsten Betriebstemperatur, bei der üblicherweise die Verstärkung des Transistors am größten ist.

Lineare Kenngrößen. Aufgrund des Wellenwiderstands der koaxialen Verbindungsleitungen arbeiten HF-Transistorverstärker in der Regel in einem 50-Ω-System (seltener 60 Ω oder 75 Ω). Im Nennbetrieb ist der Eingang an eine Signalquelle mit 50 Ω Innenwiderstand angeschlossen und der Ausgang an einen 50-Ω-Lastwiderstand. Die linearen Verstärkereigenschaften werden durch die vier S-Parameter mit dem Bezugswiderstand 50 Ω beschrieben (s. C 4). Mit Verstärkung ist immer Leistungsverstärkung gemeint. Sie wird im logarithmischen Maß angegeben: g in dB = $20 \lg S_{21}$. Alle Kenngrößen und ihre Bestimmungsgleichungen lassen sich stets sowohl auf den gesamten Verstärker als auch auf einen einzelnen Transistor anwenden. Während der Verstärker im Nennbetrieb mit 50 Ω abgeschlossen ist, so daß $g = S_{21}^2$ gilt, ist der Transistor stets fehlangepaßt, und seine Verstärkung g ist eine Funktion aller vier S-Parameter sowie der Last- und Quellenimpedanz (s. 2.4).

Die Grenzen des nutzbaren Frequenzbereichs sind üblicherweise dadurch gegeben, daß dort die Verstärkung gegenüber ihrem Größtwert um 3 dB abgesunken ist. Häufig wird die zulässige Schwankungsbreite der Verstärkung gegenüber diesen ± 1,5 dB aber auch weiter eingeschränkt, beispielsweise auf ± 1 dB oder ± 0,5 dB. Der Frequenzbereich des Verstärkers ist dann dadurch festgelegt, daß dort die frequenzabhängigen Abweichungen der Verstärkung vom Nominalwert weniger als z. B. ± 1 dB betragen. Zusätzlich zu diesen frequenzabhängigen Verstärkungsschwankungen können noch temperaturabhängige, pegelabhängige und fehlanpassungsbedingte Änderungen auftreten.

Der Frequenzbereich eines Verstärkers wird entweder durch Angabe der unteren und oberen Grenzfrequenz beschrieben (z. B. $f_1 = 2,7$ GHz bis $f_2 = 3,1$ GHz) oder durch die Mittenfrequenz und die Bandbreite. Die Mittenfrequenz ist üblicherweise das arithmetische Mittel der Grenzfrequenzen $f = (f_1 + f_2)/2$ und nicht, wie bei Resonanzkreisen, der geometrische Mittelwert $f = \sqrt{f_1 f_2}$. Die Bandbreite Δf oder B ist die Differenz der Grenzfrequenzen $f_2 - f_1$. Häufig wird die relative Bandbreite angegeben. Entweder in Prozent,

$$B \text{ in } \% = \frac{\Delta f}{f} 100$$

mit dem Größtwert 200% für Verstärker mit $f_1 = 0$ oder als Quotient in der Form

$$f_2 : f_1 = 3 : 1.$$

Den Bereich 2:1 bezeichnet man als eine Oktave und den Bereich 10:1 als eine Dekade. Der Eingangsreflexionsfaktor bei Anpassung am Ausgang ist innerhalb des Frequenzbereichs typisch kleiner als − 10 dB bzw. 0,3 (*SWR* kleiner als 2:1). Weitere Kenngrößen sind abhängig vom Verstärkertyp und vom Verwendungszweck. Für einen Vorverstärker ist die Rauschzahl wichtig (s. 4.4) und für einen Leistungsverstärker (s. 4.3) die maximale Ausgangsleistung und der maximal zulässige Lastreflexionsfaktor, ohne daß der Endstufentransistor durch diese Reflexion bleibend beschädigt wird. Für Trennverstärker ist die Isolation S_{12} von Bedeutung, die die Rückwirkung einer Fehlanpassung am Ausgang bzw. allgemein eines in den Ausgang eingespeisten Signals auf den Eingang beschreibt.

Nichtlineare Kenngrößen. Abgesehen vom Sonderfall der logarithmischen Verstärker (s. 4.5) kann jeder Verstärker für Eingangsleistungen zwischen 0 und einem oberen Maximalwert näherungsweise als lineares Zweitor behandelt werden. Daß sich die Ausgangsleistung oberhalb eines Sättigungswerts nicht weiter steigern läßt und daß dort stark nichtlineares Verhalten auftritt, wird verständlich, wenn man berücksichtigt, daß die zugeführte Gleichstromleistung vorgegeben ist und daß der maximal erreichbare Wirkungsgrad (s. 2.3) begrenzt ist. Aber auch die innerhalb dieses „linearen" Bereichs auftretenden schwachen Nichtlinearitäten sind häufig von Interesse. Bei Mehrkanalbetrieb eines Verstärkers ist es beispielsweise wichtig zu wissen, inwieweit die Nutzsignale in Kanal A und in Kanal B ein Störsignal in Kanal C erzeugen (Intermodulationsabstand, s. 5) oder inwieweit sich eine Übersteuerung von Kanal A auf die anderen Kanäle auswirkt.

Verstärkerentwurf. Sowohl die linearen als auch die nichtlinearen Eigenschaften eines Verstärkers lassen sich vollständig berechnen. Dazu werden aufwendige CAD-Programme benötigt (s. C 8) und komplizierte Transistor-Ersatzschaltbilder bzw. -Modelle (s. C 8.7). Demzufolge werden anspruchsvolle Verstärker mit Rechnerunterstützung entwickelt. Entscheidend für die Qualität des Endprodukts sind jedoch der Kenntnisstand des Entwicklers und das Beherrschen der Herstellungstechnologien. Üblicherweise lassen sich nicht alle Verstärkereigenschaften gleichzeitig optimieren. Da man beispielsweise nicht sowohl große Bandbreite als auch maximale Verstärkung, gute Anpassung und problemlose Serienfertigung ohne Abgleicharbeiten erreichen kann, muß der Entwickler geeignete Kompromisse suchen, die sich nach dem geplanten Einsatz des Verstärkers richten. Deshalb gibt es auch bei den im Handel angebotenen Transistorverstärkern eine große Vielfalt von Modellen, aus denen der

Anwender den für seinen Verwendungszweck am besten geeigneten aussuchen kann.

Besonders wichtig beim Entwurf eines Transistorverstärkers für höhere Frequenzen sind die Kontrolle der Stabilität, die Berücksichtigung aller parasitären Effekte wie Verkopplung, Abstrahlung, Gehäuseeinfluß und die Kenntnis aller nichtidealen Bauelementeeigenschaften (z. B. Resonanzfrequenzen von Kondensatoren/Reflexionen an Steckverbindern/Temperatureinflüsse auf Halbleiter, Widerstände und Substrate/Exemplarstreuungen). Wenn man alle diese Gebiete beherrscht, werden die Abweichungen zwischen Rechnersimulation und Meßergebnis vernachlässigbar klein, und der Verstärkerentwurf ist nicht mehr eine schwarze Kunst, sondern eine überschaubare, zielgerichtete, systematische Vorgehensweise.

Verstärker ohne Transistoren. In solchen Anwendungsbereichen, in denen sich die geforderten Ziele mit den derzeit im Handel befindlichen Transistoren (s. 6) nicht erreichen lassen, werden Verstärker mit anderen Bauelementen aufgebaut. Im Bereich sehr hoher Frequenzen und sehr kleiner Rauschzahlen sind dies meist Reflexionsverstärker (Eintorverstärker), und zwar Maser (s. M 3.3), Tunneldiodenverstärker und Reaktanzverstärker (parametrische Verstärker) (s. G 1.4). Bei sehr hohen Leistungen, beispielsweise für Rundfunk- und Fernsehsender, benutzt man Elektronenstrahlröhren (Trioden, Tetroden, Scheibentrioden) (s. M 4.5) als verstärkendes Element. Mit zunehmender Frequenz geht man dann über zu Laufzeitröhren (s. M 4.6), wie Wanderfeldröhren (s. M 4.8, P 4.2), Klystrons (s. M 4.7, P 4.1), Kreuzfeldröhren (s. M 4.10, P 4.4) und Gyrotrons (s. M 4.11). Weiterhin gibt es im Mikrowellenbereich die Möglichkeit, Reflexionsverstärker mit Gunnelementen oder Impatt- bzw. Trapatt-Dioden (s. M 1.2) aufzubauen.

1.2 Aufbau eines HF-Transistorverstärkers
Structure of an RF transistor amplifier

Das Gesamtschaltbild (Bild 1 a) wird, um die Übersichtlichkeit zu verbessern, in drei einfachere Darstellungen zerlegt. Das HF-Schaltbild in Bild 1 b enthält nur die für die Verarbeitung des HF-Eingangssignals notwendigen Bauelemente. Das Blockschaltbild (Bild 1 c) zeigt den grund-

Bild 1. Typischer HF-Verstärker. **a)** Gesamtschaltbild; **b)** HF-Schaltbild mit Generator und Lastwiderstand; **c)** HF-Blockschaltbild; **d)** Gleichstromschaltbild sätzlichen Aufbau der Schaltung. Aus dem Gleichstromschaltbild in Bild 1d wird ersichtlich, wie der Gleichstromarbeitspunkt des Transistors eingestellt wird. Bei dieser Aufteilung wird davon ausgegangen, daß diejenigen Bauelemente, die die hochfrequenten Wechselströme von den Gleichströmen trennen sollen, ideale Eigenschaften haben.

Trennung: Hochfrequenz-Gleichstrom. Die Koppelkondensatoren C_k sollen die Gleichstromwege voneinander trennen und für das HF-Nutzsignal einen Kurzschluß darstellen. Die Drosseln Dr sollen verhindern, daß das HF-Nutzsignal über die Gleichstromzuführungen abfließt. Die Durchführungsfilter haben zusammen mit dem Metallgehäuse, das den gesamten HF-Schaltungsbereich umschließt, die Aufgabe, zu verhindern, daß HF-Signale nach außen dringen und daß HF-Störungen von außen das Nutzsignal beeinflussen können.

Da alle HF-Transistoren nicht nur auch niederfrequente Signale verstärken, sondern im allgemeinen bei niedrigeren Frequenzen sogar eine höhere Stromverstärkung haben, bewirken die parallelgeschalteten Kondensatoren C_0, daß unterhalb des Betriebsfrequenzbereichs sowohl Kollektor als auch Basis niederohmig auf Massepotential gelegt werden. Da es derzeit noch keinen idealen Kondensator gibt, mit dem ein breitbandiger Kurzschluß erzielt werden kann, werden mehrere Kondensatoren parallelgeschaltet. Für den GHz-Bereich benutzt man einen Mikrowellenkondensator C_{01}, für den oberen MHz-Bereich einen Keramik-Kondensator C_{02} und für die niedrigen Frequenzen einen Tantal-Elektrolyt-Kondensator C_{03}. Damit wird unterhalb des Betriebsfrequenzbereichs der Kollektorwiderstand niederohmig und damit die Spannungsverstärkung klein. Basis und Kollektor werden voneinander entkoppelt, das heißt eine positive Rückkopplung (und damit ein selbsterregtes Schwingen der Schaltung) wird gezielt unterbunden. Die RC-Glieder R_1-C_{03} und R_2-C_{03} dienen zugleich der Glättung der Gleichspannung am Kollektor bzw. an der Basis des Transistors.

Gleichstromschaltbild. Im Gleichstromschaltbild werden alle Kondensatoren und kapazitiv angeschlossenen Schaltungsteile weggelassen. Drosseln, Induktivitäten und Leitungen werden als Kurzschluß bzw. als widerstandslose Verbindung dargestellt. Über R_1 wird der Kollektorstrom zugeführt. Die Widerstände R_1 und R_2 dienen zur Einstellung des Gleichstromarbeitspunkts. Im dargestellten Beispiel wird der Kollektorstrom des HF-Transistors über eine Spannungsgegenkopplung thermisch stabilisiert.

HF-Schaltbild. Das HF-Schaltbild besteht aus einem Eingangsanpassungsnetzwerk, das den Innenwiderstand der Signalquelle (hier 50 Ω) in einen Wert transformiert, der für den Eingang dieses Transistors optimal ist, einem Rückkopplungsnetzwerk, das die Transistoreigenschaften modifiziert, und einem Ausgangsanpassungsnetzwerk, das den Wellenwiderstand der Ausgangsleitung bzw. den Lastwiderstand R_L in einen Wert transformiert, der für den Ausgang des Transistors optimal ist. Im Mikrowellenbereich treten Leitungsschaltungen an die Stelle der diskreten Blindelemente in den Anpassungsnetzwerken.

Im HF-Schaltbild werden die Koppelkondensatoren C_k durch einen Kurzschluß ersetzt. Die über eine Drossel Dr angeschlossenen Schaltungsteile werden weggelassen. Da alle Anschlüsse der von außen zugeführten Gleichspannungen immer über Kondensatoren für das HF-Signal auf Masse gelegt werden, sind diese Anschlüsse im HF-Schaltbild als Masse dargestellt (s. Bilder 3.5 u. 4.8).

Spezielle Literatur: [1] *Stern, A. P.*: Stability and power gain of tuned transistor amplifiers. Proc. IRE 45, März 1957. – [2] *Linvill, J. G.; Gibbons, J. F.*: Transistors and active circuits. New York: McGraw-Hill 1961. – [3] *Rollett, J. M.*: Stability and power-gain invariants of linear two-ports. IRE-Trans. CT-9 (1962) 29–32. – [4] *Woods, D.*: Reappraisal of the unconditional stability criteria for active 2-port networks in terms of S-parameters. IEEE-CAS 23, Nr. 2 (1976) 73–81. – [5] *Maclean, D. J. H.*: Broadband feedback amplifiers. New York: John Wiley/RSP 1982. – [6] *Bode, H. W.*: Network analysis and feedback amplifier design. New York: Van Nostrand 1945. – [7] *Fano, R. M.*: Theoretical limitations on the broadband matching of arbitrary impedances. J. of Franklin Inst., Vol. 249 (1950) 57–83, 139–155. – [8] *Youla, D. C.*: A new theory of broadband matching. IEEE-CT 11 (1964) 30–50. – [9] *Endo, I.; Nemoto, Y.; Sato, R.*: Design of transformerless quasi-broad-band matching networks for lumped complex loads using nonuniform transmission lines. IEEE-MTT 36, Nr. 4 (1988) 629–634. – [10] *Young, G. P.; Scanlan, S. O.*: Matching network design studies for microwave transistor amplifiers. IEEE-MTT 29 (1982) 1027–1035. – [11] *Zhu, L.; Wu, B.; Sheng, Ch.*: Real frequency technique applied to the synthesis of lumped broad-band matching networks with arbitrary uniform losses for MMIC's. IEEE-MTT 36, Nr. 12 (1988) 1614–1619. – [12] *Matthaei, G.; Young, L.; Jones, E. M. T.*: Microwave filters, impedance-matching networks, and coupling structures. Dedham, MA: Artech House 1980. – [13] *DeMaw, M. F.*: Ferromagnetic-core design and application handbook. Englewood Cliffs, N.J.: Prentice-Hall 1981. – [14] *Niclas, K. B.*: Multi-octave performance of single-ended microwave solid-state amplifiers. IEEE-MTT 32, Nr. 8 (1984) 896–908. – [15] *Aitchison, C. S.; Bukhari, M. N.; Tang, O. S. A.*: The enhanced power performance of the dual-fed distributed amplifier. European Microwave Conference (1989) 439–444. – [16] *Ayasli/Mozzi/Vorhaus/Reynolds/Pucel*: A monolithic GaAs 1–13 GHz traveling wave amplifier. IEEE-MTT 30 (1982) 976–981. – [17] *Beyer/Prasad/Becker/Nordmann/Hohenwarter*: MESFET distributed amplifier design guidelines. IEEE-MTT 32 (1984) 268–275. – [18] *Rodwell/*

Riaziat/Weingarten/Bloom: Internal microwave propagation and distortion characteristics of traveling wave amplifiers studied by electro-optic sampling. IEEE-MTT 34 (1986). – [19] *Niclas, K. B.; Pereira, R. R.:* The matrix amplifier: a high-gain module for multioctave frequency bands. IEEE-MTT 35, Nr. 3 (1987) 296–306. – [20] *Cioffi, K. R.:* Broadband distributed amplifier impedance-matching techniques. IEEE-MTT 37, Nr. 12 (1989) 1870–1876. – [21] *Riaziat/Brandy/Ching/Li:* Feedback in distributed amplifiers. IEEE-MTT 38, Nr. 2 (1990) 212–215. – [22] *Niclas, K.; Pereira, R.; Chang, A.:* A 2–18 GHz low-noise/high-gain amplifier module. IEEE-MTT 37, Nr. 1 (1989) 198–207. – [23] *Ross, M.; Harrison, R. G.; Surridge, R. K.:* Taper and forward-feed in GaAs MMIC distributed amplifiers. IEEE MMT-S Digest (1989) 1039–1042. – [24] *Hetterscheid, W. Th.:* Selektive Transistorverstärker I, II. Philips Technische Bibliothek, Hamburg 1965 (1971). – [25] *Bird, S.; Matthew, R.:* A production 30-kW, L-Band solid-state transmitter. IEEE MTT-S Digest (1989) 867–870. – [26] *Fukui, H.* (Hrsg.): Low noise microwave transistors and amplifiers. (div. Fachaufsätze) IEEE Press, N.Y. 1981. – [27] *Enberg, J.:* Simultaneous input power match and noise optimization using feedback. European Microwave Conf. Digest (1974) 385–389. – [28] *Murphy, M. T.:* Applying the series feedback technique to LNA design. Microwave J., Nov. (1989) 143–152. – [29] *Mimura, T.; Hiyamizu, S.; Fujii, T.; Nanbu, K.:* A new field effect transistor with selectively doped GaAs/n-AlGaAs heterojunctions. Japan. J. Appl. Phys. 19 (1980) L 225. – [30] *Lansdowne, K. H.; Norton, D. E.:* Log amplifiers solve dynamic-range problems and rapid-pulse-response problems. MSN & CT, October (1985) 99–109. – [31] *Hughes, R. S.:* Logarithmic amplification. Dedham, MA: Artech House 1986. – [32] *Oki/Kim/Gorman/Camou:* High-performance GaAs heterojunction bipolar transistor monolithic logarithmic IF amplifiers. IEEE-MTT 36 (1988) 1958–1965. – [33] *Smith, M. A.:* A 0,5 to 4 GHz true logarithmic amplifier utilizing GaAs MESFET technology. IEEE-MTT 36, Nr. 12 (1988) 1986–1990. – [34] *Browne, J.:* Coplanar limiters boast 90 dB gain from 2 to 6 GHz, Microwaves & RF, May (1989) 234–235. – [35] *Minasian, R. A.:* Intermodulation distortion analysis of MESFET amplifiers using the Volterra series representation. IEEE-MTT 28, Nr. 1 (1980) 1–8. – [36] *Maas, S. A.:* Nonlinear microwave circuits. Dedham, MA: Artech House 1988. – [37] *Liao, S. Y.:* Microwave solid-state devices. Englewood Cliffs, N.J.: Prentice-Hall 1985. – [38] *Soares, R.* (Hrsg.): GaAs MESFET circuit design. Dedham, MA: Artech House 1988. – [39] *Kellner, W.; Kniekamp, H.:* GaAs-Feldeffekttransistoren. Berlin: Springer 1985. – [40] *Ku, W. H.; Petersen, W. C.:* Optimum gain-bandwidth limitations for transistor amplifiers as reactively constrained active two-port networks. IEEE, CAS-22 (1975) 523–533. – [41] *De Maw, D.:* Practical RF design manual. Englewood Cliffs, NJ: Prentice Hall 1982. – [42] *Pengelly, R. S.:* Microwave field-effect transistors – Theory, design and applications. New York: John Wiley/RSP 1986. – [43] *Di Lorenzo, J. V., Khandelval, D. D.:* GaAs FET prinicples and technology. Dedham, MA: Artech House 1982. – [44] *Soares, R.; Graffeuil, J.; Obregon, J.:* Applications of GaAs MESFET's. Dedham, MA: Artech House 1983. – [45] Microwave and RF designer's catalog 1990–1991. Hewlett-Packard Co., Palo Alto, CA. – [46] *Liechti, Ch. A.:* High speed transistors: Directions for the 1990s. Microwave J. (1989) State of the art reference. – [47] *Pospieszalski, M. W.; Weinreb, S.; Norrod, R. D.; Harris, R.:* FET's and HEMT's at cyrogenic temperatures – their properties and use in low-noise amplifiers. IEEE-

MTT 36, Nr. 3 (1988) 552–560. – [48] *Ali, F.; Bahl, I.; Gupta A.* (Hrsg.): Microwave and mm-wave heterostructure transistors and applications. Dedham, MA: Artech House 1989. – [49] *Ladbrooke, P. H.:* MMIC Design: GaAs FETs and HEMTs. Dedham, MA: Artech House 1989. – [50] *Goyal, R.* (Hrsg.): Monolithic microwave integrated circuit technology and design. Dedham, MA: Artech House 1989. – [51] *Sweet, A.:* MIC and MMIC amplifier and oscillator design. Dedham, MA: Artech House 1990. – [52] *Hung/Hegazi/Lee/Phelleps/Singer/Huang:* V-band GaAs MMIC low-noise and power amplifiers. IEEE-MTT 36, Nr. 12 (1988) 1966–1975. – [53] *Pucel, R. A.* (Hrsg.): Monolithic microwave integrated circuits (div. Fachaufsätze). IEEE Press, N.Y. 1985. – [54] *Rizzoli, V.; Lipparini, A.; Arazzi, E.:* A general purpose program for non-linear microwave circuit design. IEEE-MTT 31 (1983) 762–770. – [55] *Chen, W. K.:* Broadband matching. Singapur: World Scientific 1988. – [56] *Abrie, P. L. D.:* The design of impedance-matching networks for radio-frequency and microwave amplifiers. Dedham, MA: Artech House 1985. – [57] *Chang, K.* (Hrsg.): Handbook of microwave and optical components: Vol. 2 Microwave solid-state components. New York: Wiley 1989. – [58] *Bayraktaroglu, B.; Camilleri, N.; Lambert, S. A.:* Microwave performances of npn and pnp AlGaAs/GaAs heterojunction bipolar transistors. IEEE-MTT 36 (1988) 1869–1873. – [59] *Becker, R. C.; Beyer, J. B.:* On gain-bandwidth product for distributed amplifiers. IEEE-MTT 34 (1986) 736–738. – [60] *Aitchinson, C. S.:* The intrinsic noise figure of the MESFET distributed amplifier. IEEE-MTT 33 (1985) 460–466. – [61] *Chen, W. K.:* Acitve network and feedback amplifier theory. New York: McGraw-Hill 1980. – [62] *Ali, F.:* HEMTs and HBTs: devices, fabrication and circuits. Dedham, MA: Artech House 1991. – [63] *Golio, J. M.:* Microwave MESFETs and HEMTs. Dedham, MA: Artech House 1991. – [64] *Gentili, C.:* Microwave amplifiers and oscillators. New York: McGraw-Hill 1987.

2 Kenngrößen
Characteristic parameters

2.1 Stabilität
Stability

Ein Verstärker (Bild 1) ist ein aktives Zweitor. Die an einen passiven, verlustbehafteten Ver-

Bild 1. Verstärker als lineares, aktives Zweitor

Spezielle Literatur Seite F 12

Bild 2. Unterschied zwischen Generator und Verbraucher, $r_{G,\text{passiv}} \neq r_G$

braucher $\underline{Z}_L$ (mit $|\underline{r}_L| < 1$) abgegebene Wirkleistung ist größer als die von der Signalquelle abgegebene Wirkleistung. Ein Verstärker ist dann ein aktives, *lineares* Zweitor, wenn eine Amplitudenänderung der zulaufenden Welle $\underline{a}_1$ eine proportionale Änderung der ablaufenden Wellenamplitude $\underline{b}_2$ bewirkt. Innerhalb des linearen Bereichs sind die vier S-Parameter $\underline{S}_{11}$, $\underline{S}_{12}$, $\underline{S}_{21}$ und $\underline{S}_{22}$, die einen wesentlichen Teil der Verstärkereigenschaften beschreiben, konstant.
Ein Verstärker soll Eingangssignale verstärken. Er soll jedoch nicht von sich aus, d.h. für $\underline{U}_0 = 0$, eine Schwingung erzeugen. Zur Veranschaulichung der Verhältnisse bei einem instabilen Verstärker, der von sich aus eine Schwingung erzeugt, wird Bild 2 betrachtet. Hier ist ein Generator mit angeschlossenem Verbraucher dargestellt. Im Generator wird eine Welle mit der Amplitude $\underline{a}$ erzeugt. Die Welle transportiert Energie zum Verbraucher. Dort wird ein Teil der Energie verbraucht, und der verbleibende Teil läuft zurück zum Generator, als Welle mit der Amplitude $\underline{b}$. Aus dem Energieverbrauch resultiert $|\underline{b}| < |\underline{a}|$. Daraus folgt, daß ein passives, verlustbehaftetes Netzwerk einen Reflexionsfaktor $\underline{r}_V = \underline{b}/\underline{a}$ hat, dessen Betrag kleiner als 1 ist. Ein aktives, selbstschwingendes Netzwerk, in diesem Beispiel der Generator, ist dagegen dadurch gekennzeichnet, daß die herauslaufende Welle größer ist als die hineinlaufende. Bildet man für ein solches Netzwerk den Reflexionsfaktor entsprechend der Regel, wie sie für passive Netzwerke gilt, so wird $\underline{r}_{G,\text{passiv}} = \underline{a}/\underline{b}$ und hat damit einen Betrag, der größer als 1 ist. Nach den Regeln für aktive Eintore wird $\underline{U}_0 = 0$ gesetzt, und damit ist $\underline{r}_G = (\underline{Z}_G - R_0)/(\underline{Z}_G + R_0)$, mit einem Betrag kleiner als 1. Es gilt also $\underline{r}_{G,\text{passiv}} \neq \underline{r}_G$.
Die Bestimmung des Reflexionsfaktors eines instabilen Verstärkers stellt innerhalb der Netzwerktheorie einen Sonderfall dar, bei dem besondere Regeln zu beachten sind. Obwohl ein instabiler Verstärker wie ein Generator wirkt, wird er nicht nach den Regeln für Generatoren berechnet. Sowohl im stabilen als auch im instabilen Fall gilt für den Verstärkereingang mit den Bezeichnungen von Bild 2

$$\underline{r}_1 = \frac{\text{hinauslaufende Welle } \underline{b}_1}{\text{hineinlaufende Welle } \underline{a}_1}$$

und für den Verstärkerausgang

$$\underline{r}_2 = \frac{\text{hinauslaufende Welle } \underline{b}_2}{\text{hineinlaufende Welle } \underline{a}_2}\bigg|\text{für } \underline{U}_0 = 0.$$

Nur das reguläre Eingangssignal $\underline{U}_0$ wird gleich 0 gesetzt. Damit ist der instabile Zustand gekennzeichnet durch $r_1 > 1$ und/oder $r_2 > 1$.
Man bezeichnet einen Verstärker als *absolut stabil*, wenn sowohl die Lastimpedanz $\underline{Z}_L$ als auch die Quellimpedanz $\underline{Z}_G$ beliebige Werte annehmen können (Bedingung: beide Impedanzen haben einen positiven Realteil, also Re $\underline{Z}_G \geq 0$ und Re $\underline{Z}_L \geq 0$), ohne daß der Betrag von $\underline{r}_1$ oder der von $\underline{r}_2$ größer als 1 wird. Damit folgt die mathematische Formulierung die notwendige Bedingung für absolute Stabilität (siehe auch Gl. (17)): Für beliebige $\underline{r}_L$ und $\underline{r}_G$ mit $r_L \leq 1$ und $r_G \leq 1$ muß gelten

$$|\underline{r}_1| = \left|\underline{S}_{11} + \frac{\underline{S}_{12}\underline{S}_{21}\underline{r}_L}{1 - \underline{S}_{22}\underline{r}_L}\right| < 1 \tag{1}$$

$$|\underline{r}_2| = \left|\underline{S}_{22} + \frac{\underline{S}_{21}\underline{S}_{12}\underline{r}_G}{1 - \underline{S}_{11}\underline{r}_G}\right| < 1. \tag{2}$$

Sofern für eine gegebene Schaltung mit festem $\underline{Z}_G$ und $\underline{Z}_L$ einer der Reflexionsfaktoren r_1 oder r_2 größer als 1 wird, ist der Verstärker instabil. Er „schwingt", d.h. er erzeugt ein Signal am Ausgang und/oder am Eingang, ohne daß ein gleichartiges Signal von außen angelegt ist.
Ein Transistor bzw. Verstärker, der nur für bestimmte Wertebereiche von $\underline{r}_L$ bzw. $\underline{r}_G$ die Gl. (1) oder (2) nicht erfüllt, heißt *bedingt stabil*. Um die Stabilität bzw. Schwingneigung eindeutig beurteilen zu können, berechnet man für den Eingang und für den Ausgang jeweils die Grenzlinie, auf der $|\underline{r}_1| = 1$ bzw. $|\underline{r}_2| = 1$ gilt. Diese Grenzlinien sind in der komplexen Reflexionsfaktorebene Kreise und heißen Stabilitätskreise (Bild 3).

Eingangs-Stabilitätskreis:

$$\text{Mittelpunkt } \underline{M}_G = \frac{(\underline{S}_{11} - \underline{S}_{22}^* \cdot \det \underline{S})^*}{|\underline{S}_{11}|^2 - |\det \underline{S}|^2} \tag{3}$$

Bild 3. Stabilitätskreise in der Reflexionsfaktorebene

Radius $\quad R_G = \left| \dfrac{\underline{S}_{12} \underline{S}_{21}}{|\underline{S}_{11}|^2 - |\det \underline{S}|^2} \right|.$ (4)

Für $S_{11} < 1$ ist der Bereich der $\underline{r}_G$-Ebene, in dem der Koordinatenursprung liegt, der stabile Bereich. Für $S_{11} > 1$ ist dieser Bereich der instabile Bereich.

Ausgangs-Stabilitätskreis:

Mittelpunkt $\underline{M}_L = \dfrac{(\underline{S}_{22} - \underline{S}_{11}^* \cdot \det \underline{S})^*}{|\underline{S}_{22}|^2 - |\det \underline{S}|^2}$ (5)

Radius $\quad R_L = \left| \dfrac{\underline{S}_{21} \underline{S}_{12}}{|\underline{S}_{22}|^2 - |\det \underline{S}|^2} \right|.$ (6)

Für $S_{11} < 1$ ist der Bereich der $\underline{r}_G$-Ebene, in dem der Koordinatenursprung liegt, der stabile Bereich. Für $S_{11} > 1$ ist dieser Bereich der instabile Bereich.
Bei dem in Bild 3b dargestellten Beispiel für $S_{22} < 1$ ist das untersuchte Zweitor instabil für alle Lastreflexionsfaktoren, die innerhalb des Stabilitätskreises liegen. Das Zweitor ist damit nur bedingt stabil. Bei absoluter Stabilität haben der Kreis mit $r_2 = 1$ und der Kreis mit $r_L = 1$ keine Schnittpunkte und überdecken sich auch nicht.
Alternativ zu der Darstellung in Bild 3, bei der jeweils nur der Eingang (r_1 und r_G) bzw. nur der Ausgang (r_2 und r_L) betrachtet wird, kann man auch die Rückwirkung zwischen Eingang und Ausgang graphisch darstellen. Die Darstellung der Eingangs-Admittanz $\underline{Y}_1$ durch Linien $B_1 =$ const und $G_1 =$ const ist in der $\underline{r}_L$-Ebene ein gleichabständiges, orthogonales Gitternetz. Die Änderung der Eingangs-Admittanz $\underline{Y}_1$ als Funktion der Abschluß-Impedanz Z_L läßt sich hieraus unmittelbar ablesen. Der Fall der absoluten Stabilität ist dadurch gekennzeichnet, daß die Gerade $G_1 = 0$ außerhalb des Bereichs der passiven Abschlußimpedanzen mit $r_L \leq 1$ liegt. Der Abstand dieser Geraden $G_1 = 0$ vom Koordinatenursprung kann damit als Maß für die Stabilität benutzt werden. Der Kehrwert dieses Abstands wird als Linvill-Stabilitätsfaktor C bezeichnet, Gl. (10).
Notwendige Bedingung für die absolute Stabilität eines aktiven Zweitors ist:

$\operatorname{Re} \underline{Y}_{11} > 0$ (7)

$\operatorname{Re} \underline{Y}_{22} > 0$ (8)

$2 \operatorname{Re} \underline{Y}_{11} \operatorname{Re} \underline{Y}_{22} > \operatorname{Re}(\underline{Y}_{21} \underline{Y}_{12}) + \underline{Y}_{21} \underline{Y}_{12}.$ (9)

Diese drei Gleichungen ergeben sich aus der Forderung, daß die Eingangsimpedanzen bei beliebiger Beschaltung einen positiven Realteil haben

sollen. Gleichung (9) besteht aus 3 Termen und läßt damit folgende 3 Schreibweisen zu [1–3]:

$C = \dfrac{\operatorname{Re}(\underline{Y}_{21} \underline{Y}_{12})}{2 \operatorname{Re} \underline{Y}_{11} \operatorname{Re} \underline{Y}_{22} - \underline{Y}_{21} \underline{Y}_{12}}$
Linvill-Stab. Faktor. (10)

Für ein absolut stabiles Zweitor ist $0 < C < 1$.

$k = \dfrac{2 \operatorname{Re} \underline{Y}_{11} \operatorname{Re} \underline{Y}_{22}}{\operatorname{Re}(\underline{Y}_{21} \underline{Y}_{12}) + \underline{Y}_{21} \underline{Y}_{12}}$
Stern-Stab. Faktor, (11)

$K = \dfrac{2 \operatorname{Re} \underline{Y}_{11} \operatorname{Re} \underline{Y}_{22} - \operatorname{Re}(\underline{Y}_{21} \underline{Y}_{12})}{\underline{Y}_{21} \underline{Y}_{12}}$
Rollet-Stab. Faktor. (12)

Für ein absolut stabiles Zweitor ist $k > 1$ und $K > 1$. Für einen vorgegebenen Verstärker und eine feste Frequenz sind die Zahlenwerte für C, k und K voneinander verschieden. Abgesehen von dem Zusammenhang über die Gleichungen (9) bis (12) lassen sich diese Zahlenwerte nicht einfache Art und Weise ineinander umrechnen. In Gl. (7) bis (9) und in Gl. (12) können anstelle der Y-Parameter auch die Z- oder h-Parameter eingesetzt werden.
In der modernen Verstärkertechnik wird heutzutage nur noch der Rollett-Stabilitätsfaktor K benutzt. Er eignet sich gut zur Beurteilung von Transistoren. Auch für einstufige Verstärker ist er ein geeignetes Kriterium, um innerhalb des Betriebsfrequenzbereichs das Soll-Verhalten der Schaltung abschätzen zu können. Durch verlustlose Anpaßnetzwerke wird der Stabilitätsfaktor K nicht verändert. In einer Schaltung wie in Bild 7 hat der Verstärker den gleichen Stabilitätsfaktor wie der Transistor bzw. wie der Transistor mit Rückkopplungsnetzwerk. Für mehrstufige Verstärker nimmt K sehr schnell sehr große Werte an. Dies entspricht jedoch nicht der Realität; mit zunehmender Gesamtverstärkung nimmt die potentielle Instabilität einer Verstärkerkette aufgrund parasitärer Effekte überproportional zu. Der Zweitor-Stabilitätsfaktor K liefert keine Aussagen über die Stabilitätsverhältnisse im Innern eines mehrstufigen Verstärkers.
Umgerechnet in S-Parameter ergibt sich aus Gl. (12) für den Stabilitätsfaktor K:

$K = \dfrac{1 - S_{11}^2 - S_{22}^2 + |\det \underline{S}|^2}{2 S_{21} S_{12}}$
Stabilitätsfaktor. (13)

Er läßt sich sowohl herleiten über die Bedingungen $M_G - R_G > 1$ als auch über die Bedingung $M_L - R_L > 1$.
Aus der Forderung in Gl. (1) und Gl. (2) folgt als

notwendige und hinreichende Bedingung für die absolute Stabilität eines einzelnen *Transistors*

$$K > 1 \quad \text{und} \quad |\det \underline{S}| < 1. \qquad (14)$$

Die Bedingung $|\det \underline{S}| = |\underline{S}_{11}\underline{S}_{22} - \underline{S}_{21}\underline{S}_{12}| < 1$ ist mathematisch gleichwertig zu

$$B_1 = 1 + S_{11}^2 - S_{22}^2 - |\det \underline{S}|^2 > 0 \qquad (15)$$

bzw. zu

$$S_{11}^2, S_{22}^2 < 1 - S_{21}S_{12}. \qquad (16)$$

Die Größe B_1 tritt noch einmal in Gl. (26) auf. Es besteht kein Zusammenhang mit dem Realteil von $\underline{Y}_1$.
Berücksichtigt man auch Sonderfälle, die nicht bei Einzeltransistoren, sondern nur bei speziellen, seltenen Verstärkerschaltungen auftreten, sowie reziproke, aktive Zweitore mit negativen Widerständen [4], so muß Gl. (14) erweitert werden. Ein beliebiges aktives Zweitor ist dann und nur dann stabil, wenn zusätzlich zu:

$$K > 1 \quad \text{und} \quad |\det \underline{S}| < 1$$

erfüllt ist, daß die Nullstellen (Wurzeln) des Ausdrucks

$$1 - \underline{r}_G \underline{S}_{11} - \underline{r}_L \underline{S}_{22} + \underline{r}_G \underline{r}_L \det \underline{S} = 0. \qquad (17)$$

sofern man $j\omega$ durch $s = \sigma + j\omega$ ersetzt, für $\underline{r}_G = \pm 1$ und $\underline{r}_L = \pm 1$ in der linken s-Halbebene liegen.
Ein Verstärker muß bei allen Frequenzen stabil sein. Die Stabilität muß nicht nur innerhalb des Betriebsfrequenzbereichs kontrolliert werden, sondern auch außerhalb gewährleistet sein. Dort sind es häufig parasitäre Effekte, die den Verstärker schwingen lassen:
- Resonanzen in der Gleichstromzuführung,
- Signaleinkopplung oder Rückkopplung über die Masseanschlüsse oder über die Gleichstromzuführung,
- kapazitive oder induktive Verkopplung zwischen Eingang und Ausgang im Innern des Gehäuses, z. B. bedingt durch Anordnung und Art der Bauelemente,
- Verkopplung der großen HF-Ströme am Ausgang mit dem Verstärkereingang, z. B. durch ungünstige Masseführung.

Aus dieser Sicht heraus wirkt es sehr erschwerend für den Schaltungsentwurf, wenn Transistoren benutzt werden, die noch weit oberhalb des Betriebsfrequenzbereichs viel Verstärkung haben.

2.2 S-Parameter
S-parameters

Im Laufe der Entwicklung der HF-Technik zu immer höheren Frequenzen hin ging man über von der Beschreibung der Transistor- bzw. Röhreneigenschaften mit zunächst reellen h-Parametern (anwendbar bis zu einigen MHz) zu komplexen Y-Parametern (anwendbar bis etwa 100 MHz) und dann zu den heute gebräuchlichen S-Parametern (ohne Einschränkung anwendbar) [5].
Mathematisch sind alle Zweitor-Parameter gleichwertig, und auch heute noch wandelt man bei einem Mikrowellentransistor, z. B. zur Berechnung einer Rückkopplungsschaltung, die S-Parameter in Y-Parameter um. Unterschiede ergeben sich dagegen bei der Messung. S-Parameter werden bei Anpassung an Eingang und Ausgang gemessen. Dies läßt sich mit einem Netzwerkanalysator weitgehend unproblematisch und automatisiert für alle technisch relevanten Frequenzen durchführen. Die zur Messung von Z-, Y- oder h-Parametern notwendigen Abschlußimpedanzen Leerlauf bzw. Kurzschluß sind dagegen breitbandig schwer realisierbar, u. a. deshalb, weil der Gleichstromarbeitspunkt nicht beeinträchtigt werden darf. Außerdem sind sie bei vielen Leistungstransistoren unzulässige Betriebszustände, die das Bauelement unter Umständen zerstören. Alle S-Parameter in diesem Kapitel haben den gleichen, reellen Bezugswiderstand R_0. Üblicherweise ist R_0 gleich dem Wellenwiderstand der Anschlußleitungen des Verstärkers, also in Koaxialtechnik gleich 50 Ω (60 Ω, 75 Ω).

2.3 Wirkungsgrad
Efficiency

Ein Verstärker entsprechend Bild 1.1a bzw. Bild 4 nimmt die Gleichstromleistung $P_= = U_= I_=$ und die Signalleistung $P_1 = \frac{1}{2} U_1^2 \operatorname{Re} \underline{Y}_1$ bei der Frequenz f_1 auf.

$$\underline{Z}_1 = \frac{\underline{U}_1}{\underline{I}_1} = \frac{1}{\underline{Y}_1} \qquad \underline{Z}_L = \frac{\underline{U}_2}{\underline{I}_2} = \frac{1}{\underline{Y}_L}$$

$$\underline{r}_1 = \frac{\underline{Z}_1 - R_0}{\underline{Z}_1 + R_0} \qquad \underline{r}_L = \frac{\underline{Z}_L - R_0}{\underline{Z}_L + R_0}$$

$$\underline{r}_G = \frac{\underline{Z}_G - R_0}{\underline{Z}_G + R_0} \qquad \underline{r}_2 = \frac{\underline{Z}_2 - R_0}{\underline{Z}_2 + R_0}$$

$$\underline{Z}_G = \frac{1}{\underline{Y}_G} \qquad \underline{Z}_2 = \frac{1}{\underline{Y}_2}$$

Bild 4. Ersatzschaltbild eines Verstärkerzweitors; Definition der Kenngrößen

Abgegeben wird:
- die Signalleistung $P_2 = \frac{1}{2} U_2^2 \operatorname{Re}(1/\underline{Z}_L)$, die die Lastimpedanz bei der Frequenz f_1 aufnimmt,
- die als Wärme an die Umgebung abgegebene Verlustleistung $P_\text{thermisch}$,
- die von der Schaltung abgestrahlte Leistung $P_\text{Strahlung}$,
- und die Leistung $P_\text{harmonisch}$, in der alle Leistungsanteile bei Frequenzen ungleich f_1 zusammengefaßt sind, im wesentlichen also die an die Last abgegebene Leistung bei Vielfachen der Eingangsfrequenz.

Die Anteile

$$P_V = P_\text{thermisch} + P_\text{Strahlung} + P_\text{harmonisch}$$

sind unerwünscht. Der Wirkungsgrad berücksichtigt deshalb nur den Leistungsanteil der Grundschwingung in der Lastimpedanz;

Leistungsbilanz: $P_1 + P_= = P_2 + P_V$.

Damit wird der Wirkungsgrad (power-added efficiency)

$$\eta = \frac{P_2 - P_1}{P_=}. \qquad (18)$$

Beim Kollektor-Wirkungsgrad bleibt P_1 unberücksichtigt. Typische Werte für Schaltungen mit realen Leistungstransistoren sind:

- A-Betrieb: $\eta = 10\ldots20\%$
- C-Betrieb: $\eta = 50\ldots70\%$
- E-Betrieb: $\eta = 80\ldots90\%$ (s. Bild 7.5c).

2.4 Verstärkung
Gain

Mit Verstärkung oder Leistungsverstärkung g (operating power gain) bezeichnet man den Quotienten aus der von $\underline{Z}_L$ aufgenommenen Wirkleistung $P_2 = \frac{1}{2} U_2^2 \operatorname{Re}(1/\underline{Z}_L)$ und der vom Verstärker aufgenommenen Leistung $P_1 = \frac{1}{2} U_1^2 \operatorname{Re}(1/\underline{Z}_1)$ in der Schaltung entsprechend Bild 4

$$g = \frac{P_2}{P_1} = S_{21}^2 \frac{1 - r_L^2}{(1 - r_1^2)|1 - \underline{S}_{22}\underline{r}_L|^2} \qquad (19)$$

g in dB = $10 \lg g$.

Der Reflexionsfaktor $\underline{r}_1$, in das Tor 1 hineingesehen, ist

$$\underline{r}_1 = \underline{S}_{11} + \frac{\underline{S}_{12}\underline{S}_{21}\underline{r}_L}{1 - \underline{S}_{22}\underline{r}_L}. \qquad (20)$$

Der Reflexionsfaktor $\underline{r}_2$ ist:

$$\underline{r}_2 = \underline{S}_{22} + \frac{\underline{S}_{12}\underline{S}_{21}\underline{r}_G}{1 - \underline{S}_{11}\underline{r}_G}. \qquad (21)$$

Bei der Messung mit dem Netzwerkanalysator, wenn $\underline{Z}_L = R_0$ bzw. $\underline{r}_L = 0$ ist, wird $\underline{r}_1 = \underline{S}_{11}$ und $g = S_{21}^2/(1 - S_{11}^2)$.

Die Betriebsleistungsverstärkung g_T (transducer power gain) ist der Quotient aus P_2 und der Maximalleistung des Generators $P_{1\max} = U_0^2/(8 \operatorname{Re} \underline{Z}_1)$

$$g_T = \frac{P_2}{P_{1\max}} = S_{21}^2 \frac{(1 - r_L^2)(1 - r_G^2)}{|1 - \underline{r}_G\underline{r}_1|^2 \, |1 - \underline{r}_L \underline{S}_{22}|^2} \qquad (22)$$

oder

$$g_T = S_{21}^2 \frac{(1 - r_L^2)(1 - r_G^2)}{|1 - \underline{r}_G\underline{S}_{11}|^2 \, |1 - \underline{r}_L\underline{r}_2|^2} \qquad (23)$$

oder

$$g_T = S_{21}^2 \frac{(1 - r_L^2)(1 - r_G^2)}{|(1 - \underline{r}_L \underline{S}_{22})(1 - \underline{r}_G \underline{S}_{11}) - \underline{r}_L\underline{r}_G \underline{S}_{12}\underline{S}_{21}|^2}.$$

Die größte verfügbare Leistungsverstärkung $g_\max$ (maximum available gain, MAG) ist der größte erreichbare Wert; vgl. Gl. (3.6). Er stellt sich ein, wenn am Eingang und am Ausgang Leistungsanpassung ist:

$$\underline{r}_G = \underline{r}_1^* \quad \text{und} \quad \underline{r}_L = \underline{r}_2^* \qquad (24)$$

$$g_\max = \frac{P_{2\max}}{P_{1\max}} = S_{21}^2 \frac{1 - r_G^2}{|1 - \underline{S}_{11}\underline{r}_G|^2} \frac{1}{1 - r_L^2}$$

oder

$$g_\max = S_{21}^2 \frac{1 - r_L^2}{(1 - r_G^2)|1 - \underline{r}_L\underline{S}_{22}|^2} \qquad (25)$$

wobei $\underline{r}_2$ der in das Tor 2 hineingesehene Reflexionsfaktor ist, Gl. (21). Gleichung (24) folgt aus Gl. (23) für Leistungsanpassung am Ausgang und Gl. (25) aus Gl. (22) für Leistungsanpassung am Eingang. Beim Sonderfall der beidseitigen Leistungsanpassung gilt:

$$\underline{r}_1^* = \frac{B_1 - \sqrt{B_1^2 - 4C_1^2}}{2\underline{C}_1} = \underline{r}_G \qquad (26)$$

$$\underline{r}_2^* = \frac{B_2 - \sqrt{B_2^2 - 4C_2^2}}{2\underline{C}_2} = \underline{r}_L \qquad (27)$$

mit

$$B_1 = 1 + S_{11}^2 - S_{22}^2 - |\det \underline{S}|^2 \qquad (28)$$

$$B_2 = 1 + S_{22}^2 - S_{11}^2 - |\det \underline{S}|^2 \qquad (29)$$

$$\underline{C}_1 = \underline{S}_{11} - \underline{S}_{22}^* \det \underline{S} \qquad (30)$$

$$\underline{C}_2 = \underline{S}_{22} - \underline{S}_{11}^* \det \underline{S}$$

und

$$MAG = \frac{S_{21}}{S_{12}} (K - \sqrt{K^2 - 1}). \qquad (31)$$

Bild 5 zeigt für einen realen Transistor die Lage von $\underline{S}_{11}$ und $\underline{r}_1$ sowie $\underline{S}_{22}$ und $\underline{r}_2$ in der jeweiligen Reflexionsfaktorebene. Man erkennt, daß zwischen diesen Größen – auch näherungsweise – kein unmittelbarer Zusammenhang besteht. Der 1. Schritt bei der Auslegung eines Transistorverstärkers besteht somit stets aus der Berechnung von $\underline{r}_1$ und $\underline{r}_2$, Gl. (26), (27) bzw. (20), (21).
Wird der Verstärker bzw. Transistor so modifiziert, daß $K = 1$ ist, dann erreicht man als maximale stabile Verstärkung (max. stable gain MSG) den Wert

$$MSG = S_{21}/S_{12}. \quad (32)$$

Beidseitige Leistungsanpassung (simultaneous conjugate match) ist nur bei einem absolut stabilen Transistor möglich ($K > 1$ und $|\det \underline{S}| < 1$). In Transistordatenblättern wird deshalb innerhalb des Bereichs absoluter Stabilität $g_{max}(f)$ dargestellt und außerhalb die maximale stabile Verstärkung (Bild 6).
Die Einfügungsverstärkung g_1 (insertion gain) ist der Quotient aus P_2 und der Leistung, die $\underline{Z}_L$ aufnimmt, wenn diese Impedanz unmittelbar, ohne zwischengeschalteten Verstärker, an den Generator angeschlossen wird.

Bild 5. Normierte Eingangsimpedanzen eines Mikrowellentransistors bei beidseitigem Abschluß mit 50 Ω ($\underline{S}_{11}$, $\underline{S}_{22}$) und bei beidseitiger Leistungsanpassung ($\underline{Z}'_1 = \underline{Z}_1/50\,\Omega$, $\underline{Z}'_2 = \underline{Z}_2/50\,\Omega$), jeweils dargestellt im Smith-Diagramm

$$g_1 = S_{21}^2 \frac{|1 - \underline{r}_G \underline{r}_L|^2}{|1 - \underline{S}_{22}\underline{r}_L|^2 |1 - \underline{r}_1 \underline{r}_G|^2} \quad (33)$$

Kreise konstanter Verstärkung. Beim Entwurf eines Verstärkers, bei dem das primäre Entwicklungsziel maximale Leistungsverstärkung ist, wird üblicherweise eine Schaltung wie in Bild 7 benutzt. Entsprechend Gl. (24) ist dieses Ziel erreicht, wenn die Anpassungsnetzwerke so dimensioniert sind, daß $\underline{r}_L = \underline{r}_2^*$ und $\underline{r}_G = \underline{r}_1^*$ ist. Sofern ein Anpassungsnetzwerk diese Aufgabe nur unvollkommen erfüllt, ist die so erzielte Leistungsverstärkung nicht mehr gleich g_{max}, sondern kleiner. Zur anschaulichen Darstellung dieses Zusammenhangs kann man in der $\underline{r}_L$- bzw. $\underline{r}_G$-Ebene Kurven konstanter Verstärkung einzeichnen.
Gleichung (23) läßt sich als Produkt aus drei Faktoren schreiben:

$$g_T = S_{21}^2 \cdot \underbrace{\frac{(1-r_G^2)(1-r_1^2)}{|1-\underline{r}_G \underline{r}_1|^2}}_{g_G = f(\underline{r}_G, \underline{r}_1, (\underline{S}))} \cdot \underbrace{\frac{1-r_L^2}{(1-r_1^2)|1-\underline{S}_{22}\underline{r}_L|^2}}_{g_L = f(\underline{r}_L, (\underline{S})) = g/S_{21}^2} \quad (34)$$

$$g_T = S_{21}^2 \cdot g_G \cdot g_L$$

Bild 6. Verstärkung eines Transistors in Emitterschaltung als Funktion der Frequenz

Der Faktor g_L ist nur von den S-Parametern des Transistors und der Lastimpedanz $\underline{Z}_L$ abhängig. Der geometrische Ort aller Reflexionsfaktoren $\underline{r}_L$, die eine konstante Verstärkung g erzeugen, ist (theoretisch) ein Kreis in der $\underline{r}_L$-Ebene (Bild 8a). Alle Kreismittelpunkte liegen auf einer Geraden durch den Punkt $\underline{r}_L = 0$,

Kreismittelpunkt

$$\underline{M}_L = \frac{g_L(\underline{S}_{22} - \underline{S}_{11}^* \det \underline{S})^*}{1 + g_L(S_{22}^2 - |\det \underline{S}|^2)} \quad (35)$$

Bild 7. Blockschaltbild eines Transistorverstärkers

Bild 8. Kreise konstanter Verstärkung: **a)** in der $\underline{r}_L$-Ebene (operating power again circles); **b)** in der $\underline{r}_G$-Ebene für Leistungsanpassung am Ausgang ($\underline{r}_L = \underline{r}_2^*$, available power gain circles)

Kreisradius

$$R_L = \frac{\sqrt{1 - 2g_L K S_{12} S_{21} + g_L^2 S_{12}^2 S_{21}^2}}{|1 + g_L(S_{22}^2 - |\det \underline{S}|^2)|}. \quad (36)$$

Analog dazu gilt bei Fehlanpassung am Eingang für den Faktor g_G:

$$\begin{aligned}\text{Kreismittelpunkt } \underline{M}_G &= \frac{g_G \, \underline{r}_1^*}{1 - r_1^2(1 - g_G)} \\ \text{Kreisradius } R_G &= \frac{\sqrt{1 - g_G}(1 - r_1^2)}{1 - r_1^2(1 - g_G)}.\end{aligned} \quad (37)$$

In der $\underline{r}_G$-Ebene sind die Zusammenhänge weniger gut durchschaubar, denn der Faktor g_G ist über den Reflexionsfaktor $\underline{r}_1$ eine Funktion von $\underline{r}_L$ (Gl. (20)). Die in Bild 8b dargestellten Kreise konstanter Verstärkung gelten für Leistungsanpassung am Ausgang ($\underline{r}_L = \underline{r}_2^*$). Für Lastreflexionsfaktoren $\underline{r}_L \neq \underline{r}_2^*$ ergeben sich jeweils andere Kreisscharen.
Eine andere Herleitung der Kreise konstanter Verstärkung in der $\underline{r}_G$-Ebene geht von der verfügbaren Leistungsverstärkung g_A (available power gain) aus. Die Kenngröße g_A ist gleich g_{max} in Gl. (24). Mit g_A ist es möglich, den Einfluß einer Fehlanpassung am Eingang bei Leistungsanpassung am Ausgang zu beschreiben

Kreismittelpunkt

$$\underline{M}_G = \frac{g_A(\underline{S}_{11} - \underline{S}_{22}^* \det \underline{S})^*}{S_{21}^2 + g_A(S_{11}^2 - |\det \underline{S}|^2)}$$

Kreisradius

$$R_G = S_{21}^2 \frac{\sqrt{1 - 2g_A K S_{12}/S_{21} + (g_A S_{12}/S_{21})^2}}{|S_{21}^2 + g_A(S_{11}^2 - |\det \underline{S}|^2)|}.$$

(38)

Diese Kreisscharen gelten nur für Leistungsanpassung am Ausgang. Für diesen Fall sind sie identisch mit den Kreisen nach Gl. (37). Der Parameter g_G durchläuft den Wertebereich von 0 bis 1, g_A den von 0 bis g_{max}. Bei einem bedingt stabilen Transistor wird am Eingang ein möglichst kleiner Reflexionsfaktor $\underline{r}_G$ gewählt, so daß Stabilität gewährleistet ist, und der Ausgang wird leistungsangepaßt.
Die hier benutzten S-Parameter beschreiben die Transistor- bzw. Verstärkereigenschaften innerhalb des linearen Bereichs. Für ein Signal $\underline{a}_1$ der Frequenz f_1 am Eingang läßt sich das Signal $\underline{a}_2$ bei der gleichen Frequenz f_1 am Ausgang berechnen. Die bei anderen Frequenzen, z.B. $2f_1$, $3f_1$, ... am Ausgang auftretenden Signale müssen getrennt behandelt werden. Der lineare Bereich eines Kleinsignalverstärkers im A-Betrieb beginnt beim Eingangssignal 0 und endet bezüglich der Grundschwingung f_1 spätestens dort, wo der erste Transistor in den Bereich der Sättigung kommt (Bild 9a). Die S-Parameter des linearen Bereichs sind im Idealfall pegelunabhängig und heißen Kleinsignal-S-Parameter.
Als Dynamikbereich eines Verstärkers bezeichnet man die Pegeldifferenz zwischen Sättigungseinsatz und Rauschpegel am Ausgang. Unabhängig davon werden heutzutage viele Verstärker in Empfängereingangsstufen mit Nutzsignalen betrieben, die unterhalb des Eingangsrauschens liegen, beispielsweise in der Spread-spectrum-Technik (Beispiel: GPS-Empfänger). Die Linearität eines Verstärkers bei kleinen Signalamplituden wird weder durch externes noch durch internes Rauschen beeinträchtigt. Erst die nachfolgende Signalverarbeitung entscheidet darüber, ob Signal-Rausch-Abstände unter 0 dB nutzbar sind oder nicht.
Will man das nichtlineare Verstärkerverhalten im Sättigungsbereich (Bild 9a) berechnen, so muß man Großsignal-S-Parameter benutzen. Diese beschreiben ausschließlich die Grundschwingung des HF-Signals. Betrag und Phase der Großsignal-S-Parameter ändern sich als Funktion des HF-Signalpegels. Für Näherungsrechnungen ist zunächst das Großsignalverhalten von $\underline{S}_{21}$ zu berücksichtigen. Für genauere Rechnungen ist auch noch die Pegelabhängigkeit

3 Schaltungskonzepte
Circuit concepts

3.1 Grundschaltungen
Basic transistor configurations

In Bild 1 sind die drei möglichen Grundschaltungen angegeben, in denen man mit einem Transistor Leistungsverstärkung erreichen kann. Für HF- und Mikrowellenverstärker wird überwiegend die Emitterschaltung nach Bild 1a eingesetzt. Sie bietet für Standardanwendungen die besten Eigenschaften.

Für das physikalische Verständnis der Rückwirkungen innerhalb einer Transistorschaltung kann man bei niedrigen Frequenzen das stark vereinfachte Modell nach Bild 2 betrachten: Die im Innern des Transistors vorhandene, aufbau-

Bild 9. a) Verstärker mit Kleinsignaltransistor im A-Betrieb; b) Verstärker mit Leistungstransistor im C-Betrieb

von $\underline{S}_{22}$, von $\underline{S}_{11}$ und schließlich von $\underline{S}_{12}$ mit einzubeziehen.

Auch dann, wenn der Transistor in einer anderen Betriebsart eingesetzt wird (AB-, B- oder C-Betrieb), werden die Kleinsignal-S-Parameter des A-Betriebs ungültig. Die in Bild 9b beispielhaft dargestellte Charakteristik eines Leistungsverstärkers im C-Betrieb hat einen nach oben und nach unten eingeschränkten linearen Bereich. Die hier zur Beschreibung notwendigen Großsignal-S-Parameter unterscheiden sich in aller Regel so stark von den Kleinsignal-S-Parametern (der gleiche Transistor kann selbstverständlich auch im A-Betrieb eingesetzt werden und kleine Signale verstärken), daß eine Berechnung der Verstärkereigenschaften nur sinnvoll ist, wenn diese Großsignal-P-Parameter benutzt werden.

Spezielle Literatur: [1] *Stern, A. P.*: Stability and power gain of tuned transistor amplifiers. Proc. IRE 45, März 1957. – [2] *Linvill, J. G.; Gibbons, J. F.*: Transistors and active circuits. New York: Mc Graw-Hill 1961. – [3] *Rollett, J. M.*: Stability and power-gain invariants of linear two-ports. IRE-Trans. CT-9 (1962) 29–32. – [4] *Woods, D.*: Reappraisal of the unconditional stability criteria for active 2-port networks in terms of S-parameters. IEEE-CAS 23, Nr. 2 (1976) 73–81. – [5] *Michel, H. J.*: Zweitor-Analyse mit Leistungswellen. Stuttgart: Teubner 1981.

Bild 1. Verstärkergrundschaltungen, dargestellt am Beispiel eines bipolaren npn-Transistors (Kollektor C, Emitter E, Basis B) und eines n-Kanal-MESFETs bzw. JFETs, GaAs-FETs (source S, drain D, gate G)

Bild 2. Spannungsgegenkopplung über die interne Kollektor-Basis-Kapazität C_{CB}; bei niedrigen Frequenzen ist die Kollektorspannung U_C gegenphasig zur Basisspannung U_B

Spezielle Literatur Seite F 18

Bild 3. Cascode-Schaltung

bedingte Kapazität C_{CB} bewirkt eine Spannungsgegenkopplung. Der Strom I_F vermindert den Eingangsstrom I_B, so daß mit zunehmender Frequenz die Verstärkung der Schaltung abnimmt. Da C_{CB} zwischen der Eingangsspannung U_B und der Ausgangsspannung $U_C = -v_u \cdot U_B$ angeschlossen ist, nimmt I_F proportional zu $v_u + 1$ zu. Eine große Spannungsverstärkung v_u erzeugt also große Rückwirkungen vom Ausgang auf den Eingang. Parallel zum Eingang ist die Kapazität $(v_u + 1) C_{CB}$ (Miller-Kapazität) wirksam.
Durch die Verwendung der Cascode-Schaltung wird diese Rückwirkung vermindert (Bild 3). Aufgrund der niedrigen Eingangsimpedanz der Basisschaltung mit T_2 wird die Spannungsverstärkung von T_1 etwa gleich 1. Bezüglich der Rückwirkung sind die Kondensatoren C_{CE} und C_{CB} in Serie geschaltet. Da C_{CE} typisch um den Faktor 5 kleiner ist als C_{CB}, wird die Cascode-Schaltung häufig so berechnet, als ob sie ideal rückwirkungsfrei sei ($Y_{12} = 0$).
Wenn Transistor T_1 die Y-Parameter mit dem Index e und Transistor T_2 die Y-Parameter mit dem Index b hat, sind die Y-Parameter der Cascode-Schaltung:

$$\underline{Y}_{11} = (\underline{Y}_{11e}(\underline{Y}_{22e} + \underline{Y}_{11b}) - \underline{Y}_{21e}\underline{Y}_{12e})/\underline{N} \approx \underline{Y}_{11e}$$
$$\underline{Y}_{12} = -\underline{Y}_{12e}\underline{Y}_{12b}/\underline{N} \approx 0$$
$$\underline{Y}_{21} = -\underline{Y}_{21e}\underline{Y}_{21b}/\underline{N} \approx \underline{Y}_{21e} \qquad (1)$$
$$\underline{Y}_{22} = (\underline{Y}_{22b}(\underline{Y}_{22e} + \underline{Y}_{11b}) - \underline{Y}_{12b}\underline{Y}_{21b})/\underline{N} \approx \underline{Y}_{22b}$$
$$\text{mit } \underline{N} = \underline{Y}_{22e} + \underline{Y}_{11b}.$$

Für die Näherungswerte in Gl. (1) ergibt sich

$$g_{\max} = \frac{Y_{21}^2}{4 \operatorname{Re} \underline{Y}_{11} \operatorname{Re} \underline{Y}_{22}}. \qquad (2)$$

Die überwiegend im MHz-Bereich als Kleinsignalverstärker eingesetzten Dual-Gate-FETs entsprechen in ihren Eigenschaften einer in einem Gehäuse integrierten Cascode-Schaltung.
Die Basisschaltung (Bild 1 b) hat eine niedrigere Eingangsimpedanz und weniger Verstärkung als die Emitterschaltung. Wegen ihrer geringen Rückwirkung war sie früher die Standard-HF-Verstärkerschaltung. Da man heute Transistoren mit ausreichend kleiner Rückwirkungskapazität C_{CB} herstellen kann, hat sie an Bedeutung verloren. Bei vielen Mikrowellen- und Leistungstransistoren ist der Einsatz als Emitter- bzw. Basis-Schaltung durch die Gehäusebauform vorgegeben. Einige Typen werden in zwei Bauformen geliefert: mit dem Emitter auf Masse (am Kühlkörper, s. Bild 7.7) zum Bau von Verstärkern und mit der Basis auf Masse zum Bau von Oszillatoren. Die Kollektorschaltung hat eine niedrigere Ausgangsimpedanz als die anderen Schaltungsformen. Sie wird im oberen HF- und im Mikrowellenbereich (außer in MMICs) nicht verwendet.
Einfache Zusammenhänge in der Art, daß bei der Emitterschaltung 180° und bei der Basisschaltung 0° Phasenverschiebung zwischen Eingangssignal und Ausgangssignal auftreten, sind Grenzwerte bei niedrigen Frequenzen. Bei höheren Frequenzen, also beispielsweise oberhalb von 100 MHz, ist dies auch näherungsweise nicht mehr gültig.

Umrechnung der Y-Parameter von einer Grundschaltung in eine andere:

$$\begin{aligned}
\underline{Y}_{11e} &= \underline{Y}_{11b} + \underline{Y}_{12b} + \underline{Y}_{21b} + \underline{Y}_{22b} &= \underline{Y}_{11c} \\
\underline{Y}_{12e} &= -\underline{Y}_{12b} - \underline{Y}_{22b} &= -\underline{Y}_{11c} - \underline{Y}_{12c} \\
\underline{Y}_{21e} &= -\underline{Y}_{21b} - \underline{Y}_{22b} &= -\underline{Y}_{11c} - \underline{Y}_{21c} \quad (3)\\
\underline{Y}_{22e} &= \underline{Y}_{11c} + \underline{Y}_{12c} + \underline{Y}_{21c} + \underline{Y}_{22c} &= \underline{Y}_{22b}
\end{aligned}$$

$$\begin{aligned}
\underline{Y}_{11b} &= \underline{Y}_{11e} + \underline{Y}_{12e} + \underline{Y}_{21e} + \underline{Y}_{22e} &= \underline{Y}_{22c} \\
\underline{Y}_{12b} &= -\underline{Y}_{12e} - \underline{Y}_{22e} &= -\underline{Y}_{21c} - \underline{Y}_{22c} \\
\underline{Y}_{21b} &= -\underline{Y}_{21e} - \underline{Y}_{22e} &= -\underline{Y}_{12c} - \underline{Y}_{22c} \quad (4)\\
\underline{Y}_{22b} &= \underline{Y}_{11c} + \underline{Y}_{12c} + \underline{Y}_{21c} + \underline{Y}_{22c} &= \underline{Y}_{22e}
\end{aligned}$$

$$\underline{Y}_{11c} = \underline{Y}_{11b} + \underline{Y}_{12b} + \underline{Y}_{21b} + \underline{Y}_{22b} = \underline{Y}_{11e}$$
$$\underline{Y}_{12c} = -\underline{Y}_{11e} - \underline{Y}_{12e} \qquad\qquad = -\underline{Y}_{11b} - \underline{Y}_{21b}$$
$$\underline{Y}_{21c} = -\underline{Y}_{11e} - \underline{Y}_{21e} \qquad\qquad = -\underline{Y}_{11b} - \underline{Y}_{12b} \quad (5)$$
$$\underline{Y}_{22c} = \underline{Y}_{11e} + \underline{Y}_{12e} + \underline{Y}_{21e} + \underline{Y}_{22e} = \underline{Y}_{11b}$$

Der Index e bezeichnet die Y-Parameter des Transistors in Emitter- bzw. Source-Schaltung. Zur Umrechnung von S-Parametern werden diese in Y-Parameter umgewandelt, dann umgerechnet und wieder rückgewandelt.

3.2 Rückkopplung, Neutralisation
Feedback, neutralisation

Bild 4 zeigt die beiden häufigsten Rückkopplungsschaltungen [1, 13]. Die S-Parameter des Transistors mit Rückkopplung werden berechnet durch Umwandeln in Y- bzw. Z-Parameter und anschließendes Rückwandeln. Die bei niedrigen Frequenzen sehr häufig eingesetzte Stromgegenkopplung (Bild 4b) erzeugt im oberen HF- und im Mikrowellenbereich meist unlösbare Stabilitätsprobleme. Sofern man diese vermeiden möchte, sorgt man für einen induktivitätsarmen, für alle Frequenzen von 0 bis f_{max} gleich guten Massekontakt des Emitters.

Unter Neutralisation versteht man eine Rückkopplung in der Form, daß Im $\underline{Y}_{12\,ges} = 0$ ist. Bild 5 zeigt ein Beispiel. Der Kondensator C_F wird so eingestellt, daß der Strom I_F gegenphasig gleich groß zu dem intern über C_{CB} fließenden Strom ist (s. Bild 2). Die Neutralisation wird eingesetzt bei Kleinsignalverstärkern bis 30 MHz. Breitband- und Leistungsverstärker können nicht neutralisiert werden. Für den Fall, daß Re $\underline{Y}_{12}$ vernachlässigbar klein ist, oder daß das Rückkopplungsnetzwerk so erweitert wird, daß $\underline{Y}_{12} = 0$ gilt, ist der neutralisierte Verstärker zugleich rückwirkungsfrei.

3.3 Rückwirkungsfreiheit
Unilateralisation

Bedingung: $\underline{S}_{12} = 0$ bzw. $\underline{Y}_{12} = 0$

a) Diese Bedingung ist schmalbandig zu erfüllen durch verlustlose Rückkopplung. Das resultierende Gesamtnetzwerk hat bei beidseitiger Leistungsanpassung eine Verstärkung U, die größer ist als der Wert g_{max} des Transistors ohne Rückkopplung. U (maximum unilateral gain) ergibt sich mit den S-Parametern des Transistors zu

$$U = \frac{\dfrac{1}{2}\left|\dfrac{S_{21}}{S_{12}} - 1\right|^2}{K\dfrac{S_{21}}{S_{12}} - \mathrm{Re}\dfrac{S_{21}}{S_{12}}}. \qquad (6)$$

Bei dieser Gleichung ist zu beachten, daß der Parameter $\underline{S}_{12}$ nur für den rückgekoppelten Verstärker gleich 0 ist. Der in Gl. (6) einzusetzende Parameter $\underline{S}_{12}$ des Transistors ist ungleich 0.

b) Die Bedingung ist näherungsweise breitbandig erfüllbar für:
  – Cascode-Stufen,
  – Dual-Gate FETs
  – einige HF-Transistoren mit geringer Verstärkung im unteren Teil ihres Betriebsfrequenzbereichs.

Ein rückwirkungsfreier Verstärker (unilateral amplifier) hat folgende Vorteile:
 – er ist absolut stabil,
 – er ist viel einfacher zu berechnen und zu überschauen (in allen Gleichungen wird $\underline{S}_{12} = 0$ gesetzt),

Bild 4. Einfache Rückkopplungsschaltungen für einen Transistor in Emitterschaltung.
a) Spannungsgegenkopplung (parallel feedback);
b) Stromgegenkopplung (series feedback)

Bild 5. Neutralisierter HF-Verstärker. HF-Schaltbild: Der Anschluß der positiven Versorgungsspannung ist als Masse gezeichnet, die Schaltung zur Einstellung des Gleichstromarbeitspunkts ist nicht dargestellt

$$(\underline{Y}_{ges}) = \begin{pmatrix} \underline{Y}_{11} + \underline{Y}_F & \underline{Y}_{12} + \underline{Y}_F \\ \underline{Y}_{21} + \underline{Y}_F & \underline{Y}_{22} + \underline{Y}_F \end{pmatrix}$$

$$(\underline{Z}_{ges}) = \begin{pmatrix} \underline{Z}_{11} + \underline{Z}_F & \underline{Z}_{12} + \underline{Z}_F \\ \underline{Z}_{21} + \underline{Z}_F & \underline{Z}_{22} + \underline{Z}_F \end{pmatrix}$$

– bei Abgleich des Ausgangsnetzwerks ändert sich die Eingangsimpedanz nicht und umgekehrt; Ausgang und Eingang sind voneinander isoliert.

3.4 Verstärkungsregelung
Gain control

Die im NF-Bereich übliche Verstärkungsregelung über den Gleichstromarbeitspunkt des Transistors ist mit Ausnahme von MOSFETs nur im unteren MHz-Bereich üblich. Mit dem Arbeitspunkt ändern sich nicht nur die S-Parameter, also auch Eingangs- und Ausgangsimpedanz des Transistors, sondern ebenfalls alle anderen Kennwerte wie beispielsweise die Rauschzahl und das Intermodulationsverhalten.
Wesentlich bessere Ergebnisse lassen sich mit Dual-Gate FETs und Cascode-Schaltungen erreichen. Die Verstärkung wird mit der Vorspannung am Gate 2 bzw. mit dem Basis-Strom des Transistors T_2 in Basisschaltung eingestellt (Bild 3). Eine andere Möglichkeit besteht darin, den Verstärker selbst unverändert zu lassen und statt dessen ein elektronisch steuerbares Dämpfungsglied (mit GaAs FETs oder Pin-Dioden) davorzuschalten.

3.5 Anpaßnetzwerke
Matching networks

Die Aufgaben der Anpaßnetzwerke am Eingang und am Ausgang eines Transistors (Bild 2.7) sind vielfältig, abhängig davon, welche Eigenschaften der Verstärker haben soll. Zu diesen Aufgaben kann beispielsweise gehören:
– Leistungsanpassung am Eingang und Ausgang für maximale Verstärkung,
– Rauschanpassung am Eingang und Leistungsanpassung am Ausgang für minimale Rauschzahl,
– Filterwirkung zur Einschränkung des Durchlaßbereichs bei selektiven Verstärkern,
– Filterwirkung zur Unterdrückung von Harmonischen am Ausgang oder zur Verminderung von Nachbarkanalstörungen am Eingang,
– Gewährleistung der Stabilität außerhalb des Betriebsfrequenzbereichs,
– Kompensation der Frequenzabhängigkeit der Transistoreigenschaften bei Breitbandverstärkern.

Weiterhin sollten die einzelnen Bauelemente Größen haben, die sich gut realisieren lassen, das Netzwerk soll normalerweise verlustarm sein, und es sollte sich gut abgleichen lassen.
Der Entwurf wird entweder graphisch im Smith-Diagramm [8] oder mit einem CAD-Programm

PL = Parallel-L
SL = Serien-L
PC = Parallel-C

Bild 6. Entwurfsbeispiel im Smith-Diagramm mit jeweils drei konzentrierten Blindelementen zur beidseitigen Leistungsanpassung

durchgeführt. Bild 6 zeigt ein einfaches Beispiel mit beidseitiger Leistungsanpassung. Bei höheren Frequenzen und bei höherer Leistung besteht diese Aufgabe immer darin, eine niederohmige Impedanz in den Punkt $r = 0$ zu transformieren. Grundsätzlich liefert das Netzwerk mit dem kürzesten Transformationsweg die geringsten Verluste und die größte Bandbreite.
Bei Anpassung mit Abzweigschaltungen ist es für die anschauliche Beurteilung der Breitbandigkeit eines möglichen Transformationswegs hilfreich, in die r-Ebene Linien konstanter Güte Q einzutragen.

$$Q = \frac{|\operatorname{Im} \underline{Z}|}{\operatorname{Re} \underline{Z}}. \tag{7}$$

Bild 7. Kreise konstanter Güte Q in der Reflexionsfaktorebene; Transformationsweg eines Anpaßnetzwerks mit von Knoten zu Knoten gleichbleibender örtlicher Güte

Bild 8. Frequenzgang eines Breitbandanpaßnetzwerks: **a)** in der $\underline{r}$-Ebene; **b)** als Amplitudengang; **c)** optimierter Amplitudengang, mit steilen Flanken und ohne Nullstellen

Der geometrische Ort aller Impedanzen $\underline{Z}$, die die gleiche Güte Q haben, sind zwei Kreisbögen mit dem

$$\text{Kreismittelpunkt } \underline{M}_Q = \pm j/Q, \tag{8}$$

die durch die Punkte $\underline{r} = \pm 1$ gehen (Bild 7). Betrachtet man an jedem i-ten Knoten eines Anpaßnetzwerks den Quotienten aus Imaginärteil und Realteil der dortigen Eingangsimpedanz $\underline{Z}_i$ als örtliche Güte Q_i, so ist der im Verlauf der Transformation auftretende Maximalwert Q_{max} maßgeblich für die Bandbreite des Gesamtnetzwerks. Je kleiner Q_{max}, desto größer ist die erreichbare Bandbreite. Dieses Gütekonzept wird verständlich, wenn man z. B. das Eingangsnetzwerk in Bild 6 so umzeichnet, daß man erkennt, daß es ein teilangekoppelter Parallelresonanzkreis ist (ohne magnetische Kopplung der Spulen). Für Resonanzkreise gilt: $Q = f_{res}/\Delta f$. In Bild 7 ist ein nach diesem Konzept optimierter Transformationsweg als Beispiel eingezeichnet. Die konjugiert komplexe Transistorimpedanz $\underline{Z}_1^*$ hat die Güte $Q = 1$. Der anschließende Transformationsweg ist so gewählt, daß an jedem Knoten $Q_i \leq 1$ ist. Der durch den Transistor vorgegebene Gütewert wird durch das Anpaßnetzwerk somit nicht weiter verschlechtert.

Je breitbandiger ein Anpaßnetzwerk sein soll, desto mehr Bauelemente werden benötigt. Mit jedem zusätzlichen LC-Glied kann man bei einer weiteren Frequenz ideale Leistungsanpassung erreichen. Ziel einer optimierten Breitbandanpassung ist jedoch nicht dieses, sondern die Forderung, innerhalb der gewünschten Bandbreite Δf einen möglichst kleinen Reflexionsfaktor r_{max} nicht zu überschreiten (Bild 8). Der theoretisch nicht zu unterschreitende Grenzwert, wenn die Admittanz $\underline{Y} = 1/R + j\omega C$ anzupassen ist, kann abgeschätzt werden mit [2–4]:

$$r_{max,th} = \exp\left(-\pi \frac{Q_{Netzwerk}}{Q_{Admittanz}}\right) = e^{-1/(2RC\Delta f)} \tag{9}$$

$$Q_{Netzwerk} = f/\Delta f$$

$$r_{max,th} \text{ in dB} = -\frac{4{,}3}{RC\Delta f}. \tag{10}$$

Für Tiefpaßanpassung ist Δf die 3-dB-Grenzfrequenz. Bei induktiver Impedanz $\underline{Z} = 1/G + j\omega L$ wird RC durch GL ersetzt. Wenn die anzupassende Schaltung besser durch R und L parallel oder durch R und C in Serie beschrieben wird, ist $Q_{Admittanz}$ die Güte bei der Mittenfrequenz f. Solange das reale Netzwerk im Nutzband Δf Werte $r < r_{max}$ und außerhalb Werte $r < 1$ hat, sind noch weitere Verbesserungen möglich. Oberhalb von 4 bis 5 Blindelementen im Anpaßnetzwerk (bei Bandpaßanpassung doppelt so viele) werden die erreichbaren Verbesserungen pro Blindelement zunehmend geringer. Einfache Berechnungsverfahren für Anpaßnetzwerke in [8].

Für Transistorverstärker großer Bandbreite sind solche vereinfachenden Anpaßtheorien nicht anwendbar. Eine Transistoreingangsimpedanz als Funktion der Frequenz wird exakt durch eine gemessene Ortskurve beschrieben. Zur näherungsweisen Darstellung benutzt man ein in der Regel kompliziertes Ersatzschaltbild mit wesentlich mehr als 2 Bauelementen. Weiterhin ist für Frequenzbereiche, die größer als 1,3 : 1 sind, der Abfall der Verstärkung mit zunehmender Frequenz nicht mehr zu vernachlässigen (s. 4.1). Grenzwertberechnung analog zu Gl. (9) in [10]. Aufgrund der Rückwirkung der Lastimpedanz Z_L auf die Eingangsimpedanz Z_1 und der Generatorimpedanz Z_G auf die Augangsimpedanz Z_2 (Bild 2.5) wird der Schaltungsentwurf ein iterativer Prozeß [11]. Breitbandverstärker werden deshalb üblicherweise mit Hilfe von CAD-Programmen entworfen (s. C 8.5).

Bild 10. Eingangsblindleitwert B_1 einer leerlaufenden Leitung als Funktion der Länge l

Anpaßnetzwerke mit N Leitungen konstanten Wellenwiderstands $Z_{L,N}$ lassen sich breitbandiger ausführen als solche mit N diskreten Bauelementen. Sie benögtigen allerdings wesentlich mehr Substratfläche. Bild 9 zeigt ein typisches Beispiel in Microstriptechnik. Da sich auf Keramiksubstraten kurzgeschlossene Leitungen schlecht realisieren lassen, werden nur parallelgeschaltete, leerlaufende Leitungen benutzt. Die sich aus dem Smith-Diagramm ergebende Größe von B_{C1} wird zunächst halbiert, da zwei gleich lange Leitungen parallelgeschaltet werden. Dann wird für einen vorzugebenden Leitungswellenwiderstand Z_L mit

$$l/\lambda = \frac{1}{2\pi} \arctan(B \cdot Z_L) \qquad (11)$$

die zum Erreichen des Blindleitwerts $B = B_{C1}/2$ notwendige Länge berechnet. Z_L wird so gewählt, daß der Bereich zwischen etwa $\lambda/6$ und $\lambda/3$ vermieden wird (Bild 10). Häufig nimmt man entweder wie in Bild 9a nur Leitungen mit $Z_L = 50\,\Omega$ oder man macht alle Stichleitungen $\lambda/8$ lang, da dann die Längenabhängigkeit des Blindleitwerts bezüglich Feinabgleich und Herstellungstoleranz günstig ist.

Durch die Benutzung symmetrisch angeordneter paralleler Stichleitungen (shunt stubs) kann man entweder bei gleicher Länge den Wellenwiderstand verdoppeln (zu breite Microstripleitungen sind ungünstig, da sie abstrahlen) oder, sofern die Streifenbreite noch akzeptabel ist, die Länge verkürzen. Die symmetrische Beschaltung ist, auch die Verwendung diskreter Bauelemente, grundsätzlich vorzuziehen.

Noch größere Bandbreiten erhält man:
– durch Widerstandstransformation mit $\lambda/4$-Leitungen,

Bild 9. Beispiel für eine Anpaßschaltung in Microstriptechnik. **a)** Leiterstruktur (Layout); **b)** Ersatzschaltbild; **c)** Transformationswege in der $\underline{r}$-Ebene

Bild 11. Ortskurve von S_{11} eines Mikrowellentransistors, einmal ohne Gehäuse – als Chip – und einmal mit Gehäuse

Bild 12. Beispiel für einen Leitungsübertrager mit dem Widerstandsübersetzungsverhältnis 4:1

Das allgemeine Anpaßproblem bei Transistoren kann man in zwei Schritte zerlegen:
1. Kompensation des Blindanteils
2. Transformation des Wirkwiderstands.

Infolge der Ortskurvenverlängerung durch zwischengeschaltete Leitungsabschnitte ist es bei Breitbandverstärkern im Mikrowellenbereich erforderlich, die Kompensation des Blindanteils unmittelbar am Transistor durchzuführen bzw. das Anpaßnetzwerk so zu wählen, daß die Ortskurvenbereiche mit maximaler Güte Q nicht durch weiterführende Leitungen in Bereiche mit noch größerer Güte transformiert werden.

Bei Verstärkern mittlerer Bandbreite (Quotient der Grenzfrequenzen um 1,3:1) kann die im GHz-Bereich mit etwa $1/f$ abfallende Transistorverstärkung kompensiert werden, indem das Eingangsnetzwerk für maximale Leistung in Bandmitte und das Ausgangsnetzwerk für maximale Verstärkung am oberen Bandende ausgelegt wird. Das Zusammenwirken beider Maßnahmen ergibt dann meist einen hinreichend ebenen Frequenzgang.

Im MHz-Bereich erfolgt die Transformation des Wirkwiderstands üblicherweise mit Übertragern. Bis etwa 40 MHz kann man Wicklungsübertrager mit Ferritkern einsetzen, bis etwa 1 GHz Leitungsübertrager wie beispielsweise in den Bildern 12 und 4.14b, c (s. I 13, [9]).

- durch mehrstufige $\lambda/4$-Transformation,
- durch inhomogene Leitungen (z. B. Exponentialleitung, parabolische Leitung) [5–7].

Bild 11 zeigt die Ortskurve von $\underline{S}_{11}$ für einen Transistor in Chipform und für den gleichen Transistor mit Gehäuse. Durch die Induktivität der Bonddrähte und die Parallelkapazität des Gehäuses wird $\underline{S}_{11}$ des Chips in das Innere der r-Ebene transformiert; durch die zusätzliche Leitungslänge beim geometrisch größeren Gehäuse wird die Ortskurve im GHz-Bereich erheblich verlängert. Die gleichen Effekte treten bei der $\underline{S}_{22}$-Ortskurve auf. Sofern mit diesem Transistor ein Breitbandverstärker von z. B. 1 bis 4 GHz entwickelt werden soll, ist der Entwurf der Anpaßnetzwerke an Ein- und Ausgang für die Chipbauform wesentlich einfacher. Kurze Ortskurvenstücke ermöglichen bessere Transformationen als ausgedehnte Ortskurvenstücke. Dies ist der wesentliche Grund, warum mit MMICs bessere Ergebnisse erzielt werden als mit diskret aufgebauten Verstärkern und warum intern angepaßte Transistoren bessere Ergebnisse liefern als extern angepaßte.

Spezielle Literatur: [1] *Maclean, D. J. H.*: Broadband feedback amplifiers. New York: John Wiley/RSP 1982. – [2] *Bode, H. W.*: Network analysis and feedback amplifier design. New York: Van Nostrand 1945. – [3] *Fano, R. M.*: Theoretical limitations on the broadband matching of arbitrary impedances. J. of Franklin Inst., Vol. 249, Jan. + Feb. (1950) 57–83, 139–155. – [4] *Youla, D. C.*: A new theory of broad-band matching. IEEE-CT 11 (1964) 30–50. – [5] *Endo, I.; Nemoto, Y.; Sato, R.*: Design of transformerless quasi-broad-band matching networks for lumped complex loads using nonuniform transmission lines. IEEE-MTT 36, Nr. 4 (1988) 629–634. – [6] *Young, G. P.; Scanlan, S. O.*: Matching network design studies for microwave transistor amplifiers. IEEE-MTT 29, (1982) 1027–1035. – [7] *Zhu, L.; Wu, B.; Sheng, Ch.*: Real frequency technique applied to the synthesis of lumped broadband matching networks with arbitrary uniform losses for MMIC's. IEEE-MTT 36, Nr. 12 (1988) 1614–1619. – [8] *Matthaei, G.; Young, L.; Jones, E. M. T.*: Microwave filters, impedance-matching networks, and coupling structures. Dedham MA: Artech House 1980. – [9] *DeMaw, M. F.*: Ferromagnetic-core design and application handbook. Englewood Cliffs, N.J.: Prentice-Hall 1981. – [10] *Ku, W. H.; Petersen, W. C.*: Optimum gainbandwidth limitations of transistor amplifiers as reactively constrained active two-port networks. IEEE, CAS-22 (1975) 523–533. – [11] *Chen, W. K.*: Broadband matching. Singapur: World Scientific 1988. – [12] *Abrie, P. L. D.*: The design of impedance-matching networks for radio-frequency and microwave amplifiers. Dedham MA: Artech House 1985. – [13] *Chen, W. K.*: Active network and feedback amplifier theory. New York: McGraw-Hill 1980.

4 Verstärker für spezielle Anwendungen
Amplifiers for specific applications

4.1 Breitbandverstärker
Broadband amplifiers

Bei den meisten Transistoren fällt die Verstärkung zu höheren Frequenzen hin zunächst etwa proportional $1/f$ und dann proportional $1/f^2$ ab. Im logarithmischen Maß entspricht $1/f^2$ einer Verstärkungsabnahme von 6 dB pro Oktave beziehungsweise 20 dB/Dekade (s. Bilder 2.6 und 6.2). Bei Breitbandanwendungen ist damit höchstens die Verstärkung erreichbar, die der Transistor am oberen Bandende hat. Die pro Transistor erreichbare Stufenverstärkung wird um so geringer, je größer die geforderte Bandbreite ist. Um mit solchen Transistoren Verstärker zu entwickeln, die über große Frequenzbereiche hinweg konstante Verstärkung aufweisen, darf grundsätzlich bei niedrigen Frequenzen nur ein Teil der vom Transistor her möglichen Verstärkung g_{max} genutzt werden. Zum Herabsetzen der Verstärkung bei abnehmender Frequenz stehen mehrere Verfahren zur Auswahl:

a) Konstante Verstärkung durch Rückkopplung. Bild 1 zeigt eine Spannungs- und eine Stromgegenkopplung, die beide jeweils mit abnehmender Frequenz wirksamer werden. Beide können kombiniert oder getrennt eingesetzt werden. Im GHz-Bereich sind Emitterwiderstände aus Stabilitätsgründen unüblich (Ausnahme: MMICs).

Bild 1. Zwei Rückkopplungsnetzwerke, die eine Verringerung der Verstärkung bei abnehmender Frequenz bewirken

Bild 2. Verlustlose Anpaßnetzwerke

Spezielle Literatur Seite F 27

Bild 3. Verlustbehaftete Anpaßnetzwerke, die eine Verringerung der Verstärkung bei abnehmender Frequenz bewirken

b) Konstante Verstärkung durch Fehlanpassung. Entsprechend Bild 2 kann man das verlustlose Eingangs- und/oder Ausgangsnetzwerk so dimensionieren, daß die Verstärkung bei abnehmender Frequenz durch zunehmende Fehlanpassung sinkt. Für eine Bandbreite von einer Oktave, beispielsweise von 400 MHz bis 800 MHz, müßte – bei ausschließlicher Nutzung des Eingangsnetzwerks – dieses bei 800 MHz Leistungsanpassung erzeugen und bei 400 MHz einen Reflexionsfaktor von $0,968 \; \widehat{=} \; -0,28$ dB. Sofern derart hohe Reflexionsfaktoren nicht zulässig sind, benutzt man entweder Zirkulatoren am Eingang und am Ausgang, oder zwei derartige Verstärker werden über 3-dB/90°-Richtkoppler entsprechend Bild 14d parallelgeschaltet. Damit ergeben sich beidseitig gut angepaßte Verstärker. Aufgrund der Richtkoppler sind diese üblicherweise auf relative Bandbreiten von bis zu 4:1 begrenzt.

c) Konstante Verstärkung durch verlustbehaftete Anpaßnetzwerke. Durch verlustbehaftete Anpaßnetzwerke analog zu Bild 3 kann man sowohl breitbandige Anpassung als auch breitbandig konstante Verstärkung erreichen.
Abhängig vom Frequenzbereich und vom gewählten Transistor sind reale Schaltungen häufig eine Kombination aus allen drei angeführten Maßnahmen [1]; die Minimalkombination b + a bzw. b + c ist bei extrem breibandigen Schaltungen fast immer anzutreffen. Bei jeder der gezeigten Prinzipschaltungen kann man sowohl auf einzelne Komponenten verzichten als auch aufwendigere Netzwerke einsetzen.

d) Konstante Verstärkung mit einem Kettenverstärker. Der Wanderwellen- oder Kettenverstärker (traveling wave amplifier, distributed amplifier) ist ein Schaltungsprinzip, das, sofern man nur Effekte erster Ordnung berücksichtigt, weder eine Bandbreitenbegrenzung noch eine Leistungsbegrenzung beinhaltet [3–5, 7, 8, 22, 23]. Entsprechend Bild 4a werden zwei parallele Leitungen so miteinander verkoppelt, daß der die Anordnung speisende Generator eine hinlaufende Welle auf der Eingangsleitung erzeugt. Über Verstärkerelemente wird eine Verkopplung mit

Bild 4. Kettenverstärker. **a)** Prinzip; **b)** Schaltungsbeispiel mit diskreten Bauelementen

der Ausgangsleitung erzeugt und zwar dergestalt, daß sich jede übergekoppelte Teilwelle phasengleich zu der auf der Ausgangsleitung zum Abschluß R_L hinlaufenden Welle addiert.
In einem einfachen Schaltungsbeispiel, Bild 4b, sind die Eingangskapazität C_1 eines FETs und die Ausgangskapazität C_2 mit in die aus diskreten L-C-Halbgliedern bestehende Leitungsstruktur einbezogen. Eine einfache Dimensionierungsvorschrift wäre:

gleiche Laufzeit auf beiden Leitungen:
$$\frac{1}{\sqrt{LC_1}} = \frac{1}{\sqrt{L(C_2 + C)}}$$

beidseitige Anpassung beider Leitungen:
$$\sqrt{\frac{L}{C_1}} = \sqrt{\frac{L}{C_2 + C}} = R_L = 50\,\Omega.$$

Aufgrund des symmetrischen Aufbaus kann der Verstärker auch im Punkt 3 gespeist werden. Das Ausgangssignal erscheint dann am Punkt 4. Die Anordnung ist ein aktiver Vorwärtskoppler mit negativer Koppeldämpfung. Die bei Mehrloch-Richtkopplern, wie sie beispielsweise in der Hohlleitertechnik gebräuchlich sind, gültigen Dimensionierungsgesichtspunkte sind auch hier anwendbar. Bild 5 zeigt ein Schaltungsbeispiel für einen beidseitig gespeisten Kettenverstärker. Auf diese Weise lassen sich wesentliche Verbesserungen der Übertragungseigenschaften erreichen [2].
Mit der vereinfachenden Annahme $\underline{S}_{12} = 0$ bzw. $\underline{Y}_{12} = 0$ ergibt sich für die Verstärkung eines Ket-

Bild 5. Beidseitig gespeister Kettenverstärker

tenverstärkers mit N Transistoren bei niedrigen Frequenzen:

$$g \approx \left(\frac{N\,Y_{21}}{N \cdot \mathrm{Re}\,\underline{Y}_{22} + 2/Z_0}\right)^2. \tag{1}$$

Nach dem Kettenverstärkerprinzip lassen sich bei sehr großen Bandbreiten die besten Ergebnisse erzielen. Nachteilig ist, daß relativ viele Transistoren benötigt werden, zum Beispiel:

1 MHz ··· 2,5 GHz:	$g = 14$ dB,	$N = 8$
2 ··· 18 GHz:	$g = 7$ dB,	$N = 4$
100 kHz ··· 22 GHz:	$g = 32$ dB,	$N = 28$
2 ··· 26,5 GHz:	$g = 8,5$ dB,	$N = 7$
1 ··· 40 GHz:	$g = 15$ dB,	$N = 6$
5 ··· 100 GHz:	$g = 5,5$ dB,	$N = 7$.

Beispiele für andere, im Handel erhältliche oder in der Literatur erwähnte, extrem breitbandige Verstärker nach Methode a bis c bzw. Kombinationen davon sind:

0 ··· 10 GHz:	$g = 8$ dB
400 kHz ··· 18 GHz:	$g = 18$ dB
1 MHz ··· 30 GHz:	$g = 11$ dB
100 MHz ··· 40 GHz:	$g = 6$ dB.

Die verlustbedingte Verstärkungsabnahme mit zunehmender Frequenz bei Wanderwellenverstärkern läßt sich durch zusätzliche Koppelkondensatoren kompensieren, die in Verstärkungsrichtung vom Drain des n-ten Transistors zum Gate des $n + 1$-ten Transistors geschaltet werden [10]. Damit ergibt sich eine Mischform zwischen einer mehrstufigen Verstärkerkette und einem Wanderwellenverstärker (Bild 6).

Bild 6. Mischform zwischen Wanderwellenverstärker und Verstärkerkette

Bild 7. Matrixverstärker

Eine weitere Variante ist der Matrixverstärker [6, 9]. Um bei vorgegebener Chipoberfläche bzw. Anzahl N der Transistoren mehr Verstärkung ohne Verlust an Bandbreite zu erreichen, wird die Ausgangsleitung des 1. Kettenverstärkers als Eingangsleitung eines 2. Kettenverstärkers benutzt (Bild 7).

4.2 Selektive Verstärker
Tuned amplifiers

Hauptsächlich im MHz-Bereich werden für viele technische Anwendungen schmalbandige Kanalverstärker benötigt [11]. Bild 8 zeigt ein Schaltungsbeispiel mit zwei Resonanzkreisen. Es werden grundsätzlich lose angekoppelte Parallelschwingkreise benutzt. Die 50 bzw. 60 Ω des Last- und Quellwiderstands und die Eingangsimpedanzen des Transistors würden parallel zum Schwingkreis die Güte zu stark herabsetzen (Ausnahme: hochohmige MOSFETs im VHF-Bereich). Die Teilankopplung der Spulen und das Übersetzungsverhältnis der Übertrager werden so ausgelegt, daß der Transistor beidseitig leistungsangepaßt ist. Für maximale Güte muß die Resonanzkreiskapazität möglichst klein sein. Eine untere Grenze wird durch parasitäre Kapazitäten gesetzt (Eigenkapazität der Spule, Schaltkapazitäten, Transistorkapazitäten). Durch die Rückwirkung des Transistors wird der Eingangskreis häufig entdämpft; die Schaltung wird leicht instabil. Eine Abhilfe schafft der Einsatz von Dual-Gate-MOSFETs.

Bei n gleichen Resonanzkreisen mit der Bandbreite B, die durch Transistoren entkoppelt sind, wird die Gesamtbandbreite $B_{\text{ges}} = B\sqrt{2^{1/n} - 1}$. Der Frequenzgang ist der *eines* Resonanzkreises, d. h. Bandbreite und Selektivität hängen unmittelbar voneinander ab. Wenn man den Frequenzgang beeinflussen will, beispielsweise in der Form, daß die Verstärkung im Durchlaßbereich konstant ist und außerhalb steil abfällt, werden die Resonanzkreise solcher in Kette geschalteter Einkreisverstärker gegeneinander verstimmt (stagger tuned). Durch geeignete Wahl von Resonanzfrequenz und Güte jedes Resonanzkreises läßt sich zum Beispiel Butterworth- oder Tschebyscheff-Charakterisitik einstellen (jeder Kreis ergibt ein konjugiert komplexes Polpaar in der s-Ebene). Durch das Verstimmen der Einzelkreise gegeneinander wird die Weitabselektion des Verstärkers nicht beeinflußt.

Bei Bandfiltern aus gekoppelten Schwingkreisen lassen sich ebenfalls Bandbreite und Selektivität getrennt einstellen. Über kapazitive oder induktive Teilankopplung wird ohne zusätzliche Bauelemente Leistungsanpassung erreicht. Der Verstärker in Bild 9 hat als Eingangsnetzwerk ein induktiv gekoppeltes Bandfilter. Die Eingangskapazität des Transistors ist mit in die kapazitive Teilankopplung einbezogen. Da die induktive Kopplung zwischen Luftspulen meist auch eine ungewollte kapazitive Komponente beinhaltet, sind die Verhältnisse besser kontrollierbar mit magnetisch geschirmten Einzelkreisen und kapazitiver Kopplung, wie im Ausgangsnetzwerk. Bei kritischer Kopplung hat ein zweikreisiges Bandfilter die Bandbreite $B_{\text{ges}} = \sqrt{2}\,B$, bei Grenzkopplung $B_{\text{ges}} = 3{,}6\,B$, wobei B die Bandbreite eines Einzelkreises ist. Die Weitabselektion bei hohen Frequenzen wird oberhalb von etwa 40 dB durch parasitäre Effekte beeinträchtigt. Wichtig sind die Verwendung von Parallelkondensatoren mit ausreichend kleiner Serieninduktivität und der sachgerechte Aufbau der Schaltung.

Selektive Verstärker werden nicht nur mit diskret aufgebauten L-C-Schwingkreisen, sondern auch mit anderen Resonatoren gebaut (z. B. Keramik-, SAW-, Hohlraum-, dielektrische Resonatoren).

Bild 8. Selektiver Verstärker mit Resonanzkreisen am Eingang und am Ausgang (HF-Schaltbild)

Bild 9. Selektiver Verstärker mit je einem zweikreisigen Bandfilter am Eingang und am Ausgang (HF-Schaltbild)

Bild 10. Selektiver UHF-Verstärker mit Leitungsresonatoren

Bild 10 zeigt ein Schaltungsbeispiel im UHF-Bereich mit Leitungsresonatoren.

Bild 12. Frequenzgang der Verstärkung im Bereich der Sättigung eines Transistors. Die Eingangsleistung steigt von Kurve zu Kurve um jeweils 1 dB

4.3 Leistungsverstärker
Power amplifiers

Bei Vollaussteuerung eines Transistors mit einem sinusförmigen Eingangssignal (Bild 11) beträgt die maximale Kollektor-Emitter-Spannung

$$U_{CE,\,max} = 2(U_= - U_{CE,\,sat}) + U_{CE,\,sat}.$$

Die Sättigungsspannung $U_{CE,\,sat}$ ist abhängig vom Kennlinienfeld des Transistors (s. M 1) und vom Lastwiderstand R_L. Typische Werte sind z. B. 2,5 V bei 50 W und 6 V bei 250 W Ausgangsleistung. Die maximale Ausgangsleistung P_2 eines Transistors ergibt sich damit zu

$$P_2 = \frac{(U_= - U_{CE,\,sat})^2}{2\,R_L}. \qquad (2)$$

Ein Leistungstransistor mit einer Kollektor-Emitter-Durchbruchspannung von beispielsweise 50 V und $U_{CE,\,sat} = 6$ V sollte daher bei Vollaussteuerung mit nicht mehr als $U_= = 28$ V betrieben werden. Die Summe aus Gleichspannung $U_=$ und HF-Amplitude muß stets kleiner sein als die Kollektor-Emitter-Durchbruchspannung. Im Unterschied zu diesem cw-Betrieb treten im Schalterbetrieb bei induktiver Last um ein Vielfaches höhere Kollektorspannungen auf. Dann sind schaltungstechnische Maßnahmen (Dioden, Zenerdioden) zur Spannungsbegrenzung unumgänglich.

Im MHz-Bereich, wo preiswerte Transistoren mit hoher Ausgangsleistung zur Verfügung stehen, wird in Analogie zur NF-Verstärkertechnik Gl. (2) benutzt, um den notwendigen Lastwiderstand R_L für eine geforderte Ausgangsleistung P_2 zu berechnen. Dies gilt dann, wenn man zum Beispiel einen 100-W-Transistor einsetzt, um einen 60-W-Verstärker zu bauen. Der Transistor wird dann nicht bei Leistungsanpassung am Ausgang betrieben, sondern mit dem berechneten R_L. Als zu kompensierendes Blindelement am Kollektor benutzt man, sofern die S- bzw. Y-Parameter im Datenblatt nicht angegeben sind, die Kollektor-Basis-Kapazität des Transistors. Sie wird in der Regel mit dem Faktor 1,2 bis 2 multipliziert, um parasitäre Schaltungskapazitäten und die aussteuerungsbedingte Kapazitätszunahme zu berücksichtigen.

Bild 12 zeigt das typische Verhalten eines Leistungsverstärkers bei Steigerung der Eingangsleistung: Bei stufiger Erhöhung der Eingangslei-

Bild 11. Zeitlicher Verlauf der Kollektorspannung bei Vollaussteuerung eines Transistors; nur die Grundschwingung ist dargestellt stung P_1 um jeweils 1 dB von Kurve zu Kurve erhöht sich die Ausgangsleistung P_2 ebenfalls überall um 1 dB, solange sich der Transistor im linearen Bereich befindet (Kurven 1, 2 u. 3). Bei weiterer Erhöhung von P_1 kommt der Transistor zunächst im unteren Teil seines Übertragungsbereichs in die Sättigung (Kurve 4). Bei nochmaliger Vergrößerung von P_1 gilt dies dann für den gesamten Durchlaßbereich (Kurve 5). Die Sättigungsleistung $P_{2,\text{sat}}$ läßt sich nicht überschreiten (Kurve 6); der Frequenzgang im Bereich der Sättigung ist typisch sehr glatt. Bei einer Verstärkerkette ist darauf zu achten, daß die Treiber- bzw. Vorstufentransistoren nicht eher in den Bereich der Sättigung kommen als der Endstufentransistor.

Bei weiterer Steigerung von P_2 bzw. Übersteuerung des Eingangs besteht neben der thermischen Überlastung des Transistors die Gefahr, daß die Durchbruchspannung der Basis-Emitter-Strecke überschritten wird. Dieser Effekt wird ebenfalls häufig bei voller Leistung am Eingang und unsachgemäßem Abgleich des Ausgangsanpassungsnetzwerks erreicht. Die Basis-Emitter-Durchbruchspannung liegt bei bipolaren Transistoren zwischen 1 V und 4 V. Bei einer Eingangsimpedanz von z. B. 5 Ω sind $P_1 = 225$ mW ausreichend, um $-1{,}5$ V an der Basis zu erzeugen. Als Schutz kann eine geeignete Diode antiparallel zur Basis-Emitter-Strecke geschaltet werden (Bild 13).

Bei einem Leistungsverstärker werden in der Regel die Endstufentransistoren zerstört, wenn der Verstärker im Leerlauf, also ohne Lastwiderstand betrieben wird. Um dies zu vermeiden, kann man Richtungsleitungen bzw. Zirkulatoren am Ausgang vorsehen (Bild 13). Von einigen Firmen werden allerdings auch kurzschluß- bzw. leerlauffeste Transistoren geliefert (100% mit $VSWR = \infty$ getestet). Bei der rechnerischen Kontrolle, ob die maximale Verlustleistung eines Transistors stets kleiner bleibt als der vom Hersteller angegebene Grenzwert, geht man nicht von Leistungsanpassung am Ausgang und dem dann in der Regel recht guten Wirkungsgrad aus, sondern vom ungünstigsten Betriebszustand, also maximale Umgebungstemperatur, ungünstige Fehlanpassung und (nur bei A-Betrieb) HF-Eingangssignal 0. In kritischen Fällen ist es sinnvoll, das Eingangsanpassungsnetzwerk schmalbandiger auszulegen als das Ausgangsnetzwerk, so daß die Ansteuerleistung außerhalb des Betriebsfrequenzbereichs bereits reflektiert wird, bevor sie den Transistor erreicht.

Leistungstransistoren bestehen im Inneren aus vielen parallelgeschalteten Transistoren. Mit zunehmender Leistung werden daher die Eingangs- und Ausgangsimpedanzen niederohmiger. Typische Werte (bipolare Transistoren, 450 MHz) sind zum Beispiel:

P_2	Z_1	Z_2	U_c	I_c
W	Ω	Ω	V	mA
0,1	15 − j 10	90 − j 50	10	30
1	6 − j 5	75 − j 45	28	80
50	0,7 + j 1,5	2 + j 1	28	$3{,}6 \cdot 10^3$

Bei voller Leistung fließen sehr große Ströme im Verstärker. In den Anpassungsnetzwerken treten diese nochmals mit der Güte Q multipliziert auf. Bei sämtlichen Bauelementen vom Durchführungsfilter bis zum Koppelkondensator ist deshalb die zulässige Strom-/Spannungsbelastbarkeit und die Verlustleistung zu kontrollieren. Ungünstige Transformationen bzw. thermisch überlastete Komponenten erkennt man zum Beispiel durch ein Absinken der Ausgangsleistung wenige Sekunden nach dem Einschalten des Verstärkers.

Zur weiteren Erhöhung der Ausgangsleistung werden mehrere Transistoren parallelgeschaltet. Allerdings nicht unmittelbar, da dann einerseits Eingänge und Ausgänge noch niederohmiger würden und damit schwieriger anzupassen wären und andererseits der Ausfall eines Transistors den Ausfall des Verstärkers bedeuten würde, sondern mit Schaltungen entsprechend Bild 14. Bei verlustlos angenommenen Netzwerken zum gleichmäßigen Aufteilen bzw. Zusammenführen der Leistungen ergibt sich jeweils eine Verdopplung der Ausgangsleistung.

Sofern Leistungstransistoren an der oberen Grenze ihres nutzbaren Frequenzbereichs eingesetzt werden, sind auch im C-Betrieb für die Harmonischen Pegel von -25 dBc und besser erreichbar. Zum einen haben gute Anpaßnetzwerke Tiefpaßcharakter, und zum anderen ist die Verstärkung des Transistors bei Vielfachen der Betriebsfrequenz bereits sehr stark abgefallen. Die Gegentaktverstärkerschaltungen in Bild 14a bis 14c verringern den Anteil der doppelten Frequenz im Ausgangssignal erheblich (theoretisch: Auslöschung). Durch Vermindern der Harmonischen läßt sich der Wirkungsgrad von Leistungsverstärkern beträchtlich verbessern. Wicklungsüberträger mit Ferritkern werden bis etwa 30 MHz eingesetzt, Leitungsübertrager (s. L 13) bis etwa 1 GHz, Symmetrierglieder mit Koaxialleitungen bis etwa 500 MHz und in Streifen- bzw. Microstrip-Leitungstechnik bis in den Mikrowellenbereich.

Bild 13. Leistungsverstärker mit Basis-Schutzdiode und Zirkulator am Ausgang der Impedanztransformation. Die niederohmigen Eingangsimpedanzen der beiden Verstärker sind bezüglich des Transformatorausgangs in Serie geschaltet. Damit liegen günstigere Verhältnisse vor als bei einem Einzeltransistor. Vorteilhaft bei weiterer Parallelschaltung ist folgende Kombination: Zwei Gegentaktverstärker (Vorteil: geringe Netzwerkverluste, guter Wirkungsgrad wegen der Unterdrückung der doppelten Frequenz) werden über zwei 3-dB/90°-Richtkoppler zusammengefaßt. Aufgrund der Richtkopplereigenschaften wird die zu den Bandgrenzen hin ansteigende Fehlanpassung der Gegentaktverstärker an Ein- und Ausgang der Gesamtschaltung nicht wirksam (Bild 14d).

Die Hybrid-Verstärker in Bild 14 d, f und der Verstärker in Bild 14 e sind keine Gegentaktverstärker. Auch die englischen Bezeichnungen push-pull amplifier und balanced amplifier sind falsch. Die HF-Signale in den beiden parallelgeschalteten Transistoren sind hier nur 90° bzw. 0°, jedoch nicht 180° phasenverschoben. Damit tritt bei diesen Schaltungen keine Auslöschung der geradzahligen Harmonischen auf.

Ein Beispiel für die konsequente Parallelschaltung von Transistoren ist der in [12] beschriebene Sendeverstärker für ein Radargerät. Mit 288 allein in der Endstufe parallelgeschalteten Transistoren wird bei 1,3 GHz eine Pulsausgangsleistung von 30 kW erreicht.

Bild 14. Verfahren zum Aufteilen und Zusammenführen gleichgroßer Signale bei der Parallelschaltung von Leistungstransistoren des gleichen Typs. **a)** Wicklungs- oder Leitungsübertrager; **b)** $\lambda/4$-Leitungstransformator; **c)** zweistufiger Leitungstransformator; **d)** Hybrid-Verstärker mit 3-dB/90°-Richtkopplern; **e)** isolierender Leistungsteiler, 3-dB/0°; **f)** schmalbandige Alternative zu d).

Die Parallelschaltung zweier Transistoren in Hochleistungsendstufen bringt so viele Vorteile, daß sie praktisch immer angewendet wird. Einige Transistoren für hohe Leistungen werden deshalb bereits paarweise auf einem Kühlkörper geliefert. In den Gegentaktschaltungen übernimmt der Symmetrietransformator den größten Teil

4.4 Rauscharme Verstärker
Low-noise amplifiers (LNA's)

Die Rauschzahl ist nur in der 1. Stufe einer Verstärkerkette bzw. unmittelbar am Eingang eines Signalverarbeitungssystems von besonderer Bedeutung. Die Rauschzahl F eines Transistorverstärkers ist abhängig vom Transistortyp, vom Gleichstromarbeitspunkt, von der Frequenz, von der Temperatur und vom Reflexionsfaktor $\underline{r}_G$. Der entscheidende Punkt beim Entwurf eines rauscharmen Verstärkers ist die Auswahl des richtigen Transistortyps. Für $\underline{r}_G = \underline{r}_{opt}$ wird bei diesem Transistor die minimale Rauschzahl F_{min} erreicht (s. D 3.4). Dieser Betriebszustand heißt Rauschanpassung. Er stimmt bei den meisten Transistoren nicht mit der Leistungsanpassung ($\underline{r}_G = \underline{r}_1^*$) überein. Zur anschaulichen Darstellung des Zusammenhangs zwischen $\underline{r}_G$ und F kann man in der $\underline{r}_G$-Ebene den geometrischen Ort all der Generatorreflexionsfaktoren $\underline{r}_G$ darstellen, die die gleiche Rauschzahl F zur Folge haben. Für diese Kreise konstanter Rauschzahl (Bild 15) gilt:

Kreismittelpunkt $\quad \underline{M}_F = \dfrac{\underline{r}_{opt}}{1 + a} \quad$ (3)

Bild 15. Kreise konstanter Rauschzahl in der r_G-Ebene

Kreisradius $\quad R_F = \dfrac{\sqrt{a(1 + a - r_{opt}^2)}}{1 + a}$ (4)

$\quad$ mit $\quad a = \dfrac{F - F_{min}}{4 R_N/R_0} |1 + r_{opt}|^2$.

Die Kreismittelpunkte M_F liegen auf einer Geraden durch $r_G = 0$. Der normierte äquivalente Rauschwiderstand R_N/R_0, sowie F_{min}, r_{opt} und der dazugehörige Arbeitspunkte sind bei rauscharmen Transistoren im Datenblatt angegeben. Sie heißen Rauschparameter (noise parameters). Zusätzlich müssen für diesen Arbeitspunkt die S-Parameter bekannt sein. Die minimale Rauschzahl F_{min} ist eine Eigenschaft des Transistors. Sie ist unabhängig davon, ob der Transistor in Emitter-, Basis- oder Kollektorschaltung betrieben wird. Durch verlustlose Anpaßnetzwerke wird sie nicht verändert. Die Leistungsverstärkung g_a bei Rauschanpassung (associated gain) ist kleiner als die mit dem betreffenden Transistor erreichbare maximale Verstärkung g_{max}. Dies liegt nicht nur daran, daß der Generator bei Rauschanpassung wegen $r_{opt} \ne r_1^*$ nicht seine maximale Leistung an den Transistor abgeben kann, sondern auch daran, daß die minimale Rauschzahl bei relativ kleinen Drainströmen (Kollektorströmen) auftritt, während g_{max} in der Regel erst bei größeren Strömen erreicht wird. Die anpassungsbedingte Verstärkungsminderung läßt sich durch verlustlose Rückkopplungsnetzwerke verringern (z. B. Stromgegenkopplung entsprechend Bild 3.4b über eine Induktivität [13–15]). Alle im HF-Schaltbild enthaltenen Wirkwiderstände bzw. Transformationsverluste verschlechtern die Rauschzahl des Verstärkers. Schmalbandig erreicht man bei Raumtemperatur mit GaAs-MESFETs bis 10 GHz und mit Heterostruktur-FETs [16] bis etwa 65 GHz Rauschzahlen $F_{min} < 1$ dB. Bei rauscharmen Breitbandverstärkern sind die Rauschzahlen größer. Typische Werte sind z. B. $F = 2{,}5$ dB für einen GaAs-MMIC von 0,5 bis 6 GHz und $F = 5$ dB von 2 bis 20 GHz. Für viele technische Anwendungen ist der Frequenzgang $F(f)$ wichtiger als die integrale Rauschzahl.

Sowohl bei bipolaren Transistoren als auch bei FETs steigt die Rauschzahl mit zunehmender Temperatur T. Für GaAs-FETs gilt etwa

$$F(T) = 1 + (F(T_0) - 1)\, T/T_0 \,. \quad (5)$$

Die Verbesserung bei tiefen Temperaturen läßt sich bei GaAs-FETs in geeignet aufgebauten Verstärkern bis herab zu wenigen Kelvin nutzen [21]. Bipolare Transistoren arbeiten unterhalb etwa $-80\,°C$ nicht mehr. Für komplette Verstärker bzw. MMICs gelten diese einfachen Zusammenhänge zwischen Temperatur und Rauschzahl nicht notwendigerweise. Bei entsprechender Auslegung der Schaltung ist es möglich, daß die Rauschzahl mit zunehmender Temperatur zunächst kleiner wird.

4.5 Logarithmische Verstärker
Logarithmic amplifiers

Ein logarithmischer HF-Verstärker (true logarithmic amplifier) hat bezüglich der Spannungsamplituden eine logarithmische Übertragungsfunktion:

$$U_2 \sim \lg(U_1/U_0)\,.$$

Die Phaseninformation bleibt erhalten. Aufgrund der logarithmischen Kennlinie werden kleine Signale mehr verstärkt als große Signale. Damit erzeugt ein sinusförmiges Eingangssignal ein nicht-sinusförmiges Ausgangssignal (Bild 16).

Bild 16. Zweistufiger logarithmischer HF-Verstärker

Die Steigung a der Übertragungsfunktion wird in mV/dB angegeben. Ein typischer Wert ist $a = 25$ mV/dB,

$$U_2 = a \cdot 20 \lg(U_1/U_0).$$

Im NF-Bereich wird die log. Übertragungsfunktion approximiert, indem man eine bzw. zwei antiparallele Dioden als Rückkopplungselement eines Operationsverstärkers einsetzt. Im HF-Bereich wird die log. Funktion durch Aneinanderfügen linearer Kennlinienstücke angenähert (Bild 17). Im Schaltungsbeispiel entsprechend Bild 16 hat jede Stufe 10 dB Verstärkung. Bis zu Eingangsspannungen von 36,7 mV (Punkt P_2) arbeitet die Schaltung als linearer Verstärker mit der Spannungsverstärkung $v_u = 10$. Bei größeren Spannungen begrenzt der Begrenzerverstärker in Stufe 2. Die Parallelschaltung beider Verstärker hat dann die Übertragungsfunktion $U_2 = U_A + 250$ mV, d. h. Eingangssignale im Bereich zwischen P_2 und P_3 werden von der 1. Stufe mit $v_u = 3{,}16$ verstärkt und von der 2. Stufe um konstant 250 mV angehoben. Oberhalb von P_3 begrenzt auch die 1. Stufe. Alle Eingangssignale werden mit $v_u = 1$ verstärkt und um 500 mV angehoben.

Mit zwei derartigen Stufen ergibt sich demnach ein logarithmischer Verstärker mit einem Dynamikbereich von 30 dB (von P_1 bis P_4) und einer Steigung $a = 25$ mV/dB. Schaltet man N identische Stufen hintereinander, so vergrößert sich der Dynamikbereich auf $(N + 1) \cdot 10$ dB.

Eine Verstärkerstufe entsprechend Bild 16 wird entweder durch einen Differenzverstärker realisiert (Bild 18) [18], oder man benutzt ohmsche Leistungsteiler 3 dB/0° bzw. 6 dB/0° zum Parallelschalten zweier unabhängiger Verstärker [20]. Bei einer Stufenverstärkung von 10 dB beträgt die Abweichung zwischen linearer und logarithmischer Kennlinie $\pm 0{,}81$ dB. Mit realen, nichtlinearen Verstärkern verschwindet der Kennlinienknick bei P_2 und P_3 und die Abweichung vom gewünschten Verlauf wird wesentlich kleiner [18]. Logarithmische Verstärker nach diesem Schaltungsprinzip sind üblicherweise auf Frequenzen unterhalb von 1 GHz beschränkt. Weitere Nachteile sind unter Umständen der begrenzte Dynamikbereich oder die andernfalls stark ansteigende Leistungsaufnahme.

Bei vielen Anwendungen wird nur die logarithmierte Hüllkurve des Eingangssignals benötigt. Bild 19 zeigt ein Schaltungsbeispiel, bei dem das Eingangssignal zunächst von einer Detektordiode gleichgerichtet und dann verstärkt wird. Durch die logarithmische Kennlinie wird die Anstiegszeit eines Pulses am Ausgang kleiner als am Eingang (z. B. 10 ns). Die Abfallzeit wird dagegen wesentlich verlängert (z. B. 100 ns). Da der Dynamikbereich der Anordnung in Bild 19 durch

Bild 18. Differenzverstärkerschaltung als Beipiel für eine Verstärkerstufe entsprechend Bild 16

Bild 17. Übertragungsfunktion des zweistufigen logarithmischen HF-Verstärkers von Bild 16

Bild 19. Detector logarithmic video amplifier (DLVA)

Bild 20. Logarithmischer ZF-Verstärker (log. IF amplifier bzw. successive detection log. video amplifier, SDLVA)

den Dynamikbereich der Detektordiode eingeschränkt ist, werden statt dessen meist mehrstufige Schaltungen entsprechend Bild 20 verwendet [17, 19]. Hier hat jede Detekordiode nur einen Dynamikbereich von 10 dB zu verarbeiten. Die in Kette geschalteten identischen Begrenzerverstärker ergeben zusammen mit den aufsummierten Videosignalen der einzelnen Detektordioden wieder analog zu Bild 17 eine durch Geradenstücke approximierte, logarithmische Übertragungsfunktion.
Zusätzlich zur Begrenzung im ZF-Bereich kann auch im Video-Bereich begrenzt werden. Die Ausgangsspannung solcher logarithmischer Video-Verstärker (LVA) ist proportional zum Eingangs*pegel*:

$$U_2 = a \cdot 10 \lg(P_1/P_0).$$

Der logarithmische ZF-Verstärker nach Bild 20 stellt am Begrenzerausgang die Frequenz- bzw. Phaseninformation zur Verfügung. Gleichzeitig werden am Videoausgang ein großer Dynamikbereich und kurze Anstiegs- und Abfallzeiten ermöglicht.
Typische Kenngrößen eines derartigen Verstärkers sind:
– Dynamikbereich von -75 dBm bis $+5$ dBm,
– ZF-Bereich bis 3 GHz, unter Umständen beginnend bei der Frequenz 0,
– Abweichung von der logarithmischen Kennlinie: ± 1 dB,
– Anstiegs- und Abfallzeiten: 5 ns,
– Phasenfehler am Begrenzerausgang $< \pm 10°$.

Spezielle Literatur: [1] *Niclas, K. B.*: Multi-octave performance of single-ended microwave solid-state amplifiers. IEEE-MTT 32, Nr. 8 (1984) 896–908. – [2] *Aitchison, C. S.; Bukhari, M. N.; Tang, O. S. A.*: The enhanced power performance of the dual-fed distributed amplifier. European Microwave Conference (1989) 439–444. – [3] *Ayasli/Mozzi/Vorhaus/Reynolds/Pucel*: A monolithic GaAs 1–13 GHz traveling wave amplifier. IEEE-MTT 30 (1982) 976–981. – [4] *Beyer/Prasad/Becker/Nordmann/Hohenwarter*: MESFET distributed amplifier design guidelines. IEEE-MTT 32 (1984) 268–275. – [5] *Rodwell/Riaziat/Weingarten/Bloom*: Internal microwave propagation and distortion characteristics of traveling wave amplifiers studied by electro-optic sampling. IEEE-MTT 34 (1986). – [6] *Niclas, K. B.; Pereira, R. R.*: The matrix amplifier: a high-gain module for multioctave frequency bands. IEEE-MTT 35, Nr. 3 (1987) 296–306. – [7] *Cioffi, K. R.*: Broadband distributed amplifier impedance-matching techniques. IEEE-MTT 37, Nr. 12 (1989) 1870–1876. – [8] *Riaziat/Brandy/Ching/Li*: Feedback in distributed amplifiers. IEEE-MTT 38, Nr. 2 (1990) 212–215. – [9] *Niclas, K.; Pereira, R.; Chang, A.*: A 2–18 GHz low-noise/high-gain amplifier module. IEEE-MTT 37, Nr. 1 (1989) 198–207. – [10] *Ross, M.; Harrison, R. G.; Surridge, R. K.*: Taper and forward-feed in GaAs MMIC distributed amplifiers. IEEE-MTT-S Digest 1989 1039–1042. – [11] *Hetterscheid, W. Th.*: Selektive Transistorverstärker I, II. Philips Technische Bibliothek, Hamburg 1965 (1971). – [12] *Bird, S.; Matthew, R.*: A production 30-kW, L-Band solid-state transmitter. IEEE MTT-S Digest (1989) 867–870. – [13] *Fukui, H.* (Hrsg.): Low noise microwave transistors and amplifiers (div. Fachaufsätze) IEEE Press, N.Y. 1981. – [14] *Enberg, J.*: Simultaneous input power match and noise optimization using feedback. European Microwave Conf. Digest (1974) 385–389. – [15] *Murphy, M. T.*: Applying the series feedback technique to LNA design. Microwave J., Nov. (1989) 143–152. – [16] *Mimura, T.; Hiyamizu, S.; Fujii, T., Nanbu, K.*: A new field effect transistor with selectively doped GaAs/n-AlGaAs heterojunctions. Japan. J. Appl. Phys. 19 (1980) L 225. – [17] *Lansdowne, K. H.; Norton, D. E.*: Log amplifiers solve dynamic-range problems and rapid-pulse-response problems. MSN & CT, Oct. (1985) 99–109. – [18] *Hughes, R. S.*: Logarithmic amplification. Dedham, MA: Artech House 1986. – [19] *Oki/Kim/Gorman/Camou*: High-performance GaAs heterojunction bipolar transistor monolithic logarithmic IF amplifiers. IEEE-MTT 36 (1988) 1958–1965. – [20] *Smith, M. A.*: A 0,5 to 4 GHz true logarithmic amplifier utilizing GaAs MESFET technology. IEEE-MTT 36, Nr. 12 (1988) 1986–1990. – [21] *Pospieszalski, M. W.; Weinreb, S.; Norrod, R. D.; Harris, R.*: FET's and HEMT's at cyrogenic temperatures – their properties and use in low-noise amplifiers. IEEE-MTT 36, Nr. 3 (1988) 552–560. – [22] *Becker, R. C.; Beyer, J. B.*: On gain-bandwidth product for distributed amplifiers. IEEE-MTT 34 (1986) 736–738. – [23] *Aitchinson, C. S.*: The intrinsic noise figure of the MESFET distributed amplifier. IEEE-MTT 33 (1985) 460–466.

5 Nichtlinearität
Nonlinearity

5.1 1-dB-Kompressionspunkt
1-dB gain compression point

Trägt man die Ausgangsleistung P_2 eines Transistors bzw. Verstärkers als Funktion der Eingangsleistung P_1 jeweils in dBm auf, so ergibt sich typisch ein Kurvenverlauf wie in Bild 1. Mit zunehmender Eingangsleistung gerät der Transi-

---

Spezielle Literatur Seite F 31

Bild 1. Übertragungskennlinien eines Transistorverstärkers; 1-dB-Kompressionspunkt und Sättigungsbereich. Dargestellt ist die Leistung der Grundschwingung bei einer festen Frequenz

stor in die Sättigung, das heißt P_2 nimmt nicht mehr proportional zu P_1 zu, die Verstärkung g sinkt. Die Ausgangsleistung P_2, bei der die Verstärkung um 1 dB kleiner ist als im linearen Bereich, wird als 1-dB-Kompressionspunkt des Verstärkers bezeichnet ($P_{1\,\mathrm{dB}}$).

Im Sättigungsbereich sind die S-Parameter eines Transistors pegelabhängig. Insofern erhält man Kurve I, wenn ein Transistor im linearen Bereich unterhalb der Sättigung beidseitig leistungsangepaßt wird. In der Sättigung ist dieser Transistor dann fehlangepaßt. Soll ein Transistor maximale Sättigungsleistung liefern, muß er bei $P_{\mathrm{sat,\,max}}$ beidseitig leistungsangepaßt sein. Daraus resultiert immer eine Fehlanpassung bei kleinerer Aussteuerung und damit $g < g_{\mathrm{max}}$ im linearen Bereich. Ein Leistungsverstärker kann nur dann auf hohe Sättigungsleistung abgeglichen werden, wenn ausreichend viel Ansteuerleistung zur Verfügung steht. Beim Aufbau eines mehrstufigen Verstärkers beginnt man also stets mit der Eingangsstufe.

Bei Kleinsignaltransistoren liegt die Sättigungsausgangsleistung $P_{2,\mathrm{sat}}$ um 3 bis 6 dB über $P_{1\,\mathrm{dB}}$. Bei Leistungstransistoren verringert sich dieser Abstand auf etwa 1 bis 3 dB. Das Verhalten in der Sättigung wird von der Art des Gleichstromnetzwerks beeinflußt. Eine Steigerung des Eingangspegels über $P_{1\,\mathrm{max}}$ hinaus führt von einem bestimmten Wert ab bei bipolaren Transistoren zunächst zu einem leichten Anstieg der Rauschzahl. Bei weiterer Steigerung nimmt dieser Anstieg weiter, irreversibel zu. Danach sinkt die Verstärkung, ebenfalls irreversibel. Eine darüber hinausgehende Übersteuerung führt zum endgültigen Ausfall (s. 4.3). Im Unterschied dazu ist das typische Verhalten von GaAs FETs eine abrupte Zerstörung bei Übersteuerung, ohne Vorankündigung.

5.2 Harmonische
Harmonics

Infolge der nichtlinearen Übertragungskennlinie eines Transistors enthält das Ausgangssignal bei sinusförmigem Eingangssignal mit der Frequenz f_1 stets neben der verstärkten Grundschwingung die harmonischen Frequenzen $2f_1, 3f_1, \ldots nf_1$ etc. (die Bezeichnungen „Grund*welle*" (s. K 1) und „Ober*wellen*" sollten vermieden werden). Mit zunehmender Ordnungszahl n klingt die Amplitude der Hüllkurve dieser Spektrallinien üblicherweise schnell ab. Das kennlinienbedingte Abklingen wird unterstützt durch die mit zunehmender Frequenz abnehmende Verstärkung.

Die primäre Beeinflussung des Harmonischenanteils im Ausgangssignal erfolgt über die Auswahl des Bereichs der Kennlinie, der ausgesteuert wird, das heißt über den Gleichstromarbeitspunkt (I_c und U_c) (A-, B-, C-Verstärker) sowie über den gewählten Transistortyp und die Schaltungsart (z. B. Gegentaktverstärker). Bei Verstärkern mit relativen Bandbreiten kleiner als 2:1 wird die Filterwirkung des Ausgangsnetzwerks genutzt (Tiefpaß- bzw. Bandpaßanpassung). Zur Kennzeichnung eines Verstärkers wird für einen festen Ausgangspegel, beispielsweise die Nennausgangsleistung, der jeweilige minimale Pegelunterschied in dB zwischen der n-ten Harmonischen und der Grundschwingung angegeben (Maßeinheit dBc: dB below carrier). Im Bereich der Sättigung steigen die Amplituden der Harmonischen überproportional an. Bei der Messung der Ausgangsleistung eines Verstärkers mit einem Leistungsmesser ist zu kontrollieren, ob dieser die Summenleistung

$$P_{\mathrm{ges}} = P(f_1) + P(2f_1) + \ldots P(n \cdot f_1) + \ldots$$

anzeigt oder nur Teile davon (s. I 13). Wirkungsgradangaben beziehen sich immer auf die Grundschwingung.

5.3 Intermodulation
Intermodulation

Intermodulation beschreibt die Wechselwirkungen zwischen Eingangssignalen benachbarter Frequenzen aufgrund der nichtlinearen Transistorkennlinie. Sie wird mit zwei Signalen gleicher Amplitude der Frequenz f_1 und f_2 am Verstärkereingang gemessen. Der Abstand zwischen f_1 und f_2 beträgt wenige MHz. Die Intermodulationsprodukte 2. Ordnung, bei den Frequenzen $f_2 \pm f_1$ fallen nur dann in den Durchlaßbereich des Verstärkers, wenn die relative Bandbreite größer als 2:1 ist. Dagegen liegen von den Intermodulationsprodukten 3. Ordnung diejenigen bei den Frequenzen $2f_1 - f_2$ und $2f_2 - f_1$ praktisch immer innerhalb des Durchlaßbereichs (Bild 2).

Aufgrund der üblichen mathematischen Beschreibung einer schwachen Nichtlinearität (Gl. (2)) steigt im Kleinsignalbereich die Grundschwingung mit 1 dB am Ausgang pro 1 dB am Eingang an, jeder Intermodulationsterm IM_2 mit 2 dB am Ausgang pro 1 dB am Eingang und jeder Intermodulationsterm IM_3 mit 3 dB pro 1 dB (Bild 3). Spätestens im Sättigungsbereich flachen die Kurven ab. Theoretisch treffen sich die extrapolierten Geraden in einem Punkt, dem intercept point IP. Bei Gegentaktverstärkern sind die IM_2-Werte wesentlich kleiner und zeigen einen stark nichtlinearen Verlauf. Der IP_2 liegt bei wesentlich höheren Pegeln als der IP_3. Von besonderem Interesse ist deshalb die IM_3-Kurve. Die Angabe des Schnittpunkts IP_3 (third order intercept point) in dBm kennzeichnet das Intermodulationsverhalten eines Transistors bzw. Verstärkers. Ist die Grundschwingung um Δa in dB kleiner als IP_3, dann ist der störende Intermodulationsterm 3. Ordnung um $3\Delta a$ kleiner als IP_3. Für zwei Signale mit unterschiedlicher Amplitude ergeben sich die Störpegel zu (alle Pegel in dBm; Bezeichnungen s. Bild 2):

$$P_3 = 2P_1 + P_2 - 2IP_3$$
$$P_4 = P_1 + 2P_2 - 2IP_3. \quad (1)$$

Diese Gleichungen gelten ebenfalls für die beiden Intermodulationsprodukte 2. Ordnung, sofern man IP_3 durch IP_2 ersetzt.

Die Größe der Intermodulationsprodukte eines Verstärkers hängt ab vom Transistortyp, vom ausgesteuerten Kennlinienbereich (niedrigste Verzerrung bei symmetrischer Begrenzung) sowie von der Verstärkung und der Lastimpedanz Z_L bei den verschiedenen im mathematischen Ausdruck auftretenden Frequenzen. FETs zeigen häufig eine näherungsweise quadratische Kennlinie, die sich über einen großen Aussteuerungsbereich erstreckt. Verglichen mit der exponentiellen Kennlinie bei bipolaren Transistoren ergeben sich dadurch geringere Intermodulationsprodukte 3. Ordnung.

Die in Bild 3 aufgetragenen Leistungen gehören jeweils zu einer Spektrallinie. Bei zwei gleichgroßen Spektrallinien ist der zeitliche Mittelwert der Gesamtleistung 3 dB und der Spitzenwert der Schwebung (peak envelope power PEP) 6 dB größer.

Bild 2. Lage der Intermodulationsprodukte 3. Ordnung P_3 und P_4 (two tone third order intermodulation distortion)

Bild 3. Leistungspegel der am Verstärkerausgang auftretenden Spektrallinien als Funktion der Eingangsleistung. Idealisierte Kurvenverläufe zur Definition des second order (IP_2) und third order intercept point (IP_3)

5.4 Kreuzmodulation
Crossmodulation

Unter Kreuzmodulation versteht man die Übertragung der Modulation (bzw. der Seitenbandinformation) eines Signals A auf ein Signal B. Beide Signale liegen im Durchlaßbereich des Verstärkers. Bild 4 veranschaulicht den Effekt und das Meßverfahren. Der Frequenzabstand Δf beträgt wenige MHz. Die Kreuzmodulation ist ein Sonderfall der Intermodulation.

5.5 AM-PM-Umwandlung
AM-to-PM conversion

Die mit zunehmender Eingangsamplitude auftretende Änderung der S-Parameter eines Transistors beinhaltet auch die Phase des Transmissionsfaktors und damit die Gruppenlaufzeit. Die Ansteuerung eines Transistors mit Amplituden

Bild 4. Messung des Kreuzmodulationsabstands mit drei Sinussignalen f_1, f_2 und f_3

Bild 5. Erholzeit Δt_T eines Leistungsverstärkers bei Pulsbetrieb. Dargestellt sind die Videosignale, die Hüllkurven der jeweiligen HF-Signale

im Bereich des Übergangs von den Kleinsignalparametern zu den Großsignalparametern bewirkt also bei einer Amplitudenmodulation am Eingang eine zusätzlich zur AM auftretende Phasenmodulation (PM) am Ausgang. Die elektrische Länge eines Verstärkers ist somit aussteuerungsabhängig. Die Änderung der elektrischen Länge in Grad/dB wird als Kenngröße gemessen. Mit zunehmender Sättigung des Transistors geht diese Änderung gegen Null.
Typische Werte für die AM-PM-Umwandlung eines Mikrowellenverstärkers sind $\pm 1°$ bis $\pm 5°$/dB. Diese Kenngröße ist von besonderem Interesse bei Begrenzerverstärkern (limiting amplifiers). Dies sind Verstärker, die Eingangssignale beliebiger Amplitude im Idealfall in Ausgangssignale mit konstanter Amplitude umwandeln. Mit realen Begrenzerverstärkern schafft man eine Dynamikkompression von z. B. 20 dB am Eingang auf ± 3 dB am Ausgang (weiche Begrenzung) bis zu 100 dB am Eingang auf $\pm 0,5$ dB (schmalbandig) bis ± 1 dB (breitbandig, z. B. 2–18 GHz) am Ausgang (harte Begrenzung) [1].
Geringe nichtlineare *Amplituden*verzerrungen können z. B. durch eine endliche Potenzreihe der Form

$$u_2 = k_1 u_1 + k_2 u_1^2 + k_3 u_1^3 \qquad (2)$$

mathematisch untersucht werden. Um nichtlineare *Phasen*verzerrungen, wie zum Beispiel die AM-PM-Umwandlung, behandeln zu können, reicht dies nicht aus. Für die mathematische Analyse werden üblicherweise Volterra-Reihen benutzt [2, 3]. Das n-te Glied einer Volterra-Reihe ist ein n-faches Faltungsintegral im Zeitbereich. Weitere Verfahren zur Berechnung nichtlinearer Schaltungen sind die Analyse im Zeitbereich und die Harmonic-balance-Methode (s. C 8.3) [4].

5.6 Erholzeit
Recovery time

Die Speicherfähigkeit von Koppelkondensatoren ergibt zusammen mit der nichtlinearen Widerstandskennlinie von Transistoreingängen den meist unerwünschten Effekt, daß pulsförmige Übersteuerungen des Verstärkereingangs eine Totzeit Δt_T am Verstärkerausgang hervorrufen. Kurzzeitig für Δt_1 übersteuert, benötigt der Verstärker die Zeit $\Delta t_1 + \Delta t_T$, um am Ausgang wieder in den Kleinsignalbetrieb zurückzugelangen (Bild 5). Die Auslegung der Schaltung zur Einstellung des Gleichstromarbeitspunkts beeinflußt ebenfalls die Länge dieser Erholzeit Δt_T.

5.7 Nichtharmonische Störsignale
Non-harmonic spurious signals

Soche Störsignale entstehen unter anderem,
– wenn der Verstärker instabil ist (z. B. Kippschwingungen),
– wenn über die Gleichstromversorgung externe Störsignale eingekoppelt werden (z. B. Vielfache der Netzfrequenz oder der Schaltfrequenz von Schaltnetzteilen),
– wenn die Schirmwirkung des Gehäuses gegenüber externen elektromagnetischen Störern unzureichend ist,
– wenn Bauteile eingesetzt wurden, die durch externe Schallwellen beeinflußbar sind (Mikrofonie),
– wenn die Fehlanpassung des Verstärkereingangs den zur Speisung benutzten Signalgenerator instabil macht.

In der Entwicklungsphase eines Verstärkers sollte deshalb regelmäßig ein Spektrumanalysator benutzt werden, um das Vorhandensein von zusätzlichen Spektrallinien am Verstärkerausgang zu kontrollieren. Bei der ausschließlichen Benutzung eines Amplitudenmeßplatzes oder eines selektiven Meßplatzes bleiben solche Störsignale möglicherweise unentdeckt.

Spezielle Literatur: [1] *Browne, J.:* Coplanar limiters boast 90 dB gain from 2 to 6 GHz. Microwaves & RF, May (1989) 234–235. – [2] *Minasian, R. A.:* Intermodulation distortion analysis of MESFET amplifiers using the Volterra series representation. IEEE-MTT 28, Nr. 1 (1980) 1–8. – [3] *Maas, S. A.:* Nonlinear microwave circuits. Dedham, MA: Artech House 1988. – [4] *Rizzoli, V.; Lipparini, A.; Arazzi, E.:* A general purpose program for nonlinear microwave circuit design. – IEEE-MTT 31 (1983) 762–770.

6 Transistoren, integrierte Verstärker
Transistors, integrated amplifiers

Die wichtigste Entscheidung beim Entwurf eines Verstärkers ist die Auswahl des Halbleiterbauelements. Die Halbleitertechnologie entwickelt sich sehr schnell weiter. Problemlösungen, die vor wenigen Jahren noch unmöglich waren oder einen beträchtlichen Entwicklungsaufwand erforderten, sind heute mit modernen Bauelementen teilweise sehr einfach realisierbar.

In einem Transistor werden als Folge des HF-Eingangssignals an der Steuerelektrode Kapazitäten umgeladen bzw. Ladungsträger injiziert. Die (obere) Grenzfrequenz eines Transistors wird unter anderem durch Ladungsträgerlaufzeiten festgelegt. Da die Beweglichkeit von Elektronen in Si und GaAs die Löcherbeweglichkeit um ein Mehrfaches übersteigt, sind im Mikrowellenbereich alle bipolaren Transistoren vom npn-Typ und alle Feldeffekttransistoren vom n-Kanal-Typ. Da weiterhin die Elektronenbeweglichkeit in GaAs feldstärkeabhängig bis zu sechsmal größer ist als in Si, werden im oberen Mikrowellenbereich z.Zt. nur GaAs-FETs eingesetzt (Bild 1). Aufgrund der besseren Wärmeleitfähigkeit von Si gegenüber GaAs sind bei Transistoren mit Si-Substrat höhere Ausgangsleistungen möglich.

Die Kenngrößen *Transitfrequenz* f_T, bei der die Kurzschlußstromverstärkung $h_{21} = 1$ wird, bzw. *max. Schwingfrequenz* f_{max}, bis zu der man den betreffenden Transistor in einer Oszillatorschaltung einsetzen kann, sind für Verstärkeranwendungen wenig aussagekräftig. Der nutzbare Frequenzbereich eines hochverstärkenden Kleinsignaltransistors endet etwa dort, wo $g_{max} < 6$ dB wird. Einen Leistungstransistor wird man dagegen in der Regel noch einsetzen, bis $g_{max} \approx 3$ dB beträgt. Die Frequenzabhängigkeit der Verstärkung eines realen Transistors (Bild 2.6) entspricht im allgemeinen nicht dem theoretischen Verlauf (Bild 2). Sie wird vom Hersteller gemessen und im Datenblatt angegeben. Bis zur Frequenz f_{max} ist die Stabilität einer Verstärkerschaltung zu überprüfen.

Transistoren bilden die Gruppe von elektronischen Bauelementen mit der größten Vielfalt. Sie sind grundsätzlich sehr nichtlineare Bauelemente, und ihre Eigenschaften werden von vielen Parametern beeinflußt. Aus der Vielfalt von Bauformen (bei den FETs untergliedert man beispielsweise in IGFET, JFET, MESFET, MISFET, MOSFET usw.), von Herstellungstechnologien (Mesa, Planar, Overlay, Interdigital, Mesh-Emitter usw. [2]) und von Transistortypen für spezielle Anwendungen (Vorverstärker, schneller Schalter, Leistungsverstärker usw.) resultiert eine ebensolche Vielfalt von Transistoreigenschaften. Insofern lassen sich allgemeingülti-

Bild 1. Maximale Ausgangsleistung P handelsüblicher Transistoren (Stand 1991). Bei zwei Transistoren im gemeinsamen Gehäuse ist der doppelte Wert erreichbar

Bild 2. Theoretische Frequenzabhängigkeit der Verstärkung in Emitterschaltung

Spezielle Literatur Seite F 33

ge Aussagen nur schwer formulieren. Dies steht im Widerspruch zum verständlichen Wunsch des typischen Entwicklers von Transistorschaltungen, mit einem überschaubaren Katalog von festen Aussagen und Dimensionierungsregeln auszukommen. Der innovative Schaltungsentwickler sollte deshalb Aussagen der Form, beispielsweise, daß die Basis-Emitter-Spannung 0,7 V beträgt oder daß die Eingangsimpedanz in Basisschaltung zwischen 50 und 300 Ω und in Emitterschaltung zwischen 500 und 1500 Ω liegt [5], richtig werten: Derartige Aussagen sind zwar nicht falsch, aber sie sind, selbst wenn man sich auf bipolare Transistoren und den MHz-Bereich beschränkt, nicht allgemein gültig.

Im folgenden sind die charakteristischen Eigenschaften einiger Transistoren und integrierter Verstärker stichwortartig zusammengestellt.

npn-Transistoren. Bipolare Silizium-Transistoren (silicon bipolar junction transistor, Si-BJT) [17] werden zur Zeit für Verstärkeranwendungen bis etwa 10 GHz eingesetzt. Verglichen mit GaAs-FETs sind sie preiswert und robust. Viele Standardtypen werden von unterschiedlichen Herstellern mit vergleichbaren Eigenschaften produziert und seit Jahren geliefert. Für Pulsbetrieb gibt es spezielle Leistungstransistoren in den UHF-, Avionic- und Radarfrequenzbereichen (Bild 1). Bipolare Transistoren für cw-Betrieb ermöglichen bei Pulsbetrieb ebenfalls höhere Ausgangsleistungen (typabhängig bis zu 10 dB), da man dann einen Arbeitspunkt im Kennlinienfeld jenseits der Grenzleistungshyperbel wählen kann.

Bei bipolaren Transistoren steigt der Kollektorstrom und damit die Verlustleistung mit zunehmender Temperatur. Dies führt zur thermischen Instabilität, das heißt zur Zerstörung des Transistors (thermal runaway; secondary breakdown) bei Betrieb im Bereich maximaler Verlustleistung, insbesondere bei hohen Kollektorspannungen, bei denen der Wärmewiderstand des Transistors größer wird. Um diesen Effekt zu vermeiden, enthalten HF-Leistungstransistoren häufig integrierte Emitterwiderstände (emitter ballast resistors). Feldeffekttransistoren (auch Si-MOSFETs) sind thermisch stabil; mit zunehmender Temperatur sinkt der Drainstrom und damit die Verlustleistung.

GaAs-FETs. Abgesehen von den höheren Kosten für einen Transistor und von dem für die Kontinuität in der Serienfertigung ungünstigen Umstand, daß in der Vergangenheit mehrere Hersteller die GaAs-FET-Produktion nach wenigen Jahren wieder eingestellt haben, sind GaAs-FETs im Mikrowellenbereich [3, 4, 6–8, 17] den bipolaren Transistoren in vielen Punkten überlegen. Bis etwa 10 GHz sind sehr niedrige Rauschzahlen möglich. Die Drain-source-Durchbruchspannungen (4 V ... 20 V) sind – auch bei Leistungstransistoren – deutlich kleiner als bei bipolaren Transistoren. Da bei vielen FETs die maximale Ausgangsleistung nicht thermisch bedingt ist, sondern durch $I_{D\,max}$ und $U_{DS\,max}$ vorgegeben wird, ist im Pulsbetrieb in der Regel keine nennenswerte Leistungssteigerung möglich [6]; typabhängig 1,5 dB; in Sonderfällen bis zu 4 dB.

Dual-Gate-FETs. Feldeffekttransistoren mit zwei Steuerelektroden gibt es sowohl als MOSFET (bis 1 GHz), als auch als MESFET (bis 8 GHz, einzelne Typen bis 26 GHz) (s. 3.1 u. 3.3). Sie werden bevorzugt in Vorverstärkern und Mischern eingesetzt. Sie sind gut geeignet für Verstärkungsregelung bzw. für die automatische Verstärkungsregelung im Empfängereingang (AGC, automatic gain control) (s. 3.4 und Bild 4.10); sie zeigen eine sehr niedrige Rauschzahl, gute Übersteuerungsfestigkeit und gute Kreuzmodulationsfestigkeit.

MOSFETs (VMOS, TMOS). Si-MOSFETs sind bis etwa 2 GHz für hohe Ausgangsleistungen einsetzbar (s. 7.5). Besonders hervorzuhebende Eigenschaften sind: höhere Eingangsimpedanz als vergleichbare bipolare Transistoren; bereichsweise linearer Zusammenhang zwischen Gatespannung und Drainstrom, so daß Gegentaktverstärker mit gutem Intermodulationsverhalten realisiert werden können; geringere Frequenz- und Arbeitspunktabhängigkeit der Verstärkung und der Kapazitäten am Ein- und Ausgang; Verstärkungsregelung über die Gatespannung möglich [5].

HFETs und HBTs. Heterostruktur-FETs (HFET oder HEMT, MODFET, TEGFET) [1, 10, 11, 19, 20], z.B. auf AlGaAs/GaAs-Substrat, werden als Kleinsignaltransistoren mit sehr niedriger Rauschzahl im GHz-Bereich eingesetzt. Mit abnehmender Temperatur steigt die Elektronenbeweglichkeit an, und die Rauschzahl wird kleiner. HFETs und Heterostruktur-Bipolartransistoren (sowohl npn- als auch pnp-HBTs) für Leistungsanwendungen im GHz-Bereich sind in der Entwicklung [9, 18].

Angepaßte Transistoren (internally matched transistors). Da die breitbandige Kompensation von Blindanteilen in der Regel um so schlechter gelingt, je weiter man sich auf den Zuführungsleitungen vom Transistorein- bzw. Ausgang entfernt (s. 3.5), werden intern angepaßte Leistungstransistoren mit im Transistorgehäuse integriertem Anpaßnetzwerk angeboten. Typische relative Bandbreiten hierfür liegen bei 10%. Beidseitig angepaßte Transistoren lassen sich meist nicht außerhalb dieses Nutzbandes einsetzen; nur eingangsseitig angepaßte Transistoren können zum Teil auch bei tieferen Frequenzen verwendet werden.

Operationsverstärker. Integrierte Operationsverstärker sind Differenzverstärker mit der unteren Grenzfrequenz 0. Die Spannungsverstärkung wird durch ein Rückkopplungsnetzwerk eingestellt. Je größer die gewählte Verstärkung ist, desto niedriger liegt die obere Grenzfrequenz. Die höchste Grenzfrequenz ergibt sich bei der Verstärkung 1. Derzeit sind Operationsverstärker erhältlich mit einer oberen 3-dB-Grenzfrequenz von bis zu 400 MHz bei Verstärkung 1 (unity-gain bandwidth) und Kleinsignalbetrieb. Im Großsignalbetrieb und bei Spannungsverstärkungen $v_u \geq 10$ erreicht man etwa 200 MHz. Beim Entwurf der gedruckten Schaltung für solche HF-Operationsverstärker müssen hochfrequenztechnische Gesichtspunkte (s. 7.2) berücksichtigt werden, um einen stabilen Betrieb zu erreichen. Das Verstärkungs-Bandbreite-Produkt ist kein Maß für die höchste erreichbare Grenzfrequenz. Es gibt zwar Operationsverstärker mit einem Verstärkungs-Bandbreite-Produkt von 2,5 GHz, deren 3-dB-Grenzfrequenz bei Verstärkung 1 liegt jedoch bei 15 MHz.

MMIC-Verstärker (Monolithic microwave integrated circuit amplifiers). Monolithische integrierte Mikrowellenschaltungen werden auf Si- und auf GaAs-Substrat ausgeführt [12–16]. Im Unterschied zum intern beidseitig angepaßten Transistor enthalten Verstärker in dieser Bauform *mehrere* Transistoren *und* das Anpaßnetzwerk. Aufgrund der geringen Größe aller Bauelemente (typische Außenabmessungen eines MMIC-Chips: 1 mm × 1 mm) spielen parasitäre Effekte, die in Verstärkern mit diskreten Bauelementen Grenzen setzen, kaum eine Rolle. Es sind Schaltungen wie in der NF-Technik möglich (z. B. Emitterwiderstände, Kollektorschaltungen, Darlington-Schaltungen etc.). Weitere Vorteile sind der gute thermische Gleichlauf und die hohe Reproduzierbarkeit. Mit dieser Technologie werden Ergebnisse erzielt, die in herkömmlicher Schaltungstechnik nur mit sehr großem Aufwand bzw. gar nicht möglich sind. Große Arbeitsgebiete im Bereich der HF- und Mikrowellenschaltungsentwicklung entfallen damit. Für die Schaltungsintegration von MMIC-Komponenten werden derzeit jedoch nach wie vor Entwicklungsingenieure mit guten Kenntnissen der HF-Schaltungstechnik benötigt, da MMIC-Verstärker bei unsachgemäßer äußerer Beschaltung instabil sind.

Zu Stückpreisen bis herab zu einigen DM sind beidseitig angepaßte, kaskadierbare Breitbandverstärker sowohl als Chip als auch im Transistorgehäuse erhältlich. Neben Standard-MMIC-Verstärkern mit Bandbreiten von beispielsweise 5 bis 500 MHz oder 0,1 bis 1 GHz gibt es Breitbandschaltungen mit:

100 kHz	⋯ 2,5 GHz	1	⋯ 20 GHz
40 MHz	⋯ 3 GHz	100 kHz	⋯ 22 GHz
0	⋯ 3,8 GHz	2	⋯ 26,5 GHz
100 MHz	⋯ 6 GHz	5	⋯ 100 GHz

Spezielle zusätzliche Eigenschaften von MMIC-Verstärkern sind unter anderem:
– Verstärkungsregelung,
– niedrige Rauschzahl,
– hohe Ausgangsleistung (derzeit 3 W/Chip),
– hohe Isolation.

Spezielle Literatur: [1] *Mimura, T.; Hiyamizu, S.; Fujii, T.; Nanbu, K.:* A new field effect transistor with selectively doped GaAs/n-AlGaAs heterojunctions. Japan. J. Appl. Phys. 19 (1980) L225. – [2] *Liao, S. Y.:* Microwave solid-state devices. Englewood Cliffs, N.J.: Prentice-Hall 1985. – [3] *Soares, R.* (Hrsg.): GaAs MESFET circuit design. Dedham MA: Artech House 1988. – [4] *Kellner, W.; Kniekamp, H.:* GaAs-Feldeffekttransistoren. Berlin: Springer 1985. – [5] *DeMaw, D.:* Practical RF design manual. Englewood Cliffs, NJ: Prentice-Hall 1982. – [6] *Pengelly, R. S.:* Microwave field-effect transistors – Theory, design and applications. New York: John Wiley/RSP 1986. – [7] *Di Lorenzo, J. V.; Khandelval, D. D.:* GaAs FET principles and technology. Dedham MA: Artech House 1982. – [8] *Soares, R.; Graffeuil.; Obregon, J.:* Applications of GaAs MESFET's. Dedham MA: Artech House 1983. – [9] *Liechti, Ch. A.:* High speed transistors: Directions for the 1990s. Microwave J. 1989 State of the art reference. – [10] *Pospieszalski, M. W.; Weinreb, S.; Norrod, R. D.; Harris, R.:* FET's and HEMT's at cyrogenic temperatures – their properties and use in low-noise amplifiers. IEEE-MTT 36, Nr. 3 (1988) 552–560. – [11] *Ali, F.; Bahl, I.; Gupta, A.* (Hrsg.): Microwave and mm-wave heterostructure transistors and applications. Dedham MA: Artech House 1989. – [12] *Ladbrooke, P. H.:* MMIC Design: GaAs FETs and HEMTs. Dedham MA: Artech House 1989. – [13] *Goyal, R.* (Hrsg.): Monolithic microwave integrated circuit technology and design. Dedham MA: Artech House 1989. – [14] *Sweet, A.:* MIC and MMIC amplifier and oscillator design. Dedham MA: Artech House 1990. – [15] *Hung/Hegazi/Lee/Phelleps/Singer/Huang:* V-band GaAs MMIC low-noise and power amplifiers. IEEE-MTT 36, Nr. 12 (1988) 1966–1975. – [16] *Pucel, R. A.* (Hrsg.): Monolithic microwave integrated circuits (div. Fachaufsätze). IEEE Press, N.Y. 1985, Dedham MA: Artech House 1985. – [17] *Chang, K.* (Hrsg.): Handbook of microwave and optical components: Vol. 2 Microwave solid-state components. New York: John Wiley 1990. – [18] *Bayraktaroglu, B.; Camilleri, N.; Lambert, S. A.:* Microwave performances of npn and pnp AlGaAs/GaAs heterojunction bipolar transistors. IEEE-MTT 36 (1988) 1869–1873. – [19] *Ali, F.:* HEMTs and HBTs: devices, fabrication and circuits. Dedham MA: Artech House 1991. – [20] *Golio, J. M.:* Microwave MESFETs and HEMTs. Dedham MA: Artech House 1991.

7 Technische Realisierung
Technical realisation

7.1 Gleichstromarbeitspunkt
DC-bias

Für jedes Entwicklungsziel, z. B. größtmögliche Verstärkung, maximale Ausgangsleistung, minimale Rauschzahl, bestmögliche Linearität oder möglichst großen Wirkungsgrad, gibt es einen anderen, optimalen Gleichstromarbeitspunkt. Sind mehrere Ziele gleichwertig, muß ein Kompromiß geschlossen werden. Bei Leistungsverstärkern ist der durch die Gleichstromschaltung vorgegebene Kollektorruhestrom dafür maßgeblich, ob der Transistor im A-, B- oder C-Betrieb arbeitet.

Die wesentlichen temperaturabhängigen Kenngrößen eines bipolaren Transistors sind die Basis-Emitter-Spannung mit einem negativen Temperaturkoeffizienten (TK) von etwa -2 mV/°C und die Gleichstromverstärkung h_{FE} mit einem positiven TK von etwa $+0,5\%$/°C. Von diesen beiden ist die Basis-Emitter-Spannungsänderung der vorherrschende Effekt. Die Temperaturabhängigkeit der HF-Verstärkung wird sehr klein, wenn der Kollektorstrom konstant gehalten wird (Bild 1). Die in der NF-Technik sehr wirksame Standardschaltung mit Emitterwiderstand und Basisspannungsteiler ist aus Stabilitätsgründen im HF- und Mikrowellenbereich unüblich (Ausnahme: Kleinsignalverstärker im MHz-Bereich). Die Bilder 2a bis 2d zeigen vier Schaltungen zur Stabilisierung des Kollektorstroms.

In Bild 3 sind Standardschaltungen für A- und AB-Leistungsverstärker zusammengestellt. Die Dioden der Gleichstromschaltung sind jeweils mit dem HF-Transistor thermisch verbunden. Beide befinden sich auf dem gleichen Kühlkörper. Im Einzelfall kann man bei den gezeigten Schaltungen Vereinfachungen vornehmen. Infolge der teilweise sehr hohen Bauelementepreise ist es bei großen Leistungen sowie im Mikrowellenbereich durchaus üblich, zur Arbeitspunktstabilisierung relativ aufwendige, vom HF-Signal entkoppelte Schaltungen mit integrierten Spannungsreglern und Operationsverstärkern einzusetzen.

GaAs-MESFETs benötigen für Standardanwendungen keine Temperaturstabilisierung. Sie werden in der Regel mit niederohmigen, stabilisierten Spannungsquellen verbunden: negative Spannung am Gate, positive Spannung am Drainanschluß. Bild 4a zeigt eine mögliche Schaltung. Das Gate-Netzwerk sollte bei Übersteuerung des Eingangs Ströme in beiden Richtungen aufnehmen können, ohne daß sich die Gate-Gleichspannung ändert (s. F 5). Durch entsprechende schaltungstechnische Maßnahmen, zum Beispiel R-C-Glieder, sollte gewährleistet werden, daß bei Inbetriebnahme des Verstärkers

Bild 2. Gleichstromschaltungen zur Einstellung des Arbeitspunkts bei bipolaren Transistoren in Emitterschaltung. e) Transistor im C-Betrieb

Bild 1. Verstärkungsänderung Δg als Funktion der Temperatur. Typischer Verlauf bei einem GaAs-FET und bei einem bipolaren Transistor

Spezielle Literatur Seite F 39

Bild 4. Arbeitspunkteinstellung bei GaAs-FETs. **a)** Niederohmige Gate-Spannungsquelle; **b)** 50-Ω-Anpassung unterhalb des Betriebsfrequenzbereichs

Bild 3. Schaltungen zur Einstellung des Ruhestroms bei Verstärkern im A- oder AB-Betrieb

zuerst die negative Gatespannung angelegt wird und dann die Drainspannung.
Bei allen Transistorverstärkern ist sicherzustellen, daß beim Ein- und Ausschalten der Versorgungsspannung keine unzulässig hohen Spannungsspitzen am Transistor auftreten und daß die einzelnen Gleichspannungen in der richtigen zeitlichen Reihenfolge angelegt werden. Üblicherweise werden Transistoren durch die Gleichstrombeschaltung unterhalb des Betriebsfrequenzbereichs beidseitig kurzgeschlossen. Da viele Transistoren wegen der mit abnehmender Frequenz zunehmenden Verstärkung bei niedrigen Frequenzen nicht mehr absolut stabil sind, obwohl $S_{11}, S_{22} < 1$ erfüllt ist, läßt sich die Selbsterregung mit einer Beschaltung entsprechend Bild 4b verhindern.
Bei MOSFET's fließen keine Gate-Gleichströme. Sie können deshalb einfache, hochohmige Gate-Spannungszuführungen erhalten, wie in Bild 5 dargestellt.

Bild 5. Arbeitspunkteinstellung bei VMOS-FETs. **a)** A- oder AB-Betrieb; **b)** C-Betrieb; **c)** D- oder E-Betrieb

7.2 Schaltungsaufbau
Circuit technology

Wer HF-Verstärker nach Schaltungsprinzipien aufbaut, wie sie in der NF-Technik und Elektronik üblich sind, wird feststellen, daß die Selbsterregung das vorherrschende Problem ist und daß die Verstärkereigenschaften sehr stark von der Geometrie der Leiterbahn- und Bauelementenanordnung beeinflußt werden. Ein dem Frequenzbereich angepaßter Schaltungsaufbau und die Verwendung geeigneter Bauelemente sind also Grundvoraussetzungen für den erfolgreichen Verstärkerentwurf.

Bis etwa 400 MHz kann man beidseitig kupferkaschierte Leiterplatten mit durchgesteckten Bauelementen benutzen (Bild 6). Die Signalleitungen sind möglichst kurz und haben keinen definierten Wellenwiderstand. Sie sind allseitig von Masseflächen umgeben, so daß die kapazitive Verkopplung zwischen unterschiedlichen Signalleitungen minimiert wird. Eine Seite der Leiterplatte ist durchgehend Masse. Eingangs- und Ausgangsnetzwerk werden räumlich getrennt voneinander angeordnet, auf einander gegenüberliegenden Seiten des Transistors. Um magnetische Verkopplungen zu vermeiden, werden Luftspulen und empfindliche Signalleitungen nicht parallel geführt, sondern verlaufen rechtwinklig zueinander. Mehrstufige HF-Verstärker werden so aufgebaut, daß die räumliche Entfernung vom Verstärkereingang von Stufe zu Stufe zunimmt.

Bis etwa 900 MHz können Standardleiterplatten eingesetzt werden. Die Unterseite ist durchgehend Masse, oder sie liegt am Gehäuseboden an. Auf der Oberseite sind oberflächenmontierte Bauelemente und Signalleitungen mit definiertem Wellenwiderstand und definierter Länge (Bild 7). Bei kritischen Anwendungsfällen sollten alle Bauteile, die aus der Leiterplattenebene herausragen, vermieden werden. Besonders vertika-

Bild 7. Schaltungsaufbau bis etwa 900 MHz: Signalleitungen mit definiertem Wellenwiderstand; oberflächenmontierte, diskrete Bauelemente

le Zuführungsdrosseln wie in Bild 10 ergeben starke Verkopplungen innerhalb des Gehäuses. Im GHz-Bereich werden Verstärkerschaltungen in Microstrip-Leitungstechnik auf speziellen Substratmaterialien aufgebaut (Bild 8). Relativ dünne Substrate (z. B. 0,635 mm) mit großer Dielektrizitätszahl (z. B. 10) sind vorteilhaft:
– Die Signalenergie wird im Dielektrikum geführt,
– Streufelder in Luft und dadurch hervorgerufene unerwünschte Verkopplungen sind gering,
– die besonders bei Leistungstransistoren notwendigen niederohmigen Transformationen lassen sich mit breiten Leiterbahnen realisieren.

Bild 6. Schaltungsaufbau im unteren MHz-Bereich. Beide Seiten der Leiterplatte liegen auf Masse. Signalleitungen werden gebildet, indem ihre Umrandung als dünner Streifen abgeätzt wird

Bild 8. GaAs-FET-Verstärker in Microstriptechnik; Anpaßnetzwerke mit parallelgeschalteten, leerlaufenden Leitungen

Für Kleinsignalverstärker bietet der Aufbau in Koplanar-Leitungstechnik mit vergleichsweise hochohmigen Leitungswellenwiderständen unter Umständen wesentliche Vorteile:
- Kurzschlüsse und Bauelemente nach Masse sind einfach realisierbar,
- die Verkopplung zwischen benachbarten Signalleitungen ist wesentlich geringer,
- der erreichbare Miniaturisierungsgrad steigt.

7.3 Schaltungsabgleich
Circuit tuning

Bedingt durch die zum Teil beachtlichen Exemplarstreuungen der Eigenschaften von Transistoren, müssen Verstärker in der Serienproduktion häufig einzeln von Hand abgeglichen werden. Besonders bei mehrstufigen Verstärkern kann dies sehr zeit- und kostenintensiv sein und spezielle Kenntnisse des Abgleichenden erfordern. Je größer S_{12} ist, desto schwieriger wird der Abgleich, da dieser Parameter ein Maß dafür ist, wie sehr sich eine Veränderung des Ausgangsnetzwerks auf den Transistoreingang auswirkt. Die Minimierung der notwendigen Abgleicharbeiten und ihre einfache Durchführbarkeit sollte deshalb bereits bei der Schaltungsentwicklung beziehungsweise schon bei der Auswahl des Schaltungskonzepts berücksichtigt werden. Zweckmäßigerweise setzt man eine Verstärkerkette aus mehreren, maximal zweistufigen Blökken zusammen, die jeweils einzeln gemessen und abgeglichen werden können. Beim Abgleich von Leistungsverstärkern sollten zumindest zu Beginn, beim Grobabgleich, die Eingangsleistung und die Versorgungsspannung um etwa 30% reduziert werden, um eine versehentliche Beschädigung des Transistors zu vermeiden.
Im MHz-Bereich läßt sich das Verändern von Bauelementegrößen recht einfach durchführen. Es gibt Trimmkondensatoren sowie Abgleichkerne aus Ferrit und metallische Verdrängungskerne für Induktivitäten. Der Abgleich kann mit Abgleichstiften durch kleine Bohrungen hindurch bei geschlossenem Gehäuse stattfinden.
In der Schaltungstechnik mit planaren Leitungen kann man bei Keramiksubstraten die vorhandenen Leitungen auf einfache Weise nur verlängern oder verbreitern. Dazu benutzt man:
- bereits auf dem Substrat vorsorglich angeordnete Leiterbahninseln (confetti), die mit Bonddrähten oder mit Lötzinn aktiviert werden (Bild 8),
- mit dem Pinsel aufgetragenes Leitsilber, zur Layout-Korrektur (die endgültige Wirkung der Korrektur tritt erst dann auf, wenn das Leitsilber vollständig getrocknet ist),
- kleine Keramikteile (tuning tabs) mit hohem ε_r (z. B. $\varepsilon_r = 40$, $\tan \delta = 10^{-4}$ bei 10 GHz), die an die passende Stelle geschoben und dann aufgeklebt werden.

Eine weitere Abgleichmöglichkeit ergibt sich durch die Verwendung von stufig (durch Bonddrähte, Lötbrücken) veränderbaren Keramik-Chipkondensatoren.
Das nachträgliche Abtragen der Metallisierung ist wesentlich aufwendiger. Dies geschieht üblicherweise durch Laserstrahlen, seltener durch Sandstrahlen. Sofern die Verstärkereigenschaften durch das Öffnen des Gehäusedeckels beeinflußt werden, was bei hohen Frequenzen und hohen Leistungen üblich ist, wird der Feinabgleich mühsam. Eine stärkere Unterteilung in mehrere abgeschirmte Kammern ist dann vorteilhaft.

7.4 Gleichstromentkopplung
DC-decoupling

Im unteren MHz-Bereich werden Keramik-Scheiben- bzw. Trapezkondensatoren als niederohmige Koppel- und Massekondensatoren benutzt; bei höheren Frequenzen Keramik- und Silizium-Chipkondensatoren. Je kleiner der Kapazitätswert und je kleiner die Bauform, desto größer ist die Wahrscheinlichkeit, daß der Kondensator auch noch bei hohen Frequenzen einsetzbar ist. Größtwerte sind etwa 1 nF bei 200 MHz und 100 pF bei 2 GHz. Größere Kapazitätswerte ergeben schlechtere Ergebnisse. Dadurch oder durch den falschen Kondensatortyp können mehrere dB an Verstärkung verlorengehen. Besonders bei hohen Leistungen (Kondensatoren parallelschalten) und hohen Frequenzen sollte die Tauglichkeit der benutzten diskreten Bauelemente möglichst durch Einzelmessungen überprüft werden.
Die Gleichstromzuführungen am Ein- und Ausgang des Transistors werden so ausgelegt, daß sie den HF-Signalweg möglichst wenig beeinflussen (Tiefpaßcharakteristik). Im MHz-Bereich benutzt man Drosseln geringer Güte mit Ferritkern, wobei auch hier gilt, daß die Drossel mit dem kleinsten zulässigen Induktivitätswert in der Regel die am besten geeignete ist, weil sie die kleinste Wicklungskapazität hat. Leistungstransistoren mit mehreren Ampere Kollektorstrom sind meist so niederohmig, daß ein gerader Drahtbügel bereits ausreicht. Bei niedrigen Gleichströmen kann man kapazitätsarme Widerstände einsetzen. Die außen angelegte Gleichspannung wird entsprechend vergrößert, um den Spannungsabfall im Zuführungsnetzwerk auszugleichen. Im Mikrowellenbereich benutzt man Luftspulen aus möglichst dünnem Draht (Grenze: Strombelastbarkeit) und $\lambda/4$-Leitungen (Bild 8) mit der kleinsten möglichen Streifenbreite (≈ 100 µm bei weichen und 10 µm bei harten Substraten).

Die Gleichstromzuführungen müssen nicht nur innerhalb des Betriebsfrequenzbereichs des Verstärkers ordnungsgemäß arbeiten, sondern auch außerhalb, bei allen Frequenzen, bei denen der Transistor verstärkt, reproduzierbar Impedanzen erzeugen, mit denen der Transistor stabil bleibt. Um hochohmige Resonanzen zu vermeiden, schaltet man Widerstände parallel und Ferritdämpfungsperlen in Serie. Bild 9 zeigt einige Beispiele. Dämpfungsperlen mit besonders kleiner Bauform findet man in Abgleichschrauben von Schalenkernen. Durchführungskondensatoren anstelle von Durchführungsfiltern können nur bis etwa 30 MHz eingesetzt werden. Der Ort, an dem die Gleichstromzuführung angeschlossen wird, kann experimentell optimiert werden, indem man im Betrieb mit einem kurzen Metalldraht die Signalleitung berührt und die Stelle sucht, an der sich diese Störung am wenigsten auswirkt. Wenn bei Microstrip-Leitungen die Substratebene verlassen wird, sollte ein HF-tauglicher Kondensator als Massekurzschluß vorgesehen werden (Bild 9c). Die im Gehäuse häufig senkrecht nach oben verlaufenden Verbindungen zu den Durchführungsfiltern (Bild 10) wirken sonst als Antennen und verkoppeln den Verstärkerausgang mit dem Eingang.

Die Gleichstromzuführungsnetzwerke haben wesentliche Auswirkungen auf die Stabilität eines Verstärkers. Ihre Auslegung erfordert bei Breitbandverstärkern manchmal mehr Entwicklungszeit als der Entwurf der HF-Anpaßnetzwerke.

Bild 10. Vestärkergehäuse mit Kühlkörper

7.5 Gehäuse
Package design

Die Innenabmessungen des Gehäuses (Breite a, Länge l, Höhe $h < a, l$) werden möglichst so klein gewählt, daß die niedrigste Hohlraumresonanz

$$f_{H\,101} \approx \frac{c_0}{2}\sqrt{1/a^2 + 1/l^2} \qquad (1)$$

Bild 9. Verschiedene Schaltungsmöglichkeiten zur Zuführung des Gleichstroms nicht nur weit oberhalb des Betriebsfrequenzbereichs, sondern möglichst auch oberhalb der maximalen Schwingfrequenz des Transistors liegt. Sofern diese Bedingung nicht eingehalten werden kann, wird unter dem Deckel Absorbermaterial angebracht, oder der Hohlraum wird durch zusätzliche, leitende (Schraub-)Verbindungen zwischen Deckel und Boden unterteilt.

Die maximal zulässige Verstärkung pro Gehäuse hängt vom Aufbau der Schaltung und von ihrem Abstrahlverhalten ab. In Microstrip-Technik sind etwa 30 dB und in Koplanar-Leitungstechnik etwa 50 dB pro Gehäuse stabil beherrschbar. In der Schaltungstechnologie des MHz-Bereichs, ohne den Vorteil der Wellenführung im Substrat mit hohem ε_r, ist häufig in jeder Verstärkerstufe zwischen Transistoreingang und -ausgang ein Abschirmblech notwendig, um die Selbsterregung der Schaltung zu vermeiden.

Beim Gehäuseentwurf sind die unterschiedlichen Wärmedehnungskoeffizienten von Substrat und Gehäuse zu beachten. Zwischen Transistor und Gehäuse sowie Gehäuse und Kühlkörper kommt bei Leistungsverstärkern eine dünne Schicht Wärmeleitpaste, um Lufteinschlüsse auszufüllen und so den Wärmeübergang zu verbessern. Moderne Transistorverstärker zeigen keine nennenswerten Alterungserscheinungen. Dennoch haben Halbleiter eine begrenzte Lebensdauer. Senkt man die Betriebstemperatur eines Si-Transistors durch geeignete Wärmeabfuhrmaßnahmen beispielsweise von 200 °C auf 150 °C, so erhöht sich die mittlere Lebensdauer (mean time to failure, MTTF) z. B. von $2 \cdot 10^5$ auf $5 \cdot 10^6$ Stunden [1]. Auch bei Verringerung des Kollektorstroms nimmt die mittlere Lebensdauer zu.

Der fertige Verstärker sollte auf Beeinflußbarkeit durch Körperschall getestet werden. Besonders mikrofonie-empfindlich sind Ferrit- und Keramikbauelemente. Alle mechnisch schwingungsfähigen Bauteile sollten befestigt werden.

Spezielle Literatur: [1] Microwave and RF designer's catalog 1990–1991, Hewlett-Packard Co., Palo Alto, CA.

G | Netzwerke mit nichtlinearen passiven und aktiven Bauelementen
Circuits with nonlinear passive and active devices

A. Blum (3, 4); M.H.W. Hoffmann (2); R.M. Maurer (1.1 bis 1.4); H.P. Petry (1.5 bis 1.7)

Für die Funktionsfähigkeit eines Senders entsprechend Bild 1 sind die nichtlinearen Eigenschaften passiver und aktiver Bauelemente bei der Sendeleistungsverstärkung, der Frequenzvervielfachung, der Modulation sowie der Stabilisierung der Amplitude des Sendeoszillators erforderlich. Bei einem Überlagerungsempfänger entsprechend Bild 2 sind für die Frequenzumsetzung (Mischung) aus der HF-Ebene in die konstante ZF-Ebene sowie für die Begrenzung und Demodulation ebenfalls Netzwerke mit nichtlinearen passiven und aktiven Bauelementen notwendig.

1 Mischung und Frequenzvervielfachung
Mixing and frequency multiplication

Allgemeine Literatur: *Blackwell, L.A.; Kotzebue, K.L.*: Semiconductor-diode parametric amplifiers. Englewood Cliffs: Prentice Hall 1961. – *Decroly, J.C.; Laurent, L.; Lienard, J.C.; Marechal, G.; Voroßeitchik, J.*: Parametric amplifiers. Philips Technical Library, London: Macmillan Press 1973. – *Penfield, P.Jr.*: Frequency-power formulas. New York: Wiley 1960. – *Penfield, P.Jr.; Rafuse, R.P.*: Varactor applications. New York: MIT Press 1962. – *Phillippow, E.*: Nichtlineare Elektrotechnik, 2. Aufl. Leipzig: Akad. Verlagsges. 1971. – *Schleifer, W.D.*: Hochfrequenz- und Mikrowellenmeßtechnik in der Praxis. Heidelberg: Hüthig 1981. – *Steiner, K.H.; Pungs, L.*: Parametrische Systeme. Stuttgart: Hirzel 1965. – *Stern, T.E.*: Theory of nonlinear networks and systems. An introduction. Reading: Addison-Wesley 1965. – *v.d. Ziel, A.*: Noise. New York: Prentice Hall 1955.

Die nichtlinearen Eigenschaften passiver und aktiver Bauelemente (Dioden, Varistoren, Transistoren, Röhren u.a.) werden unterhalb des Laufzeitgebietes durch die nichtlinearen eindeutigen (d.h. hysteresefreien) Funktionen

$$i = i(u); \quad q = q(u) \quad (1)$$

oder deren Umkehrfunktionen

$$u = u(i); \quad u = u(q) \quad (2)$$

Spezielle Literatur Seite G 26

Bild 1. Blockschaltbild eines Senders

Bild 2. Blockschaltbild eines Überlagerungsempfängers

beschrieben. Diese Nichtlinearitäten können für die Mischung von Signalen verschiedener Frequenz und die Frequenzvervielfachung ausgenutzt werden.

1.1 Kombinationsfrequenzen
Combination frequencies

Ist der nichtlineare Zusammenhang eines dieser Bauelemente durch die Potenzreihe

$$y = a_0 + a_1 x + a_2 x^2 + a_3 x^3 + \ldots + a_l x^l \quad (3)$$

gegeben und wird das Bauelement mit dem Eingangssignal

$$x(t) = \hat{x}_s \cos(st + \varphi_s) + \hat{x}_p \cos(pt + \varphi_p)$$

als Summe aus dem Nutzsignal $\hat{x}_s \cos(st + \varphi_s)$ der Kreisfrequenz $s = 2\pi f_s$ und dem Oszillator bzw. Pumpsignal $\hat{x}_p \cos(pt + \varphi_p)$ der Kreisfrequenz $p = 2\pi f_p$ ausgesteuert, so entsteht das Ausgangssignal $y(t)$ mit den Spektralanteilen bei den Kombinationsfrequenzen

$$f_K = |\pm v f_s \pm \mu f_p| \quad \text{mit} \quad v, \mu = 0, 1, 2, 3. \quad (4)$$

Für den Fall $v = 0$ bzw. $\mu = 0$ erhält man die Oszillatorfrequenz bzw. die Signalfrequenz und deren Oberschwingungen (Frequenzvervielfachung).
Für $v, \mu \neq 0$ ergeben sich Kombinationsfrequenzen, welche zur Modulation (s. L 1.1) und Mischung verwendet werden können. Die „Frequenzpyramide" [1] in Bild 3 zeigt, welche Koeffizienten a_i der Potenzreihe nach Gl. (3) die Amplitude der Kombinationsfrequenzen nach Gl. (4) bestimmen und wie diese den Vielfachen von Signal- und Oszillatorfrequenzen zugeordnet sind. Das Frequenzspektrum nach Gl. (4) ist für $f_p \gg f_s$ und $\hat{x}_s \approx \hat{x}_p$ in Bild 4 dargestellt. Die Amplituden der Kombinationsfrequenzen sind durch $\hat{x}_s$, $\hat{x}_p$ und a_i bestimmt.

1.2 Auf- und Abwärtsmischung, Gleich- und Kehrlage
Up- and down converter, inverting and noninverting case

Betrachten wir die Kombinationsfrequenzen nach Gl. (4) nicht nur bei einer Signalschwingung der Frequenz f_s, sondern lassen ein Frequenzspektrum zu, so müssen bezüglich der Lage des entstehenden Frequenzspektrums Unterscheidungen getroffen werden. Die Mischung in Überlagerungsempfängern hat die Aufgabe, das Spektrum schwacher Nutzsignale aus der HF-Ebene in die ZF-Ebene umzusetzen. Die Kombinationsfrequenzen (Mischfrequenzen) im Kleinsignalfall $\hat{x}_s \ll \hat{x}_p$ sind nach Gl. (4) für $v = 1$ zu

$$f_z = |\pm f_s \pm \mu f_p| \quad \text{mit} \quad \mu = 0, 1, 2, 3, \ldots \quad (5)$$

gegeben. Nur in diesem Falle ist eine verzerrungsfreie Frequenzumsetzung der modulierten Signale möglich. Grundsätzlich gibt es drei ver-

Bild 3. Frequenzenpyramide der bei Mischung von f_p und f_s auftretenden Kombinationsfrequenzen

Bild 4. Frequenzspektrum bei einer Frequenzumsetzung für $f_p \gg f_s$ und $\hat{x}_s \approx \hat{x}_p$

Bild 5. Frequenzspektrum der Aufwärtsmischung in Frequenzengleichlage

Bild 6. Frequenzenspektrum der Abwärtsmischung in Frequenzengleichlage

Bild 7. Frequenzspektrum der Abwärtsmischung in Frequenzenkehrlage

schiedene Möglichkeiten zur Bildung des Zwischenfrequenzspektrums:
1. Die Aufwärtsmischung in Frequenzengleichlage mit $f_z > f_s$ folgt aus Gl. (5) zu

$$f_z = f_s + \mu f_p$$

und dem Spektrum nach Bild 5.
2. Die Abwärtsmischung in Frequenzengleichlage mit $f_z < f_s$ folgt aus Gl. (5) zu

$$f_z = f_s - \mu f_p$$

und dem Spektrum nach Bild 6.
3. Die Aufwärts- bzw. Abwärtsmischung in Frequenzenkehrlage mit $f_z \gtrless f_s$ folgt aus Gl. (5) zu

$$f_z = -f_s + \mu f_p$$

mit der Unterteilung

Aufwärtsmischung für $\mu f_p/2 > f_s$

Abwärtsmischung für $\mu f_p/2 < f_s < \mu f_p$

(Bild 7).

Kleinsignaltheorie der Mischung. Die Kleinsignaltheorie der Mischung behandelt das Signal- und Rauschverhalten nichtlinearer Netzwerke bei schwachen Stör- und Nutzsignalen durch die sog. „Theorie kleiner Störungen" oder kurz „Kleinsignaltheorie" [1–10]. Die nichtlinearen Eigenschaften der verwendeten aktiven oder passiven Bauelemente werden wieder durch die eindeutigen (d.h. hysteresefreien) nichtlinearen Funktionen der Gln. (1) und (2) beschrieben. Die übrige Schaltung soll nur lineare und zeitlich konstante Elemente enthalten. Die Prinzipschaltung zum Betrieb eines Bauelements mit nichtlinearem Zusammenhang

$$y = y(x) \qquad (6)$$

zeigt Bild 8. Das nichtlineare Bauelement wird von Generatoren mit inneren Strom- oder Spannungsquellen gespeist. Die Oszillator- bzw. Pumpkreisfrequenz ist mit $p = 2\pi f_p$, die Signalkreisfrequenz mit $s = 2\pi f_s$ bezeichnet. Die Generatorströme bzw. -spannungen werden als harmonische Funktionen in pt bzw. st vorausge-

Bild 8. Prinzipschaltung zur Steuerung eines Bauelements mit nichtlinearer Kennlinie

setzt. Damit sind auch y und x in Gl. (6) harmonische Funktionen in pt bzw. st und können in bekannter Weise in doppelte Fourier-Reihen entwickelt werden [1–10]. Zur Erläuterung dieser Verhältnisse betrachten wir den in Bild 9 dargestellten nichtlinearen Zusammenhang $y = y(x)$ bei der Aussteuerung mit den harmonischen Funktionen der inneren Generatoren. Im unteren Teil des Bildes 9 ist die Zeitabhängigkeit $x(t)$ am nichtlinearen Bauelement dargestellt. Bei fehlendem Signal Δx wird $x(t)$ durch die ausgezogene Kurve beschrieben, deren Verlauf in pt harmonisch ist und im folgenden stets als

$$x_p = x(pt) = x_0 + \hat{x}_p \cos(pt)$$

vorausgesetzt wird. Bei schwachen Signalen ist

$$\Delta x = x(pt, st) - x(pt),$$

Bild 9. Mischung an einer nichtlinearen Kennlinie

so daß $x(pt, st)$ innerhalb des schmalen, schraffierten Streifens in Bild 9 verläuft. In Bild 9 rechts ist der zeitliche Verlauf von y dargestellt, der sich aus der Kennlinie $y = y(x)$ für $x = x(pt, st)$ ergibt. Die ausgezogene Kurve $y = y(x_p) = y[x(pt)]$ in Bild 9 rechts gilt wiederum bei fehlendem Signal. Die durch das Signal hervorgerufene kleine Änderung

$$\Delta y = y[x(pt) + \Delta x] - y[x(pt)]$$

liegt in dem schmalen schraffierten Bereich des Bildes 9 rechts. Aus Gl. (6) erhalten wir durch Taylor-Reihenentwicklung in linearer Näherung die Beziehung

$$\Delta y = \left[\frac{dy(x)}{dx}\right]_{x_p} \Delta x = A(pt)\,\Delta x. \qquad (7)$$

Die Ableitung $A(pt)$ kann als Fourier-Reihe

$$A(pt) = \sum_{n=-\infty}^{\infty} \underline{A}^{(n)} e^{jnpt} \qquad (8)$$

dargestellt werden, wobei die Fourier-Komponenten durch die Beziehung

$$\underline{A}^{(n)} = \frac{e^{jn\varphi}p}{2\pi} \int_{-\pi}^{\pi} A(pt)\,e^{-jnpt}\,d(pt) \qquad (9)$$

mit

$$\underline{A}^{(-n)} = \underline{A}^{(n)*}$$

gegeben sind [4]. Es ist zu beachten, daß $A(pt)$ jeweils die Dimension hat, welche sich aus der Ableitung der nichtlinearen Funktionen nach den Gln. (1) und (2) ergibt und dementsprechend einen gesteuerten Wirkleitwert oder eine gesteuerte Kapazität bzw. gesteuerten Wirkwiderstand oder Elastanz darstellt. Wenn wir für die Kleinsignalanteile die doppelten Fourier-Reihen

$$\Delta x = \frac{1}{2} \sum_{\nu=\pm 1} \sum_{\mu=-\infty}^{\infty} \underline{X}_{\nu s + \mu p} e^{j(\nu s + \mu p)t}$$

mit

$$\underline{X}_{-(\nu s + \mu p)} = \underline{X}^*_{\nu s + \mu p} \qquad (10)$$

und

$$\Delta y = \frac{1}{2} \sum_{\nu=\pm 1} \sum_{\mu=-\infty}^{\infty} \underline{Y}_{\nu s + \mu p} e^{j(\nu s + \mu p)t}$$

mit

$$\underline{Y}_{-(\nu s + \mu p)} = \underline{Y}^*_{\nu s + \mu p}$$

ansetzen, so folgen mit

$$\mu = k + n \qquad (11)$$

aus den Gln. (7) bis (10) die Konversionsglei-

chungen (1–7, 10)

$$\underline{Y}_{\nu s + \mu p} = \sum_{k=-\infty}^{\infty} \underline{A}^{(\nu-k)} \underline{X}_{\nu s + kp}. \qquad (12)$$

Im Falle des nichtlinearen Zusammenhangs $q = q(u)$ bzw. $u = u(q)$ erhalten wir aus den Ladungen die Ströme nach der Beziehung [1, 2, 4, 5, 7, 10]

$$\underline{I}_{\nu s + \mu p} = j(\nu s + \mu p)\,\underline{Q}_{\nu s + \mu p}.$$

1.3 Mischung mit Halbleiterdiode als nichtlinearem Strom-Spannungs-Bauelement
Mixing with a semiconductor diode as a nonlinear current voltage device

Das Ersatzschaltbild der Halbleiterdiode, welches für die Mischung zugrunde gelegt werden muß [1, 7] ist in Bild 10 dargestellt. Im Durchlaßbereich ist die Sperrschichtkapazität $C_s(u)$ wesentlich kleiner als die hier konstant angenommene Diffusionskapazität C_i, so daß für die Mischung mit einer Halbleiterdiode im Durchlaßbereich nur der differentielle Diffusionsleitwert $G(u) = di/du$ genutzt werden kann. Der Bahnwiderstand R_i berücksichtigt die ohmschen Verluste der Bahngebiete der Diode; die Zuleitungsinduktivität L_i und die Gehäusekapazität C_g beeinflussen das Verhalten der Diode besonders bei hohen Frequenzen [5, 7, 11–14]. Im Hinblick auf die Wirkung der Diffusionskapazität C_j ist die unterschiedliche Größenordnung zwischen Schottky-Barrier- und pn-Diode zu beachten [7].
Die Schaltung eines Diodeneintaktmischers mit Spiegelfrequenzabschlußleitwert $\underline{Y}'_{p-z}$ für den Betrieb im Durchlaßbereich der Halbleiterdiode ist in Bild 11 dargestellt. In diesem Betriebsfall bewirkt der nichtlineare Zusammenhang $i = i(u)$ die Frequenzumsetzung von der HF-Ebene mit der Kreisfrequenz $p + z = 2\pi(f_p + f_z)$ in die ZF-Ebene der Kreisfrequenz $z = 2\pi f_z$. Wir erhalten damit aus den Gln. (7) bis (9) einen gesteuerten Wirkleitwert

$$G(pt) = \left[\frac{di(u)}{du}\right]_{u_p} = \sum_{n=-\infty}^{\infty} \underline{G}^{(n)} e^{jnpt} \qquad (13)$$

für die Halbleiterdiode im Durchlaßbereich bei

Bild 10. Ersatzschaltbild der realen Halbleiterdiode

Bild 11. Schaltung des Diodeneintaktmischers mit Spiegelfrequenzabschluß

Spannungssteuerung, wie in Bild 11 vorausgesetzt.
Mit dem Ersatzschaltbild der Diode nach Bild 10 und dem gesteuerten Wirkleitwert nach Gl. (13) folgt für den Diodeneintaktmischer das Kleinsignal-Ersatzbild entsprechend der Schaltung nach Bild 12. Gehen wir in Bild 12 davon aus, daß die Resonatoren mit den komplexen Leitwerten $\underline{Y}'_{p \pm z}$ und $\underline{Y}'_z$ außerhalb ihrer Resonanzkreisfrequenzen einen Kurzschluß darstellen, so müssen bei der Anwendung der Konversionsgleichungen (12) auf die ideale Halbleiterdiode mit $Y_{vs+\mu p} = I_{vs+\mu p}$ und $X_{vs+kp} = U_{vs+kp}$ entsprechend der in diesem Fall verwendeten Nichtlinearität $i = i(u)$ nach Gl. (1) die parasitären Diodenelemente R_i, L_i, C_j und C_g getrennt bei den Kreisfrequenzen $p \pm z$ und z berücksichtigt werden [6, 7, 14]. Wir erhalten damit für die weiteren Rechnungen die Ersatzschaltung nach Bild 13. Die Stromquellen, die Innen- und Lastleitwerte sowie die Verlustwiderstände der äußeren linearen Netzwerke in Bild 13 können stets auf die inneren Klemmpaare umgerechnet werden.
Die Schaltung nach Bild 14 kann somit durch die Ersatzschaltung nach Bild 15 ersetzt werden.
Für den Verlustleitwert $G_{v,n}$ in Bild 15 erhalten wir nach [14] die einfache Beziehung

$$G_{v,n} = R_i (\omega C_j)^2. \qquad (14)$$

Bild 12. Schaltung des Eintaktmischers mit realer Halbleiterdiode

Bild 13. Ersatzschaltung des Eintaktmischers unter getrennter Berücksichtigung der parasitären Diodenelemente R_i, L_i, C_j und C_g bei den Kreisfrequenzen $p \pm z$ und z

Bild 14. Grundschaltung der äußeren linearen Netzwerke der Schaltung nach Bild 13

Bild 15. Ersatzschaltung der linearen Netzwerke nach Bild 14, bezogen auf die inneren Klemmenpaare ii bei Resonanzabstimmung

In entsprechender Weise kann für Kurzschluß zwischen den inneren Klemmen nn die Einströmung $\underline{I}'$ in die Einströmung $\underline{I}$ umgerechnet werden. Als Ersatzschaltung des Eintaktmischers bei Resonanzabstimmung kann damit die Schaltung nach Bild 16 zugrunde gelegt werden. Die Konversionsmatrix nach Gl. (12) für die ideale Halbleiterdiode ist nun in der Hauptdiagonalen durch die Verlust- und Lastleitwerte zu ergänzen. Es folgt somit aus Gl. (12) für die Schaltung nach Bild 16

Bild 16. Ersatzschaltung des Eintaktmischers bei Resonanzabstimmung mit transformierten Stromquellen und Wirkleitwerten

$$\begin{pmatrix} \underline{I}_{p+z} \\ \underline{I}^*_{p-z} \\ \underline{I}_z \end{pmatrix} = \begin{pmatrix} G_s + G_{v,s} + \underline{G}^{(0)} & \underline{G}^{(2)} & -\underline{G}^{(1)} \\ \underline{G}^{(2)*} & \underline{G}^{(0)} + G_{sp} & -\underline{G}^{(1)*} \\ -\underline{G}^{(1)*} & -\underline{G}^{(1)} & \underline{G}^{(0)} + G_{v,z} + G_z \end{pmatrix} \cdot \begin{pmatrix} \underline{U}_{p+z} \\ \underline{U}^*_{p-z} \\ \underline{U}_z \end{pmatrix} = (\underline{Y}'_{ik}) \cdot \begin{pmatrix} \underline{U}_{p+z} \\ \underline{U}^*_{p-z} \\ \underline{U}_z \end{pmatrix}, \quad (15)$$

wobei entsprechend Gl. (14)

$$G_{v,s} = R_i (sC_j)^2 \quad \text{und} \quad G_{v,z} = R_i (zC_j)^2$$

gilt.

Die Signaleigenschaften des Abwärtsmischers in Frequenzgleichlage. Die Signaleigenschaften des Abwärtsmischers in Frequenzgleichlage erhalten wir, wenn wir davon ausgehen, daß in der Schaltung nach Bild 16 bei der Spiegelkreisfrequenz am Klemmenpaar 2 2 keine Einströmung erfolgt, so daß $\underline{I}^*_{p-z} = 0$ ist. Aus der zweiten Zeile der Gl. (15) folgt dann

$$\underline{U}^*_{p-z} = -\frac{\underline{G}^{(2)*} \underline{U}_{p+z} - \underline{G}^{(1)*} \underline{U}_z}{\underline{G}^{(0)} + G_{sp}}$$

und damit aus Gl. (15) für die Konversionsgleichungen des Abwärtsmischers in Frequenzgleichlage

$$\begin{pmatrix} \underline{I}_{p+z} \\ \underline{I}_z \end{pmatrix} = (\underline{Y}_{ik}) \cdot \begin{pmatrix} \underline{U}_{p+z} \\ \underline{U}_z \end{pmatrix} \quad (16)$$

mit

Der verfügbare Konversionsgewinn des Mischers folgt mit den Elementen der Matrix $\underline{Y}_{ik}$ nach den Gln. (16) und (17) zu

$$L_{v,m} = \left|\frac{\underline{Y}_{21}}{\underline{Y}_{11}}\right|^2 \cdot \frac{G_s}{G_z}. \quad (18)$$

Bei Leistungsanpassung am Eingang und Ausgang des Mischers gilt außerdem [14]

$$G_z = G_{z,\text{opt}} = \left[G_{v,z} + \underline{G}^{(0)} - \frac{|\underline{G}^{(1)}|^2}{\underline{G}^{(0)} + G_{sp}}\right] \sqrt{1 - \gamma^2}$$

$$G_s = G_{s,\text{opt}} = \left[G_{v,s} + \underline{G}^{(0)} - \frac{|\underline{G}^{(2)}|^2}{\underline{G}^{(0)} + G_{sp}}\right] \sqrt{1 - \gamma^2}$$

(19)

$$(\underline{Y}_{ik}) = \begin{pmatrix} G_s + G_{v,s} + \underline{G}^{(0)} - \dfrac{|\underline{G}^{(2)}|^2}{\underline{G}^{(0)} + G_{sp}} & -\underline{G}^{(1)} + \dfrac{\underline{G}^{(1)*} \underline{G}^{(2)}}{\underline{G}^{(0)} + G_{sp}} \\ -\underline{G}^{(1)*} + \dfrac{\underline{G}^{(1)} \underline{G}^{(2)*}}{\underline{G}^{(0)} + G_{sp}} & G_z + G_{v,z} + \underline{G}^{(0)} - \dfrac{|\underline{G}^{(1)}|^2}{\underline{G}^{(0)} + G_{sp}} \end{pmatrix}. \quad (17)$$

mit

$$\gamma^2 = \frac{\left[-|G^{(1)}| + \dfrac{|G^{(1)}||G^{(2)}|}{G^{(0)} + G_{sp}}\right]^2}{\left[G_{v,s} + G^{(0)} - \dfrac{|G^{(2)}|^2}{G^{(0)} + G_{sp}}\right]\left[G_{v,z} + G^{(0)} - \dfrac{|G^{(1)}|^2}{G^{(0)} + G_{sp}}\right]}.$$ (20)

Für den verfügbaren Konversionsgewinn des Mischers nach Gl. (18) ergibt sich dann

$$L_{v,m} = \frac{G_{v,s} + G^{(0)} - \dfrac{|G^{(2)}|^2}{G^{(0)} + G_{sp}} - G_{s,opt}}{G_{v,s} + G^{(0)} - \dfrac{|G^{(2)}|^2}{G^{(0)} + G_{sp}} + G_{s,opt}}$$

bzw. mit Gl. (19) und γ^2 nach Gl. (20)

$$L_{v,m} = \frac{1 - \sqrt{1 - \gamma^2}}{1 + \sqrt{1 - \gamma^2}}.$$ (21)

Für die numerische Berechnung des Signalverhaltens ist es sinnvoll, die Leitwerte in Gl. (20) zu normieren. Wenn wir als Normierungsgröße den Leitwert $G^{(0)}$ verwenden, so folgt mit

$$g_1 = \frac{|G^{(1)}|}{G^{(0)}}, \quad g_2 = \frac{|G^{(2)}|}{G^{(0)}}, \quad g_{sp} = \frac{G_{sp}}{G^{(0)}},$$

$$g_{v,s} = \frac{G_{v,s}}{G^{(0)}}, \quad g_{v,z} = \frac{G_{v,z}}{G^{(0)}}$$

für γ^2 nach Gl. (20)

$$\gamma^2 = \frac{\left(-g_1 + \dfrac{g_1 g_2}{1 + g_{sp}}\right)^2}{\left(1 + g_{v,s} - \dfrac{g_2^2}{1 + g_{sp}}\right)\left(1 + g_{v,z} - \dfrac{g_1^2}{1 + g_{sp}}\right)}.$$ (22)

Bei einer Halbleiterdiode mit einer $i(u_s) = (I_{D,0} + I_s)\exp(u_s/mU_T) - I_s$ Kennlinie sind die Konversionsleitwerte $G^{(0)}$, $G^{(1)}$ und $G^{(2)}$ Funktionen der modifizierten Bessel-Funktionen $I_n(\hat{u}_p/mU_T)$, in deren Argument die Pumpamplitude enthalten ist. Es gilt dann

$$g_1 = \frac{I_1(\hat{u}_p/mU_T)}{I_0(\hat{u}_p/mU_T)} \quad \text{und} \quad g_2 = \frac{I_2(\hat{u}_p/mU_T)}{I_0(\hat{u}_p/mU_T)}.$$

Als Funktion von $\hat{u}_p$ können g_1 und g_2 den Wertebereich zwischen 0 und 1 durchlaufen, wobei für genügende Aussteuerung $g_1 = g_2 = 1$ werden kann.

Der verfügbare Konversionsverlust

$$D_{v,m} = 1/L_{v,m} \qquad (23)$$

ist in den Bildern 17 bis 19 als Funktion von g_1 für den Fall des Spiegelfrequenzkurzschlusses ($g_{sp} = \infty$), des Spiegelfrequenzleerlaufs, ($g_{sp} = 0$)

Bild 17. Verfügbarer Konversionsverlust bei Spiegelfrequenzkurzschluß als Funktion der Grundwellenaussteuerung

Bild 18. Verfügbarer Konversionsverlust für den Breitbandfall als Funktion der Grund- und Oberwellenaussteuerung

Bild 19. Verfügbarer Konversionsverlust bei Spiegelfrequenzleerlauf als Funktion der Grund- und Oberwellenaussteuerung und des Breitbandfalls mit der Festlegung ($g_{sp} = 1$) dargestellt. Als Parameter der Kurven ist der normierte Verlustleitwert

$$g_{v,s} = \frac{R_i(sC_j)^2}{\dfrac{(I_{D,0} + I_s)}{mU_T} I_0(\hat{u}_p/mU_T)}$$

zwischen 0,2 und 1,0 verändert worden. Mit $s/z = 10$ folgt wegen

$$g_{v,z} = (z/s)^2 g_{v,s}$$

ein um den Faktor 100 geringerer Verlustleitwert auf der Zwischenfrequenzseite. Für den Breitbandfall und bei Spiegelfrequenzleerlauf wurde $g_1 = g_2$ gesetzt. Der Leitwert $g_2 = 0$ tritt bei einer Halbleiterdiode mit exponentieller $i(u)$-Kennlinie nicht auf. Wir erkennen, daß unter den hier gemachten Voraussetzungen der Konversionsverlust bei Spiegelfrequenzkurzschluß am geringsten ist.

In entsprechender Weise erhalten wir die Signaleigenschaften des Abwärtsmischers in Frequenzkehrlage, wenn an das Klemmenpaar 2′2′ der Schaltung nach Bild 12 ein Signalgenerator der Kreisfrequenz $p - z$ angeschlossen wird. Das Klemmenpaar 1′1′ stellt dann den Spiegelfrequenzabschluß dar.

Im Fall der Aufwärtsmischung in Frequenzengleich- oder Frequenzenkehrlage wird an die Schaltung nach Bild 12 ein Generator an das Klemmenpaar 3′3′ angeschlossen. Die Wirkleistung wird dann bei der Aufwärtsmischung von z nach $p + z$ am Lastleitwert G_{p+z} zwischen dem Klemmenpaar 1′1′ abgenommen. Entsprechendes gilt für die Aufwärtsmischung von z nach $p - z$. Wird die gesteuerte Wirkleitwert zur Modulation verwendet (s. L 1.1), so kann z. B. bei der Zweiseitenband-Modulation die Umsetzung von der ZF- oder NF-Ebene auf das obere und untere Seitenband erfolgen. Dann sind Wirkleistungen an den Last-Leitwerten $G_{p \pm z}$ an den Klemmenpaaren 1′1′ und 2′2′ zu entnehmen. Ist der differentielle Wirkleitwert der nichtlinearen Strom-Spannungs-Kennlinie für alle Werte von u nicht negativ, d. h.

$$\frac{di(u)}{du} \geq 0,$$

so gilt für die Wirkleistungsverteilung am idealen nichtlinearen Element bei den Kombinationskreisfrequenzen $\mu p + vs$ nach Penfield [15]

$$\sum_{\mu=-\infty}^{\mu=+\infty} \sum_{v=-\infty}^{v=+\infty} P_{\mu,v}(\mu p + vs)^2 \geq 0. \quad (24)$$

Anstelle dieser frequenzabhängigen Beziehungen erhält man die frequenzunabhängigen

Leistungsbeziehungen von Pantell [16]

$$\sum_{\mu=0}^{\mu=\infty} \sum_{v=-\infty}^{\infty} \mu^2 P_{\mu,v} \geq 0, \quad (25)$$

bzw.

$$\sum_{\mu=-\infty}^{\infty} \sum_{v=0}^{\infty} v^2 P_{\mu,v} \geq 0. \quad (26)$$

Der Wertebereich des Parameters μ ist in Gl. (25) auf $0 \leq \mu \leq +\infty$ gegenüber $-\infty \leq \mu \leq +\infty$ in Gl. (26) eingeschränkt, da sich bei $\mu p + vs$ und bei $-\mu p - vs$ gleich große Wirkleistungen $P_{\mu,v} = P_{-\mu,v}$ ergeben. Dies gilt ebenso für den Parameter v in Gl. (25). Werden bei den Kreisfrequenzen s und p dem idealen nichtlinearen Element $i(u)$ die Wirkleistungen $P_{1,0}$ bzw. $P_{0,1}$ zugeführt und wird nur bei einer Kombinationskreisfrequenz $\omega_K = \mu_1 p + v_1 s$ die Wirkleistung $-P_K$ abgegeben, so beträgt der hierbei maximal erreichbare Wirkungsgrad [17]

$$\eta_{max} = \frac{-P_K}{P_{1,0} + P_{0,1}} = \frac{1}{[|\mu_1| + |v_1|]^2}. \quad (27)$$

Für die Frequenzen des Kleinsignalspektrums mit $v = 1$ lautet Gl. (26)

$$\sum_{\mu=-\infty}^{\infty} P_{\mu,1} \geq 0.$$

Die maximal verfügbare Leistungsverstärkung aller Frequenzumsetzer mit positivem differentiellen Wirkleitwert ist damit [18]

$$L_{v,max} \leq 1.$$

Bei einem Frequenzvervielfacher gilt nach Page [19] für $f_\mu = \mu f_p$

$$P_1 = P_0 + \sum_{\mu=2}^{\infty} P_\mu \geq \sum_{\mu=2}^{\infty} \mu^2 P_\mu. \quad (28)$$

P_1 ist darin die bei der Grundfrequenz zugeführte Wirkleistung, P_0 die abgegebene Gleichleistung, P_μ die bei der Oberschwingung μf_p abgegebene Wirkleistung. Aus Gl. (28) folgt

$$P_\mu \leq \frac{P_1}{\mu^2} \quad (29)$$

und

$$P_0 \geq (\mu^2 - 1) P_\mu. \quad (30)$$

Der Wirkungsgrad eines Vervielfachers mit positivem differentiellen Wirkleitwert ist stets kleiner als

$$\eta \leq \eta_{max} \leq 1/\mu^2. \quad (31)$$

Gleichzeitig erkennen wir aus Gl. (30), daß für $P_0 = 0$, d. h. ohne Gleichleistung, keine Frequenzvervielfachung möglich ist. Kann der diffe-

Bild 20. Ersatzschaltung des Diodeneintaktmischers mit Rauschstromquellen zur Berechnung des Rauschverhaltens

rentielle Wirkleitwert negative Werte annehmen, wie z. B. bei der Verwendung einer Tunneldiode, so ist Konversionsgewinn möglich, jedoch ist eine gleichzeitige Anpassung des Mischers an den Generatorinnenleitwert und den Lastleitwert nicht mehr möglich [20, 21].

bzw. mit $I^*_{p-z} = 0$ aus der zweiten Zeile der Gl. (32)

$$U^*_{p-z} = \frac{-i^*_{p-z} - i^*_{D,p-z} + \underline{G}^{(1)*} \underline{U}_z - \underline{G}^{(2)*} \underline{U}_{p+z}}{G^{(0)} + G_{sp}}$$

und $(\underline{Y}_{ik})$ nach Gl. (17)

$$\begin{pmatrix} \underline{I}_{p+z} - \underline{i}_{p+z} \\ \underline{I}_z \end{pmatrix} = (\underline{Y}_{ik}) \cdot \begin{pmatrix} \underline{U}_{p+z} \\ \underline{U}_z \end{pmatrix} + \begin{pmatrix} \underline{i}_{v,p+z} + \underline{i}_{D,p+z} - \dfrac{\underline{G}^{(2)}}{G^{(0)} + G_{sp}} (i^*_{p-z} + i^*_{D,p-z}) \\ -\underline{i}_{v,z} - \underline{i}_{D,z} + \dfrac{\underline{G}^{(1)}}{G^{(0)} + G_{sp}} (i^*_{p-z} + i^*_{D,p-z}) \end{pmatrix}. \quad (33)$$

Das Rauschverhalten des Abwärtsmischers in Frequenzgleichlage. Das Rauschverhalten des Abwärtsmischers in Frequenzengleichlage können wir berechnen, wenn in der Schaltung nach Bild 16 alle Rauschstromquellen berücksichtigt werden, welche vom thermischen Rauschen der Verlustleitwerte $G_{v,s}$, $G_{v,z}$, des Leitwertes G_{sp}, des Innenleitwertes G_s der Signalquelle sowie von den Schrotrauschquellen des Diodenstroms bei der Signal-, Spiegel- und Zwischenkreisfrequenz herrühren. Mit diesen Rauschstromquellen erhalten wir aus Bild 16 die Ersatzschaltung nach Bild 20 zur Berechnung des Rauschverhaltens. Bei der Festlegung der Stromrichtung der Schrotrauschquellen ist zu beachten, daß sie von einer gemeinsamen Ursache, dem Diodenstrom, herrühren und demnach untereinander korreliert sind. Alle anderen Rauschquellen thermischen Ursprungs in Bild 20 sind nicht miteinander korreliert. Für die vollständigen Konversionsgleichungen einschließlich aller Rauschquellen nach Bild 20 erhalten wir dann mit Gl. (15) die Beziehungen

Für den totalen Rauschstrom am Eingang des Mischers

$$i_{tot} = I_{p+z}|_{I_z=0,\, U_z=0}$$

ergibt sich dann aus Gl. (33)

$$i_{tot} = i_{p+z} + i_{v,p+z} + i_{D,p+z} + \underline{k}_1 (i_{D,z} + i_{v,z}) + \underline{k}_2 (i^*_{p-z} + i^*_{D,p-z}) \quad (34)$$

mit den Kurzschlußstromübersetzungen

$$\underline{k}_1 = k_1 e^{j\varphi_P}$$
$$= -\frac{(1 + g_{v,s} + g_s)(1 + g_{sp}) - g_2^2}{g_1(1 + g_{sp} - g_2)} e^{j\varphi_P},$$

$$\underline{k}_2 = k_2 e^{j 2\varphi_P} = \frac{1 + g_{v,s} + g_s - g_2}{1 + g_{sp} - g_2} e^{j 2\varphi_P}.$$

$$\begin{pmatrix} \underline{I}_{p+z} \\ \underline{I}^*_{p-z} \\ \underline{I}_z \end{pmatrix} = \begin{pmatrix} G_s + G_{v,s} + G^{(0)} & \underline{G}^{(2)} & -\underline{G}^{(1)} \\ \underline{G}^{(2)*} & G^{(0)} + G_{sp} & -\underline{G}^{(1)*} \\ -\underline{G}^{(1)*} & -\underline{G}^{(1)} & G_z + G_{v,z} + G^{(0)} \end{pmatrix} \cdot \begin{pmatrix} \underline{U}_{p+z} \\ \underline{U}^*_{p-z} \\ \underline{U}_z \end{pmatrix} + \begin{pmatrix} i_{p+z} + i_{v,p+z} + i_{D,p+z} \\ i^*_{p-z} + i^*_{D,p-z} \\ -i_{v,z} - i_{D,z} \end{pmatrix}$$
(32)

Den Erwartungswert des totalen Rauschstroms $\langle i_{\text{tot}} i_{\text{tot}}^* \rangle$ erhalten wir durch Ausmultiplizieren und Ordnen der Gl. (34) zu

$$\langle i_{\text{tot}} i_{\text{tot}}^* \rangle = \langle i_{p+z} i_{p+z}^* \rangle + \langle i_{v,p+z} i_{v,p+z}^* \rangle$$
$$+ \langle i_{D,p+z} i_{D,p+z}^* \rangle$$
$$+ k_1^2 (\langle i_{D,z} i_{D,z}^* \rangle + \langle i_{v,z} i_{v,z}^* \rangle)$$
$$+ k_2^2 (\langle i_{D,p-z}^* i_{D,p-z} \rangle + \langle i_{v,p-z}^* i_{v,p-z} \rangle)$$
$$+ 2 \operatorname{Re}(k_1 \langle i_{D,z}^* i_{D,p+z} \rangle)$$
$$+ 2 \operatorname{Re}(k_2^* \langle i_{D,p-z} i_{D,p+z} \rangle)$$
$$+ 2 \operatorname{Re}(k_1 k_2^* \langle i_{D,z} i_{D,p-z} \rangle).$$

Nach Nyquist gilt für die thermisch rauschenden Wirkleitwerte

$$\frac{1}{2} \langle i_{p+z} i_{p+z}^* \rangle = 4 k T_0 G_s \Delta f,$$
$$\frac{1}{2} \langle i_{v,p+z} i_{v,p+z}^* \rangle = 4 k T G_{v,s} \Delta f, \quad (35)$$
$$\frac{1}{2} \langle i_{v,z} i_{v,z}^* \rangle = 4 k T G_{v,z} \Delta f,$$
$$\frac{1}{2} \langle i_{p-z}^* i_{p-z} \rangle = 4 k T G_{sp} \Delta f,$$

ferner für die unkorrelierten Schrotrauschanteile des Diodenstroms [1, 3, 6, 7, 9, 14, 22–29]

$$\frac{1}{2} \langle i_{D,p+z} i_{D,p+z}^* \rangle = \frac{1}{2} \langle i_{D,z} i_{D,z}^* \rangle$$
$$= \frac{1}{2} \langle i_{D,p-z}^* i_{D,p-z} \rangle = 4 n k T_D G^{(0)} \Delta f. \quad (36)$$

Die Erwartungswerte der korrelierten Schrotrauschanteile des Diodenstroms [1, 3, 6, 7, 9, 14] erhalten wir zu

$$\frac{1}{2} \langle i_{D,z}^* i_{D,p+z} \rangle = 4 n k T_D |\underline{G}^{(1)}| \Delta f,$$
$$\frac{1}{2} \langle i_{D,p-z} i_{D,p+z} \rangle = 4 n k T_D |\underline{G}^{(2)}| \Delta f, \quad (37)$$
$$\frac{1}{2} \langle i_{D,z} i_{D,p-z} \rangle = 4 n k T_D |\underline{G}^{(1)}| \Delta f.$$

Für die Einseitenband-Rauschzahl des Abwärtsmischers in Frequenzengleichlage erhalten wir dann mit den Gln. (33) bis (37) [1, 3, 7, 9, 14]

$$F_{\text{ssB}} = \frac{\langle i_{\text{tot}} i_{\text{tot}}^* \rangle}{\langle i_{p+z} i_{p+z}^* \rangle} = 1$$
$$+ \left(\frac{g_{v,s}}{g_s} + k_1^2 \frac{g_{v,z}}{g_s} + k_2^2 \frac{g_{sp}}{g_2} \right) \frac{T}{T_0}$$
$$+ n \frac{T_D}{T_0} \frac{(1 + k_1^2 + k_2^2)}{g_s}$$
$$+ n \frac{T_D}{T_0} \frac{(2 k_1 g_1 + 2 k_2 g_2 + 2 k_1 k_2 g_1)}{g_s}. \quad (38)$$

Der Faktor n in Gl. (38) ist für Schottky-Dioden stets 1/2. Bei Dioden mit pn-Übergang ist $n = 1$. Außerdem gilt stets $n = m/2$.
In den Bildern 21 bis 26 ist F_{ssB} nach Gl. (38) bei Zimmertemperatur ($T = T_D = T_0 = 290$ K), unterschiedlichen Spiegelfrequenzleitwerten ($g_{sp} = 0, 1, \infty$) und Diodenverlusten ($g_{v,s} = 0 \ldots 1$) für die Schottky-Diode ($n = 1/2$) und pn-Diode ($n = 1$) als Funktion des Generatorinnenleitwer-

Bild 21. Einseitenband-Rauschzahl als Funktion des Generatorinnenleitwerts bei Spiegelfrequenzkurzschluß der Schottky-Diode

Bild 22. Einseitenband-Rauschzahl als Funktion des Generatorinnenleitwerts bei Spiegelfrequenzkurzschluß der pn-Diode

Bild 23. Einseitenband-Rauschzahl als Funktion des Generatorinnenleitwerts für den Breitbandfall der Schottky-Diode

Bild 24. Einseitenband-Rauschzahl als Funktion des Generatorinnenleitwerts für den Breitbandfall der pn-Diode

Bild 25. Einseitenband-Rauschzahl als Funktion des Generatorinnenleitwerts bei Spiegelfrequenzleerlauf der Schottky-Diode

Bild 26. Einseitenband-Rauschzahl als Funktion des Generatorinnenleitwerts bei Spiegelfrequenzleerlauf der pn-Diode

tes g_s dargestellt. Aus den Bildern ist zu erkennen, daß die Rauschzahl infolge des thermischen Rauschens als auch der Erhöhung der Kurzschlußstromübersetzungen k_1 und k_2 durch die Diodenverluste ansteigt. Der Innenleitwert der Signalquelle $g_{s,opt}$ für Leistungsanpassung am Eingang des Mischers nach Gl. (19) ist in die Kurven der Bilder 21 bis 26 ebenfalls eingetragen. Man sieht, daß Rauschminimum und Leistungsanpassung nahezu zusammenfallen. Die kleinste Rauschzahl wird mit der Schottky-Diode bei Spiegelfrequenzkurzschluß erreicht. Mit abnehmender Temperatur ist nach Gl. (38) – bei Verwendung einer für tiefe Temperaturen geeigneten Halbleiterdiode [11, 12, 14, 29] – eine Verringerung der Rauschzahl infolge des dann geringeren thermischen Rauschens zu erwarten. Die vom Schrotrauschen herrührenden Anteile in der Rauschzahl nach Gl. (38) können nicht verringert werden, da unter der in den Gln. (36) und (37) eingeführten Diodentemperatur T_D die Rauschtemperatur zu verstehen ist, welche der mittlere Leitwert $G^{(0)}$ haben müßte, um das Schrotrauschen thermisch zu erzeugen [3]. Für Mischer mit exponentieller Kennlinie ist $T_D \simeq T_0$, falls der Diodengleichstrom im Arbeitspunkt von der Diode bei tiefen Temperaturen aufgebracht werden kann.

Die minimale Rauschtemperatur

$$T_{m,min} = [F_{ssB,min} - 1] T_0 \qquad (39)$$

erhält man aus Gl. (38), wenn man die thermisch rauschenden Anteile vernachlässigt. In Bild 27 ist für die Schottky-Diode $T_{m,min}$ als Funktion der Diodenverluste $g_{v,s}$ bei Spiegelfrequenzkurzschluß und für den Breitbandfall dargestellt.

Das Signal- und Rauschverhalten wurde in dem vorhergehenden Schaltungsbeispiel nach Bild 11

Bild 27. Minimale Rauschtemperatur als Funktion der Diodenverluste bei Spiegelfrequenzkurzschluß ($g_{sp} = \infty$) und für den Breitbandfall ($g_{sp} = 1$) für $T \ll T_0$

für den Fall der Spannungssteuerung der Diode untersucht. Wird die Diode in ein Netzwerk mit Serienkreisen [7] eingebettet, so liegt der Fall der Stromsteuerung und damit ein gesteuerter Wirkwiderstand (Varistor) vor. Die Signal- und Rauscheigenschaften hierzu sind in [7] behandelt.
Betr. Mischerschaltungen mit mehreren Dioden wird auf [1, S. 277–280] sowie auf [30–34] verwiesen.

1.4 Mischung mit Halbleiterdiode als nichtlinearem Spannungs-Ladungs-Bauelement
Mixing with a semiconductor diode as a nonlinear voltage charge device

Bei Betrieb der Halbleiterdiode in Sperrichtung ist die spannungsabhängige Sperrschichtkapazität $C_s(u)$ in der Ersatzschaltung nach Bild 10 wirksam und kann als gesteuerte Kapazität oder Elastanz zur Frequenzumsetzung genutzt werden. Dementsprechend sind bei der Kleinsignaltheorie die nichtlinearen Beziehungen $q = q(u)$ bzw. $u = u(q)$ für die Mischung maßgebend. Das Ersatzbild nach Bild 10 ist für diese Anwendungen durch die Ersatzschaltung nach Bild 28 zu ersetzen.

Bild 28. Ersatzschaltung der Halbleiterdiode beim Betrieb in Sperrichtung

Bis zu den äußeren Anschlüssen $1'\,2'$ sind hier noch die Induktivitäten $L_{A,1}$ und $L_{A,2}$ berücksichtigt worden, welche von dem Einbau der Diode in die Schaltungsanordnung bestimmt werden [5]. Für den komplexen Diodenwiderstand zwischen den Klemmen $1'\,2'$ der Ersatzschaltung nach Bild 28 erhalten wir mit Hilfe der inneren Parallelresonanzfrequenz

$$\omega_i = \sqrt{\frac{1 + C_g S_i^{(0)}}{L_i C_g}} \qquad (40)$$

und der inneren Grenzfrequenz

$$\omega_g = \frac{1 + C_g S_i^{(0)}}{R_i C_g} \qquad (41)$$

Für

$$\frac{2 C_g |S_i^{(1)}|}{1 + C_g S_i^{(0)}} < 1, \qquad \omega_i, \omega_g \gg \omega$$

erhalten wir aus Gl. (42) die Elemente

$$L_D = L_{A,1} + L_{A,2} + \frac{L_i}{1 + C_g S_i^{(0)}}, \qquad (43)$$

$$S = \frac{S_i^{(0)}}{1 + C_g S_i^{(0)}}, \qquad (44)$$

$$R_D = \frac{R_i}{1 + C_g S_i^{(0)}} \qquad (45)$$

der vereinfachten Serienschaltung der Reaktanzdiode nach Bild 29, welche wir für die weiteren Betrachtungen voraussetzen wollen.

Bild 29. Vereinfachte Ersatzschaltung der Halbleiterdiode beim Betrieb in Sperrichtung

Der Wirkleistungsumsatz der idealen, verlustfreien Reaktanzdiode ($R_D = 0$) wird durch den allgemeinen Leistungsverteilungssatz für konservative Systeme nach Penfield [15]

$$\sum_{\nu = -\infty}^{\nu = \infty} \sum_{\mu = -\infty}^{\mu = \infty} \frac{P_{\nu,\mu}}{\omega_{\nu,\mu}} \frac{\partial \omega_{\nu,\mu}}{\partial \omega_{n,\mu}} = 0, \text{ mit}$$

$$P_{-\nu,-\mu} = P_{\nu,\mu} \qquad (46)$$

geregelt, wobei $\omega_{\nu,\mu} = \nu s + \mu p$ die Kombinationskreisfrequenzen sind, welche aus den linearen Kombinationen von Vielfachen der unabhängigen Kreisfrequenzen s und p gebildet werden. Bei nur zwei unabhängigen Kreisfrequenzen erhalten wir für $\omega_{n,\mu} = p$ bzw. $\omega_{n,\mu} = s$ aus Gl. (46) die Beziehungen nach Manley und Rowe [8]

$$\sum_{\nu = -\infty}^{\nu = \infty} \sum_{\mu = 0}^{\mu = \infty} \frac{\mu P_{\nu,\mu}}{\nu s + \mu p} = 0$$

und $\qquad (47)$

$$\sum_{\nu = 0}^{\nu = \infty} \sum_{\mu = -\infty}^{\mu = \infty} \frac{\nu P_{\nu,\mu}}{\nu s + \mu p} = 0.$$

$$Z_{1'2'} = j\omega[L_{A,1} + L_{A,2}] + \frac{R_i + j\omega L_i + \dfrac{S_i}{j\omega}}{(1 + C_g S_i^{(0)})\left[1 + \dfrac{2 C_g |S_i^{(1)}|}{1 + C_g S_i^{(0)}} \cos(pt + \varphi_p) - \left(\dfrac{\omega}{\omega_i}\right)^2 + j\dfrac{\omega}{\omega_g}\right]}. \qquad (42)$$

Bild 30. Leistungsverteilung des Kleinsignalspektrums eines gesteuerten Blindleitwerts bzw. Blindwiderstands

Im Kleinsignalfall entsteht das Kleinsignalspektrum aus den linearen Kombinationen von eingeprägter Pumpkreisfrequenz und deren Oberschwingungen mit der unabhängigen Signalkreisfrequenz. Es gilt dann mit $v = 1$ der Leistungsverteilungssatz für das Kleinsignalspektrum des gesteuerten Blindleitwerts bzw. Blindwiderstands nach Bild 30

$$\sum_{\mu=-\infty}^{\mu=\infty} \frac{P_{1,\mu}}{s+\mu p} = 0. \quad (48)$$

Für die Summe aller Leistungsanteile gilt

$$\sum_{\mu=-\infty}^{\mu=\infty} P_{1,\mu} \neq 0. \quad (49)$$

Eine zeitabhängige Reaktanz kann mehr Leistung abgeben als aufnehmen.

Beim Aufwärtsmischer in Frequenzengleichlage und idealer Reaktanzdiode gilt demnach mit $z = s + p$ nach Gl. (47)

$$\sum_{\mu=0}^{\mu=1} \frac{P_{1,\mu}}{s+\mu p} = \frac{P_{1,0}}{s} + \frac{P_{1,1}}{s+p} = 0.$$

Mit $P_{1,0} = P_s$; $P_{1,1} = P_z$ erhalten wir für den effektiven Leistungsgewinn als das Verhältnis zwischen abgegebener Wirkleistung $-P_z$ bei der Zwischenkreisfrequenz z und aufgenommener Wirkleistung P_s bei der Signalkreisfrequenz

$$L_{\text{eff},p+s} = \frac{-P_z}{P_s} = \frac{p+s}{s} = \frac{z}{s} > 1. \quad (50)$$

Beim Abwärtsmischer in Frequenzengleichlage und idealer Reaktanzdiode mit $s = p + z$ erhalten wir aus Gl. (48)

$$\sum_{\mu=-1}^{\mu=0} \frac{P_{1,\mu}}{s+\mu p} = \frac{P_{1,-1}}{s-p} + \frac{P_{1,0}}{s} = 0,$$

und mit $P_{1,-1} = P_z$; $P_{1,0} = P_{p+z} = P_s$ folgt

$$L_{\text{eff},z} = \frac{-P_z}{P_{p+z}} = \frac{z}{p+z} < 1. \quad (51)$$

Während bei der Aufwärtsmischung in Frequenzgleichlage stets Leistungsgewinn möglich ist, kann bei Beteiligung nur zweier Kombinationsfrequenzen in Frequenzengleichlage bei der Abwärtsmischung kein Leistungsgewinn erzielt werden.

Für den Fall der Aufwärtsmischung in Frequenzenkehrlage mit $z = p - s$; $P_{1,-1} = P_z$; $P_{1,0} = P_s$ erhalten wir aus Gl. (48)

$$L_{\text{eff},p-s} = \frac{-P_z}{P_s} = -\frac{p-s}{s} \quad (52)$$

und entsprechend bei *Abwärtsmischung in Frequenzenkehrlage* mit $s = p - z$ aus Gl. (52)

$$L_{\text{eff},z} = -\frac{z}{p-z}. \quad (53)$$

Bei Frequenzenkehrlage ist sowohl bei der Aufwärtsmischung, als auch bei der Abwärtsmischung der effektive Leistungsgewinn negativ. Dies bedeutet, daß sowohl bei der Kreisfrequenz z als auch bei der Kreisfrequenz $p-z$ Wirkleistung abgegeben wird. Eingangs- und Ausgangsleitwert bzw. -widerstand des Mischers sind somit negativ reell und können zur Verstärkung genutzt werden [37–39].

Betrachten wir den Abwärtsmischer in Frequenzengleichlage unter Berücksichtigung des Abschlußleitwerts bzw. -widerstands bei der Spiegelkreisfrequenz $\omega_{s,p} = p - z$, d. h. den Fall mit drei beteiligten Kombinationskreisfrequenzen $p \pm z$; z, so folgt aus Gl. (48)

$$\sum_{\mu=-2}^{\mu=0} \frac{P_{1,\mu}}{s+\mu p} = \frac{P_{1,0}}{s} + \frac{P_{1,-1}}{s-p} + \frac{P_{1,-2}}{s-2p} = 0$$

und mit $P_{1,0} = P_{p+z}$; $P_{1,-1} = P_z$; $P_{1,-2} = P_{p-z}$ sowie $s = p + z$

$$\frac{P_{p+z}}{p+z} + \frac{P_z}{z} - \frac{P_{p-z}}{p-z} = 0$$

bzw.

$$L_{\text{eff}} = \frac{-P_z}{P_{p+z}} = \frac{z}{p+z} \left[1 + \frac{p+z}{p-z} \frac{(-P_{p-z})}{P_{p+z}} \right]$$

vgl. Gl. (51). (54)

Wird bei der Spiegelkreisfrequenz Wirkleistung abgegeben, so kann nach Gl. (54) bei geeigneter Dimensionierung Leistungsgewinn erzielt werden [37–39]. Die Wirkleistungsentnahme bei der Spiegelkreisfrequenz bewirkt eine Entdämpfung

Bild 31. Schaltung des parametrischen Gleichlageabwärtsmischers mit Serienkreisen

bei der Zwischenkreisfrequenz und damit eine Erhöhung des Leistungsgewinns.
Zur Berechnung der Signal- und Rauscheigenschaften der Mischer mit realer Reaktanzdiode gehen wir von der Schaltungsanordnung mit Serienkreisen nach Bild 31 aus. Darin sind

$$\underline{Z}_{p\pm z} = R_{p\pm z} + R_D + j(p+z)(L_{p\pm z} + L_D) + \frac{1}{j(p\pm z)C_{p\pm z}} + \frac{S^{(0)}}{j(p\pm z)}$$

die Impedanzen bei der Signal- und Spiegelkreisfrequenz; sie enthalten den Verlustwiderstand R_D, die Induktivität L_D und die mittlere Elastanz $S^{(0)}$ der Reaktanzdiode bei Stromsteuerung, sowie die Elemente der Resonatoren zur Resonanzabstimmung bei $p \pm z$. Entsprechend gilt für die Impedanzen bei der Zwischenkreisfrequenz

$$\underline{Z}_z = R_z + R_D + jz(L_z + L_D) + \frac{1}{jzC_z} + \frac{S^{(0)}}{jz}.$$

Mit $u_{r,p\pm z}$ und $u_{r,z}$ sind die Rauschspannungen der thermisch rauschenden Verlustwiderstände der Resonatoren und der Diode bei der Signal-, Spiegel- und Zwischenkreisfrequenz bezeichnet. Die Durchsteuerung der Reaktanzdiode mit einem Strom der Pumpkreisfrequenz p wird durch den Generator mit der Leerlaufspannung U_p zwischen den Klemmen *3 3* bewirkt, die Abstimmung auf die Pumpkreisfrequenz erfolgt durch die Impedanz

$$\underline{Z}_p = R_p + R_D + jp(L_p + L_D) + \frac{1}{jpC_p} + \frac{S^{(0)}}{jp}.$$

Die Konversionsgleichungen beim Betrieb als gesteuerte Elastanz erhalten wir aus Gl. (12) für $\underline{Y}_{vs+\mu p} = \underline{U}_{vs+\mu p}$ und $\underline{X}_{vs+kp} = \underline{Q}_{vs+kp}$ sowie $\underline{I}_{vs+\mu p} = j(vs + \mu p)\underline{Q}_{vs+\mu p}$ und

$$A(pt) = \left(\frac{du}{dq}\right)_{q_P} = S(pt) = \sum_{n=-\infty}^{n=\infty} S^{(n)} e^{jnpt} \quad (55)$$

für den hier vorliegenden Fall des nichtlinearen Zusammenhangs $u = u(q)$. Bei der Verwendung einer Reaktanzdiode mit abruptem pn-Übergang erhalten wir infolge des quadratischen Zusammenhangs zwischen u und q aus Gl. (55) (nach Übergang zur reellen Schreibweise) $\underline{S}^{(n)} = 0$ für $|n| > 1$.
In den Konversionsgleichungen

$$\begin{pmatrix} \underline{U}_{p+z} \\ \underline{U}^*_{p-z} \\ \underline{U}_z \end{pmatrix} = \begin{pmatrix} \underline{Z}_{p+z} & 0 & \dfrac{\underline{S}^{(1)}}{jz} \\ 0 & \underline{Z}^*_{p-z} & \dfrac{\underline{S}^{(1)*}}{jz} \\ \dfrac{\underline{S}^{(1)*}}{j(p+z)} & -\dfrac{\underline{S}^{(1)}}{j(p-z)} & \underline{Z}_z \end{pmatrix}$$

$$\cdot \begin{pmatrix} \underline{I}_{p+z} \\ \underline{I}^*_{p-z} \\ \underline{I}_z \end{pmatrix} + \begin{pmatrix} \underline{u}_{r,p+z} \\ \underline{u}^*_{r,p-z} \\ \underline{u}_{r,z} \end{pmatrix} \quad (56)$$

sind daher die Elemente $\underline{S}^{(2)}$ nicht enthalten, welche die Rückmischung zwischen Signal- und Spiegelkreisfrequenz bewirken. Wenn wir zwischen die Eingangsklemmen *1 1* bei der Signalkreisfrequenz $p + z$ eine Spannungsquelle mit der Leerlaufspannung $\underline{U}_{p+z}$ anlegen und die Abschlußimpedanz bei der Spiegelfrequenz mit in $\underline{Z}^*_{p-z}$ einbeziehen (so daß $\underline{U}^*_{p-z} = 0$), so erhalten wir aus Gl. (56) die reduzierten Konversionsgleichungen

$$\begin{pmatrix} \underline{U}_{p+z} \\ \underline{U}_z \end{pmatrix} = \begin{pmatrix} \underline{Z}_{p+z} & \dfrac{\underline{S}^{(1)}}{jz} \\ \dfrac{\underline{S}^{(1)*}}{j(p+z)} & \underline{Z}_z - \dfrac{|\underline{S}^{(1)}|^2}{z(p-z)\underline{Z}^*_{p-z}} \end{pmatrix}$$

$$\cdot \begin{pmatrix} \underline{I}_{p+z} \\ \underline{I}_z \end{pmatrix} + \begin{pmatrix} \underline{u}_{r,p+z} \\ \underline{u}'_{r,z} \end{pmatrix} \quad (57)$$

mit $\underline{u}'_{r,z} = \underline{u}_{r,z} + \dfrac{\underline{S}^{(1)}}{j(p+z)} \dfrac{\underline{u}^*_{r,p-z}}{\underline{Z}^*_{p-z}}$.

Bei Resonanzabstimmung $\mathrm{Im}(\underline{Z}_{p\pm z}) = 0$ mit $\mathrm{Im}(\underline{Z}_z) = 0$ folgt aus Gl. (57)

$$\begin{pmatrix} \underline{U}_{p+z} \\ \underline{U}_z \end{pmatrix} = \begin{pmatrix} R_{p+z} + R_D & \dfrac{\underline{S}^{(1)}}{jz} \\ \dfrac{\underline{S}^{(1)*}}{j(p+z)} & R_z + R_D - R_- \end{pmatrix}$$

$$\cdot \begin{pmatrix} \underline{I}_{p+z} \\ \underline{I}_z \end{pmatrix} + \begin{pmatrix} \underline{u}_{r,p+z} \\ \underline{u}'_{r,z} \end{pmatrix} \quad (58)$$

wobei

$$\underline{u}'_{r,z} = \underline{u}_{r,z} + \dfrac{\underline{S}^{(1)}}{j(p-z)} \dfrac{\underline{u}^*_{r,p-z}}{R_{p-z} + R_D} \quad (59)$$

gilt und

$$R_- = \frac{|\underline{S}^{(1)}|^2}{z(p-z)(R_{p-z}+R_D)} \quad (60)$$

den Betrag des negativen Widerstands darstellt, welcher durch den reellen Spiegelfrequenz-Abschlußwiderstand $R_{p-z} + R_D$ bei der Zwischenkreisfrequenz z erscheint.
Mit

$$R_+ = \frac{|\underline{S}^{(1)}|^2}{z(p+z)(R_{p+z}+R_D)} \quad (61)$$

und

$$a = \frac{R_-}{R_+} = \frac{p+z}{p-z} \frac{R_{p+z}+R_D}{R_{p-z}+R_D} \quad (62)$$

erhalten wir für den *verfügbaren Konversionsgewinn des Mischers*

$$L_{v,m} = \left|\frac{U_z}{U_{p+z}}\right|^2_{I_z=0} \cdot \frac{R_{p+z}}{R_A}$$
$$= \frac{z}{p+z} \frac{R_+}{R_D + R_+(1-a)} \frac{R_{p+z}}{R_D + R_{p+z}}, \quad (63)$$

wobei mit R_A der Ausgangswiderstand bei der Zwischenkreisfrequenz

$$R_A = \left(\frac{U_z}{I_z}\right)_{U_{p+z}=0} - R_z = R_D + R_+ - R_-$$

gegeben ist. Wenn wir die Grenzfrequenz der Diode

$$\omega_g = \frac{|\underline{S}^{(0)}|}{R_D},$$

die Diodengüte bei der Signalkreisfrequenz

$$Q_{p+z} = \frac{\omega_g}{(p+z)},$$

die Diodenaussteuerung

$$\gamma = \frac{|\underline{S}^{(1)}|}{\underline{S}^{(0)}}$$

und

$$m = \frac{R_{p+z}}{R_D}$$

in Gl. (63) einführen, erhalten wir

$$L_{v,m} = \frac{m}{(1+m)^2} \frac{(\gamma Q_{p+z})^2}{1 + (1-a)\frac{p+z}{z}\frac{(\gamma Q_{p+z})^2}{1+m}}. \quad (64)$$

Hieraus folgt für $a \to 1$.

$$L_{v,m} = \frac{m}{(1+m)^2}(\gamma Q_{p+z})^2. \quad (65)$$

Bild 32. Verfügbarer Konversionsgewinn des Gleichlage-Abwärtsmischers als Funktion des Faktors m und der dynamischen Güte γQ_{p+z}

In diesem Fall kann der verfügbare Konversionsgewinn für große dynamische Güten γQ_{p+z} der Reaktanzdiode Werte $L_{v,m} \gg 1$ annehmen. Im Idealfall $R_D = 0$ gilt

$$L_{v,m} = \frac{z}{p+z}\frac{1}{1-a};$$

für $a \to 1$ geht dann $L_{v,m} \to \infty$. Bei $a = 0$ erhalten wir den bekannten Wert $L_{v,m} = \frac{z}{p+z} < 1$ nach Gl. (51) des Abwärtsmischers in Frequenzengleichlage bei Spiegelfrequenzleerlauf.
Der verfügbare Konversionsgewinn $L_{v,m}$ des realen Mischers nach Gl. (64) ist in Bild 32 als Funktion des Faktors m und der dynamischen Güte γQ_{p+z} für den Fall $a = 0.95$ und $\frac{p+z}{z} = 6$ dargestellt. Als Funktion von m hat $L_{v,m}$ ein Maximum bei

$$m_{opt,s} = \sqrt{1 + (1-a)\frac{p+z}{z}(\gamma Q_{p+z})^2}.$$

Für $a = 1$ ist $m_{opt,s} = 1$, und der maximale verfügbare Konversionsgewinn erreicht den Wert $(\gamma Q_{v+z})^2/4$.

Die Rauschtemperatur T_m des Mischers erhalten wir mit Hilfe der totalen Rauschspannung $u_{r,tot}$ bei der Signalkreisfrequenz $p+z$ am Eingang des Mischers. Dabei ist $u_{r,tot}$ derjenige Wert von U_{p+z}, welcher sich für $U_z = 0$, $I_z = 0$ aus Gl. (58) berechnet [37]. Mit dem Parameter a nach

Gl. (62) erhalten wir

$$\underline{u}_{r,\text{tot}} = \underline{u}_{r,p+z} - \frac{j(p+z)(R_{p+z}+R_D)}{\underline{S}^{(1)*}} \underline{u}_{r,z}$$

$$- a \frac{\underline{S}^{(1)}}{\underline{S}^{(1)*}} \underline{u}_{r,p-z}^*.$$

Die drei Rauschspannungen $\underline{u}_{r,p+z}, \underline{u}_{r,z}$ sind untereinander unkorreliert; für den Erwartungswert folgt dann

$$\langle \underline{u}_{r,\text{tot}} \underline{u}_{r,\text{tot}}^* \rangle = \langle \underline{u}_{r,p+z} \underline{u}_{r,p+z}^* \rangle$$

$$+ \frac{(p+z)^2(R_{p+z}+R_D)^2}{|\underline{S}^{(1)}|^2} \langle \underline{u}_{r,z}^* \underline{u}_{r,z}^* \rangle$$

$$+ a^2 \langle \underline{u}_{r,p-z}^* \underline{u}_{r,p-z} \rangle. \qquad (66)$$

Dabei gilt auch für thermisch rauschende Widerstände nach Nyquist

$$\tfrac{1}{2}\langle \underline{u}_{r,\text{tot}} \underline{u}_{r,\text{tot}}^* \rangle = 4kT_0 R_{\text{tot}} \Delta f,$$

$$\tfrac{1}{2}\langle \underline{u}_{r,p+z} \underline{u}_{r,p+z}^* \rangle = \tfrac{1}{2}\langle \underline{u}_{r,z} \underline{u}_{r,z}^* \rangle$$
$$= 4kT_D R_D \Delta f, \qquad (67)$$

$$\tfrac{1}{2}\langle \underline{u}_{r,p-z}^* \underline{u}_{r,p-z} \rangle = 4k(R_D T_D + R_{p-z} T_{sp}) \Delta f,$$

wobei R_{tot} den totalen Rauschwiderstand, bezogen auf $T_0 = 290$ K bedeutet. Mit dem Erwartungswert der Quelle

$$\tfrac{1}{2}\langle \underline{u}_{r,q}, \underline{u}_{r,q}^* \rangle = 4kT_0 R_{p+z} \Delta f \qquad (68)$$

folgt für die Rauschtemperatur

$$T_m = \frac{\langle \underline{u}_{r,\text{tot}} \underline{u}_{r,\text{tot}}^* \rangle}{\langle \underline{u}_{r,q} \underline{u}_{r,q}^* \rangle} T_0 = \frac{R_{\text{tot}}}{R_{p+z}} T_0 = F_{z,m} T_0. \qquad (69)$$

Unter Verwendung der Gln. (66) bis (69) sowie der Gl. (62) für $R_D \ll R_{p\pm z}$ und den Diodenparametern γQ_{p+z} und m erhalten wir

$$T_m = \left[\frac{2}{(\gamma Q_{p+z})^2} + \frac{1}{m}\left(1 + a^2 + \frac{1}{(\gamma Q_{p+z})^2}\right) \right.$$
$$\left. + \frac{m}{(\gamma Q_{p+z})^2} \right] T_D + a\frac{p+z}{p-z} T_{sp}. \qquad (70)$$

Die Rauschtemperatur T_m ist als Funktion des Faktors m und der dynamischen Güte γQ_{p+z} als Parameter für $a = 0{,}95$, $(p+z)/(p-z) = 1{,}55$, $T_D = T_{sp} = 290$ K sowie $T_{sp} = 29$ K in Bild 33 dargestellt. Als Funktion von m hat T_m ein Minimum bei

$$m_{\text{opt,r}} = \sqrt{1 + (1+a^2)(\gamma Q_{p+z})^2}$$

mit dem Minimalwert

$$T_{m,\min} = \frac{2}{\gamma Q_{p+z}}$$

$$\cdot \left[\sqrt{1 + a^2 + \frac{1}{(\gamma Q_{p+z})^2}} + \frac{1}{\gamma Q_{p+z}} \right] T_D$$

$$+ a\frac{p+z}{p-z} T_{sp}. \qquad (71)$$

Der parametrische Reflexionsverstärker [1, 7, 9, 10, 35, 36] entsprechend der Schaltungsanordnung nach Bild 34 besteht aus einem Vierarm-Zirkulator, an dessen zweiten Tor ein rauscharmer negativer Widerstand angeschlossen ist. Dieser kann durch den Ausgangswiderstand bei der Zwischenkreisfrequenz eines parametrischen Kehrlagemischers erzeugt werden. Hierzu betrachten wir die Ausgangsimpedanz Z_A des Abwärtsmischers für den Fall $|Z_{p+z}| \to \infty$, d.h. bei

Bild 33. Rauschtemperatur des Gleichlageabwärtsmischers als Funktion des Faktors m und der dynamischen Güte γQ_{p+z} als Parameter für $T_{sp} = 290$ K und 29 K

Bild 34. Parametrischer Reflexionsverstärker

Bild 35. Ersatzschaltbild der Ausgangsimpedanz Z_A des Kehrlageabwärtsmischers

Leerlauf der Signalkreisfrequenz $p+z$. Nach Gl. (57) gilt hierfür

$$Z_A\big|_{|Z_{p+z}|\to\infty} = Z_z - \frac{|S^{(1)}|^2}{z(p-z)Z^*_{p-z}} - R_z.$$

Mit den komplexen Widerständen Z_{p-z} und Z_z erhalten wir für Z_A das Ersatzbild nach Bild 35, welches aus einer Serienschaltung eines Serienresonanzkreises mit positiven Elementen und eines Parallelkreises mit negativen Kreiselementen besteht. Bei Resonanzabstimmung ist der Betrag des negativen Widerstands unter Verwendung der dynamischen Güte bei der Zwischenkreisfrequenz γQ_z durch die Beziehung

$$R_N = R_D \frac{z}{p-z}(\gamma Q_z)^2 \qquad (72)$$

gegeben. Der Übertragungsgewinn in Vorwärtsrichtung ist bei einem idealen, verlustfreien Vierarm-Zirkulator gleich dem Betragsquadrat des Reflexionsfaktors r_2 am zweiten Tor der Schaltungsanordnung nach Bild 34, d.h.

$$L_{\ddot u,v} = |r_2|^2 = \left(\frac{Z_L + (R_N - R_D)}{Z_L - (R_N - R_D)}\right)^2; \qquad (73)$$

für $R_N \to Z_L + R_D$ ist $L_{\ddot u,v} \to \infty$ erreichbar. In Rückwärtsrichtung ist

$$L_{\ddot u,R} = |r_4|^2 = \left(\frac{Z_L - R_4}{Z_L + R_4}\right)^2 \overset{!}{=} 0, \qquad (74)$$

wenn das vierte Tor reflexionsfrei, d.h. mit $R_4 = Z_L$ abgeschlossen ist.

Die Ersatzschaltung nach Bild 35 enthält auch die totale Rauschspannung $\underline{u}_{r,tot}$ bei der Zwischenkreisfrequenz z. Wir erhalten $\underline{u}_{r,tot}$ aus Gl. (57) für $U^*_{p-z} = 0$, $I_{p+z} = 0$ und $I_z = 0$ zu

$$\underline{u}_{r,tot} = \underline{u}_{r,z} + \frac{S^{(1)}}{j(p-z)Z^*_{p-z}} \underline{u}^*_{r,p-z}.$$

Mit den Erwartungswerten für die thermisch rauschenden unkorrelierten Anteile

$$\begin{aligned}
\tfrac{1}{2}\langle \underline{u}_{r,tot}\underline{u}^*_{r,tot}\rangle &= 4kT_0 R_{tot}\Delta f,\\
\tfrac{1}{2}\langle \underline{u}_{r,z}\underline{u}^*_{r,z}\rangle &= \tfrac{1}{2}\langle \underline{u}_{r,p-z}\underline{u}^*_{r,p-z}\rangle\\
&= 4kT_D R_D\Delta f,\\
\tfrac{1}{2}\langle \underline{u}_{r,q}\underline{u}^*_{r,q}\rangle &= 4kT_0 Z_L\Delta f
\end{aligned} \qquad (75)$$

folgt mit $U_{r,tot}$ bei Resonanzabstimmung für die Rauschtemperatur des Reflexionsverstärkers

$$T_{r,R} = \frac{\langle \underline{u}_{r,tot}\underline{u}^*_{r,tot}\rangle}{\langle \underline{u}_{r,q}\underline{u}^*_{r,q}\rangle} T_0 = \frac{R_{tot}}{Z_L} T_0 = F_{Z,R} T_0$$

$$= \left(\frac{R_D}{Z_L} + \frac{z}{p-z}\frac{R_N}{Z_L}\right) T_D. \qquad (76)$$

Bei großer Verstärkung ($Z_L \approx R_N$) wird aus Gl. (76) mit R_D/R_N nach Gl. (72)

$$T_{r,R} = \left(\frac{p-z}{z}\frac{1}{(\gamma Q_z)^2} + \frac{z}{p-z}\right) T_D. \qquad (77)$$

Die Rauschtemperatur des parametrischen Reflexionsverstärkers $T_{r,R}$ nach Gl. (77) hat ein Minimum

$$(T_{r,R})_{min} = \frac{2}{\gamma Q_z} T_D \qquad (78)$$

bei der optimalen Pumpfrequenz

$$f_{p,opt} = f_z(\gamma Q_z + 1). \qquad (79)$$

Wird der parametrische Reflexionsverstärker als Eingangsstufe verwendet, so ist stets $z = s$ und dementsprechend γQ_s die dynamische Güte bei der Signalfrequenz. Die Spiegelkreisfrequenz $p - s$ und die Pumpkreisfrequenz sind dann für günstige Rauscheigenschaften stets größer als s. Einen Sonderfall des parametrischen Reflexionsverstärkers erhalten wir, wenn Signalkreisfrequenz und Hilfskreisfrequenz sich nur geringfügig voneinander unterscheiden bzw. mit Hilfe eines phasengerasteten Regelsystems [40] gleich sind, so daß sie nicht mehr als getrennt betrachtet werden können. Wir benötigen in diesem Fall nur einen Resonator, um den negativen Leitwert bzw. Widerstand zu erzeugen. Diesen Spezialfall bezeichnet man für $p \approx 2s$ als quasidegeneriert und für $p = 2s$ als degenerierten Reflexionsverstärker [35, 36, 40, 41]. Während das Empfangssignal im degenerierten Betriebsfall kohärent verstärkt wird – die Spektralanteile der Spannungen bei der Signalkreisfrequenz und Hilfskreisfrequenz fallen dann zusammen und addieren sich – wird das Rauschen inkohärent verstärkt, d.h. die Rauschleistungen addieren sich. Dadurch wird eine Verbesserung des ausgangsseitigen Störabstands erreichbar [36, 40]. Ebenso ist es möglich, diesen Betriebszustand bei einem Abwärtsmischer in Frequenzgleichlage einzustellen [42], so daß die Spiegelkreisfrequenz mit der Zwischenkreisfrequenz zusammenfällt. Dadurch wird eine Umsetzung im Verhältnis 1:3 festgelegt. Auch in diesem Fall ist eine Verbesserung des Störabstands am Ausgang erreichbar, wenn mit Hilfe eines phasengerasteten Regelsystems stets $p = 2z$ ist.

1.5 Mischung mit Transistoren
Transistor mixers

Additive und multiplikative Mischung, Mischung mit gesteuerten Quellen. Der wesentliche Unterschied bei der Behandlung aktiver Mischer mit Transistoren im Gegensatz zu den bisher behandelten passiven Mischern mit Halbleiterdioden liegt in der Beschreibung der Steuerungsart des physikalisch vorgegebenen nichtlinearen Zusammenhangs. Passive Halbleiterbauelemente werden gemäß Bild 8 durch nichtlineare Zweipolfunktionen mit den in 1.1 genannten Eigenschaften dargestellt, während aktive Halbleiterbauelemente in der Regel durch gesteuerte Quellen beschrieben werden können. Daraus ergibt sich die wesentliche Folgerung, daß die Rückwirkung vom Ausgang zum Eingang der Mischerschaltung beim passiven Mischer wiederum über den nichtlinearen Zweipol geschieht, was zu den in 1.3 und 1.4 abgeleiteten Konversionsmatrizen führt, während beim aktiven Mischer diese Rückwirkung über einen zeitinvarianten passiven Zweipol gegeben ist (Bild 36), der in manchen Fällen (z. B. bei tiefen Frequenzen) sogar vernachlässigt werden kann. Außerdem wird im folgenden die prinzipiell vorhandene eingangsseitige Quelle und ihre Steuerung durch ausgangsseitige Größen (Rückmischung) vernachlässigt. Während bei der Mischung mit nichtlinearen Zweipolen nur eine additive Mischung möglich ist (d. h. die zu mischenden Signale werden überlagert und dann der Nichtlinearität zugeführt), gibt es bei aktiven Bauelementen auch die Möglichkeit der multiplikativen Mischung, sofern zwei Steuereingänge für die gesteuerte Quelle vorhanden sind (Dual-Gate-FETs, integrierte Multipliziererschaltungen, Mehrgitterröhren). Hier kann auch ohne Gegentaktanordnungen eine gute Entkopplung von Eingangs- und Oszillatorsignal erreicht werden.

Additive Mischung mit Bipolartransistoren. Für die Berechnung einer aktiven Mischerschaltung mit Bipolartransistoren gehen wir von der in Bild 37 gezeigten Basisschaltung aus, die im HF-Bereich bessere Resultate liefert als eine entsprechend zu behandelnde Emitterschaltung [43].

Bild 36. Mischung mit gesteuerten Quellen

Bild 37. Additiver Mischer mit Bipolartransistoren in Basisschaltung

Zur Beschreibung der nichtlinearen Eigenschaften der gesteuerten Quelle benutzen wir die Ebers-Moll-Beziehungen [44], die auch für den Großsignalfall gelten und eine sehr allgemeine Behandlung gestatten [45].
Der nichtlineare Zusammenhang zwischen der steuernden Basis-Emitter-Spannung, welche aus der Summe aus Signal- und Oszillatorspannung besteht, und dem Kollektorstrom, der die gewünschten Mischprodukte enthalten soll, lautet

$$i_c(t) = \alpha_F I_{ES}\{\exp[\beta u_{BE}(t)] - 1\} + I_{CS} \quad (80)$$

(α_F = Kurzschlußstromverstärkung, I_{ES} = Emitter-Sättigungsstrom, I_{CS} = Kollektor-Sättigungsstrom, $\beta = 1/U_T$). Hierbei ist vorausgesetzt, daß keine Sättigung des Kollektorstroms eingetreten und der Basisbahnwiderstand $r_{BB'}$ vernachlässigbar ist. Außerdem wird die Impedanz der steuernden Quelle als klein gegen die dynamische Eingangsimpedanz der Mischerschaltung angenommen (Spannungssteuerung). Mit

$$u_{BE}(t) = U_B + \hat{u}_{Os} \cos\Omega t + \hat{u}_s \cos\omega t \quad (81)$$

wird

$$\begin{aligned}i_C(t) &= \alpha_F I_{ES} \\ &\cdot [\exp\{\beta(U_B + \hat{u}_{Os}\cos\Omega t + \hat{u}_s\cos\omega t)\} - 1] \\ &+ I_{CS} = \alpha_F I_{ES} \exp\{\beta u_B\} \\ &\cdot \left[I_0(\beta\hat{u}_{Os}) + 2\sum_{m=1}^{\infty} I_m(\beta\hat{u}_{Os})\cos m\Omega t\right] \\ &\cdot \left[I_0(\beta\hat{u}_s) + 2\sum_{n=1}^{\infty} I_n(\beta\hat{u}_s)\cos n\omega t\right] + \text{const}\end{aligned} \quad (82)$$

($I_n(x)$ = modifizierte Bessel-Funktion n-ter Ordnung [45, 46]).

Der Vergleich mit der üblichen Fourier-Entwicklung

$$i_c(t) = \sum_{n,m=-\infty}^{\infty} I_{c,nm} \exp[j(m\Omega + n\omega)t] + \text{const} \quad (83)$$

liefert

$$I_{c,00} = \alpha_F I_{ES} \exp(\beta U_B) I_0(\beta\hat{u}_{Os}) I_0(\beta\hat{u}_s) \quad (84)$$

$$I_{c,nm} = \alpha_F I_{ES} \exp(\beta U_B) I_m(\beta\hat{u}_{Os}) I_n(\beta\hat{u}_s) \quad (85)$$

$$= \frac{I_{c,00} I_m(\beta\hat{u}_{Os}) I_n(\beta\hat{u}_s)}{I_0(\beta\hat{u}_{Os}) I_0(\beta\hat{u}_s)}.$$

Ausgehend von dieser allgemeinen Form für den Spektralanteil des Stroms bei der Kreisfrequenz $m\Omega \pm n\omega$ läßt sich nun der Kleinsignalfall ableiten. Mit

$$\beta \hat{u}_s \ll 1 \quad \text{d.h.} \quad n = 1, \quad (86)$$
$$I_1(\beta \hat{u}_s) \simeq \beta \hat{u}_s/2, \quad I_0(\beta \hat{u}_s) \simeq 1$$

folgt

$$I_{c,nm} = I_{c,00} \beta \hat{u}_s \frac{I_m(\beta \hat{u}_{Os})}{I_0(\beta \hat{u}_{Os})}. \quad (87)$$

mit der Mischsteilheit

$$S_c^{(1,m)} = \partial i_{c,1m}/\partial \hat{u}_S = S_c^{(0)} I_m(\beta \hat{u}_{Os})/I_0(\beta \hat{u}_{Os}) \quad (88)$$

bez. des Seitenbands bei $m\Omega \pm \omega$ und der stationären Transkonduktanz im gewählten Arbeitspunkt

$$S_c^{(0)} = \beta I_{c,00}. \quad (89)$$

Für Grundwellenmischung ist $m = 1$ und

$$S_c^{(1,1)} = S_c^{(0)} \frac{I_1(\beta \hat{u}_{Os})}{I_0(\beta \hat{u}_{Os})} \quad (90)$$

(Bild 38). Zur Berechnung der Mischverstärkung wird das einfache Modell durch dynamische Eingangs- und Ausgangsleitwerte $\underline{Y}_E$ und $\underline{Y}_A$ sowie den Rückwirkungsleitwert $\underline{Y}_k$ erweitert. Unter Einbeziehung von Quell- und Lastleitwerten ergeben sich dann die Konversionsgleichungen bei Resonanzabstimmung im Eingangs- und Ausgangskreis

$$\begin{pmatrix} \underline{I}_s \\ \underline{I}_z \end{pmatrix} = \begin{pmatrix} G_s + G_E & -\underline{Y}_k(\omega_s) \\ S_c^{(1,1)} - \underline{Y}_k(\omega_z) & G_L + G_A \end{pmatrix} \cdot \begin{pmatrix} \underline{U}_s \\ \underline{U}_z \end{pmatrix}, \quad (91)$$

bzw. bei $\omega_z = \omega_s - \omega_{Os} \ll \omega_s$ und $|\underline{Y}_k(\omega_z)| \ll |S_c^{(1,1)}|$ der Konversionsgewinn

$$L_{\ddot{u},m} = 4G_s G_L \cdot \frac{|S_c^{(1,1)}|^2}{|(G_s + G_E)(G_L + G_A) + \underline{Y}_k(\omega_s) S_c^{(1,1)}|^2}. \quad (92)$$

Bild 38. Abhängigkeit der normierten Grundwellen-Mischsteilheit von der normierten Oszillatoramplitude

Rauschverhalten additiver Mischer mit Bipolartransistoren. Die Berechnung ist aufgrund der zahlreichen Rauschquellen des Bipolartransistors [47] und ihrer Korrelationen nur mit sehr großem Rechenaufwand möglich. Für eine grobe Abschätzung des Rauschverhaltens soll daher ein sehr einfaches Modell zugrunde gelegt werden, an welchem die wesentlichen Eigenschaften demonstriert werden können. Modellieren wir die additive Mischerschaltung als Kettenschaltung eines passiven Diodenmischers und eines Geradeausverstärkers bei der Zwischenfrequenz (Mischung an der Eingangskennlinie des Transistors), so ist die Gesamtrauschzahl dieser Kettenschaltung nach der Formel von Friis (s. Gln. D 3 (78), (79)) und mit den Bezeichnungen von Bild 39

$$F_{ges} = F_M + D_{v,m}(F_v - 1). \quad (93)$$

F_M und $D_{v,M}$ (s. Gl. (23)) sind dabei die Mischerkenngrößen und F_v die Rauschzahl eines mit dem entsprechenden Quellenleitwert betriebenen Geradeausverstärkers [48]. Mit der Näherung $F_M = D_{v,M}$ [7, S. 202] folgt aus Gl. (93)

$$F_{ges} \simeq D_{v,M} F_v. \quad (94)$$

Additive Mischung mit FETs. Hier gehen wir von dem in Bild 40 dargestellten, für Sperrschicht und MESFETs gültigen Großsignalmodell aus. Die exakte Transferkennlinie des Feldeffekttransistors

$$I_D = I_{Dss}\{1 - 3U_{GS'}/U_p + 2(U_{GS'}/U_p)^{3/2}\}$$

wird angenähert durch (Bild 41)

$$I_D = I_{Dss}\{1 - U_{GS'}/U_p\}^2. \quad (95)$$

Zwischen der inneren und äußeren Steuerspannung ($u_{GS'}(t)$ bzw. $u_{GS}(t)$) besteht der Zusammen-

Bild 39. Zur Berechnung der Rauschzahl additiver Mischer mit Bipolartransistoren

Bild 40. FET-Modell

Bild 41. Exakte FET-Transferkennlinie und quadratische Näherung

hang

$$u_{GS}(t) = u_{GS'}(t) + R_{SS'} C_{GS'} \frac{d}{dt} u_{GS'}(t), \quad (96)$$

bzw. in komplexer Schreibweise

$$\text{mit } \begin{aligned} \underline{U}_{GS} &= \underline{U}_{GS'}(1 + j\Omega) \\ \Omega &= \omega/\omega_{GS'}, \quad \omega_{GS'} = 1/(R_{SS'} C_{GS'}) \end{aligned} \bigg\}. \quad (97)$$

Mit dem Ansatz für additive Mischung

$$u_{GS}(t) = U_0 + u_{Os}(t) + u_s(t); \quad U_0 = U_p/2, \quad \hat{u}_{Os} \leq U_p/2 \quad (98)$$

liefern die Gln. (95) bis (98) für den zwischenfrequenten Stromanteil

$$\underline{I}_z = -\frac{I_{Dss}}{U_p^2} \frac{\underline{U}_{Os}^*}{1 - j\Omega_{Os}} \frac{\underline{U}_s}{1 + j\Omega_s} \quad (99)$$

mit der Mischsteilheit

$$\underline{S}_c^{(1)} = -\frac{I_{Dss}}{U_p^2} \frac{\underline{U}_{Os}^*}{(1 - j\Omega_{Os})(1 + j\Omega_s)}. \quad (100)$$

Rauschverhalten additiver FET-Mischer. Die strukturangepaßte Rauschersatzschaltung eines FET-Mischers (Bild 42) liefert bei Resonanz die

Bild 42. Rauschersatzschaltung eines Sperrschicht-FET
i_{GS} = Rauschstrom der Gate-Source-Strecke
i_{DS} = Rauschen der gesteuerten Quelle

Konversionsgleichungen

$$\begin{pmatrix} \underline{I}_s \\ \underline{I}_z \end{pmatrix} = \begin{pmatrix} G_S + G_E & -j\omega_s C_{GD} \\ \underline{S}_c^{(1)} - j\omega_z C_{GD} & G_L + G_{DS} \end{pmatrix} \cdot \begin{pmatrix} \underline{U}_s \\ \underline{U}_z \end{pmatrix} + \begin{pmatrix} i_s + i_{GS} \\ i_{DS} \end{pmatrix}. \quad (101)$$

Hierin ist

$$G_E \simeq R_{SS'}(\omega C_{GS'})^2 \quad (\text{für } (\omega R_{SS'} C_{GS'})^2 \ll 1) \quad (102)$$

der Realteil des Eingangsleitwerts. Aus Gl. (10) folgt die totale Rauscheinströmung

$$i_{tot} = (\underline{I}_s)_{\underline{I}_z = 0, \underline{U}_z = 0} = i_s + i_{GS} + \underline{k} i_{DS}$$

und das Kurzschlußstrom-Übersetzungsverhältnis

$$\underline{k} = -(G_s + G_E)/(\underline{S}_c^{(1)} - j\omega_z C_{GD}) \\ \approx -(G_s + G_E)/\underline{S}_c^{(1)}. \quad (103)$$

Die Einseitenband-Rauschzahl wird dann entsprechend Gl. (38) bei unkorrelierten Rauschquellen

$$F_{SSB} = 1 + \frac{\langle i_{GS} i_{GS}^* \rangle}{\langle i_s i_s^* \rangle} + |\underline{k}|^2 \frac{\langle i_{DS} i_{DS}^* \rangle}{\langle i_s i_s^* \rangle}.$$

Mit

$$\langle i_{GS} i_{GS}^* \rangle = 4kT\omega_s^2 C_{GS}^2 R_{SS'} \Delta f = 4kT G_E \Delta f,$$
$$\langle i_{DS} i_{DS}^* \rangle = 4kT G^{(0)} \Delta f,$$
$$\langle i_s i_s^* \rangle = 4kT G_S \Delta f$$

erhält man

$$F_{SSB} = 1 + G_E/G_S + \frac{(G_E + G_S)^2}{G_S} \frac{\underline{S}_c^{(0)}}{|\underline{S}_c^{(1)}|^2}, \quad (104)$$

für den optimalen Generatorleitwert

$$G_{S,opt} = G_E \sqrt{1 + |\underline{S}_c^{(1)}|^2/(\underline{S}_c^{(0)} G_E)} \quad (105)$$

das Minimum

$$F_{SSB,min} = 1 + 2G_E \frac{\underline{S}_c^{(0)}}{|\underline{S}_c^{(1)}|^2} \left\{ 1 + \sqrt{1 + \frac{|\underline{S}_c^{(1)}|^2}{\underline{S}_c^{(0)} G_E}} \right\}. \quad (106)$$

Multiplikative Mischung mit Feldeffekttransistoren. Hier kommen heute ausschließlich Dual-Gate-MOSFET-Typen zur Anwendung. Eine der Steuerelektroden wird zur Einspeisung der Signalleistung benutzt und bez. des Arbeitspunkts wie im Fall der additiven Mischung betrieben. Für die Zuführung der Oszillatorleistung wird die zweite Steuerelektrode so vorgespannt, daß in der Umgebung des Arbeitspunkts die lineare Beziehung gilt

$$I_{Dss} = I_N(c - U_{G_2S}/U_p) \quad (107)$$

(c = transistorspezifische, experimentell zu ermittelnde Größe). Der für die Mischung interes-

Bild 43. Quellenmodell eines Dual-Gate-MOSFET

sante Zusammenhang lautet dann (Bild 43)

$$I_D(U_{G_1S'}, U_{G_2S'}) = I_N(c - U_{G_2S'}/U_p) \cdot (1 - U_{G_1S'}/U_p)^2. \quad (108)$$

Hieraus folgt mit dem Ansatz

$$u_{G_1S'}(t) = U'_{01} + u'_s(t),$$
$$u_{G_2S'}(t) = U'_{02} + u'_{Os}(t) \quad (109)$$

der für die Mischung wesentliche Term

$$\frac{(U_p - U_{01})}{U_p^3} I_N u'_{Os}(t) u'_s(t).$$

Der Übergang zur komplexen Schreibweise und die Umrechnung von der äußeren auf die innere Steuerelektrode der Ersatzschaltung in Bild 43 (vgl. Gl. (97)) ergibt wie im Fall des Sperrschicht-FET den ZF-Strom

$$\underline{I}_z = \frac{(U_p - U_{01})}{U_p^3} I_N \frac{\underline{U}_s}{1 + j\Omega_s} \underline{U}_{Os} \quad (110)$$

und damit die Mischsteilheit

$$\underline{S}_c^{(1)} = \frac{(U_p - U_{01})}{U_p^3} I_N \frac{\underline{U}_{Os}}{1 + j\Omega_s}. \quad (111)$$

Multiplikative Mischung mit integrierten Multiplizierern. Diese ursprünglich für den Einsatz in analogen Rechenschaltungen entwickelten aktiven Netzwerke haben auch als aktive Mischer bis in den HF-Bereich hinein Anwendung gefunden. Im Idealfall gelten die Eingangs-Ausgangsbeziehungen

$$u_A(t) = K u_1(t) u_2(t),$$

wobei die spezifische Konstante K sowohl von der Frequenz als auch von den Eingangsgrößen unabhängig ist. Im Realfall sind Offset-, Rausch- und Driftprobleme zu berücksichtigen. Günstige Betriebseigenschaften lassen sich daher insbesondere bei großen Signalpegeln erwarten. Für diesen Fall stellen solche Bauelemente vielseitige Mittel zur Modulation, Demodulation, Mischung, Phasendetektion, Frequenzverdopplung, AGC-Verstärkung etc. dar [50–54].

1.6 Rauschmessungen an Mischern
Mixer noise measurements

Einseitenband- und Zweiseitenband-Rauschzahl.
Bei der Rauschmessung mit breitbandigen Rauschquellen an Mischern ohne weitere Selektionsmaßnahmen ist zu beachten, daß aufgrund der Mehrdeutigkeit des Mischvorgangs Rauschleistung bei Signal- und Spiegelfrequenz eingespeist wird (Bild 44). Dann gilt für die ausgangs-

Bild 44. Zur Zweiseitenband-Rauschzahl

seitigen Rauschleistungen in den Betriebszuständen „Rauschquelle ausgeschaltet" bzw. „Rauschquelle eingeschaltet"

$$N_{A1} = N_i + kT_0 B L_{v,s} + kT_0 B L_{v,sp}$$
$$N_{A2} = N_i + kT_R B L_{v,s} + kT_R B L_{v,sp}. \quad (112)$$

Im allgemeinen ist $L_{v,sp} \neq L_{v,s}$; insbesondere bei Mischern mit gesteuerten Blindleitwerten können erhebliche Unterschiede bestehen. Definieren wir die Zweiseitenband-Zusatzrauschzahl als

$$F_{z,\text{DSB}} = N_i/(kT_0 B[L_{v,s} + L_{v,sp}]), \quad (113)$$

so ergibt sich mit dem Y-Faktor

$$Y = N_{A2}/N_{A1} = \frac{T_R/T_0 + F_{z,\text{DSB}}}{F_{z,\text{DSB}} + 1} \quad (114)$$

schließlich

$$F_{z,\text{DSB}} = \frac{T_R/T_0 - Y}{Y - 1}. \quad (115)$$

Der Zusammenhang zu den entsprechenden Einseitenbandgrößen

$$F_{z,s} = N_i/(kT_0 B L_{v,s}), \quad F_{z,sp} = N_i/(kT_0 B L_{v,sp}) \quad (116)$$

lautet

$$F_{z,\text{DSB}} = N_i/(kT_0 B[L_{v,s} + L_{v,sp}])$$
$$= F_{z,s} F_{z,sp}/(F_{z,s} + F_{z,sp}) \quad (117)$$

und im Spezialfall $L_{v,s} = L_{v,sp}$

$$\left.\begin{array}{l} F_{z,s} = F_{z,sp} = F_{z,\text{SSB}} = 2 F_{z,\text{DSB}} \\ \text{bzw.} \\ F_s = F_{sp} = F_{\text{SSB}} = 2 F_{\text{DSB}} - 1, \end{array}\right\} \quad (118)$$

d.h. eine eindeutige Einseitenband-(Zusatz)-

Rauschzahl existiert nur in diesem Fall (s. hierzu auch [55]).

Die Zweiseitenband-Rauschzahl einer Kettenschaltung. Bei der Messung von Mischer-Rauscheigenschaften ist es zweckmäßig, den Mischer in Zusammenhang mit seinem zugehörigen ZF-Verstärker zu untersuchen. Weist dieser ei-

Bild 45. Kettenschaltung rauschender Vierpole

nen hinreichen großen Gewinn auf, so kann die Kettenschaltung als neues Meßobjekt mit großer Verstärkung aufgefaßt werden, und die Rauscheigenschaften sind nach der Friisschen Formel unabhängig von der nachfolgenden Beschaltung. Für die Rückrechnung der Eigenschaften des Mischers aus denen der Kettenschaltung muß aber die Friissche Formel für die Kettenschaltung von Zweitoren auf die Kettenschaltung eines Dreitors und eines nachfolgenden Zweitors erweitert werden. Nach Bild 45 gilt

$$N_{A1} = N_{i1} + kT_0 B(L_{v,s} + L_{v,sp}),$$
$$N_{A2} = N_{i1} + kT_R B(L_{v,s} + L_{v,sp}),$$
$$M_{A1} = N_{A1} L_{v2} + N_{i2}, \quad M_{A2} = N_{A2} L_{v2} + N_{i2}$$

und man erhält nach den Gln. (113) bis (117) für die Zweiseitenband-Rauschzahl der Kettenschaltung

$$F_{\text{DSB,ges}} = 1 + \frac{N_{i1}}{(L_{v,s} + L_{v,sp}) kT_0 B} \\ + \frac{N_{i2}}{(L_{v,s} + L_{v,sp}) kT_0 B L_{v2}}. \quad (119)$$
$$= F_{\text{DSB,Mischer}} + \frac{F_{z,\text{ZF}}}{L_{v,s} + L_{v,sp}}$$

1.7 Frequenzvervielfachung und Frequenzteilung
Frequency multiplication and division

Leistungsbeziehungen für Vervielfachung und Teilung. Bei der Behandlung von idealisierten Frequenzvervielfachern und -teilern mit passiven nichtlinearen Zweipolen ist zu unterscheiden zwischen konservativen Systemen (z. B. Varaktordiode = im Sperrbereich gesteuerter Blindwiderstand) und dissipativen Systemen (z. B. Halbleiterdiode im Durchlaßbereich = gesteuerter

Wirkwiderstand). Zur Abschätzung des Wirkungsgrades dieser Systeme sind Spezialisierungen der Manley-Rowe-Gleichungen (47) im konservativen Fall bzw. der Leistungsbeziehungen (25), (26) im dissipativen Fall zu untersuchen. Im Falle des Varaktorvervielfachers gilt dabei nach den Gln. (48) und (49) für $\mu = 0$

$$\sum_{v=0}^{\infty} P_{v0} = 0,$$

d. h. bei verlustfreiem Varaktor und verlustfreien Abschlüssen bei den unerwünschten Frequenzen (Idler-Kreise) kann der Wirkungsgrad für ein beliebiges Frequenzverhältnis maximal 100% betragen. Darüber hinaus ist zu erkennen, daß durch Zuführung von Gleichleistung keine Verbesserung des Wirkungsgrades erfolgen kann. Bei dissipativen Systemen hingegen ist nach Gl. (31) der Vervielfachungs-Wirkungsgrad $\eta = 1/n^2$. Dies ist eine Folge der positiven Kennliniensteigung. Die Passivität erfordert zusätzlich Zuführung von Gleichleistung zur Aufrechterhaltung der Funktionsweise. Eine Frequenzteilung ist im Gegensatz zu einem konservativen System nicht möglich.

Vervielfachung und Teilung mit nichtlinearen Zweipolen. Bei der Berechnung realer Schaltungen mit nichtlinearen Zweipolen kann nicht mehr von den vereinfachenden Annahmen der Kleinsignaltheorie ausgegangen werden. Die spezielle Frequenzlage dieser Schaltungen bietet jedoch eine Möglichkeit der Vereinfachung. Wir bezeichnen wie in Gl. (6) den gegebenen nichtlinearen physikalischen Zusammenhang zweier Größen als $y = y(x)$ und den Zusammenhang zwischen ihren (kleinen) Änderungen entsprechend Gl. (7) als

$$\Delta y(t) = F\{x(t), y(t)\} \Delta x(t). \quad (120)$$

Beispiele für den verallgemeinerten Zusammenhang sind die Halbleiterdiode im Durchlaßbereich mit dem Strom-Spannungs-Zusammenhang

$$i(t) = G(t) u(t), \quad (121)$$

bzw. die Halbleiterdiode im Sperrbereich bei Stromsteuerung mit

$$du(t)/dt = S(t) i(t). \quad (122)$$

Da in den Schaltungen nur die Frequenzen $n\omega$ auftreten, gilt

$$\Delta y(t) = \sum_{r=-\infty}^{+\infty} \underline{Y}_r \exp(jr\omega t),$$
$$\Delta x(t) = \sum_{p=-\infty}^{+\infty} \underline{X}_p \exp(jp\omega t) \quad (123)$$
und
$$F(t) = \sum_{q=-\infty}^{+\infty} \underline{F}^{(q)} \exp(jq\omega t).$$

Damit folgt aus Gl. (120) das unendliche Gleichungssystem

$$\underline{Y}_r = \sum_{p=-\infty}^{+\infty} \underline{F}^{(r-p)} \underline{X}_p. \qquad (124)$$

Bei Beschränkung auf eine endliche Anzahl von Frequenzen, was durch eine entsprechende Schaltungsauslegung erreicht werden kann, ist das Gleichungssystem lösbar.

Verdoppler mit Varaktordiode. Aus den Gln. (120), (122) und (124) folgt mit der Fourier-Darstellung der Elastanz

$$\underline{S}(t) = \sum_{q=-\infty}^{+\infty} \underline{S}^{(q)} \exp(\mathrm{j}q\omega t)$$

das Gleichungssystem

$$\mathrm{j}r\omega \underline{U}_r'' = \sum_{p=-\infty}^{+\infty} \underline{S}^{(r-p)} \underline{I}_p, \qquad (125)$$

wobei die zweigestrichenen Größen für den nichtlinearen Zweipol allein gelten (Bild 46). Da-

Bild 46. Verdoppler mit Varaktor

mit erhalten wir z. B. für den Verdoppler den Wirkungsgrad [7, 30]

$$\eta = \frac{1 - (2\gamma_2/\gamma_1^2)(2\omega/\omega_g)}{1 + (1/(2\gamma_2))(2\omega/\omega_g)} \qquad (126)$$

mit

$$\gamma_k = |\underline{S}^{(k)}|/S^{(0)}, \qquad \omega_g = S^{(0)}/R_D.$$

Zusammen mit den Bedingungen

$$S^{(0)} = (S_{\max} + S_{\min})/2$$
$$|S(t)| \leq S_{\max} - S_{\min} \qquad S_{\min} \ll S_{\max},$$

wobei $S_{\min}$ und $S_{\max}$ aus dem Kennlinienverlauf zu entnehmen sind, ergeben sich einschränkende Bedingungen für die Aussteuerungskoeffizienten in der Form

$$\gamma_1 \cos \omega t + \gamma_2 \sin 2\omega t \leq 1/4. \qquad (127)$$

Die numerische Lösung dieses Problems führt auf die in Bild 47 dargestellten Gültigkeitsbereiche. Für die Darstellung des Wirkungsgrades als Funktion der Aussteuerung und der Diodengrenzfrequenz (Bild 48) verwenden wir die Näherung

$$\gamma_1 + \gamma_2 = 0{,}28, \qquad (128)$$

Bild 47. Gültigkeitsbereiche der Aussteuerungskoeffizienten

Bild 48. Wirkungsgrad des Varaktorverdopplers

die in den wesentlichen Bereichen von der exakten Lösung nur geringfügig abweicht. Weitere Diagramme zur Dimensionierung sind in [35] ausführlich dargestellt.

Vervielfacher mit Varaktordioden. Bei stromgesteuerten Varaktoren mit abruptem Dotierungsprofil ist wegen ihrer quadratischen Ladungs-Spannungs-Kennlinie eine Erzeugung von Oberwellen höherer als zweiter Ordnung unmittelbar nicht möglich. Dies gelingt jedoch durch die Einführung sog. Hilfskreise (Idler-Kreise, Bild 49), welche auf die Frequenzen abgestimmt

Bild 49. Verdreifacher mit Idler

Tabelle 1. Frequenzkombinationen bei Vervielfachern

Grund- frequenz	Anzahl Idler	Resonanz- Frequenz Idler	Mögliche Ausgangsfre- quenzen
f_0	0		$2f_0$
f_0	1	$2f_0$	$3f_0$
f_0	1	$2f_0$	$4f_0$
f_0	2	$2f_0, 3f_0$	$5f_0$
f_0	2	$2f_0, 4f_0$	$5f_0$
f_0	2	$2f_0, 3f_0$	$6f_0$
f_0	2	$2f_0, 4f_0$	$6f_0$
f_0	2	$2f_0, 4f_0$	$8f_0$

werden, die durch die Nichtlinearität entstehen und dann als Quelle für höhere Mischprodukte dienen. Tab. 1 zeigt einige Möglichkeiten, welche auf der Bildung von Summenfrequenzen aufbaut. Die Komplexität der Anordnung wächst sehr schnell, da neben den gezeigten Frequenzen auch Subharmonische angeregt werden können (Frequenzteiler, s. unten). Eine andere Möglichkeit der Erzeugung höherer Harmonischer besteht in der Verwendung von Dioden mit anderen Dotierungsprofilen [56] bzw. Übersteuerung von Dioden mit abruptem Dotierungsprofil [57]. Auch hier können hohe Wirkungsgrade erreicht werden.

Gute Wirkungsgrade bei gleichzeitig hoher Ausgangsleistung können auch mit Halbleiterdioden erzielt werden, bei denen der Ladungsspeichereffekt des in Durchlaßrichtung betriebenen pn-Übergangs zur Vervielfachung ausgenutzt wird (Speicherdioden, Step-recovery-Dioden [58–60]). Ist die Diode durch den Pumpvorgang in Durchlaßrichtung vorgespannt, werden in dieser Phase in den Bahngebieten Minoritätsladungsträger gespeichert. Ist ihre Lebensdauer groß gegen die Periode der Pumpspannung, fließt in der folgenden Sperrphase ein Ausgleichsstrom, der nach Abfließen der Ladungsträger abrupt zusammenbricht. Es bleibt nur noch der durch die Sperrschichtkapazität bedingte kleine Umladestrom übrig. Zur Modellierung ist daher eine geknickte Kennlinie (vgl. G 2.1) geeignet, welche bekanntlich einen hohen Oberwellengehalt ermöglicht.

Frequenzteiler mit Varaktordioden. Auch für einen Frequenzteiler mit einem Teilerfaktor von 2 gelten die aus Gl. (125) herleitbaren Beziehungen des Verdopplers sinngemäß (Index 2: Eingang bei der Frequenz $2f$, Index 1: Ausgang bei der Frequenz f). Eine zum Verdoppler analoge Rechnung liefert für den Wirkungsgrad [35]

$$\eta = \frac{1 - (1/(2\gamma_2))(2\omega/\omega_g)}{1 + (2\gamma_2/\gamma_1^2)(2\omega/\omega_g)}, \tag{129}$$

der sich mit der einschränkenden Bedingung

Bild 50. Wirkungsgrad eines Varaktorteilers 2:1

für die Aussteuerungskoeffizienten wie bei der Berechnung des Verdopplers darstellen läßt (Bild 50). Die Anschwingbedingung fordert wegen $\mathrm{Re}\, \underline{Z}_1 > 0$

$$R_D < |S^{(2)}|/\omega; \tag{130}$$

daraus ergibt sich eine maximale Betriebsfrequenz

$$\omega_{\max} = \gamma_2 \omega_g. \tag{131}$$

Für diese Frequenz wird aber $\eta = 0$; daher ist nur ein Betrieb weit unterhalb der Grenzfrequenz sinnvoll.

Wie in [35] dargestellt, sind auch andere ganzzahlige und rationale Teilerverhältnisse möglich, die wie beim Vervielfacher entsprechende Idler-Kreise benötigen.

Vervielfacher mit gesteuertem Wirkleitwert. Für die Prinzipschaltung (Bild 51) eines Vervielfachers mit einer Halbleiterdiode der Charakteristik Gl. (121) und dem Vervielfachungsgrad n lautet Gl. (124)

$$\underline{I}_r' = \sum_{p=-\infty}^{+\infty} G^{(r-p)} \underline{U}_p. \tag{132}$$

Mit den durch die Schaltungsauslegung gegebenen Indexkombinationen $r = 0, \pm 1, \pm n$ und

Bild 51. Prinzipschaltung eines Vervielfachers mit gesteuertem Wirkwiderstand

1 Mischung und Frequenzvervielfachung

$p = 0, \pm 1, \pm n$ gilt

$$\left.\begin{aligned}\underline{I}'_1 &= \underline{G}^{(0)} \underline{U}_1 + \underline{G}^{(2)} \underline{U}_1^* - \underline{G}^{(n-1)*} \underline{U}_n \\ &\quad - \underline{G}^{(n+1)} \underline{U}_n^* + \underline{G}^{(1)} U_0, \\ \underline{I}'_n &= -\underline{G}^{(n-1)} \underline{U}_1 - \underline{G}^{(n+1)} \underline{U}_1^* + \underline{G}^{(0)} \underline{U}_n \\ &\quad + \underline{G}^{(2n)} \underline{U}_n^* + \underline{G}^{(n)} U_0.\end{aligned}\right\} \quad (133)$$

Für den Arbeitspunkt $U_0 = 0$ und die Phasenbedingungen

$$\arg(\underline{U}_1) = 0; \quad \arg(\underline{U}_n) = 0;$$
$$\arg(\underline{G}^{(r-p)}) = 0 \quad (134)$$

ergibt sich zusammen mit der Beschaltung der Diode bei Resonanz

$$\left.\begin{aligned}|\underline{I}_1| &= (G_1 + G^{(0)} + |\underline{G}^{(2)}|)\, U_1 \\ &\quad - (|\underline{G}^{(n-1)}| + |\underline{G}^{(n+1)}|)\, |\underline{U}_n|, \\ |\underline{I}_n| &= -(|\underline{G}^{(n-1)}| + |\underline{G}^{(n+1)}|)\, U_1 \\ &\quad + (G_n + G^{(0)} + |\underline{G}^{(2n)}|)\, |\underline{U}_n|.\end{aligned}\right\} \quad (135)$$

Den Zusammenhang zwischen den Beträgen der Phasoren von Grund- und Oberwelle können wir mit der Normierung

$$\frac{|\underline{G}^{(r-p)}|}{G^{(0)}} = \gamma_{r-p}, \quad \frac{G_n}{G^{(0)}} = g_n, \quad \frac{G_1}{G^{(0)}} = g_1 \quad (136)$$

und der Randbedingung $|\underline{I}_n| = 0$ in der Form

$$\frac{|\underline{U}_n|}{|\underline{U}_1|} = \frac{\gamma_{n-1} + \gamma_{n+1}}{1 + \gamma_{2n} + g_n} \quad (137)$$

angeben. Ebenso folgt für den normierten Eingangsleitwert

$$\begin{aligned}g_E &= \frac{1}{G^{(0)}} \left(\frac{|\underline{I}_1|}{|\underline{U}_1|}\right)_{|\underline{I}_n|=0} - g_1 \\ &= 1 + \gamma_2 - \frac{(\gamma_{n-1} + \gamma_{n+1})^2}{1 + \gamma_{2n} + g_n}.\end{aligned} \quad (138)$$

Hieraus läßt sich wie bei der Behandlung des Varaktorverdopplers der Wirkungsgrad berechnen:

$$\eta = \left(\frac{|\underline{U}_n|^2}{|\underline{U}_1|^2}\right)_{|\underline{I}_n|=0} \cdot \frac{g_n}{g_E} = \left(\frac{\gamma_{n-1} + \gamma_{n+1}}{1 + \gamma_{2n} + g_n}\right)^2$$
$$\cdot \frac{g_n}{1 + \gamma_2 - \dfrac{(\gamma_{n-1} + \gamma_{n+1})^2}{1 + \gamma_{2n} + g_n}}. \quad (139)$$

Der optimale Lastleitwert für maximalen Wirkungsgrad ist

$$g_{n,\text{opt}} = (1 + \gamma_{2n}) \sqrt{1 - \frac{(\gamma_{n-1} + \gamma_{n+1})^2}{(1 + \gamma_2)(1 + \gamma_{2n})}}. \quad (140)$$

Für die Beschreibung der Diode durch eine Knickkennlinie ist

$$\gamma_n = |\sin n\Theta|/(n\Theta), \quad (141)$$

d.h. in dem gewählten Arbeitspunkt $U_0 = 0$ mit $\Theta = \pi/2$

$$\gamma_n = 2/(n\pi).$$

Für große Vervielfachungsfaktoren gilt nun

$$\frac{(\gamma_{n-1} + \gamma_{n+1})^2}{(1 + \gamma_{2n} + g_n)(1 + \gamma_2)} \ll 1, \quad \gamma_{2n} \ll g_n, 1$$

und damit in Näherung

$$\eta = \frac{(\gamma_{n+1} + \gamma_{n+1})^2}{1 + \gamma_2} \cdot \frac{g_n}{(1 + g_n)^2},$$

bzw.

$$\eta = \frac{g_n}{(g_n + 1)^2} \cdot \frac{16}{\pi(\pi + 1)} \cdot \frac{1}{n^2}, \quad (142)$$

sowie mit dem optimalen Lastleitwert $g_{n,\text{opt}} = 1$

$$\eta_{\max} = \frac{4}{\pi(\pi + 1)} \cdot \frac{1}{n^2}. \quad (143)$$

Die gewählte Arbeitspunkteinstellung ist dabei ein guter Kompromiß. Es können höhere Wirkungsgrade erreicht werden, dies kann aber mit Anpassungsproblemen oder geringerer Ausgangsleistung verbunden sein. Bild 52 zeigt die Wirkungsgrad in Abhängigkeit von n für die exakte Lösung (Gl. (139)), die Näherung (Gl. (143)) und den durch die Leistungsbeziehungen gegebenen Wert nach Gl. (31).

Vervielfachung und Teilung mit gesteuerten Quellen. Dafür gelten prinzipiell die gleichen Aussagen wie im Abschnitt über Mischung mit gesteuerten Quellen. Die Entkopplung zwischen

Bild 52. Wirkungsgrad des Diodenvervielfachers

Bild 53. Zum Wirkungsgrad des Vervielfachers mit Bipolartransistor

Quelle und Steuereingang gestattet zumindest unter vereinfachenden Bedingungen eine wesentlich bequemere Behandlung. Im Gegensatz zu Mischerschaltungen (Kleinsignalfall) kann aber nicht auf die Begriffe der Konversionsmatrix und der Mischsteilheit zurückgegriffen werden. Eine exakte Behandlung des Großsignalfalls erfordert neben der Berechnung des Wirkungsgrades auch die Untersuchung der Veränderung dynamischer Halbleiterkenngrößen. Diese Einflüsse sind in der Regel analytisch nicht mehr zu beherrschen, sondern erfordern den Einsatz rechnergestützter Analyseverfahren.

Vervielfacher mit Bipolartransistoren. Ausgangspunkt der Berechnungen ist die in Bild 37 gezeigte Mischerschaltung, wobei die ansteuernde Größe durch

$$u_1(t) = u_{BE}(t) = U_B + \hat{u}_1 \cos \Omega t$$

gegeben ist (vgl. Gl. (81) für den Mischer). Der Ausgangskreis ist auf die gewünschte Frequenz abgestimmt. Den Gln. (84), (85) entsprechend gilt hier

$$I_{c,n} = \alpha_F I_{ES}[\exp(\beta u_B)] I_n(\beta \hat{u}_1)$$
$$= I_{c,0} \frac{I_n(\beta \hat{u}_1)}{I_0(\beta \hat{u}_1)}. \tag{144}$$

Das Verhältnis von Oberwellen- zu Grundwellen-Leistung am gleichen Lastwiderstand ist daher (Bild 53)

$$\eta = \left|\frac{I_{c,n} \exp(jn\omega t)}{I_{c,1} \exp(j\omega t)}\right|^2 = \left[\frac{I_n(\beta \hat{u}_1)}{I_1(\beta \hat{u}_1)}\right]^2. \tag{145}$$

Vervielfachungsfaktor, Ansteuerleistung und Selektionsprobleme im abgestimmten Ausgangskreis sind also miteinander verknüpft und müssen im Einzelfall untersucht werden.

Spezielle Literatur: [1] *Zinke, O.; Brunswig, H.:* Lehrbuch der Hochfrequenztechnik, Bd. II, 2. Aufl. Berlin: Springer 1974. – [2] *Rowe, H.E.:* Some general properties of nonlinear elements, Part II: Small signal theory. Proc. IRE 46 (1958) 850–860. – [3] *Garbrecht, K.; Heinlein, W.:* Theorie des Empfangsmischers mit gesteuertem Wirkleitwert. Frequenz 19 (1965) 377–385. – [4] *Maurer, R.; Löcherer, K.H.:* Theorie nichtreziproker Schaltungen mit gleicher Eingangs- und Ausgangsfrequenz unter Verwendung nichtlinearer Halbleiterbauelemente. AEÜ 15 (1962) 71–83. – [5] *Maurer, R.:* Nichtreziproker parametrischer Verstärker für das Mikrowellengebiet. Diss. Univ. Karlsruhe 1969. – [6] *Büchs, J.D.:* Zur Frequenzumsetzung mit Schottky-Dioden. Diss. RWTH Aachen 1971. – [7] *Unger, H.G.; Harth, W.:* Hochfrequenz-Halbleiterelektronik. Stuttgart: Hirzel 1972. – [8] *Manley, J.M.; Rowe, H.E.:* Some general properties of nonlinear elements, Part I: General energy relations. Proc. IRE 44 (1956) 904–913. – [9] *Müller, R.:* Rauschen. Berlin: Springer 1979. – [10] *Dahlke, W.; Maurer, R.; Schubert, J.:* Theorie des Dioden-Reaktanzverstärkers mit Parallelkreisen. AEÜ 13 (1959) 321–340. – [11] *Vowinkel, B.:* Image recovery millimeter-wave mixer. Proc. 9th European Microwave Conf. 1979, pp. 726–730. – [12] *Keen, N.J.:* Low noise millimeter wave mixer diodes. Results and evaluations of a test programme. IEE Proc. 127, Part I (1980) 180–198. – [13] *Schroth, J.:* Rauscharme Millimeter-Mischer mit Whisker kontaktierten Schottky-Barrier-Dioden. Wiss. Ber. AEG-Telefunken 54 (1981) 203–211. – [14] *Maurer, R.:* Theorie des Diodenmischers mit gesteuertem Wirkleitwert. AEÜ 36 (1982) 311–317. – [15] *Penfield, P.Jr.:* Frequency-power formulas. New York: Wiley 1960. – [16] *Pantell, R.M.:* General power relationships for positive and negative nonlinear resistive elements. Proc. IRE 46 (1958) 1910–1913. – [17] *Gerrath, K.M.:* Maximaler Wirkungsgrad bei der Frequenzumsetzung mit nichtlinearen positiven Widerständen. AEÜ 27 (1973) 453–455. – [18] *Page, C.H.:* Frequency conversion with positive nonlinear resistors. J. Res. Nat. Bur. Stand. 56 (1956) 179–182. – [19] *Page, C.H.:* Harmonic generation with ideal rectifiers. Proc. IRE 46 (1958) 1738–1740. – [20] *Pucel, R.A.:* Theory of the Esaki diode frequency converter. Solid State Electron. 3 (1961) 167–207. – [21] *Rieck, H.; Bomhardt, K.:* Die Signal- und Rauscheigenschaften von Tunneldioden-Abwärtsmischern. Die Telefunken-Röhre, Heft 42 (1963) 177–198. – [22] *Strutt, J.J.O.:* Noise figure reduction in mixer stages. Proc. IRE 34 (1946) 942–950. – [23] *Rothe, H.; Dahlke, W.:* Theorie rauschender Vierpole. AEÜ 9 (1955) 117–121. – [24] *Willwacher, E.:* Das Eigenrauschen von Mikrowellenempfängern mit Halbleiter-Mischstufe. Telefunken-Ztg. 36 (1963) 200–215. – [25] *v.d.Ziel, A.:* Noise. New York: Prentice Hall 1955. – [26] *Schottky, W.:* Über spontane Stromschwankungen in verschiedenen Elektrizitätsleitern. Ann. Phys. 57 (1918) 541–567. – [27] *v.d.Ziel, A.; Watters, R.L.:* Noise in mixer tubes. Proc. IRE 46 (1958) 1426–1427. – [28] *v.d.Ziel, A.:* Noise in solid state devices and lasers. Proc. IEEE 58 (1970) 1178–1206. – [29] *Zimmermann, P.; Mattauch, R.J.:* Low noise second harmonic mixer for 200 GHz. Late Paper IEEE-MTT Symp. Florida, 1979. – [30] *Janssen, W.:* Hohlleiter und Streifenleiter. Heidelberg: Hüthig 1977. – [31] *Groll, H.:* Mikrowellen-Meßtechnik. Braunschweig: Vieweg 1969. – [32] *Firmendokumentation, Fa. Mini-Circuits Lab.,* Vertrieb: Industrial Electronics, Klüberstr. 14, Frankfurt/M., 1983. – [33] *Firmendokumentation, Fa. Anaren Microwave Inc.,* Vertrieb: Kontron Electronic, Oskar-von-Miller-Str. Eching b. München, 1982. – [34] *Ohm, G.; Alberty, M.:* Microwave phase detectors for PSK demodulators. IEEE Trans. MTT 29 (1981) 724–731.

– [35] *Penfield, P.; Rafuse, R.P.:* Varactor applications. New York: MIT Press 1962. – [36] *Steiner, K.H.; Pungs, L.:* Parametrische Systeme. Stuttgart: Hirzel 1965. – [37] *Maurer, R.; Löcherer, K.H.:* Parametrischer Mikrowellenkonverter. AEÜ 26 (1972) 475–480. – [38] *Maurer, R.:* Parametrischer Abwärtsmischer mit reellem Spiegelabschluß. Seminar Mikrowellen- und Hochfrequenzbauteile 28./29. Mai 1973, Kongreßzentrum München. – [39] *Schau, W.:* Parametrischer Gleichlageabwärtsmischer. AEÜ 33 (1979) 450–456. – [40] *Blackwell, L.A.; Kotzebue, K.L.:* Semiconductor-diode parametric amplifiers. Englewood Cliffs: Prentice Hall 1961. – [41] *Decroly, J.C.; Laurent, L.; Lienard, J.C.; Marechal, G.; Voroßeitchik, J.:* Parametric amplifiers. Philips Technical Library. London: Macmillan Press 1973. – [42] *Petry, H.P.:* Verringerung der Systemrauschtemperatur von FM-Empfängern durch einen phasenkohärenten parametrischen Abwärtsmischer. AEÜ 34 (1980) 394–402. – [43] *Meyer, R.G.:* Signal processes in transistor mixer circuits of high frequencies. Proc. IEE 114 (1967) 1605–1612. – [44] *Ebers, J.J.; Moll, J.L.:* Large signal behaviour of junction transistors. Proc. IRE 42 (1954) 1761–1772. – [45] *Schoen, H.; Weitzsch, F.:* Zur additiven Mischung mit Transistoren. Valvo Ber. 8 (1962) 1–38. – [46] *Pelz, F.M.:* Zylinderfunktionen. In: Rint (Hrsg.): Handbuch für HF- und E-Techniker, Bd. 2, 13. Aufl. 1981. – [47] *Unger, H.G.; Schulz, W.:* Elektronische Bauelemente und Netzwerke. Braunschweig: Vieweg 1971. – [48] *Giacoletto, L.J.:* Electronic designers handbook. New York: McGraw-Hill 1977. – [49] *Sevin, L.L.:* Field effect transistors. New York: McGraw-Hill 1965. – [50] *Herpy, M.:* Analoge integrierte Schaltungen. München: Franzis 1976. – [51] *Tobey, G.E.; Graeme, J.G.; Huelsman, L.P.:* Operational amplifiers, design and applications. New York: McGraw-Hill 1971. – [52] *Graeme, J.G.:* Application of operational amplifiers. New York: McGraw-Hill 1973. – [53] *Bilotti, A.:* Applications of a monolithic analog multiplier. IEEE J-SC-3 (1968) 373–380. – [54] *Tietze, U.; Schenk, Ch.:* Halbleiter-Schaltungstechnik, 6. Aufl. Berlin: Springer 1983. – [55] *Geißler, R.:* Ein- und Zweiseitenband-Rauschzahl von Meßobjekten im Mikro- und Millimeter-Wellengebiet. ntz 37 (1984) 14–17. – [56] *Scanlan, J.O.; Layburn, P.J.R.:* Large signal analysis of varactor harmonic generators without idlers. Proc. IEE 112 (1965) 1515–1522. – [57] *Scanlan, J.O.; Layburn, P.J.R.:* Large signal analyis of varactor harmonic generators without idlers. Proc. IEE 114 (1967) 887–893. – [58] *Johnston, R.H.; Boothroyd, A.R.:* Charge storage frequency multipliers. Proc. IEEE 56 (1968) 167–176. – [59] *Schünemann, K.; Schiek, B.:* Optimaler Wirkungsgrad von Vervielfachern mit Speicherdiode, Teil I. AEÜ 22 (1968) 186–196. – [60] *Roulston, D.J.:* Frequency multiplication using charge storage effect: An analysis for high efficiency high power operation. Int. J. Electron. 18 (1965) 73–86.

2 Begrenzung und Gleichrichtung
Limitation and rectification

Allgemeine Literatur: Elsner, R.: Nichtlineare Schaltungen. Berlin: Springer 1981. – *Phillippow, E.:* Nichtlineare Elektrotechnik. Leipzig: Akad. Verlagsges. 1971. – *Rothe, H.; Kleen, W.:* Elektronenröhren als Schwingungserzeuger und Gleichrichter. Leipzig: Akad. Verlagsges. 1941.

Spezielle Literatur Seite G 33

2.1 Kennlinien. Transfer characteristics

Eigenschaften, stückweise Linearisierung. Für Begrenzung und Gleichrichtung werden Netzwerke mit nichtlinearen Bauelementen verwendet, deren Übertragungskennlinien eindeutig, hysteresefrei und nach oben oder unten beschränkt sind. Bild 1a zeigt drei typische Kennlinienformen. In den Kurven y_1 und y_2 werden

Bild 1. a) Typische Übertragungskennlinien von gleichrichtenden und begrenzenden Netzwerken; b) stückweise linearisierte Kennlinien

zwei nach unten beschränkte Kennlinien wiedergegeben, die für Gleichrichter typisch sind. Kurve y_3 zeigt die typische Kennlinie eines symmetrischen Begrenzers. Meist werden die Kennlinien durch transzendente Funktionen beschrieben. Die theoretische Behandlung des Übertragungsverhaltens von Begrenzern und Gleichrichtern stößt daher schnell auf mathematische Schwierigkeiten. Man nähert deswegen häufig die nichtlineare Kennlinienform durch Geradenstücke an. Bild 1b zeigt stückweise lineare Näherungen für die Kurven aus Bild 1a.
Stückweise linearisierte Kennlinien werden vorteilhaft mit Hilfe der Rampenfunktion $\varrho_a(x)$ beschrieben:

$$\varrho_a(x) := \begin{cases} ax & \text{für } x > 0 \\ 0 & \text{für } x \leqq 0. \end{cases} \qquad (1)$$

Im Grenzfall $a \to \infty$ wird aus der Rampenfunktion die Schalterfunktion $\varrho_\infty(x)$.

Schmalbandaussteuerung. Oft ist das Verhalten eines Netzwerks mit nichtlinearen Bauelementen bei Aussteuerung durch ein sinusförmiges Eingangssignal von Interesse. Man möchte hier eine Zerlegung des Ausgangssignals in eine Fourier-Reihe erhalten. In Verallgemeinerung dieses Problems interessiert man sich insbesondere bei modulierten oder verrauschten Eingangssignalen für eine Zerlegung des Ausgangssignals nach Frequenzbändern, die Vielfache des (schmalbandigen) Eingangsfrequenzbandes sind.
Die meisten technisch realisierbaren Netzwerke werden durch Kennlinien beschrieben, die (im

unendlichen) nicht stärker als exponentiell anwachsen. Bei Schmalbandaussteuerung dieser Netzwerke kann man deren Ausgangssignale nach Blachmann [1] als verallgemeinerte Fourier-Reihen schreiben. Wird die Übertragungskennlinie des Netzwerks durch $y = g(x)$ beschrieben und ist das Eingangssignal ein schmalbandiges Signal $h(t) \cos \Phi(t)$, das um den Arbeitspunkt x_A variiert, d. h. $x(t) = h(t) \cos \Phi(t) + x_A$, dann kann das Ausgangssignal als

$$y(t) = \frac{a_0(t)}{2} + \sum_{n=1}^{\infty} a_n(t) \cos n\Phi(t) \qquad (2)$$

geschrieben werden, wobei

$$a_n(t) = \frac{1}{\pi} \int_{-\pi}^{\pi} dz \, g(h(t) \cdot \cos z + x_A) \cos nz \qquad (3)$$

gilt. Im Fall $h(t) = $ const reduziert sich Gl. (2) auf eine einfache Fourier-Reihe.

2.2 Begrenzer. Limiters

Will man erreichen, daß ein Signal einen bestimmten Maximal- bzw. Minimalwert nicht über- bzw. unterschreitet, dann werden Begrenzerschaltungen eingesetzt. Die Konstanthaltung von Signalamplituden ist eine weitere Aufgabenstellung, bei der Begrenzer benutzt werden können.

Begrenzer-Übertragungsfunktionen. Ideale Begrenzer, welche nur nach oben oder unten begrenzen, werden durch

$$y(x) = \varrho_a(x - x_k) + b \quad \text{oder}$$
$$y(x) = \varrho_a(-x + x_k) + b$$

beschrieben. ϱ_a ist die in Gl. (1) definierte Rampenfunktion. Ideale Begrenzer, die nach oben und unten begrenzen, werden durch

$$y(x) = \varrho_a(x - x_{k1}) + b - \varrho_a(x - 2l/a - x_{k1}) \qquad (4)$$

beschrieben. Hier sind x_{k1} und $x_{k2} = x_{k1} + 2l/a$ die Knickpunkte der Übertragungskurve, a ist die Steigung von y für $x_{k1} < x < x_{k2}$, b ist der Begrenzungswert bei $x = x_{k1}$ und $b + 2l$ der Begrenzungswert bei $x = x_{k2}$.
Im Grenzfall $a \to \infty$ spricht man von harten Begrenzern, sonst von weichen Begrenzern. Gl. (4) nimmt für den Fall harter Begrenzung die Form

$$y_H(x) = l \, \text{sgn}(x - x_{k1}) + b + l \qquad (5)$$

an. Der Begriff „harter Begrenzer" wird auch für reale Begrenzer verwendet, welche für die Praxis hinreichend genau durch $y_H(x)$ beschrieben werden.

Reale, nach oben und unten begrenzende Schaltungen werden meist durch komplizierte transzendente Funktionen beschrieben. Sie werden daher zweckmäßig durch

$$y(x) = l \, \text{erf}(K \sqrt{\pi}(x - x_0)/2l) + b + l \qquad (6)$$

angenähert. (erf(.) = Fehlerintegral [2]). $y(x)$ kann also zwischen b und $b + 2l$ variieren und nimmt an der Stelle x_0 den Wert $b + l$ an. K ist die Steigung von y im Punkt x_0. Den Graphen von y/l findet man für $b = -l$ in Bild 1a als y_3. Dabei ist noch $K\sqrt{\pi}(x - x_0)/2l$ durch x ersetzt.
Durch Grenzübergang $K \to \infty$ gelangt man erneut zu $y_H(x)$ nach Gl. (5) mit $x_0 = x_{k1}$.

Begrenzerschaltungen. Mit Hilfe eines Bauelements D, das die Rampenfunktion nach Gl. (1) realisiert, kann man in einfacher Weise Begrenzer konstruieren, indem man die statischen Übertragungsfunktionen nachbildet.
In Realität gibt es natürlich weder Bauelemente mit idealer Rampenkennlinie noch ideale Strom- oder Spannungseinspeisung. Es stehen jedoch Bauelemente zur Verfügung, die das gewünschte ideale Verhalten recht gut approximieren. Die Strom-Spannungs-Charakteristik einer Diode ist beispielsweise eine gute Näherung für eine (verschobene) Rampenfunktion. Dies wird durch die Kurven y_1 und $y_{1,\text{lin}}$ aus Bild 1a, b demonstriert. Die Verschiebung des Arguments der Rampenfunktion entspricht der Serienschaltung einer zusätzlichen Spannungsquelle.
Bild 2a zeigt die Schaltung eines symmetrischen Begrenzers mit zwei Dioden. In Bild 2b ist die Spannung am Lastwiderstand R_L in Abhängigkeit von der Urspannung U_0 der verwendeten Quelle mit dem Verhältnis aus Quelleninnenwiderstand R_i und R_L als Parameter dargestellt.
In der NF-Technik werden statt Dioden auch häufig Kombinationen von Dioden mit Spannungsreferenzdioden oder mit Operationsverstärkern benutzt, um eine rampenförmige Übertragungscharakteristik zu erzielen [3].
Bild 3a zeigt das Prinzipschaltbild eines Begrenzers mit symmetrischem Differenzverstärker. Bei

Bild 2. a) Diodenbegrenzer mit Ansteuerung durch reale Quelle; b) Ausgangsspannung des Diodenbegrenzers in Abhängigkeit von der Quellenurspannung

Bild 3. a) Begrenzer mit Differenzverstärker; b) Strombegrenzung beim Differenzverstärker

Transistoren mit identischen Daten gilt unter der Voraussetzung, daß Sättigung vermieden wird und Bahnwiderstände vernachlässigt werden können, nach [4]:

$$I_{C1,2} = \alpha I_S \left(1 \pm \tanh \frac{U_1 - U_2}{2 U_T}\right) \Big/ 2.$$

In Bild 3b sind die Funktionen

$$i_{1,2}(x) = (1 \pm \tanh(x/2))/2$$

aufgezeichnet. Die Kurven lassen erkennen, daß die Ströme I_{C1} und I_{C2} nach oben und unten begrenzt werden. Durch geeignete Wahl der Widerstände und des Stroms I_S erreicht man, daß Sättigung der Transistoren im Betriebsfall vermieden wird. Innerhalb dieser Einschränkung wirkt der Differenzverstärker also wie ein spannungsgesteuerter Strombegrenzer.
Begrenzer mit Differenzverstärkern sind in monolithisch integrierter Form für Anwendungen bis zu einigen zehn MHz erhältlich. Zur Erhöhung der Steigung der Übertragungskennlinie im Symmetriepunkt sind dabei mehrere Differenzverstärker in Kette geschaltet. Zusätzlich verwendet man Impedanzwandlerstufen. Man kann dadurch das Verhalten eines spannungsgesteuerten Spannungsbegrenzers sehr gut approximieren. Aufgrund der hohen differentiellen Verstärkung neigen diese Schaltungen aber stark zu Eigenschwingungen, die durch geeignete Maßnahmen unterbunden werden müssen.

Begrenzung winkelmodulierter Signale. Die meisten Demodulatoren für winkelmodulierte Signale verwenden symmetrische Begrenzerschaltungen mit näherungsweise hartem Begrenzungsverhalten. Das Eingangssignal des Begrenzers kann als

$$x(t) = \hat{x} \cos(\omega t + \Phi + \varphi(t)) \qquad (7)$$

angesetzt werden. $\hat{x}$ ist die Amplitude des Signals, welche je nach Empfangssituation unterschiedliche zeitkonstante Werte annehmen kann. $\varphi(t)$ enthält die zu übertragende Information. Das Signal soll hinreichend schmalbandig sein, d. h. das durch $x(t)$ belegte Frequenzband soll eine Bandbreite haben, die wesentlich kleiner als $\omega/2\pi$ ist. Da dann die Voraussetzungen von 2.1 erfüllt sind, gilt bei symmetrischer harter Begrenzung mit der Begrenzerübertragungsfunktion $b(x) = l \operatorname{sgn}(x)$ gemäß den Gln. (2) und (3)

$$y(t) = \frac{4l}{\pi} \sum_{n=0}^{\infty} \frac{(-1)^n}{2n+1}$$
$$\cdot \cos[(2n+1)(\omega t + \Phi + \varphi(t))].$$

Dies ist erwartungsgemäß eine Rechteckschwingung der Momentanphase $\omega t + \Phi + \varphi(t)$. Der 0-te Summenterm beschreibt die Grundschwingung $y_1(t)$, die aus $y(t)$ durch Tiefpaßfilterung gewonnen werden kann:

$$y_1(t) = \frac{4l}{\pi} \cos(\omega t + \Phi + \varphi(t)).$$

Der Vergleich mit Gl. (7) zeigt, daß $y_1(t)$ den Zeitverlauf von $x(t)$ exakt wiedergibt, daß aber die Amplitude unabhängig von der Empfangssituation ist. Daraus darf aber nicht geschlossen werden, daß der harte Begrenzer mit nachgeschaltetem Tiefpaß wie ein linearer Verstärker arbeitet. Dies wird im folgenden deutlich.

Begrenzung zweier überlagerter Signale. Nicht immer liegt am Eingang des Begrenzers ausschließlich das erwünschte Signal an. Es kann vorkommen, daß beispielsweise die Summe zweier Signale

$$x_1(t) = \hat{x}_1 \cos(\omega_1 t + \Phi_1),$$
$$x_2(t) = \hat{x}_2 \cos(\omega_1 t + \Delta\omega t + \Phi_1 + \Delta\Phi)$$

anliegt. Ohne Beschränkung der Allgemeinheit darf $\hat{x}_1 > \hat{x}_2$ angenommen werden. Die Überlagerung von x_1 und x_2 läßt sich dann wie folgt schreiben:

$$x(t) = x_1(t) + x_2(t)$$
$$= h(t) \cos(\omega_1 t + \Phi_1 + \varphi(t))$$

mit

$$h(t) = \hat{x}_1 \sqrt{1 + \xi^2 + 2\xi \cos(\Delta\omega t + \Delta\Phi)}$$
$$\varphi(t) = \arctan[\xi \sin(\Delta\omega t + \Delta\Phi)/$$
$$(1 + \xi \cos(\Delta\omega t + \Delta\Phi))]$$
$$\xi = \hat{x}_2/\hat{x}_1.$$

Bei hinreichend kleinem $|\Delta\omega|$ ist $x(t)$ schmalbandig, und es liegt eine ähnliche Situation wie in Gl. (7) vor. In Analogie folgt bei symmetrischer harter Begrenzung und Tiefpaßfilterung

$$y_1(t) = (4l/\pi) \cos(\omega_1 t + \Phi_1 + \varphi(t))$$
$$= (4l/\pi h(t)) x(t).$$

Dadurch wird klar, daß das Eingangssignal $x(t)$ durch den Begrenzer scheinbar amplitudenmoduliert wird. Damit ist der wesentlich nichtlineare Charakter des Begrenzers mit Tiefpaß nachgewiesen.
Für kleine ξ, d. h. $\hat{x}_2 \ll \hat{x}_1$, kann $y_1(t)$ nach ξ entwickelt werden:

$$y_1(t) = (4l/\pi \hat{x}_1)[\hat{x}_1 \cos(\omega_1 t + \Phi_1) \\ + (\hat{x}_2/2)\cos(\omega_1 t + \Delta\omega + \Phi_1 + \Delta\Phi) \\ - (\hat{x}_2/2)\cos(\omega_1 t - \Delta\omega + \Phi_1 - \Delta\Phi)].$$

Außer den Spektrallinien bei ω_1 und $\omega_1 + \Delta\omega$ erscheint somit noch eine zweite Spektrallinie bei $\omega_1 - \Delta\omega$. Faßt man die Signale mit der Frequenz $\omega_1/2\pi$ als Nutzsignale und die anderen als Störsignale auf, dann folgt für das Verhältnis von eingangs- zu ausgangsseitigem Signal/Störleistungs-Verhältnis

$$(\hat{x}_2^2/\hat{x}_1^2)/(\hat{x}_2^2/2\hat{x}_1^2) = 2.$$

Der harte Begrenzer mit Tiefpaß bewirkt also eine Verschiebung der Leistungsverhältnisse um bis zu 3 dB zugunsten des leistungsstärkeren Signals.
Da in der Praxis nicht gewährleistet werden kann, daß Störsignale stets leistungsschwächer sind als das Nutzsignal, ist es zweckmäßig, vor den Eingang des Begrenzers ein Bandpaßfilter zu schalten, welches wenigstens unerwünschte Nachbarkanalsignale unterdrückt. Die Kettenschaltung aus Bandpaß, Begrenzer und Band- oder Tiefpaß heißt Begrenzerbandpaß.

Trägerrückgewinnung durch harte Begrenzung.
Es sei $x(t) = A(t)\cos(\omega t + \Phi)$ das Eingangssignal eines Begrenzerbandpasses. Entsprechend 2.1 ist dann bei symmetrischer harter Begrenzung mit statischer Übertragungsfunktion $b(x) = l\,\text{sgn}(x)$ gemäß Gl. (2) das Ausgangssignal des Begrenzerbandpasses näherungsweise

$$y_1(t) = (4l/\pi)\,\text{sgn}(A(t))\cos(\omega t + \Phi). \qquad (8)$$

Man beachte, daß $y_1(t)$ von dem Vorzeichen von $A(t)$ abhängt. Dies ist insbesondere dann von Bedeutung, wenn $A(t)$ Nullstellen hat oder sogar sein Vorzeichen wechseln kann. Diese Situation ist beispielsweise bei ZSB-Signalen mit ganz oder teilweise unterdrücktem Träger gegeben. Im Falle von Amplitudennullstellen des Eingangssignals muß dann auch y_1 Null werden. Im Falle eines Vorzeichenwechsels von $A(t)$ erzeugt der Begrenzerbandpaß ein 2-PSK-Signal mit Amplitudennullstellen. Nur im Fall einer Amplitudenfunktion $A(t)$, welche nie Null wird (AM mit Modulationsgrad kleiner 100%), regeneriert der Begrenzerbandpaß das Trägersignal phasenrichtig.

2.3 Gleichrichter. Rectifiers

Gleichrichter werden in der HF-Technik benutzt, um Informationen über Amplitude oder Leistung eines hochfrequenten Signals zu gewinnen.

Ideale Gleichrichter-Übertragungsfunktionen.
Ideale Einweg-Gleichrichter werden durch die statische Übertragungsfunktion

$$y(x) = \varrho_b(x) \qquad (9)$$

oder

$$y(x) = \varrho_b(-x) \qquad (10)$$

beschrieben mit ϱ_b gemäß Gl. (1). Ideale Vollweggleichrichter werden durch die statische Übertragungsfunktion

$$y(x) = b|x| = bx\,\text{sgn}(x) = \varrho_b(x) + \varrho_b(-x) \qquad (11)$$

beschrieben.

Stromflußwinkel. Wird die Übertragungskennlinie eines Einweggleichrichters nach Gl. (9) durch ein sinusförmiges Signal um den Arbeitspunkt x_A ausgesteuert, d. h.

$$x(t) = A\cos\omega t + x_A, \qquad (12)$$

dann folgt für das Gleichrichterausgangssignal $y(t) = \varrho_b(A\cos\omega t + x_A)$. Nach Gl. (3) läßt sich y in eine Fourier-Reihe mit den Koeffizienten

$$a_n = \frac{bA}{\pi}\int_{-\Theta}^{\Theta}dz(\cos z - \cos\Theta)\cos nz \qquad (13)$$

zerlegen; dabei ist

$$\Theta = \begin{cases} \arccos(-x_A/A) & \text{für } |x_A/A| \leq 1 \\ \pi & \text{sonst} \end{cases}. \qquad (14)$$

der sog. Stromflußwinkel. Die auf den Extremwert $y_{\text{ext}} = bA(1 - \cos\Theta)$ von y normierten Fourier-Koeffizienten

$$f_0(\Theta) = a_0/2y_{\text{ext}};$$
$$f_n(\Theta) = a_n/y_{\text{ext}} \quad (n = 1, 2, 3, \ldots) \qquad (15)$$

heißen Stromflußwinkelfunktionen der Knickkennlinie [5, 6]. Man erhält diese in expliziter Form durch Integration von Gl. (13):

$$f_0(\Theta) = [\sin\Theta - \Theta\cos\Theta]/[\pi(1 - \cos\Theta)], \qquad (16)$$

$$f_1(\Theta) = [\Theta - \cos\Theta\sin\Theta]/[\pi(1 - \cos\Theta)], \qquad (17)$$

$$f_n(\Theta) = \left[-\frac{2}{n}\sin n\Theta\cos\Theta + \frac{\sin(n-1)\Theta}{n-1} \right. \\ \left. + \frac{\sin(n+1)\Theta}{n+1}\right]\!/[\pi(1-\cos\Theta)]$$

für $n = 2, 3, 4, \ldots$. $\qquad (18)$

(s. hierzu die graphische Darstellung in Bild P 2.4). Damit erhält man für das Ausgangssignal an der Knickkennlinie die übersichtliche Schreibweise

$$y(t) = y_{ext} \sum_{n=0}^{\infty} f_n(\Theta) \cos n\omega t.$$

In analoger Weise lassen sich auch die Ausgangssignale von Kennlinien nach den Gln. (10) und (11) durch Stromflußwinkelfunktionen ausdrücken.

Exponentialkennlinie. Zur praktischen Realisierung der Rampenfunktion wählt man häufig die Strom-Spannungs-Charakteristik von Halbleiterdioden. Diese werden bei kleinen und mittleren Strömen recht gut durch $y(x) = x_S(\exp(x/x_T) - 1)$ beschrieben. Bei Aussteuerung durch ein Signal gemäß Gl. (12) folgt

$$\left.\begin{array}{l} y(x(t)) = x_S \exp((x_A + A)/x_T) \sum_{n=0}^{\infty} c_n \cos n\omega t, \\ c_0 = \exp(-A/x_T)[I_0(A/x_T) \\ \quad - \exp(-x_A/x_T)], \\ c_n = 2\exp(-A/x_T) I_n(A/x_T); \\ n = 1, 2, 3, \ldots. \end{array}\right\} \quad (19)$$

Hierbei sind $I_0(z)$ und $I_n(z)$ modifizierte Bessel-Funktionen [2].

Richtkennlinienfelder. Die theoretische Behandlung realer Gleichrichter stößt auf mathematische Schwierigkeiten. Eine rein sinusförmige Aussteuerung einer nichtlinearen Kennlinie mit geradem Funktionsanteil führt nämlich zu einem Ausgangsspektrum, das neben der Grundschwingung auch einen zeitlich konstanten Anteil und Oberschwingungen beliebiger Ordnung enthalten kann. Der zeitlich konstante Anteil y_0 von y heißt Richtgröße und speziell Richtstrom, falls y ein Strom ist. y_0 ist i. allg. von der Amplitude A der ansteuernden Sinusschwingung abhängig; man nennt diese Wirkung Richteffekt.
Der Richteffekt verändert in der Regel den Arbeitspunkt des Netzwerks, worin das Bauelement mit nichtlinearer Kennlinie eingebettet ist. Andererseits ist die Größe des Richtstroms vom Arbeitspunkt abhängig. Schon einfachste Netzwerke führen daher bei der Arbeitspunktbestimmung auf komplizierte nichtlineare Gleichungen.
Daher ist in vielen Fällen ein graphisches Lösungsverfahren angebracht. Dazu bestimmt man den Gleichanteil y_0 der Ausgangsgröße y des Bauelements mit nichtlinearer Kennlinie in Abhängigkeit vom Arbeitspunkt x_A. Da y_0 zudem noch von anderen Parametern abhängt, erhält man nicht nur eine einzelne Kennlinie $y_0 = f(x_A)$, sondern eine Schar von Kennlinien,

Bild 4. Meßschaltung zur Aufnahme des Richtkennlinienfeldes des Gleichanteils

Bild 5. Arbeitsgerade (punktiert) und Richtkennlinienfeld des Gleichanteils I_0 und der Grundschwingung I_1 einer Siliziumdiode

das sog. Richtkennlinienfeld des Gleichanteils. Auf ähnliche Weise kann man auch ein Richtkennlinienfeld der Grundschwingung y_1 und der Oberschwingungen y_2, y_3, usw. bestimmen. Richtkennlinienfelder sind also die graphische Darstellung der Fourier-Komponenten des Ausgangssignals y.
Bild 4 zeigt eine Meßschaltung zur Aufnahme des Richtkennlinienfeldes des Gleichanteils eines Bauelements NL mit nichtlinearer Kennlinie bei sinusförmiger Eingangsspannung $\hat{u}_{HF} \cos \omega t$.
Bild 5 zeigt typische Richtkennlinienfelder für Gleichanteil und Grundschwingung des Stroms einer Siliziumdiode bei Spannungsansteuerung.
Das Richtkennlinienfeld des Gleichanteils ist Grundlage zur Bestimmung eines geeigneten Arbeitspunkts der Schaltung. Das äußere Netzwerk liefert nämlich noch eine weitere Kurve $y_0 = y_0(x_A)$, deren Schnitt mit der durch die Amplitude A festgelegten Richtkennlinie den Arbeitspunkt x_A ergibt (Bild 5). Bei linearem Funktionszusammenhang $y_0 = y_0(x_A)$ heißt diese Kurve Arbeitsgerade.

Gleichrichterschaltungen mit Dioden. In den Bildern 6 und 7 sind häufig benutzte Gleichrichter mit Dioden und Tiefpässen dargestellt. Für die gleichzurichtende Spannung

$$u_{HF}(t) = \hat{u}_{HF} \cos \omega t \tag{20}$$

sind unter der Voraussetzung $\omega C \gg 1/R$ die Richtkennlinienfelder dieser Gleichrichter einfach zu berechnen. Das Richtkennlinienfeld einer

Bild 6. a) Serien-Einweggleichrichter; b) Spannungskaskade (Villard-Schaltung)

Bild 7. a) Vollweggleichrichter in Mittelpunktschaltung; b) Vollweggleichrichter in Brückenschaltung

einzelnen Diode mit Strom-Spannungs-Charakteristik $I_D = I_D(U_D)$ ist nach den Gln. (2) und (3)

$$I_0 = \frac{1}{2\pi} \int_{-\pi}^{\pi} I_D(\hat{u}_{HF} \cos z + U_A) \, dz$$
$$=: I_R(U_A; \hat{u}_{HF}), \qquad (21)$$

wenn $U_D = u_{HF}(t) + U_A$ ist. Die Gleichrichter nach den Bildern 6 und 7 lassen sich dann durch folgende Gleichungssätze beschreiben:

a) Einweggleichrichter nach Bild 6a

$$\left.\begin{aligned} U_D &= \hat{u}_{HF} \cos \omega t + U_A; \\ I_0 &= U_R/R = -U_A/R, \quad I_0 = I_R(U_A; \hat{u}_{HF}). \end{aligned}\right\} \quad (22)$$

b) Spannungskaskade (Villard-Schaltung) nach Bild 6b

$$\left.\begin{aligned} U_{D1} &= \hat{u}_{HF} \cos(\omega t + \pi) + U_A; \\ U_{D2} &= \hat{u}_{HF} \cos \omega t + U_A \\ I_0 &= U_R/R = -2U_A/R; \\ I_0 &= I_R(U_A; \hat{u}_{HF}). \end{aligned}\right\} \quad (23)$$

c) Vollweggleichrichter in Mittelpunktschaltung nach Bild 7a

$$\left.\begin{aligned} U_{D1} &= \hat{u}_{HF} \cos \omega t + U_A; \\ U_{D2} &= \hat{u}_{HF} \cos(\omega t + \pi) + U_A \\ I_0 &= U_R/R = -U_A/R; \\ I_0 &= 2 I_R(U_A; \hat{u}_{HF}). \end{aligned}\right\} \quad (24)$$

d) Vollweggleichrichter in Brückenschaltung nach Bild 7b

$$\left.\begin{aligned} U_{D1} &= U_{D4} = \hat{u}_{HF}/2 \cos(\omega t + \pi) + U_A; \\ U_{D2} &= U_{D3} = \hat{u}_{HF}/2 \cos \omega t + U_A \\ I_0 &= U_R/R = -2U_A/R; \\ I_0 &= 2 I_R(U_A; \hat{u}_{HF}/2). \end{aligned}\right\} \quad (25)$$

Die Arbeitspunktdimensionierung der Gleichrichter kann damit vollständig durchgeführt werden.

Zwei Spezialfälle sind von besonderem Interesse. Im *ersten Fall* wird der Arbeitspunkt so eingestellt, daß der Strom durch den Lastwiderstand R vernachlässigbar klein wird. Man erreicht dies durch hinreichend großes R. Dafür folgt aus Gl. (21) näherungsweise $U_A \approx -\hat{u}_{HF}$. Die Diodenarbeitsspannung nimmt also näherungsweise den negativen Spitzenwert der gleichzurichtenden Spannung ein. Man nennt so dimensionierte Gleichrichter daher Spitzengleichrichter. Bei den Gleichrichtern nach den Bildern 6a, 7a und b ist die Ausgangsspannung dann näherungsweise $\hat{u}_{HF}$. Im Fall der Spannungskaskade nach Bild 6b stellt sich aber entsprechend Gln. (23) die doppelte Ausgangsspannung $2\hat{u}_{HF}$ ein.

Im *zweiten Fall* wird der Gleichrichter durch verhältnismäßig kleine Signale ausgesteuert. Durch Reihenentwicklung der Richtkennlinien – Gl. (21) läßt sich hier zeigen, daß U_A proportional zu $\hat{u}_{HF}^2$ ist: der Gleichrichter arbeitet dann leistungsproportional.

AM-Spitzengleichrichtung. Spitzengleichrichter eignen sich besonders zur Demodulation amplitudenmodulierter Signale. Gl. (3) zeigt, daß hier die Richtkennlinienfelder zeitvariant werden. Daher wird nun auch das Einschwingverhalten des Tiefpasses im Gleichrichter bedeutsam. Ist das gleichzurichtende Signal

$$u_{HF}(t) = \hat{u}_{HF}(1 + m \cos \omega_{NF} t) \cos(\omega t + \Phi), \quad (26)$$

dann läßt sich folgende Abschätzung angeben:

$$1/\omega \ll RC \leq \sqrt{1 - m^2}/\omega_{NF} m. \quad (27)$$

Der rechte Teil der Abschätzung läßt sich für große Modulationsgrade nicht mit dem linken Teil vereinbaren. Für Modulationsgrade nahe bei 100% ist daher eine verzerrungsarme Demodulation mit dem Spitzengleichrichter nicht möglich.

Gleichrichter mit hartem Begrenzerbandpaß. Für verzerrungsarme Gleichrichtung bis zu einem Modulationsgrad von 100% eignet sich der Gleichrichter nach Bild 8. Für das Eingangssignal $x(t) = A(t) \cos(\omega t + \Phi)$ liefert der Begren-

Bild 8. Präzisionsgleichrichter mit hartem Begrenzerbandpaß

zerbandpaß mit hartem Begrenzerverhalten zufolge Gl. (8) das Signal $y(t) = (4l/\pi) \, \text{sgn}(A(t)) \cos(\omega t + \Phi)$. Multipliziert man $x(t)$ und $y(t)$ mit Hilfe eines Vierquadrantenmultiplizierers mit der Übertragungscharakteristik $w(t) = k_M x(t) y(t)$, dann folgt

$$w(t) = (2lk_M |A(t)|/\pi) [1 + \cos(2\omega t + 2\Phi)].$$

Durch Tiefpaßfilterung erhält man das Ausgangssignal

$$u(t) = 2lk_M |A(t)|/\pi.$$

Dies ist das gewünschte gleichgerichtete Signal. Begrenzer und Multiplizierer stehen monolithisch integriert für Frequenzen bis zu einigen zehn MHz zur Verfügung.

Weitere Gleichrichter. Zur Gleichrichtung kann im Prinzip jede Baugruppe mit einer Übertragungscharakteristik verwendet werden, die einen geraden Funktionsanteil enthält. So kann beispielsweise die nichtlineare Übertragungscharakteristik von Verstärkern verwendet werden, um gleichzeitig Verstärkung und Gleichrichtung in einer Funktionsgruppe zu erreichen [7].
In der NF-Technik benutzt man für Präzisionsgleichrichter Kombinationen von Operationsverstärkern und Dioden [3].

2.4 Übertragung von verrauschten Signalen durch Begrenzer und Gleichrichter
Transmission of noisy signals through limiters and rectifiers

Die Übertragung von verrauschten Signalen durch Begrenzer ist ein äußerst komplexes Problem, das nur mit Hilfe eines großen mathematischen Aufwands gelöst werden kann. Es wird daher auf die entsprechende Literatur verwiesen. Ausführliche Behandlungen von Rauschproblemen im allgemeinen und von Gleichrichtern mit verrauschtem Signal im besonderen findet man in [8]. Das Problem von Rauschabstandsveränderungen in Kettenschaltungen von Begrenzern und Demodulatoren wird in [9] abgehandelt. Ein Verfahren zur näherungsweisen Berechnung des Verhaltens von Schaltungen mit nichtlinearer Übertragungskennlinie findet man in [10].

Spezielle Literatur: [1] *Blachmann, N.M.:* Detectors, bandpass nonlinearities, and their optimization: Inversion of the Chebyshev transform. IEEE Trans. Inform. Theory 17 (1971) 398–404. – [2] *Abramowitz, M.; Stegun, I.* (Eds.): Handbook of mathematical functions. New York: Dover 1972. – [3] *Tobey, G.E.; Graeme, J.G.; Huelsman, L.P.* (Eds.): Operational amplifiers. New York: McGraw-Hill 1971. – [4] *Herpy, M.:* Analoge integrierte Schaltungen. München: Franzis 1976. – [5] *Oberg, H.:* Berechnung nichtlinearer Schaltungen. Stuttgart: Teubner 1973. – [6] *Prokott, E.:* Modulation und Demodulation. Berlin: Elitera 1978. – [7] *Shea, R.F.* (Ed.): Transistortechnik. Stuttgart: Berliner Union 1962. – [8] *Middleton, D.:* Statistical communication theory. New York: McGraw-Hill 1960. – [9] *Lesh, J.R.:* Signal-to-noise ratios in coherent softlimiters. IEEE Trans. Commun. Technol. 22 (1974) 803–811. – [10] *Hoffmann, M.H.W.:* Estimation functions for noisy signals and their application to a phaselocked FM demodulator. AEÜ 36 (1982) 192–198.

3 Leistungsverstärkung
Power amplification

Allgemeine Literatur: *Giacoletto, L.J.:* Large signal amplifiers. In: Giacoletto, L.J. (Ed.): Electronics designers' handbook. New York: McGraw-Hill 1977, Chap. 14. – *Kirschbaum, A.-D.:* Transistorverstärker 3. Schaltungstechnik, Teil 2. Stuttgart: Teubners Studienskripten 1973. – *Oberg, H.J.:* Berechnung nichtlinearer Schaltungen für die Nachrichtenübertragung. Stuttgart: Teubners Studienskripten 1973. – *RCA:* Designers' handbook solid state power circuits. Tech. Ser. SP-52, RCA Corp. 1971. – *Tietze, U.; Schenk, Ch.:* Halbleiter-Schaltungstechnik, 9. Aufl. Berlin: Springer 1989.

3.1 Kenngrößen von Leistungsverstärkern
Characteristics of power amplifiers

Das wichtigste Merkmal eines Leistungsverstärkers ist die *Signalleistung*, die er an einen Lastwiderstand vorgegebener Größe abgeben kann, ohne daß störende Verzerrungen auftreten. Die hierfür erforderliche Eingangssignalleistung und somit die Größe der Leistungsverstärkung sind meist von untergeordneter Bedeutung; wichtiger ist die Größe der aus der Betriebsspannungsquelle aufgenommenen Leistung, d. h. der *Wirkungsgrad*. Die Struktur eines Leistungsverstärkers hängt entscheidend von Frequenzbereich, der Bandbreite und der Leistung ab, die er abgeben soll. Während bei Kleinsignalverstärkern die Aussteuerung stets als so klein angesehen wird, daß der Bereich der Proportionalität zwischen Eingangs- und Ausgangs-Signalgrößen nicht verlassen wird, müssen bei Leistungsverstärkern *Grenzwerte* bezüglich Strom, Spannung und Temperatur beachtet werden, und es sind Vorkehrungen zur Einhaltung dieser Grenzwerte zu treffen. Aus diesem Grund sind die sonst üblichen Dimensionierungsmethoden, z. B. zur Anpassung der Last an die Ausgangsimpedanz, nicht anwendbar. Außer in selektiven Höchstfrequenzverstärkern und Sendeverstärkern für große Leistungen werden in Leistungsverstär-

---

Spezielle Literatur Seite G 39

Bild 1. Grenzen des sicheren Arbeitsbereichs eines Bipolartransistors. Lastellipse für einen Verstärker mit Kollektor-Ruhestrom $I_{C,A} = 0$

kern fast ausschließlich Bipolartransistoren oder bipolare integrierte Schaltkreise verwendet. Obwohl Feldeffekttransistoren bezüglich des thermischen Verhaltens gegenüber Bipolartransistoren im Vorteil sind, sind sie für Großsignalaussteuerung wegen ihres ausgedehnten ohmschen Bereichs nur geeignet, falls Verzerrungen des Ausgangssignals durch Selektionsmittel vermieden werden; vor allem für Leistungsverstärker oberhalb von 4 GHz werden GaAs-FETs eingesetzt. Ein sicherer Betrieb eines Verstärker-Bauelements ist nur innerhalb des erlaubten Arbeitsbereichs (SOAR: Safe Operating Area) möglich. Die Grenzen dieses Bereichs für einen Bipolartransistor sind in Bild 1 dargestellt [1–3]. Die Berandung wird gebildet durch die folgenden Größen:

1. $I_{CAV,max}$: Maximaler mittlerer Kollektorstrom.
2. $P_{tot,max}$: Maximale Verlustleistung; dieser Teil der Berandung liegt auf der Hyperbel $I_C U_{CE} = P_{tot,max}$.
3. Belastungsbegrenzung zur Vermeidung des zweiten Durchbruchs. Dieser kommt durch Überhitzung der Kollektor-Basis-Sperrschicht zustande, wobei infolge lokaler Stromkonzentrationen Schmelzkanäle gebildet werden.
4. Begrenzung durch die Durchbruchspannung $U_{CE,max}$ (Lawinendurchbruch oder erster Durchbruch).

Bei rein ohmschem Abschlußwiderstand ist die Lastlinie eine Gerade, i. allg. ist sie jedoch eine Ellipse, deren Mittelpunkt im Arbeitspunkt liegt und deren Achsenverhältnis und Orientierung von der Lastimpedanz $\underline{Z}_L$ abhängt. In einem idealisierten Kennlinienfeld gilt bei Ansteuerung mit einem harmonischen Basisstrom

$$i_C(t) = I_{C,A} + \hat{I}_C \cos \omega t,$$
$$u_{CE}(t) = U_{CE,A} - Z_L \hat{I}_C \cos(\omega t + \Phi).$$

Mit $\underline{Z}_L = Z_L \exp(j\Phi)$, $Z_L/R_L = z$ sowie $R_L = \mathrm{Re}(\underline{Z}_L)$ bei $\mathrm{Im}(\underline{Z}_L) = 0$ ergibt sich das Achsenverhältnis

$$\lambda = \frac{a}{b}$$
$$= \left[\frac{1 + z^2 + [(1 - z^2)^2 + 4z^2 \cos^2 \Phi]^{1/2}}{1 + z^2 - [(1 - z^2)^2 + 4z^2 \cos^2 \Phi]^{1/2}} \right]^{1/2}$$

und für den Winkel gegenüber dem (I_C, U_{CE})-Koordinatensystem

$$\delta = \frac{1}{2} \arctan \frac{2z \cos \Phi}{1 - z^2}; \quad (0 < \delta < \pi/2).$$

Die Ellipse wird bei kapazitiver (induktiver) reaktiver Komponente im mathematisch positiven (negativen) Sinne durchlaufen.
Die wichtigsten Maße für *nichtlineare Verzerrungen* sind der Klirrfaktor und der 1-dB-Kompressionspunkt. Bei Vorliegen von nichtlinearen Verzerrungen ergibt sich aus dem Eingangssignal

$$u_e(t) = \hat{U}_e \cos \omega t \tag{1}$$

ein Ausgangssignal

$$u_a(t) = \sum_{n=1}^{\infty} \hat{U}_{an} \cos(n\omega t + \Phi_n). \tag{2}$$

Der Klirrfaktor k ist das Verhältnis des Effektivwerts aller Oberschwingungen zum Effektivwert des Gesamtsignals.

$$k = \left(\sum_{n=2}^{\infty} \hat{U}_{an}^2(n\omega) \bigg/ \sum_{n=1}^{\infty} \hat{U}_{an}^2(n\omega) \right)^{1/2}. \tag{3}$$

Alternativ wird auch

$$k' = \left(\sum_{n=2}^{\infty} \hat{U}_{an}^2(n\omega) \right)^{1/2} \bigg/ \hat{U}_{a1}(\omega) \tag{4}$$

als Klirrfaktor bezeichnet, wobei der Effektivwert der Grundschwingung die Bezugsgröße ist. Zwischen k und k' besteht die Beziehung

$$k = k'/(1 + k'^2)^{1/2}. \tag{5}$$

Für $k' \ll 1$ sind die beiden Definitionen gleichwertig.
Der 1-dB-Kompressionspunkt entspricht der Ausgangsleistung, die 1 dB unter derjenigen Leistung liegt, welche sich durch lineare Extrapolation der Ausgangsleistung bei Kleinsignalbetrieb ergeben würde.

3.2 Betriebsarten.
Wirkungsgrad und Ausgangsleistung
Operation modes.
Efficiency and output power

Nach ihrer Betriebsart werden Leistungsverstärker in die Klassen A, AB, B und C eingeteilt. Das

Unterscheidungsmerkmal der Einteilung ist der Stromflußwinkel Θ ($0 \leq \Theta \leq \pi$; s. K 2.3). Es gilt: Klasse A: $\Theta = \pi$; Klasse AB: $\pi/2 < \Theta < \pi$; Klasse B: $\Theta = \pi/2$; Klasse C: $\Theta < \pi/2$.
Der maximale Wirkungsgrad wächst in der Reihenfolge der alphabetischen Bezeichnung. C-Verstärker sind nur als Hochfrequenz-Selektivverstärker zu verwenden, Breitbandverstärker der Klassen AB und B müssen als Gegentaktverstärker ausgeführt sein, wobei sich die Ausgangsströme der Endstufentransistoren in der Lastimpedanz so überlagern, daß das Eingangssignal verstärkt rekonstruiert wird. Der Wirkungsgrad η ist das Verhältnis der an die Lastimpedanz abgegebenen (Ausgangs-)Signalleistung P_a zur insgesamt aufgenommenen Leistung. Diese setzt sich zusammen aus der Eingangsleistung P_e des Verstärkers und der von der Betriebsspannungsquelle gelieferten Leistung $P_0 = P_a + P_{tot}$ (P_{tot}: Thermische Verlustleistung, welche an die Umgebung abgeführt werden muß). Der Wirkungsgrad η ist somit gegeben durch

$$\eta = P_a/(P_e + P_0) = P_a/(P_e + P_a + P_{tot}). \quad (6)$$

Außer bei C-Verstärkern kann P_e in der Regel vernachlässigt werden. Im folgenden wird der Wirkungsgrad für die einzelnen Verstärkerklassen angegeben, wobei nur die Endstufe berücksichtigt wird. Die Angaben beziehen sich auf Bipolartransistoren, die Kollektor-Emitter-Sättigungsspannung $U_{CE,sat}$ wird vernachlässigt. In Bild 2a ist das Ausgangskennlinienfeld eines Bipolartransistors mit den Arbeitspunkten bei den verschiedenen Klassen und zwei Möglichkeiten bei der Klasse A angegeben. Bild 2b zeigt die Lage der Arbeitspunkte auf der Steuerkennlinie.

Klasse A. Für einen Verstärker der Klasse A werden die direkte und die Übertragerkopplung behandelt (Bild 3). Der Arbeitspunkt sei in beiden Fällen so eingestellt, daß sich der gleiche Ruhestrom $I_{C,A}$ ergibt. C_E wird als HF-Kurzschluß angenommen. Wenn in die Basis ein harmonischer Signalstrom eingespeist wird, gilt für den

Bild 3. Zwei Grundstrukturen für Verstärker der Klasse A. a) galvanische Kopplung; b) Übertragerkopplung

Kollektorstrom

$$I_C(t) = I_{C,A} + \hat{I}_C \cos\omega_0 t, \quad \omega_0 = 2\pi/t_0$$

und für die aus der Betriebsspannungsquelle aufgenommene Leistung

$$P_0 = (U_B/t_0) \int_0^{t_0} I_C(t)\, dt = U_B I_{C,A}.$$

Bei direkter Ankopplung von R_L (Bild 3a) gilt

$$P_a = \hat{U}_L^2/(t_0 R_L) \int_0^{t_0} \cos^2\omega_0 t\, dt = \hat{U}_L^2/(2R_L).$$

Hieraus folgt mit $I_{C,A} = U_B/(2R_L)$ für den Wirkungsgrad gemäß Gl. (6) – bei Vernachlässigung von P_e – $\eta = \hat{U}_L^2/U_B^2$ und mit $\hat{U}_{L,max} = U_B/2$, $\eta_{max} = 1/4 \cong 25\%$. Bei Übertragerankopplung von R_L (Bild 3b) gilt für ein Spannungs/Übersetzungs-Verhältnis von $n:1$ und mit $I_{C,A} = U_B/(n^2 R_L)$, $\hat{U}_{L,max} = U_B/n$. Hieraus folgt $\eta = n^2 \hat{U}_L^2/(2U_B^2)$ und $\eta_{max} = 1/2 \cong 50\%$. Eine kapazitive Ankopplung des Lastwiderstands scheidet wegen $\eta_{max} = 1/16 \cong 6{,}3\%$ aus.
Ein annehmbarer Wirkungsgrad ist bei einem Verstärker der Klasse A also nur mit Übertragerkopplung zu erreichen. Es ist jedoch zu beachten, daß sich dann bei tiefen Frequenzen (wegen der endlichen Hauptinduktivität) und bei hohen Frequenzen (wegen der Streuinduktivität) eine Lastellipse gemäß Bild 1 mit dem Arbeitspunkt als Mittelpunkt ausbildet.

Klassen AB und B. Verstärker der Klassen AB und B müssen zur Verwendung als Breitbandverstärker im Gegentaktbetrieb arbeiten. Das Ausgangssignal am Lastwiderstand R_L besteht dann aus der Überlagerung der Teilsignale mit einem Stromflußwinkel im Intervall $\pi/2 \leq \Theta \leq \pi$, so daß das Eingangssignal näherungsweise am Lastwiderstand verstärkt rekonstruiert werden kann. Der AB-Betrieb hat gegenüber dem B-Betrieb den Vorteil, daß die Verzerrungen beim Nulldurchgang geringer sind, da beim Übergang beide Endstufen-Transistoren leiten. Die Prinzipschaltung der fast ausschließlich benutzten Struktur eines Gegentaktverstärkers der Klasse AB oder B ist im Bild 4a dargestellt. Bei völliger

Bild 2. a) Ausgangskennlinienfeld mit Lastgeraden und Arbeitspunkten für die verschiedenen Verstärkerstrukturen; (α) zu Bild 3a, (β) zu Bild 3b; **b)** Arbeitspunkte zu Bild 2a auf der Steuerkennlinie

Bild 4. Prinzipschaltung einer Gegentakt-Endstufe als AB- oder B-Verstärker. **a)** mit zwei Betriebsspannungsquellen; **b)** mit einer Betriebsspannungsquelle und Ladekondensator

Bild 5. a) Steuerkennlinie für eine Gegentakt-Endstufe, aus den Teilkennlinien (gestrichelt) zusammengesetzt; **b)** Gesamtstrom und Teilströme durch den Lastwiderstand aufgrund der Steuerkennlinie von Bild 5a

Symmetrie des Aufbaus ist dabei R_L gleichstromfrei. Man kommt mit nur einer Versorgungsspannungsquelle, z.B. der oberen in Bild 4a, aus, wenn man in Serie zu R_L einen Kondensator hinreichend großer Kapazität schaltet, der über den Kollektorstrom des oberen Transistors nachgeladen wird (Bild 4b). Bild 5a zeigt die Steuerkennlinie für den oberen und den unteren Transistor und deren Überlagerung, Bild 5b die Zeitverläufe der Ströme $I_L^{(1)}$ und $I_L^{(2)}$ und deren Überlagerung. Die von einem symmetrischen Verstärker (nach Bild 4a oder b) aufgenommene Leistung beträgt

$$P_0 = (U_B/\pi)(\Theta I_{C,A} + \hat{I}_C \sin \Theta).$$

Der Zusammenhang von Θ und $\hat{I}_C$ ergibt sich dabei aus $\hat{I}_C \cos \Theta + I_{C,A} = 0$ zu

$$\hat{I}_C = -I_{C,A}/\cos \Theta; \quad \pi/2 \leq \Theta \leq \pi. \quad (7)$$

Die Amplitude des Signalstroms durch R_L beträgt

$$\hat{I}_L = I_{C,A} + \hat{I}_C. \quad (8)$$

Hieraus folgt für den Wirkungsgrad gemäß Gl. (6) – unter Vernachlässigung von P_e –

$$\eta = \frac{\pi R_L \hat{I}_C}{2 U_B} \frac{(1-\cos \Theta)^2}{\sin \Theta - \Theta \cos \Theta}. \quad (9)$$

Wegen $d\eta/d\hat{I}_C > 0$ (dabei ist zu beachten, daß $\hat{I}_C$ und Θ über Gl. (7) zusammenhängen) ergibt sich $\eta_{\max}$ für $\hat{I}_{C,\max}$. Wegen $\hat{I}_{L,\max} = U_B/(2R_L)$ folgt aus Gl. (8)

$$\hat{I}_{C,\max} = \frac{U_B}{2R_L} - I_{C,A} = \frac{U_B/(2R_L)}{1-\cos \Theta}. \quad (10)$$

Mit Gl. (10) ergibt sich aus Gl. (9)

$$\eta_{\max} = \frac{\pi}{4} \frac{1-\cos \Theta}{\sin \Theta - \Theta \cos \Theta}. \quad (11)$$

Grenzfälle sind der Gegentakt-B-Verstärker ($I_{C,A} = 0$, $\Theta = \pi/2$) mit

$$\eta_{\max} = \pi/4 \quad (12)$$

und der Gegentakt-A-Verstärker ($I_{C,A} = \hat{I}_C$, $\Theta = \pi$) mit

$$\eta_{\max} = 1/2. \quad (13)$$

Das ist das gleiche Ergebnis wie für einen A-Verstärker mit Übertragungskopplung. Die maximale Verlustleistung beträgt für einen B-Verstärker $P_{\text{tot,max}} = U_B^2/(2\pi^2 R_L)$ und für einen Gegentakt-A-Verstärker $P_{\text{tot,max}} = U_B I_{C,A}$; auch dies ist das gleiche Ergebnis wie für einen Eintakt-A-Verstärker. Der Gegentaktverstärker hat jedoch den Vorteil, daß die Verlustleistung auf zwei Transistoren aufgeteilt wird.

Klasse C. Bei einem Eintaktverstärker der Klasse C ist der nichtharmonische Ausgangsstrom gegeben durch

$$I_L(\omega_0, t) = \sum_{n=0}^{\infty} \hat{I}_{L,n} \cos(n\omega_0 t + \varphi_{In}).$$

Dagegen ist die Ausgangsspannung wegen der Filterwirkung des Ausgangskreises praktisch harmonisch:

$$U_L(\omega_0, t) = \hat{I}_{L,1} R_L(\omega_0) \cos \omega_0 t,$$

wobei mit $R_L(\omega_0)$ der in den Kollektorkreis transformierte Lastwiderstand (vgl. Bild 6) bezeichnet ist. Für die vom Verstärker aufgenommene Leistung

$$P_0 = \frac{U_B}{t_0} \int_0^{t_0} I_L(\omega_0, t)\, dt, \quad t_0 = 2\pi/\omega_0$$

gilt mit

$$I_L(\omega_0, t) = \begin{cases} \hat{I}_L \dfrac{\cos \omega_0 t - \cos \Theta}{1 - \cos \Theta}; & |\omega_0 t| \leq \Theta \left(<\dfrac{\pi}{2}\right) \\ 0 & \text{sonst} \end{cases}$$

explizit

$$P_0 = \frac{\sin \Theta - \Theta \cos \Theta}{\pi(1-\cos \Theta)} U_B \hat{I}_L.$$

C_1 bis $C_4 = 3 \cdots 35$ pF
L_1: 2 Wdg., Innendurchmesser 8 mm
L_3: 2 Wdg., Innendurchmesser 7 mm
L_4: 4 Wdg., Innendurchmesser 6 mm
jeweils $\varnothing$1mm Kupferdraht, versilbert
L_2: Ferritperle [18]

Bild 6. a) Schaltung eines HF-Leistungsverstärkers der Klasse B; **b)** Arbeitspunkteinstellung für C-Betrieb

Die innerhalb der Grundperiode vom Verstärker an $R_L(\omega_0)$ abgegebene Leistung beträgt mit $\hat{I}_{L,1}$ als Koeffizient der Grundschwingung der Fourier-Reihenentwicklung von $I_L(\omega_0, t)$

$$\hat{I}_{L,1} = \frac{\hat{I}_L(\Theta - \frac{1}{2}\sin 2\Theta)}{\pi(1 - \cos\Theta)},$$

$$P_a = \frac{\hat{U}_L(\omega_0)\,\hat{I}_{L,1}}{2}$$

$$= \frac{\Theta - \frac{1}{2}\sin 2\Theta}{2\pi(1 - \cos\Theta)} \hat{U}_L(\omega_0)\,\hat{I}_L.$$

Somit ergibt sich bei Vernachlässigung von P_e

$$\eta = \frac{P_a}{P_0} = \frac{2\Theta - \sin 2\Theta}{\sin\Theta - \Theta\cos\Theta} \cdot \frac{\hat{U}_L(\omega_0)}{4U_B}. \tag{14}$$

Der Verstärker kann maximal bis

$$\hat{U}_L(\omega_0) = R_L(\omega_0)\,\hat{I}_{L,1} = U_B \tag{15}$$

ausgesteuert werden. Daraus folgt

$$\eta_{\max} = \frac{2\Theta - \sin 2\Theta}{4(\sin\Theta - \Theta\cos\Theta)} = f_1(\Theta)/(2f_0(\Theta)) \tag{16}$$

(s. Gln. G 2 (16), (17)). Bei maximaler Aussteuerung hängt η nur von der Lage des Arbeitspunkts im Sperrbereich ab. Liegt er am Rande des Sperr-

bereichs, so gilt mit $\Theta = \pi/2$ (B-Betrieb) $\eta_{\max} = \pi/4$, für $\Theta = 0$ unter Beibehaltung von Gl. (15) gilt $\eta_{\max} = 1$, jedoch bei verschwindenden Leistungen P_0 und P_a. Eine wesentliche Verbesserung des Wirkungsgrades über den des B-Verstärkers hinaus ist mit stark sinkender Ausgangsleistung verbunden.

3.3 Verzerrungen, Verzerrungs- und Störminderung durch Gegenkopplung
Distortion, reduction of distortion and interference by negative feedback

Verzerrungen in Leistungsverstärkern haben vor allem die folgenden Ursachen: 1) Nichtlinearität des Strom-Spannungs-Zusammenhangs bei der Emitter-Basis-Diode, 2) Fächerung des Ausgangskennlinienfeldes infolge des Early-Effekts, 3) Begrenzung bei Aussteuerung bis an den Rand des Sättigungs- und Sperrbereichs (Bild 2). Während der Anteil nach 3) bei Betrieb unterhalb der Maximalaussteuerung weitgehend vermieden werden kann, sind die beiden anderen Anteile auch bei geringerer Aussteuerung, der Anteil nach 1) bei Gegentaktverstärkern, insbesondere bei geringer Aussteuerung als Übernahmeverzerrung (Bild 5a und b) vorhanden.
Verzerrungen und eingestreute Spannungen, z. B. Brummspannungen, können durch Gegenkopplung stark reduziert werden.
Bei einem gegengekoppelten Verstärker mit spannungsgesteuerter Spannungsquelle (Verstärkung $\underline{V}'_u$) und Gegenkopplungsfaktor $\underline{K}$ werden die intern erzeugten Harmonischen mit der Kreisfrequenz $n\omega$ um den Faktor $|1 - \underline{K}(n\omega)\,\underline{V}'_u(n\omega)|$ reduziert [4].
Eine graphische Methode zur Bestimmung des Klirrfaktors aufgrund der Übertragungskennlinie ist in [5] angegeben.

3.4 Praktische Ausführung von Leistungsverstärkern
Realization of power amplifiers

NF-Leistungsverstärker bis etwa 40 W Ausgangsleistung sind als integrierte Schaltkreise verfügbar; für höhere Ausgangsleistungen müssen sie diskret aufgebaut werden. Typische Schaltungsstrukturen in diskreter Bauweise sind in [6, 7] dargestellt. Die Grundstruktur und eine für größere Aussteuerung modifizierte Struktur einer Quasi-Komplementärendstufe in integrierter Schaltungstechnik ist in [8] beschrieben. Bild 7 zeigt die Beschaltung eines integrierten Leistungsverstärkers. Wegen der Gleichspannungs-Gegenkopplung ergibt sich $U_{Q,0} = U_v$; die Wechselspannungsverstärkung ist gleich R_f/R_p. Bei

Bild 7. Beschaltung eines integrierten Leistungsverstärkers (vereinfacht)

gleicher Betriebsspannung und gleicher Eingangsspannung kann die Ausgangsspannung verdoppelt werden, wenn zwei Verstärker in einer Brückenanordnung betrieben werden; dabei liegt der Lastwiderstand zwischen den beiden Ausgängen [8, 9].

Bei Hochfrequenz-Leistungsverstärkern hängt die Wahl der Klasse entscheidend von der Aufgabe ab. Verstärker der Klasse A werden nur verwendet, wenn eine extrem gute Linearität der Verstärkung erforderlich ist; bei hohen Ansprüchen bezüglich Linearität, wie bei Einseitenband-Verstärkern, nimmt man Gegentakt-B-Verstärker, in allen anderen Fällen, wenn keine Breitbandverstärkung erforderlich ist, Verstärker der Klasse C. Wegen der relativ geringen verfügbaren Leistungsverstärkung bei Hochfrequenztransistoren muß mit einem Transformationsnetzwerk die Quellimpedanz an die Eingangsimpedanz angepaßt werden. Ebenso muß der Lastwiderstand über ein Transformationsnetzwerk so in die Ausgangsebene des Transistors transformiert werden, daß die erforderliche Leistung unter Beachtung der Grenzwerte aufgenommen wird; in der Regel wird dabei nicht angepaßt. Dieses Transformationsnetzwerk leistet noch zusätzlich die Frequenzselektion zur Verzerrungsminderung. Bei der Dimensionierung müssen die Vierpolparameter (s-Parameter) als Großsignalparameter, bei Betriebsbedingungen gemessen [10], bekannt sein. In der sehr aufwendigen analytischen Behandlung tritt dabei an die Stelle der üblichen Übertragungsfunktion die Beschreibungsfunktion [11]. Wegen der besonderen Probleme beim Entwurf von HF-Leistungsverstärkern geben viele Hersteller von Leistungstransistoren in ihren Datenbüchern komplette Schaltungsvorschläge mitsamt der Platinenauslegung an [12, 13]. In [14] sind zahlreiche Transformationsnetzwerke mit Dimensionierungsformeln angegeben. Bild 6a zeigt ein Beispiel eines B-Verstärkers für $f = 175$ MHz mit dem effektiven Leistungsgewinn $L_{eff} = 10$ und $P_a = 2,5$ W bei $\eta = 0,5$. Für C-Betrieb muß $U_{BE} < 0$ eingestellt werden. Eine Möglichkeit hierfür ist in Bild 6b angegeben. Mit der Kapazität C_E wird die Emitter-Zuleitungsinduktivität kompensiert. Zur Transformation der Quell- bzw. Lastimpedanz in einen vorgegebenen Impedanzwert bei einer bestimmten Betriebsgüte sind drei Reaktanzen erforderlich. Aus Gründen der einfacheren Einstellbarkeit werden jedoch häufig je zwei Induktivitäten und Kapazitäten verwendet, wobei die letzteren einstellbar sind [14, 15].

3.5 Schutzmaßnahmen gegen Überlastung
Protections against overload

Sperrschichttemperatur und Wärmeleitung. Bei Leistungsverstärkern wird mit der Nutzleistung stets eine Verlustleistung erzeugt, die im günstigsten Fall noch mehr als 20% der Nutzleistung beträgt. Diese Verlustleistung muß so an die Umgebung abgeführt werden, daß die zulässige Temperatur in der Kollektor-Basis-Sperrschicht der Transistoren, in der diese Verlustleistung im wesentlichen entsteht, nicht überschritten wird. Außerdem muß dafür gesorgt werden, daß die übrigen Begrenzungen des sicheren Arbeitsbereichs (Bild 1) nicht überschritten werden.
Die Differenz zwischen Sperrschichttemperatur T_S und Umgebungstemperatur T_U kann bei Kenntnis des thermischen Widerstands $R_{th,SU}$ zwischen der Sperrschicht und der Umgebung abgeschätzt werden durch [5]

$$T_S - T_U = R_{th,SU} P_{tot}. \tag{17}$$

Für eine hinreichend kleine Differenz zwischen der Sperrschicht- und der Umgebungstemperatur besteht mit $S_I = (\partial I_C/\partial T)_{T_U}$ zwischen I_C im stationären Zustand ($I_C(T_S)$) und unmittelbar nach dem Einschalten ($I_C(T_U)$) der Zusammenhang

$$I_C(T_S) = I_C(T_U) + S_I(T_S - T_U). \tag{18}$$

Für einen *Verstärker der Klasse A* mit direkter Kopplung des Lastwiderstands gilt nach Bild 3b

$$U_{CE} = U_B - (R_C + R_E) I_C. \tag{19}$$

Mit den Gln. (17) bis (19) und mit $P_{tot} = U_{CE} I_C$ folgt in erster Näherung

$$T_S = T_U + \frac{R_{th,SU} I_C(T_U)(U_B - (R_C + R_E) I_C(T_U))}{1 - R_{th,SU} S_I(U_B - 2(R_C + R_E) I_C(T_U))}. \tag{20}$$

Eine thermische Mitkopplung (Gegenkopplung) ist vorhanden, wenn der Nenner der Gl. (20) kleiner (größer) als Eins ist. Thermische Gegenkopplung erfordert bei Bipolartransistoren – wegen $S_I > 0$ –

$$U_B - 2(R_C + R_E) I_C(T_U) < 0$$

woraus mit Gl. (19)

$$U_B > 2 U_{CE} \qquad (21)$$

folgt („Prinzip der halben Speisespannung"). Für $S_I < 0$ (dies gilt für Feldeffekttransistoren bei hinreichend kleinem Betrag der Gate-Source-Spannung) ergibt sich ein zur Gl. (19) komplementäres Prinzip der halben Speisespannung. Für *Gegentaktverstärker der Klasse* AB gilt in erster Näherung

$$T_S = T_U + \frac{\frac{1}{2} R_{th,SU} P_{tot}(T_U)}{1 - R_{th,SU} U_B S_I \Theta/\pi} \qquad (22)$$

mit

$$P_{tot} = U_B(\Theta I_{C,A} + \hat{I}_C \sin \Theta)/\pi \\ - R_L(I_{C,A} + \hat{I}_C)^2/2,$$

wobei $I_{C,A}(T_U)$ einzusetzen ist. Für $S_I > 0$, also für Bipolartransistoren, ist stets eine thermische Mitkopplung, für $S_I < 0$ stets eine thermische Gegenkopplung vorhanden. In jedem Fall muß dafür gesorgt werden, daß $|S_I|$ möglichst klein ist, damit der Arbeitspunkt hinreichend konstant bleibt. Dies erreicht man am wirkungsvollsten durch eine DC-Gegenkopplung über mehrere Stufen (eine Gegenkopplung über Emitterwiderstände würde den Wirkungsgrad reduzieren). Aus den Gln. (20) und (22) geht hervor, daß bei vorgegebener maximaler Sperrschichttemperatur die maximal zulässige Verlustleistung von der Umgebungstemperatur und dem Wärmewiderstand zwischen der Sperrschicht und der Umgebungsluft abhängt. Falls Gl. (17) für $T_{S,max}$ bei $T_{U,max}$ nur durch Anbringen eines Kühlkörpers erfüllt werden kann, ist dessen höchstzulässiger Wärmewiderstand (Index K: Kühlkörper) entsprechend

$$R_{th,KU,max} < \frac{T_{S,max} - T_{U,max}}{P_{tot,max}} - R_{th,SK,max} \qquad (23)$$

zu ermitteln. Bemessungsregeln sind in [1, 16, 17] angegeben. In [18] ist die Vorgehensweise für die Dimensionierung eines A-Verstärkers unter Berücksichtigung thermischer Probleme beschrieben.

Schutzschaltungen. Schutzschaltungen müssen dafür sorgen, daß auch bei nicht vorgesehenen Betriebsbedingungen der sichere Arbeitsbereich (SOAR, Bild 1) nicht verlassen wird. Ohne besondere Vorkehrungen kann dies z.B. dadurch eintreten, daß die Umgebungstemperatur über den vorgesehenen Wert ansteigt oder ein Kurzschluß am Ausgang auftritt. Meist beschränkt man sich auf eine thermische Schutzschaltung und eine Kurzschlußsicherung [19]. In integrierten Schaltkreisen verwendet man in der thermischen Schutzschaltung einen Transistor, dessen Basis-Emitter-Spannung durch eine Spannungs-Referenz-Diode stabilisiert ist, als Temperaturfühler, mit dessen (temperaturabhängigem) Kollektorstrom der Signalstrom für die Endstufentransistoren reduziert wird [8]. Es sind auch Leistungsverstärker verfügbar, die vollständige SOAR-Schutzschaltungen enthalten.

Spezielle Literatur: [1] *Wüstehube, J.*: SOAR, Sicherer Arbeitsbereich für Transistoren. Valvo Ber. Bd. XIX (1975) 171–222. – [2] *Schrenk, H.*: Bipolare Transistoren. Berlin: Springer 1978. – [3] *Blicher, A.*: Field effect and bipolar power transistor physics. New York: Academic Press 1981. – [4] *Millmann, J.; Halkias, Ch.*: Integrated electronics. New York: McGraw-Hill 1972. – [5] *Giacoletto, L.J.*: Large signal amplifiers. In: Ciacoletto, L.J. (Ed.): Electronics designers' handbook. New York: McGraw-Hill 1977, Chap.14. – [6] *Pieper, F.*: NF-Verstärker mit Komplementärpaar BD 135/BD 136 in der Endstufe. Telefunken Appl. Ber. 1970. – [7] *Hauenstein, A.; Reiß, K.*: Niederfrequenz-Leistungsverstärker. Tech. Mitt. Halbleiter 2-6300-125. Siemens AG. – [8] *Valvo GmbH*: Integrierte NF-Leistungsverstärker-Schaltungen. Tech. Inf. f. d. Industrie 810513, Hamburg 1981. – [9] *Geiger, E.*: NF-Applikationsschaltungen mit der Leistungsverstärker Serie ESMC. Thomson-CSF Tech. Inf. 33/77. – [10] *Müller, O.*: Large signal s-parameter measurements of class C operated transistors. NTZ 21 (1968) 644–647. – [11] *Gelb, A.; van der Welde, W.E.*: Multiple input describing function on nonlinear system design. New York: Wiley 1965. – [12] *Thomson CSF*: RF and microwave power transistors. Courbevoie Cedex: Thomson CSF 1982. – [13] *Motorola*: Semiconductor data library, 3. Discrete products, 1974. – [14] *RCA*: Solid-state power circuits. RCA Tech. Ser. SP-52, 1971. – [15] *Kovács, J.*: Hochfrequenzanwendungen von Halbleiter-Bauelementen. München: Franzis 1978. – [16] *van Leyen, D.*: Wärmeübertragung. Grundlagen und Berechnungsbeispiele aus der Nachrichtentechnik. München: Siemens AG 1971. – [17] *Siemens AG*: Wärmeableitung bei Transistoren. Tech. Mitt. Halbleiter 1-6300-071. – [18] *Helms, W.*: Designing class A amplifiers to meet specified tolerances. Electronics 47 (1974) 115–118. – [19] *Hauenstein, A.; Ullmann, G.*: Elektronische Übertemperatur- und Kurzschlußsicherung für Hi-Fi-NF-Verstärker. Tech. Mitt. Halbleiter B11/1047, Siemens AG.

4 Oszillatoren. Oscillators

Allgemeine Literatur: *Bough, R.*: Signal sources. In: Giacoletto, L.J. (Ed.): Electronics designers' handbook. New York: McGraw-Hill 1977, Chap. 16. – *Frerking, M.*: Crystal oscillator design and temperature compensation. New York: Van Nostrand 1978. – *Parzen, B.*: Design of crystal and other harmonic oscillators. New York: Wiley 1983. – *Tietze, U.; Schenk, Ch.*: Halbleiter-Schaltungstechnik, 9. Aufl. Berlin: Springer 1989. – *Zinke, O.; Brunswig, H.*: Lehrbuch der Hochfrequenztechnik, 3. Aufl., Bd. II: Elektronik und Signalverarbeitung. Berlin: Springer 1987.

Spezielle Literatur Seite G 47

In 4.1 bis 4.5 werden harmonische Oszillatoren behandelt, d. h. solche, die im Idealfall eine Spannung

$$u(t) = \hat{U} \cos(\omega_0 t + \Phi_0)$$

liefern. In 4.6 werden Oszillatoren für Dreieck- und Rechteckschwingungen besprochen.
Die Struktur eines Oszillators richtet sich nach der Frequenz der Schwingung: Unterhalb von 1 bis 10 MHz sind RC-Oszillatoren gebräuchlich; im Bereich von 100 kHz bis ca. 500 MHz werden LC-Oszillatoren eingesetzt, oberhalb dieser Grenze solche mit Leitungskreisen oder Hohlraumresonatoren als frequenzbestimmende Elemente. Das verstärkende Element ist bei RC-Oszillatoren in der Regel ein Operationsverstärker (Vierpol), bei LC-Oszillatoren ein Bipolar- oder Feldeffekttransistor (Dreipol), bei solchen mit Leitungskreisen oder Hohlraumresonatoren z.T. ebenfalls, aber auch ein Gunn-Element oder eine Impattdiode (Zweipol).

4.1 Analysemethoden für harmonische Oszillatoren
Methods of analysis for harmonic oscillators

Die Schwingung eines Oszillators wird entweder durch einen Einschaltvorgang (vorzugsweise bei niedrigen Frequenzen) oder aus dem Rauschen heraus (vorzugsweise bei höheren Frequenzen) angefacht. Im stationären Zustand ist also ohne äußere Anregung eine Schwingung vorhanden.

Bild 1. Entdämpfter Parallelschwingkreis als Oszillator

Bild 1 zeigt als einfaches Beispiel einen durch einen negativen Leitwert G_n entdämpften Parallelschwingkreis (Zweipoloszillator). Zum Anschwingen ist eine Anregung erforderlich, die wir der einfachen mathematischen Beschreibung wegen als *Sprungfunktion* annehmen wollen

$$i_0(t) = I_0 \varepsilon(t) \qquad (1)$$

($\varepsilon(t)$ = Sprungfunktion). Wir erhalten damit die Differentialgleichung

$$\frac{d^2 u}{dt^2} + ((G_n + G)/C) \frac{du}{dt} + u/LC = (I_0/C) \delta(t).$$

($\delta(t)$ = Impulsfunktion). Die Transformation in den Bildbereich ergibt mit den Anfangsbedin-

gungen $u(0) = 0$, $du/dt|_{t=0} = I_0/C$

$$\underline{U}(\underline{s}) = \frac{I_0/C}{\underline{s}^2 + \underline{s}(G_n + G)/C + 1/LC}. \qquad (2)$$

Falls das Nennerpolynom der Gl. (2) konjugiert komplexe Lösungen

$$\underline{s}_{1,2} = \sigma_0 \pm j\omega_0$$

mit

$$\sigma_0 = -(G_n + G)/(2C), \quad \omega_0 = (1/LC - \sigma_0^2)^{1/2}$$

hat, ergibt die Rücktransformation in den Zeitbereich

$$u(t) = (I_0/(\omega_0 C)) \exp(\sigma_0 t) \sin \omega_0 t.$$

Zum Anschwingen des Oszillators ist $\sigma_0 > 0$ erforderlich. In 4.4 wird gezeigt, daß für eine Schwingung, die hinreichend gut als harmonisch angesehen werden kann, $0 < \sigma_0 \ll \omega_0$ gelten muß (Gl. (36)), und daß die Kreisfrequenz auch im eingeschwungenen Zustand praktisch gleich ω_0 ist.
Ein Dreipoloszillator wird bei analoger Behandlung im Spektralbereich durch eines der folgenden Gleichungssysteme beschrieben:

$$(\underline{Y}(\underline{s}))(\underline{U}) = (\underline{I}_0) \quad (3); \quad (\underline{Z}(\underline{s}))(\underline{I}) = (\underline{U}_0)$$

$$(\underline{H}(\underline{s}))\begin{pmatrix} \underline{I}_1 \\ \underline{U}_2 \end{pmatrix} = \begin{pmatrix} \underline{U}_0 \\ 0 \end{pmatrix}; \quad (\underline{G}(\underline{s}))\begin{pmatrix} \underline{U}_1 \\ \underline{I}_2 \end{pmatrix} = \begin{pmatrix} \underline{I}_0 \\ 0 \end{pmatrix}$$

wobei die rechte Seite die Anregung analog zur Gl. (1) beschreibt. Die Lösung der Gl. (3) lautet z. B.

$$(\underline{U}(\underline{s})) = (\underline{Y}(\underline{s}))^{-1}(\underline{I}_0),$$

so daß die Nullstellen von

$$\det(\underline{Y}(\underline{s})) = 0 \qquad (4)$$

den Charakter der Lösung bestimmen. Eine analoge Aussage gilt für die anderen Darstellungen. Der Grad der jeweils zu lösenden Gleichung ist gleich der Zahl der unabhängigen Reaktanzen [1], er ist mindestens gleich 2 und häufig gleich 3.
Eine weitere Analysemethode ist die *Methode der Schleifenverstärkung*. Hierbei wird das Netzwerk aufgespalten in den aktiven (nichtreziproken) und den passiven (reziproken) Teil. Der aktive Teil besteht aus Verstärker und Begrenzer (der bei linearer Beschreibung nicht in Erscheinung tritt), der passive Teil enthält das frequenzbestimmende Netzwerk und den Lastwiderstand. Bei der Serien/Parallel-Kopplung, die hier behandelt wird, sollte der aktive Teil eine möglichst ideale spannungsgesteuerte Spannungsquelle enthalten (Bild 2). Durch die Spannungsquelle am Eingang wird der Einschaltvorgang beschrieben. Die H-Parameter des Rückkopplungsdreipols sind mit dem oberen Index r bezeichnet. Es

Bild 2. Zur Methode der Schleifenverstärkung. $\underline{r}'_e$ = Kleinsignal-Eingangsimpedanz, $\underline{r}'_0$ = Kleinsignal-Ausgangsimpedanz

gilt mit $\underline{r}'_0 = 0$, $\underline{r}'_e = \infty$ und $\underline{U}_1(\underline{s}) = U_0/\underline{s}$

$$\underline{U}_2(\underline{s}) = \frac{U_0}{\underline{s}(1 - \underline{H}^{(r)}_{12}(\underline{s})\,\underline{V}'_u)}.$$

Aus der Lösung von

$$1 - \underline{H}^{(r)}_{12}(\underline{s})\,\underline{V}'_u = 0 \quad (5)$$

ergibt sich die Anschwingungsbedingung und die Oszillationsfrequenz. Die resultierende $\underline{H}$-Matrix der Schaltung des Bildes 2 lautet

$$\underline{H} = \begin{pmatrix} \underline{r}'_e + \underline{H}^{(r)}_{11} & -\underline{H}^{(r)}_{12} \\ -\underline{r}'_e \dfrac{\underline{V}'_u}{\underline{r}'_0} - \underline{H}^{(r)}_{21} & \dfrac{1}{\underline{r}'_0} + \underline{H}^{(r)}_{22} \end{pmatrix}. \quad (6)$$

Aus det $\underline{H} = 0$ ergibt sich mit $\underline{r}'_0 = 0$, $\underline{r}'_e = \infty$ Gl. (5). Damit ist die Äquivalenz der beiden Methoden für die behandelte Struktur nachgewiesen.
Allgemein erhält man bei gekoppelten Dreipolen die Darstellung

$$\underline{D} = ((\underline{D}')^{-1} + \underline{K}^{(r)})^{-1}, \quad (7)$$

wobei $(\underline{D}')^{-1} = \underline{K}'$ und $\underline{K}^{(r)}$ die Matrizen des aktiven bzw. des Rückkopplungs-Dreipols in der Darstellung sind, für die ein additives Verknüpfungsgesetz gilt (s. Kap. F 2.2 oder C 3.3).
Bei $\underline{D}'$ soll das Rückwirkungselement vernachlässigbar sein ($\underline{D}'_{12} = 0$), die Beträge der Elemente $\underline{D}'_{11}$ und $\underline{D}'_{22}$ sollen hinreichend klein sein. Dann gilt zunächst

$$\underline{D}^{-1} = \begin{bmatrix} \dfrac{1}{\underline{D}'_{11}} + \underline{K}^{(r)}_{11} & \underline{K}^{(r)}_{12} \\ -\dfrac{\underline{D}'_{21}}{\underline{D}'_{11}\underline{D}'_{22}} + \underline{K}^{(r)}_{21} & \dfrac{1}{\underline{D}'_{22}} + \underline{K}^{(r)}_{22} \end{bmatrix} \quad (8)$$

und mit $1/|\underline{D}'_{11}| \gg |\underline{K}^{(r)}_{11}|$, $1/|\underline{D}'_{22}| \gg |\underline{K}^{(r)}_{22}|$

$$\underline{D} = \frac{1}{1 + \underline{K}^{(r)}_{12}\underline{D}'_{21}} \begin{bmatrix} \underline{D}'_{11} & -\underline{K}^{(r)}_{12}\underline{D}'_{11}\underline{D}'_{22} \\ \underline{D}'_{21} & \underline{D}'_{22} \end{bmatrix}. \quad (9)$$

Tabelle 1. Bedeutung der Parameter der Gl. (10) für die verschiedenen Rückkopplungsstrukturen

Kopplung	Verstärker	$\underline{D}_{21}(\underline{D}'_{21})$	$\underline{K}$
Parallel/Parallel	stromgesteuerte Spannungsquelle	$\underline{r}_m$	$\underline{Y}^{(r)}_{12}$
Serien/Serien	spannungsgesteuerte Stromquelle	$\underline{g}_m$	$\underline{Z}^{(r)}_{12}$
Parallel/Serien	stromgesteuerte Stromquelle	$\underline{V}_1$	$-\underline{G}^{(r)}_{12}$
Serien/Parallel	spannungsgesteuerte Spannungsquelle	$\underline{V}_U$	$-\underline{H}^{(r)}_{12}$

($\underline{r}_m$ = Transimpedanz, $\underline{V}_1$ = Stromverstärkung)

Insbesondere ergibt sich mit $\underline{K}^{(r)}_{12} = \underline{K}(\underline{s})$ das Matrixelement

$$\underline{D}_{21} = \frac{\underline{D}'_{21}}{1 + \underline{K}(\underline{s})\,\underline{D}'_{21}}, \quad (10)$$

wobei die Bedeutung von $\underline{D}$ (und somit auch von $\underline{D}'$) und $\underline{K}$ mit dem erforderlichen Verstärker für die vier Rückkopplungsarten in Tab. 1 angegeben ist.
Gl. (10) gilt auch für Oszillatoren, die sich nur durch gekoppelte Vierpole beschreiben lassen, jedoch sind dabei i. allg. $\underline{D}'_{21}$ und $\underline{K}$ nicht mehr Matrixelemente der einzelnen Teilmatrizen und auch nicht mehr Teilvierpolen getrennt zuordenbar.

Bei einem Oszillator mit drei unabhängigen Reaktanzen ist unter der Voraussetzung $\sigma_0 \ll \omega_0$ eine einfache Abschätzung für σ_0 und ω_0 möglich. Die zu lösende Gleichung sei gegeben in der Form

$$a_3 \underline{s}^3 + a_2 \underline{s}^2 + a_1 \underline{s} + a_0 = 0 \quad (11)$$

mit $a_i > 0$ ($i = 0 \ldots 3$). Dann gilt [2]

$$a_1/a_3 \lesssim \omega_0^2 \lesssim a_0/a_2 \quad (12)$$

und

$$0 < \sigma_0 \lesssim \mathrm{Min}\left\{\frac{a_0 a_3 - a_1 a_2}{2 a_2^2};\ \frac{a_0 a_3 - a_1 a_2}{2 a_1 a_3}\right\}. \quad (13)$$

Eine ähnliche Abschätzung ergibt sich auch für den Fall eines Oszillators mit vier unabhängigen Reaktanzen unter Benutzung des Hurwitz-Kriteriums [1, 3].
Als Maß für die *Frequenzstabilität* wird der Stabilitätsfaktor (Gütefaktor der Frequenzhaltung) Q_f verwendet:

$$Q_f = \left|\frac{\partial \Phi}{\partial \omega}\omega\right|_{\omega=\omega_0}. \quad (14)$$

Dabei ist Φ die Phase von $\underline{K}(\mathrm{j}\omega)\,\underline{D}'(\mathrm{j}\omega)$ (Gl. (10)). Die Definition von Q_f ergibt sich aus der folgenden Überlegung: Die Phasendrehung in der offenen Schleife muß 2π betragen. Ändern sich Schaltkreisparameter z. B. infolge Alterung oder Temperaturschwankungen, so ändert sich im Verstärkerbetrieb die Phase am Ausgang des Rückkopplungsnetzwerkes, und es muß die Frequenz verstellt werden, um die ursprüngliche Phase wieder zu erhalten. Diese Frequenzverstimmung entspricht der Änderung der Oszillationsfrequenz in der geschlossenen Schleife. Bei gegebener Phasendrehung soll die erforderliche Frequenzverstimmung zur Phasenrückdrehung möglichst klein, $|\partial\Phi/\partial\omega|_{\omega=\omega_0}$ also möglichst groß sein. Die Multiplikation mit ω_0 in Gl. (14) ist zur Normierung erforderlich. $\Phi(\omega)$ ist darstellbar durch

$$\Phi(\omega) = \Phi_0 + \arctan Z(\omega)/N(\omega) \qquad (15)$$

entweder mit $N(\omega_0) = 0$ oder $Z(\omega_0) = 0. - Z(\omega)$ und $N(\omega)$ sind Polynome in $j\omega. - \Phi_0$ ist ein konstanter Anteil. Es ergibt sich für $N(\omega_0) = 0$

$$Q_{\mathrm{f}} = \omega_0 \left|\frac{\partial N}{\partial \omega}\right/Z(\omega)\right|_{\omega=\omega_0} \qquad (16)$$

und für $Z(\omega_0) = 0$

$$Q_{\mathrm{f}} = \omega_0 \left|\frac{\partial Z}{\partial \omega}\right/N(\omega)\right|_{\omega=\omega_0}. \qquad (17)$$

4.2 Zweipoloszillatoren
One-port oscillators

Zweipoloszillatoren enthalten als entdämpfendes Element ein Gunn-Element, eine Impattdiode oder für sehr kleine Leistungen eine Tunneldiode. Allen diesen Elementen ist gemeinsam, daß sie einen Bereich differentiell negativen Widerstands mit eindeutigem $I(U)$-Verlauf aufweisen und in diesem Bereich näherungsweise durch einen negativen Leitwert modelliert werden können, dem eine Kapazität parallel liegt. Oszillatoren mit Tunneldioden sind in [4] behandelt.

Lawinenlaufzeitdioden (*Avalanche-Dioden*) werden im Bereich des Durchbruchs betrieben. Der differentiell negative Widerstand kommt erst durch die Wechselwirkung von Ladungsträgerlawinen mit einem Hochfrequenzfeld zustande. In welchem Frequenzintervall sich auf diese Weise ein negativer Leitwert ausbilden kann, hängt stark von den physikalischen und geometrischen Parametern ab. Die Kleinsignalimpedanz einer Lawinenlaufzeitdiode ist [5–7]

$$Z_{\mathrm{d}} = \frac{1}{\omega C_{\mathrm{d}}} \qquad (18)$$
$$\cdot \left[\frac{(1-\cos\Theta)/\Theta}{1-(\omega/\omega_{\mathrm{a}})^2} + \mathrm{j}\left(\frac{\sin\Theta/\Theta}{1-(\omega/\omega_{\mathrm{a}})^2} - 1\right)\right].$$

$\omega_{\mathrm{a}}(\sim I^{1/2})$ ist die Lawinenkreisfrequenz, $\Theta = \omega l_{\mathrm{d}}/v_{\mathrm{s}}$ ist der Laufwinkel der Ladungsträgerlawine (l_{d} = Länge der Driftzone, v_{s} = Sättigungsdriftgeschwindigkeit). Für $\omega > \omega_{\mathrm{a}}$ ist $\mathrm{Re}(\underline{Z}_{\mathrm{d}}) < 0$. Das Modell der inneren Diode besteht demnach aus der Serienschaltung eines frequenzabhängigen negativen Widerstands und einer ebenfalls frequenzabhängigen Kapazität. Hinzu kommen die Gehäuseinduktivität und -Kapazität (Bild 3).

Bild 3. Kleinsignalmodell eines Impattoszillators

Der Lastwiderstand muß über eine Transformationsschaltung so angekoppelt werden, daß $R_{\mathrm{d}} + R'_{\mathrm{L}} \lesssim 0$ wird, wenn mit R'_{L} der in die Diodenebene transformierte Lastwiderstand bezeichnet wird. Oszillatoren mit Impattdioden sind in [8–10] beschrieben.

Gunn-Elemente bestehen aus einem homogen dotierten Verbindungshalbleiter (GaAs) ohne Sperrschicht. Die physikalische Ursache für den negativ differentiellen Leitwert bei Gunn-Elementen ist die Abnahme der Beweglichkeit und somit der Driftgeschwindigkeit der Ladungsträger mit zunehmender Feldstärke in einen Bereich oberhalb einer Schwellenfeldstärke E_{T}. Hierdurch kommt es zu Stromoszillationen, die auf das periodische Entstehen, Wandern und Verschwinden von Dipoldomänen zurückzuführen sind [5, 7, 11]. Die Periode der Schwingung ist gegeben durch $t_{\mathrm{d}} = l/v_{\mathrm{d}}$ (l = Länge des Gunn-Elements, v_{d} = Driftgeschwindigkeit der Dipoldomäne). Durch Betreiben eines Gunn-Elements in einem Resonanzkreis hoher Güte erreicht man eine größere Frequenz- und Amplitudenstabilität. Der Wirkungsgrad dieses als Gunn-Mode bezeichneten Oszillationsmechanismus liegt zwischen 1 und 5%, da im größten Teil des Gunn-Elements die Schwellenfeldstärke nicht erreicht wird und dieser Bereich als Verlustwiderstand wirkt.
Ein wesentlich größerer Wirkungsgrad ergibt sich im LSA-Mode (LSA: Limited Space Charge Accumulation). Hierbei wird die Domänenbildung und Ausbreitung großenteils dadurch verhindert, daß in jeder Periode die Feldstärke zeitweise überall unter E_{T} absinkt, so daß die differentielle Beweglichkeit überall positiv wird und der Rest der Periode nicht ausreicht, eine Dipoldomäne aufzubauen. Im LSA-Mode ist die Oszillationsfrequenz nicht von der Länge des Gunn-Elements abhängig. Der konstruktive

Aufbau von Gunn-Oszillatoren ist in [8, 11] beschrieben.

4.3 Dreipol- und Vierpoloszillatoren
Three-pole and four-pole oscillators

Bei Dreipoloszillatoren besteht der Verstärker in der Regel aus einem oder mehreren Bipolar- oder Feldeffekttransistoren, die eine spannungsgesteuerte Stromquelle $S U_{steuer}$ approximieren (S = Steilheit); das Rückkopplungsnetzwerk ist ein durch den Lastwiderstand bedämpftes LC-Netzwerk mit Π-Struktur. Die wichtigsten Dreipoloszillatoren lassen sich auf den Colpitts- oder den Hartley-Oszillator zurückführen (Bild 4). Um die Rechnungen einfacher zu halten, ist der Verstärker als ideale spannungsgesteuerte Stromquelle modelliert.
Zunächst wird die Analyse des Colpitts-Oszillators durchgeführt. Die Admittanzmatrix hat die folgende Gestalt:

$$\underline{Y}(\underline{s}) = \begin{pmatrix} \underline{s}C_1 + \dfrac{1}{\underline{s}L} & -\dfrac{1}{\underline{s}L} \\ -\dfrac{1}{\underline{s}L} + S & G_L + \underline{s}C_2 + \dfrac{1}{\underline{s}L} \end{pmatrix} \quad (19)$$

Aus det $\underline{Y} = 0$ gemäß Gl. (6) ergibt sich eine Gleichung 3. Grades; mit den Bezeichnungen $C_1 = nC$, $C_2 = C$ ergibt sich als Anschwingbedingung aus der Ungleichung (13)

$$S \gtrsim n G_L \quad (20)$$

und als Näherung für die Oszillationsfrequenz aus der Ungleichung (12)

$$(n+1)/(nLC) \lesssim \omega_0^2 \lesssim (S + G_L)/(nLCG_L). \quad (21)$$

Zur Ermittlung des Stabilitätsfaktors Q_f ist die Phase von

$$\begin{aligned}\underline{K}(j\omega) \underline{D}'(j\omega) &= \underline{Z}_{12}^{(r)}(j\omega) S \\ &= \underline{Y}_{12}^{(r)}(j\omega) S / \det \underline{Y}^{(r)}(j\omega)\end{aligned} \quad (22)$$

zu ermitteln. Der Gl. (16) entsprechend ergibt sich

$$Q_f = \frac{2}{G_L}\left(\frac{n+1}{n}\right)^{3/2}\left(\frac{C}{L}\right)^{1/2}. \quad (23)$$

Dabei ist für ω_0 die untere Grenze der Abschätzung der Ungleichung (21) eingesetzt.
Nach der gleichen Methode ergibt sich für den Hartley-Oszillator als Anschwingbedingung ebenfalls die Ungleichung (20) und als Abschätzung für die Oszillationsfrequenz

$$G_L/[LC(G_L + S)] \lesssim \omega_0^2 \lesssim 1/[(n+1)LC]. \quad (24)$$

Für den Stabilitätsfaktor der Oszillationsfrequenz ergibt sich auch hier der Ausdruck der Gl. (23), wobei die obere Schranke der Frequenzabschätzung eingesetzt ist. Zudem ist die unterschiedliche Bedeutung von n in den beiden Fällen zu beachten.
Eine im UHF-Bereich häufig benutzte Struktur ist in Bild 5 angegeben. Mit dem Emitter (Source) als Bezugselektrode und dem Verstärker als spannungsgesteuerte Stromquelle geht sie in die Struktur des Colpitts-Oszillators über mit der Ausnahme, daß hier der Lastleitwert parallel zum Verstärkereingang und die Kapazität C_3 zusätzlich parallel zu L liegt. Da die Kapazitäten eine Kapazitätsschleife bilden, erhöht sich durch C_3 der Grad der zu lösenden Gleichung nicht. Die Analyse ergibt unter der Voraussetzung $S \gtrsim G_L/n$ (Anschwingbedingung)

$$\frac{1}{LC_3[1 + n/(n+1) + C/C_3]} \lesssim \omega_0^2 \\ \lesssim \frac{G_L + S}{LC_3[G_L(1 + C/C_3) + S]} \quad (25)$$

$$Q_f = \frac{\{(n+1)[(n+1)C_3/C + n]\}^{1/2}}{G_L}\left(\frac{C}{L}\right)^{1/2}. \quad (26)$$

Der Verkleinerung der Induktivität in einem Colpitts- oder Hartley-Oszillator sind dadurch Grenzen gesetzt, daß sie wesentlich über den Streuinduktivitäten bleiben muß. Ersetzt man

Bild 4. Idealisierte Struktur des a) Colpitts-Oszillators, b) Hartley-Oszillators

Bild 5. a) Struktur eines UHF-Oszillators; b) Darstellung durch gekoppelte Dreipole beim Colpitts-Oszillator die Spule L durch einen Serienschwingkreis, so daß die Summe der Reaktanzen bei der Oszillationsfrequenz den zur Erfüllung der Phasenbedingung erforderlichen induktiven Wert hat, so erhält man einen großen Stabilitätsfaktor der Oszillationsfrequenz, ohne daß sich Streuinduktivitäten störend bemerkbar machen. Dieser Oszillator heißt Clapp-Oszillator. Zur Analyse ist in Gl. (19) $\underline{s}L$ durch $\underline{s}L_s + 1/\underline{s}C + R_s$ zu ersetzen, wobei die mit dem Index s versehenen Größen Elemente des Serienschwingkreises sind. Mit $n \approx 1$,

$$R_s G_L \lesssim 1,\ C/C_s \gg 1,\ L_s/C_s \gg R_s^2,\ R_s G_L \lesssim 1$$

ergibt sich die Frequenzabschätzung

$$1/L_s C_s \lesssim \omega_0^2 \lesssim \left[\left(\frac{G_L + S}{n G_L}\right)\frac{C_s}{C} + 1\right]\bigg/(L_s C_s). \quad (27)$$

Der Clapp-Oszillator schwingt also in sehr guter Näherung in der Resonanzfrequenz des Serienschwingkreises. Für den Stabilitätsfaktor ergibt sich unter den gleichen Voraussetzungen

$$Q_f = \frac{2}{R_s}(L_s/C_s)^{1/2} = 2Q_s \quad (28)$$

(Q_s = Güte des Serienschwingkreises). Die Bedingung $L_s/C_s \gg R_s^2$ läßt sich sehr gut mit einem Quarzresonator als Serienschwingkreis erfüllen. Quarzresonatoren nutzen die piezoelektrischen Eigenschaften von Quarz aus: Wenn auf einen Quarz in einer bestimmten Richtung Druck ausgeübt wird, sammeln sich auf dazu senkrechten Oberflächen Ladungen an. Wird umgekehrt an einander gegenüberliegenden Oberflächen ein elektrisches Feld angelegt, so werden mechanische Spannungen in einer dazu senkrechten Richtung wirksam, die den Quarz deformieren. Eine elektrische Wechselspannung regt somit den Quarz zu mechanischen Schwingungen an. Die Leistungsaufnahme ist jedoch extrem selektiv auf die unmittelbare Umgebung der Frequenzen der mechanischen Eigenresonanzen beschränkt, so daß die elektrische Impedanz entsprechend stark frequenzabhängig ist (Bild 6). Die Kapazität C_0 ist die statische Kapazität zwischen den Elektroden, die Induktivität L_s hängt von der Masse, die Kapazität C_s von der Steifig-

Bild 6. Modell für das elektrische Verhalten eines Quarzresonators in der Umgebung einer Resonanzfrequenz. Nach [12, 13]

keit ab, R_s beschreibt die Verluste. Außer der Serienresonanz f_s weist der Quarz auch eine Parallelresonanz f_p auf. Diese liegt, wenn R_s vernachlässigt wird, bei

$$f_p = f_s(1 + C_s/C_0)^{1/2},$$

also wegen $C_s \ll C_0$ sehr dicht oberhalb der Serienresonanz. Eine analoge Überlegung wie die, welche vom Colpitts- zum Clapp-Oszillator geführt hat, läßt sich auch beim Hartley-Oszillator anstellen: Für eine hohe Frequenzstabilität kann man die beiden Induktivitäten durch Parallelschwingkreise mit kleinen induktiven Komponenten bei der Oszillationsfrequenz realisieren; es genügt, den Schwingkreis am Verstärkereingang durch einen Quarz zu ersetzen, der dann nahe der Parallelresonanz betrieben wird (Pierce-Oszillator [12]). Zahlreiche Realisierungsbeispiele für Quarzoszillatoren sind in [13] angegeben.

Oszillatoren im unteren Frequenzbereich (bis ca. 10 MHz) werden bevorzugt als RC-Oszillatoren gebaut, da für die bei LC-Oszillatoren erforderlichen großen Induktivitätswerte die Spulen groß und teuer sind. Mit RC-Netzwerken ist jedoch eine hinreichend große Phasensteilheit der Schleifenverstärkung nur mit einem Differenzverstärker sehr hoher Verstärkung und einem Brückennetzwerk zu erreichen. Die ganz überwiegend benutzte Struktur ist die des Wien-Robinson-Oszillators. Die Prinzipschaltung und die Darstellung als gekoppelte Netzwerke (spannungsgesteuerte Spannungsquelle und Rückkopplungsnetzwerk) sind in Bild 7 angegeben. Im Gegensatz zu den vorhergehenden LC-Oszillatoren handelt es sich hier um gekoppelte Vierpole, so daß 3 × 3-Matrizen miteinander zu verknüpfen sind [14]. Die resultierende Admittanzmatrix des Knotenanalyse-Gleichungssystems mit $\underline{U}_3$ als dritter Variablen ist gegeben durch

$$\underline{Y}(\underline{s}) = \begin{pmatrix} g_e + \underline{Y}_1(\underline{s}) + \underline{Y}_2(\underline{s}) & -\underline{Y}_1(\underline{s}) & \underline{Y}_1(\underline{s}) + \underline{Y}_2(\underline{s}) \\ -\underline{V}'_u(\underline{s})\,g_0 + \underline{Y}_1(\underline{s}) & g_0 + \underline{Y}_1(\underline{s}) + \underline{Y}_3(\underline{s}) & -(\underline{Y}_1(\underline{s}) + \underline{Y}_3(\underline{s})) \\ -g_e & -\underline{Y}_3(\underline{s}) & \underline{Y}_3(\underline{s}) + \underline{Y}_4(\underline{s}) \end{pmatrix} \quad (29)$$

Bild 7. a) Struktur des Wien-Robinson-Oszillators; **b)** Darstellung durch gekoppelte Vierpole

mit $\underline{Y}_1(\underline{s}) = \underline{s}CG/(G + \underline{s}C)$, $\underline{Y}_2(\underline{s}) = G + \underline{s}C$, $\underline{Y}_3(\underline{s}) = G_2$, $\underline{Y}_4(\underline{s}) = G_1$. Aus det $\underline{Y}(\underline{s}) = 0$ ergibt sich eine quadratische Gleichung (zwei Reaktanzen), aus deren Lösung mit $g_e = 0$, $g_0 = \infty$, $\underline{V}_u(\underline{s}) = V_{ud} \gg 1$, $G_1 = (2 + \varepsilon)G_2$, $0 < \varepsilon \ll 1$ die Anschwingbedingung $\varepsilon \gtreqqless 9/V_{ud}$ sowie mit $\sigma_0 = G(\varepsilon - 9/V_{ud})/(2C)$ die Oszillationskreisfrequenz

$$\omega_0 = ((G/C)^2 - \sigma_0^2)^{1/2} \approx G/C$$

folgt.
Zur Berechnung des Stabilitätsfaktors der Oszillationsfrequenz ist der Phasenverlauf der Funktion $\underline{\lambda}(j\omega)\underline{U}_2$ zu ermitteln mit

$$\underline{\lambda}(j\omega) = \frac{\underline{U}_1(j\omega)}{\underline{U}_2(j\omega)}\bigg|_{\underline{I}_1 = \underline{I}_3 = 0}$$

$$= \frac{\underline{Y}_1(j\omega)\,\underline{Y}_4(j\omega) - \underline{Y}_2(j\omega)\,\underline{Y}_3(j\omega)}{(\underline{Y}_1(j\omega) + \underline{Y}_2(j\omega))(\underline{Y}_3(j\omega) + \underline{Y}_4(j\omega))}.$$

Es ergibt sich

$$\Phi(\underline{\lambda}(j\omega)\,\underline{U}_2) = \pi + \arctan\frac{\omega\varepsilon CG}{\omega^2 C^2 - G^2}$$
$$+ \arctan\frac{3\omega CG}{\omega^2 C^2 - G^2},$$

woraus folgt

$$Q_f = 2V_{ud}/9 + 2/3 \approx 2V_{ud}/9. \quad (30)$$

Wird als Verstärker ein Operationsverstärker benutzt, so läßt sich ein Stabilitätsfaktor erreichen, der sogar größer ist als der von LC-Oszillatoren ist. Die Eigenschaften eines Wien-Robinson-Oszillators hängen ganz wesentlich vom Verhältnis G_1/G_2, also von ε ab; in 4.4 wird gezeigt, wie ε stabil gehalten werden kann. Weitere Vierpoloszillatoren sind in [15] beschrieben.

Abstimmbare Oszillatoren. Beim Entwurf von abstimmbaren Oszillatoren muß beachtet werden, daß außer der Frequenzbedingung auch ein Mindestwert für den Stabilitätsfaktor der Frequenz (Gl. (14)) und die Anschwingbedingung (z.B. Gl. (13)) erfüllt sein muß. Deswegen muß man bei LC-Oszillatoren sowohl die Induktivität als auch die Kapazität und bei RC-Oszillatoren ebenfalls die Kapazität und die Widerstände, welche die Frequenz bestimmen, umschaltbar oder einstellbar vorsehen. In weiten Bereichen oberhalb von 1 GHz abstimmbar sind Oszillatoren, bei denen die magnetisch einstellbare Resonanzfrequenz eines YIG-Kristalls (Yttriumeisengranat) die Oszillationsfrequenz bestimmt [8]. Die Frequenz von Quarzoszillatoren kann nur sehr wenig durch einen in Serie zum Quarz geschalteten Kondensator geringer Kapazität (1 bis 100 pF) verstellt werden. Die hohe Frequenzkonstanz von Quarzoszillatoren kann man sich für einstellbare Oszillatoren zunutze machen, indem man von einem Quarzoszillator ausgehend eine Reihe von Schwingungen phasenstarr erzeugt und mit Hilfe von Mischern und Teilern die gewünschte Frequenz bildet (Synthesizer, s. Q 2.4). Bei der indirekten Synthese wird eine Reihe von Oszillatoren über Phasensynchronisierschleifen an den Referenzoszillator angebunden [16, 17], bei der direkten Synthese wird die Schwingung des Referenzoszillators so stark verzerrt, daß über Filter die gewünschten Ausgangsfrequenzen ausgesiebt werden können [18]. Hochpräzise Frequenznormale verwenden als Referenzsignal ein Rubidium- oder Caesium-Normal („Atomuhr") [19, 20].

4.4 Nichtlineare Beschreibung. Ermittlung und Stabilisierung der Schwingungsamplitude
Nonlinear description. Evaluation and stabilisation of the amplitude

Die in 4.2 dargelegten Methoden lassen keine Aussage über die Amplitude der Schwingung zu, die sich im stationären Zustand einstellt, da Nichtlinearitäten im Verstärker unberücksichtigt geblieben sind. Die Amplitude der Schwingung kann näherungsweise aus der Schwingkennlinie (nach Möller) [21] ermittelt werden. Zur analytischen Bestimmung der Amplitude muß die Nichtlinearität der gesteuerten Quelle als wesentlichste Nichtlinearität berücksichtigt werden. Für den Verstärker des Oszillators in Bild 7 lautet der Ansatz

$$U_2(t) = (V_{u0} - V_{u1}U_1^2(t))U_1(t), \quad (31)$$

wobei die Gültigkeit des Ansatzes auf

$$|U_1| < \left(\frac{V_{u0}}{3V_{u1}}\right)^{1/2} = U_1'$$

beschränkt ist (Bild 8). Der Einfachheit halber wird der Verstärker als spannungsgesteuerte Spannungsquelle mit $V_{u0} = 3 + \varepsilon\,(0 < \varepsilon \ll 1)$ angenommen. Die steuernde Spannung unterscheidet sich also von der des Wien-Robinson-Oszillators, so daß der Stabilitätsfaktor der Oszillationsfrequenz mit dieser Beschreibung nicht ermittelt werden kann (Bild 9).
Diese Schaltung wird beschrieben durch die Differentialgleichung

$$\frac{d^2 U_1}{dt^2} - \frac{1}{RC}(V_{u0} - 3 - 3V_{u1}U_1^2)\frac{dU_1}{dt}$$
$$+ \frac{1}{R^2 C^2} U_1 = 0. \quad (32)$$

Mit den Substitutionen $\omega_0 = 1/(RC)$, $\tau = \omega_0 t$, $[3V_{u1}/(V_{u0} - 3)]^{1/2} U_1 = v$, $\varepsilon = V_{u0} - 3$ nimmt sie die folgende Gestalt an:

$$\frac{d^2 v}{d\tau^2} - \varepsilon(1 - v^2)\frac{dv}{d\tau} + v = 0. \quad (33)$$

Diese sog. van der Polsche-Dgl. ist die klassische Dgl. zur Beschreibung von Oszillator-Nichtlinearitäten [21]. Eine Näherungslösung für $\varepsilon \ll 1$ ist

$$v(\tau) = \frac{2\hat{v}(0)\cos\tau}{(\hat{v}^2(0) + (4 - \hat{v}^2(0))\exp(-\varepsilon\tau))^{1/2}}. \quad (34)$$

Für große Zeiten τ, so daß $\exp(\varepsilon\tau) \gg 1$, ergibt sich

$$v(\tau) = 2\cos\tau,$$

also eine harmonische Schwingung mit der Amplitude (in nicht-normierter Schreibweise)

Bild 8. Verlauf von $U_2 = U_2(U_1)$ (—) und Approximation durch Gl. (31)

Bild 9. Vereinfachte Struktur des Wien-Robinson-Oszillators

$$\hat{U}_1 = 2((V_{u0} - 3)/(3V_{u1}))^{1/2} = 2(\varepsilon/(3V_{u1}))^{1/2}. \quad (35)$$

Für $\exp(\varepsilon\tau) \ll 1$ und $\hat{v}(0) \ll 1$ erhalten wir aus Gl. (62)

$$v(\tau) = \hat{v}(0)\exp(\varepsilon\tau/2)\cos\tau,$$

woraus

$$\sigma_0 = \varepsilon\omega_0/2 \ll \omega_0 \quad (36)$$

folgt. Bei hinreichend schwacher Nichtlinearität kann die stationäre Lösung einschließlich der Harmonischen der Grundschwingung nach der Methode von Lindstedt und Poincaré [22] für alle hier behandelten Oszillatorstrukturen ermittelt werden.

Stabilisierung der Amplitude. Ein Oszillator muß sicher anschwingen und nach dem Erreichen des stationären Zustands diesen auch dann beibehalten, wenn Schaltungsparameter innerhalb gewisser Grenzen schwanken. Wenn dies nicht infolge von Sättigungseffekten geschehen soll, womit stets Verzerrungen verbunden sind, muß man eine DC-Gegenkopplung einführen, so daß der Steuerungsfaktor der gesteuerten Quelle (S, V_u) mit wachsender Amplitude der Schwingung reduziert wird.
Beim Wien-Robinson-Oszillator muß ε (Gl. (35)) so geregelt werden, daß $\hat{U}_1$ konstant bleibt. Eine Möglichkeit hierfür besteht darin, den Leitwert G_1 mit Hilfe der Drain-Source-Strecke eines FET regelbar auszubilden [23].

4.5 Langzeit- und Kurzzeitstabilität. Rauschen

Long term and short term stability. Noise

Im Zusammenhang mit der Stabilität der Frequenz eines Oszillators versteht man unter „lange Zeit" eine Spanne von etwa einem Tag bis zu einem Jahr. Durch die Angabe der Langzeitstabilität werden Frequenzänderungen aufgrund von Änderung in den frequenzbestimmenden Parametern, z. B. infolge Alterung des Quarzes beschrieben. Die Angabe kann z. B. lauten $\Delta f/f_0 \lesssim 1 \cdot 10^{-10}/\text{Tag}$ bzw. $\lesssim 1 \cdot 10^{-7}/\text{Jahr}$.
Der in den vorhergehenden Abschnitten verwendete Gütefaktor der Oszillationsfrequenz steht in engem Zusammenhang hiermit. Schwankungen der Umgebungsbedingungen müssen gesondert erfaßt werden.
Durch die Angabe der Kurzzeitstabilität werden statistische Schwankungen in solch kurzen Zeitspannen (typisch 10^{-3} bis 10^3 s) beschrieben, daß in ihnen die Langzeitinstabilität außer acht gelassen werden kann. Die Angabe erfolgt in der Form

$\Delta f / f_0 \lesssim 1 \cdot 10^{-10}/10^{-3}$ s bzw.
$\lesssim 5 \cdot 10^{-12}/1$ s,

wobei $(\Delta f)^2$ als Allan-Varianz [13, 14] ermittelt wird. Die Kurzzeitinstabilität wird durch die internen Rauschquellen des Oszillators verursacht; sie kann deswegen auch im Spektralbereich beschrieben werden und zwar durch das Einseitenband-Phasenrauschen. Außer diesem tritt auch Amplitudenrauschen auf, das jedoch nur von geringer praktischer Bedeutung ist. Zur Beschreibung des Rauschens wird Gl. (1) erweitert zu

$$u(t) = (\hat{U} + \hat{U}_r(t)) \cos(\omega_0 t + \Phi_0 + \Phi_r(t)),$$

wobei $\hat{U}_r(t)$ und $\Phi_r(t)$ statistische Variable sind. $\hat{U}_r(t)$ ist i. allg. rayleigh-, $\Phi_r(t)$ normal-verteilt (s. Gl. D 3 (28)). Zur Kennzeichnung des Phasenrauschens dient das Einseitenband-Phasenrauschmaß

$$\mathscr{L}_U^{(\phi_r)}(\Delta f) = 10 \lg [W_U^{(\phi_r)}(\Delta f) \cdot B/(\hat{U}^2/2)],$$

wobei $W_U^{(\phi_r)}(\Delta f)$ die spektrale Rauschleistungsdichte von $u(t)$, hervorgerufen durch $\phi_r(t)$, im Abstand Δf von der Oszillationsfrequenz darstellt; als Bandbreite B wird gewöhnlich 1 Hz gewählt. Einen typischen Verlauf für LC-Oszillatoren ($f = 1$ MHz) zeigt Bild 10.

Bild 10. Typischer Verlauf des Einseitenband-Phasenrauschens bei einem LC-Oszillator für $f_0 = 1$ MHz und $B = 1$ Hz (idealisiert)

Das Phasenrauschen im Bereich des Abfalls um 30 dB/Dekade entsteht durch Aufwärtsmischen des $1/f$-Rauschens an Nichtlinearitäten von Reaktanzen (z. B. Sperrschichtkapazitäten), im Bereich des Abfalls um 20 dB/Dekade vor allem durch weißes Rauschen im Frequenzband der Oszillationsfrequenz, aber auch durch Aufwärtsmischen des weißen Rauschens an Nichtlinearitäten der Transkonduktanz. Eine Methode zur Berechnung der spektralen Leistungsdichte des Oszillatorrauschens in einfachen Fällen (Zweipoloszillatoren) ist in [25] angegeben.

4.6 Funktions- und Impulsgeneratoren
Function and pulse generators

Funktions- und Impulsgeneratoren erzeugen nichtharmonische Schwingungen, insbesondere Sägezahn-, Dreieck- und Rechteckschwingungen. Solange dabei die erforderliche Spannungsanstiegsrate unter etwa 1 V/μs bleibt, können Operationsverstärker als elektronische Schalter und Komparatoren eingesetzt werden. Die Ausgangsspannung eines Komparators nimmt zwei Zustände an, abhängig davon ob am Eingang eine vorgegebene Spannung über- oder unterschritten wird. Komparatoren können mit mitgekoppelten Operationsverstärkern oder Differenzverstärkern realisiert werden. Mit einem Komparator, der eine Kondensatorumladung steuert, läßt sich ein einfacher Rechteckgenerator aufbauen (Bild 11). Die Ausgangsspannung U_a springt von $-U_z$ (festgelegt durch eine der Spannungs-Referenzdioden am Ausgang) nach $+U_z$, wenn $U_C = -\zeta U_z$ geworden ist ($\zeta = R_p/(R_f + R_p)$). Die Umladung von C geschieht entsprechend der Gleichung

$$U_C(t) = -\zeta U_z \exp(-t/\tau) + U_z(1 - \exp(-t/\tau))$$

mit $\tau = R_C C$. Das Umspringen der Ausgangsspannung von $+U_z$ nach $-U_z$ erfolgt bei $U_C(t_R/2) = \zeta U_z$. Hieraus folgt für die Periode der Rechteckschwingung

$$t_R = 2 R_C C \ln((1 + \zeta)/(1 - \zeta)).$$

Eine nachgeschaltete Integrierstufe liefert eine Dreieckschwingung; aus dieser läßt sich mit einem Funktionsnetzwerk, das aus Dioden und Widerständen besteht [26], eine Sinusspannung mit geringem Klirrfaktor bilden. Für Anwendungen, bei denen die maximale Anstiegsgeschwindigkeit der Ausgangsspannung von Operationsverstärkern von ca. 1 V/μs nicht ausreicht, müssen die Komparatoren mit logischen Gattern oder speziellen integrierten Schaltkreisen [26] oder mit diskreten Transistoren aufgebaut werden. Bild 12 zeigt einen astabilen Multivibrator aus zwei NAND- (oder NOR-)Gattern, bevorzugt aufgebaut in CMOS-Technik [27]. Je nachdem, ob die Schwellenspannung U_{th} am Ein-

Bild 11. Einfacher Rechteckgenerator mit Spannungskomparator

Bild 12. Astabiler Multivibrator mit logischen Gattern

gang eines Gatters überschritten ist oder nicht, liegt am Ausgang des Gatters U_H ($\lesssim U_B$, Betriebsspannung) oder U_L ($\gtrsim 0$). Am linken Gatter liege am Ausgang die Spannung U_H, am rechten die Spannung U_L, wenn am Eingang die Spannung U_{th} gerade überschritten wird. Nach den Gatterverzögerungszeiten sind die Werte der Ausgangsspannungen vertauscht, und die Spannung $U_e(t)$ ändert sich gemäß

$$U_e(t) = (U_{th} + U_H) \exp(-t/(RC)).$$

Ein Umspringen erfolgt wieder, sobald $U_e(t) = U_{th}$ geworden ist. Hieraus folgt

$$t_1 = RC \ln((U_{th} + U_H)/U_{th}). \tag{37}$$

Nach dem Umspringen ändert sich die Eingangsspannung gemäß

$$U_e(t) = U_H + (U_{th} - 2U_H) \exp(-t/(RC)),$$

so daß sich als zweite Teilperiode ergibt

$$t_2 = RC \ln((2U_H - U_{th})/(U_H - U_{th})). \tag{38}$$

Aus den Gln. (37) und (38) folgt $t_1 = t_2$ für $2U_{th} = U_H$. In [26, 27] sind weitere Realisierungsbeispiele für astabile Multivibratoren angegeben, darunter auch die klassische Zweitransistorschaltung.

Spezielle Literatur: [1] *Unbehauen, R.:* Systemtheorie. Eine Einführung für Ingenieure, 2. Aufl. München: Oldenburg 1971. – [2] *Blum, A.; Kalisch, P.:* Anordnungsrealitionen für die Schwingfrequenz und die Koeffizienten der charakteristischen Gleichung bei Sinus-Oszillatoren. AEÜ 25 (1971) 375–378. – [3] *Zurmühl, R.:* Praktische Mathematik für Ingenieure und Physiker, 3. Aufl. Berlin: Springer 1961 (5. Aufl. 1965). – [4] *Gentile, S.:* Basic theory and application of tunnel diodes. Princeton: Van Nostrand 1962. – [5] *Harth, W.; Claassen, M.:* Aktive Mikrowellendioden. Berlin: Springer 1981. – [6] *Weissglas, P.:* Avalanche and carrier injection devices. In: Howes, M.; Morgan, D. (Eds.): Microwave devices, device circuit interactions. London: Wiley 1976, Chap. 3. – [7] *Unger, H.-G.; Harth, W.:* Hochfrequenz-Halbleiterelektronik. Stuttgart: Hirzel 1972. – [8] *Kurokawa, K.:* Microwave solid state oscillator circuits. In: Howes, M.; Morgan, D. (Eds.): Microwave devices, device circuit interactions. London: Wiley 1976, Chap. 5. – [9] *Hewlett-Packard:* Microwave power generation and amplification using impatt diodes. AN 935. 1971. – [10] *Gibbons, G.:* Avalanche-diode microwave oscillators. Oxford: Clarendon Press 1973. – [11] *Chafin, R.:* Microwave semiconductor devices fundamentals and radiation effects. New York: Wiley 1973. – [12] *Zinke, O.; Brunswig, H.:* Lehrbuch der Hochfrequenztechnik, 2. Aufl. Bd. II: Elektronik und Signalverarbeitung. Berlin: Springer 1974. – [13] *Frerking, M.:* Crystal oscillator design and temperature compensation. New York: Van Nostrand 1978. – [14] *Blum, A.:* Die Bildung von Vierpolmatrizen bei gekoppelten „echten" Vierpolen aus den vollständigen Vierpolmatrizen der Teilvierpole. AEÜ 31 (1977) 275–280. – [15] *Bough, R.:* Signal sources. In: Giacoletto, L.J. (Ed.): Electronics designers' handbook. New York: McGraw-Hill 1977, Chap. 16. – [16] *Schleifer, W.:* Signalgeneratoren bei höheren Frequenzen. Hewlett-Packard Applikationsschrift. Böblingen 1974. – [17] *Burckart, D.; Lüttich, F.:* Mikroprozessorgesteuerter Signalgenerator SMS für 0,4 bis 1040 MHz. Neues von Rohde und Schwarz. Nr. 84 (1979) 4–7. – [18] *van Duzer, V.:* A 0 to 50 Mc frequency synthesizer with exellent stability, fast switching, and fine resolution. HP-Journal 15 (1964) 1–6. – [19] *Mc. Coubrey, A.:* A survey of atomic frequency standards. Proc. IEEE 54 (1966) 116–135. – [20] *Hewlett-Packard:* Frequency and time standards. AN 52. 1965. – [21] *Philippow, E.:* Nichtlineare Elektrotechnik. Leipzig: Geest & Portig 1969. – [22] *Mickens, R.:* An introduction to nonlinear oscillations. Cambridge: Cambridge University Press 1981. – [23] *Tietze, U.; Schenk, Ch.:* Halbleiter-Schaltungstechnik, 9. Aufl. Berlin: Springer 1989. – [24] *Barnes, J.* et al.: Characterization of frequency stability. IEEE Trans. IM-20 (1971) 105–120. – [25] *Kurokawa, K.:* Noise in synchronized oscillators. IEEE Trans. MMT-16 (1968) 234–240. – [26] *Blood, W.:* MECL system design handbook. Motorola Inc., 1971. [27] *Taub, H.; Schilling, D.:* Digital integrated electronics. Tokio: McGraw-Hill, Kogakusha 1977.

H | Wellenausbreitung im Raum
Propagation of radio waves

T. Damboldt (3.3, 4, 6.1, 6.2); F. Dintelmann (2, 3.4); E. Kühn (2); R. W. Lorenz (1, 3.1, 5, 6.3); A. Ochs (7); F. Rücker (6.4); R. Valentin (3.2, 5, 6.4)

1 Grundlagen. Fundamentals

Allgemeine Literatur: *Beckmann, P.:* Probability in communication engineering. New York: Harcourt. Brace & World 1965. – *Kreyszig, E.:* Statistische Methoden und ihre Anwendungen. Göttingen: Vandenhoek & Ruprecht 1973. – *Müller, P.H.:* Lexikon der Stochastik. Berlin: Akademie-Verlag 1975. – Recommendations and Reports of the CCIR, 1990, Vol. I (Spectrum utilization and monitoring), Vol. V (Propagation in non-ionized media) und Vol. VI (Propagation in ionized media), Genf: ITU 1990.

1.1 Begriffe. Terms

Die wichtigste Größe eines Funkübertragungssystems ist die am Empfänger verfügbare Leistung P_E, die für eine befriedigende Übertragungsqualität in einem für das Modulationsverfahren und den Funkdienst charakteristischen Maß über der Summe der Störleistungen (Empfängerrauschen, Funkstörungen durch natürliche oder industrielle Rauschquellen, andere Sender) liegen muß. Andererseits soll die Empfangsleistung nicht unnötig hoch sein, d.h. die Sender sollen mit kleinstmöglicher Leistung betrieben werden [1], um gegenseitige Störungen zu vermeiden und das Frequenzspektrum für möglichst viele Nachrichtenverbindungen zu nutzen.
Der Wert von P_E wird von den Eigenschaften der Empfangsantenne (Gewinn, Polarisation und Impedanz) beeinflußt. Wenn Leistungs- und Polarisationsanpassung schwierig sind, ist es zweckmäßig, statt P_E die elektrische Feldstärke E am Empfangsort zu berechnen, um dann Ausbreitungserscheinungen und Antenneneigenschaften trennen zu können.
Die elektrische Feldstärke kann in Abhängigkeit von Ort und Zeit um viele Zehnerpotenzen schwanken. Es ist daher üblich, im logarithmischen Maß zu rechnen: Der *Feldstärkepegel* ist

$$F/\mathrm{dB}(\mu\mathrm{V/m}) = 20\,\lg(E/(1\,\mu\mathrm{V/m})). \tag{1}$$

Bei Polarisations- und Leistungsanpassung sind Differenzen der Feldstärkepegel gleich den Differenzen der am Empfänger verfügbaren Leistungspegel $10\,\lg(P_E/(1\,\mathrm{mW}))$.
Weitere Begriffe der Wellenausbreitung in [2–4].

1.2 Statistische Auswertung von Meßergebnissen
Statistical evaluation of measured results

Es ist meist nicht möglich, den Feldstärkepegel am Empfangsort deterministisch zu berechnen. Man ist auf Ausbreitungsmessungen und die statistische Auswertung der Meßergebnisse angewiesen.
Zur Ermittlung der Verteilung des Feldstärkepegels F wird dieser in Abhängigkeit von der zu untersuchenden Variablen (Ort oder Zeit) registriert. Daraus wird mit konstanter Abstastrate ein Ensemble von N Meßwerten $F(x_1)$, $F(x_2) \dots F(x_N)$ gewonnen, wobei x eine Orts- oder die Zeitkoordinate sein kann. Der Pegelbereich wird in M Klassen aufgeteilt. In der Klasse i ($i = 1 \dots M$) werden alle gemessenen Feldstärkepegel gezählt, die im Bereich

$$F_i \leqq F < F_{i+1} \tag{2}$$

liegen. Von den N Meßwerten fallen n_i in die Klasse i. Dann ist n_i die Häufigkeit im Pegelbereich i und

$$h_i = h(F_i \leqq F < F_{i+1}) = n_i/N \tag{3}$$

die *relative Häufigkeit*. Die Wahrscheinlichkeit, daß ein Feldstärkepegel F_μ überschritten wird, ist

$$Q(F \geqq F_\mu) = \sum_{i=\mu}^{M} h_i. \tag{4}$$

Die Funktion $Q(F \geqq F_\mu)$ wird *Überschreitungswahrscheinlichkeit* genannt. Wegen der Normierung auf die Gesamtzahl N der Meßwerte ist $Q(F \geqq F_\mu) \leqq 1$. Die komplementäre Funktion

$$P(F < F_\mu) = 1 - Q(F \geqq F_\mu)$$

ist die *relative Summenhäufigkeit* oder *Unterschreitungswahrscheinlichkeit*.
Aus der Umkehrung der Funktion $Q(F)$ ergeben sich die Quantile: Beim Feldstärkepegel $F(Q)$ ist der Prozentsatz Q der Überschreitungswahr-

---

Spezielle Literatur Seite H 4

scheinlichkeit erreicht. Wichtige Quantile sind:
$F(50\%) = F_{Med}$ *Medianwert*;
$F(25\%), F(75\%)$ unteres bzw. oberes Quartil;
$F(10\%), F(90\%)$ unteres bzw. oberes Dezil;
$F(q\%)$ q-tes Perzentil.
Der *Mittelwert*, oft auch als *Erwartungswert* oder *1. Moment* bezeichnet, ist:

$$\langle F \rangle = \frac{1}{N} \sum_{n=1}^{N} F(x_n). \tag{5}$$

Statt der eckigen Klammern werden Mittelwerte oft durch Überstreichung $\overline{F}$ gekennzeichnet. Die *Varianz*, oft auch als *2. Zentralmoment* bezeichnet, ist:

$$\sigma_F^2 = \frac{1}{N-1} \sum_{n=1}^{N} (F(x_n) - \langle F \rangle)^2. \tag{6}$$

σ_F heißt *Standardabweichung* von F.
$\langle F \rangle$ und $F(50\%)$ stimmen nur überein, wenn die Häufigkeitsverteilung symmetrisch zur Mitte ist. Das brauchen nicht die Werte zu sein, die am häufigsten auftreten. Der häufigste Wert heißt Modalwert. Die relative Häufigkeit kann mehrere Maxima haben, die Verteilung heißt dann multimodal oder mehrhöckerig.
Für die Feldstärke E und den Feldstärkepegel F liegen die Quantile und Modalwerte bei Anwendung der Gl. (1) an derselben Stelle; Mittelwert und Varianz können jedoch nicht nach Gl. (1) umgerechnet werden. In der Praxis wird meist mit Pegeln gerechnet, trotzdem ist der quadratische Mittelwert der Feldstärke

$$\langle E^2 \rangle = \frac{1}{N} \sum_{n=1}^{N} E^2(x_n) \tag{7}$$

eine wichtige Kenngröße, weil er bei Polarisations- und Leistungsanpassung der mittleren Empfangsleistung $\langle P_E \rangle$ proportional ist. $\langle E^2 \rangle$, häufig auch mit $\overline{E^2}$ gekennzeichnet, wird auch als zweites Anfangsmoment von E bezeichnet.
Zur Charakterisierung der Amplitudenänderung in Abhängigkeit von Ort oder Zeit kann die Autokorrelationsanalyse dienen. Als Beispiel sei hier die zeitliche Schwankung der elektrischen Feldstärke betrachtet. Die Autokorrelationsfunktion

$$\varrho(\tau) = \langle E(t) \cdot E(t+\tau) \rangle / \langle E^2(t) \rangle \tag{8}$$

kennzeichnet die Wahrscheinlichkeit dafür, daß die um die Zeitdifferenz τ auseinander liegenden Meßwerte der Feldstärke ähnlich sind. Hier wird, wie in den Gln. (5) und (7), durch die spitzen Klammern die Mittelung über ein Ensemble von Meßwerten gekennzeichnet. Nach dem Wiener-Khintchine-Theorem (s. D 3) kann unter gewissen mathematischen Voraussetzungen aus der Autokorrelationsfunktion durch Fourier-Transformation das Leistungsdichtespektrum berech-

net werden, aus dem dann die Schwundfrequenz nach [5-7] ermittelt werden kann.

1.3 Theoretische Amplitudenverteilungen
Theoretical amplitude distributions

Geht man bei der Klassierung zu infinitesimal kleinen Amplitudenbereichen über, so kann die Überschreitungswahrscheinlichkeit nach Gl. (4) als Integral

$$Q(F \geq F_\mu) = \int_{F_\mu}^{\infty} p(F)\,dF \tag{9}$$

geschrieben werden. Dabei ist $p(F)\,dF$ gleich der relativen Häufigkeit einer Klasse der Breite $dF = F_{i+1} - F_i$ in Gl. (4); der Integrand $p(F)$ heißt *Wahrscheinlichkeitsdichte*. In der Statistik sind zahlreiche Verteilungen bekannt, von denen einige, je nach Ausbreitungsvorgang [8], die Schwankungen der elektrischen Feldstärke in Abhängigkeit von Zeit und Ort gut beschreiben. Um von der Verteilungsdichte der Feldstärke E auf die Verteilungsdichte der Feldstärkepegel F zu kommen, muß die Transformation

$$p_F(F) = p_E(E)\,(dE/dF) = 0{,}115\,E\,p_E(E) \tag{10}$$

durchgeführt werden. F wird auf F_0, den Pegel des quadratischen Mittelwerts der Feldstärke $\langle E^2 \rangle$ nach Gl. (7), bezogen:

$$F - F_0 = 10\,\lg(E^2/\langle E^2 \rangle)\,\text{dB}. \tag{11}$$

Häufig können Meßergebnisse mit Hilfe der logarithmischen Normalverteilung (Log-Normalverteilung) von E beschrieben werden [9]. In Tab. 1 ist $p_E(E)$ der Log-Normalverteilung angegeben. Wendet man die Transformation (10) auf $p(E)$ an, so ergibt sich daraus die Gauß-Verteilung (Normalverteilung) $p_F(F)$, die ebenfalls in Tab. 1 angegeben ist. Im Gaußschen Wahrscheinlichkeitsnetz ist $Q(F)$ eine Gerade. Die Log-Normalverteilung wird nach [9] durch zwei Parameter gekennzeichnet: u und σ_E (Tab. 1). Die Umrechnungsrelationen von diesen auf den Erwartungswert $\langle F_L \rangle$ und die Standardabweichung s_L sind ebenfalls in Tab. 1 angegeben. Letztere sind die Werte, die bei Anwendung der Gln. (5) und (6) aus einem Ensemble von Meßwerten bestimmt werden.
Bei der ionosphärischen Wellenausbreitung, im Mobilfunk und bei Troposcatterverbindungen ist die Feldstärke E häufig rayleigh-verteilt. Die Rayleigh-Verteilung hängt nur von dem Parameter $\langle E^2 \rangle$ ab, s. Tab. 1. Wird die Transformation Gl. (10) auf die Rayleigh-Verteilung angewendet, so ergibt sich als $p_F(F)$ keine aus Formelsammlungen bekannte Verteilung. Man nennt daher diese Transformierte „Rayleigh-Verteilung des Feldstärkepegels", deren Parameter nach Tab. 1 gleich F_0 ist.

1 Grundlagen

Tabelle 1. Logarithmische Normalverteilung und Rayleigh-Verteilung der Feldstärke E

	Log-Normalverteilung von E bzw. Gauß-Verteilung von F	Rayleigh-Verteilung
$p_E(E)$	$\dfrac{1}{\sqrt{2\pi}\,\sigma_E(E/E_1)}\exp\left\{-\dfrac{(\ln(E/E_1)-u)^2}{2\sigma_E^2}\right\}$	$\dfrac{2E}{\langle E^2\rangle}\exp\left\{-\dfrac{E^2}{\langle E^2\rangle}\right\}$
Parameter	u, σ_E und $E_1 = 1\ \mu\text{V/m}$	quadratischer Mittelwert $\langle E^2\rangle$
$p_F(F)$	$\dfrac{1}{\sqrt{2\pi}\,s_L}\exp\left\{-\dfrac{(F-\langle F_L\rangle)^2}{2s_L^2}\right\}$	$0{,}23\exp\{0{,}23(F-F_O) - \exp[0{,}23(F-F_O)]\}$
Relationen	$\langle F_L\rangle = 8{,}686\,u\ \text{dB}/(\mu\text{V/m})$ $s_L = (8{,}686\,\sigma_E)\ \text{dB}$	$F_O = 4{,}343\ln\{\langle E^2\rangle/(1\ \mu\text{V/m})^2\}\ \text{dB}(\mu\text{V/m})$
$Q(F)$	$0{,}5\left\{1-\text{erf}\left[\dfrac{F-\langle F_L\rangle}{\sqrt{2}\,s}\right]\right\}$ $\text{erf}(x)=\dfrac{2}{\sqrt{\pi}}\int_0^z \exp(-t^2)\,dt$ (*error function*)	$\exp\{-\exp[0{,}23(F-F_O)]\}$
$\langle F\rangle$	$\langle F_L\rangle$	$F_O - 2{,}51\ \text{dB}$
σ_F	s_L	$5{,}57\ \text{dB}$
F_O	$\langle F_L\rangle + 0{,}115\,s_L^2$	F_O
Quantile	$F(50\%) = \langle F_L\rangle$ $F(15{,}8\%) - F(50\%) = s_L$ $F(50\%) - F(84{,}2\%) = s_L$	$F(50\%) = F - 1{,}59\ \text{dB}$ $F(10\%) - F(50\%) = 5{,}21\ \text{dB}$ $F(50\%) - F(90\%) = 8{,}18\ \text{dB}$

Dem schnellen Rayleigh-Schwund ist häufig eine langsame Schwankung von F_O überlagert. Ist diese gauß-verteilt, dann kann die resultierende Verteilung als zusammengesetzte Verteilung (Mischverteilung) [10] berechnet werden

$$p_F(F) = \int_{-\infty}^{+\infty} p_F^R(F, F_{OR})\, p_F^L(F_{OR}, F_{OG}, s_L)\, dF_{OR}. \tag{12}$$

$p_F^R(F, F_{OR})$ ist die Wahrscheinlichkeitsdichte der Rayleigh-Verteilung mit dem Parameter F_{OR}. Diese Größe ist ihrerseits die Variable des überlagerten langsamen Gauß-Prozesses mit der Wahrscheinlichkeitsdichte $p_F^L(F_{OR}, F_{OG}, s_L)$. Der Parameter F_{OG} bezeichnet den Pegel des quadratischen Mittelwerts des durch die zusammengesetzte Verteilung beschriebenen Prozesses und s_L ist die Standardabweichung des Gauß-Prozesses. Der Mittelwert des Feldstärkepegels des gemischten Prozesses ist

$$\langle F\rangle = F_{OG} - (2{,}51 + 0{,}115\,(s_L/\text{dB})^2)\ \text{dB} \tag{13}$$

und die Standardabweichung von F ist

$$\sigma_F = \sqrt{31{,}025 + (s_L/\text{dB})^2}\ \text{dB}. \tag{14}$$

Sind $\langle F\rangle$ und σ_F gemäß Gl. (5) und (6) aus Messungen bekannt, so können mit den Gln. (13) und (14) die Parameter F_{OG} und s_L der gemischten Verteilung bestimmt werden. Das Integral für die Überschreitungswahrscheinlichkeit ist nicht geschlossen lösbar, so daß die Quantile nicht allgemein angebbar sind; Näherungen hierfür s. [11].
Im Richtfunk und im Satellitenfunk überlagern sich einer starken direkten Welle häufig eine Vielzahl gestreuter Teilwellen. Die Resultierenden dieser Teilwellen ergibt eine Rayleigh-Verteilung mit dem quadratischen Mittelwert $\langle E_R^2\rangle$. Die Überlagerung der direkten Welle (Amplitude E_D) mit den Teilwellen wird durch die Rice-Verteilung [12, 13] beschrieben:

$$p_E(E) = \frac{2E}{\langle E_R^2\rangle}\exp\left\{-\frac{E^2 + E_D^2}{\langle E_R^2\rangle}\right\} I_0\left\{\frac{2EE_D}{\langle E_R^2\rangle}\right\}. \tag{15}$$

(E = resultierende Feldstärke, $\langle E^2\rangle = E_D^2 + \langle E_R^2\rangle$ = quadratischer Mittelwert der Feldstärke, $I_0(x)$ = modifizierte Bessel-Funktion nullter Ordnung.)
Die Transformation auf F nach Gl. (10) ergibt keine geschlossene Lösung für $\langle F\rangle$ und σ_F als Funktion der Parameter E_D und $\langle E_R^2\rangle$. Die Bestimmung dieser Parameter gemäß Gl. (5) und (6) aus Messungen ist daher nicht möglich, es können Tabellen oder Näherungsformeln nach [12] benutzt werden. Wenn E_D^2 in die Größenordnung von $\langle E_R^2\rangle$ kommt, geht die Rice-Verteilung in die Rayleigh-Verteilung über. Für $E_D^2 \gg \langle E_R^2\rangle$ ist die

resultierende Feldstärke E gauß-verteilt, wobei $\langle E \rangle = E_D$ ist [12].
Die Verfahren zur Berechnung der Verteilungsparameter aus einem Ensemble von Meßwerten garantieren noch nicht, daß die theoretische Verteilung die Meßwerte befriedigend beschreibt. Zur Beurteilung dienen z. B.: Signifikanztests [14], der graphische Vergleich von gemessenen und theoretischen Wahrscheinlichkeitsdichten oder Summenhäufigkeiten, der Vergleich charakteristischer Quantile o. ä.

Spezielle Literatur: [1] *Radio Regulations*. International Telecommunication Union. Genf ed. 1982, revised 1988. S. RR 18-1. – [2] Siehe [1]. S. RR 1-1 bis RR 1-23. – [3] *NTG Empfehlung 1402*. Begriffe aus dem Gebiet der Ausbreitung elektromagnetischer Wellen. NTZ 30 (1977) 937–947. – [4] IEEE Standard definitions of terms for radio wave propagation. IEEE Trans. AP-17 (1969) 270–275. – [5] *Blackman, R. B.; Tukey, J. W.*: The measurement of power spectra from the point of view of communications engineering. Bell Syst. Tech. J. 33 (1958) 185–282; 485–569. – [6] *Robinson, E. A.*: A historical perspective of spectrum estimation. Proc. IEEE 70 (1982) 885–907. – [7] *Schlitt, H.*: Stochastische Vorgänge in linearen und nichtlinearen Regelkreisen. Braunschweig: Vieweg 1968, 44–49. – [8] *Griffiths, J.; McGeehan J. P.*: Interrelationship between some statistical distributions used in radiowave propagation. IEE Proc. 129, Part F (1982) 411–417. – [9] *Müller, P. H.*: Lexikon der Stochastik. Berlin: Akademie-Verlag, S. 144, 433. – [10] Siehe [9], S. 338–340. – [11] *Lorenz, R. W.*: Theoretische Verteilungsfunktionen von Mehrwegeschwundprozessen im beweglichen Funk und die Bestimmung ihrer Parameter aus Messungen. Forschungsinstitut der Deutschen Bundespost. Darmstadt 1979, 455 TBr 66. – [12] *Rice, S. O.*: Mathematical analysis of random noise. Bell Syst. Tech. J. 23 (1944) 292–332; 24 (1945) 46–156. Reprint *Wax, N.* (Ed.): Selected papers on noise and stochastic processes. New York: Dover 1954, pp. 133–294. – [13] *Norton, K. A.* et al.: The probability distribution of the amplitude of a constant vector plus a Rayleigh-distributed vector. Proc. IRE 43 (1955) 1354–1361. – [14] *Kreyszig, E.*: Statistische Methoden und ihre Anwendungen. Göttingen: Vandenhoek & Ruprecht 1973, S. 167–344. – [15] *Abramowltz, M.; Stegun, I. A.*: Handbook of mathematical functions. New York: Dover 1968, Chap. 7, pp. 292–311.

2 Ausbreitungserscheinungen
Propagation phenomena

Allgemeine Literatur: *Burrows, C. R.; Attwood, S. S.*: Radio wave propagation. New York: Academic Press 1949. – *Großkopf, J.*: Wellenausbreitung, Bd. I u. II. Mannheim: Bibliograph. Inst. 1970. – *Hall, M. P. M.*: Effects of the troposphere on radio communication. New York: P. Peregrinus 1979. – *Ishimaru, A.*: Wave propagation and scattering in random media. Vol. 1 and 2. New York: Academic Press 1978. – *Boithias, L.*: Propagation des ondes radioélectriques dans l'environnement terrestre. Paris: Dunod 1983. – Recommendations and Reports of the CCIR, 1990, Vol. V (Propagation in non-ionized media), Genf: ITU 1990.

Spezielle Literatur Seite H 9

2.1 Freiraumausbreitung
Free-space propagation

Strahlt eine Sendeantenne (Gewinn G_S) die Leistung P_S ab, dann beträgt die Leistungsflußdichte S in der Entfernung d

$$S = P_S G_S / (4\pi d^2). \qquad (1)$$

Das Produkt $P_S G_S$ in Gl. (1) wird als EIRP (equivalent isotropically radiated power [1]) bezeichnet und stellt die Leistung dar, die ein fiktiver Kugelstrahler ($G_S = 1$) abstrahlen müßte, um am Empfangsort die gleiche Leistungsflußdichte zu erzeugen. Mitunter wird auch die effektiv abgestrahlte Leistung ERP (Effective Radiated Power [1]) verwendet, wobei der Gewinn nicht auf den des fiktiven Kugelstrahlers, sondern auf den des $\lambda/2$-Dipols ($G_S = 1,64$) bezogen wird.

Dem Feld mit einer Leistungsflußdichte S kann von einer Empfangsantenne (Gewinn G_E, Wirkfläche $A_E = \lambda^2/(4\pi) G_E$) maximal (bei Leistungs- und Polarisationsanpassung) die Leistung

$$P_E = S A_E = P_S \lambda^2 / (4\pi d)^2 G_S G_E \qquad (2)$$

entnommen werden. Das Übertragungsdämpfungsmaß zwischen Sender und Empfänger im freien Raum (free space loss) beträgt demnach

$$\begin{aligned} L_0/\text{dB} &= -10\lg(P_E/P_S) \\ &= 32{,}5 + 20\lg(d/\text{km}) + 20\lg(f/\text{MHz}) \\ &\quad - 10\lg(G_S) - 10\lg(G_E). \end{aligned} \qquad (3)$$

Mit $G_S = G_E = 1$ ergibt sich aus L_0 das Grundübertragungsdämpfungsmaß L_B.

Für reale Funksysteme können alle Gesetzmäßigkeiten nur als Bezugsdaten dienen, weil atmosphärische Effekte und Einflüsse der Umgebung die Ausbreitungsbedingungen verändern. Diese Phänomene werden in einem Ausbreitungsdämpfungsmaß A zusammengefaßt, um das sich das tatsächliche Übertragungsdämpfungsmaß L vom Freiraumwert L_0 unterscheidet:

$$L = L_0 + A. \qquad (4)$$

Normalerweise ist mit einer Zusatzdämpfung ($A > 0$ dB) zu rechnen; in seltenen Fällen, die auf Reflexion, Beugung und/oder Brechung beruhen, sind Pegel auch über dem Freiraumwert möglich ($A < 0$ dB).

2.2 Brechung. Refraction

Beim Übergang einer homogenen Welle aus einem Medium 1 in ein Medium 2, in dem sie eine andere Ausbreitungsgeschwindigkeit hat, ändert sich dabei ihre Ausbreitungsrichtung (Brechung vgl. B 2). Für ein sphärisch geschichtetes Medium

2.3 Reflexion. Reflection

Eine ebene Welle wird an der Grenzfläche zweier Medien mit den Brechzahlen n_1 und n_2 gebrochen (s. 2.2) und reflektiert (vgl. B 2).

2.4. Dämpfung. Attenuation

Wird einer Welle Energie entzogen und in andere Formen umgewandelt, spricht man von Absorption; bei zusätzlicher Berücksichtigung der Verluste durch Streuung (s. 2.5) von Dämpfung.
Die Absorption wird durch den Imaginärteil der Brechzahl $\underline{n} = \sqrt{\underline{\varepsilon}_r}$ bestimmt.
Bei mikroskopisch inhomogenen Medien ist es zweckmäßig, diese makroskopisch als abschnittsweise homogen anzusehen, mit einer effektiven Brechzahl $\underline{n}_{\text{eff}}$. Der Betrag der Feldstärke $|E(x)|$ nimmt entlang des Ausbreitungswegs gemäß

$$|E(x)| = |E(0)| \exp(2\pi/\lambda) \int_0^x \text{Im}(\underline{n}_{\text{eff}}(\xi))\, d\xi$$

ab. Damit wird die Ausbreitungsdämpfung:

$$A/\text{dB} = 20 \lg |E(0)/E(x)|.$$

Das Dämpfungsmaß $\alpha(x)$ ergibt sich unter Berücksichtigung der Streuung aus

$$\alpha(x)/(\text{dB/km}) = -8{,}686 \cdot 10^3 (2\pi/\lambda)$$
$$\cdot \text{Im}(\underline{n}_{\text{eff}}(x)).$$

2.5 Streuung. Scattering

Streuung ist die in einem inhomogenen Medium auftretende Ablenkung von Strahlungsenergie aus der ursprünglichen Ausbreitungsrichtung. Von besonderer Bedeutung ist die Streuung an Niederschlägen, Brechzahlinhomogenitäten und rauhen Flächen.
Bei Niederschlagsstreuung und Troposcatter ist die gesamte Streuleistung vieler Streuer in einem größeren Volumen zu berechnen (Volumenstreuung). Ist deren Abstand groß gegen λ, so können die einzelnen Beiträge aufsummiert werden; andernfalls liegt Mehrfachstreuung vor [2].

Volumenstreuung. Der differentielle Streuquerschnitt eines Körpers ist definiert durch

$$\sigma_S = \frac{\Delta P_{SS}}{S_S \Delta\Omega} \tag{9}$$

als Quotient der pro Raumwinkelelement $\Delta\Omega$ gestreuten Leistung ΔP_{SS} und der einfallenden Leistungsflußdichte $S_S = P_S' G_S/(4\pi d_{SS}^2)$, die ein Sender (EIRP = $P_S' G_S$, Abstand d_{SS} zum Streuer) am

Bild 1. Brechung bei sphärisch geschichteten Medien

erhält man (Bild 1)

$$n_1 r_1 \sin \alpha_1 = n_2 r_2 \sin \alpha_2, \tag{5}$$

wobei $n_i = \sqrt{\varepsilon_{ri}}$ ist.
Daraus folgt für die Abhängigkeit des Winkels α von n und r:

$$d\alpha/dr = -\tan \alpha [1/r + (1/n)\, dn/dr].$$

Für den Krümmungsradius ϱ der Strahlenbahn gilt

$$1/\varrho = -\sin \alpha [(1/n)\, dn/dr]. \tag{6}$$

Die Strahlenablenkung ψ ergibt sich aus:

$$d\psi/dr = \tan \alpha (1/n)(dn/dr).$$

Zur Berechnung der Brechung durch die sphärisch geschichtete Troposphäre setzt man (s. H 3.2):

$$r = r_E + h, \quad n(h) = n_0 + (dn/dh)_{h=0}\, h.$$

Dabei sind r_E der mittlere Erdradius, h die Höhe über Grund und n_0 die Brechzahl am Boden. dn/dh wird als konstant angenommen.
Für $n_1 = n_0$, $r_1 = r_E$, $\alpha_1 = \alpha_0$ und $n_2 = n(h)$, $r_2 = r_E + h$, $\alpha_2 = \alpha$ folgt mit $h^2/r_E (dn/dh)_{h=0} \ll 1$ aus Gl. (5):

$$\sin \alpha \{1 + [1/r_E + (dn/dh)_{h=0}]\, h\} = \sin \alpha_0. \tag{7}$$

Für $dn/dh = 0$ beschreibt Gl. (7) den Strahlenverlauf über einer atmosphärefreien Erde mit Radius r_E. Nach Gl. (6) ist dann $\varrho = \infty$. Faßt man in Gl. (7) die Größe $[1/r_E + (dn/dh)]^{-1}$ als effektiven Radius $k_e r_E$ einer fiktiven Erde mit homogener Atmosphäre der Brechzahl n_0 auf, so breitet sich der Strahl über dieser ebenfalls geradlinig aus. Bei dieser Umrechnung bleiben die Entfernungen auf der Kugel erhalten. Der Krümmungsfaktor k_e ergibt sich zu

$$k_e = 1/[1 + r_E (dn/dh)_{h=0}]. \tag{8}$$

Ort des Streuers erzeugt. Die gesamte gestreute Leistung ergibt sich aus $P_{SS} = S_S \int \sigma_S d\Omega = S_S \sigma_{tot}$. Der totale Streuquerschnitt σ_{tot} hat die Bedeutung einer Wirkfläche, die dem Strahlungsfeld die Leistung P_{SS} entzieht. In der Radartechnik wird meist der Radarstreuquerschnitt $\sigma_R = 4\pi \sigma_S$ benutzt.
Der Streuquerschnitt kann aus der Brechzahl n und dem äquivalenten oder realen Radius a des Streuers berechnet werden. Er wird formal durch die Streufunktion $S(a, n)$ bzw. $F(a, n) = j\lambda S(a, n)/(2\pi)$ ausgedrückt:

$$\sigma_R = (\lambda^2/\pi)\, S(a, n)\, S^*(a, n). \tag{10}$$

Die Streufunktionen enthalten neben der Richtungs- auch die Polarisationsabhängigkeit der Streustrahlung.
Für kugelförmige Streuer (Regentropfen) wurde von Mie [3] eine geschlossene Lösung angegeben. Weichen die Streuer wenig von der Kugelform ab, kann eine Störungsrechnung für die Streufunktionen durchgeführt werden [4]; sonst müssen andere Verfahren angewendet werden (point-matching, Integralgleichung) [5–8].
Bei der Streuung an Brechzahlinhomogenitäten (s. H 3.2) wird meist der auf das Volumen V bezogene Streuquerschnitt η_S angegeben [9]. Er ist mit σ_S verknüpft durch

$$\sigma_S = \int\limits_{(V)} \eta_S \, dV.$$

Für statistisch homogene und isotrope Medien gilt [10]:

$$\eta_S(\vartheta_S, \chi) = \frac{4\pi^3 \sin^2\chi \, \overline{(\Delta\varepsilon)^2}}{\lambda^4} \int\limits_0^\infty \varrho(r)\, r \cdot \frac{\sin K}{K} dr \tag{11}$$

mit $K = \frac{4\pi}{\lambda}\sin\frac{\vartheta_S}{2}$. χ ist der Winkel zwischen den Richtungen der elektrischen Feldstärke der einfallenden Welle und der Ausbreitungsrichtung der Streustrahlung, ϑ_S der zwischen den Ausbreitungsrichtungen der einfallenden Welle und der Streustrahlung. $\overline{(\Delta\varepsilon)^2}$ ist die Varianz der örtlichen Verteilung der Dielektrizitätszahl. Die Struktur des Mediums wird durch die Autokorrelationsfunktion $\varrho(r)$ der Dielektrizitätszahl (oder deren Fourier-Transformierte) beschrieben, für die es verschiedene Ansätze gibt [10]. Für Troposcatter wählt man als einfachsten Ansatz nach Booker und Gordon [24]

$$\varrho(r) = \exp(-r/l) \tag{12}$$

(l = Korrelationslänge) und erhält

$$\eta_S(\vartheta_S, \chi) = \frac{\overline{(\Delta\varepsilon)^2}\,(2\pi l)^3 \sin^2\chi}{\lambda^4[1 + (4\pi l/\lambda \cdot \sin(\vartheta_S/2))^2]^2}. \tag{13}$$

Im Mikrowellenbereich gilt meist $l \gg \lambda$. In der Umgebung von $\vartheta_S = 0$ wächst $\eta_S(\vartheta_S, \chi)$ wie $1/\vartheta_S^4$ an, d. h. die Streuung ist stark vorwärts gerichtet.

Streuung an rauhen Flächen. Die Streuung an rauhen Flächen wird bestimmt durch deren statistische Eigenschaften, die Frequenz, den Einfallswinkel und die Materialkonstanten. Zunächst werden verlustlose, metallische Flächen behandelt. Die Höhe z der Fläche im Punkt x, y wird durch die stochastische Funktion

$$z = \xi(x, y)$$

beschrieben. In der Literatur wird meist der Fall behandelt, daß $\xi(x, y)$ durch eine Normalverteilung (Mittelwert $\bar\xi = 0$, Standardabweichung z_0) und die Korrelationsfunktion $\varrho(r)$, mit $r = \sqrt{x^2 + y^2}$, gekennzeichnet werden können [11]:

$$P_\xi(z) = \exp[-z^2/(2z_0^2)]/(\sqrt{2\pi}\,z_0) \tag{14}$$

$$\varrho(r) = \exp(-r^2/l^2). \tag{15}$$

Der Rauhigkeitsparameter $g = (4\pi z_0 \sin\delta/\lambda)^2$ ist ein Maß für die Streuleistung [12]. δ ist der Erhebungswinkel der einfallenden Welle. Die Leistungsflußdichte $\bar S$ in Spiegelungsrichtung, bezogen auf die bei ebener Fläche reflektierte Leistungsflußdichte S_0 ist

$$\bar S/S_0 = \exp(-g). \tag{16}$$

Die gesamte, nicht spiegelnd reflektierte Leistung wird in andere Richtungen gestreut und wächst mit g. Die Auswirkung von Rauhigkeiten kann mit Hilfe von g abgeschätzt werden. Als Grenze für Spiegelreflexion wird auch das Rayleigh-Kriterium $16 z_0 \sin\delta < \lambda$ angesehen. Es ist implizit in g enthalten, quantitative Abschätzungen sind mit ihm nicht möglich. Falls $g \approx 1$, ist das Richtdiagramm der Streustrahlung schwierig zu berechnen. Für $g \gg 1$ ergeben sich Grenzdiagramme, die nur noch vom Verhältnis z_0/l und δ abhängen. Dabei ist vorausgesetzt, daß die Längenausdehnung der streuenden Fläche groß gegen die Wellenlänge und Korrelationslänge l ist.
Bei endlicher Leitfähigkeit der Fläche sind die Reflexionskoeffizienten polarisationsabhängig. (s. B 4). Die Streustrahlung ist elliptisch polarisiert [13]. Für $\delta \ll 1$ (streifender Einfall) sind auch bei verlustarmen Dielektrika die Reflexionsfaktoren $|R| \approx 1$, und Gl. (16) erlaubt eine Abschätzung der Streuung.

2.6 Ausbreitung entlang ebener Erde
Propagation along the plane earth

Die Wellenausbreitung entlang der Erde wird durch deren Gestalt, den Aufbau der Atmosphäre und die elektrischen Eigenschaften beider

Medien beeinflußt. Eine grobe Vorstellung über die Ausbreitung entlang der Grenzfläche Erde/Luft (Bodenwelle) gewinnt man, wenn man die Brechzahlen von Luft und Boden als konstant annimmt und die Erdkrümmung vernachlässigt. Dieses Modell beschreibt die Ausbreitung entlang der kugelförmigen Erde für Entfernungen $< 10 \, (\lambda/\mathrm{m})^{1/3}$ km und geringe Antennenhöhen [14].

Das Strahlungsfeld eines Hertzschen Dipols direkt über ebener Erde hat die Form [15]

$$E = 2 E_0 F(\varrho).$$

E stellt die Komponente des elektrischen Feldvektors senkrecht (vertikaler Dipol) bzw. parallel (horizontaler Dipol) zur Erde dar. E_0 ist die Freiraumfeldstärke. $F(\varrho)$ ist eine Dämpfungsfunktion, deren Größe zwischen 1 (nahe beim Sender) und 0 (in großer Entfernung) liegt. Für ϱ gilt:

$$\varrho = \begin{cases} \pi d/\lambda \, |\underline{n}^2 - 1|/|\underline{n}^2|^2 & \text{vert. Polarisation,} \\ \pi d/\lambda \, |\underline{n}^2 - 1| & \text{hor. Polarisation,} \end{cases}$$

wobei λ die (Freiraum)-Wellenlänge, d die Entfernung und

$$\underline{n}^2 = \varepsilon_\mathrm{r} - \mathrm{j}\kappa \lambda Z_0/(2\pi) \qquad (17)$$

das Quadrat der Brechzahl der Erde bedeuten. In Bild 2 ist der Zusammenhang $F(\varrho)$, abhängig von dem Parameter

$$Q = \mathrm{Re}(\underline{n}^2)/\mathrm{Im}(\underline{n}^2) = 2\pi\varepsilon_\mathrm{r}/(\kappa \lambda Z_0), \qquad (18)$$

für vertikale und horizontale Polarisation aufgetragen. Für $\varrho > 10$ ist

$$F(\varrho) \approx 1/(2\varrho).$$

Da für Böden immer $|\underline{n}^2| \gg 1$ (Tabelle mit typischen Werten für ε_r und κ, s. H 3.1) gilt, ist ϱ bei horizontaler Polarisation wesentlich größer als bei vertikaler. Horizontal polarisierte Wellen werden daher an der Grenzfläche stärker gedämpft als vertikal polarisierte. Im Grenzfall $\kappa \to \infty$ gilt für vertikale Polarisation $E = 2 E_0$, während bei horizontaler Polarisation $E = 0$ wird. Mit zunehmendem Abstand von der Grenzfläche wird der Dämpfungsunterschied immer kleiner.

2.7 Beugung. Diffraction

Elektromagnetische Wellen können um Hindernisse herumgreifen und damit in die geometrische Schattenzone gelangen. Diesen Vorgang nennt man Beugung. Wie stark das Feld in den Schattenraum eindringt, hängt von der Wellenlänge, geringfügig auch von der Gestalt des Hindernisses ab. Der Beugungsschatten ist um so schärfer ausgeprägt, je kürzer die Wellenlänge ist.

Kantenbeugung. Mit dem Modell der Beugung an einer Halbebene, die senkrecht zur direkten Verbindungslinie Sender-Empfänger eingefügt ist, lassen sich die Auswirkungen scharfkantiger Hindernisse auf die Ausbreitung beschreiben (Kantenbeugung). Für die Feldstärke am Empfangsort erhält man [9]:

$$E/E_0 = |1/2 - \exp(-\mathrm{j}\pi/4) \, [C(v) + \mathrm{j}S(v)]/\sqrt{2}|. \qquad (19)$$

E_0 ist die Freiraumfeldstärke, die vom Sender am Empfangsort erzeugt würde, wenn der Ausbreitungsweg frei wäre. Die Funktionen $C(v)$ und $S(v)$ bezeichnen die Fresnel-Integrale

$$C(v) = \int_0^v \cos(\pi t^2/2) \mathrm{d}t; \quad S(v) = \int_0^v \sin(\pi t^2/2) \, \mathrm{d}t$$

vom Argument

$$v = H \sqrt{2/\lambda \, (1/d_\mathrm{S} + 1/d_\mathrm{E})}. \qquad (20)$$

Bild 2. Dämpfungsfunktion $F(\varrho)$ für die Ausbreitung entlang ebener Erde. Nach [15]. Parameter Q nach Gl. (18)

Bild 3. Dämpfung durch Beugung an einer Halbebene als Funktion von v nach Gl. (20)

d_S und d_E sind die Abstände vom Sender bzw. Empfänger zur Halbebene; H stellt den Abstand von der Verbindungslinie Sender-Empfänger zur Kante der Halbebene dar; bei endlichen Brechzahlgradienten der Troposphäre ist H aus dem Streckenschnitt abzulesen (s. H 3.1 und H 3.2). H und damit v werden negativ gezählt, wenn die Kante unterhalb der Sichtlinie liegt, andernfalls positiv. Der Zusammenhang zwischen E und v ist in Bild 3 dargestellt. Bei $v = 0$ ist $E = E_0/2$. In der Schattenzone ($v > 0$) nimmt die Feldstärke monoton gegen 0 ab, während sie im Sichtbereich ($v < 0$) oszillierend der Asymptote E_0 zustrebt. Die Oszillationen folgen aus der partiellen Abschattung der aus der Wellenoptik bekannten Fresnel-Zonen (Beugung an der Kreisblende [16]) durch die Halbebene. Die Fresnel-Zonen sind Schnitte senkrecht zur Drehachse der Fresnel-Ellipsoide, die die geometrischen Orte der Punkte im Raum darstellen, für welche die Summe der Abstände zu Sender und Empfänger um $m\lambda/2$ ($m = 1, 2, \ldots$) größer sind als der Abstand Sender-Empfänger. Der Radius der m-ten Frensel-Zone ist durch $m r_F$ mit

$$r_F = \sqrt{\lambda/(1/d_S + 1/d_E)} \qquad (21)$$

gegeben. Aus den Gln. (20) und (21) folgt

$$v = \sqrt{2} \, H/r_F. \qquad (22)$$

Im Funk haben die Fresnel-Ellipsoide als Planungskriterium Bedeutung. Für gerichtete Funkverbindungen wird oft gefordert, daß das erste Fresnel-Ellipsoid unter Normalbedingungen ($k_e = 4/3$, s. H 3.2) frei ist von Hindernissen [17]. Diese Forderung ist etwas willkürlich, weil die Abschattung in der Natur nicht durch kreisförmige Blenden, sondern meist durch kantenförmige Hindernisse erfolgt. Für eine Kante, die am ersten Fresnel-Ellipsoid einer Funkstrecke endet, gilt nach Gl. (22): $v = -\sqrt{2}$. Nach Bild 3 ist damit Gewähr gegeben, daß annähernd die Freiraumfeldstärke (mit einem Sicherheitsabstand gegenüber Schwankungen des Brechwerts) erreicht wird.

Beugung an der Erdkugel. Die Beugung an der Erdkugel (Radius r_E) haben Van der Pol und Bremmer [18] untersucht; zusammenfassende Darstellungen ihrer Theorie finden sich in [15, 19, 20]. Die Berechnung des Feldes führt auf unendliche, z.T. sehr schlecht konvergierende Reihen mit komplizierten mathematischen Funktionen. Aus der allgemeinen Lösung sind Näherungen für den Sichtbereich (Interferenzzone) und die Schattenregion (Beugungszone) entwickelt worden. Der Übergang zwischen beiden Regionen wird durch einander berührende Radiohorizonte von Sender (d_{RS}) und Empfänger (d_{RE}) festgelegt. Für eine Antenne in der Höhe h über Grund ist der Abstand zum Radiohorizont durch

$$d_R = \sqrt{2 h k_e r_E} \qquad (23)$$

gegeben. Mit k_e wird der Brechzahlgradient der Troposphäre berücksichtigt; bei $k_e = 1$ fallen Radiohorizont und geometrischer Horizont zusammen. Für Streckenlängen $d > d_{RS} + d_{RE} = \sqrt{2 k_e r_E} (\sqrt{h_S} + \sqrt{h_E})$ befindet sich der Empfänger im Beugungsschatten, für $d < d_{RS} + d_{RE}$ im Interferenzbereich.

Interferenzzone. In diesem Bereich ist zwischen geringen und großen Antennenhöhen zu unterscheiden:

(a) h_S und $h_E < 30 \, (\lambda/\text{m})^{1/3}$ m.

Die Ausbreitung erfolgt hier wie über ebener Erde (s. 2.6). Für die Feldstärke gilt [15]:

$$E = 2 E_0 \, F(\varrho) \, \tilde{F}(h_S) \, \tilde{F}(h_E) \qquad (24)$$

mit

$$\tilde{F}(h) = \sqrt{1 + (2h/h_0)/(4Q^2 + 1) + (h/h_0)^2},$$

$$h_0^2 = \left(\frac{\lambda}{2\pi}\right)^2 \qquad (25)$$

$$\cdot \begin{cases} |\underline{n}^2|^2/|\underline{n}^2 - 1| & \text{für vert. Polarisation,} \\ 1/|\underline{n}^2 - 1| & \text{für hor. Polarisation.} \end{cases}$$

Die Größen $\underline{n}^2$ und Q sind durch die Gln. (17) und (18) definiert. $\tilde{F}(h)$ stellt eine Korrekturfunktion für endliche Antennenhöhen dar; für $h \to 0$ ist $\tilde{F}(h) \approx 1$, bei $h \gg h_0$ wird $\tilde{F}(h) \approx h/h_0$. Im letzteren Fall lautet Gl. (24) für $\varrho > 10$

$$E \approx \sqrt{4\pi Z_0 P_S G_S} \, h_S h_E/(d^2 \lambda). \qquad (26)$$

Gl. (24) gilt, solange zusätzlich $2\pi h_S h_E/\lambda \ll d$ bleibt.

(b) h_S und/oder $h_E \geq 30 (\lambda/\text{m})^{1/3}$ m:

Das Feld am Empfangsort läßt sich näherungsweise durch Überlagerung einer direkten und einer am Erdboden reflektierten Welle entsprechend Bild 4 berechnen [15]:

$$E = E_0 \left| 1 + \Delta G_S R D \frac{r_d}{r_r} \exp(-j 2\pi \Delta/\lambda) \right|. \qquad (27)$$

E_0 ist die Freiraumfeldstärke im Abstand r_d vom Sender. ΔG_S stellt die Gewinnabnahme der Sendeantenne in Richtung des indirekten Strahls gegenüber der Hauptstrahlrichtung dar. Der Reflexionsfaktor R (s. B 2) hängt ab von der Polarisation des abgestrahlten Feldes, dem Elevationswinkel δ, der Wellenlänge λ und den Parametern ε_r und κ des Erdbodens. Die Auffächerung des an der sphärischen Erde reflektierten Strahls wird

Bild 4. Geometrie zur Herleitung der Feldstärke nach Gl. (27)

durch den Divergenzfaktor

$$D = \frac{1}{\sqrt{1 + 2 h'_S h'_E / (k_e r_E d \tan^3 \delta)}} \qquad (28)$$

berücksichtigt. h'_S und h'_E sind die effektiven Antennenhöhen über der Tangentialebene im Reflexionspunkt:

$$h'_S \approx h_S - \frac{d_S^2}{2 k_e r_E}, \quad h'_E \approx h_E - \frac{d_E^2}{2 k_e r_E}. \qquad (29)$$

Zwischen dem direkten und dem reflektierten Strahl besteht ein Gangunterschied

$$\Delta \approx 2 h'_S h'_E / d, \qquad (30)$$

der zu Maxima und Minima der resultierenden Feldstärke führt, die etwa um $\Delta G_S |R| D r_d / r_r$ größer bzw. kleiner als E_0 sind.
In der Nähe des Radiohorizonts ($\delta \gtrsim 0$) läßt sich Gl. (27) erheblich vereinfachen. Hier gilt $\Delta G_S \approx 1$, $R \approx -1$, $r_d \approx r_r \approx d$ und $\pi \Delta / \lambda \ll 1$, so daß

$$E \approx 2 E_0 \sin(\pi \Delta / \lambda) \approx \sqrt{4 Z_0 P_S G_S}\, h'_S h'_E / (d^2 \lambda) \qquad (31)$$

wird. Ein Vergleich der Gln. (26) und (31) zeigt, daß der Einfluß der Erdkrümmung bei Strecken in der Nähe des Radiohorizonts berücksichtigt werden kann, indem man die wirklichen durch die effektiven Antennenhöhen ersetzt. Unmittelbar am Radiohorizont ($h'_S = h'_E = 0$) wird nach Gl. (31) $E = 0$ (geometrisch-optische Näherung); tatsächlich geht das Feld hier stetig in das (schwache) Feld im Beugungsschatten über.

Beugungszone. Analytisch einfache Beziehungen für die Feldstärke in der Beugungszone existieren nicht. Die allgemeine Lösung ist mathematisch sehr kompliziert. Zur Bestimmung der Beugungsdämpfung werden deshalb Diagramme [21], Nomogramme [22] oder ein in [23] abgedrucktes Rechnerprogramm (FORTRAN IV, etwa 100 Befehle) verwendet. Einen Überblick über die Abschätzung durch die Erdkugel bei hohen Frequenzen ($\lambda < 1$ m) gibt H 6.4.

Spezielle Literatur: [1] Radio regulations, Part A, Chapter 1 (Terminology) Nr. 155–156. Genf: ITU 1982, Revision 1988. – [2] *Uzunoglu, N. K.; Evans, B. G.; Holt, A. R.*: Scattering of electromagnetic radiation by precipitation particles and propagation characteristics of terrestrial and space communication systems. Proc. IEE 124 (1977) 417–424. – [3] *Mie, G.*: Beiträge zur Optik trüber Medien, speziell kolloidaler Metallösungen. Ann. Phys. 25 (1908) 377–445. – [4] *Oguchi, T.*: Attenuation of electromagnetic waves due to rain with distorted raindrops. J. Radio Res. Lab. 7 (1960) 467–485; 11 (1964) 19–44; 13 (1966) 141–172. – [5] *Fang, D. Y.; Lee, F. Y.*: Tabulations of raindrop-induced forward and backward scattering amplitudes. COMSAT Tech. Rev. 8 (1978) 455–486. – [6] *Holt, A. R.*: The scattering of electromagnetic waves by single hydrometeors. Radio Sci. 17 (1982) 928–945. – [7] *Dissanayake, A. W.; Watson, P. A.*: Forward scatter and cross-polarisation from spheroidal ice particles. Electronics Letters 13 (1977) 140–142. – [8] *Morrison, J. A.; Cross, M. J.*: Scattering of a plane electromagnetic wave by axisymmetric raindrops. Bell Syst. Tech. J. 53 (1974) 955–1019. – [9] *Großkopf, J.*: Wellenausbreitung, Bd. I. Mannheim: Bibliograph. Inst. 1970, S. 57–61. – [10] *Ishimaru, A.*: Wave propagation and scattering in random media. Vol. 2. New York: Academic Press, pp. 329–345. – [11] *Hortenbach, K. J.*: On the influence of surface statistics, ground moisture content and wave polarisation on the scattering of irregular terrain and on signal power spectra. AGARD Conf. Proc. CP 269 (1979). – [12] *Beckmann, P.; Spizzichino, A.*: The scattering of electromagnetic waves from rough surfaces. Oxford: Pergamon 1963, pp. 80–97. – [13] *Barrick, D. E.*: A note on the theory of scattering from an irregular surface. IEEE Trans. AP-14 (1966) 77–82. – [14] *Recommendations and Reports of the CCIR, Vol. V* (Propagation in non-ionized media), Genf: ITU 1990. Rep. 714-2 (Ground-wave propagation in an exponential atmosphere). – [15] *Burrows, C. R.; Attwood, S. S.*: Radio wave propagation. New York: Academic Press 1949, pp. 377–432. – [16] *Joos, G.*: Lehrbuch der Theoretischen Physik. Frankfurt: Akad. Verlagsges. 1959, S. 363–367. – [17] *Recommendations and Reports of the CCIR, Vol. V* (Propagation in non-ionized media). Genf: ITU 1990. Rep. 338-6 (Propagation data required for line-of-sight point-to-point radio-relay systems). – [18] *Van der Pol, B.; Bremmer, H.*: The diffraction of electromagnetic waves from an electrical point source round a finitely conducting sphere, with applications to radiotelegraphy and the theory of the rainbow. Phil. Mag. 24 (1937) 141–176; 24 (1937) 825–864; 25 (1938) 817–834. – [19] *Bremmer, H.*: Terrestrial radio waves, Part I, New York: Elsevier 1949, pp. 11–24. – [20] *Fock, V. A.*: Electromagnetic diffraction and propagation problems. Oxford: Pergamon 1965, pp. 235–253. – [21] *Recommendations and Reports of the CCIR, Vol. V* (Propagation in non-ionized media), Genf: ITU 1990. Rep. 715-3 (Propagation by diffraction). – [22] *Bullington, K.*: Radio propagation fundamentals. Bell Syst. Tech. J. 39 (1957) 593–626. – [23] *Meeks, M. L.*: Radar propagation at low altitudes. Dedham: Artech 1982, pp. 65–69. – [24] *Booker, H. G.; Gordon, W. E.*: A theory of radio scattering in the troposphere. Proc. I.R.E. 38 (1950) 401–412.

3 Ausbreitungsmedien
Propagation media

Allgemeine Literatur: *Davies, K.* (Ed.): Ionospheric radio propagation. National Bureau of Standards Monograph 80, Washington, D.C.: U.S. Government Printing Office

---

Spezielle Literatur Seite H 16

1965. – *Fränz, K.; Lassen, H.*: Antennen und Ausbreitung. Berlin: Springer 1956. – *Gleissberg, W.*: Die Häufigkeit der Sonnenflecken. Berlin: Akademie-Verlag 1952. – *Großkopf, J.*: Wellenausbreitung, Bd. 1 und 2. Mannheim: Bibliograph. Inst. 1970. – *Kerr, D.E.*: Propagation of short radio waves. New York: McGraw-Hill 1951. – *Kiepenheuer, K.O.*: Die Sonne. Berlin: Springer 1957. – *Rawer, K.*: Die Ionosphäre. Groningen: Noordhoff 1953. – *Recommendations and Reports of the CCIR, 1990, Vol. V* (Propagation in non-ionized media) und *Vol. VI* (Propagation in ionized media), Genf: ITU 1990.

3.1 Erde. Earth

Für die Wellenausbreitung in der Nähe der Erdoberfläche sind im Frequenzbereich bis etwa 30 MHz die *elektrischen Eigenschaften der Erde*, bei höheren Frequenzen ($\lambda < 10$ m) ist dagegen die Rauhigkeit der Grenzfläche (d.h. Gebirge, Vegetation, Bebauung) entscheidend.
Im ersten Fall (Bodenwelle, s. H 2.6) ist die Reichweite um so größer, je niedriger die Frequenz und je größer die elektrische Bodenleitfähigkeit ist. Diese hängt von der geologischen Beschaffenheit ab und kann auch kleinräumig große Schwankungen aufweisen (s. H 6.1). In Tab. 1 sind typische Werte für die elektrischen Eigenschaften der Erdoberfläche angegeben. Die Leitfähigkeit ist bis zu Frequenzen von etwa 30 MHz frequenzunabhängig, nimmt aber darüber zu. Die Leitfähigkeit bestimmt die Eindringtiefe der Wellen in den Boden (Tab. 2), was für U-Boote, Bergwerke, remote sensing usw. von Bedeutung ist.
Im zweiten Fall, in dem die elektrischen Eigenschaften der Grenzfläche keine Rolle mehr spielen, erfolgt die Ausbreitung *quasioptisch*, wobei die Rauhigkeit der Grenzfläche um so größeren

Bild 1. Beispiel eines Geländeprofils zwischen Funkstellen im Vogelsberg und im Spessart. Streckenlänge $d = 69{,}2$ km. Krümmungsfaktor $k_e = 4/3$, Fresnelellipse für $f = 2$ GHz, effektive Sendeantennenhöhe nach [28] $h_{\text{eff}} = 365$ m, Geländerauhigkeit nach [28] $\Delta h = 270$ m

Einfluß hat, je größer die Erhebungen relativ zur Wellenlänge sind.
Um den Einfluß des Geländes abzuschätzen, wird das *Geländeprofil* untersucht, das die Geländestruktur auf dem Großkreis wiedergibt. Da der Abstand Sender—Empfänger meist sehr viel größer ist als die maximalen Höhendifferenzen, werden bei der graphischen Darstellung unterschiedliche Maßstäbe verwendet, wodurch die sphärische Erde zum Ellipsoid verzerrt wird. Die Niveaulinien im Geländeprofil sind Ellipsenausschnitte, die durch Parabeln angenähert werden können. In kartesischen Koordinaten wird

$$y \approx h_{\text{NN}} + [(d/2)^2 - (x - d/2)^2]/(2 k_e r_E) \qquad (1)$$

(h_{NN} = die Höhe der Niveaulinie über Meeresspiegel, d = der Abstand Sender—Empfänger, $r_E = 6375$ km der mittlere Erdradius, k_e = der Krümmungsfaktor (Median $k_e = 4/3$ s. 3.2).)
In der Zeichnung kann wegen der Maßstabsverzerrung die Abstandskoordinate in guter Näherung auf der Abszisse aufgetragen werden. Die Abbildung ist nicht winkeltreu, die Antennenmasten können etwa parallel zur Ordinate gezeichnet werden. In Bild 1 ist ein Beispiel eines Geländeprofils wiedergegeben, bei dem das erste Fresnel-Ellipsoid für 2 GHz frei von Hindernissen ist.

Tabelle 1. Typische Werte der elektrischen Bodenkonstanten, gültig bis 30 MHz. Nach [1]

Medium	ε_r	κ (S/m)
Meerwasser	70	5
feuchter Boden	30	10^{-2}
Süßwasser, Flüsse	80	$3 \cdot 10^{-3}$
trockener Boden	15	10^{-3}
Gebirge, Felsen	3	10^{-4}

Tabelle 2. Eindringtiefen (in m) als Funktion der Frequenz

Frequenz	Meerwasser	Feuchter Boden	Süßwasser	Trockener Boden	Felsen
10 kHz	3	50	100	150	500
100 kHz	0,8	18	30	40	160
1 MHz	0,25	5,5	18	25	90
10 MHz	0,07	3	10	18	90
100 MHz	0,02	1,5	3	5	90

3.2 Troposphäre. Troposphere

In der Troposphäre (Höhe bis 10 km) werden die Ausbreitungsbedingungen vor allem durch die räumliche und zeitliche Struktur der Brechzahl beeinflußt. Bei Frequenzen über 20 GHz tritt darüber hinaus Resonanzabsorption durch Wasserdampf und Sauerstoff auf. Es entstehen bei bestimmten Frequenzen Dämpfungsmaxima. Oberhalb etwa 5 GHz ist auch die Dämpfung, Depolarisation und Streuung durch Nebel, Regen und Schnee zu berücksichtigen.

Auswirkungen der Brechung. Für klare Atmosphäre ist $\text{Re}(\underline{n})$ eine Funktion des Luftdrucks p, der Temperatur T und des Wasserdampfpartialdrucks e, bzw. der relativen Feuchte U. Bis etwa 40 GHz ist $\text{Re}(\underline{n})$ weitgehend frequenzunabhängig, $\text{Im}(\underline{n})$ kann vernachlässigt werden [2].
Da $\text{Re}(\underline{n}) \approx 1$ ist, wird anstelle der Brechzahl der Brechwert N eingeführt:

$$N = 10^6 (\text{Re}(\underline{n}) - 1). \tag{2}$$

Nach [2] besteht folgender Zusammenhang:

$$N = 77{,}6 \frac{p/\text{hPa}}{T\,\text{K}} + 3{,}73 \cdot 10^5 \frac{e/\text{mbar}}{(T/\text{K})^2}. \tag{3}$$

Für den Partialdruck des Wasserdampfs gilt

$$e/\text{hPa} = 4{,}62 \cdot 10^{-3}\, \varrho_w(\text{g/m}^3)\, T/\text{K} \tag{4}$$

mit ϱ_w = Wasserdampfdichte.
Zwischen e und U (Hygrometer) besteht folgender Zusammenhang [3]:

$$e/\text{hPa} = 6{,}1\, U\, \exp\left[\frac{17{,}15(T/\text{K} - 273{,}2)}{T/\text{K} - 38{,}5}\right]. \tag{5}$$

Bei gut durchmischter Atmosphäre variiert der Brechwert N hauptsächlich mit der Höhe h über dem Boden. Für eine isotherme Atmosphäre gilt im Mittel

$$N(h) = N_S \exp(-bh) \quad \text{mit} \\ b = 0{,}136 \text{ km}^{-1}. \tag{6}$$

Der Brechwert N_S am Boden hängt von der Höhe h_S des Meßorts über Meereshöhe und vom Klima ab. Um Brechwerte für verschiedene Klimazonen vergleichen zu können, reduziert man auf Meereshöhe:

$$N_0 = N_S \exp(bh_S). \tag{7}$$

Weltkarten der Monatsmittel von N_0 für Februar und August findet man in [4]; der langjährige Mittelwert ist $N_0 = 315$.
Zur Beschreibung von Brechungseffekten wie Strahlenkrümmung, Fokussierung und Defokussierung ist der vertikale Gradient des Brechwerts wichtig (s. H 2.2). Für die untere Troposphäre benutzt man als mittleren Wert meist den Differenzenquotienten, der sich aus Gl. (6) und (7) für das Höhenintervall $\Delta h = 1$ km über NN zu $\approx -40 \text{ km}^{-1}$ ergibt (Standardatmosphäre). Der Brechwertgradient ist statistischen Schwankungen unterworfen. Messungen ergaben [4]:

$$\frac{\Delta N}{\Delta h} \gtreqless \begin{cases} 70 \text{ km}^{-1} & \text{für } 0{,}1\% \text{ der Zeit} \\ -200 \text{ km}^{-1} & \text{für } 99\% \text{ der Zeit.} \end{cases} \tag{8}$$

Ist $\Delta N/\Delta h > -40 \text{ km}^{-1}$, dann spricht man von Subrefraktion; ist $\Delta N/\Delta h < -40 \text{ km}^{-1}$, wird die Brechung als Superrefraktion bezeichnet. Für die Standardatmosphäre ist der Funkstrahl zur Erde hin gekrümmt, der Krümmungsradius nach Gl. H 2 (6) größer als der Erdradius. (Reichweite gegenüber Abstand zum geometrischen Horizont vergrößert (Bild 2a).) Die Strahlenbahn in der Atmosphäre kann bei konstantem vertikalen Brechwertgradienten als geradlinig angenommen werden, wenn eine fiktive Erde mit dem effektiven Erdradius $k_e r_E$ eingeführt wird (s. H 2.2) mit dem Krümmungsfaktor k_e nach Gl. H 2 (8) (Bild 2b). Für die Standardatmosphäre ist $k_e \approx 4/3$. Entsprechend den statistisch schwankenden Brechzahlgradienten ändert sich auch der Krümmungsfaktor k_e. Die Überschreitungswahrscheinlichkeit für den k_e-Wert, die aus mehrjährigen Messungen in Deutschland gewonnen wurde, ist in Bild 3 [5] dargestellt.
Bei nicht konstantem Brechwertgradienten ist es günstiger, auf die Ausbreitung über einer fiktiven ebenen Erde zu transformieren (Bild 2c). Dazu führt man den modifizierten Brechwert ein:

$$M(h) = N(h) + 10^6\, h/r_E. \tag{9}$$

Bild 2. Schematischer Verlauf des Funkstrahls bei Berücksichtigung der Brechung ($k_e > 1$). d_g Abstand zum Radiohorizont nach Gl. H 2 (23); d_0 Abstand zum Horizont ohne Berücksichtigung der Brechung; d Abstand Sender–Empfänger. **a** Erde mit Radius r_E; **b** fiktive Erde mit effektivem Radius $k_e r_E$, bei dem der Strahlenverlauf eine Gerade ist (k-Darstellung); **c** fiktive ebene Erde (M-Darstellung)

Bild 3. Überschreitungshäufigkeit des Krümmungsfaktors k_e

Bild 4. M-Profil und Strahlenbahn bei einem Bodenduct

Bild 5. Dämpfungskoeffizient für atmosphärische Gase in Abhängigkeit von der Frequenz ($T = 293$ K, $p = 1$ hPa, $\varrho_W = 7{,}5$ g m^3

Der Krümmungsradius ϱ_M der fiktiven Strahlenbahn eines etwa horizontalen Strahls ist dann

$$\varrho_M = -10^6/(dM/dh) = (1/\varrho - 1/r_E)^{-1} \qquad (10)$$

mit dem wirklichen Krümmungsradius ϱ nach Gl. H 2 (6). Durch diese Transformation ist die Erdkrümmung in dem fiktiven Krümmungsradius ϱ_M enthalten. Meist ist $dM/dh > 0$, dann ist der Strahl von der „ebenen" Erde weggekrümmt ($\varrho_M < 0$).
Bei Inversionsschichten (Anstieg der Temperatur mit der Höhe) treten oft auch negative Feuchtegradienten auf. Durch die dann vorhandenen besonderen Brechungs- und Reflexionsbedingungen sind mehrere Ausbreitungswege zwischen Sender und Empfänger möglich (Mehrwegeausbreitung).
Für $dN/dh < -157$ km^{-1} ($dM/dh < 0$, $\varrho_M > 0$) wird in der M-Darstellung der Strahl zur Erde hin gebrochen. Es kann ein troposphärischer Wellenleiter (Duct) entstehen (Bild 4). Die Energie ist in dem Duct konzentriert, und damit ist auch die Übertragungsdämpfung geringer als bei Freiraumausbreitung (vgl. H 7.2) [6].
Kleinräumige Änderungen des Brechwerts (Turbulenzen) sind die Ursache für Streuung von Radiowellen (Troposcatter, Szintillationen des Empfangssignals (s. H 2.5 und H 6.4).

Dämpfung durch atmosphärische Gase. Im GHz-Bereich muß die Dämpfung durch den Wasserdampf und Sauerstoff berücksichtigt werden (s. Bild 5) [7, 8]. Der Gasdämpfungskoeffizient ist proportional der Dichte, die für Sauerstoff in der Nähe des Erdbodens annähernd konstant ist ($\varrho_0 \approx 0{,}29$ kg/m^3). Die Wasserdampfdichte liegt in Deutschland im Mittel im Februar bei $(2 \ldots 5)$ g/m^3 und im August bei $(10 \ldots 15)$ g/m^3. Weltkarten von ϱ_W findet man in [4]. ϱ_W nimmt mit der Höhe stärker ab als ϱ_0 (s. H 6.4).

Einfluß von Hydrometeoren. Beim Durchgang einer Welle durch Wolken, Regen oder Schnee überlagern sich die Einflüsse der statistisch verteilten Hydrometeore (Niederschlagsteilchen). Für die Ausbreitung in Vorwärtsrichtung erhält man eine effektive Brechzahl [9]:

$$n_{\text{eff}} = 1 + \lambda_0^2/(2\pi) \int_0^\infty F(a, n)\, \varphi(a)\, da. \qquad (11)$$

$F(a, n)$ ist die Streuamplitude eines Teilchens vom Radius a und der Brechzahl n (s. H 2.5). $\varphi(a)\, da$ ist die Zahl der Streuer pro Volumen im Radiusintervall a bis $a + da$. Eine Reihe von Ansätzen für die Größenverteilung von Regentropfen ist in [10] gegeben. Der Regendämpfungskoeffizient α_R läßt sich aus Gl. (11) berechnen. Er ist für vier verschiedene Regenraten als Funktion der Frequenz in Bild 6 gezeigt. Regenraten > 150 mm/h treten in Mitteleuropa nur selten auf (Bild 7).
Niederschlagsgebiete weisen eine Zellenstruktur auf, wobei die höheren Intensitäten im Zentrum der Zelle auftreten. Zellen mit höheren Regenraten sind meist weniger ausgedehnt als solche mit niedrigen. Der Einfluß der räumlichen Inhomogenität kann bei der Berechnung der Regendämpfung durch die Einführung einer effektiven Streckenlänge berücksichtigt werden (s. H 6.4). Zur Abschätzung der Dämpfung durch Regen auf Satellitenfunkstrecken wird angenommen, daß die Intensität bis zu der Höhe h_R konstant ist (Bild 8). In mittleren und höheren

3 Ausbreitungsmedien   H 13

Bild 6. Dämpfungskoeffizient für Regen in Abhängigkeit von der Regenrate R_0 und der Frequenz ($T = 293$ K, kugelförmige Tropfen mit Größenverteilung $\varphi(a)$ nach Laws und Parsons [10])

Bild 8. Effektive Regenhöhe h_R (---) und Höhe der 0 °C-Isotherme h_{FR} (——) als Funktion der geographischen Breite φ [4, 29]

Depolarisation einer ursprünglich linear polarisierten Welle hängt von dem Winkel zwischen Polarisationsebene und Tropfenachse ab [11, 12]; bei zirkularer Polarisation entsteht immer auch eine Depolarisation (s. H 6.4).

3.3 Ionosphäre. Ionosphere

Die Ionosphäre ist der Bereich der Atmosphäre, in dem ein merklicher Teil der neutralen Atome und Moleküle durch solare UV- und Röntgenstrahlung ionisiert wird (etwa 60 km bis über 1000 km Höhe). Neben der Ionisation durch Absorption dieser Strahlung bestimmen Wiedervereinigung (bzw. Anlagerung) und Transport geladener Teilchen den Gleichgewichtszustand. Es bildet sich eine komplizierte Höhenabhängigkeit der Elektronendichte N_e (Ionosphärenschichten, s. Bild 9), die außerdem vom Sonnenstand (bewirkt tageszeitliche, jahreszeitliche und geographische Einflüsse) und von der Sonnenaktivität (11jähriger Sonnenfleckenzyklus [13, 14]) abhängt. Unter vereinfachenden Annahmen ist die Elektronendichte im Maximum einer Ionosphärenschicht tagsüber proportional zu $\sqrt{\cos\chi}$, wobei χ der Winkel zwischen dem Zenit und der Richtung zur Sonne ist [15]. Nachts nimmt die Elektronendichte wegen der fehlenden Einstrahlung ab (Tag-Nacht-Gang).

Durch die frei beweglichen Ladungsträger ist die Ionosphäre elektrisch leitfähig; zusätzlich beeinflußt das Erdmagnetfeld die Bewegung der Elektronen. Makroskopisch kann die Wellenausbreitung durch die Brechzahl n beschrieben werden [16, 17]:

Bild 7. Überschreitungshäufigkeit der momentanen Regenintensität (*A* Freiburg, *B* St. Peter Ording)

Breiten fällt h_R etwa mit der 0-°C-Isothermen zusammen. Für tropische Gebiete ist $h_R \approx 3$ km. Durch den Einfluß des Luftwiderstands beim Fall verformen sich die Regentropfen näherungsweise zu abgeplatteten Rotationsellipsoiden [11]. Dadurch sind Dämpfung und Phasenverschiebung der Feldkomponenten der Welle senkrecht zur Rotationsachse größer als parallel dazu. Die Welle ist nach dem Durchgang durch ein Niederschlagsgebiet i. allg. elliptisch polarisiert. Die

$$n^2 = 1 - \frac{X}{1 - jZ - \dfrac{Y^2 \sin^2\eta}{2(1 - jZ - X)} \pm \sqrt{\left(\dfrac{Y^2 \sin^2\eta}{2(1 - jZ - X)}\right)^2 + Y^2 \cos^2\eta}}. \tag{12}$$

Bild 9. Höhenabhängigkeit der Elektronendichte in der Ionosphäre (stark vereinfacht)

Darin ist

$$X = \frac{N_e e^2}{4\pi^2 m_0 \varepsilon_0 f^2} = \frac{f_p^2}{f^2}$$

$$Y = \frac{e B_E}{2\pi m_0 f} = \frac{f_G}{f}$$

$$Z = \frac{v}{2\pi f}$$

ε_0 = Dielektrizitätszahl des Vakuums,
f = Frequenz der eingestrahlten Welle,
e, m_0 = Ladung und Masse eines Elektrons,
v = mittlere Zahl der Zusammenstöße eines Elektrons mit Gasmolekülen und Ionen pro Zeiteinheit,
B_E = Induktion des Erdmagnetfeldes (24 ... 70 µT),
η = Winkel zwischen dem Erdmagnetfeld und der Ausbreitungsrichtung der Welle

$$f_p = \frac{1}{2\pi}\sqrt{\frac{N_e e^2}{\varepsilon_0 m_0}} \approx 9\sqrt{N_e/\mathrm{m}^3}\ \mathrm{Hz}, \text{Frequenz,}$$

mit der das Elektronengas ohne äußere Einflüsse oszilliert (Plasmafrequenz),

$$f_G = \frac{B_E e}{2\pi m_0} \approx 0{,}7 \ldots 1{,}7\ \mathrm{MHz}, \text{Frequenz der}$$

Kreisbewegung der Elektronen im Erdmagnetfeld (Gyrofrequenz).

Gl. (12) hat zwei Lösungen. Als ordentliche (o) Komponente der Welle bezeichnet man die Lösung mit dem positiven Vorzeichen, die andere nennt man die außerordentliche (x) Komponente (in beiden Fällen ist allerdings vorausgesetzt, daß $X \leq 1$). Diese Aufspaltung der Welle in zwei Komponenten wird durch das Erdmagnetfeld hervorgerufen (magnetische Doppelbrechung). Die beiden Komponenten sind entgegengesetzt elliptisch polarisiert und breiten sich mit verschiedenen Geschwindigkeiten aus. Daraus resultiert eine Drehung der Polarisationsebene li-

near polarisierter Wellen (Faraday-Effekt) beim Durchgang elektromagnetischer Wellen durch ein ionisiertes Medium mit äußerem Magnetfeld.

Eine in die Ionosphäre einfallende Welle wird, da Re(n) i. allg. mit wachsender Elektronendichte abnimmt, vom Einfallsslot weg gebrochen und zwar um so stärker, je größer N_e und je kleiner f ist. Wenn die Brechung so stark ist, daß die Welle die Ionosphäre nicht durchdringt, sondern umkehrt, erscheint der Vorgang als Reflexion. Eine von unten einfallende Welle kehrt zur Erdoberfläche zurück und heißt dann Raumwelle (skywave) im Gegensatz zur Bodenwelle (s. H 2.6 und 3.1). Die Reflexion erfolgt bei senkrechtem Einfall an der Stelle, an der Re(n) ≈ 0 ist. Die höchste, in der Schicht bei senkrechtem Einfall reflektierte Frequenz heißt Senkrecht-Grenzfrequenz oder kritische Frequenz (critical frequency):

$$f_c = \begin{cases} f_{p,\mathrm{max}} & \text{für die } o\text{-Komponente,} \\ f_{p,\mathrm{max}} + f_G/2 & \text{für die } x\text{-Komponente,} \end{cases}$$

wobei $f_{p,\mathrm{max}}$ die Plasmafrequenz im Schichtmaximum ist. Bei schrägem Einfall erfolgt Reflexion für

$$f \leq f_B = M f_c. \tag{13}$$

f_B heißt Schräg-Grenzfrequenz (Basic MUF, MUF = Maximum Usable Frequency [18], früher klassische MUF genannt); M ist der MUF-Faktor. Für eine eben geschichtete und magnetfeldfreie Ionosphäre gilt (Bild 10):

a) Der MUF-Faktor ist nur vom Einfallswinkel α in die Schicht abhängig (Sekans-Gesetz):

$$M = M(\alpha) = 1/\cos\alpha = \sec\alpha.$$

b) Die Laufzeit der Welle auf dem tatsächlich durchlaufenen gekrümmten Weg ABC ist die gleiche wie auf dem äquivalenten, mit Vakuum-Lichtgeschwindigkeit durchlaufenen Dreiecksweg AEC.

c) Tatsächliche (h) und scheinbare Reflexionshöhe (h') bei der Frequenz f sind dieselben wie bei Ausbreitung auf dem senkrechten Weg FGF bzw. FHF mit der äquivalenten Frequenz $f \cos\alpha$.

Bild 10. Ionosphärische Reflexion: Tatsächliche (h) und scheinbare (h') Reflexionshöhe

Bild 11. Der MUF-Faktor $M(d)$ als Funktion der Entfernung (Parameter: Schichthöhe). Für die F-Region wird oft als Parameter der MUF-Faktor für $d = 3000$ km benutzt. $M(3000) = 4{,}0$ entspricht einer Schichthöhe von etwa 200 km, $M(3000) = 2{,}5$ einer Höhe von etwa 420 km

Unter Berücksichtigung der Krümmung der Ionosphäre und des Einflusses des Erdmagnetfeldes, hat man für mittlere Schichtprofile korrigierte MUF-Faktoren ermittelt [19]. Meist drückt man den MUF-Faktor nicht als Funktion des Einfallswinkels, sondern der überbrückten Entfernung d (Sprunglänge, auch Hop genannt) aus (Bild 11). Je flacher der Strahl verläuft, desto höhere Frequenzen können reflektiert werden und desto größer wird die Sprunglänge (maximale Sprunglänge bei tangentialer Abstrahlung und Reflexion in 300 km Höhe etwa 4000 km).
Größere Reflexionshöhen führen zu größeren Sprunglängen, bzw. bei gegebener Sprunglänge zu steileren Ausbreitungswegen. Wellen mit $f > f_c M(d_s)$ können bei Entfernungen $d < d_s$ nicht als Raumwellen empfangen werden (*tote Zone*). Der Radius d_s der toten Zone für die Frequenz f ist die Entfernung, bei der $f = f_c M(d_s)$ ist. Für $f > f_B$ durchdringen die Wellen die Ionosphäre. Diese Frequenzen sind daher für *Erde-Weltraum-Verbindungen* geeignet. Neben dem Gesamtelektroneninhalt (TEC = Total Electron Content, s. H 6.4), beeinflussen auch Irregularitäten (kleinräumige Veränderungen der Brechzahl) solche Verbindungen (s. H 6.3). Diese Einflüsse reichen bis zu Frequenzen um 10 GHz [20].
Die Kurzwellenausbreitung kann durch schnelle, unregelmäßige Schwankungen der Sonnentätigkeit gestört werden. Solche Störungen machen sich durch erhöhte Absorption (Mögel-Dellinger-Effekt auf der Tagseite der Erde) oder als starkes Absinken der Grenzfrequenz (Ionosphärensturm) bemerkbar. Die von der Sonne kommenden elektrisch geladenen Partikel können in die Atmosphäre nur in Gebiete geringer oder verschwindender magnetischer Induktion („neutrale Punkte" in der Nähe der erdmagnetischen Pole) eindringen. Je höher die Energie der solaren Teilchen ist, desto weiter äquatorwärts wirken sich die dadurch verursachten Ionosphärenstörungen auf der Erde aus [21].

3.4 Weltraum. Space

Im interplanetaren Raum ist die Dichte der Elektronen und Protonen etwa $10^5/\text{m}^3$ [23]. Höhere Dichten findet man in der Umgebung der Sonne, die aufgrund ihrer hohen Oberflächentemperatur (10^6 K, in der Korona sogar 10^9 K) ständig Materie abdampft. Dieser „solare Wind" reicht über 50 Erdbahnradien in den Weltraum [24] und führt in der Nähe der Erdbahn zu Teilchendichten von ungefähr $10^7/\text{m}^3$ [25, 26]. Der Teilchenstrom des solaren Windes hat in der Nähe der Erdbahn eine Geschwindigkeit von etwa 400 km/s und kann zu erheblichen Oberflächenaufladungen, z.B. bei Satelliten, führen. Da es sich bei dem solaren Wind um ein Plasma handelt, wird $|\underline{n}| < 1$ (Gl. (12) mit $v = 0$, $B_E = 0$). Oberhalb der Plasmafrequenz ($f > 3$ kHz für $N_e = 10^5/\text{m}^3$, bzw. $f > 30$ kHz für $N_e = 10^7/\text{m}^3$) kann die Ausbreitung als Freiraumausbreitung (s. H 2.1) behandelt werden.

Tabelle 3. Typische Werte von N_e und f_c für die Ionosphärenschichten (vgl. Bild 2). Daten nach [23]. Die sporadische E-Schicht (E_s) bildet dünne Schichten innerhalb des Bereichs der normalen E-Schicht. Die bei der F-Schicht angegebenen Werte beziehen sich auf das Sonnenfleckenmaximum, Werte in Klammern auf das Minimum

Schicht	Höhe km	N_e (Tag) m^{-3}	N_e (Nacht) m^{-3}	f_c (Tag) MHz	f_c (Nacht) MHz	Bedeutung für
D	70…90	10^9	10^5	0,3	0,01	VLF-Ausbreitung, Absorption im VLF-, LF-, MF-, KW-Bereich
E	90…130	10^{11}	10^9	3	0,3	LF-, MF-Ausbreitung, Absorption im KW-Bereich
E_s	90…130	10^{13}		30		Überreichweiten im VHF-Bereich
F	200…500	$5 \cdot 10^{12}$ (10^{12})	$5 \cdot 10^{10}$ (10^{10})	20 (10)	2 (1)	KW-Reflexion, Fernausbreitung

Spezielle Literatur: [1] *Recommendations and Reports of the CCIR, 1990, Vol. V* (Propagation in non-ionized media). Genf: ITU 1990, Rep. 527-2 (Electrical characteristics of the surface of the earth). – [2] *Bean, B. R.; Dutton, E. J.:* Radiometeorology. New York: Dover 1966. – [3] *Berg, H.:* Allgemeine Meterorologie. Bonn: Dümmlers 1948. – [4] *Recommendations and Reports of the CCIR, Vol. V* (Propagation in non-ionized media). Genf: ITU 1990, Rep. 563-4 (Radiometeorological data). – [5] *Großkopf, J.:* Wellenausbreitung, Bd. 1. Mannheim: Bibliograph. Inst. 1970. S. 98. – [6] *Dougherty, H. T.; Hart, B. A.:* Recent progress in duct propagation predictions. IEEE Trans. AP-27 (1979) 542–548. – [7] *Van Vleck, J. H.:* The absorption of microwaves by uncondensed water vapor. Phys. Rev. 71 (1947) 425–433. – [8] *Kerr, D. E.* (Ed.): Propagation of short radio waves. New York: McGraw-Hill 1951. – [9] *Oguchi, T.:* Attenuation and phase rotation of radiowaves due to rain: Calculations at 19.3 and 34.8 GHz. Radio Sci. 8 (1973) 31–38. – *Morrison, J. A.; Cross, M. Z.:* Scattering of a plane electromagnetic wave by axisymmetric raindrops. Bell Syst. Tech. J. 53 (1974) 955–1019. – [10] *Marshall, J. S.; Palmer, W. Mck.:* The distribution of raindrops with size. J. Met. 5 (1958) 165–166. – *Joss, J.; Waldvogel, A.:* Raindrop size distribution and sampling size errors. J. Atmosph. Sci. 26 (1969) 566–569. – *Laws, J. O.; Parsons, D. A.:* The relation of raindrop size to intensity. Trans. Am. Geophys. Union 24 (1943) 452–460. *Wolf, E.:* Bestimmung von Tropfenspektren an der Wolkengrenze aus vorgegebenen Bodenspektren, Meteorol. Rundsch. 25 (1972) 99–106. – [11] *Brussaard, G.:* A meteorological model for rain-induced cross-polarisation. IEEE Trans. AP-24 (1976) 5–11. [12] *Valentin, R.:* Probability distribution of rain-induced cross-polarisation. Ann. Telecomm. 36 (1981) 78–82. – [13] *Gleissberg, W.:* Die Häufigkeit der Sonnenflecken. Berlin: Akademie-Verlag 1952. S. 85–86. – [14] *Kiepenheuer, K. O.:* Die Sonne. Berlin: Springer 1957. S. 142–143. – [15] *Davies, K.:* NBS Monograph 80. S. 13. – [16] *Lassen, H.:* Über den Einfluß des Erdmagnetfeldes auf die Fortpflanzung der elektrischen Wellen der drahtlosen Telegraphie in der Atmosphäre. Elektr. Nachr. Tech. 4 (1927) 324–334. – [17] *Davies, K.:* NBS Monograph 80, 63–71. – [18] *Chapman, S.:* The earth's magnetism. London: Methuen 1961. – [19] *Recommendations and Reports of the CCIR, 1990, Vol. VI* (Propagation in ionized media), Genf: ITU 1990, Rec. 373-5 (Definitions of maximum transmission frequencies). – [20] *Smith, N.:* The relation of radio sky-wave transmission to ionospheric measurements. Proc. IRE 27 (1939) 332–347. [21] *Ogawa, T.; Sinno, K.; Fujita, M.; Awaka, J.:* Severe disturbances of VHF and GHz waves from geostationary satellites during a magnetic storm. J. Atmos. Terr. Phys. 42 (1980) 637–644. – [22] *Giraud, A.; Petit, M.:* Ionospheric techniques and phenomena, geophysics and astrophysics monograph, Vol. 13. Dordrecht: Reidel 1978, pp. 44–55. – [23] *Recommendations and Reports of the CCIR, 1990, Vol. VI* (Propagation in ionized media), Genf: ITU 1990, Rep. 725-2 (Ionospheric properties). – [24] *Davidson, K.; Terzian, Y.:* Dispersion measures of pulsars. Astron. J. 74 (1969) 449–452. – [25] *Giese, R. H.:* Die physikalischen Eigenschaften des Weltraumes. Vakuum Tech. 20 (1971) 161–170. – [26] *Axford, W. I.:* The interaction of the solar wind with the interstellar medium. NASA SP-308 (1972) 609–657. – [27] *Brandt, J. C.:* Introduction to the solar wind: San Francisco: Freeman 1970. – [28] *Recommendations and Reports of the CCIR, 1990, Vol. V* (Propagation in non-ionized media), Genf: ITU 1990, Rec. 370-5 (VHF and UHF propagation curves for the frequency range from 30 MHz to 1000 MHz). – [29] *Recommendations and Reports of the CCIR, Vol. V* (Propagation in non-ionized media), Genf: ITU 1990, Rep. 564-4 (Propagation data and prediction methods required for earth-space telecommunication systems).

4 Funkrauschen. Radio noise

Rauschen soll hier das durch die Empfangsantenne aufgenommene natürliche Rauschen (radio noise) bezeichnen. Dazu sollen auch industrielle Störungen (man-made radio noise) ohne Nachrichteninhalt gehören, nicht aber „Geräusche", die durch Nebenwellen anderer Sender, Nachbarkanalstörungen, Intermodulation usw. erzeugt werden. Das Rauschen (Übersicht in Bild 1) muß bei der Planung von Funksystemen mit berücksichtigt werden, damit der jeweils erforderliche Mindestrauschabstand (Verhältnis Nutzsignal zu Rauschen) nicht unterschritten wird. Die folgenden Angaben beziehen sich auf Empfänger auf der Erde; für Empfänger in Satelliten gelten u. U. andere Gesetzmäßigkeiten.

Die Intensität des Rauschens wird üblicherweise entweder durch die Rauschtemperatur T_N oder durch das spektrale Leistungsdichtemaß, bezogen auf das des thermischen Rauschens bei $T_0 = 290$ K, ausgedrückt: $s_N = 10 \lg(T_N/T_0)$. Die Rauschleistung in einem Frequenzband der Breite B_N ist dann:

$$P_N = k_B T_N B_N, \qquad (1)$$

wobei $k_B = 1{,}38 \cdot 10^{-23}$ J/K die Boltzmann-Konstante ist. Meist „sieht" eine Antenne in verschiedenen Richtungen unterschiedliche Rauschtemperaturen. Zur Ermittlung der Gesamtrauschleistung muß unter Berücksichtigung des Antennendiagramms über alle Richtungen integriert werden. Dabei kann die (z. B. über Nebenzipfel empfangene) Strahlung des Erdbodens ($T_N = T_0$) einen nicht vernachlässigbaren Beitrag liefern.

4.1 Atmosphärisches Rauschen unterhalb etwa 20 MHz
Atmospheric radio noise below about 20 MHz

Dieses Rauschen entsteht überwiegend durch Blitzentladungen (weltweit etwa 100 Blitze/s [1], insbesondere in den Tropen). Die einzelnen, aperiodischen Stromstöße dauern etwa 10 µs und haben ein breites Frequenzspektrum mit einem Maximum bei etwa 10 kHz. Zu höheren Frequenzen nimmt die Rauschleistung rasch ab; sie ist nur bei Frequenzen unter 20 MHz von Bedeutung. Abgesehen von Nahgewittern spielen die ionosphärischen Ausbreitungsverhältnisse für

Spezielle Literatur Seite H 18

die Stärke des Rauschens am Empfangsort eine wichtige Rolle. Im Lang- und Mittelwellenbereich wirken sich Gewitter tagsüber nur im Nahbereich störend aus (Bodenwelle, s. H 6.1), nachts auch in größeren Entfernungen (wegen der fortfallenden Absorption der Raumwelle, s. H 3.3). Im Kurzwellenbereich ist die empfangene Rauschleistung abhängig von den Ausbreitungsverhältnissen (s. H 6.2) zu den Gewitterzonen. Eine Methode zur Abschätzung des atmosphärischen Rauschpegels für die verschiedenen Gebiete der Erde, verschiedenen Jahreszeiten, Tageszeiten, Frequenzen, usw. ist mit den dazugehörenden Tabellen in [2] enthalten.

4.2 Galaktisches und kosmisches Rauschen
Galactic and cosmic radio noise

Der Hauptanteil des galaktischen Rauschens kommt vom Zentrum der Milchstraße und von einzelnen, intensiv strahlenden Radiosternen. Dieses Rauschen kann die Erdoberfläche nur auf Frequenzen oberhalb der Grenzfrequenz der F2-Schicht der Ionosphäre erreichen (s. H 3.3). Die Intensität der galaktischen Strahlung nimmt mit wachsender Frequenz ab, sie kann nur im Bereich von etwa 20 MHz bis 2 GHz höhere Werte als das atmosphärische Rauschen erreichen (s. Bild 1). Bei ungerichtetem Empfang entsteht durch die Erdrotation ein Tagesgang der empfangenen Rauschleistung. Beim Empfang mit Richtantennen ist zu beachten, daß die Radiowellenstrahlung der Sonne oder einzelner besonders intensiv strahlender Radiosterne dann störend wirkt, wenn die Antenne auf diese gerichtet ist. Die Rauschstrahlung der Sonne ist stark veränderlich, sie steigt bei Strahlungsausbrüchen (bursts) kurzzeitig (Sekunden bis Minuten, selten Stunden) um das 10- bis 100fache an.
Die kosmische Hintergrundstrahlung hat eine Strahlungstemperatur von $T_N = 2,7$ K. Sie kann im Bereich von etwa 1 bis 10 GHz den äußeren Rauschpegel bestimmen; bei anderen Frequenzen überwiegt das Rauschen der Atmosphäre, bzw. das galaktische oder industrielle Rauschen.

4.3 Atmosphärisches Rauschen oberhalb etwa 1 GHz
Atmospheric radio noise above about 1 GHz

Jedes absorbierende Medium strahlt auch Rauschleistung ab (Plancksches Strahlungsgesetz). Bei Frequenzen oberhalb von 1 GHz kann die Strahlung des Sauerstoffs und Wasserdampfs der Atmosphäre gegenüber anderen Rausch-

Bild 1. Medianwerte der verschiedenen Rauschintensitäten bzw. Rauschtemperaturen in Abhängigkeit von der Frequenz. Nach [5]. *A* atmosphärisches Rauschen (Maximalwert), *B* atmosphärisches Rauschen (Minimalwert), *C 1* industrielles Rauschen (ländlicher Empfangsort), *C 2* industrielles Rauschen (Stadt), *D* galaktisches Rauschen, *E* ruhige Sonne (Keulenbreite der Antenne 0,5°), *F* Rauschen infolge Sauerstoff und Wasserdampf, obere Kurve für einen Elevationswinkel von 0°, untere Kurve für 90°, *G* Strahlung des kosmischen Hintergrunds mit 2,7 K

quellen dominieren, insbesondere in den Frequenzbändern maximaler Absorption (s. H 6.4). Niederschläge (vor allem Regen) können vorübergehend Anstiege der Rauschtemperatur bis auf etwa 280 K verursachen. Die Intensität der empfangenen Rauschstrahlung ist u. a. abhängig von der Länge des Ausbreitungswegs im absorbierenden Medium (s. Bild 1, Kurve F).

4.4 Industrielle Störungen
Man-made radio noise

Ursache dieser Geräusche ist die elektromagnetische Strahlung von elektrischen Funken und Koronaentladungen. Diese Störungen können insbesondere in dicht besiedelten bzw. industrialisierten Gebieten die anderen Rauschpegel übertreffen. In erster Näherung ist das Rauschleistungsdichtemaß an ländlichen Empfangsorten gegeben durch [3]:

$$s_N/dB = 67{,}2 - 27{,}2 \lg(f/\text{MHz}) \qquad (2)$$

mit einer Standardabweichung von 6,5 dB. In besonders ruhigen Gebieten erhält man um etwa 20 dB kleinere, in städtischen Gebieten um etwa 10 dB größere Werte. Bei Frequenzen oberhalb von 1 GHz macht sich die elektrische Umwelt kaum mehr störend bemerkbar [4].

Spezielle Literatur: [1] *Park, C. G.:* Whistlers. In: Handbook of atmospherics, Vol. 2. Volland, H. (Ed.). Florida: CRC Press 1982, pp. 21–77. – [2] *Recommendations and Reports of the CCIR, 1990, Vol. VI* (Propagation in ionized media), Genf: ITU 1990, Rep. 322-3 (Characteristics and applications of atmospheric radio noise data). – [3] *Recommendations and Reports of the CCIR, 1990, Vol. VI* (Propagation in ionized media), Genf: ITU 1990, Rep. 258-4 (Man-made radio noise). –[4] *Pratt, T.; Browning, D. J.; Rahhal, Y.:* Radiometric investigations of the urban microwave noise environment at 1.7, 8.8 and 35 GHz. IEE Conf. Publ. 169 (1978) 28–30. – [5] *Recommendations and Reports of the CCIR, 1982, Vol. I* (Spectrum utilization and monitoring), Genf: ITU 1982, Rep. 670 (Worldwide minimum external noise levels, 0.1 Hz to 100 GHz).

5 Frequenzselektiver und zeitvarianter Schwund
Frequency selective and time variant fading

Allgemeine Literatur: *Kennedy, R.S.:* Fading dispersive communication channels. New York: Wiley 1969. – *Schwartz, M.; Bennett, W.R.; Stein, S.:* Communication systems and techniques. New York: McGraw-Hill 1966. – *Stein, S.; Jones, J.J.:* Modern communication principles. New York: McGraw-Hill 1967.

Inhomogenitäten im Ausbreitungsmedium bewirken Brechung, Reflexion, Streuung und/oder Beugung der Wellen (s. H 2). Dadurch wird deren Ausbreitungsrichtung verändert, so daß die Wellen nicht nur auf dem kürzesten Wege, sondern auch auf Umwegen vom Sender an den Empfänger gelangen können (*Mehrwegeausbreitung*). Am Ort der Empfangsantenne interferieren diese Teilwellen. Die Phasendifferenzen zwischen den Teilwellen verändern sich mit der Frequenz. Dadurch wird die Übertragungsfunktion *frequenzabhängig*.
Häufig verändern die Inhomogenitäten des Ausbreitungsmediums ihre Eigenschaften oder ihre räumliche Lage mit der Zeit (Tagesgänge usw.) oder die Funkstellen werden bewegt (Mobilfunk). Die Phasendifferenzen zwischen den Teilwellen verändern sich dann auch mit der Zeit. Dadurch wird die Übertragungsfunktion *zeitabhängig*.
Man bezeichnet diese Eigenschaften des Ausbreitungskanals als *frequenzselektiven* und *zeitvarianten* Schwund. Dieser führt zu Störungen der Nachrichtenübertragung. Einige grundsätzliche Eigenschaften schwundbehafteter Nachrichtenkanäle können am Zweiwegemodell untersucht werden.

Spezielle Literatur Seite H 22

5.1 Das Modell für zwei Ausbreitungswege (Zweiwegemodell)
The model for two paths of propagation (Two path model)

Zeitinvariante Verzerrung des Übertragungskanals. Ein zur Zeit $t = 0$ gesendeter kurzer Impuls erreicht zur Zeit τ_1 mit der Amplitude a_1 die Empfangsantenne. Zur Zeit τ_2 wird ein Echo mit der Amplitude a_2 empfangen. Das Empfangssignal $y(t)$ ist

$$y(t) = a_1 \delta(t - \tau_1) + a_2 \delta(t - \tau_2). \quad (1)$$

Dabei ist $\delta(t)$ die Impulsfunktion.
Die Übertragungsfunktion ist die Fourier-Transformierte (s. D) der Gl. (1)

$$\underline{Y}(f) = a_1 \exp(-j 2\pi f \tau_1) + a_2 \exp(-j 2\pi f \tau_2). \quad (2)$$

Dabei ist f die Frequenz. Zusätzliche Phasendrehungen ψ_1 bzw. ψ_2, die z. B. durch die komplexen Reflexionskoeffizienten (s. B 4) hervorgerufen werden können, werden durch komplexe Koeffizienten $\underline{A}_i = a_i \exp(j\psi_i)$ berücksichtigt, so daß die Übertragungsfunktion

$$\underline{H}(f) = H(f) \exp(j \varphi) = \underline{A}_1 \exp(-j 2\pi f \tau_1)$$
$$+ \underline{A}_2 \exp(-j 2\pi f \tau_2) \quad (3)$$

wird.
Die Laufzeitdifferenz der Teilwellen ist

$$T_M = \tau_2 - \tau_1. \quad (4)$$

Der Betrag der Übertragungsfunktion ist

$$H(f) = \sqrt{\underline{H}(f)\,\underline{H}^*(f)} \quad (5)$$
$$= \sqrt{A_1^2 + A_2^2 + 2 A_1 A_2 \cos(2\pi f\, T_M + \psi_2 - \psi_1)}.$$

Die Übertragungsfunktion weist frequenzabhängig periodische Einbrüche auf, die um so ausgeprägter sind, je näher die Amplituden a_1 und a_2 beieinander liegen. Die Abstände sind

$$f_{\max,\,m+1} - f_{\max,\,m} = 1/T_M,$$

sofern $\psi_2 - \psi_1$ frequenzunabhängig ist. Die reziproke Laufzeitdifferenz kennzeichnet also die Frequenzabhängigkeit der Übertragungsfunktion.

Zeitvariante Verzerrung des Übertragungskanals. Die Veränderung der Eigenschaften des Ausbreitungsmediums, räumliche Verschiebungen der Lage von Inhomogenitäten im Medium und/oder Bewegung der Funkstellen führen zu einer Variation der Amplituden, der Phasen und der Laufzeiten der Teilwellen. Für die weitere Analyse beschränken wir uns auf eine lineare Zeitabhängigkeit der Laufzeiten in Gl. (1):

$$\tau_1(t) = w_1 t + \tau_{10} \quad \text{und} \quad \tau_2(t) = w_2 t + \tau_{20}. \quad (6)$$

Die Koeffizienten w_1 und w_2 kennzeichnen die Veränderung der Laufzeiten mit der Zeit. Einsetzen in Gl. (3) ergibt die zeitabhängige Übertragungsfunktion [22]

$$\underline{H}(f,t) = \underline{A}_1 \exp(-j2\pi f w_1 t) \exp(-j2\pi f \tau_{10}) + \underline{A}_2 \exp(-j2\pi f w_2 t) \exp(-j2\pi f \tau_{20}). \quad (7)$$

Die Frequenzverschiebung eines Sendesignals der Frequenz f wird als *Doppler-Frequenz*

$$f_{D1} = -w_1 f \quad \text{bzw.} \quad f_{D2} = -w_2 f \quad (8)$$

bezeichnet. Die Doppler-Frequenz kann positiv oder negativ sein. Die Differenz der Doppler-Frequenzen ist die *Doppler-Bandbreite*

$$B_D = |f_{D2} - f_{D1}|. \quad (9)$$

Die reziproke Doppler-Bandbreite kennzeichnet die Zeitabhängigkeit der Übertragungsfunktion, d.h. den Rhythmus der Schwankungen.

Charakteristische Eigenschaften des Ausbreitungskanals beim Zweiwegemodell. Die Laufzeitdifferenz T_M und die Doppler-Bandbreite B_D sind voneinander unabhängig. Im Empfangssignal wechseln relativ breite Bereiche über der Frequenz bzw. Zeit, in denen die Amplitude hoch ist und die Gruppenlaufzeit bzw. die Frequenzablage annähernd konstant ist, mit schmalen Tiefschwundeinbrüchen ab, bei denen eine große Gruppenlaufzeit- bzw. Frequenzablage auftritt.

5.2 Mehrwegeausbreitung
Multipath propagation

Charakterisierung des Ausbreitungskanals. Die beim Zweiwegemodell behandelte Charakterisierung des Ausbreitungskanals läßt sich auf das Mehrwegemodell übertragen [23]. Als Impulsantwort des Ausbreitungskanals ergibt sich ein verbreitertes Empfangssignal: die Laufzeitfunktion $\alpha(\tau)$. Als Maßzahl für die Impulsverbreiterung wird das „delay spread" S_D als Quadratwurzel aus dem zweiten Zentralmoment des Profils der Verzögerungsleistungsdichte $a^2(\tau)$ definiert [5]:

$$S_D = \sqrt{\frac{\langle Q^2 \rangle}{Q_m} - \left(\frac{\langle Q \rangle}{Q_m}\right)^2}. \quad (10)$$

$$Q_m = \int_{-\infty}^{+\infty} a^2(\tau) \, d\tau; \quad \langle Q \rangle = \int_{-\infty}^{+\infty} \tau \, a^2(\tau) \, d\tau$$

und

$$\langle Q^2 \rangle = \int_{-\infty}^{+\infty} \tau^2 a^2(\tau) \, d\tau.$$

In der Literatur findet sich gelegentlich der Begriff „multipath spread" T_m [2, 4, 23], deutsch als „Impulsverbreiterung" bezeichnet. Es gilt: $T_m = 2 S_D$. In jüngster Zeit hat sich jedoch der Begriff „delay spread" durchgesetzt [24]. Wenn die Leistungsdichte proportional einer Gauß-Funktion $a^2(\tau) = \exp(-0.5(\tau/\tau_0)^2)$ ist, dann liegen 68% der Leistung der empfangenen Impulsantwort innerhalb von $T_m = 2 S_D$. Für das Beispiel in Bild 1a mit $S_D = 0.8$ μs werden 68% der Empfangsleistung von Teilwellen beigetragen, deren Laufwege um bis zu 480 m differieren, weil die elektromagnetischen Wellen im freien Raum 300 m/μs zurücklegen. Diese Laufzeit- bzw. Laufwegdifferenz der empfangenen Teilwellen ist eine typische Größenordnung für die Ausbreitung von Meterwellen in leicht hügeligem Gelände bei städtischer Bebauung [3].

Teilt man die Laufzeitfunktion in diskrete Schritte auf und berücksichtigt wie bei der Zweiwegeausbreitung die Zusatzphasen, dann setzt sich die Impulsantwort aus einer Folge von n Teilsignalen mit den komplexen Amplituden $\underline{A}_n$ zusammen, die zu den Zeiten τ_n empfangen werden. Daraus ergibt sich, wie in Gl. (3), die Übertragungsfunktion

$$\underline{H}(f) = \sum_{n=1}^{N} \underline{A}_n \exp(-j2\pi f \tau_n). \quad (11)$$

Bild 1. Frequenzabhängigkeit der Übertragungsfunktion bei Mehrwegeausbreitung. Das angenommene Laufzeitdichtespektrum $a(\tau)$ ist gaußförmig, $T_M = 1{,}6$ μs. **a** Laufzeitfunktion; **b** Betrag der Übertragungsfunktion

Das Betragsquadrat ist

$$|\underline{H}(f)|^2 = \underline{H}(f)\,\underline{H}^*(f) = \sum_{n=1}^{N}\sum_{m=1}^{N} \underline{A}_n \underline{A}_m^*$$
$$\cdot \exp(-j2\pi f(\tau_n - \tau_m)). \qquad (12)$$

Das Argument der Exponentialfunktion in Gl. (12) ist bei den gegebenen Größenordnungen der Frequenz (z. B. 100 MHz) und der Laufzeitdifferenzen ($\simeq 1\,\mu s$) ein hohes Vielfaches von 2π, d. h. die Laufwegunterschiede der Wellen sind sehr viel größer als die Wellenlänge. Daher bewirken kleine Veränderungen der Laufzeitfunktion oder der Frequenz erhebliche Veränderungen der Übertragungsfunktion. Die deterministische Bestimmung der Übertragungsfunktion einer Funkstrecke ist daher praktisch unmöglich. Bei der Berechnung des Beispiels in Bild 1 b sind die Phasen der Koeffizienten $\underline{A}_n$ zufallsverteilt angesetzt worden. Für jede andere Wahl der Phasen von $\underline{A}_n$ ergibt sich ein anderer Verlauf der Übertragungsfunktion. Bei tiefen Schwundeinbrüchen ergeben sich große Gruppenlaufzeitverzerrungen, jedoch besteht kein eindeutiger funktionaler Zusammenhang zwischen Schwundtiefe und Gruppenlaufzeitverzerrung.

Die Charakterisierung des Nachrichtenkanals erfolgt mit den Methoden der mathematischen Statistik. Dabei wird vorausgesetzt, daß die stochastische Funktion (hier der Übertragungsfaktor über der Frequenz) im weiteren Sinne stationär ist. Das impliziert die Annahme der Frequenzunabhängigkeit der Ausbreitung der Teilwellen.

In Bild 2a ist die Amplitudenverteilung (Überschreitungswahrscheinlichkeit) der in Bild 1 b gezeichneten Übertragungsfunktion in Wahrscheinlichkeitspapier eingezeichnet. Das Liniennetz dieses Papiers ist so gestaltet, daß die Überschreitungswahrscheinlichkeit der Weibull-Verteilung [1] eine Gerade ist. Die Rayleigh-Verteilung ist ein Sonderfall der Weibull-Verteilung mit der Streuung $\sigma = 5{,}57$ dB (Tab. H 1.1). Die für das Beispiel in Bild 2a berechnete Streuung ist $\sigma = 5{,}39$ dB. Das Frequenzband 95 bis 100 MHz des Beispiels nach Bild 1 b ist nicht breit genug, um die theoretische Streuung der Rayleigh-Verteilung genauer zu verifizieren. Wenn die Berechnung von $\underline{H}(f)$ mit verschiedenen zufallsverteilten Phasen der $\underline{A}_n$ sehr oft durchgeführt wird, dann ergibt sich als Mittelwert die theoretische Streuung der Rayleigh-Verteilung. Das gleiche sollte für die Mittelung über verschiedene Messungen gelten. In der Terminologie der mathematischen Statistik bedeutet das, daß der Schwund als ergodisch vorausgesetzt wird. Diese Voraussetzung ist allerdings bei Ausbreitungsproblemen nicht immer erfüllt, so daß die Mittelung über verschiedene Messungen zu systematischen Fehlern führen kann.

Die zweite wichtige Kennzeichnung einer stochastischen Funktion ist ihre Autokorrelationsfunktion (AKF), hier die Frequenzkorrelation der Übertragungsfunktion

$$\underline{R}(f_k) = \langle \underline{H}(f)\,\underline{H}^*(f+f_k)\rangle$$
$$= \int_{-\infty}^{+\infty} \underline{H}(f)\,\underline{H}^*(f+f_k)\,df. \qquad (13)$$

Da in der Praxis die Ausbreitung der Teilwellen frequenzabhängig ist, muß die Berechnung der AKF auf ein endliches Frequenzband beschränkt bleiben. Die so bestimmte Funktion $\underline{R}(f_k)$ kann wegen dieser Beschränkung ebenfalls von Beispiel zu Beispiel sehr unterschiedlich sein, für das Beispiel des Bildes 1 b ist die AKF in Bild 2 b wiedergegeben. Nach dem Wiener-Khintchine-Theorem kann durch inverse Fourier-Transformation aus der AKF die Leistungsdichtefunktion über der Laufzeit berechnet werden [2, 4, 5]:

$$a^2(\tau) = \int_{-\infty}^{+\infty} \underline{R}(f_k)\exp(j2\pi f_k \tau)\,df_k. \qquad (14)$$

Bei bandbegrenzten Übertragungskanälen führt die Interferenz zwischen den Teilwellen unterschiedlicher Laufzeit je nach Phasenlage der einzelnen Teilwellen zu voneinander abweichenden Verläufen der Leistungsdichtefunktion $a^2(\tau)$. Daher resultiert nur aus einer gut gemittelten AKF nach Gl. (14) eine genaue Wiedergabe von $a^2(\tau)$. Die Mittelung darf nur dann durchgeführt werden, wenn der Schwund ein ergodischer Prozeß

Bild 2. Verteilung (a) der Amplituden und (b) Frequenzkorrelationsfunktion der Übertragungsfunktion aus dem Beispiel nach Bild 1 b ist. Veränderungen der Leistungsdichtefunktion wirken sich stark auf den Charakter der Frequenzabhängigkeit der Übertragungsfunktion $\underline{H}(f)$ aus.

Zeitvarianter Ausbreitungskanal. Der Koeffizient $\underline{A}_n$ der Laufzeitfunktion kann sich aus i_n Teilwellen zusammensetzen, deren Laufzeiten sich unterschiedlich mit der Zeit verändern (s. Gl. 6)

$$\tau_{n,in}(t) = w_{in}t + \tau_{n0}. \qquad (15)$$

Die Koeffizienten w_{in} sind unterschiedlich, weil die Streuzentren sich i. allg. mit unterschiedlicher Geschwindigkeit und Richtung im Ausbreitungsmedium bewegen. Das Doppler-Spektrum, das beim Zweiwegemodell aus zwei Linien besteht, wird damit kontinuierlich. Die Doppler-Verbreiterung (Doppler spread) wird definiert [2]:

$$B_D = 2\sqrt{\frac{\langle P^2 \rangle}{P_m} - \left(\frac{\langle P \rangle}{P_m}\right)^2}, \qquad (16)$$

$$P_m = \int_{-\infty}^{+\infty} B^2(f_D)\,df_D; \quad \langle P \rangle = \int_{-\infty}^{+\infty} f_D B^2(f_D)\,df_D$$

und

$$\langle P^2 \rangle = \int_{-\infty}^{+\infty} f_D^2 B^2(f_D)\,df_D.$$

Dabei ist $B^2(f_D)$ die Leistungsdichte über der Doppler-Frequenz. Für den Fall, daß zum betrachteten Zeitraum keine Teilwelle empfangen wird, deren Laufzeit zur Zeit $t = 0$ verschieden von τ_{n0} ist, die Übertragungsfunktion $\underline{H}$ also frequenzunabhängig ist, berechnet sich die Laufzeitfunktion dual zu Gl. (11) [6]

$$\underline{H}(t) = \sum_{i=1}^{I_n} \underline{B}_i \exp(j2\pi f_{D_i}t) \exp(-j2\pi f\tau_{n0}). \quad (17)$$

Der Betrag $H(t)$ hat als Zeitfunktion den Charakter des Bildes 1 b, wobei in der Abszisse die Frequenz gegen die Zeit zu vertauschen ist. Ein schmales Dopplerspektrum führt zu einer langsam mit der Zeit veränderlichen Übertragungsfunktion $\underline{H}(t)$, ein breites zu deren zeitlich schneller Variation. Die Phasenänderung der Übertragungsfunktion mit der Zeit verursacht die Frequenzmodulation eines sinusförmigen Signals. Wie bei der Gruppenlaufzeit, die an Tiefschwundstellen erheblich größer sein kann als die maximale Laufzeitdifferenz der Impulsantwort, kann auch die momentane Frequenzablage sehr viel größer sein als die Doppler-Bandbreite [7].

Die allgemeine Übertragungsfunktion $\underline{H}(f, t)$ ist aus der Überlagerung aller I_n Teilwellen jeder der N Laufzeiten zusammengesetzt. Die Amplitudenverteilung und der Charakter des Schwundprozesses verändern sich dadurch nicht grundsätzlich, die Details (Schwundtiefe, Gruppenlaufzeit und Frequenzablage) können aber in einem weiten Bereich variieren.

Frequenzselektivität und Zeitselektivität des Schwundes. Für den Fall, daß die Bandbreite B_N des Nachrichtenkanals

$$B_N \ll 1/S_D \qquad (18)$$

ist, bezeichnet man den Schwund als *nicht frequenzselektiv*. Die Übertragungsfunktion ist dann innerhalb der Nachrichtenbandbreite nahezu frequenzunabhängig. Die Degradation der Nachrichtenübertragung kann dann durch Erhöhung der Sendeleistung und/oder der Empfängerempfindlichkeit oder durch Ortsverschiebung der Empfangsantenne an eine Stelle hoher Amplitude und linearer Phase behoben werden.

Ist die Bedingung (18) nicht erfüllt, dann ist der Schwund *frequenzselektiv*. Die genannten Maßnahmen ermöglichen kaum eine Verbesserung des Nachrichtenkanals. Eine begrenzte Verminderung der Verzerrung ist durch Ausgleich der Amplitudenschräglage oder Kombinationsdiversity (adaptive Phasendrehung der Diversity-Zweige) möglich. Bessere Entzerrung erreicht man durch adaptive Laufzeitentzerrung (Transversalfilter als Echoentzerrer [8, 32]) und viele andere Maßnahmen, wie geeignete Kanalkodierungs- und Modulationsverfahren (z. B. nach [25]). Dazu werden die Übertragungseigenschaften des Nachrichtenkanals mit der Korrelationsanalyse bekannter Signalelemente abgeschätzt und der Entzerrer zum Laufzeitausgleich nachgestellt. Für diese Prozedur ist es notwendig, daß der Schwundprozeß im Vergleich zur Dauer eines Signalelements T_S (Taktzeit) zeitlich langsam verläuft:

$$T_S \ll 1/B_D. \qquad (19)$$

Dabei ist B_D die maximale Doppler-Verbreiterung. Ist die Bedingung (19) erfüllt, dann wird der Schwund als *nicht zeitselektiv* bezeichnet.

Die Bandbreite bei digitaler Signalübertragung ist näherungsweise

$$B_N \approx 1/T_S. \qquad (20)$$

Kombiniert man die Bedingungen (18) und (19) mit Gl. (20), so ergibt sich für nicht frequenzselektiven und nicht zeitselektiven Schwund (time-flat-frequency-flat fading)

$$S_D \ll T_S \ll 1/B_D. \qquad (21)$$

Solche Nachrichtenkanäle sind mit dem geringsten Aufwand zu verbessern. Umgekehrt kann für Kanäle, die frequenz- *und* zeitselektiv sind, keine adaptive Entzerrung durchgeführt werden. Zur Charakterisierung der Qualität eines Nachrichtenkanals wird der Spreizfaktor (spread factor)

$$S_F = 2 S_D B_D \qquad (22)$$

Tabelle 1. Impuls- und Doppler-Verbreitung für einige Ausbreitungskanäle

	S_D	B_D	S_F	Erläuterungen und Literaturhinweise
Kurzwellenverbindungen	0,05…2,5 ms	0,1…2 Hz	$10^{-5}…10^{-2}$	S_D wächst mit der Funkfeldlänge [9]
troposphärische Streuausbreitung	0,05…0,25 μs	0,1…20 Hz	$10^{-8}…10^{-5}$	S_D und B_D sind abhängig von Funkfeldlänge und Antennengröße [10, 11]
Mobilfunk	1…10 μs; in Bergen bis 50 μs	10…200 Hz (s. H 6.3)	$10^{-5}…2 \cdot 10^{-2}$	S_D ist vom Gelände abhängig [28]; B_D wächst mit Fahrgeschwindigkeit und Funkfrequenz [5, 12, 13, 29]
Richtfunkstrecken mit freiem erstem Fresnel-Ellipsoid	bis 5 μs	bis 1 Hz	$10^{-9}…10^{-8}$	abhängig von Funkfeldlänge und Bodenfreiheit [14, 15, 31]

definiert. Je kleiner S_F gegenüber 1 ist, desto leichter kann über den Kanal eine große Nachrichtenmenge übertragen werden. In Tab. 1 sind die typischen Werte von S_D, B_D und S_F für wichtige Funkkanäle zusammengestellt.

5.3 Funkkanalsimulation
Fading simulation

Um Funkübertragungssysteme im Labor testen und vergleichen zu können, werden Funkkanalsimulatoren verwendet, die die Übertragungsfunktion des Ausbreitungsmediums nachbilden. Das Prinzip eines nichtfrequenzselektiven Rayleigh-Funkkanalsimulators wurde in [16] beschrieben. Im Mobilfunk überlagern sich dem Rayleigh-Schwund langsame Schwankungen der Mittelwerte. Über einen solchen Simulator wird in [17] berichtet. Die bisher zitierten Simulatoren erzeugen Schwundprozesse mit zeitinvariantem Leistungsdichtespektrum. Um zeitvariante Spektren zu simulieren, werden typische Schwundprozesse nach Amplitude und Phase auf Datenträger aufgezeichnet und zur Simulatorsteuerung verwendet [18]. Für die Simulation frequenzselektiven Schwundes müssen mehrere Rayleigh-Funkkanalsimulatoren über Laufzeitglieder zusammengeschaltet werden, wobei je nach simuliertem Ausbreitungskanal die Laufzeitdifferenzen in der Größenordnung der in Tab. 1 gegebenen Werte für die Impulsverbreiterung T_M liegen müssen [19–21, 26, 27].

Spezielle Literatur: [1] *Müller, P. H.:* Lexikon der Stochastik,. Berlin: Akademie-Verlag 1975. – [2] *Bello, Ph.:* Some techniques for instantaneous real-time measurement of multipath and Doppler-spread. IEEE Trans. COM-13 (1965) 285–292. – [3] *Bajwa, A. S.; Parsons, J. D.:* Small area characterisation of UHF urban and suburban mobile radio propagation. IEE Proc. 129 (1982) 102–109. – [4] *Bello, Ph. A.:* Characterization of random time-variant linear channels. IRE Trans. CS-11 (1963) 360–393. – [5] *Parsons, J. D.; Bajwa, A. S.:* Wideband characterisation of fading mobile radio channels. IEE Proc. 129. Part F (1982) 95–101. – [6] *Bello, Ph.:* Time-frequency duality. IEEE Trans. IT (1964) 18–33. – [7] *Gelbrich, H.-J.; Löw, K.;* *Lorenz, R. W.:* Funkkanalsimulation und Bitfehler-Strukturmessungen an einem digitalen Kanal. Frequenz 36 (1982) 130–138. – [8] *Möhrmann, K. H.:* Adaptive Verfahren in der Übertragungstechnik. Frequenz 28 (1974) 118–122, 155–161. – [9] *Malaga, A.; McIntosh, R. E.:* Delay and Doppler power spectra of a fading ionospheric reflection channel. Radio Sci. 13 (1978) 859–872. – [10] *Bello, Ph. A.:* A review of signal processing for scatter communications. AGARD Conf. Proc. 244 (1977) 27.1.–27.23. – [11] *Schmitt, F.:* Statistics of troposcatter channels with respect to the applications of adaptive equalizing techniques. AGARD Conf. Proc. 244 (1977) 5.1.–5.15. – [12] *Jakes, W. C.:* Microwave mobile communications. New York: Wiley 1974. – [13] *Cox, D. C.:* Correlation bandwidth and delay spread multipath propagation statistics for 910 MHz urban mobile radio channels. IEEE Trans. COM-23 (1975). – [14] *Stephansen, E. T.; Mogensen, G. E.:* Experimental investigation of some effects of multipath propagation on a line-of-sight path at 14 GHz. IEEE Trans. COM-27 (1979) 643–647. – [15] *Martin, L.:* Study of fading selectivity due to multipath propagation. Proc. URSI Int. Symp. Lennoxville, Canada 1980. – [16] *Arredondo, G. A.* et al.: A multipath fading simulator for mobile radio. IEEE Trans. COM-21 (1973) 1325–1328. – [17] *Lorenz, R. W.; Puhl, M.:* Geräte zur Simulation der Feldstärkeschwankungen zwischen einer ortsfesten und einer bewegten Station. Tech. Ber. FI der DBP, 44 TBt 86 (1981). – [18] *Hagenauer, J.; Papke, W.:* Der gespeicherte Kanal – Erfahrungen mit einem Simulationsverfahren für Fading-Kanäle. Frequenz 36 (1982) 122–129. – [19] *Arnold, H. W.; Brodtmann, W. F.:* A hybrid multi-channel hardware simulator for frequency selective mobile radio paths. IEEE Globecom 1982. A 3-1. – [20] *Valentin, R.; Metzger, K.; Schneckenburger, R.:* Performance analysis of diversity and equalization techniques using a selective fading simulator and computer modeling. IEEE Conf. on Communications, Chicago 1985 (ICC 85), Conf. Rec. Vol 2, 1244–1248. – [21] *Bello, P. A.:* Wideband line-of-sight channel simulation system. AGARD Conf. Proc. 244 (1977) 12.1–12.14. – [22] *Lorenz, R. W.:* Das Zweiwegemodell zur Beschreibung der Frequenz- und der Zeitabhängigkeit der Übertragungsfunktion eines Funkkanals. Der Fernmelde-Ingenieur 39 (1985) Heft 1. – [23] *Lorenz, R. W.:* Zeit- und Frequenzabhängigkeit der Übertragungsfunktion eines Funkkanals bei Mehrwegeausbreitung mit besonderer Berücksichtigung des Mobilfunkkanals. Der Fernmelde-Ingenieur 39 (1985) Heft 4. – [24] *Failli, M.:* COST 207, Digital land mobile radio communications, Final Report. Brüssel, Kommission der Europäischen Gemeinschaften, ISBN 92-825-9946-9, 1989. – [25] *Ariyavisitakul, S.; Yoshida, S.; Ikegami, F.; Takeuchi,*

T.: An improvement effect by a hard-limiter on differential detection performance of PSK in frequency-selective fading. IEEE Trans. VT-36 (1987) 193–200. – [26] *Schüßler, H. W.; Thielecke, J.; Edler, W.; Gerken, M.:* A digital frequency-selective fading simulator. Frequenz 43 (1989) 47–56. – [27] *Lorenz, R. W.:* Messung und Simulation der breitbandigen Übertragungseigenschaften von Mobilfunkkanälen. Nachrichtentechnik Elektronik 39 (1989) 18–19. – [28] *Lorenz, R. W.; Löw, K.; Weber, M.; Kartaschoff, P.; Merki, P.; de Weck, J.-P.:* Excess delay power profiles measured in mountainous terrain. Alta Frequenza LVII (1988) 57–64. – [29] *Eggers, P. C. F.; Bach Andersen, J.:* Measurements of complex envelopes of mobile scenarios at 450 MHz. IEEE Trans. VT-38 (1989) 37–42. – [30] *Rummler, W. D.:* Advances in multipath channel modeling. IEEE Conf. on Communications, 1980 (ICC 80), Conf. Rec., 52.3.1–52.3.5. – [31] *Metzger, K.; Valentin, R.:* On the performance of equalized digital radio systems during frequency-selective fading. AEÜ 44 (1990) 32–42.

6 Planungsunterlagen für die Nutzung der Frequenzbereiche
Planning methods for the utilization of the radio frequency spectrum

Allgemeine Literatur: *Braun, G.:* Planung und Berechnung von Kurzwellenverbindungen. Berlin: Siemens AG 1981. – *Wiesner, L.:* Fernschreib- und Datenübertragung über Kurzwelle. Berlin: Siemens AG 1980. – *Recommendations and Reports of the CCIR, 1990, Vol. V* (Propagation in non-ionized media) und *Vol. VI* (Propagation in ionized media), Genf: ITU 1990.

6.1 Frequenzen unter 1600 kHz (Längstwellen, Langwellen, Mittelwellen)
Frequencies below 1600 kHz (ELF, VLF, LF, MF)

Längstwellenbereich. (VLF = Very Low Frequencies: 3 bis 30 kHz). Die Wellenlänge ist in der Größenordnung des Abstands der Ionosphäre vom Erdboden, bzw. bei ELF (Extremely Low Frequencies: 3 bis 3000 Hz) sogar des Erdumfangs. Hier muß die Ausbreitung im sphärischen Wellenleiter zwischen Erde und Ionosphäre betrachtet werden (geführte Ausbreitung). Darauf beruhen die Methoden zur Berechnung der Feldstärke im Längstwellenbereich [1]. Kompliziertere Verfahren berücksichtigen die unterschiedlichen Eigenschaften des Wellenleiters entlang des gesamten Weges (nichthomogener Wellenleiter), einschließlich einer beliebigen Elektronen- und Ionendichteverteilung in der Ionosphäre [2]. Im Längstwellenbereich ist zwar der Wirkungsgrad der Antennen sehr klein, es genügen aber die geringen abgestrahlten Leistungen zur Überbrückung sehr großer Entfernungen mit geringer Übertragungsgeschwindigkeit.
Die Notwendigkeit, den Raum zwischen Erde und Ionosphäre als Hohlleiter zu betrachten, verliert sich mit zunehmender Frequenz. Bereits im oberen VLF-Bereich kann die Feldstärke der am Boden geführten Welle (Bodenwelle, s. H 2.6) getrennt von dem reflektierten Feld (Raumwelle) betrachtet werden, wobei ggf. die Absorption bei der Reflexion und in tieferen Regionen der Ionosphäre zu berücksichtigen ist (s. H 3.3).

Langwellenbereich. (LF = Low Frequencies: 30 bis 300 kHz). Dieser ist wegen der besonderen Stabilität der Ausbreitung und der großen Reichweite für Zeitzeichenübertragung und Navigationsverfahren geeignet. Die Empfangsfeldstärke wird entweder nach der „Wave-hop"-Methode oder nach der „Waveguide mode"-Methode berechnet [3]. In ersterer werden die Ausbreitungswege der elektromagnetischen Energie geometrisch betrachtet (hops, s. H 3.3), in letzterer wird die Ausbreitung als Summe der verschiedenen Wellentypen im Hohlleiter Erde-Ionosphäre (s. o.) behandelt.

Mittelwellenbereich. (MF = Medium Frequencies: bis 1600 kHz). Er hat Bedeutung für den Rundfunk, da bei großer Sendeleistung (einige 100 kW) eine ausreichend große Bodenwellenfeldstärke (in Entfernungen bis zu einigen 100 km) erzielt wird. Nachts können wegen der fortfallenden Absorption (s. H 3.3) über die Raumwelle größere Entfernungen (um 1000 km) überbrückt werden. Für die Rundfunkplanung gibt es eine Reihe von Methoden zur Berechnung der Raumwellenfeldstärke [4]; eine davon wird vom CCIR empfohlen [5]. Dabei wird die nächtliche Raumwellenfeldstärke, d. h. der höchste innerhalb von 24 Stunden auftretende Wert und von diesem ausgehend werden die Werte für andere Stunden des Tages berechnet. Wegen der örtlichen und zeitlichen Variabilität der Ionosphäre (s. H 3.3) können die tatsächlich auftretenden Feldstärken (die ebenfalls mit Ort und Zeit schwanken) nur abgeschätzt werden (Vergleiche mit gemessenen Werten s. [6]).
Die Berechnung der Bodenwellenfeldstärke für die reale Erdoberfläche ist kompliziert und nur angenähert möglich. Meist werden die für homogene, glatte Erde berechneten Bodenwellenausbreitungskurven des CCIR [7] angewandt (Bilder 1 und 2), in denen neben den Bodeneigenschaften (s. H 2.6) und der Beugung (s. H 2.7) auch die Brechung in der Troposphäre (s. H 2.2) berücksichtigt ist.
Diese Kurven gelten nur für Ausbreitungswege mit homogenen Eigenschaften. Sind die Bodenei-

Spezielle Literatur Seite H 35

Bild 1. Bodenwellenausbreitungskurven für hohe Bodenleitfähigkeit (Meerwasser). Nach CCIR [7]. Dargestellt ist die Feldstärke eines 1-kW-Senders mit einer kurzen Vertikalantenne für verschiedene Frequenzen

Bild 2. Bodenwellenausbreitungskurven für niedrige Bodenleitfähigkeit (Land). Nach CCIR [7]. Gleiche Darstellung wie Bild 1

Bild 3. Zur Anwendung der Millington-Methode: Ausbreitung über drei Regionen unterschiedlicher Bodenleitfähigkeit

genschaften inhomogen, kann die von Millington [8] entwickelte halb-empirische Methode angewandt werden. Führt der Ausbreitungsweg über drei Regionen (Strecken d_1, d_2, d_3) mit unterschiedlichen Bodenkonstanten (κ_1, ε_1, κ_2, ε_2, κ_3, ε_3, s. Bild 3), dann ergibt eine erste Berechnung die Feldstärke E_S des Senders S am Empfangsort E:

$$E_S = E_1(d_1) - E_2(d_1) + E_2(d_1 + d_2) - E_3(d_1 + d_2) + E_3(d_1 + d_2 + d_3),$$

wobei die Feldstärken E_1, E_2 und E_3 nach den Bodenwellenkurven bestimmt werden. Anschließend wird die Feldstärke so berechnet, als ob E der Sender und S der Empfänger wäre (Reziprozität):

$$E_E = E_3(d_3) - E_2(d_3) + E_2(d_3 + d_2) - E_1(d_3 + d_2) + E_1(d_3 + d_2 + d_1).$$

Die zu berechnende Feldstärke wird schließlich

$$E = (E_S + E_E)/2. \qquad (1)$$

Die nach dieser Methode berechneten Feldstärken stimmen gut mit gemessenen Werten überein [9]. Für manche Zwecke ist eine aus dieser Methode entwickelte graphische Methode brauchbar [10]. Die Millington-Methode ist geeignet zur Abschätzung des „Recovery-Effektes", d. h. einer Zunahme der Feldstärke beim Übergang von Regionen geringer auf Regionen höherer Bodenleitfähigkeit.

6.2 Frequenzen zwischen 1,6 und 30 MHz (Kurzwellen)
Frequencies between 1.6 MHz and 30 MHz (HF range)

Bedeutung hat dieser Frequenzbereich dadurch, daß *weltweite Nachrichtenverbindungen* über eine oder mehrere Reflexionen an der Ionosphäre und am Erdboden (Zick-Zack-Wege) möglich sind. Allerdings sind die Ausbreitungsbedingungen sehr variabel. Ausschlaggebend ist die Wahl der richtigen Frequenz, denn Grenzfrequenz und Absoroption sind mit Tageszeit, Jahreszeit, geographischem Ort und Sonnentätigkeit veränderlich (s. H 3.3). Der häufige, schnelle und frequenzselektive Schwund begrenzt die nutzbare Bandbreite (s. Tab. H 5.1). Damit sind die Kurzwellen für Anwendungen geeignet, die nur eine mäßige Zuverlässigkeit und Übertragungsqualität erfordern. Ihr Vorteil ist die Möglichkeit, Funkverbindungen über große Entfernungen schnell und kostengünstig herzustellen.
Wegen der starken Variabilität der Ausbreitungsbedingungen werden *Langfristprognosen* (Vorhersagen der Monatsmedianwerte) und

Kurzfristprognosen (Vorhersagen der kurzfristigen Abweichungen von diesen Medianwerten) erstellt. Für die Prognose von Monatsmedianwerten ist es notwendig, längs des Ausbreitungswegs den mittleren Ionosphärenzustand vorherzusagen. Aus diesem ergibt sich der nutzbare Frequenzbereich, der nach unten durch die Absorption begrenzt wird (LUF = Lowest Usable Frequency) und nach oben durch die Schräg-Grenzfrequenz (basic MUF, MUF = Maximum Usable Frequency), die nach Gl. H 3 (13) bei gegebener Sprunglänge aus der Senkrechtgrenzfrequenz bestimmt werden kann. Letztere gewinnt man aus Karten (z. B. [11, 12]) oder aus den tabellierten Koeffizienten von Kugelfunktionsentwicklungen, die aus mehrjährigen Messungen des Ionosphärenzustands an vielen Beobachtungsstationen auf der Erde gewonnen wurden [13]. Formelmäßige Ausdrücke zur Berechnung der Grenzfrequenz [14, 15] sind in der Genauigkeit den aus den Koeffizienten gewonnen Werten unterlegen, haben aber den Vorteil der leichteren Anwendbarkeit.

Empfangsbeobachtungen haben gezeigt, daß die „Betriebsgrenzfrequenz" (operational MUF oder auch nur MUF) merklich höher liegen kann als die aus der Strahlenbrechung berechnete Schräggrenzfrequenz. Ursache dafür ist die Streuausbreitung, die auch innerhalb der toten Zone (s. H 3.3) noch eine (relativ kleine) Feldstärke hervorruft. Die Betriebsgrenzfrequenz ist (im Gegensatz zur Schräg-Grenzfrequenz) leistungsabhängig, da die Streufeldstärke mit der Sendeleistung zunimmt (s. H 2.5).

Die Bestimmung von LUF und MUF kann für einfache Planungszwecke schon ausreichen. Für eine genauere Planung und die Festlegung technischer Parameter (Sendeleistung, Antennengewinn usw.) sind jedoch Feldstärke bzw. Rauschabstand (s. H 4) wichtig. Dafür wird zuerst die Freiraumfeldstärke für die Entfernung längs des Zick-Zack-Wegs berechnet. Dann werden die Absorptionsmaße der Welle auf den Wegabschnitten in den unteren Ionosphärenschichten aufaddiert und das so erhaltene Ausbreitungsdämpfungsmaß vom Freiraumfeldstärkemaß (s. H 2.2) subtrahiert. Solche Methoden sind nur für Frequenzen unterhalb der Schräg-Grenzfrequenz brauchbar; sie sind entweder (je nach Ionosphärenmodell) sehr rechenaufwendig (Großrechner [16–18]) oder weniger genau, aber für Taschenrechner geeignet [19, 20].

Ein grundsätzlich anderes Verfahren verwendet einen formelmäßigen Ausdruck für den Verlauf der Feldstärke zwischen LUF und MUF mit empirischen Faktoren. Diese berücksichtigen die Einflüsse von Tageszeit, Jahreszeit, Sonnentätigkeit und geografischer Lage von Sender und Empfänger (Beckmann-Formel) [21, 22]. Die anderen Methoden [16–18] benötigen bei vergleichbarer Genauigkeit sehr viel mehr Rechen-

Monat : Dezember 1982	Sonnenfleckenzahl : 94
Linie : Frankfurt	CIRAF 8
Koordinaten : 50,2°N / 8,6°O	36,0°N / 80,0°W
Azimute : 294,1°	46,3°
Entfernung auf dem Großkreis : 6932 km oder 3741 sm	
Sendeleistung : 1kW	
angegebene Feldstärken sind Medianwerte, d.h. sie werden an 15 Tagen des Monats erreicht oder überschritten	

Bild 4. Beispiel einer Funkprognose nach der Beckmann-Formel. Angegeben ist das Feldstärkemaß für eine Linie New-York – Frankfurt, Monat Dezember 1982 und eine Sendeleistung von 1 kW ERP

zeit. Beispiel einer Prognose nach der Beckmann-Formel in Bild 4.

Die variable Sonnentätigkeit führt zu starken Schwankungen (day-to-day variation) um die vorhergesagten Monatsmedianwerte. Der Bereich, in dem 90% der in einem Monat zu einer bestimmten Tageszeit beobachteten Stundenmittelwerte der Feldstärke liegen, beträgt in der Nähe der LUF etwa ± 6 dB, in der Nähe der Schräg-Grenzfrequenz ± 25 dB und in der Nähe der MUF ± 8 dB [23]. Schwankungen dieser Art werden unter Berücksichtigung der momentanen Sonnenaktivität in den sog. *Kurzfristvorhersagen* abgeschätzt. Dabei werden Wahrscheinlichkeiten für die Größenordnung der Schwankungen angegeben, und es werden Tendenzen für das Auftreten von Störungen aufgezeigt. Funkdienste, bei denen ein häufiger Frequenzwechsel nicht möglich ist (z. B. Rundfunk), setzen vorzugsweise Frequenzen ein, die etwa 15 bis 20% unterhalb des Monatsmittels der Schräggrenzfrequenz liegen (FOT = Frequency of Optimum Traffic).

Neben den Schwankungen des mittleren Signalpegels von Tag zu Tag treten auch kurzfristige Schwankungen des Pegels mit Perioden von Bruchteilen von Sekunden bis zu einigen Minuten auf (Schwund). Sie werden z. B. durch veränderliche Absorption oder Überlagerung mehrerer (z. B. auch unterschiedlich polarisierter, s. H 3.3) Teilwellen verursacht, als Folge der inhomogenen Struktur der Ionosphäre. Dieser Schwund ist rayleigh-verteilt (s. H 1).
Zur Verbesserung der Zuverlässigkeit von Kurzwellenverbindungen gibt es „Echtzeit-Verfahren", die die Qualität der empfangenen Sendung laufend prüfen (evtl. auf mehreren Frequenzen) und jeweils die optimale Frequenz auswerten. Andere Verfahren sind Diversity-Verfahren, Spreizbandtechniken (spread-spectrum), Fehlererkennung und ARQ-Verfahren (automatic request), sowie Fehlerkorrekturverfahren (forward error correction).

Bild 5. Rautenplan für $n = 7$ Kanäle. Sender in den Knotenpunkten. Das hervorgehobene Sechseck gibt die Kanalanordnung an, R minimaler Versorgungsradius eines Senders; d_N, d_G Abstand zwischen zwei Sendern verschiedener bzw. gleicher Frequenz

6.3 Frequenzen zwischen 30 und 1000 MHz (Ultrakurzwellen, unterer Mikrowellenbereich)
Frequencies between 30 and 1000 MHz

Planungsverfahren. In diesem Frequenzbereich wird die Empfangsfeldstärke nur in Ausnahmefällen von der Ionosphäre oder der Bodenleitfähigkeit beeinflußt. Entscheidend für die Ausbreitung zwischen erdgebundenen Funkstellen ist die Rauhigkeit der Grenzfläche Erde/Atmosphäre. Durch Beugung, Reflexion oder Streuung wird häufig eine ausreichende Empfangsfeldstärke erreicht, selbst wenn der direkte Weg zwischen den Funkstellen stark abgeschattet ist. Daher ist der Frequenzbereich zwischen 30 und 1000 MHz besonders für Flächenversorgung (Rundfunk und bewegliche Funkdienste) geeignet.
In neuerer Zeit wird für Mobilfunkdienste der Frequenzbereich zwischen 1 GHz und 3 GHz besonders für sehr kurze Reichweiten vorgeschlagen. Planungsverfahren für diesen Frequenzbereich sind allerdings noch nicht entwickelt worden.

Netzstruktur für Flächenversorgung. Für die Grobplanung von Sendernetzen geht man von Rautennetzen aus [25]. In Bild 5 ist die flächendeckende Verteilung von $n = 7$ Kanälen gezeichnet. In den Punkten gleicher Kennzahl werden gleiche Frequenzen benutzt. Der Abstand zwischen zwei Sendern verschiedener Frequenz ist die Netzweite

$$d_N = \sqrt{3}\, R, \qquad (2)$$

wobei R der Mindestversorgungsradius eines Senders ist. Der Abstand zwischen zwei Sendern gleicher Frequenz, die sich gegenseitig nicht stören sollen, heißt Gleichkanalabstand:

$$d_G = \sqrt{n}\, d_N = \sqrt{3n}\, R. \qquad (3)$$

Gleichseitige Gleichkanalabstands-Dreiecke ergeben sich für $n = 3$; 4; 7; 9; 13; 16; 19 usw. Für eine effektive Frequenzbandausnutzung [26] muß n möglichst klein sein. Großräumige Netzplanung ist in [27] beschrieben.

Berechnung der Feldstärke ohne Berücksichtigung der Topographie. Als erster Schätzwert des Feldstärkepegels dient der Freiraumwert (Gl. H 2(1))

$$F_0/\mathrm{dB}(\mu\mathrm{V/m}) = 10\lg(P_S/\mathrm{W}) + 10\lg(G_S)$$
$$- 20\lg(d/\mathrm{km}) + 74{,}8, \qquad (4)$$

oder der Wert für Ausbreitung über ebener Erde (Gl. H 2 (26))

$$F_{\mathrm{Ebene}} = \begin{cases} F_0 & \text{für } A_{\mathrm{Ebene}} < 0 \\ F_0 - A_{\mathrm{Ebene}} & \text{für } A_{\mathrm{Ebene}} > 0 \end{cases} \qquad (5)$$

$$A_{\mathrm{Ebene}} = 20\lg(d/\mathrm{km}) - 20\lg(f/\mathrm{MHz}) \qquad (6)$$
$$- 20\lg(h_S/\mathrm{m}) - 20\lg(h_E/\mathrm{m}) + 87{,}6$$

(P_S = Leistung des Senders; G_S = Sendeantennengewinn, bezogen auf den Kugelstrahler; d = Abstand von der Sendeantenne; f = Betriebsfrequenz; h_S, h_E = Antennenhöhen am Sender bzw. Empfänger.)
Für die Feldstärke in der Beugungszone (s. H 2.7) sind in [28] Nomogramme zu finden. Durch Troposcatter (s. 6.4) kann allerdings die Feldstärke größer sein als nach der Beugungstheorie berechnet.

Berechnung der Feldstärke mit Berücksichtigung der Topographie durch statistische Kennwerte. Aufbauend auf Ausbreitungsmessungen hat das CCIR Ausbreitungskurven für 30 bis 250 MHz

Bild 6. Medianwerte der Feldstärkepegel in dB(μV/m). Nach [30]. Diese Werte werden in 50% der Zeit und an 50% der Orte im Frequenzbereich zwischen 30 und 300 MHz überschritten. Die Ausbreitungskurven gelten über Land im Bereich der Klimazonen zwischen Nordsee und Mittelmeer. Die Sendeleistung beträgt 1 kW ERP (vom verlustlosen $\lambda/2$-Dipol bei 1 kW Einspeisung in Hauptstrahlrichtung abgestrahlt). Parameter: h_1: Sendeantennenhöhe über den zwischen 3 und 15 km in Richtung auf den Empfänger gemittelten Geländehöhen, $h_2 = 10$ m: Empfangsantennenhöhe über Grund und $\Delta h = 50$ m: Geländerauhigkeit

Tabelle 1. Standardabweichung σ_t/dB der Zeitwahrscheinlichkeit nach [29]

Frequenzbereich in MHz	Entfernung vom Sender in km		
	50	100	150
30 ... 300	3	7	9 (Land und See)
	2	5	7 (Land)
300 ... 1000	9	14	20 (See)

(Rundfunkbänder I bis III) und 450 bis 1000 MHz (Bänder IV und V) veröffentlicht [29, 30], bei denen der Einfluß des Geländes durch statistische Kennwerte erfaßt wird. Die Kurven in [30] gelten für gemäßigte Klimazonen und leicht hügeliges Gelände (Beispiel s. Bild 6). In [30] sind weitere Kurven für 10%, 5% und 1% der Zeit angegeben, getrennt nach verschiedenen Klimagebieten in Europa. Die niedrigen Zeitprozentsätze sind für die Abschätzung von Gleichkanalstörungen bei Überreichweiten wichtig (s. H 7.2). So ist die Feldstärke in 1% der Zeit bei $d = 200$ km über Land etwa um 20 dB, über dem Mittelmeer sogar um etwa 53 dB höher als in Bild 6 angegeben.

Die Topographie wird in dieser Methode durch zwei statistische Kenngrößen charakterisiert: die wirksame Sendeantennenhöhe h_1 (Def. s. Bild 6) und die Geländerauhigkeit Δh. Dies ist die Differenz zwischen den Geländehöhen, die an 10% und 90% der Orte im Entfernungsbereich zwischen 10 und 50 km erreicht werden. Bild 6 gilt für $\Delta h = 50$ m; für andere Werte werden Dämpfungskorrekturen angegeben, die entfernungs- und frequenzabhängig zwischen -10 dB ($\Delta h = 10$ m) und $+28$ dB ($\Delta h = 500$ m) liegen. Weitere Einzelheiten zu dieser Methode in [31]. An verschiedenen Meßpunkten in gleichem Abstand vom Sender und bei gleichen Kennwerten h_1 und Δh werden sehr unterschiedliche Feldstärkepegel gemessen. In erster Näherung ist die *Ortswahrscheinlichkeit* der Feldstärkepegel eine Normalverteilung mit der Standardabweichung σ_L, die nach [29, 31] abgeschätzt werden kann zu

$$\frac{\sigma_L}{dB} = \begin{cases} 6 + 0{,}69\sqrt{\Delta h/\lambda} - 0{,}0063\,\Delta h/\lambda \\ \quad \text{für } \Delta h/\lambda \leq 3000, \\ 25 \quad \text{für } \Delta h/\lambda > 3000. \end{cases} \quad (7)$$

Die zeitlichen Schwankungen der Ausbreitungsbedingungen durch troposphärische Effekte (s. H 3.2) können nach [29] meist als Normalverteilung der Feldstärkepegel angesetzt werden, typische Standardabweichungen σ_t der *Zeitwahrscheinlichkeit* s. Tab. 1. Die resultierende Standardabweichung ist durch

$$\sigma/dB = \sqrt{(\sigma_L/dB)^2 + (\sigma_t/dB)^2} \quad (8)$$

gegeben.

Berechnung der Feldstärke im quasi-ebenen Gelände. Aus Messungen im quasi-ebenen Gelände wurde eine Feldstärkeberechnungsmethode entwickelt [32], bei der unter Verwendung zahlreicher Diagramme verschiedene topographische Gegebenheiten berücksichtigt werden. Daraus wurde dann eine empirische Ausbreitungsformel für städtisches Gebiet und vertikale Polarisation hergeleitet [33]:

$$F_\text{Stadt} = F_0 - A_\text{Stadt}, \quad (9)$$

$$\begin{aligned}A_\text{Stadt}/dB = &(24{,}9 - 6{,}5\,\lg(h_S/m))\,\lg(d/km) \\ &+ (7{,}7 - 1{,}1\,h_E/m)\,\lg(f/MHz) \quad (10)\\ &+ 0{,}7\,h_E/m - 13{,}8\,\lg(h_S/m) + 36{,}3\end{aligned}$$

Gültigkeitsbereich von Gl. (10): $150 \leq f/\text{MHz} \leq 1000$;

$1 \leq d/\text{km} \leq 20$; $\quad 30 \leq h_S/m \leq 200$ und $1 \leq h_E/m \leq 10$.

Im Vergleich zu A_Ebene nach Gl. (6) ist besonders die ungünstigere Frequenzabhängigkeit von

A_{Stadt} von Bedeutung, die durch Beugungsdämpfung von Bauwerken verursacht wird.
In [32] sind Korrekturfaktoren für andere Geländetypen angegeben, u. a. für

freies Gelände:

$$F_{\text{frei}} \approx F_{\text{Stadt}} + \begin{cases} 18\,\text{dB bei } f = 100\,\text{MHz}, \\ 24\,\text{dB bei } f = 1000\,\text{MHz}, \end{cases}$$

Wasserflächen:

$$F_{\text{Wasser}} \approx F_{\text{frei}} + 15\,\text{dB}.$$

Bei ansteigendem Hang ist eine Erhöhung des Feldstärkepegels um etwa 5 dB zu berücksichtigen. Im Wald ist in erster Näherung $F_{\text{Wald}} \approx F_{\text{Stadt}}$, durch die Belaubung sind saisonale Unterschiede bis zu 10 dB möglich. Bessere Näherungen zur Berücksichtigung von Waldeinflüssen in [34].

Berücksichtigung von Bergen. Zusätzlich zu den bisher beschriebenen Berechnungen muß die Abschattung durch Berge berücksichtigt werden. Liegt im Geländeprofil (s. H 3.1) nur ein Hindernis, so kann näherungsweise mit Kantenbeugung (s. H 2.7) gerechnet werden. Es gilt [28]

$$\frac{A_{\text{Kante}}}{\text{dB}} \approx \begin{cases} 0 & \text{für } v \leq -1 \\ 6{,}4 + 20\,\lg(\sqrt{v^2+1}+v) & \\ & \text{für } v > -1 \end{cases} \quad (11)$$

Dabei ist

$$v = (H/\text{m})/(387\sqrt{d_S/\text{km}(1-d_S/d)/(f/\text{MHz})}) \quad (12)$$

(H = Abstand zwischen der geradlinigen Verbindung Sender–Empfänger und der Kante; d_S = Abstand zwischen Sender und Kante; d = Abstand zwischen Sender und Empfänger).
In Ausnahmefällen kann die Feldstärke hinter einem Hindernis größer sein als über ebener Erde. Voraussetzung dafür ist, daß zwischen Sender und Hindernis und zwischen Empfänger und Hindernis je eine gut reflektierende Ebene liegen und das Hindernis eine scharfe Beugungskante darstellt. Dieser Effekt wird Hindernisgewinn genannt [35].
Abgerundete Bergkuppen vergrößern die Dämpfung: Methoden zur Abschätzung sind in [28, 36, 37] beschrieben. Für die Beugung an mehreren Hindernissen wird nach [38] das Hindernis gesucht, das für sich allein die größte Dämpfung ergeben würde (Haupthindernis). Danach werden neue Sichtlinien und Fresnel-Ellipsen vom Sender zur Spitze des Haupthindernisses und von dort zum Empfänger berechnet. Falls in die neuen Fresnel-Ellipsen noch andere Hindernisse hineinragen, ergeben sich weitere Zusatzdämpfungen. Eine Korrektur zu diesem Verfahren ist in [39] hergeleitet.

Zur rechnergestützten Feldstärkeberechnung sind *topographische Datenbanken* erstellt worden, in denen für Flächenelemente bestimmter Größe die Höhe über NN und eine Kennziffer über die Landnutzung gespeichert sind. Vergleiche von Datenbanken und Berechnungsmethoden in [40].

Besonderheiten der Wellenausbreitung beim Mobilfunk. Nahe der Erdoberfläche weist die räumliche Verteilung der Feldstärke durch Überlagerung von Teilwellen starke Amplitudenschwankungen auf, hervorgerufen durch
– Streuung an Geländerauhigkeit, Vegetation und Bauwerken;
– Reflexion an glatten Berghängen oder Häuserfronten;
– Wellenführung in Straßen und in Tälern mit steilen Hängen.
Eine in diesem Wellenfeld bewegte Antenne transformiert die räumlichen in zeitliche Schwankungen des Empfangssignals mit Anteilen von schnellem und langsamem Schwund.

Schneller Schwund entsteht durch Interferenz der Teilwellen. Die Amplituden sind rayleigh-verteilt, wenn keine direkte Sicht zwischen den Funkstellen vorhanden ist, und rice-verteilt, wenn direkte Sicht vorliegt (s. H 1.3). Die Bewegung des Fahrzeugs (Geschwindigkeit v und Winkel α gegen die azimutale Einfallsrichtung der Welle) bewirkt eine Doppler-Verschiebung

$$f_D(\alpha) = v \cos(\alpha)/\lambda. \quad (13)$$

Da die Teilwellen aus unterschiedlichen Richtungen zur bewegten Antenne gelangen, entsteht ein i. allg. zeitvariantes, kontinuierliches Spektrum (s. H 5.1) im Bereich [41, 42]:

$$f_0 - f_{DM} \leq f \leq f_0 + f_{DM}, \quad (14)$$

dabei ist f_0 die Trägerfrequenz und $f_{DM} = f_D (\alpha = 0)$ die maximale Doppler-Frequenz.
Der *langsame Schwund* resultiert aus der Struktur der Bebauung und Vegetation. In städtischen Gebieten ist er häufig normalverteilt: Der gesamte Schwundprozeß kann dann durch eine Mischverteilung (s. H 1.3) beschrieben werden [43, 44]. Wegen der starken Feldstärkeschwankungen im Mobilfunk werden zum Gerätetest Funkkanalsimulatoren benutzt (s. H 5.3).

6.4 Frequenzen über 1 GHz (Mikrowellen)
Frequencies above 1 GHz

Der Frequenzbereich oberhalb 1 GHz wird im wesentlichen für Radar, terrestrischen Richtfunk und Satellitenfunk genutzt. Durch troposphä-

Bild 7. Beugungsdämpfungsmaß A_B als Funktion der normierten Streckenfreiheit v bei *1* Kantenbeugung, *2* Beugung an glatter, sphärischer Erde, *3* Meßergebnisse nach [46]

rische Einflüsse können in gewissen Zeitprozentsätzen große Ausbreitungsdämpfungen auftreten. Diese für die Planung benötigten Zeitprozentsätze werden meist auf ein durchschnittliches Jahr bezogen, manchmal auch auf den ungünstigsten Monat eines Jahres [45].

Terrestrische Funkstrecken

Für Richtfunkverbindungen läßt sich der Einfluß von Hindernissen mit Hilfe des Fresnel-Ellipsoids (s. H 2.7) abschätzen. Häufig wird gefordert, daß das erste Fresnel-Ellipsoid für $k_e = 4/3$ von Hindernissen frei sein soll (Geländeschnitt, s. H 3.1). Dann kann man in guter Näherung mit Freiraumausbreitung (s. H 2.1) rechnen.

Beugungsdämpfung. Wenn Hindernisse in das erste Fresnel-Ellipsoid hineinragen (begrenzte Turmhöhen, kurzzeitige Verringerung des k_e-Werts), tritt eine zusätzliche Beugungsdämpfung auf, die u. a. von der Art des Geländes und der Vegetation abhängt. Bild 7 zeigt Meßergebnisse [46, 47], die zwischen den theoretischen Werten für die Beugung an einer scharfen Kante und an der kugelförmigen Erde liegen, als Funktion der Streckenfreiheit (Beugungsparameter $v = \sqrt{2H/r_F}$, s. H 2.7). Für den Fall der glatten Erde ist H die maximale Höhe, mit der die Erdkugel über die direkte Verbindung Sender – Empfänger in der k_e-Darstellung (s. Bild H 3.2b) hinausragt:

$$H = k_e r_E - \sin\alpha (k_e r_E + h_S)(k_e r_E + h_E)/r_d, \quad (15)$$

mit $\alpha = d/(k_e r_E)$.

$$r_d^2 = (k_e r_E + h_S)^2 - 2\cos\alpha(k_e r_E + h_S)$$
$$\cdot (k_e r_E + h_E) + (k_e r_E + h_E)^2,$$

(d = Abstand Sender – Empfänger; h_S, h_E = Höhe von Sende- bzw. Empfangsantenne).

Weiter hängt die theoretische Kurve für die kugelförmige Erde näherungsweise von einem Parameter B ab, der durch

$$B = k_e^{-1/3}(\sqrt{h_S/m} + \sqrt{h_E/m})^2 \, (f/\text{GHz})^{2/3} \quad (16)$$

gegeben ist [48].

Dämpfung durch Mehrwegeausbreitung. Bei anomalem Verlauf des vertikalen Brechwertgradienten (s. H 3.2) kann durch Defokussierung und Mehrwegeausbreitung selbst bei freiem ersten Fresnel-Ellipsoid am Empfänger kurzzeitig starker Schwund auftreten. Für NW-Europa läßt sich der Zeitprozentsatz, mit dem ein Dämpfungsmaß A_M bei einer einzelnen Frequenz f überschritten wird, bei tiefem Mehrwegeschwund ($A_M \geq 15$ dB) abschätzen [47]:

$$Q(A \geq A_M) = 1{,}7 \cdot 10^{-6}(1 + |\varepsilon_\varrho|)$$
$$\cdot (f/\text{GHz})^{0,89}(d/\text{km})^{3,6} \, 10^{-A_M/(10\,\text{dB})}. \quad (17)$$

Dabei ist der Neigungswinkel der Strecke gegeben durch

$$\varepsilon_\varrho = 10^{-3} |h'_S - h'_E|/d$$

mit h'_S, h'_E = Höhe von Sende- bzw. Empfangsantenne über Meeresniveau.

Die Überschreitungswahrscheinlichkeit bei einer einzelnen Frequenz (Gl. (17)) ist nicht mehr ausreichend für die Planung von breitbandigen Richtfunksystemen, da die Bedingung für nicht frequenzselektiven Schwund (s. H 5) nicht erfüllt ist. Zur Erfassung der Frequenzselektivität kann der Schwund näherungsweise durch ein Zweiwegemodell beschrieben werden. Dabei wird angenommen, daß die direkte Welle durch troposphärische Effekte (z. B. Defokussierung) gegenüber dem Freiraumwert gedämpft ist. Die Übertragungsfunktion $\underline{H}(\omega) = H(\omega)\exp[j\varphi(\omega)]$ des Ausbreitungskanals (bezogen auf Freiraumausbreitung) ist dann gegeben durch [49, 50]

$$\underline{H}(\omega) = a[1 - b \exp(-j(\omega - \omega_0)\tau)]. \quad (18)$$

(a = Verhältnis der Amplitude der direkten Welle zur Amplitude bei Freiraumausbreitung; b = Amplitudenverhältnis von reflektierter zu direkter Welle; $\omega_0 = 2\pi f_0$ = Kreisfrequenz, bei der beide Wellen gegenphasig sind; τ = Laufzeitdifferenz zwischen direkter und reflektierter Welle.)

Die Parameter a, b, ω_0 und τ ändern sich zeitlich; aus Messungen gewonnene statistische Verteilungsfunktionen sind in [50–52] gegeben. Ausbreitungsdämpfungsmaß A_M und Gruppenlaufzeit τ_g sind:

$$A_M/\mathrm{dB} = -20\lg|H(\omega)|$$
$$= -10\lg[\alpha^2(1-2b\cos((\omega-\omega_0)\tau)+b^2] \quad (19)$$

$$\tau_g = -\frac{d(\arg(H(\omega)))}{d\omega}$$
$$= -\tau\frac{b\cos((\omega-\omega_0)\tau)-b^2}{1-2b\cos((\omega-\omega_0)\tau)+b^2}. \quad (20)$$

Selbst bei ausreichender Empfangsleistung kann die Änderung von Dämpfung und Gruppenlaufzeit innerhalb des zu übertragenden Frequenzbandes, insbesondere bei digitaler Modulation, zu einem Ausfall des Systems führen [53, 54].
Die Auswirkung des Mehrwegeschwundes kann verringert werden durch Diversity-Anordnungen: Die Nachricht wird gleichzeitig auf zwei verschiedenen Trägerfrequenzen (Abstand Δf) übertragen (Frequenzdiversity), mit zwei oder mehreren übereinander angeordneten Antennen (Abstand Δh, Raumdiversity) oder durch eine Antenne mit zwei in der vertikalen Ebene getrennten Richtdiagrammen (Winkeldiversity) [78] empfangen. Ist der Schwund nicht frequenzselektiv, läßt sich der Verbesserungsfaktor D bei Diversity definieren als Quotient der Überschreitungshäufigkeiten für das Ausbreitungsdämpfungsmaß A_M bei Einfach- und Diversityempfang

$$D = \frac{Q(A \geq A_M)}{Q_D(A \geq A_M)}. \quad (21)$$

Nach [55] ist bei typischen Sichtstrecken mit Mehrwegeschwund bei Raumdiversity ($\Delta h \leq 15$ m)

$$D_r \approx 12 \cdot 10^{-4} \frac{(\Delta h/\mathrm{m})^2 f/\mathrm{GHz}}{d/\mathrm{km}} 10^{A_M/(10\,\mathrm{dB})}, \quad (22)$$

und bei Frequenzdiversity ($\Delta f \leq 500$ MHz)

$$D_f \approx \frac{1}{12}\frac{\Delta f/\mathrm{MHz}}{d/\mathrm{km}(f/\mathrm{GHz})^2} 10^{A_M/(10\,\mathrm{dB})}. \quad (23)$$

Diese Näherungsformeln gelten für $2\,\mathrm{GHz} \leq f \leq 11$ GHz, $30\,\mathrm{km} \leq d \leq 70$ km, $30\,\mathrm{dB} \leq A_M \leq 50$ dB und $D > 10$. Bei $\Delta h > 150\,\lambda$ bzw. $\Delta f > 150$ MHz wird der Diversitygewinn genügend groß ($D > 10$) [47, 56].
Für digitale Übertragung läßt sich der Verbesserungsfaktor bei frequenzselektivem Schwund definieren durch

$$D = \frac{Q(BER \geq BER_0)}{Q_D(BER \geq BER_0)},$$

d. h. als Quotient der Überschreitungshäufigkeit einer bestimmten Bitfehlerquote BER_0 ohne und mit Diversity. Eine einfache Abschätzung für

Tabelle 2. Parameter α_1 und b zur Abschätzung der Regendämpfung bei horizontaler (H) und vertikaler (V) Polarisation [56]

f/GHz	α_1^H (dB/km)	α_1^V/(dB/km)	b^H	b^V
10	0,0101	0,00887	1,28	1,26
15	0,0367	0,034	1,15	1,13
20	0,0751	0,0691	1,10	1,07
25	0,124	0,113	1,06	1,03
30	0,187	0,167	1,02	1,00
35	0,263	0,233	0,979	0,963

den Verbesserungsfaktor als Funktion des Antennen- oder Frequenzabstands kann nicht mehr angegeben werden. Die Parameter b und ω_0 in Gl. (18), die die Selektivität charakterisieren, sind für die Diversityzweige in guter Näherung unkorreliert [79].

Dämpfung durch Regen. Bei höheren Frequenzen hat der Regen einen merklichen Einfluß auf die Ausbreitung (s. H 3.2). Der Regendämpfungskoeffizient kann bei gegebener Regenrate R (s. Bild H 3.7) näherungsweise abgeschätzt werden durch

$$\alpha_R = \alpha_1 [R/(\mathrm{mm/h})]^b. \quad (24)$$

Werte für die frequenzabhängigen Parameter α_1 und b sind in Tab. 2 aufgeführt.
Es muß berücksichtigt werden, daß die Regenrate entlang des Ausbreitungswegs variiert. Für eine einfache Abschätzung der Regendämpfung für bestimmte Zeitprozentsätze wird aus der Regenrate, die in 0,01 % der Zeit an einem Ort überschritten wird, der Dämpfungskoeffizient nach Gl. (24) berechnet. Die effektive Streckenlänge d_eff einer Richtfunkstrecke, entlang der R als konstant angenommen wird, ergibt sich aus der tatsächlichen Streckenlänge d zu

$$d_\mathrm{eff} = \frac{d}{1+d/d_0} \quad (25)$$

mit $d_0/\mathrm{km} = 35 \cdot \exp(-0{,}015 R_{0,01}/(\mathrm{mm/h}))$.
Das Dämpfungsmaß, das in 0,01 % der Zeit überschritten wird, ergibt sich dann aus

$$A_R(0{,}01\,\%) = \alpha_R d_\mathrm{eff}. \quad (26)$$

Für andere Zeitprozentsätze Q erzählt man

$$A_R(Q) = A(0{,}01\,\%)(Q/0{,}01\,\%)^{-a} \quad \mathrm{mit}$$
$$a = \begin{cases} 0{,}33 & \mathrm{für}\ 0{,}001\,\% < Q < 0{,}01\,\%, \\ 0{,}41 & \mathrm{für}\ 0{,}01\,\% < Q < 0{,}1\,\%. \end{cases} \quad (27)$$

Dämpfung durch atmosphärische Gase. Die Resonanzabsorption elektromagnetischer Energie durch Sauerstoff und Wasserdampf bewirkt Dämpfungsmaxima bei 22 GHz (H_2O), 60 GHz

(O_2), 120 GHz (O_2), 184 GHz (H_2O) und 324 GHz (H_2O) (s. Bild H 3.5).

Das Dämpfungsmaß auf einer Ausbreitungsstrecke der Länge d ist bei gegebenen Dämpfungskoeffizienten α_0 (Sauerstoffanteil) und α_W (Wasserdampfanteil)

$$A_G = (\alpha_0 + \alpha_W)\, d. \qquad (28)$$

Die folgenden Näherungsformeln [58]

$$\frac{\alpha_0}{\text{dB/km}} = \begin{cases} 10^{-3}\left[7{,}19 \cdot 10^{-3} + \dfrac{6{,}09}{(f/\text{GHz})^2 + 0{,}227} + \dfrac{4{,}81}{(f/\text{GHz} - 57)^2 + 1{,}50}\right]\left(\dfrac{f}{\text{GHz}}\right)^2 \\ \text{für } f \leq 57 \text{ GHz} \\ 10 \ldots 15 \text{ für } 57 \text{ GHz} < f < 63 \text{ GHz} \\ 10^{-3}\left[3{,}79 \cdot 10^{-7}\dfrac{f}{\text{GHz}} + \dfrac{0{,}265}{(f/\text{GHz} - 63)^2 + 1{,}59} + \dfrac{0{,}028}{(f/\text{GHz} - 118)^2 + 1{,}47}\right]\left(\dfrac{f}{\text{GHz}} + 198\right)^2 \\ \text{für } f \geq 63 \text{ GHz} \end{cases} \qquad (29)$$

$$\frac{\alpha_W}{\text{dB/km}} = 10^{-4}\left[0{,}05 + 0{,}0021\,\frac{\varrho_W}{\text{g/m}^3} + \frac{3{,}6}{(f/\text{GHz} - 22{,}2)^2 + 8{,}5} + \frac{10{,}6}{(f/\text{GHz} - 183{,}3)^2 + 9} \right.$$
$$\left. + \frac{8{,}9}{(f/\text{GHz} - 325{,}4)^2 + 26{,}3}\right]\left(\frac{f}{\text{GHz}}\right)^2 \frac{\varrho_W}{\text{g/m}^3} \quad \text{für } f < 350 \text{ GHz} \qquad (30)$$

gelten für einen Druck von $p = 1000$ hPa und eine Temperatur von 15 °C, ϱ_W ist die Wasserdampfdichte (s. H 3.2). Die Koeffizienten wachsen bei fallender Temperatur um etwa 1 %/K.

Depolarisation. Die übertragbare Anzahl der Kanäle kann bei gegebener Bandbreite durch Verwendung jeweils zueinander orthogonal polarisierter Wellen verdoppelt werden (frequency re-use). Zur Beschreibung der Depolarisation durch Ausbreitungseffekte werden Kreuzpolarisationsentkopplung X_D und Kreuzpolarisationsisolation X_I benutzt. X_D ist das Verhältnis der kopolaren zu der orthogonal polarisierten Feldstärkekomponente am Empfangsort, wenn nur mit einer Polarisation gesendet wird [59]. Zur Bestimmung von X_I muß in zwei orthogonalen Polarisationsrichtungen gleichzeitig gesendet werden. X_I ist das Verhältnis der Feldstärkekomponente am Empfangsort, die durch die ursprünglich kopolar gesendete Feldstärke entsteht, zu der Komponente, die durch die ursprünglich kreuzpolar gesendeten Feldstärke verursacht wird. X_D ist einfacher zu messen; unter gewissen Voraussetzungen ist $X_D = X_I$ [60]. Manchmal wird X_D und X_I auch in analoger Weise durch das Verhältnis der Leistungen in den beiden Empfangszweigen definiert und enthält dann auch die Einflüsse der Antennen und Polarisationsweichen.

Während Mehrwegeschwunds ist die Änderung von X_D durch Ausbreitungseffekte gering, die über das gesamte System gemessene Entkopplung kann jedoch sehr kleine Werte annehmen. Ursache hierfür sind die verschiedenen Antennendiagramme für ko- und kreuzpolarisierte Komponenten für die durch die Reflexion an den troposphärischen Schichten schräg einfallenden Strahlen. Die Werte für X_D sind damit sehr stark von den verwendeten Antennen abhängig [61].
Beim Durchgang durch ein Niederschlagsgebiet ist die Degradation der Entkopplung für lineare Polarisation geringer als für zirkulare. Bei Regen besteht aber in dem Frequenzbereich, in dem sich eine Änderung der Entkopplung bemerkbar macht, gleichzeitig auch eine starke Dämpfung. Es hängt von der Frequenz und dem Übertragungssystem ab, welcher der beiden Effekte den stärkeren Einfluß ausübt.
Bei gegebener Überschreitungshäufigkeit der Regendämpfung A_R kann die mit gleicher Häufigkeit unterschrittene Entkopplung X_D abgeschätzt werden aus [47]

$$X_D/\text{dB} = U - V \lg(A_R/\text{dB}). \qquad (31)$$

Für terrestrische Strecken mit horizontaler oder vertikaler Polarisation ist im Frequenzbereich $8 \text{ GHz} \leq f \leq 35 \text{ GHz}$ $U = 15 + 30 \lg(f/\text{GHz})$ und $V = 20$ zu setzen.

Troposphärische Streuausbreitung (Troposcatter). Für große Entfernungen zwischen Sender und Empfänger ist der Empfangspunkt immer durch die Erde abgeschattet. Die gemessenen Dämpfungskoeffizienten sind um eine Zehnerpotenz kleiner als die aus der Beugung an der kugelförmigen Erde berechneten. Ursache ist die Streuung elektromagnetischer Energie an den Brechwertinhomogenitäten in dem Volumen, das von Sende- und Empfangsantenne gemeinsam eingesehen wird. Der Empfangspegel bei Streuausbreitung zeigt schnelle Schwankungen

Bild 8. Streckenschnitt bei troposphärischer Streuausbreitung

mit Rayleigh-Verteilung und langsame mit einer Log-Normalverteilung (s. H 1.3). Für den Medianwert der Stundenmittelwerte des Übertragungsdämpfungsmaßes ergibt sich folgender empirischer Zusammenhang [62]:

$$L(50\%)/\text{dB} = 30 \lg(f/\text{MHz}) - 20 \lg(d/\text{km})$$
$$+ F(\vartheta d) - g_P/\text{dB} - V(d_e) \quad (32)$$

mit

$$g_P/\text{dB} = g_S/\text{dB} + g_E/\text{dB}$$
$$- 0.07 \exp[0.055(g_S + g_E)/\text{dB}], \quad (33)$$

wobei g_S, g_E die Antennengewinnmaße von Sende- bzw. Empfangsantenne sind (Voraussetzung: g_S, $g_E < 50$ dB). Der Streuwinkel ϑ ist der Winkel, den die beiden von Sende- und Empfangsantenne ausgehenden Sichtbegrenzungslinien bilden (s. Bild 8). Er errechnet sich aus dem Streuwinkel bei glatter Erde ϑ_0 und den beiden Erhebungswinkeln ϑ_S und ϑ_E zu

$$\vartheta = \vartheta_0 + \vartheta_S + \vartheta_E, \quad (34)$$
$$\vartheta_0 = d/(k_e r_E), \quad (35)$$
$$\vartheta_S = [h_1 - h_{SN} - d_1^2/(2k_e r_E)]/d_1, \quad (36)$$
$$\vartheta_E = [h_2 - h_{EN} - d_2^2/(2k_e r_E)]/d_2. \quad (37)$$

Die Größen h_1, h_2, h_{SN}, h_{EN}, d_1 und d_2 müssen aus dem Streckenschnitt gewonnen werden. $F(\vartheta d)$ kann dann aus Bild 9 für das jeweilige N_S (s. H 3.2) abgelesen werden. $V(d_e)$ ist ein Korrekturfaktor, der den Klimaeinfluß berücksichtigt (Bild 10). d_e ergibt sich aus

$$d_e = \begin{cases} (130\,d/(d_{RS} + d_{RE} + d_f))\text{ km} \\ \quad \text{für } d \leq d_{RS} + d_{RE} + d_f \\ 130\text{ km} + d - (d_{RS} + d_{RE} + d_f) \\ \quad \text{für } d > d_{RS} + d_{RE} + d_f \end{cases} \quad (38)$$

dabei sind $d_f/\text{km} = 302(f/\text{MHz})^{-1/3}$, d_{RS} und d_{RE} die Entfernungen zu den Radiohorizonten von Sender und Empfänger bei glattem Gelände gemäß Gl. H 2 (23).

Aus $L(50\%)$ können die Stundenmittelwerte für andere Zeitprozentsätze Q bestimmt werden:

$$L(Q) = L(50\%) + \Delta L(Q). \quad (39)$$

Bild 9. Dämpfungsfunktion $F(\vartheta d/\text{km})$. Parameter N_S nach Gl. H 3 (7)

Bild 10. Korrekturfunktion $V(d_e)$ für verschiedene Klimagebiete, *1* Strecken über See, gemäßigtes maritimes Klima; *2* Strecken über Land, gemäßigtes kontinentales Klima; *3* Wüstenklima

Bild 11. Änderung $\Delta L(Q)$ des Übertragungsdämpfungsmaßes mit d_e für gemäßigtes, kontinentales Klima

Dabei ist $L(Q)$ der Wert des Übertragungsdämpfungsmaßes, der in $Q\%$ der Zeit überschritten wird. Empirische Schätzungen der Funktion $\Delta L(Q)$ in Abhängigkeit der Streckenlänge sind für kontinentales Klima in Bild 11 gezeigt.
Durch den Streuprozeß entsteht am Empfangsort ein Interferenzfeld. Die Laufzeitdifferenzen der Teilwellen bestimmen die Impulsverbreiterung T_M (s. H 5). Die nutzbare Bandbreite, für die aus Tab. H 5.1 eine grobe Abschätzung Werte < 10 MHz ergibt, wird größer, wenn der Antennengewinn vergrößert wird und verringert sich mit wachsender Entfernung.

Satellitenfunkstrecken

Die Ausbreitung auf Satellitenfunkstrecken wird durch die Troposphäre und die Ionosphäre beeinträchtigt. Mit Ausnahme des Einflusses von Eiswolken (in größeren Höhen über Grund) sind die Störungsmechanismen in der Troposphäre weitgehend die gleichen wie auf terrestrischen Strecken (s. oben), aber vom Erhebungswinkel δ abhängig. Bei $\delta > 10°$ können Einflüsse der Erdoberfläche (s. H 3.1) i. allg. vernachlässigt werden. Bei niedrigeren Elevationen muß mit Reflexion und Beugungseinflüssen, bei Elevationen unter 3° auch mit Mehrwege- und Ductausbreitung gerechnet werden.
Der Einfluß der Ionosphäre ist abhängig vom totalen Elektroneninhalt und nimmt mit zunehmender Frequenz ab. Es treten Laufzeitverlängerung, Dispersion und durch den Faraday-Effekt eine Drehung der Polarisationsebene linear polarisierter Wellen auf (Tab. 3).

Dämpfung durch Gase und Regen. Die Dämpfung des Nutzsignals durch Sauerstoff und Wasserdampf und durch Niederschläge kann abgeschätzt werden, wenn die Höhenstruktur und der Laufweg durch das störende Medium bekannt sind. Für Erhebungswinkel $\delta < 10°$ müssen die sphärische Schichtung der Troposphäre und die Strahlenkrümmung berücksichtigt werden (s. H 3.3). Für Sauerstoff wird mit einer äquivalenten homogenen Schicht der Dicke 6 km mit Druckbedingungen des Erdbodens gerechnet, für Wasserdampf mit einer Dicke von etwa 2 km [58]. Die Dämpfung durch Wolken muß bei Frequenzen oberhalb 20 GHz und für Zeitprozentsätze zwischen 1% und 30% berücksichtigt werden [13, 14].
Entsprechend wird zur Abschätzung der *Regendämpfung* angenommen, daß der Regen in vertikaler Richtung bis zur Höhe h_R homogen ist (Bild H 3.8). Die aus h_R und δ berechnete Weglänge im Regen muß wegen seiner horizontalen Inhomogenität noch ebenso wie in Gl. (25) reduziert werden. Für $\delta > 10°$ und 0,01% der Zeit erhält man

$$A_R(0{,}01\%) = \alpha_R d_{\text{eff}} = \frac{\alpha_r(h_R - h)}{\sin\theta + (h_R - h)\cos\theta/d_0} \quad (40)$$

wobei h die Höhe der Erdfunkstelle über NN bezeichnet. Der Dämpfungskoeffizient α_R hängt ab von der momentanen Regenrate R, der Frequenz f und dem Polarisationswinkel τ gegen den lokalen Horizont (für zirkulare Polarisation ist $\tau = 45°$ zu setzen) [57]:

$$\alpha_R = \alpha_1 [R/(\text{mm/h})]^b,$$
$$\alpha_1 = [\alpha_1^H + \alpha_1^V + (\alpha_1^H - \alpha_1^V)\cos^2\delta \cos 2\tau]/2,$$
$$\beta = [\alpha_1^H b^H + \alpha_1^V b^V + (\alpha_1^H b^H - \alpha_1^V b^V) \quad (41)$$
$$\cdot \cos^2\delta \cos 2\tau]/2\alpha_1.$$

$\alpha_1^H, \alpha_1^V, b^H, b^V$ sind Tab. 2 zu entnehmen, Gl. (27) erlaubt die Umrechnung auf andere Zeitwahrscheinlichkeiten. Einige Daten über die Zeitdauer einzelner Regendämpfungsereignisse findet man in [64].

Tabelle 3. Maximal zu erwartende Auswirkungen der Ionosphäre auf Satellitensignale für einen einmaligen Durchgang der Welle bei einem Elevationswinkel von etwa 30°. Es ist ein Gesamtelektroneninhalt (TEC) von 10^{18} Elektronen/m^2 zugrunde gelegt, der in niedrigen Breiten zu Zeiten hoher Sonnentätigkeit auftritt. Nach [63]

Effekt	Frequenz-abhängigkeit	Trägerfrequenz 1 GHz	3 GHz	10 GHz
Faraday-Rotation	$1/f^2$	108°	12°	1,1°
Verlängerung der Laufzeit	$1/f^2$	250 ns	28 ns	2,5 ns
Dispersion	$1/f^3$	400 ps/MHz	15 ps/MHz	0,4 ps/MHz
Absorption	$1/f^2$	0,01 dB	10^{-3} dB	10^{-4} dB
Brechung (Verringerung des Elevationswinkels)	$1/f^2$	0,6'	4,0"	0,36"
Schwankung der Einfallsrichtung	$1/f^2$	12"	1,3"	0,12"

Bild 12. Verbesserungsfaktor bei Standort-Diversity: Q Wahrscheinlichkeit, daß eine bestimmte Regendämpfung an einer Station überschritten wird; Q_D Wahrscheinlichkeit, daß dieselbe Regendämpfung an beiden Stationen gleichzeitig überschritten wird. Parameter: Stationsabstand

Um die Verfügbarkeit einer Funkverbindung bei hoher Regendämpfung vor allem auf höheren Frequenzen zu erhöhen, kann „Standort-Diversity" (Umschaltung zwischen zwei, einige km voneinander entfernten Stationen) eingesetzt werden. Die erzielbare Verbesserung Q/Q_D (Bild 12) hängt von der Zeitwahrscheinlichkeit Q ab, mit der an jeder der beiden Stationen eine bestimmte kritische Dämpfung überschritten wird; dies führt zu einer Abhängigkeit von der Klimazone und der Frequenz.

Szintillationen. Szintillationen sind schnelle Schwankungen der Feldstärke und/oder Einfallsrichtung um einen mittleren Wert, hervorgerufen durch Brechwertinhomogenitäten.
Ein Modell zur Abschätzung von Langzeitstatistiken *troposphärischer Szintillationen* findet man in [65]. Als meteorologischer Parameter geht in die Abschätzung der von Turbulenzen hervorgerufenen Szintillationen der feuchtigkeitsabhängige Teil des Brechwertes (zweiter Term von Gl. (3) s. H 3.2) ein. Kleinere Antennen nehmen die Strahlung aus einem größeren Raumwinkel auf, damit werden bei sonst gleichen Bedingungen stärkere Szintillationen beobachtet. Die Standardabweichung der Szintillationsamplitude wächst mit $f^{7/12}$ und nimmt mit kleinen δ zu. Die Grenzfrequenz des Leistungsdichtespektrums der Szintillationen liegt zwischen 1 bis 3 Hz [66, 67]. Troposphärische Szintillationen sind abhängig von der Jahres- und Tageszeit. Sie treten verstärkt in den Sommermonaten zu Zeiten starker Erwärmung auf. Die Szintillationen der Einfallsrichtung sind frequenzunabhängig. In den USA wurden Abweichungen bis 0,1° in 0,01 % der Zeit beobachtet [68]. Bei scharf bündelnden Antennen kann dies zu Störungen der automatischen Antennensteuerung führen.
Szintillationen durch Inhomogenitäten der Elektronendichte in der *Ionosphäre* hängen stark von der Sonnenaktivität ab [69]. Auf Ausbreitungsstrecken, die die Ionosphäre in der Nähe des geomagnetischen Äquators durchdringen, wurden bei 4 und 6 GHz im Sonnenfleckenmaximum Schwankungen von 10 dB in 0,1 % eines Jahres überschritten, im Sonnenfleckenminimum niemals über 1 dB [70]. Diese Szintillationen treten regelmäßig in den Abendstunden (18°°–3°° OZ) während der Frühjahrs- und Herbst-Äquinoktien auf. In mittleren Breiten werden sie nur bei sehr starken Ionosphärenstürmen beobachtet (in Einzelfällen bei 12 GHz noch Amplituden bis 3,5 dB [71]).

Depolarisation. Bis 6 GHz wird meist zirkulare Polarisation eingesetzt, da die Polarisationsebene linear polarisierter Wellen durch den Faraday-Effekt in der *Ionosphäre* ständigen Schwankungen unterliegt. Bei höheren Frequenzen ist der Einfluß der Ionosphäre meist vernachlässigbar.
In der *Troposphäre* wird mit zunehmender Frequenz der Polarisationszustand durch nicht kugelsymmetrische Hydrometeore verändert. Die Depolarisation ist bei linearer Polarisation (abhängig vom Polarisationswinkel τ) geringer als bei zirkularer.
Nach der vom CCIR [64] vorgeschlagenen halbempirischen Methode ist im Regen die Kreuzpolarisationsentkopplung, die in einem gegebenen Zeitprozentsatz unterschritten wird

$$X_D/\text{dB} = U - V \lg(A_R/\text{dB}).$$

A_R ist die Dämpfung des Nutzsignals, die für den gleichen Zeitprozentsatz überschritten wird. Im Bereich 8 GHz $\leq f \leq$ 35 GHz und 10° $\leq \delta \leq$ 60° gilt für eine pessimistische Abschätzung

$$U = 30 \lg(f/\text{GHz}) - 40 \lg(\cos \delta) \\ - 10 \lg[0{,}516 - 0{,}484 \cos(4\tau)], \quad (42)$$

$$V = \begin{cases} 20 & \text{für } 8\text{ GHz} \leq f \leq 15\text{ GHz} \\ 23 & \text{für } 15\text{ GHz} < f \leq 35\text{ GHz}. \end{cases} \quad (43)$$

Der letzte Term in Gl. (42) beschreibt die Verbesserung bei linearer Polarisation gegenüber zirkularer.
Zusätzlich zu den Störungen durch nicht-kugelsymmetrische Regentropfen ist auf Satellitenstrecken mit der Anregung einer fehlpolarisierten Komponente durch *Eiskristalle* in Eiswolken zu rechnen [64, 72, 73]. Im 11-GHz-Bereich wurden für zirkulare Polarisation X_D-Werte von etwa 24 dB (maritimes Klima) und 30 dB (kontinentales Klima) in 0,1 % der Zeit überschritten. Depolarisation durch Eiskristalle allein ist kaum mit Dämpfung verbunden; jedoch können Eiswolken und Regen gemeinsam auftreten. Die Eiskristalle (Blättchen oder Nadeln) haben meist horizontale oder vertikale Ausrichtung, diese (und

damit die Depolarisation) kann sich durch starke elektrostatische Felder (z. B. in Gewittern) plötzlich ändern [74, 75]. Die Anregung des fehlpolarisierten Signals wächst etwa proportional zu f^2 [76, 77].

Spezielle Literatur: *Recommendations and Reports of the CCIR, 1990, Vol. VI* (Propagation in ionized media), Genf: ITU 1990, Report 895-2 (Sky-wave propagation and circuit performance at frequencies below about 30 kHz). – [2] *Willim, D. K.:* Sanguine. ELF-VLF propagation. Dordrecht: Reidel 1974. – [3] *Recommendations and Reports of the CCIR, 1990, Vol. VI* (Propagation in ionized media), Genf: ITU 1990, Report 265-7 (Sky-wave propagation and circuit performance at frequencies between about 30 kHz and 500 kHz). – [4] *CCIR Report 575-4* (Methods for predicting sky-wave field strengths at frequencies between 150 kHz and 1705 kHz). – [5] *Recommendation 435-6:* Prediction of sky-wave field strength between 150 and 1600 kHz. – [6] *CCIR Report 432-2:* The accuracy of predictions of sky-wave field strength in bands 5(LF) and 6(MF). – [7] *Recommendations and Reports of the CCIR, 1990, Vol. V* (Propagation in non-ionized media), Genf: ITU 1990, *Recommendation 368-6* (Ground-wave propagation curves for frequencies between 10 kHz and 30 MHz). – [8] *Millington, G.:* Ground-wave propagation over an inhomogeneous smooth earth. Proc. IEE, Part III, 96 (1949) 53–64. – [9] *Damboldt, T.:* HF ground-wave field-strength measurements on mixed land-sea paths. IEE Conf. Publ. 195 (1981) 263–268. – [10] *Stokke, K. N.:* Some graphical considerations on Millington's method for calculating field strength over inhomogeneous earth. Telecomm. J. 42 (1975) 157–163. – [11] *Braun, G.:* Planung und Berechnung von Kurzwellenverbindungen. Berlin: Siemens AG, 1981. – [12] *US Department of Commerce:* Ionospheric predictions, Vol. 1–4, Superintendent of Document, US Government Printing Office, Washington, DC 20402, Stock numbers 0300 0318, 0300 0319, 0300 0320, 0300 0321. – [13] *CCIR Report 340-5:* CCIR-Atlas of ionospheric characteristics. Genf: ITU 1967. – [14] *Rose, R. B.; Martin: J. N.; Levine, P. H.:* MINIMUF-3: A simplified HF MUF prediction algorithm. Naval Ocean Systems Center Tech. Rep. TR-186, 1. Feb. 1978. – [15] *Rose, R. B.; Martin, J. N.:* MINIMUF-3.5: An improved version of MINIMUF-3. Naval Ocean Systems Center, Tech. Doc. TD-201, 26 Oct. 1978. – [16] *CCIR Report 252-2:* CCIR interim method for estimating sky-wave field strength and transmission loss at frequencies between the approximate limits of 2 and 30 MHz, Genf: ITU 1970. – [17] *CCIR Supplement to Report 252-2:* Second CCIR computer-based interim method for estimating sky-wave field strength and transmission loss at frequencies between 2 and 30 MHz. Genf: ITU 1980. – [18] *Barghausen, A. F.; Finney, J. W.; Proctor, L. L.; Schultz, L. D.:* Predicting long-term operational parameters of high-frequency sky-wave telecommunication systems. ESSA Tech. Rep. ERL 110-ITS 78, Boulder, Colorado 1969. – [19] *Hortenbach, K. J.; Scholz, H.:* Berechnung der Raumwellenfeldstärke und der höchsten übertragbaren Frequenzen im HF-Bereich mit Hilfe eines programmierbaren Taschenrechners (HP 97). Rundfunktech. Mitt. 26 (1982) 52–62. – [20] *Fricker, R.:* An HP 97 calculator method for sky-wave field strength prediction. IEE Conf. Publ. 195 (1981) 237–239. – [21] *Beckmann, B.:* Bemerkungen zur Abhängigkeit der Empfangsfeldstärke von den Grenzen des Übertragungsfrequenzbereiches (MUF, LUF). NTZ 11 (1965) 643–653. – [22] *Damholdt, Th.:* A comparison between the Deutsche Bundespost ionospheric HF radio propagation predictions and measured field strengths. AGARD Conf. Proc. No 173 (1976) 12-1–12-18. – [23] *Forschungsinstitut der Deutschen Bundespost:* Monthly Report. Solar activity, solar terrestrial relations and radio propagation conditions for the frequency range 3 to 30 MHz, Postfach 100003, 6100 Darmstadt. – [25] *Freytag, H. H.; Haas, R.:* Über ein Verfahren zur Bestimmung der minimalen Kanalzahl in flächenhaften Netzen des nichtöffentlichen beweglichen Landfunks. NTZ 18 (1965) 565–568. – [26] *Colavito, C.:* On the efficiency of the radio frequency spectrum utilization in fixed and mobile communication systems. Alta Frequenza (1974) 376–387E. – [27] *Eden, H.; O'Leary, T.:* Die Ergebnisse der 1. Sitzungsperiode der regionalen UKW-Planungskonferenz, Genf, 23.8. bis 17.9.1982. NTG Fachber. 83, Hörrundfunk 6, (1982) 11–28. – [28] *Recommendations and Reports of the CCIR, Vol. V* (Propagation in non-ionized media), Genf: ITU 1990, Rec. 526-1 (Propagation by diffraction), and Rep. 715-3 (Propagation by diffraction). – [29] Siehe [28], Rep. 567-4 (Methods and statistics for estimating field-strength values in the land mobile services using the frequency range 30 MHz to 1 GHz). – [30] Siehe [28], Rec. 370-5 (VHF and UHF propagation curves for the frequency range from 30 to 1000 MHz). – [31] Siehe [28], Rep. 239-7 (Propagation statistics required for broadcasting services using the frequency range 30 to 1000 MHz), pp. 232–244. – [32] *Okumura, Y.* et al.: Field strength and its variability in VHF and UHF mobile radio service. Rev. ECL 16 (1968) 825–873. – [33] *Hata, M.:* Empirical formula for propagation loss in land mobile radio services. IEEE Trans. VT-29 (1980) 317–325. – [34] *Recommendations and Reports of the CCIR, Vol. V* (Propagation in non-ionized media), Genf: ITU 1990, Rep. 236-5 (Influence of terrain irregularities and vegetation on tropospheric propagation). – [35] *Großkopf, J.:* Wellenausbreitung. Mannheim: Bibliograph. Inst. 1970, S. 62 (Bd. I) und S. 399–400 (Bd. II). – [36] *Hacking, K.:* UHF propagation over rounded hills. Proc. IEE 117 (1970) 499–511. – [37] *Assis, M.:* A simplified solution to the problem of multiple diffraction over rounded obstacles. IEEE Trans. AP-19 (1971) 292–295. – [38] *Deygout, J.:* Multiple knife-edge diffraction of microwaves. IEEE Trans. AP-14 (1966) 480–489. – [39] *Causebrook, J. H.:* Tropospheric radio wave propagation over irregular terrain. BBC Res. Dept. 1971. – [40] *IEEE Int. Conf. on Communications,* Boston 1983 (ICC 1983). Conf. Rec. Session A 2: „Propagation prediction for mobile radio by the aid of topographical data bases". Vol. 1, pp. 44–81. – [41] *Jakes, W. C.:* Microwave mobile communications. New York, Wiley 1974, pp. 11–131. – [42] *Bajwa, A. S.; Parsons, J. D.:* Small area characterisation of UHF urban and suburban mobile radio propagation. IEE Proc. 129 (1982) 102–109. – [43] *Suzuki, H.:* A statistical model for urban radio propagation. IEEE Trans. COM-25 (1977) 673–680. – [44] *Lorenz, R. W.:* Field strength prediction method for a mobile telephone system using a topographical data bank. IEE Conf. Publ. 188 (1980) 6–11. – [45] *Recommendations and Reports of the CCIR, Vol. V* (Propagation in non-ionized media), Genf: ITU 1990, Rep. 723-3 (Worst-month statistics). – [46] *Vigants, A.:* Microwave radio obstruction fading. Bell Syst. Tech. J. 60 (1981) 785–801. – [47] *Recommendations and Reports of the CCIR, Vol. V* (Propagation in non-ionized media), Genf: ITU 1990, Rep. 338-6 (Propagation data and prediction methods required for terrestrial line-of-sight systems). – [48] *Bullington, K.:* Radio propagation fundamentals. Bell Syst. Tech. J. 39 (1957) 593–626. – [49] *Fehlhaber, L.*: Modulationsverzerrungen bei Schwund im frequenzmodulierten Vielkanal-Richtfunk. NTZ 26 (1973) 70–75. – [50] *Rummler, W. D.*: A new selective fading model: Application to propagation data. Bell Syst. Tech. J. 58 (1979) 1037–1071; *Rummler, W. D.*: More on the multipath fading channel modell. IEEE Trans. COM-29 (1981) 346–352. – [51] *Martin, L.*: Etude de la selectivite des evanouissements dus aux trajets multiples. Ann. Telecomm. 35 (1980) 482–487. – [52] *Metzger, K.; Valentin, R.*: On the performance of equalized digital radio systems during frequency-selective fading. AEÜ 44 (1990) 32–42. – [53] *Greenstein, L. J.; Czekaj-Augun, B. A.*: Performance comparison among digital radio techniques subjected to multipath fading. IEEE Trans. COM-30 (1982) 1084–1197. – [54] *Metzger, K.; Valentin, R.*: An analysis of the sensitivity of digital modulation techniques to frequency-selective fading. IEEE Trans. COM-33 (1985) 986–992. – [55] *Vigants, A.*: Space-diversity engineering. Bell Syst. Tech. J. 54 (1975) 103–142. – [56] *Brodhage, H.; Hormuth, W.*: Planung und Berechnung von Richtfunkverbindungen. Berlin: Siemens AG 1977. – [57] *Recommendations and Reports of the CCIR, Vol. V* (Propagation in non-ionized media), Genf: ITU 1990, Rep. 721-3 (Attenuation by hydrometeors, in particular precipitation, and other atmospheric particles). – [58] Siehe [57] Rep. 719-3 (Attenuation by atmospheric gases). – [59] *Bostian, C. W.; Stutzman, W. L.; Gaines, J. M.*: A review of depolarization modeling for earth-space radio paths at frequencies above 10 GHz. Radio Sci. 17 (1982) 1231–1241. – [60] *Watson, P. A.*: Crosspolarisation measurements at 11 GHz. Proc. IEE 123 (1976) 667–675. – [61] *Valentin, R.*: Zur Messung der durch troposphärische Einflüsse bedingten Depolarisation. Kleinheubacher Ber. 18 (1975) 17–25. – [62] *Recommendations and Reports of the CCIR, Vol. V* (Propagation in non-ionized media), Genf: ITU 1990, Rep. 238-6 (Propagation data and prediction methods required for terrestrial trans-horizon systems). – [63] *Recommendations and Reports of the CCIR, 1990, Vol. VI* (Propagation in ionized media), Genf: ITU 1990, Rep. 263-6 (Ionospheric effects upon earth-space propagation). – [64] *Recommendations and Reports of the CCIR, 1990, Vol. V* (Propagation in non-ionized media), Genf: ITU 1990, Rep. 564-3 (Propagation data and prediction methods required for earth-space telecommunication systems). – [65] Siehe [64], Rep. 718-2 (Effects of tropospheric refraction on radio-wave propagation). – [66] *Cox. D. C.* et al.: Observations of cloud-produced amplitude scintillation on 19 GHz and 28 GHz earth-space paths. IEE Conf. Proc. 195 (1981) 109–112. – [67] *Haddon, I.* et al.: Measurement of micro-wave scintillations on a satellite downlink at X-band. IEE Conf. Proc. 195 (1981) 113–117. – [68] *Baxter, R. A.* et al.: Comstar and CTS angle of arrival measurements. Ann. Telecomm. 35 (1980) 479–481. – [69] *Fang, D. I.*: 4/6 GHz ionospheric scintillation measurements. AGARD Conf. Proc. 284 (1980) 33-1–33-12. – [70] *Fang, D. I.; Lin, C. H.*: Fading statistics of C-band satellite signal during solar maximum years. (1978–1980). AGARD Conf. Proc. 332 (1982) 30-1–30-13. – [71] *Ogawa, T.* et al.: Severe disturbance of VHF and GHz waves from geostationary satellites during a magnetic storm. J. Atmos. Terr. Phys. 42 (1980) 637–644. – [72] *Shutie, P. F.* et al.: Depolarisation measurements at 30 GHz using transmission from ATS-6. ESA Spec. Publ. 131 (1977) 127–134. – [73] *Bostian, C. F.* et al.: Ice-crystal depolarisation of satellite-earth-microwave radio paths. Proc. IEE 126 (1979) 951–960. – [74] *McEwan, N. J.* et al.: OTS-propagation measurements with auxiliary instrumentation. URSI Conf. Proc. Lennoxville (1980) 6.2.1–6.2.8. – [75] *Hendry, A.; McCormick, G. C.*: Radar observations of the alignment of precipitation particles by electrostatic fields in thunderstorms. J. Geophys. Res. 81 (1976) 5353–5357. – [76] *Cox, D. C.*: Depolarization of radio waves by atmospheric hydrometers in earth-space paths: A Review. Radio Sci. 16 (1981) 781–812. – [77] *Howell, R. G.; Thirlwell, J.*: Crosspolarisation measurements at Martlesham Heath using OTS.URSI Conf. Proc. Lennoxville (1980) 6.4.1–6.4.9. – [78] *Valentin, R.; Giloi, H.-G.; Metzger, K.*: Space versus angle diversity – results of system analysis using propagation data. IEEE Int. Conf. on Communications, Conf. Rec. (1989) 762–766. – [79] *Rummler, W. D.*: A statistical model of multipath fading on a space diversity radio channel. Bell Syst. techn. J. 61 (1982) 2185–2190. – [80] *Ortgies, G.* et al.: Statistics of clear air attenuation on satellite links at 20 and 30 GHz. Electronics letters 26(6) (1990) 358–360.

7 Störungen in partagierten Bändern durch Ausbreitungseffekte
Interference due to propagation effects in shared frequency bands

Allgemeine Literatur: *Ranzi, I.* (Ed.): Propagation effects on frequency sharing. AGARD Conf. Proc. 127, 1973. – *Soicher, H.* (Ed.): Propagation aspects of frequency sharing, interference and system diversity. AGARD Conf. Proc. 332, 1983. – *Recommendations and Reports of the CCIR, 1990, Vol. V* (Propagation in non-ionized media, Genf: ITU 1990). – *Recommendations and Reports of the CCIR, 1990, Vol. VI* (Propagation in ionized media, Genf: ITU 1990).

Da das nutzbare Frequenzspektrum begrenzt ist, müssen häufig mehrere Systeme des gleichen oder verschiedener Funkdienste einen Frequenzbereich gemeinsam benutzen. Für eine einwandfreie Übertragung ist außer einem ausreichenden Rauschabstand (s. H 4) ein bestimmter *Mindeststörabstand* (Verhältnis Nutzsignal zu den Signalen störender Aussendungen) am Empfängereingang einzuhalten, abhängig u. a. von
– der Art des gestörten und des störenden Dienstes,
– den benutzen Modulationsverfahren und Bandbreiten,
– der geforderten Übertragungsqualität.
Diejenigen Störabstände, die kurzzeitig unterschritten werden dürfen, sind aus den Empfehlungen des CCIR für die entsprechenden Funkdienste i. allg. für zwei (oder mehr) Wahrscheinlichkeitsniveaus zu entnehmen (z. B. für 20 % eines durchschnittlichen Jahres und 0,1 % des ungünstigsten Monats). Alle geforderten Kriterien müssen gleichzeitig erfüllt sein.

Spezielle Literatur Seite H 39

Für Anmeldung und Registrierung von Funkfrequenzen gelten je nach Art der Funkdienste unterschiedliche Regelungen [1]. Unter anderem ist für die internationale *Koordinierung* einer Erdefunkstelle mit den Funkstellen eines terrestrischen Systems im Bereich 1 bis 40 GHz zunächst das sog. Koordinierungsgebiet zu ermitteln, in dem unter ungünstigen Annahmen über die Eigenschaften einer terrestrischen Station mit gegenseitigen Störungen zu rechnen ist. Das Verfahren hierzu [2] beruht noch auf einer älteren Version von [3].

Bei der Abschätzung eines störenden Signals sind auch Ausbreitungsmechanismen zu berücksichtigen, die nur kurzfristig hohe Feldstärken hervorrufen und für die Berechnung des gewünschten Signals normalerweise nicht in Betracht kommen. Dabei ist die Korrelation zwischen Dämpfungen des gewünschten und Erhöhungen des störenden Signals von besonderer Bedeutung, bisher aber wenig untersucht.

Wegen der Vielzahl möglicher Ausbreitungsmechanismen für Störsignale kann hier nur ein allgemeiner Überblick mit einigen Verweisen auf Spezialliteratur gegeben werden.

7.1 Störungen durch ionosphärische Effekte
Interference due to ionospheric effects

Im Frequenzbereich unter 3 MHz wird das Versorgungsgebiet eines Senders im wesentlichen nur unter Berücksichtigung der Bodenwelle (s. H 6.1) berechnet. Hier kann die Raumwelle schon im Normalfall nachts (bei fehlender Absorption) störende Feldstärkewerte erreichen. Als Ausweg werden folgende Maßnahmen ergriffen: Verwendung besonders flach strahlender, vertikal polarisierter Antennen (zur Unterdrückung der Raumwellenabstrahlung) oder von Richtantennen (zur Ausblendung bestimmter Richtungen), zeitweise Herabsetzung der Sendeleistung oder Abschaltung des Senders.

Im Kurzwellenbereich (3 bis 30 MHz), teilweise auch im Grenzwellenbereich (1,6 bis 3 MHz) wird eine Funkverbindung i. allg. für die Raumwelle ausgelegt. Wegen der weltweit extremen Überbelegung des Spektrums und der besonders starken Schwankungen der Ausbreitungsbedingungen im Kurzwellenbereich (s. H 3.3, H 6.2) sind gegenseitige Störungen in gewissem Umfang unvermeidbar. Für die Berechnung der Störfeldstärken werden dieselben Methoden angewandt wie für die Nutzfeldstärke (s. H 6.2). Kommerzielle und militärische Funkdienste versuchen, durch geeignete Modulationsverfahren und Kodierung die Auswirkungen gegenseitiger Störungen zu vermeiden.

Auch oberhalb von 30 MHz können außergewöhnliche Ausbreitungsmechanismen in der Ionosphäre gelegentlich zu Störungen führen, da bei den in H 6.3 genannten Planungsverfahren ionospärische Reflexionen nicht berücksichtigt werden. In erster Linie treten Überreichweiten örtlich begrenzt durch Reflexion an der sporadischen E-Schicht in Entfernungen bis etwa 2000 km auf. Der betroffene Frequenzbereich reicht in mittleren Breiten in etwa 1 % der Zeit bis etwa 50 MHz [4] (Häufigkeitsmaxima tagsüber und im Sommer), in Ausnahmefällen bis 200 MHz. Die Störfeldstärken können etwa die gleichen Werte wie bei Freiraumausbreitung erreichen. Einige weitere ionosphärische Erscheinungen geringerer Bedeutung sind in [5] aufgeführt.

7.2 Störungen durch troposphärische Effekte
Interference due to tropospheric effects

Störungen zwischen Funkstellen auf der Erdoberfläche. Befinden sich sowohl die störende Sendestelle als auch die gestörte Empfangsstelle auf oder in der Nähe der Erdoberfläche, hängt es von dem Ausbreitungsweg für das Störsignal, der Winkelentkopplung der beteiligten Antennen und der betrachteten Zeitwahrscheinlichkeit ab, welcher Ausbreitungsmechanismus die höchsten Störfeldstärken erzeugen kann. Ebenso wie bei der Berechnung des gewünschten Signals muß für Frequenzen über 10 GHz die Dämpfung durch die atmosphärischen Gase (s. Gl. H 6 (28)) längs des gesamten Ausbreitungswegs des Störsignals berücksichtigt werden. Um den ungünstigsten Fall zu erfassen, sollten die niedrigsten, im Jahresverlauf zu erwartenden Wasserdampfdichten ϱ_w zugrunde gelegt werden [3].
Eine wesentliche Verbesserung der CCIR-Methoden zur Vorhersage der Störsignalausbreitung oberhalb 1 GHz [3] ist z. Zt. in Arbeit [14].

Abschätzung der Störsignale auf Strecken innerhalb des Radiohorizonts. Falls die erste Fresnel-Zone (s. H 3.1) frei ist, kann die Störfeldstärke nach den Gesetzen der Freiraumausbreitung (H 2.1) berechnet werden. Es ist zu beachten, daß die erste Fresnel-Zone wegen der Schwankungen des Brechwerts u. U. nur zeitweise frei ist; daher ist der für den in Frage stehenden Zeitprozentsatz überschrittene Krümmungsfaktor k_e zugrundezulegen. Kurzzeitige Feldstärkeanstiege infolge von Fokussierung und Mehrwegeausbreitung werden durch eine Korrektur berücksichtigt (Tab. 1). Reduzierung der Störsignale ist u. U. möglich infolge Abschirmung durch natürliche oder künstliche Hindernisse („Site shield-

Tabelle 1. Anstiege des Feldstärkepegels gegenüber dem Langzeit-Bezugswert (Freiraumfeldstärkepegel – Gasdämpfung) infolge von Fokussierung und Mehrwegeausbreitung

Zeitprozentsatz Q	20 %	1 %	0,1 %	0,01 %	0,001 %
Pegelanstieg in dB	1,5	4,5	6,0	7,0	8,5

ing"), was wie eine „Überhorizontstrecke" zu behandeln ist.

Abschätzung der Störsignale auf Überhorizontstrecken. Hinter Hindernissen und auf Überhorizontstrecken wird die in 10 bis 50 % der Zeit überschrittene Feldstärke u. a. durch *Beugung* oder in größeren Entfernungen durch *Troposcatter* bestimmt (s. H 6.4). Reflexionen an Bergen oder Gebäuden können Signale aus vom direkten Weg abweichenden Richtungen verursachen [13]. Auch für diese Fälle sind die mit dem betrachteten Zeitprozentsatz Q auftretenden Brechwertverhältnisse zugrundezulegen. Für Troposcatter sind die in H 6.4 nur für $Q \geq 50\%$ angegebenen Verteilungsfunktionen der Feldstärken für $Q < 50\%$ zu extrapolieren, wobei Symmetrie um $Q = 50\%$ angenommen werden kann [3, 6].

Für $Q < 10\%$ der Zeit können weitere Ausbreitungsmechanismen vorübergehend erhebliche Störsignale hervorrufen, nämlich starke Superrefraktion und Duct-Ausbreitung, die im wesentlichen nur in Vorwärtsrichtung wirken, sowie Niederschlagsstreuung und Flugzeugreflexionen, die sich auch in anderen Richtungen auswirken.

Starke Superrefraktion ($dN/dh < -100 \text{ km}^{-1}$). Diese leitet mit steiler werdendem Brechwertgradienten dN/dh kontinuierlich zur Ausbildung eines *Ducts* ($dN/dh \leq -157 \text{ km}^{-1}$) über (s. H 3.2). In beiden Fällen kann sich ein Störsignal mit relativ geringen Verlusten bis weit über den normalen Radiohorizont ($k_e = 4/3$) ausbreiten. Die für starke Brechwertgradienten verantwortlichen Inversionsschichten (s. H 3.2) bilden sich bevorzugt unter bestimmten Wetterbedingungen aus, z. B. hohe Luftfeuchte über Wasserflächen, starke nächtliche Auskühlung, Überlagerung kühler und feuchter durch trockenere und wärmere Luft. Daher hängen Häufigkeit, Ausdehnung und Dauer von Überreichweiten sehr von meteorologischen und topographischen Verhältnissen ab. In manchen Klimagebieten (z. B. über tropischen Meeren und Küstenzonen) treten sie mit großer Regelmäßigkeit auf. In mittleren Breiten hat man bei Hochdruckwetterlagen mehrere Tage anhaltende Ducts mit Ausdehnungen bis weit über 1000 km beobachtet. Über Land werden Ducts oft durch Bodenerhebungen unterbrochen. Solche Überreichweiten sind im gesamten Frequenzbereich oberhalb 30 MHz möglich. Abschätzung der auftretenden Störfeldstärken in [3].

Die durch Superrefraktion und Duct-Ausbreitung hervorgerufenen Störfeldstärken sind wesentlich höher als die durch Troposcatter erzeugten. Letzteres braucht daher für $Q < 10\%$ i. allg. nicht berücksichtigt zu werden. Nur wenn Superrefraktion und Duct-Ausbreitung nur wenig wirksam sind (vor allem über sehr unregelmäßigem Gelände und/oder bei guter Abschirmung einer oder beider Stationen durch das umgebende Gelände), kann Troposcatter der dominierende Ausbreitungsmechanismus sein (sogar noch für $Q < 1\%$).

Streuung an Niederschlägen [7, 3, 8]. Sie kann zu Störungen führen, wenn innerhalb des Volumens, das von den beiden beteiligten Antennenstandorten gemeinsam eingesehen werden kann, Hydrometeore in fester oder flüssiger Form (Regen, Schnee, Hagel, Nebel, Wasser- oder Eiswolken) auftreten. Infolge der Bewegung der Niederschlagspartikel zeigt das Störsignal schnellen Rayleigh-Schwund (H 1.3) mit Frequenzen bis über 100 Hz [8].

Niederschläge, besonders Starkniederschläge, sind nicht nur zeitlich variabel, sondern auch örtlich inhomogen. Der Hauptbeitrag zu einem Störsignal kommt häufig aus dem Kern der Zellen hoher Niederschlagsintensität, die meist in ausgedehntere Gebiete niedrigerer Intensität eingebettet sind [10]. Die größten Störsignale können auftreten, wenn sich die Hauptkeulen der beiden Antennen innerhalb der Troposphäre schneiden. Da die Streustrahlung im wesentlichen ungerichtet ist, muß jedoch auch Einstreuung aus der Hauptkeule der einen Antenne in die Nebenzipfel der anderen und umgekehrt sowie zwischen den Nebenzipfeln beider Antennen berücksichtigt werden. Auf Frequenzen unter etwa 5 GHz ist eine störende Kopplung meist nur im Fall des Hauptkeulenschnitts und bei extrem starken Niederschlägen zu erwarten. Die Signalintensität nimmt mit der Frequenz zu, da der Streuquerschnitt der Hydrometeore zunächst mit f^4 anwächst (H 2.5). Jedoch erfährt das Streusignal innerhalb des Niederschlagsgebiets auch eine ebenfalls mit der Frequenz zunehmende Dämpfung. Für $f > 8$ GHz tritt daher die höchste Störfeldstärke bereits bei mittleren Regenintensitäten auf; bei stärkeren Niederschlägen überwiegt die Zunahme der Dämpfung gegenüber der des Streuquerschnitts. Bei welcher Regenintensität das Maximum der Störung zu erwarten ist, hängt von Frequenz, Streckengeometrie und Niederschlagsstruktur ab.

Der für die Koordinierung einer Erdfunkstelle im Frequenzbereich 1 bis 40 GHz wichtige Sonderfall, daß die größere der beiden Antennen einen Durchmesser $D \geqq 50\lambda$ hat, wird in [3] behandelt (unter Benutzung des Regenmodells von Crane [10, 11]).

Reflexionen an Flugzeugen. Diese können bei ungünstiger Streckengeometrie (Antennen-Hauptkeulen schneiden sich in einer Flugschneise in der Nähe eines Flughafens) kurzzeitig zu sehr hohen Störsignalen führen [3].

Störungen zwischen einer Funkstelle auf der Erdoberfläche und einer Weltraumfunkstelle. Die mittlere („normale") Stärke von Störsignalen auf einer Erde-Weltraum-Strecke wird nach denselben Methoden berechnet wie die der Nutzsignale (Freiraumausbreitung, Beugung, Gasdämpfung, s. H. 6.4). Um gegenseitige Störungen zu vermeiden, verwendet man orthogonale Polarisation (vgl. aber die Depolarisation durch Niederschläge, H 6.4) und/oder scharf bündelnde Antennen. Dabei sind jedoch Ausbreitungseinflüsse zu berücksichtigen, die kurzzeitig zu einer Erhöhung des Störsignals relativ zum Nutzsignal führen können [12].
Unter Schönwetterbedingungen sind bei sehr niedriger Elevation ($\delta < 3°$) die *Schwankungen des Brechwertgradienten* zu berücksichtigen; für horizontale Ausbreitungswege können Signaländerungen in der Größenordnung von $\pm 1\ldots 2$ dB durch wechselnde Fokussierung auftreten. Dazu kommen schnelle Schwankungen (H 6.4), z. B. wurden Signalerhöhungen von 6 dB in 1 % der Zeit gemessen ($f = 7$ GHz, $\delta = 1°\ldots 2°$).
Auf Frequenzen über 10 GHz kann ein Anstieg von Störsignalen bei allen Elevationswinkeln vor allem durch *Absinken der Gasabsorption* bei besonders niedrigem Wasserdampfgehalt der Luft hervorgerufen werden. Für eine Abschätzung kann man z. B. annehmen, daß der Wasserdampfgehalt in 1 % (0,01 %) der Zeit kleiner als 40 % (5 %) des mittleren Wertes ist.

Einige weitere Hinweise finden sich in [12].

Spezielle Literatur: [1] *Radio Regulations Vol. I,* Chap. IV: Coordination, notification and registration of frequencies. Genf: ITU 1982. – [2] *Radio Regulations Vol. II,* Appendix 28: Method for the determination of the coordination area around an earth station in frequency bands between 1 GHz and 40 GHz shared between space and terrestrial radiocommunication services. Genf: ITU 1982. – [3] *Recommendations and Reports of the CCIR,* 1990 *Vol. V* (Propagation in non-ionized media). Genf: ITU 1990, Rep. 569-4 (The evaluation of propagation factors in interference problems between stations on the surface of the earth at frequencies above about 0.5 GHz). – [4] *E.B.U. Tech. 3214:* Ionospheric propagation in Europe in VHF television band I, Vol. I and II. Brüssel: E.B.U. Tech. Centre 1976. – [5] *Recommendations and Reports of the CCIR, 1990, Vol. V* (Propagation in ionized media). Genf: ITU 1990, Rep. 259-7 (VHF propagation by regular layers, sporadic-E or other anomalous ionization). – [6] *Larsen, R.:* Troposcatter propagation in an equatorial climate. AGARD Conf. Proc. 127 (1973) 16-1–16-9. – [7] *Recommendations and Reports of the CCIR, 1990, Vol. V* (Propagation in non-ionized media). Genf: ITU 1990, Rep. 563-4 (Radiometeorological data). – [8] *Crane, R. K.:* Bistatic scatter from rain. IEEE Trans. AP-22 (1974) 312–320. – [9] *Abel, N.:* Beobachtungen an einer 210 km langen 12 GHz Strecke. Tech. Ber. d. FTZ A 455 TBr 34, Darmstadt: FTZ 1972. – [10] *Recommendations and Reports of the CCIR, 1990, Vol. V* (Propagation in non-ionized media). Genf: ITU 1990, Rep. 882-2 (Scattering by precipitation). – [11] *Crane, R. K.:* Prediction of attenuation by rain. IEEE Trans. COM-28 (1980) 1717–1733. – [12] *Recommendations and Reports of the CCIR, 1990, Vol. V* (Propagation in non-ionized media). Genf: ITU 1990, Rep. 885-2 (Propagation data required for evaluating interference between stations in space and those on the surface of the earth). – [13] *Recommendations and Reports of the CCIR, 1990, Vol. V* (Propagation in non-ionized media). Genf: ITU 1990, Rep. 1145 (Terrain scatter as a factor in interference). – [14] *COST-Aktion 210:* Einfluß der Atmosphäre auf die Interferenz zwischen Funkverbindungssystemen bei Frequenzen über 1 GHz. Erster Jahresber. Dok. XI/546/86; Zweiter Jahresber. Dok. XIII/189/88; Dritter Jahresber. Dok. XIII/043/87; Vierter Jahresber. Dok. XIII/190/89. Brüssel: COST-Sekretariat (auch in engl. u. franz. Sprache).

I Hochfrequenzmeßtechnik
RF and microwave measurements

H. Dalichau

Allgemeine Literatur: *Adam, S. F.:* Microwave theory and applications. Englewood Cliffs: Prentice Hall 1969. – *Bailey, A. E.* (Hrsg): Microwave measurement. London: Peter Peregrinus 1985. – *Bryant, G. H.:* Principles of microwave measurements. London: Peter Peregrinus 1988. – *CPEM Digest:* Conference on precision electromagnetic measurements. New York: IEEE 1978/80/82. – *Gerdsen, P.:* Hochfrequenzmeßtechnik. Stuttgart: Teubner 1982. – *Ginzton, E. L.:* Microwave measurements. New York: McGraw-Hill 1957. – *Groll, H.:* Mikrowellenmeßtechnik. Wiesbaden: Vieweg 1969. – *Hock, A.* u.a.: Hochfrequenzmeßtechnik, Teil 1/2. Berlin: Expert 1982/80. – *Kraus, A.:* Einführung in die Hochfrequenzmeßtechnik. München: Pflaum 1980. – *Lance, A. L.:* Introduction to microwave theory and measurements. New York: McGraw-Hill 1964. – *Laverghetta, T. S.:* Handbook of microwave testing. Dedham: Artech 1985. – *Laverghetta, T. S.:* Modern microwave measurements and techniques. Dedham: Artech 1988. – *Mäusl, R.:* Hochfrequenzmeßtechnik. Heidelberg: Hüthig 1978. – *Schleifer, Augustin, Medenwald:* Hochfrequenz- und Mikrowellenmeßtechnik in der Praxis. Heidelberg: Hüthig 1981. – *Schiek, B.:* Meßsysteme der HF-Technik. Heidelberg: Hüthig 1984.

1 Messung von Spannung, Strom und Phase
Measurement of voltage, current and phase

1.1 Übersicht: Spannungsmessung
Survey: Voltage-measurement

Standardmultimeter und Digitalvoltmeter messen Wechselspannung durch Diodengleichrichtung bis etwa 100 kHz bzw. 1 MHz. Für höhere Frequenzen werden elektronische HF-Voltmeter eingesetzt. Man unterscheidet drei Einsatzbereiche:
– Spannungsmessung mit hochohmigem Tastkopf, parallel zu einer in der Regel nicht genau bekannten Schaltungsimpedanz (Bild 1a);
– Spannungsmessung mit hochohmigem Tastkopf und 50-Ω-Durchgangsmeßkopf (Bild 1b);
– Spannungsmessung mit angepaßten, koaxialen 50-Ω-Meßköpfen (Bild 1c).

Hochohmige Messungen nach Bild 1a werden mit zunehmender Frequenz immer problematischer. Oberhalb 100 MHz ist die quantitative Auswertung fragwürdig. Die wesentlichen Fehlerquellen sind:
– Durch die Eingangsimpedanz des Tastkopfes (z. B. 2,5 pF $\hat{=}$ $-j\,637\,\Omega$ bei 100 MHz) wird die Signalquelle belastet; Resonanzkreise und Filter werden verstimmt.
– In der Leiterschleife, gebildet aus den Meßleitungen und dem Meßwiderstand, werden Störspannungen induziert.
– Längere Verbindungsleitungen wirken transformierend ($\lambda/10 = 20$ cm bei 100 MHz und $v = 0,66\,c_0$).

Bild 1. Spannungsmessung. **a** hochohmiger Tastkopf parallel zur Quellenimpedanz Z_G; **b** hochohmiger Tastkopf als Sonde im abgeschirmten 50-Ω-System; **c** angepaßter Meßkopf als Abschluß einer 50-Ω-Leitung

– Zwischen der Abschirmung der Zuleitung und der näheren Umgebung (Masse) breiten sich Mantelwellen aus.

In Verbindung mit abgeschirmten, reflexionsarmen Durchgangsmeßköpfen, bei denen ein hochohmiger Tastkopf die Spannung in einer 50-Ω-Koaxialleitung (bzw. 75-Ω-Leitung) mißt, lassen sich HF-Voltmeter bis etwa 2 GHz einsetzen. Wird der Durchgangskopf einseitig reflexionsfrei

Spezielle Literatur Seite I 7

abgeschlossen, ergibt sich ein Pegeldetektor (Meßverfahren s. I 2 bis I 4).
Durch die Fortschritte in der koaxialen 50-Ω-Breitbandmeßtechnik hat die hochohmige Spannungsmessung stark an Bedeutung verloren. Mit Netzwerkanalysatoren lassen sich ab 5 Hz durch Spannungsmessungen nach Betrag und Phase der komplexe Reflexionsfaktor bzw. die Impedanz eines Eintors und der komplexe Transmissionsfaktor eines Zweitors bestimmen (s. I 4.10).

1.2 Überlagerte Gleichspannung
Superimposed DC-voltage

Die gleichzeitige Messung von Gleich- und Wechselspannung ist mit einem Oszilloskop möglich. Soll nur der Wechselspannungsanteil gemessen werden (Bild 2), wird dem Meßkopf ein Koppelkondensator C_k vorgeschaltet, mit $1/(\omega C_k) \ll Z_E$. Zur Messung des Gleichspannungsanteils wird ein kapazitätsarmer Vorwiderstand R_v (oder eine Drossel) benutzt, mit $R_v \gg 1/(\omega C_E)$ und $R_v \ll R_E$. Bei gleichzeitigem Vorhandensein von Wechselspannungen (gepulst oder sinusförmig), speziell im MHz-Bereich, ist die Messung von Gleichspannung bzw. Gleichstrom mit elektronischen Multimetern bzw. Digitalvoltmetern schwierig, da diese Meßgeräte sehr empfindlich auf überlagerte Wechselfelder reagieren und die Meßwerte völlig verfälscht werden. Besondere Umsicht ist notwendig bei steilflankigen Impulsen, in Leistungsendstufen und im Bereich starker Strahlungsfelder bzw. Sendeantennen. Ob unerwünschte Rückwirkungen, auch solche auf andere NF-Meßgeräte bzw. geregelte Netzgeräte vorhanden sind, ist in jedem Fall vor einer Messung zu klären.

1.3 Diodengleichrichter. Diode detector

Wechselspannungen werden mit Halbleiterdioden in Gleichspannungen umgewandelt; diese werden anschließend verstärkt und angezeigt. Bei Spannungsamplituden im Bereich 350 µV bis 25 mV befindet man sich oberhalb von Rauschstörungen im sogenannten „quadratischen Bereich"

Bild 2. Getrennte Messung von Gleich- und Wechselspannung

Bild 3. Messen kleiner Wechselspannungen im quadratischen Kennlinienbereich einer Halbleiterdiode

der Diodenkennlinie: Dort hat die Diodenkennlinie einen exponentiellen Verlauf entsprechend $I = I_{sat}[\exp(U/U_{th}) - 1]$. Wie in Bild 3 skizziert, entsteht dadurch eine Verzerrung des Wechselspannungssignals in der Form, daß ein Gleichspannungsanteil entsteht, der proportional zum Quadrat des Effektivwerts der Eingangswechselspannung (true RMS; Leistungsmessung) ist. Wenn Signale unterschiedlicher Frequenz anliegen, ergibt sich

$$U_{Diode} \sim [U_1 \cos(\omega_1 t) + U_2 \cos(\omega_2 t)]^2$$
$$= \frac{1}{2}(U_1^2 + U_2^2)$$
+ Wechselspannungsanteile mit
$$\omega_1 - \omega_2, 2\omega_1, \omega_1 + \omega_2 \text{ und } 2\omega_2.$$

Für größere Eingangswechselspannungen wird die Diodenkennlinie linear (s. I 2.3). Es tritt normale Halbwellengleichrichtung (Hüllkurvendemodulation) auf und am Ausgang des nachgeschalteten Tiefpasses kann eine dem Spitzenwert proportionale Gleichspannung gemessen werden. Im Unterschied zum quadratischen Bereich ist die Ausgangsgleichspannung bei gleichzeitigem Vorhandensein unterschiedlicher Frequenzen abhängig von den Phasenbeziehungen zwischen den einzelnen Spektralanteilen.

1.4 HF-Voltmeter. RF-voltmeter

Neben dem Diodenvoltmeter mit Gleichspannungsverstärker entsprechend Bild 3 sind im unteren MHz-Bereich noch HF-Voltmeter üblich, bei denen der Detektordiode ein Breitbandverstärker vorgeschaltet ist. Beide HF-Spannungsmeßgeräte werden durch Harmonische des zu messenden Signals, sofern diese innerhalb des meßbaren Frequenzbereichs liegen, beeinflußt. Dies ist nicht der Fall bei HF-Voltmetern, die als Überlagerungsempfänger gebaut sind. Man unterscheidet selektive Voltmeter, die von Hand (bzw. rechnergesteuert) auf die gewünschte Frequenz eingestellt werden (Maximumabgleich bei anliegendem Signal) und Sampling-Voltmeter, die sich automatisch auf die größte Spektrallinie innerhalb ihres Betriebsfrequenzbereichs einstellen. Das Überlagerungsprinzip ergibt gegenüber der direkten Diodengleichrichtung eine beträchtliche Empfindlichkeitssteigerung: Es können noch Spannungen unter 1 µV gemessen werden. Der Frequenzbereich dieser Geräte geht bis etwa 2 GHz; die Empfängerbandbreiten liegen bei 1 kHz. Um die Belastung der Signalquelle durch die Kapazität der Verbindungsleitung zum HF-Voltmeter zu vermeiden (s. 1.7), werden die Gleichrichterdiode bzw. die Mischerdioden unmittelbar hinter den Meßspitzen im Tastkopf untergebracht (aktiver Tastkopf).

1.5 Vektorvoltmeter. Vector voltmeter

Bei der Frequenzumsetzung durch Mischung bleiben bei einem zweikanaligen HF-Voltmeter die Amplituden- und Phasenbeziehungen der Eingangswechselspannungen im Zwischenfrequenzbereich erhalten. Mit einem solchen Vektorvoltmeter lassen sich komplexe Reflexions- und Transmissionsfaktoren messen. In Verbindung mit einem einseitig reflexionsfrei abgeschlossenen Durchgangsmeßkopf als angepaßtem Pegeldetektor kommen dafür alle in I 3 und I 4 angegebenen Meßverfahren in Betracht. Unter 100 MHz, wo häufig keine Richtkoppler oder Widerstandsmeßbrücken zur Verfügung stehen, kann eine Schaltung nach Bild 4 benutzt werden. Die Verkopplung zwischen der rechten und der linken Seite des Aufbaus wird entweder ausgeglichen oder beseitigt:
– Bei jeder Messung wird der Quotient $\underline{U}_B/\underline{U}_A$ gebildet,
– der Generatorpegel wird mit U_A geregelt,
– es werden zwei ausreichend große Dämpfungsglieder rechts und links dazwischengeschaltet,
– es wird eine isolierende Verzweigung 3 dB/0° anstelle der fehlangepaßten Verzweigung benutzt.

Für Frequenzen, bei denen die Phasendrehung zwischen dem Meßort für U_B und dem Meßobjekt vernachlässigbar klein ist, gilt dann

$\underline{U}_A = \underline{U}_H$
$\underline{U}_B = \underline{U}_H + \underline{U}_R$

$\underline{U}_B/\underline{U}_A = 1 + \underline{r} = A \exp(j\vartheta).$

Bild 4. Reflexionsfaktormessung mit dem Vektorvoltmeter bei tiefen Frequenzen. **a** Meßaufbau; **b** Auswertung der Messung im Smith-Diagramm

Die Größe $1 + \underline{r}$ kann im Smith-Diagramm (Bild 4b) eingetragen werden. Damit ergibt sich der gesuchte komplexe Reflexionsfaktor $\underline{r}$ graphisch. Für die Zahlenrechnung gilt

$r = \sqrt{A^2 + 1 - 2A \cos \vartheta}$
$\varphi_r = \arcsin(A \sin(\vartheta)/r).$

Vor der Messung wird die Symmetrie des Meßaufbaus und die der beiden Kanäle des Vektorvoltmeters überprüft, z. B. mit einem angepaßten Abschluß an beiden Enden der Verzweigung (Meßergebnis: gleiche Amplituden) und die Phasenwinkelanzeige wird auf Null gestellt.

1.6 Oszilloskop. Oscilloscope

Zur Darstellung des zeitlichen Verlaufs einer Spannung werden Oszilloskope (alte Bezeichnung: Elektronenstrahloszillografen) eingesetzt.

Analogoszilloskop. Das Standardanalogoszilloskop besteht aus den Komponenten Tastkopf, Verstärker, Zeitbasis und Elektronenstrahlröhre. Bei hochohmigem Verstärkereingang (z. B. 1 MΩ/11 pF) werden Bandbreiten von 0 bis 250 MHz erreicht (Anstiegszeit bis zu 1,4 ns, Amplitudenauflösung 5 mV/Anzeigeeinheit). Mit 50 Ω Eingangsimpedanz kann man Signale bis 1 GHz darstellen (Anstiegszeit bis zu 350 ps, Amplitudenauflösung 10 mV/Einheit, Schreib-

geschwindigkeit des Elektronenstrahls bis zu 20 cm/ns). Mögliche Zusatzfunktionen des Oszilloskops sind Addition und Subtraktion zweier Zeitfunktionen (bis 400 MHz), Multiplikation (bis 40 MHz), X-Y-Betrieb (bis 250 MHz) sowie digitale Zeit- oder Amplitudenmessung zwischen zwei Punkten auf der angezeigten Zeitfunktion (bis 400 MHz). In der Regel entspricht der Aussteuerbereich des Verstärkers der Höhe des Bildschirms. Bei Übersteuerung ist die angezeigte Kurvenform verfälscht.
Ein Oszilloskop mit z. B. 100 MHz Bandbreite stellt Eingangssignale oberhalb von etwa 50 MHz unabhängig von ihrer wahren Kurvenform stets als glatte sin-Schwingungen dar. Durch die Tiefpaßwirkung von Verstärker bzw. Bildröhre werden die Harmonischen ($2f_0$, $3f_0$ ...) und damit die Feinstruktur des Signals unterdrückt.

Abtastoszilloskop (*Sampling oscilloscope*). Signale im GHz-Bereich werden durch Abtasten in eine niedrigere, darstellbare Frequenz umgesetzt (analog zur scheinbaren Drehzahlverringerung, wenn ein sich schnell drehendes Rad mit einem Stroboskop beleuchtet wird). Es können nur periodische Zeitfunktionen dargestellt werden. Die scheinbare Anstiegszeit eines Abtastverstärkers entspricht etwa der Halbwertsbreite des Abtastimpulses. Für 25 ps entspricht dies einer oberen Grenze des Darstellbereichs von 14 GHz.

Digitaloszilloskop. Ein Digitaloszilloskop (Digital sampling oscilloscope, DSO) [1] besteht (vom Signaleingang aus gesehen) aus einem stufig einstellbaren Dämpfungsglied, einem analogen Vorverstärker und einem Analog-Digital-Wandler (A/D-Converter, ADC). Daran angeschlossen sind ein digitaler Speicher und ein Rechner zur Verarbeitung des digitalisierten Eingangssignals. Neben der herkömmlichen Ausgabe einer Spannungsamplitude als Funktion der Zeit auf einen Bildschirm besteht die Möglichkeit, einen Plotter oder einen externen Rechner anzuschließen. Im Unterschied zum Analogoszilloskop und zum Samplingoszilloskop, die aufwendige Elektronenstrahlröhren benötigen, hat das Digitaloszilloskop einen preiswerten Rasterbildschirm bzw. Farbbildschirm.
Kenngrößen. Abtastrate (Bereich: 10 MSamples/s bis 2 GSamples/s): Bei z. B. 100 MSamples/s (Abtastfrequenz 100 MHz) wird der Momentanwert des Eingangssignals in Abständen von 10 ns gemessen. Um eine Abtastrate von 2 GSamples/s zu erreichen, werden z. B. vier A/D-Wandler mit je 500 MSamples/s parallelgeschaltet, und ihre Abtastzeitpunkte werden durch davorgeschaltete Verzögerungsleitungen um jeweils 0,5 ns gegeneinander verschoben.
Auflösung des A/D-Wandlers (Bereich: 5 Bit bis 15 Bit): Ein A/D-Wandler mit z. B. 10 Bit und einem Meßbereich von $\pm$ 5 V setzt die abgetasteten Meßwerte um in Digitalzahlen mit 10 mV Auflösung.
System-Rauschabstand: Das auf den Eingang bezogene Eigenrauschen des Oszilloskops verringert unter Umständen (z. B. bei der Messung einmaliger Vorgänge) die vertikale Auflösung, die aufgrund der Auflösung des A/D-Wandlers erreichbar wäre.
Speichertiefe (Bereich: 512 bis 10 240 Punkte): Die Anzahl der gespeicherten Meßwerte ergibt, multipliziert mit der Zeitdauer zwischen zwei Abtastungen, den Gesamtzeitraum, in dem das Eingangssignal dargestellt werden kann.
Bandbreite für einmalige Signale (real-time sampling, Bereich: 0 bis 500 MHz; Auflösung bis zu 300 ps): Die nutzbare Bandbreite liegt zwischen 1/4 der Abtastfrequenz, wenn man z. B. nur die Kurvenform eines Impulses betrachten will, und 1/10 der Abtastfrequenz, sofern man z. B. Anstiegszeiten genau messen will.
Bandbreite für periodische Signale (repetitive sampling, Bereich: 0 bis 50 GHz; Auflösung bis zu 0,25 ps; Triggerbandbreite bis 40 GHz): Zeitlich periodische Signale können wie beim Abtastoszilloskop bereits bei niedrigen Abtastraten mit hoher zeitlicher Auflösung dargestellt werden.
Meßwertausgabe. Durch die digitale Signalverarbeitung ergibt sich eine Vielfalt von Möglichkeiten, das gemessene Eingangssignal auszuwerten. Standardmäßig werden Spannungsamplituden, Zeiten und Frequenzen als Zahlenwert auf dem Bildschirm ausgegeben, und Rauschstörungen lassen sich durch Mittelwertbildung (averaging) reduzieren. Zusätzlich kann die Zeitfunktion umgerechnet und das Spektrum nach Betrag und Phase als Funktion der Frequenz dargestellt werden. Das Signal kann im Frequenzbereich oder im Zeitbereich gefiltert werden. Bei Zweikanalmessungen kann die Phasenverschiebung zwischen beiden Kanälen als Funktion der Frequenz dargestellt werden. Ein solches mit zusätzlicher Rechenleistung ausgestattetes Digitaloszilloskop (transition analyzer) kann neben den Funktionen eines Standardoszilloskops diejenigen eines Zählers, eines Leistungsmeßgeräts, eines Spektrumanalysators, eines Modulationsmeßgeräts und (zusammen mit entsprechenden Signalteilern) eines Netzwerkanalysators übernehmen.

Kurvenformspeicherung. Zur Speicherung einmaliger Vorgänge stehen je nach Geschwindigkeitsbereich verschiedene Verfahren zur Verfügung:
a) Standardoszilloskop + Bildschirmphotographie (bis 1 GHz);
b) Speicheroszilloskop mit Halbleitermatrix als Zwischenspeicher: Auflösung z. B. 9 bit entsprechend 512 × 512 Bildpunkten (bis 500 MHz);

c) Speicheroszilloskop mit analogem Speicherbildschirm: Speicherzeiten zwischen 30 s und mehreren Stunden (bis 400 MHz);
d) Digitalspeicheroszilloskop: Direkte Analog-Digital-Wandlung des Eingangssignals und anschließende Speicherung der digitalen Daten. Bei 200 MHz Abtastrate bis zu 20 MHz mit 32 dB Dynamik (etwa 5 bit). Häufig fehlt bei den Geräten nach Verfahren b) oder d) der Bildschirm. Die gespeicherten Daten werden direkt von einem Rechner weiterverarbeitet. Die Geräte werden dann als Transientenrekorder oder Waveform-Recorder bezeichnet.

1.7 Tastköpfe. Probes

Durch das Einbringen des Tastkopfes in die zu untersuchende Schaltung wird diese beeinflußt. Der Einfluß dieser Rückwirkung und die Wechselwirkungen zwischen der Impedanz der Quelle einerseits, der Eingangsimpedanz des Verstärkers andererseits und der dazwischenliegenden (elektrisch langen) Tastkopfleitung sind schwer zu überblicken.
Bild 5 zeigt einen passiven Teilertastkopf mit den Ersatzschaltbildern für die Signalquelle und den Verstärkereingang. Für $l_1 \ll \lambda$ wirkt die Leitung als konzentrierte Kapazität $l_1 C'$. Bei Abgleich des Spannungsteilers auf gleiche Zeitkonstanten $R \cdot C$ ergibt sich ein frequenzunabhängiges Teilerverhältnis von 10:1. Dieser Abgleich auf verzerrungsfreie Übertragung, in der Regel mit einem Rechtecksignal, wird vor der Messung durchgeführt. Aus der Abgleichbedingung wird ersichtlich, daß Tastköpfe nicht beliebig ausgetauscht werden können: Ein Teilertastkopf für einen 50-Ω-Eingang oder für einen 1 MΩ/10 pF-Eingang läßt sich meist nicht für einen Verstärker mit 1 MΩ/50 pF benutzen. Weiterhin gilt der Abgleich nur für konstanten Innenwiderstand der Signalquelle: Wenn die Anstiegszeit eines Pulsgenerators mit $R_G = 600\,\Omega$ gemessen werden soll, muß auch die Eichquelle zum Tastkopfabgleich $R_G = 600\,\Omega$ haben. Außerdem muß die Anstiegszeit der Eichquelle kleiner sein als die des zu messenden Signals.
Eine Tastkopfleitung von 1,5 m hat bei 13,2 MHz die elektrische Länge $\lambda/10$ und bei 33 MHz $\lambda/4$. Die transformierende Wirkung der Leitung ist dann nicht mehr vernachlässigbar und macht Absolutmessungen der Amplitude bei unbekannter Signalquellenimpedanz unmöglich.
Bei niedrigeren Frequenzen ist die Belastung durch die Tastkopfimpedanz Hauptfehlerquelle: Ein 10 MΩ/10 pF-Tastkopf bewirkt bei der Messung an 5 kΩ einen Fehler von 20% bei $f = 1$ MHz. Bei komplexer Signalquellenimpedanz wird der Meßfehler größer, es sei denn, der Tastkopf befindet sich bereits beim Abgleich in der Schaltung und seine Kapazität wird in den Abgleich einbezogen. Oberhalb von etwa 100 MHz machen sich zusätzlich Mantelwellen störend bemerkbar (Kontrolle durch Berühren von Tastkopf und Leitung an verschiedenen Stellen).
Durch einen in die Tastkopfspitze eingebauten Vorverstärker (aktiver Tastkopf) wird der Empfindlichkeitsverlust des passiven Teilerkopfes vermieden und die Eingangskapazität läßt sich weiter verringern. Mit 1 MΩ/1 pF wird der nutzbare Frequenzbereich etwa um den Faktor 5 größer gegenüber 10 MΩ/10 pF.
Bei Verstärkern mit 50 Ω Eingangsimpedanz ergibt sich der größte nutzbare Frequenzbereich. Die Einflüsse der Verbindungsleitungen entfallen (für 50 Ω Leitungswellenwiderstand). Sofern dennoch hochohmig gemessen werden soll, können Widerstandsteiler in die Tastkopfspitze eingebaut werden (10:1 mit 500 Ω/0,7 pF und 100:1 mit 5 kΩ/0,7 pF). Oberhalb von etwa 250 MHz lassen sich die in der 50-Ω-Meßtechnik erreichbaren Genauigkeiten mit hochohmigen Tastköpfen jedoch nicht mehr erreichen. Die sinnvolle Anwendung bleibt auf Sonderfälle beschränkt.
Durch Vorschalten eines 50-Ω-Durchführungsabschlusses (feed-through termination) läßt sich ein hochohmiger Verstärker behelfsmäßig umrüsten. Die Parallelkapazität des Verstärkers bleibt dadurch unverändert, die Frequenzgrenze, von der ab sie sich als störender, niederohmiger Nebenschluß bemerkbar macht, wird jedoch zu höheren Frequenzen hin verschoben. Zur Vermeidung von Mehrfachreflexionen werden Durchführungsabschlüsse so eingefügt, daß Verbindungsleitungen beidseitig angepaßt bzw. niederohmig abgeschlossen sind, d.h. der Durchführungsabschluß wird immer unmittelbar an die Eingangsbuchse des Oszilloskops angeschlossen.
Phasenmessungen (s. 1.9) mit dem Oszilloskop sind bei Hochfrequenz in der Regel mit noch größeren Fehlern behaftet als Amplitudenmessungen. Notwendig ist nicht nur, daß beide Kanäle und beide Tastköpfe gleich sind (Kontrolle durch gleichzeitiges Anschließen an den gleichen Meßpunkt), sondern ebenfalls, daß die Innenwiderstände Z_G an beiden Meßpunkten gleich groß

Bild 5. Passiver 10:1-Teilertastkopf mit typischen Bauelementewerten sind. (Zahlenbeispiel: Tastkopf 10 MΩ/10 pF; $Z_{G1} = 600\,\Omega$; $Z_{G2} = 50\,\Omega$, $f = 50$ MHz, Meßfehler: 53°).

1.8 Strommessung
Current measurement

Die direkte Messung des Stroms wird bei hohen Frequenzen selten durchgeführt:
– Es fehlen brauchbare Verfahren zur Messung von Betrag und Phase;
– die ersatzweise Messung der Leistung bzw. der Spannung ist in der Regel ausreichend;
– die Stromdichte ist ungleichmäßig verteilt (Skineffekt, Proximityeffekt) und der Gesamtstrom als integrale Größe wenig aussagekräftig;
– durch Auftrennen von Strombahnen zur Strommessung wird (sofern es überhaupt möglich ist), die Leitergeometrie häufig zu stark gestört bzw. die Impedanz des Stromkreises zu stark verändert.

Diodengleichrichtung. Die Vielfachinstrumente und Digitalmultimeter der NF-Technik gestatten die direkte Strommessung durch Diodengleichrichtung bis etwa 10 bzw. 100 kHz.

Spannungsmessung. Durch Messen des Spannungsabfalls an einem kleinen (ohmschen) Meßwiderstand, der in den Stromkreis eingefügt wird, kann bei bekanntem Widerstandswert der Strom berechnet werden.

Thermoumformer. Die Erwärmung eines Heizleiters durch den hindurchfließenden HF-Strom und die Messung der Temperaturerhöhung mit einem nur thermisch, nicht galvanisch, angekoppelten Thermoelement erlaubt die Messung des Effektivwerts des Stroms bis zu etwa 100 MHz.

Stromwandler. Durch induktive Kopplung an den stromführenden Leiter lassen sich nach dem Stromwandlerprinzip (Übertrager mit sekundärseitigem Kurzschluß) Ströme im Bereich 1 Hz bis 200 MHz bzw. 1 GHz messen. Zur Messung werden Ferritringkerne benutzt, durch die der zu messende Leiter hindurchgesteckt wird (Bild 6a) oder Stromzangen, in die der Leiter eingelegt wird (Bild 6 b).

Hall-Effekt. Da die Tangentialkomponente des Magnetfeldes an einer Leiteroberfläche betragsmäßig gleich der Oberflächenstromdichte ist, kann die Messung des Magnetfeldes mit einer Hall-Sonde zur Strommessung benutzt werden. Hall-Sonden werden ebenfalls eingesetzt im Luftspalt eines Stromwandlers bzw. einer Stromzange und erweitern damit deren Einsatzbereich zu tiefen Frequenzen hin bis zur Gleichstrommessung. Die obere Frequenzgrenze wird durch den jeweiligen Aufbau hervorgerufen, nicht durch den Hall-Effekt selbst.

Induktive Sonden. Zur Messung von Oberflächenstromdichten können Induktionsschleifen (Bild 7) benutzt werden. Um Meßfehler durch eine zusätzliche Verkopplung mit dem elektrischen Feld zu vermeiden, werden die Sonden geschirmt. Durch eine drehbare Schleife bzw. zwei senkrecht zueinander angeordnete Koppelschleifen kann die Richtung der Stromdichte ermittelt werden.

Bild 7. Geschirmte induktive Sonde zur Messung der Oberflächenstromdichte **K**

Schlitzkopplung. Durch Messung der Intensität einer durch einen Schlitz (z. B. in einer Hohlleiterwand) hindurch abgestrahlten Welle kann ebenfalls auf die Oberflächenstromdichte senkrecht zum Schlitz geschlossen werden.

1.9 Phasenmessung. Phase measurement

Frequenzumsetzung durch Mischung. Die beiden Signale U_A und U_B, deren Phasenverschiebung φ gesucht ist, werden mit zwei Mischern und einem Überlagerungsoszillator (L.O.) in eine Zwischenfrequenz im kHz-Bereich umgesetzt und dort nach Verfahren der NF-Technik gemessen. Bei symmetrischem Aufbau werden das Amplitudenverhältnis U_A/U_B und der Phasenwinkel φ durch die Mischung nicht beeinflußt. Dies gilt nicht nur für sin-förmigen L.O. sondern auch für Oberwellenmischung und Abtastung. Im Unterschied dazu wird durch Frequenzvervielfachung bzw. -teilung der ursprüngliche Phasenwinkel vervielfacht bzw. geteilt.

Bild 6. Stommessung mit Stromwandler. **a** Ringkern als Stromwandler; **b** Stromwandlerzange

Netzwerkanalysator. Legt man an die Eingänge eines Netzwerkanalysators nicht die hin- und rücklaufenden Wellen U_H und U_R sondern allgemein die Signale U_A und U_B, so wird statt des Winkels des Reflexionsfaktors der Winkel φ gemessen. Neben den Geräten mit dem oben erwähnten Zweikanalmischer lassen sich damit auch die Meßleitung (I 4.6) und das Sechstorreflektometer (I 4.7) zur Phasenmessung einsetzen.

Bild 9. Ringmischer als Phasendetektor

Phasenmeßbrücke. Da zwei gleichgroße gegenphasige Spannungen sich zu Null addieren, wird in der Phasenmeßbrücke (Bild 8) mit einem der Dämpfungsglieder die Amplitudengleichheit eingestellt und mit dem Phasenschieber die Gegenphase. Der Nullabgleich wird durch abwechselndes Verstellen von Amplitude und Phase erreicht. Sofern bei der vorangegangenen Kalibrierung (Nullabgleich mit U_A an beiden Eingängen) der Phasenschieber auf Null gestellt war, kann bei der Messung der Winkel φ an ihm abgelesen werden. Notwendig ist, daß beim Verstellen des Dämpfungsgliedes keine zusätzliche Phasendrehung auftritt.

Bild 8. Phasenmeßbrücke

Ringmischer. Bei Beschaltung eines symmetrischen Mischers entsprechend Bild 9 (U_A und U_B an die Eingänge für HF(R) und L.O.(L), Ausgangsgleichspannung am ZF-Ausgang (I oder X) ergibt sich eine Ausgangsgleichspannung mit cos-förmigem Verlauf als Funktion von φ. Schaltungen dieser Art, die auch mit nur zwei Dioden und Ausgangstiefpaß realisiert werden können, heißen phasengesteuerter Gleichrichter, Synchrondetektor oder kohärenter Demodulator. Die Funktion wird verständlich, wenn man sich die Dioden als Schalter vorstellt, die von $U_A(t)$ betätigt werden. Aus dem gezeichneten Kurvenverlauf erkennt man, daß die Ausgangsspannung für $\varphi = 90°$ und $\varphi = 270°$ zu Null wird. Symmetrische Mischer existieren im gesamten koaxial nutzbaren Frequenzbereich. In Hohlleitertechnik werden die beiden Übertrager durch ein Magic-Tee ersetzt. Unter optimierten Bedingungen sind Abweichungen von der cos-Form kleiner als 1‰ erreichbar. Da das Ausgangssignal nicht nur vom Phasenwinkel φ_{AB} sondern auch von den Amplituden abhängt, müssen U_A und U_B gleich groß und konstant sein.

Digitale Zähler. Durch Auszählen der Periodendauer und des Zeitintervalls zwischen zwei benachbarten, gleichsinnigen Nulldurchgängen von $U_A(t)$ und $U_B(t)$ läßt sich der Phasenwinkel φ ermitteln (s. I 6.2).

Oszilloskop. Mit einem Zweikanaloszilloskop läßt sich die Phasenverschiebung aus der gleichzeitigen Darstellung der Nulldurchgänge von $U_A(t)$ und $U_B(t)$ auf dem Bildschirm ermitteln (s. 1.7). Mit einem Einkanaloszilloskop im x-y-Betrieb wird $U_A(t)$ an den Vertikalverstärker und $U_B(t)$ an den Horizontalverstärker angelegt. Auf dem Bildschirm ergibt sich eine Ellipse (Lissajous-Figur), aus deren Abmessungen und Lage der Phasenwinkel φ berechnet werden kann. Sofern die Signalquellen A und B durch die Parallelkapazität hochohmiger Tastköpfe bei hohen Frequenzen nennenswert belastet werden, ist der gemessene Winkel φ nur dann richtig, wenn beide Quellenimpedanzen gleich sind.

Spezielle Literatur: [1] *Hewlett-Packard Druckschrift:* Das Digital-Oszilloskop: ein vielseitiges und leistungsfähiges Meßgerät. Bad Homburg 1987.

2 Leistungsmessung
Power measurement

Allgemeine Literatur: *Herscher, B. A.:* A three-port method for microwave power sensor calibration. Microwave Journal, März 1989, S. 117–124. – *Fantom, A. E.:* Radio frequency and microwave power measurements. Stevenage: Peter Peregrinus 1990.

Spezielle Literatur Seite I 10

2.1 Leistungsmessung mit Bolometer
Power measurement with bolometer

Unter dem Oberbegriff Bolometer werden Bauelemente mit temperaturabhängigem Gleichstromwiderstand, die man zur HF-Leistungsmessung benutzt, zusammengefaßt. Thermistor: Halbleiter mit negativem Temperatur-Koeffizienten (TK) des Widerstands; Barretter: dünner Metalldraht mit positivem TK (wenig überlastbar, daher heute nur noch selten eingesetzt). Der Thermistor wird in einem geeigneten Gehäuse als angepaßter HF-Abschlußwiderstand ausgeführt. Entsprechend der aufgenommenen HF-Leistung erwärmt er sich und somit sinkt sein Gleichstromwiderstand. Damit dennoch die HF-Anpassung erhalten bleibt und damit die stark nichtlineare Kennlinie unberücksichtigt bleiben kann, wird DC- (bzw. NF)-Substitution durchgeführt: Der Thermistor ist Element einer Gleichstrom (DC)-Widerstandsmeßbrücke. Bei Widerstandsänderung durch aufgenommene HF-Leistung wird der Gleichstrom durch den Thermistor so weit verringert, bis die Brücke erneut abgeglichen ist. Die Abnahme der Gleichstromleistung wird gemessen und als Maß für die HF-Leistung angezeigt. Thermische Zeitkonstante: 30 ms bis 1 s. Meßfehler enstehen durch Temperaturdrift, wenn nach der DC-Kalibrierung (Anzeige 0) die Thermistorfassung, z. B. durch die Hand des Bedienenden, erwärmt wird. Abhilfe durch thermische Entkopplung des Meßthermistors und/oder durch Verwendung eines zweiten Thermistors zur Driftkompensation. Meßbereich etwa $+10$ dBm bis -30 dBm.

2.2 Leistungsmessung mit Thermoelement
Power measurement with thermocouple

Die Erwärmung eines angepaßten Lastwiderstands wird als Gleichspannung eines thermisch damit verbundenen Thermoelements gemessen. Da die Thermospannung ein Maß für die Temperaturdifferenz zwischen den Verbindungspunkten zweier Drähte aus unterschiedlichen Metallen ist (heißer Punkt am Lastwiderstand, kalter Punkt am Gehäuse), ist die Kompensation von Schwankungen der Umgebungstemperatur bereits im Sensor enthalten und damit besser als beim Thermistor. Thermische Zeitkonstante: z. B. 120 µs. Meßbereich etwa $+20$ dBm bis -30 dBm. Bei niedrigen HF-Leistungen liegen die auszuwertenden Thermospannungen unter 1 µV. Daraus ergeben sich Anzeigezeitkonstanten bis zu 2 s im niedrigsten Meßbereich. Kalibrieren vor der Messung durch eine HF-Referenzquelle. Bei Leistungsmeßköpfen mit Thermoelementen lassen sich breitbandig sehr kleine Reflexionsfaktoren realisieren.

2.3 Leistungmessung mit Halbleiterdioden
Power measurement with semiconductor diodes

Im quadratischen Bereich (square-law region) ihrer I-U-Kennlinie (s. I 1.3) können Halbleiterdioden zur Absolutmessung von Leistungen eingesetzt werden. Aus Gründen der Reproduzierbarkeit und der mechanischen Stabilität werden nur spezielle Schottky-Dioden benutzt. Der Spannungsabfall an einem angepaßten HF-Abschlußwiderstand wird von der Diode verzerrt (gleichgerichtet). Der Gleichanteil des Diodenausgangssignals wird gemessen und als Maß für die HF-Leistung angezeigt (Bild I 1.3). Meßbereich etwa von -20 dBm bis -75 dBm; Frequenzbereich koaxial 0 bis 60 GHz. Zeitkonstante der HF-DC-Wandlung: durch die äußere Beschaltung vorgebbar (s. 2.5). Sofern kleine Leistungen gemessen werden sollen, kommt nur der Kennlinienteil um den Nullpunkt in Betracht, da ein Diodenvorstrom Temperaturdrift und Rauschen vergrößert. Kalibrieren vor der Messung durch eine HF-Referenzquelle. Mit geeigneten Dioden lassen sich die höchsten Umwandlungswirkungsgrade HF-DC erzielen. Bei -70 dBm beträgt die Ausgangsgleichspannung etwa 50 nV. Diodenmeßköpfe bieten, relativ gesehen, den größten Dynamikbereich. Auch in bezug auf den maximal, ohne Zerstörung des Elements, zulässigen Pegel sind sie den anderen Leistungsmeßköpfen überlegen.
Bild 1 zeigt die Kennlinie einer typischen Detektordiode. Der „quadratische Bereich" der Kennlinie, in dem ein linearer Zusammenhang zwischen Eingangspegel und Ausgangsgleichspannung besteht, läßt sich durch einen geeigneten DC-Lastwiderstand gegenüber dem Leerlauffall vergrößern. Die Empfindlichkeitsgrenze ist für Breitbandmessungen physikalisch vorgegeben. -70 dBm entspricht nach Gl. (I 7.1) der thermischen Rauschleistung, die ein ohmscher Widerstand bei Zimmertemperatur im Frequenzbereich 0 bis 25 GHz abgibt. Bei niedrigen Pegeln entstehen Meßfehler durch Thermospannungen am HF-Eingang. Bei Verwendung einer Spannungsverdopplerschaltung entsprechend Bild 2 wirken sich diese nicht auf die Ausgangsspannung aus. Zugleich wird die Empfindlichkeit um 3 dB verbessert.
Der Temperaturgang von Detektordioden ist nichtlinear und abhängig vom Lastwiderstand und vom HF-Pegel.

3 Netzwerkanalyse: Transmissionsfaktor

Bild 1. Kennlinie einer typischen Halbleiterdetektordiode. HF-Eingangsimpedanz 50 Ω, NF(DC)-Innenwiderstand 2 kΩ

Bild 2. Leistungsmeßkopf mit zwei Dioden

Die Empfindlichkeit einer Detektordiode (etwa 500 µV/µW im Leerlauf) läßt sich um ein Vielfaches (Faktor 20) steigern, wenn statt der breitbandigen Widerstandsanpassung eine schmalbandige Blindabstimmung (Resonanztransformation) am HF-Eingang benutzt wird (tuned detector).

2.4 Ablauf der Messung, Meßfehler
Measurement procedure, errors

Vor der Messung wird die Anzeige ohne HF-Signal auf Null gestellt. Dann wird die Anzeige mit einer Referenzquelle niedriger Frequenz (10 bis 100 MHz) kalibriert (Gleichstrom bei Thermistorkopf). Der bei höheren Frequenzen meist abnehmende Wirkungsgrad des Leistungssensors und die Verringerung des Meßwerts durch den Reflexionsfaktor des Meßkopfes müssen durch einen (an Meßgeräten vor-einstellbaren) frequenzabhängigen Kalibrierfaktor zwischen 0,9 und 1,0 berücksichtigt werden.
Übersteigt die zu messende Leistung den Meßbereich des zur Verfügung stehenden Meßkopfes, werden Dämpfungsglieder bzw. Richtkoppler vorgeschaltet. Ist die zu messende Leistung zu klein, werden schmalbandige Verstärker vorge-

schaltet bzw. andere empfindliche, nichtkalibrierte Empfänger eingesetzt, die über vorgeschaltete Dämpfungsglieder mit dem Leistungsmeßgerät kalibriert werden. In allen Fällen sinkt die Genauigkeit der Leistungsmessung. Während der Meßfehler durch das Instrument, die Anzeige, das Referenzsignal oder die Nullstellung bei handelsüblichen Geräten unter $\pm 2\%$ liegt und der Meßfehler durch die Unbestimmtheit des Kalibrierfaktors unter $\pm 3\%$, können durch die Fehlanpassung zwischen Quelle und Meßkopf wesentlich größere Fehler auftreten. Gemessen werden soll die Leistung P_0, die eine Quelle mit dem Innenwiderstand Z_G an einen Normwiderstand R_0 (z. B. 50 Ω in Koaxialsystemen) abgibt. Gemessen wird mit einem Meßkopf mit der Impedanz Z_E (Bild 3). Da diese drei Impedanzen in der Regel nicht miteinander übereinstimmen, ergibt sich ein Meßfehler durch Fehlanpassung. Sofern r_G und r_E nach Betrag und Phase bekannt sind, läßt sich der gesuchte Wert aus dem Meßwert berechnen:

$$P_{\text{gemessen}} = P_0 \frac{1 - r_E^2}{|1 - r_E r_G|^2} = P_0 \frac{R_E}{R_0} \left| \frac{Z_s + R_0}{Z_s + Z_E} \right|^2 \quad (1)$$

(r_G, r_E = Reflexionsfaktor der Quelle bzw. des Meßkopfes, bezogen auf R_0).
Sind nur die Beträge bekannt, kann man den maximalen Meßfehler ermitteln. Für $r_G = r_E = 0,1$ liegt der Fehler zwischen $+1\%$ und -3%, für $r_G = r_E = 0,3$ zwischen $+10\%$ und -23%. Die Schwankungsbreite ergibt sich daraus, daß der Zähler $|1 - r_E r_G|^2$ abhängig von den Phasenwinkeln von r_E und r_G Werte zwischen $(1 - r_E r_G)^2$ und $(1 + r_E r_G)^2$ annehmen kann. Sofern der Fehleranteil $1 - r_E^2$ bereits im Kalibrierfaktor berücksichtigt ist, verbleibt als Meßunsicherheit nur noch $1/(1 \pm r_E r_G)^2$. Für r_E und r_G kleiner 0,22 ergibt sich ein Bereich unter $\pm 10\%$.
Durch das Einfügen von Anpaßelementen zwischen Quelle und Leistungsmeßkopf mit anschließendem Abgleich auf maximale Anzeige treten folgende Probleme auf:
– Der Kalibrierfaktor des Meßkopfes gilt nicht mehr.
– Die Zusatzverluste im Anpaßnetzwerk müssen bekannt sein.

Bild 3. Impedanzen bei der Leistungsmessung

– Gemessen wird nicht P_0, sondern die Leistung, die die Quelle maximal abgeben kann (an eine Last $\underline{Z}_E = \underline{Z}_G^*$).

Eine Möglichkeit zur Kontrolle der fehlanpassungsbedingten Meßfehler liegt in der Auswertung der durch den Faktor $|1 - \underline{r}_E \underline{r}_G|^2$ hervorgerufenen Welligkeit des Meßwerts, entweder durch Zwischenschalten einer längenveränderlichen Leitung (Phasenschieber) oder durch eine Leitung fester Länge und Frequenzmodulation der Quelle (Wobbelmessung).

Durch die Breitbandigkeit der meisten Meßköpfe (z. B. 0,01 bis 18 GHz) entstehen Meßfehler beim Vorhandensein zusätzlicher, unerwünschter Spektrallinien (z. B. durch Harmonische oder durch Kippschwingungen der Quelle). Eine Harmonische, deren Pegel 20 dB unter dem des Trägers liegt (-20 dBc = -20 dB below carrier) vergrößert den Meßwert um 1%, da der Meßkopf die Summenleistung anzeigt.

Verglichen mit den relativ kleinen Meßfehlern, die bei der Messung von z. B. Zeit, Frequenz oder S-Parametern mit handelsüblichen Meßgeräten erreichbar sind, treten bei der Bestimmung der absoluten Leistung wesentlich größere Fehler auf. Die Ermittlung der Meßgenauigkeit eines speziellen Meßaufbaus ist schwierig. Der bei Leistungsmeßgeräten in den technischen Daten angegebene Meßfehler (z. B. $\pm 1\%$) enthält nicht den Fehler des Leistungsmeßkopfs (z. B. $\pm 5\%$). Mit einem hochwertigen Meßaufbau und rechnergesteuerter Fehlerkorrektur lassen sich im Mikrowellenbereich Meßfehler errreichen, die bei mittleren Pegeln etwa $\pm 3\%$ und bei sehr großen bzw. bei sehr kleinen Leistungspegeln etwa $\pm 10\%$ betragen.

2.5 Pulsleistungsmessung
Pulse power measurement

Mit den bisher beschriebenen CW-Meßverfahren wird bei nichtsinusförmigem Signal der zeitliche Mittelwert gemessen. Der zeitliche Verlauf der Leistung bzw. die Spitzenleistung lassen sich daraus berechnen, sofern die Zeitfunktion des Signals oder dessen Spektrum bekannt sind. Zur direkten Messung von Pulsleistungen, Spitzenleistungen bzw. Leistungs-Zeit-Profilen eignen sich aufgrund ihrer geringen Trägheit Dioden. Bei entsprechend kapazitätsarmer Beschaltung entspricht das Ausgangssignal des Diodenkopfes der Hüllkurve des HF-Eingangssignals. Es kann z. B. mit einer Abtast-Halteschaltung abgefragt und der Abtastwert kann als Momentanwert der Leistung angezeigt werden. Die Breite des Meßfensters liegt in handelsüblichen Geräten bei 15 ns. Bei automatischer Triggerung des Abtastvorgangs durch das Signal kann bei getasteten Signalen die Pulsleistung gemessen werden.

2.6 Kalorimetrische Leistungsmessung
Calorimetric power measurement

Die HF-Leistung wird berechnet aus der gemessenen Erwärmung eines angepaßten Lastwiderstands [1]. Es besteht somit kein prinzipieller Unterschied zur Leistungsmessung mit Thermoelement. Die Bezeichnung kalorimetrische Messung ist jedoch gebräuchlich
– bei der Herstellung von Eichnormalen (z. B. Mikrowellen-Micro-Kalorimeter)
– bei der Messung großer Leistungen.

Im zweiten Fall wird die Temperatur eines Lastwiderstands gemessen bzw. die Temperaturerhöhung des Kühlmittels beim Durchlaufen des Lastwiderstands. Für Wasser als Kühlmittel ergibt sich die Leistung zu

$$P/W = 4{,}186\,(V/\text{cm}^3)\,(\Delta T/°C)/(\Delta t/s)$$

wenn das Wasservolumen V in der Zeit Δt um die Temperatur ΔT erwärmt wird.

Spezielle Literatur: [1] *Lane, J. A.:* Microwave power measurement. London: Peregrinus 1970.

3 Netzwerkanalyse: Transmissionsfaktor
Network analysis: transmission measurement

3.1 Meßgrößen der Netzwerkanalyse
Basic parameters of network analysis

Grundgrößen bei der Analyse eines Netzwerks sind der Reflexionsfaktor $\underline{r}$ und der Transmissionsfaktor $\underline{t}$, jeweils mit Betrag und Phase. Sie ergeben sich elementar aus den zu messenden Wellenamplituden $\underline{a}_1$, $\underline{b}_1$ und $\underline{b}_2$ (Bild 1).

Es werden lineare Netzwerke untersucht, das Eingangssignal ist sin-förmig und die Meßgrößen werden als Funktion der Frequenz dargestellt. Bei nicht-sinusförmigem Ausgangssignal des Netzwerks (z. B. übersteuerter Mischer oder Verstärker) müssen die einzelnen Spektralanteile getrennt voneinander gemessen werden, z. B. mit einem Spektrumanalysator als Empfänger.

Die gemessenen Wellenamplituden, $\underline{a}_1$, $\underline{b}_1$ und $\underline{b}_2$ bzw. die Grundgrößen $\underline{r}$ und $\underline{t}$ werden häufig in andere Größen umgerechnet.

Spezielle Literatur Seite I 17

3 Netzwerkanalyse: Transmissionsfaktor

Bild 1. Grundgrößen der Netzwerkanalyse: Reflexionsfaktor $r = b_1/a_1$, Transmissionsfaktor $t = b_2/a_1$

Reflexionsfaktor

$\underline{S}_{ii} = \underline{r}$ Streuparameter eines Mehrtors (Tor i als Eingang, alle Tore reflexionsfrei abgeschlossen),

φ_r = Phasenwinkel des Reflexionsfaktors,

$\underline{Z}/Z_L = (1 + \underline{r})/(1 - \underline{r})$ Impedanz, normiert auf Z_L,

$a_r = -20 \lg r = -r/\text{dB}$ Rückflußdämpfung (return loss),

$s = \text{SWR} = \text{VSWR} = (1 + r)/(1 - r)$ Stehwellenverhältnis,

$m = 1/s$ Anpassungsfaktor (matching factor).

Transmissionsfaktor

$\underline{S}_{ij} = \underline{t}$ Zweitor-Streuparameter (Tor j als Eingang, alle Tore reflexionsfrei abgeschlossen),

$a_t = -20 \lg t = -t/\text{dB}$ Durchgangsdämpfung bzw. Verstärkung,

φ_t = Phasenwinkel des Transmissionsfaktors,

l/λ = elektrische Länge (s. I 3.10),

$\tau_g = -\text{d}\varphi_t/\text{d}\omega$ Gruppenlaufzeit,

$\tau_g' = \text{d}\tau_g/\text{d}f$ Gruppenlaufzeitverzerrung.

In der Hochfrequenztechnik lassen sich die transformierenden Eigenschaften der Verbindungsleitungen zwischen Detektor und Meßobjekt, bzw. zwischen Generator und Meßobjekt, nicht mehr vernachlässigen. Um reproduzierbare und aussagekräftige Meßergebnisse zu erhalten, werden deshalb Verbindungsleitungen mit definiertem Leitungswellenwiderstand Z_L eingesetzt und Steckverbindungen bzw. Flanschverbindungen, die an diesen Leitungswellenwiderstand angepaßt sind. Bei Koaxialleitungen ist $Z_L = 50\,\Omega$ (unterhalb 2 GHz auch 75 bzw. 60 Ω). Bei Hohlleitern sind die Querschnittsabmessungen genormt. Alle anderen Leitungstypen erhalten zum Messen Präzisionsadapter mit möglichst kleinem Reflexionsfaktor und geringer Dämpfung. Die Kenntnis des normierten Werts Z/Z_L ist zur Beschreibung der Eingangsimpedanz eines Netzwerks ausreichend. Der Wert der Impedanz Z in Ω wird kaum benötigt. Zur graphischen Darstellung von Ortskurven und für die Umrechnung zwischen Z/Z_L und r wird üblicherweise das Smith-Diagramm benutzt.

Unter der Voraussetzung, daß die Bezugswiderstände Z_L an Tor 1 und Tor 2 des Meßobjekts gleich groß gewählt werden, sind die Meßergebnisse unabhängig davon, ob zur Ermittlung der Wellengrößen $\underline{a}$ und $\underline{b}$ die Spannung, der Strom, die transversale elektrische Feldstärke oder die transversale magnetische Feldstärke der Welle nach Betrag und Phase gemessen werden; zur Ermittlung der Beträge a bzw. b ist die Messung der Leistung P oder der Strahlungsdichte $\bar{S}$ ausreichend. Mit den Indizes H für die hinlaufende und R für die rücklaufende Welle gilt:

$\underline{a}_1 \sim \underline{U}_{H1}, \underline{I}_{H1}, \underline{E}_{H1}, \underline{H}_{H1} \quad a_1 \sim \sqrt{P_{H1}}, \sqrt{\bar{S}_{H1}}$

$\underline{b}_1 \sim \underline{U}_{R1}, \underline{I}_{R1}, \underline{E}_{R1}, \underline{H}_{R1} \quad b_1 \sim \sqrt{P_{R1}}, \sqrt{\bar{S}_{R1}}$

$\underline{b}_2 \sim \underline{U}_{H2}, \underline{I}_{H2}, \underline{E}_{H2}, \underline{H}_{H2} \quad b_2 \sim \sqrt{P_{H2}}, \sqrt{\bar{S}_{H2}}$

Da $\underline{r}$ und $\underline{t}$ Quotienten sind, besteht weder in der Theorie noch in der Praxis der Meßtechnik eine Notwendigkeit, die Größen der Proportionalitätsfaktoren zu definieren.

3.2 Direkte Leistungsmessung
Direct power measurement

Bei einer festen Frequenz wird zunächst der Ausgangspegel des Generators gemessen, dann wird das Meßobjekt dazwischengeschaltet und erneut der Pegel gemessen (Bild 2). Die Pegeldifferenz entspricht der Dämpfung bzw. Verstärkung des Meßobjekts. Da es sich nicht um eine Absolutmessung der Leistungen handelt, wird beim Kalibrieren (mit überbrücktem Meßobjekt) ein Meßgerät mit linearer Anzeige auf 1 gestellt und ein Meßgerät mit logarithmischer Anzeige auf 0 dB.

Bild 2. Messung der Durchgangsdämpfung mit reflexionsfreiem Detektor. **a** Messung von a_1; **b** Messung von b_2

Nach Einfügen des zu untersuchenden Zweitors wird der Transmissionsfaktor t direkt abgelesen. Für Wobbelmessungen kann man die Kalibrierwerte punktweise in einem digitalen Speicher (storage normalizer) aufbewahren. Bei der Messung wird jeweils die Differenz in dB zwischen aktuellem Meßwert und gespeichertem Kalibrierwert ausgegeben.

3.3 Messung mit Richtkoppler oder Leistungsteiler
Measurement with directional coupler or power splitter

Bei gleichzeitiger Messung von a_1 und b_2 und Quotientenbildung (linear) bzw. Differenzbildung (logarithmisch) entfallen störende Beeinflussungen durch Pegelschwankungen des Generators. Weiterhin läßt sich so auch die Phase des Transmissionsfaktors messen. Zur Auskopplung der einfallenden Welle a_1 wird entweder ein Richtkoppler (Bild 3a) oder ein allseitig angepaßter, entkoppelter 3-dB-Leistungsteiler (isolated power divider, Bild 3 b) oder ein (ausgangsseitig fehlangepaßter) 6-dB-Leistungsteiler mit zwei Widerständen (power splitter, Bild 4a) benutzt.

Bei skalaren Messungen kann die ausgekoppelte Welle a_1 auch zur Pegelregelung des Generators benutzt werden. Im Idealfall ist damit die einfallende Welle a_1 bei allen Frequenzen gleich groß und die bei einer Frequenz durchgeführte Kalibrierung der Anzeige auf 0 dB bei überbrücktem Meßobjekt gilt für alle Frequenzen. Sofern das Meßobjekt ohne Adapter und Verbindungskabel direkt an den Generator angeschlossen werden kann, erfüllt eine generatorinterne Pegelregelung den gleichen Zweck.

Bei skalaren Messungen kann die ausgekoppelte Welle a_1 auch zur Pegelregelung des Generators benutzt werden. Im Idealfall ist damit die einfal-

Bild 3. Messung von Betrag und Phase des Transmissionsfaktors. **a** mit Richtkoppler; **b** mit entkoppeltem Leistungsteiler

Bild 4. Einsatz eines Leistungsteilers zur Signaltrennung. **a** Leistungsteiler mit zwei Widerständen (6 dB/0°; power splitter): sehr gut geeignet. Meßaufbau dargestellt mit Pegelregelung anstelle der Quotientenmessung; **b** Leistungsteiler mit drei Widerständen (6 dB/0°; power divider): ungeeignet. **c** einfache Verzweigung (Tee): ungeeignet

lende Welle a_1 bei allen Frequenzen gleich groß und die bei einer Frequenz durchgeführte Eichung der Anzeige auf 0 dB bei überbrücktem Meßobjekt gilt für alle Frequenzen. Sofern das Meßobjekt ohne Adapter und Verbindungskabel direkt an den Generator angeschlossen werden kann, erfüllt eine generatorinterne Pegelregelung den gleichen Zweck.

In der Schaltung nach Bild 3a erzeugt die Regelschleife einen konstanten Pegel im Verzweigungspunkt A, unabhängig von der Belastung durch das Meßobjekt. Damit erhält der Generator den Innenwiderstand 0 Ω und der 50-Ω-Widerstand im Leistungsteiler bewirkt, daß das Meßobjekt generatorseitig einen angepaßten Innenwiderstand sieht. Wird dagegen ein allseitig angepaßter 6-dB-Teiler entsprechend Bild 4 b für Verhältnismessungen oder zur Pegelregelung benutzt, so erhält auch hier der Verzweigungspunkt A den Innenwiderstand 0 Ω und damit sieht das angeschlossene Meßobjekt einen Quellwiderstand von 16 2/3 Ω. Diese Fehlanpassung des Meßobjekts führt zu Meßfehlern. Ebenfalls ungeeignet für die hier beschriebenen Anwendungen sind einfache T-Stücke entsprechend Bild 4c.

3.4 Empfänger. Receiver

Das in den Bildern 1 bis 4 mit Detektor bezeichnete Gerät zur Messung und Anzeige der Wellenamplitude kann je nach Anwendungsfall eine Detektordiode mit Gleichspannungsmeßgerät bzw. NF-Spannungsmeßgerät, ein angepaßter Abschlußwiderstand mit angeschlossenem hochohmigem Spannungsmeßgerät, ein Überlagerungsempfänger, ein Leistungsmeßgerät oder ein

Bild 5. Messung des Transmissionsfaktors mit selektivem Empfänger und Mitlaufgenerator (tracking generator)

Spektrumanalysator sein. Je nach Art des Empfängers ändern sich Lage und Größe des Pegelbereichs, innerhalb dessen die gemessenen Signale ausgewertet werden können. Der Einsatzbereich von Detektordioden liegt etwa zwischen $+15$ und -60 dBm und der von Grundwellenmischern zwischen -10 und -110 dBm. Durch Dämpfungsglieder oder Verstärker zwischen Generator und Meßobjekt sollte für jede Messung der Pegelbereich eingestellt werden, in dem der jeweils benutzte Empfänger die größte Meßgenauigkeit hat.

Amplitudenmeßplatz mit selektivem Empfänger (z.B. Spektrumanalysator). Stimmt man die Frequenz eines Generators parallel zu der des Überlagerungsoszillators so ab, daß die Generatorfrequenz stets im Empfangsbereich des Empfängers liegt, so hat man einen Amplitudenmeßplatz entsprechend Bild 5. Der Transmissionsfaktor kann direkt gemessen werden (Kalibrierung für 0 dB Durchgangsdämpfung durch Überbrücken des Meßobjekts). Für die Reflexionsfaktormessung wird zusätzlich ein Richtkoppler benötigt (Kalibrierung für 0 dB mit Kurzschluß/Leerlauf am Ausgang des Richtkopplers). Vorteil dieser Anordnung ist der große Dynamikbereich, gegeben durch die Differenz zwischen Ausgangspegel des Generators und Rauschpegel des Empfängers. Wegen der begrenzten Richtwirkung von Richtkopplern ist dieser Vorteil meist nur bei Transmissionsmessungen nutzbar. Nebenwellen des Generators sind bei linearen Meßobjekten unkritisch, ebenso das Intermodulationsverhalten des Mischers im Empfänger. Mit abnehmender Empfängerbandbreite (um einen niedrigen Rauschpegel zu erhalten) steigen die Anforderungen an die Frequenzstabilität und den Gleichlauf.

3.5 Substitutionsverfahren
Substitution methods

Da neben der Fehlanpassung von Generator und Detektor die größten Meßfehler durch die Linearitätsabweichungen des Empfängers entstehen, werden für genaue Messungen Substitutionsverfahren benutzt.

Meßprinzip: Zunächst wird das Meßobjekt gemessen und die Empfängeranzeige registriert (Kalibrierung). Dann wird es ersetzt durch ein kalibriertes Dämpfungsglied und/oder einen kalibrierten Phasenschieber, die so lange verstellt werden, bis die Empfängeranzeige mit Meßobjekt reproduziert ist (Messung). Damit sind die Meßfehler im Empfänger einschließlich des Anzeigefehlers eliminiert. Der Meßwert wird am Dämpfungsglied bzw. am Phasenschieber abgelesen.

Das einfachste Verfahren ist die *HF-Substitution* entsprechend Bild 6:
Stellung des Dämpfungsgliedes mit Meßobjekt: x dB; Stellung des Dämpfungsgliedes ohne Meßobjekt bei gleichem Pegel am Empfänger: y dB

Dämpfung des Meßobjekts: $(y - x)$ dB.

Bei gewobbelten Messungen werden Kalibrierlinien für jeweils definierte Stellungen des Dämpfungsgliedes mit einem X-Y-Schreiber aufgezeichnet. Anschließend wird das Dämpfungsglied durch das Meßobjekt ersetzt und der Frequenzgang des Meßobjekts in die Schar der Kalibrierlinien eingezeichnet.

Bei der *NF-Substitution* (Bild 7) ist das anfangs erwähnte Grundprinzip der Substitution nicht

Bild 6. HF-Substitution. **a** punktweise Messung; **b** Wobbelmessung

Bild 7. NF-Substitution

Bild 8. ZF-Substitution. **a** Seriensubstitution für Betragsmessungen; **b** Parallelsubstitution zur Messung von Betrag und Phase

vollständig erfüllt, da sich der Pegel am HF-Detektor zwischen Messung und Kalibrierung ändert. Aber auch hier wird bei überbrücktem Meßobjekt das Dämpfungsglied so lange verstellt, bis die vorherige Anzeige reproduziert ist. Damit entfällt der Anzeigefehler. Der wesentliche Vorteil dieser Schaltung ist jedoch, daß ein NF-Dämpfungsglied benutzt werden kann. Diese lassen sich wesentlich einfacher mit großer Genauigkeit realisieren.

Die *ZF-Substitution* (Bild 8a) vereinigt alle bisher angeführten Vorteile:
- Das Meßergebnis wird am Dämpfungsglied abgelesen;
- die Anzeige des Meßinstruments dient nur zur Reproduktion des Kalibrierwerts;
- am HF-Empfänger (Mischer) liegen bei Kalibrierung und Messung die gleichen Amplituden;
- die Frequenz am Dämpfungsglied ist konstant, unabhängig von der HF-Signalfrequenz;
- die Lage dieser Frequenz kann so gewählt werden, daß sich Dämpfungsglieder höchster Präzision realisieren lassen.

Das Verfahren läßt sich auch für Wobbelmessungen einsetzen (dann wird der Überlagerungsoszillator parallel zum HF-Generator abgestimmt, so daß die Frequenzdifferenz konstant bleibt) und auf Phasenmessungen erweitern (Bild 8b),

da der Phasenwinkel zwischen zwei Signalen bei der Frequenzumsetzung mit Mischern erhalten bleibt.

Bild 9 zeigt die *Parallelsubstitution* ohne Mischer. Wesentlich für die Meßgenauigkeit ist die gleichmäßige Aufteilung des Eingangssignals bzw. generell die Symmetrie der Brücke und die Entkopplung beider Brückenzweige voneinander. An Eingang und Ausgang der Brücke können auch synchron betätigte Umschalter eingesetzt werden.

3.6 Meßfehler durch Fehlanpassung
Mismatch error

In der Schaltung nach Bild 10 ist der vom Empfänger angezeigte, gemessene Transmissionsfaktor

$$\underline{S}_{21M} = \frac{\underline{S}_{21}}{1 - \underline{r}_G \underline{S}_{11} - \underline{r}_E \underline{S}_{22} + \underline{r}_G \underline{r}_E \det(\underline{S})}, \quad (1)$$

während $\underline{S}_{21}$ der gesuchte Transmissionsfaktor ist. Die Abweichung zwischen Meßwert $\underline{S}_{21M}$ und Sollwert $\underline{S}_{21}$ wird um so geringer, je kleiner die Reflexionsfaktoren vom Meßobjekt aus in Richtung zum Generator ($\underline{r}_G$) und in Richtung zum Empfänger hin ($\underline{r}_E$) sind. Für skalare Messungen ergibt sich aus Gl. (1) zur Abschätzung der Meß-

Bild 9. HF-Parallel-Substitution zur Messung von Betrag und Phase des Transmissionsfaktors (Meßbrücke)

Bild 10. Reflexionsfaktoren, die bei der Messung des Transmissionsfaktors zu berücksichtigen sind ungenauigkeit

$$F = |\underline{S}_{21\,M}/\underline{S}_{21}|$$

$$F_{max} \approx \frac{1 + r_G r_E}{(1 - r_G \underline{S}_{11})(1 - r_E \underline{S}_{22}) - r_G r_E \underline{S}_{12} \underline{S}_{21}}$$

$$F_{min} \approx \frac{1 - r_G r_E}{(1 + r_G \underline{S}_{11})(1 + r_E \underline{S}_{22}) + r_G r_E \underline{S}_{12} \underline{S}_{21}}.$$

(2)

Beispiel: Für die Messung eines 10-dB-Dämpfungsgliedes mit beidseitig 10% Reflexionsfaktor ergibt sich daraus mit $r_G = 0{,}33$ und $r_E = 0{,}20$ ein Ungenauigkeitsfaktor F zwischen 1,13 und 0,88 bzw. ein Meßfehler von etwa $\pm 1{,}1$ dB.
Zur Vermeidung derartiger Meßfehler werden gut angepaßte Empfänger und gut angepaßte Leistungsteiler oder Richtkoppler eingesetzt. Zur weiteren Verbesserung können jeweils vor und hinter dem Meßobjekt
– reflexionsarme Dämpfungsglieder (pads),
– reflexionsarme Richtungsleitungen (isolator),
– Anpaßelemente (stub tuner, slide-screw-tuner, E-H-tuner)
eingeschaltet werden. Diese Komponenten bleiben bei der Kalibrierung im Meßaufbau. Bei Messungen an Zweitoren mit Durchgangsdämpfungen unter 1 dB sind Fehlanpassungen besonders störend. Auch bei der Messung der 3-dB-Frequenzen von Filtern (die ja im Sperrbereich fehlangepaßt sind), sollten die Einflüsse von r_E und r_G berücksichtigt werden.

Dämpfungsdefinitionen. Für die Dämpfung a bzw. die Verstärkung g eines Zweitors existiert eine Vielfalt von Definitionen. Für den Fall, daß $\underline{S}_{11} = \underline{S}_{22} = \underline{r}_G = \underline{r}_E = 0$ ist und die Eingangsimpedanzen des Zweitors gleich dem reellen Bezugswiderstand R_0 sind, ergeben alle Definitionen den gleichen Zahlenwert.
Der *Transmissionsfaktor* (Wellendämpfung) ist unabhängig von $\underline{r}_G$ und $\underline{r}_E$ als Eigenschaft des Zweitors und ändert sich mit dem gewählten Bezugswiderstand. Fehlanpassungen führen zu den oben angeführten Meßfehlern. Im Unterschied dazu ist die Einfügungsdämpfung (insertion loss) abhängig von den Streuparametern $\underline{S}_{ij}$ sowie von $\underline{r}_G$ und $\underline{r}_E$. Sie kann trotz Fehlanpassung in einer Messung entsprechend Bild 2 fehlerfrei ermittelt werden.

Einfügungsdämpfung = 10 lg (Empfängereingangsleistung P_E bei direktem Anschluß an den Generator/P_E bei eingefügtem Zweitor).
Die gemessenen Werte der Einfügungsdämpfung sind somit nur zusammen mit den Werten für $\underline{r}_E$ und $\underline{r}_G$ des Meßaufbaus interpretierbar und nicht allgemeingültig. So wird z. B. ein 10-dB-Dämpfungsglied mit $Z_L = 75\,\Omega$ in einem 50-Ω-Meßaufbau eine größere Einfügungsdämpfung als

10 dB ergeben und der Frequenzgang eines Filters ändert sich meist beträchtlich, wenn Quellwiderstand und Lastwiderstand nicht den Sollwerten entsprechen.

Betriebsdämpfung (transducer gain):

$$a_B = 10\,\lg(P_{G,\,max}/P_E)$$

$P_{G,\,max}$ ist unabhängig vom Zweitor, gemessen bei Leistungsanpassung des Generators ($\underline{Z}_L = \underline{Z}_G^*$).

Leistungsverstärkung (power gain):

$$g = 10\,\lg(P_E/P_1)$$

P_1 ist die vom Zweitor aufgenommene, P_E die abgegebene Leistung.

Verfügbare Leistungsverstärkung (available gain):

$$g_{max} = 10\,\lg(P_{E,\,max}/P_{1,\,max})$$

Gemessen mit $\underline{r}_G = \underline{S}_{11}^*$ und $\underline{r}_E = \underline{S}_{22}^*$.

3.7 Meßfehler durch Harmonische und parasitäre Schwingungen des Generators
Signal generator harmonics and spurious

Breitbandige Detektoren als Empfänger messen neben dem Sollsignal (der Grundschwingung des Generators), auch noch alle anderen Spektrallinien, die in ihrem Empfangsbereich liegen, so z. B. Harmonische und parasitäre Schwingungen des Generators, von außen eingestreute Funkstörungen oder parasitäre Schwingungen des Meßobjekts (bei Messungen an Verstärkern). Die dadurch entstehenden Meßfehler sind selten so eindeutig wie in Bild 11: Bei Einstellung des Generators auf $f_0/3$ wird diese Frequenz durch das zu messende Bandfilter z. B. um 60 dB gedämpft. Wenn der Generator jedoch zusätzlich die dreifache Frequenz (f_0) abgibt, fällt diese in den

Bild 11. Meßfehler durch Harmonische des Signalgenerators bei breitbandigem Detector

Durchlaßbereich des Bandfilters und wird vom Breitbanddetektor am Ausgang gemessen und angezeigt. Das gleiche passiert bei allen zusätzlich zur Grundschwingung vorhandenen Spektrallinien (Nebenwellen) des Generators. Ein Signalgenerator mit z.B. 25 dB Abstand zwischen der Grundschwingung und der größten zusätzlichen Spektrallinie (25 dB Nebenwellenabstand) erlaubt also nur Messungen mit einem Dynamikbereich von 25 dB. Bei schmalbandigen Messungen helfen vorgeschaltete Filter.

Zur Kontrolle, ob Fremdstörer bzw. parasitäre Schwingungen vorhanden sind (die beide frequenzunabhängig den Rauschpegel anheben), sollte der Signalgenerator ein- und ausgeschaltet werden bzw. der Empfänger ohne Meßobjekt betrieben werden, bei gleichzeitiger Beobachtung des angezeigten Rauschpegels.

3.8 Meßfehler durch Rauschen und Frequenzinstabilität
Noise and frequency instability

Ableseungenauigkeiten durch Empfängerrauschen können durch Tiefpaßfilterung des Ausgangssignals (Videofilter) verringert werden. Die Meßzeit steigt dadurch an. Bei Messungen an Objekten mit starker Frequenzabhängigkeit der Amplitude oder der Phase (z.B. Resonatoren hoher Güte oder elektrisch lange Leitungen) müssen stabile Generatoren mit geringer Stör-FM bzw. mit wenig Phasenrauschen eingesetzt werden. Die Wobbelfrequenz muß niedrig genug gewählt werden, damit der gemessene Frequenzgang das stationäre Verhalten des Meßobjekts wiedergibt. Bei genauen Messungen mit großem Dynamikbereich (> 100 dB) werden der Überlagerungsoszillator des Empfängers und der Signalgenerator phasenstarr gekoppelt. Eine weitere Steigerung der Meßempfindlichkeit läßt sich dann noch durch die Benutzung eines kohärenten Detektors anstelle der sonst üblichen linearen bzw. quadratischen Detektoren erreichen.

3.9 Meßfehler durch äußere Verkopplungen
Isolation errors

Die Möglichkeit der direkten Verkopplung zwischen Signalgenerator und Detektor bzw. zwischen Meßzweig und Referenzzweig ist besonders bei genauer Messung großer Dämpfungen zu kontrollieren. Flexible Koaxialleitungen und Standard-Steckverbindungen haben in der Regel Schirmdämpfungen unter 60 dB. Ein Lecksignal am Detektor, 60 dB unter dem Generatorpegel, bewirkt bei der Messung von 30 dB Durchgangsdämpfung einen Fehler bis zu ± 0,27 dB.

3.10 Gruppenlaufzeit. Group delay

Bild 12 zeigt den grundsätzlichen Verlauf der Phase φ_t des Transmissionsfaktors. Die Phasenlaufzeit $\tau_p = -\varphi_t/\omega$ ist stets positiv. Die Gruppenlaufzeit τ_g ist die Steigung der Phasenkurve: $\tau_g = -d\varphi_t/d\omega = -(1/(2\pi)) \, d\varphi_t/df$. Da der Transmissionsfaktor einer verlustlosen Leitung (Länge l) $\exp(\varphi_t) = \exp(-\beta l)$ ist und da die Nachrichtentechnik dementsprechend die Übertragungsfunktion eines Vierpols mit $H(f)\exp(-j\Phi(f))$ definiert, ergibt sich mit dem Phasenmaß β und dem Phasengang $\Phi(f)$ für die Phasenlaufzeit $\tau_p = \beta l/\omega = \Phi/\omega$ und für die Gruppenlaufzeit $\tau_g = d\beta/d\omega = d\Phi/d\omega$.

Bei einem idealen Vierpol zur verzerrungsfreien Nachrichtenübertragung nimmt die Phase linear mit der Frequenz ab und die Gruppenlaufzeit ist eine Konstante. Die Gruppenlaufzeit dient dazu, die Abweichungen eines realen Vierpols vom idealen Verhalten beschreiben zu können. Sie ist nur bei solchen Vierpolen sinnvoll, die grundsätzlich phasenlinear sein sollen bzw. nur in den Frequenzbereichen, in denen der Phasengang nur wenig von dem eines linearen Vierpols abweicht.

Statische Messung. (phase-slope-method). Es wird die Änderung $\Delta\varphi$ der Phase des Transmissionsfaktors bei Erhöhung der Frequenz um Δf gemessen (Bild 12). Der Differenzenquotient $-\Delta\varphi/(2\pi\Delta f)$ geht mit abnehmendem Δf gegen die Gruppenlaufzeit. Bei endlichem Δf ergibt sich eine Art Mittelwert im betrachteten Frequenzbereich. Die Feinstruktur der Gruppenlaufzeit innerhalb des Intervalls Δf bleibt unberücksichtigt. Bei Netzwerkanalysatoren mit Rechneranschluß wird τ_g meist durch numerische Differentiation der gemessenen Phasenkurve $\varphi_t(f)$ ermittelt.

Bild 12. Grundsätzlicher Verlauf der Phase des Transmissionsfaktors $\underline{t}$ als Funktion der Frequenz

AM-Verfahren (Nyquist-Methode). Das Eingangssignal des Vierpols wird mit der Frequenz f_{NF} amplitudenmoduliert. Gemessen wird die Phasenverschiebung der Hüllkurve des AM-Signals: Die Phase $\Delta\varphi$ zwischen dem modulierenden NF-Signal und dem demodulierten Ausgangssignal des Vierpols wird mit einem NF-Phasenmeßgerät ermittelt und die Gruppenlaufzeit daraus berechnet: $\tau_g = \Delta\varphi/(2\pi f_{NF})$. Änderungen von τ_g im Frequenzbereich $2 f_{NF}$ bleiben unberücksichtigt.

FM-Verfahren. Analog zum AM-Verfahren kann bei kleinem Modulationsindex auch ein FM-Testsignal benutzt werden. Gemessen wird ebenfalls die Phasenverschiebung zwischen dem demodulierten Eingangssignal und dem demodulierten Ausgangssignal. Einsetzbar für begrenzende Verstärker.

Vergleichsverfahren. Zunächst wird ein Vierpol mit bekannter Gruppenlaufzeit $\tau_{g,ref}$ gemessen, Ergebnis $\Delta\varphi_{ref}$, dann der unbekannte Vierpol, Ergebnis $\Delta\varphi$. Die Gruppenlaufzeit ergibt sich zu $\tau_g = \tau_{g,ref}\, \Delta\varphi/\Delta\varphi_{ref}$. Im Unterschied zu den vorangegangenen Verfahren muß hier das Frequenzintervall Δf nur konstant gehalten werden, ohne daß seine genaue Größe benötigt wird.

Wobbelverfahren. Als Testsignal wird eine linear ansteigende Frequenz benutzt. Die Differenz zwischen der Rampe, die das Eingangssignal moduliert, und dem demodulierten Ausgangssignal ist eine Gleichspannung, die proportional zur Gruppenlaufzeit des Vierpols bei der jeweiligen Frequenz ist.
Sofern nur der Vierpolausgang zugänglich ist (Streckenmessung) können weder τ_p noch τ_g, sondern nur die Gruppenlaufzeitverzerrung, d.h. die Änderung der Gruppenlaufzeit bezogen auf eine Referenzfrequenz, gemessen werden [1].

Meßfehler. Zur Kalibrierung des Meßaufbaus ist vor der Messung, ohne Vierpol, $\tau_g = 0$ einzustellen. Störabstand und Phasenrauschen des Testsignals (HF und NF) beeinträchtigen die Meßgenauigkeit; Abhilfe durch Mittelwertbildung (Videofilter). Aus der Bestimmungsgleichung $\tau_g = -\Delta\varphi/(2\pi\Delta f)$ läßt sich die Auflösung der Meßgröße berechnen, wenn das Frequenzintervall Δf und die Auflösung des Phasenmeßgeräts $\Delta\varphi$ bekannt sind. Mit $\Delta\varphi = 0{,}1°$ und $\Delta f = 278$ kHz kann man τ_g auf 1 ns auflösen.

Elektrische Länge. Die elektrische Länge eines Vierpols ist entweder die Angabe der Gesamtphasendrehung $n 2\pi + \varphi$ zwischen zwei Bezugsebenen an Ein- und Ausgang oder die Angabe, durch welche homogene Referenzleitung der elektrischen Länge l_1/λ_1 der Vierpol bei der Frequenz f_1 ersetzt werden kann, ohne daß sich die Gruppenlaufzeit τ_g ändert.

$$l_{el} = \tau_g v_{ref} \text{ bzw. } l_{el} = n \lambda_{ref}$$

(n = bel. pos. Zahl, z. B. 2,35)

Messung:
a) Mit dem Impulsreflektometer (s. I. 8.2) bei phasenlinearen Vierpolen,
b) durch Messung der Gruppenlaufzeit,
c) durch Messung der Phase des Reflexionsfaktors bei Kurzschluß am Ausgang und Vergleich der Meßwerte bei mindestens zwei Frequenzen, mit denen der Referenzleitung (nur bei reziproken Vierpolen).

Spezielle Literatur: [1] *Schuon, E.; Wolf, H.*: Nachrichten-Meßtechnik. Berlin: Springer 1987.

4 Netzwerkanalyse: Reflexionsfaktor
Network-analysis:
Reflection measurement

Allgemeine Literatur: *Somlo, P. I.; Hunter, J. D.*: Microwave impedance measurements. London: Peter Peregrinus 1985.

4.1 Richtkoppler. Directional coupler

Im Meßaufbau nach Bild 1a sind zwei Richtkoppler zur Signaltrennung in die Verbindungsleitung zwischen Signalquelle und Meßobjekt eingefügt. Am Nebenarm des einen wird die Amplitude der hinlaufenden Welle $\underline{a}$ gemessen, am Nebenarm des anderen die Amplitude der rücklaufenden Welle $\underline{b}$ (Grundgrößen der Netzwerkanalyse in I 3.1). Vor der Messung wird zur Kalibrierung ein Kurzschluß (oder Leerlauf) anstelle des Meßobjekts angeschlossen. Damit wird die reflektierte Welle gleich der einfallenden Welle. Der Quotient $\underline{r} = \underline{b}/\underline{a}$ ist -1 ($+1$ bei Leerlauf). Anstelle der zwei Richtkoppler, bei denen jeweils ein Ausgang des Nebenarms reflexionsfrei abgeschlossen ist und der andere zum Messen benutzt wird, kann auch nur ein Richtkoppler verwendet werden, mit je einem Detektor an jedem Ausgang des Nebenarms. Bei nicht reflexionsfreien Detektoren kommt es dann jedoch zu direkten Verkopplungen zwischen den Ausgängen des Nebenarms und damit zu Meßfehlern. Die Meßgenauigkeit steigt daher wesentlich durch die Benutzung von zwei Richtkopplern. Sie läßt sich noch weiter erhöhen, wenn beide Richtkoppler den gleichen Frequenzgang haben. Entsprechend $\underline{b}_M/\underline{a}_M = \underline{b}(1+\delta)/[\underline{a}(1+\delta)] = \underline{b}/\underline{a}$ kom-

---

Spezielle Literatur Seite I 24

Bild 1. Reflexionsfaktormessung mit Richtkopplern. **a** Reflektometer mit zwei Richtkopplern; **b** Kompensation des Frequenzgangs bei gleichen Richtkopplern; **c** Reflektometer mit Richtkoppler und Leistungsteiler; **d** Reflektometer mit Pegelregelung (nur Betragsmessung)

pensieren sich die Schwankungen der Koppeldämpfung, was speziell bei Wobbelmessungen vorteilhaft ist. Optimale Kompensation erreicht man mit einer Anordnung entsprechend Bild 1b.
Anstelle des Richtkopplers für die hinlaufende Welle kann auch (analog zu I 3.3) ein Leistungsteiler mit zwei Widerständen benutzt werden (Bild 1c). Sofern nur der Betrag des Reflexionsfaktors gemessen werden soll, kann die Quotientenbildung b/a (ebenfalls analog zu I 3.3) ersetzt werden durch Pegelregelung des Signalgenerators (Bild 1d).

4.2 Fehlerkorrektur bei der Messung von Betrag und Phase
Vector error correction

Im realen Reflektometer entstehen Fehler, die zu einer Abweichung des Meßwerts r_M vom wahren Wert r führen. Einige (systematische) Fehler können nachträglich durch Umrechnen des Meßwertes mit Hilfe von Ergebnissen aus zusätzlichen Kalibriermessungen eliminiert werden:

Richtwirkung der verwendeten Koppler. Aufgrund nichtidealer Richtwirkung mißt Detektor a noch Amplitudenteile von b und umgekehrt. Diese unerwünschte Kopplung wird noch weiter verschlechtert durch Reflexionen an den Steckverbindungen der Richtkoppler und externe Verkopplungen (leakage). Für Präzisionsmessungen sind hochwertige Stecker zu benutzen und Adapter unzulässig.

Frequenzgangfehler. Durch die Abweichung der Koppeldämpfung vom Nennwert und durch Empfindlichkeitsschwankungen der Detektoren treten Meßfehler proportional zum aktuellen Wert von a bzw. b auf.

Fehlanpassungsfehler. Dadurch, daß vom Meßobjekt aus in die Meßanordnung hineingesehen keine ideale Anpassung vorliegt, treten Mehrfachreflexionen auf.
Die Fehler lassen sich gedanklich in einem Fehlerzweitor zusammenfassen (Bild 2). Die wahren Größen a und b werden durch dieses Zweitor in Phase und Amplitude verändert und dann von einem idealen, fehlerfreien Reflektometer gemessen. Bezeichnet man die Streuparameter des Fehlerzweitors mit F_{ij}, so wird der Meßwert zu

$$r_M = F_{11} + r F_{21}^2/(1 - r F_{22}). \qquad (1)$$

Man kann den Term F_{11} der mangelnden Richtwirkung, F_{21} dem Frequenzgang und F_{22} der Quellenfehlanpassung zuordnen. Nachdem die Streuparameter des Fehlerzweitors durch Kalibriermessungen bestimmt sind, läßt sich der gesuchte, korrigierte Meßwert ausrechnen:

$$r = (r_M - F_{11})/(F_{22}(r_M - F_{11}) - F_{21}^2). \qquad (2)$$

Zu den (nichtsystematischen) Fehlern, die sich auf diese Weise nicht erfassen lassen, gehören: zeitliche Drift (z. B. thermisch bedingt) der Empfängerempfindlichkeit; Frequenzdrift und FM des Generators; nichtreproduzierbare Veränderungen durch Verbiegen von Anschlußkabeln

Bild 2. Konzept der rechnerischen Fehlerkorrektur bei der Messung von Betrag und Phase und beim Anschließen der Steckverbindungen. Störungen durch Rauschen des Generators und des Empfängers lassen sich durch Tiefpaßfiltern (Mittelwertbildung) des Meßwerts vermindern.

4.3 Kalibrierung. Calibration

Zur Ermittlung der drei Streuparameter des Fehlerzweitors können z. B. drei Kalibriermessungen mit drei bekannten, voneinander verschiedenen Reflexionsfaktoren durchgeführt werden. In Koaxialtechnik nimmt man die Werte $+1$, -1 und 0 (d.h. Leerlauf, Kurzschluß und Anpassung), da sich diese mit recht guter Genauigkeit herstellen lassen. Fehler der Kalibriernormale gehen direkt in das Meßergebnis ein. Weitere Kalibrierverfahren in [9–14].

Kurzschluß. In Koaxialtechnik sind ortsfeste Kurzschlüsse diejenigen Kalibriernormale, die mit höchster Genauigkeit realisiert werden können. Längsverschiebliche Kurzschlüsse erreichen diesen Standard nicht.

Leerlauf. Der Reflexionsfaktor $+1$ muß in der Ebene erzeugt werden, in der vorher der Kurzschluß auftrat. Damit ist die Bezugsebene der Messung festgelegt. Am offenen Ende einer Leitung existiert ein inhomogenes Feld. Die elektrischen Feldlinien treten aus der Stirnfläche der Leitung aus. Dieses Streufeld wirkt wie eine Zusatzkapazität. Das physische Ende der Leitung ist nicht mehr identisch mit der Leerlaufebene; es tritt eine scheinbare Verlängerung der Leitung auf. Weiterhin entstehen mit der Frequenz ansteigende Abstrahlungsverluste. Das Offenlassen des Anschlußsteckers ist nur bei ausreichend niedrigen Frequenzen oder geeigneten Steckverbindungen mit definierter Leerlauf/Kurzschlußebene (z. B. PC 7) zulässig. Für genaue Messungen werden spezielle, geschirmte Leerlaufnormale, stets gepaart mit einem dazugehörigen Kurzschlußnormal, eingesetzt.

Anpassung. Ein ortsfester angepaßter Abschlußwiderstand ergibt Abweichungen vom Reflexionsfaktor 0 durch Restreflexionen des Widerstandselements und durch Reflexionen an der Steckverbindung. Ein weiterer Meßfehler entsteht durch die endliche Richtwirkung des Richtkopplers. Durch einen längsverschieblichen Abschlußwiderstand lassen sich die Störungen voneinander trennen und damit meßtechnisch eliminieren: Bei Verschieben des Widerstandselements um eine halbe Wellenlänge dreht sich der zu ihm gehörige Reflexionsfaktor um $360°$. Im Smith-Diagramm erscheint daher ein Kreis (Bild 3). Sein Mittelpunkt ergibt den Fehler F_{11} durch den Stecker und die Richtwirkung. Die

Bild 3. Reale Lage der Kalibriernormale Anpassung und Leerlauf im Smith-Diagramm, bezogen auf die durch den Kurzschluß vorgegebene Bezugsebene

Kalibrierung ist damit zurückgeführt auf den Leitungswellenwiderstand Z_L bzw. die mechanischen Abmessungen der Leitung, in der das Widerstandselement verschoben wird. Die Rückführung des Kalibriernormals „angepaßter Abschlußwiderstand" auf das Kalibriernormal „Leitungswellenwiderstand" ermöglicht nach dem Stand heutiger Technologie eine höhere Meßgenauigkeit.

Sofern kleine Reflexionsfaktoren gemessen werden sollen, ist die komplexe Korrektur $r = r_M - F_{11}$ unumgänglich (s. Gl. (2)).

4.4 Reflexionsfaktorbrücke
VSWR-bridge

Analog zur Wheatstone-Brücke der Gleichspannungsmeßtechnik lassen sich auch in der Hochfrequenztechnik Messungen des Reflexionsfaktors mit einer Brücke entsprechend Bild 4 durchführen. Detektor b im Nullzweig der Brücke liefert eine Spannung proportional zur rücklaufenden Welle b. Der Einsatz einer Meßbrücke entspricht der Benutzung eines Reflektometers mit Richtkopplern bzw. mit Richtkoppler und Leistungsteiler. Auch hier läßt sich eine (endliche) Richtwirkung definieren und messen. Vorteil der Brücke ist, daß (in Koaxialtechnik) mit geringerem Aufwand als bei Richtkopplern große Bandbreiten erzielbar sind (besonders zu niedrigen Frequenzen hin). Bei nicht ausreichender Leistung des Signalgenerators kann die größere Durchgangsdämpfung (>6 dB) der Brücke nachteilig sein, da dies die Dynamik unmittelbar verringert. Anstelle von Detektor a kann auch eine Impedanz mit bekanntem Reflexionsfaktor angeschlossen werden (Vergleichsmessung). Detektor b zeigt dann die Abweichungen des Meßobjekts von dieser Referenz an.

Bild 4. Widerstandsbrücke zur Reflexionsfaktormessung

4.5 Fehlerkorrektur bei Betragsmessungen
Scalar error correction

Meßaufbauten mit Richtkopplern und solche mit Widerstandsbrücken lassen sich bezüglich der auftretenden Meßfehler und ihrer Korrektur gleich behandeln. Zunächst bewirkt die endliche Richtwirkung des Richtkopplers bzw. die nichtideale Symmetrie der Brücke ein konstantes, vom Meßwert unabhängiges Signal am Detektor b. Nach der Quotientenbildung entspricht dies einem Meßfehler Δr gleich der Richtwirkung d (directivity). Ein Richtkoppler mit 20 dB Richtwirkung ($d = 0{,}1$) erzeugt einen maximalen Meßfehler $\Delta r = \pm 0{,}1$. Ohne fehlerkorrigierende Maßnahmen lassen sich mit einem Reflektometer also keine Reflexionsfaktoren bestimmen, die kleiner sind als die Richtwirkung d.

$$\Delta r_1 = \pm d.$$

Weiterhin entsteht ein Meßfehler durch den Reflexionsfaktor der Quelle r_G, der vom Meßobjekt aus in die Meßanordnung hineingesehen auftritt (test port match). Dies ergibt vereinfacht einen maximalen Meßfehler

$$\Delta r_2 = \pm r_G r^2,$$

da die vom Meßobjekt reflektierte Welle (r) am Eingang der Meßanordnung reflektiert wird ($r r_G$), wieder ins Meßobjekt zurückläuft, dort erneut reflektiert wird ($r r_G r$) und sich anschließend dem Meßwert r überlagert. Da beide Fehler auch bei der Kalibrierung des Systems auf den Wert $r = 1$ auftreten, ergibt sich ein weiterer Fehleranteil proportional r:

$$\Delta r_3 = (\Delta r_1 + \Delta r_2)\, r.$$

Damit wird der maximale Gesamtfehler zu

$$\Delta r = d + dr + r_G r^2 + r_G r^3. \tag{3}$$

Hierbei sind Fehler durch die Nichtlinearität des Detektors, durch das Anzeigeinstrument und durch Effekte höherer Ordnung nicht berücksichtigt. Der relative Fehler wird zu:

$$\delta = \Delta r / r = d(1 + 1/r) + r_G(r + r^2). \tag{4}$$

Besonders ungenau ist also die Messung sehr kleiner und sehr großer Reflexionsfaktoren (Bild 5).
Aufgrund unterschiedlicher elektrischer Längen von ihrem Entstehungsort bis zum Detektor b (Bild 6) drehen sich die Anteile des Zeigers Δr und der wahre Meßwert r unterschiedlich schnell

Bild 5. Maximaler relativer Meßfehler $\Delta r/r$ als Funktion des Reflexionsfaktors. Getrennte Darstellung des Anteils, der durch die Richtwirkung d entsteht und des Anteils, der durch die Quellenanpassung r_G entsteht. 1: $r_G = 0{,}1$ (20 dB), $d = 26$ dB 2: $r_G = 0{,}07$ (23 dB), $d = 40$ dB

Bild 6. Fehlerkorrektur bei Wobbelmessungen durch Leerlauf-Kurzschlußkalibrierung und anschließender Mittelwertbildung als Funktion der Frequenz. Dadurch wird beim Meßergebnis $r(f)$ eine Welligkeit erzeugt. Der Effekt läßt sich zur Fehlerkorrektur nutzen. Eine Möglichkeit ist, daß zwei Kalibriermessungen durchgeführt werden, eine mit einem Leerlauf, eine weitere mit einem Kurzschluß. Da sich von der einen zur anderen Kalibriermessung der Phasenwinkel von $\underline{b}$ um 180° ändert, der Phasenwinkel von $\Delta\underline{a}$ (in Bild 6 hervorgerufen durch endliche Richtwirkung) jedoch unverändert bleibt, ergibt sich im Idealfall eine gegenphasige Welligkeit, deren Mittelwert als Kalibrierwert $r = 1$ benutzt wird. Die in Bild 6 veranschaulichten Zusammenhänge gelten in gleicher Weise für den zweiten Anteil von $\Delta \underline{r}$, der durch den Reflexionsfaktor der Quelle $\underline{r}_G$ hervorgerufen wird. Sofern einer der beiden Fehleranteile besonders groß ist, wird er durch die Mittelwertbildung merklich verringert. (Vollständig eliminieren kann man ihn nur mit Verfahren (s. 4.2), die Betrag und Phase berücksichtigen.) Die Anzahl der Maxima und Minima läßt sich bei gleichem Wobbelbereich durch eine zwischen Reflektometer und Meßobjekt eingeschaltete (Präzisions-)Leitung vergrößern. Andere Meßfehler, verursacht durch z. B. Frequenzgang der Komponenten, Nebenwellen des Generators und Fehler der Kalibriernormale werden dadurch nicht beeinflußt.

4.6 Meßleitung. Slotted line

Beim ältesten Verfahren zur Messung komplexer Impedanzen wird mit einer längsverschieblichen Sonde die Ortsabhängigkeit der Amplitude der elektrischen Feldstärke entlang einer speziellen Leitung gemessen (Bild 7). Eine kleine Stabantenne taucht in das Feld der Leitung ein, und zwar nur so wenig, daß ihre Rückwirkung auf das Feld vernachlässigbar klein ist. Die Messung von E_{max} und E_{min} ergibt das Stehwellenverhältnis $s = E_{max}/E_{min}$ bzw. den Betrag des Reflexionsfaktors $r = (E_{max} - E_{min})/(E_{max} + E_{min})$.
Mißt man weiterhin den Abstand z_{min} zwischen dem ersten Minimum und der Bezugsebene, so kann man eine Gerade (z_{min}/λ) und einen Kreis (r = const) in das Smith-Diagramm eintragen. Der Schnittpunkt beider Linien liefert Betrag und Phase des Reflexionsfaktors bzw. die komplexe Impedanz des Meßobjekts in der gewählten Bezugsebene. Bei Längenmessungen werden grundsätzlich die Feldstärkeminima ausgewertet, da sie schärfer sind als die Maxima und sich deshalb genauer ermitteln lassen. Sofern die Frequenz des Generators nicht bekannt ist, wird die Wellenlänge, z. B. durch Messen des Abstands $\lambda/2$ zweier Feldstärkeminima, bestimmt. (Dabei wird das Meßobjekt zweckmäßigerweise durch einen Kurzschluß ersetzt.) Durch Messen von vier skalaren Größen (zwei Entfernungen und

Bild 7. Messung des Reflexionsfaktors mit der Schlitz-Meßleitung. Querschnitt einer koaxialen Meßleitung und einer Hohlleiter-Meßleitung

zwei Feldstärkeamplituden) und Umrechnung mittels Leitungstheorie bzw. graphische Lösung im Smith-Diagramm, wird so der komplexe Zahlenwert von $\underline{r}$ bzw. Z/Z_L bestimmt.
Für hohe Meßgenauigkeit sind u. a. folgende Punkte zu beachten: Linearität des Empfängers (Detektor + Meßinstrument), Meßsignal ohne Harmonische und ohne FM, geringe Eintauchtiefe der Sonde (Entkopplung möglichst > 30 dB), konstante Eintauchtiefe der Sonde entlang des Verschiebewegs, konstanter Leitungswellenwiderstand entlang des Verschiebebereichs einschließlich des Schlitzendes, geringe Reflexionen am meßobjektseitigen Anschlußstecker bzw. -flansch. Die Meßleitung kann auch heute noch vorteilhaft eingesetzt werden als kostengünstiges Verfahren zur Messung sehr kleiner Reflexionsfaktoren und zur anschaulichen Demonstration der Feldverhältnisse auf Leitungen. Wird der Ausgang reflexionsfrei abgeschlossen und der Sondenanschluß (ohne Detektor) als Ausgang benutzt, kann die Meßleitung als kontinuierlich einstellbarer Phasenschieber verwendet werden.

4.7 Sechstor-Reflektometer
Six-port reflectometer

Mit dem Oberbegriff Sechstor-Verfahren werden Meßanordnungen zusammengefaßt, bei denen Betrag und Phase des Reflexionsfaktors $\underline{r}$ aus mehreren Amplitudenmessungen an einem passiven, linearen Netzwerk mit minimal fünf Toren berechnet werden [1–3, 15–17, 26–28]. An Tor 1 (Bild 8) ist der Signalgenerator angeschlossen, an Tor 2 das Meßobjekt. Die restlichen Tore sind

Bild 8. Sechstor-Reflektometer

mit Amplitudendetektoren (Leistungsmeßgeräten) abgeschlossen, mit denen die dort bei der Messung auftretenden Signale $P_i = |\underline{A}_i \underline{a} + \underline{B}_i \underline{b}|^2$ gemessen werden. Sofern die komplexen Konstanten $\underline{A}_i$ und $\underline{B}_i$ voneinander verschieden und bekannt sind, läßt sich der Quotient $\underline{b}/\underline{a} = \underline{r}$ aus drei Werten P_i berechnen. Minimal drei Werte P_i zur Bestimmung der zwei Unbekannten r und φ_r sind deshalb notwendig, weil die Zuordnung über Betragsgleichungen gegeben ist. Werden mehr als drei Leistungen P_i gemessen (Sechstor, Siebentor etc.) kann der größte auftretende Meßfehler durch Mittelwertbildung über alle Dreierkombinationen verringert und seine Größe durch Berechnung der mittleren Abweichung abgeschätzt werden. Die komplexen Konstanten $\underline{A}_i$ und $\underline{B}_i$ werden durch Kalibriermessungen bestimmt.
Mathematisch sind die elektrischen Eigenschaften eines Meßaufbaus mit Sechstor vollständig und eindeutig beschrieben durch die 21 komplexen Parameter der zur Hauptdiagonalen symmetrischen Streumatrix des Sechstors und durch die sechs Reflexionsfaktoren der angeschlossenen Komponenten. Mit Hilfe der Netzwerktheorie läßt sich die Berechnung des Reflexionsfaktors am Meßausgang reduzieren auf die Messung von vier Amplituden P_i bei Kenntnis von $3 \times 4 = 12$ reellen Kalibrierkonstanten c_i, s_i und α_i:

$$\underline{r} = (\sum c_i P_i + j \sum s_i P_i) / \sum \alpha_i P_i. \quad (5)$$

Dividiert man Zähler und Nenner durch eine der Konstanten, verbleiben 11 reelle Konstanten, die für jede Frequenz durch Kalibriermessungen zu ermitteln sind.
Bild 9 zeigt eine mögliche Realisierung des Sechstor-Netzwerks. Aufgrund der frequenzunabhängigen Phasenverschiebung zwischen den Ausgangssignalen der Richtkoppler werden die Wellen $\underline{a}$ und $\underline{b}$ so miteinander verknüpft, daß innerhalb des nutzbaren Frequenzbereichs vier voneinander linear unabhängige Meßgrößen P_3 bis P_6 erzeugt werden. Neben Schaltungen mit

Bild 9. **a** Schaltungsbeispiel für ein Sechstor mit Richtkopplern; **b** zugehöriges Smith-Diagramm mit Kalibrierpunkten $\underline{M}_3$, $\underline{M}_5$, $\underline{M}_6$, Kalibriernormalen $\underline{r}_a$ bis $\underline{r}_d$ und graphischer Bestimmung des gesuchten Reflexionsfaktors $\underline{r}$

Richtkopplern können schmalbandig auch Leitungen mit ortsfesten Sonden und Kombinationen beider Anordnungen benutzt werden.
Eine anschauliche Beschreibung des Verfahrens ist möglich, wenn man vereinfachend davon ausgeht, daß am Meßtor 2 Quellenanpassung vorliegt, und daß P_4 nur eine Funktion der hinlaufenden Welle $\underline{a}$ ist. Die bezogenen Meßwerte $\sqrt{P_3/P_4}$, $\sqrt{P_5/P_4}$ und $\sqrt{P_6/P_4}$ sind dann Kreisradien in der komplexen Reflexionsfaktorebene um die Kalibriermittelpunkte $\underline{M}$ herum. Der im Idealfall gemeinsame Schnittpunkt aller drei Kreise ergibt den gesuchten Reflexionsfaktor $\underline{r}$.
Bei der Kalibrierung des Sechstors durch Messen dreier bekannter Reflexionsfaktoren $\underline{r}_a$ bis $\underline{r}_c$ und der Hilfsgröße $\underline{r}_d$ werden mit den bezogenen Meßwerten Kreise um $\underline{r}_a$ bis $\underline{r}_d$ geschlagen. Die Kalibrierpunkte $\underline{M}$ ergeben sich als Schnittpunkte dieser Kreise. Aus dem Kreisdiagramm erkennt man, daß für $|\underline{r}| \leq 1$ die Meßwerte P_i nie zu Null werden. Ihr Dynamikbereich läßt sich durch entsprechende Dimensionierung des Sechstors vorgeben.
Die zur Herleitung des Kreisdiagramms gemachten Voraussetzungen sind für das allgemeine Sechstor-Verfahren nicht notwendig. Anforde-

rungen an die HF-Komponenten sind: Linearität der Leistungsmeßgeräte, Linearität des Sechstors, reproduzierbare Frequenzeinstellung der Signalquelle bei Kalibrierung und Messung sowie die Qualität der Kalibriernormale.

Vorteile des Sechstor-Prinzips sind:
- Verringerung des Aufwands für die HF-Komponenten (kein Mischer, keine Phasenmessung, keine idealen Bauelemente);
- Nutzbarmachung redundanter Meßwerte zur Verringerung und Abschätzung des Meßfehlers;
- Erhöhung der Meßgenauigkeit durch Amplitudenmessung mit eingeschränkter Dynamik.

Nachteile sind:
- Erheblicher numerischer Aufwand für das Rechnerprogramm;
- Meßfehler durch Harmonische der Signalquelle;
- Erhöhter Leistungsbedarf der Signalquelle (bei mm-Wellen), da Leistungsmeßgeräte unempfindlicher sind als Überlagerungsempfänger.

Im Vergleich mit anderen Meßverfahren lassen sich mit dem Sechstor-Reflektometer die höchsten Genauigkeiten erzielen.

4.8 Netzwerkanalyse mit zwei Reflektometern
Dual reflectometer network analyzer

Ein lineares Zweitor wird durch vier komplexe Streuparameter beschrieben. Um diese zu messen, sind, sofern ein zweikanaliger Empfänger und ein Reflektometer benutzt werden, vier Messungen notwendig: zwei Reflexionsfaktormessungen und zwei Transmissionsfaktormessungen. Nach jeder Messung wird das Meßobjekt umgedreht oder die Signalwege werden mit HF-Schaltern umgeschaltet. Die dadurch hervorgerufenen Meßfehler lassen sich vermeiden, wenn zwei Reflektometer (Bild 10) eingesetzt werden [4, 18, 26]. Bei der Messung wird das Meßobjekt gleichzeitig von beiden Seiten gespeist, mit $\underline{a}_1$ an Tor 1 und $\underline{a}_2$ an Tor 2. Die Reflektometer messen die Größen $\underline{b}_1/\underline{a}_1 = \underline{S}_{11} + \underline{S}_{12}\underline{a}_2/\underline{a}_1$ und $\underline{b}_2/\underline{a}_2 = \underline{S}_{22} + \underline{S}_{21}\underline{a}_1/\underline{a}_2$. Bei reziproken Zweitoren mit $\underline{S}_{12} = \underline{S}_{21}$ sind dann drei Messungen bei drei verschiedenen Amplitudenverhältnissen $\underline{a}_2/\underline{a}_1$ ausreichend, um die drei Streuparameter messen zu können. Die Werte von $\underline{a}_2/\underline{a}_1$ müssen nicht bekannt sein. Sie werden mit den Dämpfungsgliedern und dem Phasenschieber so eingestellt, daß keine numerischen Probleme bei der Rechnerauswertung auftreten.

Ein weiterer Vorteil dieses Verfahrens ist, daß die Anzahl der zum Kalibrieren benötigten Kalibriernormale geringer ist als beim einzelnen Reflektometer. Es gibt verschiedene Methoden zur Kalibrierung [5, 11, 18, 19, 27], eine davon mit folgenden drei Kalibriermessungen: beide Reflektometer mit einem Kurzschluß abgeschlossen, beide Reflektometer direkt miteinander verbunden und beide Reflektometer über eine Leitung miteinander verbunden.

Als Reflektometer können sowohl Sechstor-Schaltungen, mit angschlossenem Digitalrechner, als auch Viertor-Schaltungen (Richtkoppler, Brücken), mit angeschlossenem Mischer und analoger ZF-Amplituden- und Phasenmessung eingesetzt werden [6].

4.9 Umrechnung vom Frequenzbereich in den Zeitbereich
Conversion from frequency domain to time domain

Der Frequenzgang eines passiven, linearen Zweitors ist die Fourier-Transformierte der Impulsantwort. Der als Funktion der Frequenz gemessene komplexe Transmissionsfaktor kann mit der inversen Fourier-Transformation in die Impulsantwort (bzw. in die Sprungantwort) umgerechnet werden. Die erreichbare Zeitauflösung und die Fehler in der Amplitude der Zeitfunktion hängen ab von der höchsten Meßfrequenz und der Anzahl der Meßwerte. Analog zur Impulstransmission läßt sich auch die Impulsreflexion aus dem als Funktion der Frequenz gemessenen komplexen Reflexionsfaktor berechnen [7, 8, 20–23].

Gegenüber dem Impulsreflektometer (s. I 8.2), mit dem diese Zeitfunktionen direkt gemessen werden, ergeben sich zwei Vorteile:
a) Bei Zweitoren mit Hochpaß- bzw. Bandpaßverhalten (z. B. Hohlleiter) läßt sich die Impulsantwort aus dem Frequenzgang im Durchlaßbereich ermitteln (Frequenzfenster).
b) Durch erneute Rücktransformation eines Teils der Zeitfunktion (Zeitfenster [24, 25]) lassen sich Reflexionsfaktor und Transmissionsfaktor von Bereichen innerhalb des Zweitors darstellen, die nicht der direkten Messung zugänglich sind. Im Falle der Reflexionsmessung läßt sich so z. B. die

Bild 10. Netzwerkanalysator mit zwei Reflektometern

Bezugsebene in das Bauelement hineinlegen (z. B. hinter den Stecker) und im Falle der Transmissionsmessung können Signalwege mit unterschiedlicher Laufzeit im Zweitor (z. B. Mehrfachreflexionen bei Richtkopplern) getrennt voneinander analysiert werden.

4.10 Netzwerkanalysatoren
Network analyzers

Amplitudenmeßplatz (Scalar network analyzer, SNA). Für die überwiegende Mehrzahl aller Meßaufgaben in der Netzwerkanalyse ist die Kenntnis der Beträge der S-Parameter als Funktion der Frequenz ausreichend. Dazu benötigt man einen Amplitudenmeßplatz, einen Signalgenerator und die entsprechenden Signalteiler und Kalibriernormale. Zur Messung der Wellenamplituden (Bild I 3.1) werden in der Regel gut angepaßte Diodenmeßköpfe eingesetzt. Bei der AC-Detektion wird der Signalgenerator mit einer Frequenz im kHz-Bereich pulsmoduliert, damit das Diodenausgangssignal rauscharm und driftfrei mit schmalbandigen Wechselspannungsverstärkern weiterverarbeitet werden kann. Nur in wenigen Sonderfällen, wie z. B. bei der Messung von Resonatoren hoher Güte und beim Messen des Sättigungsverhaltens von Verstärkern oder Mischern, muß DC-Detektion mit Gleichspannungsverstärkern und unmoduliertem Generatorsignal eingesetzt werden. Aufgrund der fehlenden Phaseninformation sind die Möglichkeiten zur Erhöhung der Meßgenauigkeit, auch bei Rechnereinsatz zur Fehlerkorrektur, stark eingeschränkt.

Automatischer Netzwerkanalysator (ANA, vector network analyzer VNA) zur Messung von Betrag und Phase. Im Gegensatz zu der im Englischen irreführenden Namensgebung werden keine Vektoren gemessen, sondern Betrag und Phase komplexer Zahlen. Unabhängig davon, ob die Meßergebnisse mit Viertor- oder mit Sechstormeßverfahren ermittelt wurden, lassen sich unterschiedliche, der jeweiligen Meßaufgabe angepaßte Kalibriermethoden einsetzen [9, 10, 13]. Mittels eingebauter Mikroprozessoren oder externer Rechner werden durch Fehlerkorrekturverfahren beträchtliche Genauigkeiten ermöglicht [12, 14]. Für höchste Meßgenauigkeit muß als Signalgenerator ein stabiler, reproduzierbar einstellbarer Synthesizer benutzt werden.

In Koaxialtechnik überdecken handelsübliche Geräte den Bereich von 5 Hz bis 60 GHz. Sonderausführungen in Hohlleitertechnik erreichen 350 GHz (1000 GHz). Mit koplanaren Tastköpfen und speziellen Kalibrierverfahren sind direkte Messungen auf Substraten mit integrierten Schaltkreisen bis 60 GHz möglich (on-wafer measurements) [26]. Für Messungen an diskreten Halbleitern gibt es spezielle Testfassungen. Durch die Rechnersteuerung werden zusätzliche Betriebsarten möglich, z. B. das Verschieben der Referenzebenen über störende Adapter hinweg in das Innere eines Bauelements (deembedding) bzw. allgemein die Verarbeitungsmethoden, die durch Umrechnen vom Frequenzbereich in den Zeitbereich (s. 4.9) möglich werden [20–25].

Für Komponenten, die nur mit gepulsten HF-Signalen betrieben werden können, gibt es SNAs und VNAs, die im Pulsbetrieb arbeiten. Weiterhin besteht noch die Möglichkeit, neben den Kenngrößen der Netzwerkanalyse absolute Leistungen und Frequenzen zu messen und Störstellenortung auf Leitungen durchzuführen [20–22].

Spezielle Literatur: [1] *Engen, G. F.; Weidmann, M. P.; Cronson, H. M.; Susman, L.*: Six-port automatic network-analyzer. IEEE-MTT 25 (1977) 1075–1091. – [2] *Stumper, U.*: Sechstorschaltungen zur Bestimmung von Streukoeffizienten. Mikrowellen-Mag. 9 (1983) 669–677. – [3] *Speciale, R. A.*: Analysis of six-port measurement systems. IEEE-MTT-Symp. (1979) 63–68. – [4] *Hoer, C. A.*: A network analyzer incorporating two six-port reflectometers. IEEE-Trans. MTT-25 (1977) 1070–1074. – [5] *Cronson, H. M.; Susman, L.*: A dual six-port automatic network analyzer. IEEE Trans. MTT-29 (1981) 372–377. – [6] *Oltman, H. G.; Leach, H. A.*: A dual four-port for automatic network analysis. IEEE-MTT-S Int. Microwave Symp. (1981) 69–72. – [7] *Stinehelfer, H. E.*: Time-domain analysis stops design guesswork. Microwaves No. 9 (1981) 79–83. – [8] *Hines, M. E.; Stinehelfer, H. E.*: Time-domain oscillographic microwave network analysis using frequency domain data. IEEE Trans. MTT-22 (1974) 276–282. – [9] *Eul, H.-J.; Schiek, B.*: A generalized theory and new calibration procedures for network analyzer self-calibration. IEEE-MTT 39 (1991) 724–731. – [10] *Eul, H.-J.; Schiek, B.*: Breitbandige Selbstkalibrierverfahren für Netzwerkanalysatoren. Frequenz 44 (1990) 149–151. – [11] *Engen, G. F.; Hoer, C. A.*: Thru-Reflect-Line: An improved technique for calibrating the dual six-port automatic network analyzer. IEEE-MTT 27 (1979) 983–987. – [12] *Williams, J.*: Accuracy enhancement fundamentals for vector network analyzers. Microwave J., Mar. (1989) 99–114. – [13] *Williams, D.; Marks, R.; Phillips, K. R.*: Translate LRL and LRM calibrations. Microwaves & RF, Febr. (1991) 78–84. – [14] *Rytting, D.*: Effects of uncorrected RF performance in a vector network analyzer. Microwave J., Apr. (1991) 106–117. – [15] *Dalichau, H.*: Ein breitbandiger Sechstor-Meßplatz zur kostengünstigen Messung komplexer Reflexionsfaktoren. ntz Archiv 9 (1987) 107–114. – [16] *Woods, G. S.; Bialkowski, M. E.*: Integrated design of an automated six-port network analyser. IEE Proc., 137 (1990) 67–74. – [17] *Martius, S.*: Rechnergestützte Reflexionsfaktormessung – Theorie und Anwendung. Frequenz 42 (1988) 121–124. – [18] *Hoer, C. A.; Engen, G. F.*: On-line accuracy assessment for the dual six-port ANA: Extensions to nonmating connectors. IEEE-IM 36 (1987) 524–529. – [19] *Neumeyer, B.*: A new analytical calibration method for complete six-port reflectometer calibration. IEEE-IM 39 (1990) 376. – [20] *Vanhamme, H.*: High resolution frequency-domain reflectometry. IEEE-IM 39 (1990) 369. – [21] *Veijola, T. V.;*

Valtonen, M. E.: Identification of cascaded microwave circuits with moderate reflections using reflection and transmission measurements. IEEE-MTT 36 (1988) H.2. – [22] *MacRae, R.; Hjipieris, G.:* Use scalar data to locate faults in the time domain. Microwaves & RF, Jan. (1989) 105–110. – [23] *Thornton, D.; Beers, R.:* Performing time-domain measurements with a vector network analyzer. Microwave System News, Febr. (1989) 32–35. – [24] *Harris, F. J.:* On the use of windows for harmonic analysis with the discrete fourier transform. Proc. of the IEEE 66 (1978) 51–83. – [25] *Blinchikoff/Zverev:* Filtering in the time and frequency domains. New York: Wiley 1976. – [26] *Bellantoni, J. V.; Compton, R. C.:* Millimeter-wave applications of a vector network analyzer in coplanar probe tips. Microwave J., Mar. (1991) 113–123. – [27] *Bialkowski, M. E.; Woods, G. S.:* Calibration of the six-port reflectometer using a minimum number of known loads. AEÜ 39 (1985) 332–338. – [28] *Berman, M.; Somlo, P. I.; Buckley, J. M.:* A comparative statistical study of some proposed six-port junction designs. IEEE-MTT 35 (1987) 971–977.

5 Spektrumanalyse
Spectrum analysis

Allgemeine Literatur: *Engelson, M.:* Modern spectrum analyzer measurements. Dedham MA: Artech House 1991. – *Engelson, M.:* Modern spectrum analyzer theory and applications. Dedham MA: Artech House 1984. – *Schnorrenberg, W.:* Theorie und Praxis der Spektrumanalyse. Würzburg: Vogel 1990. – Hewlett-Packard Application Note 243: The fundamentals of signal analysis. Palo Alto, CA 1985.

5.1 Grundschaltungen. Basic methods

Zur Messung der spektralen Anteile eines zeitlich periodischen Signals kommen zwei Grundschaltungen zur Anwendung. Entsprechend Bild 1 a wird die Mittenfrequenz eines schmalen Bandfilters kontinuierlich innerhalb des interessierenden Bereichs verändert. Solange eine Spektrallinie des Eingangssignals in den Filterdurchlaßbereich fällt, wird ihre Amplitude gemessen und angezeigt.
Bei der zweiten Grundschaltung (Bild 1 b) ist die Mittenfrequenz des Filters fest und die Frequenzlage des Eingangssignals wird mit einem durchstimmbaren Überlagerungsoszillator und einem Mischer kontinuierlich umgesetzt. Solange eine Spektrallinie des Signals mit der Oszillatorfrequenz ein Mischprodukt im Durchlaßbereich des Filters ergibt, wird dessen Amplitude gemessen und angezeigt.
Weitere Möglichkeiten sind die Echtzeit-Spektralanalyse durch die Parallelschaltung vieler festabgestimmter Empfänger mit sich überlappenden Durchlaßbereichen und die rechnerische Spektralanalyse durch Berechnung der Fourier-Transformierten des Signals im Digitalrechner (s. I 1.6) sowie Kombinationen der genannten Verfahren.

Bild 1. Grundschaltungen zur Analyse eines Frequenzspektrums. **a** durchstimmbares Bandfilter; **b** durchstimmbarer Überlagerungsempfänger

5.2 Automatischer Spektrumanalysator (ASA)
Automatic spectrum analyzer

In der Hochfrequenzmeßtechnik werden meist Spektrumanalysatoren entsprechend Bild 2 eingesetzt, die automatisch den interessierenden Frequenzbereich durchfahren und auf einem Bildschirm die Signalamplitude über der Frequenz als stehendes Bild anzeigen. Gemeinsam mit den Netzwerkanalysatoren bilden die Spektrumanalysatoren das Fundament der Hochfrequenzmeßtechnik. In den folgenden Abschnitten sind die wesentlichen Punkte zusammengestellt, die berücksichtigt werden sollten, damit Meßfehler durch äußere Einflüsse, durch Fehlbedienung des Geräts und durch falsche Interpretation der Anzeige vermieden werden.

Bild 2. Automatischer Spektrumanalysator (Grundschaltung)

5.3 Formfaktor des ZF-Filters
Formfactor of IF-filter

Bei einer sin-Schwingung als Eingangssignal erscheint am Bildschirm die Durchlaßkurve des ZF-Filters. Sollen zwei dicht benachbarte Spektrallinien gleicher Größe noch unterscheidbar sein, so muß die 3-dB-Bandbreite des ZF-Filters

Bild 3. Formfaktor des ZF-Filters (z. B. 11 : 1). **a** Eingangssignal: eine diskrete Spektrallinie; **b** Anzeige am Bildschirm: ZF-Durchlaßkurve

kleiner als der Abstand dieser Spektrallinien gewählt werden. Soll weiterhin eine kleine Spektrallinie dicht neben einer großen gemessen werden, so muß ein ZF-Filter mit großer Flankensteilheit gewählt werden (Bild 3). Ein Maß dafür ist der Formfaktor des Filters, das Verhältnis der Bandbreite bei 60 dB Durchgangsdämpfung zu der bei 3 dB. Entsprechend der Darstellung in Bild 3 werden kleinere Spektrallinien, die unterhalb der Durchlaßkurve liegen, die das größere Nachbarsignal erzeugt, von dieser verdeckt und sind auf der Bildschirmanzeige nicht sichtbar.

5.4 Einschwingzeit des ZF-Filters
Settling time of IF-filter

Filter mit sehr großem Formfaktor, d. h. mit steilen Flanken, verbessern zwar die Frequenzauflösung, sie erhöhen jedoch gleichzeitig die Meßzeit, da das Eingangssignal an einem schmalen Filter längere Zeit anliegen muß, bevor die Ausgangsamplitude ihren Endwert erreicht. Wenn der Empfänger in der Zeit Δt um den Frequenzbereich Δf durchgestimmt wird, so ist die Wobbelgeschwindigkeit $\Delta f / \Delta t$ und der Empfänger verweilt die Zeitdauer $t_1 = B/(\Delta f / \Delta t)$ im Durchlaßbereich B des Bandfilters. Zusammen mit der Näherung $t_E \approx 1/B$ für die Einschwingzeit (s. I 8.5) und der Bedingung, daß die Verweilzeit t_1 ein Mehrfaches der Einschwingzeit t_E betragen muß, ergibt sich für die Ablenkzeit des Empfängers $\Delta t > \Delta f / B^2$.

Hohe Frequenzauflösung bedingt damit, daß der Frequenzbereich langsam durchfahren werden muß. Zur Anzeige eines stehenden Bildes sind dann Signalspeicher, Speicherbildschirme bzw. Schirme mit langer Nachleuchtdauer erforderlich.

5.5 Stabilität des Überlagerungsoszillators
L.O. stability

Durch die Frequenzumsetzung des Signals mit dem Überlagerungsoszillator (L.O.) sind im Ausgangssignal alle Störungen des L.O., wie z. B. dessen Phasenrauschen, enthalten. Es ist also nicht möglich, das Phasenrauschen von Quellen zu messen, die weniger rauschen als der L.O. (s. I 8.6). Unangenehm bemerkbar macht sich häufig die Frequenzdrift des L.O., die bewirkt, daß die gesuchte Spektrallinie langsam aus dem dargestellten Frequenzbereich hinausläuft. Zur Abhilfe wird der erste L.O. phasenstarr mit einem stabileren Referenzoszillator synchronisiert.

5.6 Eigenrauschen. Receiver noise

Bei reflexionsfrei abgeschlossenem Eingang wird das Eigenrauschen des Spektrumanalysators angezeigt. Daraus läßt sich seine Rauschzahl berechnen (s. Gl. I (7.11)). Typische Werte liegen zwischen 20 und 35 dB. Zur Darstellung kleiner Signale muß das Dämpfungsglied am Analysatoreingang auf Null gestellt und eine möglichst kleine ZF-Bandbreite gewählt werden. Mit dem Videofilter (Tiefpaß hinter dem Detektor) wird durch Mittelwertbildung über das Rauschen die Ablesung erleichtert. Zur weiteren Steigerung der Empfindlichkeit kann ein rauscharmer Verstärker vorgeschaltet werden. Dadurch sinkt der nutzbare Dynamikbereich. Entsprechend Gl. I (7.9) ist der Empfindlichkeitsgewinn (Verminderung der Gesamtrauschzahl des Systems) durch den Rauschbeitrag der zweiten Stufe immer kleiner als die Verstärkung des Vorverstärkers.

5.7 Lineare Verzerrungen
Linear distortions

Wegen des Frequenzgangs der Mischerverluste und der Verstärkung im Analysator und durch die zum Teil beträchtliche Fehlanpassung am Eingang sind Absolutmessungen des Pegels meist mit Fehlern von einigen dB behaftet. Relativmessungen lassen sich genauer durchführen, speziell nach dem Verfahren der ZF-Substitution (s. I 3.5). Signale, die zu nahe am Rauschpegel sind, werden dadurch vergrößert dargestellt. Bei 6 dB Störabstand beträgt der Fehler 1 dB. Zur exakten Messung von Störabständen (unter 10 dB) kann ein Spektrumanalysator nicht benutzt werden, da er Amplituden als Funktion der Frequenz anzeigt. Zur Bestimmung des Störabstands müssen Leistungen gemessen werden.

5.8 Nichtlineare Verzerrungen
Nonlinear distortions

Bei Übersteuerung des Mischers durch zu große Eingangsleistung (Zerstörungsgefahr!) werden alle Spektrallinien des Signals zu klein angezeigt (Kompression) und zusätzlich erscheinen sehr viele weitere Spektrallinien (Mischprodukte). Wegen der Breitbandigkeit des Mischereingangs ist das Fehlen eines großen Signals innerhalb des angezeigten Frequenzausschnitts keine Gewähr für das Vermeiden der Mischerkompression. Abhilfe schafft das Ausblenden der großen Signale durch ein vorgeschaltetes Filter.

Auch bei Eingangspegeln unterhalb der Kompression erzeugt die nichtideale Kennlinie des Mischers zusätzliche Spektrallinien, die den Dynamikbereich des Geräts begrenzen. Bild 4 zeigt den qualitativen Verlauf der Begrenzungslinien. Bei großen Eingangssignalen am Mischer dominieren die Intermodulationsprodukte 3. Ordnung. Diese sinken mit 3 dB pro 1 dB Änderung des Grundwellenpegels. Im Bereich um -30 dBm sind sie daher klein gegen die Mischprodukte 2. Ordnung, die nur mit 2 dB pro dB zurückgehen. Bei noch kleineren Eingangspegeln wird die Dynamik nur noch durch das Eigenrauschen des Spektrumanalysators begrenzt.

Intermodulationsprodukte lassen sich von echten Signalen dadurch unterscheiden, daß ihre Amplitude bei Erhöhung der Dämpfung vor dem Mischer stärker zurückgeht als es der zugeschalteten Dämpfung entspricht.

Das Diagramm in Bild 4 ist in mehrfacher Hinsicht sehr wesentlich für den Benutzer eines Spektrumanalysators:

a) Ein großer Dynamikbereich ist nur bei relativ kleinen Signalen am Mischereingang gegeben. Der richtige Pegel für die maximale Dynamik muß gezielt eingestellt werden.

b) Ein durch den Bildschirm möglicher Anzeigebereich von z. B. 100 dB und das Vorhandensein von Spektrallinien mit großen Pegelunterschieden sind kein Nachweis des wahren Dynamikumfangs bzw. dafür, daß die angezeigten Signale wahr sind.

c) Während lineare Spannungsanzeigen, wie z. B. bei einem Oszilloskop, der Vorstellungswelt des Betrachters unmittelbar angepaßt sind, ist eine logarithmische Anzeige mit großer Dynamik gewöhnungsbedürftig. Häufig stellt sich erst nach mühsamen Untersuchungen heraus (wenn überhaupt), daß die vielen Nebenlinien, die man dem Meßobjekt zuschreibt, in Wirklichkeit von Rundfunksendern oder aus dem Nachbarlabor stammen.

5.9 Harmonischenmischung
Harmonic mixing

Um den Frequenzbereich eines Spektrumanalysators zu höheren Frequenzen hin ohne großen Mehraufwand zu erweitern, werden im Mischer nicht nur die Grundschwingung, sondern auch noch Harmonische des Überlagerungsoszillators mit dem Eingangssignal gemischt. Entsprechend der Gleichung

$$f_{ZF} = |f_{Signal} - n f_{L.O.}|$$

erscheinen eine Vielzahl von Spektrallinien unterschiedlichster Amplitude auf dem Bildschirm und der Betrachter hat die Aufgabe, diejenigen herauszufinden, die in dem in ihn interessierenden Frequenzbereich wirklich vorhanden sind.

Eine Möglichkeit, dieses Problem zu lösen, besteht darin, den L.O. um einen kleinen Betrag Δf in der Frequenz zu versetzen. Dadurch wird das Mischprodukt „Oberes Seitenband, n-te Harmonische" um den Betrag $-n \Delta f$ versetzt und somit in der Anzeige unterscheidbar von den Spektrallinien mit anderem n und anderem Vorzeichen. Eine weitere Möglichkeit ist ein vorgeschaltetes Mitlauffilter (Preselector), d. h. ein schmaler Bandpaß, der parallel zum L.O. abgestimmt wird, und zwar so, daß seine Mittenfrequenz stets mit der gerade auf dem Bildschirm angezeigten Frequenz übereinstimmt. Durch das Mitlauffilter wird der Spektrumanalysatoreingang schmalbandig. Damit entfallen die Übersteuerungsprobleme durch starke Signale außerhalb des Darstellungsbereichs. Beachtet werden sollte die extreme Fehlanpassung des Preselector-Eingangs außerhalb seines Durchlaßbereichs. Um Rückwirkungen auf empfindliche Meßobjekte zu vermeiden, sollte ein ausreichend großes Dämpfungsglied vorgeschaltet werden. Das Mitlauffilter bringt durch seine Durchgangsdämpfung zusätzliche Fehlerquellen für die Pegelmessung. Selbst wenn die Durchgangsdämpfung bei der Mittenfrequenz bekannt ist, können Fehler durch Schwankungen des Parallellaufs entstehen. Abhilfe durch Nachstimmen des Filters auf maximale Anzeige vor jeder Pegelmessung.

Bild 4. Dynamikbereich eines Spektrumanalysators als Funktion des Mischer-Eingangspegels (typische Werte)

5.10 Festabgestimmter AM-Empfänger
Tuned AM-receiver

Zur Untersuchung der Amplitudenmodulation von AM-Signalen kann der Spektrumanalysator mit festeingestelltem L.O. als AM-Empfänger benutzt werden. Das Videosignal ist dann die demodulierte Hüllkurve des HF-Trägers. Zur weiteren Untersuchung mit besserer Auflösung als es der HF-Analysator zuläßt, kann das Videosignal mit einem NF-Spektrumanalysator weiterverarbeitet oder, z.B. bei Sprechfunksignalen, mit einem Kopfhörer abgehört werden. FM-Sender lassen sich behelfsweise demodulieren, indem eine Flanke des ZF-Filters zur Umwandlung FM in AM benutzt wird.

5.11 Modulierte Eingangssignale
Modulated signals

Ein Spektrum, das mit einem Analysator gemessen wurde, der nur Amplituden und keine Phasen anzeigt, enthält häufig nicht genug Information, um Art und Stärke der Modulation eindeutig zu messen (Bild 5). Ein unsymmetrisches Spektrum ist typisch für die Überlagerung von AM und FM. Zur Messung der Trägerleistung bei AM wird ein Videofilter zum Ausblenden der Modulation benutzt, dessen Grenzfrequenz unter der niedrigsten Modulationsfrequenz liegt. Der FM-Modulationsindex kann bei sin-förmiger Modulation aus den Seitenbandamplituden berechnet werden.

Bild 5. Moduliertes Signal mit geringem Modulationsgrad; spektrale Darstellung mit einem Amplitudenempfänger

5.12 Gepulste Hochfrequenzsignale
Pulsed RF

Bei einem automatischen Spektrumanalysator wird ein Empfänger der Bandbreite B in der Ablenkzeit t_1 von der Frequenz f_1 bis zur Frequenz f_2 durchgestimmt. Die während der Zeit t_1 nacheinander empfangenen Signale werden gespeichert und dann gleichzeitig dargestellt. Dieses Zeitverhalten des Empfängers führt dann, wenn das Empfangssignal sich ebenfalls zeitlich ändert, zu Anzeigen, die sorgfältig interpretiert werden müssen, um Meßfehler zu vermeiden.

Einem zeitlich periodisch auftretenden HF-Signal ist mathematisch über die Fourier-Analyse ein eindeutiges, zeitlich invariantes Linienspektrum (Bild 6) zugeordnet. Um dieses Spektrum auch bei langsamen Pulswiederholfrequenzen messen zu können, muß die Empfängerbandbreite B im Grenzfall gegen Null gehen; damit gehen die Einschwingzeit des Filters und die Meßzeit gegen unendlich.

Bedingung für das Auftreten eines Linienspektrums ist: Bandbreite $B < 0{,}3 \cdot$ Pulswiederholfrequenz. Wird diese Bedingung erfüllt, so ist der Linienabstand unabhängig von der Ablenkzeit t_1, die Linienamplitude unabhängig von B und die Anzeige zeitlich konstant. Wenn nicht, dann ist die Einschwingzeit der Filter kleiner als der zeitliche Abstand der Pulse, der Spektrumanalysator arbeitet quasi im Zeitbereich, wie ein Oszilloskop, und die Bildschirmanzeige heißt Pulsspektrum.

Kennzeichnend für diesen Betriebszustand ist die zu große Empfängerbandbreite. Der Empfänger summiert die Leistungen aller Spektrallinien innerhalb seiner Bandbreite. In der Anzeige erscheint eine Summenlinie, und zwar immer nur dann, wenn das Signal am Empfängereingang anliegt. Treten innerhalb der Ablenkzeit t_1 z.B. drei Pulse auf, so erscheinen drei äquidistante Summenlinien auf dem Bildschirm. Synchronisiert man die Ablenkfrequenz mit der Pulswiederholfrequenz, so ergibt sich wie beim Oszilloskop ein stehendes Bild (Bild 7). Aus dem Linienabstand und der Ablenkzeit t_1 kann die Pulswiederholfrequenz berechnet werden. Bei Verringerung der Ablenkzeit erscheinen entsprechend mehr Linien in der Anzeige.

Die Linienamplitude kann praktisch nicht ausgewertet werden. Sie ist abhängig von der Empfängerbandbreite B. Werden gleich große Linien addiert, steigt die angezeigte Summenlinie proportional B, während der Rauschpegel nur proportional $\sqrt{B}$ zunimmt. Die Hüllkurve des Pulsspektrums ist unabhängig von B und entspricht der des Linienspektrums.

Bild 6. Gepulstes Hochfrequenzsignal. **a** Zeitfunktion; **b** Linienspektrum im Frequenzbereich

Bild 7. Pulsspektrum bei zu großer Empfängerbandbreite. **a** Verlauf der Zeitfunktion während der Empfängerablenkzeit t_1; **b** zeitsynchrone Anzeige auf dem Bildschirm

Bild 1. Direkte Frequenzmessung durch Zählen der gleichsinnigen Nulldurchgänge des Eingangssignals innerhalb einer bekannten Torzeit T_0

Ist die Empfängerbandbreite so groß, daß sie alle Spektrallinien in der Umgebung der Trägerfrequenz erfaßt, wird die Linienamplitude wieder unabhängig von B. Der Spektrumanalysator zeigt die Pulsamplitude an. Zu beachten ist, daß für die Übersteuerung bzw. Zerstörung des Empfängereingangs die Pulsspitzenleistung maßgebend ist. Für Rechteckimpulse gilt:

Pulsspitzenleistung
$$= \frac{\text{Leistungssumme aller Spektrallinien}}{\text{Tastverhältnis}}$$

6 Frequenz- und Zeitmessung
Frequency and time measurement

Allgemeine Literatur: *Wechsler, M.*: Characterization of time varying frequency behavior using continous measurement technology. Hewlett-Packard Journal, Febr. (1989) 6–12. – *Stecher, R.*: Messung von Zeit und Frequenz. Berlin: Technik 1990.

6.1 Digitale Frequenzmessung
Digital frequency measurement

Das einfachste Verfahren zur digitalen Frequenzmessung ist das Abzählen der Schwingungen des Signals während einer bekannten Torzeit (Bild 1). Öffnet man das Tor z. B. für eine Sekunde und zählt während dieser Zeit alle Nulldurchgänge mit positiver Steigung, so entspricht der Zählerstand nach dieser Sekunde der Frequenz des Eingangssignals in Hz. Damit werden die wesentlichen Eigenschaften dieses Zählertyps verständlich:
– Angezeigt wird der Mittelwert $\bar{f}$ der Signalfrequenz innerhalb der Torzeit T_0:
$$\bar{f} = T_0 / \int_0^{T_0} T(t)\,dt.$$
– Die Inkohärenz zwischen Zeitbasis und Signal bewirkt eine Meßunsicherheit von ± 1 in der letzten Stelle des Zählerstands.
– Mit steigender Meßgenauigkeit (mit steigender Anzahl der angezeigten Stellen) nimmt die Torzeit linear zu.
– Die Genauigkeit des Meßwerts hängt ab vom Absolutwert der Frequenz der Zeitbasis.

Da handelsübliche Quarzoszillatoren (in der Regel 10 MHz) eine Alterungsrate unter 10^{-8}/Monat erreichen, ist die Frequenz diejenige Meßgröße der Hochfrequenztechnik, die mit der größten absoluten Genauigkeit bestimmt werden kann.

Die Meßeingänge der Zähler nach dem direkten Abzählverfahren sind in der Regel breitbandig (z. B. 0 bis 10 MHz mit einer Eingangsimpedanz von 1 MΩ/35 pF oder 0 bis 1,5 GHz mit 50 Ω Eingangsimpedanz). Damit ist dem sinusförmigen Eingangssignal stets breitbandiges Rauschen überlagert. Um dadurch bedingte Fehlmessungen zu vermeiden, muß die Hysterese des Schmitt-Triggers im Zähler wesentlich größer sein als die doppelte Amplitude der mittleren Rauschspannung (Bild 2). Unvermeidliche Triggerfehler einzelner Flanken werden durch die Vielzahl der gezählten Flanken herausgemittelt. Aus diesem Grund liegen die Eingangsempfindlichkeiten breitbandiger Zähler bei 25 bis 50 mV für 10 MHz/1 MΩ und 10 bis 25 mV für 1,5 GHz/50 Ω. Sollen Signale mit kleinerer Amplitude gemessen werden, muß ein schmalbandiger Verstärker vorgeschaltet werden.

Bild 2. Zur Zählweise des Frequenzzählers. Jeder Punkt entspricht einer Erhöhung des Zählerstandes um 1. **a** sinförmiges Eingangssignal; **b** gestörtes Eingangssignal.

Reziproke Zähler. Nachteilig beim direkten Zählverfahren sind die sich ergebenden langen Torzeiten, wenn niedrige Frequenzen mit großer Auflösung gemessen werden sollen. Der Abgleich eines Oszillators wird zeitraubend, wenn die Torzeit eine Sekunde oder mehr beträgt und nach jeder Verstellung ein vollständiger Meßzyklus abgewartet werden muß. Dieser Nachteil entfällt bei Frequenzzählern, die die Periodendauer des Signals messen und die daraus berechnete momentane Frequenz anzeigen (reziproke Zähler). Zudem ist der Quantisierungsfehler bei diesem Verfahren konstant, was bei niedrigen Frequenzen (unterhalb der Frequenz der Zeitbasis), eine bedeutende Genauigkeitssteigerung bewirkt.

Die Ermittlung der Momentanfrequenz aus der Periodendauer ermöglicht die Messung von Frequenzprofilen, d. h. die Darstellung der momentanen Frequenz über der Zeit, z. B. das Einschwingen eines Oszillators beim Einschalten bzw. beim Pulsbetrieb oder die Frequenzlinearität eines Wobbelgenerators. Zur analogen Anzeige der Frequenzänderung wird bei solchen Messungen ein schneller Digital-Analog-Wandler benötigt. Häufig ist es ausreichend (z. B. für die langsame automatische Frequenznachregelung), nur wenige Stellen der Frequenzanzeige zu wandeln.

Überlagerungsverfahren. Die Obergrenze des direkten Zählverfahrens ist gegeben durch die höchste Schaltfrequenz der benutzten digitalen Schaltkreise. Signale mit höherer Frequenz werden in eine niedrigere Frequenz umgesetzt und dann gemessen. Beim Überlagerungsverfahren wird das Eingangssignal mit einem Überlagerungsoszillator (L.O.) bekannter Frequenz herabgemischt, gefiltert und dann konventionell mit einem Zähler gemessen (Bild 3). Automatische Mikrowellenzähler nach diesem Prinzip erzeugen die Frequenz des Überlagerungsoszillators durch Vervielfachung der Frequenz der Zeitbasis. Die Messung beginnt mit einem Suchvorgang: Die Frequenz des L.O. (z. B. 500 MHz) wird so lange vervielfacht, bis bei $n \cdot 500$ MHz ein Signal im ZF-Bereich detektiert wird. Dann rastet der L.O. in dieser Stellung ein und die Frequenz des ZF-Signals wird kontinuierlich gemessen, umgerechnet und angezeigt. Sind mehrere Spektrallinien am Eingang vorhanden (z. B. bei nichtsinusförmigen Signalen), kann es passieren, daß der Zähler in unerwünschten Frequenzbereichen einrastet. Zur Vermeidung dieses Problems und um die Meßzeit zu verkürzen, ist bei einigen Zählern der Frequenzbereich, in dem der Suchvorgang abläuft, voreinstellbar.

Transfer-Oszillator-Verfahren. Während das Kernstück des oben beschriebenen Heterodyne-Converters das schaltbare Filter ist, mit dem die Harmonischen des festen L.O. ausgesucht werden, wird beim Transfer-Oszillator-Verfahren ein spannungsgesteuerter Oszillator (VCO) mit vielen harmonischen Spektrallinien als L.O. eingesetzt, dessen Frequenz so lange kontinuierlich verändert wird, bis das Eingangssignal durch die Grundschwingung bzw. eine Harmonische davon auf eine feste Zwischenfrequenz umgesetzt ist. Nach Abschluß dieses Suchlaufs rastet der VCO ein (phase lock) und die Grundschwingung des VCO wird gemessen und entsprechend der Harmonischenzahl n und der festen ZF umgerechnet und angezeigt.

Harmonischenmischung. Ein drittes Verfahren ist der Harmonic-Heterodyne-Converter, bei dem die Frequenz des L.O. stufig verändert wird (Synthesizer), bis ein Signal im ZF-Bereich erscheint. Die Frequenz dieses Signals wird dann konventionell gemessen und entsprechend der Stellung des Synthesizers und der Harmonischenzahl n umgerechnet.

Typische Werte für Zähler nach dem oben beschriebenen Verfahren sind:
  Frequenzbereich: 0 bis 110 GHz.
  Eingangsempfindlichkeit: -20 bis -35 dBm.
  Zulässige AM des Signals: 50 % bis 95 %, wobei die Eingangsempfindlichkeit jedoch nicht unterschritten werden darf.
  Zulässige FM des Signals: 1 bis 50 MHz.
  Maximalpegel eines Störsignals: -2 bis -30 dBc (dBc bedeutet: auf den Pegel des Trägers bezogen).
  Auflösung in der Anzeige: bis zu 10^{-11}.
  Absolute Meßgenauigkeit: Je nach Art und Alter des Quarzes in der Zeitbasis bis zu 10^{-8}.

Frequenzmessung mit dem Spektrum-Analysator. (s. I 5.2) Die Frequenzmessung mit einem (digitalen) Automatischen Spektrumanalysator ist u. U. etwas ungenauer als die mit einem Mikrowellenzähler, sie bietet jedoch folgende Vorteile: Die Empfindlichkeit ist sehr viel größer, d. h. es können wesentlich kleinere Signale noch gemessen werden, und man erkennt deutlich, zu welcher Spektrallinie die gemessene Frequenz gehört, und man kann jede dieser Linien getrennt voneinander messen.

Bild 3. Frequenzzähler nach dem Überlagerungsverfahren

Bild 4. Zeitintervallmessung durch Zählen der Impulse eines Zeitbasisgenerators

6.2 Digitale Zeitmessung
Digital time measurement

Zur Messung eines Zeitintervalls werden die Impulse eines stabilen Zeitbasis-Oszillators, die in den Bereich dieses Intervalls fallen, gezählt. Damit ergibt sich als Grundauflösung (Zählerstand = 1) 100 ns für eine 10-MHz-Zeitbasis und 10 ns für eine 100-MHz-Zeitbasis. Es kann einkanalig gemessen werden: z. B. vom ersten Überschreiten der Triggerschwelle in Kanal A bis zum darauffolgenden Unterschreiten der eingestellten Triggerschwelle durch das zu messende Signal (Periodendauer-Messung bei sin-Signalen) oder zweikanalig: das Zeitintervall von der ersten positiven Flanke an Kanal A bis zur nächsten positiven Flanke an Kanal B (Bild 4) (Messung der Phasenverschiebung bei sin-Signalen der gleichen Frequenz).

Meßfehler entstehen durch die digitale Zählweise ($\pm$ Grundauflösung), durch die Ungenauigkeit der Zeitbasis, durch die Triggerschwelle (Rauschen oder Verzerrungen auf dem Signal) und durch Ungleichheit der Kanäle (Reflexionsfaktor oder Signallaufzeit unterschiedlich). Bei periodischen Signalen kann der Fehler aufgrund der digitalen Zählweise (± 1 bit) verringert werden durch Messung über n Zeitintervalle. Sofern n Messungen durchgeführt werden und ihr Mittelwert angezeigt wird, verbessert sich die Auflösung nur entsprechend $1/\sqrt{n}$, also z. B. auf 1 ps für 10 ns Grundauflösung und $n = 10^8$. Die Mittelwertbildung verringert außerdem Fehler durch Rauschen oder Jitter.

Bei Einzelmessungen kann die Grundauflösung verbessert werden auf z. B. 20 ps durch Messen der Zeitdifferenz zwischen dem letzten Impuls der Zeitbasis und dem Ende des Meßintervalls (Voraussetzung: synchroner Start der Zeitbasis mit dem Meßintervall): Analoges Verfahren durch Kondensatoraufladung; digitales Verfahren analog zum Nonius an einer Schublehre mit zwei in der Frequenz versetzten Zeitbasissignalen.

6.3 Analoge Frequenzmessung
Analog frequency measurement

Frequenzmessung mit dem Oszilloskop s. I 1.6.

Frequenz-Spannungs-Wandler. a) Wegen $\underline{I} = j\omega C \underline{U}$ ergibt ein Signal mit konstanter Spannung $\underline{U}$ einen Kondensatorstrom $\underline{I}$, dessen Amplitude proportional zur Frequenz ansteigt. b) Wenn jeder (gleichsinnige) Nulldurchgang des Eingangssignals einen kurzen, stets gleichgeformten Impuls auslöst, ergibt sich eine Pulsfolge, deren Gleichspannungsanteil proportional zur Frequenz ansteigt.

Interferenzverfahren. Das Eingangssignal wird mit einem Signal bekannter Frequenz (z. B. Synthesizer) verglichen und der Vergleichsgenerator wird auf die gleiche Frequenz nachgestimmt; z. B. in der Form, daß beide Signale auf einen Mischer gegeben werden und am Mischerausgang die Differenzfrequenz ausgewertet wird. Bei Frequenzgleichheit ist das Ausgangssignal des Mischers eine Gleichspannung (Kontrolle mit dem Oszilloskop; beat note) bzw. in der Nähe der Frequenzgleichheit ergibt sich ein niederfrequentes Signal (Pfeifton bei Kontrolle mit dem Kopfhörer).

Resonanzverfahren. Frequenzmessung durch Messen der Wellenlänge a) mit Leitungsresonatoren s. I 8.5; b) mit einer Schlitzmeßleitung s. I 4.6. Zur Umrechnung Wellenlänge λ in Frequenz $f = v_p/\lambda$ muß die Phasengeschwindigkeit v_p der benutzten Leitung bekannt sein.

Durch lose Kopplung des Eingangssignals an einen Resonator hoher Güte, dessen Resonanzfrequenz kontinuierlich (mechanisch oder elektrisch) verändert werden kann, läßt sich die Frequenz messen, wenn vorher der Einstellbereich des Resonators in Frequenzen geeicht wurde (Wellenmesser, wave-meter). Es werden Resonanzkreise mit diskreten Elementen, Leitungsresonatoren und Hohlraumresonatoren benutzt, meist in einer Schaltung entsprechend Bild I 8.10, lose angekoppelt an eine durchgehende Leitung (dip-meter, Absorptionsfrequenzmesser), s. I 8.5. Auf diese Art können auch Frequenzmarken bei Wobbelmessungen erzeugt werden.

Instantaneous Frequency Measurement (IFM). Nach einer Amplitudenbegrenzung wird das Signal in zwei Teilsignale zerlegt, von denen eines

Bild 5. IFM-Empfänger (zur Frequenzmessung an Einzelimpulsen geeignet)

um eine bekannte, frequenzunabhängige Laufzeit τ verzögert wird (Bild 5). Mit einem Mischer, der als Phasendetektor betrieben wird (s. I 1.9) ergibt sich damit eine Ausgangsgleichspannung proportional zum Kosinus der Phasenverschiebung φ zwischen beiden Teilsignalen bzw. mit $\varphi = \omega_x \tau$ proportional zum Kosinus der Signalfrequenz f_x.

7 Rauschmessung
Noise measurement

7.1 Rauschzahl, Rauschtemperatur, Rauschbandbreite
Noise figure, noise temperature, noise bandwidth

Bei der Temperatur T in Kelvin gibt ein realer ohmscher Widerstand im Frequenzintervall der Breite B an einen idealen, nicht selbstrauschenden, gleich großen Widerstand die näherungsweise konstante Rauschleistung P_R ab (Fehler $< 1\%$ für $f < 120$ GHz):

$$P_R = k T B \text{ mit}$$
$$k = 1{,}38 \cdot 10^{-23} \text{ Ws/K} \quad (1)$$

(Boltzmann-Konstante).

Die Rauschzahl F gibt an, um welchen Faktor ein Vierpol bei der Referenztemperatur $T_0 = 290$ K $\triangleq 16{,}8$ °C das thermische Rauschen $k T_0 B$ des Innenwiderstands der Signalquelle durch sein Eigenrauschen vergrößert.

Definition I:

$$F = P_{R \text{ Ausgang}}/(k T_0 B g) \quad \text{mit} \quad (2)$$

$g = $ Leistungsverstärkung des Vierpols.

Damit ergibt sich z. B. für eine verlustlose Leitung der Minimalwert $F = 1$ bzw. 0 dB (F/dB $= 10 \lg F$).
Eine zweite Definition benutzt den Störabstand an Eingang und Ausgang (Bild 1).

Definition II:

$$F = (P_{\text{Signal}}/P_R)_{\text{Eingang}}/(P_{\text{Signal}}/P_R)_{\text{Ausgang}}. \quad (3)$$

Damit ergibt sich z. B. für ein 3-dB-Dämpfungsglied die Rauschzahl $F = 3$ dB. Beide Definitionen gehen davon aus, daß Eingang und Ausgang des Vierpols angepaßt sind und gleiche Temperatur haben. Die Umrechnung von Gl. (2) in Gl. (3)

Spezielle Literatur Seite I 35

Bild 1. Veranschaulichung der Rauschzahl F als Differenz der Störabstände in dB. (Störabstand in dB = Signalpegel in dBm – Rauschpegel in dBm)

erfolgt über

$$g = P_{\text{Signal Ausgang}}/P_{\text{Signal Eingang}} \quad \text{und}$$
$$P_{R \text{ Eingang}} = k T_0 B.$$

Gl. (1) kann auch rein formal auf Vierpole angewendet werden, um deren Rauscheigenschaften durch die Angabe einer fiktiven Rauschtemperatur T_R zu beschreiben:

$$T_R = (F - 1) T_0. \quad (4)$$

Die Rauschzahl kann entweder breitbandig gemessen werden, dies führt zu einer einzigen Zahl, die den Vierpol charakterisiert, oder sie kann zur genaueren Beschreibung des Vierpols schmalbandig gemessen und als Funktion der Frequenz dargestellt werden. Bei der direkten Messung der Rauschzahl nach Gl. (2) muß der Frequenzgang der Verstärkung des Vierpols $g(f)$ berücksichtigt werden. Da B als Frequenzintervall im weißen Rauschen eingeführt wurde, wird die Rauschbandbreite B_R eines Vierpols definiert aus dem der Fläche unter der Kurve $g(f)$ gleichgroßen Rechteck der Höhe $g_{\max}$ und der Breite B_R. Damit ist die Rauschbandbreite ungleich der 3-dB-Bandbreite (s. Gl. (11)).

7.2 Meßprinzip
Measurement procedure

Um die Probleme bei der Bestimmung der Rauschbandbreite und der Verstärkung zu umgehen, wird die Rauschleistung am Ausgang für zwei unterschiedlich große, bekannte Eingangsrauschleistungen gemessen (wobei die Linearität des Vierpols vorausgesetzt wird) [1, 4, 5]. Bild 2 zeigt das Prinzip, Bild 3 den Meßaufbau.

Quellwiderstand mit T_0:

$$P_0 = k T_0 B g + P_{\text{Meßobjekt}},$$

– Vakuumdioden (veraltet, ungenau, bis UHF-Bereich).
– Gasentladungsröhren (1 bis 40 GHz).
– Halbleiterrauschquellen (Zener-Dioden in speziellen Fassungen, die ohne Vorstrom als Abschlußwiderstand mit Umgebungstemperatur T_1 und bei eingeschaltetem Gleichstrom als Rauschquelle großer Leistung wirken).

Kenngrößen der Rauschgeneratoren sind ihr Reflexionsfaktor im ausgeschalteten Zustand (Messung von P_0 bei T_0 bzw. P_1 bei T_1) und im eingeschalteten Zustand (Messung von P_2), die Größe und Konstanz der Rauschleistung, der nutzbare Frequenzbereich und eventuell vorhandene Schaltspitzen beim Umschalten von T_0 auf T_2. Angegeben wird meist die Erhöhung der Rauschleistung (ENR in dB) bezogen auf die Rauschleistung im ausgeschalteten Zustand. Sofern die Umgebungstemperatur extrem von T_0 abweicht, muß sie gemessen werden (T_1) und T_2 muß berechnet werden.

$$T_2 = T_0(1 + 10^{0,1\,\text{ENR}}) \qquad (8)$$

ENR ist dabei in dB einzusetzen.
Ein typischer Wert für Halbleiterrauschgeneratoren ist ENR = 15,5 ± 0,5 dB. Dies entspricht einem Temperatursprung von $\Delta T = 10.290$ K. Der Bereich erstreckt sich von 5 bis 100 dB bei Frequenzen zwischen 10 kHz und 40 GHz. Hohe ENR-Werte werden z. B. für Systemanwendungen gebraucht, wenn ein Empfänger während des Bertriebs gemessen und dazu die Rauschleistung über einen Richtkoppler in den Signalweg eingekoppelt wird.

Bild 2. Rauschleistung am Vierpolausgang als Funktion der Temperatur des Quellwiderstands bzw. als Funktion der Eingangsrauschleistung

Bild 3. Prinzipschaltung zur Messung der Rauschzahl

Quellwiderstand mit T_2:

$$P_2 = k\,T_2\,B\,g + P_{\text{Meßobjekt}}.$$

Mit Gl. (2) und der Geometrie von Bild 2 ergibt sich:

$$F = (T_2/T_0 - 1)/(P_2/P_0 - 1), \qquad (5)$$
$$F/\text{dB} = 10\,\lg(\Delta T/T_0) - 10\,\lg(P_2/P_0 - 1).$$

Anstelle der Temperaturänderung ΔT wird bei Rauschgeneratoren meist die Rauschleistungserhöhung ENR (Excess Noise Ratio) angegeben. Um diesen Faktor steigt die Rauschleistung beim Einschalten des Rauschgenerators.

$$F/\text{dB} = \text{ENR}/\text{dB} - 10\,\lg(Y-1). \qquad (6)$$

Gemessen werden die beiden Leistungen P_2 und P_0. Ihr Quotient ist der Y-Faktor. Daraus wird die Rauschzahl berechnet. Umrechnung auf die Bezugstemperatur T_0, wenn Y bei T_1 und T_2 gemessen wurde:

$$F = 1 + (T_2/T_0 - Y \cdot T_1/T_0)/(Y-1). \qquad (7)$$

7.3 Rauschgeneratoren
Noise generators

Zur Erzeugung von Rauschleistung mit zwei verschiedenen Pegeln werden benutzt:
– Paare von ohmschen Widerständen mit geregelter, bekannter Temperatur T_1 und T_2 (hot-cold-standards) (als Kalibrierquellen).

7.4 Meßfehler. Measurement errors

Da die Rauschzahl aus zwei Leistungsmeßwerten berechnet wird, existieren zunächst die in I 2.4 behandelten Fehler der Leistungsmessung. Besonderes Gewicht haben dabei die Fehlanpassungen zwischen den einzelnen Komponenten von der Rauschquelle bis zum Leistungsmeßkopf. Den größten Beitrag zum Meßfehler liefert in der Regel die Ungenauigkeit des ENR-Werts. Ein typischer Wert für eine Diodenquelle (0,01 bis 18 GHz) wäre ± 0,2 bis ± 0,6 dB je nach Frequenz. Zur Vermeidung ungünstiger Anzeigebereiche bei Zeigerinstrumenten kann der ENR-Wert des Rauschgenerators durch ein vorgeschaltetes Dämpfungsglied verringert werden.
Bei zu geringer Verstärkung des zu untersuchenden Vierpols muß dem Leistungsmesser ein Verstärker vorgeschaltet werden, um die sehr kleinen Rauschleistungen von − 174 dBm + 10 lg(B/Hz) messen zu können. Eventuell ist auch ein Mischer notwendig, um den Frequenzbereich des Vierpols auf den des Leistungsmessers umzusetzen (z. B. Spektrumanalysator als

Bild 4. Allgemeiner Meßaufbau zur Ermittlung der Rauschzahl eines Vierpols bzw. eines Empfängers mit Frequenzumsetzung

Leistungsmesser). Bild 4 zeigt den Meßaufbau. In diesem Fall müssen zusätzlich zur Messung des Y-Faktors der Gesamtanordnung die Verstärkung g des Vierpols und die Rauschzahl F_2 des nachgeschalteten Systems (Verstärker, Mischer) bestimmt werden. Die gesuchte Rauschzahl F_1 des Vierpols ergibt sich dann aus der gemessenen Rauschzahl F_{12} der Gesamtanordnung zu

$$F_1 = F_{12} - (F_2 - 1)/g. \qquad (9)$$

Die Bandbreite der Vierpole sollte vom Rauschgenerator zum Leistungsmeßkopf hin abnehmen. Die Leistungsverstärkung g des Vierpols kann aus den Messungen mit und ohne Meßobjekt berechnet werden (vgl. Bild 2):

$$g = \frac{(P_2 - P_1) \text{ mit Meßobjekt}}{(P_2 - P_1) \text{ ohne Meßobjekt}}. \qquad (10)$$

Bei kleinen Rauschzahlen wird der relative Fehler bei der Bestimmung von F besonders groß, da sich ENR-Ungenauigkeit, Leistungsmeßfehler und Anpassungsfehler zu beträchtlichen Gesamtfehlern überlagern können.
Bei sehr großen Rauschzahlen sollte der Leistungsmesser durch einen Spektrumanalysator ersetzt werden, um zu kontrollieren, ob weißes Rauschen vorliegt oder ob Netzbrumm, Einstreuungen oder gefärbtes Rauschen die Vierpolbeschreibung durch eine einzige Rauschzahl verfälschen. Die zur Fehlerkorrektur, Gl. (9), notwendige Rauschzahl F_2 des Spektrumanalysators ergibt sich aus dem angezeigten Rauschpegel P_R bei eingestellter Meßbandbreite B zu

$$F/\mathrm{dB} = P_R/\mathrm{dBm} + 174$$
$$- 10 \lg (B_R/\mathrm{Hz}) \qquad (11)$$

mit $B_R = \alpha B_{3\mathrm{dB}}$ und $\alpha = 1{,}2$ für Gauß-Filter.
Gl. (11) entspricht Gl. (2) und kann mit $P_R = P_{R\ \text{Ausgang}}/g$ bei Vierpolen mit großer Rauschzahl zur direkten Messung von F eingesetzt werden. Für $F > \text{ENR} + 9\ \text{dB}$ werden die Unterschiede zwischen P_0 und P_2 in Gl. (5) sehr gering ($Y < 0{,}5\ \text{dB}$) und damit die Auswirkungen von Fehlern bei der Leistungsmessung so groß, daß die Y-Methode nicht mehr anwendbar ist.

7.5 Tangentiale Empfindlichkeit
Tangential signal sensitivity (TSS)

Die tangentiale Empfindlichkeit [2, 3] ist ein weniger anspruchsvolles Maß als die Rauschzahl zur Beschreibung der Empfindlichkeit von z.B. (Video-)Verstärkern, Detektorköpfen oder Dioden. Bild 5 zeigt die Meßanordnung. Die Leistung eines getasteten Signalgenerators wird so eingestellt, daß die mittlere Rauschamplitude innerhalb der betrachteten Bandbreite gleich der Signalamplitude ist. Als Kriterium dafür wird die Darstellung auf dem Bildschirm eines Oszilloskops ausgewertet. Der Signalgeneratorpegel, der das angezeigte Rauschspannungsband ge-

Bild 5. Messung der tangentialen Empfindlichkeit TSS. **a** Meßaufbau; **b** Bildschirmanzeige, wenn Generatorpegel = TSS rade um seine eigene Amplitude versetzt, wird als Tangential Signal Sensitivity (TSS) bezeichnet. Der Meßwert ist leicht zu interpretieren (z. B. die Angabe TSS = − 52 dBm bei $f = 2$ GHz und $B = 1$ MHz für eine Detektordiode) und die Messung ist einfach und in jedem Labor durchführbar. Dies macht den Nachteil der schlechten Reproduzierbarkeit wieder wett. Der Zahlenwert hängt ab von der Einstellung des Oszilloskops, dem Frequenzgang der Anordnung und der subjektiven Entscheidung des Betrachters. Für eine Verfeinerung des Verfahrens besteht jedoch kein Bedarf, da stets auf eine Rauschzahlmessung zurückgegriffen werden kann. Bei einem Signalpegel entsprechend dem TSS-Wert beträgt das Signal/Rausch-Verhältnis am Ausgang etwa 8 dB. Sofern anstelle des Oszilloskops ein Leistungsmeßgerät benutzt wird, ist der TSS-Pegel über diese 8-dB-Änderung definiert. Eine Umrechnung TSS in F erfordert die Kenntnis der Rauschbandbreite B_R.

Die Problematik der TSS-Messung liegt darin, daß die beiden Größen, die miteinander verglichen werden (einmal Rauschen, zum anderen Signal + Rauschen), ungleich sind.

Spezielle Literatur: [1] *Hewlett-Packard Application Note 57-1*: Fundamentals of RF and microwave noise figure measurements (1983). – [2] *Renz, E.*: Pin und Schottky Dioden. Heidelberg: Hüthig 1976. – [3] *Green, H. E.*: A theoretical examination of tangential signal to noise ratio. IEEE-MTT 39 (1991) 566–567. – [4] *Pastori, W. E.*: Bandwidth effects in noise figure measurements. MSN & CT, Apr. (1988) 77–86. – [5] *Tong, P. R.; Moorehead, J. M.*: Noise measurements at mm-wave frequencies. Microwave J., Jul. (1988) 69–86.

8 Spezielle Gebiete der Hochfrequenzmeßtechnik
Miscellaneous topics in RF-measurements

8.1 Messungen an diskreten Bauelementen
Measurement of discrete components

Der auf diskreten Bauelementen aufgedruckte Wert für den ohmschen Widerstand R, die Kapazität C bzw. die Induktivität L ist nur für niedrige Frequenzen gültig. Bei hohen Frequenzen hat jedes Bauelement eine komplexe Impedanz $\underline{Z}$ mit einer bei zunehmender Frequenz immer ausgeprägter werdenden Frequenzabhängigkeit $\underline{Z} = \underline{Z}(f)$, die Parallel- und Serienresonanzen aufweist. In diesem Kapitel werden Verfahren zur Impedanzmessung unterhalb 30 bzw. 100 MHz beschrieben. Bei höheren Frequenzen wird der Reflexionsfaktor gemessen und in die Impedanz umgerechnet (s. I 4.).

Brückenschaltungen. Die unbekannte Impedanz $\underline{Z}_x$ wird bestimmt durch Vergleich mit bekannten Bauelementen, die stetig oder stufig veränderlich sind. Bild 1a zeigt die allgemeine Wechselstrombrücke. Strom durch $\underline{Z}_5$:

$$I = \underline{U}(\underline{Z}_1 \underline{Z}_x - \underline{Z}_2 \underline{Z}_3)/$$
$$((\underline{Z}_2 + \underline{Z}_x)(\underline{Z}_5(\underline{Z}_1 + \underline{Z}_3) + \underline{Z}_1 \underline{Z}_3)$$
$$+ \underline{Z}_2 \underline{Z}_x(\underline{Z}_1 + \underline{Z}_3))$$

und ihre Abgleichbedingungen, Bild 1b bis e die gebräuchlichsten Ausführungsformen und die bei Anzeige 0 am Instrument gültigen Bestimmungsgleichungen. Ob man bei der Berechnung von $\underline{Z}_x$ die Elemente des Parallel- (1b) oder Serien-Ersatzschaltbildes (1c) benutzt, ist für den

Bild 1. Brückenschaltungen zur Impedanzmessung. **a** allgemeine Meßbrücke; **b** Wien-Brücke; **c** Schering-Brücke; **d** Maxwell-Wien-Brücke; **e** Differential-Übertrager-Brücke; **f** Vergleichsbrücke

Spezielle Literatur Seite I 44

Meßaufbau unerheblich. Für bestimmte Wertebereiche von Z_x ist es jedoch zweckmäßig, die Abgleichelemente in Bild 1 b bis e in Serie statt parallel zu schalten, um ungünstige Bauelementegrößen zu vermeiden. Damit Streukapazitäten und Störspannungen keine nennenswerten Meßfehler hervorgerufen, sind die Erdung eines Brückenpunkts und die Schirmung der Bauelemente Problembereiche, die von Fall zu Fall sorgfältig durchdacht werden müssen.
Bei der Vergleichsbrücke in Bild 1 f wird kein Nullabgleich durchgeführt, sondern U_0 hochohmig gemessen. Die Schaltung wird auch zur Reflexionsfaktormessung eingesetzt (s. I 4.4). Zum Einsatz von Doppel-T-Gliedern anstelle der Brückenschaltungen siehe [1].

Resonanzverfahren. a) Der zu messende Kondensator (C_x, tan δ_x) wird mit einer Induktivität bekannter Größe (L_0, tan δ_0) zu einem Parallelschwingkreis (Serienschwingkreis) zusammengeschaltet. Resonanzfrequenz und Güte des Kreises werden gemessen und C_x und tan δ_x daraus berechnet. Bei der Induktivitätsmessung wird in analoger Weise vorgegangen.
b) Eine zu messende hochohmige Impedanz wird einem bekannten Parallelresonanzkreis parallelgeschaltet, eine niederohmige Impedanz einem Serienresonanzkreis in Serie geschaltet. Die gesuchten Größen werden entweder aus der Änderung von Resonanzfrequenz und Güte, oder aus der für gleiche Resonanzfrequenz notwendigen Verstellung eines Kalibrierkondensators berechnet. Zur Gütemessung bei a) und b) kann entweder die 3-dB-Bandbreite des Kreises gemessen werden (s. 8.5) oder die Bestimmung erfolgt über die Resonanzüberhöhung von Strom bzw. Spannung bei Speisung mit konstantem Strom (Parallelkreis) bzw. mit konstanter Spannung (Serienkreis).

Strom-Spannungs-Messung. Entweder der Strom $\underline{I}$ durch das Bauelement oder die Spannung $\underline{U}$ am Bauelement werden konstant gehalten. Die jeweils andere Größe wird nach Betrag und Phase ermittelt. Die gesuchte Impedanz ergibt sich aus $Z = U/I$. Zur Vermeidung von Meßfehlern durch die Induktivität der Anschlußdrähte kann, wie bei der Messung von ohmschen Widerständen in der Gleichstromtechnik, vierpolig gemessen werden.

8.2 Messungen im Zeitbereich
Time domain reflection (TDR)
Time domain transmission (TDT)

Das Impulsreflektometer (TDR) ist ein leitungsgebundenes Pulsradar, mit dem Art und Größe von Reflexionsstellen sowie deren örtliche

Bild 2. Meßaufbau für Reflexionsmessungen (TDR) und Transmissionsmessungen (TDT) im Zeitbereich

Verteilung längs einer TEM-Wellenleitung gemessen werden. Entsprechend Bild 2 wird von einem Pulsgenerator eine Gleichspannung (z. B. 200 mV) eingeschaltet. Die sehr steile Einschaltflanke läuft durch den Meßkopf zum Meßobjekt. An allen Reflexionsstellen im Meßobjekt wird ein Teil der Einschaltflanke reflektiert, läuft zurück zum Meßkopf und wird gemessen. Der Vorgang wird zeitlich periodisch wiederholt. Dadurch kann die Kurvenform der reflektierten Wellen mit einem Abtastoszilloskop dargestellt werden. Der zeitliche Verlauf der Überlagerung von hinlaufender und reflektierter Welle am Meßkopf wird vom Oszilloskop (bzw. X-Y-Schreiber) als stehendes Bild wiedergegeben. Bei bekannter Ausbreitungsgeschwindigkeit auf dem jeweiligen Leitungsabschnitt kann aus der Laufzeit τ der reflektierten Welle die Entfernung der Störstelle $l_1 = v\tau/2$ berechnet werden. Der Entfernungsbereich, in dem mit handelsüblichen Geräten Störstellen auf Leitungen lokalisiert werden können, liegt zwischen 10 mm und 10 km. Zwei benachbarte Störstellen im Abstand Δl können in der Anzeige voneinander unterschieden werden, wenn die Anstiegszeit T des Meßimpulses kleiner ist als die doppelte Laufzeit zwischen ihnen: $\Delta l_{min} > vT/2$. Bei einem Meßimpuls mit 30 ps Anstiegszeit kann also eine Ortsauflösung von 4,5 mm (auf einer Luftleitung mit $v = c_0$) nicht unterschritten werden. Wegen des z. B. in Bild 3 am Ort des Wellenwiderstandsprungs (Punkt A) gültigen Zusammenhangs $U_1(t) = U_H(t) + U_R(t) = (1 + r)U_H(t)$ und $r = (Z_{L2} - Z_{L1})/(Z_{L2} + Z_{L1})$ kann man aus dem gemessenen Verlauf von $U_1(t)$ die jeweilige Größe des Leitungswellenwiderstands Z_L und die Größe von reellen Abschlußwiderständen Z_2 direkt entnehmen. Zu beachten ist, daß nur die erste Störstelle exakte Ergebnisse liefert. Am Ort der zweiten Störstelle ist die einfallende Wellenfront bereits um die erste Reflexion vermindert und das von hier zurücklaufende Echo wird beim Durchlaufen der ersten Störstelle erneut gedämpft. Die vertikale Achse kann entweder zwischen $+1$ und -1 linear geteilt den Reflexionsfaktor $r(z)$ anzeigen oder sie wird in Ω skaliert (von 0 bis ∞) zur Ablesung des Wellenwiderstands $Z_L(z)$. Zur Kalibrierung auf $r = 0$ bzw.

Bild 3. Schematisierte Anzeige eines Impulsreflektometers für einen Koax-Microstrip-Übergang und eine Microstripleitung mit Wellenwiderstandssprung

$Z_L = Z_{ref}$ wird entsprechend Bild 3 dem Meßobjekt eine Präzisions-(Luft)-Leitung mit bekanntem Wellenwiderstand vorgeschaltet.
Bei Störstellen mit kapazitivem bzw. induktivem Verhalten ergeben sich zeitlich ausgedehnte Einschwingvorgänge, die die Ortsauflösung verschlechtern und weniger einfach zu interpretieren sind. Die Sprungantworten und Diskontinuitäten, die sich durch diskrete Bauelemente (Serien-L, Parallel-C, ...) beschreiben lassen, können mit der Laplace-Transformation berechnet werden. Ein Vergleich der gemessenen Kurvenformen mit solchen berechneten Einschwingvorgängen gestattet eine anschauliche Interpretation der Störstellen [2–4]. An die Stelle der Amplitude tritt hier die Fläche als Maß für die Größe der Störung (Bild 3).
Da ein Sprung mit z. B. 25 ps Anstiegszeit alle Frequenzen von 0 bis zu etwa 15 GHz enthält, sind die damit gemessenen Reflexionsfaktoren bzw. Wellenwiderstände Mittelwerte über diesen Frequenzbereich. Obwohl man mit dem TDR kleine Reflexionsfaktoren und Wellenwiderstandsabweichungen im Bereich 0,001 messen kann, setzt diese Mittelwertbildung der numerischen Auswertung der Meßergebnisse Grenzen. Dämpfung und Dispersion entlang der zu untersuchenden Leitung verringern die Amplitudenauflösung und die Ortsauflösung mit zunehmender Entfernung der Störstelle. Zur Abhilfe kann ein Dämpfungsausgleich durch zeitlich ansteigende Verstärkung erfolgen oder eine Rechnerkorrektur der Meßwerte. Mit dem Rechner läßt sich auch aus der mit einem realen Impuls (mit Überschwingern etc.) gewonnenen Meßkurve die ideale Sprungantwort berechnen. Weitere Rechneranwendungen auf Zeitfunktionen in I 4.9.
Bei mehreren Störstellen auf einer Leitung treten Mehrfachreflexionen auf. Mit zunehmender Entfernung werden die Amplitudenverläufe dadurch nicht mehr direkt interpretierbar, und es werden nicht vorhandene Störstellen vorgetäuscht. Je kleiner die Reflexionsfaktoren, desto genauer entspricht das gemessene Echodiagramm dem Impedanzprofil der Leitung. Wenn nur die Entfernung von Störstellen gemessen werden soll, sind kurze Pulse als Testsignal besser geeignet.
Bei der Anwendung des TDR-Prinzips auf Leitungen mit Hochpaß- bzw. Bandpaßcharakter (z. B. Hohlleiter, Lichtwellenleiter) müssen pulsmodulierte Testsignale benutzt werden. Die Bestimmung der Art der Störstelle aus der Form des Echos wird schwieriger als bei Tiefpaßsystemen.
Für Messungen an symmetrischen Zweidrahtleitungen wird das Gegentakt-Impulsreflektometer (differential TDR) eingesetzt. Hierbei werden zwei zeitgleiche, bezüglich Masse gegenphasige Einschaltflanken erzeugt und in die symmetrische Leitung eingekoppelt. Die Reflexionen werden mit einem Gegentakt-Samplingkopf gemessen.
Mit den Komponenten in Bild 2 kann bei Zweitoren die Sprungantwort am Ausgang des Meßobjekts gemessen werden (Time Domain Transmission (TDT) bzw. Time Delay Distortion, s. I 9.3). Damit lassen sich auch Signale mit unterschiedlicher Laufzeit innerhalb des Zweitors getrennt voneinander darstellen.

8.3 Feldstärkemessung
Fieldstrength measurement

Zur Feldstärkemessung [14–18] werden eine Empfangsantenne und ein Empfänger benötigt (Bild 4). Es ist zu unterscheiden zwischen
– breitbandiger Messung der Strahlungsdichte (z. B. zum Zweck der Emissionskontrolle),

Bild 4. Anordnung zur Feldstärkemessung

- schmalbandiger Messung der Strahlungsdichte (z. B. Messung im Fernfeld einer Sendeantenne),
- schmalbandiger Messung der elektrischen oder magnetischen Feldstärke (z. B. im Bereich einer leitungsgeführten Welle).

Die Problematik der Feldstärkemessung liegt in der Umrechnung des vom Empfänger angezeigten Meßwerts in den Wert der Feldstärke am Meßort vor Einbringen der Meßantenne. Für eine Antenne mit der effektiven Höhe h_{eff} gilt

Leerlaufspannung $U_0 = E\, h_{eff}$.

Sofern die Antennenimpedanz an das Kabel und das Kabel an den Empfängereingang angepaßt sind, zeigt der Empfänger die Spannung $U = U_0/2$ an und es gilt

$E = 2\, U/h_{eff}$.

Meist wird bei Meßantennen nicht die effektive Höhe sondern der Antennenfaktor k in dB als Funktion der Frequenz angegeben.

$k = E/U$ bzw. $k/\text{dB} = 20 \lg(k/\text{m}^{-1})$.

Der Zusammenhang mit dem Antennengewinn G ist gegeben durch:

$k = f\sqrt{4\pi Z_0/(Z_A G)}/c_0$

mit Z_A = reelle Eingangsimpedanz der Antenne.
Für den Logarithmus des Zahlenwerts von k in 1/m gilt bei Luft und $Z_A = 50\,\Omega$:

$k/\text{dB} = 20 \lg(f/\text{MHz}) - G/\text{dB} - 29{,}78\,\text{dB}$,

$G/\text{dB} = 10 \lg G$.

Bei Verwendung eines angepaßten Empfängers, der die Spannung an Z_A anzeigt, ergibt sich die Feldstärke zu

$20 \lg(\hat{E}/\frac{\mu V}{m}) = \hat{U}_E/\text{dB}\mu V + k/\text{dB} - a_L/\text{dB}$

(a_L = Dämpfung der Antennenleitung (positiver Zahlenwert))

$U/\text{dB}\mu V = 20 \lg(U/\mu V)$.

Sofern die Empfängeranzeige in dBm erfolgt, muß umgerechnet werden von Leistung auf Spannung mit $\hat{U} = \sqrt{2PZ_A}$.

$U/\text{dB}\mu V = P/\text{dBm} + 110$ ($Z_A = 50\,\Omega$).

Falls mit Effektivwerten gerechnet wird, gilt: $U/\text{dB}\mu V = P/\text{dBm} + 107$. Als Meßantenne eignen sich bei Fernfeldmessungen alle Antennen, deren Antennenfaktor bekannt oder berechenbar ist. Im Mikrowellenbereich werden bevorzugt Standard-Gain-Hornstrahler benutzt, deren Gewinn sich recht genau aus der Geometrie berechnen läßt. Besonders breitbandig sind kleine Schleifenantennen, da der Kurzschlußstrom frequenzunabhängig ist und kleine Dipolantennen ($l < 0{,}1\,\lambda$), da die effektive Höhe gleich der Länge *eines* Stabes ist und somit die Leerlaufspannung frequenzunabhängig wird. Bei kleinen Schleifen und Stäben (Feldsonden) sind die obigen Gleichungen nicht direkt anwendbar, weil sich die Anpassung zwischen Antenne, Zuleitung und Empfänger nicht erfüllen läßt (Z_A induktiv bzw. kapazitiv).

Da bei Messungen im Freien Fehler durch andere Strahlungsquellen (z. B. Rundfunksender) und Mehrwegeausbreitung (z. B. Bodenreflexionen) auftreten können, wird häufig in geschirmten Räumen gemessen, die innen allseitig mit absorbierenden Schichten (für den benötigten Frequenzbereich) ausgekleidet sind (anechoic chamber).

Durch die Antennenzuleitung können bei Fernfeldmessungen Feldverzerrungen hervorgerufen werden (Rückstreufehler) und die Meßantennencharakteristik kann beeinflußt werden. Bei Nahfeldmessungen besteht zusätzlich die Möglichkeit der direkten Rückwirkung auf die Strahlungsquelle, sowohl durch die Zuleitung, als auch durch die Meßantenne.

Abhilfe:
- Antennenzuleitung senkrecht zu den elektrischen Feldlinien verlegen.
- Mantelwellen unterdrücken durch Sperrtöpfe, Dämpfungsperlen etc.
- Hochohmiges Leitermaterial (falls zulässig) benutzen.
- Symetrieebenen des elektrischen Feldes ausnutzen und durch leitende Wände ersetzen. Messung mit Sonden durch Löcher in diesen Wänden hindurch.
- Umsetzung des elektrischen Ausgangssignals der Meßantenne in ein Lichtsignal (Schallsignal) und Weiterleitung per Freiraumausbreitung (z. B. Infrarot) oder Lichtwellenleiter.

Stab- und Schleifenantennen messen jeweils nur eine Polarisationsrichtung des elektrischen bzw. magnetischen Feldes. Sofern ein Feld unbekannter Polarisation ausgemessen werden soll (field mapping), sind Messungen in fünf Raumrichtungen erforderlich. Falls nicht die Richtung sondern nur die Intensität der Strahlung von Interesse ist, werden drei zueinander orthogonale Antennen benutzt und die Ausgangssignale entsprechend $|E| = \sqrt{E_x^2 + E_y^2 + E_z^2}$ kombiniert. Zur Messung von Oberflächenstromdichten bzw. Magnetfeldern an leitenden Flächen s. I 1.8.

8.4 Messungen an Antennen
Antenna measurements

Strahlungscharakteristik. Im Fernfeld einer Antenne sind die Phasenfronten der abgestrahlten

Welle konzentrische Kugelschalen mit dem Phasenzentrum der Antenne als Mittelpunkt. Die Strahlungscharakteristik ist die Feldstärke nach Betrag, Phase und Polarisation auf einer solchen Fernkugelfläche, die sich im Sendefall bei einer festen Frequenz einstellt. Zur graphischen Darstellung im Strahlungsdiagramm muß man sich auf eine Größe und eine festzulegende Querschnittsfläche beschränken.

Nähert man sich der Antenne, so bleibt das Strahlungsdiagramm bis $r = r_{min}$ unverändert. Für $r < r_{min}$ wird das Diagramm entfernungsabhängig, und die Richtung der Strahlungsdichte zeigt Abweichungen von der rein radialen Richtung, d. h. die Phasenfronten sind keine Kugelflächen mehr. In der Regel schätzt man ab

$$r_{min} > 2D^2/\lambda, \tag{1}$$

wobei D die maximale Linearabmessung (z. B. der Durchmesser des Parabols oder die Länge des Stielstrahlers) der untersuchten Antenne ist [5]. Der Bereich $r < r_{min}$ wird als Nahfeld bezeichnet. Nähert man sich der Antenne noch weiter, so erreicht man ein Gebiet, in dem nicht mehr vernachlässigbare Radialkomponenten von E bzw. H auftreten und in dem die Ortsabhängigkeit der Feldstärken nicht mehr proportional $1/r$ verläuft. Dieses „innere" Nahfeld beginnt etwa in einer Entfernung von $4\lambda \dots \lambda$ vor den Grenzschichten, die das Strahlungsfeld formen und erzeugen.

Bei einfachen, symmetrischen Antennen beschränkt man die Ermittlung der Strahlungscharakteristik auf eine Polarisationsart und auf die Amplitude der Strahlungsdichte entlang zweier, zueinander senkrechter Umfangslinien einer Fernfeldkugelfläche. Als Schnittpunkt beider Linien wird die Hauptstrahlrichtung der Antenne gewählt. Damit läßt sich die auf den Maximalwert bezogene Strahlungsdichte als Funktion des Winkels in zwei Diagrammen darstellen. Bei überwiegend linearer Polarisation spricht man vom Strahlungsdiagramm in der E-Ebene, wenn die Linie, entlang der gemessen wurde, in der Hauptstrahlrichtung parallel zur elektrischen Feldstärke verläuft; die dazu senkrechte Linie ergibt das Strahlungsdiagramm in der H-Ebene. (Beispiel: Bei einem $\lambda/2$-Dipol liegt der Antennenstab in der E-Ebene, d. h. dort ergibt sich eine Doppel-Acht-Charakteristik und in der H-Ebene ergibt sich ein Kreisdiagramm.)

Fernfeldmessung [19–22]. Entsprechend Bild 5 wird die zu messende Antenne um ihr Phasenzentrum herum gedreht. Sie wird dabei von einer einzigen ebenen Welle beleuchtet und die empfangene Leistung P_E wird als Funktion des Drehwinkels registriert. Um dem Idealfall einer einzigen ebenen Welle (keine Umgebungsreflexionen) möglichst nahe zu kommen, wird eine gut bün-

Bild 5. Messung des Strahlungsdiagramms

delnde Hilfsantenne benutzt. Die Fernfeldbedingung Gl. (1) muß für beide Antennen erfüllt sein. Obwohl die umgekehrte Übertragungsrichtung (die zu messende Antenne als Sendeantenne) im Idealfall zu gleichen Ergebnissen führt, sollte die Hilfsantenne senden, damit störende äußere Reflexionen unabhängig von der Drehbewegung bleiben. Innerhalb des Strahlungsfeldes der Hilfsantenne liegende Reflektoren müssen entweder mit absorbierendem Material verkleidet werden, oder die reflektierten Wellen müssen durch Metallschirme (Beugungskanten verkleidet) ausgeblendet werden (Bild 5). Umgebungseinflüsse lassen sich weiterhin eliminieren durch Auswerten der Laufzeit bei Pulsmessungen oder der Welligkeit bei mehreren CW-Messungen in einem größeren Frequenzbereich (s. I 4.9). Wenn Fremdeinstrahlungen stören, wird schmalbandig empfangen oder der Sender wird moduliert.

Kleine Antennen können in einem reflexionsarmen Raum gemessen werden (anechoic chamber), der gegen Fremdfelder geschirmt ist und dessen Innenwände allseitig mit absorbierendem Material verkleidet sind. Bei größeren Meßentfernungen wird im Freien, zwischen zwei Türmen, gemessen. Bei noch größeren Antennen (z. B. Radioastronomie) benutzt man Radiosterne als Hilfsantenne [13].

Nahfeldmessung [23–25]. Großflächige Mikrowellenantennen können auch im Nahfeld mit $r < r_{min}$ vermessen werden. Dabei wird die Feldstärkeverteilung in einer Ebene (bzw. Zylinder-, Kugelfläche) einige Wellenlängen vor der Antenne mit einer reflexionsarmen Feldsonde nach Betrag und Phase gemessen. Damit ist die Belegung einer fiktiven strahlenden Fläche ermittelt und aus dieser kann das Fernfelddiagramm berechnet werden [6]. Anstelle der Sonde kann auch ein kleiner Reflektor benutzt werden. An die Antenne wird über eine Sende-Empfangs-Weiche sowohl ein Sender als auch ein sehr empfindlicher Empfänger angeschlossen. Ohne Reflektor ist das Empfängersignal 0, mit Reflektor ist es proportional dem Quadrat derjenigen Feldkomponente am Ort des Reflektors, die von diesem reflektiert wurde. Zur Steigerung der Empfindlichkeit wird ein modulierter Reflektor benutzt

(z. B. mechanisch rotierender Dipol oder starrer Dipol mit pin-Diode bzw. Photodiode als schaltbarer Last) [7, 8].

Modellmessungen. Die Eigenschaften großer Antennen können an maßstäblich verkleinerten Modellen bei entsprechend erhöhter Frequenz untersucht werden. Allgemein müssen im Modell und im Original die Konstanten $K_1 = \mu_r \varepsilon_r l^2 f^2$ und $K_2 = \mu_r \kappa l^2 f$ jeweils gleich groß sein, wobei l die jeweiligen Linearabmessung darstellt und ε_r, μ_r, κ die Materialeigenschaften von Antenne und Umgebung. Im einfachsten Fall ist κ näherungsweise ∞ bzw. 0, damit entfällt K_2 und die Abbildungsbeziehung lautet $l \sim 1/f$ bei unverändertem ε_r und μ_r.

Gewinn. Der Gewinn G kann über die Beziehung für die Ausbreitungsdämpfung zwischen zwei Antennen im freien Raum ermittelt werden.

$$P_E = P_S G_S G_E \lambda^2/(4\pi r)^2. \qquad (2)$$

P_E ist die Empfangsleistung einer Antenne mit dem Gewinn G_E, wenn Hauptstrahlrichtung und Polarisation übereinstimmen mit einer Sendeantenne im Abstand $r > r_{\min, S} + r_{\min, E}$, die den Gewinn G_S hat und die Sendeleistung P_S aufnimmt (beide Antennen angepaßt an den jeweiligen Quell- bzw. Lastwiderstand, keine störenden Reflexionen im Bereich des Strahlungsfeldes).
a) Zwei gleiche Antennen: Wegen $G_E = G_S = G$ genügt eine Dämpfungsmessung:

$$G = 4\pi rt/\lambda \quad \text{mit} \quad t = \sqrt{P_E/P_S}.$$

Zur Empfängerkalibrierung auf Transmissionsfaktor $t = 1$ werden Sender und Empfänger ohne Antennen direkt miteinander verbunden.
b) Eine zu messende Antenne mit G_x und eine Referenzantenne mit bekanntem Gewinn G_{ref}: Es sind zwei Dämpfungsmessungen bei gleichem Abstand r durchzuführen. Messung 1 ergibt den Transmissionsfaktor t_{ref} in dB zwischen einer Hilfsantenne (Bild 5) und der Referenzantenne. Messung 2 ergibt t_x in dB zwischen dem Meßobjekt und der Hilfsantenne.

$$G_x/\text{dB} = 0{,}5\,(t_x/\text{dB} - t_{\text{ref}}/\text{dB}) + G_{\text{ref}}/\text{dB},$$
$$G/\text{dB} = 10\,\lg G.$$

c) Drei Antennen mit unbekanntem Gewinn G_1, G_2, G_3: Es werden für jede Zweierkombination (also insgesamt drei) Dämpfungsmessungen durchgeführt (Meßentfernung r konstant):

$$G_1 = 4\pi r\, t_{12} t_{13}/(t_{23}\lambda).$$

Antennen unter 100 MHz, Mobilfunkantennen. Bei Antennen auf Fahrzeugen, an tragbaren Geräten und bei Antennen für große Wellenlängen ($f < 100$ MHz) ist die Rückwirkung der Umgebung (z. B. Oberflächenform des Flugzeugs, benachbarte Metallteile etc.) auf das Strahlungsdiagramm und die Eingangsimpedanz zu berücksichtigen. Messungen an verkleinerten Modellen und Messungen unter idealisierten Bedingungen sind in der Regel nicht ausreichend. Hinzu kommen sollten Übertragungsmessungen unter Betriebsbedingungen, die mit statistischen Methoden ausgewertet werden.

8.5 Messungen an Resonatoren
Resonator measurements

Grundlagen. Im Unterschied zu Resonanzkreisen mit diskreten Bauelementen ist bei Leitungsresonatoren, Hohlraumresonatoren und dielektrischen Resonatoren eine getrennte Behandlung von Parallelresonanz und Serienresonanz unzweckmäßig. Die Ortskurve der Eingangsimpedanz eines Resonators ist eine geschlossene Kreisschleife im Smith-Diagramm (Bild 6). Ihre Lage richtet sich nach der Länge der Ankoppelleitung und der Art der Ankopplung. Für die Güte des Resonators gilt

$$Q = \omega \cdot \text{Energieinhalt}/\sum \text{Verlustleistungen}.$$

Gemessen wird in der Regel die 3-dB-Bandbreite B (Bild 7). Daraus ergibt sich $Q = f_{\text{res}}/B$. Die Resonanzfrequenz f_{res} ist dadurch gegeben, daß im Abstand einer halben Periodendauer $T_{\text{res}} = 1/f_{\text{res}}$ jeweils die gesamte elektrische Feldenergie im Resonator in gleichviel magnetische Feldenergie umgewandelt wird und umgekehrt. Da die Resonanzfrequenz das geometrische Mittel der beiden 3-dB-Frequenzen ist (Bild 7) $f_{\text{res}} = \sqrt{f_1 f_2}$, liegt sie etwas unterhalb des Mittelwerts $(f_1 + f_2)/2 = f_{\text{res}}\sqrt{1 + 1/(4Q^2)}$. Für $Q > 11$ ist die Abweichung kleiner 1‰.
Bei den Verlustleistungen im Resonator sind zu berücksichtigen: Stromwärmeverluste in den Leiteroberflächen, dielektrische Verluste, Ab-

Bild 6. a Beispiele für den Verlauf der Ortskurve der Eingangsimpedanz Z_e eines Resonators im Smith-Diagramm; **b** Schaltungsbeispiel zur Ortskurve Typ I

Bild 7. a Transmissionsmessung mit getrennter Ein- und Auskopplung; b Betrag des Transmissionsfaktors in der Umgebung der Resonanzfrequenz

Bild 8. Imaginärteil der Eingangsimpedanz eines $p\lambda/2$-Leitungsresonators mit TEM-Welle (f_{res} bei $X_e = 0$) und Einfluß der Induktivität der Ankopplung auf die Resonanzfrequenz ($f_{res,M}$ bei $(X_e + \omega L_K) = 0$)

strahlungsverluste und Ankopplungsverluste; bei der Ermittlung des Energieinhalts: Feldenergie des Resonators, Feldenergie in der Einkopplung und Auskopplung, magnetische Feldenergie in den Leiteroberflächen. In Resonatoren hoher Güte können durch die, verglichen mit der Einspeisung um den Faktor Q vergrößert auftretenden Ströme, Spannungen und Feldstärken örtliche Erwärmungen oder Glimmentladungen auftreten. Weiterhin sind Störungen durch Temperaturdehnung und Mikrophonie zu berücksichtigen, Zusatzverluste durch Oberflächenrauhigkeit sowie Einflüsse durch Kondenswasser bzw. vom Dielektrikum aufgenommene Feuchtigkeit. Benachbarte Resonanzen sollten ausreichend weit entfernt sein. Als Kriterium dafür kann benutzt werden, daß die betrachtete Kurve unterhalb und oberhalb der Resonanzfrequenz (z.B. über einen Bereich von 20 dB) symmetrisch verläuft.

Bei Messungen an Resonatoren hoher Güte müssen hochstabile, spektral reine Generatorsignale benutzt werden, ohne Harmonische, da im Resonator bei Vielfachen der Meßfrequenz in der Regel ebenfalls Resonanzen auftreten, und ohne Modulation (Diodenmeßkopf mit DC-Detektion), sofern die Resonatorbandbreite kleiner ist als die doppelte Modulationsfrequenz. Das Spektrum des Generatorsignals muß immer wesentlich schmaler als die Resonanzkurve des Meßobjekts sein.

Belastung durch die Ankopplung. Durch die zur Messung notwendige Ankopplung an den Resonator werden Resonanzfrequenz und Güte verändert. Bild 8 zeigt am Beispiel der Eingangsimpedanz eines $p\lambda/2$-Leitungsresonators mit TEM-Welle, daß die Resonanzfrequenz durch induktive Ankopplung erhöht wird. Entsprechend verringert sie sich bei kapazitiver Ankopplung (Korrektur z.B. durch Mittelwertbildung der Ergebnisse beider Ankopplungsarten). Bei Resonatoren, die unterhalb der Resonanzfrequenz kapazitiv sind, kehren sich die Verhältnisse um.

Die gemessene Güte Q_M ist aufgrund der Ankopplungsverluste immer kleiner als die unbelastete Güte Q_0. Bei einer Lage der Resonanzschleife im Smith-Diagramm entsprechend der Parallelresonanz in Bild 6, läßt sich ein Koppelfaktor $k = R_e/Z_L$ definieren, der im Fall einer Transmissionsmessung mit Ein- und Auskopplung in $k = k_1 + k_2$ zerlegt werden kann. Die Leerlaufgüte Q_0 ergibt sich damit zu

$$Q_0 = Q_M(1 + k_1 + k_2) = Q_M(1 + k).$$

Für den Sonderfall $k = 1$ ist der Resonator bei Resonanz an die ankoppelnde Leitung angepaßt (kritische Kopplung). Die Kopplung k läßt sich z.B. einstellen durch Ankoppelelemente, deren Eintauchtiefe in den Resonanzraum variiert werden kann, und durch verdrehbare Koppelschleifen (s. Bild I 1.7). In der Regel mißt man bei loser Kopplung, so daß die gemessenen Werte für f_{res} und Q näherungsweise gleich denen des unbelasteten Resonators sind.

Meßverfahren. Am gebräuchlichsten ist die *Transmissionsmessung* mit getrennter Ein- und Auskopplung (Bild 7). Der Koppelfaktor ergibt sich aus dem Transmissionsfaktor t bei Resonanz zu

$$k = k_1 + k_2 = t/[2(1 - t)].$$

Die unbelastete Güte ist $Q_0 = Q_M/(1 - t)$. Der relative Fehler der Gütemessung ist $\delta(Q) = -t$, so daß bei einer Durchgangsdämpfung von 40 dB die gemessene Güte um 1 % unter der Leerlaufgüte liegt. Anstelle des Betrags von t, der bei $f = f_{res}$ ein Maximum hat und damit die Steigung 0, kann u.U. zur genaueren Bestimmung von f_{res} der Phasengang $\varphi_t(t)$ herangezogen werden, der bei $f = f_{res}$ seine größte Steigung hat. Zwischen Generator und Resonator ist in der Regel eine Entkopplung notwendig (Bild 7), um

Bild 9. Bestimmung von Güte und Resonanzfrequenz aus der Ortskurve der Eingangsimpedanz. **a** Reflexionsfaktorebene (Smith-Diagramm); **b** Impedanzebene

Bild 10. Transmissionsmessung mit einer Ankopplung

Mitzieheffekte beim Abstimmen des Generators zu vermeiden. Bei Wobbelmessungen muß die Wobbelgeschwindigkeit langsam genug gewählt werden, um den Resonator vollständig einschwingen zu lassen (vgl. I 5.4).
Aus der Ortskurve der Eingangsimpedanz ergibt sich f_{res} aus der Symmetrieebene der Kreisschleife und die Bandbreite B aus der Bedingung $\mathrm{Re}\{Z_e\} = \mathrm{Im}\{Z_e\}$ bzw. $\varphi(Z_e) = 45°$ (Bild 9).
Bei der losen Ankopplung eines Resonators an eine durchgehende Leitung (Bild 10) tritt bei Resonanz ein Minimum des Transmissionsfaktors auf; Formeln in [9]. Der Einfluß der Verbindung zwischen Durchgangsleitung und Resonator muß u. U. berücksichtigt werden.

Modulationsverfahren. Im Meßaufbau nach Bild 7 kann die Bandbreite auch dadurch bestimmt werden, daß der Generator fest auf f_{res} abgestimmt ist und die Modulationsfrequenz (AM oder FM mit kleinem Modulationsindex) verändert wird. In den 3-dB-Punkten haben die demodulierten Signale vor und hinter dem Resonator jeweils 45° Phasenverschiebung.
Bei sehr großen Güten kann die Messung im Zeitbereich durchgeführt werden. Der Generator wird auf $f = f_{res}$ eingestellt und pulsmoduliert. Der Rechteckimpuls als Hüllkurve der Pulsmodulation wird beim Durchlaufen des Resonators verzerrt. Die Zeitkonstante $T = Q/(\pi f_{res}) = 1/(\pi B)$ beim Einschwingen bzw. Abklingen der Hüllkurve des Ausgangssignals kann z. B. mit einem Oszilloskop gemessen werden.

Leitungsresonatoren. Eine Leitung mit dem Dämpfungsmaß α und der Energiegeschwindigkeit v_E hat als Leitungsresonator die Güte $Q = \pi f_{res}/(\alpha v_E)$. Für TEM-Wellenleiter wird daraus $Q = \pi/(\alpha \lambda_z)$. Dabei sind die Zusatzverluste in den Enden des Resonators und durch die Ankopplung nicht berücksichtigt. Die Güte eines Resonators der Länge $p\lambda/2$ ist unabhängig von p. Sofern die gemessene Güte Q ausschließlich auf Stromwärmeverluste in den Leiteroberflächen zurückzuführen ist und die Wandstärke groß gegen das Eindringmaß ist, ergibt sich die Veränderung der Resonanzfrequenz aufgrund der induktiven Oberflächenimpedanz (Skineffekt) der Wände zu $\Delta f = f_{res}/(2Q - 1)$.
Messung von Materialeigenschaften ($\underline{\varepsilon}_r$, $\underline{\mu}_r$) mit Resonatoren in [26–30].

8.6 Messungen an Signalquellen
Source measurements

Linien konstanter Ausgangsleistung. Zur Messung der Ausgangsleistung eines Generators oder eines Verstärkers als Funktion der Lastimpedanz kann eine Schaltung nach Bild 11 benutzt werden [31]. Der Netzwerkanalysator zeigt die als jeweilige Belastung eingestellte Impedanz an. Die von der Signalquelle abgegebene Leistung ist $P_{Hin} - P_{Rück}$. Die Kurven konstanter Ausgangsleistung (load-pull-diagram; Rieke-Diagramm) werden punktweise aufgenommen. Zusätzlich sollte die Frequenz der Signalquelle überwacht werden bzw. das Spektrum des Ausgangssignals, um unerwünschte Betriebszustände eindeutig identifizieren zu können.

Innenwiderstand der Signalquelle. Zur Messung der Quellenimpedanz $\underline{Z}_G$ kann die Bedingung benutzt werden, daß bei Abschluß mit $\underline{Z} = \underline{Z}_G^*$ maximale Leistungsabgabe erfolgt. Dies entspricht der Anzeige $P_{Hin} - P_{Rück} = $ Max. im Meßaufbau nach Bild 11. Sofern nur $\underline{Z}_G$ gesucht ist, wird nach dem Maximumabgleich der gesamte Meßaufbau von der Signalquelle getrennt und seine Eingangsimpedanz $\underline{Z}_G^*$ mit einem Netzwerkanalysator gemessen.

Wobbelmessung der Quellenanpassung. Für gut angepaßte Quellen, die mit einem Kurzschluß vermessen werden können, ist der Meßaufbau nach Bild 12 einsetzbar. Wenn am Richtkopplerausgang eine Last mit $\underline{r}_L$ angeschlossen ist, wird die rücklaufende Welle an der Signalquelle reflektiert ($\underline{r}_L \underline{r}_G$) und am Nebenarm des Richtkopplers erscheint $1 + \underline{r}_L \underline{r}_G$. Wenn das Dämpfungsglied die Dämpfung a_0 hat, wird die vom Detektor gemessene Leistung proportional zu $20 \lg|1 + \underline{r}_L \underline{r}_G| - a_0$. Zum Zeichnen von Kalibrierlinien auf dem X-Y-Schreiber wird ein reflexionsfreier Abschluß angeschlossen ($\underline{r}_L = 0$). Die Linie, die idealer Quellenanpassung entspricht, ergibt sich mit dem Dämpfungsglied in Stellung a_0. Dann wird das Dämpfungsglied um jeweils

Bild 11. Messung der Ortskurven konstanter Ausgangsleistung. **a** Meßaufbau; **b** Meßergebnis

Bild 12. Wobbelmessung der Quellenanpassung

Bild 13. Erläuterung des Phasenrauschens eines Oszillators am Beispiel der Messung des Rauschspektrums mit dem HF-Spektrumanalysator. **a** Anzeige am Spektrumanalysator (Meßbandbreite B); **b** Phasenrauschen in dBc in 1 Hz als Funktion des Abstands Δf vom Träger

1 dB verkleinert bzw. vergrößert und die zugehörigen Kalibrierlinien werden gezeichnet. Zur Messung wird ein verschiebbarer Kurzschluß angeschlossen (Dämpfungsglied in Stellung a_0) und während eines Wobbelhubs möglichst häufig um mehr als $\lambda/4$ hin- und hergeschoben. Mit $r_L = -1$ entsprechen die Maxima und Minima der Meßkurve einer Abweichung von der idealen Quellenanpassung entsprechend $20 \lg(1 \pm r_G) - a_0$.

Phasenrauschen.
Bei der Beschreibung der Frequenzstabilität eines Oszillators unterscheidet man zwischen Langzeitstabilität und Kurzzeitstabilität. Die Langzeitstabilität wird als relative Frequenzabweichung innerhalb eines festen Zeitraums (1 Stunde bis 1 Jahr) angegeben, z. B. in der Form ± 16 ppm/Tag $= \pm 16 \cdot 10^{-6}$/Tag. Zur Messung wird der Momentanwert der Frequenz als Funktion der Zeit registriert, z. B. mit einem Frequenzmesser mit Analogausgang und angeschlossenem x-t-Schreiber oder mit einem Spektrumanalysator mit Speicherbildschirm. Frequenzschwankungen in Zeiträumen von wenigen Sekunden und darunter werden als Frequenzbzw. Phasenmodulation durch ein Rauschsignal interpretiert (Rausch-FM) und Phasenrauschen genannt [32, 33].

Messung mit dem HF-Spektrumanalysator. Sofern das Amplitudenrauschen des Oszillators (Rausch-AM) vernachlässigbar ist und das Phasenrauschen des Meßobjekts größer ist als das des ersten Überlagerungsoszillators im Spektrumanalysator, kann entsprechend Bild 13 der Betrag des FM-Spektrums gemessen und dargestellt werden. Die Seitenbandamplitude im Abstand Δf vom Träger wird relativ zum Träger abgelesen (z. B. -30 dBc in 10 kHz Abstand) und mit der Empfängerbandbreite B auf 1 Hz Meßbandbreite umgerechnet (Ablesewert $-10 \lg(B/\text{Hz})$). Dieser Zahlenwert mit der Einheit dBc in 1 Hz (häufig auch dBc/Hz), beschreibt das Phasenrauschen des Oszillators im Abstand Δf vom Träger. Zur exakten Auswertung muß die Leistungsdichte auf die Gesamtleistung des

Oszillators bezogen werden:

Phasenrauschen in dBc in 1 Hz = $10 \lg \frac{P_1}{P}$,

P_1 = Einseitenbandleistungsdichte in 1 Hz in W,
P = Gesamtleistung in W.

Messung mit NF-Frequenzzähler. Das zu untersuchende Oszillatorsignal wird mit einem Mischer und einem stabileren Referenzoszillator in eine niedrigere Frequenz f_{NF} umgesetzt. Aus der zeitlichen Änderung von f_{NF} und aus der Meßzeit des Zählers wird das Phasenrauschen berechnet. Das Verfahren eignet sich für Messungen in unmittelbarer Nähe des Trägers ($\Delta f < 100$ Hz ... 10 kHz).

Messung mit FM-Demodulator. Bild 14 zeigt mögliche Meßaufbauten. Die Rauschgrenze steigt zum Träger hin mit $1/\Delta f^2$, so daß Quellen mit sehr kleinem Phasenrauschen nicht mehr gemessen werden können (Grenzwert z. B. -100 dBc in 1 Hz bei $\Delta f = 1$ kHz). Als FM-Demodulator werden Diskriminatorbrücken, Resonatoren hoher Güte oder Verzögerungsleitungen mit Mischer als Phasendetektor benutzt. Innerhalb des Betriebsbereichs des Demodulators hat eine Frequenzdrift des Oszillators keinen Einfluß. Die Kalibrierung erfolgt z. B. mit einem FM-modulierten Testsignal mit bekannter Seitenbandamplitude (< 20 dBc). Der FM-Demodulator mit Verzögerungsleitung ist wenig empfindlich gegen AM-Rauschen. (Zur Messung des AM-Rauschens wird der Phasenschieber auf 0° gestellt.) Die Größe der Verzögerungszeit ergibt sich aus $\tau < 0,07/\Delta f$ für Meßfehler $< 1\%$ [10, 11].

Messung mit Referenzquelle. Das zu untersuchende Signal wird mit einem Referenzsignal gleicher Frequenz und größerer Stabilität auf die Zwischenfrequenz 0 umgesetzt. Bei 90° Phasenverschiebung zwischen beiden Signalen erscheint am Mischerausgang nur das Phasenrauschen (Bild 15). Mit diesem Verfahren werden die größten Empfindlichkeiten erreicht (z. B. -126 dBc in 1 Hz bei $\Delta f = 1$ kHz) [12].

Bild 14. Messung des Phasenrauschens mit FM-Demodulator

Bild 15. Messung des Phasenrauschens mit Referenzquelle und Phasendetektor

Externe Güte eines Oszillators.
Die nach außen wirksame Güte Q_{ext} eines HF-Oszillators (Frequenz f, Leistung P) kann ermittelt werden durch Messen des Frequenzbereichs Δf, in dem seine Frequenz von einem durchstimmbaren Referenzoszillator mitgezogen wird (frequency pull; injection phase-lock). Bei Überkopplung einer Leistung P_{ref} gilt $Q_{ext} = 2f\sqrt{P_{ref}/P}/\Delta f$ (Bild 16).

Spezielle Literatur: [1] *Kraus, A.*: Einführung in die Hochfrequenzmeßtechnik. München: Pflaum 1980. – [2] *Groll, H.*: Mikrowellenmeßtechnik. Wiesbaden: Vieweg 1969. – [3] *Adam, S. F.*: Microwave theory and applications. Englewood Cliffs: Prentice Hall 1969. – [4] *Schuon, E.; Wolf, H.*: Nachrichten-Meßtechnik. Berlin: Springer 1987. – [5] *Rubin, R.* In: *Jasik, H.*: Antenna engineering handbook. New York: McGraw-Hill 1961. – [6] *Grimm, K. R.*: Antenna analysis by near-field measurements. Microwave J. No. 4 (1976) 43–45, 52. – [7] *King, R. J.*: Microwave homodyne systems. Stevenage: Peregrinus 1978. – [8] *Collignon, G.* et al: Quick microwave field mapping for large antennas. Microwave J. No. 12 (1982) 129–132. – [9] *Tischer, F. J.*: Mikrowellen-Meßtechnik. Berlin: Springer 1958. – [10] *Schiebold, C.*: Theory and design of the delay line discriminator for phase noise measurements. Microwave J. No. 12 (1983) 103–112. – [11] *Labaar, F.*: New discriminator boosts phase-noise testing. Microwaves No. 3 (1982) 65–69. – [12] *Hewlett-Packard Product Note 11 729 B-1*: Phase noise characterization of microwave oscillators (1983). – [13] *Kuz'min, A. D.; Salomonovich, A. E.*: Radioastronomical methods of antenna measurements. New York: Academic Press 1966. – [14] *Landstorfer, F.; Schöffel, P.*: Eine Sonde zur Vermessung räumlicher elektromagnetischer Felder nach Betrag und Phase. Frequenz

Bild 16. Injektionsphasensynchronisierung ($P_{ref} \ll P$)

38 (1984) 224–230. – [15] *Zimmer, G.; Wunder, H. G.*: Drahtlose H-Feldsonde für VHF und UHF mit Laser als optischem Sender. Frequenz 39 (1985) 272–277. – [16] *Bassen, H. I.; Smith, G. S.*: Electric field probes – A review. IEEE-AP 31 (1983) 710–718. – [17] *Cuny, R. D.*: H-Feld-Meßsonde. Frequenz 38 (1984) 72–73. – [18] *Hoff, D.; Türkner, R. H.*: Feldstärkemeßsonde zur Beurteilung der Personengefährdung im Nahfeld von leistungsstarken Funksendern. Rundfunktechn. Mitteilungen 27 (1983) 171–178. – [19] *Stirner, E.*: Antennen, Bd. 3: Meßtechnik. Heidelberg: Hüthig 1985. – [20] *Hollis, J. S.; Lyon, T. J.; Clayton, L.* (Hrsg.): Microwave antenna measurements. Atlanta, GA: Scientific Atlanta 1970. – [21] *Rudge/Milne/Olver/Knight* (Hrsg.): The handbook of antenna design. 2. Aufl. London: Peter Peregrinus 1986. – [22] *Evans, G. E.*: Antenna measurement techniques. Dedham, MA: Artech House 1990. – [23] *Hansen, J. E.* (Hrsg.): Spherical near-field antenna measurements. London: Peter Peregrinus 1988. – [24] *Joy, E. B.*: Near-field testing of radar antennas. Microwave J., Jan. (1990) 119–130. – [25] Special issue on nearfield measurements: IEEE-AP, Jun. 1988. – [26] *Deutsch, J.; Lange, K.*: Bestimmung der dielektrischen Eigenschaften von Substraten für Mikrowellen-Streifenleitungen mittels zylindrischer Hohlraumresonatoren. Frequenz 35 (1981) 220–223. – [27] *Traut, R. G.*: Modify test fixtures to determine PTFE dielectric constant. Microwaves & RF, Febr. (1988) 115–124. – [28] *Kent, G.*: Dielectric resonances for measuring dielectric properties. Microwave J., Oct. (1988) 99–114. – [29] *Woolaver, G. I.*: Accurately measure dielectric constant of soft substrates. Microwaves & RF, Aug. (1990) 153–158. – [30] *Mayercik, M. E.*: Resonant microstrip rings aid dielectric material testing. Microwaves & RF, Apr. (1991) 95–102. – [31] *Pollard/Pierpoint/Maury/Simpson*: Programmable tuner system characterizes gain and noise. Microwaves & RF, May (1987) 265–269. – [32] *Merigold, C. M. in Feher, K.* (Hrsg.): Telecommunications – measurements, analysis and instrumentation. New York: Prentice-Hall 1987. – [33] *Faulkner, T. R.*: Residual phase noise measurement. Microwave J. (1989) State of the art reference, 135–143.

9 Hochfrequenzmeßtechnik in speziellen Technologiebereichen
RF-measurements in specific technologies

9.1 Microstripmeßtechnik
Measurements in microstrip

In Microstriptechnik lassen sich die für die Netzwerkanalyse benötigten Eichnormale Leerlauf, Kurzschluß und verschieblicher Abschluß nicht bzw. nicht so präzise wie in der Koaxialtechnik herstellen [14, 16]. Da zudem Steckverbindungen bzw. lösbare Flanschverbindungen zwischen Microstripleitungen fehlen, ist man auf Übergänge

---

Spezielle Literatur Seite I 49

zu Koaxialleitungen bzw. Hohlleitern angewiesen. Mit dem Impulsreflektometer lassen sich Übersichtsmessungen durchführen und unerwünschte Störstellen orten. Die gemessenen Reflexionsfaktoren sind Mittelwerte über den gesamten Frequenzbereich. Meßleitungsverfahren mit längsverschieblichen Sonden, die das Feld über der Microstripleitung ausmessen, sind problematisch. Da z. B. für $\varepsilon_r \geq 10$ über 95% der Energie im Dielektrikum geführt wird, ist das Außenfeld der Leitungswelle schwach. Die Längskomponenten des Magnetfeldes und die von Inhomogenitäten abgestrahlten Felder erschweren die Messung. Die direkte Ermittlung des Dämpfungsmaßes α durch Messen des Transmissionsfaktors t ist nur zweckmäßig, wenn der Meßwert wesentlich größer ist als der Meßfehler durch (Mehrfach-)Reflexionen und Abstrahlung. Die konstanten Adapterverluste lassen sich von den längenproportionalen Leitungsverlusten trennen durch die Messung zweier ungleich langer Leitungen. Für die Meßwerte t_1 und t_2 in dB bei Längen l_1 und l_2 in cm ergibt sich

$$\alpha \text{ in dB/cm} = (t_2 - t_1)/(l_2 - l_1).$$

Zur genaueren Bestimmung der Wellenlänge λ und des Dämpfungsmaßes α der Quasi-TEM-Grundwelle werden Resonatormessungen (s. I 8.5) ausgewertet [1–4].

Linearer Resonator. Durch das Streufeld an den beiden leerlaufenden Enden des Resonators treten Meßfehler auf. Durch die Messung zweier verschieden langer Resonatoren (Bild 1a) läßt sich dieser eliminieren [5].

Kreisringresonator. Durch Verwendung eines Kreisringresonators (Bild 1b) entfällt das Streufeldproblem [6, 17]. Der Einfluß der Krümmung kann entweder durch Berechnung des Wellenfeldes [1] berücksichtigt werden, oder er entfällt dadurch, daß man kleine Krümmungsradien vermeidet und $D \gg w$ wählt.
In [7] ist ein Verfahren beschrieben, bei dem mit einem Netzwerkanalysator in Koaxialtechnik vier gleichartige, leerlaufende Leitungen unter-

Bild 1. Resonatormessungen bei Microstripleitungen. **a** zwei lineare Resonatoren (Länge $n\lambda/2$); **b** Ringresonator (Umfang $n\lambda$); **c** vier leerlaufende Leitungen

Bild 2. Hohlleiterbrücke zur Messung von Betrag und Phase des Reflexionsfaktors $\underline{r}$

schiedlicher Länge gemessen werden (Bild 1c). Aus den vier Reflexionsfaktoren wird das Phasenmaß β berechnet, wobei der Einfluß des nichtidealen Leerlaufs und des Adapters durch die Bildung des Doppelverhältnisses der vier komplexen Zahlen entfällt.

Bei allen Messungen an Schaltungen in Microstriptechnik sollten folgende Problembereiche beachtet werden: definierte Umgebungsbedingungen (Gehäusedeckel), Abstrahlung von überbreiten Leiterstreifen, saubere Kontaktierung ohne transformierende Umwege zwischen Substratmasse und Gehäuse- bzw. Komponentenmasse, Hohlraumresonanzen im Gehäuse, Feuchtigkeitsaufnahme bei weichen Substraten bzw. Kondenswasserbildung und thermisch, mechanisch hervorgerufene Unterbrechungen.

9.2 Hohlleitermeßtechnik
Waveguide measurements

Standard-Rechteckhohlleiter umfassen den Frequenzbereich von 1 GHz bis 220 GHz bei Querschnittsabmessungen von $16\,\text{cm} \times 8\,\text{cm}$ bis $1{,}3\,\text{mm} \times 0{,}65\,\text{mm}$ (Doppelsteghohlleiter von 1 bis 40 GHz). Am häufigsten eingesetzt wird der Hohlleiter R 100, mit dem Betriebsfrequenzbereich 8,2 bis 12,4 GHz (X-Band). Dementsprechend steht hier die größte Auswahl an Präzisionskomponenten für die Meßtechnik zur Verfügung. Kennzeichnend für Messungen in Hohlleitertechnik ist, daß bei Wechsel des Hohlleiterfrequenzbandes fast alle Komponenten der Meßaufbauten ausgetauscht werden müssen, da sie jeweils nur für einen Hohlleiterquerschnitt geeignet sind. Wegen der geringen relativen Bandbreite von 40% bei Rechteckhohlleitern (80 bis 94% bei Doppelsteghohlleitern) lassen sich viele Komponenten mit höherer Präzision realisieren als bei anderen Leitungsformen (z. B. Richtkoppler mit 50 dB Richtwirkung, Abschlußwiderstände mit $r < 0{,}5\%$, Dämpfungsglieder und Phasenschieber mit $r < 2{,}5\%$), was besonders im Bereich von 8 bis 26 GHz zu höherer Meßgenauigkeit ohne zusätzlichen Aufwand führt.

Harmonische der Signalgeneratoren werden durch Tiefpaßfilter beseitigt, NF-Störungen und Netzbrumm durch isolierende Folien zwischen zwei Planflanschen. Ein Leerlauf ist nicht realisierbar; als Kalibriernormal mit r zwischen 0 und 1 (VSWR-Standard) dienen Hohlleiter mit Querschnittsprung, deren Eigenschaften mit den aus den geometrischen Abmessungen berechneten gut übereinstimmen. Bei Meßaufbauten führt die starre Leitergeometrie häufig zu Passungsproblemen. Zu beachten sind Einflüsse durch Wärmedehnung der Leitungen sowie Reflexionsstörungen durch unsauber montierte Flanschverbindungen. Für genaue Messungen werden Planflansche benutzt.

Netzwerkanalyse. Für Betragsmessungen werden Richtkoppler eingesetzt, in Schaltungen entsprechend Bild I 4.1. Für Messungen von r und t nach Betrag und Phase lassen sich wegen der geringen Bandbreiten und der frequenzunabhängigen, wiederverwendbaren Rechnerprogramme besonders günstig Sechstor-Meßverfahren anwenden [8–10], außerdem Brückenschaltungen (Bild I 3.9) und Netzwerkanalysatoren mit Zweikanalmischern (Bild I 3.8b). Bild 2 zeigt eine Brücke zur punktweisen Messung von Betrag und Phase des Reflexionsfaktors. Die Kalibrierung erfolgt mit einem Kurzschluß. Zur Steigerung der Empfindlichkeit wird NF-Substitution benutzt. Bild 3 zeigt eine Brücke für Wobbelmessungen mit ZF-Substitution [11]. Um einen handelsüblichen, koaxialen Netzwerkana-

Bild 3. Messung von Betrag und Phase des Reflexionsfaktors $\underline{r}$ im Millimeterwellenbereich mit zusätzlicher Frequenzumsetzung

Bild 4. Messung von Betrag und Phase des Transmissionsfaktors t im Millimeterwellenbereich mit zusätzlicher Frequenzumsetzung

Bild 5. Meßbrücke für r mit angeschlossenem koaxialen Netzwerkanalysator (bis 60 GHz)

lysator (mit Zweikanalmischer) einsetzen zu können, wird für höhere Frequenzen eine weitere Frequenzumsetzung vorgeschaltet (Bild 4). Die Hohlleiterbrücke in Bild 5 ist für Wobbelmessungen des Reflexionsfaktors r geeignet. Zur Messung des Transmissionsfaktors t wird der gesamte linke Schaltungsteil ersetzt durch einen Generator mit angeschlossener angepaßter, entkoppelter E-H-Verzweigung (Magic Tee), wie in Bild 4. Damit wird die für diese Messung notwendige Quellenanpassung erreicht.
Bei beiden Meßaufbauten lassen sich systematische Fehler des Meßaufbaus (z. B. durch Übergänge auf Koaxialleitung) mit rechnerischer Fehlerkorrektur beseitigen (s. I 4.2).

9.3 Lichtwellenleiter-Meßtechnik
Optical fiber measurement techniques

Im interessierenden Wellenlängenbereich der Optoelektronik von 600 nm (200 nm) bis 1.800 nm werden Monomodefasern, Gradientenfasern und Stufenindexfasern unterschiedlichster Abmessungen benutzt. Am häufigsten eingesetzt wird die Gradientenfaser G 50/125 mit 50 μm Kern- und 125 μm Manteldurchmesser. Bei den Wellenlängenbereichen sind 850 nm am gebräuchlichsten, gefolgt von 1.300 nm und 1.550 nm. Insofern sind viele Komponenten und Meßgeräte nur für einen Fasertyp und/oder nur für eine Wellenlänge einsetzbar [12, 13, 15].

Lichtquellen. Als nicht in der Frequenz veränderbare Quellen werden lichtemittierende Dioden (LED, Lumineszenzdiode) mit einer spektralen Breite von 20 bis 150 nm, Laserdioden (Halbleiterlaser) mit etwa 1 bis 2 nm, sowie kohärente, monochromatische Gaslaser eingesetzt. Für Wobbelmessungen stehen abstimmbare Farbstofflaser oder Weißlichtquellen (Halogen-, Xenonlampen) mit vorgeschaltetem, abstimmbarem Bandpaß (Monochromator, spektrale Breite 2 bis 8 nm) zur Verfügung. Wobbelgeneratoren mit Laserdioden für die Netzwerkanalyse haben Durchstimmbereiche bis zu 100 GHz.
Über Lichtwellenleiter werden praktisch ausschließlich digitale Signale übertragen. Die Signalquellen werden zu diesem Zweck intensitätsmoduliert (ein- und ausgeschaltet). Die maximal erreichten Pulsfolgefrequenzen liegen bei 25 GHz mit InGaAsP-Lasern.

Lichtempfänger, Leistungsmessung. Zur Umwandlung von Lichtsignalen in elektrischen Strom dienen Photo-Pin-Dioden und Photo-Lawinen-Dioden (APD) aus Si, Ge, PbS oder GaAs. Pin-Dioden aus Ge und Si zeigen einen näherungsweise linearen Zusammenhang zwischen Strom und einfallender Lichtleistung (Dynamikbereich etwa 60 dB, Meßbereich bis −80 dBm) und Grenzfrequenzen bis 100 bzw. 300 MHz. Mit InGaAs-Pin-Dioden werden 36 GHz erreicht. Lawinendioden zeigen geringere Linearität, weniger Rauschen und Verstärkungs-Bandbreite-Produkte bis 200 GHz.

Dämpfungsmessung.
Bild 6 zeigt den Aufbau eines Senders für Messungen an Gradientenfasern. Die Lichtquelle wird moduliert, um das Empfangssignal mit einfachen Mitteln selektiv verstärken zu können (NF-Substitution). Zur Erzeugung definierter Einkoppelbedingungen in der Bezugsebene der Messung wird eine Vorlauffaser (vom gleichen Typ wie das Meßobjekt) benutzt. Damit soll sich am Senderausgang eine gleichmäßige Aufteilung der Lichtleistung auf die faserspezifischen Wel-

Bild 6. Signalquelle für Messungen an Gradientenfasern

lentypen einstellen (Modengleichgewicht), die notwendig ist, um längenproportionale Dämpfungswerte messen zu können.

Einfügungsdämpfung. Nach der Verbindung von Sender und Empfänger über ein sehr kurzes Faserstück (Eichung 0 dB) wird das Meßobjekt eingefügt und die Durchgangsdämpfung gemessen.

Abschneideverfahren (*cut-back-method*). Nachdem die Leistung P_1 am Ausgang des Meßobjekts der zumeist großen Länge l_1 gemessen wurde, wird die Faser etwa $l_0 = 1$ m ... 20 m vom Sender entfernt abgeschnitten. Am Ausgang dieser sehr kurzen Referenzlänge l_0 wird die Leistung P_0 gemessen.

$$\alpha = 10 \lg(P_1/P_0)/(l_1 - l_0).$$

Durch das Zurückschneiden der Faser von l_1 auf l_0 bleibt die Einkoppelstelle unverändert. Das erneute Justieren des Empfängers (auf max. Anzeige) ist bei großflächiger Empfangsdiode unkritisch.

Impulsreflektometer (OTDR). Messung mit Sampling-Oszilloskop entsprechend I 8.2. Zur Auskopplung der reflektierten Welle werden Strahlteiler bzw. LWL-Richtkoppler benutzt. Die Pulslängen sind z. B. 3 oder 15 ns, was bei einem $\varepsilon_{r,LWL} = 2{,}07 \ldots 2{,}25$ einer Ausdehnung von 0,6 bzw. 3 m entspricht. Ausgewertet wird die längenabhängige Abnahme der Amplitude des Echos einer definierten Reflexionsstelle [18].

Rückstreuverfahren. Das Dämpfungsmaß der Faser $\alpha \approx \alpha_0 + K_R/\lambda^4$ enthält neben einem konstanten Anteil α_0 einen Anteil $\sim 1/\lambda^4$ durch diffuse Lichtstreuung im Glas (Rayleigh-Streuung). Erhöht man die Empfängerempfindlichkeit des Impulsreflektometers durch Korrelationsverfahren (Boxcar-Integrator), so kann man die Amplitude des rückgestreuten Lichts als Funktion der Zeit auswerten und erhält die Faserdämpfung als Funktion des Orts (Bild 7).

Fehlerortung. Da ein senkrecht zur Faser verlaufender Bruch mit Übergang zur Luft nur einen

Bild 7. Rückstreudiagramm mit typischen Werten

Reflexionsfaktor von $r = (\sqrt{\varepsilon_r} - 1)/(\sqrt{\varepsilon_r} + 1) = 0{,}2$ erzeugt, sind die auftretenden Echoamplituden relativ klein. Zur Ortung von Faserbrüchen und zur Kontrolle von Spleißverbindungen werden das optische TDR und das empfindlichere Rückstreuverfahren eingesetzt (Bild 7). Optische Impulsreflektometer für 850, 1.300 und 1.550 nm haben bei einer Ortsauflösung von 1 m Entfernungsmeßbereiche bis zu 200 km (Dynamikbereich etwa 28 dB) und bei einer Ortsauflösung von 10 cm Entfernungsmeßbereiche bis 15 km. Durch Umrechnen von Meßwerten, die mit einem optischen Netzwerkanalysator [19] im Frequenzbereich gewonnen wurden, in den Zeitbereich (s. I 4.9) können ebenfalls Ort und Amplitude von Reflexionsstellen in optischen Komponenten und in Lichtwellenleitern gemessen werden (Auflösung 2 mm, Bereich 40 km).

Dispersion, Übertragungsfunktion. Zur Messung der Dispersion einer Faser wird die Verbreiterung eines Impulses der (z. B. Halbwerts-)Breite T_0 (< 1 ns) nach Durchlaufen der Faserlänge l_1 (Breite T_1) bzw. l_2 (Breite T_2) gemessen. Die Impulsverbreiterung/Längeneinheit ergibt sich dann zu $\tau' = \sqrt{T_2^2 - T_1^2}/(l_2 - l_1)$. Aus der Impulsverbreiterung (*pulse spreading*) definiert man die Bandbreite B einer Faser der Länge l bzw. die Übertragungskapazität für Digitalsignale zu $B < 1/(2\tau' l)$. Wegen der großen Bandbreiten sind Meßverfahren im Frequenzbereich

mit sinusförmig moduliertem Sender seltener.
Zur Ermittlung der Übertragungsfunktion $\underline{H}(\omega)$ werden die Zeitfunktionen $f_1(t)$ und $f_2(t)$ der Impulsantworten einer Faserlänge l_1 bzw. l_2 gemessen (Sampling-Oszilloskop + Speicher). Die Übertragungsfunktion $\underline{H}(\omega)$ ergibt sich nach Betrag und Phase als Quotient der Fourier-Transformierten $\underline{G}_1(\omega)/\underline{G}_2(\omega)$, wobei $\underline{G}(\omega)$ die Fourier-Transformierte von $f(t)$ ist.

Abstrahlcharakteristik, numerische Apertur. Analog zur Messung des Strahlungsdiagramms einer Antenne (s. I 8.4) wird das Fernfeld eines offenen Faserendes mit einer kleinen Empfangsdiode ausgemessen. Der Sinus des Winkels ϑ, bei dem die Lichtintensität auf z. B. 10%, 35% oder 50% abgesunken ist, wird als numerische Apertur NA bezeichnet. Bei Nahfeldmessungen (z. B. zur Bestimmung des Brechzahlprofils, der Modenverteilung oder des effektiven Kerndurchmessers) wird das offene Ende mit einem Mikroskop vergrößert abgebildet und dann ausgemessen.

Spektralanalyse. Mit empfindlichen Monochromatoren läßt sich die Leistung als Funktion der Wellenlänge mit Auflösungen weit unter 1 nm messen. Elektrisch abstimmbare Fabry-Perot-Resonatoren ermöglichen Auflösungen von 10 MHz bei Abstimmbereichen von 2 GHz. Breitbandige optische Spektrumanalysatoren haben Auflösungen bis herab zu 100 MHz (0,8 pm), Darstellbereiche bis zu 500 nm und Pegelbereiche zwischen +10 dBm und −70 dBm. Mit schmalbandigen Analysegeräten werden bei 1.300 nm und bei 1.550 nm Auflösungen bis zu 20 kHz erreicht.
Zur Messung der Intensitätsmodulation eines optischen Signals werden Mikrowellen-Spektrumanalysatoren mit einem vorgeschalteten breitbandigen, kalibrierten Demodulator (O/E converter) benutzt. Der Demodulator setzt das optische Signal in ein amplitudenmoduliertes elektrisches Signal um, und der Spektrumanalysator ermöglicht die kalibrierte Messung der Rauschpegel und der Spektrallinien der Modulation.

Spezielle Literatur: [1] *Wolff, I.*: Einführung in die Mikrostrip-Leitungstechnik. Aachen: Wolff 1978. − [2] *Gupta; Garg; Bahl*: Microstrip lines and slotlines. Dedham: Artech 1979. − [3] *Hoffmann, R. K.*: Integrierte Mikrowellen-Schaltungen. Berlin: Springer 1983. − [4] *Frey, J.*: Microwave integrated circuits. Dedham: Artech 1975. − [5] *Deutsch, J.; Jung, H. J.*: Messung der effektiven Dielektrizitätszahl von Mikrostrip-Leitungen im Frequenzbereich von 2−12 GHz. NTZ 23 (1970) 620−624. − [6] *Troughton, P.*: Measurement techniques in microstrip. Electron. Lett. 5 (1969) 25−26. − [7] *Bianco, B.; Parodi, M.*: Measurement of the effective relative permittivities of microstrip. Electron. Lett. 11 (1975) 71−72. − [8] *Kohl, W.*: Impedanzmessung bei Millimeterwellen mit einer einfachen Sechstor-Schaltung. NTZ-Arch. 2 (1980) 95−99. − [9] *Riblet, G. P.*: A compact waveguide "resolver" for the accurate measurement of complex reflection and transmission coefficients using the six-port measurement concept. IEEE Trans. MTT-29 (1981) 155−162. − [10] *Martin, E.; Margineda, J.; Zamarro, J. M.*: An automatic network analyzer using a slotted line reflectometer. IEEE Trans. MTT-30 (1982) 667−670. − [11] *Kohl, W.; Olbrich, G.*: Breitbandiges Impedanzmeßverfahren im Frequenzbereich 25,5−40 GHz (K_a-Band) durch Erweiterung eines Netzwerkanalysators. NTZ-Arch. 2 (1980) 127−130. − [12] *Marcuse, D.*: Principles of optical fiber measurements. New York: Academic Press 1981. − [13] *NTG-Fachber. Bd. 75*: Meßtechnik in der optischen Nachrichtentechnik. Berlin: VDE-Verlag 1980. − [14] *Kindler, K.*: Abschätzung der Fehler bei der Streuparameter-Messung von Streifenleitungs-Komponenten mit Hilfe automatischer Netzwerk-Analysatoren. Frequenz 41 (1987) 168−172 (Messung), 197−200 (Kalibrierung). − [15] *Bludau, W.; Gündner, H. M.; Kaiser, M.*: Systemgrundlagen und Meßtechnik in der optischen Übertragungstechnik. Stuttgart: Teubner 1985. − [16] *Curran, J.*: Applying TRL calibration for non-coaxial measurements. Stuttgart: Teubner 1985. − [17] *Mayercik, M. E.*: Resonant microstrip rings aid dielectric material testing. Microwaves & RF, Apr. (1991) 95−102. − [18] *Fleischer-Reumann, M.; Sischka, F.*: A high-speed optical time-domain reflectometer with improved dynamic range. Hewlett-Packard J., Dec. (1988) 6−21. − [19] *Wong/Hernday/Hart/Conrad*: High-speed lightwave component analysis. Hewlett-Packard J., Jun. (1989) 35−51.

10 Rechnergesteuertes Messen
Automated test

10.1 Übersicht
Survey

Die einfachste Form eines Meßsystems ergibt sich, wenn beispielsweise ein Plotter an ein Digitaloszilloskop angeschlossen wird, um den Bildschirminhalt auf ein Blatt Papier zu übertragen. Schließt man an einen solchen Meßplatz noch einen Digitalrechner an, so kann man sowohl die Meßwertverarbeitung als auch die Meßwerterfassung und Meßwertausgabe (Dokumentation und Speicherung) rechnergesteuert durchführen. Komplizierte Meßaufgaben, wie etwa das Überwachen von Kommunikationskanälen (Satellitenverbindung, Funksystem etc.), die Qualitätskontrolle von HF-Geräten am Ende der Produktion, die regelmäßige Überprüfung komplexer Systeme während des Betriebs (built in test BIT), EMV-Serientests oder die Funktionskontrolle der kompletten Avionik eines Flugzeugs, machen den Einsatz von rechnergesteuerten Meßplätzen (automated test equipment ATE) unabdingbar. Ein weiterer Grund, der dazu beigetragen hat, daß die Rechnersteuerung sehr schnell und unproblematisch in die Meßtechnik

---

Spezielle Literatur Seite I 54

Eingang gefunden hat, ist die Zunahme der digitalen Signalverarbeitung innerhalb moderner Meßgeräte. Infolgedessen ist kein nennenswerter zusätzlicher Aufwand notwendig, um ein Digitaloszilloskop, einen Sythesizer oder einen intern mikroprozessorgesteuerten Spektrumanalysator mit einer Rechnerschnittstelle auszurüsten [6–8, 13–19].

Die Entwicklung der Rechnersteuerung in der Meßtechnik wurde auch wesentlich dadurch erleichtert, daß die notwendige Rechnerkapazität, verglichen mit den Kosten der HF- und Mikrowellenmeßgeräte, stets sehr preiswert war. So entstand zunächst der IEC-Bus, ein Verbindungssystem zwischen systemfähigen, eigenständigen Meßgeräten, Rechnern und Rechnerperipheriegeräten.

Die konsequente Weiterentwicklung der Automatisierung führte dann zu Meßgeräten, die nur noch rechnergesteuert benutzbar waren, ohne Netzteil und ohne Frontplatte. Bedienteil und Anzeigeteil wurden in den Rechner verlagert. So entstanden zum einen preiswerte Meßgeräte, die als Zusatzkarte in einen PC eingesetzt werden, und zum anderen Meßgeräte in Modulbauweise (modular automated test equipment MATE) wie beim VXIbus-System und beim modularen Meßsystem (MMS), die in einem speziellen Grundgerät zu einem automatischen Meßplatz zusammengestellt werden können.

Meßgeräten als Erweiterungskarte für den PC sind enge Grenzen gesetzt: Die elektromagnetische Verträglichkeit mit den Nachbarkarten schafft Probleme, und das Netzteil des Rechners muß ausreichend dimensioniert sein. Außerdem existieren vielfältige Rechnertypen und ein beständiger Modellwechsel, was den universellen Einsatz solcher Karten erschwert.

Der VXIbus ist eine Erweiterung des VMEbus für Meßgeräte. Der VMEbus (VERSA module europe) ist ein Rechnerbus, der auf dem um 1979 von der Firma *Motorola*, USA, entwickelten VERSAbus basiert. Er wird für industrielle Regelung und Steuerung eingesetzt. VXIbus-Geräte sind Eurokassetten ohne Frontplatte und Netzteil, die in ein 19-Zoll-Grundgerät eingebaut werden. Im Unterschied zu den IEC-Bus-Meßgeräten sind VXIbus-Geräte, obwohl sie nennenswert weniger Raum einnehmen, auf einem deutlich höheren Preisniveau. Dies liegt einmal daran, daß der VXIbus wesentlich leistungsfähiger, schneller und flexibler als der IEC-Bus ist, und zum anderen daran, daß diese Geräte primär für umfangreiche Testsysteme und zunächst mit dem Schwerpunkt bei militärischen Anwendungen entstanden.

Der VXIbus und das speziell für den Mikrowellenbereich gedachte MMS sind offene Systemarchitekturen. Sie bieten die Möglichkeit, Meßgeräte verschiedener Hersteller in einem gemeinsamen Grundgerät zu einem individuellen Testsystem zusammenzustellen. Neben diesen beiden Systemen, die im folgenden kurz vorgestellt werden, existieren noch weitere Systeme zur Meßgerätesteuerung, die jedoch entweder nur von einer Herstellerfirma angeboten werden oder eine weitaus geringere Verbreitung bisher gefunden haben. VXIbus und MMS sind verwandte Architekturen. Sie können miteinander kombiniert werden, beispielsweise in einem übergeordneten IEC-Bus-System.

Für die Zukunft sind virtuelle Meßgeräte geplant, wie sie im Elektronikbereich auch zum Teil schon realisiert wurden: Eine Teilgruppe eines Systems universell einsetzbarer Meßgeräte- und Steuerungsmodule wird zunächst entsprechend einer bestimmten Meßaufgabe (zum Beispiel Messen der Rauschzahl eines Empfängers) rechnergesteuert miteinander verbunden. Anschließend erfolgt der eigentliche Meßvorgang, ebenfalls rechnergesteuert. Für spätere, andersartige Meßaufgaben (zum Beispiel Messen des Einschwing- und Übersteuerungsverhaltens des gleichen Empfängers) werden die Module einer anderen Teilgruppe des gleichen Meßsystems vom Rechner neu konfiguriert.

10.2 RS232-Schnittstelle
RS232 interface

Die RS232-Schnittstelle (andere Bezeichnung: EIA RS-232-C, CCITT V.24, V 24, V.28) ist die übliche serielle Schnittstelle eines Rechners [1, 4, 9–11]. Normalerweise ist jeder Rechner serienmäßig mit einer oder zwei solcher Schnittstellen ausgerüstet. Sie dient primär dem Anschluß eines Peripheriegeräts, der Verbindung mit einem anderen Rechner oder zur Datenübertragung mittels Modem, z. B. über eine Fernsprechleitung. Sie eignet sich ebenfalls zum Anschluß eines Meßgeräts. Die Datenübertragung erfolgt asynchron, in beiden Richtungen abwechselnd, bit-seriell und byte-seriell. Die Logikpegel sind $+3$ V bis $+15$ V für logisch 0 und -3 V bis -15 V für logisch 1.

Die Schnittstellenparameter, unter anderem die Übertragungsgeschwindigkeit (75 Baud bis 38.400 Baud) und die Zeichenlänge, auf die das angeschlossene Gerät eingestellt ist, werden dem Rechner vor der Datenübertragung in Form einer Programmzeile mitgeteilt. Eine solche Zeile lautet z. B. in GW-Basic:

OPEN "COM1 : 1200, N, 8, 1" AS # 1.

Pro Schnittstelle kann jeweils ein Gerät angeschlossen werden. Es sind verschiedene Steckertypen in Gebrauch. Üblich ist ein 25-poliger (9-poliger) Steckverbinder. Für eine Datenverbindung wird minimal eine Zweidrahtleitung benötigt. Das Standardkabel enthält 5 Adern: zwei

Datenleitungen zum Senden und Empfangen, zwei Handshake-Leitungen und die gemeinsame Masse. Die maximal zulässige Länge des Verbindungskabels (z. B. 10 m) ist abhängig von den an beiden Enden angeschlossenen Leitungstreibern und -empfängern, von der Baudrate und vom Störpegel, dem die Verbindung ausgesetzt ist.

10.3 IEC-Bus

Der IEC-Bus (andere Bezeichnung: Hewlett-Packard Interface Bus HP-IB, General Purpose Interface Bus GPIB, IEC-625, IEEE-488) wurde 1972 von der Firma Hewlett-Packard, USA, für die Steuerung von Meßgeräten mit einem Digitalrechner eingeführt [2–4, 9, 10, 12]. Die digitale Schnittstelle für programmierbare Geräte wurde später zur Norm erhoben entsprechend IEEE 488.1, IEC 625-1, DIN IEC 625 und ANSI-MC 1.1. Der IEC-Bus verbindet Rechner mit Meßgeräten und Peripheriegeräten (Bild 1). Über genormte 24-polige Steckverbinder werden bis zu 15 Geräte mit 24-adrigen Verbindungskabeln (jeweils maximal 4 m lang) parallelgeschaltet. Die größte zulässige Entfernung ist 20 m. Für mehr anzuschließende Geräte und größere Entfernungen (z. B. Übertragung über Fernsprechleitungen oder Lichtwellenleiter) werden Zusatzgeräte benötigt.

Die Datenübertragung erfolgt asynchron mit TTL-Pegel. Es darf jeweils nur ein Gerät senden. Mögliche Geräteverbindungen sind:
a) Meßgerät(e) + Datenendgerät(e) (z. B. Drucker),
b) 1 Rechner + Peripheriegerät(e) (z. B. Plotter),
c) 1 Rechner + Meßgerät(e) + Peripheriegerät(e).

Falls mehrere Rechner an den Bus angeschlossen werden, darf nur jeweils einer aktiv sein. Die Meßdaten werden über 8 Datenleitungen bit-parallel und byte-seriell entweder vom Rechner zu einem Meßgerät oder von einem Meßgerät zum Rechner übertragen. Das Verbindungskabel enthält außerdem noch 3 Leitungen für die Übergabesteuerung (Handshake-Leitungen) und 5 Leitungen für die Schnittstellensteuerung.

Zum Aufbau eines automatischen Meßplatzes eignet sich praktisch jeder Rechner (16-Bit-PC oder 32-Bit-Arbeitsplatzrechner), der durch eine einfache IEC-Bus-Karte erweitert wird. Spezielle IEC-Bus-Karten mit zusätzlichen Mikroprozessoren und spezielle IEC-Bus-Steuerrechner sind nur in Sonderfällen notwendig. Die anzuschließenden Geräte müssen ebenfalls für den rechnergesteuerten Betrieb geeignet sein und über einen IEC-Bus-Anschluß verfügen. Dabei gibt es folgende Möglichkeiten:
a) Das Meßgerät empfängt nur Daten (Listener) bzw. es wird nur vom Rechner eingestellt (z. B. Wobbelgenerator, HF-Schalter);
b) das Meßgerät sendet nur Daten, sobald es vom Rechner abgefragt wird (Talker) (z. B. Zähler, Leistungsmeßgerät);
c) das Meßgerät sendet und empfängt (Listener/Talker) (z. B. Multimeter, Spektrumanalysator);
d) der angeschlossene Meßplatz (z. B. Netzwerkanalysator) besteht aus mehreren, über einen internen Systembus verbundenen Geräten und kann sowohl senden als auch empfangen und gegebenenfalls bei inaktivem externen Rechner auch steuern (Listener/Talker/Controller).

Die Datenübertragungsgeschwindigkeit beträgt maximal 1 MByte/s. Sie ist jedoch sehr stark von den verwendeten Meßgeräten abhängig. Das langsamste Gerät bestimmt die Übertragungsgeschwindigkeit. Die Dauer einer Abfrage liegt typischerweise im Bereich von Millisekunden. Jedes Gerät wird über seine Adresse gezielt angesprochen. Die Adresse, in der Regel eine Zahl zwischen 0 und 30, wird an jedem Gerät von Hand eingestellt. Am gleichen Bus dürfen nicht zwei Geräte mit der gleichen Adresse angeschlossen sein.

Der IEC-Bus stellt nur die Verbindung zwischen Rechner und Meßgeräten zur Verfügung. Die Programmiersprache ist vom Nutzer frei wählbar. Es wird überwiegend Basic benutzt. Die Programmierbefehle sind unterschiedlich, abhängig vom Meßgerätehersteller und von der verwendeten IEC-Bus-Karte im Rechner. Dadurch ergeben sich häufig zeitraubende Startschwierigkeiten beim Aufbau eines automatischen Meßplatzes, speziell wenn man Meßgeräte unterschiedlicher Hersteller mit einem artfremden Steuerrechner kombiniert. Als Beispiel für typische IEC-Bus-Steuerbefehle die Abfrage des aktuellen Meßwerts bei einem Digitalvoltmeter

Input # 24 : U5

und die Einstellung eines Synthesizers:

Print # 19 : "IP"; "CW"; 10; "GZ".

Bild 1. Beispiel für ein IEC-Bus-System

Da der IEC-Bus in der Regel eigenständige Geräte miteinander verbindet, hat man sowohl die Möglichkeit, alle Geräteeinstellungen und Datenabfragen rechnergesteuert durchzuführen als auch die Möglichkeit, den Meßaufbau von Hand zu kalibrieren und einzustellen und anschließend mit wenigen Befehlen nur die Messungen automatisch ablaufen zu lassen. Der Netzschalter der Meßgeräte ist nicht rechnergesteuert zu betätigen. Wenn ein Gerät innerhalb eines Bus-Systems versehentlich nicht eingeschaltet wurde, wird dieser Fehler vom Rechner nicht notwendigerweise erkannt, und Fehlmessungen sind die Folge. Kabel, Meßgeräte und Rechner am IEC-Bus erzeugen elektromagnetische Störfelder. Bei empfindlichen Meßaufbauten sollten deshalb abgeschirmte Buskabel und ausgesuchte IEC-Bus-Geräte mit geringer Störstrahlung eingesetzt werden.

IEEE 488.2. In der IEEE-Empfehlung 488.1 von 1975/78 wurde der äußere Rahmen für einen Meßgerätebus festgelegt. Die Sprache und die Datenstruktur auf diesem Bus konnte jeder Meßgerätehersteller individuell gestalten. Mit der IEEE-Empfehlung 488.2 von 1987 werden die Syntax, die Datenstrukturen und die Universalsteuerbefehle vereinheitlicht. Die Ansteuerbefehle orientieren sich an den zugehörigen englischen Wörtern im Klartext. Das System ist vom Rechner aus konfigurierbar, das heißt, der Rechner kann feststellen, welche Geräte angeschlossen sind, und er kann ihnen eine Adresse zuteilen.

10.4 VXIbus

Der VXIbus (VMEbus extensions for instrumentation) ist eine Industrienorm für Meßgeräte auf einer Karte bzw. auf einer Leiterplatte [20]. Ein VXIbus-Meßsystem besteht aus mehreren derartigen Geräten in einem gemeinsamen Grundgerät. Die Einzelgeräte kommunizieren über den VXIbus miteinander. Sie sind nicht von Hand bedienbar oder ablesbar. Das Grundgerät hat als Verbindung nach außen meist einen IEC-Bus-Anschluß oder eine RS232-Schnittstelle.

Die VXIbus-Entwicklung begann 1987. Ausgangspunkt waren vorhandene Meßgerätenormen wie IEEE 488.1 und 488.2, der VMEbus, die genormte Europakarte und die 19-Zoll-Bauweise (DIN 41 494) [5]. Inzwischen bieten sehr viele Meßgerätehersteller VXI-Geräte an, und praktisch alle modernen Meßgerätetypen sind als kompakte VXI-Version erhältlich (Signalquellen, Oszilloskope, HF-Schalter, Steuerrechner, Datenspeicher etc.). Es gibt vier Kartenformate mit (in Zoll) festgelegten Abmessungen:

Größe A: 10 cm hoch, 16 cm tief, 2 cm breit,
Größe B: 23 cm hoch, 16 cm tief, 2 cm breit,
Größe C: 23 cm hoch, 34 cm tief, 3 cm breit (Standardgröße),
Größe D: 37 cm hoch, 34 cm tief, 3 cm breit.

Die Kartengrößen A und B sind VMEbus-Norm. In einen Steckplatz können mittels Adapter jeweils auch kleinere Karten eingesetzt werden, also beispielsweise die Kartengröße A und B in einen Steckplatz der Größe C. Größere Meßgeräte können mehrere Steckplätze belegen. Ein UNIX-Steuerrechner hat z. B. die Breite von 4 Steckplätzen der Größe C und ein Mikrowellenzähler die von 3 Steckplätzen der Größe C. Die Einzelgeräte haben an der Rückseite (Bild 2) einen (Größe A), zwei (Größe B, C) oder drei (nur bei Kartengröße D) 96-polige Europakartenstecker. Die schmale Frontplatte enthält je nach Gerätetyp Anschlüsse für Meßköpfe, Signaleingänge und -ausgänge oder Steckverbinder für Rechnerschnittstellen. An den Seiten sieht man nicht immer auf die offene Leiterplatte, da einige Geräte elektromagnetisch geschirmt sind.

Das Grundgerät enthält das Netzteil ($+5$ V, ± 12 V, ± 24 V, -2 V, $-5,2$ V), die Lüfter zur Kühlung der VXI-Geräte und die rückwärtige Leiterplatte mit den Verbindungsleitungen zwischen den Steckplätzen. In Steckplatz 0 kommt eine spezielle Karte zur internen Systembetreuung (resource manager), die auch den Taktgeber und eine Rechnerschnittstelle nach außen enthält. Der VXIbus ist, abhängig vom speziellen Einsatzfall und von der jeweiligen Ausbaustufe, sehr vielseitig einsetzbar: Der Datenbus (maximal 40 MByte/s) kann 8 Bit, aber auch 32 Bit haben, der Takt ist wahlweise 10 MHz oder 100 MHz (ECL), es gibt TTL- und ECL-Triggerleitungen. Ein VXIbus-System besteht aus maximal 256 Geräten oder Subsystemen (Adressen: 0 bis 255). Ein Subsystem besteht aus

Bild 2. VXI-Grundgerät mit Einschüben

einem Steckplatz 0 und bis zu 12 Geräten. Es paßt somit genau in ein 19-Zoll-Gestell.
Die VXIbus-Architektur läßt mehrere Steuerrechner im gleichen System zu. Das System ist hierarchisch gegliedert. Es gibt mehrere Prioritätsebenen. Die Befehlsübertragung zu den Geräten kann entweder schnell und unmittelbar im Binärformat erfolgen (register-based device, z. B. HF-Schalter) oder, ähnlich wie beim IEC-Bus, asynchron, bit-parallel, byte-seriell mit ASCII-Zeichensatz (message-based device). Zusätzlich können mehrere Geräte über einen lokalen Bus verbunden sein. Herstellerspezifisch lassen sich damit bis zu 200 MByte/s übertragen. Der lokale Bus arbeitet unabhängig vom Datenbus des Gesamtsystems.

10.5 Modulares Meßsystem (MMS)
Modular measurement system

Das modulare Meßsystem MMS wurde von der Firma Hewlett-Packard, USA, 1988 eingeführt. Seither haben sich weitere Meßgerätehersteller angeschlossen und bieten systemkompatible Module an. Das MMS wurde speziell für den Mikrowellenbereich konzipiert. Die Anwendungen erstrecken sich inzwischen bis zum HF-Bereich und bis in die Lichtwellenleitermeßtechnik. Ein System besteht aus bis zu 256 Modulen. Mehrere Module bilden ein Meßgerät. Bis zu vier Meßgeräte können von einem Bildschirm mit Tastatur gesteuert und überwacht werden.
Das Grundgerät enthält die zentrale Stromversorgung, die Lüfter und die Verbindungsleitungen für den speziellen Schnittstellenbus, über den die Module miteinander kommunizieren (modular system interface bus MSIB: asynchron, 9 Bit parallel, maximal 3 MByte/s, zyklische Busvergabe, minimale Zugriffszeit 10 µs). Von außen werden das Meßsystem bzw. die aus einzelnen Modulen zusammengestellten Meßgeräte über den IEC-Bus angesprochen. Die Einschübe (Module) sind einheitlich 48 cm tief und 13 cm hoch. Die Breite der Frontplatte beträgt wahlweise 5, 10, 15 oder 20 cm.
Aufgrund des modularen Aufbaus lassen sich mit dem MMS eine Vielfalt von automatischen Meßplätzen aufbauen, die der jeweiligen Meßaufgabe individuell angepaßt werden können. Das äußere Erscheinungsbild ist dabei entweder das eines herkömmlichen Meßgeräts in Einschubtechnik mit Frontplatte und Bildschirm oder das eines über den IEC-Bus von einem externen Rechner gesteuerten Meßplatzes ohne Bedien- und Anzeigeelemente. Das modulare Meßsystem ist für automatische Testsysteme gedacht, die bezüglich Genauigkeit, Bandbreite und Leistungsfähigkeit im Bereich besonders hoher Anforderungen liegen.

10.6 Programme zur Meßgerätesteuerung
Software for programmable instruments

SCPI. In Erweiterung der Empfehlung IEEE 488.2 wurde 1990 eine genormte Programmiersprache zur Ansteuerung von Meßgeräten (standard commands for programmable instruments SCPI) eingeführt. Sie benutzt ASCII-Zeichen und allgemeinverständliche englische Programmierbefehle im Klartext, beispielsweise in der Form "MEASURE:VOLTAGE?" zum Messen einer Spannung oder "TRIGGER:IMMEDIATE" zum Auslösen eines Vorgangs. Die Sprache ist für alle Meßgerätetypen und alle Meßgerätehersteller gleichermaßen gedacht und wird schrittweise sowohl für IEC-Bus-Geräte als auch für den VXIbus und das modulare Meßsystem eingeführt. Zur Zeit ist SCPI noch ein einfacher Satz von Programmierbefehlen. Für die Zukunft ist die Fortentwicklung als offene Norm zu einer universellen Programmiersprache zur Steuerung von Meßgeräten geplant. Dabei sollen die Bedürfnisse von steckbaren Leiterplatten, Modulen, autonomen Meßgeräten und komplexen Testsystemen berücksichtigt werden.
Während es in einem kleinen Entwicklungslabor meist am schnellsten zum Ziel führt, wenn man im Meßgerätehandbuch die Befehle nachliest und dann sein eigenes Anwenderprogramm zur Meßgerätesteuerung in der Programmiersprache Basic schreibt, gibt es sehr viele Bereiche, in denen dies nicht möglich oder zweckmäßig ist. Für diese Fälle gibt es fertige, innerhalb eines gewissen Rahmens universell einsetzbare Programmpakete. Derzeit sind im Handel Rechnerprogramme sowohl von Meßgeräteherstellern als auch von Software-Häusern für folgende Anwendungsbereiche erhältlich:
– Speichern von Meßdaten, Dateiverwaltung,
– Verarbeiten von Meßwerten, grafische Darstellung, Datenausgabe auf Bildschirmen und Plottern,
– Erstellen von Programmen zum automatischen Testen,
– Ansteuerung bestimmter Meßgeräte, beispielsweise Netzwerkanalysatoren, einschließlich Kalibrieren des Meßplatzes und Herstellen der Verbindung zu Programmen für den rechnerunterstützten Entwurf,
– Programmrahmen zum Erstellen individueller Testprogramme für komplexe Testsysteme,
– Auswahl und Ausführung automatischer Testprogramme.

Üblicherweise sind für die Anwendung derartiger Programme keine Programmierkenntnisse erforderlich. Sie haben in der Regel interaktive Menüführung oder grafische Benutzeroberflächen,

Fenstertechnik und Maussteuerung und enthalten Kataloge von Meßgeräten, Rechnern und Peripheriegeräten mit den dazugehörigen spezifischen Ansteuerbefehlen. Teilweise werden die Originalfrontplatten herkömmlicher Meßgeräte auf dem Bildschirm dargestellt und können per Maus bedient werden. Es existieren Programme für alle gängigen Schnittstellen, einschließlich RS232, IEC-Bus, VXIbus und MSIB. Der Nutzer kann, sofern seine Anwendung, seine Geräte und das Programm hundertprozentig zueinanderpassen, sein individuelles Testprogramm erstellen und rechnergesteuert ablaufen lassen. Das Einschalten der Meßgeräte sowie das Anschließen der Verbindungsleitungen des Meßaufbaus muß in der Mehrzahl aller Anwendungsfälle nach wie vor von Hand durchgeführt werden. Hinzu kommt in jedem Fall die Kontrolle, ob die Rechnersteuerung wie gewünscht funktioniert, und falls nicht, die Suche und das Beheben der Software- und/oder Hardware-Fehler.

Spezielle Literatur: [1] *Kainka, B.:* Messen, Steuern und Regeln über die RS 232-Schnittstelle. München: Franzis 1989. – [2] *Piotrowski, A.:* IEC-Bus. 3. Aufl. München: Franzis 1987. – [3] *Böhm, D.:* Computergesteuerte Meßtechnik. Stuttgart: Frech 1983. – [4] *Färber, G.* (Hrsg.): Bussysteme. 2. Aufl. München: Oldenbourg 1987. – [5] *Hesse, D.* (Hrsg.): Handbuch des Neunzehn-Zoll-Aufbausystems. Haar: Markt & Technik 1986. – [6] *Link, W.:* Messen, steuern und regeln mit PCs. 2. Aufl. München: Franzis 1990. – [7] *Lobjinski, M.:* Meßtechnik mit Mikrocomputern. 2. Aufl. München: Oldenbourg 1990. – [8] *Schummy, H.* (Hrsg.): Personal Computer in Labor, Versuchs- und Prüffeld. 2. Aufl. Berlin: Springer 1990. – [9] *Preuß, L.; Musa, H.:* Computerschnittstellen. München: Hanser 1989. – [10] *Elsing, J.; Wiencek, A.:* Schnittstellen-Handbuch. 2. Aufl. Vaterstetten: IWT 1987. – [11] *Seyer, M. D.:* RS-232 made easy. Englewood Cliffs, NJ: Prentice-Hall 1984. – [12] *Dosch/Gall/Geltinger/Helbing/Jonas:* Selbstbau von IEC-Bus-Meßplätzen. Berlin: VDE 1986. – [13] *Carr, J. J.:* Designing microprocessor-based instrumentation. Reston, VI: Reston Publishing 1982. – [14] *Radnai, R.; Kingham, E. G.:* Automatic instruments and measuring systems. London: Butterworth 1986. – [15] *Barney, G. C.:* Intelligent instrumentation – microprocessor applications in measurement and control. Englewood Cliffs, NJ: Prentice-Hall 1985. – [16] *Frühauf, U.:* Automatische Meß- und Prüftechnik. Berlin: Technik 1987. – [17] *VDI/VDE-GMR Tagung Fellbach:* Automatisierte Meßsysteme. Düsseldorf: VDI 1985. – [18] *Schwarze, H.; Hamann, R.:* Computereinsatz in der Meßtechnik. Stuttgart: Metzler 1988. – [19] *Maier, H.* (Hrsg.): Messen, Steuern, Regeln mit IBM-kompatiblen PCs. Kissing: Interest 1990. – [20] *Jessen, K.:* VXIbus: A new interconnection standard for modular instruments. Hewlett-Packard J., Apr. (1989) 91–97.

Sachverzeichnis

A-Band   A 5
– -Demodulation   Q 36
– -Kennlinie, PCM   O 34
– -Modulationsart, Bandbreite   Q 38
– -Parameter   C 10
– -Parameter, Kettenparameter   C 9
– -Verstärker   P 4
AB-Leistungsverstärker   F 34
ABC-Modulation   P 28
Abfallzeit   C 1
Abfragenmod   S 9
abgeleitete SI-Einheit   A 2
abgestrahlte Störung   Q 17
abgestufte Selektion   Q 59
Abgleichkern   E 15
Abgleichstempel   L 8
Abklingmaß   B 12
Ableitungsbelag   C 18
Abmessung, Hohlleiter   K 30
abrupter pn-Übergang   G 14
abruptes Dotierungsprofil   G 23
Abschirmung   B 16, K 12
Abschluß, beliebiger   C 21
–, reflexionsfreier   C 20
Abschlußwiderstand   L 17
– ohne Massekontakt   L 18
–, Koaxialleitung   L 17
–, längsverschieblicher   I 19
–, Microstripleitung   L 17
Abschneideverfahren   I 48
absolute Stabilität   F 6
Absorber   E 25
–, Rechteckhohlleiter   L 18
absorbierendes Dämpfungsglied   L 19, L 22
Absorption   H 5, M 48
–, ionosphärische   H 25
–, Zusatzdämpfung   R 25
Absorptionsfrequenzmesser   I 31
Absorptionskoeffizient   M 52
Absorptionskonstante   M 57
abstimmbarer Halbleiterlaser   M 56
– Oszillator   G 45
Abstimmbarer Oszillator   Q 23
Abstimmdiode   M 12
Abstimmgeschwindigkeit   Q 23
Abstimmkonvergenz   P 16
Abstimmung, Hohlraumresonator   L 49
–, Sender   P 16
Abtast-Phasendetektor   Q 31
Abtastfilter   D 11
–, analoges   M 27

Abtastfrequenz   O 30, O 38
Abtastimpuls   O 33
Abtastoszilloskop   I 4
Abtastrate   I 4
Abtasttheorem   D 9, O 30
Abtastwert   O 31
Abtastzeitpunkt   O 31
Abwärtsmischer   G 6
–, Frequenzkehrlage   G 13
–, Kurzschlußstromübersetzung   G 9
–, Rauschverhalten   G 9
Abwärtsmischung   G 2
Abweichung, Taktphase   O 29
Abzweigfilter   L 59, L 60
AC-Detektion   I 24
Achse, polare   E 16
Achsenverhältnis   N 33
Achtphasenmodulation   O 20
Adapter, Doppelsteghohlleiter   L 15
–, Finleitung   L 15
–, Oberflächenwellenleiter   L 15
–, Rundhohlleiter   L 15
–, Suspended Stripline   L 15
adaptive Antenne   N 65
– Breitbandsuche   Q 55
– Entzerrung   H 21
– Fehlerkorrektur   Q 60
adaptive time domain equalizer, AT-DE   R 31
adaptive Vorentzerrung   P 8
adaptiver Entzerrer   Q 3
adaptives Frequenzüberwachungsverfahren   Q 52
– Speisesystem   N 65
Adaptivität   O 11
Additionsinterferometer   S 26
additive Mischung   G 18
additiver Mischer, Rauschverhalten   G 19
Admittanz   C 3
Admittanzebene   C 3, C 6
Admittanzmatrix   N 63
ADP   E 21
ADT   S 10
AF-Schutzabstand   R 12
AFSK, audio frequency shift keying   Q 43
AGC, automatic gain control   F 32
AIS, alarm indication signal   R 9
AKF, Autokorrelationsfunktion   D 15, D 17, H 20, O 56
Akquisition   O 59
aktive Empfangsantenne   N 36
– Mikrowellendiode   M 13

– Mischstufe   Q 22
– Reserve   R 14
– Stabantenne   N 39
aktiver Mischer   G 18
– Tastkopf   I 3, I 5
aktives Filter   Q 33
Aktivgetter   M 76
Aktivierungsmethode   O 52
Aktivlotverfahren   M 76
akustische Oberflächenwelle   L 57, L 66
akustische Oberflächenwelle, OFW   L 66
akustischer Konvolver   L 72
akustisches Oberflächenwellenbauelement   L 65
– Oberflächenwellenfilter   C 14, Q 8
akustoelektrischer Korrelator   L 73
Akzeptor   M 2
AL-Wert   E 15
alarm indication signal, AIS   R 9
Allpaß   C 12
Alterung   Q 25
–, Quarz   Q 24
Alterungsrate, mech. Filter   L 64
ALU, Arithmetisch Logische Einheit   M 42
Alumina   E 3
Aluminium   E 1
Aluminiumoxid   E 2, E 3
Aluminiumoxidkeramik   E 3
Aluminiumsulfat   E 20
AM, Störabstand   O 6
– -Empfänger   I 28
– -Hörrundfunk   R 11
– -PM-Umwandlung, AM-to-PM conversion   F 29
– -PM-Umwandlungsfaktor   P 29
– -Rauschen, Messung   I 44
– -Spitzengleichrichtung   G 32
– -to-PM conversion, AM-PM-Umwandlung   F 29
Amateurfunk   A 6
ambiguity function   S 7
amorphes magnetostriktives Material   E 23
amplifier, balanced   F 24
–, distributed   F 19
–, logarithmic   F 25
amplifier, push-pull   F 24
amplifier, tuned   F 21
–, unilateral   F 14
Amplitron   M 85
amplitude shift keying, ASK   R 71

Amplitude, reelle C 1
Amplituden-Phasen-Umtastung O 21
Amplitudenbelegung N 20
–, Gruppenerreger N 57
Amplitudendichtespektrum D 5
Amplitudenentscheidung R 8
Amplitudenkompressionsfaktor P 29
Amplitudenmeßplatz I 13, I 24
Amplitudenmodulation O 1, Q 6, R 66
Amplitudenmodulation, dynamikgesteuerte R 12
Amplitudenmodulationsverzerrung P 28
Amplitudenmodulator, Dämpfungsglied L 23
amplitudenmodulierter Tonrundfunksender P 21
Amplitudenrauschen, Messung I 43
Amplitudenübertragung, nichtreziproke L 54
Amplitudenverlauf C 23
Amplitudenverteilung H 2
Amplitudenverzerrung F 30
Analog-Digital-Umsetzer, A/D-Umsetzer Q 60
analoge Frequenzmessung I 31
– Modulation O 1
– Modulationsverfahren R 27
– Übertragung R 66
analoges Abtastfilter M 27
– Richtfunkgerät R 36
– Signal D 2
– Übertragungsverfahren R 66
Analogie, elektromechanische E 17, L 61
Analogoszilloskop I 3
Analogschaltung, integrierte M 23
Analyse linearer Schaltungen C 31
– nichtlinearer Schaltungen C 34
– von Systemen C 37
–, feldtheoretische C 40
Analysemethode, Oszillator G 40
Analyseverfahren, Synthesizer Q 30
analytisches Signal D 8
anechoic chamber I 28
angepaßter Transistor F 32
Anglasung M 75
anisotropes Medium B 5
Ankopplung, Hohlraumresonator L 50
–, induktive L 50
– Resonator I 41
Anodenmodulation P 11, P 14
Anodenneutralisation P 7
Anodenstrom-Anodenspannungs-Diagramm P 14
anomales Rauschen P 29
Anpaßnetzwerk F 19
–, matching network F 15
Anpaßtheorie F 16
Anpassung C 22
–, Einzelstrahler N 63
Anpassungsänderung, Sender P 22
Anpassungsfaktor C 20, I 11
Anregung, effektive N 62

–, magnetostriktive L 57
–, piezoelektrische L 57
Anreicherungs-Typ M 15
Anschwingbedingung G 24, G 41
Anschwingstrom M 84
–, Wanderfeldröhre P 29
Anstiegszeit C 1
Antenne, adaptive N 65
–, Bandbreite N 20
–, bedämpfte N 22
–, bikonische L 12
–, dielektrische N 46, N 47
–, Fernfeld I 39
–, Fernfelddiagramm I 39
–, Fernfeldmessung I 39
–, frequenzunabhängige N 29, N 33, N 34
–, isotrope N 17
–, Kenngröße N 6
–, logarithmisch periodische N 28
Antenne, logarithmisch-periodische R 12
Antenne, Messung I 38
–, Modellmessung I 40
–, Nahfeld I 39
–, Nahfeldmessung I 39
–, planare N 24
–, schwundmindernde N 21
–, selbstkomplementäre N 34
–, Strahlungscharakteristik I 38
–, Strahlungsdiagramm I 39
–, unsymmetrische N 10
–, Wirkungsgrad N 20
Antennenanlage R 36
Antennenberechnung N 67
Antenneneingang Q 45
Antennenfußpunkt, Isolation N 20
Antennenhöhe H 7
–, optimale N 39
Antennenleitung R 36
Antennensystem R 53
–, Radioastronomie S 24
Antennenüberspannung Q 19
Antennenverstärker N 36, N 39
Antennenverteiler Q 2
Antennenweiche, Diplexer R 14
Antennenwerte N 14
Antennenwirkungsgrad N 6
Antennenzirkulator R 34
Antiresonanz E 19
APD, avalanche photo diode I 47
Apertur N 49
–, numerische K 38
–, synthetische S 8
– -Synthese-Interferometer S 27
Aperturabschattung N 49
Aperturantenne, Strahlungsfeld N 6
Aperturbelegung N 49
Aperturfeldsynthese N 43
Aperturfläche N 11
Aperturreflexion N 41
Aperturstrahler R 53
Approximation, Sendefunktion O 39
äquivalente isotrope Strahlungsleistung N 2, N 6
– Leitung M 82

– Rauschbandbreite D 25
– Rauschtemperatur D 24
– Rauschtemperatur eines Zweipols D 20
äquivalente Strahlungsleistung, ERP R 17
– äquivalente Tiefpaßstoßantwort D 8
– Tiefpaßübertragungsfunktion D 8
äquivalenter Rauschwiderstand D 20, F 25
äquivalentes Tiefpaßsignal D 8
Äquivokation D 34
Arbeitspunkteinstellung, Transistor F 35
Arbeitspunktregelung Q 21
archimedische Spiralantenne N 34
Arithmetisch Logische Einheit, ALU M 42
Armstrong-FM-Demodulator O 9
Array, Wendelantenne N 36
Artikulationsindex D 29
ASA, Automatic Spectrum Analyser I 25
ASK, amplitude shift keying R 71
associated gain F 25
assoziativer Speicher M 36
astabiler Multivibrator G 48
Asymmetrische Reflektorantenne N 51
ATDE, adaptive time domain equalizer R 31
ATE, automated test equipment I 49
Atmosphäre, Transmissionsgrad S 23
atmosphärisches Gas H 12
– Rauschen D 20, H 16
atmospheric-noise Q 12
atomares Energieniveau M 61
Atomuhr G 45
audio frequency shift keying, AFSK R 43
Aufklärungsempfänger Q 3
Aufklärungsempfängerprogramm Q 49
Auflösung Q 54
Aufwärtsmischer, Frequenzgleichlage G 13
–, Frequenzkehrlage G 13
Aufwärtsmischung G 2
Auge, Eigenschaften D 30
Augendiagramm R 29
Auger-Prozeß M 5
– -Rekombination M 49, M 50
Ausbeuteoptimierung C 39
Ausbreitung über ebener Erde H 26
Ausbreitungsanomalie R 25
Ausbreitungsdämpfungsmaß H 4, H 5, H 30
Ausbreitungsformel H 27
Ausbreitungsgeschwindigkeit C 18
Ausbreitungskonstante, dielektrischer Wellenleiter K 37
Ausbreitungsmedium H 9
Ausbreitungsrichtung H 5

Ausdehnungskoeffizient, thermischer E 1
Ausgangsperipherie Q 3
Ausgangsschnittstelle Q 46
Ausrastbereich Q 29
Aussendung, erwünschte P 2
–, unerwünschte P 3
Außengeräusch Q 1
Außenkammerklystron P 26
Außenrauschen, Empfindlichkeit Q 12
Außerband-Dynamikbereich Q 51
– -Intermodulation Q 15
– -Störpegel Q 16
äußerer Wirkungsgrad, LED M 50
außerordentliche Welle S 19
Aussteuerbereich Q 58
Aussteuerfähigkeit O 29
Aussteuergrenze, PCM O 34
Aussteuerreduktion, backoff R 44
Aussteuerungskoeffizient G 23
Austastlücke R 16
Austrittsarbeit M 71
Auswertebandbreite Q 1
Autokorrelationsfunktion D 3, D 15, D 17, H 2, H 20, O 55, O 56
automated test equipment, ATE I 49
automatic gain control, AGC F 32
Automatic Spectrum Analyser, ASA I 25
Automatikpeiler, einkanaliger S 11
–, mehrkanaliger S 12
Automatiksender P 23
automatischer Netzwerkanalysator : ANA I 24
– Spektrumanalysator I 25
–, Meßplatz I 51
avalanche photo diode, APD I 47
Avalanche-Diode G 42
– -Generation M 7
– -Photodiode R 60
axiale Mode N 35
Azeton E 2
Azimut-Streuung Q 9

B-Band A 5
– -Verstärker P 4, P 11
– -Verstärker, nichtlineare Verzerrung P 11
Babcock spacing O 53
backoff, Aussteuerreduktion R 44
balanced amplifier F 24
Ballempfang R 15
Ballonisolierung K 5
Bambuskabel K 5
Band-Rauschzahl D 25
Bandabstands-Referenz M 30
Bandbegrenzung, Sprachsignal O 31
Bandbreite F 2
Bandbreite, A-Modulationsart Q 38
Bandbreite, Antenne N 20
–, Empfänger Q 9
–, Funkempfänger Q 11
–, maximale E 19

–, mech. Filter L 60
–, nutzbare H 33
Bandbreitedehnfaktor D 37
Bandbreitenbegrenzung, Strahler N 37
bandbreiteneffiziente Modulationsverfahren R 28
Bändermodell M 2
Bandfilter F 21
Bandleiter B 15
Bandleitung K 3
Bandleitungsbreite K 10
Bandleitungsmodell K 10
Bandpaß C 12
Bandpaßantenne N 38
Bandpaßsignal D 8
Bandpaßsystem D 8
Bandsperre C 12
Bandwendel K 44
Bariumferrit L 55
Bariumtitanat E 21
Barker-Code S 7
Barretter I 8
Barritt-Diode M 14
Basis M 14
– -Emitter-Durchbruchspannung F 23
– -Schaltung F 12
Basisband R 14
– -Übertragungsverfahren O 15
Basisbanddurchschaltung R 49
Basisbandsignal R 45
Basiseinheit A 2
Basisschaltung M 25
Basisstrom M 14
Bauelement, nichtlineares G 1, G 3
–, passives L 1
–, Steuerung G 3
–, superleitendes M 65
Bauelemente-Modell C 32
Baugruppe, Mehrfach-Überlagerungsempfänger Q 18
Baumstruktur R 21
beam squint N 51
beat frequency oscillator Q 37
– note I 31
Beckmann-Formel H 25
bedämpfte Antenne N 22
bedarfsweise Kanalzuweisung O 52
Bedeckung, hemisphärische R 52
Bedeckungsgebiet R 42
bedingte Stabilität F 6
Beeinflussung, elektromagnetische B 17
Begrenzer, harter G 28
–, weicher G 28
– -Übertragungsfunktion G 28
Begrenzerbandpaß G 30
Begrenzerverstärker F 26, Q 36, Q 39
Begrenzung winkelmodulierter Signale G 28
Begrenzungseffekt O 32
Begrenzungsgeräusch O 41
–, PCM O 36
Belastbarkeit, Klystron P 26
belastete Güte, Gyrotron M 89
Belegung, homogene N 59

–, nichthomogene N 59
beliebiger Abschluß C 21
Benzol E 2
Berechnen von planaren Schaltungen C 39
Bergwerkfunk K 47, Q 3
Berylliumoxid E 2, E 3
Berylliumoxidkeramik E 3
Beschleunigungselektrode M 81
Beschleunigungslinse N 53
Bessel-Funktion O 8
– -Funktion, modifizierte G 18
Betriebsart, Leistungsverstärker G 34
Betriebsdämpfung I 15
Betriebsdaten, Klystron P 26
Betriebseinrichtung, Sender P 2, P 20
Betriebsempfängerprogramm Q 49
Betriebsempfindlichkeit Q 12
–, Empfänger Q 41
Betriebsfrequenzbereich, Hohlleiter K 30
Betriebsgrenzfrequenz H 25
Betriebskanal R 32
Betriebsleistungsverstärkung F 9
Betriebsselektion R 15
Betriebsüberwachung, Übertragungsqualität R 18
Betriebszustand, Sender P 6
Beugung H 7
– an der Erdkugel H 8
–, geometrische Theorie N 53
Beugungsdämpfung H 29
Beugungsdämpfungsmaß H 29
Beugungsschatten H 7
Beugungszone H 9
Beweglichkeit M 4
–, negative differentielle M 13
Bewertung, psophometrische R 45
Bezugscodierung O 19
Bezugsebene, Netzwerkanalyse I 19
BFL, Buffered FET Logik M 35
– -Technik, GaAs-Logik M 35
bidirektionaler Thyristor M 20
Biegeschwinger L 64
Biegeschwingung L 57
Biegewandler L 64
Bifilarwendel K 44
bikonische Antenne L 12
Bild-Ton-Weiche P 1, P 20
Bildfeldzerlegung D 31
Bildleitung N 48
–, dielektrische K 47
Bildrücklauf R 16
Bildsignal D 30
–, lineare Verzerrung D 32
–, nichtlineare Verzerrung D 32
–, Störabstand D 32
bildsynchrone Phasenmodulation R 18
Bildsynchronsignal P 24
Binärcode, invertierter symmetrischer O 37
–, normaler O 37
–, symmetrischer O 37
binäre Phasenumtastung O 19
Binärquelle, gedächtnislose D 33

Sachverzeichnis

Binärzeichen O 31
Binominal-Belegung N 59
Binominalverteilung D 13
bipolare NOR-Schaltung M 33
bipolare ODER-Schaltung M 33
bipolarer Inverter M 31
– Leistungstransistor M 18
– Speicher M 37
– Transistor M 14
– Transistor:Pulsbetrieb F 31
bipolares Koordinatensystem K 1
bipolares NAND-Gatter M 32
Bipolartransistor R 65, R 67
Bit D 33
BIT, built in test I 49
Bit-Korrelation O 41
Bitfehlerhäufigkeit R 9, R 29, R 39
Bitfehlerrate O 28, R 67
Bitfehlerwahrscheinlichkeit O 37, Q 9, R 49, R 67
Bitmustereffekt R 59
bitweise Speicherorganisation M 36
BJT F 32
Blechplattenspeicher L 65
Blei E 1
– -Zirkonat-Titanat E 21
Blind-Nahfeldregion N 2
Blindabschluß C 21
blinder Winkel N 63
Blindgeschwindigkeit S 6
Blindleistung C 2
Blindleitung L 56
Blindleitwert C 3
Blindwiderstand C 2, C 3
–, gesteuerter G 22
Blockierbereich, Thyristor M 19
Blocking Q 1, Q 15
Blockschaltbild, Überlagerungsempfänger G 1
Blockschaltung, Synthesizer Q 31
BNC-Stecker L 10
Boden, feuchter H 10
–, trockener H 10
Bodenkonstante H 24
Bodenkonstanten H 10
Bodenleitfähigkeit H 10
Bodenstation, Empfangsgüte R 45
–, Endstelle R 55
–, Eutelsat R 54
–, Satellitensystem R 53
Bodenstationsantenne N 50, N 51, R 55
Bodenstationsgerät R 54
Bodenwelle H 7, H 14, N 20, R 11
Bodenwellenfeldstärke H 23
Bodenwellenversorgung R 12
Bolometer I 8
Boltzmann-Approximation M 6
– -Konstante H 16
– -Statistik M 4
Bordantenne R 52
Bornitrid E 2
Botenwellenreichweite Q 2
Boucherot-Brücke P 17
Boxcar-Integrator I 48
BPSK R 46
Bragg-Zelle Q 8
Braggzellenempfänger Q 55

Branchline-Koppler L 33
Brechung H 4, H 11
Brechungsindex N 53, S 19
–, effektiver K 40
Brechwert, modifizierter H 11
Brechwertgradient H 11
Brechwertinhomogenität H 31
Brechzahlgradient H 8
Brechzahlprofil K 39
–, LWL I 49
Breitband-Erregerantenne N 31
– -FM O 7
– -Richtantenne N 31
– -Vertikalantenne N 15
– -Vorselektion Q 19
Breitbandabsorber E 26
Breitbandantenne N 15, N 31, N 34, N 39
Breitbanddipol N 15
Breitbandfall, Konversionsverlust G 8
breitbandiger Abschluß, Mischerschaltung Q 22
Breitbandkoppler L 33
Breitbandspeisung N 22
Breitbandsuche, adaptive Q 55
Breitbandverstärker, broadband amplifier F 19
Breite (3 dB) N 48
Brewster-Winkel B 11
Brillouin-Diagramm K 43, K 49
– -Feld P 26
– -Feldstärke M 79
– -Streuung M 65
broadband amplifier, Breitbandverstärker F 19
Brücke, 0-Grad P 18
Brücke, 180-Grad P 18
Brücke, 90-Grad P 19
Brücke, Sender P 1
Brückenfilter L 61
Brückenschaltung C 28, I 35
Brückenweiche P 19
Brummschleife Q 44
Buchse L 9
Buchstabenbezeichnung, Frequenzbereich A 5
Buffered FET Logik, BFL M 35
built in test, BIT I 49
Bündelung N 20
buried hetero-structure-laser M 54
Burrus-Diode R 59
Burst O 53
Burstbeginnkennzeichen O 53
Burstphasenregelung R 49
Burstsynchronisation O 53
Bus-System I 52
– -Untersystem R 49
Butler-Matrix N 65
Butterworth-Filter C 13

C-Band A 5
– -Belastung, einstellbare L 8
– -Betrieb M 76
– -Betrieb, Transistor F 34
– -Stecker L 10
– -Verstärker P 5, P 8

CAD, computer aided design C 29, M 43
– -Programm C 30, C 40
Cadmiumsulfid E 21
– -Photowiderstand E 8
Caesium-Normal G 45
Carson-Formel O 8
Carsons Theorem D 15
Cascode-Schaltung F 13
Cassegrain-Antenne N 50
– -Prinzip R 53
– -System S 25
Cauer-Filter C 13
CB-Funk A 7
CCD, charge coupled device M 27
– -Speicher M 39
CCDP, cochannel dual polarization R 30
CCI-Kleinkoaxialpaar K 6
– -Normalkoaxialpaar K 6
CCIR-Ausbreitungskurve H 26
CCITT V.24 I 50
CCO, current controlled oscillator Q 42
CDMA, Codemultiplex O 55
CdS E 21
CFA, crossed field amplifier P 36
chaotisches Licht M 59
charakteristische Frequenz P 4
charge coupled device, CCD M 27
Chemiesorption M 76
chip assembler M 45
Chip-Dämpfungsglied L 21
– -Kondensator E 11
– -Widerstand E 7
Chipbauform, Transistor F 18
Chipkondensator F 37
Chirp O 48
chirp, Pulsed FM O 62
Chirp-Filter, Oberflächenwellenbauelement L 70
– -Z-Transformation Q 8
Chirped-Modulation O 48
Chrom E 1
Chrominanzinformation P 23
Chrominanzsignal R 16
circuit tuning F 37
Clapp-Oszillator G 44
Clipper, gesteuerter P 13
Clipperkreis P 32
Clique-Sorter O 53
CMA-Diagramm S 19, S 21
CML, Current Mode Logik M 33
CMOS-Technik M 26
CO_2-Laser M 62
cochannel dual polarization, CCDP R 30
Codefolge O 55
–, spead spectrum O 49
Codekombination O 31
Codemultiplex, CDMA O 55
Codemultiplextechnik O 51
Coder O 38
Codeverschiebung O 60
Codewort O 55
– -Regelschleife O 56
Codierung O 37, O 41, R 32
–, fehlerkorrigierende D 37

Colpitts-Oszillator G 43
combined carrier P 24
Combined-Betrieb R 17
Combiner P 10
computation of fields C 39
computer aided design, CAD C 29, M 43
confetti F 37
CONSOL S 10, S 15
continuous phase modulation, CPM R 30
Costas-Regelschleife O 26
CPM, continuous phase modulation R 30
CR-Phasenschieber L 26
Crawford-Zelle B 19
cross polar discrimination, XPD R 35
cross polarization interference candeller, XPIC R 35
crossed field amplifier, CFA P 36
crossmodulation, Kreuzmodulation F 29
Curie-Temperatur E 5, E 21
current controlled oscillator, CCO Q 42
Current Mode Logik, CML M 33
cutoff, Plasma S 19

D-Band A 5
– -Schicht H 15
Dachkapazität N 13, N 21
DAE R 31, R 34
DAM, dynamikgesteuerte Amplitudenmodulation P 13
Dämpfschicht, Laufzeitröhre M 81
Dämpfung H 5, H 11, L 1, L 19
–, Hohlleiter K 23
–, Oberflächenstrom E 26
dämpfungsbegrenztes System R 69
Dämpfungsdefinitionen I 15
Dämpfungsglied L 19
–, absorbierendes L 19, L 22
–, Amplitudenmodulator L 23
Dämpfungsglied, pin-Diode L 21
Dämpfungsglied, reflektierendes L 19, L 22
–, symmetrischer Mischer L 22
–, veränderbares L 21
Dämpfungskonstante, Hohlleiter K 24
–, Mikrostreifenleitung K 9, K 10, K 16
–, Rundhohlleiter K 27
Dämpfungsmaß B 4, B 5, H 5
Dämpfungsmaß, TEM-Wellenleiter K 4
Dämpfungsmaterial E 25
Dämpfungsmessung, LWL I 47
Dämpfungsspol, Filter L 60
Dämpfungsverlauf, Filter L 60
Dämpfungsverzerrung O 29
Dämpfungswert, Rundhohlleiter K 27
Darlington-Transistor M 18, M 25
Darstellung, komplexe C 1
Datenausgang Q 46

Datenbank, topographische H 28
Datenbus I 52
– -System R 58
Datenleitung M 38
Datenpfad M 42
Datensignal R 16
–, getaktetes D 15
Datenübertragung, Funk Q 10
Dauerstrichleistung, Gyrotron M 90
Dauerstrichmagnetron M 87
Dauerstrichradar S 2
Dauerstrichsender, Magnetron P 30
DAX R 31
dBc F 28
– (dB auf Träger bezogen) I 30
DC-bias F 34
– -decoupling F 37
– -detection, Diodenkopf I 41
– -Detektion I 24
– -Substitution I 8
DCDM, Digital Controlled Delta Modulation O 40
DCFL-Technik, GaAs-Logik M 35
DCTL, Direct Coupled Transistor Logik M 31
Debye-Länge, extrinsische M 7
– -Länge, intrinsische M 8
Decca A 7
DECCA S 10, S 16
Decoder O 38
deembedding I 24
Deemphase O 8, R 7, R 13, R 27
Deemphasis Q 11, Q 38
Defektelektron M 2
Defokussierung H 11
degenerierter Reflexionsverstärker G 17
Dejitterizer R 9
delay lock loop, DLL O 57
deley-spread H 19
Deltamodulation O 38
Demodulation O 1, Q 36
Demodulation von AM-Signalen O 6
Demodulation, FM O 9
–, ideale D 37
–, kohärente O 25
–, PM O 13
–, Schwellwert O 6
Demodulationsgrenzfrequenz M 57
Demodulationsverhalten, Lawinenphotodiode R 61
Demodulationsverhalten, pin-Photodiode R 60
Demodulator R 34
–, digitaler Q 7
–, kohärenter I 7
–, PLL Q 38
Depletion-Transistor M 22
Depolarisation H 11, H 13, H 31, H 34
– durch Eiskristalle H 34
Descrambler R 9
design centering C 33
detector logarithmic video amplifier, DLVA F 26
Detektor M 48

Detektor, Josephson-Element M 70
Detektor, quadratischer Q 4
–, SIS M 67
Detektordiode, Kennlinie I 8
Detektorempfänger Q 4
Diagramm, Kreuzkoppler L 36
Diagramm, ω-β K 49
Diamant E 3
Dibit O 20
Dichte E 1
–, spektrale D 19
Dichtemodulation M 78
–, Gyrotron M 88
Dicken-Dehnschwingung L 63
– -Scherschwingung L 63
Dickenschwingung L 57
Dickschichttechnik K 9
Dielectric Image Line K 47
Dielektrikum, künstliches N 26, N 47, N 53
dielektrische Antenne N 46, N 47
– Bildleitung K 47
– Grenzschicht B 10
– Güte L 52
– Keramik L 51
– Linse N 53
dielektrische Resonatoren, Kopplung L 53
dielektrische Schicht K 40
dielektrischer Draht K 36
– Resonator C 14, L 51
dielektrischer Resonator, Resonanzfrequenz L 52
dielektrischer Tensor S 18
– Wellenleiter K 36, N 47
dielektrischer Wellenleiter, Ausbreitungskonstante K 37
dielektrischer Werkstoff E 1
Dielektrizitätszahl, effektive K 34
differential gain P 24
– phase P 24
– TDR I 37
Differential-Übertrager-Brücke I 35
Differentialbrückenschaltung L 61
Differentialoperator B 1
Differentiation, stochastische D 17
differentielle Zweiphasenumtastung O 44
differentieller Streuquerschnitt H 5
differentieller Wirkungsgrad, Halbleiterlaser M 55
Differenzcodierung O 19
Differenzdemodulation O 25, R 46
Differenzdiskriminator O 9
Differenzfaktor, kubischer P 29
Differenzsignal R 14
Differenztonfaktor P 3
Differenzverstärkerstufe M 25
diffundierter Wellenleiter K 40
Diffusionskapazität M 8
Diffusionsspannung M 7
Digital Controlled Delta Modulation, DCDM O 40
digital geregelter ZF-Verstärker Q 49
digitale Frequenzmessung I 29
– Modulationsverfahren R 27
– Regelsteuerung Q 35

digitale Frequenzmessung
- Signalaufbereitung O 30
- Übertragung R 66
- Zeitmessung I 31
digitaler Demodulator Q 7
- Empfänger Q 57
digitaler Empfänger, Oszillator Q 60
-, Prozessorstruktur Q 59
digitaler Frequenzdiskriminator Q 39
- Frequenzteiler Q 30
- optischer Empfänger R 66
- Oszillator Q 27
- Phasendiskriminator Q 39
- PLL Q 30
Digitaler Satelliten-Rundfunk, DSR R 19
digitaler Tiefpaß Q 41
digitaler Zähler, Phasenmessung I 7
digitales Signal D 2
- Übertragungssystem D 1
- Übertragungsverfahren R 66
Digitalfilter D 11
Digitalisierung, HF-Teil Q 8
Digitaloszilloskop I 4
Digitalrichtfunksystem O 45
Digitalsamplingoszilloskop, DSO I 4
Digitalspeicheroszilloskop I 5
Diode mit speziellem Dotierungsprofil M 12
Diode Transistor Logik, DTL M 31
Diode, Grenzfrequenz G 15
-, innere Grenzfrequenz G 12
-, innere Parallelresonanzfrequenz G 12
-, signalverarbeitende M 11
Diodenaussteuerung G 15
Diodeneintaktmischer G 4
Diodengleichrichter I 2
Diodengrenzfrequenz G 23
Diodengüte G 15
Diodenkennlinie I 2
Diodenkopf, DC-detection I 41
Diodenmischer, Kettenschaltung G 19
Diodenringmischer Q 21
Diodentemperatur G 11
Diodenvoltmeter I 2
Diokotroneffekt M 85
dip-meter I 31
Diplexer, Antennenweiche R 14
Dipol N 12
-, gewinnoptimierter krummliniger N 28
Dipolfeld N 57, R 14
Dipolmoment, elektrisches N 5
-, magnetisches N 6
Dipolrahmenstrahler N 23
Dipolspalte N 57
Dipolwelle K 47
Dipolzeile N 57
Dirac-Stoß D 3
Direct Coupled Transistor Logik, DCTL M 31
Direct Sequence-Verfahren O 47

direkt moduliertes System R 33
direkte analoge Frequenzsynthese Q 26
- digitale Frequenzsynthese Q 27
- Frequenzsynthese P 4
direkter Halbleiter M 8, M 49
- Piezoeffekt E 16
direktes Phasenmodulationsverfahren O 13
Direktor N 26
Direktorenkette N 26
diskontinuierliches Modulationsverfahren O 30
Diskontinuität N 47
diskrete Faltung D 10
diskrete Fourier-Transformation Q 60
diskrete Quelle D 33
diskreter Übertragungskanal D 34
diskretes Bauelement, Messung I 35
diskretes Energieniveau M 2
- Halbleiterbauelement M 11
- Signal D 9, D 10
Diskriminator-Nullpunkt Q 39
Diskriminatornullpunkt Q 41
Dispersion K 10, R 40
-, Laufzeitröhre M 81
-, LWL I 48
dispersionsbegrenztes System R 69
Dispersionsgleichung S 19
Dispersionskurve, Verzögerungsleitung K 43
dispersive Leitung L 65
dispersiver Kanal, Modell R 40
dispersives Filter: Oberflächenwellenbauelement L 70
- Reflektorfilter: Oberflächenwellenbauelement L 72
distributed amplifier F 19
distributed feedback (DFB)-Laser M 55
distributed-Braggreflector (DBR)-Laser M 56
Divergenz B 1
Divergenzfaktor H 9
Diversity R 33, R 34, R 40
- -Verfahren Q 43
DLL, delay lock loop O 57
DLVA, detector logarithmic video amplifier F 26
DME S 10, S 13, S 15
Doherty-Modulation P 14
Dolph-Tschebyscheff-Belegung N 59
Domäne E 21, M 13
Donator M 2
Doppelbrechung, magnetische H 14
Doppelheterostruktur M 52
Doppelleitung E 13, E 14
-, Kapazität E 9
Doppelreflektorantenne N 50
Doppelsteghohlleiter, Adapter L 15
Doppelsuper Q 5
Doppelüberlagerungsprinzip Q 49, Q 51
Doppler Spread H 21
- -Effekt, Peilung S 11

- -Frequenz H 19, S 3
- -Peiler S 11
- -Radar S 2
- -Spektrum H 21
- -Verbreiterung H 21
- -Verschiebung H 28
Dotierstoffatom M 2
dotierter Halbleiter M 3
Dotierungsprofil M 23
-, abruptes G 23
Draht, dielektrischer K 36
Drahtantenne N 65
-, Speisezone N 66
-, Stromverteilung N 66
Drahtgittermodell, Maschenweite N 66
drahtlose Nachrichtenübermittlung N 1
Drahtplattenspeicher L 65
Drahtschleife E 14
-, rechteckige E 14
Drahtwiderstand E 7
Drain-Elektrode M 15
- -Schaltung F 12
Dreh-Adcock-Peiler S 10
Drehfeldspeisung N 62
Drehkreuz-Antenne R 14
Drehkreuzstrahler N 23
Drehrahmenpeiler S 10
dreidimensionale Feldberechnung C 39
Dreidrahtleitung K 3
Dreifachdiffusionstransistor M 18
Dreiniveausystem M 61
Dreipoloszillator G 43
Drosselflansch K 31
DSO, Digitalsamplingoszilloskop I 4
DSR, Digitaler Satelliten-Rundfunk R 19
DTL, Diode Transistor Logik M 31
dU/dt-Effekt, Thyristor M 19
Dual-Gate-FET F 32, G 18, Q 22
Dualpolarisationsbetrieb R 52
Dualzahl O 37
Duct H 12, H 38, R 25
- -Ausbreitung H 38
Ductausbreitung H 33
Dunkelstromdichte M 57
Dünnfilmtechnik K 9
Dünnschicht-Dämpfungsglied L 21
Duplexbetrieb Q 13
Durchbruchspannung M 12
Durchführung, geschirmte K 23
Durchführungsabschluß I 5, L 17
Durchführungsfilter E 25, F 4, F 38
Durchführungskondensator E 11, F 38
Durchgangsmaser M 64
Durchgangsmeßkopf I 1
Durchlaßbereich, Thyristor M 19
DVOR S 13
dynamik-gesteuerte Amplitudenmodulation R 12
Dynamikbereich Q 15
-, PCM O 34
-, Spektrumanalysator I 27
-, Verstärker F 11

dynamikgesteuerte Amplitudenmodulation, DAM P 13
Dynamikkompression F 30
Dynamikspezifikation Q 55
dynamische Güte G 15
dynamische MOS-Schaltungstechnik M 34
dynamischer Speicher M 36
dynamisches Regelverhalten Q 34
dynamisches Regelverhalten, Einseitenbandmodulation Q 34
–, Frequenzmodulation Q 35
–, Zweiseitenbandmodulation Q 34

E-Band A 5
– -Betrieb F 35
– -Ebene I 39
– -Ebenen-Diagramm N 8
– -Kern E 15
– -Schicht H 15
– -Welle K 21, K 40
E_{010}-Resonanz L 48
E_{110}-Resonanz L 47
EAROM, electrically alterable read only memory M 40
ebene Gruppenantenne N 60
– Leiterschleife E 13
– Welle B 3, N 2
Ebers-Moll-Gleichung M 10
Echoentzerrer Q 3
Echtzeit-Spektralanalyse I 25
ECL, Emitter Coupled Logic M 33
ECS-Satellit R 44, R 50
– -Satellit, Nutzlast R 51
effective radiated power, ERP H 4
Effekt, parasitärer F 8
–, piezoelektrischer E 16
effektive Anregung N 62
– Dielektrizitätszahl K 34
– Fläche N 10
– Höhe N 11, N 13
effektive Permittivitätszahl, Mikrostreifenleitung K 9
effektive Strahlungsleistung N 7
– Zustandsdichte M 4
effektiver Brechungsindex K 40
effektiver Kerndurchmesser, LWL I 49
effektiver Leistungsgewinn G 13
– Modulationsgrad P 15
– Radius H 5
Effektivwert, Messung I 2
–, Strom I O 6
efficiency, power-added F 9
EHF A 5
Eichleitung L 21
Eigenkapazität E 16
Eigenpfeifstelle Q 1
Eigenschaft, Leiter E 1
–, Widerstandsschicht E 6
Eigenschaften, Auge D 30
Eigenschwingung, magnetostatische L 53
Eigenwelle C 25
Eigenwellendispersion K 39
Eigenwertproblem C 25
eindeutige Reichweite S 5

Eindringtiefe H 10
Einfachdiffusionstransistor M 18
Einfall, schräger B 9
–, senkrechter B 8
Einfallsebene B 7
Einfügungsdämpfung I 15, L 20
–, Oberflächenwellenbauelement L 67
Einfügungsverstärkung F 10
Eingangsimpedanz N 7
Eingangsleistung N 6
Eingangsmultiplexer R 51
Eingangsperipherie Q 2
Eingangsrauschspannung Q 10
Eingangsschnittstelle Q 45
Eingangswiderstand, Exponentialleitung L 7
eingeschränkter Schwenkbereich N 57
eingestrahlte Störung Q 17
Einheitensystem, internationales A 2
Einhüllende D 8
einkanaliger Automatikpeiler S 11
– Hörpeiler S 10
– Sichtpeiler S 10
Einkreisverstärker F 21
Einkristall E 20
einlagige Zylinderspule E 15
Einlaufzeit, Oszillator Q 25
Einreflektorantenne R 53
Einsatzspannung M 15, M 33
Einschwingzeit, ZF-Filter I 26
Einseitenband-Amplitudenmodulation, ESB-AM O 4
– -Rauschzahl G 10, G 20, G 21
– -Rundfunk P 22
Einseitenbandmodulation P 22
– ohne Restträger Q 34
–, dynamisches Regelverhalten Q 34
Einseitenbandsendung R 13
Einseitenbandsignal Q 37
Einstein-Koeffizient M 61
einstellbare C-Belastung L 8
einstellbare Koppeldämpfung, Richtkoppler L 31
einstellbarer Kondensator E 12
Einstellgenauigkeit Q 23
Einstellgeschwindigkeit Q 23
Einstellung des Ruhestroms F 35
Eintor C 9
Einträger-Sättigungsleistung R 52, R 55
Einweggleichrichter G 32
Einwegleitung L 43
einwellige Faser K 39
Einzelkanalträgersystem O 52
Einzelstrahler N 57
–, Anpassung N 63
EIRP, equivalent isotropic radiated power H 4, N 6, R 44
Eisen E 1
– -Seltenerden-Legierung E 22
Eisenbahnsignaltechnik K 47
Eklipse, Satellitenfinsternis R 43
Elastanz G 23
–, gesteuerte G 14
elastische Impedanz E 18

– Nachgiebigkeit E 24
– Welle E 21
Elastizitätsmodul E 17
electrically alterable read only memory, EAROM M 40
electrically programmable read only memory, EPROM M 40
Electron Cyclotron Emission S 17
elektrisch programmierbarer Festwertspeicher M 40
– umprogrammierbarer Festwertspeicher M 40
elektrische Feldstärke C 2, H 1
– Flußdichte C 2
– Kopplung L 50
– Länge I 17
– Länge eines Verstärkers F 30
– Sicherheit Q 45
elektrischer Flächenstrom N 5
– Hohlleiterwellentyp K 28
elektrisches Dipolmoment N 5
– Ersatzschaltbild E 18, E 23
elektrochemisches Potential M 4
Elektrolytkondensator E 10
elektromagnetische Beeinflussung B 17
elektromagnetische Verträglichkeit, EMV Q 16
elektromagnetische Welle B 1
elektromagnetisches Feld B 1
elektromechanische Analogie E 17, L 61
– Verzögerungsleitung L 64
elektromechanischer Kopplungsfaktor E 19
elektromechanisches Ersatzschaltbild E 24
– Filter L 57
Elektronen-Zyklotronresonanz-Absorption M 90
Elektronenbahn, elektrostatisches Feld M 73
–, gekreuztes elektrisches Feld M 74
–, gekreuztes magnetisches Feld M 74
–, homogenes Magnetfeld M 74
Elektronenbewegung M 73
Elektronendichte H 13, S 17
Elektronenemission M 71
Elektronenfahrplan, Laufzeitröhre M 79
Elektronenkanone M 78
Elektronenpaket, Laufzeitröhre M 79
Elektronenröhre M 71
Elektronenspin L 53
Elektronenstoßfrequenz S 17
Elektronenstrahloszillograph I 3
Elektronenströmung, laminare P 29
Elektronentemperatur S 17
Elektronentransfer-Diode M 13
Elektronenzyklotronfrequenz S 18
Elektronenzyklotronresonanz S 18
Elektronenzyklotronstrahlung S 17
elektronische Strahlschwenkung N 57

elektronischer Wirkungsgrad, Gyrotron M 90
–, Kreuzfeldröhre M 84
elektronisches Rauschen D 11
elektrostatisches Feld, Elektronenbahn M 73
elementare Strahlungsquelle N 3
Elementarvierpol, Verzögerungsleitung K 42
Elementgewinnfunktion N 62
Elemtardipol, magnetischer N 4
Elevationsstreuung Q 9
ELF H 23
elliptische Polarisation N 7
EMI-Schleife L 13
Emission, spontane M 48, M 59, M 61
–, stimulierte M 48, M 61
–, thermische M 71
Emitter M 14
emitter ballast resistor F 32
Emitter Coupled Logik, ECL M 33
Emitter-Schaltung F 12
Emitterfolger M 25, M 31
Emitterschaltung M 24
–, Stromverstärker M 14
Emitterwiderstand F 32
Empfang, paralleler Q 8
Empfänger Q 1
–, Bandbreite Q 9
–, Betriebsempfindlichkeit Q 41
–, digitaler Q 57
–, digitaler optischer R 66
–, Empfindlichkeit Q 50
–, hochohmiger R 68
–, integrierender R 68
–, Konstruktionsrichtlinie Q 49
–, Nullpunktdrift Q 8
Empfängereigenschaften Q 9
Empfängerkonzept Q 4
–, Vergleich Q 8
Empfängerlaufzeit-Vorentzerrer P 25
Empfangsanlage, Gütefaktor R 20
Empfangsantenne N 1
–, aktive N 36
Empfangsbandbreite Q 1
Empfangsfeldstärke N 17
Empfangsgüte, Bodenstation R 45
Empfangsleistung N 10
Empfangsrauschen D 20
Empfangsumsetzer R 55
Empfangsverstärker R 55
–, rauscharmer R 50
Empfindlichkeit Q 1, Q 9
–, Außenrauschen Q 12
–, Empfänger Q 50
–, tangentiale I 34
Empfindlichkeitsanalyse C 34
Emphasecharakteristik R 47
EMV, elektromagnetische Verträglichkeit Q 16
–, externe Q 16
–, interne Q 16
End-Phasenrauschabstand Q 26
endliche Leiterdicke Q 10
Endrauschabstand Q 24
Endstelle R 32
–, Bodenstation R 55

Endstufenmodulation P 14
Endstufentransistor F 23
Endumsetzer P 25
Energie E 16
Energieband M 2
Energiedichtespektrum D 5
Energiegeschwindigkeit, Verzögerungsleitung K 42
Energieniveau, atomares M 61
–, diskretes M 2
Energiesignal D 2
Energieumwandlung M 84
Enhancement-MOS-Transistor M 22
enhancement-typ M 15
ENR, excess noise ratio I 33
Ensemble D 12
Entdämpfung, Gyrotron M 88
Entdeckungswahrscheinlichkeit Q 9, Q 54, S 4
Entfernungsauflösungsvermögen S 4
Entgasen M 76
– Zusammenfassung P 10
Entmagnetisierungsfaktor L 53
Entropie D 33
Entscheidungsgehalt D 33
Entwurf, rechnerunterstützter C 29
Entzerrer, adaptiver Q 3
Entzerrung R 7
–, adaptive H 21
Epibasistransistor M 18
Epitaxie M 49
Epoxidharz E 2, E 3
EPROM, electrically programmable read only memory M 40
Epsilam E 3
equivalent circuit model C 38
equivalent isotropic radiated power, EIRP H 4, N 6
equivalent isotropically radiated power, EIRP R 44
Erde H 10
Erdefunkstelle, Koordinierung H 39
Erderkundung R 42
Erdfunkstelle, Koordinierung H 37
Erdkrümmung H 9
Erdmagnetfeld H 13
Erdnetz N 20
Erdradius, mittlerer H 10
Erdrotations-Synthese-Teleskop S 27
Erdung B 18
ergodischer Prozeß D 12, D 16, D 17
Erhebungswinkel N 22
Erholzeit, recovery time F 30
ERP, äquivalente Strahlungsleistung R 17
–, effective radiated power H 4
Erreger N 26, N 43, N 46
Ersatzkanal R 32
Ersatzschaltbild, elektrisches E 18, E 23
–, elektromechanisches E 24
–, lineares C 38
–, mech. Filter L 59, L 61

–, nichtlineares C 38
–, statistisches C 39
–, Transistor C 38
Ersatzschalteinrichtung R 35
Ersatzschaltung N 62
–, Rauschquelle D 18, D 21
–, Senderverstärker P 5
–, Verzögerungsleitung K 43
Erstzugriff O 54
Erwartungswert D 13, H 2
Erweiterungskarte, Meßgerät I 50
erwünschte Aussendung P 2
ES-Schicht H 15
ESB-AM, Einseitenband-Amplitudenmodulation O 4
– -AM, Filtermethode O 4
– -AM, Phasenmethode O 5
– -Phasenrauschen Q 13
Ethylalkohol E 2
Ethyläther E 2
Eulersche Formel C 1
Eurobeam R 43
Eurokassette I 50
Europakarte I 52
Eutelsat O 53
–, Bodenstation R 54
Eutelsat/ECS-System R 48
excess noise ratio, ENR I 33
Expansion, PCM O 34
Exponentiallinie G 31
Exponentialleitung F 18, L 6
–, Eingangswiderstand L 7
externe EMV Q 16
extrinsische Debye-Länge M 7
exzentrischer, Innenleiter K 4

F-Band A 5
– -Schicht H 15
Fabry-Perot-Resonator L 51, M 52, M 89
Fadenstromtheorie N 66
Fading Q 43
Fahrzeugkoppler K 48
Falschalarmwahrscheinlichkeit Q 54, S 4
Falschmelderate S 4
Faltdipol N 15, N 22
Faltung, diskrete D 10
Faltungsalgebra D 4
Faltungsintegral D 4
Fangbereich Q 29
Fangoszillator Q 30
Faraday-Effekt H 14
– -Rotation B 7
– -Rotationszirkulator L 43
Farbfernsehsysteme P 24
Farbfernsehtechnik D 31
Farbhilfsträgerfrequenz P 23
Farbstofflaser M 62
Farraday-Rotations-Einweglleitung L 44
Faser, einwellige K 39
–, optische K 37
Faserdämpfung I 48
faseroptisches Nachrichtensystem, Reichweite R 69
Faserstecker R 63

Fast Fourier Transform-Empfänger Q 60
FBAS-Signal P 24
FDMA, Frequenzmultiples R 45
–, Frequenzmultiplex O 51
feed-through termination I 5
feedback F 14
Fehlanpassungskreis P 17
Fehlerkorrektur I 20
–, adaptive Q 60
–, Netzwerkanalyse I 18
fehlerkorrigierende Codierung D 37
Fehlerortung R 6
Fehlerwahrscheinlichkeit D 37, O 44
Fehlerzweitor, Netzwerkanalyse I 18
Feld, elektromagnetisches B 1
–, Liniendipol K 1
Feldberechnung, dreidimensionale C 39
–, zweidimensionale C 39
Feldeffekttransistor R 67
–, FET M 15, R 65
Feldemission M 6, M 71
Feldlinie des Hertzschen Dipols N 4
Feldplatte E 8
Feldstärke, elektrische C 2, H 1
–, magnetische C 2
–, nutzbare R 10
–, zulässige B 21
Feldstärkemessung I 37
Feldstärkepegel H 1
Feldstärkeverteilung K 24
feldtheoretische Analyse C 40
Feldverdrängungs-Einwegleitung L 43
Feldverteilung K 28
Feldwellenwiderstand B 4, K 24, N 1
– des freien Raums N 1
Felsen H 10
FEM, Finite-Elemente-Methode C 39
Fensterkomparator Q 43
FEP, Fluorethylenpropylen E 2, E 3
Fermi-Statistik M 4
– -Verteilung M 3
Fernfeld N 1
–, Antenne I 39
Fernfelddiagramm, Antenne I 39
Fernfeldmessung, Antenne I 39
Fernfeldnäherung N 4
Fernfeldregion N 1, N 6
Fernmeßtechnik A 6
Fernsehrundfunk R 15
Fernsehsender P 23
Fernsehübertragung D 31
Fernspeisegerät R 8
Fernspeisestrom R 6
Fernspeiseweiche R 8
Fernspeisung R 5
Fernsteuerung A 6
Fernwirk-Funkanlagen A 6
ferrimagnetische Resonanz, FMR L 53

ferrimagnetischer Leistungsbegrenzer L 53
– Resonator L 53
Ferrit E 5, E 15
Ferritantenne N 16
Ferroelektrikum E 16
ferroelektrisches Material E 21
ferromagnetische Magnetostriktion E 22
Festdämpfungsglied L 20
feste Strahlrichtung N 57
Festfrequenzempfänger Q 5
Festfrequenzsender P 21
Festkörperlaser M 62
Festkörpermaser M 64
Festmantelleitung K 5
Festwertspeicher M 36
–, elektrisch programmierbarer M 40
–, elektrisch umprogrammierbarer M 40
–, inversibler M 37
–, programmierbarer M 38
–, reversibler M 37
Festzielunterdrückung S 5
FET, Feldeffekttransistor M 15, R 65
– -Mischer G 20
– -Mischer, passiver Q 21
feuchter Boden H 10
FH, Frequency Hopping O 61
field programmable logic array, FPLA M 43
Filter mit mech. Resonator L 57
– mit passivem Resonator L 64
– mit Resonanzvierpol L 61
–, aktives Q 33
–, Dämpfungsverlauf L 60
–, elektromechanisches L 57
–, frequenzselektives C 12
–, Keramik L 51
filter, matched R 30
Filter, mechanisches E 23, Q 33
–, mehrkreisiges C 14
–, Oberflächenwellenbauelement L 68
–, piezokeramisches L 59
– -Kenngröße Q 33
– -Phasenmodulation O 13
Filter: Oberflächenwellenbauelement, dispersives L 70
Filterbank Q 19, Q 32
Filtergrundschaltung C 15
Filterkette, mechanische L 64
Filtermethode, ESB-AM O 4
Filterphasenmodulation O 13
Filtersynthese C 36
Filterweiche P 19
Fingerstruktur M 15
Finite Impulse Response-Filter Q 59
Finite-Differenzen-Methode C 39
– -Elemente-Methode, FEM C 39
Finleitung K 33
–, Adapter L 15
–, Leitungswellenwiderstand K 34
–, unilaterale K 34
Fitzgeraldscher Dipol N 4

Fläche, effektive N 10
–, wirksame N 2, N 10
Flächen-Dehnschwingung L 62
Flächenausnutzung N 11
Flächendehnschwinger L 59
Flächendiode M 12
Flächenemitter M 50, R 59
flächenemittierender Halbleiterlaser M 56
Flächenschwingung L 57
Flächenstrom, elektrischer N 5
–, magnetischer N 5
Flächenstromdichte C 2
Flächenversorgung H 26
Flächenwiderstand B 14
Flächenwirkungsgrad N 11, N 49
Flachschwund R 40
Flankendemodulator Q 38
Flankendiskriminator O 9, O 18
Flansch K 31
Flexwell-Hohlleiter K 32
floating gate M 40
Flossenleitung K 33
Flugzeug, Reflexion H 39
Fluktuation, Interferenzmuster R 64
Fluorethylenpropylen, FEP E 2, E 3
Flußdichte, elektrische C 2
–, magnetische C 2
Flüssigkeitslaser M 62
Flüssigphasenepitaxie, YIG L 54
FM Feedback Demodulator R 46
–, Demodulation O 9
–, nichtlineare Verzerrungen O 12
–, Störabstand O 11
– -Hörrundfunk R 13
– -Modulation, Laser R 72
– -Radar S 4
– -Rauschen, Messung I 43
– -Schwelle Q 11
FMR, ferrimagnetische Resonanz L 53
Foam-skin-dielectric K 5
Fokussierelektrode M 81
Fokussiersystem, Laufzeitröhre M 81
Fokussierung H 11
Folienabsorber L 18
Formfaktor I 25
Formgebung N 48
Fortpflanzungsgeschwindigkeit, Verzögerungsleitung K 41
Fortpflanzungskonstante M 82
fortschreitende Welle N 22
Foster-Seeley-Kreis O 9
Fourier-Darstellung D 26
– -Integral D 4
– -Reihe, verallgemeinerte G 28
– -Reihe, Verzögerungsleitung K 42
– -Transformation C 1
– -Transformation, diskrete Q 60
– -Transformation, Realzeit Q 8
– -Transformation, Theorem D 5
– -Umkehrintegral D 4
Fowler-Gleichung M 71
FPLA, field programmable logic array M 43

Frauenhofer-Region N 2
Frei-Frei-Strahlung S 24
Freilaufdiode P 12
Freiraumausbreitung R 25
Freiraumdämpfung R 39
Freiraumfeldstärke H 7, H 8
Freiraumübertragungsstrecke N 1
Freiraumwelle N 1
Freiraumwert H 26
freischwingender Oszillator Q 24
Freiwerdezeit, Thyristor M 19
Fremdspannung P 3
Frenkel-Poole-Emission M 6
Frequency Hopping, FH O 61
– -Modulation O 48
frequency shift keying, FSK R 30, R 71
Frequenz, charakteristische P 4
–, kritische K 21
– -Demodulation Q 38
– -Einstellzeit Q 32
– -Spannungs-Wandler I 31
– -Störhub Q 13
– -Temperaturgang, Piezokeramik L 59
– -Umtastung Q 10
Frequenzabhängigkeit C 5
– einer Transformation C 6
–, Leitungstransformation L 5
–, Transformation L 3
Frequenzablage, momentane H 21
Frequenzanalyse P 4, Q 28
Frequenzaufbereitung P 4
Frequenzbereich, Buchstabenbezeichnung A 5
–, Verstärker F 2
Frequenzbereiche A 6
–, Satellitenfunk R 24
Frequenzdekade Q 26
Frequenzdiskriminator Q 39
–, digitaler Q 39
Frequenzdiversity H 30
Frequenzdrift P 3
Frequenzeinstellfehler P 3
Frequenzerzeugung P 3
Frequenzfehler, Größtwert P 3
Frequenzfenster I 23
Frequenzfortschaltung, stufenweise Q 55
frequenzgesteuerte Gruppenantenne N 64
Frequenzgleichlage, Aufwärtsmischer G 13
Frequenzinkonstanz Q 23
Frequenzjitter O 29
Frequenzkehrlage, Abwärtsmischer G 13
–, Aufwärtsmischer G 13
Frequenzkonstante E 18
Frequenzkorrelation H 20
Frequenzmarke I 31
Frequenzmessung, analoge I 31
–, digitale I 29
–, Interferenzverfahren I 31
–, Überlagerungsverfahren I 30
Frequenzmodulation D 37, O 7, R 66
–, dynamisches Regelverhalten Q 35

Frequenzmodulator, Linearität O 8
frequenzmodulierter Tonrundfunksender P 22
Frequenzmultiples, FDMA R 45
Frequenzmultiplex, FDMA O 51
Frequenzmultiplexsystem R 1
Frequenzmultiplextechnik O 51
Frequenznormale L 57
Frequenzplanung R 37
Frequenzpyramide G 2
frequenzselektiver Reflektor N 52
– Schwund H 18, H 21, K 47
frequenzselektives Filter C 12
Frequenzselektivität H 21, H 29
Frequenzspektrum, Frequenzumsetzung G 2
Frequenzstabilität G 41
–, Oszillator I 43
–, Sender P 4
Frequenzsuchlauf Q 51
Frequenzsynthese, direkte P 4
–, direkte analoge Q 26
–, direkte digitale Q 27
–, indirekte Q 31
Frequenzteiler, digitaler Q 30
–, Phasenbedingung G 25
–, Varaktordiode G 24
Frequenzteilung G 22, Q 26
Frequenztoleranz P 3
Frequenzüberwachungsverfahren, adaptives Q 52
Frequenzumsetzer G 8
Frequenzumsetzung, Frequenzspektrum G 2
–, Satellitensystem R 50
Frequenzumtastung O 17
–, gezähmte O 17
Frequenzumtastverfahren Q 38
frequenzunabhängige Antenne N 29, N 33, N 34
Frequenzverdopplung M 65
Frequenzversatz O 29, R 16
Frequenzvervielfachung G 1, G 22, O 25, Q 26
Frequenzzähler I 30
Frequenzzuordnung A 4
Frequenzzuweisungen A 6
Fresnel-Ellipsoid H 8, H 10, H 29
– -Integral H 7
– -Region N 2
– -Zone H 8, R 25
Friis, Formel D 25, G 19
Friissche Formel Q 9
fruit S 9
FSK, frequency shift keying R 30, R 71
–, Grundverzerrung Q 41
– -Demodulator Q 38, Q 39
– -Quadraturdemodulator Q 41
Füllsender R 17
Funk, Datenübertragung Q 10
– -Fernschreibzeichen Q 11
– -Verkehrsempfänger Q 3
Funkaufklärung Q 51
Funkempfänger, Bandbreite Q 11
Funkentstörung E 9
Funkfeld R 32

Funkfeldgeometrie R 39
Funkfeldplanung, Qualitätsprognose R 38
Funkfeldschnitt R 39
Funkkanalsimulation H 22
Funkkontrolle Q 51
Funkpeiler Q 4
Funkpeilverfahren S 9
Funkrauschen H 16
Funkstrahl H 11
Funktionseinheit, Sender P 1
Funktionsgenerator G 47
Funküberwachung Q 51
fused quartz E 3
Fußisolation N 21
Fußpunktimpedanz N 12

G-Band A 5
GaAs-FET F 32
– -FET-Dämpfungsglied L 23
– -FET-Sendeverstärker R 52
– -Heterostrukturtransistor M 16
– -Logik, BFL-Technik M 35
– -Logik, DCFL-Technik M 35
– -Logik, SDFL-Technik M 35
– -MESFET M 16
gain compression point, 1 dB F 27
gain control, Verstärkungsregelung F 15
gain equalizer L 21
–, associated F 25
galaktisches Rauschen D 20, H 17
Galerkin-Methode N 67
Gangunterraum H 9
Ganzwellendipol N 22
garbling S 9
Gas, atmosphärisches H 12
Gasdämpfungskoeffizient H 12
Gaslaser M 62
Gate-Array M 44
– -Schaltung F 12
Gauß-Kanal, Kanalkapazität D 36
– -Verteilung D 13, H 2
Gaußscher, Strahl M 62
Gaußsches Fehlerintegral D 13
Gebiet, intrinsisches M 4
gebietsangepaßte Richtcharakteristik N 57
Gebietsstrahl R 42
– -Bedeckung R 53
Gebirge H 10
gedächtnislose Binärquelle D 33
gedämpfte Leitung C 24
Gefährdung von Lebewesen B 20
Gegengewicht N 11
Gegeninduktivität E 14
–, Spule E 14
Gegenkopplung G 37, R 62
Gegentakt-Transistorverstärker P 18
– -Verstärker G 36
Gegentaktflankendiskriminator O 9
Gegentaktmischstufe Q 22
Gegentaktmodulator O 9
Gegentaktneutralisation P 7
Gegentaktverstärker F 24, G 35, M 26

–, Verlustleistung G 35
Gegentaktwelle C 27, K 14, K 16
Gehör D 28
gekoppelte Mikrostreifenleitung K 13
– Schlitzleitung K 16
gekoppelter Hohlraumresonator M 81
– Kreis K 44
gekreuztes elektrisches Feld, Elektronenbahn M 74
gekreuztes magnetisches Feld, Elektronenbahn M 74
Gelände, quasi-ebenes H 27
Geländeprofil H 10, H 28
Geländerauhigkeit H 27
Gemeinschaftsantennenanlage R 21
Gemeinschaftsempfang R 19
Genauigkeit, Peilempfänger Q 53
General Purpose Interface Bus, GPIB I 51
general purpose interface bus, GPIB Q 47
Generatorleitwert, rauschoptimaler G 20
geometrische Optik K 38
– Schattenzone H 7
geometrische Theorie, Beugung N 53
geostationäre Umlaufbahn R 19
geostationärer Orbit R 43
– Satellit R 42
geosynchroner Satellit R 42
gepreßte Kathode M 73
Geradeausempfänger Q 4, Q 5
Gerät, programmierbares I 51
Geräuschbewertung, psophometrische R 48
Geräuschspannung P 3
geregelte Verstärkerstufe Q 34
Gesamtelektroneninhalt H 15
Gesamtgeräuschleistung R 47
Gesamtrauschzahl G 19
Gesamtrichtcharakteristik N 58
gesättigte bipolare Schaltungstechnik M 31
geschaltete Rauschsperre Q 35
geschalteter Kondensator M 27
geschalteter ZF-Verstärker Q 36
geschäumtes Polystyrol E 2
geschirmte Durchführung K 23
– Zweidrahtleitung K 2
geschirmter Raum I 38
geschlitzte Koaxialleitung K 47
Geschwindigkeitsmodulation M 78
gestaffelte Pulsfolgefrequenz S 5
gesteuerte Elastanz G 14
– Kapazität G 12
– Quelle G 18
gesteuerter Blindwiderstand G 22
– Clipper P 13
– Wirkleitwert G 5
– Wirkwiderstand G 12, G 22
getaktetes Datensignal D 15
Getterspiegel M 76
Gewinn N 2, N 3, N 9, N 17, N 49
–, Hornstrahler N 42
–, isotroper N 10

–, Messung I 40
gewinn-geführter Halbleiterlaser M 53
gewinnoptimierter krummliniger Dipol N 28
Gewitterelektrizität P 11
gezähmte Frequenzumtastung O 17
ghost mode P 26
Gitter, Verlustleistung M 76
gittergesteuerte Röhre M 76
Gitterneutralisation P 7
Gitterschwingung M 4
Glas E 2, E 3, K 37, M 75
–, Transformationspunkt M 75
Glasfaser K 36
Gleichgewicht, thermisches M 2
Gleichkanal-Rundfunk P 22
Gleichkanalabstand H 26
Gleichkanalbetrieb R 31, R 35
Gleichkanalentfernung R 11
Gleichkanalsender R 11
Gleichkanalstörer Q 45
Gleichlage G 2
Gleichlaufproblem Q 20
Gleichrichter, nichtlinearer Q 9
–, phasengesteuerter I 7
– -Übertragungsfunktion G 30
Gleichrichterschaltung G 31
Gleichstromarbeitspunkt, Transistor F 34
Gleichstromentkopplung F 37
Gleichstromkopplung M 26
Gleichstromschaltbild F 4
Gleichstromzuführung F 37
Gleichtaktwelle C 27, K 14, K 16
Glimmer E 2, E 3
Glimmerkondensator E 10
Glühkathode M 72
Gold E 1
Goniometerpeiler S 10
GPIB, General Purpose Interface Bus I 51
–, general purpose interface bus Q 47
GPIB, IEEE-488-Bus I 51
GPS A 7
– -NAVSTAR S 10, S 15
Gradient B 1
Gradientenprofilfaser K 38, R 64
gradual channel approximation M 11
Granat L 38, L 55
Graphit E 1, E 3
–, pyrolythischer M 77
Gray-Codierung O 20
Gregorian-System S 25
Gregory-Antenne N 50
– -Prinzip R 53
Grenzbedingung, Hull M 85
Grenzempfindlichkeit Q 9, R 71
Grenzfläche B 8
Grenzfrequenz C 16
–, Diode G 15
–, Koaxialleitung K 35
Grenzkreis C 7
Grenzschicht, dielektrische B 10
Grenzwellenlänge K 21
–, Koaxialleitung K 35

Grenzwert, Leistungsverstärker G 34
Grenzzustand P 6
Größe, physikalische A 1
–, vektorielle C 2
Größengleichung A 4
–, zugeschnittene A 4
Größenwert A 1
Großsignal-S-Parameter C 38, F 11
Großsignalfestigkeit Q 13
Großsignalmodell C 34
Großsignaltheorie, Laufzeitröhre M 82
Großsignalverhalten M 10, R 13
Größtwert, Frequenzfehler P 3
Grundgeräusch R 38
Grundgleichung, magnetostriktive E 23
–, piezoelektrische E 16
Grundnetzsender R 17
Grundverzerrung, FSK Q 41
Grundwelle, magnetische K 24
–, Mikrostreifenleitung K 10
Grundwellenmischung G 19
Grundwellentyp, Plasma S 19
Gruppenantenne N 56
–, ebene N 60
–, frequenzgesteuerte N 64
–, konforme N 61
–, lineare N 57
–, phasengesteuerte N 57
–, strahlungsgespeiste N 64
Gruppencharakteristik N 23, N 58
Gruppenerreger N 57
–, Amplitudenbelegung N 57
–, Matrixspeisesystem N 58
Gruppengeschwindigkeit C 19, K 23, M 79
–, Verzögerungsleitung K 41
Gruppenindex K 38
Gruppenlaufzeit H 30, I 16
Gruppenlaufzeitdifferenz Q 11
Gruppenlaufzeitverzerrung H 20, O 29
–, Tonsignal D 29
GTO-Thyristor M 20
guided radar K 47
Gummel-Poon-Modell M 10
Gummibandeffekt C 36
Gunn-Diode M 13
– -Effekt M 6
– -Oszillator G 42
Güte K 11
–, dielektrische L 52
–, dynamische G 15
–, Oszillator I 44
–, Resonator I 41, L 47
Gütefaktor, Empfangsanlage R 20
gyrating electrons M 87
Gyro-Rückwärtswellenoszillator M 90
Gyrofrequenz H 14
Gyroklystron-Verstärker M 90
gyromagnetische Resonanz B 7
gyromagnetisches Verhältnis L 53
Gyromonotron M 87
Gyrotron M 87, S 18
–, belastete Güte M 89

Gyrotron, Dauerstrichleistung   M 90
–, Dichtemodulation   M 88
–, elektronischer Wirkungsgrad
   M 90
–, Entdämpfung   M 88
–, Hochfrequenzfenster   M 88
–, Phasenfokussierung   M 88
Gyrotron, quasi-optisches   M 89
Gyrotron, Resonator   M 88
–, Wendelbahn   M 89
–, Bauformen   M 90
– -Oszillator   M 88
gyrotropes Medium   B 6, L 38
Gyrowanderfeld-Verstärker   M 90

H-Band   A 5
– -Ebene   I 39
– -Ebenen-Diagramm   N 8
– -Filter   L 62
– -Parameter, Hybridparameter
   C 9
– -Welle   K 21, K 40
– -Welle im Kreisquerschnitt   K 26
H_{011}-Resonanz   L 49
H_{10}-Welle   K 22
H_{101}-Resonanz   L 47
Halbglied   L 59
– für Abzweigfilter   L 60
Halbleiter, direkter   M 8, M 49
–, dotierter   M 3
–, indirekter   M 8
–, intrinsischer   M 3
–, Kanal   M 15
–, Lichtabsorption   M 48
–, Lichtemission   M 48
–, undotierter   M 2
– -Magnetmodulator   P 34
– -Technologie   M 49
– -Werkstoff   M 49
Halbleiterbauelement, diskretes
   M 11
–, optoelektronisches   M 48
Halbleiterdiode im Durchlaßbereich
   G 4
– in Sperrichtung   G 12
–, Stromsteuerung   G 22
–, Ersatzschaltbild   G 4
Halbleiterlaser   M 52, R 58, R 62
–, abstimmbarer   M 56
–, differentieller Wirkungsgrad
   M 55
–, flächenemittierender   M 56
Halbleiterlaser, gewinn-geführter
   M 53
Halbleiterlaser, index-geführter
   M 53
Halbleiterlaser, Modulation   M 55
Halbleiterspeicher   M 36
Halbwellendipol   N 7, N 10, N 13
Halbwertsbreite   N 9, N 50
Hall-Effekt   I O 6
Haltebereich   Q 29
Halterung des Fangreflektors   N 48
Haltestrom, Thyristor   M 19
Handregelung   Q 35
Handshake-Leitung   I 51
Hansen-Woodyard-Bedingung   N 47

hard tube modulator, HT   P 36
Hardkey   C 30
Harmonic-balance-Methode   C 34,
   F 30
– -Heterodyne-Converter   I 30
Harmonische   F 28
harmonische Schwingung   C 1
Harmonischenmischung, Spektrum-
   analysator   I 27
harmonischer Oszillator   G 40
Harms-Goubau-Leitung   K 47
harte Tastung   O 16, O 17
harter Begrenzer   G 28
Hartgummi   E 2
Hartley-Oszillator   G 43
Hartree-Schwellspannung   M 86
Häufigkeit   H 1
Häufigkeitsanalyse   S 12
Hauptkeule   N 9, N 20, N 50
–, sekundäre   N 59, N 60
Hauptkeulenschwenkung   N 60
Hauptleitung   C 27
Hauptreflektor   N 50
Hauptstrahlrichtung, primäre   N 59
Hauptstrahlungsrichtung   N 19
Hausverteilanlage   R 22
Hausverteilnetz   R 21
HBT   F 32
–, Heterojunction Bipolar Transi-
   stor   M 17
HDK-Keramikkondensator   E 10
HE 11-Welle   K 36
heißes Plasma   S 22
Heißleiter   E 8, Q 21
Helium-Neon-Laser   M 62
Helix   K 44
Helixantenne   N 35
hemisphärische Bedeckung   R 52
HEMT   F 32
–, High Electron Mobility Transi-
   stor   M 16
HEMT, High-Electron-Mobility-
   Transistor   M 36
Hertzscher Dipol   N 3
– Vektor   N 4
Hertzscher Vektor, magnetischer
   N 5
Heterodyne-Converter   I 30
Heterodynempfänger   Q 6
Heterojunction Bipolar Transistor,
   HBT   M 17
Heterostruktur-Transistor   F 32
HF   A 5
– -Bereich   P 21
– -Fenster   P 26
– -Heizung   S 18
– -Leitungsparameter   R 2
– -Regelung   Q 34
– -Schaltbild   F 4
– -Selektion   Q 12, Q 19
– -Sender   P 21
– -Substitution   I 13
– -Teil, Digitalisierung   Q 8
– -Verstärkung   Q 5, Q 20
– -Voltmeter   I 2
– -Voltmeter, zweikanaliges   I 3
– -Vorstufe, Verstärkungsregelung
   Q 21

HFET   F 32
HI-Region   S 24
High Electron Mobility Transistor,
   HEMT   M 16
High-Electron-Mobility-Transistor,
   HEMT   M 36
HII-Region   S 24
Hilfskanal   R 33
Hilfskreis, Idler-Kreis   G 23
Hilfsreflektor   N 50
Hindernisgewinn   H 28
hinlaufende Welle   C 17
Hochfrequenzfenster, Gyrotron
   M 88
Hochfrequenzlitze   B 15
Hochfrequenzverstärker   F 1
hochohmiger Empfänger   R 68
Hochpaß   C 12
Hochspannungsbeeinflussung   P 11
Hochspannungsüberschlag   P 11
Höhe, effektive   N 11, N 13
höhere Wellentypen   K 29
höherer Wellentyp   K 11
Hohlleiter   K 20, K 24, L 15
– im Dielektrikum   K 24
– mit Verlust   K 24
–, Abmessung   K 30
–, Betriebsfrequenzbereich   K 30
–, Dämpfung   K 23
–, Dämpfungskonstante   K 24
–, Kreisquerschnitt   K 29
–, Normen   K 28
–, Phasenkonstante   K 24
– -Einwegleitung   L 44
– -Koaxialübergang   K 25
– -Richtkoppler   L 36
Hohlleiterabsorber   E 26
Hohlleiterbrücke   I 46
Hohlleiterdämpfungsglied   K 23,
   L 23
Hohlleiterflansch, Normen   K 31
Hohlleiterlinse   N 54
Hohlleitermeßtechnik   I 46
Hohlleiterquerschnitt, quadratischer
   K 30
Hohlleiterrichtkoppler   L 35
Hohlleiterspannungste ler
   21"
Hohlleiterstrahler   N 40
Hohlleiterverbindung   K 30
Hohlleiterwelle, Koaxialleitung
   K 35
Hohlleiterwellenlänge   K 21, K 23
Hohlleiterwellentyp, elektrischer
   K 28
Hohlleiterzirkulator   L 41
Hohlraumfilter   Q 33
Hohlraumresonator   L 47
–, Abstimmung   L 49
–, Ankopplung   L 50
–, gekoppelter   M 81
–, Plasma   S 17
Hohlstrahl   M 88
hometaxial, single diffused Transi-
   stor   M 18
homobase transistor   M 18
Homodyneempfänger, Quadratur-
   konzept   Q 57

Homodynempfänger Q 6, Q 8
homogene Belegung N 59
homogenes Magnetfeld, Elektronenbahn M 74
Homologieprinzip S 25
Hop H 15
Hörfläche D 28
Horizontaldiagramm N 8, N 16, N 20
Horn, quasioptisches N 42
Hornparabolantenne N 51
Hornstrahler N 41, R 53
–, Gewinn N 42
Hörpeiler, einkanaliger S 10
Hörschwelle D 29
hot-cold-standard I 33
HT, hard tube modulator P 36
Huffman-Code D 33
Hull, Grenzbedingung M 85
Hüllkurve O 2, O 3
–, komplexe D 8, Q 7
Hüllkurvenamplitude P 15
Hüllkurvendetektor R 13
Hüllkurvengegenkopplung P 7
Hüllkurvenmodulator Q 36
Huygenssche Elemtarquelle N 5
Huygenssches Gesetz N 5
Hybrid P 18
– -Ringkoppler L 33
– -Verstärker F 24
Hybridantenne N 57
hybride spread spectrum-system O 62
hybrides Supraleiter-Halbleiter-Bauelement M 70
Hybridfaktor N 44
Hybridfrequenz, obere S 20
–, untere S 20
Hybridkoppler, Sender P 10
Hybridparameter, H-Parameter C 9
Hybridresonanz, obere S 18
Hybridresonanzfrequenz, untere S 18
Hybridwelle N 44
Hybridwellenstrahler N 44
Hydrometeor H 12, H 38
Hyperbelnavigationsverfahren S 16

I-Band A 5
IIL, Integrierte Injections Logik M 33
IBS, Intelsat business services O 53
ideal verzerrungsfreies System D 6
ideale Demodulation D 37
– Leistungsanpassung F 16
– verlustfreie Reaktanzdiode G 12
ideales Übertragungssystem D 37
Idler-Kreis, Hilfskreis G 23
– -Kreis,Wirkungsgrad G 22
IDR, Intermediate data rate O 53
IEC-625 I 51
– -625-Schnittstelle, IEC-Bus Q 47
– -Bus I 50, I 51
– -Bus, IEC-625-Schnittstelle Q 47
– -Bus-Karte I 51
– -Bus-Steuerrechner I 51

IEEE 488.2 I 52
– -488-Bus, GPIB I 51
IFM, instantaneous frequency measurement I 31
IIR-Struktur Q 60
ILS A 7, S 10, S 14
IM 2 F 29
Impatt-Diode M 13
Impedanz C 3
–, elastische E 18
–, magnetostriktiver Schwinger E 24
–, mechanische E 18
–, Piezoresonator E 19
–, Rauschquelle D 19
Impedanzebene C 3, C 5
Impedanzmatrix N 63
Impedanzmessung I 35
Impedanzprofil, Leitung I 37
Impedanzwand N 44
imprägnierte Kathode M 73
Impulsantwort, Messung I 23
Impulsbelastbarkeit E 7
Impulsbündel O 53
Impulsfehlergeräusch O 37, O 41
impulsfester Sicherheitskondensator E 12
Impulsfolge, poissonverteilte D 15
Impulsgenerator G 47
Impulskompression, Radar S 7
Impulsleistung M 80
Impulsmagnetron M 87
Impulsreflektometer I 17, I 23, I 35, I 36
Impulsreflexion I 23
Impulsreflexionsdämpfung R 4
Impulsreflexionsmessung R 2
Impulssender, Magnetron P 30
Impulsstörung O 31
Impulstiefpaß O 23
Impulstransmission I 23
Impulsverbreiterung H 19
–, LWL I 48
In-Betrieb-Überwachungsverfahren R 6
– -Phase-Träger O 24
inband-diversity Q 43
index-geführter Halbleiterlaser M 53
indirekt modulierter Sender R 33
indirekte Frequenzsynthese Q 31
indirekter Halbleiter M 8
indirektes Phasenmodulationsverfahren O 13
Individualempfang R 19
Induktion C 2
Induktionsbelag C 18
induktive Ankopplung L 50
– Sonde I O 6, I 7
– Verkopplung C 27
Induktivität E 13
–, innere B 13, E 13
Induktivitätsbelag E 13
Induktivitätsbelagsmatrix C 25
industrielle Störung H 17
Influenzstrom M 80
Informationsfluß D 35
Informationsgehalt D 33
Informationstheorie D 32

Informationsübertragungssystem, trassengebundenes K 46
Infrarotabsorption K 37
inhaltsadressierter Speicher M 36
inhomogene Leitung L 6
inhomogene Leitung, Wellenwiderstandskurve L 6
inhomogene verlustfreie Leitung L 5
Injektionslumineszenz M 49
Injektionsphasensynchronisierung I 44
Injektionswirkungsgrad M 50
inkohärenter Mehrwellenfall S 12
inkohärentes Licht M 59
Innenkammerklystron P 26
Innenleiter, exzentrischer K 4
Innenwiderstand C 2
–, Signalquelle I 42
Innerband-Dynamikbereich Q 16, Q 51
– -Intermodulation Q 15
innere Grenzfrequenz, Diode G 12
innere Induktivität B 13, E 13
innere Parallelresonanzfrequenz, Diode G 12
innerer Lastwiderstand P 5
Input-Interceptpoint Q 15
insertion gain F 10
instantaneous frequency measurement, IFM I 31
instationärer Schwankungsprozeß D 13
instrument grade L 10
integrale Rauschzahl D 25
integrate and dump Q 25
integrierbarer Mischer Q 22
integrierender Empfänger R 68
– Regler Q 35
integrierte Analogschaltung M 23
Integrierte Injections Logik, I 2L M 33
integrierte Mikrowellenschaltung K 8
– Multiplizierschaltung G 18
– Optik K 41
integrierter Verstärker F 31
– Widerstand M 20
Intelsat business services, IBS O 53
Intelsat, Systemauslegung R 47
– -Netz O 53
– -Transponder R 47
Intelsatsystem R 48
Intensitätsmodulation R 66
Intensitätsrauschen R 63
–, relatives R 63, R 66
Intercarrier-Verfahren R 18
intercept point, IP F 29
Interceptpoint Q 15
Interceptpoint 2. Ordnung, IP 2 Q 15
Interceptpoint 2. Ordnung Q 20
Interceptpoint 3. Ordnung, IP 3 Q 15
Interceptpoint 3. Ordnung Q 20
Interceptpunkt Q 58
Interdigital-Kapazität L 35
Interdigitalwandler L 66

Interface Bus   I 51
Interferenzeffekt   R 62
Interferenzmuster   R 63
–, Fluktuation   R 64
Interferenzschwund   H 29
Interferenzstörung   R 41
Interferenzverfahren, Frequenzmessung   I 31
Interferenzzone   H 8, N 21
Interferometer   S 26
Interferometerpeiler   S 12
Intermediate data rate, IDR   O 53
Intermodulation   F 28, Q 1, Q 14
– 2. Ordnung   Q 13
– 3. Ordnung   Q 13
Intermodulations-Störabstand Q 15
Intermodulationsabstand   Q 15
Intermodulationsgeräusch   Q 58
Intermodulationsprodukt   R 21
– 2. Ordnung   Q 16
– 3. Ordnung   Q 16
Intermodulationsrauschprodukte Q 12
internally matched transistor   F 32
internationales Einheitensystem A 2
interne EMV   Q 16
– Störung   Q 16
interplanetarer Raum   H 15
Interpolationsoszillator   Q 25
intrinsische Debye-Länge   M 8
intrinsischer Halbleiter   M 3
intrinsisches Gebiet   M 4
inversibler Festwertspeicher   M 37
Inversionsdiagramm   C 4
Inversionsschicht   H 12, H 38
Inverter, bipolarer   M 31
Inverter, Komplementär-Kanal-Transistor   M 34
Inverter, MOS   M 33
–, Übertragungskennlinie   M 34
invertierter symmetrischer Binärcode   O 37
Ion Cyclotron Resonance Heating S 18
Ionenschwingung   P 29
Ionenzyklotronfrequenz   S 18
Ionisation   H 13
Ionosphäre   H 13, R 11
Ionosphärenschicht   H 13, H 15
ionosphärische Absorption   H 25
IP, intercept point   F 29
IP 2, Interceptpoint 2. Ordnung Q 15
IP 3, Interceptpoint 3. Ordnung Q 15
Irrelevanz   D 34
ISI   R 28, R 31
Isolation, Antennenfußpunkt   N 20
Isolationsdämpfung   L 34
Isolator   L 43, M 2
Isolierstütze, Leitung   L 11
Isophotenkarte   S 28
Isotherme   H 13
isotrope Antenne   N 17
isotroper Gewinn   N 10
– Kugelstrahler   N 3

Isotropstrahlerleistung   R 44
Iterativcoder   O 38
iteratives Syntheseverfahren   C 37

J-Band   A 5
Jansky   S 23
Jerusalem-Kreuz   N 52
Jitter   R 9
Johnson-Rauschen   D 19
Josephson-Element   M 68
– -Element, Detektor   M 70
– -Element, Leistungsbeziehung M 69
– -Element, Mischoszillator   M 69
– -Element, parametrischer Verstärker   M 69

K-Band   A 5
– -Wert   R 25
k-Wert   R 39
Ka-Band   A 5
Kabelbrücke   P 10
Kabeldämpfung   R 21
Kabelmantelaußenstrom   P 18
Kabelrundfunk   R 21
Kabelspule   P 19
Kabelsymmetrierung   P 18
Kabelsystem, Temperatur-Steuerung   R 7
Kalibrierfaktor   I 9, I 10
Kalibriermessung, Netzwerkanalyse I 19
Kalibriernormal, Netzwerkanalyse I 19
Kaliumditartrat   E 21
Kalman-Filter   S 6
kalorimetrische Leistungsmessung I 10
Kaltfehlanpassung   P 28
Kammfilter   C 12
Kanal, Halbleiter   M 15
Kanalanordnung   R 37
Kanalcodierer   D 1
Kanalkapazität   D 35, O 46
Kanalkapazität, Gauß-Kanal   D 36
Kanalkapazität, zeitbezogene   D 35
Kanalverstärker   F 21, R 52
Kanalverteilung   R 11
Kanalweiche   R 34
Kanalzuweisung, bedarfsweise   O 52
Kantenbeugung   H 7, H 28
Kantenemitter   R 59
Kapazität   E 9
–, Doppelleitung   E 9
–, gesteuerte   G 12
–, Koaxialleitung   E 9
Kapazitätsbelag   C 18
Kapazitätsbelagsmatrix   C 25
Kapazitätsdiode   M 12
kapazitive Kopplung   L 50
– Verkopplung   C 27
kartesische Koordinaten   B 1
Kaskadenwandler   Q 60
Kathode, gepreßte   M 73
–, imprägnierte   M 73
KDP   E 21

KDT   E 21
Kegelabsuchen   S 6
Kegelantenne   N 15
Kegelhorn   N 42
Kehrlage   G 2
Keilabsorber   L 18
Kell-Faktor   D 31
Kenngröße, Antenne   N 6
–, Leistungsverstärker   G 33
–, Strahlungsfeld   N 7
Kennlinie, Detektordiode   I 8
Kennsignal   R 21
Keramik   M 75
–, dielektrische   L 51
–, Filter   L 51
–, Resonator   L 51
–, Temperaturkoeffizient   L 52
Kernfusion   S 17
Kettenparameter, A-Parameter   C 9
Kettenschaltung   L 59
– rauschender Vierpole   D 25
–, Diodenmischer   G 19
Kettenschaltung, Zweiseitenband-Rauschzahl   G 22
Kettenverstärker   F 19, P 7
Keulenbreite   N 9
King-post-Prinzip   R 56
Kirchhoffsche Beugungstheorie   N 53
KK-Empfang   D 15
– -Peilung   D 15
KKF, Kreuzkorrelationsfunktion   D 15, D 17
Klasse A   G 35
– AB   G 35
– B   G 35
– C   G 36
Klebstoff   E 4
Kleeblattstruktur   K 45
Kleinsignalanteil   G 4
Kleinsignalspektrum   G 8
Kleinsignaltheorie der Mischung G 3
–, Laufzeitröhre   M 82
Kleinsignalverstärkung, Laufzeitröhre   M 87
Klirrfaktor   G 34, P 3
Klirrgeräuschanteil   R 47
Klystron   M 78, M 87
–, Belastbarkeit   P 26
–, Betriebsdaten   P 26
–, Wirkungsgrad   P 26, P 27
– -Resonator   M 88
Klystronsender   P 26
Klystronverstärker   P 24
Knotenpotentialanalyse   C 32
koaxiale Steckverbindung   L 9
koaxialer Sperrtopf   L 13
– Zirkulator   L 40
Koaxialkabel   R 2
–, Längsgleichmäßigkeit   R 3
Koaxialkabelnetz   R 1
Koaxialkabelsystem   R 1
Koaxialleitung   K 3
–, Abschlußwiderstand   L 17
–, geschlitzte   K 47
–, Grenzfrequenz   K 35

–, Grenzwellenlänge   K 35
–, Hohlleiterwelle   K 35
–, Kapazität   E 9
–, Übergang   L 12
Koaxialmagnetron   M 86
Koaxialstrahler   N 43
Kobalt-Eisen   E 23
kohärente Demodulation   O 25
– optische Übertragung   R 70
kohärenter Demodulator   I 7
– Mehrwellenempfang   S 11
kohärentes Licht   M 60
– optisches Nachrichtenübertragungssystem   R 58
– vermaschtes System   O 59
Kohärenzfläche   M 60
Kohärenzraumwinkel   M 60
Kohärenzzeit   M 60
Koinzidenzdemodulator   Q 38
Kollektor   M 14
– -Emitter-Durchbruchspannung   F 22
– -Schaltung   F 12
– -Wirkungsgrad   F 9
Kollektorantennenelement   N 64
Kollektorelektrode   M 78
Kollektorpotential, Reduzierung   M 83
Kollektorschaltung   M 25
Kollisionsschutz   K 47
Kombinationsfrequenz   G 2
Kompandergewinn   O 35
Kompandierung   O 34
kompensierte Transformation, Lambda/4   L 4
kompensierter Sprungübergang   L 11
Komplementär-Kanal-Transistor, Inverter   M 34
komplementärer Transistor   M 14
komplexe Darstellung   C 1
– Hüllkurve   D 8, Q 7
– Permeabilität   B 4
– Permittivität   B 4
komplexer Mischer   Q 7
– Momentanwert   C 2
– Widerstand   C 3
Kompression   R 13
–, PCM   O 34
Kompressionsempfänger   Q 56
Kompressionspunkt   G 34
–, 1 dB   F 27, Q 15, Q 20
Kompressorkennlinie   O 34
Kondensator   E 9, E 10
–, einstellbarer   E 12
–, geschalteter   M 27
–, selbstheilender   E 12
Konduktanz   C 3
konforme Gruppenantenne   N 34
konische Spiralantenne   N 34
konischer Schwenkbereich   N 61
konservatives System   G 22
konstante Verstärkung   F 19
Konstantenergie-Modulator   P 32
Konstantspannungsmodulator, Magnetron   P 31
Konstantstrom-HT-Modulator   P 36

Konstantstrommodulator, Magnetron   P 31
Konstantstromquelle   M 25
Konstruktionsrichtlinie, Empfänger   Q 49
Kontaktkühlung   M 76
kontaktloser Kurzschlußschieber   L 56
Kontinuitätsgleichung   M 5
Konusleitung   L 12
Konusübergang   L 12
Konvektionsstrom   M 82
Konversionsgewinn, verfügbarer   G 6
Konversionsgleichung   G 4, G 14, G 19
Konversionsleitwert   G 7
Konversionsverlust, Breitbandfall   G 8
–, verfügbarer   G 7
Konvolver   L 72
–, akustischer   L 72
konzentrierter Zirkulator   L 42
Koordinaten, kartesische   B 1
Koordinatensystem   B 1
–, bipolares   K 1
Koordinierung, Erdefunkstelle   H 39
–, Erdfunkstelle   H 37
Koordinierungsgebiet   H 37
Kopfstation   R 21
Koplanar-Leitungstechnik   F 37, F 39
koplanare Streifenleitung   K 15
koplanarer Tastkopf   I 24
Koplanarleitung   K 16
Koplanarleitungswelle   K 16
Kopolarisation   N 7
Koppelabschnitt   L 30
Koppeldämpfung   L 30
Koppelfaktor   C 28, L 33
–, Resonator   I 41
Koppelkondensator   F 4
Koppellänge   L 33
Koppelloch   L 50
Koppelnetzwerk, Sender   P 10
Koppelring, Magnetron   M 86
Koppelschleife   L 47, L 50
Koppelschlitz, Magnetron   M 86
Koppelstift   L 50
Koppelung, Sender   P 16
Koppelwelle, Laufzeitröhre   M 81
Koppelwiderstand   M 81
Koppelwirkungsgrad, Schwankung   R 64
Koppler, 3-dB   P 19
Kopplung, dielektrische Resonatoren   L 53
–, elektrische   L 50
–, kapazitive   L 50
–, kritische   C 17
–, magnetische   L 50
–, thermische   G 38
–, überkritische   C 17
–, unterkritische   C 17
Kopplungsfaktor   E 17, E 25
–, elektromechanischer   E 19
–, longitudinaler   M 80
–, transversaler   M 80

Kopplungswiderstand   K 7, R 5
–, Verzögerungsleitung   K 42
Koronaentladung   H 17
Korrelationskennlinie   D 26
Korrelationskoeffizient   D 14
Korrelationsmatrix   D 22
Korrelationsprozeß   O 55
Korrelator   L 72
–, akustoelektrischer   L 73
korrelierter Schrotrauschanteil   G 10
kosmisches Rauschen   H 17
Kreis konstanten Blindleitwerts   C 4
– konstanten Wirkwiderstands   C 4
–, gekoppelter   K 44
Kreisdiagramm   C 4
–, Sechstor   I 22
Kreise konstanter Güte   F 16
– konstanter Rauschzahl   F 24
– konstanter Verstärkung   F 10
Kreisgruppenantenne   N 61
Kreisgüte   C 16
Kreisquerschnitt   K 22
–, Hohlleiter   K 29
Kreisringresonator   I 45
Kreisverlust, Laufzeitröhre   M 77
Kreuzfeldröhre   M 78, M 84
–, elektronischer Wirkungsgrad   M 84
–, Teilwelle   M 84
–, transversale Feldkomponente   M 84
Kreuzfeldverstärker, Modulator   P 36
Kreuzkoppler   L 36
–, Diagramm   L 36
Kreuzkorrelationsfunktion   D 3
– (KKF)   O 55
–, KKF   D 15, D 17
Kreuzkorrelationskoeffizient   D 18
Kreuzleistungs-Spektraldichte   D 15
Kreuzmodulation   Q 2, Q 13, Q 15, Q 50
–, crossmodulation   F 29
Kreuzpolarisation   N 7, N 41, N 45, N 50
Kreuzpolarisationsentkopplung   H 31
Kreuzpolarisationsisolation   H 31
Kreuzpolarisationskopplung   H 34
Kreuzspulwicklung   E 16
Kristall, Nullschnitt   L 58
Kristallanisotropiefeld   L 53
Kristallschnitt   L 58
–, Orientierung   L 58
kritische Frequenz   K 21
– Kopplung   C 17
– Wellenlänge   K 21
Krümmungsfaktor   H 5, H 11, H 12
Krümmungsradius   H 5
Ku-Band   A 5
kubischer Differenzfaktor   P 29
Kugelkoordinaten   B 2
Kugelstrahler   H 4
–, isotroper   N 3
Kühlung, Widerstand   D 19

künstliches Dielektrikum N 26, N 47, N 53
Kunststoffkondensator, metallisierter E 10
Kupfer E 1, E 3
Kurvenformspeicherung I 4
kurze Leitung C 24
Kurzfristprognose H 25
Kurzschluß C 20
Kurzschlußebene L 56
Kurzschlußmod, Verzögerungsleitung K 46
Kurzschlußpunkt C 22
Kurzschlußschieber L 56
–, kontaktloser L 56
Kurzschlußstromübersetzung, Abwärtsmischer G 9
Kurzwelle H 24
Kurzwellensender P 23
Kurzzeitstabilität G 46
–, Oszillator I 43

L-Band A 5
– -Filter E 25
– -Kathode M 72
Ladungsträger M 2
Lagenschlagresonanz R 5
Lagestabilisierung R 50
Lagrange, Rechenverfahren M 83
Lambertscher Strahler R 59
laminare Elektronenströmung P 29
Landau-Dämpfung S 22
Lande-Faktor B 6
Langdrahtantenne N 15, N 22
Länge eines Verstärkers, elektrische F 30
Länge, elektrische I 17
–, wirksame N 3, N 10, N 11, N 13
Langfristprognose H 24
Langkanal-MOS-Transistor M 11
Langsame Störsichere Logik, LSL M 32
langsame Welle, Laufzeitröhre M 77
langsamer Schwund H 28
Längsdämpfung C 18
Längseffekt E 16
Längsgleichmäßigkeit, Koaxialkabel R 3
Längsschnittwelle K 21
Längsstrahler N 19, N 26, N 59
Längsstromverteilung K 11
Längstwelle H 23
Längstwellensender P 23
längsverschieblicher Abschlußwiderstand I 19
Langwelle H 23
Langwellensender P 23
Langzeitstabilität G 46
–, Oszillator I 43
–, Piezokeramik L 59
Laplace-Verteilung D 13
Laplacescher Operator B 1
Larmor-Radius M 89
Laser M 60
Laser, FM-Modulation R 72
Laser, Linienbreite R 72

–, Modulationscharakteristik R 72
– -Halbleiterdiode, lichtemittierende R 58
Laserdiode I 47
Laserinterferometrie S 25
Laserschwelle M 53
Lastausgleichswiderstand P 10, P 18
Lastellipse G 34
Lastkennlinie, Magnetron P 31
Lastlinie G 34
Lastwiderstand, innerer P 5
Latch-up-Effekt M 23
Laufraum, Laufzeitröhre M 79
Laufweg, Laufzeitröhre M 79
Laufzeit C 18
–, Streuung K 39
–, Teilwelle H 18
–, Tonsignal D 30
Laufzeitdifferenz R 14
Laufzeiteffekt, Laufzeitröhre M 77
Laufzeitglied, steuerbares N 64
Laufzeitkettenmodulator, Magnetron P 31
Laufzeitröhre M 77
–, Dämpfschicht M 81
–, Dispersion M 81
–, Elektronenfahrplan M 79
–, Elektronenpaket M 79
–, Fokussiersystem M 81
–, Großsignaltheorie M 82
–, Kleinsignaltheorie M 82
–, Kleinsignalverstärkung M 81
–, Koppelwelle M 81
–, Kreisverlust M 77
–, langsame Welle M 77
–, Laufraum M 79
–, Laufweg M 79
–, Laufzeiteffekt M 77
–, Leistungsverstärkung M 81
–, periodisches magnetisches Feld M 79
–, raumharmonische Teilwelle M 82
–, Raumladungsparameter M 82
–, Raumladungswelle M 79
–, Sättigungsleistung M 81
–, schnelle Welle M 77
–, Systematik M 77
–, Verstärkungsparameter M 82
–, Wendel M 81
–, Wirkungsgrad M 77, M 82
Laufzeitstreuung K 39
Laufzeitverzerrung D 8, P 29
Lautstärkeempfinden D 28
Lawinen-Laufzeit-Diode M 13
– -Photodiode M 58, R 60
Lawinenlaufzeitdiode G 42
Lawinenphotodiode, Demodulationsverhalten R 61
Layout C 35
– -Korrektur F 37
LC-Filter Q 33
– -Oszillator G 43
Leckwellenleiter K 48
LED, äußerer Wirkungsgrad M 50
–, Lichtemittierende Diode I 47, M 50
–, Lumineszenzdiode I 47
–, Modulationsverhalten R 59

– -Grenzfrequenz M 51
– -Lichtleistung M 51
– -Modulation M 51
– -Wärmewiderstand M 51
Leerlauf C 21
Leerlaufmod, Verzögerungsleitung K 46
Leerlaufpunkt C 22
Leistung C 2
–, verfügbare D 22
Leistungs-Zeit-Profil I 10
Leistungsadditionsverfahren R 10
Leistungsanpassung F 9
–, ideale F 16
Leistungsauskopplung, Sender P 15
Leistungsauskopplung, Sender P 1
Leistungsbegrenzer, ferrimagnetischer L 53
Leistungsbeziehung, Josephson-Element M 69
leistungsbezogener Wellenwiderstand K 25
Leistungsdämpfung L 1
Leistungsdichte N 1
Leistungsdichtefunktion H 20
Leistungsdichtespektrum D 5
leistungseffiziente Modulationsverfahren R 28
Leistungsflußdichte H 4, R 20
Leistungsgewinn, effektiver G 13
Leistungsgleichrichter mit speziellem Dotierungsprofil M 12
Leistungsgröße N 6
Leistungsmessung I 7
– mit Halbleiterdiode I 8
– mit Thermoelement I 8
–, kalorimetrische I 10
Leistungsschalter P 32
–, Magnetron P 33
Leistungssignal D 2
Leistungsteiler I 12, N 63
Leistungstransistor P 10
–, bipolarer M 18
–, Parallelschaltung F 24
Leistungsübertragung N 2
Leistungsverstärker F 22
–, Betriebsart G 34
–, Grenzwert G 34
–, Kenngröße G 33
–, Schutzschaltung G 39
–, Wirkungsgrad G 34
Leistungsverstärkung G 33, I 15, P 4
–, Laufzeitröhre M 81
–, verfügbare I 15
Leistungsverzweigung L 24
Leitbahnbewegung M 74
Leitbahngeschwindigkeit M 84
Leiter E 1
–, Eigenschaft E 1
Leiterdicke, endliche K 10
Leitergüte K 11
Leiterschleife N 5
–, ebene E 13
Leitfähigkeit, spezifische B 14, E 1
–, Temperaturkoeffizient E 1
Leitfähigkeitsmodulation M 12

Leitschichtdicke B 13
Leitung, äquivalente M 82
–, dispersive L 65
–, gedämpfte C 24
–, Impedanzprofil I 37
–, inhomogene L 6
–, inhomogene verlustfreie L 5
–, Isolierstütze L 11
–, kurze C 24
–, nichtdispersive L 65
–, parabolische F 18
–, Querschnittsprung L 11
–, sehr lange C 25
–, Störstellenortung I 24
–, Übergang L 10
–, verlustlose C 20
Leitungsadmittanzmatrix C 26
Leitungscode R 9
Leitungscodierer D 2
Leitungsdemodulator O 11
Leitungsdiskontinuität K 18
Leitungsendeinrichtung R 5
Leitungsinhomogenität C 39
Leitungskenngröße C 17
Leitungslängenmodulator R 52
Leitungsmaser M 64
Leitungsparameter C 18
Leitungsresonator F 22, I 42, L 46
Leitungstransformation, Frequenzabhängigkeit L 5
Leitungstransformator F 24
Leitungsübertrager F 18, L 14
Leitungsverstärker Q 44
Leitungswelle N 1
Leitungswellenwiderstand K 24, N 1
–, Finleitung K 34
–, Mikrostreifenleitung K 9
Leitwertparameter, Y-Parameter C 9
Leseverstärker M 39
LF A 5, H 23
– -Bereich P 21
– -Sender P 21
Licht, chaotisches M 59
–, inkohärentes M 59
–, kohärentes M 60
–, thermisches M 59
– -Strom-Kennlinie M 54
Lichtabsorption, Halbleiter M 48
Lichtemission, Halbleiter M 48
Lichtemitter M 48
Lichtemittierende Diode, LED I 47, M 50
lichtemittierende Laser-Halbleiterdiode R 58
Lichtgeschwindigkeit B 4
Lichtmodulationsverfahren O 43
Lichtwellenleiter, LWL I 47
–, Streckendämpfung R 69
–, Übertragungsstrecke R 69
–, Verstärkerfeldlänge R 69
– -Meßtechnik I 47
limited space-charge accumulation, LSA G 42
limiting amplifier F 30
linear,time-invariant, LTI-System D 4

lineare Codierung, Quantisierungsverzerrung O 32, O 39
lineare Gruppenantenne N 58
– Polarisation B 7, N 7, N 36
– Regelkennlinie Q 36
– Verzerrung Q 13
lineare Verzerrung, Bildsignal D 32
–, Tonsignal D 29
linearer Resonator I 45
linearer RF-Leistungsverstärker P 7
lineares Ersatzschaltbild C 38
Linearisierung von Kennlinien G 27
Linearität, Frequenzmodulator O 8
Linearstrahlröhre M 78
Linearverstärker P 11
Linie, 21 cm S 24
–, strahlende N 19
Linienabstand Q 39
Linienbreite, Laser R 72
–, natürliche M 61
Liniendipol, Feld K 1
linienförmiges Versorgungsgebiet K 46
Linienspektrum I 28, R 16
Linienzugbeeinflussung K 47
linkszirkular polarisierte Welle S 19
Linse N 48, N 57
–, dielektrische N 53
Linsenantenne N 53
Linsenkörper N 53
Linsentyp N 64
Linvill-Stabilitätsfaktor F 7
Lissajous-Figur I 7
Lithium-Ferrit L 55
Lithiumniobat E 21, L 58
Lithiumtantalat E 21, L 58
LNA, low-noise amplifier F 24
LNP-Laser M 62
load-pull-diagram I 42
Loch M 2
Löcherstrom M 2
Lochkopplung L 50
Log-Normalverteilung H 2, H 32
logarithmic amplifier F 25
logarithmisch periodische Antenne N 28
– -periodische Antenne R 12
logarithmische Spiralantenne N 33
logarithmischer Verstärker F 25, Q 36
logarithmisches Potentiometer L 21
lokalisierter Resonator L 63
longitudinaler Kopplungsfaktor M 80
Longitudinalschwinger L 64
Longitudinalwandler L 64
Loran C A 7
LORAN C S 10, S 16
Lorentz-Kraft M 73
low-noise amplifier, LNA F 24
lower hybrid frequency S 20
Lower Hybrid Resonance Heating S 18
lowest usable frequency, LUF H 25
LR-Phasenschieber L 26

LSA, limited space-charge accumulation G 42
LSA-Betrieb M 13
LSL, Langsame Störsichere Logik M 32
LSSD-Verfahren M 46
LTI-System, linear,time-invariant D 4
LUF, lowest usable frequency H 25
Luftkühlung M 76
Luftspule E 14
Lüftungsrohr K 23
Luminanz P 23
Luminanzsignal R 15
Lumineszensdiode R 59
Lumineszenzdiode R 62
–, LED I 47
Luneburg-Linse N 54
LVA F 27
LWL, Brechzahlprofil I 49
–, Dämpfungsmessung I 47
–, Dispersion I 48
–, effektiver Kerndurchmesser I 49
–, Impulsverbreiterung I 48
–, Lichtwellenleiter I 47
–, Modenverteilung I 49
–, Rückstreuverfahren I 48
–, Übertragungsfunktion I 49
– -Richtkoppler I 48

M-Band A 5
– -Kathode M 73
MAC, multiplexed analoque components R 19
MAG, maximum available gain F 9
Magic-Tee L 35
Magnesium E 1
magnetisch abstimmbarer Resonator L 53
magnetische Doppelbrechung H 14
– Feldstärke C 2
– Flußdichte C 2
– Grundwelle K 24
– Kopplung L 50
magnetischer Elemtardipol N 4
– Flächenstrom N 5
– Hertzscher Vektor N 5
– Wellentyp K 26
– Werkstoff E 4
magnetisches Dipolmoment N 6
Magnetisierung E 23
Magnetisierungskurve E 23
Magnetmodulator P 34
magnetostatische Eigenschwingung L 53
Magnetostriktion E 22, E 23
–, ferromagnetische E 22
Magnetostriktionskurve E 23
magnetostriktive Anregung L 57
– Grundgleichung E 23
– Wandlungskonstante E 24
magnetostriktiver Schwinger, Impedanz E 24
magnetostriktiver Wandler E 24, L 65

Magnetron M 85
–, Dauerstrichsender P 30
–, Impulssender P 30
–, Konstantspannungsmodulator P 31
–, Konstantstrommodulator P 31
–, Koppelring M 86
–, Koppelschlitz M 86
–, Lastkennlinie P 31
–, Laufzeitkettenmodulator P 31
–, Leistungsschalter P 33
–, Mod M 86
–, Modulator P 30, P 32
–, Modzahl M 86
–, Primärwelle M 86
–, pushing factor P 35
–, Schnittstelleneigenschaft P 31
Magnetronkennlinie P 31
Magnetronsender P 30, P 35
–, Blockschaltbild P 30
man-made noise Q 12
Mangan-Zink-Ferrit E 5
Mark, Trennschritt Q 43
– -Space-Filter Q 44
Maschenkathode M 76
Maschenweite, Drahtgittermodell N 66
Maser M 62
Massenimpedanz E 18
Massenwirkungsgesetz M 3
master M 44
matched filter R 30
matching network, Anpaßnetzwerk F 15
MATE, modular automated test equipment I 50
Material, amorphes magnetostriktives E 23
–, ferroelektrisches E 21
Materialdispersion K 39
Materialeigenschaften, Messung I 42
Matrixspeisesystem N 65
–, Gruppenerreger N 58
Matrixverstärker F 21
max. Schwingfrequenz F 31
max. stable gain, MSG F 10
Maximal-Lineare-Codefolge O 49
maximale Bandbreite E 19
maximum available gain, MAG F 9
maximum unilateral gain F 14
maximum usable frequency, MUF H 14
Maximumpeilung S 11
Maxwell-Wien-Brücke I 35, P 19
Maxwellsche Gleichungen M 5
mean time to failure, MTTF F 39
mech. Filter, Alterungsrate L 64
–, Bandbreite L 60
–, Dämpfungspol L 60
–, Ersatzschaltbild L 59, L 61
–, Weitabselektion L 60
mechanical component design C 39
mechanische Filterkette L 64
– Impedanz E 18
– Resonanz E 17
– Schwinggüte E 24
– Welle L 65

mechanischer Resonator L 57
mechanisches Filter E 23, Q 33
Medianwert H 2
Medium, anisotropes B 5
–, gyrotropes B 6, L 38
Meerwasser H 10
Mehrdeutigkeitsfunktion S 7
Mehrelement-Interferometer S 27
Mehrfach-Gebietsstrahl-Bedeckung R 42
– -Überlagerungsempfänger, Baugruppe Q 18
Mehrfachmodulation O 42
Mehrfachreflexion R 12
–, Wanderfeldröhre P 28
Mehrfachstreuung H 5
Mehrgitterröhre G 18
Mehrkammerklystron M 80, P 26
mehrkanaliger Automatikpeiler S 12
– Sichtpeiler S 11
Mehrkeulenbildung S 6
mehrkreisiges Filter C 14
Mehrlagen-Mehrleitersystem C 29
Mehrleitersystem C 25
Mehrloch-Richtkoppler L 36
Mehrlochkern E 16
Mehrmodenstrahler N 43
Mehrstrahlantenne N 57
Mehrstufenkollektor M 83
Mehrtor C 9, C 10
–, reziprokes C 10
Mehrwege-Schwundprozeß D 14
Mehrwegeausbreitung H 12, H 18, H 19, H 29, Q 3, R 10, R 25
Mehrwellenausbreitung Q 2
Mehrwellenempfang, kohärenter S 11
Mehrwellenfall, inkohärenter S 12
–, quasikohärenter S 12
Mehrwellenpeiler S 12
Meldeempfänger Q 8
MESFET F 32
Mesh-Emitter M 15
Meßempfänger Q 44
Meßgerät, Erweiterungskarte I 50
Messing E 1
Meßleitung I 21
Meßplatz, automatischer I 51
–, rechnergesteuerter I 49
Meßstellenwahlschalter R 19
Meßsystem: MMS, Modulares I 53
Messung, AM-Rauschen I 44
Messung, Amplitudenrauschen I 43
–, Antenne I 38
–, diskretes Bauelement I 35
–, Effektivwert I 2
Messung, FM-Rauschen I 43
–, Gewinn I 40
–, Impulsantwort I 23
–, Materialeigenschaften I 42
–, Mobilfunkantenne I 40
–, Modulation I 28
–, Oberflächenstromdichte I O 5
–, Phasenverschiebung I 31
–, Pulswiderholfrequenz I 28
–, Quellenanpassung I 42
–, Rauschzahl Q 9

–, Resonator I 40
–, Signalquelle I 42
–, Spitzenwert I 2
–, überlagerte Gleichspannung I 2
–, überlagertes Wechselfeld I 2
Metall/Keramik-Verbindung M 76
Metallfilmkathode M 72
Metallglaswiderstand E 8
metallisierter Kunststoffkondensator E 10
Metallkathode, reine M 72
Metallschichtwiderstand E 5
meteorologischer Dienst R 42
metrology grade L 10
MF A 5, H 23
– -Bereich P 21
– -Sender P 21
Microstripleitung
, Übergang Koaxialleitung L 14
Microstripleitung, Abschlußwiderstand L 17
Microstripmeßtechnik I 45
Microstriptechnik F 36
Mikrofonie F 30, F 39
Mikrophonie Q 23
Mikroprozessor M 41
Mikrostreifenleitung K 7, K 9
–, Dämpfungskonstante K 9, K 10, K 16
–, effektive Permittivitätszahl K 9
–, frequenzabhängige Eigenschaften K 10
–, Gehäuseboden K 13
–, gekoppelte K 13
–, Grundwelle K 10
–, Leitungswellenwiderstand K 9
–, Modifikation K 12
–, statistische Eigenschaft K 9
–, Verlustfaktor K 10
Mikrostreifenleitungssystem, N+1 K 15
Mikrowellen-Phasendetektor O 14
Mikrowellendiode, aktive M 13
Mikrowelleneinwirkung B 20
Mikrowellenferrit B 6, L 38
Mikrowellenlinse N 53
Mikrowellenschaltung, integrierte K 8
–, monolithische integrierte F 33
Mikrowellenverstärker F 1
Mikrowellenzähler I 30
Miller-Kapazität F 13
Millington-Methode H 24
Mindestfeldstärke R 10
Mindeststörabstand H 36
Mindestversorgungsradius H 26
Mineralöl I 1
minimale Rauschtemperatur G 11
– Rauschzahl D 23
Minimum Frequency Shift Keying, MSK O 12
minimum shift keying, MSK R 46
Minimumpeilung S 11
Minoritäts-Trägerdichte M 7
Mischdämpfung Q 21
Mischen, reziprokes Q 1, Q 14, Q 15, Q 50
Mischer R 51

–, aktiver G 18
–, integrierbarer Q 22
–, komplexer Q 7
–, Rauschquelle G 21
–, SIS M 67
Mischerschaltung mit mehreren Dioden G 12
–, breitbandiger Abschluß Q 22
Mischkristall M 49
Mischoszillator, Josephson-Element M 69
Mischsteilheit G 19
Mischstufe Q 5, Q 21
–, aktive Q 22
Mischung G 1, M 65
–, additive G 18
–, multiplikative G 18
Mischverstärkung G 19
Mischverteilung H 3
Missionsdauer R 52
Mithörverstärker Q 44
Mitlauffilter I 27
Mitlaufgenerator I 13
Mitmodulation P 14
Mittelwelle H 23
Mittelwert H 2
–, quadratischer H 2
–, zeitlicher D 12, D 16
Mittelwertbildung S 12
mittlere Silbenlänge O 41
mittlerer Erdradius H 10
MLS S 10, S 14
MM-Kathode M 73
MMIC, Monolithic Microwave Integrated Cranit M 16
– -Entwicklung C 40
– -Verstärker F 33
MNOS-Transistor M 41
Mobilfunk H 18, H 22, H 28, K 47
Mobilfunkantenne, Messung I 40
Mod, Magnetron M 86
–, Verzögerungsleitung K 45
Modalmatrix C 26
Mode, axiale N 35
–, omnidirektionale N 35
Modell C 32
–, dispersiver Kanal R 40
–, physikalisches C 39
– -Bibliothek C 40
Modellmessung, Antenne I 40
MODEM Q 3
Modenabstand M 54
Modengleichgewicht I 48
Modenlaufzeitstreuung R 70
Modenrauschen R 64
Modenspektrum, Wellenleiter K 49
Modenverteilung, LWL I 49
Modenverteilungsrauschen R 63
MODFET F 32
Modifikation, Mikrostreifenleitung K 12
modifizierte Bessel-Funktion G 18
modifizierter Brechwert H 11
Modul einer Gruppenantenne N 64
–, piezoelektrisches E 18
modular automated test equipment, MATE I 50

modular system interface bus, MSIB I 53
Modulares Meßsystem:MMS I 53
Modulation O 1, R 58
–, analoge O 1
–, Halbleiterlaser M 55
–, Messung I 28
–, quaternäre O 19
–, Verfahren R 26
Modulationsabschnitt R 32
Modulationsart A 1A   Q 10
– A 1B   Q 10
– A 3E   Q 10
– F 1A   Q 10
– F 1B   Q 10
– F 1C   Q 10
– F 3E   Q 11
– J 3E   Q 10
Modulationsaufbereitung R 13
Modulationscharakteristik, Laser R 72
Modulationsdynamik P 22
Modulationseinrichtung P 1
Modulationsfaktor P 3
Modulationsgewinn, spead spectrum O 49
Modulationsgrad O 1, O 2, O 3, P 15
–, effektiver P 15
–, negativer P 15
–, positiver P 15
Modulationsindex O 7, O 13, O 17
Modulationsübertragungsfunktion D 30
Modulationsverfahren O 42, R 27, R 46, R 47, R 71
–, bandbreiteneffiziente R 28
–, digitale R 27
–, diskontinuierliches O 30
–, leistungseffiziente R 28
Modulationsverhalten, LED R 59
Modulationsverstärker P 11
Modulationswandler O 9
Modulator, Kreuzfeldverstärker P 36
–, Magnetron P 30, P 32
Modzahl, Magnetron M 86
Mögel-Dellinger-Effekt H 15
Moment D 13, H 2
Momentamplitude O 1
momentane Frequenzablage H 21
– Regenerate H 33
Momentanfrequenz O 1
Momentanphase O 1
Momentanwert, komplexer C 2
–, reeller C 2
Momentanwertexpander O 34
Momentanwertkompressor O 34
Momenten-Methode C 39
Momentenmethode N 27, N 65
Monochromator I 47
Monolithic Microwave Integrated Cranit, MMIC M 16
monolithische integrierte Mikrowellenschaltung F 33
monolithisches Quarzfilter L 63
Monomodefaser R 70

Monophonie R 14
Monopol N 12
Monopolantenne N 32
Monopulsverfahren S 6
Monte Carlo-Methode C 34
MOS, Inverter M 33
MOS, NAND-Gatter M 34
MOS, Transfergatter M 35
– -Leistungstransistor M 18
– -Schaltungstechnik, dynamische M 34
– -Speicher M 38
– -Transistor M 15, M 33
MOSFET F 32
MSG, max.stable gain F 10
MSIB, modular system interface bus I 53
MSK, Minimum Frequency Shift Keying O 17
–, minimum shift keying R 46
MTI-Radar S 5
MTTF, mean time to failure F 39
MUF, maximum usable frequency H 14
– -Faktor H 14
Multiemittertransistor M 32
Multifunktionsradarsystem N 57
Multipaktorschwingung P 26
multipath spread H 19
multiple access, Vielfachzugriff R 42
Multiplex-Verfahren R 47
multiplexed analogue components, MAC R 19
Multiplexer M 42
Multiplikationsinterferometer S 26
Multiplikationsverfahren, vereinfachtes R 11
multiplikative Mischung G 18
Multiplizierschaltung, integrierte G 18
Multiplizierschaltung Q 8
Multiport-Empfänger R 73
Multistripkoppler, Oberflächenwellenbauelement L 68
Multivibrator, astabiler G 48
Muschelantenne N 51
Musterfunktion D 12, D 16

N-Stecker L 10
NA, numerische Apertur I 49
Na-K-Tartrat E 21
Nachbarkanalselektion Q 1
Nachbarkanalsender, Störung Q 38
Nachführkonzept R 54
Nachführung R 55
Nachgiebigkeit, elastische E 24
Nachrichtenempfänger Q 49
Nachrichtenquelle D 1
Nachrichtensatellitentechnik O 51
Nachrichtensender P 22
Nachrichtensenke D 1
Nachrichtenübermittlung, drahtlose N 1
Nachrichtenübertragungssystem, kohärentes optisches R 58
–, optisches R 57

Nachrichtenverbindung zu Schienenfahrzeugen K 48
Nahbereich, Phasenrauschabstand Q 27
Näherungsverfahren, quasistatisches C 39
Nahfeld N 2
–, Antenne I 39
Nahfeldantenne K 47
Nahfeldgebiet, strahlendes N 2
Nahfeldlinsenantenne N 46, N 48
Nahfeldmessung, Antenne I 39
Nahfeldregion N 2
Nahschwundzone R 12
Nakagami-Verteilung D 14
NAND-Gatter, bipolares M 32
– -Gatter, MOS M 34
natürliche Linienbreite M 61
natürliches Rauschen H 16
Navigation R 42
Navstar A 7
NAVSTAR-GPS S 10, S 15
NDB S 10
NDK-Keramikkondensator E 10
Nebenaussendung P 3
Nebenempfangsstelle Q 9
Nebenkeule N 9, N 20, N 47, N 50
Nebenkeulendämpfung N 9
Nebenleitung C 27
Nebensprechen R 4
Nebenwelle, nichtharmonische Q 23
Nebenwellenempfang Q 1
Nebenzipfel N 9, N 59
Nebenzipfeldämpfung N 9
negative differentielle Beweglichkeit M 13
negativer Modulationsgrad P 15
– Widerstand G 15
Negativmodulation P 24
NEMP, nuclear electromagnetic pulse B 19
Neodym-Gaslaser M 62
– -YAG-Laser M 62
network analyzer I 24
Netzliste C 31
Netzplanung H 26
Netzsteckverbindung Q 46
Netzsynchronisierung O 63
Netzwerk, nichtlineares G 1
–, zeitvariantes lineares D 27
Netzwerkanalysator I 7, I 24
Netzwerkanalysator: ANA, automatischer I 24
Netzwerkanalyse, Bezugsebene I 19
–, Fehlerkorrektur I 18
–, Fehlerzweitor I 18
–, Kalibriermessung I 19
–, Kalibriernormal I 19
–, Reflexionsfaktor I 17
–, Transmissionsfaktor I 10
–, Zeitbereich I 23
–, zwei Reflektometer I 23
Netzwerktheorie C 10
Neutralisation F 14, P 7
NF-Ausgang Q 46
– -Bandbreite, übertragbare P 21
– -Nachselektion Q 45
– -Selektion Q 13

– -Substitution I 13
– -Teil Q 44
Ni-Co-Cu-Ferrit E 23
nicht gesättigte bipolare Schaltungstechnik M 31
– -abstrahlender Wellenleiter K 46
nichtdispersive Leitung L 65
nichtharmonische Nebenwelle Q 23
nichthomogene Belegung N 59
nichtlineare Beschreibung, Oszillator G 45
nichtlineare Codierung, Quantisierungsverzerrung O 34, O 40
nichtlineare Optik M 65
– Verzerrung R 61
nichtlineare Verzerrung, B-Verstärker P 11
nichtlineare Verzerrung, Bildsignal D 32
–, optisches Übertragungssystem R 62
–, Tonsignal D 30
–, Wanderfeldröhre P 29
nichtlineare Verzerrungen, FM O 12
nichtlinearer Gleichrichter Q 9
nichtlineares Bauelement G 1, G 3
– Ersatzschaltbild C 38
– Netzwerk G 1
Nichtlinearität E 7
–, Verstärker F 27
nichtrekursives Tiefpaßfilter Q 59
nichtreziproke Amplitudenübertragung L 54
nichttransformierender Phasenschieber L 27
nichtzylindrischer Strahler N 48
Nickel E 1, E 23
– -Eisen E 23
– -Zink-Ferrit E 5, L 55
Niederschlag H 38
–, Streuung H 38
Niederschlagsstreuung H 5
noise factor Q 9
noise parameter, Rauschparameter F 25
NOR-Schaltung, bipolare M 33
Nordheim-Gleichung M 71
Normal-Verteilung D 13
normaler Binärcode O 37
Normalfrequenz A 6
– -Ausgang Q 46
Normalverteilung H 2
Normen, Hohlleiter K 28
–, Hohlleiterflansch K 31
–, Rechteckhohlleiter K 30
normierter Wellenwiderstand bei Leitungstransformation L 5
normiertes Transformationselement L 2
Normierung C 5
Normwandlung R 21
Notch-Filter, Sperrfilter Q 45
notwendige Rauschleistungsdichte Q 12
npn-Transistor F 32
NTC-Widerstand E 8

nuclear electromagnetic pulse, NEMP B 19
Nulldurchgangsdiskriminator O 18
Nullpunktdrift, Empfänger Q 8
Nullpunktenergie M 59
Nullschnitt, Kristall L 58
Nullstelle N 59
Nullvolt-Transistor M 22
numerische Apertur K 38
numerische Apertur, NA I 49
nutzbare Bandbreite H 33
– Feldstärke R 10
Nutzlast, ECS-Satellit R 51
Nutzlast-Untersystem R 49
Nutzpolarisation N 7
Nutzsender R 10
Nutzsignal/Rausch-Abstand Q 9
Nylon E 2
Nyquist-Bandbreite O 28
– -Bedingung O 16
– -Flanke R 15
– -Frequenz R 8
– -Methode I 17
– -Rauschen D 19

obere Hybridfrequenz S 20
– Hybridresonanz S 18
oberes Seitenband G 8
Oberflächenstrom, Dämpfung E 26
Oberflächenstromdichte B 10, B 16
–, Messung I O 6
Oberflächenwelle B 12, N 26, N 46, N 47
–, akustische L 57, L 66
Oberflächenwellenbauelement, akustisches L 65
Oberflächenwellenbauelement, Chirp-Filter L 70
Oberflächenwellenbauelement, Einfügungsdämpfung L 67
–, Filter L 68
–, Multistripkoppler L 68
–, Realisierungsgrenze L 67
–, Reflektor L 67
–, Resonator L 71
–, Temperaturabhängigkeit L 67
–, Verzögerungsleitung L 69
–, Wellenleiter L 68
Oberflächenwellenfilter Q 33, R 18
–, akustisches C 14, Q 8
Oberflächenwellenleiter, Adapter L 15
Oberflächenwiderstand K 10
Oberschwingung E 19, G 2
Oberstrich, Sender P 14
Oberwelle, Wanderfeldröhre P 30
Oberwellenzusatz P 9
ODER-Schaltung, bipolare M 33
offener Wellenleiter K 46
Offset Keyed-PSK S 23
Offset-Parabolspiegel S 26
– -QPSK R 46
Offsetmodulation R 29
Offsetspannung M 27
OFW, akustische Oberflächenwelle L 66
– -Bauelement L 66

Omega A 7
OMEGA S 10, S 16
omnidirektionale Mode N 35
on-wafer measurement I 24
operating power gain F 9
Operationsverstärker F 33, M 26
Operator C 2
OPSK-Differenz-Demodulator R 52
– -Modulator R 52
optical time domain reflectometer, OTDR I 48
Optik, geometrische K 38
–, integrierte K 41
–, nichtlineare M 65
optimale Antennenhöhe N 39
– Pumpfrequenz G 17
Optimalfilter S 7
Optimierung C 33
optische Faser K 37
optische Faser, Übertragungsfunktion R 61
optische Sockelleistung R 68
optischer Resonator M 62
– Übertragungskanal R 61
– Verstärker R 70
– Wellenleiter K 37
optisches Nachrichtenübertragungssystem R 57
optisches Übertragungssystem, nichtlineare Verzerrung R 62
optoelektronisches Halbleiterbauelement M 48
Orbit, geostationärer R 43
Orbitbogen R 20
Orbitposition R 20
ordentliche Welle S 19
Ordnungszahl, Quantisierungsstufe O 35
Orientierung, Kristallschnitt L 58
Ortskurve C 5, C 7, C 9
Ortskurvendarstellung E 19
ortsselektiver Schwund K 47
Ortswahrscheinlichkeit H 27, K 47
Ortung S 12
–, Störstelle I 37
Ortungsgenerator R 6
Ortungsverfahren R 6
Oszillationsfrequenz G 41
Oszillator G 39, Q 23
– mit mech. Resonator L 57
–, abstimmbarer G 45
–, Abstimmbarer Q 23
–, Analysemethode G 40
–, digitaler Q 27
–, digitaler Empfänger Q 60
–, Einlaufzeit Q 25
–, freischwingender Q 24
–, Frequenzstabilität I 43
–, Güte I 44
–, harmonischer G 40
–, Kurzzeitstabilität I 43
–, Langzeitstabilität I 43
–, nichtlineare Beschreibung G 45
–, Phasenrauschen G 47, I 43, Q 24, Q 25
–, Rauschen G 47
–, stabilisierter L 51

Oszillatorfrequenz, Temperaturabhängigkeit Q 23
Oszillatorkenngröße Q 23
Oszillatorrauschen Q 50
Oszilloskop I 3
–, Phasenmessung I 5, I 7
OTDR, optical time domain reflectometer I 48
Output-Interceptpoint Q 15
Overlay-Struktur M 15
Oxid-Streifenlaser M 54
Oxidkathode M 72

P-Band A 5
package design F 38
PAL-Verzögerungsleitung L 65
Panoramagerät Q 4
PANTEL-Schaltung P 12
Parabolantenne N 49
parabolische Leitung F 18
Parabolspiegel N 57
Paraffinöl E 2
paralleler Empfang Q 8
Parallelkapazität E 6
Parallelresonanz E 19
Parallelresonanzfrequenz E 24
Parallelschaltbrücke P 10
Parallelschaltnetzwerk P 10
Parallelschaltung, Leistungstransistor F 24
–, Rauschquelle D 19
–, Sender P 1, P 18
– Wanderfeldröhre P 30
Parallelschaltungsbrücke P 19
Parallelschwingkreis C 16
Parallelsubstitution I 14
Parallelverfahren M 30
Parallelverzweigung L 24
Parameterextraktion C 39
parametrische Verstärkung M 65
parametrischer Reflexionsverstärker G 16
parametrischer Verstärker, Josephson-Element M 69
parasitärer Effekt F 8
Pardune N 20
Pardunenisolation N 21
Parsevalsches Theorem D 5, D 15
passive Reserve R 14
passiver FET-Mischer Q 21
passiver Tastkopf I 5
passives Bauelement L 1
patch N 24
PC-3, 5-Stecker L 10
– -7-Stecker L 10
PCM, A-Kennlinie O 34
PCM, Aussteuergrenze O 34
–, Begrenzungsgeräusch O 36
–, Dynamikbereich O 34
–, Expansion O 34
–, Kompression O 34
PCM, puls-code-modulation R 66
PCM, Pulscodemodulation O 31
–, Ruhegeräusch O 36
PDM, Pulsdauermodulation P 11
PDM, Standard-Schaltung P 12
PDM-Übertragungsformel P 12

PE, Polyethylen E 2, E 4
– -Kabel K 7
– -X, vernetztes Polyäthylen K 6
peak envelope power, PEP F 29
Pegeldiagramm, ZF-Verstärker Q 33
Pegeldifferenz R 14
Pegelhaltung R 7
Pegelplan C 37
Peilantenne N 16
Peilempfänger Q 53
–, Genauigkeit Q 53
Peilmodulation S 11
Peilung, Doppler-Effekt S 11
PEP, peak envelope power F 29
Periodendauer C 1
– -Messung I 31
Periodenmessung Q 41
periodisch geschalteter Phasenschieber Q 31
periodische Wellenleiter K 41
periodisches magnetisches Feld, Laufzeitröhre M 79
Permeabilität B 6
–, komplexe B 4
Permittivität, komplexe B 4
Perveanz P 26
phase shift keying, PSK R 71
Phase-diversity-Empfänger R 73
phase-locked loop, PLL R 31
phased array N 57
Phasen-Störhub Q 13
Phasenakkumulator Q 28
Phasenbedingung, Frequenzteiler G 25
Phasendetektor O 10, O 13
Phasendiagramm N 8
Phasendiskriminator, digitaler Q 39
Phasenfehler, Referenzträger M 29
Phasenfokussierung M 78, M 79
–, Gyrotron M 88
Phasenfront B 11
Phasengegenkopplung P 8
phasengerastetes Regelsystem G 17
Phasengeschwindigkeit C 19, K 23
–, Verzögerungsleitung K 41
phasengesteuerte Gruppenantenne N 57
phasengesteuerter Gleichrichter I 7
Phasenhub O 7
Phasenjitter O 29
Phasenkonstante, Hohlleiter K 24
Phasenkorrektur N 64
Phasenkorrekturlinse N 43
phasenkorrigierter Richtkoppler (3 dB) L 29
Phasenmaß B 4, B 5, C 18
Phasenmeßbrücke I 7
Phasenmessung I 5, IO 6
–, digitaler Zähler I 7
–, Oszilloskop I 5, I 7
–, Ringmischer I 7
–, symmetrischer Mischer I 7
Phasenmethode S 7
Phasenmethode, ESB-AM O 5
Phasenmodulation O 7, O 13
–, bildsynchrone R 18

Phasenmodulationsverfahren,
  direktes O 13
–, indirektes O 13
Phasenmodulationsverzerrung P 28
Phasenrauschabstand, Nahbereich
  Q 27
Phasenrauschen Q 23, Q 25
–, Abstand Q 30
–, Oszillator G 47, I 43, Q 24, Q 25
Phasenregelkreis, PLL O 26
Phasenregelschleife O 28, Q 28, R 46
–, PLL O 18, Q 6
Phasenschieber I 21, L 8, L 26
–, nichttransformierender L 27
–, periodisch geschalteter Q 31
–, steuerbarer N 63
–, symmetrischer L 28
– -Zirkulator L 43
Phasenschiebung durch Auszieihlei-
  tung L 28
– durch Richtkopplung L 28
–, Spannung L 26
–, Strom L 27
Phasensprung O 29
Phasenumtastung O 19
–, binäre O 19
Phasenunsicherheit O 24
Phasenverschiebung, Messung I 31
Phasenverzerrung F 30
Phasenzentrum N 1, N 40, N 45
Phospat E 21
Photodiode M 56, R 60
–, Wirkungsgrad M 57
Photon M 59
Photonendichte M 52
Photonenzahl M 59
Photostrom M 57
Photowiderstand E 8, Q 21
physikalische Größe A 1
physikalisches Modell C 39
Pi-Filter E 25
– -Glied L 20
– -Mod M 87
– -Schaltung C 15
Pierce-Oszillator G 44
Piezoeffekt, direkter E 16
–, reziproker E 16
piezoelektrische Anregung L 57
– Grundgleichung E 16
piezoelektrischer Effekt E 16
– Resonanzvierpol L 62
– Transformationsfaktor E 17
– Wandler E 17, E 18, L 65
– Werkstoff E 16
piezoelektrisches Modul E 18
– Polymer E 21
– Substrat L 67
Piezokeramik E 21
Piezokeramik, Frequenz-Temperatur-
  gang L 59
Piezokeramik, Langzeitstabilität
  L 59
–, Schwinggüte L 59
–, Temperaturkoeffizient L 59
piezokeramisches Filter L 59
piezokeramisches ZF-Filter L 62
Piezoresonator E 19
–, Impedanz E 19

Piezowandler C 14
Pilotempfänger R 7
Pilotregelung R 7
Pilotregler R 7
Pilotsignal R 21
Pilottonverfahren O 5, R 13
Pilotverfahren O 25
pin-Diode M 12, Q 21
– -Diode, Dämpfungsglied L 21
– -Photodiode M 58, R 60
– -Photodiode, Demodulationsver-
  halten R 60
Pinch-off-Spannung M 36
Pipelinerechner Q 57
PLA, programmable logic array
  M 43
Planar-Epitaxial-Technik M 15
planare Antenne N 24
– Schaltungen C 39
planarer Wellenleiter K 7
planares Strahlenelement N 24
Planck-Funktion S 23
Plancksches Wirkungsquantum
  M 59
Planung, Rundfunk R 37
Plasma B 5, S 17
–, cutoff S 19
Plasma, cutoff-Dichte Nc S 20
Plasma, Grundwellentyp S 19
–, heißes S 22
–, Hohlraumresonator S 17
–, Polarisation S 20
–, Resonanz S 20
–, warmes S 22
–, Wellenausbreitung S 19
Plasmachemie S 17
Plasmadiagnostik S 17
Plasmadispersion S 19
Plasmaerzeugung S 17
Plasmafrequenz B 5, H 14, M 79,
  S 18
–, reduzierte M 82
Plasmaheizung S 17
Plasmaresonanz S 21
Platin E 16
Plexiglas E 2
PLL, Demodulator Q 38
–, digitaler Q 30
PLL, phase-locked loop R 31
PLL, Phasenregelkreis O 26
–, Phasenregelschleife O 18, Q 6
– -FSK-Demodulator Q 42
– -Phasendetektor Q 29
– -Tiefpaß Q 29
PM, Demodulation O 13
–, Störabstand O 14
– -Fokussierung P 26
pn-Diode G 4
– -Übergang M 7
– -Übergang, abrupter G 14
pnp-Bipolartransi-
  stor,Standardprozeß M 24, M 25
Poisson-Gleichung M 6
– -Verteilung D 13, M 60
poissonverteilte Impulsfolge D 15
polare Achse E 16
Polarisation B 7, N 7, N 23
–, elliptische N 7

–, lineare B 7, N 7, N 36
–, Plasma S 20
–, spontane E 21
–, zirkulare B 7, N 33, N 35
Polarisationsebene B 7
Polarisationsellipse N 33
Polarisationsentkopplung R 20
Polarisationsrauschen R 64
polarisationssensitiver Reflektor
  N 53
Polarisationsweiche, PW R 36
Polarisationszustand E 21
polarization scrambling R 73
– -diversity R 73
Polyethylen E 3
–, PE E 2, E 4
Polymer, piezoelektrisches E 21
Polypropylen, PP E 2, E 4
Polystyrol, geschäumtes E 2
–, PS E 2, E 4
–, vernetztes E 4
Polytetrafluorethylen, PTFE E 2,
  E 3
Polyvinylchlorid, PVC E 2
Polyvinylidendifluorid E 21
poröses PTFE K 6
Porzellan E 2, E 3
positiver Modulationsgrad P 15
Posthumus-Brücke P 18
Potential, elektrochemisches M 4
Potentiometer E 7
–, logarithmisches L 21
Potenz-Filter C 13
Potter-Horn N 43
power amplifier F 22
– divider I 12
– splitter I 12
– -added efficiency F 9
Poynting-Vektor B 4, C 2, N 1
PP, Polypropylen E 2, E 4
ppm-Fokussierung M 80
PPM-Fokussierung P 26
Präambel O 53
Präzisions-Offset R 16
Präzisionsabschluß L 17
Präzisionsluftleitung K 5
Preempasis Q 11
Preemphase O 8, R 7, R 13, R 27
Preemphasis Q 38
Preselector I 27
primäre Hauptstrahlrichtung N 59
– Speisung N 62
Primärwelle, Magnetron M 86
Prinzip der äquivalenten Quelle N 5
probability of intercept Q 54
production grade L 10
– yield C 33
Produktdemodulation R 13
Produktdemodulator O 23
Produktdetektor Q 37
Produktform N 60
Produktterm M 43
programmable logic array, PLA
  M 43
programmable read only memory,
  PROM M 38
programmierbarer Festwertspeicher
  M 38

programmierbares, Gerät I 51
PROM, programmable read only memory M 38
Proportionalregelkreis Q 34
Proximityeffekt B 17, K 2
Prozeßgewinn O 55
Prozessorstruktur, digitaler Empfänger Q 59
Prüfbus M 46
Prüfvektor M 45
Prüfzeile R 16
Prüfzeilenanalzysator R 19
PS, Polystyrol E 2, E 4
pseudo-noise, Codewortsynchronisation O 56
– -noise, Phasenmodulation O 56
– -noise, Synchronisationsschaltung O 56
– -noise, Verzögerungsverfahren O 57
Pseudonoise-Verfahren O 47
PSK, phase shift keying R 71
– -ASK-Verfahren O 21
PSM, Puls-Step-Modulation P 12
psophometrische Bewertung R 45
– Geräuschbewertung R 48
PTFE, Polytetrafluorethylen E 2, E 3
–, poröses K 6
– -Kabel K 7
puls-code-modulation, PCM R 66
Puls-Doppler-Radar S 6
– -Step-Modulation, PSM P 12
PULSAM-Schaltung P 12
Pulsare S 23
Pulsbetrieb F 30
–, Transistor F 32
Pulscodemodulation D 37
–, PCM O 31
Pulsdauermodulation R 12
–, PDM P 11
Pulsed FM, chirp O 62
Pulsfolgefrequenz, gestaffelte S 5
Pulsleistung, übertragbare K 24
Pulsleistungsmessung I 10
Pulsradar S 4
Pulsrahmen O 53
Pulssender P 28
Pulsspektrum I 28
Pulsspitzenleistung I 29
Pulswiderholfrequenz, Messung I 28
Pumpfrequenz, optimale G 17
Pumpkreisfrequenz G 13
Pumprate M 61
push-pull amplifier F 24
pushing factor, Magnetron P 35
PVC, Polyvinylchlorid E 2
PW, Polarisationsweiche R 36
Pyramidenabsorber L 18
Pyramidenhorn N 42
Pyroeffekt E 16
pyrolythischer Graphit M 77

Q-Band A 5
QAM, Quadratur-AM R 28
QAM, Quadraturamplitudenmodulation O 19
– -16 O 21
– -Modem R 28
QASK, quadrature amplitude shift keying R 28
QPSK R 46
–, quaternäre PSK R 29
– -Burst R 49
Quadbit O 21
Quader L 47
quadratischer Detektor Q 4
– Hohlleiterquerschnitt K 30
– Mittelwert H 2
Quadratur O 20
– -AM, QAM R 28
Quadraturamplitudenmodulation, QAM O 19
Quadraturdemodulator Q 38
quadrature amplitude shift keying, QASK R 28
Quadraturempfänger Q 4, Q 7
Quadraturfehler R 18
Quadraturkomponente D 8
Quadraturkonzept, Homodyneempfänger Q 57
Quadraturträger O 24
Qualität, Verfügbarkeit R 38
Qualitätsprognose, Funkfeldplanung R 38
Quanten-Rauschen R 63
Quantenrauschen D 20
Quantenübergang, stimulierter M 61
Quantenwirkungsgrad R 60
Quantile H 1
Quantisierung O 32
Quantisierungseffekt Q 57
Quantisierungsgeräusch O 33
Quantisierungsrauschen, A/D-Umsetzer Q 58
Quantisierungsstufe, Ordnungszahl O 35
Quantisierungsverzerrung O 39
– nichtlineare Codierung O 34
–, lineare Codierung O 32, O 39
–, nichtlineare Codierung O 40
Quantisierungsverzerrungsabstand O 34, O 36
Quarz E 2, L 58
–, Alterung Q 24
–, SiO 2 E 20
– -AT-Dickenscherschwinger L 59
– -Oszillator G 44
– -Stimmgabelresonator L 59
Quarzfilter Q 33
–, monolithisches L 63
Quarzglas E 3, K 37
Quarzmembrane P 29
Quarzschnitt L 59
Quasare S 23
quasi-ebenes Gelände H 27
Quasi-Fermi-Potential M 4
quasi-optischer Resonator M 89
– -optischer Strahler N 45
– -optisches Gyrotron M 89
Quasi-Paralleltonverfahren R 18
– -Suspended-Substrate-Mikrostreifenleitung K 13
quasidegenerierter Reflexionsverstärker G 17

quasikohärenter Mehrwellenfall S 12
quasioptisches Horn N 42
quasistatisches Näherungsverfahren C 39
Quasiteilchen-Tunnelstrom M 67
quaternäre Modulation O 19
quaternäre PSK, QPSK R 29
Quecksilber E 1
Quelle, diskrete D 33
–, gesteuerte G 18
Quellenanpassung, Messung I 42
Quellencodierer D 1
Quellencodierung O 30
Querdämpfung C 19
Quereffekt E 16
Querschnittsprung, Leitung L 11
Querstrahler N 19, N 59
Querstromverteilung K 11

R-Band A 5
Radar H 28
RADAR S 1
Radar, Impulskompression S 7
Radarfrequenzbereiche A 5
Radargleichung S 1
Radarhorizont S 2
Radarrückstrahlfläche S 2
Radarsignaltheorie S 7
Radarstreuquerschnitt H 6
Radioastronomie S 22
–, Antennensystem S 24
Radiohorizont H 8, H 9, H 11
Radiostern H 17, I 39
Radiostrahlung S 22
Radius, effektiver H 5
Rahmenantenne N 16
Rahmenaufteilung O 54
Rahmendauer R 48
Raleigh-Jeans-Gesetz S 24
Raman-Streuung M 65
Randaussendung P 3
Ratiodetektor O 9, O 10, Q 38
Rauhigkeitsparameter H 6
Raum, geschirmter I 38
–, interplanetarer H 15
Raumbasispeiler S 12
Raumdiversity H 30
Raumharmonische K 49
raumharmonisches Teilwelle, Laufzeitröhre M 82
Raumharmonisches P 29
Raumladungsdichte M 3
Raumladungsparameter, Laufzeitröhre M 82
Raumladungswelle P 29
–, Laufzeitröhre M 79
Raumladungszone M 7
Raumstation R 49
Raumwelle N 14, N 21, R 11
Raumwellenfeldstärke H 23
Raumwellenversorgung R 12
Rauschabstandsverbesserung Q 10
Rauschabstimmung D 23
Rauschanpassung D 23, F 24, N 36, N 38
rauscharmer Empfangsverstärker R 50

– Verstärker F 24
Rauschbandbreite I 32, Q 9
–, äquivalente D 25
Rauschbegrenzungsfilter Q 33
Rauscheinströmung, totale G 20
Rauschen R 63
– durch nichtlineare Netzwerke D 26
–, 1/f D 20
–, anomales P 29
–, atmosphärisches D 20, H 16
–, elektronisches D 11
–, galaktisches D 20, H 17
–, kosmisches H 17
–, natürliches H 16
–, Oszillator G 47
–, spannungsabhängiges E 6
–, thermisches D 18
–, Transistor D 24
–, Wanderfeldröhre P 29
–, weißes O 34
rauschender linearer Vierpol D 21
Rauschersatzschaltung G 20
Rauschgenerator I 33
Rauschglocke Q 55
Rauschkenngröße D 23
Rauschleistung, Messung Q 9
–, spektrale Dichte D 18
–, Übertragung D 18
–, verfügbare D 18
Rauschleistungsdichte, notwendige Q 12
–, spektrale Q 9
Rauschmaß D 24, D 25
Rauschmessung G 21, I 32
–, Referenztemperatur I 32
Rauschminimum G 11
rauschoptimaler Generatorleitwert G 20
Rauschparameter, noise parameter F 25
Rauschquelle in optischen Empfängern R 64
–, Ersatzschaltung D 18, D 21
–, Impedanz D 19
–, Mischer G 21
–, Parallelschaltung D 19
–, Serienschaltung D 19
Rauschsperre Q 41, Q 45
–, geschaltete Q 35
Rauschstrahlung der Sonne H 17
Rauschstrom, totaler G 10
Rauschtemperatur G 11, I 32
Rauschtemperatur eines Zweipols, äquivalente D 20
Rauschtemperatur, äquivalente D 24
–, minimale G 11
–, spektrale D 22
Rauschverhalten R 7
–, Abwärtsmischer G 9
–, additiver Mischer G 19
Rauschwiderstand, äquivalenter D 20, F 25
–, totaler G 16
Rauschzahl G 11, I 32, Q 9
–, integrale D 25
–, Messung Q 9

–, minimale D 23
–, spektrale D 22
Rauschzahlmessung D 23
Rayleigh-Kriterium H 6
– -Schwund H 22
– -Streuung I 48, K 38, M 65
– -Verteilung D 14, D 16, H 2, H 32
– -Welle L 66
RC-Oszillator G 44
Read Only Memory, ROM M 36
Read-Diode M 13
Reaktanz C 3
Reaktanzdiode G 12
–, ideale verlustfreie G 12
–, Wirkleistungsumsatz G 12
real frequency technique C 37
– -time sampling I 4
Realisierungsgrenze, Oberflächenwellenbauelement L 67
Realzeit, Fourier-Transformation Q 8
Rechenverfahren, Lagrange M 83
Rechenwerk M 41
Rechnerbus I 50
rechnergesteuerter Meßplatz I 49
Rechnerschnittstelle I 50
Rechnersimulation C 30
Rechnersynthese, Sender P 4
rechnerunterstützter Entwurf C 29
Rechteckhohlleiter A 5, K 21
–, Absorber L 18
–, Normen K 30
– -Einloch-Richtkoppler L 35
Rechteckhohlleiterstrahler N 41
rechteckige Drahtschleife E 14
Rechteckquerschnitt K 22, K 24, K 28
rechtszirkular polarisierte Welle S 19
recovery time, Erholzeit F 30
Recovery-Effekt H 24
Reduktion, Signal/Rausch-Abstand Q 11
Redundanz D 33
reduzierte Plasmafrequenz M 82
Reduzierung, Kollektorpotential M 83
reelle Amplitude C 1
reeller Momentanwert C 2
Referenzburst O 53, R 48, R 49
Referenzdiagramm N 50
Referenztemperatur, Rauschmessung I 32
Referenzträger O 24, O 25
–, Phasenfehler O 29
reflective array compressor L 72
reflektierendes Dämpfungsglied L 19, L 22
reflektierte Welle C 17
Reflektometer I 18
Reflektor, frequenzselektiver N 52
–, Oberflächenwellenbauelement L 67
–, polarisationssensitiver N 53
–, sphärischer N 52
Reflektorantenne N 49, R 53
–, Asymmetrische N 51

Reflektorfilter: Oberflächenwellenbauelement, dispersives L 72
Reflektorformung N 51
Reflektorgenauigkeit S 25
Reflektortyp N 64
Reflexion H 5
–, Flugzeug H 39
reflexionsarme Schicht E 26
Reflexionsfaktor B 8, C 10, C 20, I 11, K 24
–, Netzwerkanalyse I 17
Reflexionsfaktorbrücke I 19
Reflexionsfaktormessung I 4
reflexionsfreier Abschluß C 20
Reflexionshöhe H 14
Reflexionskoeffizient H 6
Reflexionsverstärker, degenerierter G 17
–, parametrischer G 16
–, quasidegenerierter G 17
Regelgeschwindigkeit Q 36
Regelkennlinie, lineare Q 36
Regelrestfehler Q 34, Q 36
Regelsteuerung, digitale Q 35
Regelsystem, phasengerastetes G 17
Regelumfang, ZF-Verstärker Q 33
Regelung, verzögerte Q 35
Regelverhalten, dynamisches Q 34
Regelzeitkonstante Q 34
Regendämpfung H 30, H 33, R 25
Regendämpfungskoeffizient H 12, H 30
Regenerate, momentane H 33
Regeneration O 26, O 31
Regenerierung R 9
Regenhöhe H 13
Regenintensität H 13
Regenrate H 30
Register M 41
Registerspeicher M 36
Regler, integrierender Q 35
Reichweite, eindeutige S 5
–, faseroptisches Nachrichtensystem R 69
reine Metallkathode M 72
Rekombination, strahlende M 49
Rekombinationsmodell M 7
Rekombinationsstrahlung S 24
Relative Intensity Noise R 63
relatives Intensitätsrauschen R 63, R 66
Relaxationsoszillation R 58
Relaxationsschwingung M 55
Remodulation O 26
Repeater R 44, R 50
Repeatergerät R 51
repetitive sampling I 4
Reserve (n+1) R 15
–, aktive R 14
–, passive R 14
Resistanz C 3
Resistor Transistor Logik, RTL M 31
Resonanz E 19
–, gyromagnetische B 7
–, mechanische E 17
–, Plasma S 20
Resonanzabsorption H 30

Sachverzeichnis

Resonanzbandfilter C 16
Resonanzblindleitwert C 16
Resonanzblindwiderstand C 16
Resonanzfrequenz C 16
–, dielektrischer Resonator L 52
Resonanzgüte, Schwingquarz Q 25
Resonanzkreis, Teilankopplung F 21
Resonanzvierpol, piezoelektrischer L 62
Resonator E 23, L 45
–, Ankopplung I 41
–, dielektrischer C 14, L 51
–, ferrimagnetischer L 53
–, Güte I 41, L 47
–, Gyrotron M 88
–, Keramik L 51
–, Koppelfaktor I 41
–, linearer I 45
–, lokalisierter L 63
–, magnetisch abstimmbarer L 53
–, mechanischer L 57
–, Messung I 40
–, Oberflächenwellenbauelement L 71
–, optischer M 62
Resonator, quasi-optischer M 89
Resonator, Schwingungsform L 58
–, Verlustfaktor L 46
–, Zeitkonstante I 42
Resonatorfilter L 72
Resonatormaser M 64
resource manager I 52
Restfehlerhäufigkeit R 32
Restseitenbandfilter P 25
Restseitenbandmodulation O 16, P 23
Restspannung M 15, M 33
–, Sender P 5
Resynchronisation M 83
Reuse N 15, N 22
Reusenleitung K 3
reverse switching rectifier P 34
reversible Vorhangantenne N 22
reversibler Festwertspeicher M 37
reziproker Piezoeffekt E 16
– Zähler I 30
reziprokes Mehrtor C 10
– Mischen Q 1, Q 14, Q 15, Q 50
Reziprozität N 2
RF-Gegenkopplung P 7
– -Leistungsverstärker R 34
– -Leistungsverstärker, linearer P 7
– -Schutzabstand R 10
RG-58C/U K 6
Rhombus-Antenne R 12
Rhombusantenne N 22
Rice-Verteilung H 3
Richardsonsche Gleichung M 71
Richtantenne N 18
Richtcharakteristik N 7, N 60
–, gebietsangepaßte N 57
Richtdämpfung L 30
Richtdiagramm N 3, N 8
Richtfaktor N 2, N 3, N 6, N 9, N 49, N 59
Richtfunk R 23

–, terrestrischer H 28
Richtfunkgerät, analoges R 36
Richtfunkkanal R PD
Richtfunkverbindung R 32
Richtgewinn N 30
Richtgröße G 31
Richtkennlinienfeld G 31
Richtkoppler C 27, I 12, I 17, L 29, L 31
– aus Hohlleiter und koaxialer Leitung L 37
– durch Hohlleiterkopplung L 36, L 37
– mit Koaxialleitung L 31
– mit konzentriertem Blindwiderstand L 31
– mit Schlitzkopplung L 31
– mit verschiedenen Hohlleitersystemen L 36
– mit zwei veränderbaren Kurzschlußleitungen L 29
Richtkoppler (3 dB), phasenkorrigierter L 29
Richtkoppler, einstellbare Koppeldämpfung L 31
–, Streumatrix C 27
– -Leistungsteiler L 26
Richtstrahlfeld N 23
Richtstrom G 31
Riecke-Diagramm M 87
Riegger-Kreis O 9, O 10, Q 38
Rieke-Diagramm I 42, P 31
Rillenhohlleiter N 44
Rillenhorn N 44
Ringkern E 15
Ringleitungs-Richtkoppler L 32
Ringmischer als Phasendetektor I 7
–, Phasenmessung I 7
Ringrillenhorn R 53
Rippenwellenleiter K 40
Röhre, gittergesteuerte M 76
Röhrentechnologie M 74
Rohrkondensator E 11
Rohrschlitz-Antenne R 14
roll off R 8
– -off C 13
– -off-Faktor O 16
Roll-off-Faktor R 28, R 30
Rollet-Stabilitätsfaktor F 7
Rollkreisbewegung M 74
ROM, Read Only Memory M 36
ross polar discrimination R PD
Rotation B 1
Rotationsdämpfungsglied L 23
Rotationslinie S 24
Rotationsparabolantenne N 49
Rotman-Linse N 54
RS 232-Schnittstelle I 50
RS 422-Schnittstelle Q 47
RS 432-Schnittstelle Q 47
RT/duroid E 3
RTL, Resistor Transistor Logik M 31
Rubinlaser M 61, M 62
Rückflußdämpfung I 11
Rückkopplung F 14, P 7
Rückkopplungs-Dreipol G 41

Rückkopplungskreis mit Schieberegister O 40
Rückkopplungsnetzwerk F 19
Rückkopplungsstruktur G 41
Rückmischung G 14
Rückstreuer N 23
Rückstreuverfahren, LWL I 48
Rückwärtskoppler C 28, L 33
Rückwärtsregelung Q 34
Rückwärtsstrahlung K 49
Rückwärtswelle M 83, P 29
Rückwärtswellenoszillator M 85
Rückwärtswellenröhre M 83
Rückwirkung P 7
rückwirkungsfreier Verstärker F 14
Rückwirkungsfreiheit F 14
Ruffrequenzen A 6
Ruhegeräusch O 41
–, PCM O 36
Rundfunk, Planung R 37
Rundfunksystem R 10
Rundfunkversorgung R 10
Rundhohlleiter, Adapter L 15
–, Dämpfungskonstante K 27
–, Dämpfungswert K 27
–, Wellentypwandlung K 27
Rundhohlleiterstrahler N 40
Rundsichtdarstellung S 4
Rundwendel K 44

S-Band A 5
Sampling oscilloscope I 4
sampling, real-time I 4
sampling, repetitive I 4
Sampling-Voltmeter I 3
Saphir E 2
Satellit, geostationärer R 42
–, geosynchroner R 42
satellite multi service, SMS O 53
Satellitenantenne R 52
Satellitenbahn R 42
Satellitendurchschaltung R 49
Satellitenfinsternis, Eklipse R 43
Satellitenfunk H 28, H 33
–, Frequenzbereiche R 24
Satellitenfunksystem R 42
Satelliteninterferometrie S 25
Satellitenrundfunk R 19
Satellitensystem, Bodenstation R 53
–, Frequenzplan R 50
Satellitenübertragung R 44
Sättigung, Transistor F 22
Sättigungsbereich, Transistor F 12, F 28
Sättigungsgebiet M 4
Sättigungsleistung, Laufzeitröhre M 81
Sättigungsmagnetisierung L 53
Sättigungsspannung, Transistor F 22
Sättigungssperrstrom M 7
SAW Q 33
–, surface acoustic wave L 66
– -Bauelement L 66
SC-Filterlösung M 27
Schalenkern E 15
Schaltdemodulator R 18

Schaltnetzteil Q 46
Schaltröhre P 12
Schaltungen, planare C 39
Schaltungsabgleich C 32, F 37
Schaltungsanalyse im Frequenzbereich C 34
– im Zeitbereich C 34
Schaltungsaufbau F 36
Schaltungssynthese C 36
Schaltungstechnik, gesättigte bipolare M 31
–, nicht gesättigte bipolare M 31
Schaltverstärker P 5, P 11
Schaltzirkulator L 43
Scharmittelwert D 12
Schattenzone, geometrische H 7
Schaum-PE K 6
– -PE-X K 6
Schaumstoff E 3
Schaumstoffleitung K 2
Scheibenisolierung K 5
Scheibenkondensator E 11
Scheibenstrahler N 23
Scheibenthyristor M 20
Schereffekt E 17
Schering-Brücke I 35
Schicht E 21
–, dielektrische K 40
–, reflexionsarme E 26
Schichtkathode M 72
Schichtprofil H 15
Schichtwellenleiter K 40
Schichtwiderstand E 5
Schielwinkel N 22
Schirmdämpfung B 18, K 7
Schlauchleitung K 2
Schleifen-Fehlerortungsverfahren R 6
Schleifenbildung C 8
Schleifengegenkopplung R 7
Schleifenverstärkung G 40
Schlitzantenne N 17
Schlitzhohlleiter K 48
Schlitzkopplung I O 6
Schlitzleitung K 15
–, gekoppelte K 16
–, Strahlungsverlust K 17
Schlitzstrahler N 23
Schlitzübertrager L 14
Schlitzwelle K 16
Schmalband-FM O 7
– -Vorselektion Q 19
Schmalbandabsorber E 27
Schmalbandspeisung N 22
Schmelzpunkt E 1
Schmetterlingsstrahler N 23
schnelle Welle, Laufzeitröhre M 77
schneller Schwund H 28
– Selektivschwund Q 39
Schnittstelle I 51
Schnittstellencode R 9
Schnittstelleneigenschaft, Magnetron P 31
Schottky-Barrier-Diode G 4
– -Diode M 12, M 20
– -Effekt M 71
– -Emission M 6
Schottkys Theorem D 20

schräger Einfall B 9
Schritt-Fehlerwahrscheinlichkeit D 25
Schrittgeschwindigkeit O 16
Schrot-Rauschen R 63
Schrotrauschanteil, korrelierter G 10
–, unkorrelierter G 10
Schrotrauschen D 19, M 7
Schutzabstand O 53
Schutzanzug B 20
Schutzbrille B 20
Schutzmaßnahme, Überlastung G 38
Schutzschaltung, Leistungsverstärker G 39
Schwankungsprozeß, instationärer D 13
–, stationärer D 13
Schwarzkörperstrahlung S 23
Schwarzwerthaltung P 25
Schwellenspannung M 15
Schwellenstromdichte M 53
Schwellenwertdetektor Q 39
Schwellwert, Demodulation O 6
Schwellwertkomparator Q 43
Schwellwertvergleich Q 41
Schwenkbereich, eingeschränkter N 57
–, konischer N 61
Schwinger E 23
Schwinggüte E 18
–, mechanische E 24
–, Piezokeramik L 59
Schwingkreis L 45
Schwingquarz Q 24
–, Resonanzgüte Q 25
Schwingung, harmonische C 1
Schwingungsamplitude, Stabilisierung Q 46
Schwingungsform L 59
–, Resonator L 58
Schwingungsquant M 59
Schwund H 21
–, frequenzselektiver H 18, H 21, K 47
–, langsamer H 28
–, ortsselektiver K 47
–, schneller H 28
–, selektiver Q 10, R 13
–, zeitselektiver H 21
–, zeitvarianter H 18
Schwundeinbruch H 20
schwundmindernde Antenne N 21
Schwundregelung Q 51
Schwundreserve R 40
SCM, subcarrier multiplexing R 66
SCPC, single channel per carrier O 52
– -Verfahren R 45
SCPC/FM-Gerät R 54
SCPI, standard commands for programmable instruments I 53
scrambler O 27
Scrambler R 9
SDFL-Technik, GaAs-Logik M 35
SDLVA F 27
sea-of-gate M 44

Sechstor, Kreisdiagramm I 22
– -Reflektometer I 21
secondary breakdown F 32
sehr lange Leitung C 25
Seignettesalz E 20
Seitenband, oberes G 8
–, unabhängiges Q 37
–, unteres G 8
Seitenbandfilter Q 37
Seitenbandleistung P 11
Seitensichtradar S 8
Sektorhorn N 42
sekundäre Hauptkeule N 59, N 60
Sekundärelektronenausbeute M 71
Sekundäremission M 71
Sekundärradar S 8
selbstheilender Kondensator E 12
Selbstinduktivität C 27
Selbstkapazität C 27
Selbstkapazitätsbelagsmatrix C 26
selbstkomplementäre Antenne N 34
Selektion Q 12, Q 32
–, abgestufte Q 59
–, wirksame Q 2
selektiver Schwund Q 10, R 13
– Verstärker F 21
selektives Voltmeter I 3
Selektivschwund Q 2, Q 43
–, schneller Q 39
semi-custom M 44
Sende-Empfangs-Weiche S 4
Sendeantenne N 1
Sendeantennenhöhe H 27
Sendeart P 2
Sendefunktion, Approximation O 39
Sendemischer R 34
Sender P 1
– für feste Dienste P 22
–, Abstimmung P 16
–, Anpassungsänderung P 22
–, Betriebseinrichtung P 2, P 20
–, Betriebszustand P 6
–, Brücke P 3
–, Frequenzstabilität P 4
–, Funktionseinheit P 1
–, Hybridkoppler P 10
–, indirekt modulierter R 33
–, Koppelnetzwerk P 10
–, Koppelung P 16
–, Leistungsauskopplung P 15
–, Leistungsauskopplung P 1
–, Oberstrich P 14
–, Parallelschaltung P 1, P 18
–, Rechnersynthese P 4
–, Restspannung P 5
–, Steuervorsatz P 1
–, Stromübernahme P 6
–, Symmetrierung P 17
–, systemgerechte Bandbreite P 21
–, Transformationsnetzwerk P 16
–, Trennkondensator P 9
–, Wirkungsgrad P 6
–, Wirkungsgradverbesserung P 8
–, Zuleitungsinduktivität P 10
– -Vorentzerrer P 25
Senderanlagen P 27

Senderendstufe mit Kreuzfeldverstärkerröhre P 35
Senderklasse P 21
Senderverstärker, Ersatzschaltung P 5
Sendeverstärker R 27
senkrechter Einfall B 8
Serienresonanz E 19
Serienresonanzfrequenz E 24
Serienschaltung, Rauschquelle D 19
Serienschwingkreis C 16
Shadow-Modell C 34
Shannon O 46
– -Grenze D 36
SHF A 5
shielded grid triode P 36
Shift Q 38
shunt stub, Stichleitung F 17
SI A 2
– -Einheit, abgeleitete A 2
Si-Gate-Technik M 16
sicherer Arbeitsbereich, SOAR G 34
Sicherheit, elektrische Q 45
Sicherheitskondensator, impulsfester E 12
Sichtpeiler, einkanaliger S 10
–, mehrkanaliger S 11
Siebschaltung C 15
Signal D 2
–, analoges D 2
–, analytisches D 8
–, digitales D 2
–, diskretes D 9, D 10
signal, spurious F 30
Signal-Kurzzeitspektrum Q 8
– -Rausch-Abstand D 22
Signal/Rausch-Abstand, Reduktion Q 11
– -Verhältnis R 46
Signalaufbereitung, digitale O 30
Signalbeschreibung, statistische D 11
Signalentdeckung Q 53
Signalfunktion O 30
Signalquelle O 30
–, Innenwiderstand I 42
–, Messung I 42
Signalspreizung O 46
signalverarbeitende Diode M 11
Silbenlänge, mittlere O 41
Silbenverständlichkeit D 29
Silber E 1, E 3
silicon compiler M 45
– -foundry M 45
Silikon E 2
Silikonöl E 2
Siliziumnitrid M 41
SIMOS-Zelle M 41
Simultanbetrieb Q 45
–, Schiff Q 49
Simultanempfang Q 50
simultaneous conjugate match F 10
single channel per carrier, SCPC O 52
Single Station Locator, SSL S 12
SIS, Detektor M 67
–, Mischer M 67

SIS, Supraleiter-Isolator-Suptraleiter M 67
SIS-Tunnelelement M 67
skalar network analyzer, SNA I 24
Skineffekt B 13
sliding load L 18
SMA-Stecker L 10
SMB-Stecker L 10
SMC-Stecker L 10
Smith-Diagramm C 8, C 23, F 15
SMS, satellite multi service O 53
SNA, skalar network analyzer I 24
SOAR, sicherer Arbeitsbereich G 34
Sockelleistung, optische R 68
solarer Wind H 15
Sonde, induktive I O 6, I 7
Sonderverstärker P 5
Sonnenaktivität H 13
Sonnenfleckenzyklus H 13
Sonnenmagnetron M 86
Source-Elektrode M 15
– -Schaltung F 12
Spannung C 1
–, Phasenschiebung L 26
Spannungs-Rauschquelle D 21
spannungsabhängiger Widerstand E 8
spannungsabhängiges Rauschen E 6
Spannungsamplitude C 20
Spannungsaussteuerung P 6
Spannungskaskade G 32
Spannungsmessung I 1
Spannungssteuerung G 5, G 12, G 18
sparse matrix techniques C 32
spead spectrum, Codefolge O 49
–, Modulationsgewinn O 49
Speicher, assoziativer M 36
–, bipolarer M 37
–, dynamischer M 36
–, inhaltsadressierter M 36
–, statischer M 36
–, wahlfreier Zugriff M 36
Speicherdiode G 24
Speicherkondensator M 39
Speicherorganisation, bitweise M 36
–, wortweise M 36
Speicheroszilloskop I 4
Speicherspule P 12
Speichervaraktor M 12
Speisenetzwerk N 63
Speisesystem, adaptives N 65
Speisezone, Drahtantenne N 66
Speisung, entkoppelte N 65
–, primäre N 62
spektrale Dichte D 19
spektrale Dichte, Rauschleistung D 18
spektrale Rauschleistungsdichte Q 9
– Rauschtemperatur D 22
– Rauschzahl D 22
Spektrum eines Bildsignals D 31
Spektrumanalysator, automatischer I 25
–, Dynamikbereich I 27

–, Harmonischenmischung I 27
Spektrumanalyse I 24
Spektrumpeiler S 13
Sperrbereich, Thyristor M 19
Sperrfilter, Notch-Filter Q 45
Sperrschicht-Feldeffekttransistor M 16
Sperrschichtkapazität M 8
Sperrschichttemperatur G 38
Sperrschichtvaraktor M 12
Sperrtopf, koaxialer L 13
Sperrverzögerung, Thyristor M 19
spezifische Leitfähigkeit B 14, E 1
– Wärme E 1
spezifischer Widerstand E 1
sphärischer Reflektor N 52
Spiegelantenne N 51
Spiegeleffekt L 53
Spiegelempfangsfrequenz Q 5
Spiegelfrequenz Q 9
– -Rauschen D 25
Spiegelfrequenzabschlußleitwert G 4
Spiegelfrequenzkurzschluß G 7
Spiegelfrequenzleerlauf G 7
Spiegelfrequenzselektion Q 19
Spiegelkreisfrequenz G 13
Spiegelungsrichtung H 6
Spiegelwelle Q 13
Spiegelwellenempfang Q 13
Spinell L 38
Spinelle L 55
Spinpräzessionsamplitude L 53
Spinpräzessionsphase L 53
Spinwelle L 53
Spiralantenne N 33
–, archimedische N 34
–, konische N 34
–, logarithmische N 33
–, winkelkonstante N 33
Spitzendiode M 12
Spitzengleichrichter G 32
Spitzenwert, Messung I 2
Spitzenwertgleichrichter O 6
Spitzenwertgleichrichtung O 6
split carrier P 24
Split-Carrier-Betrieb R 17
– -Phase-Verfahren O 58
spontane Emission M 48, M 59, M 61
–, Polarisation E 21
spot beam R 42, R 43
Sprachsignal, Bandbegrenzung O 31
Sprachverständlichkeit R 13
spread factor H 21
spread spectrum multiplex, SSMA O 55
spread spectrum, SS O 46
Spreizfaktor H 21
Spreizfunktion O 55
Sprunglänge H 15
Sprungübergang, kompensierter L 11
Spule E 14
–, Gegeninduktivität E 14
Spulenantenne N 35
Spulengüte E 15
Spurführung K 47

spurious responses Q 1
– signal F 30
Squelch Q 41
SS, spread spectrum O 46
SSL, Single Station Locator S 12
SSMA, spread spectrum multiplex O 55
Stabantenne N 12
–, aktive N 39
stabiler Wellentyp K 24
stabilisierter Oszillator L 51
Stabilisierung, Schwingungsamplitude G 46
Stabilität F 5
–, absolute F 6
–, bedingte F 6
Stabilitätsfaktor G 41
–, Verstärker F 7
Stabilitätskreise F 6
stagger tuned F 21
standard commands for programmable instruments, SCPI I 53
Standard-Rauschzahl D 24
– -Schaltung, PDM P 12
Standardabweichung D 13, H 2
Standardatmosphäre H 11
Standardfrequenz Q 25
Standardprozeß für Bipolartransistoren M 21
Standardprozeß für MOS-Transistoren M 22
Standardzelle M 44
standing wave ratio, swr I 11
Standort-Diversity H 34
stationärer Schwankungsprozeß D 13
statischer Speicher M 36
Statistik, zentraler Grenzwertsatz D 14
statistische Signalbeschreibung D 11
– Unabhängigkeit D 14
statistisches Ersatzschaltbild C 39
Stecker L 9
Steckplatz 0 I 52
Steckverbindung, koaxiale L 9
Steghohlleiter K 32
Steghornstrahler N 43
Stegleitung K 2
stehende Welle C 20, N 22
Stehwellenverhältnis, swr I 11
Step-recovery-Diode G 24, M 12
Stereophonie R 14
Stern-Stabilitätsfaktor F 7
Sternpunktweiche P 1
Sternstruktur R 21
steuerbarer Phasenschieber N 63
steuerbares Laufzeitglied N 64
Steuergate M 15
Steuerleitung M 42
Steuerschnittstelle Q 47
Steuerung, Bauelement G 3
Steuervorsatz, Sender P 1
Stichleitung, shunt stub F 17
Stielstrahler N 46, N 47
stimulierte Emission M 48, M 61
stimulierter Quantenübergang M 61
stochastische Differentiation D 17

Störabstand H 36, Q 2, Q 11
–, AM O 6
–, Bildsignal D 32
–, FM O 11
–, PM O 14
–, Tonsignal D 30
–, Verbesserung G 17
–, Vierphasenumtastung O 29
Störabstandverlust O 29
storage normalizer I 12
Störaustaster Q 45
Störecho S 2
Störfeldstärke H 37
Störfestigkeit B 19
Störgrad Q 45
Störgröße R 44
Störminderung G 37
Störsender R 10
Störsignal H 37
–, Überhorizontstrecke H 38
Störstelle, Ortung I 37
Störstellenkonzentration M 8
Störstellenortung, Leitung I 24
Störstrahlung Q 2
Störung in partagierten Bändern H 36
–, abgestrahlte Q 17
–, eingestrahlte Q 17
–, industrielle H 17
–, interne Q 16
–, Nachbarkanalsender Q 38
–, terrestrische D 20
Störwirkung B 18
Stoßantwort D 4
Strahl, Gaußscher M 62
Strahldichte R 60
Strahlenbahn H 5
strahlende Linie N 19
– Rekombination M 49
strahlendes Nahfeldgebiet N 2
Strahlenelement, planares N 24
Strahlenkrümmung H 11
Strahler, Bandbreitenbegrenzung N 37
–, nichtzylindrischer N 48
Strahler, quasi-optischer N 45
Strahlerabstand, ungleicher N 59
Strahlergruppen, Verdünnung N 59
Strahlformung in der ZF-Ebene N 64
Strahlrichtung, feste N 57
Strahlschwenkung, elektronische N 57
Strahlung, thermische S 24
Strahlungscharakteristik N 7
–, Antenne I 38
Strahlungsdiagramm, Antenne I 39
Strahlungsdichte C 2
Strahlungseigenschaft N 58
Strahlungsfeld N 1, N 53
–, Aperturantenne N 6
–, Kenngröße N 7
strahlungsgespeiste Gruppenantenne N 64
Strahlungsgüte K 11
Strahlungshalbraum N 61
Strahlungskeule N 9
Strahlungskopplung N 27

Strahlungsleistung N 6
–, äquivalente isotrope N 2, N 6
–, effektive N 7
Strahlungsquelle, elementare N 3
Strahlungsverlust, Schlitzleitung K 17
Strahlungsverteilung, Vertikalantenne N 12
Strahlungswiderstand N 6, N 7, N 17
Strahlwellenleiter N 51
Streckendämpfung, Lichtwellenleiter R 69
Streifenleitung E 3
–, koplanare K 15
Streifenleitungsantenne N 25
Streifenleitungsstrahlerelement N 25
Streifenleitungstechnik bei Antennen N 64
Streuamplitude H 12
Streuausbreitung H 31
Streuelement N 52
Streufunktion H 6
Streumatrix C 10
– gekoppelter Antennen N 62
–, Richtkoppler C 27
–, Zirkulator L 38
Streuparameter C 9, I 11
Streuquerschnitt H 6
–, differentieller H 5
Streuung H 5, H 11
–, Laufzeit K 39
–, Niederschlag H 38
Streuwinkel H 32
Strom C 1
–, Effektivwert I O 6
–, Phasenschiebung L 27
Stromaussteuerung P 6
Strombelag B 10
Stromdichte C 2
Stromflußwinkel G 30
Stromflußwinkelfunktion P 5
Strommessung I O 6
Stromquelle M 24
Stromrauschquelle D 21
Stromschalter M 28
Stromspiegelschaltung M 25
Stromsteuerung G 12
–, Halbleiterdiode G 22
Stromübernahme, Sender P 6
Stromversorgung Q 45
Stromverstärker, Emitterschaltung M 14
Stromverteilung, Drahtantenne N 66
Stromverteilungsmethode N 53
Stromwandler I O 6
Stromwandlerzange I O 6
Stromzange I O 6
Stufenprofilfaser K 38
stufenweise Frequenzfortschaltung Q 55
Stützwendel K 5
Styroflex-Wickelkondensator E 10
Styroflexwendel K 5
subcarrier multiplexing, SCM R 66
Subharmonische G 24
Suboktav-Bandfilter Q 52

Suboktavfilter   Q 19
Subrefraktion   H 11
Substitutionsverfahren   I 13
Substrat, piezoelektrisches   L 67
Substratmaterial   E 3
Suchempfänger   Q 27, Q 53
Suchempfängerkonzept   Q 55
–, Übersicht   Q 57
Suchgeschwindigkeit   Q 52, Q 54
Suchrate   O 60
Summenhäufigkeit   H 1
Summensignal   R 13
Summenterm   M 43
Superhet   Q 4
superleitendes Bauelement   M 65
Superrefraktion   H 11, H 38
Supraleiter-Halbleiter-Bauelement, hybrides   M 70
– -Isolator-Supraleiter, SIS   M 67
surface acoustic wave, SAW   L 66
Suspended Stripline, Adapter   L 15
Suspended-Substrate-Mikrostreifenleitung   K 12
Süßwasser   H 10
Suszeptanz   C 3
switched capacitor   M 27
swr, standing wave ratio   I 11
–, Stehwellenverhältnis   I 11
Symmetrierglied   P 18
Symmetrierschaltung   L 12
Symmetrierschleife   L 14
Symmetriertopf   L 13
Symmetriertransformator   F 24
Symmetrierung, Sender   P 17
symmetrischer Binärcode   O 37
symmetrischer Mischer, Dämpfungsglied   L 22
–, Phasenmessung   I 7
symmetrischer Phasenschieber   L 28
symmetrisches Zweitor   C 10
Synchrondemodulator   O 6, O 10, O 19, O 28
Synchrondetektor   I 7
Synchronempfänger   Q 4, Q 6
Synchronimpuls   P 24
Synchronimpulsregeneration   P 25
Synchronisiervorlauf   O 53
Synchronmodulation   R 46
Synchronmodulator   Q 37
Synchrotronstrahlung   S 23
Syntheseverfahren, iteratives   C 37
Synthesizer   P 4, Q 23, Q 25
–, Analyseverfahren   Q 30
–, Blockschaltung   Q 31
synthetische Apertur   S 8
System, dämpfungsbegrenztes   R 69
–, direkt moduliertes   R 33
–, dispersionsbegrenztes   R 69
–, ideal verzerrungsfreies   D 6
–, kohärentes vermaschtes   O 59
–, konservatives   G 22
Systematik, Laufzeitröhre   M 77
Systemauslegung, Intelsat   R 47
Systembilanz   R 38
Systeme International   A 2
Systementwicklung   C 37
systemgerechte Bandbreite, Sender   P 21

Systemkomponente   C 37
Systemweiche   R 36
Systemwelle   M 82
Szintillation   H 12, H 34

T-Filter   E 25
– -Glied   L 20
– -Glied, überbrücktes   L 61
– -Schaltung   C 15
Tacan   A 7
TACAN   S 10, S 13
Tag-Nacht-Umschaltung   P 21
Taktableitung   O 27, O 37
Taktgeber mit mech. Resonator   L 57
Taktinformation   O 27
Taktphase, Abweichung   O 29
Taktrückgewinnung   R 31
Taktwiedergewinnung   R 8
tangential signal sensitivity, TSS   I 34
tangentiale Empfindlichkeit   I 34
Tantal   E 1
Taperlinse   R 59
Tastgeschwindigkeit   Q 39
Tastkopf   I 5
–, aktiver   I 3, I 5
–, koplanarer   I 24
–, passiver   I 5
Tastung, harte   O 16, O 17
Tau-Dither-Loop   O 58
TCXO   Q 24
TDMA, Zeitmultiplex   O 53, R 45
– -Endstelle   R 55
TDR, differential   I 37
–, time domain reflectometer   I 36
TDT, time domain transmission   I 36
TE-Welle   K 40
TE_1-Oberflächenwelle   K 12
TEC, total electron content   H 15
TED, transferred electron device   M 8
Teflon   E 2, E 3
TEGFET   F 32
Teilankopplung, Resonanzkreis   F 21
Teilertastkopf   I 5
Teilwelle, Kreuzfeldröhre   M 84
–, Laufzeit   K 43
–, Verzögerungsleitung   K 43
Telegraphie   Q 3
Telemetriekanal   R 6
Telephonie   Q 3
TEM-Leitungslinse   N 54
– -Linse   N 54
– -Welle   K 4
– -Wellenleiter, Dämpfungsmaß   K 4
– -Zelle   B 19
Temperatur-Steuerung, Kabelsystem   R 7
Temperaturabhängigkeit   Q 24
–, Oberflächenwellenbauelement   L 67
–, Oszillatorfrequenz   Q 23
Temperaturkoeffizient, Keramik   L 52

–, Leitfähigkeit   E 1
–, Piezokeramik   L 59
Temperaturspannung   M 4
Temperaturstabilisierung   F 34
Tensor   B 6
–, dielektrischer   S 18
Terbium-Eisen   E 23
terrestrische Störung   D 20
terrestrischer Richtfunk   H 28
Tetrodenverstärker   P 24
TH, time hopping   O 61
Theorem, Fourier-Transformation   D 5
thermal runaway   F 32
thermisch rauschender Wirkleitwert   G 10
thermische Emission   M 71
– Kopplung   G 38
– Strahlung   S 24
thermischer Ausdehnungskoeffizient   E 1
– Widerstand   G 38
thermisches Gleichgewicht   M 2
– Licht   M 59
– Rauschen   D 18
Thermistor   E 8, I 8
Thermoplaste   E 4
Thermoumformer   I O 6
Thyratron   P 33
Thyristor   M 19, P 34
–, Blockierbereich   M 19
Thyristor, dU/dt-Effekt   M 19
Thyristor, Durchlaßbereich   M 19
–, Freiwerdezeit   M 19
–, Haltestrom   M 19
–, Sperrbereich   M 19
–, Sperrverzögerung   M 19
–, Zündstrom   M 19
Tiefpaß   C 12
–, digitaler   Q 41
Tiefpaßbandbreite   Q 11
Tiefpaßfilter, nichtrekursives   Q 59
Tiefpaßsignal, äquivalentes   D 8
Tiefpaßstoßantwort, äquivalente   D 8
Tiefpaßsystem   D 7
Tiefpaßübertragungsfunktion, äquivalente   D 8
time domain reflectometer, TDR   I 36
time domain transmission, TDT   I 36
time hopping, TH   O 61
time-flat-frequency-flat fading   H 21
TK-100-Punkt   M 75
TM-Welle   K 40
TM 0-Oberflächenwelle   K 11
TMOS   F 32
TNC-Stecker   L 10
Toleranzanalyse   C 33
Toleranzschema   R 19
Tonrundfunksender, amplitudenmodulierter   P 21
–, frequenzmodulierter   P 22
Tonsignal, Gruppenlaufzeitverzerrung   D 29
–, Laufzeit   D 30
–, lineare Verzerrung   D 29

Sachverzeichnis

Tonsignal, nichtlineare Verzerrung D 30
–, Störabstand D 30
Tontastausgang Q 46
topographische Datenbank H 28
Tor C 10
Toroidspule E 15
Torsionsschwinger L 64
Torsionswandler L 64
Torsionswelle L 65
total electron content, TEC H 15
totale Rauscheinströmung G 20
totaler Rauschstrom G 10
– Rauschwiderstand G 16
Totalreflexion B 9, B 11, C 22
tote Zone H 15
Touchstone C 31
Trägerabsenkung P 15
Trägerbeweglichkeit M 4
Trägerfrequenztechnik R 1
Trägerrest P 13
Trägerrückgewinnung G 30, O 25, R 28
Trägersteuerung P 14
Trägerversorgung R 34
transducer power gain F 9
Transfer-Oszillator-Verfahren I 30
Transferelektron-Effekt M 6
Transfergatter, MOS M 35
transferred electron device, TED M 8
Transformation C 5
– bei einer Festfrequenz L 8
– mit konzentriertem Blindwiderstand L 1
– mit Leitungslänge L 3
–, Frequenzabhängigkeit L 3
–, λ/4 mit Kompensation der Frequenzabhängigkeit L 4
–, λ/4, kompensierte L 4
Transformationselement, normiertes L 2
Transformationsfaktor, piezoelektrischer E 17
Transformationsglied P 18
Transformationsnetzwerk G 38
–, Sender P 16
Transformationspunkt, Glas M 75
Transformationsschaltung C 6, L 2
– einer Verzweigung L 25
– mit kompensierter Frequenzabhängigkeit L 2
Transformationsweg C 5, F 15
Transformator, λ/10 L 4
–, λ/4 L 4
Transientenrekorder I 5
Transimpedanzverstärker R 65, R 68
Transinformationsgehalt D 34
Transistor F 31
Transistor Transistor Logik, TTL M 31
Transistor, angepaßter F 32
–, Arbeitspunkteinstellung F 35
–, bipolarer M 14
Transistor, C-Betrieb F 34
Transistor, Chipbauform F 18
–, Ersatzschaltbild C 38

–, Gleichstromarbeitspunkt F 34
–, hometaxial, single diffused M 18
–, komplementärer M 14
–, Pulsbetrieb F 32
–, Rauschen D 24
–, Sättigung F 22
–, Sättigungsbereich F 12, F 28
–, Sättigungsspannung F 22
–, Übersteuerung F 28
–, Übertragungskennlinie F 28
–, Vollaussteuerung F 22
Transistor: Pulsbetrieb, bipolarer F 31
Transistordaten C 38
Transistorkennlinie F 28
Transistormodell M 9
Transistorverstärker F 1, P 9
TRANSIT S 10, S 15
Transitfrequenz F 31
transition analyzer I 4
Transmissionsfaktor B 9, C 28, I 11, I 15
–, Netzwerkanalyse I 10
Transmissionsgrad, Atmosphäre S 23
Transmissionsmatrix C 11
Transmissionsparameter C 10, C 11
Transponderkanal R 44
Transportgleichung M 4
transversale Feldkomponente, Kreuzfeldröhre M 84
transversaler Kopplungsfaktor M 80
Transversalfilter Q 41
Transversalwelle B 3
Trapatt-Diode M 14
Trapezkondensator F 37
trapped energy-Filter L 63
Trapped energy-Filter L 63
trassengebundenes Informationsübertragungssystem K 46
traveling wave amplifier F 19
Trellis-Codierung O 22
Trennkondensator, Sender P 9
Trennschritt, Mark Q 43
Treppenkurve O 38
Triac M 20
Triaxialität R 43
Tribit O 20
Trimmer E 12
Triplate-Leitung K 9
triple diffused transistor M 18
Triple-Transit-Signal L 69
trockener Boden H 10
Trolitul E 4
Troposcatter H 5, H 6, H 12, H 31, H 38
Troposphäre H 5, H 11, R 14
troposphärischer Wellenleiter H 12
TRSB S 10, S 14
Truth-Modell C 34
Tschebyscheff-Filter C 13
TSS, tangential signal sensitivity I 34
TTC-Zusatzdienst R 42
TTL, Transistor Transistor Logik M 31
tuned amplifier F 21

tuning tab F 37
Tunneldiode M 13
Tunnelemission M 6
Tunnelfunk K 47
Turmalin E 20
Turning-head-Prinzip R 56
TV-Endstufe P 24
– -Standard P 24
– -Vorstufe P 25

überbrücktes T-Glied L 61
Übergabepunkt R 21
Übergang K 18
Übergang Koaxialleitung, Hohlleiter L 15
–, Microstripleitung L 14
Übergang, Koaxialleitung L 12
–, Leitung L 10
–, Zweidrahtleitung L 12
Übergewinnantenne N 60
Überhorizontstrecke, Störsignal H 38
überkritische Kopplung C 17
überlagerte Gleichspannung, Messung I 2
überlagertes Wechselfeld, Messung I 2
Überlagerungsempfänger Q 4, Q 5
–, Blockschaltbild G 1
Überlagerungsverfahren, Frequenzmessung I 30
Überlastung, Schutzmaßnahme G 38
Übermodulation R 13
Überreichweite H 27, H 37, H 38
Überschreitungswahrscheinlichkeit H 1
überspannter Zustand P 6
Überspannungsableiter R 7
Überspannungsschutz R 6
Übersteuerung, Transistor F 28
übertragbare NF-Bandbreite P 21
übertragbare Pulsleistung K 24
Übertragung, analoge R 66
–, digitale R 66
–, koharente optische R 70
–, Rauschleistung D 18
Übertragungs-Oszillator Q 37
Übertragungsart R 47
Übertragungsbandbreite O 63
Übertragungsdämpfungsmaß H 4
Übertragungsfunktion D 4, H 18
–, LWL I 49
–, optische Faser R 61
Übertragungsgeschwindigkeit O 16
Übertragungskanal D 1, H 18
–, diskreter D 34
–, optischer R 61
–, zeitvarianter H 18
Übertragungskennlinie, Inverter M 34
–, Transistor F 28
Übertragungsqualität R 45
–, Betriebsüberwachung R 18
Übertragungsstrecke, Lichtwellenleiter R 69
Übertragungssystem, digitales D 1

–, ideales   D 37
Übertragungsverfahren, analoges   R 66
–, digitales   R 66
Überwachungsempfänger   Q 3, Q 53
UHF   A 5
– -Fernsehsender   P 27
– -Stecker   L 9
UKW-Ballempfänger   Q 44
Ultraschall-Reinigungsbad   E 22
Umfalteffekt   O 23
Umlaufbahn, geostationäre   R 19
Umrechnung, Widerstand-Leitwert   C 5
Umschaltgeschwindigkeit   Q 29
Umschlagsschärfe   Q 41
Umtastung   O 15
Umwandlung   E 16
Umwegleitung, Lambda/2   L 14
unabhängiges Seitenband   Q 37
Unabhängigkeit, statistische   D 14
undotierter Halbleiter   M 2
unerwünschte Aussendung   P 3
ungleicher Strahlerabstand   N 59
unidirektionaler Wandler: Oberflächenwellenbauelement   L 70
unilateral amplifier   F 14
unilaterale Finleitung   K 34
unilateralisation   F 14
unkorrelierter Schrotrauschanteil   G 10
unsymmetrische Antenne   N 10
untere Hybridfrequenz   S 20
– Hybridresonanzfrequenz   S 18
unteres Seitenband   G 8
Untergruppe   N 60
unterkritische Kopplung   C 17
Unterschreitungswahrscheinlichkeit   H 1
unterspannter Zustand   P 6
Unterwasser-Echolot   E 22
– -Meeresverbindung   Q 3
upper hybrid frequency   S 20

V-Band   A 5
– -MOS-FET   M 19
V 28-Ausgang   Q 46
V 2A-Stahl   E 1
Vakuumgefäß   M 75
Vakuumtechnologie   M 76
Valanzband   M 2
van der Pol-Differentialgleichung   G 46
Varaktordiode, Frequenzteiler   G 24
–, Verdoppler   G 23
Varianz   D 13
Varistor   E 8, G 12
VCO, voltage controlled oscillator   Q 42
VDR-Widerstand   E 8
vector network analyzer, VNA   I 24
vektorielle Größe   C 2
Vektorpotential   B 3
Vektorvoltmeter   I 3

verallgemeinerte Fourier-Reihe   G 28
veränderbares Dämpfungsglied   L 21
Verbesserung, Störabstand   G 17
Verbesserungsfaktor   H 30
–, FM   Q 11
Verbund-Wahrscheinlichkeit   D 14
Verbundentropie   D 34
Verbundwahrscheinlichkeitsdichte   D 16
Verdampfungsgetter   M 76
Verdampfungskühlung   M 76
Verdoppler, Varaktordiode   G 23
Verdünnung, Strahlergruppen   N 59
vereinfachtes Multiplikationsverfahren   R 11
Vereisung   N 28
Verfahren
–, Modulation   R 26
Verfolgungsradar   S 6
verfügbare Leistung   D 22
– Leistungsverstärkung   I 15
– Rauschleistung   D 18
verfügbarer Konversionsgewinn   G 6
– Konversionsverlust   G 7
Verfügbarkeit, Qualität   R 38
Vergleich, Empfängerkonzept   Q 8
–, Vielfachzugriffsverfahren   O 63
Vergleichsbrücke   I 35
Vergrößerungsfaktor   N 50
Verhältnis, gyromagnetisches   L 53
Verkehrsburst   R 48, R 49
Verkopplung   N 62
–, induktive   C 27
–, kapazitive   C 27
Verlustfaktor   C 16
–, Mikrostreifenleitung   K 10
–, Resonator   L 46
Verlustleistung   N 6
–, Gegentaktverstärker   G 35
–, Gitter   M 76
verlustlose Leitung   C 20
verlustloses Zweitor   C 10
Verlustwiderstand   N 6, N 7, N 20
vernetztes Polyäthylen, PE-X   K 6
vernetztes Polystyrol   E 4
Verschiebung   C 2
Versorgungsgebiet   R 10
–, linienförmiges   K 46
Versorgungsgrad   R 11
Verstärker ohne Transistoren   F 3
–, Anforderungen   Q 20
–, Dynamikbereich   F 11
–, Frequenzbereich   F 2
–, integrierter   F 31
–, logarithmischer   F 25, Q 36
–, Nichtlinearität   F 27
–, optischer   R 70
–, rauscharmer   F 24
–, rückwirkungsfreier   F 14
–, selektiver   F 21
–, Stabilitätsfaktor   F 7
–, Wirkungsgrad   F 8
Verstärkerbehälter   R 4
Verstärkerfeldlänge   R 5
–, Lichtwellenleiter   R 69

Verstärkergehäuse   F 38
Verstärkerklasse   P 4
Verstärkerklystron   P 26
Verstärkerstufe, geregelte   Q 34
Verstärkung   F 9
–, konstante   F 19
–, parametrische   M 65
Verstärkungs-Bandbreite-Produkt   F 33, R 61
Verstärkungsparameter, Laufzeitröhre   M 82
Verstärkungsregelung, gain control   F 15
Verstärkungsregelung, HF-Vorstufe   Q 21
Verstimmung   C 16
Verteilungsfunktion   D 13
Vertikalantenne, Strahlungsverteilung   N 12
Vertikaldiagramm   N 8, N 16, N 21
Vervielfacher, Wirkungsgrad   G 8
Vervielfachungswirkungsgrad   G 22
Verwirrungsgebiet   P 22
very-long-baseline-interferometer   S 27
Verzerrung   G 37, Q 13
–, lineare   Q 13
–, nichtlineare   R 61
–, zeitinvariante   H 18
Verzerrungsminderung   G 37
Verzerrungsprodukt   P 3
verzögerte Regelung   Q 35
Verzögerungsleitung   K 44, M 81
–, Dispersionskurve   K 43
–, elektromechanische   L 64
–, Elementarvierpol   K 42
–, Energiegeschwindigkeit   K 42
–, Ersatzschaltung   K 43
–, Fortpflanzungsgeschwindigkeit   K 41
Verzögerungsleitung, Fourier-Reihe   K 42
Verzögerungsleitung, Gruppengeschwindigkeit   K 41
–, Kopplungswiderstand   K 42
–, Kurzschlußmod   K 46
–, Leerlaufmod   K 46
–, Mod   K 45
–, Oberflächenwellenbauelement   L 69
–, Phasengeschwindigkeit   K 41
–, Teilwelle   K 43
–, Verzögerungsmaß   K 42
–, VL   M 78
Verzögerungslinse   N 53
Verzögerungsmaß, Verzögerungsleitung   K 42
Verzweigung   L 24
Verzweigung mit λ/4-Leitung   L 25
Verzweigung mit Richtkoppler   L 25
– mit Widerständen   L 24
Verzweigungszirkulator   L 40
VHF   A 5
VHF/UHF-Empfänger   Q 51
Video-Verstärker   F 27
Videofilter   I 16, I 27
Videosignal   P 23

Vielfachzugriff R 45
–, multiple access R 42
Vielfachzugriffs-Verfahren R 47
Vielfachzugriffssystem O 51
Vielfachzugriffsverfahren, Vergleich O 63
Vielkanalträgersystem O 51
Vielschichtkondensator E 11
Vierarm-Zirkulator G 17
Vierniveausystem M 61
Vierphasenumtastung O 19, O 45, R 19
–, Störabstand O 29
Vierpol, rauschender linearer D 21
Vierpolgleichung D 21
Vierpoloszillator G 43
Vierpolparameter C 10
Vierschleifenoszillator Q 51
Viertelwellenlängenleitung C 22
Villard-Schaltung G 32
Viterbi-Algorithmus O 22
VL, Verzögerungsleitung M 78
VLF A 5, H 23
– -HF-Empfänger Q 49
VMEbus I 50
– -Norm I 52
VMOS F 32
VNA, vector network analyzer I 24
Vollaussteuerung, Transistor F 22
Vollweggleichrichter in Brückenschaltung G 32
– in Mittelpunktschaltung G 32
voltage controlled oscillator, VCO Q 42
voltage standing wave ratio, vswr C 20, I 11
Volterra-Reihe C 34, F 30
Voltmeter, selektives I 3
Volumenschwingung L 57
Volumenstreuung H 5
VOR A 7, S 10, S 13
Vor-Rück-Verhältnis N 9
Vorentzerrung, adaptive P 8
Vorhang-Antenne R 12
Vorhangantenne, reversible N 22
Vorlauffaser I 47
Vormagnetisierung E 23
Vormagnetisierungspunkt E 23
Vorratskathode M 72
Vorselektion Q 5, Q 8
Vorverzerrung P 8, R 62
Vorwärtskoppler C 28, L 33
Vorzugsrichtung B 6
vswr voltage standing wave ratio C 20
–, voltage standing wave ratio I 11
VXI-BUS I 52
VXIbus I 50

W-Band A 5
Wägeverfahren M 29
wahlfreier Zugriff, Speicher M 36
Wahrscheinlichkeit D 12
Wahrscheinlichkeitsdichte D 12, H 2
Wahrscheinlichkeitsnetz H 2
Wanderfeldröhre M 81, R 52

–, Anschwingstrom P 29
–, Mehrfachreflexion P 28
–, nichtlineare Verzerrung P 29
–, Oberwelle P 30
–, Parallelschaltung P 30
–, Rauschen P 29
Wanderfeldröhrensender P 28
Wanderfeldröhrenverstärker P 24
Wanderwellenmaser M 64
Wanderwellenverstärker F 20
Wandler, magnetostriktiver E 24, L 65
–, piezoelektrischer E 17, E 18, L 65
Wandler: Oberflächenwellenbauelement, unidirektionaler L 70
Wandlerkopplungsfaktor E 24
Wandlungskonstante, magnetostriktive E 24
Wandstrom B 10
Wärme, spezifische E 1
Wärmeleitfähigkeit E 1, E 3
warmes Plasma S 22
Warmfehlanpassung P 28
Wasser E 2, E 4
Wasserkühlung M 76
Wasserlast L 18
Watson-Watt-Peiler Q 53, S 11
Waveform-Recorder I 5
Wechselmagnetfeld, zirkular polarisiertes L 54
Weibull-Verteilung D 14, H 20
Weiche P 19
weicher Begrenzer G 28
weißes Rauschen O 34
Weißlichtquelle I 47
Weißwertbegrenzung P 25
Weitabselektion F 21, Q 1, Q 19
–, mech. Filter L 60
Weitverkehrssystem R 1
Welle im Plasma S 18
–, außerordentliche S 19
–, ebene B 3, N 2
–, elastische E 21
–, elektromagnetische B 1
–, fortschreitende N 22
–, hinlaufende C 17
–, linkszirkular polarisierte S 19
–, mechanische L 65
–, ordentliche S 19
–, rechtszirkular polarisierte S 19
–, reflektierte C 17
–, stehende C 20, N 22
Wellenamplitude D 21, I 10
Wellenanzeiger Q 4
Wellenausbreitung B 3, H 1
–, Plasma S 19
Wellendämpfung I 15
Wellenfront N 5
Wellengleichung B 3
Wellengröße C 9
Wellenlänge C 18
–, kritische K 21
Wellenlängenmodulation R 63
Wellenlängenmultiplexsystem R 58
Wellenleiter, dielektrischer K 36, N 47
–, diffundierter K 40

–, Modenspektrum K 49
Wellenleiter, nicht-abstrahlender K 46
Wellenleiter, Oberflächenwellenbauelement L 68
–, offener K 46
–, optischer K 37
–, periodische K 41
–, planarer K 7
–, troposphärischer H 12
Wellenleiterstruktur N 26
Wellenmesser I 31
Wellenparameter C 9
Wellenpolarisation im Plasma S 20
Wellentyp K 21
–, höherer K 11
–, magnetischer K 26
–, stabiler K 24
Wellentypen, höhere K 29
Wellentypwandler N 1
Wellentypwandlung, Rundhohlleiter K 27
Wellenwiderstand C 19, R 2
Wellenwiderstand bei Leitungstransformation, normierter L 5
Wellenwiderstand, leistungsbezogener K 25
Wellenwiderstandskurve, inhomogene Leitung L 6
Wellenzahl B 4
Welligkeitsfaktor C 20
Wendel, Laufzeitröhre M 81
Wendelantenne N 35
–, Array N 36
Wendelbahn, Gyrotron M 89
Wendelfilter Q 33
Wendelleitung K 44
Werkstoff, dielektrischer E 1
–, magnetischer E 4
–, piezoelektrischer E 16
Wettbewerbsrauschen R 63
Wetterkartensendung Q 39
Wheel-on-track-Prinzip R 56
Whispering-Gallery-Modes M 88
Wickelkondensator E 11
Widerstand, integrierter M 20
–, komplexer C 3
–, Kühlung D 19
–, negativer G 15
–, spannungsabhängiger E 8
–, spezifischer E 1
–, thermischer G 38
– -Leitwert, Umrechnung C 5
Widerstandsanpassungsglied L 1
Widerstandsanpassungsschaltung L 1
Widerstandsbelag C 18
Widerstandsebene C 4
Widerstandsparameter, Z-Parameter C 9
Widerstandsschicht, Eigenschaft E 6
Wiedergabequalität R 10
Wien-Brücke I 35
– -Robinson-Oszillator G 44
Wiener-Khintchine-Relation D 15, D 17
– -Khintchine-Theorem H 20

Sachverzeichnis 33

– -Lee-Theorem   D 18
Wiensches Gesetz   S 24
Wind, solarer   H 15
Winkel, blinder   N 63
Winkelauflösungsvermögen   S 4
winkelkonstante Spiralantenne   N 33
Winkelmeßgenauigkeit   S 5
Wirkfläche   N 17
Wirkleistung   C 2
Wirkleistungsumsatz, Reaktanzdiode   G 12
Wirkleistungsverteilung, Modulation   G 8
Wirkleitwert   C 3
–, gesteuerter   G 5
–, thermisch rauschender   G 10
wirksame Fläche   N 2, N 10
– Länge   N 3, N 10, N 11, N 13
– Selektion   Q 2
Wirkungsgrad, Antenne   N 20
–, Klystron   P 26, P 27
–, Laufzeitröhre   M 77, M 82
–, Leistungsverstärker   G 34
–, Photodiode   M 57
–, Sender   P 6
–, Verstärker   F 8
–, Vervielfacher   G 8
Wirkungsgradverbesserung, Sender   P 8
Wirkwiderstand   C 2, E 5
–, gesteuerter   G 12, G 22
Wobbelrückflußmessung   R 2
Wolfram   E 1
worst-case alaysis   C 34
Wortleitung   M 39
wortweise Speicherorganisation   M 36
Wullenweverpeiler   S 11

X-Band   A 5
– -Struktur   L 60
XPD, cross polar discrimination   R 35
XPIC, cross polarization interference candeller   R 35

Y-Faktor   I 33
– -Matrix   C 26
– -Parameter, Leitwertparameter   C 9
– -Parameter, Umrechnung   F 13
Yagi-Struktur   N 23
– -Uda Array   N 26
– -Uda-Antenne   N 26
YIG, Flüssigphasenepitaxie   L 54
YIG, Yttrium-Eisen-Granat   L 54
YIG-Filter   L 14
– -Oszillator   G 45
Yttrium-Eisen-Granat, YIG   L 54
Yttriumeisengranat   E 5

Z-Matrix   N 3
– -Parameter   C 10
– -Parameter, Widerstandsparameter   C 9

Zähldiskriminator   O 18, Q 38
Zähler   I 30
–, reziproker   I 30
Zählverfahren   M 29
Zeichenfehlerwahrscheinlichkeit   Q 9
Zeichenkanal   O 54
Zeiger   C 1
Zeilenrücklauf   R 16
Zeilensprungverfahren   R 15
Zeitbasispeiler   S 12
Zeitbereich, Netzwerkanalyse   I 23
zeitbezogene Kanalkapazität   D 35
Zeitentscheidung   R 8
Zeitfenster   I 23
zeitinvariante Verzerrung   H 18
Zeitkonstante, Resonator   I 42
zeitlicher Mittelwert   D 12, D 16
Zeitmessung, digitale   I 31
Zeitmultiplex, TDMA   O 53, R 45
Zeitmultiplextechnik   O 51
Zeitmultiplexverfahren   R 1
zeitselektiver Schwund   H 21
Zeitselektivität   H 21
zeitvarianter Schwund   H 18
– Übertragungskanal   H 18
zeitvariantes lineares Netzwerk   D 27
Zeitwahrscheinlichkeit   H 27, K 47
Zeitzeichen   A 6
Zellenstruktur   H 12
Zener-Diode   M 12
– -Emission   M 6
– -Referenz   M 30
zentraler Grenzwertsatz, Statistik   D 14
Zentralmoment   H 2
ZF-Ausgang   Q 46
– -Bandbreite   Q 10
– -Bildmodulator   P 25
– -Durchschlag   Q 13
– -Filter   L 58
– -Filter, 10, 7 MHz   L 63
– -Filter, 455 kHz   L 62
– -Filter, Einschwingzeit   I 26
– -Filter, piezokeramisches   L 62
– -Hauptselektion   Q 13
– -Selektion   Q 32
– -Substitution   I 14
– -Teil   Q 32
– -Verstärker   Q 33, R 52
– -Verstärker, digital geregelter   Q 49
– -Verstärker, geschalteter   Q 36
– -Verstärker, Pegeldiagramm   Q 33
– -Verstärker, Regelumfang   Q 33
– -Vorselektion   Q 12
Ziehbereich   Q 24, Q 29
Zink   E 1
Zinkoxid   E 21
Zinn   E 1
zirkular polarisiertes Wechselmagnetfeld   L 54
zirkulare Polarisation   B 7, N 33, N 35
Zirkulator   L 38
–, koaxialer   L 40
–, konzentrierter   L 42
–, Streumatrix   L 38

ZnO   E 21
Zone, tote   H 15
Zonenteilung   N 53
ZSB-AM-uT   O 3
Zufallsprozeß   D 12
Zufallssignal   D 12
Zufallsvariable   D 12
zugeschnittene Größengleichung   A 4
zulässige Feldstärke   B 21
Zuleitungsinduktivität, Sender   P 10
Zündstrom, Thyristor   M 19
Zusammenfassung, entkoppelte   P 10
Zusatzdämpfung   R 39
–, Absorption   R 25
Zusatzinformation   R 14
Zusatzrauschfaktor   R 65
Zustandsdichte, effektive   M 4
Zuverlässigkeitsanalyse   D 14
zwei Reflektometer, Netzwerkanalyse   I 23
Zwei-Tonträger-Verfahren   R 17
zweidimensionale Feldberechnung   C 39
Zweidrahtleitung   K 1
–, geschirmte   K 2
–, Übergang   L 12
Zweielement-Interferometer   S 26
Zweikammerklystron   M 78
zweikanaliges HF-Voltmeter   I 3
Zweiphasenumtastung   O 44
–, differentielle   O 44
Zweipoloszillator   G 42
Zweireflektorantenne   R 53
Zweischicht-Metallisierungsprozeß   M 76
Zweischichtenleiter   B 15
Zweischleifen-Synthesizer   Q 50
Zweiseitenband-Amplitudenmodulation   O 1, P 21
– -Amplitudenmodulation m.unterdrücktem Träger   O 3
– -Modulation   G 8
– -Rauschzahl   G 21
– -Rauschzahl, Kettenschaltung   G 22
– -Zusatzrauschzahl   G 21
Zweiseitenbandmodulation, dynamisches Regelverhalten   Q 34
Zweiseitenbandübertragung   O 44
zweite Zwischenfrequenz   Q 13
Zweiton-FSK-Demodulator   Q 43
Zweitor, symmetrisches   C 10
–, verlustloses   C 10
Zweiwegemodell   H 18, H 29
Zwischenfrequenz, zweite   Q 13
Zwischenfrequenzlage   Q 5
Zwischenfrequenzmodulation   P 24
Zwischenregenerator   R 5
Zwischenstelle   R 32
Zwischenverstärker   R 5
Zykloide   M 74
Zyklotronfrequenz   M 74, M 84, M 87, M 89
Zyklotronresonanz   S 20
Zyklotronresonanzmaser   M 88
Zylinderkoordinaten   B 2
Zylinderspule, einlagige   E 15

Springer-Verlag und Umwelt

Als internationaler wissenschaftlicher Verlag sind wir uns unserer besonderen Verpflichtung der Umwelt gegenüber bewußt und beziehen umweltorientierte Grundsätze in Unternehmensentscheidungen mit ein.

Von unseren Geschäftspartnern (Druckereien, Papierfabriken, Verpackungsherstellern usw.) verlangen wir, daß sie sowohl beim Herstellungsprozeß selbst als auch beim Einsatz der zur Verwendung kommenden Materialien ökologische Gesichtspunkte berücksichtigen.

Das für dieses Buch verwendete Papier ist aus chlorfrei bzw. chlorarm hergestelltem Zellstoff gefertigt und im ph-Wert neutral.